최신 출제경향에 따른 신경향 물리 교재의 결정판

2022 20차개정판

7급 공무원

스마트 물리학개론

신 용 찬 저

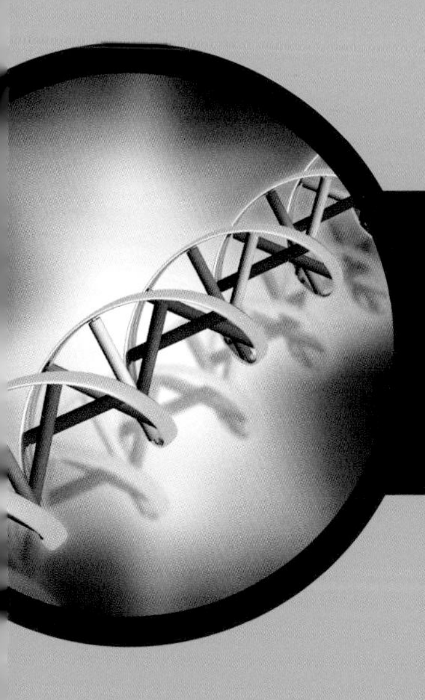

최근 7급, 2021 기출문제 수록

첫째, 이론정리 : 최근 출제경향을 반영한 내용정리
둘째, 기출문제 : 역대 기출문제 분석 수록
셋째, 개념문제 : 이론 보충을 위한 자세한 예문풀이
넷째, 개념문제 : 수능 기술고시형 문제 배치로 최근 출제경향 대비

한솔아카데미

머리말

날로 치열해지는 취업 경쟁 속에서 기술직 공무원에 대한 선호도는 매우 높아지고, 또한 기술직 자격으로 으뜸이라 할 수 있는 변리사 자격시험에 대한 관심이 그 어느 때보다 높아지고 있는 실정입니다.

수험생들에게는 필수 과목인 물리학은 다른 과목에 비해 다소 부담이 되는 것이 사실이고 최근의 출세 경향은 점점 난이도가 높아지는 추세입니다.

이 책은 기술직 공무원, 기술고등고시, 변리사, 승진시험 등을 준비하고 있는 수험생들을 위한 책으로 그 동안의 출제 경향을 분석하여 수험생이라면 반드시 알아야 할 개념 원리를 보다 상세히 설명하였습니다.

또한 필자는 수년간의 강의 경험을 바탕으로 객관식 물리 문제에 대한 핵심을 찾아 공식보다 그래프나 그림 등을 이용하여 문제를 빠른 시간에 해결 할 수 있도록 하였으며 무엇보다 많은 문제를 자세한 해설과 함께 수록하여 이 책 이외의 다른 참고 서적이 필요하지 않도록 하였습니다.

이 책의 몇 가지 특징을 살펴보면

1. 최근 출제 경향에 맞춰 문제와 내용을 구성하였으며
2. 예제를 통해 내용의 이해를 돕고 연습문제, 기출문제, 예상문제 등 1500여 문제를 수록하였으며
3. 용어 및 정의는 고딕체로 처리하여 잘 이해토록 하였고 주요공식은 Key Point란을 구성하여 정리하였고
4. 부록에는 물리 용어 및 그리스 문자 소개는 물론 최근의 기출문제를 입수하여 자세한 해설과 함께 수록 하였습니다.

책을 쓰는 동안 수험생들의 입장에 서서 보려고 노력하며 나름대로 최선을 다했다고 생각하지만 미비점이 있다면 앞으로 계속 보완해 갈 것을 다짐하면서 수험생 여러분들에게 행운이 함께 하길 빕니다.

끝으로 이 책의 출간을 위해 많은 수고를 해 주신 (주)한솔아카데미 한병천 사장님 이하 이종권 전무님과 편집실 관계자 여러분께 진심으로 감사드립니다.

저자 드림

Contents

Contents

물리학 입문에 앞서

본격적인 물리학 공부에 앞서 물리학을 이해하기 위해서는 필수적으로 동반되는 수식이나 기호, 단위, 벡터 등을 알아두어야 한다.

물론, 중·고교시절 한 번씩은 공부 한 적이 있지만 이 책은 기초부터 공부하는 수험생을 위한 교재이므로 미리 간략히 설명하고자 한다.

1 자주 나오는 수식

(1) 물리량을 표시하거나 계산할 때에 어떤 양 자체를 몇 번 곱할 필요가 있다. 지수 표기법은 그 양의 오른쪽 위에 작은 숫자, 즉 지수(指數)를 써서 다음과 같이 표시한다.

$$a = a^1 \qquad 10^1 = 10$$

$$a \times a = a^2 \qquad 10^2 = 10 \times 10 = 100$$

$$a \times a \times a = a^3 \qquad 10^3 = 10 \times 10 \times 10 = 1,000$$

(2) $\frac{1}{a} = a^{-1} \qquad 10^{-1} = \frac{1}{10} = 0.1$

$$\frac{1}{a^2} = a^{-2} \qquad 10^{-2} = \frac{1}{10^2} = \frac{1}{100} = 0.01$$

$$\frac{1}{a^3} = a^{-3} \qquad 10^{-3} = \frac{1}{10^3} = \frac{1}{1,000} = 0.001$$

$$\frac{1}{a^4} = a^{-4} \qquad 10^{-4} = \frac{1}{10^4} = \frac{1}{10,000} = 0.0001$$

일반적으로 a^n에다 a^m을 곱한 결과는 a를 지수의 합 $(n+m)$을 제곱한 것과 같으며, a^n 을 a^m으로 나눈 결과는 a를 지수의 차 $(n-m)$제곱한 것과 같다. 즉,

$$a^n \cdot a^m = a^{(n+m)} \qquad a^n \div a^m = a^{(n-m)}$$

또, a^n을 m제곱한 결과는 a를 지수의 곱 $(n \times m)$제곱한 것과 같으며, ab를 n제곱한 것은 a와 b를 각각 n제곱한 것과 같다.

$$(a^n)^m = a^{nm} \qquad (a \cdot b)^n = a^n b^n$$

이외에 꼭 기억하여야 할 것은 어떠한 양이든 그것을 0제곱하면 그 결과는 항상 1이 된다는 것이다. 즉,

$$a^0 = 1$$

이고 소위 루트 ($\sqrt{\ }$)는 $\sqrt{a} = a^{\frac{1}{2}}$ 이다.

(3) 물리학에서는 직각삼각형(直角三角形)의 각(角)과 변(邊) 사이의 관계를 알 필요가 있다. 기초적인 세 삼각함수는 그림에서 다음과 같이 정의된다.

$$\sin\ \theta = \frac{\text{높이}}{\text{빗변}} = \frac{b}{c}$$

$$\text{cosin}\ \theta = \frac{\text{밑변}}{\text{빗변}} = \frac{a}{c}$$

$$\text{tangent}\ \theta = \frac{\text{높이}}{\text{밑변}} = \frac{b}{a}$$

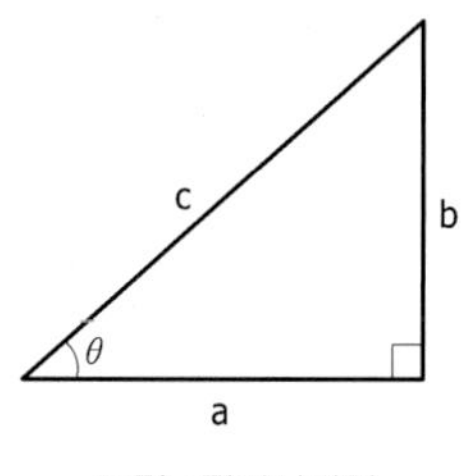

그림. 직각삼각형

(4) 위의 정의들로부터, 어떤 각의 tangent는 그 각의 sine을 cosine으로 나눈 것과 같다는 것을 알 수 있다. 즉,

$$\frac{\sin\theta}{\cos\theta} = \frac{b/c}{a/c} = \frac{b}{a} = \tan\theta$$

0°로부터 90°까지의 각에 대한 $\sin\theta$, $\cos\theta$, $\tan\theta$의 값은 삼각함수표에 실려 있으며, 다음 공식을 이용하면 180° 까지도 그 표로써 구할 수 있다.

$$\sin\ (90° + \theta) = \cos\theta$$

$$\cos\ (90° + \theta) = -\sin\theta$$

$$\tan\ (90° + \theta) = -\frac{1}{\tan\theta}$$

"두 변의 제곱의 합은 빗변의 제곱과 같다." 는 피타고라스(Pythagoras)의 정리는 직각 삼각형에서 많이 사용되는 관계식 중의 하나이다. 즉, [그림]에서

$$a^2 + b^2 = c^2$$

이 성립된다. 그러므로 직각삼각형의 직각의 변들 사이에는 다음의 관계가 있다.

$$a = \sqrt{c^2 - b^2}, \quad b = \sqrt{c^2 - a^2}, \quad c = \sqrt{a^2 + b^2}$$

물리량을 해석하고 계산할 때 30°, 45° 및 60°의 삼각함수의 값을 구하는 방법을 알고 있으면 편리한 경우가 많다.

(5) $\sin 45° = \frac{1}{\sqrt{2}}$

$\cos 45° = \frac{1}{\sqrt{2}}$

$\tan 45° = \frac{1}{1}$

그림. 정사각형

(6) $\sin 30° = \frac{1}{2}$ $\qquad$ $\sin 60° = \frac{\sqrt{3}}{2}$

$\cos 30° = \frac{\sqrt{3}}{2}$ $\qquad$ $\sin 60° = \frac{1}{2}$ $(=0.50)$

$\tan 30° = \frac{2}{\sqrt{3}}$ $\qquad$ $\tan 60° = \sqrt{3}$

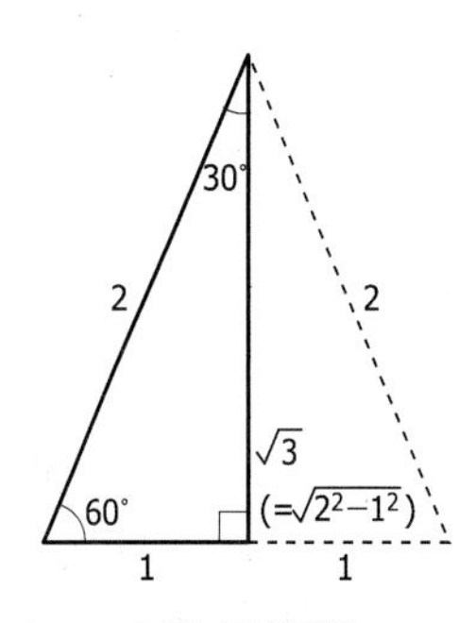

그림. 정삼각형

2 참고할 기호

(1) 크기의 척도

접두어	지수	약자	예
pico −	10^{-12}	P	1pF = 1 picofarad = 10^{-12} farad
nano −	10^{-9}	n	1ns = 1 nanosecond = 10^{-9} second
micro −	10^{-6}	μ	1 μA = 1 microampere = 10^{-6}ampere
milli −	10^{-3}	m	1mm = 1 millimeter = 10^{-3}meter
centi −	10^{-2}	c	1cL = 1 centiliter = 10^{-2}liter
deci −	10^{-1}	d	1dL = 1 deciliter = 10^{-1}liter
kilo −	10^{3}	k	1kg = 1kilogram = 10^{3}grams
mega −	10^{6}	M	1MW = 1megawatt = 10^{6}watts
giga −	10^{9}	G	1GeV = 1gigaelectron-volt = 10^{9}electron-volts

(2) 그리스 문자

소문자	명칭	소문자	명칭	소문자	명칭
α	*Alpha*	ε	*Epsilon*	ρ	*Rho*
β	*Beta*	θ	*Theta*	σ	*Sigma*
γ	*Gamma*	λ	*Lambda*	τ	*Tau*
δ	*Delta*	μ	*Mu*	$\varnothing$	*Phi*
				ω	*Omega*

핵심정리 및 공식모음집

1. 힘과 운동

(1) 속력 $= \frac{거리}{시간}$

(2) 속도 $= \frac{변위}{시간}$

(3) 상대속도 : $v_{상대} = v_{물체} - v_{관찰자}$

(4) $a = \frac{\triangle v}{t}$

① 가속도가 증가할 때 속도 증가

② 가속도가 일정할 때 속도 증가, 가속도가 감소할 때 속도 증가

③ 가속도가 0일 때 속도 일정

④ 가속도가 (−)일 때 속도 감소

(5) 등가속도 운동

① $v = v_0 + at$

② $s = v_0 t + \frac{1}{2}at^2$

③ $v^2 - v_0^2 = 2as$

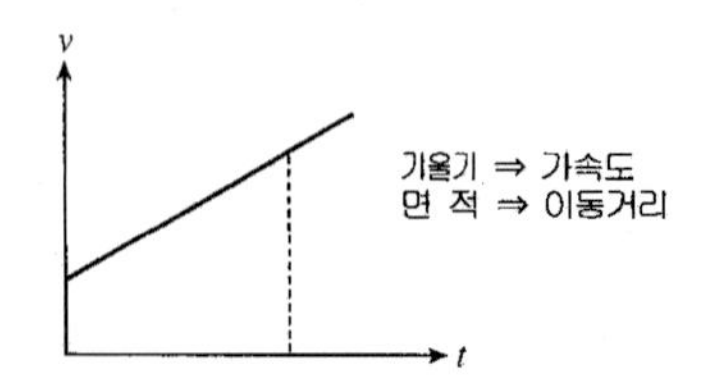

(6) 힘

물체의 속력을 가감시키거나 운동방향을 바꾸게 하거나 물체의 모양을 변화시키는 작용을 힘이라고 한다.

(7) 뉴턴의 운동법칙

① 관성의 법칙 : 관성은 질량에 비례한다.

② 가속도의 법칙 : $F = ma$, 힘의 존재는 가속도의 존재를 의미한다.

③ 작용, 반작용의 법칙 : 반드시 두 물체 사이에서 작용하고 작용하는 힘의 크기는 같고 방향은 반대이고 동일직선상에 존재해야 한다. 그러나 합력은 0이 아니다.

(8) 관성력

가속운동을 하고 있는 이동좌표계 안에 있는 물체에 물체의 관성 때문에 나타나는 가상적인 힘. 관성력은 가속도의 반대방향이다.

(9) 마찰력

마찰력은 운동하려는 방향과 항상 반대반향

① 정지마찰력=외력

② 운동마찰력=운동 중에 작용하는 마찰력(일정)

$R = \mu N$ (μ : 마찰계수, N : 수직항력)

(10) 탄성력

탄성체를 변형시키는데 필요한 힘

$F = kx$ 후크의 법칙 탄성에너지 $W = \frac{1}{2}kx^2$

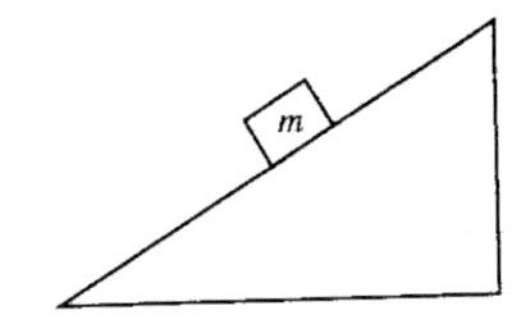

① 직렬연결 : $\frac{1}{k} = \frac{1}{k_1} + \frac{1}{k_2}$

② 병렬연결 : $k = k_1 + k_2$

(11) 영률

$Y = \frac{Fl_0}{A \triangle l}$ (F : 힘, l_0 : 처음길이, A : 단면적, $\triangle l$: 늘어난 길이)

(12) 여러 가지 힘

물체와 면의 마찰계수가 μ이면

① 물체가 내려오는 힘 : $mg\sin\theta - \mu mg\cos\theta$

② 물체를 빗면을 따라 올릴 때의 힘 : $mg\sin\theta + \mu mg\cos\theta$

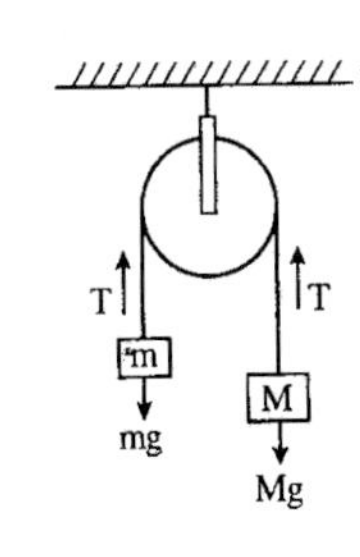

• 물체 M의 가속도 : $a = \frac{M-m}{M+m}g$

• 줄의 장력 : $T = \frac{2Mm}{M+m}g$

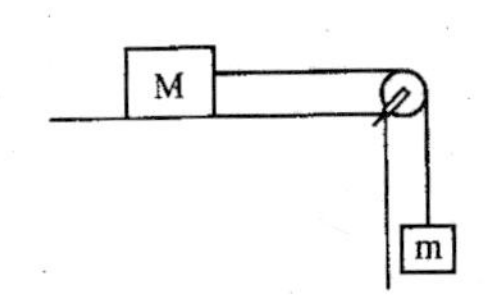

• 물체 m의 가속도 : $a = \frac{m-\mu M}{M+m}g$

• 줄의 장력 : $T = \frac{Mm+\mu mM}{M+m}g$

(13) 중력장에서의 운동

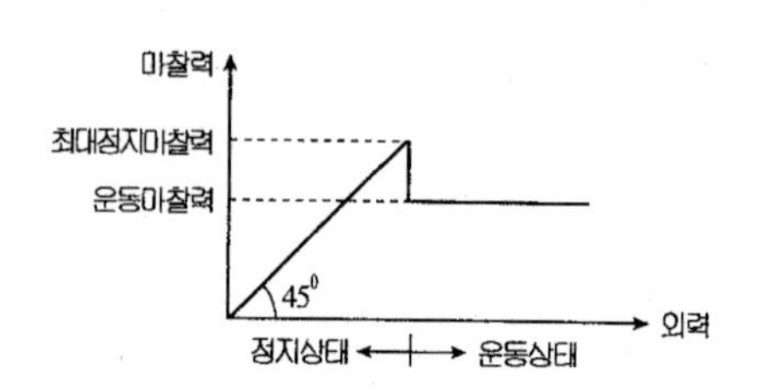

① 자유낙하 : $v = gt \quad s = \frac{1}{2}gt^2$

② 하방투사 : $v = v_0 + gt \quad s = v_0 t + \frac{1}{2}gt^2$

③ 상방투사 : $v = v_0 - gt \quad s = v_0 t - \frac{1}{2}gt^2$

④ 수평투사(등속운동+자유낙하)

수평도달거리 $s = v_0\sqrt{\frac{2h}{g}}$

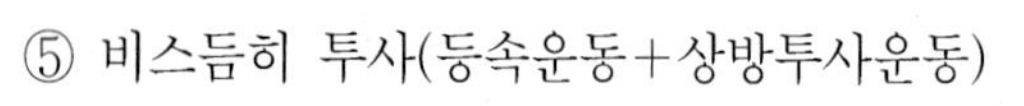

⑤ 비스듬히 투사(등속운동+상방투사운동)

수평도달거리 $s = \frac{v_0^2}{g}\sin 2\theta$, 최고점의 높이 $H = \frac{v_0^2 \sin^2\theta}{2g}$

(14) 원운동

① 각속도 : $w = \frac{2\pi}{T}$

② 선속도 : $v = rw = \frac{2\pi r}{T}$

③ 구심가속도 : $a = \frac{v^2}{r} = rw^2$

④ 구심력 : $F = \frac{mv^2}{r}$

⑤ 회전운동과 병진운동의 비교

s	θ	
$v = \frac{ds}{dt}$	$w = \frac{d\theta}{dt}$	$v = rw$
$a = \frac{dv}{dt}$	$\alpha = \frac{dw}{dt}$	$a = r\alpha$

(15) 단진동

① 용수철 진자의 주기 $T = 2\pi\sqrt{\frac{m}{k}}$

② 단진자의 주기 $T = 2\pi\sqrt{\frac{l}{g}}$

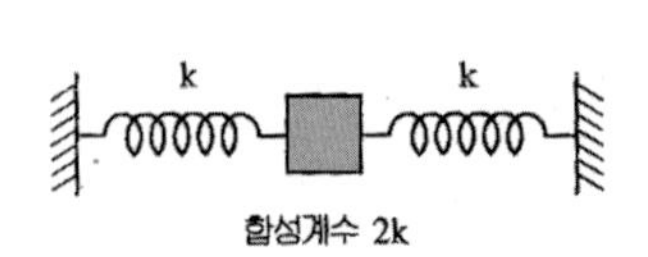

(16) 만유인력

$F = \frac{Gm_1 m_2}{r^2}$, 중력가속도 $g = \frac{GM}{R^2} = \frac{4}{3}\pi G\rho R$

(17) 케플러의 법칙

① 타원궤도의 법칙

② 면적속도 일정의 법칙 : 각 운동량 보존의 법칙

③ 조화의 법칙 : $T^2 = kR^3$

(18) 운동량과 충격량

$I = F \cdot t = mv_2 - mv_1$ 운동량 $P = mv$

충격량은 운동량의 변화량과 같다.

$m_1v_1 + m_2v_2 = m_2v_1' + m_2v_2'$ 운동량 보존의 법칙

(19) 충돌계수

$\dfrac{v_1' - v_2'}{v_1 - v_2} = -e$

$e = 1$ 완전탄성충돌, 운동에너지 보존

$0 < e < 1$ 불완전탄성충돌

$e = 0$ 완전비탄성충돌

(20) 마루에 대한 충돌

$v' = -ev$, $h' = e^2h$

2. 강체의 운동

(1) 모멘트 : $\vec{M} = \vec{r} \times \vec{F}$

모멘트의 크기 : $\left|\vec{M}\right| = \left|\vec{r} \times \vec{F}\right| = Fr\sin\theta$

(2) 관성모멘트 : 회전상태를 계속 유지하려는 성질의 크기로써 $I = \Sigma m_i r_i^2 = \int r^2 dm$

① 속이 찬 원통 : $I = \dfrac{1}{2}mr^2$

② 속이 빈 원통 : $I = mr^2$

③ 속이 찬 구 : $I = \dfrac{2}{5}mr^2$

④ 속이 빈 구 : $I = \dfrac{2}{3}mr^2$

⑤ 길이 l 인 봉 : $I = \dfrac{1}{12}ml^2$

(3) 병진운동과 회전운동의 비교

관성	m	I	
힘	$F=ma$	$M=Ia$	a는 각가속도
운동에너지	$\frac{1}{2}mv^2$	$\frac{1}{2}Iw^2$	
운동량	mv	Iw	각운동량 $L=r\times mv$

(4) 에너지 보존

Ⅰ에서 위치에너지는 Ⅱ에서 운동에너지와 같다.

$$mgh=\frac{1}{2}mv^2+\frac{1}{2}Iw^2$$

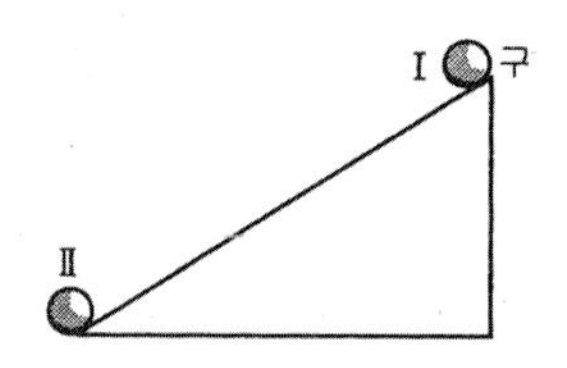

회전운동의 원인은 마찰력이고 마찰력이 없다면
오직 미끄럼만 생길 뿐이다.
따라서 Ⅱ에서 물체의 속력 v는 물체(회원체)의
모양에 따라 다르다. I(관성모멘트)가 작을수록 v는 크다.

3. 유체역학

(1) 압력 : $P=\frac{F}{A}=egh$

1기압 $=76cmHg=1.013\times10^5N/m^2=1,013hpa=1033.6cmH_2O$

(2) 파스칼의 원리

밀폐된 용기의 유체에 가해진 압력은 모든 방향으로 동일하게 전달된다.

$P_1=\frac{f}{a}$ $P_2=\frac{F}{A}$ 이면 $\frac{f}{a}=\frac{F}{A}$

(3) 아르키메데스의 원리

물체로 인하여 늘어난 액체의 무게만큼 부력이 생긴다.

(4) 연속의 정리 : $s_1v_1=s_2v_2$

유속은 단면적에 반비례한다.

※ 주의 : s는 단면적이지 길이가 아님

(5) 베르누이의 정리

유체에 관한 총 에너지 보존법칙이다.

$$P_1+\frac{1}{2}\rho v_1^2+\rho g h_1=P_2+\frac{1}{2}\rho v_2^2+\rho g h_2$$

높이가 같을 경우 유속이 빠르면 압력은 감소한다.

(6) 토리첼리의 정리

$v=\sqrt{2gh}$ 즉, 유속 $v\propto\sqrt{h}$

이 때 수평도달거리 $s=vt$ 에서

높이 h 에서 자유낙하

시간이 $t=\sqrt{\frac{2h}{g}}$ 이므로 $s=\sqrt{2gh}\times\sqrt{\frac{2h}{g}}=2h$

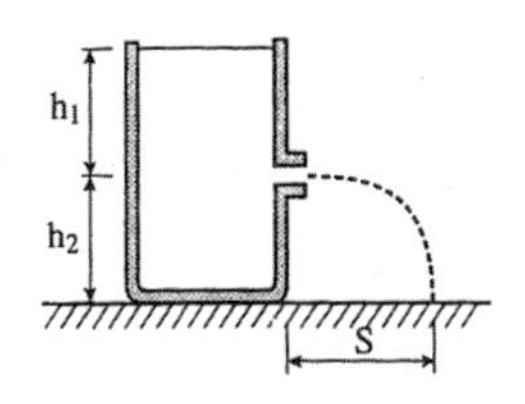

(7) 표면장력 $S=\frac{F}{2l}$

(8) 모세관 현상

액주의 높이 $h=\frac{2S\cos\theta}{\rho g r}$

4. 일과 에너지

무게=힘, 에너지=일, 일률=전력

일 $W=F\cdot s\cos\theta$

힘의 방향으로 s 가 생길 때만 일이 발생한다.

(1) 일률 : $P=\frac{W}{t}=F\cdot v$

(2) 움직도르래

M의 힘은 m의 절반이면 들어올릴 수 있지만 한 일은 같다.

또 M이 m보다 질량이 2배 초과하면 이때 M의 가속도는

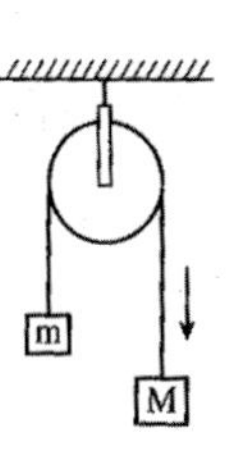

$$a=\frac{4M-2m}{4M+m}g$$

(3) 역학적 에너지＝운동에너지＋위치에너지

① 중력장에서 $\frac{1}{2}mv^2 + mgh =$ 일정

② 용수철에서 $\frac{1}{2}mv^2 + \frac{1}{2}kx^2 =$ 일정

※ 만유인력에 의한 위치에너지 $E_p = -\frac{GMm}{r}$

(4) 열량

$Q = cm\triangle T$ (c : 비열, m : 질량, $\triangle T$: 온도변화량)

비열 c는 어떤 물질 1g을 1℃ 높이는 필요한 cal이다. 즉, 비열이 클수록 온도가 잘 올라가지 않음

(5) 열의 이동

① 전도 : $Q = \frac{kA\triangle T}{d}$ (d ; 두께, k : 열전도율, A : 면적, $\triangle T$: 온도차)

② 대류

③ 복사 : 매질 없이 전자기파의 형태로 직접전달 ex) 태양, 난로

※ 부피팽창계수는 선팽창계수의 3배임

(6) 보일-샤를의 법칙 : $\frac{P_1V_1}{T_1} = \frac{P_2V_2}{T_2} =$ 일정

(7) 이상기체상태방정식 : $PV = nRT$

(8) 기체 분자의 운동에너지-온도에 비례

$E_k = \frac{3}{2}kT$ $\frac{3}{2}kT = \frac{1}{2}mv^2$ $\sqrt{T} \propto v$

(9) 기체가 한 일 : $P = \frac{F}{A}$에서 일 $W = F \cdot s$이므로 $W = PAS = PV$이다.

(10) 열역학 제1법칙(에너지 보존법칙)

$Q = W + \triangle U$ (W : 일, $\triangle U$: 내부에너지)

$Q = P \cdot \triangle V + \frac{3}{2}nR\triangle T$

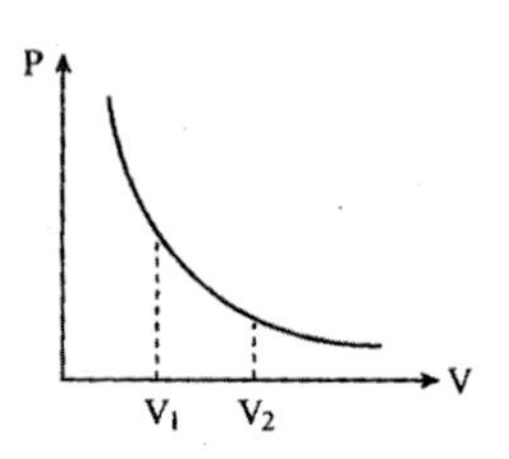

한 일 W는 그래프에서 면적의 넓이와 같다.

특히 등온변화에서 일은

$W = nRT\ln\frac{V_2}{V_1}$

(11) 기체의 비열

몰비열 : $C=\frac{Q}{n\triangle T}$, 정적비열 : $C_v=\frac{2}{3}R$, 정압비열 : $C_p=\frac{5}{2}R$

$C_p > C_v$ 이다.

정압비열이 큰 이유는 기체가 열을 받는 동안 외부에 일을 하기 때문이다.

(12) 열역학 제2법칙

① 열은 반드시 고온에서 저온으로만 흐른다.

② 엔트로피 : 엔트로피는 무질서도를 나타내고 비가역과정에서 계 전체 엔트로피는 항상 증가한다.

$$S=\frac{Q}{T}$$

(13) 카르노순환 : 등온팽창 → 단열팽창 → 등온압축 → 단열압축

5. 전기와 자기

(1) 밀리컨의 기름방울 실험

① 전하 1개의 전하량은 $e=1.6\times10^{-19}C$

② 기본전하 6.25×10^{18} 개가 모이면 전하량은 1 C

(2) 쿨롱의 법칙 : $F=\frac{1}{4\pi\varepsilon_0}\frac{q_1q_2}{r^2}$

(3) 맥스웰 방정식

① $\phi=\oint E\cdot ds=\frac{q}{\varepsilon_0}$ (가우스의 법칙)

② $\phi=\oint B\cdot ds=0$ (가우스의 법칙)

③ $V=-\int E\cdot dl$ (패러데이의 법칙)

④ $\int B\cdot dl=\mu_0 I+\mu_0\varepsilon_0\frac{d\phi}{dt}$ (앙페르-맥스웰의 법칙)

(4) 전하가 도체에 놓여지면 전하가 순간적으로(10^{-12}초) 표면에 재배치되면서 도체 내부의 전기장은 상쇄되고 정전 평형상태에 도달하여 내부의 전기장은 0이다. 또 도체 내부의 전위는 표면에서의 전위와 동일하다.

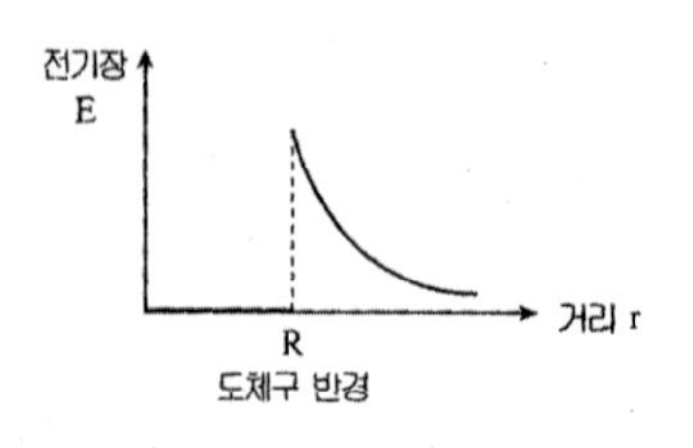

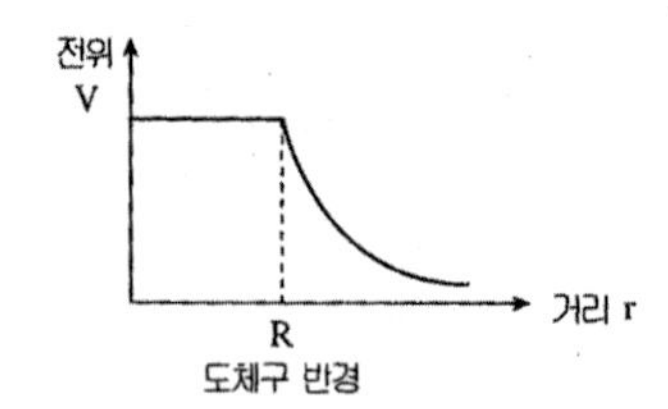

(5) 점전하에 의한 전기장 : $E = \frac{1}{4\pi\varepsilon_0}\frac{q}{r^2}$

(6) 전기 쌍극자에 의한 전기장

$E = \frac{1}{2\pi\varepsilon_0}\frac{P}{r^3}$ $\qquad E = \frac{1}{4\pi\varepsilon_0}\frac{P}{r^3}$

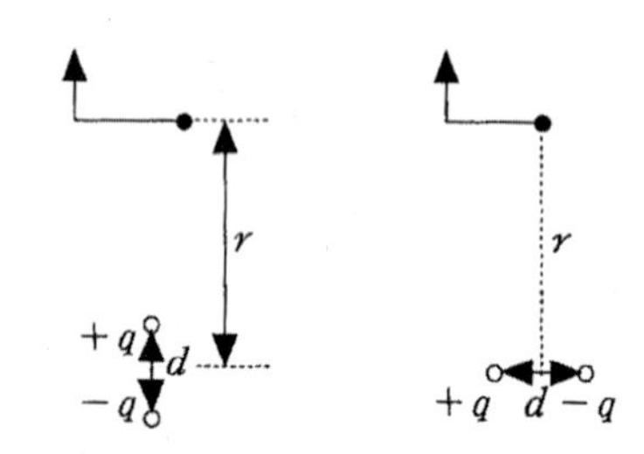

여기서 P는 전기쌍극모멘트

$\vec{P} = \vec{dq}$

d는 쌍극자간 거리 방향은 −에서 +로

(7) 선전하밀도 λ로 대전된 도선으로부터 r 지점의 전기장 : $E = \frac{1}{2\pi\varepsilon_0}\frac{\lambda}{r}$

(8) 면전하밀도 δ로 대전된 무한평면판에서 r 떨어진 곳에서 전기장 : $E = \frac{\delta}{2\varepsilon_0}$

(9) $V = E \cdot d$

전위 : $+q$의 전하량을 B에서 A까지(전기장 내에서) 끌어올리는데 필요한 일을 W라 하면 전위차 $V = \frac{W}{q}$

등전위면 : ① 등전위면은 전기력선에 수직이다.

② 등전위면에서 전하이동시 한 일은 0이다.

(10) 축전기 : $Q = CV$

일정한 공간에 일정한 전하를 저장하여 일정한 전기장을 생성시키는 장치

전기용량 C는 ① 평행판 : $C = \frac{\varepsilon_0 A}{d}$

② 원통형 : $C = 2\pi\varepsilon_0 \frac{L}{\ln\left(\frac{b}{a}\right)}$

③ 구형 : $C = 4\pi\varepsilon_0 \frac{ab}{b-a}$

④ 고립구 : $C = 4\pi\varepsilon_0 R$

(11) 축전기의 연결

직렬연결 : $\frac{1}{C} = \frac{1}{C_1} + \frac{1}{C_2}$ 병렬연결 : $C = C_1 + C_2$

(12) 축전기의 에너지 : $W = \frac{1}{2}CV^2$

$V = E \cdot d$, $C = \frac{\varepsilon_0 A}{d}$ 대입하면 단위체적당 에너지 밀도는 $u = \frac{1}{2}\varepsilon_0 E^2$

(13) 전류 : 시간당 전류의 흐름(전자의 움직임과 반대), $I = \frac{dQ}{dt}$

(14) 전력 : 전력은 일률과 같다. $P = VI$, $P = I^2R$, $P = \frac{V^2}{R}$

손실전력 : $P_{손} = I^2R = \frac{P_0^2}{V^2}R$

(15) 직렬, 병렬연결에서 발열량의 비교

① 직렬연결에서는 전류가 같으므로 저항에 비례

② 병렬연결에서는 전압이 같으므로 저항에 반비례

(16) 저항의 연결

직렬 : $R = R_1 + R_2$

병렬 : $\frac{1}{R} = \frac{1}{R_1} + \frac{1}{R_2}$

(17) 등가저항 계산

A-B 사이의 저항 : $\frac{7}{12}r$

A-C 사이의 저항 : $\frac{3}{4}r$

A-G 사이의 저항 : $\frac{5}{6}r$

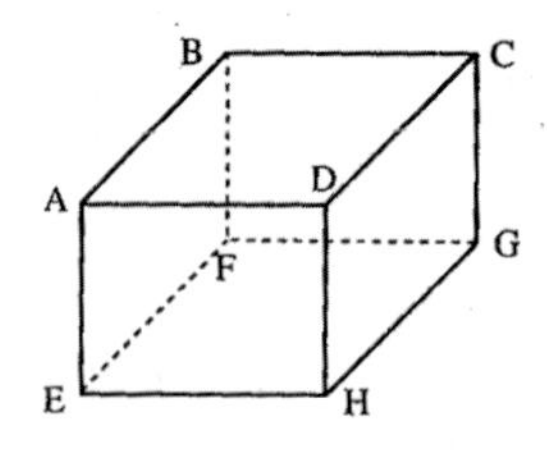

각 모서리에 저항 r이 걸리면

a-b 사이의 저항 : r

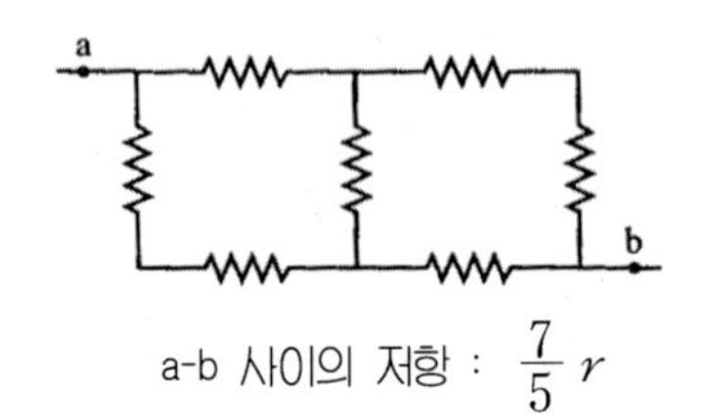

a-b 사이의 저항 : $\frac{7}{5}r$

(18) 측정기기

① 전류계(회로에 직렬연결)

- 내부저항이 매우 작다.
- 분류기(전류계와 병렬연결)
- 저항 $R=\frac{r}{n-1}$ (n : 배율, r : 내부저항)

② 전압계(회로에 병렬연결)

- 내부저항이 매우 크다.
- 배율기(전압계와 직렬연결)
- 저항 $R=(n-1)r$ (n : 배율, r : 내부저항)

(19) 키르히호프의 법칙

① 제1법칙(전하량보존의 법칙) : $\Sigma i=0$

② 제2법칙(에너지보존의 법칙) : $\Sigma V=0$

(20) 기전력 E, 내부저항 r인 전지에 외부저항 R이 연결된 회로에 흐르는 전류는

$$I=\frac{E}{R+r}$$

직렬연결 $I=\frac{nE}{R+nr}$ 병렬연결 : $I=\frac{E}{R+\frac{r}{n}}$

(21) RC회로

• 충전시 : $R\frac{dq}{dt} + \frac{q}{C} = \varepsilon$ $q = C\varepsilon(1 - e^{-\frac{t}{RC}})$

$i = \frac{dq}{dt} = \frac{\varepsilon_0}{R} e^{\frac{-t}{RC}}$

q가 63%$(1 - e^{-1})$되는 데 걸리는 시간을 시간상수라하고 $\tau = RC$

• 방전시 : $R\frac{dq}{dt} + \frac{q}{C} = 0$ $q = q_0 e^{-\frac{t}{RC}}$

$i = \frac{dq}{dt} = -i_0^{-\frac{t}{RC}}$

(22) 직선전류에 의한 자기장 : $B = \frac{\mu_0}{2\pi}\frac{i}{r}$

(23) 원형전류에 의한 자기장 : $B = \frac{\mu_0}{2}\frac{i}{r}$

(24) 솔레노이드에 의한 자기장 : $B = \mu_0 ni$ ($\mu_0 = 4\pi\times10^{-7}\left(\frac{T \cdot m}{A}\right)$, n : 단위 m당 감긴 수)

(25) 토로이드에 의한 자기장 : $B = \frac{\mu_0 N}{2\pi}\frac{i}{r}$

(26) 평행도선 사이에 작용하는 힘 $F = \frac{\mu_0}{2\pi}\frac{i_1 i_2}{r} l$

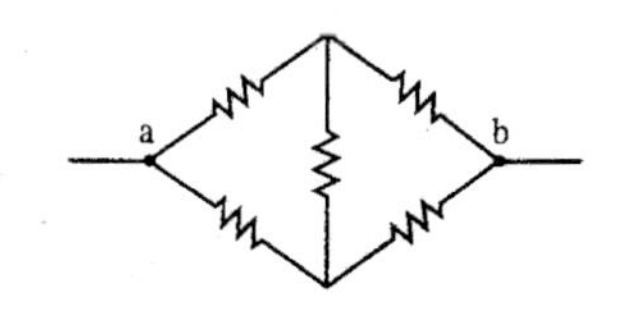

① 같은 방향으로 전류 흐를 때 : 인력

② 다른 방향으로 전류 흐를 때 : 척력

(27) 자기장 속에서 전류가 받는 힘 : $F = Bli$, 방향을 플레밍의 왼손법칙에 의한다.

(28) 자기장 속으로 수직 입사된 전하가 받는 힘 : $F = Bqv$

원운동, 반경 $r = \frac{mv}{Bq}$, 주기 $T = \frac{2\pi m}{Bq}$

6. 전자기 유도

(1) 패러데이 유도법칙 : $\varepsilon = -N\frac{d\phi}{dt}$

(2) 렌쯔의 법칙 : 유도전류는 이 전류를 발생시키는 변화를 반대하난 방향으로 흐른다.
(플레이밍의 오른손 법칙)

(3) 자기장 내에서 움직이는 도선에 유도되는 기전력 : $V = -Blv$

(4) 자체 유도계수가 L인 코일에 유도되는 유도기전력 : $V = -L\frac{di}{dt}$

(5) 코일에 저장된 자기에너지 : $W = \frac{1}{2}Li^2$

(6) 변압기 : $\frac{N_2}{N_1} = \frac{V_2}{V_1} = \frac{I_1}{I_2}$

(7) 교류전류에서 유도기전력 : $V = NBAw\sin wt$

최대전압 : $V_0 = NBAw$, 실효전압값 : $V = \frac{V_0}{\sqrt{2}}$, 실효전류값 : $I = \frac{I_0}{\sqrt{2}}$

(8) 저항, 코일, 축전기에 흐르는 교류 전류의 위상 및 저항

전류에 비해 저항에 걸린 전압은 위상이 같고
코일에 걸린 전압은 위상이 $\frac{\pi}{2}$ 만큼
빠르고 축전기에 걸린 전압은 위상이
$\frac{\pi}{2}$ 만큼 느리다.

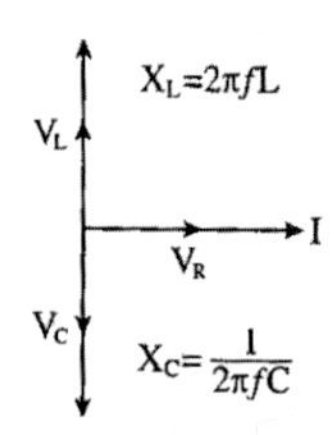

(9) R - L - C 직렬회로

전압 $V = \sqrt{V_R^2 + (V_L - V_C)^2}$ 임피던스 $Z = \sqrt{R^2 + \left(2\pi fL - \frac{1}{2\pi fC}\right)^2}$

회로에 전류가 최대로 흐를 조건을 직렬공진조건이라 하고 이것은 임피던스 Z가 최소값이 될 때인데 이 때 주파수 $f = \frac{1}{2\pi\sqrt{LC}}$ 이다.

공전주파수에서 $V_L = V_C$ 이다.

(10) 전자기파

전하의 진동에 의해 생긴 자기장과 전기장이 주기적으로 공간을 퍼져나가는 것

7. 파동

(1) 파동을 나타내는 식 : $y = A\sin 2\pi\left(\frac{t}{T} - \frac{x}{\lambda}\right)$

(2) 파동에너지는 매질이 직접 이동하는 것이 아니라 진동에너지가 전달되어 가는 것으로 진폭의 제곱에 비례하고 진동수의 제곱에 비례한다. $I = 2\pi^2 A^2 f^2 v\rho$

(3) 횡파 : 진행방향과 수직으로 진동, 종파 : 진행방향과 같은 방향으로 진동

(4) 호이겐스의 원리는 파면의 발생 원리이다.

(5) 페르마의 원리 : 두 점 사이를 진행하는 빛은 진행시간이 가장 짧게 걸리는 경로를 선택

(6) 고정파 반사 : 소한 매질에서 밀한 매질로 진행하다가 반사될 때 반사파는 위상이 π 만큼 변한다.

(7) 자유파 반사 : 밀한 매질에서 소한 매질로 진행하다가 반사될 때 반사파는 위상의 변화 없다.

(8) 스넬의 법칙 : $\frac{n_2}{n_1} = \frac{\sin\theta_1}{\sin\theta_2} = \frac{\lambda_1}{\lambda_2} = \frac{v_1}{v_2}$

(9) 파동의 간섭

① 파동의 경로파 $= \frac{\lambda}{2}(2m)$ 보강간섭

② 파동의 경로차 $= \frac{\lambda}{2}(2m+1)$ 상쇄간섭

(10) 파동의 회절 : 파동이 진행하다가 호이겐스의 원리에 의해 장애물을 만나도 장애물의 뒤까지 전달되는 현상을 회절이라 한다. 회절은 슬릿의 크기가 작을수록, 파장의 크기가 클수록 잘 일어난다.

(11) 정상파 : 파장의 주기와 진폭이 같은 2개의 파동이 서로 반대방향으로 진행하다가 파동이 진동은 하지만 진행하지 않는 것처럼 보이는 파동을 정상파라 한다.

(12) 현에서의 소리전달 속도 : $\nu = \sqrt{\frac{T}{\rho}}$ (T : 현의 장력, ρ : 현의 선밀도)

진동수 : $f = \frac{1}{\lambda}\sqrt{\frac{T}{\rho}}$

(13) 기주진동 : 관 속의 공기기둥이 진동할 때 정상파가 생기는 막힌 쪽은 마디, 열린 쪽은 배부분이 된다.

① 폐관 : 기본진동 → $\lambda=4l$ 3배진동 → $\lambda=\frac{4}{3}l$ 5배진동 → $\lambda=\frac{4}{5}l$

② 개관 : 기본진동 → $\lambda=2l$ 2배진동 → $\lambda=\frac{2}{2}l$ 3배진동 → $\lambda=\frac{2}{3}l$

(14) 소리의 3요소 : 진동수(음의 고저), 진폭(음의 세기), 파형(음색)

소리의 속도 $v=331.5+0.6t$ (온도가 높을수록 소리의 속도는 크다.)

$v=\sqrt{\frac{rP}{\rho}}$ (r : 비열비, P : 압력, ρ : 밀도)

→ 소리의 속도는 압력과 밀도에는 관계없다. ($P \propto \rho$)

(15) 맥놀이 수 : $N=|f_2-f_1|$

(16) 도플러 효과 : 음원이나 관측자의 상대적 운동에 의하여 관측되는 진동수가 달라지는 현상을 도플러효과라고 한다.

$$f=\frac{V \pm v_{관측자}}{V \mp v_{음원}}f_0$$

V : 음의 속도, $v_{관측자}$: 관측자의 속도,

$v_{음원}$: 음원의 속도, f_0 : 음원의 진동수

분모, 분자의 위 부호($+v_{관}$, $-v_{음}$)는 가까워질 때 아래 부호는 멀어질 때의 부호이다.

8. 빛

(1) 전반사

굴절률이 큰 매질에서 굴절률이 작은 매질로 진행할 때 임계각 이상에서 전반사가 일어난다. 굴절률 n인 액체 속 깊이 l인 곳의 점광원이 바깥에서 보이지 않게 물체를 덮기 위한 최소반경 R은 $R=\frac{l}{\sqrt{n^2-1}}$ 이다.

(2) **평면거울** : 거울을 통해 자신의 전신을 보기 위한 거울의 길이는 총 신장의 1/2이 필요하다. 거울 앞 물체가 움직이면 상도 같이 움직이지만 겨울을 움직이면 상은 2배로 움직이다.

오목거울	볼록렌즈	초점거리 $f > 0$ 물체의 위치에 따라 여러 가지 상이 나타난다.
볼록거울	오목렌즈	초점거리 $f < 0$ 상은 물체의 위치에 관계없이 축소, 정립, 허상
실상은 물체와 같은 쪽 허상은 물체와 반대 쪽	실상은 물체와 반대 쪽 허상은 물체와 같은 쪽	

(3) **상의 공식** : $\frac{1}{a}+\frac{1}{b}=\frac{1}{f}$

$f=\frac{R}{2}$ (R : 거울의 반경)

$f=(n-1)\left(\frac{1}{R_1}+\frac{1}{R_2}\right)$ (n : 렌즈의 굴절률, R_1, R_2 : 렌즈의 반경)

배율 $m=\left|\frac{b}{a}\right|$

(4) **복합렌즈의 초점거리** : $\frac{1}{f}=\frac{1}{f_1}+\frac{1}{f_2}$

(5) **렌즈의 수차** : 구면수차, 색수차, 왜곡수차

(6) **안경**

① 명시거리 : 가장 편한 상태에서 가장 잘 보이는 거리. 정상인=25cm

② 명시거리와 안경의 디옵터

$\frac{1}{25}-\frac{1}{D}=\frac{1}{f}$ (D는 그 사람의 명시거리이고, $f > 0$ 이면 볼록렌즈, $f < 0$ 이면 오목렌즈)

③ 시각 : 물체의 크기 식별 광각 : 물체의 거리 식별

④ 디옵터 ×도=40, Diopter $=\frac{1}{f(m)}$, 도 $=\frac{f(cm)}{2.5cm}$

⑤ 근시안, 원시안, 난시안

(7) 돋보기의 배율 : $m=1+\frac{D}{f}$

(8) 현미경의 배율

$$m=m_o\cdot m_e=\frac{L}{f_o}\cdot\frac{D}{f_o}$$

L : 광학통의 길이, D : 명시거리

f_o : 대물렌즈의 초점거리, f_e : 접안렌즈의 초점거리

(9) 망원경의 배율 : $m=\frac{f_o}{f_e}$

(10) 빛의 간섭과 회절

① 이중슬릿에 의한 간섭 : $\frac{dx}{l}=\frac{\lambda}{2}(2m)$: 보강간섭, $\frac{dx}{l}=\frac{\lambda}{2}(2m+1)$: 상쇄간섭

② 얇은 막에 의한 간섭

굴절률 〈 n_d

(막)굴절률= n_d → $2nd\cos\theta=\frac{\lambda}{2}(2m+1)$ 보강간섭, $2nd\cos\theta=\frac{\lambda}{2}(2m)$ 상쇄간섭

굴절률 〈 n_d

굴절률 〈 n_d

(막)굴절률= n_d → $2nd\cos\theta=\frac{\lambda}{2}(2m)$ 보강간섭, $2nd\cos\theta=\frac{\lambda}{2}(2m+1)$ 상쇄간섭

굴절률〉 n_d

③ 뉴톤 원무늬

$2d=\frac{\lambda}{2}(2m+1)$ 보강간섭 $2d=\frac{\lambda}{2}(2m)$ 상쇄간섭 $\left(2d=\frac{x^2}{R}\right)$

④ 단일슬릿에 의한 회절

$d\sin\theta=\frac{\lambda}{2}(2m)$ 어두운 무늬 $d\sin\theta=\frac{\lambda}{2}(2m+1)$ 밝은 무늬

($m=1, 2, 3, 4, \cdots$)

※ X선 회절 : 결정내의 원자배치를 탐구하는 수단

Bragg 법칙 : $2d\sin\theta=\lambda\times m$ ($m=1, 2, 3, 4, \cdots$)

(11) 편광 : 빛의 편광현상에 의해 빛이 횡파임이 입증된다.

① 완전편광이 일어날 조건에 관한 법칙(브루스터 법칙) : $n = \tan\theta$

② 말루스의 법칙 : $I = \frac{1}{2} I_0 \cos^2\theta$

(12) 빛에 대한 도플러효과 : $\lambda = \lambda_0 \left(1 + \frac{v}{c}\right)$

(13) 람베르트의 법칙 : $L = \frac{I}{r^2} \cos\theta$

9. 현대물리

(1) 광량자의 에너지 : $E = hf = \frac{hc}{\lambda}$ (h : 플랑크 상수)

(2) 광전효과 : 빛의 입자성, 한계진동수 이상에서만 광전효과가 나타난다.

광전효과에 의한 광정의 운동에너지 $E_k = hf - W$ (W : 금속의 일함수)

① 한계진동수 이상의 빛에서 진동수가 클수록 광전압이 크다.

② 한계진동수 이상의 빛에서 세기가 클수록 광전류가 크다.

(3) 콤프턴 효과 : $\Delta\lambda = \frac{h}{mc}(1 - \cos\theta)$

빛의 입자성 증명, 산란광선의 파장이 입사광선의 파장보다 크다.

(4) X선 : X선은 파장이 매우 짧은 빛으로 그 발생은 광전효과의 역과정에 의해 발생한다.

(5) 물질파 : $\lambda = \frac{h}{mv}$, 데이빗슨 - 저어머의 전자회절실험

(6) 원자모형

① 톰슨의 모형

② 러더퍼드의 모형

③ 보어의 모형

a) 양자조건 : 원자 내에서 전자는 불연속 특정궤도만 돌 수 있다.

$2\pi r = n\lambda$, $\lambda = \frac{h}{mv}$, $2\pi r \cdot mv = nh$

궤도반경 : $r_n = 0.53n^2$ Å

b) 진동수조건 : 하나의 정상상태에서 다른 정상상태로 바뀔 때만 전자기파를 흡수 또는 방출한다. $\Delta E = hf - E_i - E_f$

각 궤도에서 에너지 $E_n = -\frac{13.6}{n^2} eV$

(7) 방출 전자기파

$$\frac{1}{\lambda} = R\left(\frac{1}{n^2} - \frac{1}{m^2}\right)$$

R : 리드베르그 상수

$n=1$ 라이만계열 $m=2,\ 3,\ 4, \cdots$ 자외선

$n=2$ 발머계열 $m=3,\ 4,\ 5, \cdots$ 가시광선

$n=3$ 파셴계열 $m=4,\ 5,\ 6, \cdots$ 적외선

(8) 하이젠베르그의 불확정성의 원리

임의의 시간에 동시에 전자의 위치(x)와 운동량(P)을 무제한의 정밀도로써 측정하는 것은 불가능

$\triangle mv = \dfrac{h}{\lambda}$: 사용 빛의 파장이 클수록 전자운동량 부정확도($\triangle mv$)감소

$\triangle x = \lambda$: 사용 빛의 파장이 작을수록 위치의 부정확도 감소

(9) 동위원소 : 원소의 양성자수는 같지만 중성자수가 달라 질량이 다른 원소

(10) 방사선의 종류

① α 선($^{4}_{2}He$)

전리작용은 세지만 투과력은 약하다. 붕괴되면 질량 4감소, 번호 2감소

② β선($^{0}_{-1}e$)

α 선보다 전리작용은 약하지만 투과력은 세다. 붕괴되면 질량 불변, 번호 1증가

③ γ 선(광자)

전자기파로 전기장에 영향받지 않고 투과력이 강하다. 붕괴되어도 질량, 번호 불변

(11) 양자수

주양자수 n 1, 2, 3, $\cdots\infty$ 궤도의 에너지

궤도양자수 l $0 \le l \le (n-1)$ 궤도의 각운동향 크기

자기양자수 m $= l \le m \le l$ 궤도의 각운동량 방향

스핀양자수 s $\frac{1}{2}$, $-\frac{1}{2}$ spin의 각운동량

(12) 상대성이론

① 시간팽창 : $t=\dfrac{t_0}{\sqrt{1-\left(\dfrac{v}{c}\right)^2}}$

② 길이축소 : $l=l_0\sqrt{1-\left(\dfrac{v}{c}\right)^2}$

③ 질량증가 : $m=\dfrac{m_0}{\sqrt{1\left(\dfrac{v}{c}\right)^2}}$

(13) 질량결손 : $E=mc^2$

양성자와 중성자로 결합된 원자핵의 질량은 양성자와 중성자가 따로 떨어져 있을 때 각 질량의 합보다 작다. 이 차이를 질량결손이라 한다.

(14) 반도체

① 고유 반도체

㉠ 고유 반도체는 Si, Ge과 같은 순수한 Ⅳ족 원소로 구성되어 공유 결합을 한다.

㉡ 절대 온도 $T=0K$ 에서 부도체와 같은 역할을 하지만 실온에서는 도체와 같은 전기전도도를 갖는다.

㉢ 온도가 높거나 빛 에너지를 받을수록 가전자띠의 많은 전자들이 열에너지를 흡수하여 전도띠로 전이 할 수 있다. 이와 같이 전기 전도도는 온도가 높을수록 증가한다.

㉣ 에너지 간격(Energy gap)이 부도체처럼 넓은 것이 아니라. 매우 좁기 때문에 가전자띠의 전자들은 실온에서 열적 에너지를 흡수하여 가전자띠 전다들의 일부분이 전도띠로 전이할 수 있어서 전기 전도를 가질 수 있다.

② N형 반도체

㉠ Si, Ge 등과 같은 Ⅳ족 원소로 된 고유 반도체에 안티몬(Sb), 인(P), 비소(As), 질소(N)와 같은 V족 원소를 첨가한 반도체이다.

㉡ 5가인 불순물을 도우너(donor)라고 한다.

㉢ 불순물이 많이 첨가될수록 전하 운반자는 증가하므로 전기 전도도가 증가한다.

③ P형 반도체

㉠ Si, Ge 등과 같은 Ⅳ족 원소로 된 고유 반도체에 칼륨(Ga), 붕소(B), 인듐(In), 알루미늄(Al)과 같은 Ⅲ족 원소를 첨가한 반도체이다.

㉡ 3가인 불순물을 어셉터(acceptor)라고 한다.

㉢ 불순물이 많이 첨가될수록 전기 전도도는 증가한다.

국제 단위계

줄여서 SI 단위계라고 부르는 국제 단위계(the Systeme International d'Unites)는 무게와 측정에 관한 국제 회의에서 개발된 단위계이며, 전 세계의 모든 산업국들이 채택하고 있다. 이 단위계는 mksa(meter- kilogram-second-ampere) 단위계에 기초를 두고 있다. 아래의 자료들은 미국 표준국 NBS의 특별 간행물 330(1981년판)으로부터 발췌하였다.

양	단위 이름	기 호	
	SI 기본단위		
길이	meter	m	
질량	kilogram	kg	
시간	second	s	
전류	ampere	A	
열역학적 온도	kelvin	K	
광도	candela	cd	
물질의 양	mole	mol	
	SI 유도단위		등가단위
넓이	square meter	m^2	
부피	cubic meter	m^3	s^{-1}
진동수	hertz	Hz	
질량밀도(밀도)	kilogram per cubic meter	kg/m^3	
속력, 속도	meter per second	m/s	
각속도	radian per second	rad/s	
가속도	meter per second squared	m/s^2	
각가속도	radian per second squared	rad/s^2	
힘	newton	N	$kg \cdot m/s^2$
압력(역학적, 변형력)	pascal	Pa	N/m^2
운동학적 점성	squared meter per second	m^2/s	
동력학적 점성	newton-second per square meter	$N \cdot s/m^2$	
일, 에너지, 열량	joule	J	$N \cdot m$

양	단위 이름	기 호	등가단위
일률	watt	W	J/s
전기량	coulomb	C	A · s
전위차, 기전력	volt	V	W.A, J/C
전기장의 강도	volt per meter	V/m	N/C
전기저항	ohm	Ω	V.A
전기용량	farad	F	A · s/V
자기선속	weber	Wb	V · s
인덕턴스	henry	H	V · s/A
자기 선속 밀도	tesla	T	Wb/m^2
자기장 세기	ampere per meter	A/m	
기자력	ampere	A	cd · sr
광선속	lumen	lm	
밝기, 휘도	candela per square meter	cd/m^2	lm/m^2
조명도	lux	lx	
파수	1 per meter	m^{-1}	
엔트로피	joule per kelvin	J/K	
비열용량	joule per kilogram kelvin	J/kg · K	
열전도	watt per meter kelvin	W/m · K	
복사세기(강도)	watt per steradian	W/sr	
방사능(방사성 동위원소의)	becquerel	Bq	s^{-1}
방사선의 조사선량	gray	Gy	J/kg
방사선의 선량당량	sievert	Sv	J/kg
	SI 보충단위		
평면각	radian	rad	
입체각	steradian	sr	

■ SI 단위의 정의

- meter(m) : 미터(meter)는 빛이 진공 중에서 1/299, 792, 458초 동안에 진행하는 거리와 같다.
- kilogram(kg) : 킬로그램(kilogram)은 질량의 단위이며, 국제적인 킬로그램 원기의 질량과 같다. (킬로그램 원기는 프랑스의 무게와 측정에 관한 국제 사무국의 Sevres 지하실에 보관되어 있는 백금과 이리듐의 합금으로 특수 제작된 원기둥이다.)
- second(s) : 초(second)는 세슘 133 원자의 바닥상태의 두 개의 초미세 준위 사이의 전지에 해당하는 복사선의 주기의 9,192,631,770배에 해당하는 시간이다.
- amper(A) : 암페어(amper)는 진공 중에서 1미터 떨어져 있고, 단면적을 무시할 수 있는 무한히 긴 평행도체 사이에 미터 당 $2\times10^{-7}N$의 힘이 작용하도록 하는 정상전류이다.
- kelvin(K) : 캘빈(kelvin)은 물의 삼중점의 열역학적 온도의 1/273.16을 단위로 한 열역학적 온도의 단위이다.
- ohm(Ω) : 옴(ohm)은 도체의 두 점 사이에 가해진 1V의 일정한 전위차에서 그 도체에 1A의 전류가 흐르게 하는 도체의 두 점 사이의 전기저항이다. 이 도체는 어떠한 기전전력이 되지 않는다.
- coulomb(C) : 쿨롱(coulomb)은 1암페어의 전류가 매초 당 운반하는 전기량이다.
- candela(cd) : 칸델라(candela)는 임의의 방향으로 진동수 540×10^{12} Hz인 단색 복사선을 방출하고, 그 방향으로 스테라디안 당 1/683W의 복사세기를 가지는 광원의 발광강도이다.
- mole(mol) : 몰(mole)은 질량수 12인 탄소 0.012kg에 있는 탄소원자의 수와 같은 실체들을 포함하고 있는 계에 있는 물길의 양이다. 그 최소 단위가 되는 실체들은 원자, 분자, 전자, 다른 입자들로 기술되거나, 그러한 입자들의 무리로 기술되어야 한다.
- newton(N) : 뉴톤(newton)은 1kg의 질량에 제곱 초 당 1m의 가속도가 생기게 하는 힘이다.
- joule(J) : 주울(joule)은 1N의 힘이 작용한 질점이 힘의 방향으로 1m의 변위를 일으켰을 때 한 일이다.
- watt(W) : 와트(watt)는 매 초당 1J의 비율로 에너지를 발생시켜 주는 전력이다.
- volt(V) : 볼트(volt)는 도선에서 두 점 사이에 소모되는 전력이 1W일 때, 1암페어의 일정한 전류를 운반하는 두 점 사이의 전위차이다.
- weber(Wb) : 웨버(weber)는 기전력이 1초 동안에 1V의 기전력이 일정한 비율로 0까지 줄어들 때 만들어져 한 번 감은 코일 회로에 연관되는 자기력선 속이다.
- lumen(lm) : 루멘(lumen)은 세기가 1cd인 균일한 점광원에 의해 1 steradian의 입체각으로 방출되는 광선속이다.
- farad(F) : 패럿(farad)는 축전기의 두 판이 각각 IC의 동일한 전기량으로 대전되었을 때, 그 판들 사이에 전위치가 1V가 되는 축전기의 전기용량이다.
- henry(H) : 핸리(henry)는 닫힌회로에서 전류가 매초 당 1A의 비율로 균일하게 변할 때, 회로에 IV의 기전력이 생기는 폐회로의 인덕턴스이다.
- radian(rad) : 라디안(radian)은 원둘레에서 반지름의 길이와 호를 자르는 두 반지름 사이의 평면각이다.
- steradian(sr) : 스테라디안(steradian)은 구의 반지름의 제곱과 넓이가 같은 구면위의 넓이에 대하여 구의 중심으로부터 잘리는 입체각이다.
- SI Prefixes : SI 단위들의 약수나 배수의 이름을 1장의 표 1-1에 나열한 접두사를 응용하여 만들 수 있다.

유용한 수학 관계식

1. 대수

$$a^{-x}=\frac{1}{a^x},\quad a^{(x+y)}=a^x a^y,\quad a^{(x-y)}=\frac{a^x}{a^y}$$

① 로그

만일 $\log a = x$ 이면, $a=10^x$ 이다. $\log a+\log b=\log(ab)$ $\log a-\log b=\log(a/b)$

$\log(a^n)=n\log a$

만일 $\ln a=x$ 이면, $a=e^x$ 이다. $\ln a+\ln b=\ln(ab)$ $\ln a-\ln b=\ln(a/b)$ $\ln(a^n)=n\ln a$

② 근의 공식 : 만일 $ax^2+bx+c=0$ 이면, $x=\dfrac{-b\pm\sqrt{b^2-4ac}}{2a}$ 이다.

2. 이항정리

$$(a+b)^n=a^n+na^{n-1}b+\frac{n(n-1)a^{n-2}b^2}{2!}+\frac{n(n-1)(n-2)a^{n-3}b^3}{3!}+\cdots$$

3. 삼각함수

직각삼각형 ABC 에서 $x^2+y^2=r^2$ 이다.

① 삼각함수의 정의 : $\sin a=y/r$ $\cos a=x/r$ $\tan a=y/x$

② 항등식 : $\sin^2 a+\cos^2 a=1$ $\tan a=\dfrac{\sin a}{\cos a}$

$\sin 2a=2\sin a\cos a$ $\cos 2a=\cos^2 a-\sin^2 a=2\cos^2 a-1$

$\sin\frac{1}{2}a=\sqrt{\dfrac{1-\cos a}{2}}$ $\cos\frac{1}{2}a=\sqrt{\dfrac{1+\cos a}{2}}$

$\sin(-a)=-\sin a$ $\sin(a\pm b)=\sin a\cos b\pm\cos a\sin b$

$\cos(-a)=\cos a$ $\cos(a\pm b)=\cos a\cos b\mp\sin a\sin b$

$\sin(a\pm\pi/2)=\pm\cos a$ $\sin a+\sin b=2\sin\frac{1}{2}(a+b)\cos\frac{1}{2}(a-b)$

$\cos(a\pm\pi/2)=\mp\sin a$ $\cos a+\cos b=2\cos\frac{1}{2}(a+b)\cos\frac{1}{2}(a-b)$

4. 기하

반지름 r 인 원 둘레 : $C = 2\pi r$

반지름 r 인 원의 넓이 : $A = \pi r^2$

반지름 r 인 구의 부피 : $V = 4\pi r^3/3$

반지름 r 인 구의 겉넓이 : $A = 4\pi r^2$

반지름 r 이고 높이 h 인 원통의 부피 : $V = \pi r^2 h$

5. 미적분

① 미분

$$\frac{d}{dx} x^n = nx^{n-1}$$

$$\frac{d}{cx} \sin ax = a \cos ax$$

$$\frac{d}{dx} \cos ax = -a \sin ax$$

$$\frac{d}{dx} e^{ax} = ae^{ax}$$

$$\int \frac{dx}{\sqrt{a^2 - x^2}} - \arcsin \frac{x}{a}$$

$$\int \frac{dx}{\sqrt{x^2 + a^2}} = \ln(x + \sqrt{x^2 + a^2})$$

$$\int \frac{dx}{x^2 + a^2} = \frac{1}{a} \arctan \frac{x}{a}$$

$$\int \frac{dx}{(x^2 + a^2)^{3/2}} = \frac{1}{a^2} \frac{x}{\sqrt{x^2 + a^2}}$$

② 적분

$$\int x^n dx = \frac{x^{n+1}}{n+1}$$

$$\int \frac{dx}{x} = \ln x$$

$$\int \sin ax\, dx = -\frac{1}{a} \cos ax$$

$$\int \cos ax\, dx = \frac{1}{a} \sin ax$$

$$\int e^{ax} dx = \frac{1}{a} e^{ax}$$

멱급수(주어진 x 의 범위에서 수렴한다.)

$$\sin x = x - \frac{x^3}{3!} + \frac{x^5}{5!} - \frac{x^7}{7!} + \cdots \quad (\text{all} x)$$

$$\cos x = 1 - \frac{x^2}{2!} + \frac{x^4}{4!} - \frac{x^6}{6!} + \cdots \quad (\text{all} x)$$

$$\tan x = x + \frac{x^3}{3} + \frac{2x^5}{15} - \frac{17x^7}{315} + \cdots \quad (|x| < \pi/2)$$

$$e^x = 1 + x + \frac{x^2}{2!} + \frac{x^3}{3!} + \cdots \quad (\text{all} x)$$

$$\ln(1 + x) = x - \frac{x^2}{2} + \frac{x^3}{3} - \frac{x^4}{4} + \cdots \quad (|x| < 1)$$

희랍 문자

영문이름	대문자	소문자	이름
Alpha	Α	α	알파
Beta	Β	β	베타
Gamma	Γ	γ	감마
Delta	Δ	δ	델타
Epsilon	Ε	ε	입실론
Zeta	Ζ	ζ	제타
Eta	Η	η	에타
Theta	Θ	θ	쎄타
Iota	Ι	ι	아이오타
Kappa	Κ	κ	카파
Lambda	Λ	λ	램다
Mu	Μ	μ	뮤-
Nu	Ν	ν	뉴
Xi	Ξ	ξ	크시, 자이
Omicron	Ο	ο	오미크론
Pi	Π	π	파이
Pho	Ρ	ρ	로
Sigma	Σ	σ	시그마
Tau	Τ	τ	타우
Upsilon	Υ	υ	웁실론
Phi	Φ	φ	화이
Chi	Χ	χ	카이
Psi	Ψ	ψ	프시
Omega	Ω	ω	오메가

원소의 주기율표

주기	IA	IIA	IIIB	IVB	VB	VIB	VIIB	VIIIB		VIIIB	IB	IIB	IIIA	IVA	VA	VIA	VIIA	불활성 기체
1	1 H 1.008																	2 He 4.003
2	3 Li 6.941	4 Be 9.012											5 B 10.811	6 C 12.011	7 N 14.007	8 O 15.999	9 F 18.998	10 Ne 20.179
3	11 Na 22.990	12 Mg 24.305											13 Al 26.982	14 Si 28.086	15 P 30.974	16 S 32.064	17 Cl 35.353	18 Ar 39.948
4	19 K 39.098	20 Ca 40.08	21 Sc 44.956	22 Ti 47.90	23 V 50.942	24 Cr 51.996	25 Mn 54.938	26 Fe 55.847	27 Co 58.933	28 Ni 58.70	29 Cu 63.546	30 Zn 65.38	31 Ga 69.72	32 Ge 72.59	33 As 74.922	34 Se 78.96	35 Br 79.904	36 Kr 83.80
5	37 Rb 85.468	38 Sr 87.62	39 Y 88.906	40 Zr 91.22	41 Nb 92.906	42 Mo 95.94	43 Tc (99)	44 Ru 101.07	45 Rh 102.905	46 Pd 106.4	47 Ag 107.868	48 Cd 112.41	49 In 114.82	50 Sn 118.69	51 Sb 121.75	52 Te 127.60	53 I 126.905	54 xE 131.30
6	55 Cs 132.905	56 Ba 137.53	57 La 138.905	72 Hf 178.49	73 Ta 180.948	74 W 183.85	75 Re 186.2	76 Os 190.2	77 Ir 192.22	78 Pt 192.22	79 Au 196.966	80 Hg 200.59	81 TI 204.37	82 Pb 207.19	83 Bi 208.2	84 Po (210)	85 At (210)	86 Rn (222)
7	87 Fr (223)	88 Ra (226)	89 Ac (227)	104 Rf(?) (261)	105 Ha(?) (262)	106 (257)	107 (260)											
	58 Ce 140.12	59 Pr 140.907	60 Nd 144.24	61 Pm (145)	62 Sm 150.35	63 Eu 151.96	64 Gd 157.25	65 Tb 158.925	66 Dy 162.50	67 Ho 164.930	68 Er 167.26	69 Tm 168.934	70 Yb 173.04	71 Lu 174.96				
	90 Th (232)	91 Pa (231)	92 U (238)	93 Np (239)	94 Pu (239)	95 Am (240)	96 Cm (242)	97 Bk (245)	98 Cf (246)	99 Es (247)	100 Fm (249)	101 Md (256)	102 No (254)	103 Lr (257)				

각 원소들은 자연에 존재하는 동위원소들의 혼합물의 평균원자량이다. 안정한 동위원소들이 없는 원소들은 가장 대표적인 동위원소의 원자량의 근사값을 괄호 안에 표시하였다.

단위 변환 인자

1. 길이

$1\,m = 100cm = 1000mm = 10^6\mu m = 10^9 nm$
$1\,km = 1000m = 0.6214mi$
$1\,m = 3.281ft = 39.37in$
$1\,cm = 0.3937in$
$1\,in. = 2.540cm$
$1\,ft = 3.48cm$
$1\,yd = 91.44cm$
$1\,mi = 5280ft = 1.609km$
$1\,Å = 10^{-10}m = 10^{-8cm} = 10^{-1}nm$
1 nautical mile = 6080ft
1 light year $= 9.461\times10^{15}m$

2. 넓이

$1\,cm^2 = 0.155in^2$
$1\,m^2 = 10^4cm^2 = 10.76ft^2$
$1\,in^2 = 6.452cm^2$
$1\,ft^2 = 144in^2 = 0.0929m^2$

3. 부피

1 liter $= 1000cm^3 = 10^{-3}m^3 = 0.03531ft^3 = 61.02in^3$
$1\,ft^3 = 0.02832m^3 = 28.32$liters $= 7.477$gallons
1 gallon = 3.788liters

4. 시간

1 min = 60s
1 h = 3600s
1 d = 86,400s
$1\,y = 365.24d = 3.156\times10^7 s$

5. 각도

$1\,rad = 57.30°(180°/\pi)$
$1° = 0.01745\,rad = \pi/180\,rad$
1 revolution $= 360° = 2\pi\,rad$
1 rev/min(rpm) = 0.1047rad/s

6. 속력

1 m/s = 3.281ft/s
1 ft/s = 0.048m/s
1 mi/min = 60mi/h = 88ft/s
1 km/h = 0.2778m/s = 0.6214mi/h
1 mi/h = 1.466ft/s = 0.4470m/s = 1.609km/h
1 furlong/fortnight $= 1.662\times10^{-4}m/s$

7. 가속도

$1\,m/s^2 = 100cm/s^2 = 3.281ft/s^2$
$1\,cm/s^2 = 0.01m/s^2 = 0.03281ft/s^2$
$1\,ft/s^2 = 0.3048m/s^2 = 30.48cm/s^2$
$1\,mi/h \cdot s = 1.467ft/s^2$

8. 질량

$1\,kg = 10^3g = 0.0685slug$
$1\,g = 6.85\times10^{-5}slug$
1 slug = 14.59 kg
$1\,u = 1.661\times10^{-27}kg$
1 kghas a weight of 2.205 Ib when $g = 9.80m/s^2$

9. 힘

$1\,N = 10^5dyn = 0.2248Ib$
$1\,Ib = 4.448N = 4.448\times10^5dyn$

10. 압력

$1\,Pa = 1N/m^2 = 1.451\times10^{-4}Ib/in^2 = 0.209Ib/ft^2$
$1\,bar = 10^5Pa$
$1\,Ib/in^2 = 6891Pa$
$1\,Ib/ft^2 = 47.85Pa$
$1\,atm = 1.013\times10^5Pa = 1.013bar$
$= 14.7\,Ib/in^2 = 2117Ib/ft^2$
1 mmHg = 1torr = 133.3Pa

11. 에너지

$1\,J = 10^7ergs = 0.239cal$
1 cal = 4.186J(based on 15° calorie)
$1\,ft \cdot Ib = 1.356J$
$1\,Btu = 1055J = 252cal = 778ft \cdot Ib$
$1\,eV = 1.602\times10^{-19}J$
$1\,kWh = 3,600\times10^6\,J$

12. 질량-에너지 등가

$1\,kg \leftrightarrow 8.988\pm10^{16}J$
$1\,u \leftrightarrow 931.5MeV$
$1\,eV \leftrightarrow 1.073\times10^{-9}u$

13. 일률

1 W = 1J/s
$1\,hP = 746W = 550ft \cdot Ib/s$
1 Btu/h = 0.293W

상 수

기본 물리 상수

이 름	기 호	값
빛의 속력	c	2.99792458×10^{8} m/s
전자의 전하량	e	1.602177×10^{-19}C
중력상수	G	6.67259×10^{-11} N · m^2/kg^2
Planck 상수	h	$6.6260755 \times 10^{-34}$ J · s
Boltzmann 상수	k	1.38066×10^{-23} J/K
Avogadro/수	N_A	6.022×10^{23} molecules/mol
기체 상수	R	8.314510 J/mol · K
전자의 질량	m_e	9.10939×10^{-31} kg
중성자의 질량	m_a	1.67493×10^{-27} kg
양성자의 질량	m_p	1.67262×10^{27} kg
자유 공간의 유전율	ε_o	$8.854 \times 10^{12} C^2/N \cdot m^2$
	$1/4\pi\varepsilon_o$	8.987×10^{9} N · m^2/C^2
자유 공간의 투자율	μ_o	$4\pi \times 10^{07}$ Wb/A · m

다른 유용한 상수

열의 일당량	1 atm	4.186 J/cal(15°calorie)
표준 대기 압력	0 K	$1.013 \times 10^{5} Pa$
절대영도	1 eV	−273.15℃
전자볼트	1 u	1.602×10^{-19} J
원자 질량 단위	mc^2	1.66054×10^{-27} kg
전자의 정지 에너지	Mc^2	0.511 MeV
1u의 에너지 동등량	V	931.494 eV
이상기체의 부피(0℃ 1기압)	g	22.4 liter/mol
중력 가속도(적도의 해수면)		9.7849 m/s^2

태양계

천체	질량, kg	반지름, m	궤도 반지름, m	공전 주기
태양	1.99×10^{30}	6.96×10^{8}	—	—
달	7.35×10^{22}	1.74×10^{6}	0.38×10^{9}	27.3 d
수성	3.28×10^{23}	2.57×10^{6}	5.79×10^{10}	88.0 d
금성	4.82×10^{24}	6.31×10^{6}	1.08×10^{11}	224.7 d
지구	5.98×10^{24}	6.38×10^{6}	1.49×10^{11}	365.3 d
화성	6.42×10^{23}	3.38×10^{6}	2.28×10^{11}	687.0 d
목성	1.89×10^{27}	7.18×10^{7}	7.78×10^{11}	11.86 y
토성	5.69×10^{26}	6.03×10^{7}	1.48×10^{12}	29.46 y
천왕성	8.66×10^{25}	2.67×10^{7}	2.87×10^{12}	84.01 y
Neptune	1.03×10^{26}	2.48×10^{7}	4.49×10^{12}	164.8 y
Pluto	1.1×10^{22}	4×10^{5}	5.91×10^{12}	248.7 y

제 1 장 힘과 운동

출제경향분석

이 단원은 물리학에 있어서 가장 기본적인 분야로 각종 시험에서 1, 2문제 이상씩 출제되고 있다. 특히 중력장에서의 운동과 원운동에 대해서는 개념을 철저히 공부하고 많은 문제를 반복해서 풀어보는 연습이 필요하다.

세 부 목 차

1. 측 정

KEY POINT

1 단 위

자연계의 어떤 양을 정의하려고 할 때 어떤 표준을 설정하게 되는데 이렇게 설정된 표준의 부과를 단위라고 한다. 이때 그 정의는 유용하고 실용적이어야 하고 표준은 손쉽고 불변이어야 한다.

물질의 질량을 측정하는 데는 무게를 비교하는 방법으로 천칭을 사용한다. 이때 표준이 되는 질량으로서 킬로그램 원기가 있다. 킬로그램 원기는 백금 90%, 이리듐 10%의 합금으로 만들어졌으며, 지름과 높이가 39mm의 원주형인데, 실물은 국제 도량형국에 보관되어 있다. 이 원기는 1기압, 4℃ 아래 놓여 있는 순수한 물 $1.0\times10^{-3}\,m^3$ 즉, $1l$의 질량을 1kg이라 하고 이것을 기준으로 하여 만들어졌다.

따라서 질량의 단위에는 킬로그램(kg)이 사용되며, 비교적 작은 질량에는 1kg의 천분의 1인 그램(g)이 사용된다. 물질 $1m^3$(또는, $1cm^3$)당의 질량을 그 물질의 밀도라 한다.

또 시간은 1초를 세슘 원자 ^{133}Cs에서 복사되는 복사선의 진동 주기의 9192631770배로 정하였다.

그리고 길이는 1983년 이후부터 빛의 진행거리가 기준으로 선정되고, 빛이 진공 내에서 $\frac{1}{299792458}$초 동안에 진행하는 거리가 1m로 정의되었다.

(1) 각도의 단위

각도의 단위법에는 두 가지가 있다.

원주 전체에 대한 중심각을 360°(도)로 하고 1°를 60′(분)으로 등분하고 또 1′을 60″(초)로 등분하여 사용하는 단위법을 60분법이라 한다. 이에 대해 단위원(반지름 1m인 원)에서 단위 원호 길이에 대한 중심각을 1rad이라 하고 이것을 단위로 하는 각도의 단위법을 호도법이라 한다. 따라서 반지름 r인 원에서 길이 s인 호의 중심각 θ는

$$\theta = \frac{s}{r}\,[\mathrm{rad}]$$

이 되며, 전체 원주에 대한 중심각은 $\frac{2\pi r}{r} = 2\pi\,[\mathrm{rad}]$이 된다.

그러므로

$$1^\circ = \frac{\pi}{180}\,[\mathrm{rad}]$$

이 되며

$$1\,[\text{rad}] = \frac{180°}{\pi} \fallingdotseq 57.3°$$

가 된다.

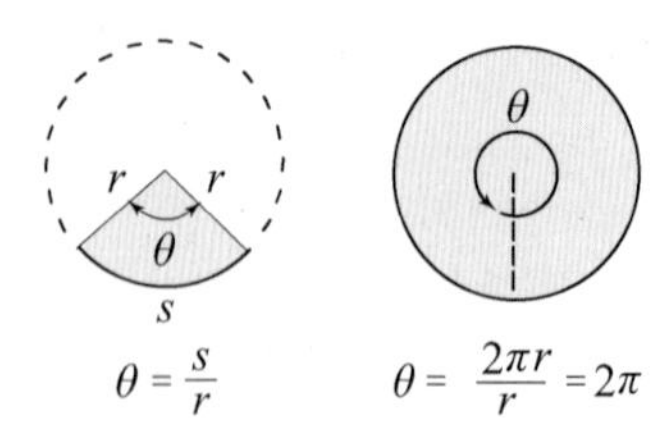

60분법과 호도법

60분법	0°	30°	45°	60°	90°	180°	360°
호도법	0	$\frac{\pi}{6}$	$\frac{\pi}{4}$	$\frac{\pi}{3}$	$\frac{\pi}{2}$	π	2π

■ 각도 θ가 매우 작을 때 $\theta \approx \sin\theta \approx \tan\theta$ 로도 흔히 사용한다.

(2) 물리에서 필요한 간단한 삼각 함수

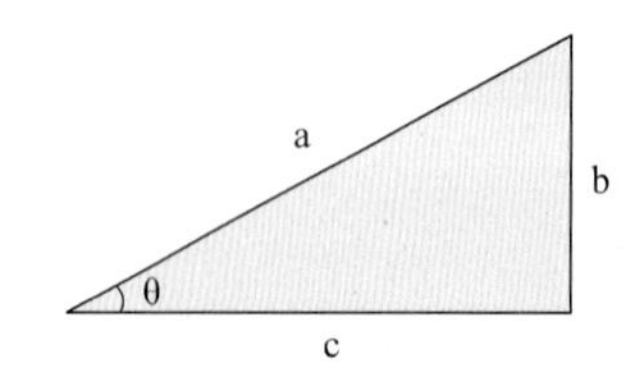

$\sin\theta = \frac{b}{a}$　　　$\cos\theta = \frac{c}{a}$　　　$\tan\theta = \frac{b}{c}$　이다.

또 각이 θ=30, 45, 60°인 경우는 값을 알아두면 편리하다.

θ	$\sin\theta$	$\cos\theta$
0°	0	1
30°	$\frac{1}{2}$	$\frac{\sqrt{3}}{2}$
45°	$\frac{\sqrt{2}}{2}$	$\frac{\sqrt{2}}{2}$
60°	$\frac{\sqrt{3}}{2}$	$\frac{1}{2}$
90°	1	0
180°	0	-1

(3) 기본단위와 유도단위

물리량의 단위에는 기본량에 대응되는 기본단위와 유도량에 대응되는 유도단위가 있다. 따라서 역학적양인 길이, 질량, 시간의 단위와 온도, 전류 등의 단위가 기본단위에 속한다. 그리고 이것들의 결합으로써 된 것은 유도단위가 된다. 즉, 길이와 시간에 대한 기본 단위의 결합으로써 된 것이 유도단위이다.

도량형회의에서 기본단위를 정하고 그것을 기본으로 계산에 의해 유도된 유도단위가 정해진다.

기본단위

량	명 칭	기 호
길 이	meter	m
질 량	kilogram	kg
시 간	Second	S
전 류	Ampere	A
온 도	Kelvin	K
물질의 양	mole	mol
광도(光度)	cendela	cd

(4) 유도 단위

속도 $= \frac{\text{길이}}{\text{시간}}$ m/s

힘 = 질량×가속도 $kg\ m/s^2$

가속도 $= \frac{\text{속도변화}}{\text{시간}}$ m/s^2

밀도 $= \frac{\text{질량}}{\text{부피}}$ kg/m^3

예제 1

중력상수(G)와 Planck 상수(h)의 단위를 각각 올바르게 표시한 것은? (2020년 국가직)

	G	h
①	$kg^{-1} \cdot m^3 \cdot sec^{-2}$	$kg \cdot m^2 \cdot sec^{-1}$
②	$kg^{-1} \cdot m^3 \cdot sec^{-2}$	$kg \cdot m \cdot sec$
③	$kg \cdot m^2 \cdot sec^{-2}$	$kg \cdot m^2 \cdot sec^{-1}$
④	$kg \cdot m^2 \cdot sec^{-2}$	$kg \cdot m \cdot sec$

풀이 $F = G\frac{m_1 m_2}{r^2}$ $rmv = \frac{h}{2\pi} \cdot n$이므로

$kg \cdot m/s^2 = G\frac{kg^2}{m^2}$ $m \cdot kg \cdot m/s = h$

$G = kg^{-1} \cdot m^3 \cdot sec^{-2}$ $h = kg \cdot m^2 \cdot sec^{-1}$

KEY POINT

■ 기타 유도단위

진동수 Hz 헤르쯔 $(=s^{-1})$

압력 Pa 파스칼 $(=N/m^2)$

전하량 C 쿨롬 $(=A \cdot s)$

2 단위계

(1) C.G.S 단위계

길이(cm) 질량(g) 시간(Second)로부터 유도된 단위계

(2) M.K.S 단위계

길이(m) 질량(g) 시간(Second)로부터 유도된 단위계

※ 참고단위

10^{-12}	P(Pico)	10^{-9}	n(nano)
10^{-6}	μ(micro)	10^{-3}	m(milli)
10^{12}	T(tera)	10^{9}	G(giga)
10^{6}	M(mega)	10^{3}	K(killo)
10^{2}	h(hecto)		

KEY POINT

■ 차원을 알면 그 물리량이 나타내는 것을 알 수 있다.
예) 압력×부피는
$N/m^2 \times m^3 = N \times m$
가 되어 일의 양이 된다.

3 차 원

어떤 양의 물리적 구성을 질량, 길이, 시간, 힘의 조합을 그것들의 지수형으로 나타낸 것으로 차원이 같으면 물리적 성질도 같다.
따라서 차원이 같은 식이라면 덧셈과 뺄셈이 가능하다. 즉, 방정식의 양변이 같은 차원을 가져야 한다. 만일 서로 다르면 그 방정식은 틀린 것이다.

(1) 종 류

① MLT계(절대 단위계) : Mass, Length, Time으로 나타낸 단위계
② FLT계(중력 단위계) : Force, Length, Time으로 나타낸 단위계

(2) 차원을 나타내는 몇 가지 예

① 밀도 g/cm^3 $[ML^{-3}]$
② 가속도 m/s^2 $[LT^{-2}]$
③ 힘(질량×가속도) $N = kgm/s^2$ $[MLT^{-2}]$ $[F]$
④ 일(힘×거리) $J = N \cdot m$ $[ML^2T^{-2}]$ $[FL]$

2. 벡 터

1 스칼라와 벡터

(1) 스칼라

방향에 관계없이 크기만을 갖는 물리량을 스칼라고 한다.

예 시간, 길이, 질량, 속력 등

(2) 벡 터

방향과 크기를 모두 갖는 물리량을 벡터라고 한다.

예 변위, 속도, 힘, 전기장 등

(3) 벡터의 표시

문자로 나타낼 때 스칼라와 구분하기 위해 $\vec{a}$, $\vec{b}$처럼 나타내고 계산을 위해서는 유용한 화살표로 표시하며 화살표의 끝모양 쪽이 방향이 되고 화살표의 길이가 크기를 나타낸다.

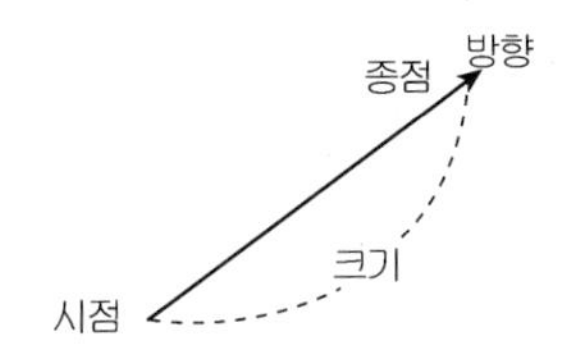

KEY POINT

■ 에너지는 스칼라량이고 운동량은 벡터량이다.

2 벡터의 합성과 분해

벡터의 연산문제는 이자체가 물리학이라기보다는 수학이므로 여기서는 물리학을 하기 위한 수단으로써 필요한 부분만 간략히 알아보도록 한다.

(1) 벡터의 합성

벡터를 더하고 뺄 때는 같은 방향의 성분끼리 계산한다.

즉 $\vec{a}+\vec{b}=(a_x+b_x,\ a_y+b_y)$ $\vec{a}-\vec{b}=(a_x-b_x,\ a_y-b_y)$

예 $\vec{A}=(2.\ 4)$ $\vec{B}=(0,\ 3)$이면

$\vec{A}+\vec{B}=(2+0,\ 4+3)=(2,\ 7)$이 된다.

① 평행사변형법

$\vec{A}$, $\vec{B}$ 두 벡터가 시점끼리 닿아 있을 때는 그림처럼 평행사변형법으로 합성벡터를 구한다.

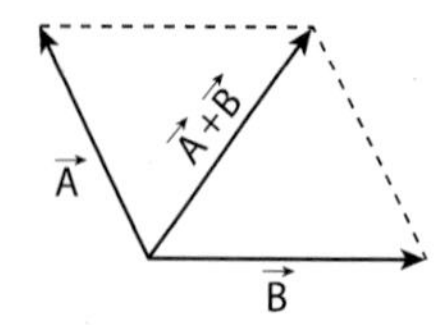

② 삼각형법

$\vec{A}$, $\vec{B}$ 두 벡터가 한 벡터의 종점에 또 다른 벡터의 시점이 오면 처음 벡터($\vec{A}$)의 시점에서 또 다른 벡터($\vec{B}$)의 종점까지의 화살표로 표시한다.

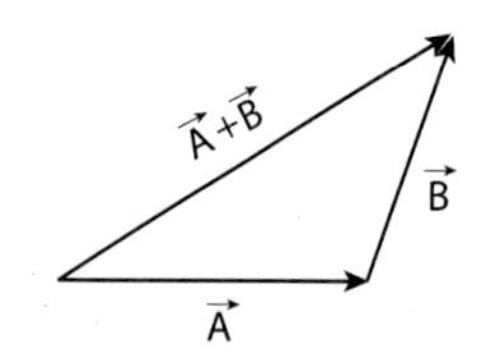

※ 잘못된 계산법

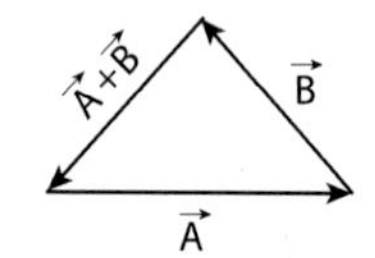

그림. 벡터의 합성이 잘못된 경우

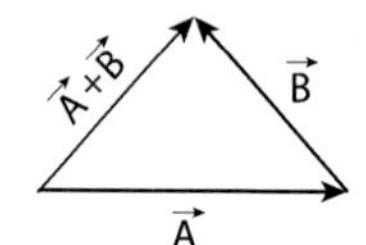

그림. 벡터 합성이 제대로 된 경우

(2) 벡터의 차

한 벡터량을 다른 벡터량에서 뺀다는 것은 빼려고 하는 것의 음의 양(-)을 벡터적으로 더하는 것과 같다. 여기서 주어진 벡터의 음의 양이라 함은 크기는 같으나 방향이 반대인 벡터를 의미한다. 즉 A와 B를 벡터라고 하면 $A-B$는

$$A-B=A+(-B)\quad \text{이다.}$$

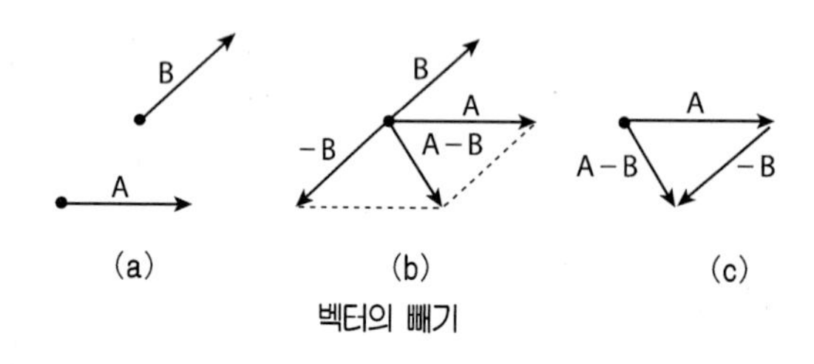

벡터의 빼기

KEY POINT

■ 벡터의 합성
- 삼각형법
- 평행사변형법

벡터의 차를 구하는 방법은 그림과 같다. 즉, 그림 (a)와 같이 주어진 벡터 A와 B에서 벡터의 차 (A-B)를 그림 (b)에는 '평형사변형법'으로, 그림 (c)에는 '삼각형법'으로 구하는 방법을 그림으로 각각 설명하였다.

3 벡터의 분해

합성과 반대로 하나의 벡터를 둘로 나누는 것이다.

$\vec{F}_x + \vec{F}_y = \vec{F}$ 가 되듯이 하나의 벡터 $\vec{F}$ 를 두 개의 벡터 $\vec{F}_x$, $\vec{F}_y$ 로 나누었고 그 값은 $F_x = F\cos\theta$, $F_y = F\sin\theta$ 로 표시된다.

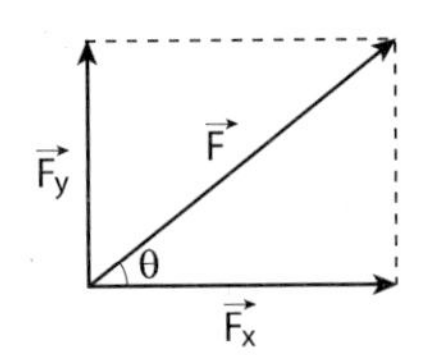

KEY POINT

■ 벡터의 분해

$A = A\sin\theta + A\cos\theta$

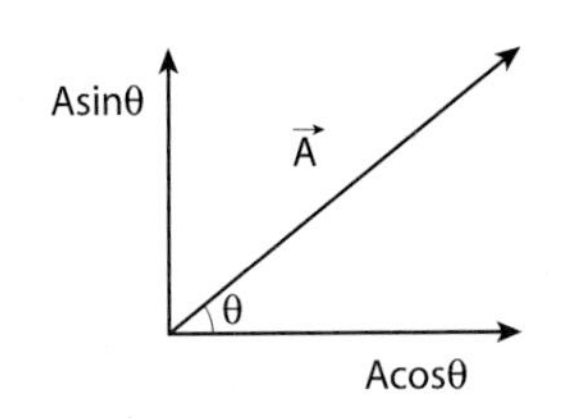

4 벡터의 곱셈

(1) 스칼라 곱

두 벡터를 곱하여 스칼라가 되는 경우는 $\vec{a}\cdot\vec{b} = ab\cos\theta$로 정의한다. 이러한 곱셈을 스칼라곱 또는 도트(dot)곱이라 한다. 스칼라 곱은 교환법칙과 분배법칙이 성립한다.

$$\vec{a}\cdot\vec{b} = \vec{b}\cdot\vec{a}$$
$$\vec{a}\cdot(\vec{b}+\vec{c}) = \vec{a}\cdot\vec{b} + \vec{a}\cdot\vec{c}$$

직각 좌표계의 단위 벡터끼리의 스칼라곱은 다음과 같다.

$$i\cdot i = j\cdot j = k\cdot k = 1$$
$$i\cdot j = i\cdot k = j\cdot k = 0$$

직각 좌표계의 단위 벡터로 표현되어 있는 $\vec{a}$와 $\vec{b}$의 스칼라곱은 다음과 같이 각 성분끼리의 곱의 합이 된다.

KEY POINT

$$\vec{a}\cdot\vec{b}=(a_x i+a_y j+a_z k)\cdot(b_x i+b_y j+b_z k)$$
$$=a_x b_x(i\cdot i)+a_x b_y(i\cdot j)+a_x b_z(i\cdot k)$$
$$+a_y b_x(j\cdot i)+a_y b_y(j\cdot j)+a_y b_z(j\cdot k)$$
$$+a_z b_x(k\cdot i)+a_z b_y(k\cdot j)+a_z b_z(k\cdot k)$$
$$=a_x b_x+a_y b_y+a_z b_z$$

(2) 벡터곱

두 벡터를 곱하여 벡터가 되는 경우는 $\vec{a}\times\vec{b}=\vec{c}$로 정의 한다. 이러한 곱셈을 벡터곱 또는 크로스(cross)곱이라고 한다. 두 벡터가 곱해져서 새로운 벡터 $\vec{c}$가 만들어 지는데 $|\vec{c}|=absin\theta$ 이다.
여기서 θ는 두 벡터 사이각이다.

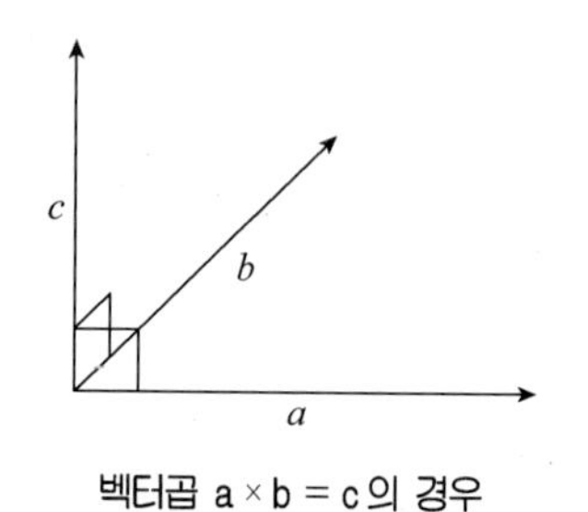

벡터곱 a × b = c의 경우

직각좌표계의 단위 벡터끼리의 벡터곱은

i×i=j×j=k×k=0
i×j=k, j×i=-k
j×k=i, k×j=-i
k×i=j, i×k=-j 이다.

벡터곱 a×b는

$$a\times b=(a_x i+a_y j+a_z k)\times(b_x i+b_y j+b_z k)$$
$$=a_x b_x(i\times i)+a_x b_y(i\times j)+a_x b_z(i\times k)+a_y b_x(j\times i)+a_y b_y(j\times j)$$
$$+a_y b_z(j\times k)+a_z b_x(k\times i)+a_z b_y(k\times j)+a_z b_z(k\times k)$$
$$=a_x b_y k-a_x b_z j-a_y b_x k+a_y b_z i+a_z b_x j-a_z b_y i$$
$$=(a_y b_z-a_z b_y)i+(a_z b_x-a_x b_z)j+(a_x b_y-a_y b_x)k$$ 이 된다.

이 결과는 다음과 같이 행렬식으로 나타낼 수 있다.

$$a\times b=\begin{vmatrix} i & j & k \\ a_x & a_y & a_z \\ b_x & b_y & b_z \end{vmatrix}$$

■ 벡터의 방향

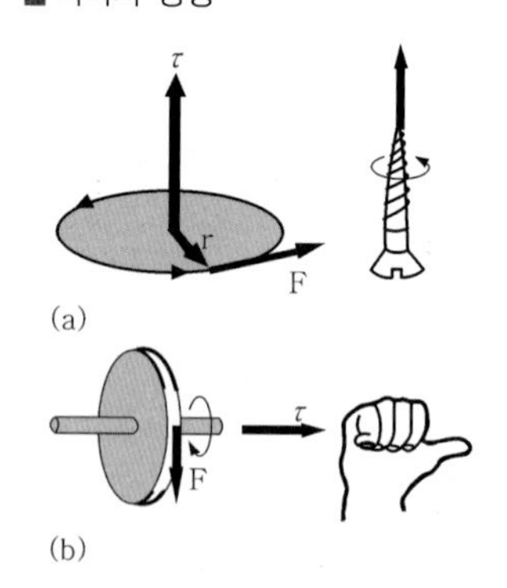

(a) 힘에 의해서 오른손 나사가 나아가는 방향
(b) 오른손 법칙 : 힘의 방향으로 손가락을 감을 때, 엄지가 가리키는 방향이다.
(예) $\vec{r}\times\vec{F}=\vec{\tau}$

연습문제

해 설

1 다음 물리량 가운데 벡터량이 아닌 것은?

① 전기장　　② 에너지
③ 압력　　④ 변위
⑤ 운동량

해설 **1**
에너지는 크기만 가진 스칼라이다.

2 다음 보기 중 $\vec{A}+\vec{B}$를 옳게 나타낸 것은?

①
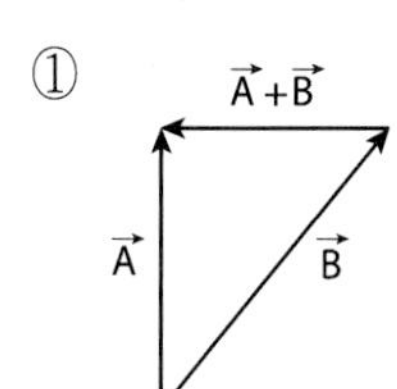

②
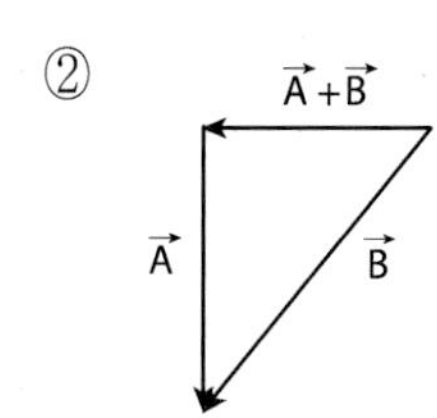

③
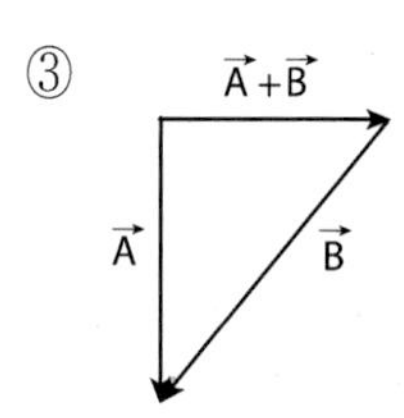

④
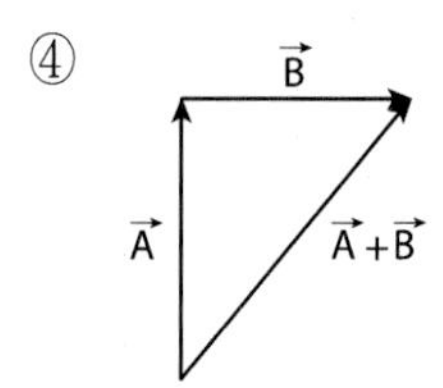

⑤
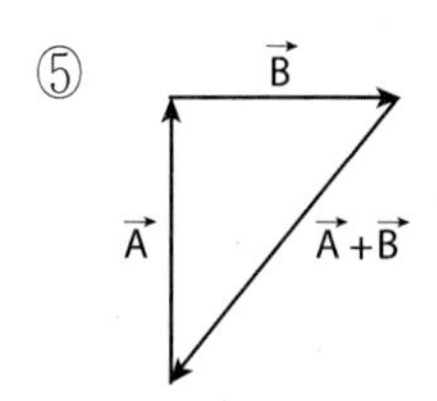

3 다음 중 성격이 다른 물리량은?

① 에너지　　② 힘
③ 열량　　④ 포텐셜 에너지
⑤ 시간

해설 **3**
힘은 크기와 방향을 갖는 벡터이고 나머지는 모두 스칼라이다.

4 물체에 가로 방향으로 4 N, 세로 방향으로 3 N의 힘이 동시에 작용할 때 힘의 합력은 얼마인가?

① 3 N　　② 4 N
③ 5 N　　④ 7 N
⑤ 12 N

해설 **4**

4N
3N
합력

따라서 합력
$F=\sqrt{3^2+4^2}$
$=5N$

정답 1. ② 2. ④ 3. ② 4. ③

5 원점에서 $x=4,\ y=0$에 이르는 벡터와 $x=-3,\ y=-3$에 이르는 벡터의 합성 벡터는?

① $x=1,\ y=-3$

② $x=1,\ y=3$

③ $x=7,\ y=3$

④ $x=12,\ y=-3$

⑤ $x=-3,\ y=1$

6 에너지의 차원은?

① $[MLT]$

② $[ML^2T^{-1}]$

③ $[ML^2T^2]$

④ $[ML^{-2}T^2]$

⑤ $[ML^2T^{-2}]$

해 설

해설 **5**

$\vec{A}=(4,\ 0)\ \ \vec{B}=(-3,\ -3)$이라 하면

$\vec{A}+\vec{B}=(4\ -3,\ 0\ -3)=(1,\ -3)$

해설 **6**

에너지의 단위 $\mathrm{J}=N\cdot m$

$(N=\mathrm{kg}\cdot\mathrm{m/s^2})\Rightarrow \mathrm{J}=\mathrm{kg}\cdot\mathrm{m^2/s^2}$

차원은 ML^2T^{-2}

정답 5. ① 6. ⑤

3. 물체의 운동

1 거리와 변위

(1) 거 리

물체가 움직일 때 실제로 이동한 경로로 스칼라적인 물리량이다.

(2) 변 위

물체가 움직일 때 이동 경로에 관계없이 변한 위치를 직선 거리와 방향으로 표시한 벡터적인 물리량이다.

KEY POINT

■ 원에서 주의

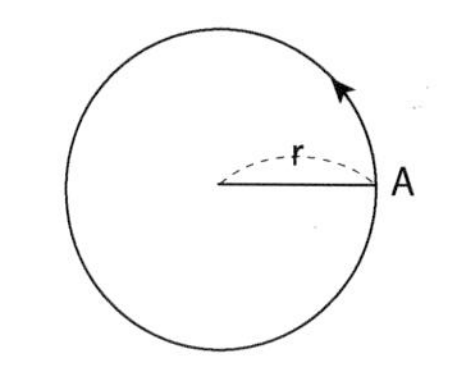

1회전시
거리 $= 2\pi r$
변위 $= 0$

예제 1

그림은 직선 운동을 하는 어떤 물체의 위치를 시간에 따라 나타낸 것이다. 이에 대한 설명으로 옳지 않은 것은? (2021 경력경쟁 9급)

① 6초 때 물체의 순간 속력은 0이다.
② 0 ~ 10초 동안 이동한 거리는 16 m이다.
③ 0 ~ 10초 동안 평균 속력과 평균 속도는 같다.
④ 0 ~ 10초 동안 평균 속도의 크기는 0.4 m/s이다.

풀이 6초일 때 접점의 기울기가 0이므로 순간속력은 0이다.
0~10초 동안 이동거리는 전방으로 10m 이동 후 6m 후방으로 이동하여 총 이동거리는 16m이고 10초 동안 변위는 4m이다.
10초 동안 평균 속력은 $\frac{16}{10}$(m/s)이고 평균 속도는 $\frac{4}{10}$(m/s)이다. 정답은 ③이다.

2 속도와 속력

물체의 운동의 빠름을 비교하려 할 때에는 일정한 시간 동안에 물체가 이동한 거리를 비교하면 된다. 이 이동한 거리를 변위라 하고 단위 시간 동안에 이동한 변위를 속도라 한다. 변위나 속도는 크기와 방향을 가지는 물리량이다. 어느 방향으로 얼마만큼 이동했다든가, 어느 방향으로 얼마의 빠르기로 달렸다는 것이 명확하게 표시되어야 물체의 운동 상태가 명확해지기 때문이다. 이와 같이 방향과 크기를 가지는 물리량을 벡터라 하고, 이에 대해 길이나 온도와 같이 크기만을 가지는 물리량을 스칼라라 한다. 일반적으로 속도의 크기는 빠름이나 속력이라는 말로 나타내는 것이 통례로 되어 있으나 특정한 방향을 생각할 필요가 없는 경우에도 편의상 속도의 크기라는 말을 줄여서 속도라고 하는 경우도 많이 있다.

KEY POINT

■ 속력 $= \frac{거리}{시간}$

■ 속도 $= \frac{변위}{시간}$

(1) 속 력

속력이란 단위시간당 물체가 이동한 거리이다. 즉

속력 $= \frac{이동거리}{시간}$ (스칼라) $v = \frac{s}{t}$ 이다.

(2) 속도

물체의 속력과 방향을 동시에 나타내는 양으로 단위시간당 물체의 변위이다. 즉

속도 $= \frac{변위}{시간}$ (벡터) $\vec{v} = \frac{\vec{s}}{t}$ 이다.

(3) 순간속력

움직이는 물체의 어느 한 순간의 속력을 말하며 거리 시간 관계 그래프에서 접선의 기울기를 말한다.

$$v = \lim_{\Delta t \to 0} \frac{\Delta s}{\Delta t} = \frac{ds}{dt}$$

예제2

그림은 직선도로를 따라 운동하는 어떤 물체의 속도-시간 그래프를 나타낸 것이다. 0초부터 6초까지 물체의 이동거리[m]는? (2021 국가직 7급)

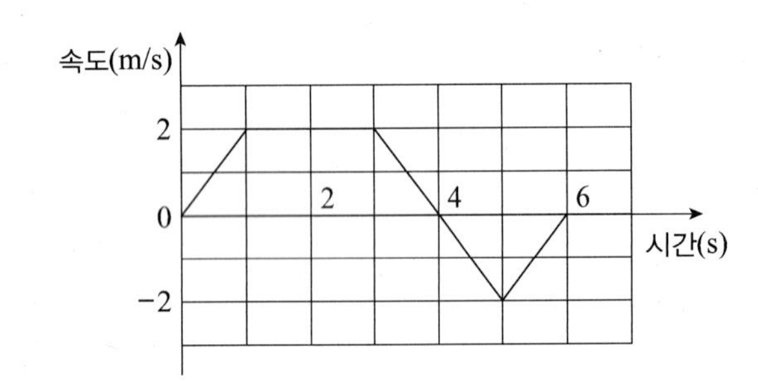

① 4 ② 6
③ 8 ④ 10

풀이 이동거리는 그래프의 면적에 해당하므로 면적은 8(m)이다. 만약, 변위를 묻는다면 4(m)이다.
정답은 ③이다.

KEY POINT

(4) 평균 속력

물체가 움직일 때 물체의 총 이동 거리를 총 경과 시간으로 나눈 값이다.

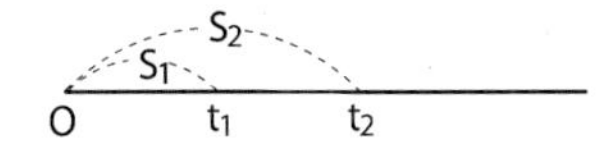

즉 그림처럼 시간 t_1일 때 s_1에 있던 물체가 시간이 지나 시간 t_2일 때 s_2에 있으면 s_1에서 s_2까지 가는 동안 평균속력은

$$\bar{v} = \frac{\Delta s}{\Delta t} = \frac{s_2 - s_1}{t_2 - t_1}$$ 이다.

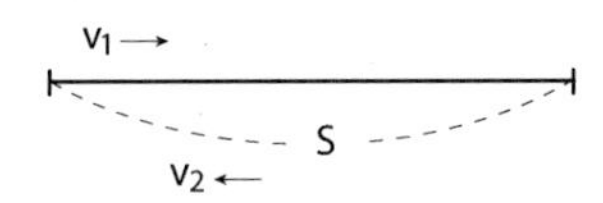

거리 S를 갈 때 v_1 속력 올 때 v_2 속력일 때

평균 속력 $\bar{v} = \frac{\text{총거리}}{\text{총시간}}$ 이다.

갈 때 시간을 t_1 돌아올 때 시간을 t_2라 하면 $v_1 = \frac{s}{t_1}$, $v_2 = \frac{s}{t_2}$ 이다.

$$\bar{v} = \frac{2s}{t_1 + t_2} = \frac{2s}{\frac{s}{v_1} + \frac{s}{v_2}} = \frac{2s}{\frac{v_1 s + v_2 s}{v_1 v_2}} = \frac{2v_1 v_2}{v_1 + v_2}$$

예제3

출발점에서 도착점까지 움직이는 자동차가 있다. 처음 절반의 거리는 평균 속력 100 km/h로, 나머지 절반의 거리는 평균 속력 25 km/h로 이동했다면, 출발점에서 도착점까지 자동차의 평균 속력[km/h]은? (2021 국가직 7급)

① 40 ② 50
③ 60 ④ 70

풀이 전체 거리를 $2S$라고 하고 앞의 절반거리 이동시간을 t_1 뒤의 절반거리 이동시간을 t_2라고 하면,

$v = \frac{s}{t}$ 에서 $100 = \frac{s}{t_1}$, $25 = \frac{s}{t_2}$

전체 평균 속력은 $v = \frac{2s}{t_1 + t_2}$ 에서

$v = \frac{2s}{\frac{s}{100} + \frac{s}{25}} = \frac{2s}{\frac{5s}{100}} = 40(\text{km/h})$이다. 정답은 ①이다.

KEY POINT

(5) 상대속도

물체의 속도는 관측자의 운동에 따라 다르게 보이는데 관측자가 본 물체의 속도를 **상대속도**라고 하고, 물체 A에 대한 물체 B의 상대 속도 $v = v_B - v_A$와 같이 나타낸다. 즉 A가 관측자이고 B가 물체인 경우이다.

예를 들어 고속도로에서 차들은 지면에 대해 빠른 속도로 움직이나 나란히 같은 방향으로 움직이는 차에서 볼 때는 거의 움직이지 않는 것처럼 보인다. 길에 서있는 사람이 볼 때 40m/s로 달리는 승용차를 같은 방향으로 30m/s로 달리는 트럭에서 본다면 승용차는 겨우 10m/s의 속도로 달리는 것처럼 보인다.

벡터 합성법으로 계산할 때는 $v = v_B + (-v_A)$로 계산하면 편리하다.

다른 표현으로 $v = v_{물체} - v_{관찰자}$도 알아두자.

예제4

북쪽으로 2m/s로 움직이는 물체 A가 있다. 동쪽으로 3m/s로 움직이는 물체 B에서 물체 A의 운동을 측정할 때, 물체 A의 상대속도의 크기[m/s]와 방향은?

(2014 국가직 7급)

	상대 속도의 크기[m/s]	방향
①	5	북쪽
②	5	북서쪽
③	$\sqrt{13}$	북쪽
④	$\sqrt{13}$	북서쪽

풀이 B에 대한 A의 상대속도 $v_{BA} = \vec{v}_A - \vec{v}_B = \sqrt{3^2+2^2} = \sqrt{13}$이고, 방향은 북서쪽이다.

정답은 ④이다.

KEY POINT

3 가속도

현대를 살아가는 우리는 일상에서 늘 가속도를 경험하며 생활하고 있다. 특히 자동차의 속도가 변화하여 가속될 때 우리는 그것을 직접 몸으로 느낄 수 있다. 또 엘리베이터를 타고 고층건물을 올라갈 때 몸으로 속도 변화를 느낄 수 있다. 이런 것들이 모두 가속도이다. 이러한 가속도를 느끼는 우리 몸은 가속도 검출기라고 할 만하다.

가속도가 생길 때만 작용하는 삼반고리관
림프액의 흐름이 변하면서 3차원 움직임을 측정한다.
삼반고리관은 가속도가 생길 때만 작용하며 움직임이 일정하면 반응하지 않는다.

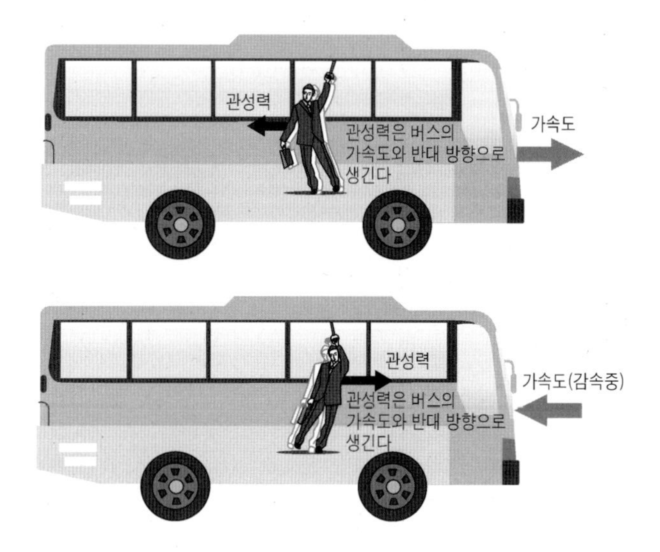

(1) 가속도

물체가 움직일 때 그 물체의 속도의 변화량과 이 변화에 소요된 시간과의 비를 **가속도**라고 한다. 즉

$$\text{가속도} = \frac{\text{속도의 변화량}}{\text{소요시간}}$$

이다. 직선상을 운동하는 물체의 속도가 v_0에서 t초 후에 v로 변하였다면 이 운동에서 가속도 a는

$$a = \frac{v - v_0}{t}$$ 로 표시된다.

KEY POINT

직선상의 운동에서 시각 t_1에서의 속도를 v_1, 시각 t_2 에서의 속도를 v_2라 하면, 경과 시간 $t_2 - t_1$사이의 속도 변화는 $v_2 - v_1$이 되며, 이 경과 시간 사이의 속도의 변화율 즉, 단위 시간 동안의 속도의 변화량

$$a = \frac{v_2 - v_1}{t_2 - t_1} = \frac{\triangle v}{\triangle t}$$

를 시각 t_1과 시각 t_2 사이의 평균 가속도라 한다.

시간차 $\triangle t = t_2 - t_1$을 극히 짧게 잡았을 때, 그 사이의 속도의 변화량 $\triangle v = v_2 - v_1$과 시간 간격 $\triangle t$와의 비 a를 시각 t_1에서의 순간 가속도라 하고 다음과 같이 나타낸다.

$$a = \lim_{\triangle t \to 0} \frac{\triangle v}{\triangle t}$$

예제5

그림은 직선 운동을 하는 물체의 시간의 변화에 따른 속도를 나타낸 그래프이다.

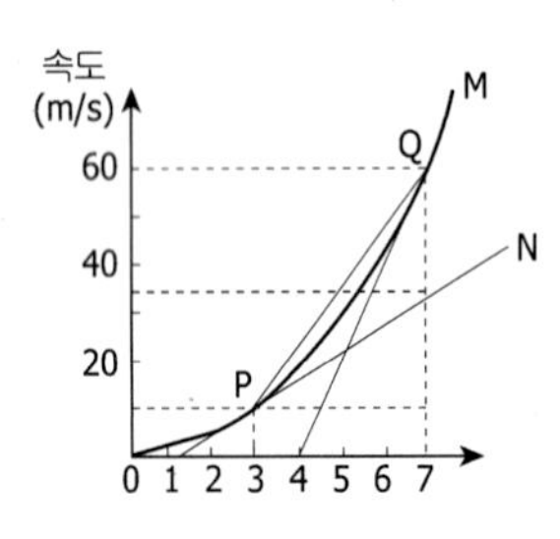

1. 3초와 7초 사이의 평균 가속도는 얼마인가?

풀이 평균 가속도는 선분 PQ의 기울기이므로

$$a_{평균} = \frac{60-10}{7-3}\ \mathrm{m/s^2} = 12.5\mathrm{m/s^2}$$

2. 3초와 7초 때의 순간 가속도는 각각 얼마인가?

풀이 시각 3초와 7초 때의 순간 가속도는 각각 점 P와 Q에서의 접선의 기울기와 같으므로

3초 때의 순간 가속도는 $a_{(3초)} = \frac{35-10}{7-3}\ \mathrm{m/s^2} = \frac{25}{4}\ \mathrm{m/s^2} = 6.25\mathrm{m/s^2}$

7초 때의 순간 가속도는 $a_{(7초)} = \frac{60-0}{7-4}\ \mathrm{m/s^2} = 20\mathrm{m/s^2}$

그러므로 $a_{(3초)} = 6.25\mathrm{m/s^2}$, $a_{(7초)} = 20\mathrm{m/s^2}$

(2) 등가속도 운동

가속도 운동 중 속도의 변화가 일정한 운동 즉 단위시간당 속도의 변화량이 같은 운동을 등가속도 운동이라고 한다.

등가속도 운동하는 물체의 초속도를 v_o, t초 후의 속도를 v라 하면 가속도

$a = \frac{v - v_o}{t}$ 에서 속도 v는

$$v = v_o + at \cdots\cdots ㉠$$

가 된다.

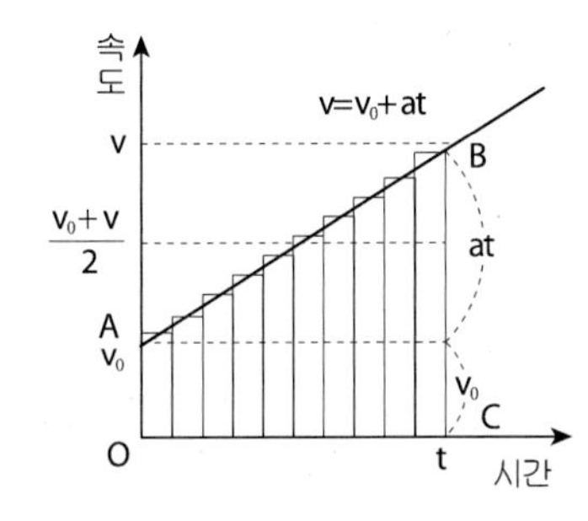

그림. 등가속도 직선 운동의 $v-t$ 그래프

그림은 위 식의 관계를 그래프로 나타낸 것이다. 물체가 t초 동안에 이동한 거리, 즉 변위를 s라고 하면 $s = \left(\frac{v_o + v}{2}\right)t$ 이므로 이 식에 식㉠을 대입하면

$$s = v_o t + \frac{1}{2}at^2 \cdots\cdots ㉡$$

이 된다. 이것은 위 그래프의 직선 아래 부분의 면적과 같다.

또 식㉠과 식㉡에서 시간 t를 소거하면

$$v^2 - v_o^2 = 2as$$

가 되어 물체의 변화와 속도와의 관계를 나타낸다.

KEY POINT

■ 등가속도 운동공식

$v = v_o + at$

$s = v_o t + \frac{1}{2}at^2$

$v^2 - v_o^2 = 2as$

■ 속도–시간 그래프에서 기울기는 가속도이고 면적은 이동거리이다.

■ $s-t$그래프
기울기=속도

■ $v-t$그래프
기울기=가속도
면적=이동거리

■ $a-t$그래프
면적=속도량

KEY POINT

예제6

일정한 속도로 달리던 자동차들이 빨간 불이 켜지는 것을 보고 정지선 11m 전방에서부터 정지하기 위해 일정한 가속도로 감속하고 있다. 다음 중 정지선을 넘지 않으면서 정지선에 가장 가까이 정차한 자동차의 처음 속도[m/s]와 가속도[m/s²]는? (단, v_0는 자동차의 처음 속도이고, a는 자동차의 가속도이다.)

(2019년 서울시 7급)

	v_0	a		v_0	a
①	10	-5	②	10	-10
③	20	-5	④	20	-10

풀이 $v^2 - v_o^2 = 2as$이고 $v=0$(정지)되기 위해서 $s = \frac{-v_0^2}{2a}$ 이다.

$v_0 = 10 \quad a = 5$일때 $\qquad s = \frac{-100}{-10} = 10\,\mathrm{m}$

$v_0 = 10 \quad a = -10$일 때 $\qquad s = \frac{-100}{-20} = 5\,\mathrm{m}$

$v_0 = 20 \quad a = -5$일때 $\qquad s = \frac{-400}{-10} = 40\,\mathrm{m}$

$v_0 = 20 \quad a = -10$일때 $\qquad s = \frac{-400}{-20} = 20\,\mathrm{m}$ 정답은 ①이다.

■ 그래프 정리

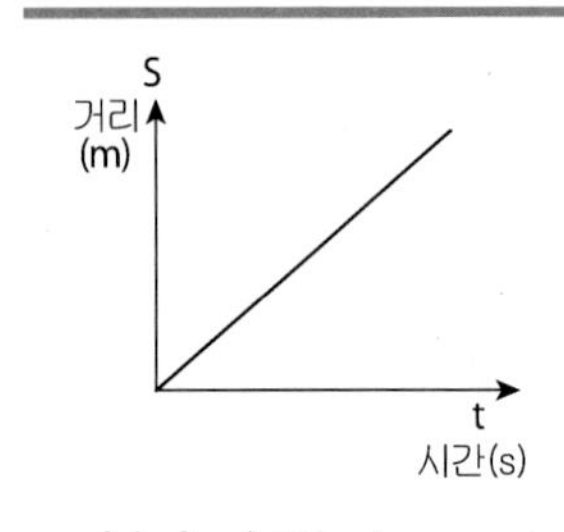

기울기 : 속도(v)

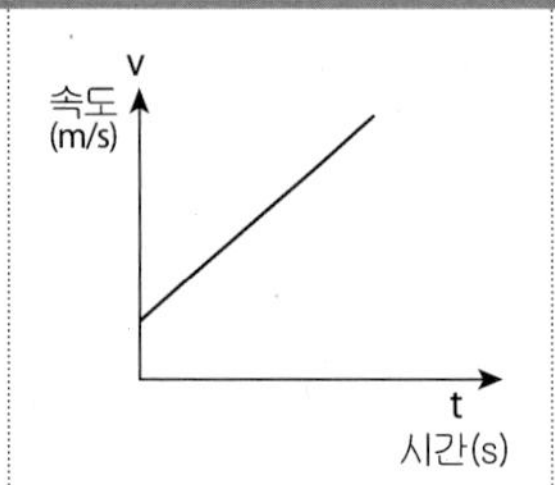

기울기 : 가속도(a)
면 적 : 이동거리(s)

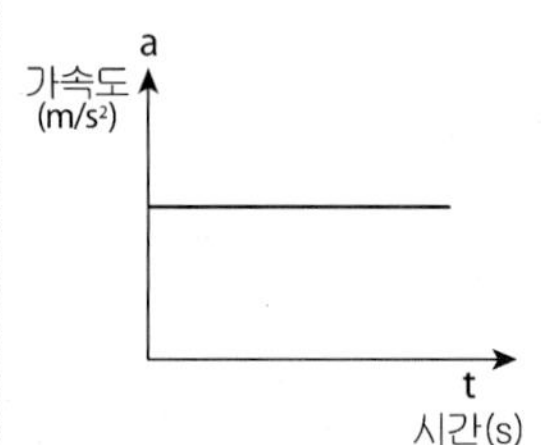

면 적 : 속도증가량(v)

■ $s-t$그래프
기울기=속도

■ $v-t$그래프
기울기=가속도
면적=이동거리

■ $a-t$그래프
면적=속도량

KEY POINT

예제7

반지름이 R인 원형 고리가 지표면 위에 놓여있다. 그림에서와 같이 고리의 최고점 P_1에서 원주 위의 점 P_2까지 연결된 직선 모양의 철사를 따라 철사에 꿰어진 구슬이 이동한다. P_1에서 구슬의 속력이 0일 때, P_2까지 도달하는데 걸리는 시간은? (단, 고리의 모양과 위치는 고정되어 있고, 철사와 구슬 사이의 마찰과 공기저항은 무시하며, 중력 가속도는 g이다) (2015년 국가직 7급)

① $\sqrt{\frac{R}{g}}$

② $\sqrt{\frac{R}{g}}\cos\theta$

③ $2\sqrt{\frac{R}{g}}$

④ $2\sqrt{\frac{R}{g}}\cos\theta$

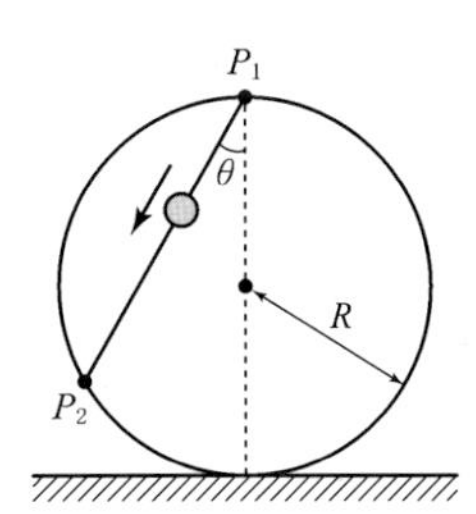

풀이 $\overline{P_1P'} = R\cos\theta$이다.

따라서 $\overline{P_1P_2} = 2R\cos\theta$이다.

물체가 빗면에서 받는 힘은 $mg\cos\theta$이므로

물체의 가속도는 $g\cos\theta$이다.

등가속도 운동에서 $s = \frac{1}{2}at^2$를 만족하므로

$2R\cos\theta = \frac{1}{2}(g\cos\theta)t^2$이다.

따라서 $t = 2\sqrt{\frac{R}{g}}$이다. 정답은 ③이다.

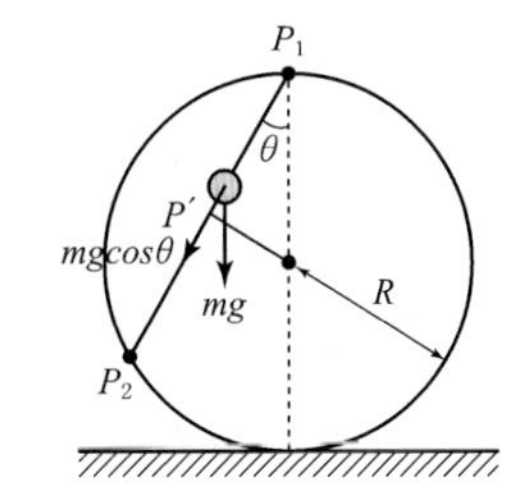

예제8

등가속도 직선 운동을 하는 물체의 위치를 시간에 따라 측정한 결과 $t = 1, 2, 3$초인 순간 물체의 위치는 각각 $x = -2$, -5, -12 m이었다. $t = 0$ 초였을 때 이 물체의 위치 [m]는? (2019년 국가직 7급)

① −3　　② −1

③ 1　　④ 3

풀이 $x = at^2 + bx + c$(등가속도 운동이므로 변위 x는 시간에 대한 2차 함수이다.

$t = 1$초 일 때 $x = -2$

$t = 2$초 일 때 $x = -5$

$t = 3$초 일 때 $x = -12$이므로 연립하면

$a = -2$ $b = 3$ $c = -3$이므로 $t = 0$일 때 $x = -3$ 정답은 ①이다.

가속도 a가 증가하면 속도 v도 증가하고 가속도 a가 일정해도 속도 v는 증가한다. 가속도 a가 감소해도 속도 v는 증가하며 가속도 a가 0일 때는 속도 v는 일정하다. 한편 가속도 a가 음(-)의 값을 가질 때 속도는 감소한다.

KEY POINT

※ 다음의 3가지 경사면에서 물체가 마찰 없이 미끄러질 때 가속도와 속도는 다음과 같다.

등가속도 직선 운동의 $v-t$ 그래프

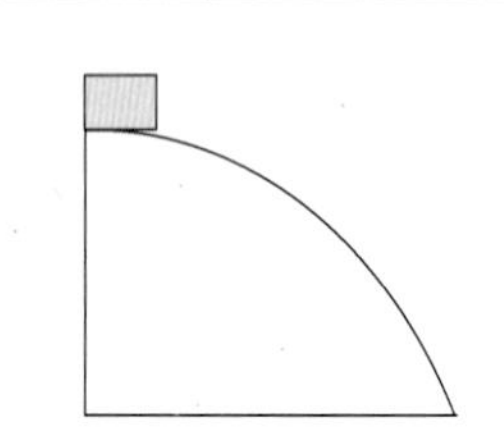	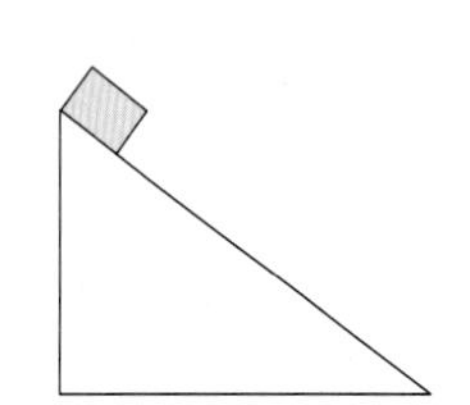	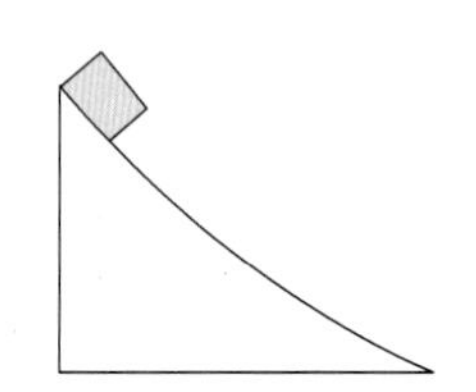
가속도 : 증가 속 도 : 증가	가속도 : 일정 속 도 : 증가	가속도 : 감소 속 도 : 증가

연습문제

해설

1 그림과 같이 점 A에서 점 B를 거쳐 점 C까지 갔을 때 평균속력과 평균속도는 각각 몇 m/s인가?

① 14, 12
② 10, 12
③ 14, 10
④ 10, 14
⑤ 14, 14

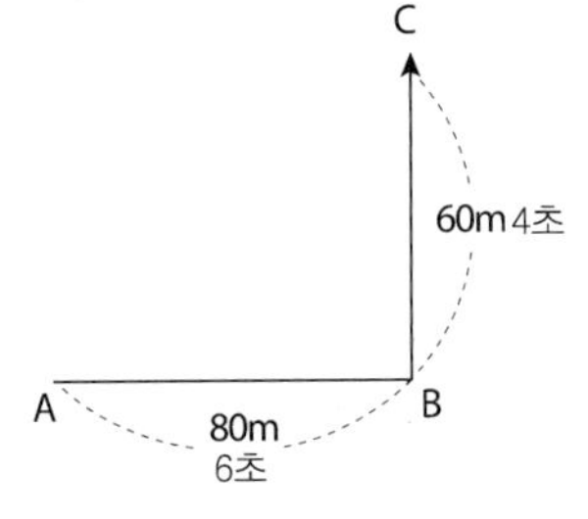

해설 **1**

평균속력 $= \frac{\text{총 거리}}{\text{총 시간}} = \frac{140\text{m}}{10\text{s}} = 14\text{m/s}$

평균속도 $= \frac{\text{변위}}{\text{총 시간}} = \frac{100\text{m}}{10\text{s}} = 10\text{m/s}$

2 다음 중 평균속도와 평균속력이 같은 것은?

① 일정한 빠르기로 왕복운동하는 물체
② 일정한 빠르기로 곡선운동을 하는 물체
③ 등가속도 운동을 하는 물체
④ 일정한 빠르기로 직선 운동하는 물체
⑤ 곡선 운동하는 물체

3 그림은 어느 물체의 속도를 시간에 대하여 그린 그래프이다. 다음 중에서 옳은 것은?

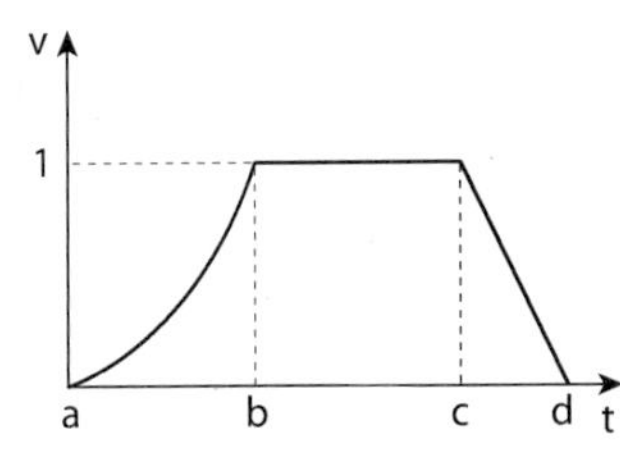

① a-b 구간에서의 등속도 운동이다.
② b-c 구간에서의 가속도는 1이다.
③ b-c 구간에서의 가속도는 0이다.
④ c-d 구간에서는 감속되나 등가속도는 아니다.
⑤ b-c 구간에서 이 물체는 정지해 있다.

해설 **3**

속도 시간 그래프이므로 기울기는 가속도 면적이 이동거리이다.

4 자동차가 동쪽으로 40m/s의 속도로 20초 동안 달린 후 서쪽으로 20m/s의 속도로 10초 동안 달렸다면 이 자동차의 평균 속도의 크기는 몇 m/s인가?

① 20
② 33
③ 40
④ 50
⑤ 60

해설 **4**

동쪽으로 간 거리 $40 \times 20 = 800\text{m}$

서쪽으로 간 거리 $20 \times 10 = 200\text{m}$

따라서 원점에서 동쪽으로 600m 위치에 있다. $\frac{600}{10+20} = 20\text{m/s}$

정답 1. ③ 2. ④ 3. ③ 4. ①

5 비행기의 활주거리가 400m이다. 이 비행기가 정지 상태로부터 일정한 가속도로 활주하여 20초 후에 이륙했다면 이륙속도는 몇 m/s인가?

① 40
② 80
③ 100
④ 120
⑤ 60

6 북으로 40m/s의 속도로 달리는 승용차에서 동으로 30m/s의 속도로 달리는 화물차를 볼 때 이 화물차의 상대속도의 크기와 방향은?

① 50m/s 북서
② 50m/s 북동
③ 50m/s 남서
④ 50m/s 남동
⑤ 50m/s 서

7 가속도의 값이 1이라는 것은 무엇을 의미하는가?

① 속도가 커지다가 감소한다.
② 속도가 점점 커진다.
③ 속도의 변화가 없다.
④ 속도가 점점 작아진다.
⑤ 속도가 0이 됨을 나타낸다.

8 A에서 B까지 갈 때 A에서 A, B의 중간 지점까지의 속력은 4m/s이였으며 A, B 중간 지점에서 B까지의 속력은 8m/s이었다. 그러면 A에서 B까지의 평균속력은 몇 m/s인가?

① 6 ② 5
③ 4 ④ $\frac{20}{3}$
⑤ $\frac{16}{3}$

9 등가속 직선 운동에서 시간에 관계없이 일정한 물리량을 갖는 것은?

① 속도 ② 운동에너지
③ 운동량 ④ 힘
⑤ 변위

해 설

해설 **5**

$v_o = 0 \quad s = v_o t + \frac{1}{2}at^2$에서

$400 = \frac{1}{2} \times a \times 20^2 \quad a = 2$

$v = v_o + at$에서 $v = 2 \times 20$

$v = 40\text{m/s}$

또 다른 풀이

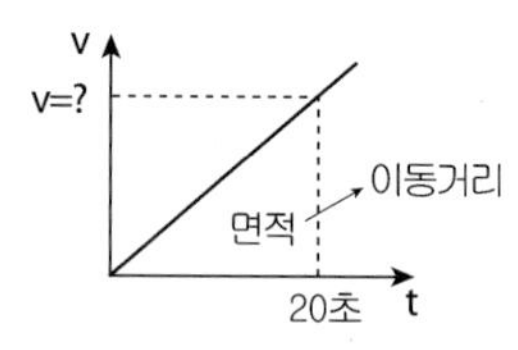

주어진 문제에 맞춰 그래프를 그린다.

면적(이동거리) $= \frac{1}{2} \times$ 가로(시간) $\times$ 세로(속도)

$400 = \frac{1}{2} \times 20 \times v \qquad \therefore v = 40\text{m/s}$

해설 **6**

상대속도 $v_{물체} - v_{관찰자}$

따라서 남동쪽 50m/s

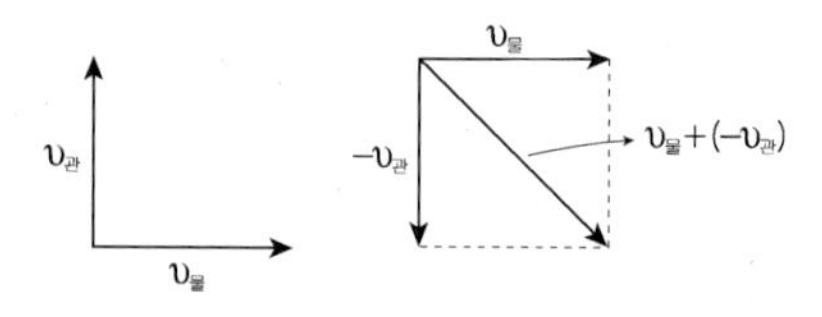

해설 **7**

가속도가 1이라는 것은 단위시간당+1 만큼의 속도가 계속 더해진다는 의미이다.

해설 **8**

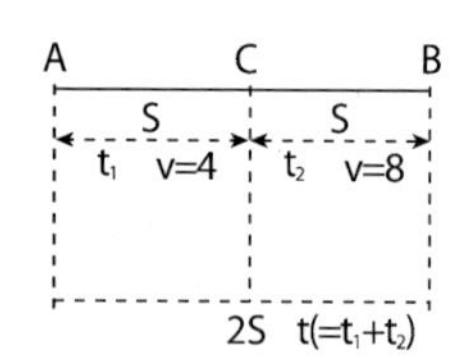

A−C 구간 $4 = \frac{s}{t_1} \qquad t_1 = \frac{s}{4}$

C−B 구간 $8 = \frac{s}{t_2} \qquad t_2 = \frac{s}{8}$

A−B 구간 $v = \frac{2s}{t} = \frac{2s}{t_1 + t_2}$

$= \frac{2s}{\frac{s}{4} + \frac{s}{8}} = \frac{16}{3}\text{m/s}$

해설 **9**

$F = ma$에서 가속도가 일정하면 힘도 일정하다.

정답 5. ① 6. ④ 7. ② 8. ⑤ 9. ④

10 버스가 20m/s로 달리다가 급정차하여 4초 만에 정지하였다. 이때 정지거리는?(단, 속도는 일정하게 감속되었다.)

① 20m
② 30m
③ 40m
④ 60m
⑤ 80m

11 시간·거리 그래프가 오른쪽 그림과 같을 때 보기 중 옳은 것을 모두 고른 것은?

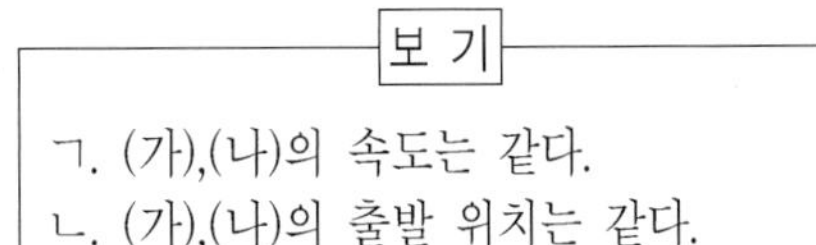
보 기

ㄱ. (가),(나)의 속도는 같다.
ㄴ. (가),(나)의 출발 위치는 같다.
ㄷ. 같은 시간동안의 이동거리는 (가)가 (나)보다 항상 크다.

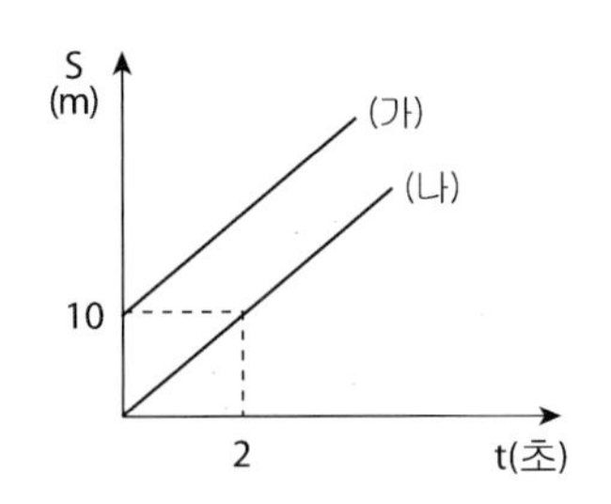

① ㄱ　　② ㄴ
③ ㄷ　　④ ㄱ, ㄴ
⑤ ㄱ, ㄷ

12 오른쪽 그래프에서 두 자동차의 속도가 같아졌을 때 B자동차가 A자동차에 얼마나 앞서 있는가?

① 0m
② 25m
③ 50m
④ 75m
⑤ 100m

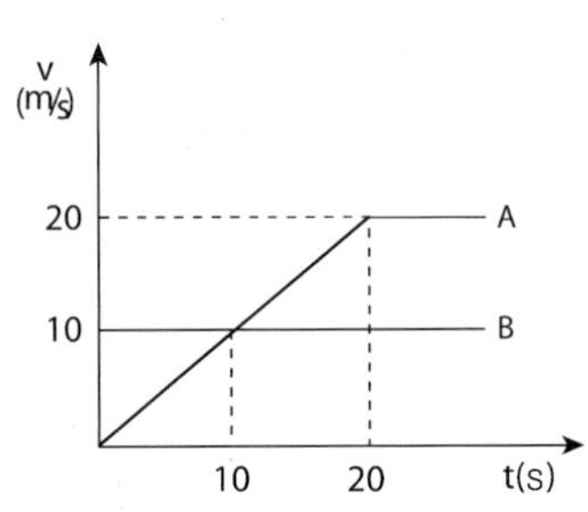

13 파장의 크기가 8m인 파도가 2m/s로 진행할 때 파도의 진행방향과 반대방향으로 배가 달리고 있다. 1초당 뱃머리에 두 개의 파도가 부딪히고 있다면 배의 속력은 몇 m/s인가?

① 4m/s　　② 6m/s
③ 14m/s　　④ 16m/s

해 설

해설 **10**

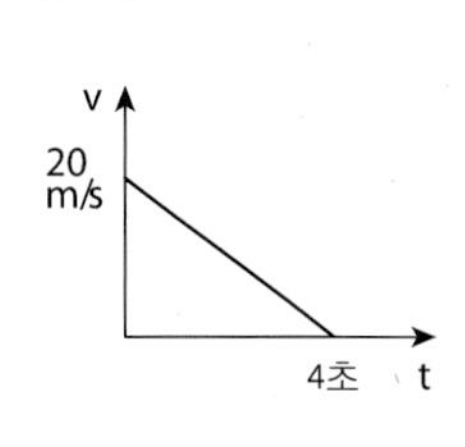

왼쪽과 같이 그래프로 그리면 훨씬 편리하다. $v-t$ 그래프에서 면적이 이동거리를 나타내므로

$s=\frac{1}{2}\times 20\times 4=40\text{m}$

해설 **11**

$s-t$ 그래프에서는 기울기가 속도를 나타내므로 기울기가 같으므로 속도가 같고 따라서 시간당 이동거리는 같다. (가)가 10m 앞서 출발한다.

해설 **12**

이동거리 문제이므로 그래프의 면적이 이동거리다.
속도가 같아지는 시간은 10초
10초 동안 A 이동거리 50m
B 이동거리 100m

해설 **13**

배의 파도에 대한 상대속도는 16m/s이다. 파도의 속도가 −2m/s이므로 배의 속도는 14m/s이다.

정답 10. ③ 11. ① 12. ③ 13. ③

14 8m/s 남풍이 불고 있다. 어떤 사람이 동쪽으로 6m/s의 속도로 달릴 때 이 사람이 느끼는 바람의 속도는 어느 방향 얼마인가?

① 남동풍 10m/s
② 북서풍 10m/s
③ 북동풍 10m/s
④ 북서풍 $\sqrt{26}$m/s
⑤ 남서풍 10m/s

15 위에서 아래로 내려올수록 경사가 점점 완만해지는 언덕 위에서 공을 굴려 내렸다. 이때 공이 아래로 내려 갈수록 공의 가속도와 속도의 크기는 어떻게 되겠는가?

① 가속도가 증가하고 속도도 증가한다.
② 가속도가 감소하고 속도도 감소한다.
③ 가속도가 증가하고 속도는 감소한다.
④ 가속도가 감소하고 속도는 증가한다.
⑤ 가속도는 일정하고 속도는 증가한다.

16 질량 1kg인 물체가 수평면 위에 놓여 있다. 물체와 수평면 사이의 운동 마찰력은 4N이다. 이 물체에 10N의 힘을 계속 가하면 4초 후 이 물체가 움직인 거리는 몇 m인가?

① 12m ② 24m
③ 30m ④ 48m
⑤ 96m

17 물체를 연직 상방으로 던졌을 때 그림처럼 물체가 운동하였다. 다음 설명 중 옳은 것은?

① (가)에서는 윗방향으로 힘을 받는다.
② (가), (다)의 속도는 같다.
③ (나)는 받는 힘이 0이다.
④ (가), (나), (다)에서 힘의 크기는 모두 같다.
⑤ (가)와 (다)는 힘의 크기는 같고 방향은 반대이다.

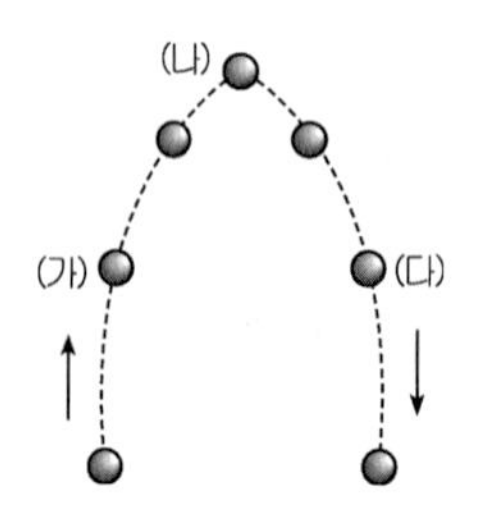

해 설

해설 14

$v_{상대} = v_{물체} - v_{관찰자}$

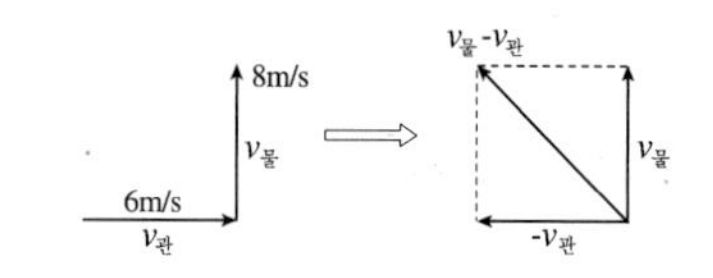

따라서 남동풍 10m/s

해설 15

가속도 감소
속도 증가

해설 16

물체의 알짜힘은 6N이고, 가속도는 $F=ma$ 에서 $a=6\,\text{m/s}^2$ 이다.
$S=v_o t+\frac{1}{2}at^2$ 에서 $v_o=0$ $t=4$ 이므로 $S=\frac{1}{2}\times6\times4^2=48\,\text{m}$

해설 17

힘의 크기는 모든 지점에서 mg로 같다.

정답 14. ① 15. ④ 16. ④ 17. ④

18 그림과 같이 질량 30kg인 물체 A가 책상위에 놓여 물체 B와 벽에 줄로 매어져 있다. 물체 A와 책상사이의 마찰계수가 $\frac{1}{\sqrt{3}}$ 일 때 물체 A가 미끄러지지 않으려면 물체 B는 최대 몇 kg까지 가능한가? (단, 중력 가속도 $g = 10\,/\mathrm{s}^2$ 으로 한다.)

① 5kg 
② $5\sqrt{3}$kg
③ 10kg
④ $\frac{10}{\sqrt{3}}$ kg
⑤ 20kg

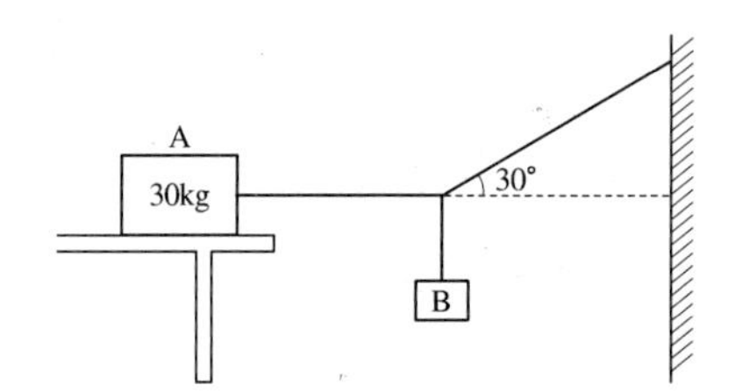

19 그림과 같이 수평면에 질량이 20kg과 100kg인 두 개의 물체를 끈으로 연결하고 $T_1 = 600N$ 의 힘으로 끌어 일정한 가속도로 움직이고 있다. 두 물체와 수평면 사이의 운동 마찰계수는 0.25, 중력 가속도는 10m/s² 이라 할 때, 두 물체 사이의 끈에 작용하는 장력 T_2 의 크기는? (단, 끈의 질량은 무시한다.)

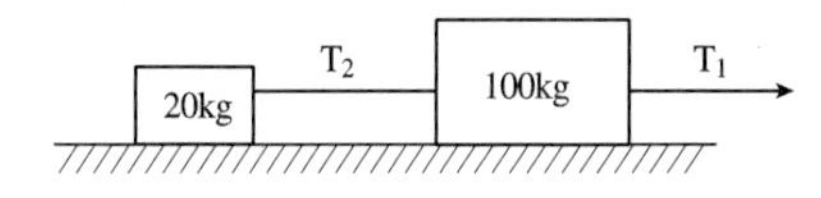

① 100N ② 200N ③ 300N
④ 400N ⑤ 500N

20 지면으로부터 높이 10m인 곳에 정지하고 있던 물체가 자유 낙하한다. 처음 5m를 낙하하는데 시간 T가 걸렸다면, 그 나머지 5m를 낙하하는데 걸리는 시간은?

① $\frac{1}{\sqrt{2}}\,T$ ② $\frac{\sqrt{2}-1}{\sqrt{2}}\,T$
③ $(\sqrt{2}-1)\,T$ ④ $\frac{\sqrt{2}-1}{\sqrt{2}+1}\,T$
⑤ $(\sqrt{2}+1)\,T$

21 몸무게가 50kg중인 사람을 태운 승강기가 3m/s²의 가속도로 올라갈 때 승강기 바닥이 받는 힘은? (단, 중력 가속도는 10m/s²으로 한다.)

① 150N ② 350N
③ 500N ④ 550N
⑤ 650N

해 설

해설 **18**

물체 A의 최대 정지 마찰력은

$R = \mu N$ 에서 $R = \frac{1}{\sqrt{3}} \times 300(N)$

이므로

$\tan 30 = \dfrac{F}{\frac{300}{\sqrt{3}}}$

$\frac{1}{\sqrt{3}} = \frac{\sqrt{3}F}{300}$

$F = 100N$

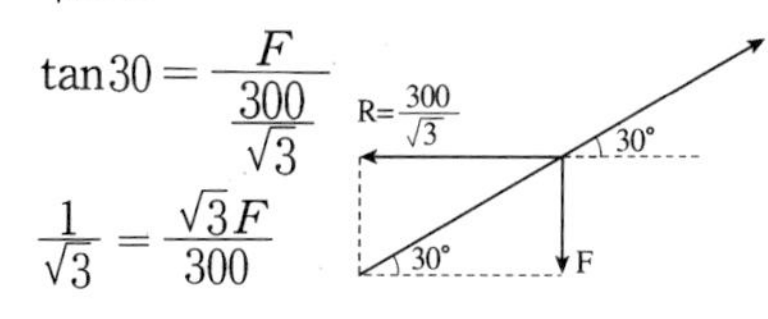

따라서 물체 B는 10kg

해설 **19**

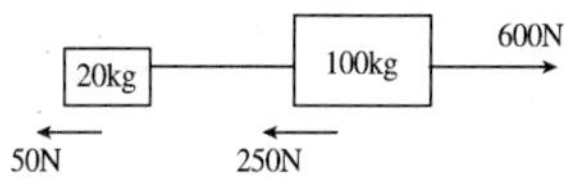

마찰력은 $R = \mu N$ 에서 20kg인 물체에 마찰력은 $R = 0.25 \times 200 = 50N$ 이고 100kg인 물체에 작용하는 마찰력은 $R = 0.25 \times 1000 = 250N$ 이다.
따라서 두 물체의 알짜힘은 300N이고 힘은 질량에 비례하므로 100kg 물체의 알짜힘은 250N이고 20kg인 물체의 알짜힘은 50N이다. 따라서 줄의 장력은 100N이다.

해설 **20**

자유낙하 하는 물체는 초속도 $v_o = 0$ 이므로 $5 = \frac{1}{2}gT^2$ 에서 $T = \sqrt{\frac{10}{g}}$ 이고, 10m 떨어지는 시간 $t = \sqrt{\frac{20}{g}}$ 이므로 5~10m 떨어지는데 걸리는 시간은 $\Delta t = t - T = \sqrt{2}T - T = (\sqrt{2}-1)T$ 이다.

해설 **21**

F=mg+ma=m(g+a)에서
F=50(10+3)=650N이다.

정답 18. ③ 19. ① 20. ③ 21. ⑤

22 자동차가 반지름 40m인 곡선 도로를 시속 36km로 안전하게 달리기 위해서는 도로면을 수평면에 대하여 약간 기울여야 한다. 이때의 경사각을 θ라 하면 $\tan\theta$는 얼마인가? (단, 중력 가속도는 10m/s²이다.)

① $\frac{1}{2}$ ② $\frac{1}{4}$

③ $\frac{1}{20}$ ④ $\frac{1}{40}$

⑤ $\frac{1}{49}$

23 질량 2kg의 물체가 승강기의 천장에 가벼운 실로 매달려 있다. 이 승강기가 $\frac{3}{4}g$ 의 가속도로 하강하는 경우, 실의 장력은 몇 N인가? (단, 중력 가속도 $g = 10\,\mathrm{m/s^2}$ 이다.)

① 5N ② 10N

③ 15N ④ 20N

⑤ 35N

24 위 23번 문제에서 승강기가 등가속도로 낙하하고 있는 동안 실을 끊어서 물체를 낙하시켰을 때, 승강기 바닥에 도달하는 시간은 승강기가 정지 상태일 때의 낙하 시간의 몇 배인가?

① $\frac{2}{\sqrt{7}}$ ② $\frac{2}{\sqrt{3}}$

③ $\frac{1}{2}$ ④ 1

⑤ 2

25 질량이 각각 4kg, 2kg인 두 물체가 그림과 같이 도르래를 걸쳐 경사각 30°인 경사면과 수평면이 연결 되어 있다. 수평면과 물체면의 마찰계수는 0.5이고, 경사면과의 마찰은 없다. 줄의 장력과 물체의 가속도는 각각 얼마인가?

① 19.6N, 1.6m/s²

② 13N, 1.6m/s²

③ 13N, 0.8m/s²

④ 6.5N, 0.8m/s²

⑤ 3.5N, 0.8m/s²

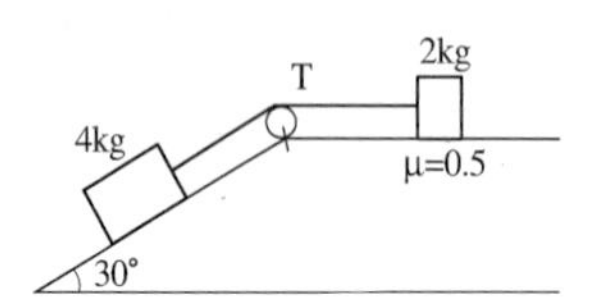

해 설

해설 22

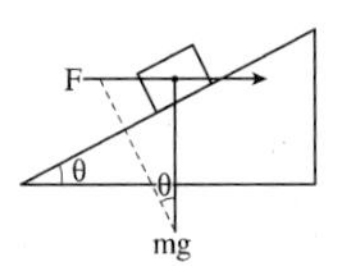

$F = mg\tan\theta$ 이고

F 는 원심력과 같으므로

$\frac{mv^2}{r} = mg\tan\theta$

$\tan\theta = \frac{v^2}{rg} = \frac{10^2}{40\times10} = \frac{1}{4}$

해설 23

$\frac{3}{4}g$ 로 아래로 가속하면 관성력은 위 방향이 되어 물체에 작용하는 힘 F 는 $F = mg - ma$

$= mg - m\times\frac{3}{4}g = \frac{1}{4}mg$ 이다.

따라서 $F = \frac{1}{4}\times2\times10 = 5N$

해설 24

$S = \frac{1}{2}gt^2$ 에서 $t = \sqrt{\frac{2S}{g}}$ 이므로 같은 거리 S를 낙하하는데 걸린 시간은 $t \propto \frac{1}{\sqrt{g}}$ 이므로 g가 $\frac{1}{4}g$로 줄어들게 되어 시간은 2배 걸린다.

해설 25

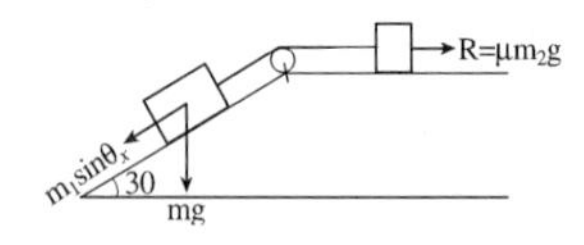

그림에서 $m_1 g\sin\theta - T = m_1 a$ …㉠

$T - \mu m_2 g = m_2 a$ …㉡

㉠, ㉡ 두식을 연립하면

$a = \frac{m_1 g\sin\theta - \mu m_2 g}{m_1 + m_2}$ 이므로

$a = \frac{4\times9.8\times\sin30 - 0.5\times2\times9.8}{4+2}$

$= 1.63\,\mathrm{m/s^2}$ 이고

이것을 ㉠식에 대입하여 풀면 $T = 13N$ 이다.

정답 22. ② 23. ① 24. ⑤ 25. ②

26 그림과 같이 5kg의 물체가 마찰이 없는 수평마루 위에서 힘 F로 수평과 30도 위에 방향으로 잡아 당겨지고 있다. F를 증가시켜 물체가 마루에서 뜨기 직전의 가속도는 얼마인가? g는 중력가속도이다.

① $\frac{1}{2}g$

② g

③ $\sqrt{2}g$

④ $\frac{\sqrt{3}}{2}g$

⑤ $\sqrt{3}g$

해 설

해설 **26**

그림에서 물체가 뜨려면 $F_y = mg$ 가 되어야 한다.

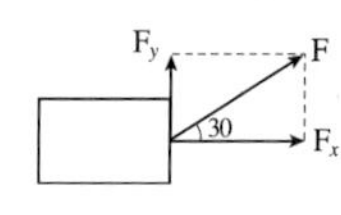

따라서 $\tan\theta = \frac{F_y}{F_x}$ 에서 $F_x = \frac{mg}{\tan 30} = \sqrt{3}mg$ 이면 x 방향으로의 가속도 $a = \sqrt{3}g$ 이다.

정답 26. ⑤

4. 힘과 운동의 법칙

1 힘

우리가 물체를 밀 때 또는 잡아당길 때 이 물체에 힘이 작용하였다고 한다. 이러한 힘은 물체의 속력을 가감시키거나 운동방향을 바꾸게 하거나 또는 물체의 모양을 변화시키는 작용을 한다.

힘의 단위는 $1\text{dyne} = 1\text{g}\times 1\text{cm/s}^2$ (dyne : 다인)
$1\,N = 1\text{kg}\times 1\text{m/s}^2$ (N : Newton)

와 같이 나타낸다.
힘은 크기와 방향을 가지고 있는 벡터이므로 평행사변형법에 의하여 합성된다. 힘을 나타내는 데는 보통 벡터로서의 기호 $\vec{F}$를 사용하여, 힘이 작용하는 방향으로 그어진 직선 위에 힘의 크기에 해당하는 선분을 취하고 이 선분 위에 힘이 작용하는 쪽으로 화살표를 붙여서 나타낸다. 이 때 힘이 작용하는 방향으로 그어진 직선을 이 **힘의 작용선**이라 한다.
운동에 대한 힘의 영향은 힘의 크기와 방향 그리고 작용점으로서 정해지므로 이들을 **힘의 3요소**라 한다.

예제 1

질량 2kg의 입자가 일차원 운동을 하며 그 변위 x가 시간 t의 함수 $x(t)=3t+2\,t^2$으로 주어진다고 할 때, $t=2$초에서 입자에 가해지는 힘[N]과 입자의 운동에너지[J]는? (단, x 의 단위는 m이다) (2013년 행안부)

	힘[N]	에너지[J]
①	4	49
②	4	121
③	8	49
④	8	121

풀이 일차원 운동에서 변위 x의 시간 t에 관한 함수는 $x(t)=3t+2\,t^2$이고, 이 함수에서 각 시간에 대한 기울기가 속도를 나타내므로 $v(t)=3+4t$로 표현할 수 있다. $t=2$일 때, $v(2)=11m/s$이고, 이때의 가속도는 속도 함수의 기울기이므로 $4m/s^2$로 볼 수 있다. 따라서 $t=2$일 때의 힘은 $F=ma=2\cdot 4=8N$이고, 운동에너지 $E=\frac{1}{2}mv^2=\frac{1}{2}\cdot 2\cdot 11^2=121J$가 된다.
정답은 ④이다.

KEY POINT

■ 뉴턴 운동법칙
1, 2, 3 법칙의 또 다른 이름을 알아두자

■ 관성 ∝ 질량

KEY POINT

2 뉴턴의 운동법칙

(1) 운동의 제 1 법칙(관성의 법칙)

외력의 작용이 없거나 작용하는 힘의 합력이 0일 때 정지하고 있던 물체는 정지해 있고 운동하고 있는 물체는 등속직선 운동을 한다. 이것을 관성의 법칙이라 하고 물체가 본래의 운동 상태를 유지하려는 성질을 **관성**이라고 한다.

※ 관성은 질량에 비례한다.

관성의 법칙은 우리의 일상 경험을 통해서도 쉽게 확인할 수 있다. 정지하고 있던 버스가 갑자기 움직이기 시작할 때 승객이 뒤쪽으로 넘어지는 것은 승객은 관성에 의해 계속해서 정지해 있으려고 하는데 버스가 갑자기 움직이기 때문에 일어나는 현상이다. 또 달리던 버스가 갑자기 정지할 때 승객이 앞 쪽으로 넘어지는 것은 승객은 관성에 의해 같은 운동을 계속하려고 하는데 버스가 갑자기 정지하기 때문에 일어나는 것이다.

즉 물체가 정지해 있는 경우까지 포함하여 그 속도를 보존하려 하는 성질을 지니고 있음을 말해 주는 것이다.

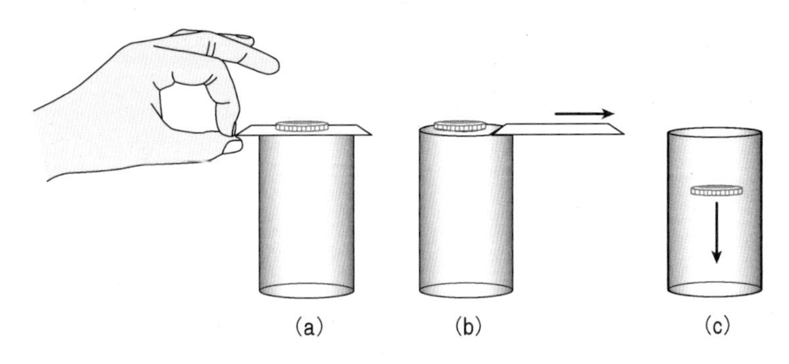

그림처럼 컵에 카드나 두꺼운 종이를 올려놓고 그 위에 동전을 놓는다. 그리고 손가락으로 카드나 종이를 그림처럼 튕겨서 빠져 나가게 하면 동전은 관성(원래 처음 위치에 정지해 있으려는 성질) 때문에 그 자리에 있게 된다. 나중에 중력에 의해 떨어지게 된다.

물체에 힘을 가해 운동상태를 변화 시키려 할 때 같은 힘을 가하더라도 물체에 따라 운동상태 변화량이 다르게 나타나는데 그것은 각각의 물체마다 본래의 운동상태를 유지하려는 성질인 관성 때문이다. 관성이 클수록 운동상태의 변화량이 작다.

이러한 관성은 질량이 클수록 크고 질량이 작을수록 작은데 관성은 질량에 비례한다. 우리가 흔히 말하는 질량은 관성질량이다.

관성의 한 예를 살펴보면 그림과 같이 질량 m인 물체가 같은 줄 A, B에 연결되어 있을 때 B줄을 잡고 아래로 서서히 당기면 위의 줄 A가 끊어지지만 B줄을 갑자기 잡아당기면 관성에 의해 B줄이 끊어진다.

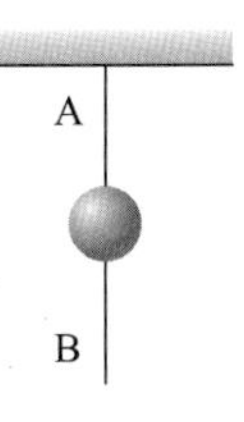

KEY POINT

예제2

다음 보기의 (　　) 속에 들어갈 적당한 문자를 고르면?

> 오른쪽 그림과 같이 두 개의 금속구를 가는 실에 연결하여 천장에 매달고 c부분을 천천히 아래로 당기면 (　　) 부분이 끊어진다. 그러나 실을 급히 당기면 (　　)부분이 끊어지게 된다.

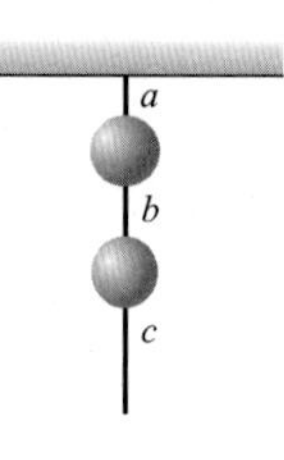

① a, b　　② b, a　　③ c, b
④ b, c　　⑤ a, c

답 : ⑤

(2) 운동의 제 2 법칙(가속도의 법칙)

물체에 힘이 작용하면 그 힘의 방향으로 가속도가 생기는데 가속도 a의 크기는 작용한 힘 F에 비례하고 물체의 질량 m에 반비례한다.

■ 가속도는 곧 힘이다.

따라서 $a = \dfrac{F}{m}$　　$\therefore F = ma$

※ 물체 m의 질량은 0이 될 수 없으므로 힘이 있으면 가속도가 반드시 존재하고 가속도가 0이면 힘도 0이다.

두 힘의 평형조건(힘이 평형상태다=합력이 0이다)

① 힘의 크기가 같다.
② 힘의 방향이 반대다.
③ 같은 작용선상에 작용하여야 한다.

세 힘의 평형

라미의 정리

$$\frac{F_1}{\sin\alpha} = \frac{F_2}{\sin\beta} = \frac{F_3}{\sin\gamma}$$

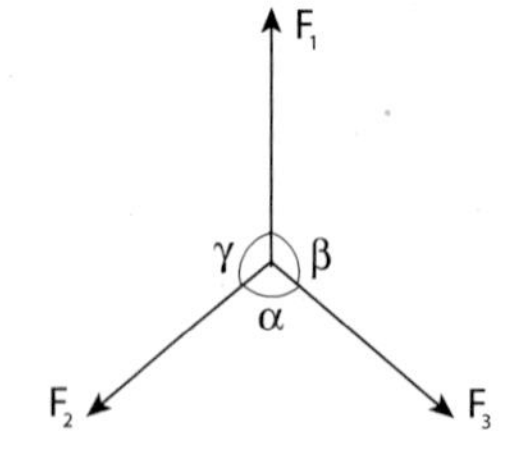

예제3

그림과 같이 수평면에 질량이 20kg과 100kg인 두 개의 물체를 끈으로 연결하고 $T_1 = 600N$의 힘으로 끌어 일정한 가속도로 움직이고 있다. 두 물체와 수평면 사이의 운동 마찰계수는 0.25, 중력 가속도는 10m/s² 이라 할 때, 두 물체 사이의 끈에 작용하는 장력 T_2의 크기는? (단, 끈의 질량은 무시한다.)

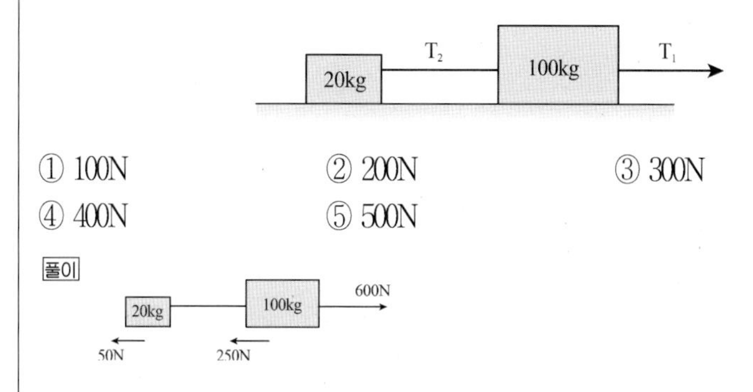

① 100N ② 200N ③ 300N
④ 400N ⑤ 500N

풀이

마찰력은 $R = \mu N$에서 20kg인 물체에 마찰력은 $R = 0.25 \times 200 = 50N$이고 100kg인 물체에 작용하는 마찰력은 $R = 0.25 \times 1000 = 250N$이다.
따라서 두 물체의 알짜힘은 300N이고 힘은 질량에 비례하므로 100kg 물체의 알짜힘은 250N이고 20kg인 물체의 알짜힘은 50N이다. 따라서 줄의 장력은 100N이다.

(3) 운동의 제 3 법칙(작용 반작용의 법칙)

일반적으로 물체 A가 물체 B에 힘 F_A를 작용하면 동시에 물체 B도 물체 A에 같은 크기의 힘 F_B를 작용한다. 이때 한 힘을 작용이라 하면 다른 힘을 반작용이라 한다.

$$F_A = -F_B$$

F_A(작용), F_B(반작용)는 힘의 크기는 같고 방향은 반대이다.

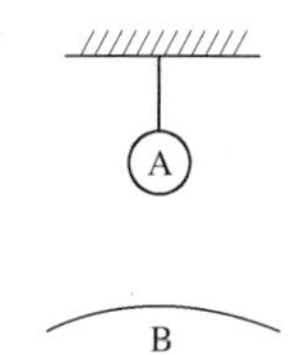

A. B 사이에 중력이 작용할 때 지구 B가 물체 A를 당기는 힘의 반작용은 줄의 장력이 물체 A를 당기는 힘이 아니라 물체 A가 지구 B를 당기는 힘이다.

KEY POINT

■ 주의
작용 반작용에서 힘의 합력은 0이 아니다.

KEY POINT

예제4

반지름이 $40\sqrt{3}$m인 원형 트랙이 수평면에 놓여 있다. 이 원형 트랙을 일정한 속력으로 달리는 자동차의 천장에 매달아 둔 진자가 연직선으로부터 30° 의 각도를 유지하고 있다. 이 자동차의 속력[m/s]은? (단, 중력 가속도는 10m/s² 이고, 자동차의 크기와 진자의 길이에 의한 효과는 무시하며, 바퀴와 지면 사이의 마찰력과 중력 이외의 다른 힘은 없다고 가정한다.) (2017년 국가직 7급)

① 10 ② 20
③ 30 ④ 40

풀이 진자가 30°를 유지하고 있으므로 오른쪽 그림에서

$mg\tan30° = \frac{mv^2}{r}$이므로 $g\tan30° = \frac{v^2}{r}$이다.

$r = 40\sqrt{3}$m이므로 $10\times\frac{1}{\sqrt{3}} = \frac{v^2}{40\sqrt{3}}$에서 자동차의 속력 $v = 20$m/s이다.

정답은 ②이다.

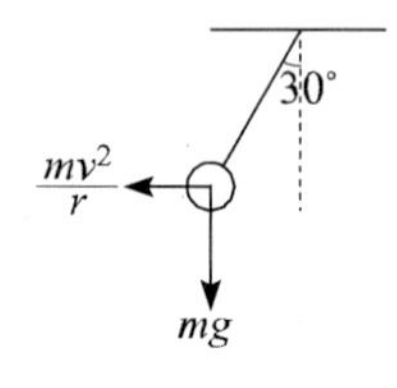

예제5

그림과 같이 줄로 연결된 세 개의 상자가 마찰이 없는 수평면 위에서 일정한 간격을 유지하면서 끌려가고 있다. 상자의 질량은 왼쪽부터 각각 3kg, 2kg, 1kg이고, $T_3 = 18$N일 때, 장력 T_1의 크기는? (2017년 서울시 7급)

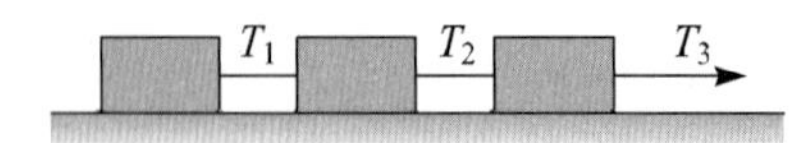

① 1N ② 3N
③ 6N ④ 9N

풀이 세 물체의 전체 질량은 6kg이다. 따라서 물체의 가속도 $a = 18 \div 6 = 3$m/s²이다. 따라서 질량이 3kg인 왼쪽 물체에 작용하는 알짜힘은 $3\times3 = 9$N이므로 $T_1 = 9$N이다.
정답은 ④이다.

3 여러 가지 힘

(1) 관성력

버스가 갑자기 가속을 하게 되면 사람은 뒤로 넘어지려는 힘을 느낀다. 이와 같이 물체가 가속도 운동을 할 때 관성으로 인하여 느끼는 가상적인 힘을 **관성력**이라 한다.

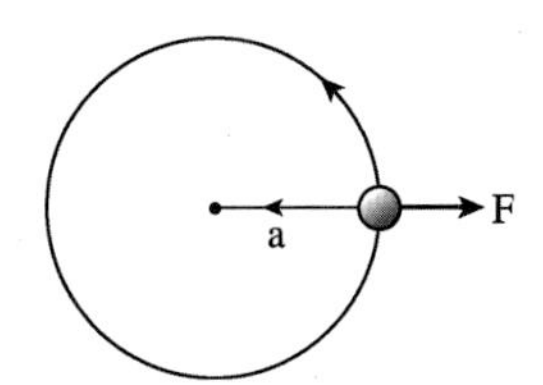

그림 같은 등속원운동에서 가속도가 원의 중심으로 향하고 있으므로 관성력은 그 반대인 원의 중심 반대 방향으로 관성력이 생긴다. 이것을 우리는 원심력이라고 한다.

① 등가속도 수평방향의 관성력

그림에서처럼 자동차가 a로 가속도 운동을 하면 손잡이는 관성력으로 인해 가속도의 반대 방향으로 ma만큼의 힘을 받는다. 여기서 우리는 손잡이의 기울어진 각을 구하면 자동차의 가속도와 손잡이의 장력 T를 구할 수 있다.

즉 힘이 평형상태이므로

$T = ma + mg$ 이고 기울어진 각이 θ이면

$mg = T\cos\theta,\ \ ma = T\sin\theta$ 이고

$a = g\tan\theta$

로 구할 수 있다.

자동차 밖에서 보면 손잡이는 a의 가속도로 속력이 점점 빨라지는데 이 가속도 a는 중력과 장력의 합력이 손잡이에 작용하는 알짜힘이 되어 가속도 a를 가지게 된다.

자동차 안에서 보면 손잡이는 기울어진 채 고정되어 움직이지 않아 평형상태를 이룬다. 이때 물체에는 중력, 장력, 관성력이 평형을 이루어 알짜힘이 0이다.

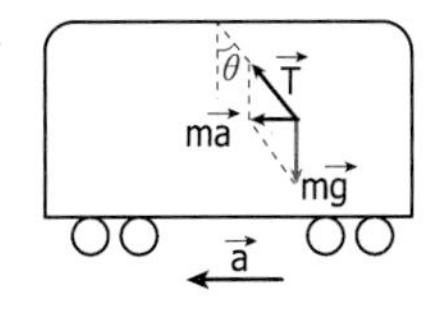

그림. 밖에서 본 물체의 가속도 운동

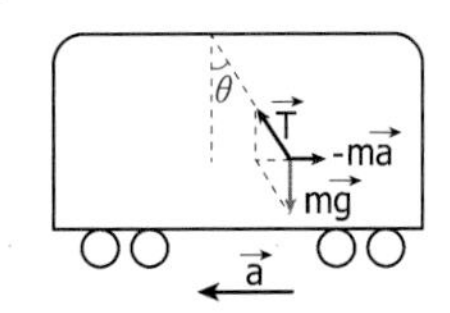

그림. 안에서 본 물체의 평형

KEY POINT

KEY POINT

② 등가속도 수직방향의 관성력

그림 (가)와 같이 엘리베이터가 정지해 있거나 등속운동일 때 저울의 눈금은 사람을 받쳐주는 수직항력 mg가 된다. 그림 (나)와 같이 엘리베이터가 위로 가속할 경우에는 수직항력이 중력보다 크기 때문이다. 알짜힘 ma는 수직항력이 중력보다 크기 때문이다. 알짜힘 ma는

$$ma = N - mg(\ N : \text{수직항력})$$

이다.

저울의 눈금은 중력 mg와 가속도에 대한 관성력이 아랫방향으로 ma만큼 작용하여 $w = mg + ma = m(g + a)$가 된다.

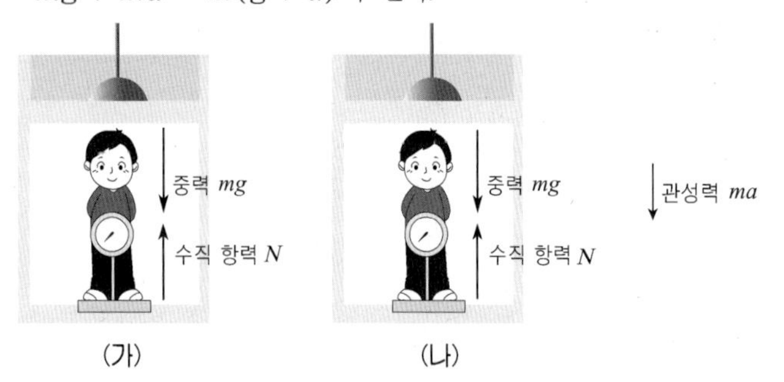

(가) (나)

예제6

어떤 사람이 정지한 엘리베이터 바닥에 놓인 체중계 위에 올라서서 눈금을 보니 50kg이었다. 이 엘리베이터가 위 방향으로 1.0m/s²로 가속된다면 체중계가 가리키는 눈금은? (단, 지구 중력 가속도의 크기는 10m/s²으로 어림한다.) (2009년 행자부)

① 60kg ② 55kg

③ 51kg ④ 45kg

풀이 $m(g + a)$에서 55kg을 가리킨다.

예제7

바닥에서 천장까지 높이가 3 m인 엘리베이터가 2 m/s²의 일정한 가속도로 올라가고 있다. 이때 엘리베이터 천장에 고정되어 있던 작은 물체가 분리되어 자유낙하한다면, 엘리베이터 바닥에 떨어질 때까지 소요되는 시간[초]은? (단, 물체의 크기와 공기 저항은 무시하고, 중력가속도는 10 m/s²이며, 엘리베이터의 가속 방향은 중력과 반대이다)(2020년 국가직)

① $\frac{1}{2}$ ② $\frac{1}{\sqrt{2}}$

③ $\sqrt{\frac{3}{5}}$ ④ $\frac{\sqrt{3}}{2}$

풀이 엘리베이터 계의 내부에서 가속도는 $g' = 12\,\mathrm{m/s^2}$이므로

$h = \frac{1}{2}g't^2$에서 $3 = \frac{1}{2} \times 12 \times t^2$ $t^2 = \frac{1}{2}$ $t = \frac{1}{\sqrt{2}}$ 이다.

(2) 수직 항력

물체간의 접촉면이 다른 접촉면에 수직한 방향으로 물체를 받쳐주는 힘을 **수직항력**이라고 한다. 책상위에 놓인 책이 책상 바닥을 뚫고 들어가지 않는 것은 책상 바닥이 책이 책상을 누르는 힘만큼 위로 책에 가해주는 힘이 있기 때문이다. 이런 힘 역시 수직항력이다.

수평면에 놓인 물체의 수직 항력은 물체에 작용하는 중력 mg이다.

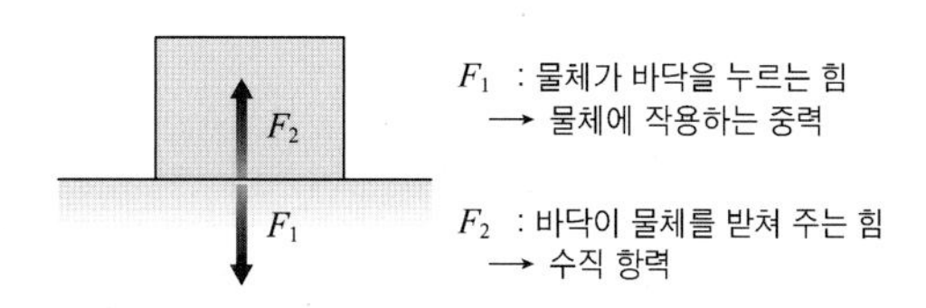

빗면이 놓인 물체에 작용하는 수직항력은 그림과 같이 빗면에 수직 방향인 성분의 힘으로 물체에 작용하는 중력(mg)에 코사인 값(cos θ)을 곱한 것과 같다. 이에 대한 반작용력이 빗면에 놓인 물체에 대한 수직항력이 된다.

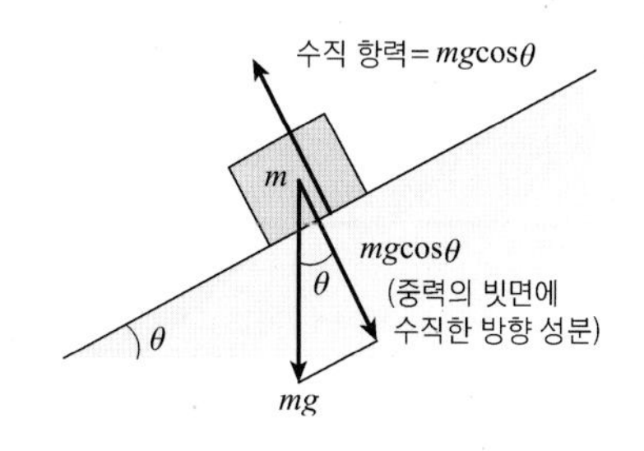

(3) 마찰력

물체가 미끄러질 때 물체의 운동을 방해하는 힘을 **마찰력**이라고 한다.

어떤 물체의 면이 다른 물체의 면 위를 미끄러질 때 각 물체는 면에 평행인 마찰력이 작용한다. 각각의 물체에 미치는 이 힘은 크기는 서로 같고 물체의 운동방향과 반대방향이다.

① 정지 마찰력

물체에 외력이 작용할 때 물체가 움직이지 않을 때 그 외력과 같은 크기의 힘을 **정지 마찰력**이라 한다. 즉 정지 마찰력은 항상 외력과 같고 제일 클 때의 값을 최대 정지 마찰력이라 한다.

$$F_o = \mu N \quad \begin{cases} \mu : \text{정지 마찰계수} \\ N : \text{수직항력} \end{cases}$$

최대정지마찰력

KEY POINT

■ 마찰력은 운동하려는 방향과 항상 반대 질량 및 접촉면의 성질과 관계가 있고 면의 넓이와 관계없음

■ $\left.\begin{matrix}\mu \\ \mu'\end{matrix}\right\}$ 면의 성질

② 운동 마찰력

물체가 외력을 받아 운동할 때 운동하는 방향과 반대 방향으로 저항하는 일정한 힘을 **운동 마찰력**이라 한다.

운동 마찰력 $F = \mu' N$ $\begin{cases} \mu' : \text{운동 마찰계수} \\ N : \text{수직항력} \end{cases}$

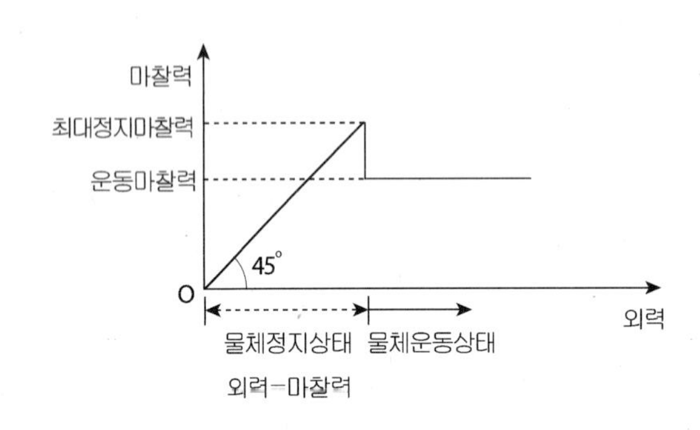

외력-마찰력

예제8

마찰이 없는 수평면 위에 질량이 M인 물체가 놓여 있고, 그 위에 질량이 m인 물체가 놓여 있다. 일정한 힘 F가 그림과 같이 질량이 M인 물체에 가해지자, 질량이 m인 물체가 미끄러지지 않은 상태로 두 물체가 F의 방향으로 수평면 상에서 함께 움직였다. 이에 대한 설명으로 옳은 것은? (단, μ_S는 두 물체 사이의 정지마찰계수이고, 공기의 저항은 무시하며, g는 중력가속도이다)
(2020년 국가직)

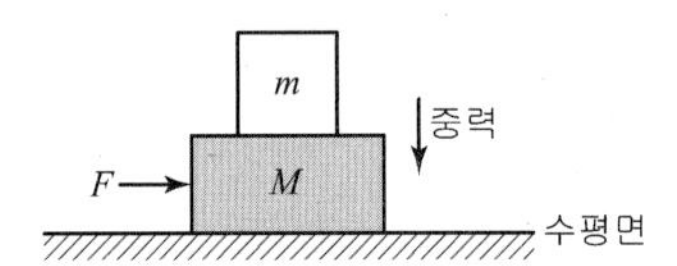

① 질량이 m인 물체에 작용하는 마찰력은 힘 F와 반대 방향이다.
② $F=(M+m)g$이다.
③ 질량이 m인 물체가 받는 알짜힘은 두 물체 사이의 마찰력과 크기가 같다.
④ 질량이 M인 물체가 받는 수직 방향 알짜힘은 $(M+m\mu_S)g$이다.

풀이

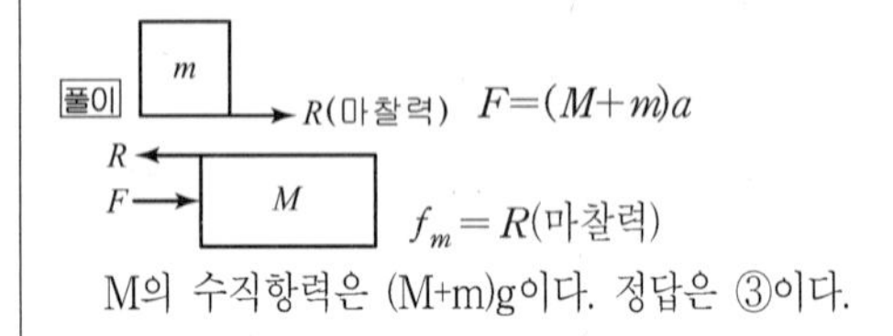

M의 수직항력은 (M+m)g이다. 정답은 ③이다.

KEY POINT

■ 정지 마찰력 그래프에서는 항상 기울기가 1이다.(외력의 축과 각이 45°이므로)

KEY POINT

예제9

<보기>와 같이 마찰이 없는 얼음판 위에 질량 10kg인 물체 A가 놓여 있고, 그 위에 질량 1kg인 물체 B가 놓여 있다. 두 물체 A와 B 사이에는 최대 정지마찰계수 $\mu_s = 0.8$, 운동마찰계수 $\mu_k = 0.5$로 마찰이 작용한다. 두 물체가 정지한 상태에서 물체 B에 외력 F를 가하여 물체 A가 움직이기 시작한 직후, A의 가속도를 가장 크게 만드는 외력 F의 크기는? (단, 중력가속도 $g = 10\text{m/s}^2$이다.) (2018년 서울시 7급)

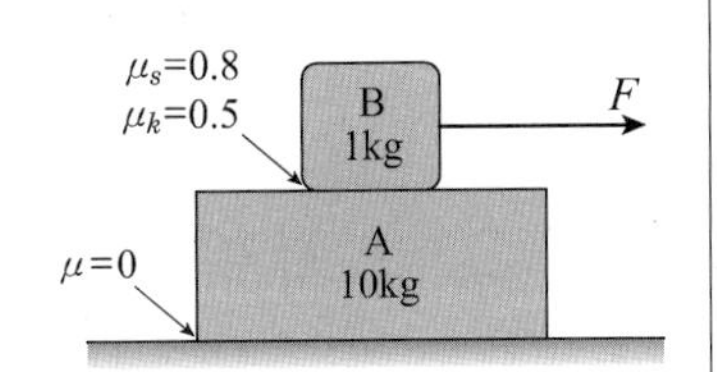

① 5N ② 8N
③ 10N ④ 11N

풀이 A에 작용하는 힘은 A와 B 사이의 마찰력뿐이다. 따라서 A와 B 사이의 마찰력이 A에 작용하는 알짜힘이 된다. A에 작용하는 알짜힘이 최대이기 위해서는 두 물체 사이의 마찰력이 최대정지마찰력과 같아야 한다. 따라서 이 마찰력은 $1 \times 10 \times 0.8 = 8\text{N}$이고, 외력이 이와 같은 8N이어야 한다. 가속도는 0.8m/s^2이고, 힘 F는 8.8N이다. 정답은 ②이다.

(4) 탄성력

물체에 외력을 가해 변형 시켰을 때 원상태로 되돌아가려는 힘을 **탄성력**이라 하고 후크의 법칙에 의해 정의된다.

$F = kx$ [k는 탄성계수 N/m, dyne/cm]

■ 탄성계수 k의 단위는 N/m이다.

① 용수철의 연결

㉠ 병렬 연결

오른쪽 그림처럼 탄성계수가 k_1, k_2인 용수철을 병렬로 연결하여 힘 F를 가할 때 변위를 x라 하면 힘은 두 용수철에 각각 나누어지므로 $F = F_1 + F_2$이다. 또 $F = kx$, $F_1 = k_1 x$, $F_2 = k_2 x$이므로 $F = F_1 + F_2$에 대입하면 $Kx = k_1 x + k_2 x$이다. 따라서 합성 탄성계수 K는 $K = k_1 + k_2$이다.

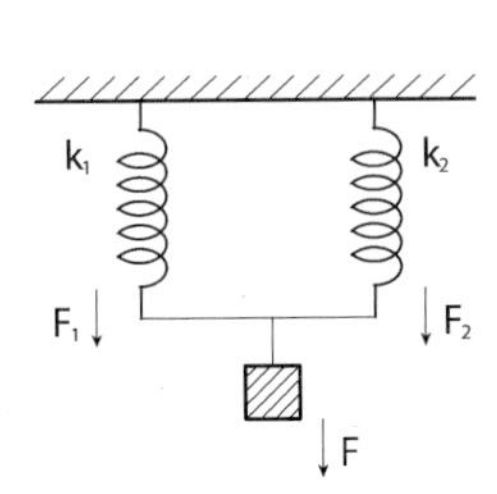

■ 병렬 연결
$k = k_1 + k_2$

직렬 연결
$\frac{1}{k} = \frac{1}{k_1} + \frac{1}{k_2}$

㉡ 직렬 연결

오른쪽 그림처럼 탄성계수가 k_1, k_2인 용수철을 직렬로 연결한 후 힘 F를 가할 때 각 용수철은 용수철 상수에 반비례하는 값 x_1, x_2 만큼 늘어나게 되어 전체 변위 x는 $x = x_1 + x_2$이다.

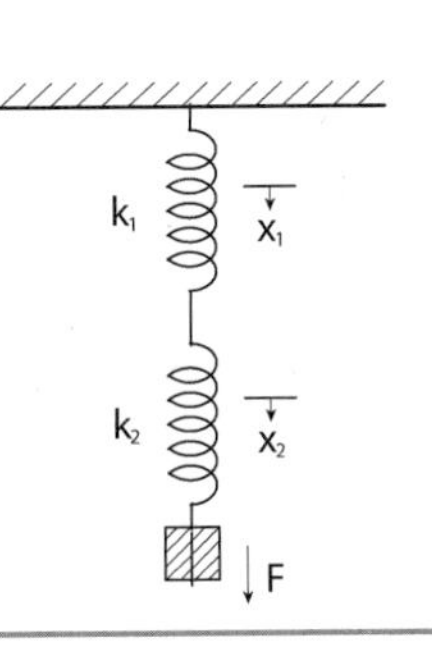

각각의 용수철에 작용하는 힘은 F이므로 $F = k_1 x_1,\ F = k_2 x_2,\ F = kx$ 에서 $x_1 = \frac{F}{k_1}$, $x_2 = \frac{F}{k_2}$, $x = \frac{F}{k}$ 를 $x = x_1 + x_2$에 대입하면 $\frac{F}{k} = \frac{F}{k_1} + \frac{F}{k_2}$ 이다.

따라서 합성 탄성계수 k는 $\frac{1}{k} = \frac{1}{k_1} + \frac{1}{k_2}$ 이다.

예제10

오른쪽 그림과 같은 연결에서 용수철 상수 k_1이 100 N/m k_2가 200N/m 일 때 질량 3kg 물체 매달 때 용수철 k_1의 늘어난 길이는?
(단, 중력가속도는 $10\,\mathrm{m/s^2}$ 이다)

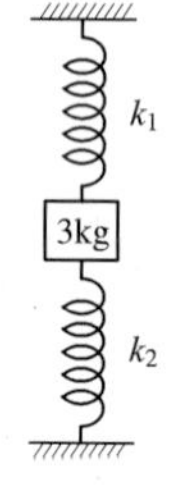

풀이 용수철 연결의 모습은 직렬과 비슷하지만 물체에 작용하는 힘은 병렬 연결이다. $k = k_1 + k_2$ 에서 $k = 100 + 200 = 300N/m$, $F = kx$ 에서 $30N = 300N/m \cdot x$ $\quad x = 0.1\,\mathrm{m}$ 이다.

② 영률

길이의 탄성률을 **영률**이라고 한다. 영률은 오른쪽 그림에서 늘어난 길이 $\Delta l = \frac{F l_o}{YA}$ (Y는 영률)이므로

영률 $Y = \frac{F l_o}{A \Delta l}$ (단위 : N/m²)

와 같이 나타낼 수 있다.

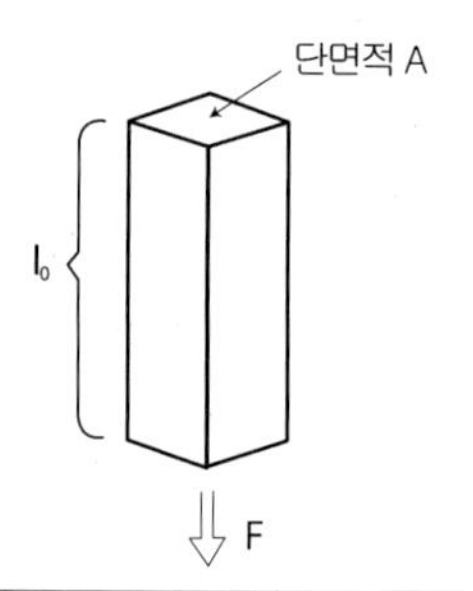

■ 영률은 길이에 대한 탄성률을 의미하며 단위는 N/m²이다.

예제11

단면적이 0.5cm²이고 길이가 5m인 합금 케이블의 한 끝이 천장에 고정되어 수직으로 매달려 있다. 질량이 1톤인 엘리베이터가 케이블의 아래쪽 끝에 고정되어 매달리자 케이블의 길이가 0.5cm 늘어났다. 이 합금케이블의 영률(Young's modulus)[N/m²]은? (단, 중력 가속도 g=10m/s²이다.) (2019년 서울시 7급)

① 2×10^{12} ② 5×10^{11}
③ 2×10^{11} ④ 5×10^{12}

풀이 $\triangle \ell = \frac{\ell \cdot F}{A \cdot Y}$ (A : 단면적 Y : 영율)

$Y = \frac{R\,\ell}{A \triangle \ell}$ 이므로 $Y = \frac{10^4 \times 5}{5\times10^{-5} \times 5\times10^{-3}} = \frac{1}{5} \times 10^{12}$

$Y = 2\times10^{11}$이다. 정답은 ③이다.

■ 도르래에 걸린 두 물체의 가속도

$a = \frac{M-m}{M+m} g$

(5) 여러 가지 힘

① 도르래 걸린 두 물체에 작용하는 힘

그림처럼 질량이 m, $M(M > m)$인 두 물체가 마찰이 없는 도르래에 걸려 있을 때 물체의 가속도와 두 물체를 연결하는 줄의 장력 T를 구해 보자.

물체 M에 작용하는 힘은

$$Mg - T = Ma$$

이고 물체 m에 작용하는 힘은

$$T - mg = ma$$

이다. 두 식을 더하면

$(M - m)g = (M + m)a$ 이고

가속도 a는 $a = \dfrac{M - m}{M + m}g$

이다. 이 식을 $T - mg = ma$

대입하여 정리하면 줄의 장력 T는

$T = \dfrac{2Mm}{M + m}g$ 이다.

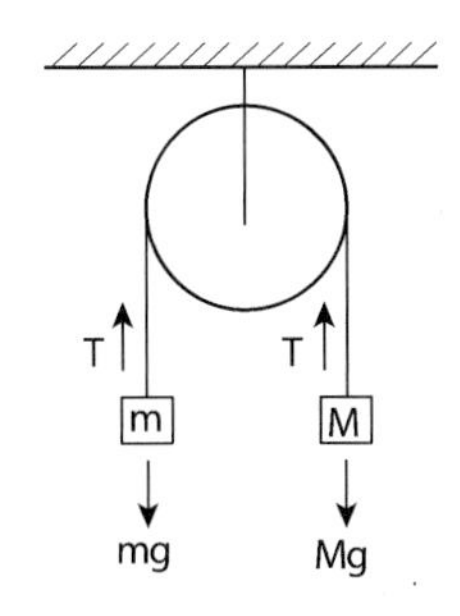

KEY POINT

■ 도르래에 걸린 두 물체의 가속도

$a = \dfrac{M - m}{M + m}g$

예제12

그림과 같이 질량이 각각 2m, m인 물체A, B가 천장에 매달린 도르래를 통해 A가 B위에 놓인 상태에서 수평면과 나란하게 평형을 유지하고 있다. B가 A에 작용하는 수직항력의 크기는?(단, 중력가속도는 g이고, 모든 마찰과 줄의 질량은 무시하며, 물체와 연결 된 각각의 줄은 서로 평행하다.)

① $\frac{1}{4}mg$ ② $\frac{1}{2}mg$

③ mg ④ $\frac{3}{2}mg$

⑤ $2mg$

정답 ②

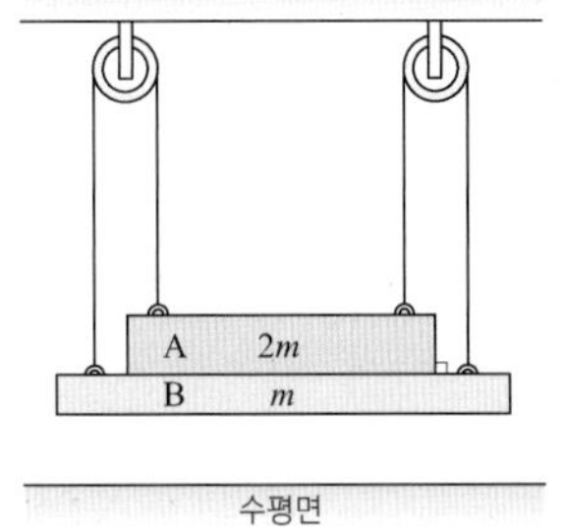

② 빗면에서 미끄러지는 물체에 작용하는 힘

질량 m인 물체가 수평면과 θ각을 이루고 있는 빗면 위에 놓여 있을 때 물체에 작용하는 힘을 구해보자.

물체에 작용하는 힘 mg를 그림과 같이 분해하면 아래로 미끄러지려는 힘 $mg\sin\theta$와 빗면을 누르는 힘 $mg\cos\theta$로 나눌 수 있다. 한편 빗면을 누르는 힘 $mg\cos\theta$는 빗면의 수직항력 N과 같아 평형이 되고 물체에는 $mg\sin\theta$ 힘이 작용한다.

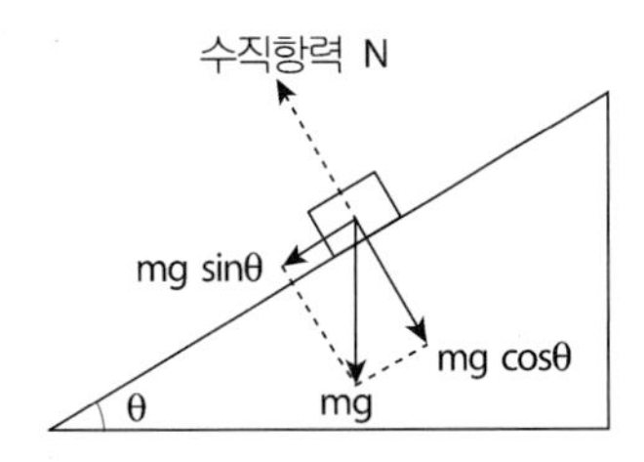

KEY POINT

㉠ 마찰력이 작용하지 않을 때

면에 마찰력이 0이면 내려 올려는 힘은 $mg\sin\theta$이고 내려올 때의 가속도는 $g\sin\theta$이다.

㉡ 물체와 빗면 사이에 마찰계수가 μ일 때

마찰력은 물체의 운동 방향과 반대이고 크기는 $R=\mu N$이므로 물체가 빗면을 내려오려는 힘 $mg\sin\theta$와 반대 방향으로 마찰력 $\mu mg\cos\theta$가 작용하게 된다.

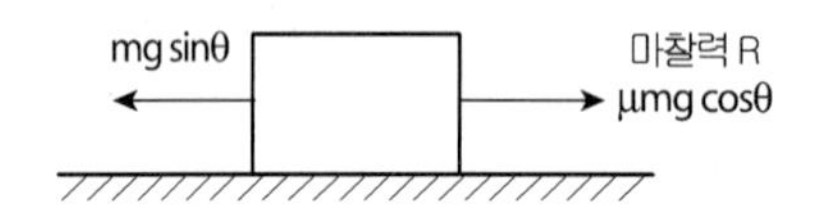

따라서 물체가 아래로 내려오려는 힘은 $mg\sin\theta-\mu mg\cos\theta$이고 내려올 때 가속도 a는 $a=g\sin\theta-\mu g\cos\theta$이다.

예제13

그림과 같이 세 개의 물체들이 질량을 무시할 수 있는 줄로 연결되어 천장에 매달려 있다. m_1과 m_2를 연결하는 줄에 걸리는 장력 T_2는? (단, 물체들의 장력은 각각 $m_1=1\text{kg}$, $m_2=2\text{kg}$, $m_3=3\text{kg}$이고, 중력가속도는 $10\,\text{m/s}^2$이다.) (2008년 행정자치부 7급)

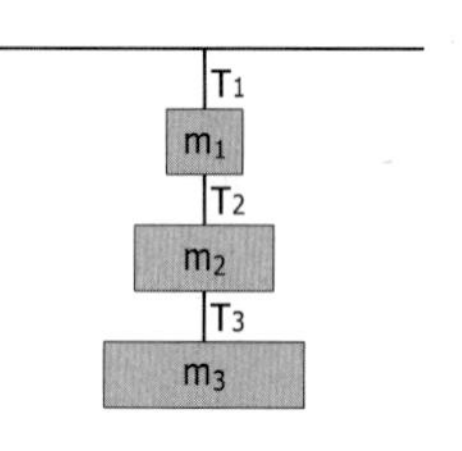

① 30N ② 40N
③ 50N ④ 60N

풀이 $T_1=60N$ $T_2=50N$ $T_3=30N$

③ 평면에 놓인 물체와 연결된 물체의 운동

그림처럼 떨어지고 있는 질량 m인 물체가 수평면 위의 질량 M인 물체에 연결되어 가속도 a로 떨어질 때 가속도와 줄의 장력 T를 구해보자.(질량은 $M>m$이고, 마찰력 R <장력 T이라 한다.)

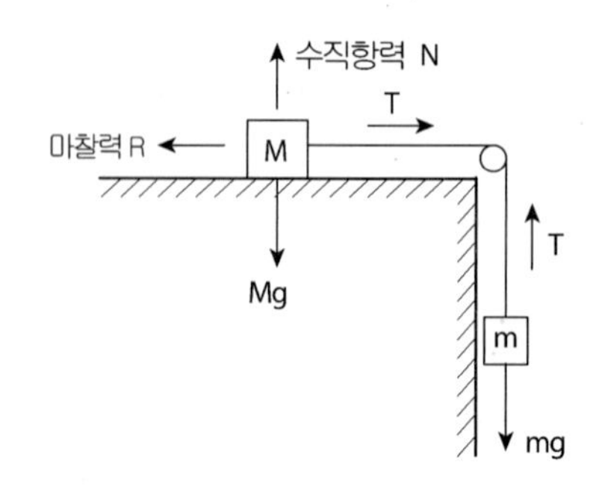

물체 m에 작용하는 힘은

$$mg-T=ma \text{ 이고}$$

KEY POINT

물체 M에 작용하는 힘은 Mg = 수직항력 N으로 평형이고 또 다른 힘은

$$T - R(= \mu Mg) = Ma \text{ 이다.}$$

위의 식과 연립하여 T를 소거하면 $mg - \mu Mg = Ma + ma$이고 가속도 a는

$$a = \frac{m - \mu M}{M + m} g \text{ 이다.}$$

이 식을 $Mg - T = ma$의 a에 대입하여 정리하면 줄의 장력 T는

$$T = \frac{M^2 - m^2 + Mm + \mu mM}{M + m} g \text{ 이다.}$$

만약 면에 마찰이 없다면 $\mu = 0$을 대입하면 된다.

예제 14

그림과 같이 질량이 각각 m_1, m_2, m_3인 3개의 물체가 줄에 연결되어 화살표 방향으로 등가속도로 움직이고 있다. m_1, m_2와 수평면 사이의 운동 마찰계수는 μ로 같다. m_1과 m_2 사이의 줄의 장력 T의 크기는? (단, 중력가속도는 g이고, 줄의 질량, 도르래의 질량과 마찰은 무시한다.) (2021 국가직 7급)

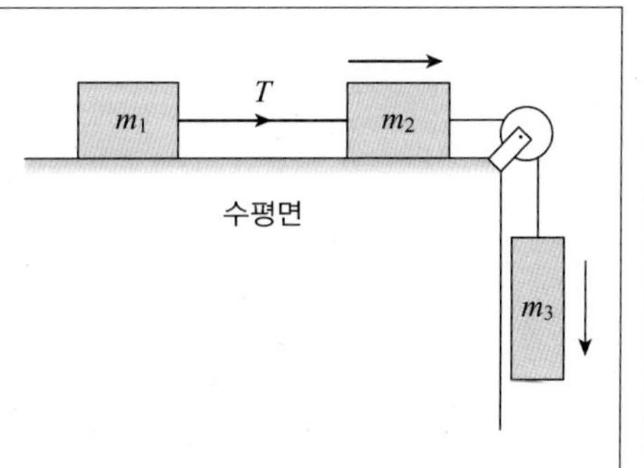

① $\dfrac{(1+\mu)m_1 m_2}{m_1 + m_2 + m_3} g$　　② $\dfrac{(1+\mu)m_1 m_3}{m_1 + m_2 + m_3} g$

③ $\dfrac{\mu m_1 m_2}{m_1 + m_2 + m_3} g$　　④ $\dfrac{\mu m_1 m_3}{m_1 + m_2 + m_3} g$

풀이 m_1과 m_2와 수평면 사이의 마찰력은 각각 $\mu m_1 g$, $\mu m_2 g$ 이다. 물체의 가속도는 $m_3 g - (m_1 + m_2)\mu g = (m_1 + m_2 + m_3)a$에서 $a = \dfrac{m_3 - m_1\mu - m_2\mu}{m_1 + m_2 + m_3} g$ 이다.

물체 m_1에 장력 T가 작용하고

$T - \mu m_1 g = m_1 a$　　$T = \mu m_1 g + m_1 a$

$$T = \mu m_1 g + \frac{m_3 - \mu m_1 - \mu m_2}{m_1 + m_2 + m_3} \times m_1 g$$

$$= m_1 g\left\{\frac{\mu m_1 + \mu m_2 + \mu m_3}{m_1 + m_2 + m_3} + \frac{m_3 - \mu m_1 - \mu m_2}{m_1 + m_2 + m_3}\right\}$$

$$= \left(\frac{\mu m_3 + m_3}{m_1 + m_2 + m_3}\right) m_1 g$$

$$= \frac{(1+\mu)m_1 m_3}{m_1 + m_2 + m_3} g$$

정답은 ②이다.

4 중력장내에서의 운동

지구의 중력장내 그중에서도 지표 근처에서는 지구 중력 가속도가 지구 중심을 향해 그 크기가 일정하므로 등가속도 운동에 따른다.
따라서 앞서 배운 등가속도 운동에 관한 식을 중력 가속도 g(9.8m/s²)를 써서 나타내면 초속도 v_0, 가속도를 g라 하고 속도 v, 시간 t, 거리 s이면
관계식은

$$v = v_o + gt$$

$$s = v_o t + \frac{1}{2} gt^2$$

$$v^2 - {v_o}^2 = 2gs$$

로 나타난다.

(1) 자유낙하운동

지표 가까이 있는 물체에 중력만이 작용하여 초속도 없이 낙하하는 운동을 **자유낙하운동**이라고 한다. 따라서 초속도

$v_o = 0$ 이므로

$v = gt$

$s = \frac{1}{2} gt^2$

$v^2 = 2gs$ 이다.

그림. 자유낙하

■ 자유낙하
매초당 낙하 거리의 비는
1 : 3 : 5 : 7……

매초당 운동에너지의 비
$1^2 : 2^2 : 3^2 : \cdots\cdots$

한편 물방울이 그림처럼 일정한 시간 간격으로 떨어진다면 자유낙하운동이므로 떨어진 거리와 시간 사이에는

$s = \frac{1}{2} gt^2$의 식에서 $s \propto t^2$이 되고

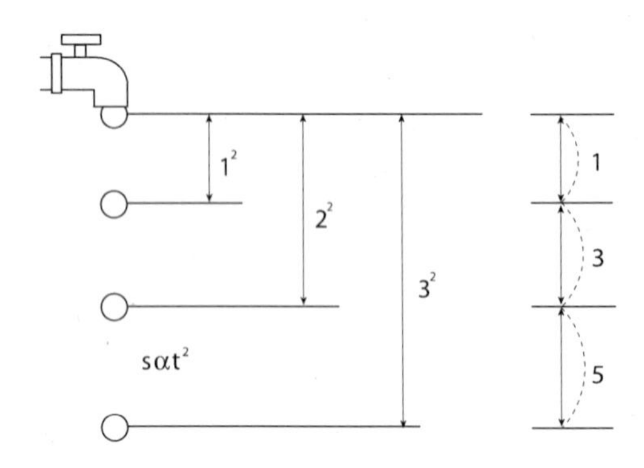

또 매초당 낙하거리비는 그림에서 보듯이 1 : 3 : 5 : 7 : …………………… 이 된다.

(2) 하방투사운동

물체를 일정한 속력 v_o로 아래 방향으로 던질 때 이 물체의 운동을 **하방투사운동**이라고 한다.

초속도 $v_o > 0$이고 중력가속도 g방향이 v_o와 같은 방향이므로 $g > 0$이다.

따라서 이 운동의 속도 v와 위치 s는

$$v = v_o + gt$$

$$s = v_o t + \frac{1}{2} gt^2$$

$$v^2 - {v_o}^2 = 2gs$$

의 관계식에 따라 운동하게 된다.

(3) 상방투사운동

물체를 일정한 속력 v_o로 연직 위로 던질 때 이 물체의 운동을 **상방투사운동**이라고 한다. 이 운동에서는 지구중력이 아래 방향으로 작용하므로 물체는 결국 아래로 떨어진다.

초속도 $v_o > 0$이고 중력가속도 g의 방향은 초속도 v_o와 반대 방향이 되어 $g < 0$이다. 따라서 이 운동의 속도 v와 위치 s의 관계식은

$$v = v_o - gt$$

$$s = v_o t - \frac{1}{2} gt^2$$

$$v^2 - {v_o}^2 = -2gs$$

이다.

최고점에서 속도 $v = 0$이 되므로 이것을 이용하여 유용하게 문제를 풀 수 있다.

즉 v_o로 상방투사할 때 최고점 도달시간은 최고점에서 속도 v는 $v = 0$이므로

시간 t는 $0 = v_o - gt$ $\quad t = \frac{v_o}{g}$가 된다.

최고점의 높이는 $s = v_o t - \frac{1}{2} gt^2$에서 $t = \frac{v_o}{g}$일 때 이므로

$$s = v_o \frac{v_o}{g} - \frac{1}{2} g\left(\frac{v_o}{g}\right)^2$$

$$= \frac{1}{2} \frac{{v_o}^2}{g}$$ 된다.

KEY POINT

■ 상방투사

최고점의 속도 $v = 0$

그리고 t계산 최고점 도달시간

$t = \frac{v_o}{g}$

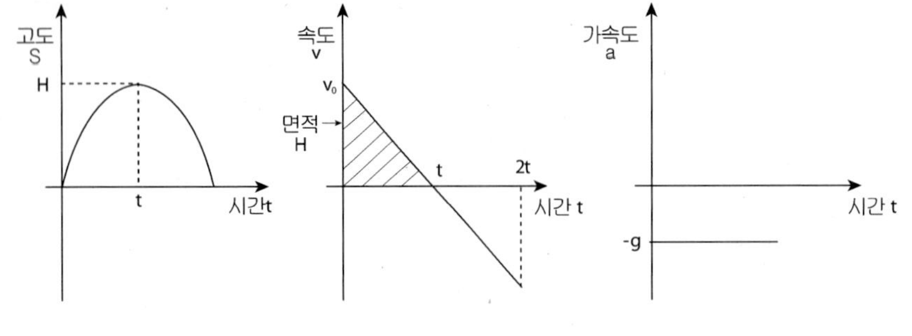

그림. 상방투사운동에서 고도, 속도, 가속도에 관한 그래프

KEY POINT

■ 수평투사 = 자유낙하+등속운동

■ 수평도달거리

$s=v_o\sqrt{\dfrac{2H}{g}}$

(4) 수평투사운동

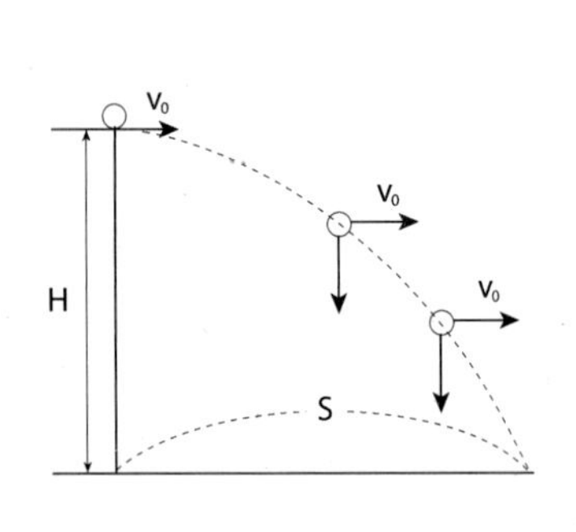

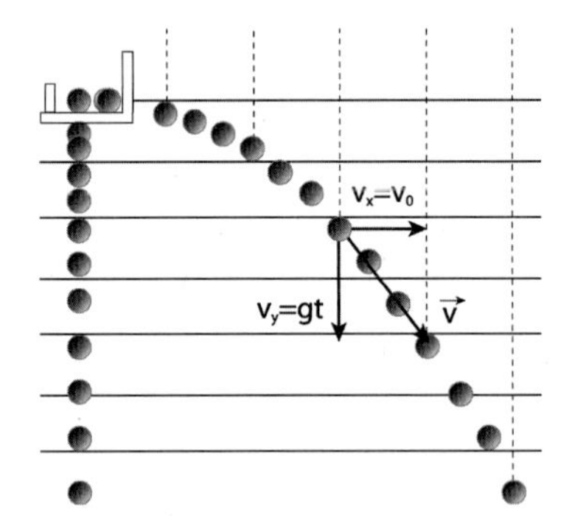

수평방향으로 초속도 v_o로 던져진 물체의 운동을 **수평투사운동**이라고 한다.
던진 물체는 그림과 같이 운동을 할 것이다. 즉 x방향은 v_o의 등속운동이고, y 방향은 자유낙하운동을 한다.

높이 H에서 수평으로 v_o로 투사된 물체는 자유낙하운동에서 $H=\dfrac{1}{2}gt^2$

$t=\sqrt{\dfrac{2H}{g}}$ 시간 후에 지면에 도달하고 결국 $\sqrt{\dfrac{2H}{g}}$ 시간 동안 수평운동한다.
수평으로 등속운동을 하므로 수평도달거리 s는

$$s=v_o t \text{에서}$$

$$s=v_o\sqrt{\frac{2H}{g}}$$

이다. 또 t초 후의 속도는
그림에서 벡터 합성에 의해

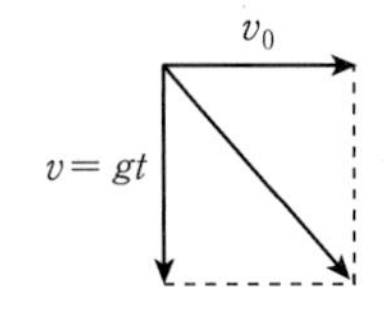

$$v=\sqrt{v_o{}^2+(gt)^2}$$

이다.

예제15

어떤 물체를 던져 건물 A의 지붕에서 옆 건물 B의 지붕으로 보내려 한다. 그림과 같이 두 건물은 4m 떨어져 있고, 건물 A가 건물 B보다 5m 더 높다. 수평으로 던져진 물체가 건물 B의 지붕에 도달하기 위한 최소속력(m/s)은? (단, 중력 가속도는 $10m/s^2$ 이고, 공기저항은 무시한다.) (2011년 행안부 7급)

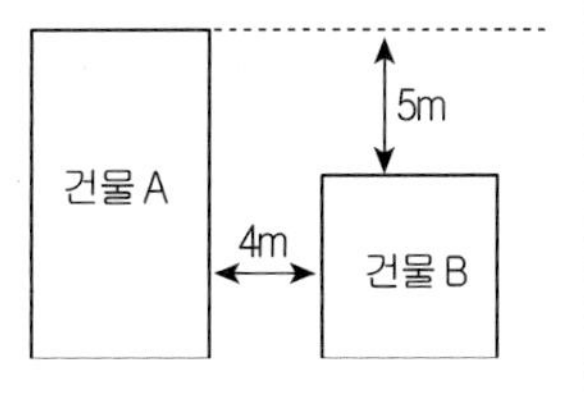

① 3 ② 4
③ 5 ④ 6

풀이 건물 A에서 수평으로 던진 물체는 B에 수평방향으로 등속으로 날아가고, 수직방향으로 건물의 높이차 5m 만큼 자유낙하 한다.

$S=\frac{1}{2}gt^2$에서 1초 후에 떨어지므로 1초 동안 4m는 수평으로 운동해야 한다. 그러므로 최소 속력은 4m/s 이다. 정답은 ②이다.

KEY POINT

(5) 비스듬히 던져 올린 물체의 운동

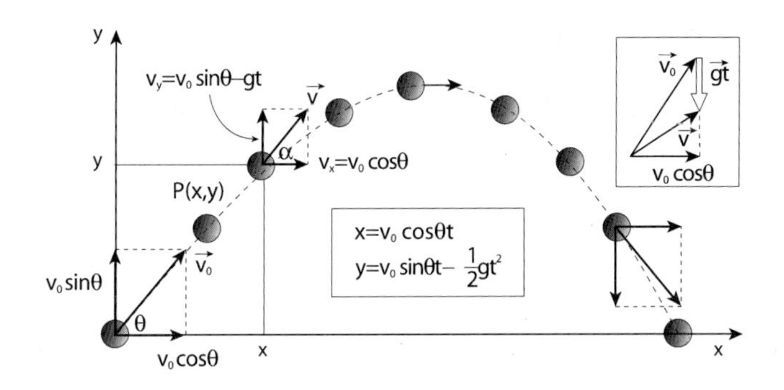

그림과 같이 물체가 초속도 v_o로 수평면과 θ각으로 비스듬히 던져질 때 초속도 v_o의 수평방향 속도는 $v_{ox}=v_o\cos\theta$(수평등속운동)이고

수직방향 속도는 $v_{oy}=v_o\sin\theta$(상방투사운동)

이다. 먼저 수직방향운동은 상방투사운동과 같아서 꼭대기 점에서의 연직운동은 0이므로 $0=v_o\sin\theta-gt$에서 꼭짓점 도달시간은

$$t=\frac{v_o\sin\theta}{g}$$

이다. 꼭짓점까지 높이는 $H=v_ot-\frac{1}{2}gt^2$에서

$$H=v_o\sin\theta\times\frac{v_o\sin\theta}{g}-\frac{1}{2}g\times\left(\frac{v_o\sin\theta}{g}\right)^2=\frac{1}{2}\frac{v_o^2\sin^2\theta}{g}$$ 이다.

■ 비스듬히 던진 물체
= 상방투사+수평등속운동

■ 비스듬히 던진 물체의 수평도달거리

$$s=\frac{v_o^2}{g}\sin2\theta$$

최고점의 높이

$$H=\frac{v_o^2\sin^2\theta}{2g}$$

KEY POINT

수평방향 이동거리 s는 $s = vt$ (v 등속이므로)에서 물체가 던져진 후 떨어질 때까지의 시간 t는 꼭대기 점까지의 도달시간의 2배 이므로 $t = \frac{2v_o \sin\theta}{g}$ 이다.

따라서 수평도달거리 s는

$$s = v_o \cos\theta \times \frac{2v_o \sin\theta}{g} = \frac{2v_o^2 \sin\theta \cos\theta}{g}$$

$$= \frac{1}{g} v_o^2 \sin 2\theta \text{이다.}$$

그러므로 일반적으로 포사체 운동에서 최대의 수평거리를 얻기 위한 각은 지면에 대해 $\sin 2\theta = 1$이 되는 $\theta = \frac{\pi}{4} = 45°$이다.

(6) 공기의 저항이 작용할 때의 낙하운동

지금까지 낙하운동에서는 공기의 저항을 무시하였으나 빗방울이나 낙하산등의 운동에서는 공기의 저항을 무시할 수 없다. 빗방울이 100m 높이에서 중력만을 받고 낙하한다면 지상에 도달했을 때의 속력은 $v = \sqrt{2gh}$에서 약 44m/s가 되어야 하지만 실제는 굵은 빗방울이라도 10m/s 정도 밖에 안 된다. 이것은 빗방울이 공기의 저항을 받기 때문이다.

저항력 R은 속력이 그다지 크지 않는 범위 내에서 구의 속력 v에 비례한다.

즉, $R = kv$ (k는 구의 반지름과 공기의 상태에 따라 결정되는 상수이다.)

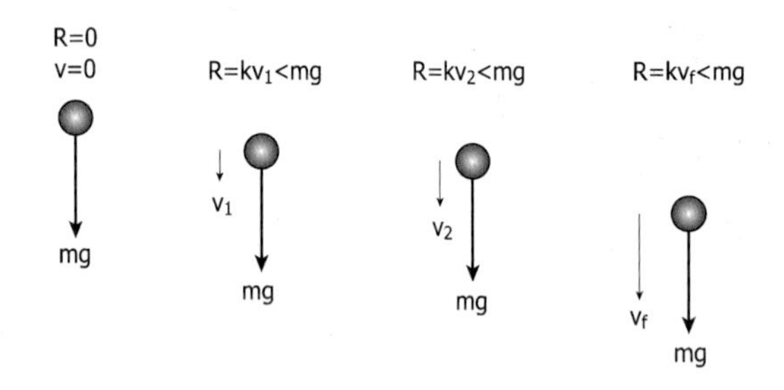

위의 그림에서 질량 m인 구가 낙하할 때 구에는 연직 아래쪽으로 중력 mg와 연직 위쪽으로 저항력 R이 작용하는데 구가 떨어질수록 중력 mg는 일정하지만 저항력 $R = kv$는 점점 증가하게 되어 $kv = mg$가 되면 알짜힘이 0이 되어 등속 운동하게 되는데 이때 속도를 종단속도라 한다.

운동 방정식은 $ma = mg - R = mg - kv$가 된다.

또 종단 속력 v_f는 $v_f = \frac{mg}{k}$ 가 된다.

예제16

평평한 지표면에서 골프공이 수평면과 30° 각도로 초기 속력 50 m/s로 발사되어 포물선 운동을 하였다. 이에 대한 설명으로 옳지 않은 것은? (2019년 국가직 7급)

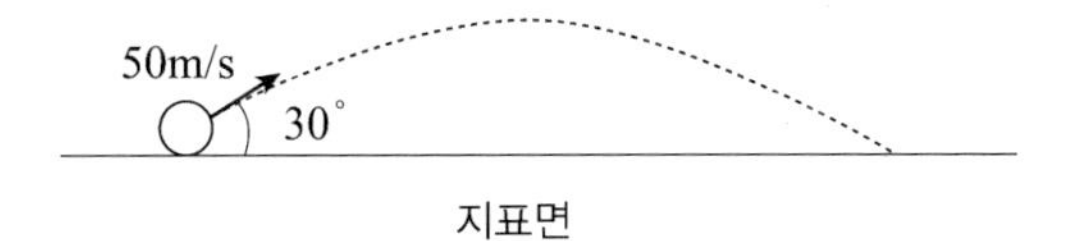

지표면

① 골프공이 최고점까지 올라가는 데 걸리는 시간과 최고점으로부터 다시 지표면에 도달하는 데 걸리는 시간은 같다.

② 골프공이 최고점까지 올라갔다가 다시 떨어져 지표면에 도달하는 순간의 속력은 50 m/s이다.

③ 골프공의 질량이 클수록 골프공이 도달할 수 있는 최고점의 높이가 낮아진다.

④ 포물선 운동을 하는 동안 골프공의 가속도는 항상 일정하다.

풀이 가속도는 일정하고 질량과는 무관하다. 정답은 ③이다.

KEY POINT

연습문제

1 질량 2kg의 물체가 수평면상에 있다. 이 물체에 16 N의 힘을 수평으로 가하면서 직선운동 시킬 때 면으로부터 4 N의 마찰력을 받는다면 가속도는?

① 2m/s²
② 4m/s²
③ 6m/s²
④ 8m/s²
⑤ 10m/s²

2 질량 10kg인 물체에 10m/s²의 가속도를 내게 하는데 필요한 힘은?

① 0 N
② 0.1 N
③ 1 N
④ 10 N
⑤ 100 N

3 그림과 같이 마찰이 없는 수평면 위에 질량이 각각 1kg, 2kg인 두 물체 A, B중 A에 6 N의 힘이 작용될 때 A가 B에 작용하는 힘은 몇 N인가?

① 0
② 1
③ 2
④ 3
⑤ 4

6N → A B

4 물체에 작용하는 힘이 두 배로 커지면 가속도는 몇 배로 되는가?

① 0배
② 1배
③ $\frac{1}{2}$ 배
④ 2배
⑤ $\sqrt{2}$배

해설

해설 **1**

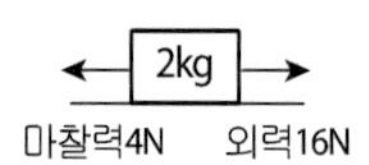

따라서 물체의 알짜힘 12 N $F=ma$에서 구한다.

해설 **2**

$F=ma$에서 구한다.

해설 **3**

$F=ma$에서 $6=3\times a$
가속도 $a=2$

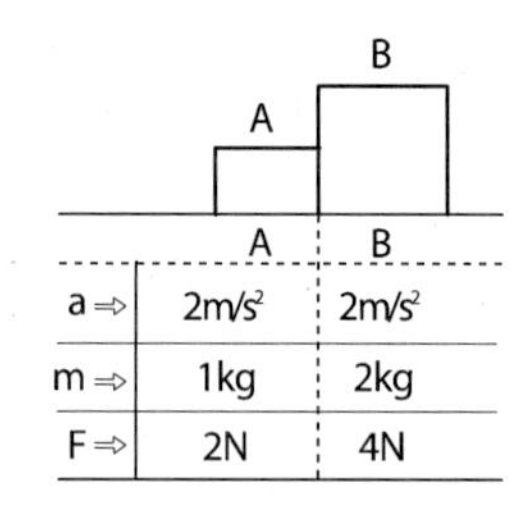

	A	B
a ⇨	2m/s²	2m/s²
m ⇨	1kg	2kg
F ⇨	2N	4N

따라서 6 N중 A 알짜힘 2 N, B 알짜힘 4 N A가 6 N을 받아 2 N을 갖고 4 N을 밀어준다.

정답 1. ③ 2. ⑤ 3. ⑤ 4. ④

5 그림과 같이 10kg중의 물체를 두 점에서 연직선과 각각 60°, 30°의 방향으로 잡아당기고 있을 때 A, B에 작용하는 장력을 T_1, T_2라 하면?

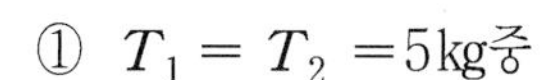

① $T_1 = T_2 = 5$kg중

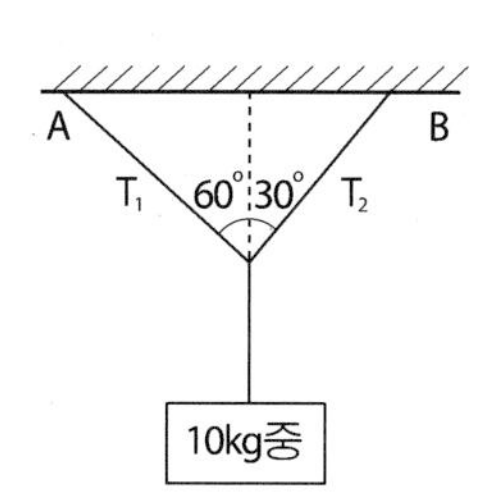

② $T_1 > T_2 = 5$kg중

③ $T_2 > T_1 = 5\sqrt{3}$ kg중

④ $T_2 > T_1 = 5$kg중

⑤ $T_1 = T_2 = 5\sqrt{3}$ kg중

6 다음 중 뉴턴의 운동 제 1 법칙은?

① 가속도의 법칙

② 작용 반작용의 법칙

③ 관성의 법칙

④ 중력의 법칙

⑤ 헤스의 법칙

7 몸무게가 50kg중인 사람을 태운 엘리베이터가 3m/s의 등속도로 상승하고 있을 때 엘리베이터의 밑바닥이 받는 힘은 몇 N인가?(단, $g = 10\text{m/s}^2$)

① 0 ② 150

③ 350 ④ 500

⑤ 650

8 수평면 위에 10kg중인 물체에 수평하게 5kg중의 힘을 작용하여 움직이기 시작하였다. 이때 정지 마찰계수는 얼마인가?

① 2 ② 0.5

③ 0.4 ④ 1

⑤ 0.2

9 그림과 같이 마찰이 없는 수평면 위에 두 물체 사이에 $k = 10$N/m의 용수철이 연결되어 있다. 4kg의 물체를 6N으로 당길 때 용수철의 늘어난 길이는 몇 m인가?

① 0.1

② 0.2

③ 0.4

④ 0.6

⑤ 1

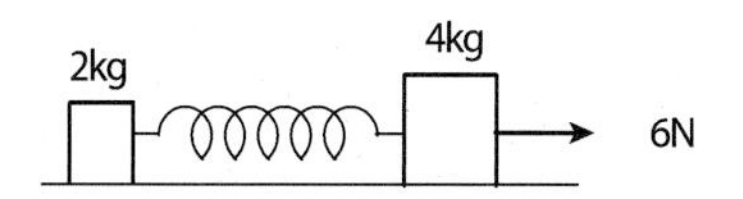

해 설

해설 **5**

T_1, T_2의 합력이 10kg중과 같아야 한다. 따라서 그림에서 $\overrightarrow{OA}$가 T_1, T_2의 합력이고 이것은 물체의 힘 10kg중과 같다.

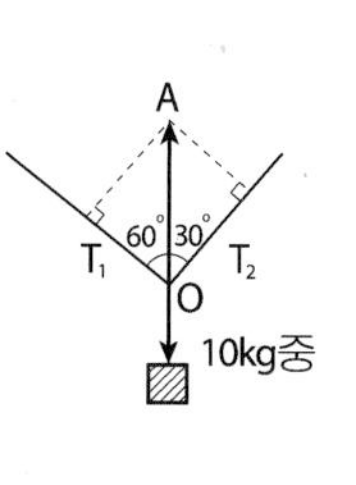

$\therefore T_1 = 10\cos 60$(kg중) $= 5$kg중

$T_2 = 10\cos 30 = 5\sqrt{3}$kg중

※ 별해[라미의 정리 이용]

$$\frac{F_1}{\sin\theta_1} = \frac{F_2}{\sin\theta_2} = \frac{F_3}{\sin\theta_3}$$

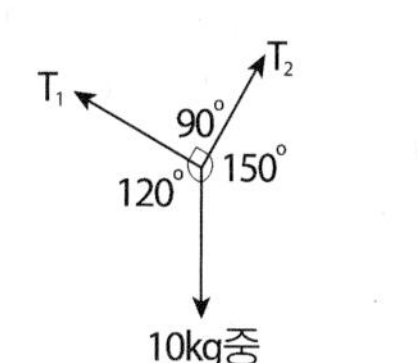

위의 공식 대입

해설 **7**

엘리베이터가 등속이므로 가속도 0

따라서 중력만의 힘 $F = mg$

해설 **8**

무게가 10kg중이므로

수직항력도 10kg중

$R = \mu N$에서

5kg중 $= \mu \times 10$kg중

해설 **9**

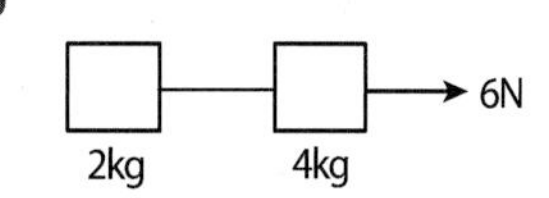

그림에서 4kg의 알짜힘은 $4N$이므로 $6N$을 받아서 $4N$은 자신의 것으로 하고 $2N$의 힘으로 당긴다.

훅의 법칙에서 $F = kx$, $2 = 10 \times x$, $x = 0.2$m

정답 5. ④ 6. ③ 7. ④ 8. ② 9. ②

10 그림에서 물체 A의 가속도는 몇 m/s²인가?(단, 마찰은 없으며 $g=10\text{m/s}^2$)

① 0m/s^2
② 1m/s^2
③ 2m/s^2
④ 3m/s^2
⑤ 4m/s^2

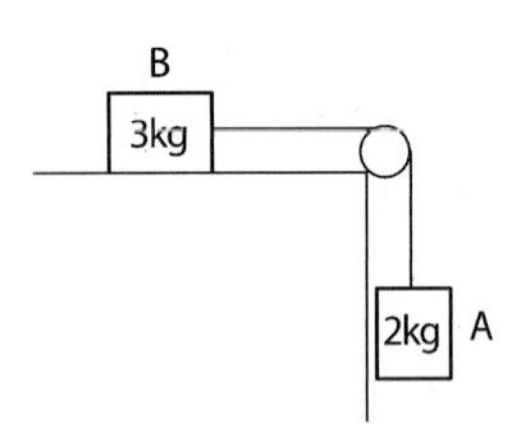

11 그림에서 마찰이 없는 빗면을 따라 물체를 위로 밀어 올리는데 필요한 힘은 얼마인가?($g=10\text{m/s}^2$)

① $100\,N$
② $50\sqrt{3}\,N$
③ $50\,N$
④ $10\,N$
⑤ $5\,N$

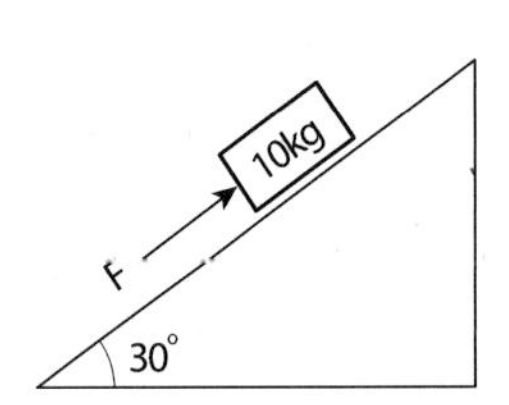

12 다음 영률의 단위로 옳은 것은?

① N·m
② N/m
③ N·m/s
④ N/m²
⑤ N/m·s

13 20m 높이에서 물체를 자유낙하 시킬 때 지면에 떨어지는 순간의 속도는 얼마인가?($g=10\text{m/s}^2$)

① 10m/s
② 20m/s
③ $10\sqrt{2}$ m/s
④ $20\sqrt{2}$ m/s
⑤ 5m/s

해 설

해설 **10**

실의 장력을 T라 하면

A물체
: $mg-T=ma$
$20-T=2a$ —①

B물체
: $T-R=ma$
(마찰력 $R=0$)
$T-0=3a$ —②

①, ②식을 더하면 $20=5a$
$a=4\text{m/s}^2$

해설 **11**

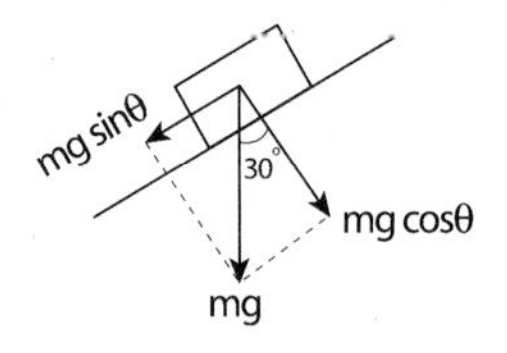

그림에서 내려오려는 힘 $mg\sin\theta$에서
$10\times10\times\sin30=50N$

해설 **13**

자유낙하에서 $v_o=0$, $v=gt$,
$s=\frac{1}{2}gt^2$, $v^2=2gs$

정답 10. ⑤ 11. ③ 12. ④ 13. ②

14 공을 10m/s의 속력으로 위로 던졌다. 공이 올라가는 높이는?($g = 10\text{m/s}^2$)

① 1m
② 2m
③ 3m
④ 5m
⑤ 10m

15 수평 방향으로 날아가고 있는 비행기에서 물체를 떨어뜨리면 지상에 있는 사람이 볼 때 어떤 운동을 할까?

① 연직낙하운동을 한다.
② 직선운동을 한다.
③ 원운동을 한다.
④ 포물선운동을 한다.
⑤ 수평운동을 한다.

해 설

해설 **14**
$v = v_o - gt$, $s = v_o t - \frac{1}{2}gt^2$에서
최고점 $v=0$, $v_o = gt$
$10 = 10t$, $t=1$,
$s = 10 \times 1 - \frac{1}{2} \times 10 \times 1^2 = 5m$

정답 14. ④ 15. ④

5. 원운동과 만유인력

제 1 장
힘과 운동

1 원운동

(1) 등속 원운동

물체가 일정한 속력으로 계속 회전하는 운동을 **등속 원운동**이라 한다.

① 주기(T) : 1회전하는데 걸린 시간(초)

② 진동수(f) : 1초 동안의 회전수(Hz, cps)

③ 각속도(w)

그림에서처럼 Δt 동안 각변위가 $\Delta\theta$ 이면 Δt 동안의 평균 각속도는

$$\overline{w}=\frac{\Delta\theta}{\Delta t}\ (\text{rad/s})$$ 로 정의 된다.

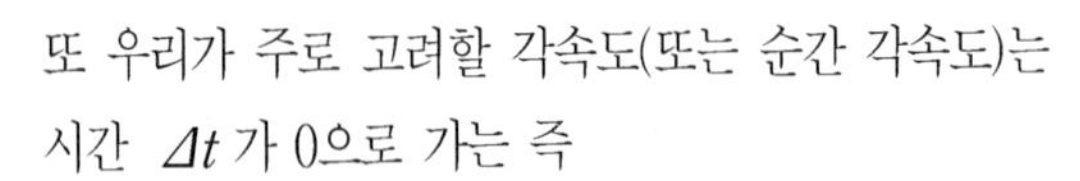

또 우리가 주로 고려할 각속도(또는 순간 각속도)는 시간 Δt 가 0으로 가는 즉

$$w=\lim_{\Delta t\to 0}\frac{\Delta\theta}{\Delta t}=\frac{d\theta}{dt}$$

이다.

만일 등속 원운동이라면 각 속도는 $w=\frac{2\pi}{T}$ 로 표현 될 수 있다.

여기서 T 는 운동의 주기로 1싸이클 행하는데 걸린 시간을 말한다.

또 주기의 역수를 진동수 또는 주파수라고 하는데 $f=\frac{1}{T}$ 로 쓸 수 있고 주파수는 1초 동안 행해진 싸이클 수를 말한다. 따라서 각속도 w 를 $w=2\pi f$ 로 나타내기도 한다.

■ 각도에서 벡터 정의

선운동에서 크기와 방향을 갖는 변위 속도, 가속도를 벡터로 나타냈다. 물체의 회전에서 회전속도 즉 각속도는 회전축을 중심으로 고정된 회전 방향으로 회전한다. 일반적인 약속으로 각속도 벡터의 방향은 오른손 법칙으로 각속도의 방향을 정의한다. 오른손의 손가락들을 판이 움직이는 방향으로 감싸 쥘 때 엄지손가락이 각속도 w 의 방향으로 한다.

KEY POINT

■ cps → cycle per second

■ $w=\frac{\theta}{t}$

$\theta=wt$

$w=\frac{2\pi}{T}$

$v=\frac{2\pi\gamma}{T}=\gamma w$

$a=\frac{v^2}{\gamma}$

KEY POINT

각에 관련된 양들을 벡터량으로 취급하기는 쉽지 않다. 얼핏 보면 어떤 것이든지 벡터의 방향을 따라 움직일 것이라고 생각하지만 그렇지 않은 경우도 있다. 강체의 회전에서는 그 벡터의 방향에 관해 회전을 한다.

그러나 각 변위의 경우 매우 작은 양일 때만 벡터로 정의 할 수 있다. 이것은 각이 매우 커지면 벡터합의 교환 법칙이 성립하지 않는다.

아래 그림에서 보면 x 축과 y 축에 관한 회전에서 x 축으로 회전한 후 y 축에 관해 회전한 경우와 y 축에 관해 회전한 후 x 축에 관해 회전한 결과가 달라진다. 예를 들어 아래 그림처럼 지우개를 공간상에서 회전시켜 보면 두 회전의 결과가 각각 다르게 나옴을 알 수 있다.

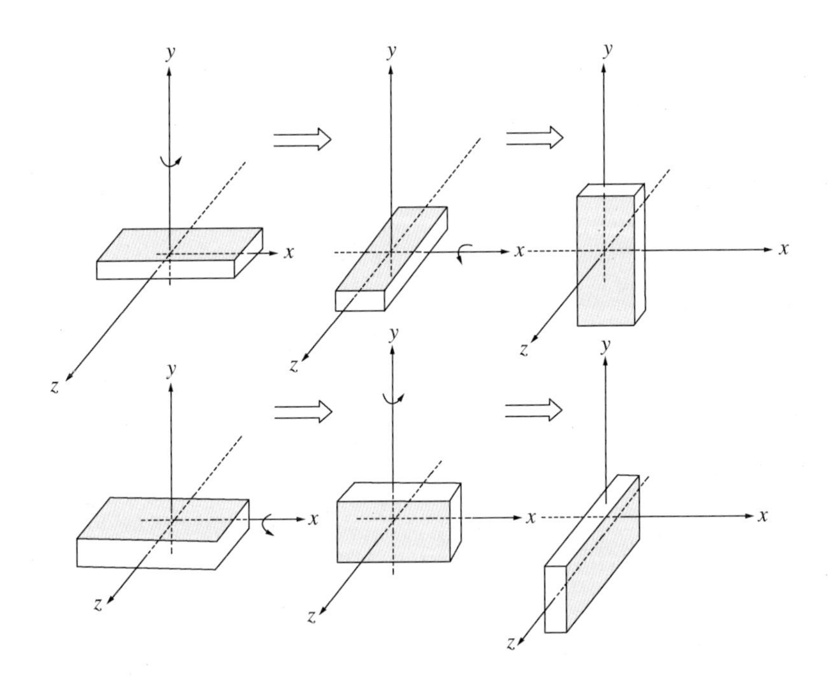

④ 속도(v)

$$v = \frac{dl}{dt} \text{ 이고 } l = r\theta \text{ 이므로}$$

$$v = \frac{d}{dt} r\theta = r\frac{d\theta}{dt}$$

속도 $v = rw$ 이다. 속도의 방향은 원의 접선 방향이다.

⑤ 가속도(a)

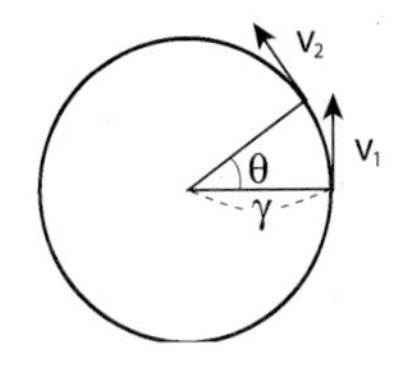

속도 v_1, v_2는 크기는 같고 방향이 다르다.

따라서 속도의 변화량은 $\Delta \vec{v} = \vec{v_2} - \vec{v_1}$

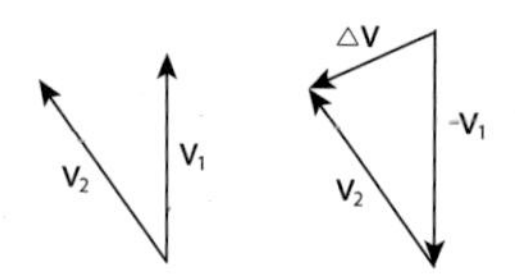

가 되고,

$\Delta \vec{v} = v\Delta\theta$로 표현할 수 있다.

$a = \dfrac{\Delta v}{\Delta t} = \dfrac{v\Delta\theta}{\Delta t} = vw$이고 $w = \dfrac{v}{r}$를 대입하면 가속도 a는

$a = \dfrac{v^2}{r}$ (m/s²)이고 가속도의 방향은 구의 중심을 향한다.

예제 1

한쪽 끝이 천장에 고정된 실의 다른 쪽 끝에 질량 m인 물체가 매달려 단진자 운동을 한다. 물체가 최고점에 도달했을 때, 실에 작용하는 장력의 크기는 $0.6mg$이다. 물체가 최저점에 있을 때, 실에 작용하는 장력의 크기는? (단, 물체의 크기, 실의 질량, 마찰, 공기저항은 무시하고, g는 중력 가속도이다) (2021 서울시 7급)

① $1.2mg$　　② $1.4mg$
③ $1.8mg$　　④ $2.2mg$

풀이 실의 길이가 l이라하면 $0.4l$ 만큼 높은 곳에서 내려오는 물체는 $mg\times0.4l=\dfrac{1}{2}mv^2$ 이고 최저점에서 원심력은 $\dfrac{mv^2}{l}=0.8\,mg$이다.
따라서 중력을 더해서 $mg+0.8mg=1.8mg$가 된다. 정답은 ③이다.

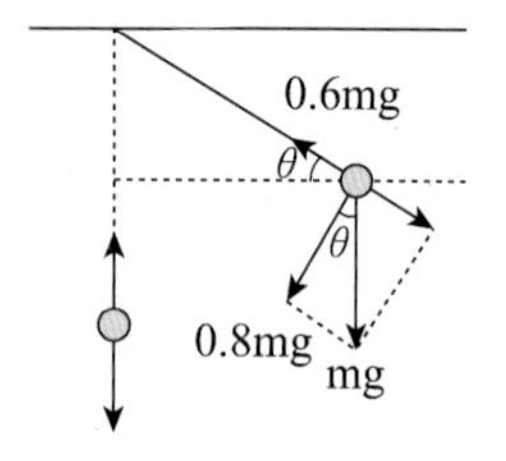

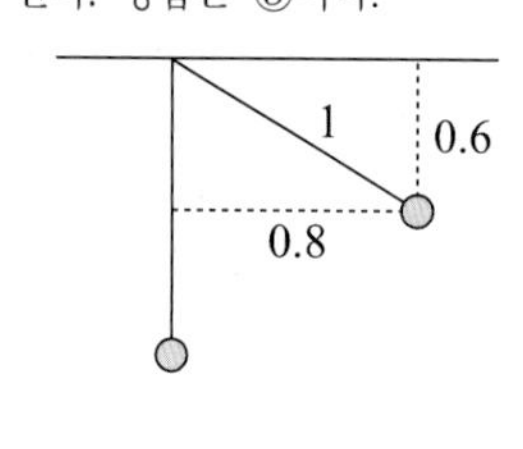

(2) 구심력

물체는 외력이 작용하지 않으면 정지해 있거나 등속직선운동을 하게 되는데 등속원운동에서는 물체가 속력은 일정하지만 순간 순간 방향을 바꾸어 가는 가속도 운동을 하게 되고 가속도가 원의 중심방향으로 작용하므로 구의 중심을 향한 힘 구심력이 있음을 알 수 있다.

$F = ma$ 에서 $a = \dfrac{v^2}{r}$ 이므로 구심력 F는

$F = \dfrac{mv^2}{r}$ 이다.

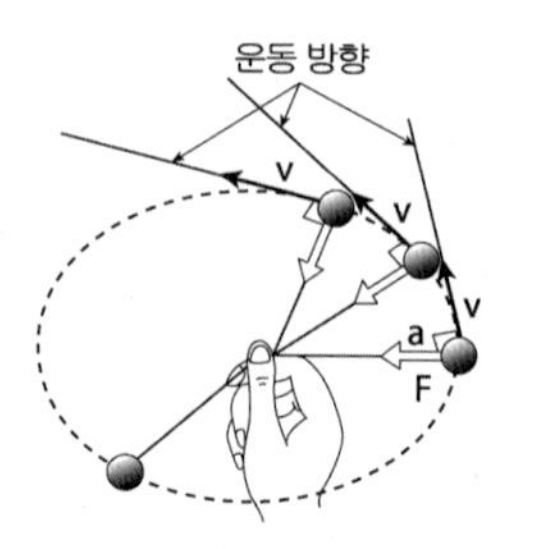

그림. 등속 원운동에서의 구심력

■ 구심력

$F = \dfrac{mv^2}{\gamma}$

KEY POINT

여기서 앞에서 배운 관성력에서 관성력은 가속도의 반대 방향으로 작용하므로 가속도의 반대 방향인 원의 바깥 방향으로 관성력이 작용하는데 이것을 **원심력**이라고 한다. 그 크기는 $F = \frac{mv^2}{r}$ 이다.

예제2

무중력 상태의 우주 공간에 반지름이 1,000m인 자전거 바퀴 모양의 우주정거장이 있다. 이 우주정거장은 일정한 각속도로 회전하고 있으며, 그 회전축은 중심점 O에 있다. 회전 운동에 의해 거주 구역에서 느끼는 인공 중력의 가속도가 10m/s² 일 때, 우주정거장이 회전하는 각속도[rad/s]는? (단, 거주 구역의 폭은 무시한다.) (2017년 국가직 7급)

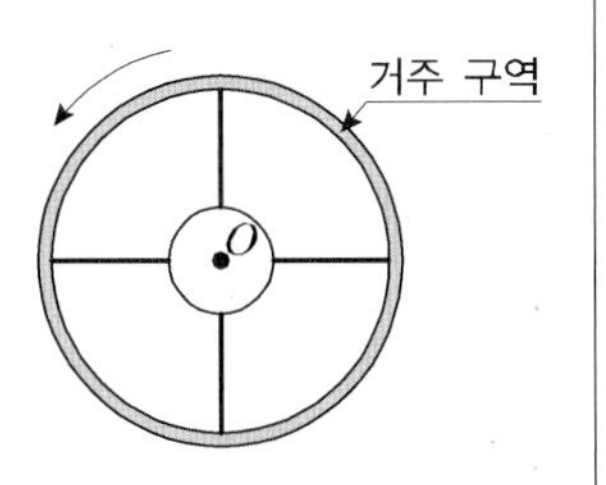

① 10　　② 1
③ 0.1　　④ 0.01

풀이 원심력이 중력과 같으므로 $ma = \frac{mv^2}{r}$ 에서 $a = \frac{v^2}{r} = \omega^2 r$이다. $a = 10\text{m/s}$이고, $r = 1000\text{m}$이므로 $10 = 1000 \times \omega^2$이므로 $\omega = 0.1\text{rad/s}$이다.

예제3

물체가 반지름 r인 원을 따라 일정한 속력 v로 원운동한다. 이 물체의 운동에 대한 설명으로 옳은 것만을 모두 고르면? (2021 국가직 7급)

ㄱ. 속도의 방향은 계속 변한다.
ㄴ. 가속도의 크기는 v^2에 반비례한다.
ㄷ. 가속도의 방향은 원의 중심을 향한다.

① ㄱ　　② ㄴ
③ ㄱ, ㄷ　　④ ㄴ, ㄷ

풀이 등속 원운동 하는 물체는 원의 중심 방향으로 구심력이 작용하고 구심 가속도는 $a = \frac{v^2}{r}$ 이다. 정답은 ③이다.

2 단진동

(1) 원운동과 단진동

등속원운동을 하는 물체를 측면에서 빛을 비추었을 때 나타나는 정사영운동을 단진동운동이라고 한다.

그림. 등속원운동과 단진동

위의 그림과 같이 반지름 A인 원을 각속도 w로 원운동하는 물체는 중심 O에서 변위 A로 상하로 운동하는 단진동 운동을 한다. 이때 변위 x의 최대값 A를 진폭 각 $\theta(=wt)$를 위상이라 한다.

시각 t에서 중심점 O로부터 변위 x는

$x = A\sin\theta$이므로 $\theta = wt$를 대입하면

$x = A\sin wt$이다.

KEY POINT

■ 단진동운동의 변위 x는
$x = A\sin wt$

■ 단진동운동에서
속도 $v = \dfrac{dx}{dt}$
가속도 $a = \dfrac{dv}{dt}$이다.

(2) 단진동의 속도와 가속도

속도 v는 시간에 대한 거리의 변화율이며 가속도 a는 시간에 대한 속도의 변화율이므로 변위 $x = A\sin wt$ 이므로 $v = \dfrac{dx}{dt}$이고, $a = \dfrac{dv}{dt}$이다.

속도 $v = \dfrac{d}{dt}x = A\,w\cos wt$ 이고

가속도 $a = \dfrac{d}{dt}v = -A\,w^2\sin wt = -w^2 x\ (x = A\sin wt)$

$\therefore v = A\,w\cos wt$

$a = -w^2 x$가 된다.

■ 진동의 양끝점에서 속도 $v = 0$이고 가속도 $a =$최대이다.

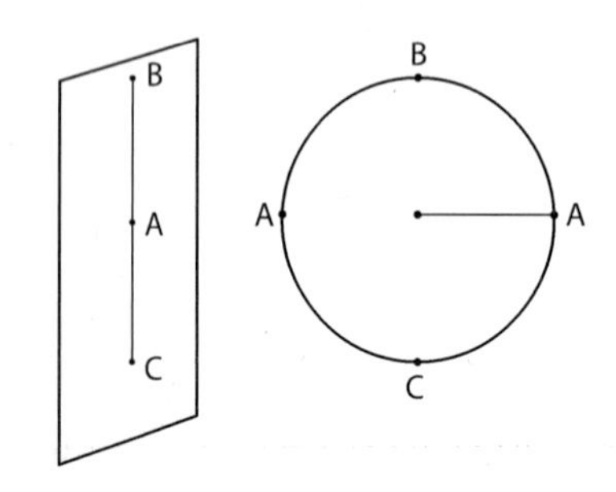

그림에서 $v = Aw\cos wt$ 이므로 $wt = \theta$ 가 0인 A 점에서 최대이고, B, C 점에서 속력은 $wt = \theta$ 가 $\frac{\pi}{2}$ 이므로 0이고 가속도는 $a = -w^2 x$ 이므로 정사영에서 변위 x가 0인 A 점은 가속도가 0이고 B, C 점에서 변위가 최대이므로 가속도가 최대가 된다.

KEY POINT

■ 진동의 양끝점에서 속도 $v = 0$ 이고 가속도 $a =$ 최대이다.

예제 4

다음 그림은 단진동하는 물체의 시간에 따른 변위를 나타낸 그래프다.

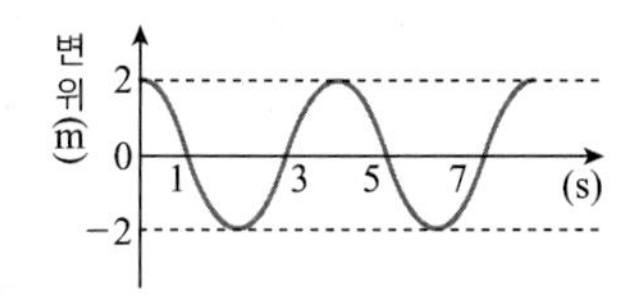

(1) 단진동의 주기는 몇 초인가?

(2) 단진동의 각속도는 몇 rad/s인가?

(3) t초일 때의 변위는?

(4) t초일 때의 속도와 가속도는?

풀이 (1) 4초 (2) $\frac{\pi}{2}$ rad/s

(3) $y = 2\cos\frac{\pi}{2}t$ (4) $v = -\pi\sin\frac{\pi}{2}t$, $a = \frac{-\pi^2}{2}\cos\frac{\pi}{2}t$

(3) 용수철 진자

마찰이 없는 수평면 위에 용수철(상수 k)에 질량 m이 되는 물체를 매달아 용수철을 당겼다 놓으면 추는 좌우로 진동하게 되는데 단진동운동과 똑같이 된다.

즉 용수철 상수 k는 용수철에 질량 m인 물체를 매달고 변위 A만큼 당겼다 놓으면 아래 그림과 같이 단진동운동을 하게 되는데 단진동의 주기 T는 다음과 같다.

KEY POINT

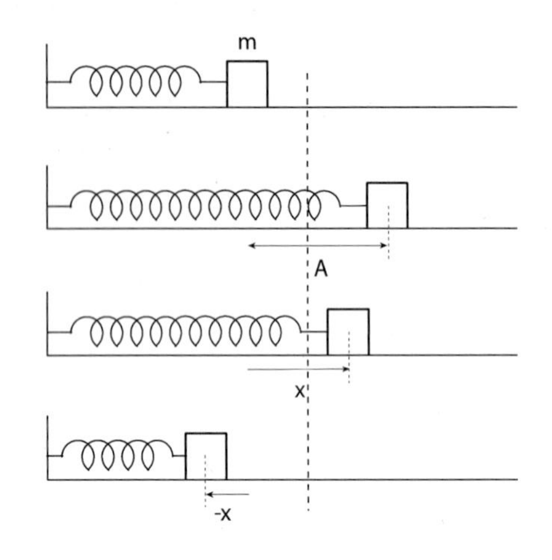

후크의 법칙에서 $F = kx$ (변형력)에서 추를 난진동시키는 힘은 복원력 $F = -kx$ 가 된다.

용수철에 작용한 힘 $F = ma$ 와 복원력 $F = -kx$ 에서 $ma = -kx$이고, $a = -w^2 x$ 이므로 $-w^2 xm = -kx$ 에서 $k = mw^2$ 이다.

각속도 $w = \frac{2\pi}{T}$ 이므로 대입하여 T 에 대해 정리하면 단진동 운동에서 주기 T 는

$T = 2\pi\sqrt{\frac{m}{k}}$ 이다.

■ 후크의 법칙
$F = kx$

예제5

그림과 같이 두 개의 동일한 이상적인 용수철에 연결된 물체 A가 각진동수 10rad/s로 수평면에 평행한 방향으로 진동하고 있다. 물체 A의 질량이 4배로 증가한다면 각진동수[rad/s]는? (단, 용수철의 질량과 모든 마찰은 무시한다)

(2016년 국가직 7급)

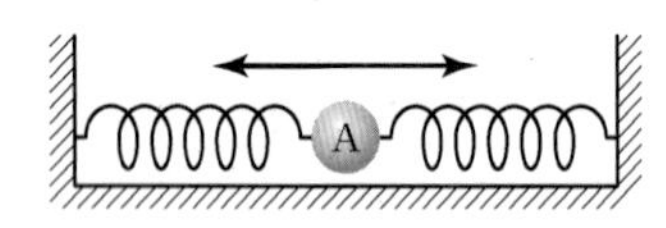

① 20　　② 10

③ 5　　④ 2.5

풀이 용수철에 매달린 물체의 진동 주기 $T=2\pi\sqrt{\frac{m}{k}}$ 이다. 이때 질량이 4배 증가하면 주기는 2배가 된다. 각진동수 $w=\frac{2\pi}{T}$ 이므로 각진동수는 $\frac{1}{2}$ 배가 된다.

따라서 5rad/s이다.

정답은 ③이다.

(4) 단진자

실에 추를 매달고 실의 한끝을 천장에 고정시키고 추를 당겼다 놓으면 중력으로 인해 추가 왕복운동을 하게 되는데 이것을 단진자라고 한다.

그림에서 중력 mg를 두 힘으로 분해하면 $\overrightarrow{mg} = \overrightarrow{mg\sin\theta} + \overrightarrow{mg\cos\theta}$가 된다.

힘 $mg\cos\theta$는 실의 장력 T와 같아서 상쇄되고 결국 $mg\sin\theta = F$이 복원력으로 작용하여 단진자운동을 일으킨다.

$\sin\theta \approx \frac{x}{l}$ (θ가 작은 각이면)이고, 복원력

$F = kx$ 이므로 $F = mg\sin\theta = mg\frac{x}{l}$

$= kx$ 에서 $k = \frac{mg}{l}$ 이다.

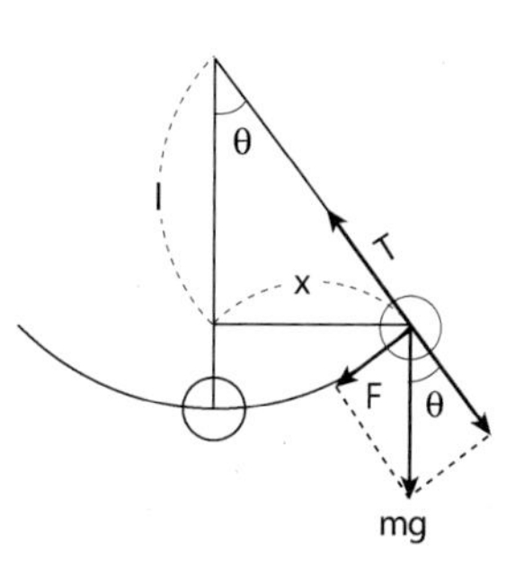

$k = mw^2$이므로 $mw^2 = \frac{mg}{l}$ 이고

$w = \frac{2\pi}{T}$ 를 대입하여 정리하면 단진자의 주기

T는 $T = 2\pi\sqrt{\frac{l}{g}}$ 이다.

KEY POINT

■ 주기 암기

단진동(용수철진자)

$T = 2\pi\sqrt{\frac{m}{k}}$

단진자

$T = 2\pi\sqrt{\frac{l}{g}}$

■ 원추진자의 주기

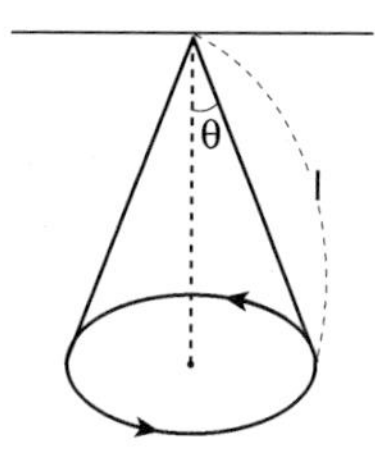

$T = 2\pi\sqrt{\frac{l\cos\theta}{g}}$

예제6

<보기>와 같이 질량 M인 물체가 실에 매달려 그림처럼 평면에서 원운동할 때, 물체의 회전 주기는? (2018년 서울시 7급)

① $\pi\sqrt{\frac{R\cos\theta}{g}}$　　② $2\pi\sqrt{\frac{R\sin\theta}{g}}$

③ $2\pi\sqrt{\frac{R}{g\tan\theta}}$　　④ $2\pi\sqrt{\frac{g\tan\theta}{R}}$

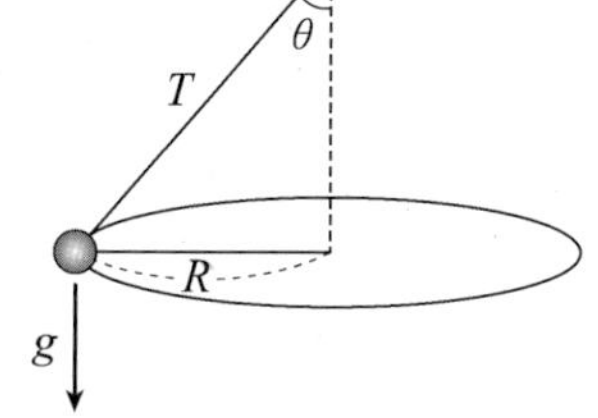

풀이 원심력은 $T\sin\theta = \frac{Mv^2}{R}$ 을 만족하고 수직성분

$Mg = T\cos\theta$를 만족한다. 따라서

$T = \frac{Mg}{\cos\theta}$ 를 원심력 식에 대입하면

$v^2 = \frac{Rg\sin\theta}{\cos\theta}$ 이다.

따라서 원운동의 주기 $T = \frac{2\pi R}{v} = 2\pi R\sqrt{\frac{\cos\theta}{Rg\sin\theta}} = 2\pi\sqrt{\frac{R}{g\tan\theta}}$ 이다.

정답은 ③이다.

KEY POINT

■ 만유인력

$F = \frac{Gm_1 m_2}{r^2}$

3 만유인력

자연계에는 3가지의 기본적인 힘인 만유인력, 전자기력, 핵력이 있다.

- 만유인력 : 우주의 모든 물체들 사이에는 질량의 곱에 비례하고 거리의 제곱에 반비례하는 인력이 작용한다.
- 전자기력 : 정지하고 있는 전하들 사이에는 정전기력만 작용하지만 운동하고 있는 전하들 사이에는 전기력 외에 자기력도 나타난다. 이들 힘을 전자기력이라 한다.
- 핵력 : 원자핵 내의 입자들 사이에 작용하는 힘으로 강한 상호작용력과 약한 상호작용력이 있다.

(1) 만유인력의 법칙

질량을 가진 임의의 두 물체 사이에는 인력이 작용하는데 이 힘을 **만유인력**이라고 한다. 일반적으로 두 물체 사이에는 각각의 질량 m_1, m_2의 곱에 비례하고 두 물체 사이의 거리 r의 제곱에 반비례하는 인력 F가 작용한다.
이것을 **만유인력의 법칙**이라 한다.

이것을 식으로 나타내면

$$F = G\frac{m_1\ m_2}{r^2}$$

이고 G는 모든 물체에 공통되는 만유인력 상수이다. G값의 크기는 실험에 의해 $G = 6.67 \times 10^{-11} N \cdot m^2/kg^2$으로 측정되어 현재까지 사용되고 있다.

(2) 중력

지상에 있는 물체는 물체와 지구 사이의 만유인력과 지구 자전에 의한 원심을 동시에 받고 있는데 이 두 힘의 합력을 **중력**이라고 한다. 지구의 질량을 M, 물체의 질량을 m, 지구의 반지름을 R이라 하면 만유인력의 크기는

$$F = \frac{GMm}{R^2}$$

이다.
한편 적도 반경이 그 반경보다 더 크므로 극지방에서 만유인력이 약간 더 크다.

또 원심력은 $F' = mrw^2$ 으로 적도에서 가장 크다. 따라서 그 합력인 중력은 극지방에서 크고 적도 지방에서 작다. 그러나 이 원심력은 만유인력에 비해서 대단히 작은 값이기 때문에 보통은 무시한다. 따라서 물체의 중력에 의하여 생기는 가속도의 크기 g는

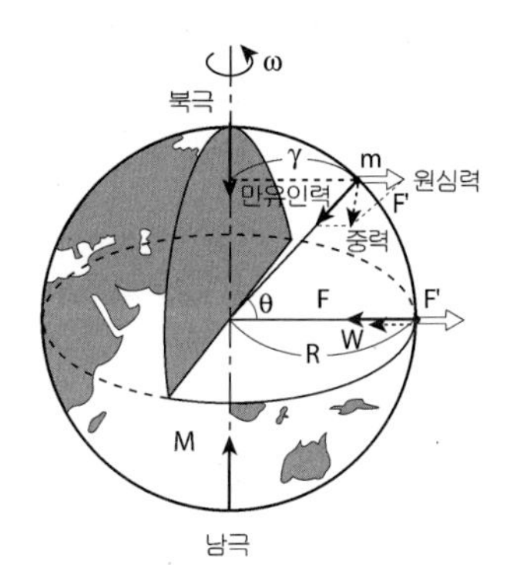

그림. 만유인력과 원심력의 합력

$$F = \frac{GMm}{R^2}$$ 에서 힘 $F = ma$ 이므로

$$g = \frac{GM}{R^2}$$

으로 표시된다. 그 값은 $g = 9.8\text{m/s}^2$이다.

KEY POINT

■ 중력
$$F = \frac{GMm}{R^2}$$

■ 중력 가속도
$$g = \frac{GM}{R^2}$$

예제7

반지름이 100km이고 밀도가 균일한 구형의 행성 주위를 위성이 등속 원운동하고 있다. 이 위성의 속력은 1km/s이고 행성 중심으로부터 위성까지의 거리는 1,000km이다. 이 행성의 표면에서 1kg의 물체가 받는 힘의 크기[N]는? (단, 위성과 물체의 크기는 무시하고 이 행성의 중력만을 고려한다.) (2017년 국가직 7급)

① 50　　② 100
③ 150　　④ 200

풀이 행성의 질량을 M, 위성의 질량은 m이라고 하고, 행성과 위성 사이의 거리를 R이라고 할 때 공전하는 위성에서 만유인력과 구심력은 같다. 따라서 $\frac{GMm}{R^2} = \frac{mv^2}{R}$이고 $GM = v^2R$이다. 여기에서 $v = 10^3\text{m/s}$, $r = 10^6$이므로 $GM = 10^{12}\text{m}^3/\text{s}^2$이다. 행성표면에서의 중력은 행성의 반지름을 r이라고 하면, $mg = \frac{GMm}{r^2}$이다. 여기에서 $GM = 10^{12}\text{m}^3/\text{s}^2$이고, $r = 10^5\text{m}$이므로 이때 중력
$mg = \frac{1\times10^{12}}{(10^5)^2} = 100\text{N}$이다.

① 지구 내부에서의 중력

㉠ 지구 내부가 속이 빈 경우

껍질의 두께가 일정한 즉, 구각의 밀도가 일정한 속이 빈 구 껍질 속에 있는 질량 m인 물체는 구의 내부에서 어느 곳에 있던지 전체 구각에 의한 만유인력의 총합은 0이다.

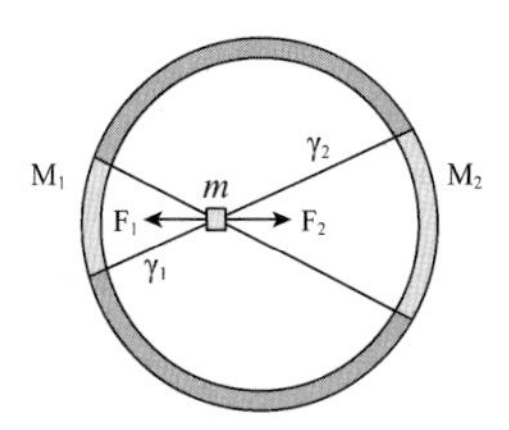

만일 r_1과 r_2의 거리비가 1 : 2라면 질량 M_1과 M_2의 비는 1 : 4가 되어

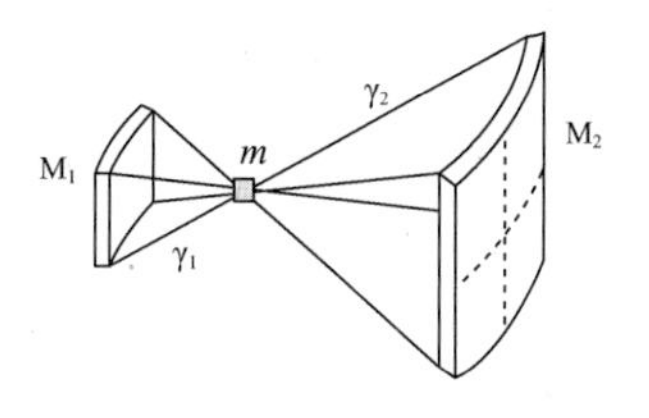

$$F = \frac{GMm}{r^2}$$ 에서 F_1과 F_2는 같다.

㉡ 지구 내부가 밀도 ρ로 균일한 경우

$g=\frac{GM}{R^2}$ 에서 $\rho=\frac{M}{V}$, 구의 부피

$v=\frac{4}{3}\pi R^3$ 이므로

$g=\frac{G}{R^2}\times\frac{4}{3}\pi R^3\rho=\frac{4}{3}\pi G\rho R$ 이다.

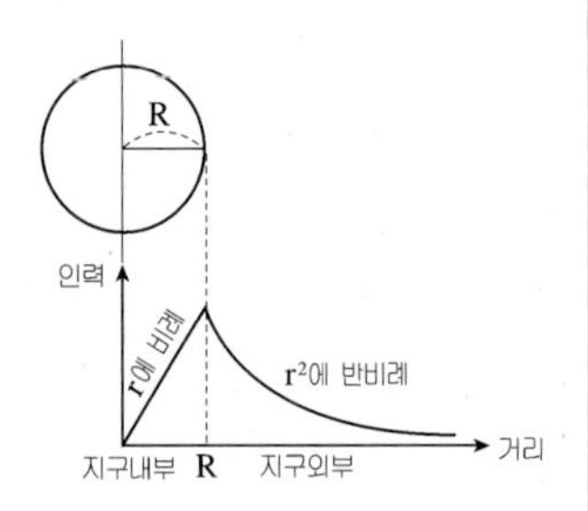

＊지구 중심을 지나는 터널에서의 단진동 물체와 지구 사이의 만유인력은

$F=\frac{GM'm}{r^2}$ 이고 질량

M'는 $\rho=\frac{M}{V}$ 에서 $M=\frac{4}{3}\pi R^3$,

$M'=\frac{4}{3}\pi r^3$ 이므로 $M'=\frac{Mr^3}{R^3}$ 이다.

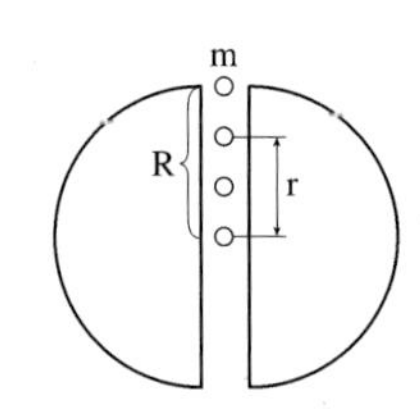

따라서 $F=\frac{GMmr}{R^3}$ 이고 단진동에서 $f=kx$

이므로 $\frac{GMmr}{R^3}=kr,\ k=mw^2$에서

$\frac{GM}{R^3}=w^2$이므로 주기 T는 $T=2\pi\sqrt{\frac{R^3}{GM}}$ 이다.

■ 지구 중심을 지나는 터널에서 단진동물체의 주기

$T=2\pi\sqrt{\frac{R^3}{GM}}$

② 지표 근처에서 원운동하는 인공위성

만유인력과 원심력이 같아야만 등속원운동을 유지할 수 있으므로

$\frac{GMm}{(R+h)^2}=\frac{mv^2}{R+h}$ (만유인력=원심력)이고

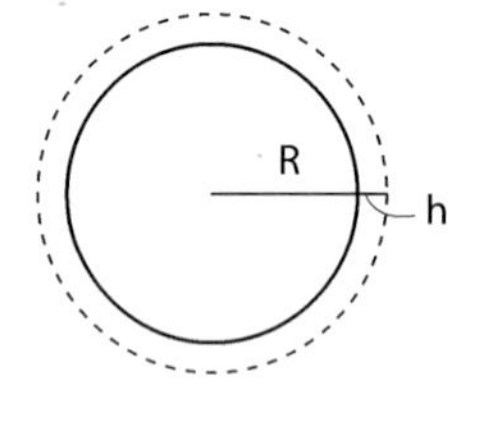

$R+h=r$ 로 놓으면

$\frac{GMm}{r^2}=\frac{mv^2}{r}$, $\frac{GM}{r^2}=\frac{v^2}{r}$ 이다.

지표근처이므로 $r\approx R$에서 중력가속도는 $g=\frac{GM}{r^2}$ 이 되고

위 식에서 $g=\frac{v^2}{r}$ 이 되므로 인공위성의 속도 v는 $v=\sqrt{gr}$ 이다.

KEY POINT

③ 지표에서 고도 h만큼 떨어져 원운동하는 인공위성

그림과 같이 인공위성의 질량 m, 속도를 v, 지표로부터 높이 h, 만유인력상수를 G, 지구의 질량과 반지름을 각각 M, R이라고 하면 만유인력=원심력에서

$$\frac{GMm}{(R+h)^2} = \frac{mv^2}{R+h} \text{ 이고, } v = \sqrt{\frac{GM}{R+h}}$$

이 된다.

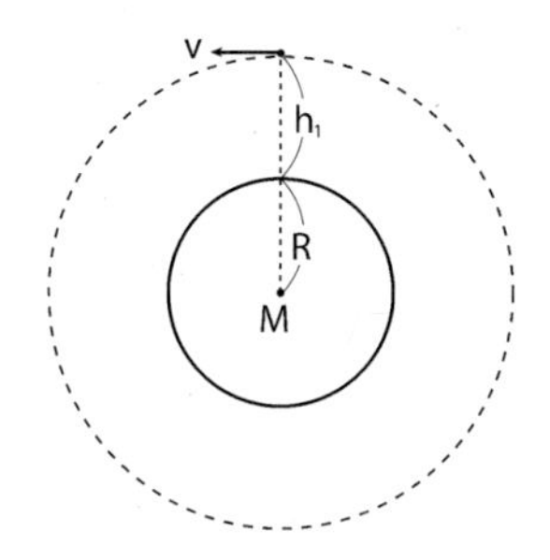

그림. 인공위성의 궤도

■ 주기 T와 반경 r 사이에는 $T^2 = kr^3$이다.(k는 상수)

중력가속도 $g = \frac{GM}{R^2}$ 이므로

$GM = gR^2$이 되므로 위 식에 대입하여 정리하면 지상으로부터 h높이의 인공위성의 속도 v는 $v = R\sqrt{\frac{g}{R+h}}$가 된다.

한편 주기는 속도가

$v = \frac{2\pi(R+h)}{T}$ 이므로

$\frac{2\pi(R+h)}{T} = R\sqrt{\frac{g}{R+h}}$을 정리하면

주기 T와 회전반경 $R+h$ 사이에는 $T^2 = \frac{(2\pi)^2}{gR^2}(R+h)^3$의 관계식이 성립한다.

KEY POINT

예제8

태양 주변을 도는 지구의 질량이 속력의 변화 없이 갑자기 2배로 증가하였을 때, 지구의 공전 운동에 대한 설명으로 옳은 것은? (단, 태양은 고정되어 있으며, 지구는 원궤도를 돈다고 가정한다.) (2018년 국가직 7급)

① 지구 공전 궤도반지름이 $\frac{1}{2}$로 줄어들게 되지만 공전 주기는 변함없다.

② 지구 공전 궤도반지름은 변화가 없지만 공전 주기는 2배로 늘어나게 된다.

③ 지구 공전 궤도반지름은 $\frac{1}{2}$로 줄어들게 되고, 공전 주기는 2배로 늘어나게 된다.

④ 지구 공전 궤도반지름과 공전 주기 모두 변화가 없다.

풀이 $\frac{mv^2}{r} = \frac{GMm}{r^2}$에서 $v=\sqrt{\frac{GM}{r}}$이다. 질량이 변하여도 속력, 공전 궤도 반지름은 변화 없다. 공전 주기 $T=\frac{2\pi r}{v}$도 변하지 않는다. 정답은 ④이다.

연습문제

1 자동차가 반지름 100m인 커브길을 10m/s의 속력으로 달릴 때 이 자동차에 타고 있는 질량 50kg인 사람이 받는 원심력의 크기는 몇 N인가?

① 10 N　　② 25 N
③ 50 N　　④ 100 N
⑤ 500 N

2 마찰이 없는 수평면 위에 반지름 0.2m인 원둘레를 1분 동안 30회전하는 질량 0.2kg인 물체가 있다. 이 물체의 주기와 각속도는 각각 얼마인가?

① 2초 π rad/s　　② 2초 2 π rad/s
③ 0.5초 π rad/s　　④ 0.5초 2 π rad/s
⑤ 5초 π rad/s

3 위 2번 문제에서 가속도는 얼마인가?

① 0.1 π^2 m/s^2
② 0.1 π^2 m/s^2
③ 0.1 π m/s^2
④ 0.2 π^2 m/s^2
⑤ 0.2 π m/s^2

4 단진동하는 물체의 변위가 $y = 4\sin 4\pi t$로 표시될 때 진동수는 얼마인가?

① 2 cps
② 4 cps
③ 6 cps
④ 8 cps
⑤ 10 cps

5 4번 문제에서 $t = \frac{1}{12}$초 일 때 속력은 몇 m/s인가?

① 2 π　　② 4 π
③ 8 π　　④ 10 π
⑤ 12 π

해설

해설 **1**
원심력은 $F = \frac{mv^2}{r}$에서
$F = \frac{50 \times 10^2}{100} = 50N$

해설 **2**
30회전에 60초 이므로 1회전당 2초
따라서 $T = 2$초
각속도 $w = \frac{2\pi}{T} = \frac{2\pi}{2} = \pi$ rad/s

해설 **3**
$a = \frac{v^2}{r} = rw^2 = 0.2 \times \pi^2$ m/s^2

해설 **4**
sin 함수의 주기는 2π, 따라서
$4\pi t = 2\pi$되는 시간 $t = \frac{1}{2}$초가
주기 T가 되고 $f = \frac{1}{T}$이므로
$f = 2cps$

해설 **5**
$v = \frac{dx}{dt}$에서 $x = 4\sin 4\pi t$이므로
$v = \frac{dx}{dt} = 16\pi\cos 4\pi t$
$t = \frac{1}{12}$ 대입하면
$v = 16\pi\cos\frac{\pi}{3} = 8\pi$

정답 1. ③ 2. ① 3. ④ 4. ① 5. ③

6 질량 2kg인 물체가 주기 1초의 단진동을 하고 있다. 진동 중심에서 0.2m 지나는 순간 물체에 작용하는 힘의 크기는 몇 N인가?

① 0.4π
② 1.6π
③ $0.4\pi^2$
④ $1.6\pi^2$
⑤ $2\pi^2$

7 실의 길이 l에 질량 m인 물체를 매달아 진폭 A로 왕복하는 단진자가 있다. 다음 설명 중 옳은 것을 골라라.

① 물체의 질량을 증가시키면 주기가 증가한다.
② 물체의 질량을 감소시키면 주기가 증가한다.
③ 실의 길이를 늘리면 주기가 증가한다.
④ 진폭을 증가시키면 주기가 증가한다.
⑤ 어떻게 하든 주기는 변화 없다.

8 어떤 용수철에 질량 1kg인 물체를 매달고 단진동운동 시켰더니 주기가 π초이었다. 그렇다면 이 용수철의 용수철 상수 k값은 얼마인가?

① $1\ N/m$
② $2\ N/m$
③ $3\ N/m$
④ $4\ N/m$
⑤ $5\ N/m$

9 등속 원운동하는 물체의 질량이 2배이고 속도가 3배이면 구심력의 크기는 몇 배인가?

① 2배
② 3배
③ 6배
④ 12배
⑤ 18배

10 지구의 인공위성은 지구를 한 초점으로 하는 타원궤도 운동을 한다. 이때 인공위성의 속력은?

① 원일점에서 가장 크다.
② 근일점에서 가장 크다.
③ 근일점에서 가장 작다.
④ 어느 지점에서나 같다.
⑤ 속력은 불규칙하다.

해 설

해설 **6**

$x = A\sin wt$에서 $a = x''$이므로
$a = -w^2 A\sin wt = -w^2 x$
$F = ma,\ F = -kx,\ ma = -kx,$
$-mw^2 x = -kx$에서 $k = mw^2$
$F = kx = mw^2 x$
$= 2\times\left(\frac{2\pi}{1}\right)^2\times 0.2 = 1.6\pi^2 N$

해설 **7**

$T = 2\pi\sqrt{\frac{l}{g}}$에서 $T \propto \sqrt{l}$

해설 **8**

$T = 2\pi\sqrt{\frac{m}{k}}$에서 $\pi = 2\pi\sqrt{\frac{1}{k}}$
$k = 4N/m$

해설 **9**

$F = \frac{mv^2}{r}$에서 2m $3v$ 대입

정답 6. ④ 7. ③ 8. ④ 9. ⑤ 10. ②

11 지구 지름이 지구의 2배 질량이 지구의 8배를 가진 행성이 있다면 중력가속도는 지구에 비해 몇 배가 되겠는가?

① $\frac{1}{2}$ ② 1
③ 2 ④ 3
⑤ 4

12 지구에서 질량이 120kg인 물체를 달에 가져가면 질량은 몇 kg이 될까?(단, 중력 가속도는 지구의 $\frac{1}{6}$ 이다.)

① 0 ② 10
③ 20 ④ 60
⑤ 120

13 반지름이 R 이고 밀도가 ρ 인 행성의 중력가속도는 얼마인가?

① $\frac{G\rho}{R^2}$
② $G\rho R^2$
③ $\frac{4\pi G\rho}{3R}$
④ $\frac{4\pi G\rho R}{3}$
⑤ $\frac{4\pi G\rho R^2}{3}$

14 행성 운동에 관한 케플러의 법칙으로 맞는 식은?(T 주기, a 반경, c 상수)

① $T = ca$
② $T = ca^2$
③ $T^2 = ca^3$
④ $T^2 = ca$
⑤ $T^3 = ca^2$

해 설

해설 11

$g = \frac{GM}{R^2}$ 에서 $R' = 2R$, $M' = 8M$,

$g' = \frac{8GM}{4R^2} = 2\frac{GM}{R^2}$

$\therefore g' = 2g$

해설 12

질량은 물체의 고유량이므로 언제나 같다. 따라서 120kg
단지 무게는 지구에서 120kg중이면 달에서는 20kg중이 된다.

해설 13

$g = \frac{GM}{R^2}$, $\text{밀도} = \frac{\text{질량}}{\text{부피}}$,

$\rho = \frac{M}{V}$, $M = \rho V$, $V = \frac{4}{3}\pi R^3$

$g = \frac{G\rho\frac{4}{3}\pi R^3}{R^2}$

$\therefore g = \frac{4}{3}\pi G\rho R$

정답 11. ③ 12. ⑤ 13. ④ 14. ③

15 태양주위를 공전하는 지구는 근일점에서 측력이 가장 크다. 이와 관련 있는 물리 법칙은?

① 타원 궤도의 법칙 ② 운동량 보존의 법칙
③ 조화의 법칙 ④ 운동에너지 보존의 법칙
⑤ 각 운동량 보존의 법칙

16 용수철 상수 100N/m인 용수철에 질량 2kg에 물체를 매달아 $0.2m/s^2$ 의 가속도로 연직 상방으로 운동시킬 때, 용수철의 늘어난 길이는 얼마인가?

① 0.4cm ② 10cm
③ 19.6cm ④ 20cm
⑤ 30cm

17 탄성계수 k 인 용수철에 물체를 매달고 변위A만큼 늘였다 놓으면 물체는 단진동 운동을 한다. 물체의 운동에너지와 위치에너지가 같아지는 변위 x 는 얼마인가?

① 0 ② $\frac{1}{\sqrt{2}}A$
③ $\frac{1}{2}A$ ④ $\frac{1}{\sqrt{3}}A$
⑤ $\frac{1}{4}A$

18 질량 0.5kg인 추를 1m의 실 끝에 매달고 연직면 내에서 원운동 시켰다. 이 추가 최저 위치를 지날 때의 속력이 2m/s였다. 이 때 실에 걸리는 장력은 얼마인가?

① 2N ② 2.9N
③ 4.9N ④ 6.9N
⑤ 9.8N

19 마찰 없는 수평면 위에 질량이 4kg인 물체가 속력 1m/s로 움직이고 있다. 이 물체가 한쪽 끝이 벽에 고정된 용수철과 부딪힌다. 물체가 용수철 끝에 부딪힐 때부터 몇 초 후에 속력이 0이 되겠는가? (단, 용수철의 탄성계수는 1N/m이며 용수철의 질량은 무시한다.)

① $\frac{\pi}{4}$초 ② $\frac{\pi}{2}$초
③ π초 ④ 2π초
⑤ $\sqrt{2}\pi$

해 설

해설 15

면적속도 일정의 법칙으로 근일점에서는 각속도가 크고 원일점에서는 각속도가 작다.

해설 16

위로 가속하는 물체는 아래로 관성력 ma를 받는다.
따라서 아래로 작용하는 힘
$F = mg + ma$
$= 2\times(9.8+0.2) = 2.0N$ 이다.
$F = kx$ 에서 $20 = 100x$ $x = 0.2\,m$ 이다.

해설 17

변위 A에서 위치에너지는
$E_P = \frac{1}{2}kA^2$ 이다. 변위가 최대 이므로 역학적 에너지는 $\frac{1}{2}kA^2$ 이다.
변위 x 에서 역학적에너지는
$E_P + E_K = \frac{1}{2}kA^2$ 이다.
변위 x 에서 $E_P = E_K$ 이므로
$2E_P = \frac{1}{2}kA^2$ 에서
$2\times\frac{1}{2}kx^2 = \frac{1}{2}kA^2$ 이다.
따라서 $x = \frac{1}{\sqrt{2}}A$ 이다.

해설 18

최저 위치에서 중력은
$F = mg = 0.5\times9.8 = 4.9N$ 이고
원심력은 $F = \frac{mv^2}{r} = \frac{0.5\times2^2}{1} = 2N$
이므로 합력은 6.9N이다.

해설 19

주기 $T = 2\pi\sqrt{\frac{m}{k}}$ 이므로
$T = 2\pi\frac{\sqrt{4}}{1} = 4\pi$ 초 이다.
따라서 진동의 중심에서 속력이 0이 되는 시간은 $\frac{1}{4}T$ 이므로 π 초이다.

정답 15. ⑤ 16. ④ 17. ② 18. ④ 19. ③

20 어느 인공위성이 지구 둘레를 반경 $2R$ 인 원운동을 한다면, 이 인공위성의 속력은? (단, R 은 지구의 반경, M 은 지구의 질량, m 은 인공위성의 질량, G 는 만유인력 상수이다.)

① $\sqrt{\frac{GM}{2R}}$　② $\sqrt{\frac{GM}{2R^2}}$

③ $\frac{GM}{2R}$　④ $\frac{GM}{2R^2}$

⑤ $\frac{GM}{R^2}$

21 원형 커브 길에서 자동차가 달리고 있다. 같은 길에서 차의 속도의 크기가 2배로 되었을 때, 이 자동차가 커브 길에서 이탈되는 것을 막기 위한 구심력은 몇 배인가?

① $\frac{1}{4}$　② $\frac{1}{2}$

③ 2　④ 4

⑤ $\sqrt{2}$

22 태양의 주위를 공전하는 지구의 운동에 대한 다음 기술 중 틀린 것은?

① 궤도 중 근일점에서 지구의 공전 속도가 최대이다.
② 지구에 작용하는 힘은 항상 태양을 향하고 태양과의 거리의 제곱에 반비례한다.
③ 지구는 타원 궤도를 따라 운동한다.
④ 지구와 태양까지의 거리가 2배로 늘어나면 공전 주기는 4배로 늘어난다.
⑤ 각 운동량 보존의 법칙이 적용된다.

23 어떤 행성의 밀도가 지구 평균 밀도의 2배이고 표면에서의 중력 가속도가 지구 표면에서의 중력 가속도와 같다면 이 행성의 반지름은 지구의 반지름의 몇 배이겠는가?

① $\frac{1}{2}$ 배　② 2배

③ $\frac{1}{4}$ 배　④ 4배

해 설

해설 **20**

만유인력과 원심력이 같아야 하므로

$\frac{GMm}{(2R)^2} = \frac{mv^2}{2R}$　$v = \sqrt{\frac{GM}{2R}}$

해설 **21**

구심력 $F = ma = \frac{mv^2}{r}$ 이므로 v 가 2배이면 구심력은 4배이다.

해설 **22**

지구와 태양까지의 거리가 2배 늘어나면 공전주기는 $2\sqrt{2}$ 배가 된다.

$T^2 \alpha R^3$

해설 **23**

$g = \frac{GM}{R^2} = \frac{4}{3}\pi G\rho R$　g 가 일정한 경우 $\rho \propto \frac{1}{R}$ 이다.

정답 20. ① 21. ④ 22. ④ 23. ①

24 질량 M_1, M_2 인 두 별 주위를 각각 질량 m_1, m_2 인 두 인공위성이 같은 반지름 r 인 원궤도를 그리면서 돌고 있다. 만일 질량 m_1 인 위성의 공전 주기 T_1 이 질량 m_2 인 위성의 공전주기 T_2 의 3배라고 하면 두 별의 질량의 비 $M_1 : M_2$ 는 얼마인가?

① 3 : 1 ② 1 : 3
③ 1 : 1 ④ 9 : 1
⑤ 1 : 9

25 만유인력 상수 G값이 현재의 값과 달라진다면 다음 중 무슨 일이 일어날 수 있을까?

① 뉴턴의 관성의 법칙이 틀리게 된다.
② 단진자의 진동수가 변하게 된다.
③ 운동량 보존의 법칙이 맞지 않게 된다.
④ 용수철 진자의 주기가 변하게 된다.
⑤ 만유인력의 법칙이 수정된다.

26 무중력 상태에 대하여 기술한 다음 내용 중 틀린 것은?

① 모든 질량체와의 거리가 무한대이면 무중력 상태에 있게 된다.
② 지구의 대기권을 벗어나려고 추진 중인 인공위성의 내부에 있는 우주인들은 무중력 상태를 경험하게 된다.
③ 자유 낙하하는 엘리베이터 안에 있는 사람은 무중력 상태를 경험하게 된다.
④ 연료가 떨어져서 지구 주위를 영원히 돌게 된 로켓 안의 물체는 무중력 상태에 있게 된다.
⑤ 구멍 뚫린 물통에 물이 담긴 채 떨어질 때는 물통에서 물이 새지 않는다.

27 지구 주위를 돌고 있는 우주선 내에 있는 우주인들은 무중력 상태를 느끼면서 생활하고 있다. 이에 대한 설명으로 맞는 것은?

① 우주선이 지구에서 멀리 떨어져 있으므로 우주인들이 느끼고 있는 중력이 아주 작아져서 무중력 상태가 되는 것이다.
② 지구의 중력과 달의 중력이 서로 상쇄되어 무중력 상태가 되는 것이다.
③ 지구, 달, 태양으로부터 작용하는 중력이 결과적으로 서로 상쇄되어 무중력 상태로 되는 것이다.
④ 지구의 중력이 우주인들에게 실제 작용하고 있으나 자유 낙하 상태와 같은 경우가 되어 상대적으로 무중력을 느끼는 것이다.

해 설

해설 24

$\frac{GMm}{r^2} = \frac{mv^2}{r}$ 이고

$\frac{GM}{r} = v^2 = \frac{4\pi^2 r^2}{T^2}$ 이므로

$M = \frac{4\pi^2 r^3}{GT^2}$ 이다.

반지름 r 은 같고 G 와 π 는 상수이므로 $M \propto \frac{1}{T^2}$ 이다.

$T_1 = 3T_2$ 이므로 $M_1 : M_2 = \frac{1}{9} : \frac{1}{1}$ $= 1 : 9$ 이다.

해설 25

$g = \frac{GM}{R^2}$ 이고 단진자 주기 $T = 2\pi\sqrt{\frac{l}{g}}$ 이므로 주기 T 가 변한다.

해설 26

추진력에 의해 힘을 받게 된다.

해설 27

지구주위를 돌고 있는 위성은 구심가속도의 반대반향으로 관성력인 원심력이 중력과 같아서 무중력 상태가 되고 자유낙하하는 물체는 중력과 반대방향으로 관성력이 작용하여 그 계는 무중력 상태이다.

정답 24. ⑤ 25. ② 26. ② 27. ④

28 그림과 같은 질량 1kg의 공을 길이 1.2m인 끈에 묶어서 회전하는 수직막대에 연결하였다. 이 계가 회전하면 끈과 막대는 정삼각형을 이룬다. 위쪽 끈의 장력을 40N이라 하면 공의 속력은 얼마인가? ($g = 10m/s^2$)

① 2.5m/s
② 4.3m/s
③ 6.8m.s
④ 7.3m/s
⑤ 9.8m/s

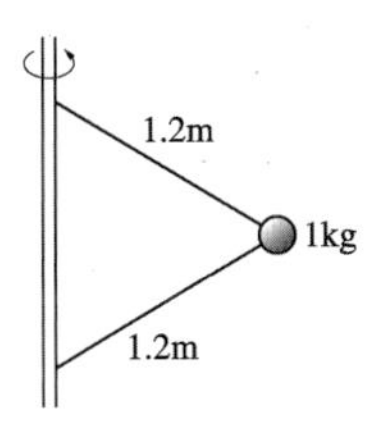

29 그림과 같이 계가 평형을 이룰 때 줄의 장력 T_1, T_2의 비는 얼마인가?

① 2 : 1
② $\sqrt{2}$: 1
③ 2 : $\sqrt{3}$
④ $\sqrt{3}$: 1

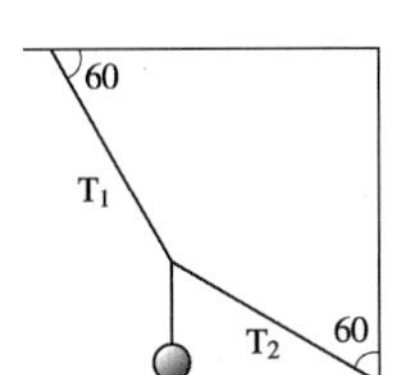

30 그림은 무게가 없는 도르래를 이용하여 무게 w인 물체를 들어 올리려고 한다. 줄의 힘 F가 얼마이면 되는가?

① w
② $\frac{1}{2}w$
③ $\frac{1}{3}w$
④ $\frac{1}{6}w$
⑤ $\frac{1}{7}w$

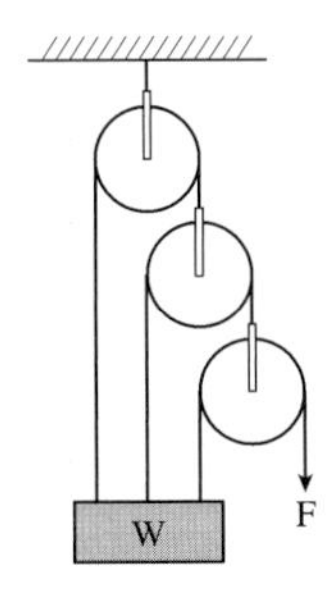

해 설

해설 **28**

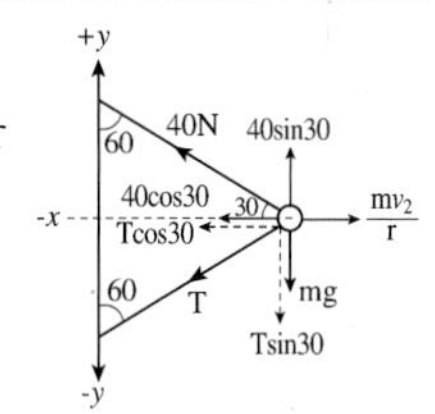

윗줄 장력 40N을 나누면 +y방향 힘은 40sin30이고 −x방향 힘은 40cos30이다.
아랫줄의 장력을 T라 하면 −y 방향 힘은 Tsin30이고 −x방향힘은 Tcos30이다.
힘의 합력은
$40\cos30 + T\cos30 = \frac{mv^2}{r}$
$40\sin30 = T\sin30 + mg$이다.
또 회전반경은 $0.6\sqrt{3}$ m이므로
$20\sqrt{3} + \frac{\sqrt{3}}{2}T = \frac{1 \times v^2}{0.6\sqrt{3}}$,
$20 = \frac{1}{2}T + 1 \times 10$ 이고
장력 T=20N이다.
따라서 $v \fallingdotseq 7.3\text{m/s}$ 이다.

해설 **29**

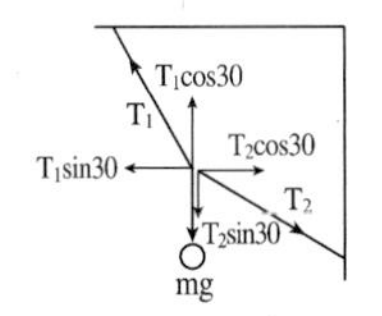

그림에서 $T_1 \sin 30 = T_2 \cos 30$
이고 $T_1 \times \frac{1}{2} = T_2 \frac{\sqrt{3}}{2}$ 이다.
따라서 $T_1 = \sqrt{3}\,T_2$ 이므로
$T_1 : T_2 = \sqrt{3} : 1$ 이다.

해설 **30**

그림에서 힘 F가 장력 T이면 a줄의 장력은 T b줄의 장력은 $2T$ c줄의 장력은 $4T$이므로 물체를 들어올리는 힘은 $4T + 2T + T = w$가 되어 $T = \frac{1}{7}w$이다.

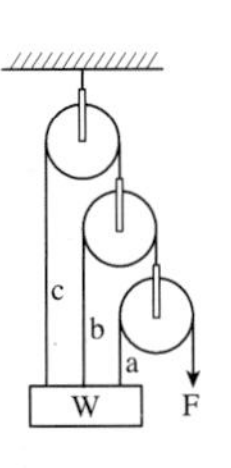

정답 28. ④ 29. ⑤ 30. ⑤

31 지구를 질량 M, 반경 R인 균일한 구라고 한다. 지구를 관통하는 터널에 공을 자유낙하 시켰을 때 공의 주기는 얼마인가?

① $2\pi\sqrt{\dfrac{R^3}{GM}}$ ② $2\pi\sqrt{\dfrac{R}{GM}}$

③ $2\pi\sqrt{\dfrac{GM}{R^3}}$ ④ $2\pi\sqrt{\dfrac{GM}{R}}$

⑤ $\dfrac{2\pi R}{GM}$

32 위의 31번 문제에서 지구와 밀도는 같고 반지름이 2배인 행성에서 같은 실험을 한다면 주기는 지구주기를 T라 할 때 얼마인가?

① $4T$ ② $2T$

③ T ④ $\dfrac{1}{2}T$

⑤ $\dfrac{1}{4}T$

해 설

해설 **31**

단진동을 일으키는 힘은 Kx 인데 지구에서는 $\dfrac{GMm}{R^2}$ 이다.

또 진폭은 R이므로 $KR=\dfrac{GMm}{R^2}$, $K=\dfrac{GMm}{R^3}$ 이다.

주기 T는 $T=2\pi\sqrt{\dfrac{m}{K}}$ 이므로 $T=2\pi\sqrt{\dfrac{R^3}{GM}}$ 이다.

해설 **32**

주기는 $T=2\pi\sqrt{\dfrac{R^3}{GM}}=2\pi\sqrt{\dfrac{R}{g}}$

($g=\dfrac{GM}{R^2}=\dfrac{4}{3}\pi GeR$)이다.

R이 2배 g가 2배이므로 주기는 같다.

정답 31. ① 32. ③

6. 운동량과 충격량

1 운동량과 충격량

(1) 운동량

물체의 운동효과는 물체의 질량과 물체의 속력으로 나타낼 수 있는데 질량과 속도의 곱을 **운동량**이라고 한다. 식으로 나타내면 $\vec{P} = m\vec{v}$ 이다.
운동량 P의 단위는 kg m/s가 된다.

(2) 충격량

그림과 같이 두 공이 서로 반대쪽으로 달려와서 충돌 후 서로 반발해 나가는 경우를 생각해 보자.

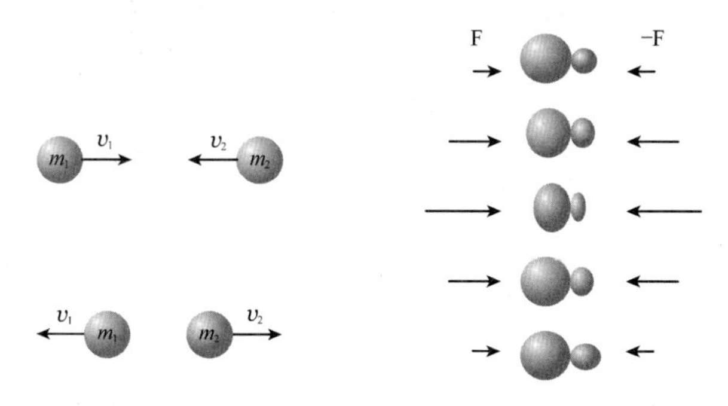

충돌할 때 두공 사이에 작용하는 힘 F의 변화는 일반적으로 아래 그래프와 같다. 충돌에 의해 물체에 순간적으로 작용하는 이와 같은 힘 $\vec{F}$를 충격력이라 하고 물체에 작용한 힘 F와 작용한 시간 Δt의 곱을 **충격량**이라고 한다.
그래프에서 면적은 충격량을 나타낸다. 즉 시간 Δt가 커질수록 충격력은 작아진다. 따라서 시멘트 바닥에 떨어진 유리컵은 깨지지만 방석위에 떨어진 유리컵은 충격력이 작아서 깨지지 않는다.

$$I = F \cdot \Delta t$$
$$= ma \cdot \Delta t = m\frac{\Delta v}{\Delta t} \cdot \Delta t$$
$$= m\Delta v = mv_2 - mv_1 \quad (\Delta v = v_2 - v_1)$$

따라서 충격량은 운동량의 변화량과 같다.

KEY POINT

■ 운동량
$P = mv$

■ 충격량
$I = F \cdot t$
$= mv_2 - mv_1$

■ $m_1\overrightarrow{v_{1x}} + m_2\overrightarrow{v_{2x}}$
$= m_1\overrightarrow{v_{1'x}} + m_2\overrightarrow{v_{2'x}}$

KEY POINT

즉 $I = P_2 - P_1$이고 충격량을 **역적**(力積)이라고도 한다.

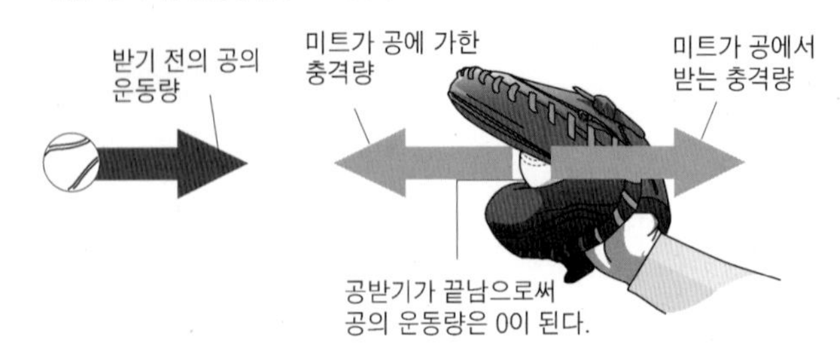

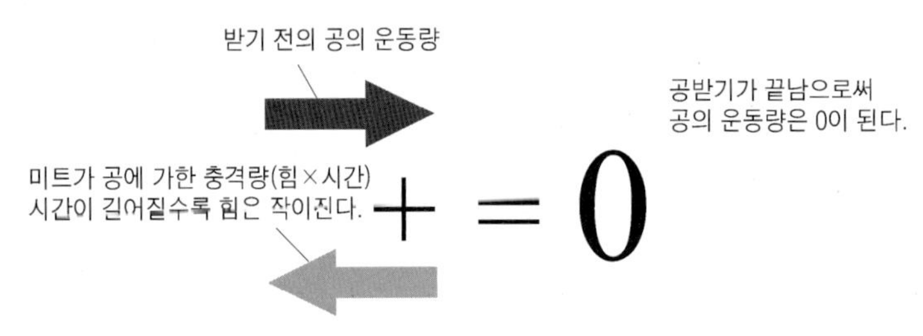

예제 1

질량이 같은 두 달걀을 같은 높이에서 떨어뜨렸을 때, 시멘트 바닥에 떨어진 달걀은 깨졌으나, 두툼한 방석에 떨어진 달걀은 깨지지 않았다. 오른쪽 그래프는 달걀에 작용한 힘과 시간의 관계를 나타낸 것이다. 이 그래프에 대한 설명으로 옳지 않은 것은?

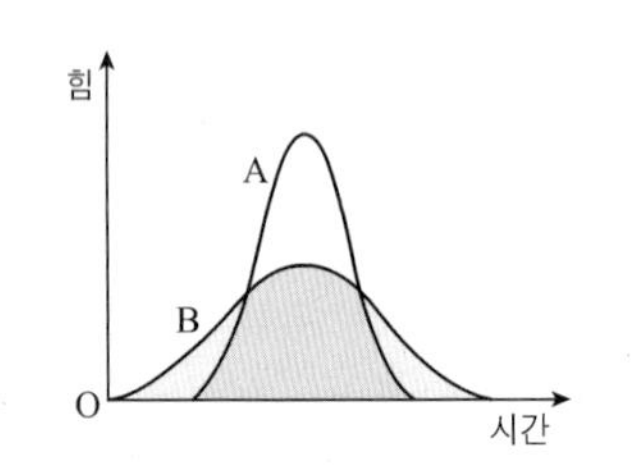

① A는 시멘트 바닥에 떨어질 때의 힘과 시간의 그래프로 볼 수 있다.
② B의 넓이는 A의 넓이와 같다.
③ A에 작용한 충격력과 B에 작용한 충격력은 같다.
④ 멈출 때까지 A, B의 운동량의 변화는 같다.
⑤ B에 작용한 시간이 A에 작용한 시간보다 길다.

풀이 ① A는 충격력이 크고, 작용한 시간이 짧으므로 시멘트 바닥에 떨어진 경우이다.
②, ④ 시멘트와 방석에 떨어질 때 운동량의 변화량이 같으므로 충격량은 같다. 힘-시간 그래프 아랫부분의 넓이는 충격량을 나타내므로 A와 B의 넓이는 같다.
③ 충격력은 A의 경우가 B의 경우보다 크다.
⑤ A와 B의 충격량이 같으므로 충격력이 작은 B에 작용한 시간이 더 길다.
정답은 ③이다.

2 운동량 보존의 법칙

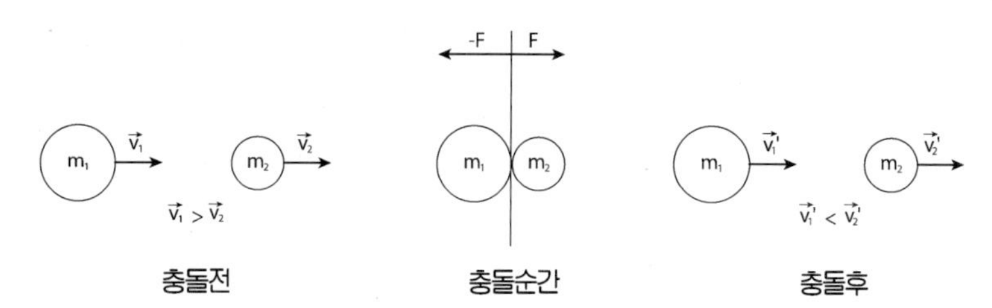

그림처럼 두 물체가 충돌할 때 충돌 순간 작용 반작용으로 인해 힘의 크기는 같고 방향은 반대이며 힘이 작용하는 시간 Δt도 같다.
따라서 두 물체의 충격량은

$$-F \cdot \Delta t = m_1(\vec{v_1}' - \vec{v_1})$$
$$F \cdot \Delta t = m_2(\vec{v_2}' - \vec{v_2})$$

와 같이 각각 나타낼 수 있고, 두 식을 더하면

$$O = m_1(\vec{v_1}' - \vec{v_1}) + m_2(\vec{v_2}' - \vec{v_2})$$ 다시 정리하면
$$m_1\vec{v_1} + m_2\vec{v_2} = m_1\vec{v_1}' + m_2\vec{v_2}'$$

이 식은 결국 충돌전의 운동량의 총합은 충돌후의 운동량의 총합과 같다는 것을 의미한다. 이처럼 외력이 없다면 물체들 사이에 힘이 작용하여도 전체 운동량은 일정하게 보존되는데 이것을 **운동량 보존의 법칙**이라고 한다.

■ 운동량은 항상 보존된다.

예제2

<보기>와 같이 질량 $m=0.5$kg인 총알이 높이 $h=5$m인 마찰 없는 탁자 끝에 놓여 있던 질량 $M=5$kg인 정지 상태의 나무 도막으로 발사되었다. 총알이 나무 도막에 박히고, 충돌 후 나무 도막이 탁자로부터 거리 $d=5$m인 곳에 떨어졌을 때, 총알의 처음 속력은? (단, 중력가속도 $g=10$m/s²이다.) (2018년 서울시 7급)

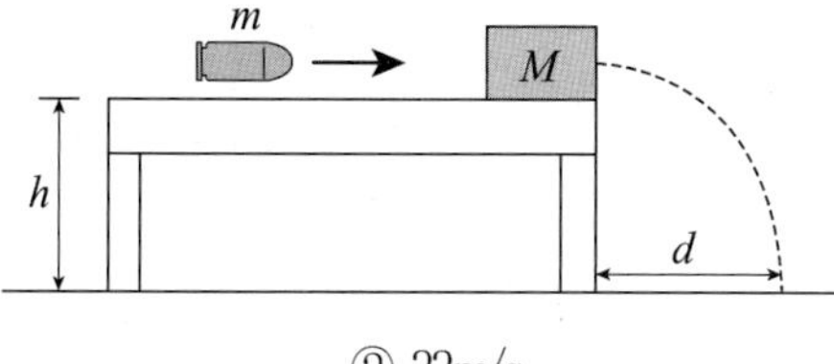

① 11m/s ② 33m/s
③ 55m/s ④ 77m/s

풀이 $\frac{1}{2}gt^2=5$에서 나무도막이 떨어져 지면에 도달할 때까지 걸리는 시간은 1초이다. 낙하하는 동안 이동한 수평거리도 5m이므로 나무도막의 수평속도는 5m/s라고 할 수 있다. 따라서 총알의 처음 속력을 v라고 했을 때, $0.5v=5.5\times5$를 만족하므로 총알의 속력은 55m/s이다. 정답은 ③이다.

3 충돌과 반발계수

(1) 물체가 충돌할 때 운동량은 보존되지만 속도는 물체의 종류에 따라서 변하게 되는데 이러한 성질은 물체의 충돌전과 충돌후의 상대속도의 비로써 정의된다.
즉 충돌 전 서로 가까워지는 속도와 충돌 후 서로 멀어지는 속도의 비를 **반발계수** 또는 **충돌계수**라 한다.
식으로 표현하면 충돌 전 두 물체의 속도를 v_1, v_2라 하고 충돌후 두 물체의 속도를 v_1', v_2'라 하면 충돌계수 e는

$$e = \frac{v_2' - v_1'}{v_1 - v_2} \text{ 또는 } -e = \frac{v_1' - v_2'}{v_1 - v_2} \text{ 이 된다.}$$

(2) 충돌의 종류
반발계수 e는 물체의 재료에 따라 정해지는데 e값의 범위는 0에서 1까지인데

① $e = 1$ 인 충돌을 완전탄성충돌
② $0 < e < 1$ 인 충돌을 불완전탄성충돌
③ $e = 0$ 인 충돌을 완전비탄성충돌

와 같이 분류할 수 있다.

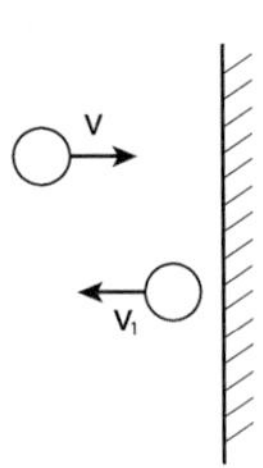

(3) 벽에 대한 충돌

$$\frac{v_1' - v_2'}{v_1 - v_2} = -e$$ 에서 벽은 충돌 전이나 충돌 후나 속도가 0이므로
$v' = -ev$가 된다.

■ 충돌계수 e는
$$-e = \frac{v_2' - v_1'}{v_2 - v_1}$$
$e = 1$일 때만 운동에너지가 보존된다.

예제3

질량이 3kg인 물체가 마찰이 없는 수평면 위를 +x 방향 4m/s의 속도로 움직이고 있다. 이 물체가 내부 폭발에 의해 두 조각으로 분리되었다. 폭발 직후 1kg의 질량을 지닌 한 조각이 +x 방향 8m/s의 속도로 움직일 경우, 나머지 조각의 운동 방향과 속도의 크기[m/s]는? (단, 폭발시 질량 손실은 없다) (2014 국가직 7급)

	방향	속도의 크기[m/s]
①	-x	2
②	+x	2
③	-x	4
④	+x	4

풀이 운동량 보존 법칙에 의해 $3\times4 = 1\times8 + 2\times v$이므로 $v = 2\,\text{m/s}$이다. 따라서 $+x$ 방향으로 2m/s의 운동을 한다.
정답은 ②이다.

(4) 마루에 충돌 후 반발되어 올라가는 높이

높이 h인 곳에서 자유낙하 시킬 때 반발된 후 올라간 높이 h'을 구해보자.
오른쪽 그림처럼 높이 h에서 자유낙하할 때 속력을 v, 높이 h'에서 자유낙하할 때 속력을 v'라 하면 $v = gt,\ s = \frac{1}{2}gt^2$에서

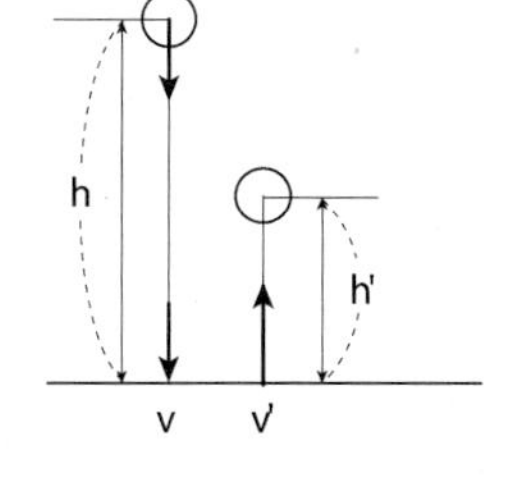

$v = \sqrt{2gh},\ v' = \sqrt{2gh'}$이다.

$v' = -ev$에 대입하여 양변을 제곱하면 $2gh' = e^2 2gh$가 되므로 높이 h에서 떨어뜨린 마루와의 반발계수 e인 공이 튀어 오르는 높이 h'는

$h' = e^2 h$이다.

KEY POINT

■ $v' = -ev$
$h' = e^2 h$

(5) 질량이 같은 두 물체의 탄성 충돌

충돌하는 두 물체간의 질량은 같고 그 충돌이 완전탄성 충돌하는 경우를 생각해 보자. 정지해 있는 한 물체에 다른 물체가 v속도로 운동하여 정면 충돌하게 되면 정지해 있던 물체는 v속도로 운동하고 운동하던 물체가 정지하게 된다. 즉 속도 교환이 된다. 그러나 비스듬히 충돌할 경우 처음 운동하는 방향에서 일정 각으로 벌어지며 두 물체는 운동하게 된다. 이 때 충돌 후 운동하는 두 물체 사이의 각도는 90°가 된다.

완전 탄성 충돌이므로 벡터인 운동량과 스칼라량인 운동에너지 모두 보존된다.

운동량 보존에서 $m\vec{v} + 0 = m\overrightarrow{v_1'} + m\overrightarrow{v_2'}$이고

$\vec{v} = \overrightarrow{v_1'} + \overrightarrow{v_2'}$이다.

즉, 충돌 후 두 속도의 벡터합이 충돌 전의 속도와 같다.

운동에너지 보존에서 $\frac{1}{2}mv^2 = \frac{1}{2}mv_1'^2 + \frac{1}{2}mv_2'^2$이고

$v^2 = (v_1')^2 + (v_2')^2$이다.

즉, 속도의 크기에서 피타고라스 정리를 만족한다.

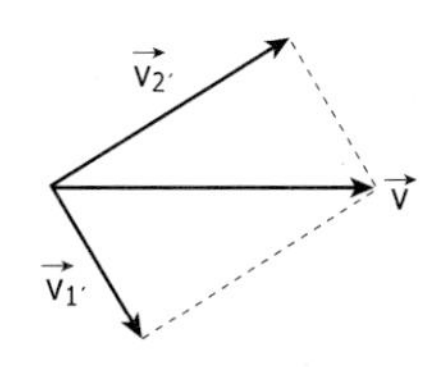

따라서 그림과 같이 충돌 후 속도 사이의 각이 90°이다.

KEY POINT

예제4

그림과 같이 질량 m의 포탄이 처음속력 v_0=40m/s로 지면과 45°의 각도를 이루며 발사되어 궤적의 최고점에서 포탄이 두 조각으로 분리되었다. 그 중 한 조각은 질량이 2/3m 이고, 분리 직후 속력이 0이 되어 수직 낙하하였다. 질량이 1/3m인 나머지 조각이 지면에 떨어진 지점과 포탄이 발사된 지점 사이의 거리(m)는? (단, 지면은 수평이고, 공기의 저항은 무시하며, 중력가속도 g는 10m/s^2이다.) (2011년 지방직 7급)

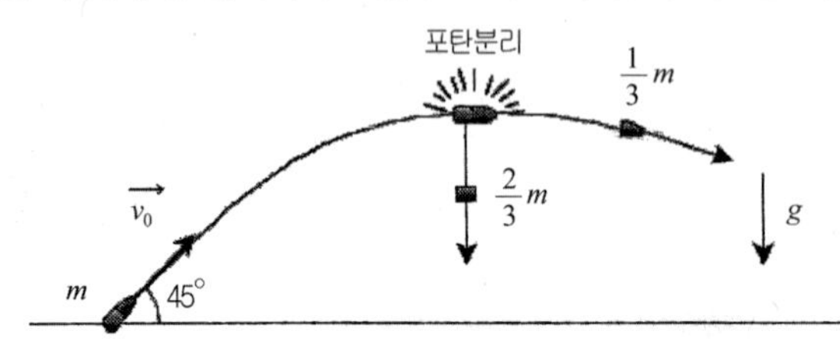

① 120　　② 240
③ 320　　④ 400

풀이 최고점에서 수평속도만 있고, 그 수평속도는 $v_0\cos45°$ 즉, $\frac{v_0}{\sqrt{2}}=20\sqrt{2}\,m/s$이다.

운동량 보존에서 $20\sqrt{2}m=\frac{2}{3}m\times0+\frac{1}{3}mv$　　$v=60\sqrt{2}$ 이므로

$\frac{1}{3}m$인 조각은 수평방향으로 $v_x=60\sqrt{2}\,m/s$의 속력이 된다.

또한, 최고점의 도달시간은 $v=v_y-gt$에서 $0=20\sqrt{2}-10t$　　$t=2\sqrt{2}$초이다.

따라서 분리 후 날아간 거리는 $s=v_xt=60\sqrt{2}\times2\sqrt{2}=240m$이다.

발사 지점으로부터 분리지점(꼭대기 도달지점)까지 수평거리는

$s=20\sqrt{2}\times20\sqrt{2}=80m$이므로 총거리는 $320m$이다. 정답은 ③이다.

예제5

질량 100 g인 사과가 지면에 수직하게 놓인 길이 2 m의 막대 끝에 놓여 있다. 질량 100 g인 화살이 지면과 평행하게 속력 v로 날아와 정지해 있던 사과에 박혔고, 화살이 박힌 사과는 처음 위치에서 지면과 평행한 방향으로 $5\sqrt{10}$ m만큼 떨어진 바닥에 닿았다. 속력 v [m/s]는? (단, 사과와 화살의 크기, 공기저항은 무시하고, 중력 가속도는 10 m/s^2이다)　　(2021 서울시 7급)

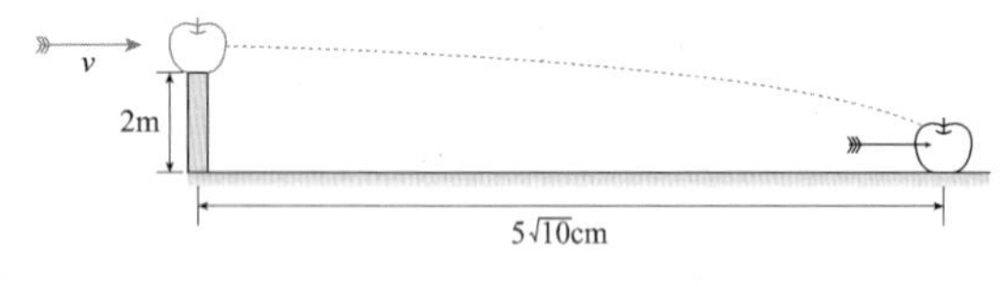

① 50　　② 75
③ 100　　④ 150

풀이 수평 방향의 속도는 $s=vt$에서 $s=5\sqrt{10}$m이고 시간 t는 $h=\frac{1}{2}gt^2$에서

$2=\frac{1}{2}\times10\times t^2$ $t=\sqrt{\frac{2}{5}}$ 이므로 $v=\frac{5\sqrt{10}}{\sqrt{\frac{2}{5}}}=25(\text{m/s})$이다.

운동량 보존에서 $0.1\times v=(0.1+0.1)\times25$　　$v=50(\text{m/s})$이다. 정답은 ①이다.

연습문제

해설

1 지상 20m 되는 곳에서 질량 2kg의 물체가 자유낙하하여 지면에 떨어졌다. 중력에 의하여 물체가 받는 충격량의 크기는?(단, $g = 10\text{m/s}^2$)

① $10\,N \cdot S$
② $20\,N \cdot S$
③ $30\,N \cdot S$
④ $40\,N \cdot S$
⑤ $50\,N \cdot S$

해설 1
지면에 닿는 순간 속력은
$v^2 = 2gs$에서
$v^2 = 2 \times 10 \times 20$, $v = 20\text{m/s}$
$I = F \cdot t = mv_2 - mv_1$에서
$v_1 = 0$, $v_2 = 20\text{m/s}$
$I = 2 \times 20 - 2 \times 0 = 40N \cdot s$

2 질량 2kg의 공이 10m/s의 속력으로 벽에 수직으로 충돌한 후 6m/s의 속력으로 튀어 나왔다. 벽이 물체에 가한 충격량은 몇 $N \cdot \text{sec}$ 인가?

① $8\,N \cdot \text{sec}$
② $12\,N \cdot \text{sec}$
③ $20\,N \cdot \text{sec}$
④ $32\,N \cdot \text{sec}$
⑤ $120\,N \cdot \text{sec}$

해설 2

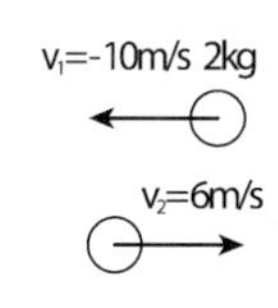

충돌 전후 공의 방향이 반대이므로
v_1, v_2 부호가 반대이고
$I = mv_2 - mv_1$에서
$= m(v_2 - v_1) = 2 \times 16$
$= 32N \cdot \text{sec}$

3 정지해 있는 질량 6kg의 물체에 질량 2kg의 물체가 8m/s의 속력으로 충돌한 뒤 한 덩어리가 되어 움직이고 있다. 이 물체의 속력은 얼마인가?

① 1m/s
② 2m/s
③ 4m/s
④ 6m/s
⑤ 8m/s

해설 3

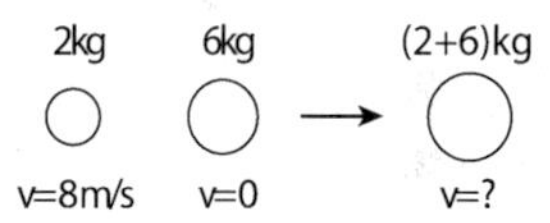

운동량 보존법칙에서
$m_1 v_1 + m_2 v_2 = (m_1 + m_2)V$
$2 \times 8 + 6 \times 0 = (2 + 6) \times V$
$V = 2\text{m/s}$

4 다음 중 충격량과 차원이 같은 물리량은?

① 에너지
② 힘
③ 일률
④ 운동량
⑤ 가속도

해설 4
충격량은 운동량의 변화량과 같다.

정답 1. ④ 2. ④ 3. ② 4. ④

5 공과 바닥의 반발계수가 0.5일 때 20m 높이에서 자유낙하 시킨 공이 바닥을 튀어 오르는 속력의 크기는?(단, $g = 10\text{m/s}^2$)

① 5m/s
② 10m/s
③ 20m/s
④ 30m/s
⑤ 15m/s

6 위 5번 문제에서 두 번째 튀어서 올라가는 최고 높이는 몇 m인가?

① 0.5m
② 0.75m
③ 1.00m
④ 1.25m
⑤ 2.5m

7 동으로 2m/s의 속력으로 운동하는 질량 4kg인 물체와 북으로 4m/s의 속력으로 운동하는 질량 2kg의 물체가 충돌 후 한 덩어리가 되어 운동한다. 이때 속도의 크기는 얼마인가?

① $\frac{4}{3}\sqrt{2}$
② $\frac{2}{3}\sqrt{2}$
③ $\frac{\sqrt{2}}{3}$
④ $2\sqrt{3}$
⑤ $2\sqrt{5}$

8 질량이 2kg인 공이 크기 5m/s의 속도로 벽에 직각으로 충돌한 후, 반대 방향으로 크기 4m/s의 속도로 튀어나왔다. 이 때 벽에 가해진 충격량의 크기는 얼마인가?

① 2kg·m/s
② 8kg·m/s
③ 10kg·m/s
④ 18kg·m/s
⑤ 20kg·m/s

해 설

해설 **5**

자유낙하에서 $v^2 = 2gs$,
$v^2 = 2\times10\times20$, $v = 20\text{m/s}$
$v' = -ev$ 에서
$v' = -0.5\times20 = -10\text{m/s}$

해설 **6**

첫 번째 $h_1 = e^2 h$
두 번째 $h_2 = e^2 h_1$ 이므로
$e = \frac{1}{2}$, $h_1 = \left(\frac{1}{2}\right)^2\times20 = 5\text{m}$,
$h_2 = \left(\frac{1}{2}\right)^2\times5 = \frac{5}{4}\text{m}$

해설 **7**

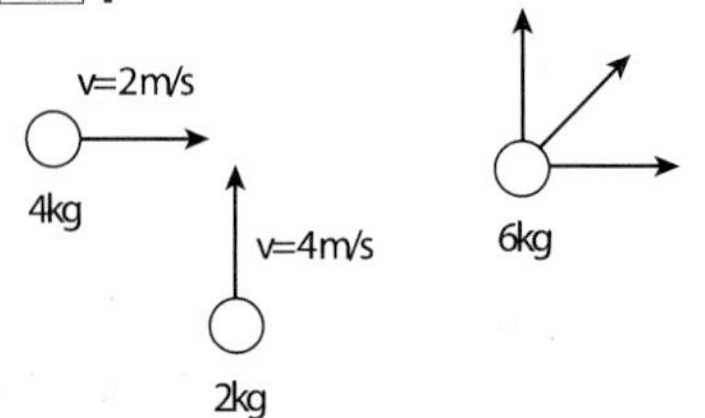

x 방향의 운동량
$mv_x = 8\text{kg m/s}$
y 방향의 운동량
$mv_y = 8\text{kg m/s}$
합성하면 북동방향으로 운동량이
$8\sqrt{2}\text{kg m/s}$가 된다.

8kgm/s
$8\sqrt{2}$
8kgm/s

따라서 $8\sqrt{2} = (m_1 + m_2)\times V$
$= 6\times V$
$V = \frac{4}{3}\sqrt{2}\text{m/s}$

해설 **8**

$I = F\cdot t = m(v_2 - v_1)$
$= 2(4+5) = 18\text{kgm/s}$

정답 5. ② 6. ④ 7. ① 8. ④

9 얼음판 위에 질량이 60kg인 어른이 정지해 있다. 질량이 30kg인 어린이가 12m/s의 속도로 미끄러져와 어른과 부딪히면서 서로 껴안았다. 충돌 후 두 사람의 속도의 크기는 얼마인가? (단, 얼음판의 마찰은 무시한다.)

① 2.3m/s ② 4m/s
③ 6m/s ④ 8m/s
⑤ 10m/s

10 질량 30kg인 물체 A가 마찰이 없는 평면 위를 4m/s의 속도로 운동하다가 정지해 있는 질량 60kg인 물체 B와 정면충돌한 후 정지하였다. 충돌 후의 물체 B의 속도의 크기는?

① $\sqrt{2}$m/s ② 2m/s
③ $2\sqrt{2}$m/s ④ 8m/s
⑤ $8\sqrt{2}$m/s

11 미끄러운 수평면 위를 10m/s의 속력으로 운동하는 질량 50kg의 물체에 진행 방향과 반대 방향으로 5초 동안 일정한 크기의 힘을 가했더니 5초 후 물체는 처음 운동 방향과 반대 방향으로 2m/s의 속력으로 운동하였다. 5초 동안의 이 물체의 운동량의 변화량은 몇 kg·m/s인가?

① 100 ② 400
③ 500 ④ 600
⑤ 1200

12 위 11번 문제에서 물체에 가해진 힘의 크기는 얼마인가?

① 20N ② 80N
③ 100N ④ 120N
⑤ 240N

13 20m/s의 속력으로 날아가고 있는 질량 4kg의 물체가 2개의 부분 A, B로 분열되었다. 이 때 B가 A에 대하여 12m/s로 똑바로 뒤로 분리되어 날아갔다. 분열 후 A의 속력은 얼마인가? (단, A, B의 질량은 각각 1kg, 3kg이다.)

① 11m/s ② 22m/s
③ 29m/s ④ 44m/s
⑤ 116m/s

해설

해설 9

$m_1v_1 = m_2v_2$ 에서
$30\times12 = (30+60)\times v$ 이므로
$v = 4\,m/s$ 이다

해설 10

$30\times4 = 60\times v \quad v = 2\,m/s$

해설 11

충격량은 운동량의 변화량과 같다.
$I = F\cdot t = mv_2 - mv_1$
$I = (50\times2) - 50\times(-10)$
$= 600\,kgm/s$

해설 12

$F\cdot t = I$ 에서 $600 = F\times5$
$F = 120N$ 이다.

해설 13

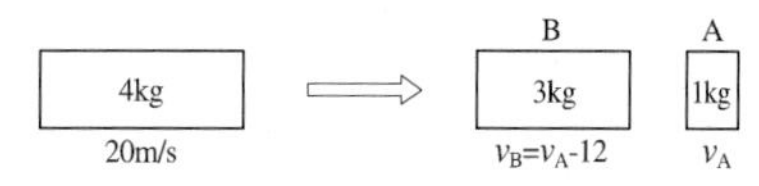

상대속도가 -12m/s이므로
$v_{상대} = v_{물체} - v_{관찰자}$ 에서
$-12 = v_B - v_A$ 이므로
$v_B = v_A - 12$
운동량 보존의 법칙에서
$4\times20 = 3\times(v_A - 12) + 1\times v_A$
$80 = 3v_A - 36 + v_A$ 이고
$v_A = 29\,m/s$ 이다.

정답 9. ② 10. ② 11. ④ 12. ④ 13. ③

14 정지해 있는 질량 m인 물체 A에 물체 B가 날아와서 완전 비탄성 충돌을 하였다. 충돌 직후 물체 A와 물체 B의 운동 에너지를 모두 더해 보았더니 원래의 운동 에너지의 25%가 됨을 알았다. 이 때 물체 B의 질량은 얼마인가?

① 1m
② 1/2m
③ 1/3m
④ 1/4m

15 우주 공간에 있는 우주선의 로켓 엔진이 500kg/sec의 비율로 연료를 소모하고 분사 속력은 우주선에 대해 3m/s라고 한다. 이 로켓 엔진의 추진력은 얼마인가?

① 500 N　② 1000 N
③ 1200 N　④ 1500 N
⑤ 1800 N

16 6000kg의 로켓이 지면에 대하여 수직으로 세워져 점화된다. 분사 속력이 1200m/s 일 때 추진력이 로켓의 무게와 같아지려면 매초 얼마의 기체를 분사하여야 하는가?

① 49 kg　② 55 kg
③ 60 kg　④ 61 kg
⑤ 98 kg

17 질량이 5kg인 정지하여 있던 물체에 작용한 힘이 4초 동안 0N으로부터 10N까지 균일하게 증가했다. 물체의 최종속력은 얼마인가?

① 5 m/s　② 4 m/s
③ 3 m/s　④ 2 m/s
⑤ 1 m/s

해 설

해설 **14**

운동량 보존의 법칙에서 B의 질량을 M 이라 하고 속력을 v 라 하면 $Mv=(M+m)V$ (완전 비탄성 충돌이므로 충돌 후 한 덩어리가 됨)에서

$V=\frac{Mv}{M+m}$ 이다. 또 운동에너지는

충돌후 $\frac{1}{4}$ 로 줄어들게 되어

$\frac{1}{4}(\frac{1}{2}Mv^2)=\frac{1}{2}(M+m)V^2$

$=\frac{1}{2}(M+m)(\frac{Mv}{M+m})^2$ 에서

$1=\frac{4M}{M+m}$ 이고

따라서 $M=\frac{1}{3}m$ 이다.

해설 **15**

$F\cdot t=m\triangle v$ 에서 $t=1$ 초

$m=500\,\text{kg}$ $\triangle v=3\,\text{m/s}$ 이므로

힘 $F=1500N$ 이다.

해설 **16**

로켓의 무게는 6000×9.8N이고 추진력

F 는 $F=\frac{m\triangle v}{t}$ 이다.

$6000\times9.8=\frac{m\times1200}{1}$ 에서

$m=49\,\text{kg}$ 이다.

해설 **17**

힘이 0N~10N이면 질량이 5kg이므로 가속도가 $0\sim2\text{m/s}^2$이므로 그래프에서 면적이 속도가 된다.

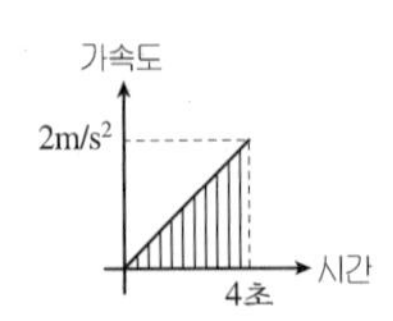

정답 14. ③ 15. ④ 16. ① 17. ②

18 질량 100g의 공이 5m/s의 속력으로 벽에 부딪혀서 초기 운동에너지의 $\frac{1}{2}$만을 가지고 수직으로 튀어 나왔다. 공이 벽과 0.01초 동안 접촉했다면 공이 벽에 준 평균력의 크기는 얼마인가?

① 85N ② 75N
③ 65N ④ 55N
⑤ 45N

19 그림과 같이 5m/s의 속력을 갖는 100g의 공이 벽과 30° 각으로 부딪혀 30° 각으로 5m/s로 튀어 나온다. 공과 벽의 접촉시간은 0.01초이다. 이때 공이 벽에 준 힘의 크기는 얼마인가?

① 10N
② 20N
③ 30N
④ 40N
⑤ 50N

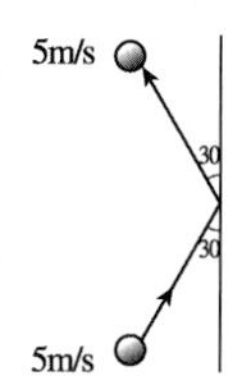

해 설

해설 18

공의 처음속력이 5m/s이면 튀어나오는 공의 속력은 운동에너지가 $\frac{1}{2}$이므로 $-\frac{5}{\sqrt{2}}$ m/s 이다.

$F \cdot t = m(v_2 - v_1)$에서 힘 F는

$$F = \frac{m(v_2 - v_1)}{t} = \frac{0.1(\frac{5}{\sqrt{2}} + 5)}{0.01}$$

$= 85N$ 이다.

해설 19

공은 벽에 수직 방향으로만 힘을 가하므로 수직방향의 속도는 2.5m/s와 -2.5m/s이다.

$F \cdot t = m(v_2 - v_1)$에서

$$F = \frac{0.1(2.5 + 2.5)}{0.01} = 50N$$ 이다.

정답 18. ① 19. ⑤

기출문제 및 예상문제

1. 영률의 차원인 것은?

① MLT^{-2}
② $ML^{-1}T^{-2}$
③ ML^2T^{-1}
④ $ML^{-1}T^{-1}$
⑤ ML^{-2}

해설 영률 $Y = \frac{Fl_o}{A\Delta l}$ 단위 $N/m^2 = kg/ms^2$

2. 직선상을 운동하는 물체를 그래프로 나타낸 것이다. 속력이 점점 증가하는 구간은?

① 0~2초
② 2~4초
③ 4~6초
④ 6~8초
⑤ 8~10초

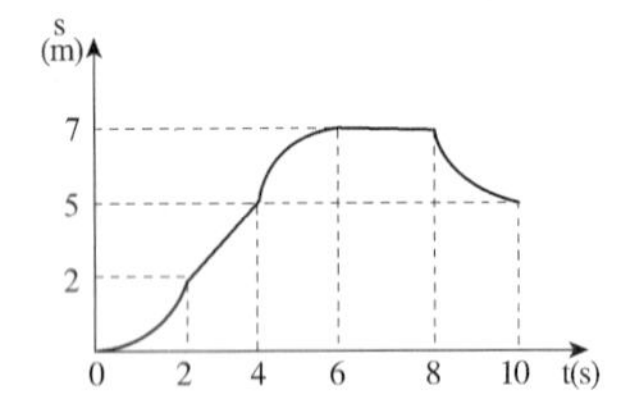

해설 $s-t$ 그래프에서 기울기=속력
∴ 기울기가 증가하는 구간

3. 위 2번 문제에서 10초 동안 평균 속력은?

① 0.5m/s
② 5m/s
③ 9m/s
④ 0.9m/s
⑤ 0.7m/s

해설 평균속력은 $\frac{거리}{시간} = \frac{7+2}{10} = 0.9\text{m/s}$

4. 등속으로 달리고 있는 열차 안에서 한 아이가 곧 바로 위로 공을 던져 올렸다. 내려오는 공을 받기 위해 아이는 어떻게 해야 하나?

① 열차가 달리는 방향으로 움직여야 한다.
② 열차가 달리는 반대방향으로 움직여야 한다.
③ 제자리에서 그냥 공을 받으면 된다.
④ 열차의 속력을 알아야 풀 수 있다.
⑤ 공의 초기 속력을 알아야 풀 수 있다.

5. 갑, 을, 병 세 사람이 마루위에 놓여 있는 물체를 각각 잡아당기고 있다. 다음 중 세 사람이 물체에 가하는 힘의 방향을 잘 조정하여 물체가 움직이지 않도록 할 수 없는 경우는 어떤 경우인가?

① $3N$, $4N$, $5N$
② $4N$, $5N$, $10N$
③ $5N$, $7N$, $10N$
④ $7N$, $8N$, $12N$
⑤ $9N$, $12N$, $20N$

해설

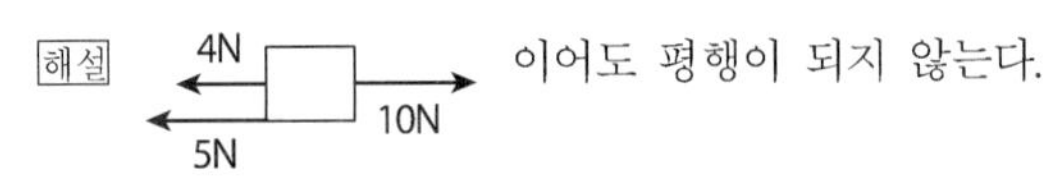

이어도 평행이 되지 않는다.

6. 질량 2kg인 물체가 그림처럼 동쪽으로 진행하다 2초 후 북쪽으로 진행할 때 2초 동안 자동차에 가해진 힘의 크기와 방향은?

① 북동쪽으로 $0N$
② 북동쪽으로 $10\sqrt{2}N$
③ 북서쪽으로 $0N$
④ 북서쪽으로 $10\sqrt{2}N$
⑤ 남서쪽으로 $10\sqrt{2}N$

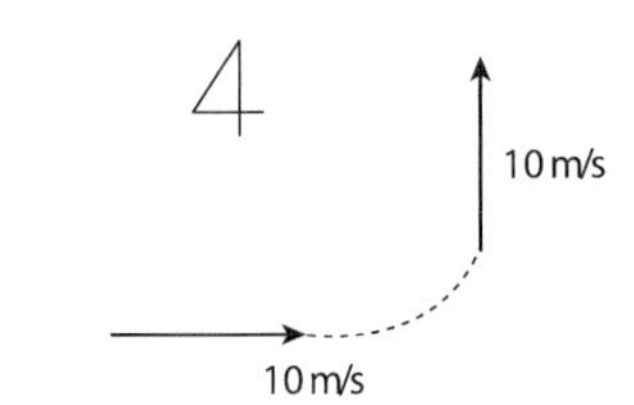

해설

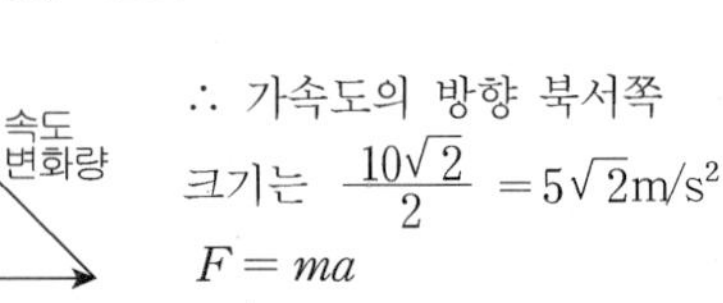

∴ 가속도의 방향 북서쪽
크기는 $\frac{10\sqrt{2}}{2} = 5\sqrt{2}\text{m/s}^2$
$F = ma$

해답 1. ② 2. ① 3. ④ 4. ③ 5. ② 6. ④

7. 1층에 있던 어떤 학생이 5층에 있는 교실까지 4m/s의 속력으로 올라갔다가 6m/s의 속력으로 내려왔다. 왕복운동하는 동안 평균속력은?

① 5m/s ② 4.8m/s
③ 4.6m/s ④ 5.2m/s
⑤ 5.4m/s

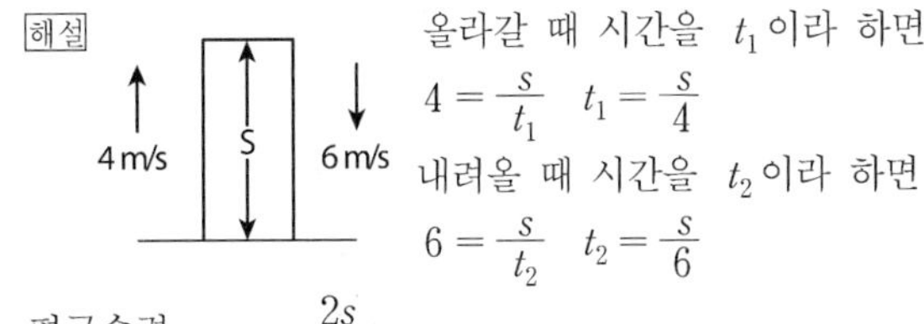

해설 올라갈 때 시간을 t_1이라 하면

$4 = \frac{s}{t_1}$ $t_1 = \frac{s}{4}$

내려올 때 시간을 t_2이라 하면

$6 = \frac{s}{t_2}$ $t_2 = \frac{s}{6}$

평균속력 $v = \frac{2s}{t_1 + t_2}$

$v = \frac{2s}{\frac{s}{4} + \frac{s}{6}} = \frac{2s}{\frac{5s}{12}} = \frac{24s}{5s} = 4.8\text{m/s}$

8. 오른쪽 그림과 같이 4kg, 6kg 되는 두 물체를 (나)와 같이 용수철 저울로 연결시키고 줄을 잡아 당겼을 때 (나)에 6N의 힘이 나타났으며 물체의 가속도는 1m/s² 이었다. 물체를 당긴 방향과 힘의 크기는?

① (가) 6N
② (가) 10N
③ (다) 6N
④ (다) 10N
⑤ 방향에 관계없이 6N

(나)
(가) 4kg 6kg (다)

해설 가속도가 1m/s²이므로 4kg 물체는 4N 6kg 물체는 6N의 힘을 갖는다. 따라서 (나)는 6N이므로 6kg을 끌고 끄는 방향은 (가)이며 힘은 10N이 된다.

9. 60kg 되는 어른과 30kg되는 어린이가 마찰이 없는 빙판 위에서 손바닥을 맞대고 1초 동안 밀었다. 미는 동안 어른의 가속도는 1m/s² 이었다. 어린이의 가속도는?

① 0.5m/s²
② 1m/s²
③ 2m/s²
④ 3m/s²
⑤ 0m/s²

해설 작용 반작용에서 힘의 크기가 같고 방향이 반대이므로 어른에 작용하는 힘

$F = ma = 60 \times 1 = 60N$

$\therefore$ $60 = 30 \times a$ $a = 2\text{m/s}^2$

10. 9번 문제에서 2초 후의 어린이의 속력은?

① 0.5m/s
② 1m/s
③ 2m/s
④ 3m/s
⑤ 4m/s

해설 힘은 1초 동안만 작용하므로 가속도가 2m/s²으로 1초 동안만 이므로 $v-t$ 그래프에서 기울기로 나타난다.
따라서 1~2초 가속이 0
$\therefore$ $v = 2\text{m/s}$

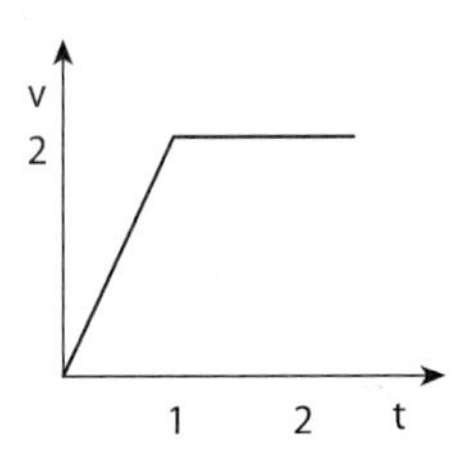

11. 10번 문제에서 2초 동안 어린이의 이동거리는?

① 1m
② 2m
③ 3m
④ 4m
⑤ 5m

해설 11번 해설에서 2초 동안의 거리는 그래프의 면적이 된다.

12. 2kg되는 물체를 운동마찰력 4N이 작용하는 수평면을 10N의 힘으로 끌고 갈 때 4초 후 물체의 속력은?

① 2.5m/s ② 5m/s
③ 6m/s ④ 8m/s
⑤ 12m/s

해설 물체에 작용하는 알짜힘은 6N

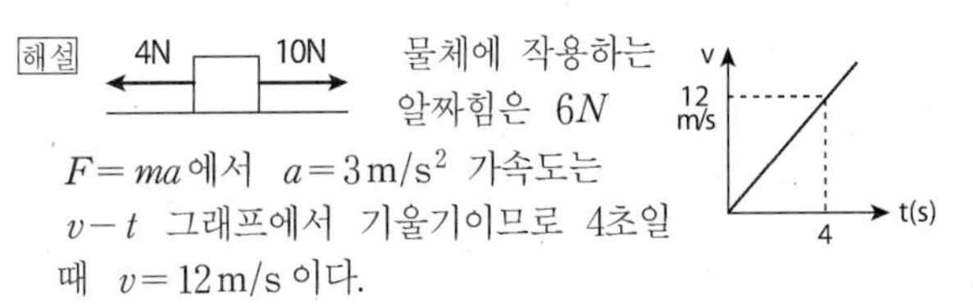

$F = ma$에서 $a = 3\text{m/s}^2$ 가속도는 $v-t$ 그래프에서 기울기이므로 4초일 때 $v = 12\text{m/s}$이다.

해답 7. ② 8. ② 9. ③ 10. ③ 11. ③ 12. ⑤

13. 다리 위에서 다리와 수면 사이의 거리를 측정하기 위해 돌을 떨어뜨렸더니 2초 만에 떨어졌다. 공기의 저항을 무시할 때 수면에서 다리까지 높이는?(단, g = 10m/s^2)

① 10m ② 20m
③ 30m ④ 40m
⑤ 50m

해설 자유낙하에서 $s = \frac{1}{2}gt^2$

14. 490m 상공에서 수평방향으로 100m/s의 속도로 날아가는 비행체가 떨어뜨린 물건은 그 지점에서 얼마만한 수평거리에 떨어지는가? 〔79년 총무처 7급〕

① 490m ② 500m
③ 1,000m ④ 1,500m
⑤ 0m

해설 490m에서 자유낙하에 의해 땅에 떨어지는 시간은
$h = \frac{1}{2}gt^2$에서 $490 = \frac{1}{2} \times 9.8 \times t^2$ $t = 10$초
따라서 수평방향 100m/s로 10초 동안 날아간다.

15. 지상에서 물체를 던졌을 때 수평도달 거리가 최대이기 위해서는 수평으로부터 발사각이 얼마일 때인가? 〔변리사 28회〕

① 15° ② 30°
③ 45° ④ 60°
⑤ 발사각에 관계없다.

해설 도달시간은 최고점 도달시간 $t = \frac{v_o \sin\theta}{g}$의 2배이므로 수평도달거리 $s = v_o \cos\theta \times 2\frac{v_o \sin\theta}{g}$
$= \frac{2v_o^2 \sin\theta\cos\theta}{g} = \frac{v_o^2 \sin 2\theta}{g}$
$\sin 2\theta$의 최대값 1은 2θ가 90°일 때 따라서 $\theta = 45°$

16. 열기구가 수직 상방으로 10m/s의 속력으로 상승하고 있을 때 열기구에 타고 있던 사람이 물체를 가만히 놓았더니 10초 후에 지면에 떨어졌다. 물체를 놓는 순간 열기구의 높이는 얼마인가?

① 100m ② 200m
③ 300m ④ 400m
⑤ 500m

해설 상방투사운동이므로 $h = v_o t - \frac{1}{2}gt^2$에서
$h = 10 \times 10 - \frac{1}{2} \times 10 \times 10^2$ $h = -400\text{m}$

17. 지상에서 비스듬히 던진 물체의 수평방향의 속도는? 〔78년 서울시 7급〕

① 일정하다.
② 던진 뒤에 경과한 시간에 비례한다.
③ 일정하지 않다.
④ 높이에 비례하여 감소한다.
⑤ 던진 뒤 시간의 제곱에 비례한다.

해설 비스듬히 던진 물체는 수직(상방투사), 수평(등속운동)의 합이다.

18. 그림에서 스프링의 늘어난 길이의 비로 바른 것은?

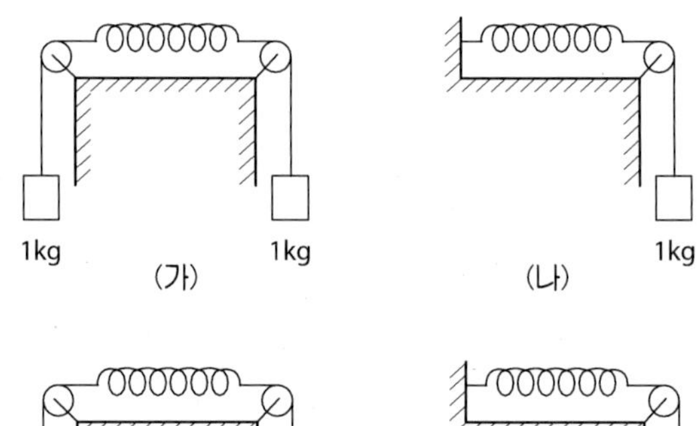

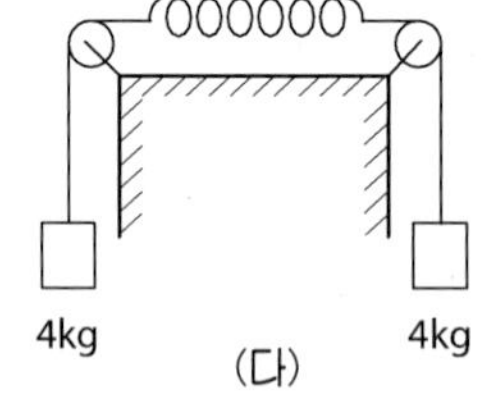

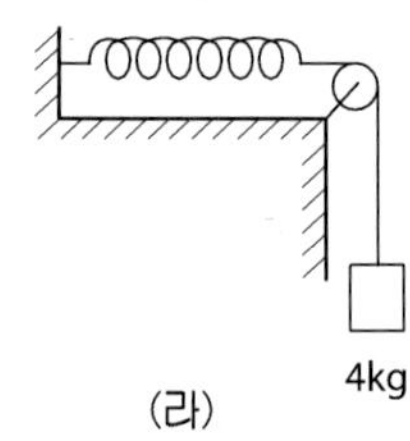

(가) : (나) : (다) : (라)　　(가) : (나) : (다) : (라)
① 2 : 1 : 8 : 4 ② 2 : 1 : 4 : 2
③ 1 : 1 : 2 : 2 ④ 1 : 1 : 4 : 4
⑤ 1 : 1 : 1 : 1

해설 벽에 고정된 실도 물체가 아래서 당기는 힘과 같은 힘을 작용하여 평형상태가 유지되므로 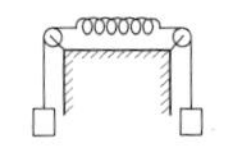 와 같다. 또 힘은 질량에 비례

해답 13. ② 14. ③ 15. ③ 16. ④ 17. ① 18. ④

19. 길이가 2m이고 단면적이 0.5cm²인 강철선이 12000 N의 장력에서 0.2cm 만큼 늘어났다. 이 강철선의 영률은?

① $4.8\times10^{11}N/m^2$ ② $4.8\times10^{5}N/m^2$
③ $2.4\times10^{11}N/m^2$ ④ $2.4\times10^{5}N/m^2$
⑤ $3.6\times10^{11}N/m^2$

해설 영률 $Y=\dfrac{F\cdot l}{\Delta l\cdot A}$ 이므로

$$Y=\frac{12000\times2}{0.2\times10^{-2}\times0.5\times(10^{-2})^2}=\frac{24\times10^3}{0.1\times10^{-6}}$$

따라서 $Y=2.4\times10^{11}N/m^2$

20. 지면과 60°의 각도로 공을 10m/s의 속도로 던져 올렸다. 이때 가장 높은 곳에서의 속력은 얼마인가?

① 0 m/s ② 5 m/s
③ 10 m/s ④ $5\sqrt{3}$ m/s
⑤ $\sqrt{5}$ m/s

해설 최고점에서 속력은 수평방향의 속력만 있으므로
수평방향은
$v_x=v_o\cos\theta=10\cos60=5\text{m/s}$

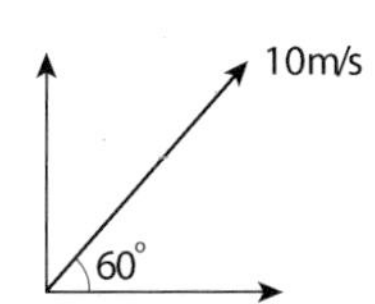

21. 크기가 $1N$, $2N$, $\sqrt{3}N$의 세 힘이 한 물체에 작용하여 평형을 이룰 때 $1N$과 $2N$의 두 힘이 이루는 각도는?

① 0° ② 30°
③ 60° ④ 120°
⑤ 180°

해설 힘의 크기가 $1N$, $\sqrt{3}N$, $2N$의 크기 순으로 $1N$과 $\sqrt{3}N$의 합력이 $2N$이 되어야 한다.

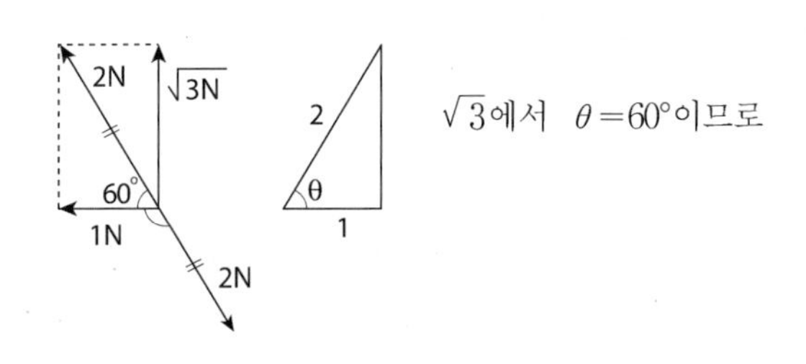

22. 1m의 끈에 매달린 질량 1kg의 물체가 수직면 상에서 원운동을 하기 위한 물체의 최소 각속도는 몇 rad/s인가? (단, 중력가속도는 10m/s²이다.)

① 1 rad/s ② $\sqrt{2}$ rad/s
③ $\sqrt{10}$ rad/s ④ $2\sqrt{10}$ rad/s
⑤ 10 rad/s

해설 최고점에서 중력=원심력이어야 하므로

$mg=\dfrac{mv^2}{r}$, $v=rw$, $g=\dfrac{r^2w^2}{r}$

$w^2=\dfrac{g}{r}$

따라서 $w=\sqrt{\dfrac{g}{r}}=\sqrt{\dfrac{10}{1}}=\sqrt{10}$ rad/s

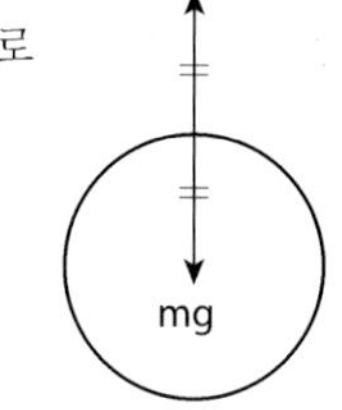

23. 1kg중의 무게를 가진 추를 매달면 1cm 늘어나는 용수철저울이 있다. 이 용수철저울에 질량 10kg의 물체를 매달고 살짝 잡아 당겼다 놓으면 물체는 진동을 하게 되는데 이때 진동의 주기는? (단, 중력가속도 $g=10\text{m/s}^2$) [변리사 30회]

① 0.1 s ② 0.2 s
③ 1 s ④ $\pi/10$ s
⑤ $\pi/5$ s

해설 $F=kx$ 에서 (1kg중 $=10N$) $10=k\times0.01\text{m}$
$k=1000N/\text{m}$

$$T=2\pi\sqrt{\frac{m}{k}}=2\pi\sqrt{\frac{10}{1000}}=\frac{2\pi}{10}=\pi/5\text{s}$$

24. 인공위성의 고도가 높아지면 어떻게 될까?

① 주기는 같고 공전속도는 커진다.
② 주기는 짧고 공전속도는 일정하다.
③ 주기는 짧고 공전속도는 작아진다.
④ 주기는 길어지고 공전속도는 작아진다.
⑤ 주기는 길어지고 공전속도는 커진다.

해설 원심력=만유인력에서 $\dfrac{mv^2}{r}=\dfrac{GMm}{r^2}$

$v=\sqrt{\dfrac{GM}{r}}$ 이 되어 고도가 높아지면 인공위성의 회전 반경이 커지므로 r값이 커지면 속력 v가 작아진다.
또 케플레 제3법칙에서 $T^2=kr^3$에서 r값이 커지면 T도 커진다.

해답 19. ③ 20. ② 21. ④ 22. ③ 23. ⑤ 24. ④

25. 어떤 행성의 반지름이 지구의 2배이고 밀도가 지구의 3배일 때 이 행성의 중력가속도는 지구의 몇 배인가?

① 6배　　② 3배

③ 2배　　④ $\frac{3}{2}$ 배

⑤ $\frac{3}{4}$ 배

해설 $g=\frac{GM}{R^2}$ 지구밀도를 ρ라 하면 $\rho=\frac{M}{V}$
$M=eV$ 부피 $V=\frac{4}{3}\pi R^3$이므로 $g=\frac{4}{3}\pi G\rho R$이
되어 행성의 중력가속도 $g'=\frac{4}{3}\pi G\times 3\rho\times 2R$
$=6\times\frac{4}{3}\pi G\rho R$ 따라서, $g'=6g$

26. 시구와 태양 사이의 거리를 R이라 할 때 어떤 행성과 태양 사이의 거리가 4 R이면 그 행성의 공전주기는 몇 년인가?

① $\frac{1}{4}$ 년　　② $\frac{1}{2}$ 년

③ 1년　　④ 4년

⑤ 8년

해설 케플러의 제3법칙에서 $T^2=kR^3$　$T=\sqrt{kR^3}$에서
R이 4배이면 T는 8배

27. 지구와 어떤 행성사이의 거리를 R이라고 할 때 지구를 출발하여 행성으로 향하던 우주 왕복선이 완전히 무중력상태가 되는 곳은 지구에서 얼마만큼 떨어진 곳에서인가?(단, 행성의 질량은 지구의 $\frac{1}{64}$ 이고, 지구와 행성이외의 힘은 작용하지 않는다.)

① $\frac{1}{64}R$　　② $\frac{1}{8}R$

③ $\frac{1}{4}R$　　④ $\frac{8}{9}R$

⑤ $\frac{3}{4}R$

해설

무중력상태이기 위해서는 $F_1=F_2$이어야 하므로

$F_1=\frac{GMm}{{r_1}^2}$　$F_2=\frac{G\cdot\frac{1}{64}M\cdot m}{{r_2}^2}$

$F_1=F_2$에서 $\frac{GMm}{{r_1}^2}=\frac{1}{64}\frac{GMm}{{r_2}^2}$

$\therefore\ \frac{1}{{r_1}^2}=\frac{1}{64{r_2}^2}$　${r_1}^2=64{r_2}^2$

$r_1=8r_2$　$R=r_1+r_2$　$R=r_1+\frac{1}{8}r_1=\frac{9}{8}r_1$

$r_1=\frac{8}{9}R$

28. M gram의 용수철을 달았너니 용수철이 $x$cm 늘어났다. 추를 당겼다가 놓아 진동시켰을 때 그 진동주기는?(단 중력가속도는 g)

① $2\pi\sqrt{\frac{Mx}{g}}$ sec　　② $2\pi\sqrt{\frac{Mg}{x}}$ sec

③ $2\pi\sqrt{\frac{g}{x}}$ sec　　④ $2\pi\sqrt{\frac{x}{Mg}}$ sec

⑤ $2\pi\sqrt{\frac{x}{g}}$ sec

해설 $F=kx$ 에서 $k=\frac{F}{x}$　$F=Mg$ 이므로 $k=\frac{Mg}{x}$
용수철진동에서 $T=2\pi\sqrt{\frac{m}{k}}=2\pi\sqrt{\frac{Mx}{Mg}}$
$=2\pi\sqrt{\frac{x}{g}}$

29. 물체에 작용한 모든 힘의 합이 0이면 이때 물체는?

① 직선상에서 등속운동한다.
② 진공으로 떨어진다.
③ 감가속된다.
④ 가속된다.
⑤ 직선상에서 등가속운동을 한다.

해설 $F=ma$　$F=0$　$a=0$　속도변화 $=0\Rightarrow$등속운동

해답　25. ①　26. ⑤　27. ④　28. ⑤　29. ①

30. 그림과 같이 등속 원운동하는 물체가 있다. 원의 반지름이 10m이고 진동수가 0.25Hz일 때 A점에서 B점까지 가는 동안 가속도는 몇 m/s²인가?

① π m/s²
② 5π m/s²
③ 10π m/s²
④ 10 m/s²
⑤ 2.5 m/s²

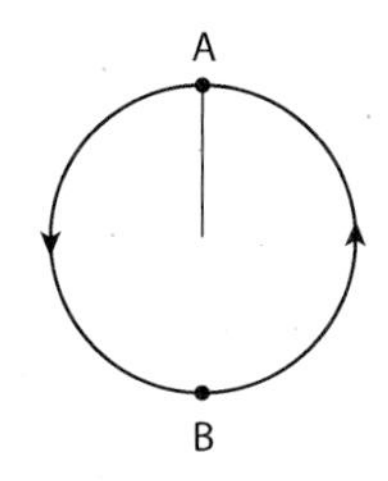

해설 $a = \frac{\Delta v}{\Delta t}$ $\Delta v = v_2 - v_1$ 진동수 $f = 0.25$
$T = \frac{1}{f}$에서 주기 $T = 4$초
$v = \frac{2\pi r}{T} = \frac{2\pi \times 10}{4} = 5\pi$ m/s
v_1과 v_2는 방향이 반대이므로
$\Delta v = v_2 - v_1$ 에서
$= 5\pi - (-5\pi) = 10\pi$ m/s
따라서 $a = \frac{10\pi}{2}$ m/s²

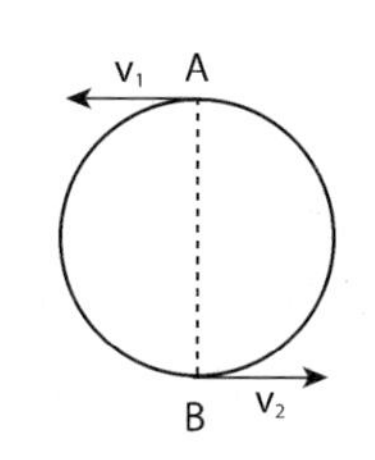

31. 빗방울이 떨어질 때 지상에 가까워지면 왜 일정한 속도가 되는가? [78년 서울시 7급]

① 빗방울에 작용하는 중력을 무시하기 때문이다.
② 각 빗방울에 작용하는 중력이 같기 때문이다.
③ 빗방울이 모두 같은 높이에서 떨어지기 때문이다.
④ 공기에 의한 저항력이 중력과 같아지기 때문이다.
⑤ 빗방울은 모두 부피가 같기 때문이다.

해설 속력이 커질수록 저항력도 비례해서 커지게 된다. 결국 $mg = kv$(v종단속도)

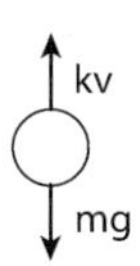

32. 물체를 지면과 45°의 각도로 쏘아 올렸을 때 수평 방향으로 도달한 거리가 R이다. 이 물체를 같은 속도로 지면과 60°로 쏘아 올렸을 때 수평방향으로의 도달거리는 얼마인가?(공기의 마찰은 없다고 한다.)

① R
② $\frac{\sqrt{3}}{2}R$
③ $\frac{\sqrt{3}}{4}R$
④ $\frac{1}{2}R$
⑤ $\frac{\sqrt{3}}{3}R$

해설 비스듬히 던진 물체에서 초속도 v_o이면 수평방향 $v_o\cos\theta$의 속도로 등속운동하고 연직상방투사운동으로 $v = v_o\sin\theta - gt$의 속도가 된다. 최고점 도달시간은 $t = \frac{v_o\sin\theta}{g}$ 수평도달거리는 $s = vt$에서
$R = v_o\cos\theta \cdot \frac{v_o\sin\theta}{g} \times 2$
$s = \frac{{v_o}^2 2\sin\theta\cos\theta}{g} = \frac{{v_o}^2\sin 2\theta}{g}$
$\theta = 45°$ $R = \frac{{v_o}^2}{g}$ $v_o = \sqrt{Rg}$
$(\theta = 60) \Rightarrow s = \frac{{v_o}^2\sin 2\theta}{g} = \frac{Rg\sin 120}{g}$
$\sin 120 = \frac{\sqrt{3}}{2}$ 이므로 $s = \frac{\sqrt{3}}{2}R$

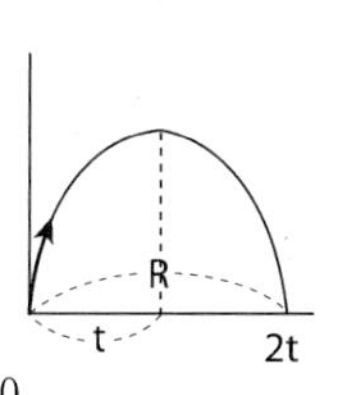

33. 40m/s의 속력으로 달리던 질량 1000kg의 자동차가 브레이크를 밟아 일정하게 감속하여 200m를 진행한 후 정지하였다. 브레이크를 밟은 후 정지할 때까지 걸린 시간은?

① 2.5초
② 5초
③ 10초
④ 12.5초
⑤ 20초

해설

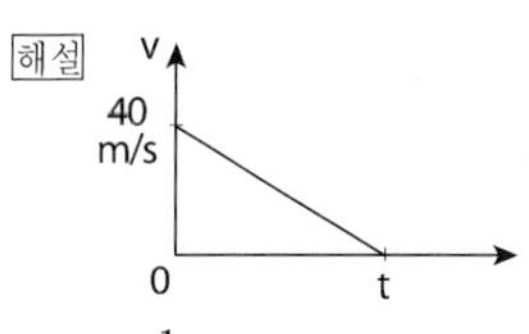

왼쪽의 속도-시간 그래프에서 기울기는 가속도, 면적은 이동거리이므로 면적, 즉 이동거리를 구하면
$s = \frac{1}{2} \times 40 \times t$ $s = 200$m $200 = \frac{1}{2} \times 40 \times t$ $t = 10$초

34. 미국에서 1960년대 쏘아올린 2000kg의 인공위성이 수명을 다하였다. 그 인공위성의 고도는 h였고 속력은 v이었다. 대체위성을 같은 지점에 쏘아 올렸다. 대체 위성의 질량이 200kg일 때 그 새로운 위성이 고도 h에서의 속력은 그 이전위성의 속력 v의 몇 배나 될까?

① $\frac{1}{10}$ 배
② $\frac{1}{\sqrt{10}}$ 배
③ 1 배
④ $\sqrt{10}$ 배
⑤ 10 배

해설 인공위성이 궤도를 유지하며 공전을 계속하려면 만유인력=원심력이 되어야 한다. 따라서 $\frac{GMm}{h^2} = \frac{mv^2}{h}$
$\frac{GM}{h} = v^2$ $v^2 \propto \frac{1}{h}$이 되어 질량과 관계없고 고도에만 관계하므로 속력은 변화 없다.

해답 30. ② 31. ④ 32. ② 33. ③ 34. ③

35. 그림과 같이 무게 w인 물체가 θ_1, θ_2로 두 줄에 매달려 있다. 이때 줄의 장력 T_1 : T_2는? [84년 충남 7급]

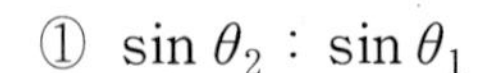

① $\sin\theta_2 : \sin\theta_1$
② $\sin\theta_1 : \sin\theta_2$
③ $\cos\theta_2 : \cos\theta_1$
④ $\cos\theta_2 : \sin\theta_2$
⑤ $\sin\theta_1 : \cos\theta_1$

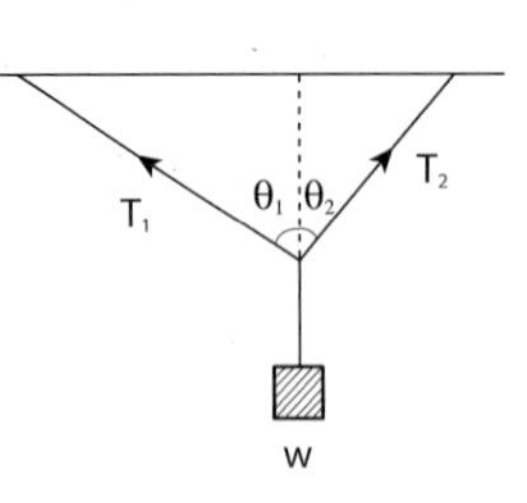

해설

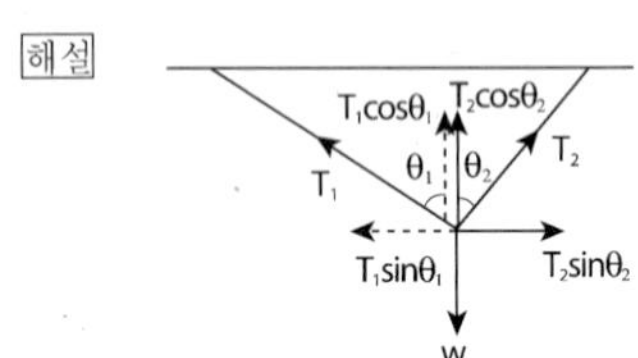

그림처럼 줄 T_1 T_2의 힘을 나누면

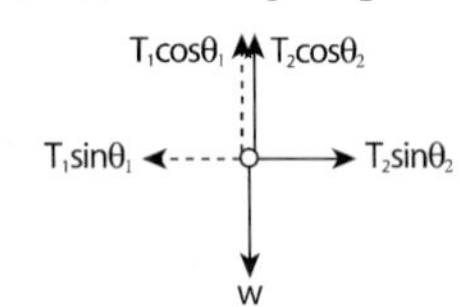

처럼 되어

$T_1\cos\theta_1 + T_2\cos\theta_2 = w \quad T_1\sin\theta_1 = T_2\sin\theta_2$

$\dfrac{T_1}{T_2} = \dfrac{\sin\theta_2}{\sin\theta_1}$

36. 다음 그림 중 줄의 장력이 가장 큰 것은 어느 것인가?

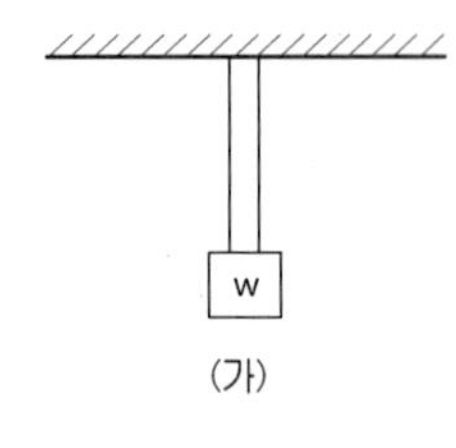

(가)

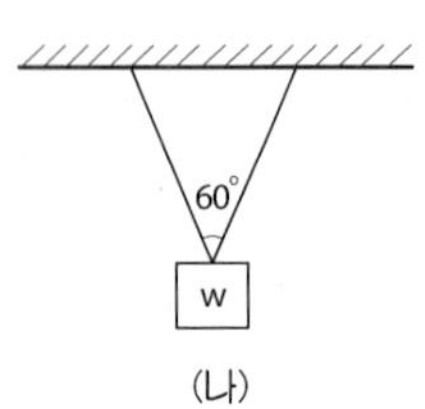

(나)

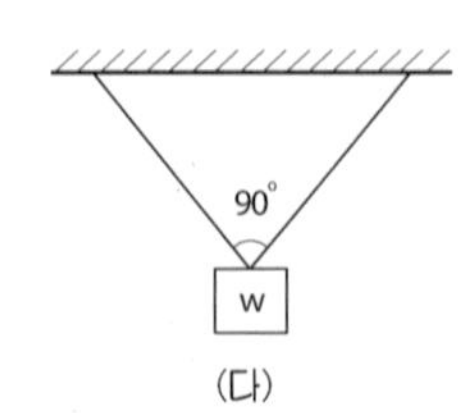

(다)

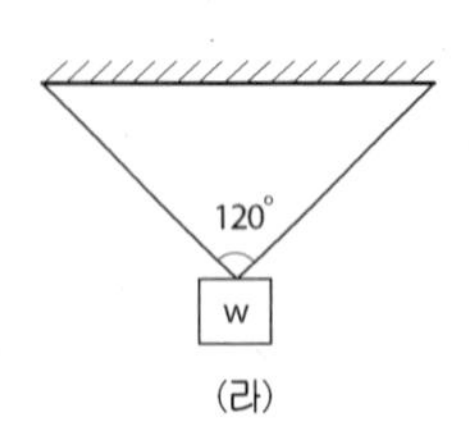

(라)

① (가)
② (나)
③ (다)
④ (라)
⑤ 모두 같다.

해설 40번 문제 해설에서 $T_1\cos\theta_1 + T_2\cos\theta_2 = w$

위 그림에서 θ_1, θ_2가 같으므로 $T_1 - T_2$

따라서 $T\cos\theta + T\cos\theta = w \quad 2T\cos\theta = w$

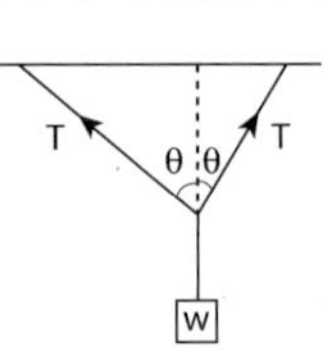

$T = \dfrac{w}{2\cos\theta} \quad T \propto \dfrac{1}{\cos\theta}$

$0 \leq \theta < 90$이므로 $\cos\theta$는 θ각도가 클수록 작아져 T는 커진다.

$\therefore$ θ 증가하면 T 증가

37. 일정한 가속도 a로 상승하는 엘리베이터 안에서 어떤 물체를 저울 위에 올려놓았더니 그 무게가 w kg중이었다. 이 물체의 실제 질량은 몇 kg인가? [81년 총무처 7급]

① w
② $\dfrac{w}{g+a}$
③ $\dfrac{g}{g+a}w$
④ $\dfrac{w}{g-a}$
⑤ $\dfrac{g}{g-a}w$

해설 $wg = mg + ma \quad wg = m(g+a) \quad m = \dfrac{w}{g+a}g$

38. 질량이 같은 두 인공위성 A, B가 각각 $V_A = 8$km/s, $V_B = 4$km/s의 속력으로 원궤도를 돌고 있다. 두 궤도 반경을 R_A, R_B라 하면 $\dfrac{R_B}{R_A}$의 비는 얼마인가? [84년 총무처 7급]

① 4
② 2
③ 1
④ $\dfrac{1}{2}$
⑤ $\dfrac{1}{4}$

해설 원심력=만유인력 $\dfrac{mv^2}{R} = \dfrac{GMm}{R^2}$에서

$V = \sqrt{\dfrac{GM}{R}} \quad R = \dfrac{GM}{V^2}$

$R \propto \dfrac{1}{V^2} \quad \dfrac{R_B}{R_A} = \dfrac{{V_A}^2}{{V_B}^2} = \dfrac{8^2}{4^2} = 4$

해답 35. ① 36. ④ 37. ③ 38. ①

39. 엘리베이터 안에 저울을 갖다 놓고 저울위에 사람이 서 있는데 엘리베이터가 올라가기 시작하여 등가속도 운동을 한다. 그리고 정지했다면 이때 저울의 눈금은 엘리베이터가 정지상태와 비교하면?

① 똑같다. ② 갑자기 무한대가 된다.
③ 직선적으로 증가한다. ④ 일정하다.
⑤ 증가했다가 감소한다.

해설 위로 가속 $w' = m(g+a)$
아래로 가속 $w' = m(g-a)$
정지상태 $w = mg$

40. 지구의 질량이 변하지 않으면서 그 지름이 변한다고 가정할 때 현재 어떤 사람의 체중이 1/4로 줄어드는 경우는 그 지구의 지름이 어떻게 변할 때인가?

① 1/4 배 ② 1/2 배
③ 2 배 ④ 4 배
⑤ 변함없다.

해설 몸무게가 $\frac{1}{4}$이 되려면 $F = mg$에서 g가 $\frac{1}{4}$이 되어야 하고 $g = \frac{GM}{r^2}$에서 질량이 변화 없으므로
$g \propto \frac{1}{r^2}$ $r = 2$배이면 $g = \frac{1}{4}$ 배

41. 수평면과 30°로 경사진 면 위에 놓여 있는 물체가 미끄러지지 않기 위해서는 물체와 경사면의 마찰계수는 얼마보다 커야 하는가?

① $\frac{1}{2}$ ② $\sqrt{3}$
③ $\frac{\sqrt{3}}{2}$ ④ $\frac{\sqrt{3}}{3}$
⑤ 1.0

해설

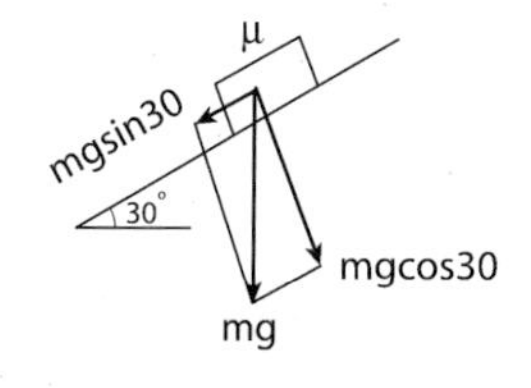

그림에서 미끄러지려는 힘은 $mg\sin 30$
수직항력이 $mg\cos 30$이므로 마찰력 $R = \mu mg\cos 30$
미끄러지지 않으려면 $\mu mg\cos 30 > mg\sin 30$
$\mu\cos 30 > \sin 30$ $\mu > \frac{\sin 30}{\cos 30}$
$\mu > \tan 30 = \frac{1}{\sqrt{3}}$

42. 40m/s로 달리던 자동차가 급브레이크를 밟아 미끄러지기 시작하여 4초 후에 정지하였다면 자동차 타이어와 지면사이의 운동마찰계수는? (단, $g = 10\text{m/s}^2$)

① 0.25 ② 0.5
③ 0.8 ④ 1
⑤ 1.6

해설 자동차를 멈추는 힘은 마찰력이다. $F = ma = R$
$R = \mu N$ (N 수직항력은 mg)

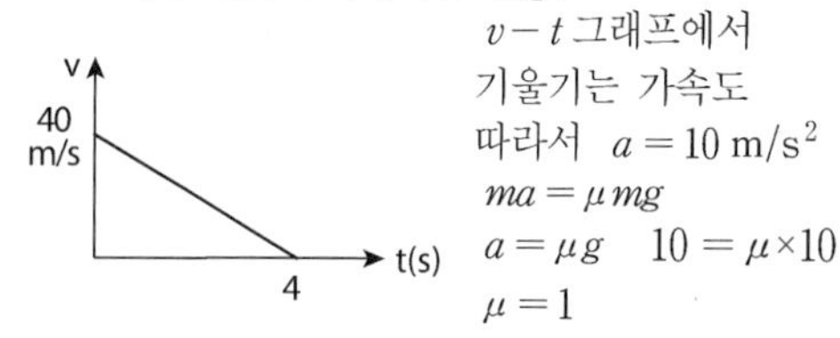

$v-t$ 그래프에서
기울기는 가속도
따라서 $a = 10\ \text{m/s}^2$
$ma = \mu mg$
$a = \mu g$ $10 = \mu \times 10$
$\mu = 1$

43. 질량 m인 자동차가 속도 v로 달리다가 급브레이크를 밟고 정지했을 때 정지할 때까지의 이동거리가 s이었다면 자동차에 짐을 실어 질량이 $2m$되게 하고 v 속도로 달리다 브레이크를 밟고 정지했다면 이동거리는 얼마일까?

① $\frac{1}{2}s$ ② $\frac{1}{\sqrt{2}}s$
③ $1s$ ④ $\sqrt{2}s$
⑤ $2s$

해설 멈추는 힘은 마찰력이므로 자동차의 운동에너지는 마찰력이 한 일과 같다.
$\frac{1}{2}mv^2 = R \cdot s = \mu mgs$ $\frac{1}{2}mv^2 = \mu mgs$
$v^2 = 2\mu gs$
따라서 질량에 관계없고 속도의 제곱에 비례할 뿐이다.

해답 39. ⑤ 40. ③ 41. ④ 42. ④ 43. ③

44. 그림에서 (가)물체와 (나)물체가 같이 움직일 때 두 물체 사이의 마찰계수는 0.5이다. (나) 물체가 (가)물체에 접착된 것은 아니므로 (나)물체가 바닥에 떨어지지 않게 하기 위해서 몇 N의 힘으로 밀어야 하나? (단, $g = 10\text{m/s}^2$ 이고 (가)와 바닥은 마찰이 없다.)

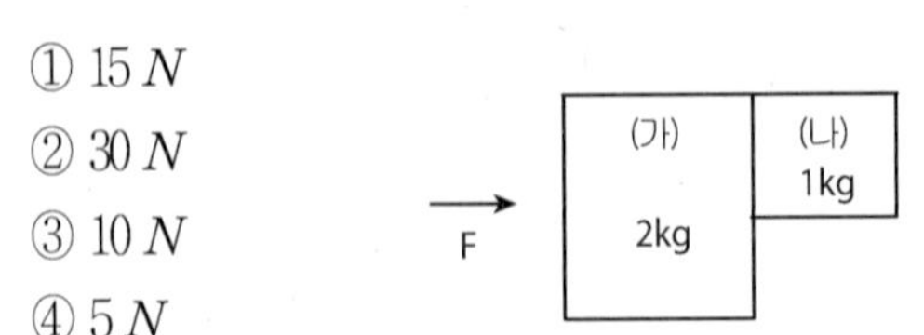

① 15 N
② 30 N
③ 10 N
④ 5 N
⑤ 60 N

해설

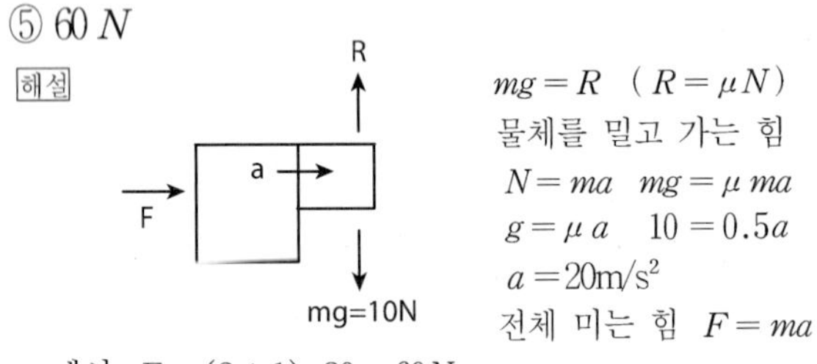

$mg = R$ $(R = \mu N)$
물체를 밀고 가는 힘
$N = ma$ $mg = \mu\, ma$
$g = \mu\, a$ $10 = 0.5a$
$a = 20\text{m/s}^2$
전체 미는 힘 $F = ma$
에서 $F = (2+1) \times 20 = 60N$

45. 그림과 같이 세 개의 물체가 연결되어 있다. 오른쪽으로 힘 $F = 6N$ 이 가해질 때 장력 T_1, T_2는 각각 몇 N인가?(바닥의 마찰은 없고 $m_1 = 1\text{kg}$, $m_2 = 2\text{kg}$, $m_3 = 3\text{kg}$이다.)

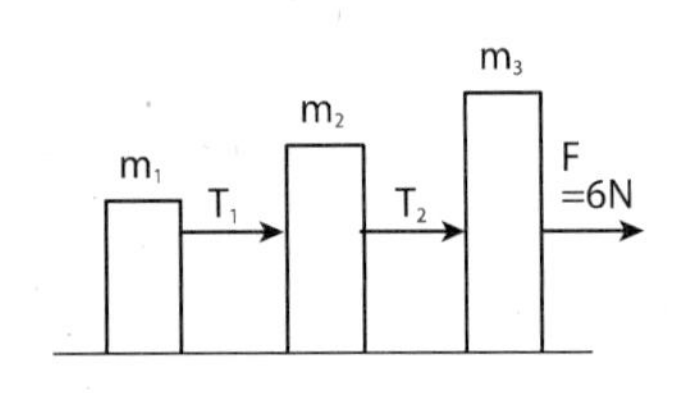

① $T_1 = 1N$, $T_2 = 3N$
② $T_1 = 2N$, $T_2 = 3N$
③ $T_1 = 3N$, $T_2 = 5N$
④ $T_1 = 3N$, $T_2 = 4N$
⑤ $T_1 = 2N$, $T_2 = 6N$

해설 $F = ma$ 에서 $6N = (1+2+3)\,\text{kg} \times a$에서 가속도 $a = 1\,\text{m/s}^2$

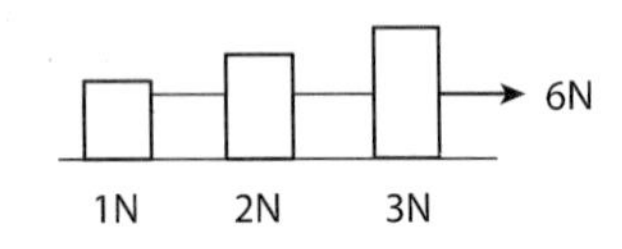

따라서
$F = ma$
T_1은 m_1만의 힘이므로 $1N$
T_2은 m_1과 m_2의 힘이므로 $3N$

46. 질량과 마찰을 무시할 수 있는 도르래가 있다. 그림처럼 질량 m_1, m_2의 두 물체가 매달려 있을 때 줄의 장력은? ($m_1 < m_2$)

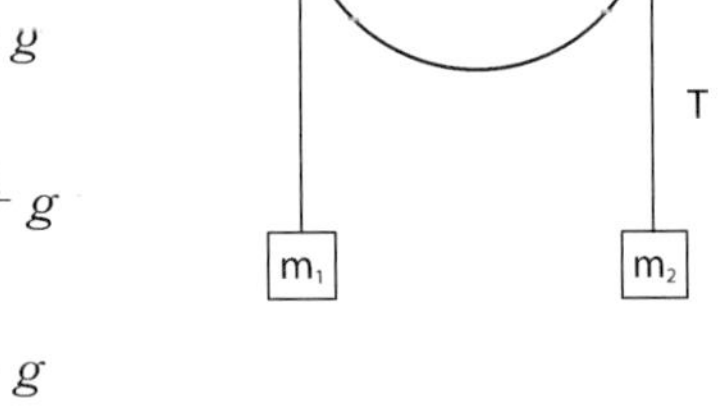

① 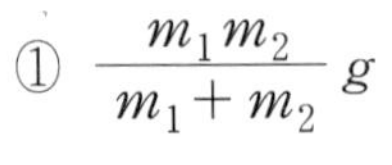 $\dfrac{m_1 m_2}{m_1 + m_2} g$

② 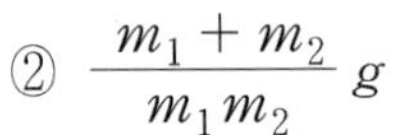 $\dfrac{m_1 + m_2}{m_1 m_2} g$

③ $\dfrac{2m_1 m_2}{m_1 + m_2} g$

④ 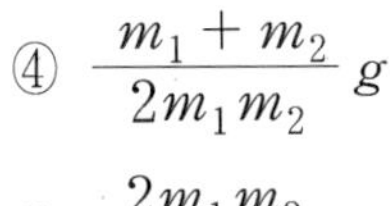 $\dfrac{m_1 + m_2}{2m_1 m_2} g$

⑤ $\dfrac{2m_1 m_2}{m_1 - m_2} g$

해설 먼저 m_2에 작용하는 힘, T와 $m_2 g$에서 $m_2 > m_1$이므로 $m_2 g - T = m_2 a$이고 m_1에 작용하는 힘에서
$T - m_1 g = m_1 a$이다.
두 식을 더하면
$(m_2 - m_1)g = (m_2 + m_1)a$
$a = \dfrac{m_2 - m_1}{m_2 + m_1} g$ a를 대입하면
$T - m_1 g = m_1 \times \dfrac{m_2 - m_1}{m_2 + m_1} g$
정리하면 $T = \dfrac{2m_1 m_2}{m_1 + m_2} g$

47. 길이가 3m인 용수철에 5kg의 물체를 매달았을 때 그 길이가 3.5m가 되었다. 이 용수철에 질량 2kg인 물체를 매달아서 원운동을 시켰더니 그 반지름이 4m가 되었다. 이때 물체에 작용하는 힘은? (단, 중력가속도 $g = 10\text{m/s}^2$이다.)

① 0 N
② 20 N
③ 100 N
④ 120 N
⑤ 200 N

해답 44. ⑤ 45.① 46. ③ 47. ③

해설 용수철 상수는 $F=kx$ 에서 $50N=k\times0.5$(늘어난 길이 0.5m) $k=100N$ 원운동시켜 늘어난 길이 1m 이므로 작용하는 힘 $F=100\times1=100N$

48. 질량 4kg의 상자 A와 질량 20kg의 상자 B가 서로 맞닿은 상태로 마찰이 없는 수평면 위에 놓여 있다. 36 N의 일정한 힘을 상자 A에 가하여 두 상자를 맞닿은 채로 움직였다면 이때 A가 B에 미치는 힘은?

① 1.5 N ② 6.0 N
③ 29 N ④ 30 N
⑤ 36 N

해설 주의할 것은 36 N의 힘을 A에 미느냐 B에 미느냐에 따라 달라진다. $F=ma$ 에서 $36=(20+4)\times a$ $a=1.5\text{m/s}^2$ $A=4\text{kg}$ $B=20\text{kg}$이므로 A의 알짜힘 $F_A=ma$ 에서 $6N$ B의 알짜힘 $30N$ 먼저 A가 $36N$을 받아 자신의 알짜힘 $6N$을 빼고 나머지 $30N$을 B에 밀어준다.

49. 질량 M, m인 두 물체가 일직선 상에 놓여 있다. v속도로 달려간 질량 m이 정지해 있던 질량 M에 충돌하여 한 덩어리가 되어 달릴 때 그 속력을 구하여라.

① $\frac{mv}{M+m}$ ② $\frac{Mv}{M+m}$
③ $\frac{mv}{M-m}$ ④ $\frac{Mv}{M-m}$
⑤ $\frac{M+m}{mv}$

해설 운동량보존 법칙에서 충돌전의 운동량 $mv+M\times o$은 충돌후의 운동량 $(M+m)V$와 같다.
따라서 $mv=(M+m)V$ $V=\frac{mv}{M+m}$

50. 배구선수가 스파이크 한 공이 50m/s의 속력으로 바닥을 맞고 40m/s의 속력으로 튀어 올랐다. 이때 충격량은? (배구공은 400g이다)

① $4N\cdot S$ ② $16N\cdot S$
③ $20N\cdot S$ ④ $36N\cdot S$
⑤ $90N\cdot S$

해설 $I=F\cdot t=mv_2-mv_1=m(v_2-v_1)$
$=0.4\{40-(-50)\}=36N\cdot S$

51. 20m/s로 수평으로 날아오는 공을 $\frac{1}{10}$초 동안 멈추게 하려면 얼마만한 힘이 필요한가?(단, 공의 질량은 150g이다)

① 150dyne ② 3×10^5dyne
③ 3×10^6dyne ④ 3×10^7dyne
⑤ 1.5×10^5dyne

해설 $v=v_o+at$ 에서 $v=o$ $v_o=20\text{m/s}$ $t=\frac{1}{10}$
$o=20+a\cdot\frac{1}{10}$ $a=200\text{m/s}^2$ $a=20000\text{cm/s}^2$
$F=ma$ 에서 $F=2\times10^4\times150=3\times10^6\text{dyne}$
또는 $F\cdot t=m(v_2-v_1)$ $F=\frac{m\Delta v}{t}$ 에서 구할 수도 있다.

52. 질량 300g의 공이 20m/s의 속도로 날아오는 것을 방망이로 쳐서 30m/s의 반대속도를 주었을 때 충격량은 얼마인가?

① 150 dyne · sec ② 1500 dyne · sec
③ 1.5 N · sec ④ 3 N · sec
⑤ 15 N · sec

해설 $I=F\cdot t=m(v_2-v_1)=0.3\text{kg}[20-(-30)]$
$=15N\cdot\text{sec}$

53. 질량 0.3kg, 속력 30m/s인 공이 질량 1.5kg의 야구 방망이에 맞아 정반대의 방향으로 50m/s의 속력으로 나갔다 튕겨나가는 순간에 야구 방망이의 속력은? (단, 공은 야구 방망이의 가운데 맞았다.)

① 4m/s ② 8m/s
③ 16m/s ④ 18m/s
⑤ 20m/s

해설 운동량보존의 법칙 $m_1v_1+m_2v_2=m_1v_1'+m_2v_2'$ 에 의해 $0.3\times30+1.5\times0=0.3\times(-50)+1.5\times v$
$\rho=-15+1.5v$ $v=16\text{m/s}$

해답 48. ④ 49. ① 50. ④ 51. ③ 52. ⑤ 53. ③

54. 질량이 6kg인 총으로 질량 40g인 총알을 초속도 200 m/s로 쏘았다. 이때 총신이 받는 반동의 속도는 몇 m/s인가?

① $\frac{1}{3}$ m/s
② $\frac{2}{3}$ m/s
③ 1 m/s
④ $\frac{4}{3}$ m/s
⑤ 2.4 m/s

해설 운동량보존 법칙에서 $o = 0.04 \times 200 + 6 \times v$
$8 = -6v \quad v = -\frac{8}{6}$ m/s(−부호는 총신이 총알과 반대방향의 속도)

55. 질량 10kg의 물체의 운동에너지가 80J일 때 그 물체의 운동량은 몇 kg m/s인가?

① 10
② 20
③ 30
④ 40
⑤ 80

해설 운동에너지 $\frac{1}{2}mv^2 = \frac{1}{2m}m^2v^2 = \frac{1}{2m}(mv)^2$
이다. $E = \frac{1}{2m}(mv)^2$ 이라 하면 $E = \frac{1}{2m}P^2$
$P = \sqrt{2mE} = \sqrt{2 \times 10 \times 80} = \sqrt{1600} = 40$

56. 최초에 정지해 있던 물체가 세 조각 났다. $v_1 = 30$m/s이면 v_2는? (v_1과 v_1 각도는 90°, v_1과 v_2 각도는 135°이고 v_1은 m, v_2는 $2m$의 질량을 갖는다.)

① 30m/s
② $30\sqrt{2}$ m/s
③ 15m/s
④ $15\sqrt{2}$ m/s
⑤ 45m/s

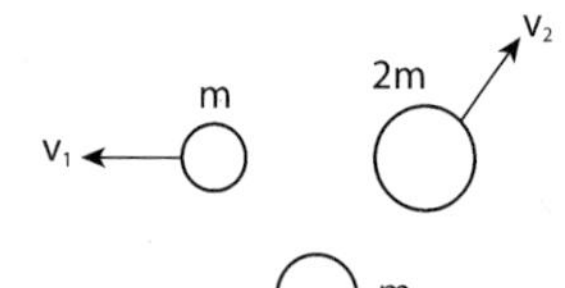

해설 최초의 운동량은 정지상태이므로 0 v_2를 x, y성분으로 나누면 $v_{2x} = v_2 \cos 45 \quad v_{2y} = v_2 \sin 45$
$v_{2x} = v_{2y} = \frac{\sqrt{2}}{2}v_2$ 따라서 운동량 보존에서
$o = mv_1 + 2mv_{2x} + mv_1 + 2mv_{2y}$
$o = 2mv_1 + 2\sqrt{2}mv_2 \quad 2v_1 = -2\sqrt{2}v_2 \quad v_1 = 30$
$v_2 = -\frac{30}{\sqrt{2}} = -15\sqrt{2}$m/s(−부호는 방향)

57. 어떤 물체의 속도가 2배로 증가했을 때 운동량과 운동에너지는 각각 어떻게 변하는가?

① 운동량과 운동에너지가 모두 2배로 증가
② 운동량과 운동에너지가 모두 4배로 증가
③ 운동량은 2배 운동에너지는 4배로 증가
④ 운동량은 4배 운동에너지는 2배로 증가
⑤ 둘다 변하지 않는다.

해설 운동량 $P = mv$ 운동에너지 $E_k = \frac{1}{2}mv^2$

58. 야구 선수가 땅에서 높이 20m인 곳의 벽을 향해 수직으로 40m/s로 던졌다. 이때 벽을 맞고 나온 공이 벽에서 수평거리 40m에 떨어졌다. 이때 벽과 공의 충돌계수는? ($g = 10$m/s²)

① 0.1
② 0.2
③ 0.4
④ 0.5
⑤ 1

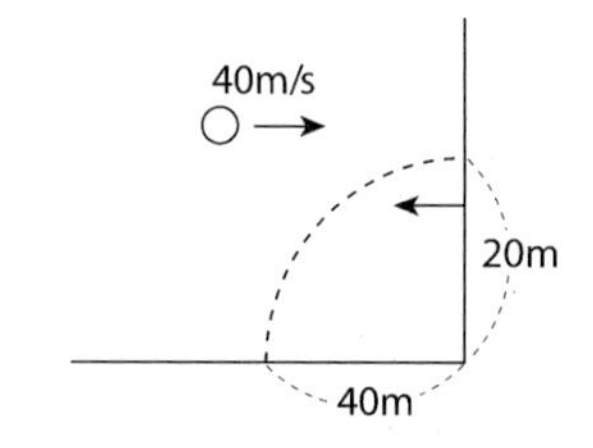

해설 벽을 맞고 나오는 공의 속력 v'를 구해보면
$s = v't$ 공의 비행시간은 $h = \frac{1}{2}gt^2$에서
$20 = \frac{1}{2} \times 10 \times t^2 \quad t = 2$초 $s = v't$ 에서
$40 = v' \times 2 \quad v' = 20$m/s 벽과의 충돌에서 $v' = -ev$
$20 = -e \times (-40) \quad e = 0.5$

59. 다음 중 관성과 관계없는 것은?

① 옷의 먼지를 턴다.
② 삽으로 흙을 파서 흙을 던진다.
③ 차가 갑자기 출발하면 뒤로 넘어진다.
④ 종이위에 물건을 올려놓고 갑자기 종이를 당기면 종이만 끌려온다.
⑤ 총을 쏘면 총신이 뒤로 밀린다.

해설 총을 쏠 때 총알이 나가면서 총신이 뒤로 밀리는 것을 작용반작용이다.

해답 54. ④ 55. ④ 56. ④ 57. ③ 58. ④ 59. ⑤

실력향상문제

1 마찰 없는 수평면상에서 $2m/\sec$의 일정한 속도로 운동하던 질량 $2kg$인 질점에서 힘 $2N$, $2N$, $6N$을 모두 여러 가지 방향으로 인가하는 경우 여러 가지 가능성을 설명한 것이다. 다음 중 옳지 않은 것은?

① 이 질점의 최대가속도의 크기가 $5m/\sec^2$가 되도록 할 수 있다.
② 이 질점이 일정한 속도를 갖도록 할 수 있다.
③ 이 질점의 가속도의 크기는 최소 $1m/\sec^2$이다.
④ 이 질점의 속도가 어느 순간 0이 되게 할 수 있다.
⑤ 이 질점이 포물선 운동하게 할 수 있다.

2 수평면에 대하여 상방으로 60°의 각도로 $30m/\sec$의 초속도로 공을 던졌다. 공을 던진 후 2초후의 속도를 v_2, 3초후의 속도를 v_3라 할 때 $v_3 - v_2$의 크기는 몇 $m/\sec$인가? (단, 중력가속도는 $10m/\sec^2$으로 한다.)

① $5m/\sec$ ② $10m/\sec$
③ $15m/\sec$ ④ $17.3m/\sec$
⑤ $20m/\sec$

3 A, B 두사람이 수평방향으로 $10m$ 떨어져 있다. 두 사람이 동시에 공을 던지되 B는 연직상방으로 $10m/\sec$의 속도로, A는 B가 던진 공을 맞추기 위해 경사방향으로 $20m/sce$의 속도로 던진다. A는 B가 던진 공을 맞추려면 수평방향에 대해서 얼마의 각도로 던져야 하는가?

① 30도
② 45도
③ 60도
④ 75도
⑤ 어떻게 던져도 충돌하지 않는다.

4 그림과 같이 굴렁쇠가 v로 미끄러지지 않고 굴러가고 있다. 그림에서 A점의 속력과 방향은?

① v, 전방
② v, 지면에 수직인 방향
③ 2v, 전방
④ $\sqrt{2}v$, 전방에서 아래로 45°방향
⑤ $\sqrt{2}v$, 지면에 수직인 방향

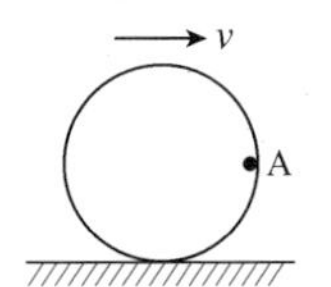

해설

해설 **1**
세힘 $2N$, $2N$, $6N$의 합력은 0이 될 수 없으므로 물체에는 $2N$에서 $10N$의 힘이 작용하므로 가속도는 반드시 존재한다. 따라서 속도가 변화한다.

해설 **2**
속도를 수평성분과 수직성분으로 분해하면

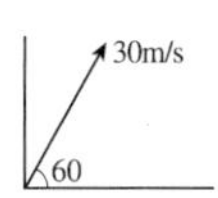

$v_x = 15m/s$,
$v_y = 15\sqrt{3}m/s = 25.5m/s$ 이다.
v_x는 등속운동이므로 시간에 따라 불변이지만 v_y는 상방투사운동이다.
$v_2 = 25.5 - 10\times2 = 5.5m/s$
$v_3 = 25.5 - 10\times3 = -4.5m/s$
3초 후 속도와 2초 후 속도 차는 수평속도는 같아서 0이고 수직성분은 $5.5-(-4.5) = 10m/s$이다.

해설 **3**
$20m/s$로 던진 공이 수직성분 $10m/s$의 속도가 되려면 $20\sin\theta = 10$ 에서 $\theta = 30°$이다.

해설 **4**
$v = rw$ 이고 0점을 기준으로 각속도 w은 모두 같다.

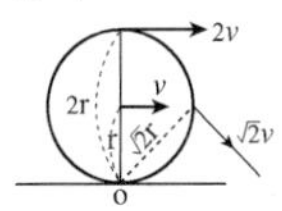

정답 1. ② 2. ② 3. ① 4. ④

5 어떤 사람이 A지점에서 B지점까지 $3m/\sec$의 속력으로 갔다가 돌아올 때는 $2m/\sec$의 속력으로 돌아왔다. 이 사람이 왕복운동하는 동안 걸린 평균속력은 얼마인가

① $2.1m/\sec$ ② $2.2m/\sec$
③ $2.3m/\sec$ ④ $2.4m/\sec$
⑤ $2.5m/\sec$

6 강물이 $3m/\sec$의 속력으로 흐르고 있다. 강 뚝에 직각 방향으로 건너 반대쪽에 닿기 위해 뱃머리의 방향을 뚝의 직각 방향보다 상류 쪽으로 30° 의 방향으로 향하게 해야 했다. 이 배가 잔잔한 수면에서 같은 출력을 낸다면 얼마의 속도를 내는가?

① $4m/\sec$ ② $5m/\sec$
③ $6m/\sec$ ④ $7m/\sec$
⑤ $8m/\sec$

7 잔잔한 물에서 $4m/sce$의 속력으로 나갈 수 있는 배가 $3m/\sec$의 속력으로 흐르는 강물 위를 최단시간에 건너려고 한다. 강폭은 $120m$이다. 다음 중 옳지 않은 것은?

① 배의 기수를 강둑에 수직 방향으로 해야 한다.
② 배가 강을 건너는 시간은 30초이다.
③ 강물의 속도가 더 빠르더라도 강을 건너는데 걸리는 최단 시간은 30초이다.
④ 최단 시간 내에 건너려면 배의 기수를 상류 쪽으로 $\tan^{-1}\left(\frac{3}{4}\right)$의 각도로 향해야 한다.
⑤ 배가 강을 건너는 동안 하류 쪽으로 $90m$ 흘러가게 된다.

8 그림과 같이 전투기가 $500m$의 고도로 수평으로 날고 있고 지상에서는 트럭이 초속 $30m/\sec$의 속도로 달려가고 있다. 비행기와 트럭 사이의 수평거리가 $3km$일 때 폭탄을 가만히 투하하였더니 폭탄이 트럭에 명중하였다고 한다. 비행기의 속도 v는 얼마인가? (중력가속도 $g=10m/s$이다.)

① $150m/s$
② $200m/s$
③ $230m/s$
④ $300m/s$
⑤ $330m/s$

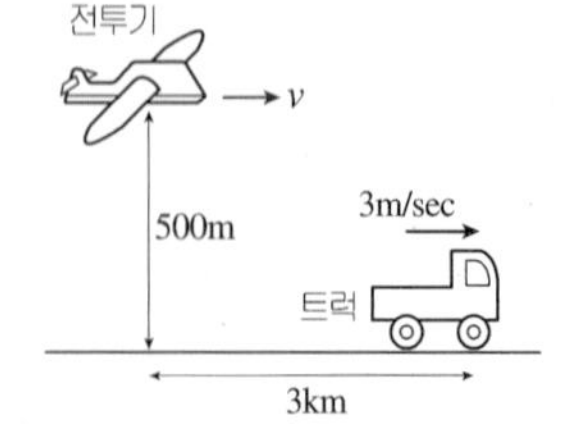

해 설

해설 **5**

거리를 s라 하면 갈 때 시간 t_1 올 때 시간 t_2 일 때 $v=\frac{s}{t}$에서
$3=\frac{s}{t_1}$, $2=\frac{s}{t_2}$ 이고, 평균속력
$v=\frac{2s}{t_1+t_2}=\frac{2s}{\frac{s}{3}+\frac{s}{2}}=2.4m/s$
이다.

해설 **6**

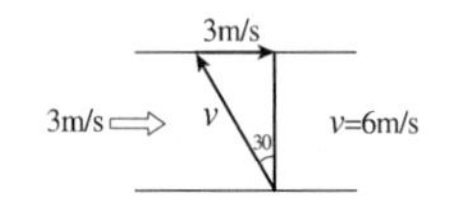

해설 **7**

$\tan^{-1}\left(\frac{3}{4}\right)$의 각도로 상류 쪽을 향하면 최단거리에 도달하는 것이지 최단시간은 아니다.

해설 **8**

폭탄이 떨어지는 시간은 $s=\frac{1}{2}gt^2$ 에서
$500=\frac{1}{2}\times10t^2$ $t=10$초이다.
$v=\frac{s}{t}=\frac{3000}{10}=300m/s$인데
트럭이 $30m/s$로 앞서가므로 비행기 속력은 $330m/s$이어야 한다.

정답 5. ④ 6. ③ 7. ④ 8. ⑤

9 한강 유람선이 지면에 대해 $10m/\sec$의 속도로 한강 하류로 내려오고 있다. 수면으로부터 높이 $20m$인 한강 다리 위에는 $20m/\sec$의 속도로 달리는 자동차가 있다. 자동차에 타고 있는 사람이 보았을 때 유람선의 속도의 크기는 얼마인가?

① $5m/\sec$ ② $10m/\sec$
③ $17.3m/\sec$ ④ $22.3m/\sec$
⑤ $30m/\sec$

10 길이 $200m$인 한강다리로 자동차가 $20m/\sec$의 일정한 속도로 진입하는 순간, 다리의 중앙 아래 수면 상에는 $10m/\sec$의 일정한 속도로 하류로 진행하는 배가 있었다. 수면으로부터 다리의 높이는 약 $20m$이다. 배와 자동차 사이의 최단거리는 대략 얼마인가?

① $20m$ ② $30m$
③ $40m$ ④ $50m$
⑤ $60m$

해설

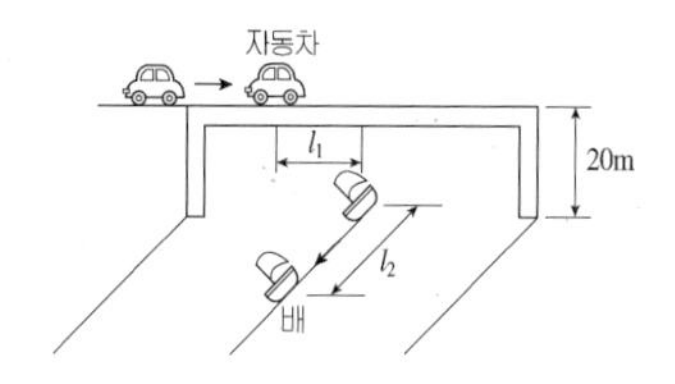

그림에서 자동차와 배 사이의 거리는 t초 후 $S=\sqrt{l_1^2+l_2^2+20^2}$이다.
t초 후에 $l_1=100-20t$ $t_2=10t$ 이므로

$S=\sqrt{400t^2-4000t+10000+100t^2+400}=\sqrt{500t^2-4000t+10400}$

S가 최소되는 값은 $500t^2-4000t+10400$ 값이 최소가 될 때이므로
$k=500t^2-4000t+10400$이라하면 $\frac{dk}{dt}=1000t-4000=0$이 될 때 최소이다.
즉 $t=4$초 때이다. $t=4$를 대입하면 $S=10\sqrt{24}$이므로 약 $25m$ 이다.

11 그림과 같이 전차가 $2.5m/\sec^2$의 일정한 가속도로 직선운동을 하고 있다. 전차의 속도가 $30m/\sec^2$인 순간에 전차 바닥에 대해 $10m/\sec$의 속도를 갖도록 전차 바닥에 있는 블록을 밀었다. 블록과 전차 바닥 사이의 마찰은 없다고 한다. 전차 안에 있는 사람이 볼 때 블록의 속도가 0이 되는 시간은 몇 초 후인가?

① 2초
② 3초
③ 4초
④ 5초
⑤ 6초

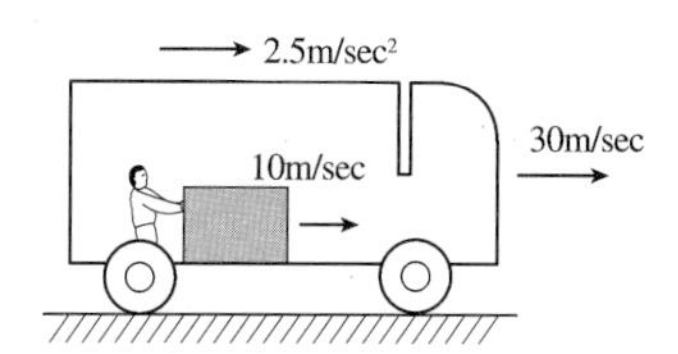

해설

해설 **9**

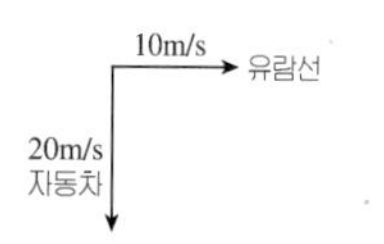

상대속도 $= V_{물체} - V_{관찰자}$에서
$\sqrt{10^2+20^2}=22.3m/s$

해설 **11**

전차 내에서 초속도 $v_0=10m/s$ 이고 가속도 $a=2.5m/s^2$이므로
$v=v_0-at$에서 $0=10-2.5t$
이므로 $t=4$ 초이다.

정답 9. ④ 10. ④ 11. ③

12 어떤 사람이 $2m/\sec$의 일정한 속력으로 트랙을 한 바퀴 돈 후 계속해서 $3m/\sec$의 속력으로 다시 한번 한 바퀴 돌았다. 이 사람이 트랙을 도는 동안 평균 속력은 얼마인가?

① $1.2m/\sec$　② $2.2m/\sec$
③ $2.3m/\sec$　④ $2.4m/\sec$
⑤ $2.5m/\sec$

13 질량 m인 물체가 높이 H에서 자유낙하 할때 자유낙하 속도가 낙하하는 동안 평균속력의 크기와 같은 지점의 높이는 얼마인가?

① $\frac{4}{5}H$　② $\frac{3}{4}H$
③ $\frac{2}{3}H$　④ $\frac{1}{2}H$
⑤ $\frac{1}{4}H$

14 지상 수평면 상에서 질량 m인 물체를 초속도 v_0를 주어 경사각 θ로 던졌다. 동일한 물체를 중력가속도가 지구의 2배인 행성에서 동일한 실험을 하였다. 다음 물리량 중에서 두 실험에서 같은 결과를 주는 것은?

① 체공시간
② 수평도달 거리
③ 다시 지면에 떨어졌을때의 속도
④ 최고높이
⑤ 물체에 작용하는 힘

15 제트기가 이륙하는데 $100m/\sec$의 속력이 필요하다고 한다. $2km$의 활주로에서 이 속력을 얻기 위한 최소한의 가속도는 얼마인가?

① $1.5m/\sec^2$
② $2.5m/\sec^2$
③ $3.0m/\sec^2$
④ $4.0m/\sec^2$
⑤ $5.0m/\sec^2$

해 설

해설 12

트랙의 길이를 S라 하면 $t_1=\frac{S}{2}$, $t_2=\frac{S}{3}$이고 평균속력 $\bar{v}$는 $\bar{v}=\frac{2S}{t_1+t_2}=2.4m/s$ 이다.

해설 13

$\bar{v}=\frac{S}{t}$이다. $H=\frac{1}{2}gt^2$이므로

$t=\sqrt{\frac{2H}{g}}$ 이고

따라서 $\bar{v}=\frac{H}{\sqrt{2H/g}}=\sqrt{\frac{gH}{2}}$이다.

$\bar{v}$인 속도를 갖는 물체의 운동에너지

$E_k=\frac{1}{2}m\bar{v}^2$

$=\frac{1}{2}m\times\frac{gH}{2}=\frac{1}{4}mgH$이다.

이것은 처음 위치에너지 $E_p=mgH$의 $\frac{1}{4}$ 만큼이 운동에너지로 전환되었으므로 높이는 $H-\frac{1}{4}H=\frac{3}{4}H$이다.

해설 15

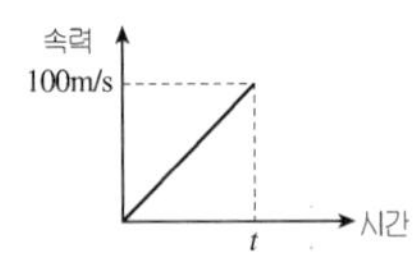

아래면적이 이동거리 $S=2000m$이므로 $t\times100\times\frac{1}{2}=2000$에서 시간 $t=40$초이다. 그리고 기울기는 가속도 a이므로 $a=\frac{100}{40}=2.5m/s^2$

정답 12. ④ 13. ② 14. ③ 15. ②

16 $15m/\sec$의 속력으로 달리던 운전자가 전방 $24m$ 위치에 장벽을 발견하고 브레이크를 밟았다. 자동차는 2초 후에 전방 벽에 부딪쳤다. 벽이 부딪치기 직전 자동차의 속력은 얼마였는가?

① $1m/\sec$
② $3m/\sec$
③ $5m/\sec$
④ $7m/\sec$
⑤ $9m/\sec$

17 어떤 자동차 운전자가 돌발 상황을 감지하고 제동을 걸기까지 0.75초의 반응시간이 걸린다고 한다. 자동차와 도로 사이의 마찰계수가 0.5라고 한다. 이 사람이 108km의 속력으로 달리다가 돌발사태를 감지하고 제동을 걸었다. 정지거리는 얼마인가?

① 약 120m
② 약 115m
③ 약 100m
④ 약 90m
⑤ 약 80m

18 지평면으로부터 수평위 각도 θ방향으로 쏘아 올린 포물체의 최고 높이를 H, 수평도달거리를 R이라 하면 $\frac{H}{R}$의 값은 얼마인가?

① $\tan\theta$
② $\frac{1}{4}\tan\theta$
③ $\sin\theta$
④ $\frac{1}{4}\sin2\theta$
⑤ $\frac{1}{4}\cos\theta$

해 설

해설 16

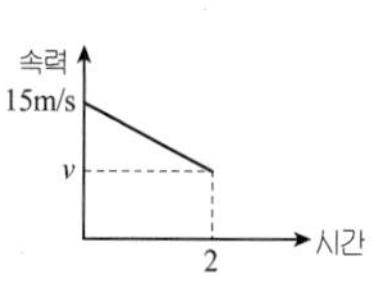

면적이 이동거리이므로 면적은

$(15+v)\times2\times\frac{1}{2}=24$ 이다.

따라서 2초 후 속도 $v=9m/s$ 이다.

해설 17

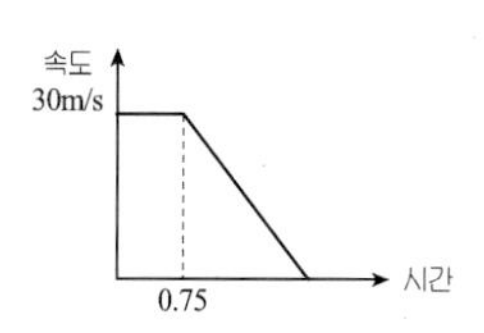

$108km/h=30m/s$ 마찰력 $(R=\mu N=\mu mg)$에 의해 정지된다.

즉 운동에너지가 마찰력에 의해 한 일과 같다.

$\frac{1}{2}mv^2=R\cdot S=\mu mgs$ 에서

$\frac{1}{2}\times30^2=0.5\times10\times S$ 이고

$S=90m$ 이다.

또 브레이크를 밟기까지 이동거리는 $30\times0.75=22.5m$ 이므로

총 정지거리는 $90+22.5=112.5m$ 이다.

해설 18

$H=\frac{v_0^2\sin^2\theta}{2g}$, $R=\frac{v_0^2\sin2\theta}{g}$

$$\frac{H}{R}=\frac{gv_0^2\sin^2\theta}{2gv_0^2\sin2\theta}=\frac{\sin^2\theta}{2\cdot2\sin\theta\cos\theta}=\frac{1}{4}\frac{\sin\theta}{\cos\theta}=\frac{1}{4}\tan\theta$$

정답 16. ⑤ 17. ② 18. ②

19 모형 로켓이 2.5초 동안 $8m/s^2$의 일정한 가속도로 수직 상승한 후 연료가 떨어졌다. 이륙 후 지상으로 떨어질 때까지 소요시간은 얼마인가? (공기의 마찰은 무시하고 중력가속도 $g = 10m/s^2$ 이다.)

① 7.5초
② 8초
③ 8.5초
④ 9초
⑤ 9.5초

20 수평면에서 공을 연직 상방으로 던져 올렸다. $10m$높이 지점을 통과할 때 속도가 v였다. 그 지점보다 $3m$ 더 높은 지점을 통과 할 때는 속도가 $\frac{1}{2}v$였다. 공의 최고 높이는 얼마인가?

① 14m
② 15m
③ 16m
④ 17m
⑤ 18m

21 야구장에서 홈런을 치려면 125m를 날려 보내야 한다고 할때 그 야구장에서 홈런을 치기 위해 야구공의 초속은 최소한 얼마나 되어야 하는가?

① $40m/s$
② $35m/s$
③ $30m/s$
④ $25m/s$
⑤ $20m/s$

해 설

해설 **19**

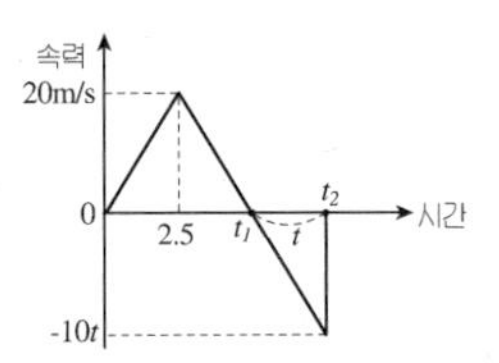

왼쪽 그래프에서 기울기는 가속도 면적은 이동거리이다. 0~2.5초의 가속도가 $8m/s^2$이므로 2.5초 후의 속력은 $8 = \frac{v}{2.5}$에서 $v = 20m/s$이다.

또 중력가속도 g가 $-10m/s^2$ 이므로 $2.5 \sim t_1$에 기울기가 $-10m/s^2$이다. 따라서 $t_1 = 4.5$초이다. $0 \sim t_1$초가 위로 올라간 거리면 $t_1 \sim t_2$내려온 거리이고 두 거리는 같다.

올라간 거리 S는

$S = 4.5 \times 20 \times \frac{1}{2} = 45m$

이것은 내려온 거리이므로

$45 = \frac{1}{2}10t^2$ $t = 3$ 이므로,

$t_2 = 4.5 + 3 = 7.5$초이다.

해설 **20**

위치에너지는 운동에너지의 변화량과 같으므로

$\frac{1}{2}mv^2 - \frac{1}{2}m\left(\frac{1}{2}v\right)^2 = mg \times 3$에서

$v = \sqrt{80}m/s$이다.

$\frac{1}{2}mv^2 = mgh$ $\frac{1}{2} \times 80 = gh$에서

$h = 4m$이므로 속도 v일 때 $10m$ 높이 이므로 최고점은 14m이다.

해설 **21**

$S = \frac{v_0^2 \sin 2\theta}{g}$ 최대 도달거리는

$\theta = 45°$일 때 이므로

$125 = \frac{v_0^2 \times 1}{10}$ 에서 $v_0^2 = 1250$

$v_0 \fallingdotseq 35m/s$ 이다.

정답 19. ① 20. ① 21. ②

22 어떤 학생이 공을 최대 60m까지 던질 수 있다. 이 학생은 이 공을 최고 얼마 높이까지 던져 올릴 수 있는가?

① 20m
② 30m
③ 40m
④ 50m
⑤ 60m

23 서풍이 불고 비가 오는 날 20m/sec의 속력으로 동쪽으로 달리는 버스 안의 승객은 비가 연직 방향으로 떨어지고 있음을 본다. 지상의 관측자가 보니 비는 연직 방향에 대해 30도의 각을 이루며 떨어진다. 지상의 관측자가 보았을 때 이 빗방울의 속력은 얼마인가?

① 14m/sec
② 17m/sec
③ 28m/sec
④ 36m/sec
⑤ 40m/sec

24 그림과 같이 마찰 없는 마루 위에 질량이 각각 2kg, 1kg 인 두 개의 블록이 쌓여 있다. 아래쪽에 있는 블록에 가하는 힘을 증가시켜 10N의 힘이 가해지는 순간 위 블록이 아래 블록에 대하여 미끄러졌다. 두 블록 사이의 최대 정지마찰계수는? (단, $g=10m/\sec^2$으로 한다.)

① 1
② $\frac{1}{2}$
③ $\frac{1}{3}$
④ $\frac{1}{4}$
⑤ $\frac{1}{5}$

해 설

해설 22

$S=\frac{v_0^2\sin2\theta}{g}$ 에서 $60=\frac{v_0^2}{10}$ 이고

$v_0^2=600$ $v_0=10\sqrt{2}m/s$ 이다.

$\frac{1}{2}mv^2=mgh$

$h=\frac{v^2}{2g}=\frac{600}{2\times10}=30m$

해설 23

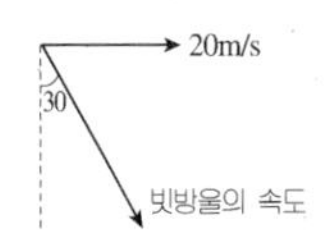

빗방울의 속도는 40m/sec이다.

해설 24

물체의 가속도는 $F=ma$ 에서

$a=\frac{10}{3}m/s^2$ 으로 오른쪽으로 가속된다. 이때 관성력은 ma 의 크기로 가속도와 반대방향으로 작용하여 미끄러진다.

$F=R$ 에서

$1\times\frac{10}{3}=\mu N=\mu mg$ 이고

$\mu=\frac{1}{3}$ 이다.

정답 22. ② 23. ⑤ 24. ③

25 그림과 같이 나무 테이블 위에 두 개의 나무로 된 블록이 도르래에 연결되어 있다. 나무와 나무사이의 미끄럼 마찰계수는 0.3이다. 3kg 물체를 일정한 속력으로 끌기 위하여 가하여야 하는 힘 F는 얼마인가? (단, g는 $10m/\sec^2$으로 한다.)

① 18N
② 27N
③ 35N
④ 54N
⑤ 60N

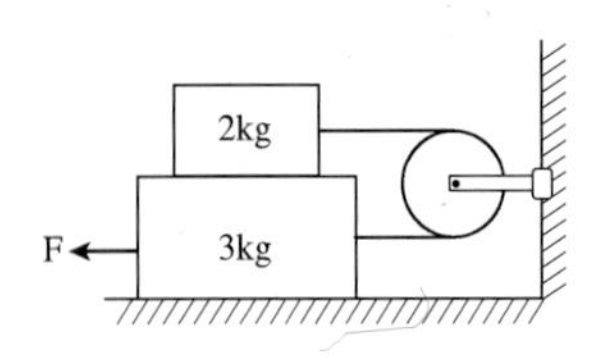

26 질량 50kg인 사람이 질량 30kg인 썰매를 수평으로 끌고 있다. 썰매와 수평으로 끌고 있다. 썰매와 눈 사이의 미끄럼 마찰계수는 0.1 사람과 눈 사이의 정지마찰계수는 0.3 이다. 이 사람이 가질 수 있는 최대 가속도는 몇 m/s^2인가?

① $0.5m/s^2$
② $1.5m/s^2$
③ $2m/s^2$
④ $2.5m/s^2$
⑤ $3m/s^2$

27 $900N$의 장력이 작용하면 끊어지는 금속선이 있다. 이 금속선을 써서 마루바닥에 있는 상자를 당기는 경우 상자와 마루사이의 최대 정지 마찰계수가 0.75이면 이 금속선으로 움직일 수 있는 최대질량은 얼마인가? ($g=10m/s^2$)

① $90kg$
② $120kg$
③ $150kg$
④ $170kg$
⑤ $200kg$

해 설

해설 25

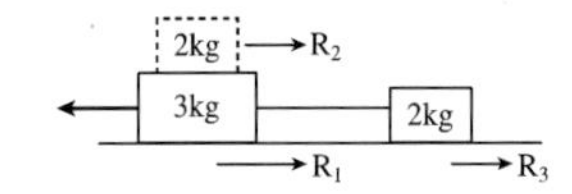

문제의 그림을 바꿔 그리면 왼쪽 그림과 같다.
마찰력 $R=\mu N$에서
$R_1=0.3\times5\times g$ $R_2=0.3\times2\times g$
$R_3=0.3\times2\times g$
($g=10m/s^2$이므로)
$F=R_1+R_2+R_3=27N$ 이다.

해설 26

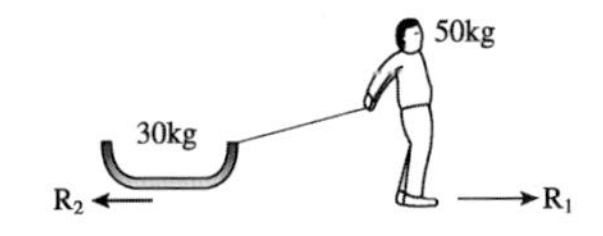

사람의 마찰력 $R_1=\mu N$에서
$R_1=0.3\times50\times10=150N$
썰매의 마찰력 $R_2=\mu N$에서
$R_2=0.1\times30\times10=30N$
따라서 마찰력에 의해 끌 수 있는 힘은 $120N$이다.
$F=ma$에서 $120=80\times a$ 이고
$a=1.5m/s^2$ 이다.

해설 27

$R=\mu N$에서 $900=0.75\times m\times10$
$m=\frac{9000}{75}=120kg$ 이다.

정답 25. ② 26. ② 27. ②

28 그림과 같이 도르래 장치에서 질량 M의 가속도는? (도르래의 질량과 마찰은 무시한다. g는 중력가속도이다.)

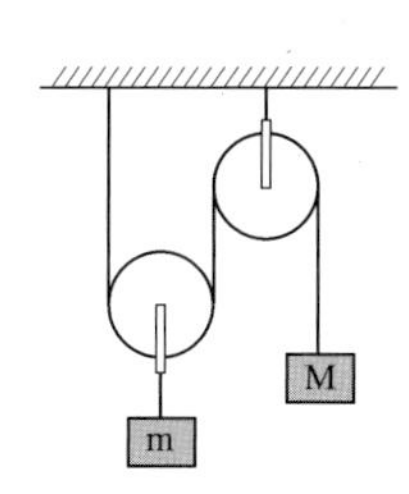

① 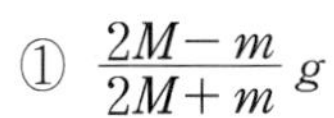 $\dfrac{2M-m}{2M+m}g$

② $\dfrac{M-m}{2M+m}g$

③ $\dfrac{4M-2m}{4M+m}g$

④ $\dfrac{M-m}{4M+m}g$

⑤ $\dfrac{M-2m}{4M+m}g$

29 그림과 같이 도르래에 질량이 1kg, 4kg인 물체가 매달려 운동하고 있다. 도르래와 천정 사이에 연결되어 있는 실에 걸리는 장력은 얼마인가?
($g=10m/s^2$ 이다.)

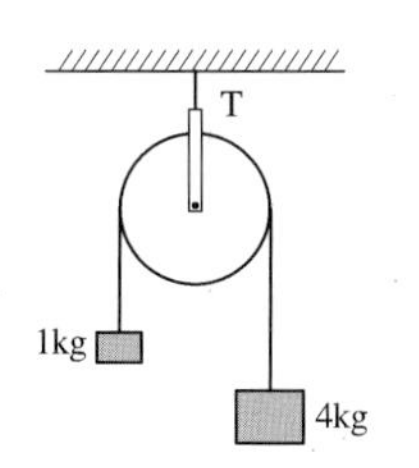

① 10 N
② 16 N
③ 20 N
④ 32 N
⑤ 40 N

30 xy 수평면 상에서 정지하여 있던 질량 1kg인 물체에 x방향으로 2초 동안 2N의 힘을 가한 후 다시 2초 뒤에 y방향으로 1N의 힘을 3초 동안 가했다. 이 물체의 최종 속도의 크기는 몇 m/s인가?

① 3m/s
② 4m/s
③ 5m/s
④ 6m/s
⑤ 7m/s

해 설

해설 28

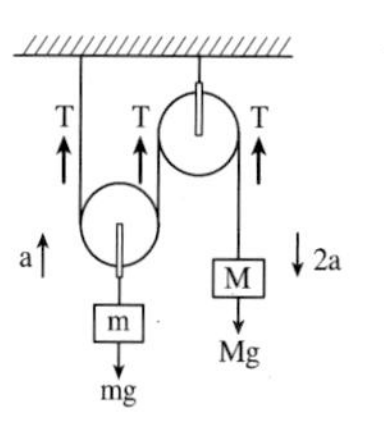

움직도르래에서 물체 M의 가속도는 물체m의 2배이다.

줄의 장력이 T이면 물체 M은

$Mg-T=M\times 2a$ ……… ①

$mg-2T=m\times(-a)$… ②

①식과 ②식에서 장력 T를 소거하면

$a=\dfrac{2M-m}{4M+m}g$이므로

물체 M의 가속도는

$2a=\dfrac{4M-2m}{4M+m}g$이다.

해설 29

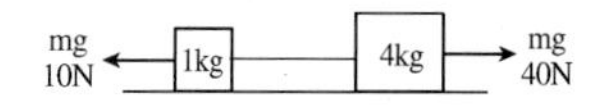

도르래의 그림은 위 그림과 같이 바꿀 수 있다. 합력은 30N이고 $F=ma$ 에서 가속도 a는 $a=6m/s^2$ 이다.
4kg인 물체의 알짜힘은 24N이고 장력은 16N이다.

해설 30

x방향으로 속도는 4m/s, y방향으로 속도는 3m/s 이므로 합성속도는 5m/s 이다.

정답 28. ③ 29. ④ 30. ③

31 지구표면과 달 표면에서 동일한 두 개의 물체를 수평면에 대하여 경사각θ로 초속도 v_0를 주어 투사했다. 두 물체의 운동을 비교한 다음 설명 중 옳지 않은 것은 어느 것인가? (단, 달 표면에서 중력가속도는 지구의 $\frac{1}{6}$ 이다.)

① 물체의 체공시간은 달에서 6배 길다.
② 수평도달 거리는 달에서 6배 길다.
③ 최고 높이는 달에서 6배 높다.
④ 공이 지면에 떨어졌을 때 속도의 크기는 달에서 더 작다.
⑤ 수평 방향의 속도는 같다.

32 지면으로부터 높이 H인 위치에서 질량 1kg인 물체를 자유낙하 시킴과 동시에 질량 2kg인 물체를 지면에서 위로 v_0의 속도로 쏘아 올렸더니 두 물체가 높이 $\frac{H}{2}$인 위치에서 충돌하였다. v_0의 크기는? (g는 중력가속도이다.)

① $\sqrt{\frac{gH}{2}}$　② $\sqrt{gh}$
③ $\sqrt{2gH}$　④ $\sqrt{3gH}$
⑤ $2\sqrt{gH}$

33 버스가 반경R인 원을 일정한 속력V로 돌고 있다. 버스 천장에 매달려 있는 단진자가 버스 안에서 보았을 때 평형을 이루고 있을 때 실이 연직선과 이루는 각을 θ라 한다. $\tan\theta$의 값은? (g는 중력가속도이다.)

① $\frac{v^2}{2Rg}$
② $\frac{v^2}{Rg}$
③ $\frac{Rg}{v^2}$
④ $\frac{Rg}{2v^2}$
⑤ $\frac{v^2}{\sqrt{2}Rg}$

해 설

해설 31

위로 투사된 물체의 체공시간은 $t=\frac{v_o\sin\theta}{g}\times2$이고 수평 도달거리는 $R=\frac{v_0^2\sin2\theta}{g}$, 최고 높이는 $H=\frac{v_0^2\sin^2\theta}{2g}$이다. 수평방향의 속도는 등속이므로 초속도는 일정하게 유지된다.

해설 32

자유낙하하는 시간과 공이 상방투사된 시간이 같다.

$\frac{1}{2}H$를 자유낙하하려면

$\frac{1}{2}H=\frac{1}{s}gt^2$　$t=\frac{\sqrt{H}}{g}$의 시간이 걸린다. 상방투사도 이 시간 동안 $\frac{1}{2}H$ 올라가야 하므로

$\frac{1}{2}H=v_0\times\sqrt{\frac{H}{g}}-\frac{1}{2}\times g\times\left(\sqrt{\frac{H}{g}}\right)^2$

$\frac{1}{2}H=v_0\sqrt{\frac{H}{g}}-\frac{1}{2}H$

$v_0=H\sqrt{\frac{g}{H}}=\sqrt{gH}$ 이다.

해설 33

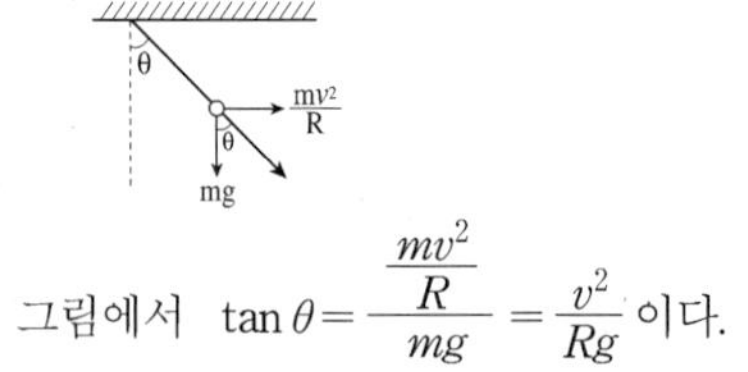

그림에서 $\tan\theta=\frac{\frac{mv^2}{R}}{mg}=\frac{v^2}{Rg}$ 이다.

정답 31. ④　32. ②　33. ②

34 등속원운동하는 물체에 대하여 다음 진술 중 옳은 것은?

① 등속도 운동이다.
② 등가속도 운동이다.
③ 물체가 원운동하는 이유는 구심력과 원심력이 작용하기 때문이다.
④ 구심력과 원심력은 평형력 관계에 있다.
⑤ 물체가 1주기 운동하는 동안 어떤 두 순간에 속도가 서로 같은 경우는 없다.

35 그림과 같이 길이 L인 실에 질량 m인 물체를 매달아 원추진자를 만들었다. 그림에서 물체는 점0을 중심으로 일정한 각속도 w로 원운동하고 있다. 다음 중 틀린 설명은?

① 물체의 운동을 결정하는 힘은 실의 장력과 물체의 중력이며 그 합력은 점 0을 향한다.
② 실의 장력은 $mg\cos\theta$이다.
③ 실의 장력을 T라 하면 원운동 구심력은 $T\sin\theta$이다.
④ 실의 장력은 mLw^2이다.
⑤ 원운동 주기는 $2\pi\sqrt{\dfrac{L\cos\theta}{g}}$이다.

36 길이 1m인 실에 질량 5kg인 물체를 매달아 진자를 만들었다. 이 실은 100N의 장력이 작용하면 끊어진다고 한다. 물체의 최대 각 변위가 얼마 이상이 되면 실이 끊어지는가? (중력가속도는 $g=10m/s^2$이다.)

① 30°
② 45°
③ 60°
④ 90°
⑤ 끊어지지 않는다.

37 그림과 같이 엘리베이터에 줄이 달려 있다. 이 엘리베이터를 매달고 있는 줄의 장력이 가장 큰 경우는?

① 엘리베이터가 일정한 속도로 올라갈 때
② 엘리베이터가 일정한 속도로 내려갈 때
③ 엘리베이터가 내려가며 속도가 일정하게 감소할 때
④ 엘리베이터가 내려가며 속도가 일정하게 올라갈 때
⑤ 엘리베이터가 올라가며 속도가 일정하게 감소할 때

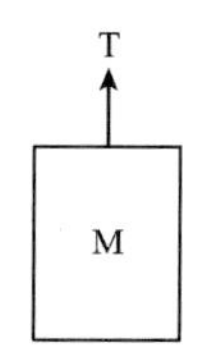

해설

해설 35

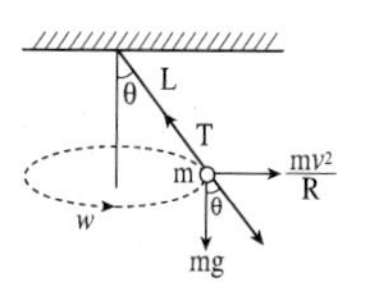

그림에서 장력

$T=\dfrac{mg}{\cos\theta}=\dfrac{\frac{mv^2}{r}}{\sin\theta}$ 이다.

$\sin\theta=\dfrac{r}{L}$ 이고 $v=rw$이므로

$T=mLw^2$

또 원추진자주기 $T=2\pi\sqrt{\dfrac{L\cos\theta}{g}}$

해설 36

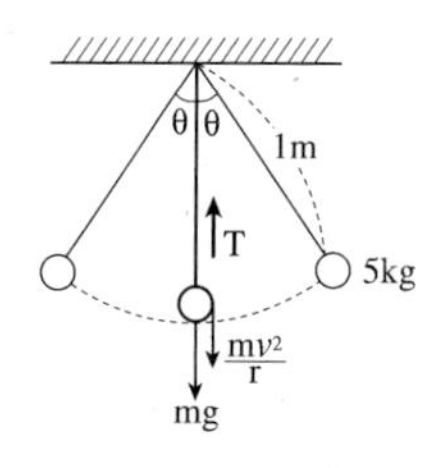

단진자의 중심에서 장력이 가장 크다.

$T=mg+\dfrac{mv^2}{r}$ $100=50+\dfrac{5v^2}{1}$

$v^2=10$

$\dfrac{1}{2}mv^2mgh$ $h=\dfrac{v^2}{2g}=\dfrac{10}{2\times10}$

$=\dfrac{1}{2}=0.5m$

추가 0.5m아래로 내려와야 하므로 θ=60°이다.

정답 34. ⑤ 35. ② 36. ③ 37. ③

38 질량이 1000kg인 자동차가 40km/h로 달리다가 브레이크를 밟아 15m거리에서 정지하였다. 이 자동차가 80km/h로 달리다가 브레이크를 밟는다면 정지거리와 정지시간은 몇 배가 되는가?

① 거리 2배, 시간 2배
② 거리 2배, 시간 4배
③ 거리 4배, 시간 2배
④ 거리 4배, 시간 4배
⑤ 거리 8배, 시간 4배

39 포물체의 발사 속력이 최고점에 이르렀을 때 속력의 2배라고 한다. 수평면 대 대한 발사각은 얼마인가?

① 15도
② 30도
③ 45도
④ 60도
⑤ 75도

40 100m선수가 처음 4초 동안에 최고 속력을 얻은 다음 일정하게 달린다고 하자. 그 선수가 100m를 10초에 주파하려면 처음 4초 동안 가속도는 얼마인가?

① $4.2m/\sec^2$
② $3.8m/\sec^2$
③ $3.1m/\sec^2$
④ $2.8m/\sec^2$
⑤ $2.4m/\sec^2$

41 그림과 같이 질량 1kg, 길이 2m인 균일한 줄을 수직방향으로 20N의 힘으로 올리고 있다. 줄의 위쪽 끝에서 0.5m인 지점의 장력은 얼마인가? 줄은 늘어나지 않는다고 한다.

① 5.0N
② 7.5N
③ 10N
④ 12.5N
⑤ 15N

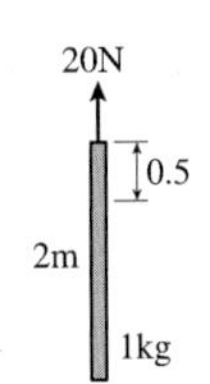

42 그림은 사람이 도르래에 의해 연결된 바구니에 들어가 줄을 잡고 있다. 사람과 바구니의 질량이 80kg일 때 이 사람이 위쪽으로 0.2m/s^{2}의 가속도로 올라가기 위해 당겨야하는 힘은 얼마인가?

① 100N
② 200N
③ 400N
④ 600N
⑤ 800N

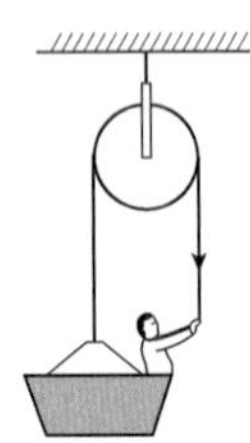

해 설

해설 38

그래프와 같이 속도가 2배이면 시간도 2배이고 정지거리는 면적과 같아서 4배이다.

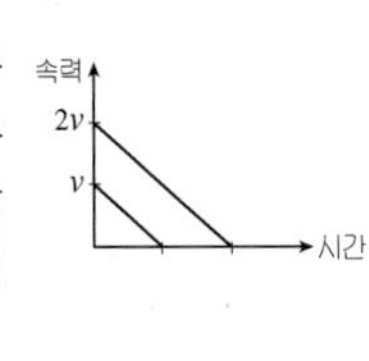

해설 39

$v_x = v_0 \cos\theta$에서 $\frac{1}{2}v_0 = v_0\cos\theta$ 이므로 $\theta = 60°$ 이다.

해설 40

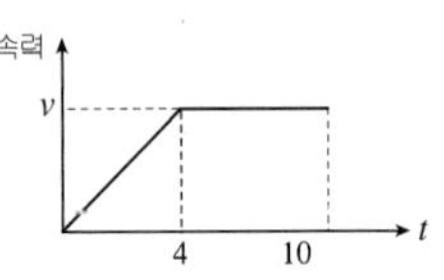

4초 후의 속력이 v이면 그래프의 아래 면적이 이동거리이므로
$100 = \frac{1}{2} \times 4 \times v + 6v = 8v$에서
$v = 12.5m/s$ 이다. 가속도는 기울기이므로 $a = \frac{12.5}{4} m/s^2$이다.

해설 41

그림을 다음과 같이 바꿀 수 있다.

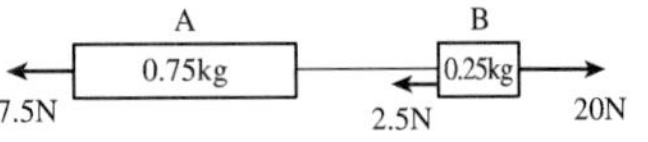

따라서 물체A의 알짜힘은 7.5N 물체 B의 알짜힘은 2.5N이다. 그래서 20N의 힘은 물체 B에서 5N의 힘이 감해지고 장력 T는 15N이다.

해설 42

중력에 의한 힘은
$F = 80 \times 9.8 = 784N$이다.
등속으로 올라가려면 장력은
$\frac{784}{2} = 392N$의 힘이 필요하다.
그런데 물체 전체가 $0.2m/s^2$의 가속도로 올라가야 하므로 $F = ma$에서
$F = 80 \times 0.2 = 16N$의 힘이 필요하므로 장력은 $\frac{16}{2} = 8N$ 이므로 총장력은 400N이다.

정답 38. ③ 39. ④ 40. ③ 41. ⑤ 42. ③

43 질량이 0.2kg인 아이스하키 퍽이 마찰 없는 얼음판 위에서 동쪽으로 3m/s의 속도로 미끄러지고 있다. 0.5초 동안 힘을 가하여 속도를 남쪽으로 4m/s로 바꾸려고 한다. 이 퍽에 가해주어야 하는 평균적인 힘의 크기와 대략적인 방향은?

① 남서 5N　　② 정남 5N
③ 남서 2N　　④ 정남 2N
⑤ 남동 5N

44 그림과 같이 2m/sec의 속력으로 움직이는 질량 40kg인 수레 위에 질량이 60kg인 사람이 타고 있다. 그 사람이 지면에 대해 수평성분 속력이 0이 되도록 뛰어 내렸다. 수레의 속력은 얼마가 되겠는가?

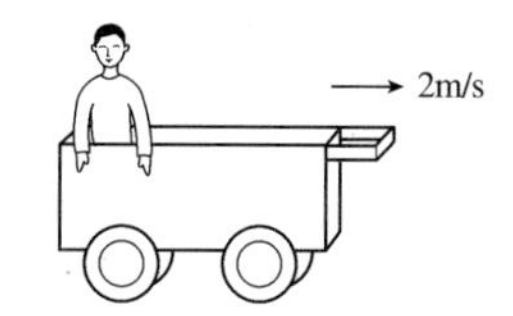

① 1m/sec
② 3m/sec
③ 5m/sec
④ 7m/sec
⑤ 9m/sec

45 정지해 있던 우주선이 폭파되어 세 조각으로 깨어졌다. 같은 질량의 두 조각은 같은 속력 30m/sec로 서로 직각으로 날아갔다. 세 번째 조각의 질량은 다른 조각의 세 배이다. 세 번째 조각의 폭파 직후의 속도의 크기는 얼마인가?

① 10m/sec
② 14m/sec
③ 18m/sec
④ 20m/sec
⑤ 24m/sec

46 그림과 같이 마찰 없는 마루 위에 질량이 각각 1kg, 2kg인 두 개의 나무토막이 차례로 놓여 있다. 질량이 5g인 총알이 두 토막으로 향해 수평으로 발사되었다. 총알은 1kg짜리 토막을 관통하여 2kg짜리 토막에 박혔다. 이제 두 토막의 속력을 측정하였더니 각각 차례로 0.5m/sec, 1.5m/sec이었다. 총알의 처음 속력은 얼마인가?

① 400m/sec
② 500m/sec
③ 600m/sec
④ 700m/sec
⑤ 800m/sec

해 설

해설 43

$a = \dfrac{\Delta v}{t} = \dfrac{5}{0.5} = 10 m/s^2$

$F = ma = 0.2 \times 10 = 2N$

해설 44

운동량 보존 법칙에서 $m_1 v_1 = m_2 v_2$
이므로 $100 \times 2 = 40 \times v$
$v = 5m/s$ 이다.

해설 45

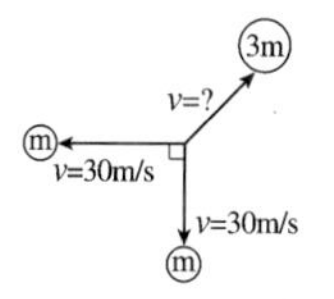

운동량보존의 법칙에 의해
$m \times 30 = 3m \times v \sin 45$　　$v = 10\sqrt{2} m/s$
이다.

해설 46

운동량 보존의 법칙
$0.005v = 1 \times 0.5 + 2.005 \times 1.5$에서
$5v = 3507.5$이고 $v = 701.5m/s$이다.

정답 43. ③ 44. ③ 45. ② 46. ④

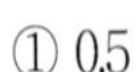

47 그림과 같이 바닥으로부터 10m높이에서 벽을 향하여 수평으로 9.8m/sec의 속력으로 공을 던졌더니 튕겨 나와서 벽으로부터 10m인 지점에 떨어졌다. 공가 벽 사이의 탄성계수(반발계수)는 얼마인가?

① 0.5
② 0.6
③ 0.7
④ 0.8
⑤ 0.9

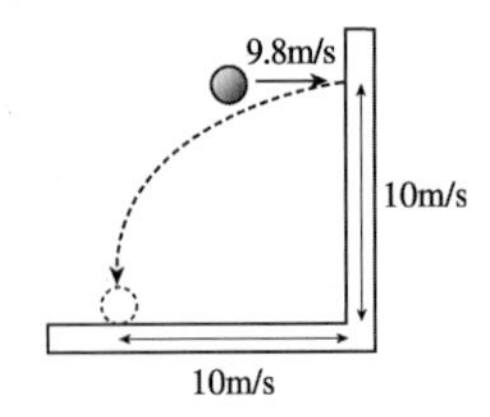

48 마루 위에 놓여 있는 0.2kg짜리 공에 수평방향으로 10ms 동안 평균 50N의 힘을 가했다. 충격을 준 후 공의 속력은 얼마인가?

① 1.5m/sec
② 2.5m/sec
③ 3.5m/sec
④ 4.5m/sec
⑤ 5.5m/sec

49 질량이 5kg인 정지하여 있던 물체에 작용한 힘이 4초 동안 0N부터 10N까지 균일하게 증가했다. 물체의 최종 속력은 얼마인가?

① 5m/s
② 4m/s
③ 3m/s
④ 2m/s
⑤ 1m/s

50 질량 5kg인 물체가 정지해 있던 다른 물체와 정면 탄성충돌하여 처음속력의 $\frac{1}{4}$로 원래 방향으로 계속 움직였다. 정지해 있던 다른 물체의 질량은 얼마인가?

① 1kg
② 2kg
③ 3kg
④ 4kg
⑤ 5kg

해 설

해설 47

공의 낙하시간은 $s=\frac{1}{2}gt^2$에서

$10=\frac{1}{2}\times 9.8\times t^2 \quad t=\sqrt{\frac{20}{9.8}}$ 이고

이 시간 동안 10m가는 속도

$v'=\frac{10}{\sqrt{\frac{20}{9.8}}}=7m/s$이다.

$v=-ev$에서

$-7=-e\times 9.8 \quad e=\frac{7}{9.8}\fallingdotseq 0.7$

해설 48

$I=F\cdot t=m(v_2-v_1) \quad F=50N$

$t=10\times 10^{-3}\ v_1=0$ 이므로

v는 $50\times 10\times 10^{-3}=0.2\times v$

$v=2.5m/s$

해설 49

물체에 힘이 작용하면 가속도 a는 $a=\frac{F}{m}$로 일정하다. 그래프 $a-t$에서 면적이 속도를 나타낸다.

가속도
2m/s²
0
4초
t

따라서 4초 동안 속도 증가량은 4m/s이다.

해설 50

운동량 보존의 법칙에서

$5v=5\times\frac{1}{4}v+mv'$ 이고

반발계수 $-e=\frac{v'_1-v'_2}{v_1-v_2}$ 에서

$-1=\frac{\frac{1}{4}v-v'}{v}$ 이므로

$v'=\frac{5}{4}v$가 되므로 m=3kg이다.

정답 47. ③ 48. ② 49. ② 50. ③

51 그림과 같이 마찰 없는 평면에 정지해 있던 1kg 블록이 스프링 상수가 400N/m인 평형 상태의 스프링에 연결되어 있고 스프링의 다른 끝은 고정되어 있다. 속력이 4m/sec인 3kg 블록이 1kg인 블록과 충돌하면 순간적으로 두 블록이 함께 붙어 운동한다고 한다. 스프링의 최대 압축거리는 얼마인가?

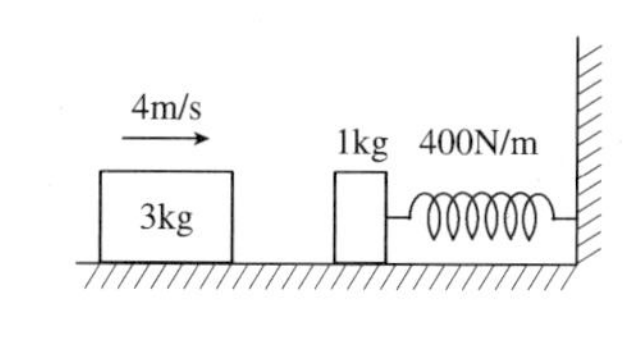

① 10cm
② 20cm
③ 30cm
④ 40cm
⑤ 50cm

52 질량이 m인 물체가 달려 있는 스프링이 주기 2.0초로 진동하고 있다. 질량을 2.0kg 더 늘였더니 주기가 3.0초가 되었다. 질량 m은 얼마인가?

① 2.0kg ② 1.6kg
③ 1.3kg ④ 1.0kg
⑤ 0.5kg

53 스프링 상수 k인 스프링을 2:1의 길이 비로 잘라 두 개로 만든 다음 질량 m인 물체에 이 두 개의 스프링을 연결하여 그림과 같이 양쪽 벽 사이에서 수평으로 진동하도록 하였다. 이 물체를 좌우로 약간 진동하도록 하였을 때 진동 주기는?

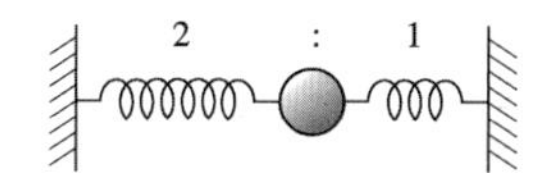

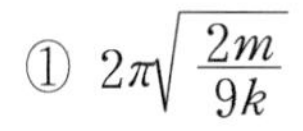
① $2\pi\sqrt{\frac{2m}{9k}}$
② $2\pi\sqrt{\frac{2m}{3k}}$
③ $2\pi\sqrt{\frac{3m}{k}}$
④ $2\pi\sqrt{\frac{m}{3k}}$
⑤ $2\pi\sqrt{\frac{3m}{2k}}$

54 엘리베이터가 일정한 속도로 내려올 때 엘리베이터 천장에 매달린 진자의 주기가 T라고 한다. 이 엘리베이터가 가속도의 크기 a로 일정하게 감속하면서 내려올 때 천장에 매달린 진자의 주기는 얼마가 되는가?

① T ② $\frac{g}{g+a}T$
③ $\frac{a}{g}T$ ④ $\sqrt{\frac{g}{g+a}}T$
⑤ $\sqrt{\frac{g+a}{g}}T$

해 설

해설 **51**

운동량 보존의 법칙에 의해 압축하는 순간의 속도 v는 $3\times4=(3+1)v$에서 v=3m/s이다.
이 운동에너지는 탄성에너지로 바뀌면 $\frac{1}{2}kx^2=\frac{1}{2}mv^2$에서
$x^2=\frac{mv^2}{k}=\frac{4\times3^2}{400}$ 이므로
$x=0.3$m이다.

해설 **52**

$T=2\pi\sqrt{\frac{m}{k}}$에서 $2=2\pi\sqrt{\frac{m}{k}}$이고
$3=2\pi\sqrt{\frac{m+2}{k}}$이다.
두식을 연립하면 m=1.6kg이다.

해설 **53**

k인 용수철이 그 길이가 $\frac{1}{3}$이 되면 탄성계수는 3k이고 길이가 $\frac{2}{3}$가 되면 탄성계수는 $\frac{3}{2}$이다. 문제의 그림에서는 합성계수가 $\frac{9}{2}$k가 되어 주기 T는
$T=2\pi\sqrt{\frac{m}{k}}$에서
$T'=2\pi\sqrt{\frac{m}{\frac{9}{2}k}}=2\pi\sqrt{\frac{2m}{9k}}$ 이다.

해설 **54**

등속일 때 주기 $T=2\pi\sqrt{\frac{l}{g}}$
$T^2=\frac{(2\pi)^2l}{g}$이고
관성력은 가속도와 반대 방향이므로
등가속일 때 주기 $T'=2\pi\sqrt{\frac{l}{g+a}}$
$(T')^2=\frac{(2\pi)^2l}{g+a}$이므로
두 식에서 $T'=\sqrt{\frac{g}{g+a}}T$이다.

정답 51. ③ 52. ② 53. ① 54. ④

55 그림과 같이 진동수와 진폭이 같은 두 개의 단조화 진동자가 있다. 평형 위치로부터 진폭(A)의 반에 해당하는 위치에서 두 물체는 서로 반대 방향으로 진행한다.(그림) 두 물체의 위상차는 얼마인가?

① $\frac{1}{4}\pi$

② $\frac{1}{3}\pi$

③ $\frac{1}{2}\pi$

④ $\frac{2}{3}\pi$

⑤ π

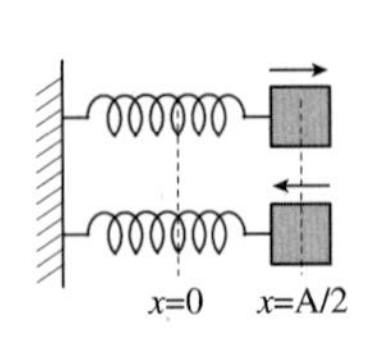

56 지구를 밀도가 균일한 구라고 가정하고 지구 중심으로부터 지구 내부에 있는 거리 r인 위치에서 중력가속도의 크기에 대한 다음 설명 중 옳은 것은?

① 거리 r의 제곱에 반비례한다.

② 거리 r에 반비례한다.

③ 거리 r에 비례한다.

④ 거리 r의 제곱근에 비례한다.

⑤ 0이다.

57 지구를 압축하여 밀도가 현재의 8배가 되게 하면 지표면에서 탈출 속도는 몇 배로 되는가?

① 0.25배

② 0.5배

③ $\sqrt{2}$배

④ 2배

⑤ 4배

해 설

해설 **55**

그림과 같이 진폭의 $\frac{1}{2}A$가 되려면 $x=A\sin\theta$ 에서 θ가 30°일 때와 150°일 때이므로 위상차는 120° 즉 $\frac{2}{3}\pi$이다.

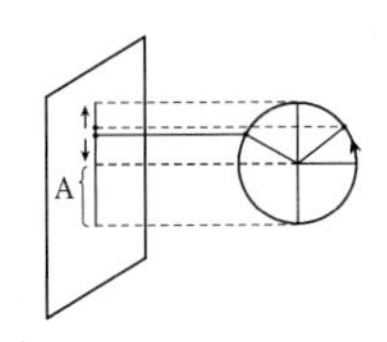

해설 **56**

지구가 균일한 밀도로 이루어진 구라면 내부에서 중력가속도 g는

$g=\frac{GM}{R^2}$ 에서

(밀도 $e=\frac{M}{V}$ 부피 $V=\frac{4}{3}\pi R^3$)

$g=\frac{4}{3}\pi GeR$ 이므로 $g \propto R$이다.

해설 **57**

$e=\frac{m}{v}$ 에서 $e \propto \frac{1}{v}$ 이므로 밀도가 8배가 되려면 부피는 $\frac{1}{8}$로 되어야 한다.

부피 $v=\frac{4}{3}\pi R^3$에서 $v \propto R^3$이므로 반지름은 $\frac{1}{2}R$로 줄어든다.

중력 가속도 g는 $g=\frac{GM}{R^2}$ 이므로 g는 4배가 된다.

탈출속도 $v=\sqrt{2Rg}$이므로 $g'=4g$

$R'=\frac{1}{2}R$ 에서 $v'=\sqrt{2}v$ 이다.

정답 55. ④ 56. ③ 57. ③

58 그림에서 길이 L인 진자는 좌우로 진동하고 스프링 상수 k인 스프링은 상하로 진동한다. 지구상에서 진자의 주기를 T_1, 스프링의 진동 주기를 T_2라고 한다. 질량이 지구 질량의 8배이고 반경은 2배인 천체에 그림과 같은 진자를 가지고 갔을 때 각각의 진동주기를 차례로 바르게 쓴 것은?

① $1.4T_1$, $1.4T_2$
② $1.4T_1$, T_2
③ $0.7T_1$, $0.7T_2$
④ $0.7T_1$, T_2
⑤ T_1, $0.7T_2$

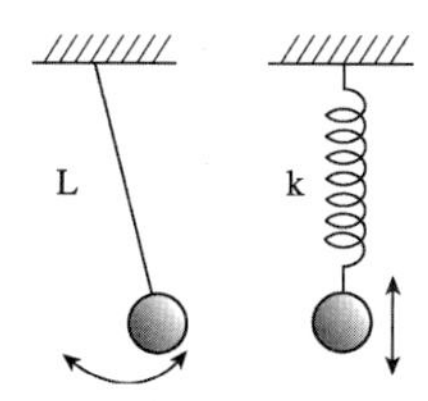

59 어떤 행성이 위성을 가지고 있다. 위성은 행성 주위를 원운동한다고 한다. 행성의 질량을 측정하기 위해서는 위성의 어떤 물리량을 알면 되는가?

① 위성의 궤도반경과 위성의 질량
② 위성의 궤도 에너지와 위성의 궤도반경
③ 위성의 궤도 반경과 회전 주기
④ 위성의 각 운동량과 회전 주기
⑤ 위성의 속력과 각 운동량

60 어떤 선풍기가 매분 900회 비율로 회전하고 있을 때 날개 끝의 선속도가 $120\pi\ cm/s$이었다면 선풍기의 날개 길이는?

① 2cm
② 3cm
③ 4cm
④ 5cm
⑤ 6cm

61 다음 중 균일구각 내에서 물체가 받는 만유인력은?

① 구각 중심으로부터의 거리에 비례한다.
② 구각 중심으로부터의 거리에 반비례한다.
③ 구각 중심으로부터의 거리 제곱에 반비례한다.
④ 물체는 힘을 받지 않는다.
⑤ 이 물체는 구각 내 어느 지점에서나 표면과 같은 힘을 받는다.

해 설

해설 58

단진자 주기 $T_1 = 2\pi\sqrt{\frac{l}{g}}$

스프링 진자 주기 $T_2 = 2\pi\sqrt{\frac{m}{K}}$ 이다.

$m' = 8m$ $R' = 2R$이면

$g = \frac{Gm}{R^2}$ 이므로 $g' = 2g$이다.

$T'_1 = \frac{1}{\sqrt{2}}T$이고, $T'_2 = T_2$이다.

해설 59

행성의 잘량을 M, 이 행성의 위성질량을 m이라면

$\frac{GMm}{r^2} = \frac{mv^2}{r}$

$M = \frac{rv^2}{G}$ $(v = \frac{2\pi r}{T})$이므로

$M = \frac{4\pi^2 r^3}{GT^2}$ 이다.

따라서 거리 r과 주기 T를 알면 질량을 구할 수 있다.

해설 60

$v = \frac{2\pi r}{T}$ 이고

진동수 $f = \frac{900}{60} = 15$ 이므로

$120\pi = \frac{2\pi r}{\frac{1}{15}}$ 이다.

따라서 반경 r=4cm

해설 61

균일한 껍질 내부공간에서는 위치에 상관없이 중력은 0이다.

정답 58. ④ 59. ③ 60. ③ 61. ④

62 다음 물리 법칙 중 운동량 보존의 법칙과 가장관계 깊은 것은?

① 후크의 법칙
② 만유인력의 법칙
③ 쿨롱의 법칙
④ 관성의 법칙
⑤ 작용 반작용의 법칙

63 비행기 조종사가 5g의 구심 가속도를 받으면서 수평원을 그리며 날고 있다. 이 비행기의 속력이 마하 2 (마하2는 음속 340m/s의 2배)라면 회전반경은 얼마인가? (단, 중력가속도 $g = 10\,\mathrm{m/s^2}$ 이다.)

① 2312m
② 4624m
③ 9248m
④ 11560m
⑤ 18496m

64 그림과 같이 질량 1kg 되는 물체 A가 마찰이 없는 경사각 30° 되는 곳에 있고 이 물체가 도르래와 연결되어 질량 1kg 되는 물체 B에 연결되어 있을 때 물체 B의 가속도는 몇 m/s² 인가? (중력 가속도 $g = 10\,\mathrm{m/s^2}$ 이다.)

① $2.0\mathrm{m/s^2}$
② $2.5\mathrm{m/s^2}$
③ $5\mathrm{m/s^2}$
④ $7.5\mathrm{m/s^2}$
⑤ $10\mathrm{m/s^2}$

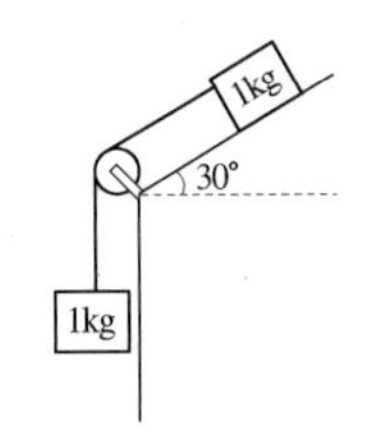

65 위의 문제에서 줄에 걸리는 장력은 몇 N인가?

① 2N
② 2.5N
③ 4N
④ 5N
⑤ 7.5N

해 설

해설 62

충돌 시에 작용하는 힘과 반작용하는 힘의 크기가 같고, 충돌시간이 같으므로 운동량은 보존된다.

해설 63

구심가속도 $a = \frac{v^2}{r}$ 이므로

$5g = \frac{v^2}{r}$ 에서

$g = 10\,\mathrm{m/s^2}$ 이고

$v = 680\,\mathrm{m/s}$ 이므로

$r = \frac{680^2}{50} = 9248\,\mathrm{m}$

해설 64

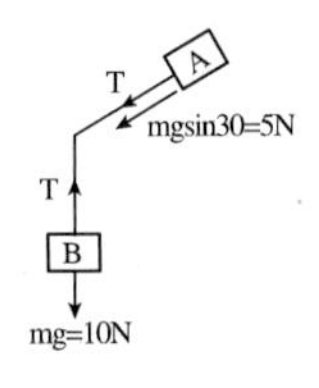

물체 B : $mg - T = ma$

물체 A : $(T + mg\sin 30) = ma$

위의 두식을 연립하면

$mg + mg\sin 30 = 2ma$

$10 + 5 = 2a \quad a = 7.5\,\mathrm{m/s^2}$ 이다.

해설 65

위의 문제 해설에서

$mg - T = ma$ 이므로

$T = mg - ma$ 이다.

따라서 $T = 10N - 7.5N = 2.5N$

정답 62. ⑤ 63. ③ 64. ④ 65. ②

66 그림에서 10kg 되는 물체를 들어 올리는데 필요한 힘은 최소한 얼마인가? (단, 중력가속도 $g = 10\,m/s^2$ 이다.)

① 12.5N
② 25N
③ 50N
④ 75N
⑤ 100N

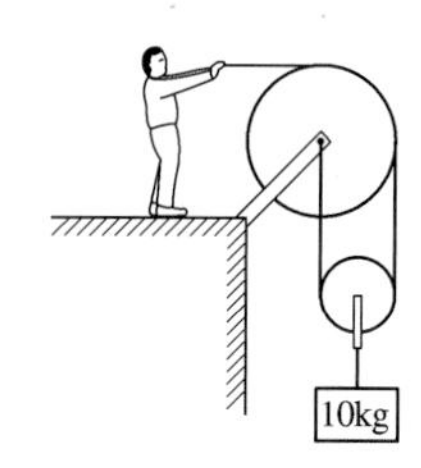

67 위 문제에서 물체가 $0.5m/s^2$의 가속도로 올리려면 얼마의 힘이 필요한가?

① 12.5N
② 25.5N
③ 52.5N
④ 55N
⑤ 105N

68 그림과 같이 질량이 100g인 토막이 수평한 힘 F를 받아서 벽에 붙어 있다. 정지마찰계수가 $\mu = 0.4$ 이면 그 토막이 떨어지지 않기 위한 최소한의 힘은 얼마인가? (중력 가속도 $g = 10\,m/s^2$ 이다.)

① 0.5N
② 1N
③ 1.5N
④ 2N
⑤ 2.5N

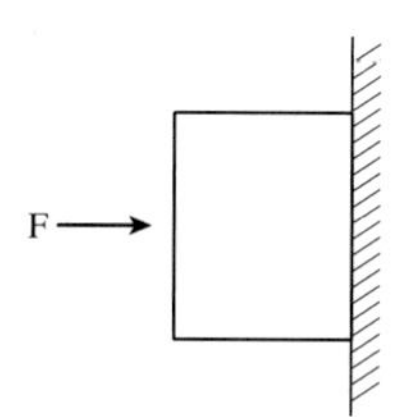

해 설

해설 66

1개의 움직도르래에 의해 50N의 힘에 의해 들어 올릴 수 있다.

해설 67

물체의 알짜힘은 5N이므로 105N의 $\frac{1}{2}$ 인 52.5N이다.

해설 68

물체가 떨어지지 않으려면
$mg = R$ 로 마찰력
$R = \mu N = mg$ 이어야 한다.
여기서 수직항력 N이 힘 F이므로
$0.4 \times F = 0.1 \times 10$
$F = \frac{10}{4} = 2.5N$ 이다.

정답 66. ③ 67. ③ 68. ⑤

제 2 장 강체의 운동과 유체역학

출제경향분석

이 단원은 고등학교 물리에서 다루어지지 않는 부분으로 다소 어렵게 느껴지는 부분이다. 유체에 있어서는 관련되는 법칙들의 차이점을 파악하여 어떤 법칙이 무엇을 정의하는지를 알아두고 강체의 운동은 모멘트에 관한 책의 문제 정도만 숙지하면 충분하다.

세 부 목 차

1. 강체의 운동

KEY POINT

1 강체의 회전운동

(1) 구심가속도와 접선가속도

순간 각속도 w로 원운동하는 질점의 경우 회전축을 향하는 구심가속도 a_c가 있다는 것을 배운바가 있다.

구심가속도는 $a_c = w^2 r = \dfrac{v^2}{r}$ 이었다.

한편 각가속도 α로 회전운동하는 회전체의 접선 방향의 가속도 a_t는

$$\alpha = \frac{dw}{dt}$$

$$= \frac{1}{r}\frac{d(rw)}{dt} = \frac{1}{r}\frac{dv}{dt} = \frac{1}{r}a_t \text{이므로}$$

$a_t = r\alpha$의 관계식이 성립한다.

그림과 같이 물체가 반지름이 일정한 원운동을 할 때 접선 방향속력이 변하는 각가속도 운동을 하면 물체에 작용하는 가속도는 접선가속도 a_t와 구심가속도 a_c의 합성가속도가 된다. a_t와 a_c는 수직이다.

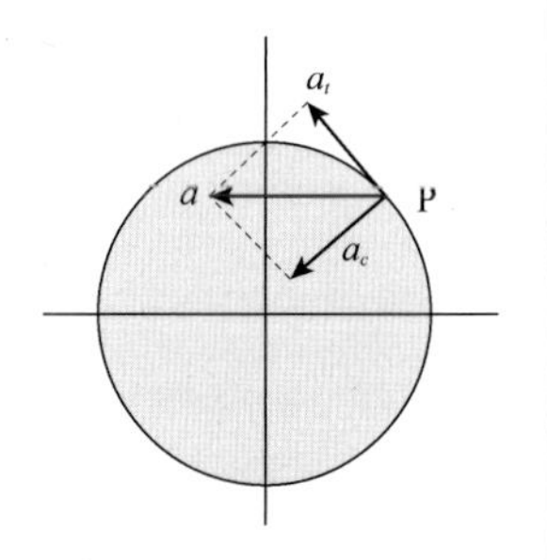

$$a = \sqrt{a_t^2 + a_c^2} = \sqrt{(r\alpha)^2 + (rw^2)^2}$$

(2) 회전운동

각가속도 α가 일정한 등각가속도의 경우를 생각하자.
강체의 초기 각속력을 w_o라 하고 t시간 후의 각속력을 w라 하면

$$\alpha = \frac{w - w_o}{t} \text{에서 } w = w_o + \alpha t \text{ 이다.}$$

여기서, αt는 $t = 0$에서 이후의 시각 t까지의 w의 총 변화량과 같다.
일정한 각가속도에서 각속력은 일정한 비율로 변한다.

이렇게 각속력이 일정하게 변할 때 시각 t 동안

평균 각속력 $\overline{w} = \dfrac{w_o + w}{2}$ 이다.

시각 t 동안 회전각 θ는 $\theta = \overline{w}t$이다.

$\theta = \dfrac{w_o + w}{2} t$이고, $w = w_o + \alpha t$ 이므로

$\theta = \dfrac{w_o + w_o + \alpha t}{2} \times t = w_o t + \dfrac{1}{2}\alpha t^2$ 이다.

또 두식 $w = w_o + \alpha t$ 와 $\theta = w_o t + \dfrac{1}{2}\alpha t^2$에서 시간 t 를 소거하면

$w^2 - w_o^2 = 2\alpha\theta$이다.

예제 1

밀도가 균일한 원판이 5 rad/s^2의 일정한 각가속도로 회전하고 있다. $t=0$ 초에서 각속도가 3 rad/s일 때, $t=4$초에서 원판의 각속도[rad/s]는?

(2021 국가직 7급)

① 12 ② 15
③ 20 ④ 23

풀이 $w = w_o + \alpha t$ $w_o = 3\text{rad/s}$ $\alpha = 5\text{rad/s}^2$
$w = 3 + 5 \times 4 = 23(\text{rad/s})$ 정답은 ④이다.

2 힘의 모멘트

옆의 그림에서 물체가 O점을 회전축으로 자유롭게 회전할 수 있을 때 힘 F가 점 O에 대하여 위치벡터 $\vec{r}$인 점 P에 가해지면 물체는 회전하게 된다.
이때 회전시키려는 힘을 **모멘트** 또는 **토오크**라고 한다.
식으로 나타내면 모멘트 $\vec{M} = \vec{r} \times \vec{F}$로 정의된다.
그러므로 모멘트의 크기는

$|\vec{M}| = |\vec{r} \times \vec{F}| = F r \sin\theta$가 된다.

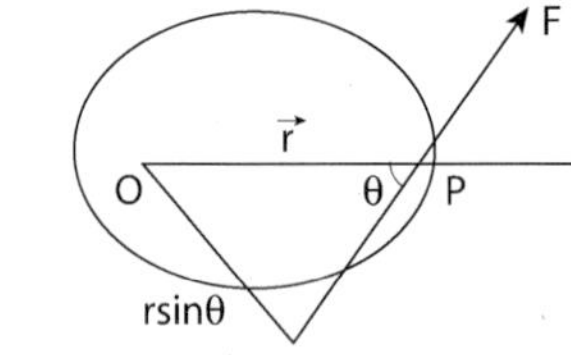

■ 모멘트
$M = F \cdot r \sin\theta$
$\theta = 90°$일 때
$M = F \cdot r$

(1) 짝 힘

나사, 자동차의 핸들, 수도꼭지 등을 돌릴 때 크기가 같고 방향이 반대인 평행력이 작용한다. 이때 두 힘에 의해 회전효과가 나타나는데 이처럼 힘의 크기가 같고 방향이 반대이면서 평행한 두 힘을 **짝힘**이라고 한다.
따라서 모멘트는

$M = F \cdot l_1 + F \cdot l_2 \quad l = l_1 + l_2$
$M = F \cdot l$ 와 같이 나타난다.

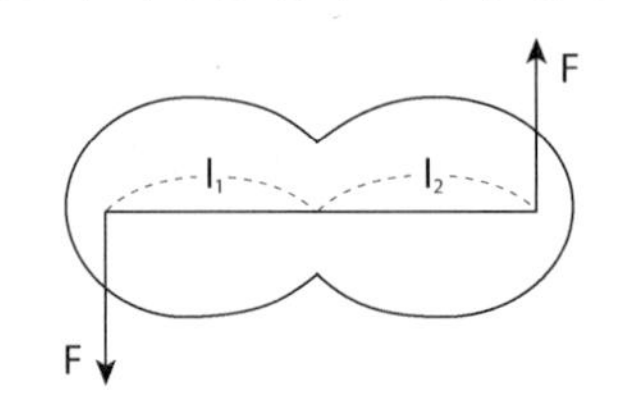

KEY POINT

(2) 평행력의 합성

① 물체의 평형

크기가 있는 물체에 작용점이 다른 여러 힘이 작용하여 평형을 이루려면 병진운동과 회전운동을 하지 않아야 한다.

즉 물체에 작용하는 힘의 합력

$$F_1 + F_2 + \cdots = \Sigma F_i = 0$$ 가 되고

물체에 작용하는 모멘트의 합

$$M_1 + M_2 + \cdots = \Sigma M_i = 0$$ 가 되어야 한다.

a. 병진운동 : 물체의 모든 질점이 같은 운동경로를 그리면서 같은 변위를 갖는 운동
b. 회전운동 : 물체를 구성하는 모든 질점이 회전축을 중심으로 원운동 하는 것

예제2

길이가 L 이며 질량이 M 인 사다리가 45도의 각도로 마찰이 없는 벽면에 기대어 있다. 균일한 질량 분포를 갖고 있는 사다리가 미끄러지지 않고 이 상태를 유지하기 위해 바닥면의 정지마찰계수가 만족해야하는 조건은? (2019년 서울시 7급)

① $\mu \geq 1/2$　　② $\mu \geq 1/3$

③ $\mu \geq 1/4$　　④ $\mu \geq 2/3$

풀이 힘의 평형에서 $Mg = N$

$F = R$

돌림힘의 평형에서

$\frac{L}{2} \times Mg \sin 45 = L \times F \sin 45$

$F = \frac{1}{2} Mg$　$R = \mu N$에서　$R = F$이므로

$\frac{1}{2} Mg = \mu \times Mg$　$\mu = \frac{1}{2}$ 이다.

정답은 ①이다.

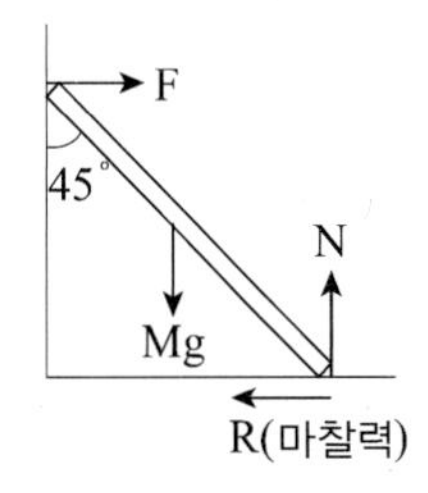

② 평행력의 합성

㉠ 같은 방향의 두 평행력

오른쪽 그림에서 힘 F_1에 의한 회전력과 힘 F_2에 의한 회전력의 크기가 같을 때 물체는 회전하지 않는다.

따라서 $F_1 l_1 = F_2 l_2$이고 두 힘 F_1, F_2의 합력은 $F = F_1 + F_2$이다.

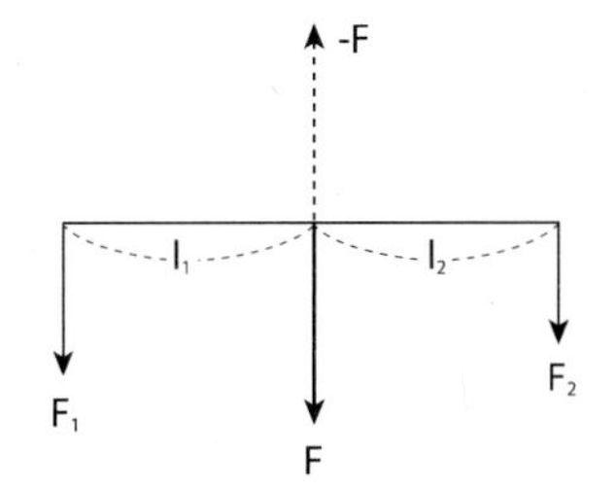

KEY POINT

㉡ 반대 방향의 두 평행력

오른쪽 그림과 같이 반대 방향의 두 힘 F_1과 F_2가 작용할 때 두 힘에 의한 회전력의 크기가 같을 때 물체는 회전하지 않는다. 즉 모멘트의 크기가 같다.

따라서 $F_1 l_1 = F_2 l_2$이고 두 힘의 합력은 $F = |F_1 - F_2|$이다.

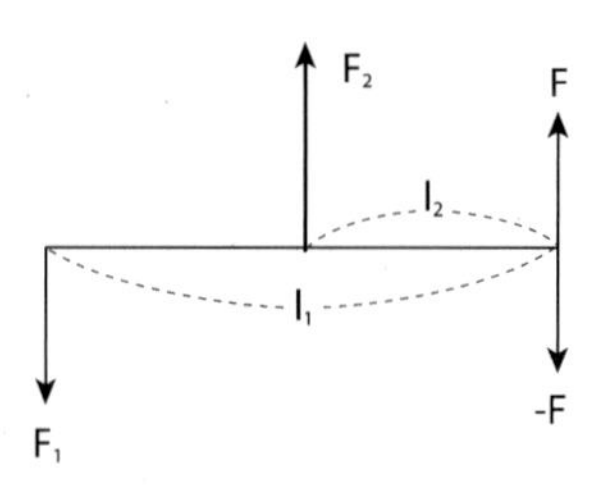

예제3

그림과 같이 길이가 60 cm이고 질량이 10 kg인 균일한 막대의 왼쪽 끝으로부터 10 cm 떨어진 지점에 질량이 6 kg인 구형 물체를 올려놓았다. 이 막대의 양쪽 끝을 두 받침점 A, B로 받쳐서 수평을 이루고 있을 때, 받침점 A와 받침점 B에 가해지는 힘의 크기는 각각 F_A, F_B이다. $F_A : F_B$는? (2019년 국가직 7급)

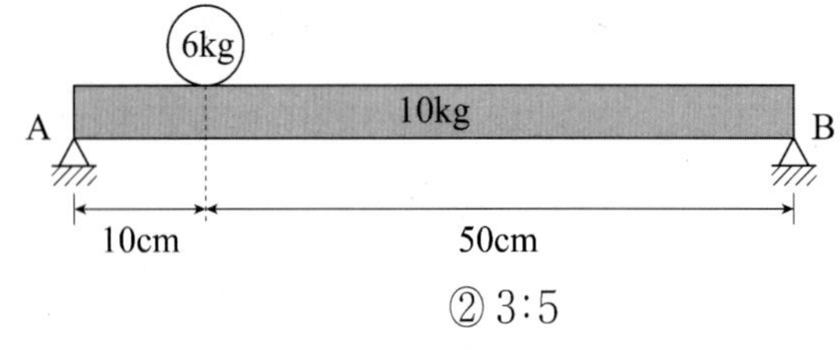

① 1:5 ② 3:5
③ 5:1 ④ 5:3

풀이 $N_A + N_B = 60 + 100$ $0.1\times60 + 0.3\times100 = 0.6\times N_B$ $360 = 6N_B$

$N_B = 60(N)$ $N_A = 100(N)$

$N_A : N_B = 5:3$ 정답은 ④이다.

(3) 무게중심

물체의 각 부분에 작용하는 중력의 합력의 작용점을 무게중심이라 한다.

물체의 각 부분의 무게 좌표를 $(x_1,\ y_1)$ $(x_2,\ y_2)$……라 하고 물체 전체의 무게 중심의 좌표를 $(x,\ y)$라 하면 무게 중심에서 모멘트는 각 부분의 모멘트의 합과 같다. 즉

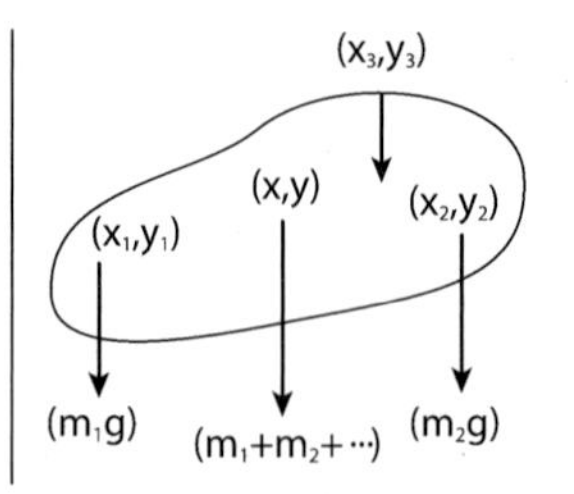

$$(m_1 + m_2 + m_3 + \cdots)gx = m_1 gx_1 + m_2 gx_2 + \cdots$$

$$x = \frac{m_1 x_1 + m_2 x_2 + \cdots}{m_1 + m_2 + \cdots}$$

KEY POINT

$$(m_1 + m_2 + m_3 + \cdots)gy = m_1 gy_1 + m_2 gy_2 + \cdots$$

$$y = \frac{m_1 y_1 + m_2 y_2 + \cdots}{m_1 + m_2 + \cdots}$$ 와 같이

무게중심의 좌표 x, y를 구할 수 있다.

예제4

xy 평면에 놓여 있는 질량이 m인 세 개 입자의 위치벡터는 $\vec{r}_1$, $\vec{r}_2$, $\vec{r}_3$이다. 이 입자계에 질량이 $2m$인 입자를 추가하여 네 개의 입자들로 이루어진 입자계의 질량중심이 원점에 놓이도록 하려면, 추가될 입자의 위치벡터는?

(2021 서울시 7급)

$\vec{r}_1 = -5a\hat{x} + 3a\hat{y}$, $\vec{r}_2 = a\hat{x} + a\hat{y}$, $\vec{r}_3 = 5a\hat{x} - 6a\hat{y}$

① $a\hat{x} - 2a\hat{y}$　　② $-\frac{a}{2}\hat{x} + a\hat{y}$

③ $-\frac{a}{2}\hat{x} - a\hat{y}$　　④ $-a\hat{x} + 2a\hat{y}$

풀이 질량 중심은 $x = \frac{m_1 x_1 + m_2 x_2 + m_3 x_3 + \cdots}{m_1 + m_2 + m_3 + \cdots}$

$y = \frac{m_1 y_1 + m_2 y_2 + m_3 y_3 + \cdots}{m_1 + m_2 + m_3 + \cdots}$ 에서

원점에 질량 중심이 놓이므로 $x = 0$, $y = 0$

$0 = \frac{m\times(-5a) + m(a) + m(5a) + 2m\times(x_4)}{m + m + m + 2m}$

$x_4 = -\frac{1}{2}a$

$0 = \frac{m\times(3a) + m(a) + m(-6a) + 2m\times(y_4)}{m + m + m + 2m}$

$y_4 = a$

정답은 ②이다.

3 관성 모멘트

(1) 관성 모멘트란 회전상태를 계속 유지하려 하는 성질의 크기로 관성 모멘트 I는

$I = \Sigma m_i r_i^2 = \int r^2 dm$ 으로 정의된다.(m은 질량 r은 회전 반경)

I의 단위는 kgm^2이다.

KEY POINT

(2) 회전운동에너지

일반적으로 질량 m인 물체가 v속도로 운동할 때 그 물체가 갖는 운동에너지 E_k는 $E_k = \frac{1}{2}mv^2$

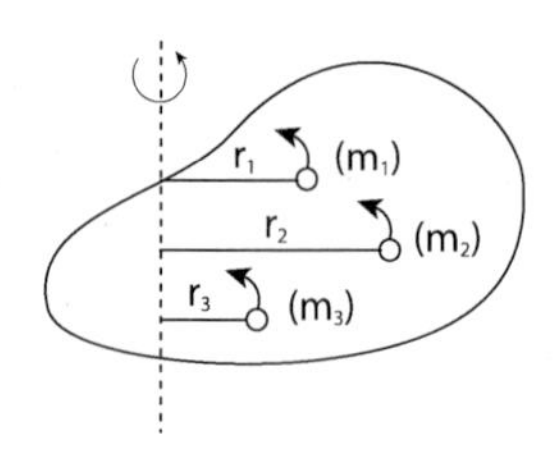

으로 표현된다. 그런데 오른쪽 그림과 같이 물체가 제자리에서 각속도 w로 회전운동을 할 때 운동에너지는 물체의 각 부분별로 속력이 다르므로 운동에너지 E_k는

$$E_k = \frac{1}{2}mv^2 = \frac{1}{2}m_1{v_1}^2 + \frac{1}{2}m_2{v_2}^2 + \frac{1}{2}m_3{v_3}^2 + \cdots\cdots$$

와 같이 구할 수 있다.

선속도 $v = rw$ 이고

각속도 w는 모든 점에서 일정하므로 E_k는

$$E_k = \frac{1}{2}m_1(r_1 w)^2 + \frac{1}{2}m_2(r_2 w)^2 + \frac{1}{2}m_3(r_3 w)^2 + \cdots\cdots$$

$$= \frac{1}{2}(m_1{r_1}^2 + m_2{r_2}^2 + m_3{r_3}^2 + \cdots\cdots)w^2 + \cdots\cdots$$

으로 나타낼 수 있고 관성 모멘트 $I = \Sigma m_i {r_i}^2$이므로

$$E_k = \frac{1}{2}Iw^2$$

으로 각 운동량 w로 회전운동하는 물체의 운동에너지를 구할 수 있다.

(3) 여러 가지 관성 모멘트

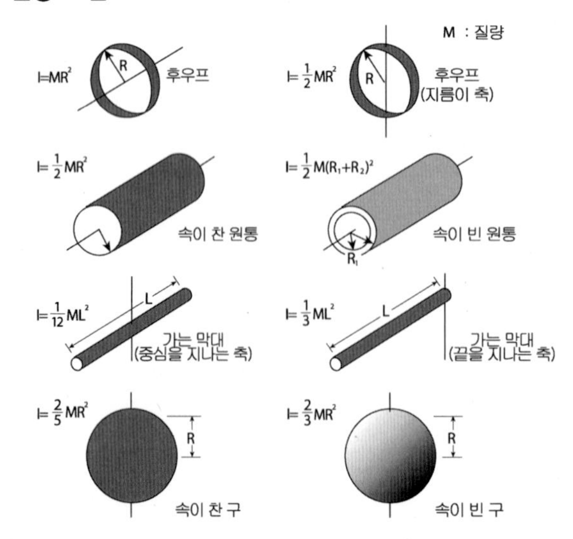

예제5

그림과 같이 질량이 m, 3m인 추들이 질량 2m, 반지름 R인 원판형 도르래를 통해 줄로 연결되어 있다. 추들이 등가속도로 움직이고 있을 때, 각추를 연결하는 줄에 작용하는 장력의 차이 $T_1 - T_2$는? (g는 중력가속도이다. 단, 도르래의 관성 모멘트는 mR^2이고, 도르래는 줄과 미끄러짐 없이 회전하며, 줄의 질량, 도르래 회전축에서의 마찰 및 공기저항은 무시한다.) (2011년 지방직 7급)

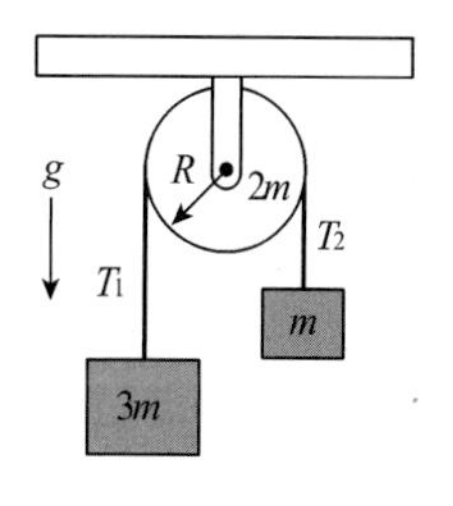

① 0.2mg ② 0.4mg

③ 0.8mg ④ 1.2mg

풀이 $3mg - T_1 = 3ma$ … ①　　$T_2 - mg = ma$ … ②

도르래에서 $RT_1 - RT_2 = I\alpha$　　$R(T_1 - T_2) = mR^2\alpha$

$T_1 - T_2 = ma$ … ③

①, ② 두 식을 더하면

$2mg - T_1 + T_2 = 4ma$　　$2mg - (T_1 - T_2) = 4ma$

③식을 대입하면

$2mg = 4(T_1 - T_2) + (T_1 - T_2)$

$T_1 - T_2 = \frac{2}{5}mg$ 그러므로 정답은 ②이다.

예제6

질량이 M이고 반지름 R인 원통 모양의 실패가 정지해 있다. 지면으로부터 높이가 $2R$인 곳에서, 실패에 감긴 실을 잡아당겨 실이 지면과 평행한 방향으로 풀리며 일정한 힘 F가 실패에 전달되어 실패가 미끄러짐 없이 굴러간다. 실패의 질량 중심이 길이 L만큼 이동했을 때 질량 중심의 이동속력은? (단, 원통 모양 실패의 밀도는 균일하며, 실의 질량은 무시한다) (2021 서울시 7급)

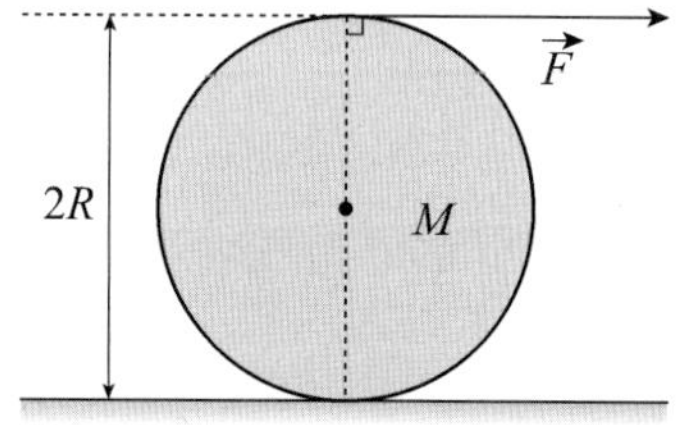

① $\sqrt{\frac{4}{3}\frac{FL}{M}}$ ② $\sqrt{\frac{10}{7}\frac{FL}{M}}$

③ $\sqrt{\frac{2FL}{M}}$ ④ $\sqrt{\frac{8}{3}\frac{FL}{M}}$

풀이 굴림운동에서 회전중심은 바닥의 접점이다. 돌림힘은 2RF = $I\alpha$

$I = I_o + (R)^2M = \frac{1}{2}MR^2 + MR^2 = \frac{3}{2}MR^2$

$2RF = \frac{3}{2}MR^2\alpha$　　$F = \frac{3}{4}MR\alpha$

중심에서 속력은 RW이고 중심에서 가속도는 $R\alpha$이다.

$F = \frac{3}{4}Ma$　　$a = \frac{4F}{3M}$

$v^2 - v_o^2 = 2as$ 에서

$v^2 = 2 \times \frac{4F}{3M} \times L$,　　$v = \sqrt{\frac{8FL}{3M}}$ 이다. 정답은 ④이다.

KEY POINT

■ 평행축 정리

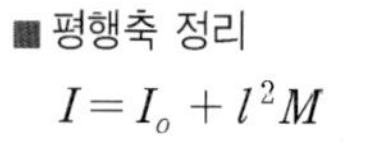
$I = I_o + l^2M$

■ 각 운동량도 보존이 된다.

$I_1 w_1 = I_2 w_2$

(4) 평행축의 원리

중심축이 아닌 중심으로부터 거리 l 만큼 떨어진 곳을 축으로 하여 질량 M인 물체가 회전할 때 관성 모멘트는 중심축의 관성 모멘트를 I_o 라고 하면 이 물체의 관성 모멘트 I는

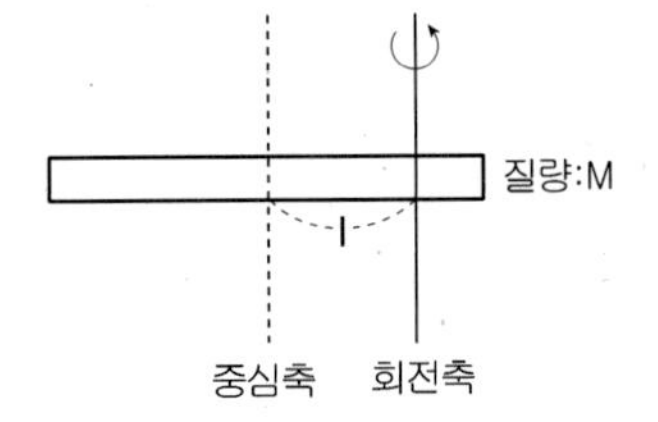

$$I = I_o + l^2 M$$

이 된다. 이것을 **평행축의 원리**라고 한다.

■ 평행축 정리
$I = I_o + l^2 M$

(5) 각 운동량

각 운동량은 병진운동에서 선운동량 $\vec{P} = m\vec{v}$에 대응되는 회전운동에서 물리량으로 각 운동량 $\vec{L} = \vec{r} \times \vec{P} = \vec{r} \times m\vec{v}$로 정의되는 벡터이다.

■ 각 운동량도 보존이 된다.
$I_1 w_1 = I_2 w_2$

질량 m인 물체가 반지름 r의 원주상을 속력 v로 운동하고 있는 경우를 생각해 보자.

이 때 물체의 운동량을 P라 하면 운동방정식은

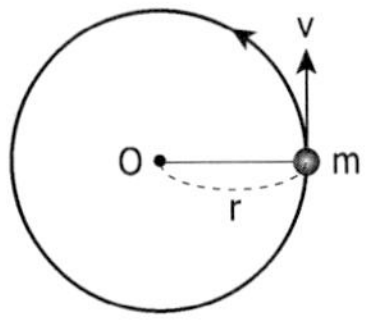

$$\mathrm{F} = \frac{\Delta P}{\Delta t} = \frac{\Delta(mv)}{\Delta t}$$

가 되므로 이 식의 양변에 반지름 r를 곱해주면

$$\mathrm{Fr} = \frac{\Delta(mrv)}{\Delta t} = \frac{\Delta(mr^2 w)}{\Delta t}$$

$$= \Delta\frac{(Iw)}{\Delta t} = \frac{\Delta L}{\Delta t}$$

이 된다.

만약 물체에 작용하는 힘의 모멘트 Fr가 0이면 각 운동량의 변화 $\Delta L = 0$ 즉, 각 운동량은 일정하게 보존된다. 이것을 각 운동량 보존의 법칙이라 한다.

크기는 $L = rmv\ \sin\theta$이고 $\vec{r}$과 $\vec{P}$ 사이의 각도 θ가 90°이면 $L = rmv$ 이다.

또 $v = rw$(w : 각속도)이므로 $L = r^2 mw = Iw(I = mr^2)$와 같이 나타내기도 한다.

얼음판 위에서 자전운동을 하고 있던 사람이 양팔을 펴고 있다가 팔을 오므리면 갑자기 자전각속도가 빨라지는 것을 볼 수 있다. 이것은 팔을 오므리면 사람의 관성모멘트는 작아지나 각운동량은 팔을 오므리기 전후에서 일정하게 보존되기 때문에 회전 각속도가 빨라지는 것이다.

KEY POINT

예제7

80N 이상의 힘으로 잡아당기면 끊어지는 줄 끝에 매달린 질량 4kg의 공이 그림과 같이 등속원운동을 하고 있다. 원운동을 하는 공의 회전축 OP에 대한 최대 각운동량(J·s)에 가장 가까운 것은? (단, 끊어지기 전 줄의 길이는 80cm로 일정하다. 공의 크기는 무시하고, 중력가속도 g는 $10m/s^2$이다.) (2011년 지방직 7급)

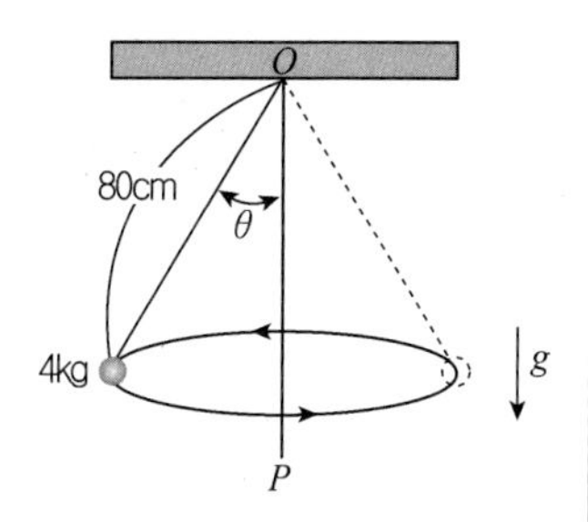

① 6　② 8
③ 10　④ 12

풀이 $mg = T\cos\theta$　$40 = 80\cos\theta$

$\cos\theta = \frac{1}{2}$　$\theta = 60°$

원심력 $\frac{mv^2}{r}$은 $\frac{mv^2}{r} = T\sin\theta$이고, 반지름 r은 $r = l\sin 60°$ 이므로

$$\frac{4\times v^2}{0.8\times\frac{\sqrt{3}}{2}} = 80\times\frac{\sqrt{3}}{2}$$

$4v^2 = 64\times\frac{3}{4}$　$v = \sqrt{12}m/s$

$L = r\times mv = 0.8\times\frac{\sqrt{3}}{2}\times 4\times 2\sqrt{3} = 9.6$

정답은 ③이다.

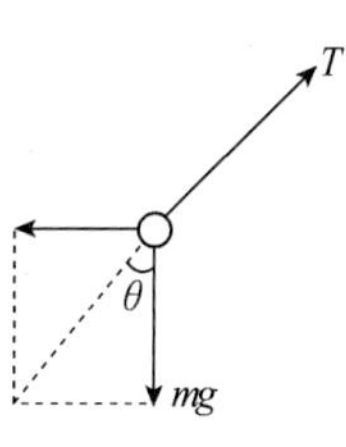

※ 각 운동량 보존에 따른 우주선의 방향 잡기

중력도 없고 공기도 없는 우주 공간에 떠 있는 우주선이 방향을 전환하기 위해서 각 운동량 보존의 법칙을 이용한다.

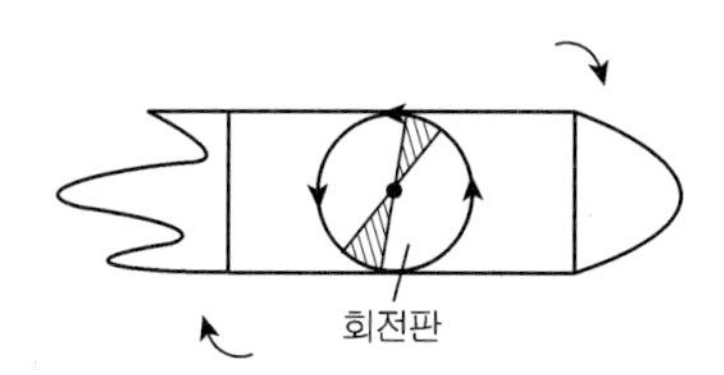

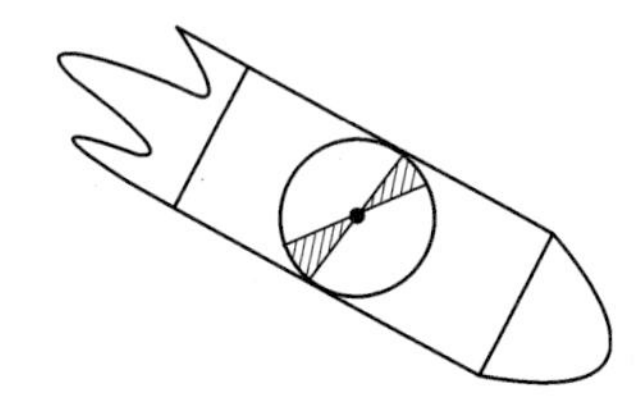

KEY POINT

예제8

고정된 핀을 축으로 자유롭게 회전할 수 있는 막대가 수직 방향으로 정지한 상태로 있다. 질량 m인 점입자가 수평 방향의 속력 v로 날아와 점 P에 달라붙은 직후 막대의 각속력은? (단, 핀에 대한 막대의 관성 모멘트는 I이다) (2015년 국가직 7급)

① $\dfrac{mvL}{I}$

② $\dfrac{mv}{I+mL}$

③ $\dfrac{mv}{1+mL^2}$

④ $\dfrac{mvL}{I+mL^2}$

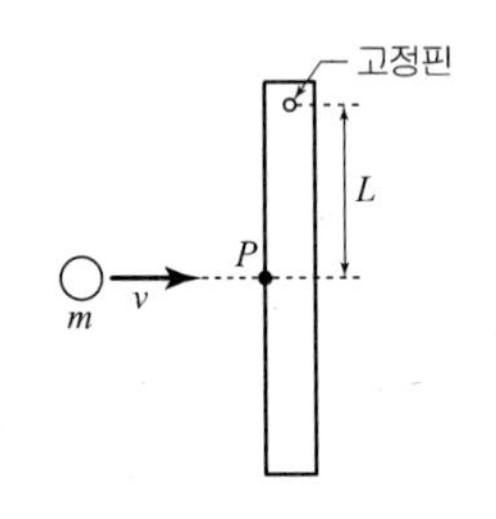

풀이 충돌 전후의 각운동량이 보존된다. 질량이 m인 물질이 충돌하기 직전의 관성모멘트는 mL^2이고 이 때 각속력을 ω라 하고, 충돌 후 한 덩어리가 된 물체의 각속력을 ω'라고 하면 $\omega=\dfrac{v}{L}$이다. 또한 충돌 후 관성모멘트는 $I+mL^2$이 된다. 각운동량 보존법칙을 적용하면 $mL^2\times\dfrac{v}{L}=mvL=(I+mL^2)\omega'$이다.

따라서 $\omega'=\dfrac{mvL}{I+mL^2}$이다. 정답은 ④이다.

(6) 경사면 위에서 굴림운동

오른쪽 그림과 같이 회전체가 높이 h되는 경사면 위에서 굴림운동으로 내려올 때 회전체의 중심 속도 v를 구해 보면

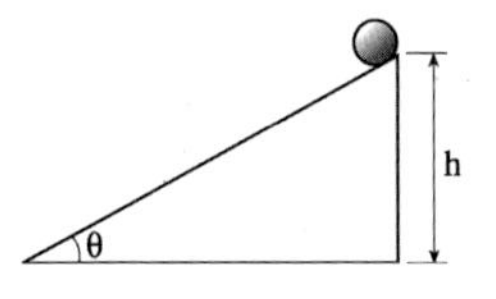

위치에너지 = 운동에너지에서

운동에너지는 병진 운동에너지 $\dfrac{1}{2}mv^2$과 회전운동에너지 $\dfrac{1}{2}Iw^2$ 이므로

$\dfrac{1}{2}mv^2+\dfrac{1}{2}Iw^2=mgh$ 이다.

$v=rw$에서 $w=\dfrac{v}{r}$ 이므로 $\dfrac{1}{2}mv^2+\dfrac{1}{2}I(\dfrac{v}{r})^2=mgh$

$v^x(m+\dfrac{I}{r^2})=2mgh$ 에서 $v=\sqrt{\dfrac{2mgh}{m+\dfrac{I}{r^2}}}$ 이다.

따라서 관성모멘트 $I=\Sigma m_i r_i^2$ 이므로 속도 v는 회전체의 질량과 반지름에는 관계없고 관성모멘트 I의 값이 작을수록 크다.

KEY POINT

예제9

질량 M, 반경 R인 균일하게 속이 꽉 찬 원판이 그림과 같이 높이 h의 경사면 위에서 미끄러지지 않고 굴러서 내려가고 있다. 경사면 바닥에서 원판 무게중심의 속력은? (단, g는 중력가속도이며 공기저항은 무시한다.) (2018년 국가직 7급)

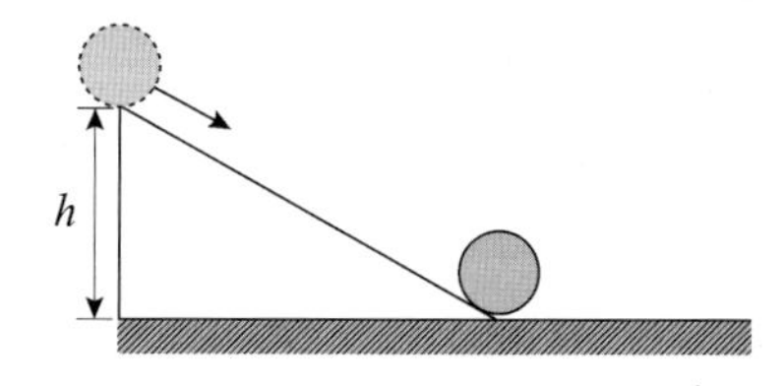

① $\sqrt{\dfrac{4gh}{3}}$ ② $\sqrt{\dfrac{2gh}{3}}$

③ $\sqrt{2gh}$ ④ $\sqrt{gh}$

풀이 균일하게 속이 꽉 찬 원판의 관성모멘트 $I=\dfrac{1}{2}mr^2$이다. 에너지 보존 법칙에 의해

$mgh=\dfrac{1}{2}I\omega^2+\dfrac{1}{2}mv^2$이고, $\omega=\dfrac{v}{r}$이므로 $mgh=\dfrac{1}{2}I\left(\dfrac{v}{r}\right)^2+\dfrac{1}{2}mv^2$이다.

따라서 $v=\sqrt{\dfrac{4gh}{3}}$ 정답은 ①이다.

예제10

질량 M, 반지름 R인 균일한 원형 회전판이 고정된 중심축에 대해 자유롭게 회전할 수 있는 상태에서 수평하게 정지해 있다. 원형 회전판의 접선 방향으로 질량이 m인 사람이 속력 v로 달려가서 이 원판의 가장자리에 올라탄 직후의 회전판의 각속도의 크기는? (단, 사람의 크기는 무시한다) (2021 서울시 7급)

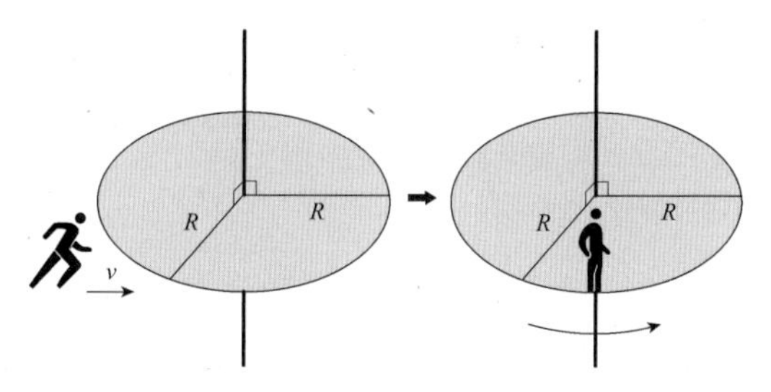

① $\dfrac{mv}{\left(\dfrac{M}{2}+m\right)R}$ ② $\dfrac{mv}{(M+m)R}$

③ $\dfrac{mv}{(2M+m)R}$ ④ $\dfrac{mv}{(4M+m)R}$

풀이 각 운동량 보존의 법칙에서 $R\times mv=(I_{사람}+I_{원판})w$ 이고 사람과 원판의 관성모멘트는

각각 $I_{사람}=mR^2$ $I_{원판}=\dfrac{1}{2}MR^2$이므로

$w=\dfrac{mv}{\left(\dfrac{M}{2}+m\right)R}$이다. 정답은 ①이다.

KEY POINT

4 경사면 위에서 굴림운동

물체가 운동할 때 물체의 각 조각들의 선운동 속도가 같은 경우 병진운동이라 하고 물체의 각 부분들의 각속도가 같은 경우에는 회전 운동이라고 한다.
병진 및 회전운동이 결합된 중요한 예는 아래 그림에서와 같이 미끄러지지 않고 굴러가는 바퀴의 운동과 같은 것이다.
이런 운동을 굴림 운동이라고 한다.

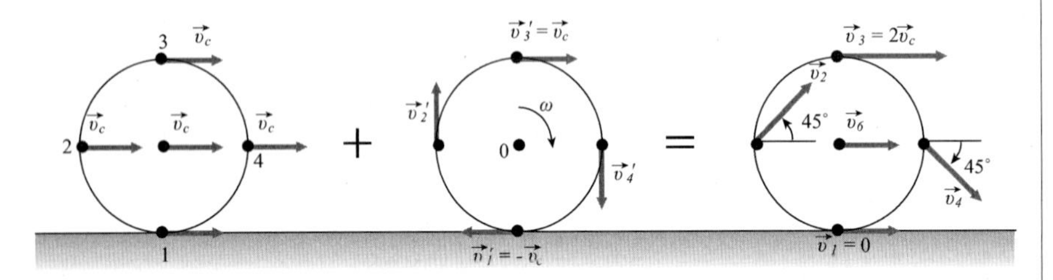

지면과 접촉한 점에서의 순간속도는 0이고 바퀴의 윗부분 v_3는 질량 중심보다 2배 빨라서 $2v_o$이다. 즉 순간적으로 바퀴는 지면에 접촉한 점을 지나는"순간적인 회전축"을 중심으로 회전한다. 이 축에 대한 각속도 w는 질량 중심을 지나는 축에 대한 각속도 w와 같고 따라서 바퀴 위의 모든 점의 선속도는 $v = rw$이다.

예제11

반지름이 0.5m이고 질량이 균일하게 분포하고 있는 4kg의 원판이 그 중심을 회전축으로 하여 각속도 w_0로 돌고 있다. 이 때 질점으로 간주할 수 있는 질량 0.2kg인 물체를 원판의 가장자리에 가만히 올려놓는다면, 원판의 각 속도 w는? (단, 물체의 무게로 인하여 원판이 기울어지는 효과는 없으며, 올려놓은 물체는 미끄러지지 않고 원판과 함께 회전한다) (2008년 행정자치부 7급)

① 약 1.2 w_0
② 약 1.1 w_0
③ 약 0.91 w_0
④ 약 0.83 w_0

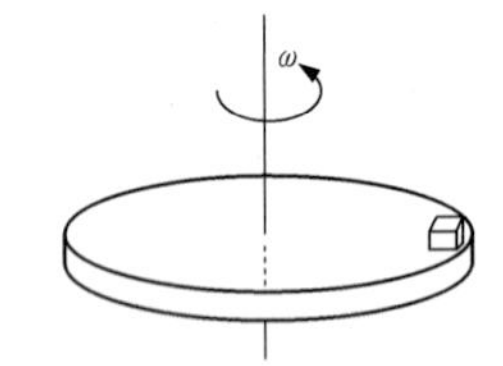

풀이 각 운동량 보존에 의해

$$I_{판} w_0 = (I_{판} + I_{점}) w \quad \begin{cases} I_{판} = \frac{1}{2} \times 4 \times 0.5^2 = 0.5 \\ I_{점} = 0.2 \times 0.5^2 = 0.05 \end{cases}$$

$$0.5 w_0 = 0.55 w$$

$$w = \frac{50}{55} w_0 = \frac{10}{11} w_0 = 0.91 w_0$$

KEY POINT

예제12

밀도가 균일하고 길이가 L, 질량이 m인 가느다란 막대가 그림과 같이 한쪽 끝을 회전축으로 진동하고 있는 물리진자가 있다. 이 진자의 주기가 T일 때 다른 조건은 그대로 두고 질량을 $2m$으로 하면 진자의 주기는? (단, 진자의 진폭은 매우 작다) (2020년 국가직)

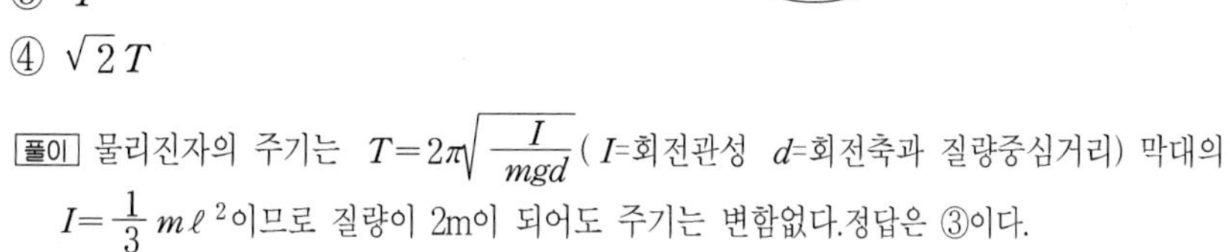

① $\frac{1}{2}T$

② $\frac{1}{\sqrt{2}}T$

③ T

④ $\sqrt{2}T$

풀이 물리진자의 주기는 $T=2\pi\sqrt{\frac{I}{mgd}}$ (I=회전관성 d=회전축과 질량중심거리) 막대의 $I=\frac{1}{3}m\ell^2$이므로 질량이 2m이 되어도 주기는 변함없다.정답은 ③이다.

연습문제

1 물체가 평형상태에 있기 위한 조건은?(단, F = 힘 τ = 토오크)

① $\Sigma \overrightarrow{F_i} = 0$ $\Sigma \overrightarrow{\tau_i} = 0$
② $\Sigma \overrightarrow{F_i} = 0$ $\Sigma \overrightarrow{\tau_i} \neq 0$
③ $\Sigma \overrightarrow{F_i} \neq 0$ $\Sigma \overrightarrow{\tau_i} = 0$
④ $\Sigma \overrightarrow{F_i} \neq 0$ $\Sigma \overrightarrow{\tau_i} \neq 0$

2 다음 중 모멘트의 단위를 나타낸 것은?

① g cm/s
② dyne/cm
③ dync/cm^2
④ g중/cm
⑤ g중 · cm

3 그림과 같은 지레에서 평형이 유지되려면 F_1과 힘 F_2의 비는?

① 2 : 3
② 3 : 2
③ $\frac{1}{3}$: $\frac{1}{2}$
④ $\sqrt{2}$: $\sqrt{3}$
⑤ 9 : 4

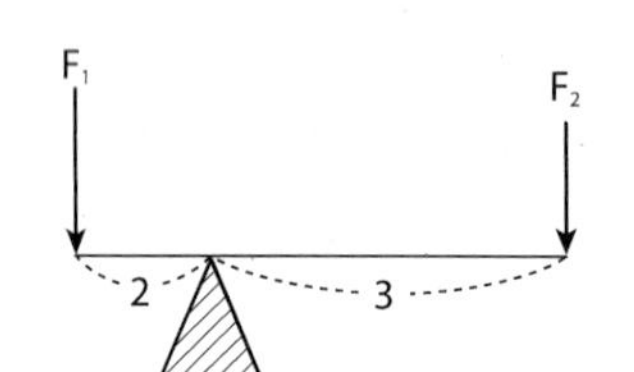

4 그림과 같이 판자의 세로 중간되는 점 A에 고리가 끼워져 있다. 판자의 고리를 중심으로 연직면에서 자유롭게 회전할 수 있을 때 B부분에 얼마의 힘을 작용시켜야 평행을 유지할 수 있겠는가?(G는 무게중심)

① $\frac{w}{4}$
② $\frac{w}{2}$
③ w
④ $\sqrt{2}w$
⑤ $2w$

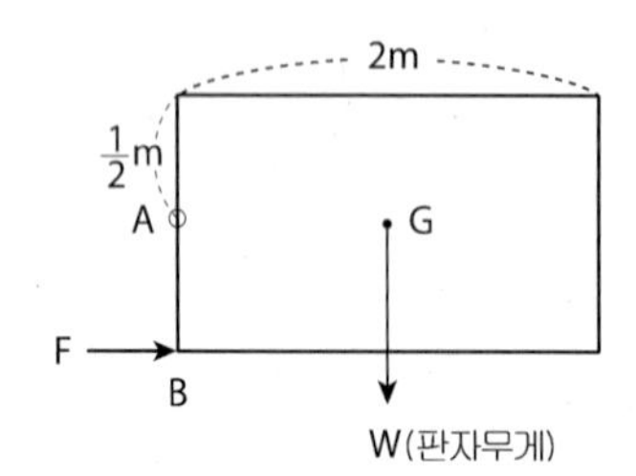

해설

해설 **2**
$\overrightarrow{M} = \overrightarrow{r} \times \overrightarrow{F}$에서 크기는 $m \cdot N$
즉, 힘과 거리의 곱이 된다.
따라서 g중 cm

해설 **3**
F_1과 F_2에 의한 모멘트 값이 같아야 하므로 $F_1 \times 2 = F_2 \times 3$
따라서 $F_1 : F_2 = 3 : 2$

해설 **4**
판자 무게 중심에 의한 모멘트와 힘 F에 의한 모멘트가 같아야 하므로
$w \times 1 = F \times \frac{1}{2}$에서 $F = 2w$

정답 1. ① 2. ⑤ 3. ② 4. ⑤

5 무게가 1kg중 2kg중인 AB, BC막대를 그림과 같이 붙였을 때 그 무게 중심은 A에서 몇 cm인 곳인가?

① 16cm
② 18cm
③ 20cm
④ 22cm
⑤ 25cm

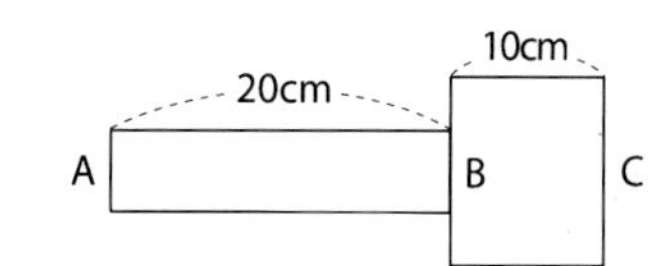

6 질량 M이고 반경 a인 밀도가 균일한 속이 찬 구가 있다. 이 구의 중심을 지나는 축에 대한 관성 모멘트는 $\frac{2}{5}Ma^2$이다. 이 구의 표면을 스쳐 지나가는 축에 대한 관성 모멘트는?

① $\frac{2}{5}Ma^2$
② $\frac{4}{5}Ma^2$
③ Ma^2
④ $\frac{6}{5}Ma^2$
⑤ $\frac{7}{5}Ma^2$

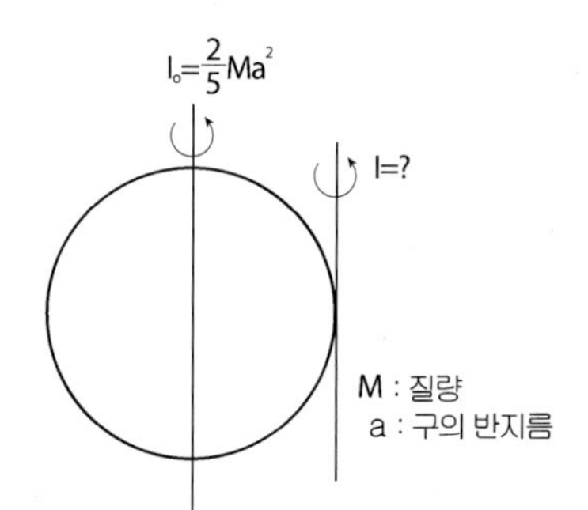

7 반지름 1m 질량 2kg인 균일한 속이 찬 원통이 그림과 같이 장치되어 마찰없이 회전할 수 있다. 이 원통에 실이 감겨져 있고 실 끝에 질량 1kg인 물체가 매달려 있다. 이 물체의 가속도는 얼마인가? (단, $g=10\,\text{m/s}^2$ 이다.)

① 0.5m/s^2
② 1.0m/s^2
③ 2.0m/s^2
④ 3.3m/s^2
⑤ 5.0m/s^2

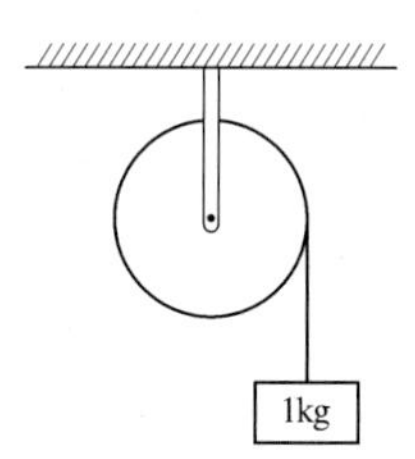

해 설

해설 **5**

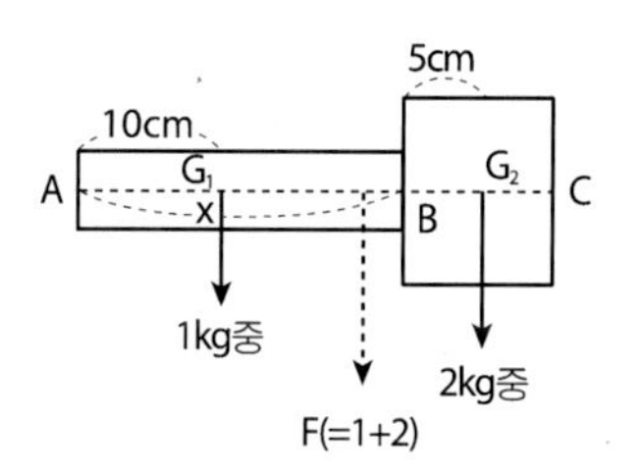

그림에서 A를 기준위치라 하면 G_1과 G_2에서의 모멘트의 합은 A점에서 x위치의 무게중심에 의한 모멘트와 같다.
따라서(1kg중×10)+(2kg중+25)
=(1+2)kg중× x
$x=20$

해설 **6**

평행축 원리에 의해
$I=I_o+Ma^2$에서
$I=\frac{2}{5}Ma^2+Ma^2=\frac{7}{5}Ma^2$

해설 **7**

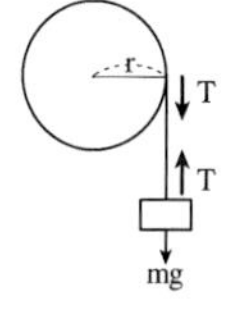

그림에서 $mg-T=ma$ 이고
모멘트 $T\cdot r=I\alpha$ 이다.
원통이므로 모멘트 I는
$I=\frac{1}{2}mr^2=1\,\text{kgm}^2$ 이고
$r=1\,\text{m}$ 이므로 $T=\alpha$ 이다.
$mg-T=mg-\alpha=ma$ 가 되고
$a=r\alpha$ 이므로
$mg-\alpha=mr\alpha$ $10-\alpha=1\times1\times\alpha$
$\alpha=5\,\text{rad/s}^2$ 이고 가속도 $a=r\alpha$ 에서 $a=5\,\text{m/s}^2$ 이다.

정답 5. ③ 6. ⑤ 7. ⑤

8 반경 R, 질량 m인 굴렁쇠가 경사각 θ인 경사면을 미끄러지지 않고 굴러 내릴 때 가속도는?

① 0
② g
③ $\frac{1}{2}g$
④ $\frac{1}{2}g\cos\theta$
⑤ $\frac{1}{2}g\sin\theta$

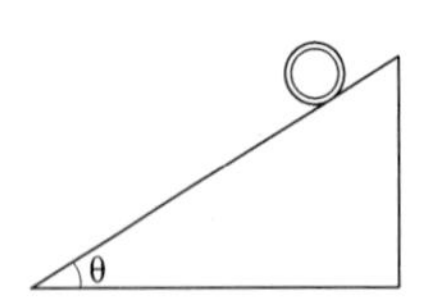

9 길이 1m 질량 1kg인 균일한 막대가 한쪽 끝을 중심으로 3rev/sec로 일정하게 회전하고 있다. 회전축에 대한 이 막대의 각 운동량은?

① 1J·S
② 2J·S
③ πJ·S
④ 2πJ·S
⑤ 4πJ·S

10 관성 모멘트가 30kg·m² 인 반지름 1m인 원형 회전판이 4rad/sec의 각속도로 회전하고 있다. 질량이 30kg인 어린이가 지름방향으로 이 회전판 가장자리에 뛰어 오른 직후의 각속도는?

① 0.9rad/s
② 1rad/s
③ 2rad/s
④ 2.8rad/s
⑤ 4rad/s

해 설

해설 **8**

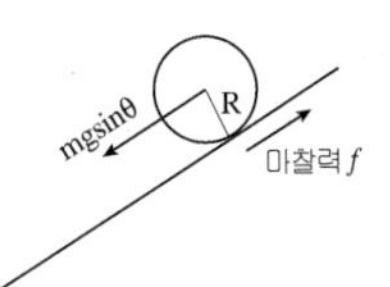

그림에서 $mg\sin\theta - f = ma$
이고 모멘트 $fR = I\alpha$ 이다.
$f = \frac{I\alpha}{R}$ 이므로
$mg\sin\theta - \frac{I\alpha}{R} = ma$ 이고
굴렁쇠의 모멘트는 $I = mR^2$ 이므로
$mg\sin\theta - \frac{\alpha}{R}mR^2 = ma$ 에서
$g\sin\theta - R\alpha = a$ 이고 $g\sin\theta = 2a$
이다.
따라서 가속도 $a = \frac{1}{2}g\sin\theta$ 이다.

해설 **9**

각운동량은 $L = Iw$ 이다.
$I = \frac{1}{3}ml^2$ 이고 $w = 2\pi f$ 이므로
$m = 1\text{kg}$ $l = 1\text{m}$ $f = 3HZ$ 이므로
$L = \frac{1}{3} \times 1 \times 1^2 \times 2\pi \times 3 = 2\pi J \cdot S$
이다.

해설 **10**

각 운동량 보존의 법칙에서
$r_1 \times m_1 v_1 = r_2 \times m_2 v_2$ 이므로
$I_1 w_1 = I_2 w_2$ 이다.
$I_1 w_1 = 30 \times 4 = 120\,\text{kgm}^2/\text{s}$
$I_2 w_2 = (I_{원판} + I_{어린이}) w_2$ 에서
$I_{원판} = 30\,\text{kgm}^2$ 이고
$I_{어린이} = mr^2 = 30 \times 1^2 = 30\,\text{km}^2$
이다.
따라서 $120 = (30 + 30) w_2$ 에서
$w_2 = 2\,\text{rad/s}$ 이다.

정답 8. ⑤ 9. ④ 10. ③

2. 유체역학

KEY POINT

물질의 상태는 보통 세 가지 즉 고체, 액체, 기체 중의 하나로 분류된다. 일상적인 경험에 의하면 고체는 일정한 형태와 부피를 갖고 있다. 액체는 양에 따른 부피는 갖고 있지만 형태가 일정하지 않다. 또 고체와는 달리 액체나 기체는 흐를 수 있는데 이러한 물질을 유체라고 한다. 공기와 같은 기체는 압력에 따라, 온도에 따라 부피 변화가 심하므로 이 장에서 유체라 함은 주로 액체에 대해서 논하기로 한다. 또 유체를 공부함에 있어 질량과 힘 보다는 밀도와 압력으로 대신 쓰는 것이 매우 유용하다.

1 밀도와 비중

(1) 밀 도

밀도란 균질한 물질의 단위 부피당의 질량을 말한다.

즉 밀도 $\rho = \frac{m}{v}$ (m : 질량 v : 부피)이다.

따라서 단위는 g/cm³, kg/m³이다.

물은 4℃에서 밀도가 가장 크며 물의 밀도는 1g/cm³=10³kg/m³ 이다.

■ 밀도 = $\frac{질량}{부피}$ (g/cm³)

물질	$\rho(kg/m^3)^a$	물질	$\rho(kg/m^3)^a$
얼음	0.917×10^3	물	1.00×10^3
알루미늄	2.70×10^3	글리세린	1.26×10^3
철	7.86×10^3	에틸알코올	0.806×10^3
구리	8.92×10^3	벤젠	0.879×10^3
은	10.5×10^3	수은	13.6×10^3
납	11.3×10^3	공기	1.29
금	19.3×10^3	산소	1.43
백금	21.4×10^3	수소	8.99×10^{-2}
우라늄	18.7×10^3	헬륨	1.79×10^{-1}

0℃(273K), 1기압 (0.013×10^5 Pa)의 표준온도 및 압력(STP)에서의 값이다.
제곱센티미터당 그램으로 바꾸려면 10^{-3}을 곱한다.

(2) 비중

비중이란 그 물체와 같은 부피의 4℃ 물의 무게에 대한 비를 말하며 따라서 단위는 없다.

C. G. S 단위계에서 물의 밀도와 같다.(C. G. S 단위에서 물의 밀도가 1g/cm³이므로)

예제 1

<보기>와 같이 U-형으로 생긴 유리관에 물을 채웠다. 그리고 오른쪽의 유리관 입구로 기름을 조금 부었다. 오른쪽 유리관의 기름은 물 위에 2cm 높이로 떠 있으며 왼쪽관의 물의 높이보다 h만큼 높다. 높이의 차이 h의 값[mm]은? (단, 기름의 밀도는 물의 밀도의 80%이므로 물 위에 뜬다.) (2019년 서울시 7급)

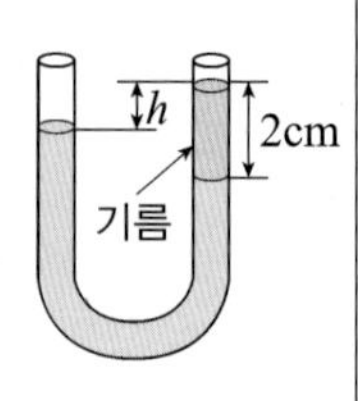

① 1　　　② 2
③ 3　　　④ 4

풀이 물의 밀도가 ρ이면 기름의 밀도는 0.8ρ이다. 물과 기름쪽의 압력이 같으므로 압력 $P=\rho hg$에서 $\rho\times(2-h)\times g=0.8\rho\times2\times g$, $2-h=1.6$　$h=0.4\,\text{cm}$ 정답은 ④이다.

2 유체에 작용하는 힘

(1) 압력

단위 면적당 작용하는 힘을 압력이라고 한다.

힘 F가 수직으로 단면적 A에 작용할 때 압력 P는 $P=\dfrac{F}{A}\,(N/\text{m}^2)$이 된다.

① 유체의 무게에 의한 압력

유체의 압력은 용기의 벽에 수직으로 작용하며 깊이 내려 갈수록 위에 얹혀지는 유체의 무게가 커지기 때문에 압력이 증가한다.

그러므로 같은 깊이에서 모든 면을 향하는 압력은 같다.

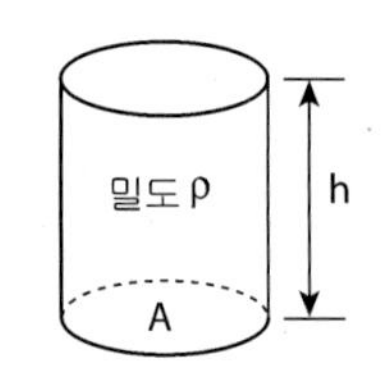

그림에서 바닥 A에 작용하는 압력 P는

$$P=\frac{F}{A}=\frac{mg}{A}=\frac{\rho Vg}{A}\ (\text{밀도 } \rho=\frac{m}{V}\quad m: \text{질량}\quad V: \text{부피})$$

$$=\frac{\rho Ahg}{A}=\rho hg$$

■ 유체에 의한 압력 $P=\rho gh$

② 대기의 압력

대기에 의해 지표면이 받는 압력 1기압은 0℃의 수은 76cm의 높이로 정의한다.

1기압 $=76\text{cmHg}$ 〔$P=\rho gh$　수은의 $\rho=13.6\text{g/cm}^3$〕

$=13.6\text{g/cm}^3\times980\text{cm/s}^2\times76\text{cm}$

$=1.013\times10^6\text{dyne/cm}^2$

$=1.013\times10^5\,N/\text{m}^2$

$=1.013\times10^5\text{pa}$ $(=1,013\text{hpa})$

$=1,013\,\text{mb}$

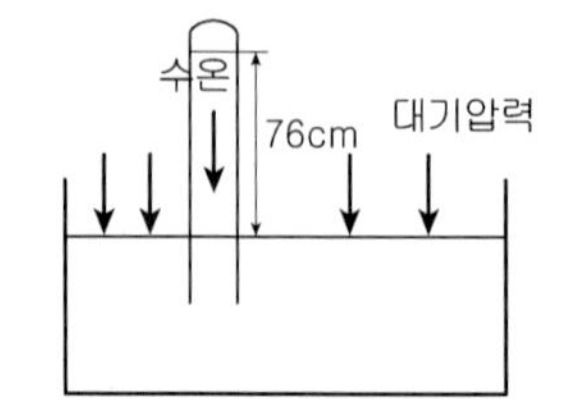

■ 1기압 = 76cmHg
=1033.6cmH_2O

잠깐 이것만은

대기압 1기압은 수은 76cm 높이와 같다.
그러면 물의 높이 얼마와 같을까에서는 수은의 비중이 물의 13.6배이므로 물기둥의 높이는 76×13.6=1033.6cmH_2O이다.

KEY POINT

■ 파스칼의 원리
압력은 모든 방향으로 동일하게 전달

(2) 파스칼의 원리

밀폐된 용기의 유체에 가해진 압력은 모든 방향으로 동일하게 전달된다. 이것을 **파스칼의 원리**라 한다.

파스칼의 원리를 수압기로 설명하면 단면적이 a인 작은 피스톤이 액체에 직접 작은 힘 f를 미치면 $P = f/a$ 가 단면적 A의 큰 피스톤이 달린 쪽으로 전달되어 두 압력은 같다.

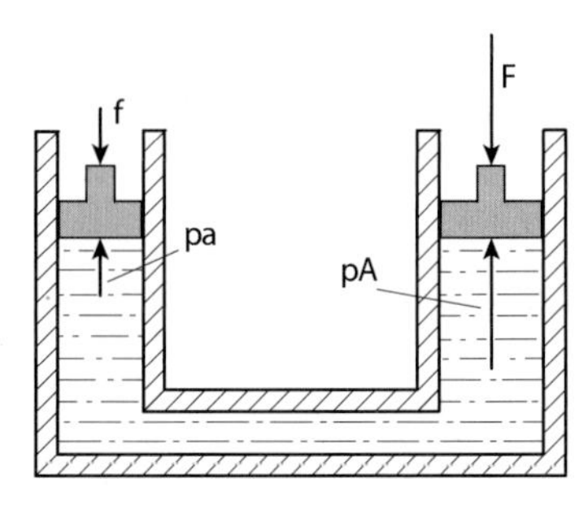

따라서 $p = \dfrac{f}{a} = \dfrac{F}{A}$

$F = \dfrac{A}{a} \times f$ 같이 표현된다.

작은 힘 f로 큰 힘 F을 얻을 수 있어 자동차 브레이크 등에도 이용된다.

(3) 아르키메데스의 원리

■ 아르키메데스의 원리(부력)
늘어난 액체의 무게가 부력

액체 속에서 물체는 물체의 부피로 인해 밀어낸 액체의 무게만큼 그 액체로부터 윗방향으로 부력이라는 힘을 받는다. 이것을 **아르키메데스의 원리**라고 한다.

즉, 부력 $F = \rho V g$ 이다.

- ρ : 물체가 잠긴 액체의 밀도
- V : 물체에 의해 밀려난 액체의 체적 (액체 속에 잠긴 만큼의 물체의 부피
- g : 중력가속도

다시 말해서 부력은 물체에 의해 밀려난 만큼의 유체의 무게이다.

KEY POINT

예제2

물에 띄웠을 때 부피의 50%가 물속에 잠기는 공이 있다. 이 공을 어떤 용액에 띄웠더니 부피의 80%가 용액 속에 잠겼다. 이 용액의 밀도[kg/m^3]는? (단, 물의 밀도는 1,000 kg/m^{3}이고, 공의 내부 밀도는 균일하다) (2020년 국가직)

① 400 ② 600

③ 625 ④ 800

풀이 물에서 반만 잠기므로 이 물체의 밀도는 500 kg/m^{3}이다. 이 물체가 미지의 용액에 80%가 잠기면 $mg = \rho Vg$ $m = \sigma V_0$(σ : 물체밀도 V_0 : 물체부피)

$\sigma V_0 = \rho V$ $\sigma V_0 = \rho \times 0.8 V_0$

$500\ kg/m^3 = \rho \times 0.8$ $\rho = \frac{500}{0.8}\ kg/m^3$

$= 625\ kg/m^3$

정답은 ③이다.

(4) 유체의 운동

① 연속의 정리

유체의 흐름이 일정할 때 이것을 정상류라 하고 그림처럼 관속으로 정상류가 흐르고 있을 때 Δt시간 동안 흐른 유체의 량은 같다.

따라서

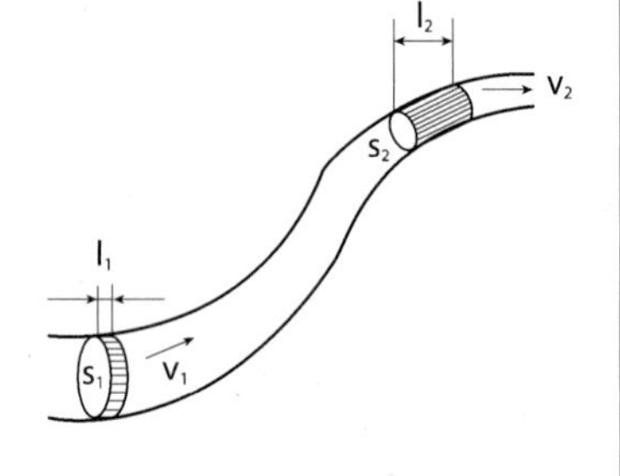

$$S_1 l_1 = S_2 l_2 \quad \begin{cases} v_1 = \dfrac{l_1}{\Delta t} \\ v_2 = \dfrac{l_2}{\Delta t} \end{cases}$$

$S_1 \Delta t\, v_1 = S_2 \Delta t\, v_2$

$S_1 v_1 = S_2 v_2$가 되고 이것을 **연속의 정리**라고 한다.

즉 정상류에서 단면적이 크면 속력이 느려지고 단면적이 작아지면 속력은 커진다.

■ 연속의 정리
유체의 속력은 단면적에 반비례한다.

KEY POINT

예제3

<보기>와 같이 단면적 S, 질량 m인 직육면체의 나무 도막이 밀도 ρ인 액체에 깊이 l만큼 잠겨 평형을 이루고 있다. 나무 도막의 윗면에서 아래쪽으로 힘 F를 가해 깊이 x만큼 더 밀어 넣었다가 힘을 제거했을 때 나무 도막이 단진동하는 주기는? (2018년 서울시 7급)

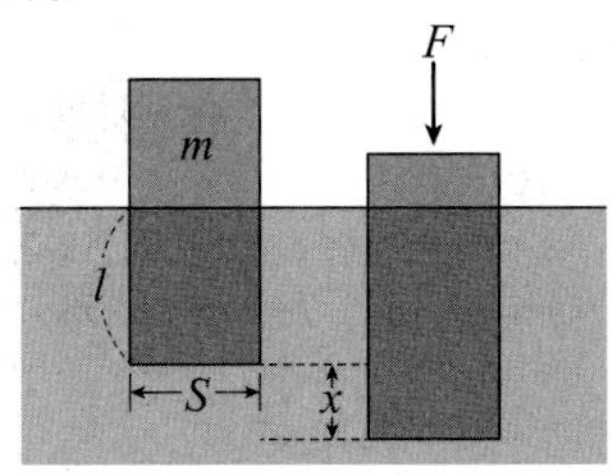

① $\pi\sqrt{\frac{m}{\rho gS}}$ ② $\pi\sqrt{\frac{m}{\rho gl}}$

③ $2\pi\sqrt{\frac{m}{\rho gS}}$ ④ $2\pi\sqrt{\frac{m}{\rho gl}}$

풀이 $F=\rho Sxg=m\omega^2x$이다. 따라서 $\omega=\sqrt{\frac{\rho gS}{m}}$ 이므로 주기 $T=\frac{2\pi}{\omega}=2\pi\sqrt{\frac{m}{\rho gS}}$ 이다.
정답은 ③이다.

예제4

아래 그림과 같이 원통 모양으로 구성된 관 속에 압축되지 않는 액체가 들어 있다고 하자. 왼쪽에 있는 좁은 관의 피스톤을 오른쪽 방향으로 밀면 유압에 의해서 오른쪽 편의 넓은 관의 피스톤이 움직이게 된다. 이 때 왼쪽 피스톤에 주어진 힘이 5N이라면 오른쪽의 넓은 관의 피스톤을 통해서 증폭되는 힘의 크기는 얼마인가? (단, 오른쪽 관의 단면의 넓이는 왼쪽 관의 단면의 넓이의 3배이다)
(2014 서울시 7급)

① 0.6N ② 1.7N ③ 5N
④ 10N ⑤ 15N

풀이 파스칼의 원리에 의해서 $P=\frac{f}{a}=\frac{F}{A}$ 이므로 $\frac{5}{a}=\frac{F}{3a}$ 에서 증폭된 힘
$F=15N$ 이다.

② 베르누이 정리

비압축성 유체에서 움직이는 유체에서 일은 압력이 한 일과 유체의 에너지 증가량과 같다.

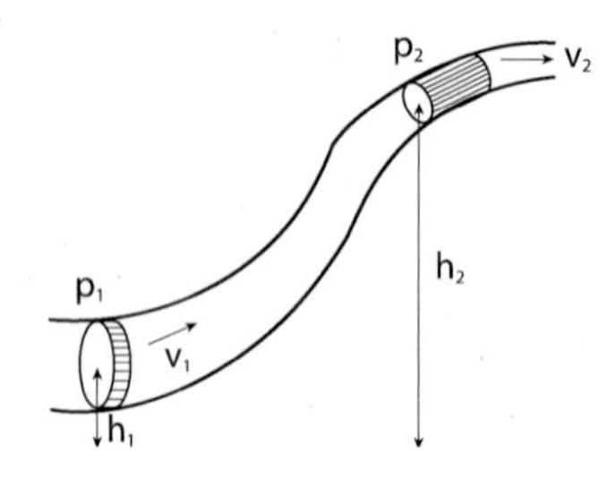

압력이 한 일(PV) $\begin{cases} P : \text{압력} \\ V : \text{부피} \end{cases}$

$= P_2$ 에서 에너지 $- P_1$ 에서 에너지

$$P_1 V_1 - P_2 V_2 = \left(\frac{1}{2} m_2 {v_2}^2 + m_2 g h_2 \right) - \left(\frac{1}{2} m_1 {v_1}^2 + m_1 g h_1 \right)$$

$\rho(\text{밀도}) = \dfrac{m(\text{질량})}{V(\text{부피})}$

$\rho V = m$ ($V = sv$ V : 부피 v : 속력 s : 단면적)

$m_1 = \rho s_1 v_1$ $m_2 = \rho s_2 v_2$ 정상류에서 $m_1 = m_2$가 되어

따라서, $s_1 v_1 = s_2 v_2$(연속의 정리)가 된다.

위 식에서

$$P_1 s_1 v_1 - P_2 s_2 v_2 = \frac{1}{2}(\rho s_2 v_2){v_2}^2 + (\rho s_2 v_2) g h_2 - \frac{1}{2}(\rho s_1 v_1){v_1}^2 - (\rho s_1 v_1) g h_1$$

가 되고 정리하면

$P_1 + \rho g h_1 + \dfrac{1}{2}\rho {v_1}^2 = P_1 + \rho g h_2 + \dfrac{1}{2}\rho {v_2}^2$이 된다.

이 식을 **베르누이 정리**라 하고 유체에 대한 **총 에너지보존 법칙**이라고 한다.

KEY POINT

■ 베르누이 정리

에너지보존 법칙이다.

KEY POINT

예제5

그림과 같이 단면적이 A_1에서 A_2로 변하는 수평으로 놓인 긴 관에 일정한 양의 물이 유입되고 있다. 물의 속력과 압력이 단면적이 큰 영역에서 각각 v_1, P_1, 단면적이 작은 영역에서 각각 v_2, P_2라면 각 영역에서 물의 속력과 압력의 크기 관계로 옳은 것은? (2016년 서울시 7급)

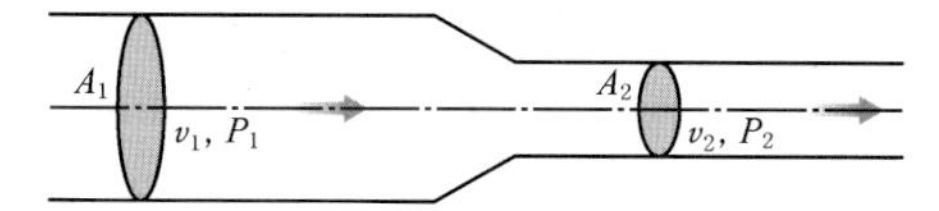

① $v_1 > v_2$, $P_1 > P_2$　② $v_1 > v_2$, $P_1 < P_2$
③ $v_1 < v_2$, $P_1 < P_2$　④ $v_1 < v_2$, $P_1 > P_2$

풀이 $A_1 v_1 = A_2 v_2$이고 $A_1 > A_2$이므로 $v_1 < v_2$이다.
$P_1 + \frac{1}{2}\rho v_1^2 = P_2 + \frac{1}{2}\rho v_2^2$이므로 $P_1 > P_2$이다.
정답은 ④이다.

예제6

그림과 같이 벤투리관에 밀도가 ρ인 비점성, 비압축성 유체가 1지점에서 속력 v_1으로 유입되어 2지점을 향해 흐르고 있다. 1, 2 각 지점에서 관의 단면적을 각각 A_1, A_2, 압력을 각각 P_1, P_2라 할 때, 2지점에서 유체의 속력 v_2를 A_1, A_2, P_1, P_2, ρ를 이용해 표현한 것으로 옳은 것은? (2016년 국가직 7급)

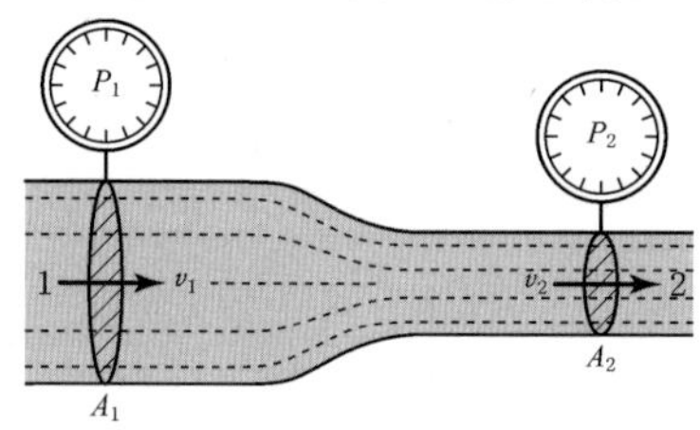

① $v_2 = A_1\sqrt{\frac{2(P_2 - P_1)}{\rho(A_1^2 - A_2^2)}}$　② $v_2 = A_1\sqrt{\frac{2(P_1 - P_2)}{\rho(A_1^2 - A_2^2)}}$
③ $v_2 = A_1\sqrt{\frac{2(P_1 - P_2)}{\rho(A_2^2 - A_1^2)}}$　④ $v_2 = A_1\sqrt{\frac{2(P_2 - P_1)}{\rho(A_2^2 - A_1^2)}}$

풀이 $P_1 + \frac{1}{2}\rho v_1^2 = P_2 + \frac{1}{2}\rho v_2^2$이므로 $v_2 - v_1 = \sqrt{\frac{2(P_1 - P_2)}{\rho}} - v_1$이다.
$A_1 v_1 = A_2 v_2$에서 $v_1 = \frac{A_1}{A_2} v_2$이므로 이를 대입하여 정리하면
$v_2 = A_1\sqrt{\frac{2(P_1 - P_2)}{\rho(A_1^2 - A_2^2)}}$ 이다.
정답은 ②이다.

■ 토리첼리의 정리는 베르누이의 정리에서 유도된 식이다.

③ 토리첼리의 정리

통의 아래 구멍에서 흘러나오는 유체의 속력은 베르누이 정리를 이용하여 $v=\sqrt{2gh}$ 로 구할 수 있는데 이것을 토리첼리의 정리라 한다.

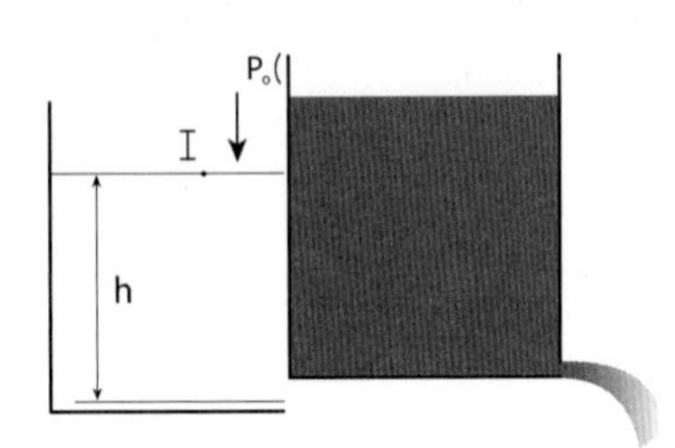

I 점에서 $v_1=0$이고 위치에너지 ρgh이며 II점에서 $h_2=0$이고 속력 v_2이다. 따라서 베르누이 정리 식에서 유속은

$$P_o+\rho gh+o=P_o+o+\frac{1}{2}\rho {v_2}^2$$

$v=\sqrt{2gh}$ 가 된다.

즉, 수면에서 h 아래의 구멍에서 유속은 h의 제곱근에 비례한다.

■ 토리첼리의 정리는 베르누이의 정리에서 유도된 식이다.

예제7

그림은 물이 높이 h만큼 채워진 수조의 옆면에 바닥으로부터 높이 x인 지점에 작은 구멍을 낸 후 물의 수평 방향 도달 거리를 측정하는 것을 나타낸 것이다. 작은 구멍의 높이가 $x=\frac{h}{4}$ 일 때 물의 수평 방향 최대 도달 거리가 1 m라면, 작은 구멍의 높이가 $x=\frac{h}{2}$ 일 때 물의 수평 방향 최대 도달 거리[m]는? (단, 공기 저항과 수조 면의 두께는 무시하고, 중력 가속도 $g=10\text{m/s}^2$ 이다) (2019년 국가직 7급)

① 2

② $\sqrt{3}$

③ $\frac{3}{2}$

④ $\frac{2\sqrt{3}}{3}$

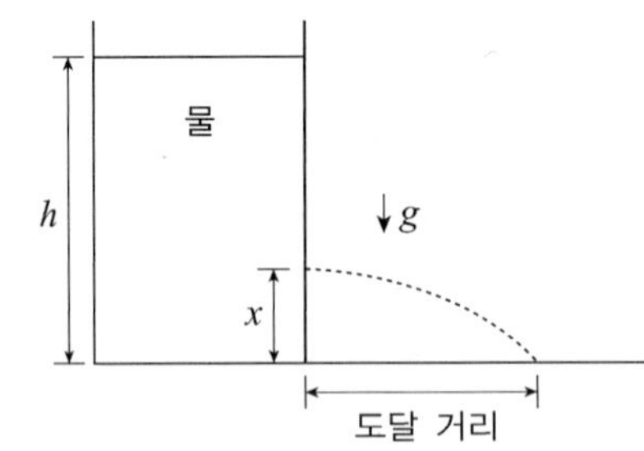

풀이 $v=\sqrt{2gh}$이므로 $x=\frac{h}{4}$ 이면

$v=\sqrt{\frac{3gh}{2}}$ 이고 $t=\sqrt{\frac{h}{2g}}$ 이므로

$S=v\times t$에서 $1=\sqrt{\frac{3gh}{2}}\times\sqrt{\frac{h}{2g}}=\frac{\sqrt{3}}{2}h$ $h=\frac{2}{\sqrt{3}}$ 이다.

$x=\frac{h}{2}$ 에서 $v=\sqrt{gh}$이고 $t=\sqrt{gh}$이므로 $S=vt=h$이다. 따라서 $S=\frac{2}{\sqrt{3}}(\text{m})$

정답은 ④이다.

연습문제

1 토리첼리의 실험을 할 때 관에 공기가 새어 들어가서 수은주의 높이가 18cm로 되었다. 이때 대기압이 1기압일 때 관내의 공기압력은 몇 기압인가?

① 1기압 ② 0.91기압
③ 0.76기압 ④ 0.34기압
⑤ 0.24기압

2 그릇에 물이 차 있고 얼음 덩어리가 물에 떠 있다. 만일 얼음이 다 녹으면 그릇의 수면 높이의 변화는?

① 수면이 올라간다.
② 수면이 내려갔다 올라간다.
③ 수면이 내려간다.
④ 수면이 올라갔다 내려간다.
⑤ 변화 없다.

3 어떤 연속된 관이 앞쪽은 단면적이 $6\pi cm^2$ 뒤쪽은 $2\pi cm^2$이다. 이때 이 관속으로 비압축성 유체가 앞쪽 단면 $6\pi cm^2$에 30cm/s로 흐르면 뒤쪽 단면 $2\pi cm^2$인 곳에서 유속은?

① 10 cm/s ② 15 cm/s
③ 30 cm/s ④ 60 cm/s
⑤ 90 cm/s

4 물통에 20m 높이까지 물을 채우고 수면에서 16m 아래 구멍을 뚫었을 때 구멍에서 흘러나오는 물의 속력은?(단, $g=10m/s^2$)

① $\sqrt{5}$ m/s ② 4 m/s
③ $4\sqrt{5}$ m/s ④ $8\sqrt{5}$ m/s
⑤ 20 m/s

5 1기압은 물기둥 얼마의 높이에 의한 압력과 같은가?

① 380 cm ② 760 cm
③ 1,013 cm ④ 1,033.6 cm
⑤ 7600 cm

해설

해설 **1**
수은주 76cm가 1기압이므로
수은 18cm는
$76 : 1 = 18 : x$
$x = \frac{18}{76}$ $x = 0.24$기압
따라서 관내공기 기압은
$1 - 0.24 = 0.76$기압

해설 **2**
아르키메데스의 원리에 의해 수면은 변함없다.

해설 **3**
연속의 정리에서 $s_1 v_1 = s_2 v_2$이므로
$6\pi \times 30 = 2\pi \times v$
$v = 90cm/s$

해설 **4**
토리첼리 정리에서
$v = \sqrt{2gh} = \sqrt{2 \times 10 \times 16}$
$= 8\sqrt{5}m/s$

해설 **5**
1기압은 수은주 76cm와 같다. 수은의 밀도가 $13.6g/cm^3$이므로
물기둥은 $76 \times 13.6 = 1,033.6cm$

정답 1. ③ 2. ⑤ 3. ⑤ 4. ④ 5. ④

6 물에 얼음이 떠 있을 때 얼음은 전체 부피의 얼마가 물 위로 나오겠는가?(단, 얼음의 비중은 0.9로 계산한다)

① 0.05
② 0.1
③ 0.15
④ 0.2
⑤ 0.3

7 그림처럼 단면적의 비가 1 : 20인 수압기가 있을 때 A의 단면적에 80 N의 힘을 얻으려면 a의 단면에 얼마의 힘을 가해야 하는가?

① 1 N
② 4 N
③ 10 N
④ 20 N
⑤ 80 N

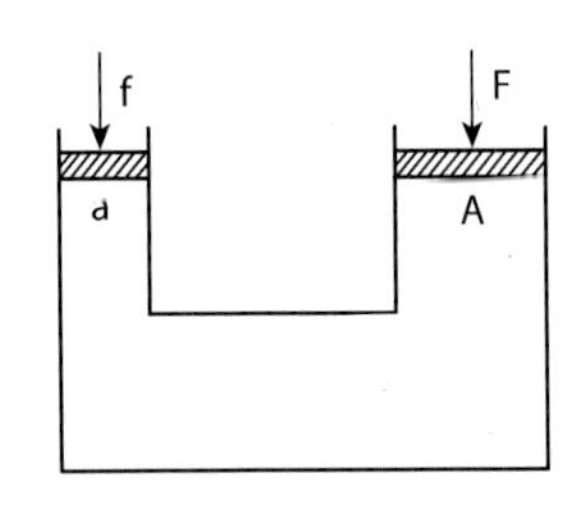

(단면적 A:a=20:1)

8 7번 문제에서 큰 피스톤이 8J의 일을 하려면 작은 피스톤을 몇 cm나 움직여야 하는가?

① 10 cm
② 20 cm
③ 100 cm
④ 200 cm
⑤ 400 cm

9 다음 그림에서 수압 P의 대소 관계가 맞는 것은?

① $P_a = P_b = P_c = P_d$
② $P_d > P_b > P_a > P_c$
③ $P_c > P_a > P_b > P_d$
④ $P_c > P_b > P_a > P_d$
⑤ $P_d > P_a > P_b > P_c$

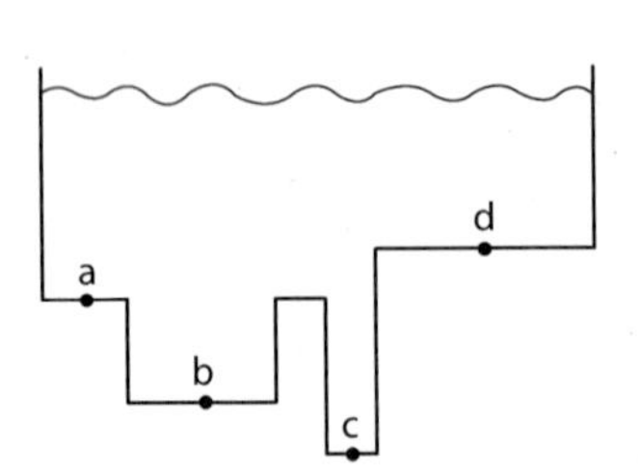

해 설

해설 6

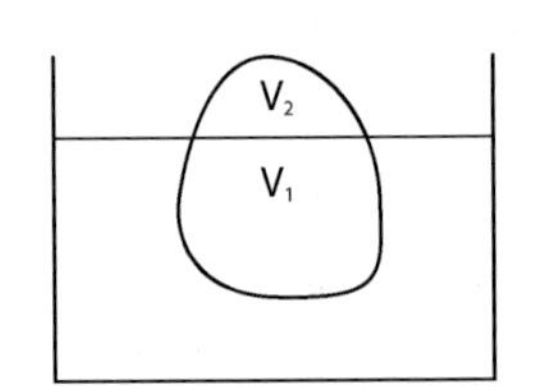

그림에서 물의 밀도는 1, 얼음의 밀도는 0.9, 전체 부피를 V, 잠긴 부피를 V_1, 뜬 부피를 V_2라고 하면
아르키메데스원리에서
$V\rho g = V_1 \rho_1 g$에서 $v_\rho = v_1 \rho_1$
$V \times 0.9 = V_1 \times 1$(V_1은 잠긴 부피, 즉 물이 밀려난 부피)이다.
따라서 $\frac{V_1}{V} = 0.9$
0.9가 잠기고 0.1이 물위로 나온다.

해설 7
파스칼의 원리에서 $\frac{f}{a} = \frac{F}{A}$ 이므로
$\frac{f}{l} = \frac{80}{20}$ 이다.
따라서 $f = 4N$

해설 8
큰 피스톤의 힘은 80 N이므로
일 $w = F \cdot s \quad 8 = 80 \times s$
$s = 0.1$m이다.
큰 피스톤의 올라간 부피=작은 피스톤의 내려간 부피이므로
(A : a = 20 : 1)
$20 \times 0.1 = 1 \times x \quad x = 2$m

해설 9
수압은 깊이에 비례한다. $P = \rho g h$

정답 6. ② 7. ② 8. ④ 9. ④

10 비행기가 날 수 있는 것은 비행기의 날개에 양력을 받아서 날 수가 있는데 이러한 양력은 어떠한 물리적 법칙에 따른 것인가?

① 파스칼의 원리
② 아르키메데스의 원리
③ 베르누이 정리
④ 토리첼리 정리
⑤ 헤스의 법칙

11 아래 그림과 같이 회전하며 가고 있는 야구공은 어느 방향으로 나가겠는가?

① 공은 직진한다.
② 공은 회전 방향과는 관계없다.
③ 공은 아래로 휘어진다.
④ 공은 위로 휘어진다.
⑤ 공의 속력이 빨라진다.

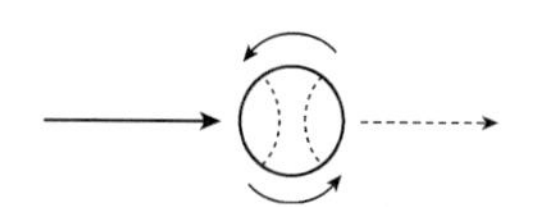

12 어떤 물체를 물에 완전히 담갔더니 300g중만큼 가벼워지고 그 물체를 액체 속에 담갔더니 270g중만큼 가벼워졌다. 액체의 비중은 얼마인가?

① 0.3 ② 0.5
③ 0.7 ④ 0.9
⑤ 1.0

13 바다 속 약 20m 깊이에 있는 잠수부에 의해 발생한 기포가 수면위에 떠오르면 체적이 대략 몇 배나 되는가? (단, 수온은 일정하다.)

① 체적이 $\frac{1}{3}$ 로 감소한다.
② 체적이 $\frac{1}{3}$ 만큼 증가한다.
③ 체적이 2배로 증가한다.
④ 체적이 3배로 증가한다.
⑤ 변화 없다.

해 설

해설 **10**

비행기 날개의 윗면과 아랫면의 공기속도 차에 의한 압력차로 아랫면에서 양력을 받게 된다.

해설 **11**

베르누이 정리에 의해 위로 휘어진다.

해설 **12**

액체 중에서 가벼워지는 것은 부력 때문인데 부력은 eVg 이다.
물에서 부력은 300g($= eVg$) 액체에서는 270g($= eVg$) 중력가속도 g 와 부피 V 는 같으므로 비중은 $\frac{270}{300} = 0.9$ 이다.

해설 **13**

물 10m는 약 1기압이다. 따라서 20m의 깊이는 물에 의한 2기압과 수면 위 공기 1기압에 의해 3기압이다. 보일의 법칙에서 $P_1V_1 = P_2V_2$ 이므로 3기압 $V_1 =$ 1기압 V_2 이고 따라서 3배 이다.

정답 10. ③ 11. ④ 12. ④ 13. ④

14 실내 압력은 1기압이다. 그런데 창밖에 비람이 강하게 불어 창밖의 압력이 0.98기압으로 떨어졌다. 창은 변의 길이가 가로 2m, 세로 1m일 때 실내에서 유리창을 밖으로 미는 힘의 크기는 몇 N인가?

① 500 N ② 1000 N
③ 2000 N ④ 4000 N
⑤ 5500 N

15 물위에 떠 있던 배 밑바닥에 구멍이 10cm² 넓이만큼 생겼다. 이 구멍은 수면으로부터 65cm 아래에 있다. 1초당 물이 배 안으로 유입되는 양은 얼마인가?

① 1 l ② 1.5 l
③ 3 l ④ 3.5 l
⑤ 6 l

해 설

해설 **14**

압력 차이는 0.02기압이다.
1기압이 약 $10^5 N/m^2$ 이므로
$P = \frac{F}{A}$ 에서 힘 F는
$F = PA = 0.02 \times 10^5 N/m^2 \times 2m^2$
$= 4000 N$이다.

해설 **15**

물이 흘러 들어오는 유속은 토리첼리 정리로부터 $v = \sqrt{2gh} = \sqrt{2 \times 980 \times 65}$
$v \fallingdotseq 350 cm/s$ 이다.
구멍의 크기가 $10cm^2$이므로 초당 유입량은 $350 \times 10cm^3 = 3.5\ l$ 이다.

정답 14. ④ 15. ④

기출문제 및 예상문제

1. 길이 l, 질량 m인 막대에 수직하게 중심을 지나는 관성 모멘트 $I_c = \frac{1}{12}ml^2$이다. 이 막대의 한쪽 끝에 수직한 축에 대한 관성 모멘트는?

① $\frac{1}{12}ml^2$
② $\frac{1}{6}ml^2$
③ $\frac{1}{4}ml^2$
④ $\frac{1}{3}ml^2$
⑤ $\frac{1}{2}ml^2$

해설 평행축 원리 $I = I_c + m\left(\frac{l}{2}\right)^2 = \frac{1}{12}ml^2 + \frac{1}{4}ml^2 = \frac{1}{3}ml^2$

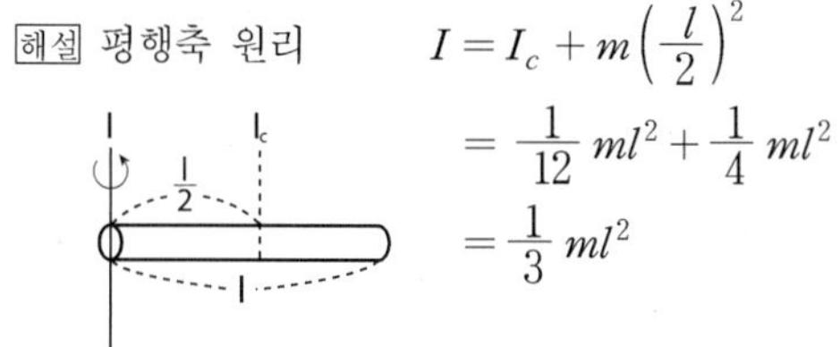

2. 스케이트를 신은 사람이 양팔과 한 다리를 뻗고 스핀을 시작하다가, 팔과 다리를 안으로 오므리면 스핀이 빨라진다. 이것을 설명하는데 다음의 어느 법칙을 적용해야 하는가?

① 뉴턴의 운동의 2법칙
② 운동량보존 법칙
③ 각 운동량보존 법칙
④ 에너지보존 법칙
⑤ 상대성 이론

해설 각운동량($\vec{L} = \vec{r} \times \vec{P}$)인데, 이것이 보존되므로 r이 작아지면 $p(=mv)$가 커진다.

3. 일정한 질량과 부피를 가진 물질을 가지고 높이를 A반경의 반으로 B반경과 같게 C반경의 두 배로 하는 세 가지 원통을 만들었다. 각 원통의 중심축에 대한 관성능률은?

[86년 총무처 7급]

① A, B, C의 경우 모두 같다.
② A의 경우가 가장 크다.
③ B의 경우가 가장 크다.
④ C의 경우가 가장 크다.
⑤ A, B, C의 경우를 비교할 수 없다.

해설 반경이 클수록 관성능률이 크다.
$I = mr^2 \quad I \propto r^2$

4. Kepler의 제 2 법칙인 "면적속도일정"의 법칙은 다음의 어느 것과 부합하는가?

① 만유인력의 법칙
② 운동에너지보존 법칙
③ 운동량보존 법칙
④ 위치에너지보존 법칙
⑤ 각운동량보존 법칙

5. 그림과 같은 관속으로 비압축성 유체가 흐르고 있다. 반지름이 $3r$과 r일 때 반지름이 작은 r에서의 유속은 $3r$의 유속의 몇 배일까?

① $\frac{1}{9}$배
② $\frac{1}{3}$배
③ 1배
④ 3배
⑤ 9배

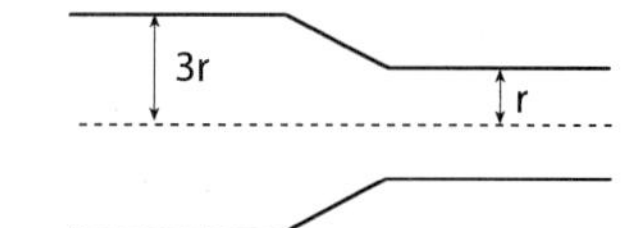

해설 연속의 정리에서 $s_1 v_1 = s_2 v_2$로 유속은 단면적에 반비례한다. 반경이 $\frac{1}{3}$배이므로 단면적은 $\frac{1}{9}$배
따라서 유속은 9배가 된다.

해답 1. ④ 2. ③ 3. ② 4. ⑤ 5. ⑤

6. 밀도가 1g/cm³인 물 1000g을 담아 저울에 올려놓고 질량 50g이고 밀도가 2g/cm³인 쇠공을 물속에 넣고 매달면 저울의 눈금은 몇 g이 될까?

① 1000 g
② 1025 g
③ 1050 g
④ 1002 g
⑤ 1052 g

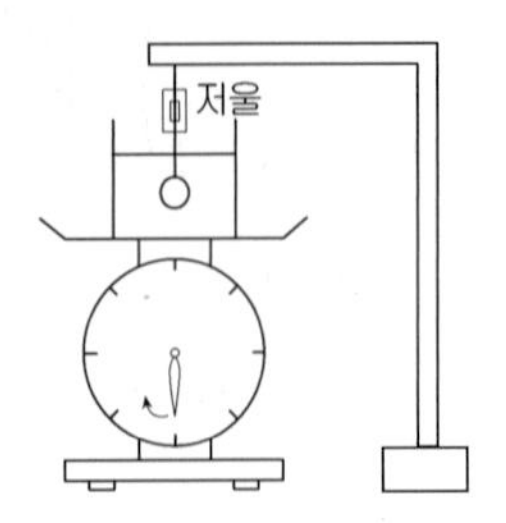

해설 $r = \frac{m}{V}$에서 쇠공의 부피
$V = 25cm^3$이다. 따라서 물의 배제된 부피도 $25cm^3$이고 이것의 질량은 25g이다.

7. 물속에 들어가면 깊이에 비례하는 수압이 생긴다. 수압이 1기압 더 높아지려면, 약 몇 m나 더 들어가야 하는가?

① 1 m
② 5 m
③ 10 m
④ 20 m
⑤ 40 m

해설 물기둥 10.336m가 누르는 압력이 1기압과 비긴다.

8. 나무토막을 비중 1인 물에 넣었더니 그 부피는 2/3가 잠겼다. 나무토막의 밀도는? 〔87년 서울시 7급〕

① 1.5
② 0.33
③ 0.67
④ 3
⑤ 2

해설 $\rho_1 v_1 g = \rho_2 v_2 g$ (ρ : 비중, v : 부피)
$\rho_{물} v_{물} = \rho_{나무} v_{나무}$ $1 \times \frac{2}{3} v = \rho \times v$ $\rho = \frac{2}{3}$

9. 그림과 같이 세 개의 유리관으로만 공기가 통할 수 있는 밀폐된 용기 속에 물이 들어있다. 관 B의 지름은 C의 1/4이다. A를 통하여 공기를 불어 넣으면 관을 통하여 물이 올라가는 높이는?

① 두 관이 같다.
② 가는 관 쪽이 16배 높다.
③ 가는 관 쪽이 4배 높다.
④ 가는 관 쪽이 올라간다.
⑤ 굵은 관 쪽만 올라간다.

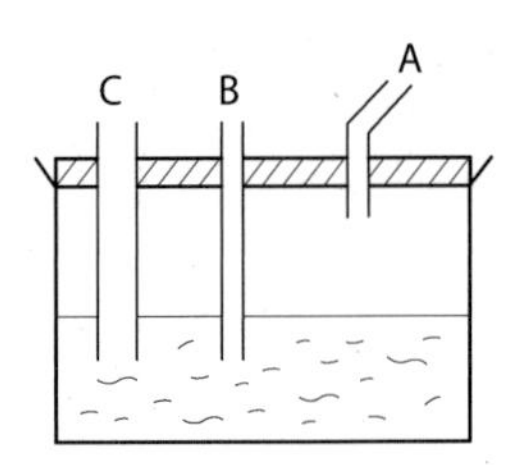

해설 파스칼의 원리 : 밀폐된 유체에 작용된 압력은 그 유체 전체에 같은 양의 압력을 증가시킨다.

10. 대기압이 P_a일 때 수면에서 h아래인 곳의 물의 압력은?

① P_a
② $P_a + \rho g h$
③ $\rho g h$
④ $\frac{\rho g h}{2} + P_a$
⑤ $\frac{\rho g h}{2}$

해설 수면에서의 압력 $= P_a$, 수면에서 h아래인 곳의 물의 압력 $= \rho g h$
∴ 최종 물의 압력 $= P_a + \rho g h$

11. 다음 중 공기압이 다른 하나는? 〔93년 서울시 7급〕

① 해발 100 m지점의 기압
② 1013 mb
③ 760 mmHg
④ 1기압

해설 고도가 증가할수록 기압은 낮아진다.
1기압=76cmHg=760mmHg=1013mb=1013hPa

12. 백금으로 된 구가 공기 중에서 1,080g중 물속에서 1,050g중이었다. 이 백금구의 부피는? 〔78년 서울시 7급〕

① 108 cm³
② 105 cm³
③ 50 cm³
④ 30 cm³
⑤ 10 cm³

해설 $W_{공기} - W_{물} = V_{백금} \times d$(물의 밀도) = 1g/cm³.
물속에서 차지하는 금속의 부피에 해당하는 물의 무게만큼 가벼워진다 : 부력
$\therefore V_{백금} = \frac{1080 - 1050}{1} = 30$

해답 6. ② 7. ③ 8. ③ 9. ① 10. ② 11. ① 12. ④

13. Bernoulli 방정식의 기본이 되는 법칙은?

① 열역학 제2법칙
② 운동량보존 법칙
③ 총전하보전 법칙
④ 각운동량보존 법칙
⑤ 역학적 에너지보존 법칙

해설 역학적 에너지보존 법칙으로부터 Bernoulli equation 이 유도된다.

14. 밀도 σ kg/m³인 유체 속에 체적 V m³, 무게 $W(N)$인 물체가 잠겨져 있다. 이 유체 속에서의 물체의 무게는 얼마인가?(단, g는 중력가속도이다.)

① $W-V(N)$
② $W+V(N)$
③ $g\sigma W-V(N)$
④ $W-g\sigma V(N)$
⑤ $W+g\sigma V(N)$

해설 $W(N)$ = 중력장에서(공기중) 어떤 질량이 중력에 의해 받는 힘이다. 물 속에서 어떤 질량이 받는 부력 $(F)=g\sigma V$
∴ 물 속에서의 물체의 무게 $= W-g\sigma V(N)$

15. U자관의 한 끝을 기체통에 연결하고 한 끝을 대기에 노출시켰더니 안의 수은기둥의 높이에 2cm의 차가 생겼다. 기체의 압력은?(단, 수은의 비중은 13.6, 대기압은 1기압으로 함)

① 74cmHg
② 76cmHg
③ 78cmHg
④ 80cmHg
⑤ 90cmHg

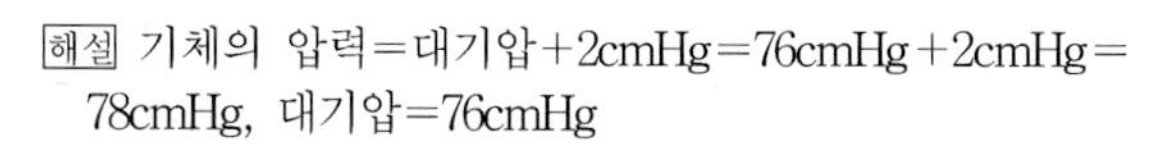

해설 기체의 압력=대기압+2cmHg=76cmHg+2cmHg=78cmHg, 대기압=76cmHg

16. 팔당댐의 벽에 수평으로 파이프를 장치해서 물이 나오도록 했을 때 수면으로부터 5m되는 곳의 물의 속력이 10m/s였다면 수면으로부터 10m 깊이 되는 곳에서 나오는 물의 속력(m/s)은 대략 얼마인가?

① 10 ② 14
③ 15 ④ 20
⑤ 24

해설 $\rho gh=(1/2)\rho v^2$을 이용한다. $\sqrt{2}$배 증가

17. 길이가 1m인 원기둥을 물에 넣었더니 물에 잠긴 부분의 길이가 0.8m였다. 이 물체의 비중은?

① 0.2
② 0.4
③ 0.6
④ 0.8
⑤ 0.9

해설 중력=부력 $mg=0.8Vg$, $\rho=\frac{m}{v}=0.8$

18. 그림과 같이 밀도가 d_1, d_2인 액체 안에 유리관을 넣고 공기를 빼면 각 액체가 h_1, h_2의 높이까지 올라간다. 이때 다음 어느 식이 성립하는가?(단, 양쪽관은 같은 굵기이다) [82년 경북 7급]

① $\frac{h_1}{h_2}=\frac{d_1}{d_2}$
② $\frac{h_1}{\sqrt{d_1}}=\frac{h_2}{\sqrt{d_2}}$
③ $\frac{\sqrt{d_1}}{h_1}=\frac{\sqrt{d_2}}{h_2}$
④ $\frac{h_1}{h_2}=\frac{d_2}{d_1}$
⑤ $h_1+d_1=h_2+d_2$

해설 올라간 양쪽질량이 같으므로 $d_1h_1g=d_2h_2g$에서 $d_1h_1=d_2h_2$이다.

해답 13. ⑤ 14. ④ 15. ③ 16. ② 17. ④ 18. ④

19. 비중 S_1, S_2($S_1 > S_2$)의 두 액체가 혼합되지 않고 경계면이 수평하게 나눠져 있다. 이 경계면에 비중 s인 물체가 떠 있다. 이 물체가 경계면으로 나누어지는 체적비 얼마인가?(단, 물체는 액체 속에 완전히 잠겼다고 가정한다.) [83년 경기 9급, 81년 전남 7급]

① $\dfrac{S_1+S}{S-S_2}$

② $\dfrac{S-S_2}{S_1+S}$

③ $\dfrac{S_1-S}{S-S_2}$

④ $\dfrac{S-S_2}{S_1-S}$

⑤ $\dfrac{S_1+S}{S+S_2}$

해설 $SVg = S_1 V_1 g + S_2 V_2 g \quad V = V_1 + V_2$

$S(V_1+V_2) = S_1 V_1 + S_2 V_2$

$SV_1 + SV_2 = S_1 V_1 + S_2 V_2$

$SV_2 - S_2 V_2 = S_1 V_1 - SV_1$

$\dfrac{V_1}{V_2} = \dfrac{S-S_2}{S_1-S}$

20. 압력의 단위로 잘못 표현된 것은?

① lb/in^2 ② kg m^2

③ N/m^2 ④ millibar

⑤ Pascal

해설 압력=힘/단면적

21. 관성능률 $I = 2$kg m^2 주기, $T = 2\pi\sec$인 회전체의 회전운동에너지는?

① 1 J ② 2 J

③ 3 J ④ 4 π J

⑤ 16 π J

해설 각속도 $w = \dfrac{2\pi}{T} = \dfrac{2\pi}{2\pi} = 1\text{rad/s}$

회전체의 에너지 $\dfrac{1}{2}Iw^2 = \dfrac{1}{2}\times 2\times 1^2 = 1\text{J}$

22. 굴렁쇠가 경사면을 굴러내려 올 때 총운동에너지에 대한 회전운동에너지의 비율은?

① $\dfrac{1}{4}$ ② $\dfrac{1}{3}$

③ $\dfrac{1}{2}$ ④ $\dfrac{2}{3}$

⑤ $\dfrac{3}{4}$

해설 $\dfrac{\frac{1}{2}IW^2}{\frac{1}{2}IW^2 + \frac{1}{2}mv^2}$

$= \dfrac{\frac{1}{2}(mR)^2 w^2}{\frac{1}{2}\times(mR^2)w^2 + \frac{1}{2}m(R^2 w)} = \dfrac{1}{2}$

23. 파스칼의 원리에 의해 작동하는 유압기에 관한 설명 중 옳은 것은?

① 입력측에 가해지는 힘과 출력측에 나오는 힘의 크기의 비는 양측의 피스톤의 직경에 반비례한다.

② 입력측에 가해지는 힘과 출력측에 나오는 힘의 크기의 비는 양측의 피스톤의 크기와는 관계가 없다.

③ 입력측 피스톤의 움직이는 거리와 출력측의 움직이는 거리의 비는 양측의 힘의 비와 반대이다.

④ 입력측 피스톤의 움직이는 거리는 출력측의 그것과 같다.

⑤ 위에는 정답이 없다.

해설 파스칼의 원리 : 밀폐된 용기에 들어 있는 유체에 가해진 압력은 유체의 모든 부분과 용기의 벽에 같은 크기로 전달된다. $P = F/A$ 힘은 직경에 비례.
피스톤의 움직인 거리는 단면적의 힘에 반비례

24. 반지름이 모두 같은 고리형태의 물체, 원반형태의 물체, 구형태의 물체가 경사면을 굴러 내려올 때 가장 빨리 바닥에 도달하는 것은?

① 고리

② 원반

③ 구

④ 모두 동시에 도달한다.

⑤ 물체의 질량에 따라 다르다.

해답 19. ④ 20. ② 21. ① 22. ③ 23. ③ 24. ③

해설 도달속력 $v=\sqrt{\dfrac{2mgh}{m+\dfrac{I}{r^2}}}$ 이다.

25. 강체의 회전 모우멘트는 다음 어느 것과 관계가 있는가? [80년 총무처 7급]

① 각가속도와 운동량의 곱
② 관성 모우멘트와 각가속도의 곱
③ 회전반경과 운동량의 곱
④ 회전반경과 각가속도의 곱
⑤ 관성 모우멘트와 운동량의 곱

해설 $I=mr^2$ 이고 각가속도 α는 가속도와 관계가 $r\alpha=a$ 이므로 모우멘트 $M=F\cdot r=ma\cdot r$ $=m\times r\alpha\times r=mr^2\alpha$ 이고 따라서 $M=I\alpha$ 이다.

26. 아래 현상들 중 부착력과 응집력의 개념을 사용하여 설명할 수 있는 것은 어느 것인가? [83년 서울시 9급, 81년 강원 7급]

① 표면장력 ② 점성
③ 삼투현상 ④ 모세관현상

해설 부착력은 다른 물체에 붙는 힘이며 응집력은 같은 분자들 간의 힘인 분자력이다.

27. 물방울이 둥글게 뭉치는 것과 관계있는 것은? [81년 총무처 9급, 84년 전남 7급]

① 만유인력 ② 장력
③ 분자력 ④ 구심력

해설 물분자간에는 반데르발스 힘이 작용하여 분자간의 분자력이 있다.

해답 25. ② 26. ④ 27. ③

실력향상문제

1 그림과 같이 반경이 r, 질량이 m 인 속이 꽉 찬 균일한 원통형 막대가 경사각 θ인 경사면을 미끄러지지 않고 굴러 내린다. 다음 진술 중 옳지 않은 것은 어느 것인가? g는 중력가속도이다.

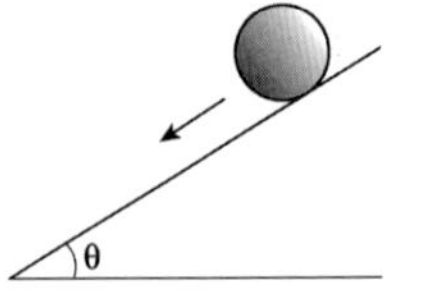

① 막대에 정지 마찰력이 위쪽으로 작용한다.

② 막대의 밀도가 균일하면 가속도는 $\frac{2}{3}g\sin\theta$이다.

③ 질량과 밀도는 같으나 반경이 더 큰 막대라면 가속도는 더 작아진다.

④ 막대가 균일하지 않고 중심에서 멀어질수록 밀도가 더 큰 가속도는 더 작아진다.

⑤ 질량이 다르더라고 동일한 모양의 균일한 막대이면 가속도의 크기는 서로 같다.

2 그림과 같이 질량 m, 길이 L인 막대가 회전축에 대하여 θ=30°의 각을 유지하고 있다. 관성능률은 얼마인가?

① $\frac{mL^2}{12}$

② $\frac{mL^2}{8}$

③ $\frac{mL^2}{4}$

④ $\frac{mL^2}{2}$

⑤ mL^2

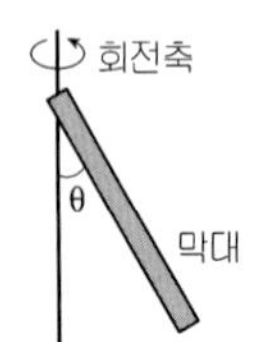

3 질량이 m이고 가로, 세로의 길이가 각각 a, b인 직사각형 판자가 있다. 판의 중심을 지나고 세로 변(b)에 평행한 축에 대한 관성모멘트는 얼마인가?

① $\frac{ma^2}{12}$

② $\frac{mb^2}{12}$

③ $\frac{mab}{12}$

④ $\frac{ma^2}{12}+\frac{mb^2}{12}$

⑤ $\frac{mab}{12}$

해설

해설 **1**

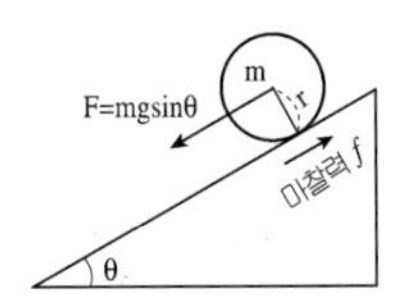

그림에서 물체가 아래로 내려갈 때 힘은 F−f이다.

즉 $mg\sin\theta - f = ma$이고,

모멘트는 $I\alpha = f\cdot r$ 이므로 마찰력 $f=\frac{I\alpha}{r}$ 여기서 관성모멘트가 클수록 마찰력이 크다.

$mg\sin\theta - \frac{I\alpha}{r} = ma$ 문제에서 속이 꽉 찬 원통이므로 $I=\frac{1}{2}mr^2$이다.

$mg\sin\theta - \frac{mr^2\alpha}{2r} = ma$

($a=r\alpha$, α는 각 가속도)

$g\sin\theta = \frac{3}{2}a$ $a=\frac{2}{3}g\sin\theta$ 가속도는 반경과 질량에 관계없고 관성 모멘트가 크면 작아진다.

해설 **2**

그림의 막대는 마치 $\frac{L}{2}$인 막대가 회전하는 것과 같다.

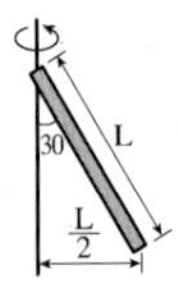

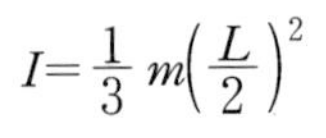

$I=\frac{1}{3}m\left(\frac{L}{2}\right)^2$

$I=\frac{1}{12}mL^2$

해설 **3**

그림은 막대 길이 a의 관성모멘트와 같아서 $I=\frac{1}{12}ma^2$이다.

정답 1. ③ 2. ① 3. ①

4 그림과 같이 반지름 r, 질량 m인 후프의 접선 방향에 평행하고 후프의 중심으로부터 거리 2r만큼 떨어져 있는 축에 대한 관성 모멘트는 얼마인가? (후프의 중심에서 관성모멘트는 $I = \frac{1}{2}mr^2$이다.)

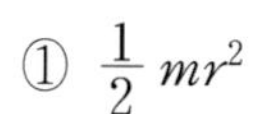

① $\frac{1}{2}mr^2$

② $\frac{3}{2}mr^2$

③ $\frac{5}{2}mr^2$

④ $\frac{7}{2}mr^2$

⑤ $\frac{9}{2}mr^2$

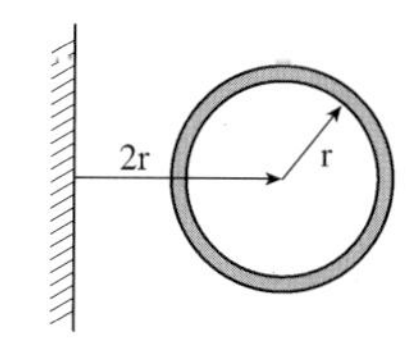

5 초기에 40 $rad/\sec$의 각속력으로 회전하던 판이 2.0 $rad/\sec^2$의 일정한 각가속도에 의해 회전이 느려지고 있다. 이 판이 정지하기까지 회전하는 각도는 얼마인가?

① 100 rad ② 200 rad
③ 300 rad ④ 400 rad
⑤ 500 rad

6 질량 m, 반경 r인 속이 꽉 찬 공이 마루 위를 일정한 속도 v로 미끄러지지 않고 굴러 갈 때 이 공의 총운동 에너지 중 회전 운동에너지가 차지하는 비율은 얼마인가?

① 약 15% ② 약 29%
③ 약 50% ④ 약 71%
⑤ 약 82%

7 중심을 지나는 축에 대하여 회전하고 있던 항성이 수축하면서 관성모멘트가 처음의 삼분의 일로 줄어든다. 새로운 회전 운동에너지는 처음의 회전 운동에너지의 몇 배인가?

① $\frac{1}{3}$배

② $\frac{1}{2}$배

③ 1배

④ 2배

⑤ 3배

해 설

해설 **4**

평행축 정리에서

$I = I_0 + (\text{축이동거리})^2 m$ 이므로

$I = \frac{1}{2}mr^2 + (2r)^2 m = \frac{9}{2}mr^2$ 이다.

해설 **5**

$w = w_0 - at$ 에서 $0 = 40 - 2t$

$t = 20$ 이다.

$\theta = w_0 t - \frac{1}{2}at^2$ 에서

$\theta = 40 \times 20 - \frac{1}{2} \times 2 \times 20^2 = 400 rad$

해설 **6**

총에너지 = 병진 운동에너지 + 회전 운동에너지 이다.

병진운동에너지 = $\frac{1}{2}mv^2$

회전운동에너지 = $\frac{1}{2}Iw^2$

$\left(I = \frac{2}{5}mr^2, \quad v = rw\right)$

$= \frac{1}{2} \times \frac{2}{5}mv^2$

$\frac{1}{2}mv^2 + \frac{1}{2} \times \frac{2}{5}mv^2 = \frac{7}{10}mv^2$

$\dfrac{\frac{2}{10}mv^2}{\frac{7}{10mv^2}} = \frac{2}{7}$ $\quad\therefore$ 약 29%

해설 **7**

$E = \frac{1}{2}IW^2$ 이고, 각운동량 보존의 법칙에서 $I_1 W_1 = I_2 W_2$ 이므로 I가 $\frac{1}{3}$로 줄어들면 W이 3배가 되어 회전 운동에너지 E는 3배가 된다.

정답 4. ⑤ 5. ④ 6. ② 7. ⑤

8 길이 1m, 질량 1kg인 균일한 막대가 한쪽 끝을 중심으로 3 rev/sec로 일정하게 회전하고 있다. 회전축에 대한 이 막대의 각 운동량은?

① $1\ J\cdot$ sec ② $2\ J\cdot$ scc
③ $\pi\ J\cdot$ sec ④ $2\pi\ J\cdot$ sec
⑤ $4\pi\ J\cdot$ sec

9 그림과 같이 무게 W, 반지름 r인 균질한 공을 마찰이 없는 벽에 공의 중심에서 높이 L 되는 점에 고정된 줄로 매달았다. 줄의 장력은 얼마인가?

① $\frac{r}{L}W$

② $\frac{L}{r}W$

③ $\frac{\sqrt{L^2+r^2}}{L}W$

④ $\frac{\sqrt{L^2+r^2}}{r}W$

⑤ W

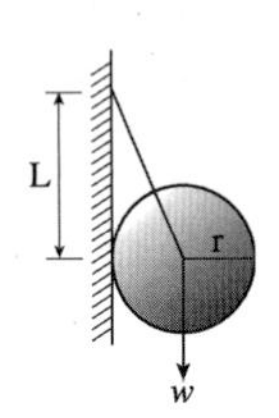

10 그림은 반경 2R인 금속 원판에서 반경 R인 원판을 떼어낸 금속판을 나타낸다. 그림과 같은 좌표평면에서 금속판의 질량 중심점의 좌표는 어디인가?

① (0, 0)

② $\left(\frac{1}{8}R,\ 0\right)$

③ $\left(\frac{1}{4}R,\ 0\right)$

④ $\left(\frac{1}{3}R,\ 0\right)$

⑤ $\left(-\frac{1}{8}R,\ 0\right)$

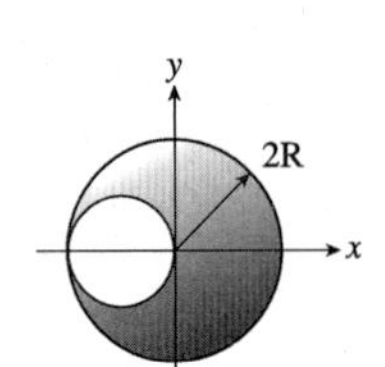

11 그림은 한 변의 길이 L인 정사각형 금속판에서 삼각형 부분을 일부 떼어낸 금속판을 나타낸다. 그림과 같은 좌표평면에서 질량 중심점의 위치는?

① $\left(\frac{1}{18}L,\ 0\right)$

② $\left(\frac{1}{9}L,\ 0\right)$

③ $\left(\frac{1}{8}L,\ 0\right)$

④ $\left(\frac{1}{4}L,\ 0\right)$

⑤ $\left(\frac{1}{2}L,\ 0\right)$

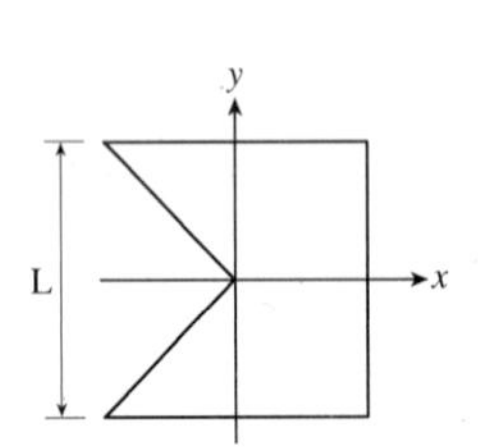

해 설

해설 **8**

$L=IW\ \ I=\frac{1}{3}ml^2=\frac{1}{3}$

$W=2\pi f=6\pi$

$L=\frac{1}{3}\times 6\pi=2\pi$

해설 **9**

$F\cos\theta=W$ 에서

$F=\frac{W}{\cos\theta}$ 이고

$\cos\theta=\frac{L}{\sqrt{L^2+r^2}}$

이므로

$F=\frac{\sqrt{L^2+r^2}\,W}{L}$ 이다.

해설 **10**

반경 2R인 원판의 무게가 W이면 반경 R인 원판의 무게는 $\frac{1}{4}W$ 이다.

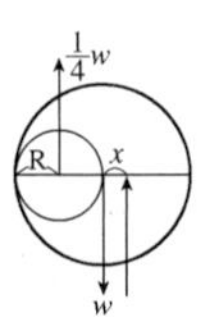

중심에서 x 지점에 관한 모멘트는 같아야 하므로 $w\cdot x=\frac{1}{4}W(R+x)$

$x=\frac{1}{3}R$ 이다.

해설 **11**

이등변 삼각형에서는 그림에 무게중심 G가 있다.

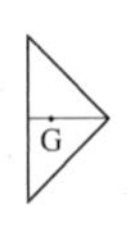

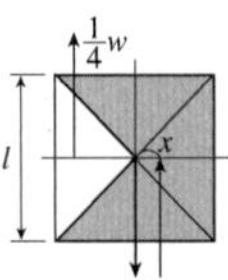

x점에 대한 모멘트는

$w\cdot x=\frac{1}{4}w(\frac{2l}{3}+z)$ 이고 $x=\frac{1}{9}l$ 이다.

정답 8. ④ 9. ③ 10. ③ 11. ②

12 접시저울 위에 물이 담긴 비커가 있다. 이제 여기에 질량 40그램, 비중 8인 쇠 구슬을 실에 매어 그림과 같이 집어넣는다고 한다. 다음 중 맞는 것은?

① 실의 장력은 32g중이 된다.
② 실의 장력의 크기는 부력의 크기와 같다.
③ 물체에 작용하는 부력, 장력, 물체의 무게는 서로 평형력 관계에 있다.
④ 그림과 같이 쇠 구슬을 넣기 전과 넣은 후에 접시저울의 눈금변화는 없다.
⑤ 쇠 구슬을 가라앉게 하여 장력이 0이 되게 하면 접시저울의 눈금은 쇠 구슬을 넣기 전보다 35g중만큼 더 올라간다.

13 어떤 나무토막이 그림과 같이 수면 위에 떠 있다. 물 속에 잠긴 부분의 체적은 V이다. 나무를 잘게 부순 다음 압착하여 전체 체적이 V가 되게 한다면 밀도는 얼마나 되는가?

① 물의 밀도와 같다.
② 물의 밀도보다 작다.
③ 물의 밀도보다 크다.
④ 나무 본래의 밀도와 같다.
⑤ 알 수 없다.

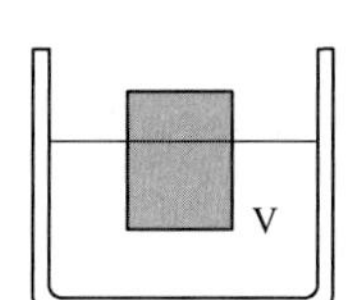

14 그림과 같이 물통 속에 물이 높이 h만큼 채워져 있다. 물통의 옆에 작은 구멍을 뚫었을 때 물통 측면으로부터 물이 진행하는 최대 수평거리 R은 얼마인가?

① $\frac{1}{4}h$
② $\frac{1}{2}h$
③ h
④ $\sqrt{2}h$
⑤ $2h$

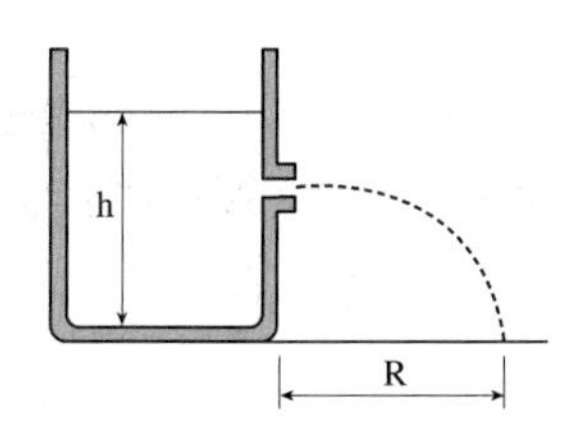

해 설

해설 12

구슬의 비중이 8이므로 $e=\frac{m}{v}$에서 부피는 $5cm^3$이다. 부력은 배재된 액체의 무게이므로 부력은 5g중이므로 실의 장력은 35g중이다. 저울은 5g만큼 증가한다.

해설 13

부력은 밀려난 액체의 무게와 같으므로 evg이다.
이것은 물체의 무게 $m'g=e'v'g$와 같다.
따라서 $evg=e'v'g$이고 $ev=e'v'$이다. v'가 v와 같이 되면 e'와 e도 같다.

해설 14

구멍의 위치가 높이 h에서 아래로 l 위치에 있다면 물의 수평속력은 토리첼리정리에 의해 $v=\sqrt{2gl}$이다.
이 물은 높이 (h- l)위치에서 자유낙하 하므로 $s=\frac{1}{2}gt^2$에서 낙하시간은 $t=\sqrt{\frac{2(h-l)}{g}}$이다.
따라서 수평도달거리
$$R=vt=\sqrt{2gl}\times\sqrt{\frac{2(h-l)}{g}}$$
$$=2\sqrt{lh-l^2}$$ 이다.
R이 최대가 되려면 $lh-l^2$이 최대가 되어야 하므로 $k=lh-l^2$이라하면 $k'=h-2l$, $k'=0$일 때 최대가 되므로 $l=\frac{1}{2}h$이다.
따라서 $R=h$이다.

정답 12. ③ 13. ① 14. ③

15 그림은 U자관 내에서 평형 상태에 있는 두 액체를 담고 있는 모습이다. 오른쪽 관에 있는 것은 물이고 왼쪽에 있는 것은 오일이다. 그림에 표시된 거리로부터 오일의 비중은 얼마인가?

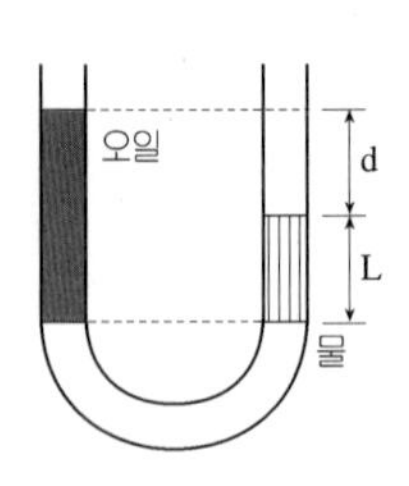

① $\frac{d}{L}$
② $\frac{L}{d}$
③ $\frac{L}{L+d}$
④ $\frac{d}{L+d}$
⑤ 1

16 베르누이 방정식은 다음 중 무엇의 결과인가?

① 유량보존의 법칙
② 파스칼 원리
③ 아르키메데스 원리
④ 에너지 보존법칙
⑤ 질량보존의 법칙

17 그림은 관이 두 지점 사이에 연결된 Venturi관을 나타낸다. 1부분의 단면적은 A, 2부분의 단면적은 a이다. 액체의 밀도는 ρ이다. h는 액체 면의 높이 차이. 다음 설명 중 옳지 않은 것은?

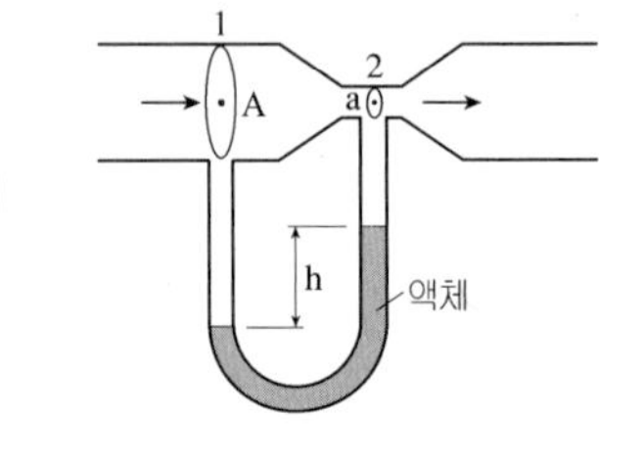

① 관을 통과하는 유체의 속도는 h의 제곱근에 비례한다.
② 1부분이 압력이 2부분의 압력보다 높다.
③ 2부분을 통과하는 유체의 속력은 1부분의 속력의 $\frac{A}{a}$ 배이다.
④ 유체의 속력 v가 더 크면 1부분의 압력과 2부분의 압력의 차가 커진다.
⑤ 동일한 조건에서 액체이 양을 줄이면 액면 높이의 차이 h가 작아진다.

18 서로 다른 액체 안에 동일한 크기와 종류의 나무토막을 넣었더니 그림과 같았다. 나무토막에 작용하는 부력의 크기가 가장 큰 것은 어느 것인가?

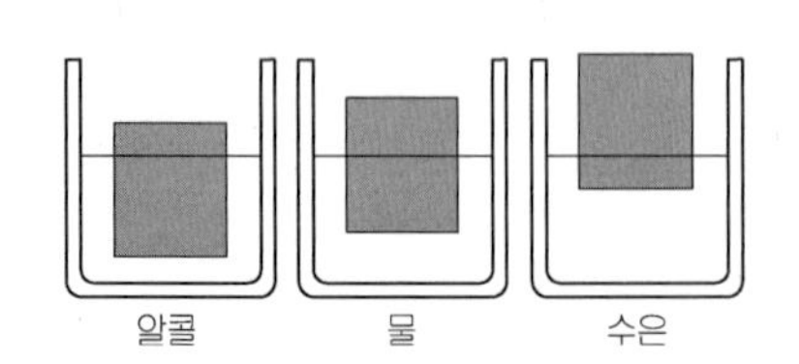

① 알코올의 경우
② 물의 경우
③ 수온의 경우
④ 모두 같다.
⑤ 알 수 없다.

해 설

해설 **15**

양쪽의 질량이 같으므로 $m_{오일} = m_{물}$

밀도는 $e = \frac{m}{V}$ 이고,

부피는 $V = Ah$ 이다.

$e'A'h' = eAh$ 관의 넓이는 같으므로

$e'h' = eh$

$h' = L + d \quad h = L \quad e = 1$ 이므로

$e' = \frac{L}{L+d}$ 이다.

해설 **16**

베르누이 정리는 유체에 관한 총에너지 보존법칙이다.

해설 **17**

압력차는 egh이므로 유속이 변하지 않으면 항상 같다.

해설 **18**

부력은 그림에서 물체의 무게와 같으므로 모두 같다.

정답 15. ③ 16. ④ 17. ⑤ 18. ④

19 1기압은 몇 N/m^2 인가?

① $1{,}013\ N/m^2$　　② $1{,}013\times10^5 N/m^2$
③ $1{,}000\ N/m^2$　　④ $1.0\times10^5 N/m^2$
⑤ $1\ N/m^2$

20 그림과 같이 관에 물이 흐르고 있다. A지점의 관의 단면적은 4cm², 유속은 5m/sec이고, B지점의단면적은 10cm² 이다. A와 B지점의 고도의 차이는 10m 이다. A지점의 압력이 $1.5\times10^5 Pa$ 이면 B지점의 압력은 얼마인가?

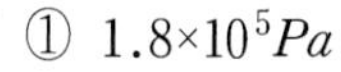
① $1.8\times10^5 Pa$
② $2.0\times10^5 Pa$
③ $2.2\times10^5 Pa$
④ $2.4\times10^5 Pa$
⑤ $2.6\times10^5 Pa$

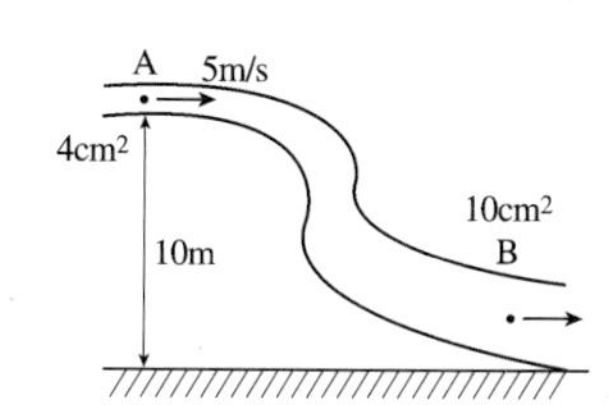

21 그림과 같이 물이 흐르던 관이 물이 채워진 채로 흐름이 정지 되어 있다. 그림에서 A와 B 지점의 높이 차이는 10m이다. A와 B 지점의 압력 차이는 약 얼마인가?

① 0.2기압
② 0.5기압
③ 0.8기압
④ 1.0기압
⑤ 서로 같다.

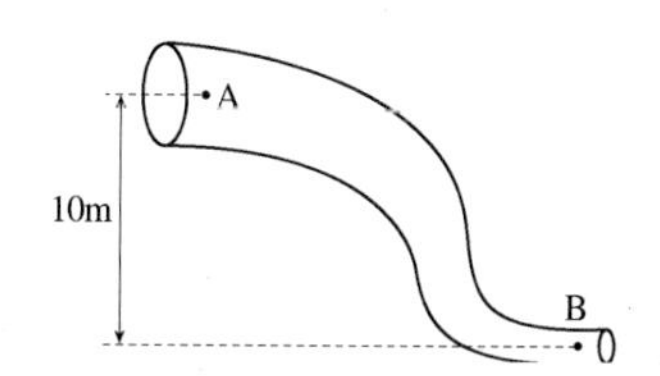

22 비행기 날개 위 부분을 지나는 공기의 속력은 v_1 날개 아랫부분을 지나는 공기의 속력은 v_2라고 한다. 날개의 면적을 A라고 하면 날개를 끌어올리는 힘 F는 얼마인가? 공기의 밀도는 e이다.

① $\frac{1}{2}\rho A(v_1^2 - v_2^2)$

② $\frac{1}{2}\rho A(v_1^2 + v_2^2)$

③ $\frac{1}{2}\rho A v_1 v_2$

④ $\frac{1}{2}\rho A v_1^2$

⑤ $\frac{1}{2}\rho A v_2^2$

해 설

해설 20

베르누이 방정식에 의해

$P_1 + \frac{1}{2}ev_1^2 + egh_1$
$= P_2 + \frac{1}{2}ev_2^2 + egh_2$

의 식에 대입하면 B점의 압력 P_2를 구할 수 있다.

해설 21

$P_1 + \frac{1}{2}ev_1^2 + egh_1$
$= P_2 + \frac{1}{2}ev_2^2 = egh_2$
$v_1 = v_2 = 0$ 이므로
$P_2 - P_1 = eg(h_1 - h_2)$=1기압이다.

해설 22

압력의 차이는 $P = \frac{1}{2}e(v_1^2 - v_2^2)$ 이다. 압력 $P = \frac{F}{A}$ 에서 힘 F는 $F = \frac{1}{2}\rho A(v_1^2 - v_2^2)$이다.

정답 19. ② 20. ⑤ 21. ④ 22. ①

23 넓이 $100m^2$인 판자로 된 지붕 위로 바람이 30m/s의 속력인 태풍이 지나가고 있다. 태풍이 이 판자를 들어올리는 힘은 약 얼마인가? 단 공기의 밀도는 $1.2kg/m^3$이다.

① 65000N ② 54000N
③ 45000N ④ 6500N
⑤ 3800n

24 그림과 같이 열려있는 U자관에 물이 채워져 있다. 한쪽 꼭대기 위로 20m/sec의 바람이 지나간다면 수면의 높이 차는 대략 얼마가 되는가? 공기의 밀도는 $1.3kg/m^3$ 라 한다.

① 1.8cm
② 2.1cm
③ 2.4cm
④ 2.7cm
⑤ 3.0cm

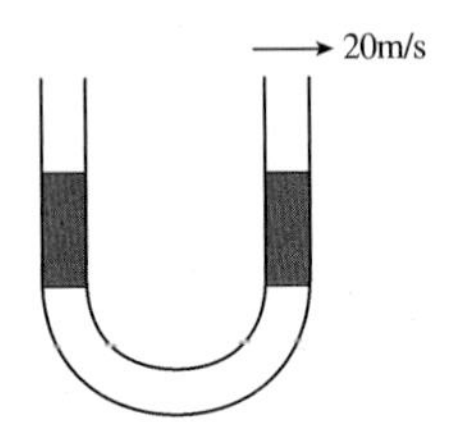

25 그림과 같이 탱크 수면 위로부터 h_1, 바닥으로부터 h_2 되는 위치에 구멍을 뚫었다. 나오는 물이 도달하는 수평거리 R은 얼마인가?

① $2\sqrt{h_1h_2}$
② $\sqrt{h_1h_2}$
③ $\frac{1}{2}(h_1+h_2)$
④ $\sqrt{h_1^2+h_2^2}$
⑤ $2\sqrt{h_1^2+h_2^2}$

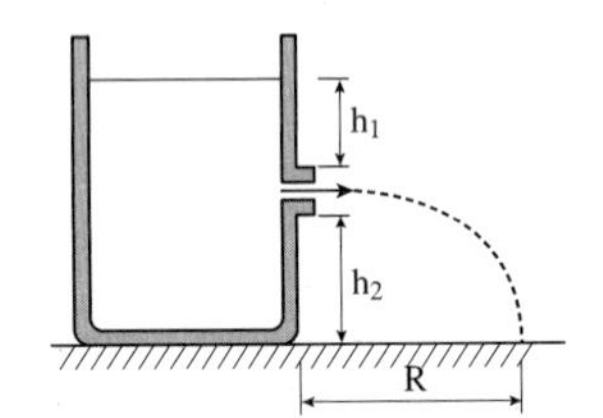

26 어떤 액체가 흐르는 관 사이에 그림과 같은 벤츄리 계기를 설치하였더니 수직관 사이의 액면의 높이 차 h가 1.2cm 이었다. 그림에서 관의 A지점 단면적은 $10cm^2$, B지점의 단면적은 $5cm^2$ 이다. 액체의 부피 흐름률 R은 얼마인가?

① $180cm^3/sec$
② $200cm^3/sec$
③ $250cm^3/sec$
④ $280cm^3/sec$
⑤ $300cm^3/sec$

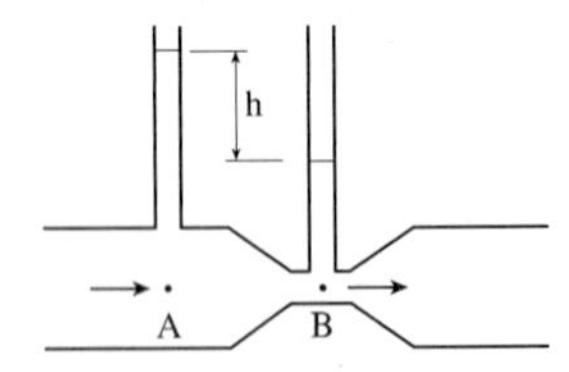

해설

해설 23

집안의 공기속력은 0이므로 압력 차이는
$P=\frac{1}{2}\rho v^2=\frac{1}{2}\times1.2\times30^2=540Pa$
이다. $P=\frac{F}{A}$에서 힘
$F=PA$ 이므로 $F=54000N$이다.

해설 24

압력은 $\frac{1}{2}\rho v^2=\frac{1}{2}\times1.3\times20^2$
$=260N/m^2$이다.
이 압력은
$P=\rho gh$
$=1000kg/m^3\times9.8m/s^2\times h$
이므로 260 = 9800h 가 되어 h=0.027m 이다.

해설 25

토리첼리 정리에 의해 수평속도
$v=\sqrt{2gh_1}$ 이고 물이 떨어지는
시간은 $S=\frac{1}{2}gt^2$ 에서 $t=\sqrt{\frac{2h_2}{g}}$
이다. $R=vt=2\sqrt{h_1h_2}$ 이다.

해설 26

점 A, 점 B의 높이는 같으므로
$P_1+\frac{1}{2}\rho v_1^2=P_2+\frac{1}{2}\rho v_2^2$에서
$P_1-P_2=\frac{1}{2}\rho(v_2^2-v_1^2)$이고
$P_1-P-2=\rho gh$이다.
$A_1V_1=A_2V_2$에서 $V_2=2V_1$이다.
$\rho gh=\frac{1}{2}\rho\{(2V_1)^2-V_1^2\}$
$=\frac{3}{2}\rho V_1^2$
$V_1^2=\frac{2}{3}\times980\times1.2=16\times49$,
$V_1=28cm/s$ V_1의 단면적이 $10cm^2$이므로 초당 부피 흐름은 $280cm^3$이다.

정답 23. ② 24. ④ 25. ① 26. ④

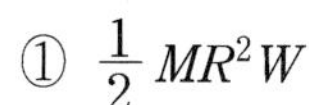

27 질량이 M이고 반경 R인 원판이 중심으로부터 $\frac{R}{2}$인 위치에 있는 수직축에 대하여 각속도 W로 회전하고 있다. 원판의 각운동량은 얼마인가?

① $\frac{1}{2}MR^2W$

② $\frac{3}{4}MR^2W$

③ $\frac{5}{4}MR^2W$

④ $\frac{3}{2}MR^2W$

⑤ $\frac{5}{2}MR^2W$

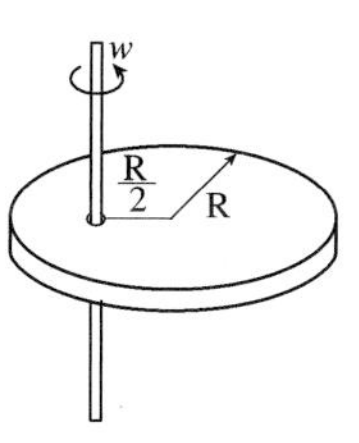

28 강체의 회전 모멘트(토오크)는 다음 중 어느 것과 관계있는가?

① 관성 모멘트와 운동량의 곱

② 관성모멘트와 각가속도와의 곱

③ 회전 반경과 운동량의 곱

④ 회전 반경과 각속도와의 곱

⑤ 각 가속도와 운동량의 곱

29 질량 m인 물체가 반경 R인 원주상을 속도 v로 회전하고 있을 때 각 운동량은?

① mvr ② $\frac{mv}{r}$

③ $\frac{mv}{r^2}$ ④ $\frac{vr}{m}$

⑤ $\frac{vr}{m^2}$

30 질량이 1kg인 토막이 그림과 같이 수직축을 중심으로 회전하는 회전축에 길이가 1.0m인 같은 줄로 연결되어 있다. 주기가 2초이면 줄의 장력은 몇 N인가?(단, 지구중력에 의한 물체의 무게는 무시한다.)

① $\frac{\pi}{2}N$

② πN

③ $\frac{\pi^2}{2}N$

④ $\pi^2 N$

⑤ $2\pi^2 N$

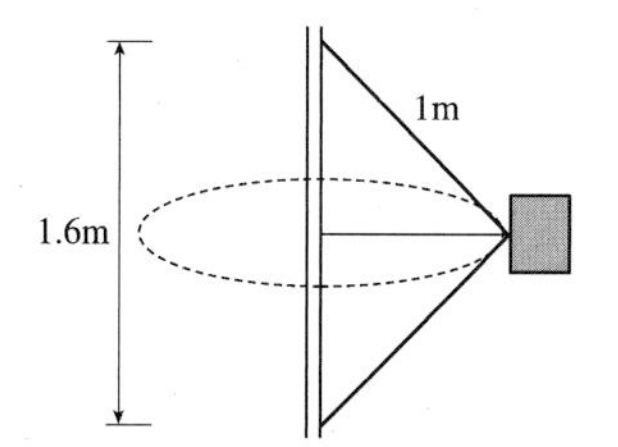

해 설

해설 **27**

$I = I_0 + M\left(\frac{R}{2}\right)^2$ 이며 원판의 $\frac{1}{2}MR^2$ 이므로 $I = \frac{3}{4}MR^2$ 이다.

각 운동량 L = IW에서

$L = \frac{3}{4}MR^2W$ 이다.

해설 **28**

회전 모멘트 $M = F \cdot r$ 이다

한편 각 가속도 α는

$\alpha = \frac{dw}{dt}$ 인데

$\alpha = \frac{1}{r}\frac{drw}{dt} = \frac{1}{r}\frac{dv}{dt}$ ($v = rw$)

$= \frac{1}{r}a$ 이다.

또 관성 모멘트 $I = Imr^2$ 이어서

$M = F \cdot r = ma \cdot r$ 에서

$M = m \cdot r\alpha \cdot r = mr^2 \cdot \alpha$ 이다.

해설 **29**

질량 m인 입자가 반경 r의 원운동을 할 때 각 운동량은 $L = r \times mv$ 이다.

해설 **30**

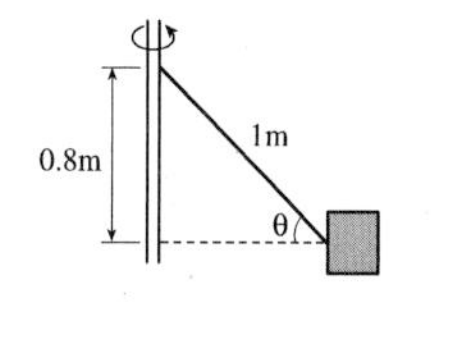

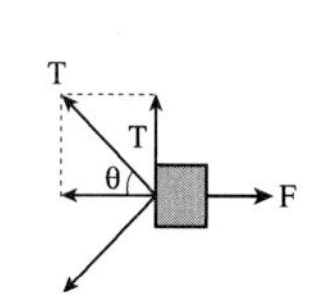

그림에서 회전 반경은 0.6m이다.

원심력은 $F = rw^2$ 에서

$r = 0.6\,\mathrm{m}$, $w = \frac{2\pi}{T} = \pi$초

이므로 $F = 0.6\pi^2 N$이다.

이 힘은 그림에서

$2T\cos\theta = F$ 이다.

따라서 $T = \frac{F}{2\cos\theta}$ 에서

$T = \frac{0.6\pi^2}{2 \times \frac{0.6}{1}} = \frac{\pi^2}{2}N$ 이다.

정답 27. ② 28. ② 29. ① 30. ③

31 반경이 25cm의 바퀴를 지닌 자동차가 30m/s의 속도로 달리다가 바퀴의 미끄러짐 없이 60m의 거리를 지나 정지 했다. 바퀴의 각 가속도는 몇 rad/s^2 인가?

① $15rad/s^2$
② $30rad/s^2$
③ $45rad/s^2$
④ $60rad/s^2$
⑤ $75rad/s^2$

32 앞의 문제에서 정지할 때까지 회전 바퀴 수는 몇 회전인가? (단, $\pi=3$ 으로 계산한다.)

① 10회전
② 20회전
③ 30회전
④ 40회전
⑤ 50회전

해 설

해설 31

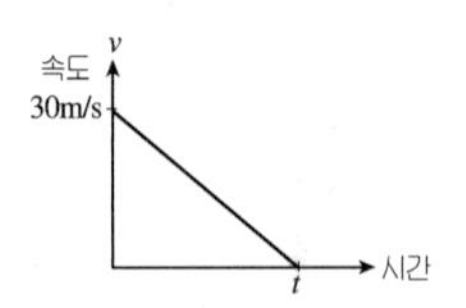

$v=rw$ 에서

$w=\frac{v}{r}=\frac{30}{0.25}=120\,rad/s$ 이다.

가속도는 그래프에서 기울기이고 면적이 이동거리이므로

$30t\times\frac{1}{2}=60$ 에서 시간 4초 후에 멈춘다. 기울기 즉 가속도는

$\frac{30}{4}=7.5\,m/s^2$ 이므로

각 가속도 $\alpha=\frac{a}{r}$ 에서

$\alpha=\frac{7.5}{0.25}=30\,rad/s^2$ 이다.

해설 32

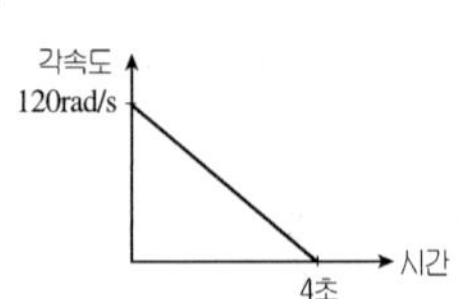

앞의 해설에서 보듯이 각속도 $w=120\,rad/s$ 정지

시간은 4초이므로 그래프에서 면적이 회전각도이다.

따라서 $\theta=4\times120\times\frac{1}{2}=240\,rad$

이므로 $\frac{240}{2\pi}$ 회전 후에 멈춘다.

정답 31. ② 32. ④

33 물체의 무게가 30N인 어떤 물체를 가라앉히는 데 10N의 수직힘이 필요하다. 이 물체의 밀도는 몇 g/cm³ 인가? (중력가속도 $g = 10\,m/s^2$ 이다.)

① $\frac{1}{4}$ g/cm³

② $\frac{1}{3}$ g/cm³

③ $\frac{1}{2}$ g/cm³

④ $\frac{2}{3}$ g/cm³

⑤ $\frac{3}{4}$ g/cm³

34 질량이 0.5kg인 어떤 물체가 밀도 800kg/m³인 기름 속에서 완전히 가라앉을 때 겉보기 무게가 4.2N이었다면 이 물체의 밀도는 몇 kg/m³ 인가?

① 5600 N/m³

② 4800 N/m³

③ 3600 N/m³

④ 2800 N/m³

⑤ 1200 N/m³

35 질량 60kg 되는 어떤 사람이 수영장에 머리를 드러내고 수직으로 떠 있다. 머리의 부피가 2.5 l 이면 이 사람의 평균 밀도는?

① 250kg/m³

② 500kg/m³

③ 690kg/m³

④ 840kg/m³

⑤ 960kg/m³

해 설

해설 33

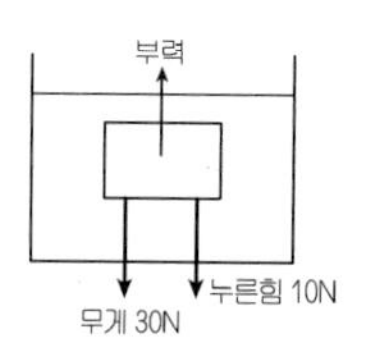

그림에서 부력은 물체의 무게와 누른 힘의 합과 같아서 40N이고 부력은 $\rho V g$ 이므로 C, G, S 단위계로
$40 \times 10^5 dyne = 1\,g/cm^3 \times \square cm^3 \times 1000 cm/s^2$ 이므로
부피 $V = 400\,cm^3$ 이다.
물체의 질량이 3000g이므로
밀도는 $\frac{3000}{4000}\,g/cm^3$ 이다.

해설 34

물체의 실제무게는
$mg = 0.5 \times 9.8 = 4.9N$ 이므로
부력이 $0.7N$ 이 작용했다.
부력은 $\rho V g$ 이므로
$0.7 = 800 \times V \times 9.8$ 에서
$V = \frac{1}{11200}\,m^3$ 이다.
밀도는 $\frac{m}{V}$ 이므로
$\rho = 0.5 \times 11200 = 5600\,kg/m^3$ 이다.

해설 35

사람의 중력과 부력이 평형상태이므로
$mg = \rho V g$ 에서
$60 = 1000 \times V$ 이므로
부피 $V = \frac{6}{100}\,m^3$ 이다.
사람의 체적은
$0.06 + 2.5 \times 10^{-3} = 0.0625\,m^3$ 이므로
밀도는 $\frac{m}{V}$ 이므로
$\frac{60}{0.0625} = 960\,kg/m^3$ 이다.

정답 33. ⑤ 34. ① 35. ⑤

36 모세관 현상에 관한 설명 중 옳지 않는 것은 어느 것인가?

① 모세관 현상에서 액주의 높이는 밀도가 클수록 낮아진다.
② 모세관 현상에서 액주의 높이는 비눗물을 풀면 낮아진다.
③ 모세관 현상에서 액주의 높이는 관의 반지름에 반비례한다.
④ 모세관 현상에서 액주의 높이는 액체의 표면장력에 비례한다.
⑤ 모세관 현상에서 액주의 높이는 온도가 높아지면 높아진다.

37 물 위에 고체가 떠 있다. 액체의 팽창률이 고체의 팽창률보다 클 때 전체를 가열하면 이 고체는 어떻게 되는가?

① 변화 없다.
② 처음에 위로 뜨다가 가라앉는다.
③ 고체는 위로 더 떠오른다.
④ 고체는 아래로 더 가라앉는다.
⑤ 답 없음

38 물보다 비중이 작은 나무토막이 그림과 같이 물속에 잠겨 있다. 이 나무도막은 고무줄로 바닥과 연결되어 있으며 고무줄은 길이 L에서 평형을 이루고 있다 이제 이 실험 장치를 엘리베이터에 싣고 윗방향으로 가속도 운동을 한다면 고무줄의 길이는 어떻게 되겠는가?

① L보다 늘어난다.
② L보다 줄어든다.
③ 변하지 않는다.
④ 위로 향한 가속도의 크기에 따라 L보다 클 수도 있고 L보다 작을 수도 있다.
⑤ 늘어났다가 다시 줄어든다.

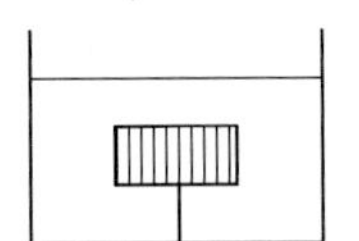

해 설

해설 36

비눗물은 순수물보다 표면장력이 작아져 높이가 낮아진다.

$h=\dfrac{2s\cos\theta}{\rho g r}$에서 반경과 밀도에 반비례한다.

온도가 높아지면 표면장력 S가 작아져서 높이는 낮아진다.

해설 37

액체의 부력과 고체의 무게와 같으므로 고체의 무게는
변함이 없고 밀도는 작아지므로
$mg=\rho Vg$, $mg=\rho Ahg$에서
h는 증가하므로 더 가라앉는다.

해설 38

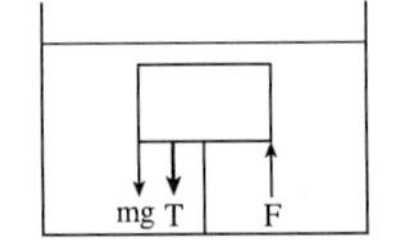

그림과 같이 부력 F는 물체의 무게 mg와 장력T의 합과 같다.
즉 $F=mg+T$이다.
부력 F는 배제된 액체의 무게와 같으므로

$F=\rho Vg$이다.

즉 $T=(\rho V-m)g$ 이다. 엘리베이터가 위로 가속하면 관성력은 아래로 작용하게 되어 $T=(\rho V-m)(g+a)$이다.
따라서 장력 T는 증가하게 되어 줄이 늘어난다.

정답 36. ⑤ 37. ④ 38. ①

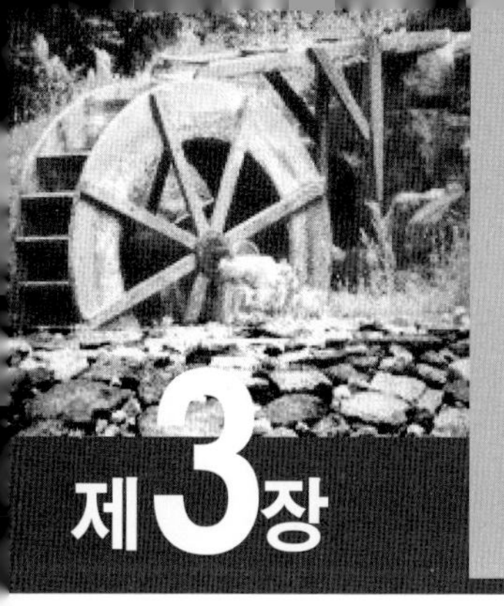

제3장 에너지와 열

출제경향분석

이 단원은 일과 에너지의 전환과 보존 역학적 에너지의 보존법칙과 열역학 제1법칙과 열역학 제2법칙의 개념숙지가 가장 중요하다. 이러한 열역학의 여러가지 표현들에 대해서도 반드시 알아두어야 한다.

세 부 목 차

1. 일과 에너지

KEY POINT

1 일

일상생활에서 우리는 '책상을 밀어서 옮기거나 바닥의 책들을 선반위에 올려놓는 것은 일을 하는 것이다'라고 생각하고 또 맞는 말이다. 그러나 물리학에서의 일은 좀 더 엄격하게 정의 된다.
어떤 물체가 운동할 때 운동의 복잡성은 고려하지 않고 물체에 작용한 힘이 그 물체에 한 전체일은 그 물체의 에너지 변화와 같게 된다.

(1) 일

물체에 힘을 가하여 물체를 이동시켰을 때 힘이 물체에 일을 하였다고 하며, 물체는 힘으로부터 일을 받았다고 한다. 물체를 들어 올릴 때나 마찰이 있는 면 위에서 물체를 이동시키는 것은 물체에 대해 일을 하는 것이 되고, 용수철을 늘릴 때나 물체의 모양을 변화시키는 경우도 물체에 대해 일을 하는 것이 된다.
물리에서는 일을 힘과 힘의 방향으로 물체가 이동한 거리의 곱으로 정의한다. 즉 힘의 크기를 F, 힘의 방향으로의 물체의 이동거리를 Δx 라 할 때, 일 W 는

$$W = F\Delta x$$

와 같이 정의되며 이것은 $F-x$ 그래프의 면적과 같다.

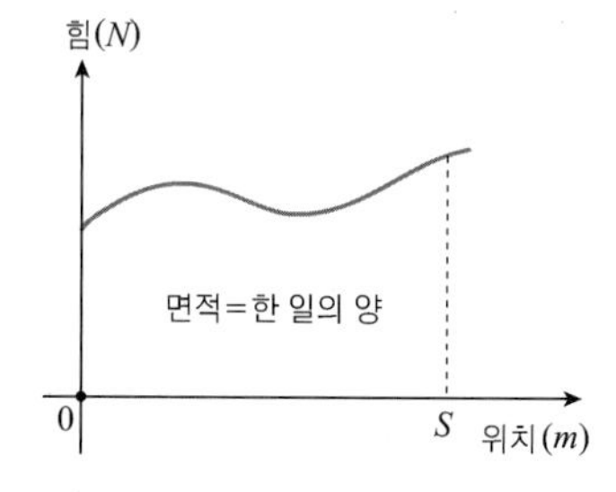

일의 단위는 줄(joule)이다. 간단히 J로 나타낸다.
따라서 1줄은 1뉴턴미터와 같다.

$$1J = 1N \cdot m$$

KEY POINT

예제 1

입자에 x축 방향으로 작용하는 힘은 $F=ax+bx^2$ 이다. 입자를 $x=0$에서 $x=L$까지 움직일 때 이 힘이 한 일은? (단, a, b는 상수이다) (2021 국가직 7급)

① $a+2bL$

② $aL+bL^2$

③ aL^2+bL^3

④ $\frac{1}{2}aL^2+\frac{1}{3}bL^3$

풀이 $F=ax+bx^2$의 그래프는 그림과 같고 한 일 $W=F\cdot x$에서 그래프의 면적이 한 일이다.

$w=\int_O^L Fdx=\left[\frac{1}{2}ax^2+\frac{1}{3}bx^3+c\right]_O^L$

$=\frac{1}{2}aL^2+\frac{1}{3}bL^3$ 정답은 ④이다.

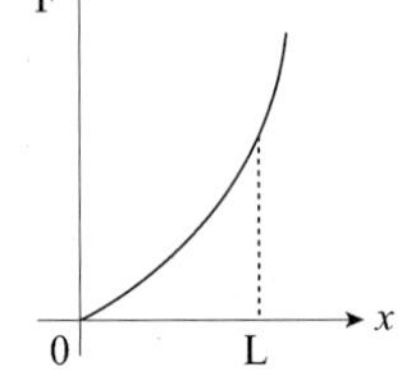

그림과 같이 일정한 크기의 힘 F로 물체를 비스듬히 당겨서 Δx 만큼 이동시켰을 때 힘과 이동 방향이 이루는 각을 θ라 하면, 힘 F의 이동방향의 성분력은 $F\cos\theta$이고, 이에 수직한 성분력인 $F\sin\theta$는 일을 하지 않고, 이동 방향의 성분력 $F\cos\theta$만이 일을 한다. 따라서 힘 F가 한일 W는

$$W=F\,\Delta x\cos\theta$$

와 같이 주어진다.

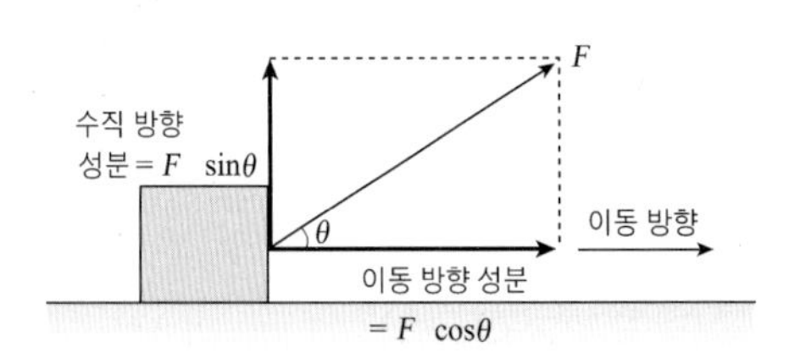

그러므로 물체가 움직이지 않는다든가 또는 힘이 물체의 이동 방향과 수직($\theta=90°$)으로 작용하는 경우와 같이 물체의 이동 방향에 대한 힘의 성분이 0이 되면 W는 0이 된다.

만일 마찰 없는 수평면 위에서 운동하고 있는 물체에 아래의 그림과 같이 힘을 가해 일을 해 주면 힘의 방향에 따라 물체가 일을 받거나 잃게 된다.

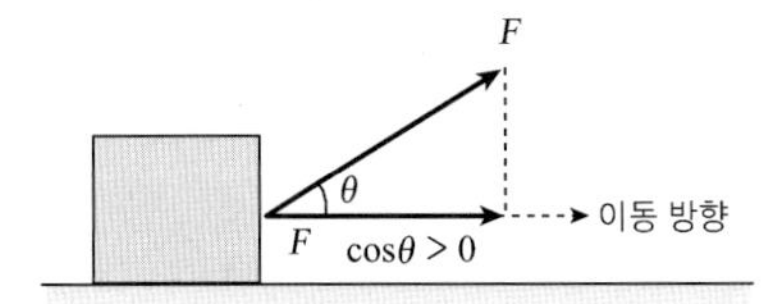

(가) $0° \leq \theta < 90°$인 경우, 물체에 가해진 힘은 물체를 더 빠르게 한다.

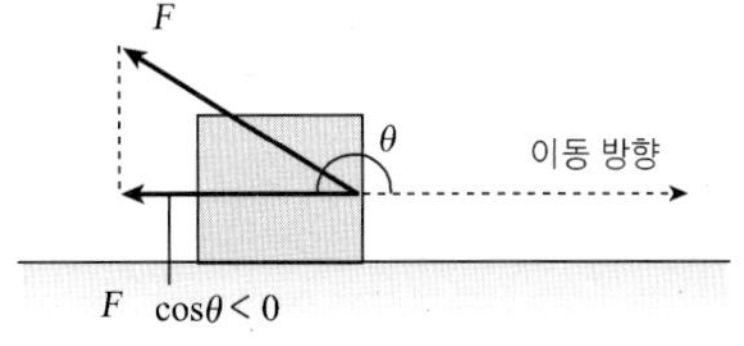

(나) $90° < \theta < 180°$인 경우, 물체에 가해진 힘은 물체를 더 느리게 한다.

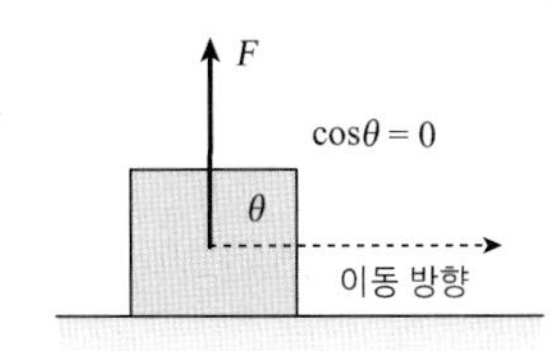

(다) $\theta = 90°$인 경우, 물체에 가해진 힘은 물체의 빠르기를 변화시키지 않는다.

※ 일의 정의

물체에 가한 힘에 의하여 물체로 공급되거나 물체로부터 빠져 나간 에너지

- 양(+)의 일 : 물체에 에너지가 공급된 경우
- 음(-)의 일 : 물체로부터 에너지가 빠져 나간 경우

예제2

원점에 정지해 있던 질량 m인 물체가 외부에서 작용하는 힘을 받으면서 1차원 직선을 따라 움직인다. 움직이기 시작하고 t만큼의 시간이 지난 순간 물체의 속력과 원점으로부터의 거리를 각각 v, s로 나타낼 경우, $v = A\sqrt{s}$의 관계를 만족한다. 외부에서 이 물체에 한 일은? (단, A는 상수이고, 모든 마찰은 무시한다)

(2021 서울시 7급)

① $\dfrac{mA^4t^2}{8}$ ② $\dfrac{mA^4t^2}{4}$

③ $\dfrac{mA^4t^2}{2}$ ④ mA^4t^2

풀이 평균속력 $\frac{v}{2}$로 t 시간 동안 이동거리가 s이면 $s = \frac{v}{2} \times t$ 이고

문제에서 $v = A\sqrt{s}$ 라 했으므로 해준일은 운동에너지와 같아서

$W = \frac{1}{2}mv^2 = \frac{1}{2}mA^2S$,

$S = \frac{vt}{2} = \frac{mA^4t^2}{8}$ 이다. 정답은 ①이다.

예제3

그림은 용수철에 작용한 힘과 용수철이 늘어난 길이의 관계를 나타낸 것이다. 용수철을 원래 길이보다 3 cm 늘어난 A에서 6 cm 늘어난 B까지 늘리려면 해야 하는 일[J]은? (2021 경력경쟁 9급)

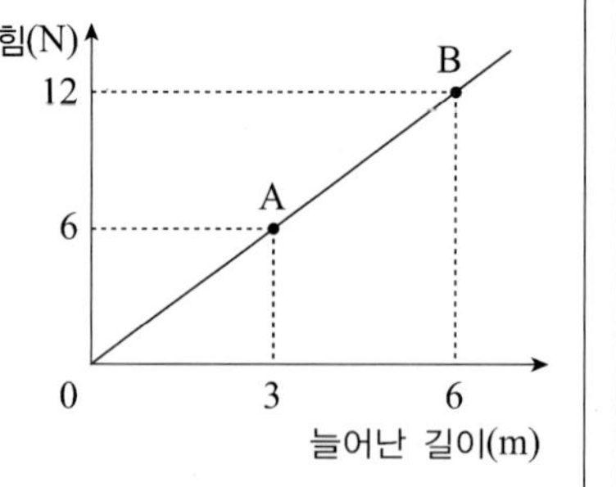

① 0.09 ② 0.18

③ 0.27 ④ 0.36

풀이 그래프에서 기울기는 탄성계수이고 면적은 한 일이다.

$k = \frac{6N}{3 \times 10^{-2} m} = 200\,\text{N/m}$ 이고 일은 $W = (12+6) \times 0.03 \times \frac{1}{2} = 0.27\ (\text{J})$이다.

정답은 ③이다.

■ 일의 원리
일은 힘과 이동거리의 곱인데 도구를 이용했을 때 힘의 이득이 있어도 일은 항상 같다.

(2) 일의 원리

우리가 일을 할 때 도구를 사용해서 일을 해도 외부에서 그 도구에 한 일의 양과 그 도구가 물체에 행한 일의 양은 같다. 이것을 **일의 원리**라고 한다.

일반적으로 물체를 들어올릴 때 지레나 도르래 등의 도구를 쓰면 힘을 적게 들일 수는 있으나 일의 양은 같다.

즉 도르래가 물체에 한 일

$$W = F \cdot S = mg \times h \text{ 이고}$$

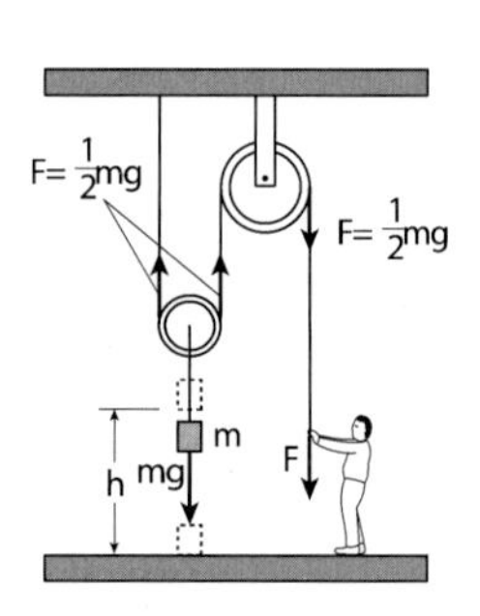

사람이 도르래에 한 일

$$W = F \cdot S \text{ 에서 } p] = \frac{1}{2} mg \times 2h \text{ 이다.}$$

따라서 힘은 반으로 줄지만 일은 같다.

예제4

그림처럼 움직도르래를 이용하여 100N의 물체를 2m 들어올릴 때 외력 F가 한 일은? 또 도르래가 물체에 해준 일은?

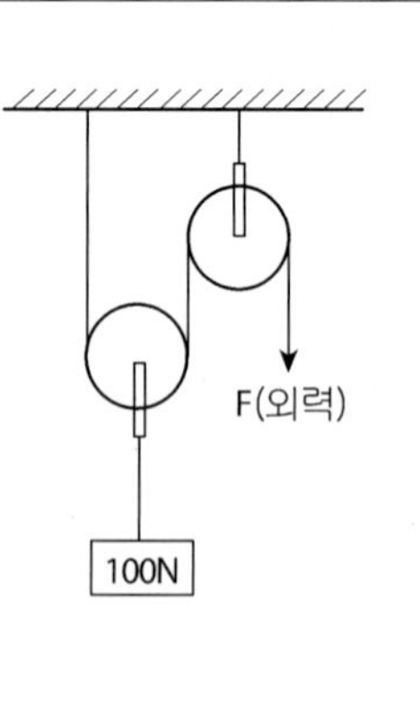

풀이 ① 외력 F가 한 일

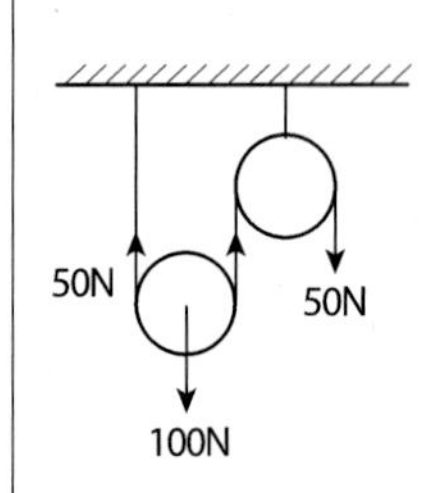

그림처럼 100N의 물체를 매달면 줄의 장력은 50N이면 된다. 또 물체를 2m 상승시키기 위해서는 줄을 4m 당겨야 되므로 일 $W = F \cdot S$ 에서

$W = 50\text{N} \cdot 4\text{ m} = 200\text{J}$

② 도르래가 한 일

도르래는 물체 100N을 위로 올리려면 100N의 힘이 필요하고 2m 상승시키므로 한 일

$W = F \cdot S$ 에서 $W = 100\text{N} \cdot 2\text{m} = 200\text{J}$

(3) 일 률

일률이란 단위 시간 동안에 한 일의 양을 나타내며 t초 동안 한 일의 양이 w이면 일률 P는 다음과 같이 나타낼 수 있다.

$$P = \frac{W}{t}$$

일률의 단위는 와트(기호 : W)를 쓰는데 $1W$는 매초 1J의 일을 할 때의 일률이다. 그러므로 $1W = 1J/s$이다.

또 일 $W = F \cdot S$에서 $P = \frac{W}{t} = \frac{F \cdot S}{t} = F \cdot \frac{S}{t} = F \cdot v$로 힘과 속도의 곱으로도 나타낼 수 있다.

움직도르래에서는 힘의 크기가 반으로 줄지만 그림과 같은 도르래의 연결에서는 힘 F가 $F = \frac{1}{3}W$이다.

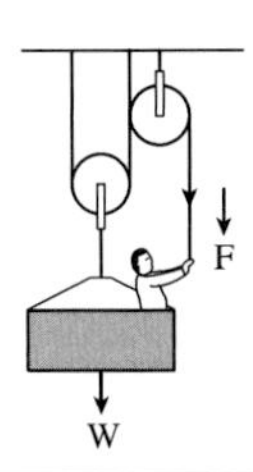

■ 일률은 전력과 같다.
뒤에서 배울 전기에서 전력 P는 전압 V와 전류 I의 곱이다.
즉 $P = \frac{W}{t}$
$P = VI$
$\frac{W}{t} = VI$

예제5

전기 모터를 이용하여 800N의 무게를 가진 물체를 10초에 5m씩 들어 올리려 한다. 이 모터가 가져야 할 최소 일률[W]은? (2014 국가직 7급)

① 200 ② 400
③ 600 ④ 800

풀이 일률은 $\frac{F \cdot s}{t} = F \cdot v$이다. 10초에 5m씩 들어 올리므로 속력 $v = 0.5\,m/s$이다. 따라서 일률은 $800 \times 0.5 = 400\,W$이다. 정답은 ②이다.

2 에너지

(1) 일과 에너지

한 물체가 다른 물체에 대해서 일을 할 수 있는 능력을 가질 때 이 물체는 에너지를 갖는다고 한다.

그러므로 이 에너지의 크기는 물체가 할 수 있는 일의 크기와 같고 단위도 일과 같이 J을 사용한다.

■ 일=에너지이다.
(에너지≠힘이다.)

(2) 역학적에너지

운동에너지와 위치에너지의 합을 **역학적에너지**라고 한다. 역학적에너지는 항상 일정하게 보존되는데 이것을 역학적 에너지보존의 법칙이라고 한다.

■ 역학적에너지=운동에너지(E_k) +위치에너지(E_p)

KEY POINT

■ 운동에너지 $E_k = \frac{1}{2}mv^2$

① 운동에너지

질량 m인 물체가 v속도로 운동하다가 정지할 때까지는 $\frac{1}{2}mv^2$만큼의 일을 할 수 있는데 이것을 물체의 **운동에너지**라고 한다. 이 운동에너지를 E_k라 하면 $E_k = \frac{1}{2}mv^2$이다.

이 식은 다음과 같이 유도된다.

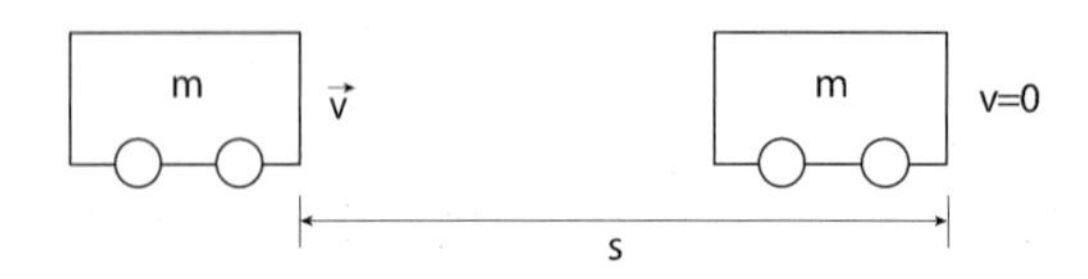

질량 m인 자동차가 v속도로 달리다가 브레이크를 밟아 속력이 일정하게 줄어 거리 s만큼 밀린 후 정지하였을 때 앞 단원에서 배운 $v^2 - v_o{}^2 = 2as$에 가속도 $-a$, 초속도 v, 정지하였을 때 속도 o를 대입하면

$o^2 - v^2 = -2as$이고 $F = ma$에서 $a = \frac{F}{m}$이므로

$v^2 = 2 \cdot \frac{F}{m}s$ $\frac{1}{2}mv^2 = F \cdot s$이 된다.

따라서 일의 양 $W = F \cdot s = \frac{1}{2}mv^2$이 된다.

예제6

어떤 입자가 $x=0$인 위치에 정지하고 있다가 $F=F_0e^{-kx}$의 힘을 받아 $+x$축 방향으로 움직이기 시작했다. 이 입자가 가질 수 있는 최대 운동 에너지는? (단, F_0, k는 상수이다.) (2016년 서울시 7급)

① $\frac{F_0}{k}$ ② $\frac{F_0}{e^k}$

③ kF_0 ④ $\frac{kF_0}{2}$

풀이 입자가 가질 수 있는 최대 운동에너지는 가해준 힘으로부터 받은 일을 모두 운동에너지로 전환할 때이다. 그러므로 운동에너지 가해준 일 만큼과 같으므로

$dw = F \cdot dx$이고, $k(x) = \int F_0e^{-kx}dx = -\frac{F_0}{k}e^{-kx} + C$이다.

이때 거리 $x=0$일 때 운동에너지 $k(0)=0$이므로 $C = \frac{F_0}{k}$이다.

따라서 $k(x) = -\frac{F_0}{k}e^{-kx} + \frac{F_0}{k}$이므로 운동에너지의 최댓값은 $\frac{F_0}{k}$이다.

정답은 ①이다.

② 중력에 의한 위치에너지

보통 질량 m인 물체가 지면으로부터 높이 h인 곳에 있을 때 이 물체에 작용하는 중력은 mgh의 일을 할 수 있는 능력을 갖는다. 이것이 그 물체의 중력에 의한 위치에너지이다.

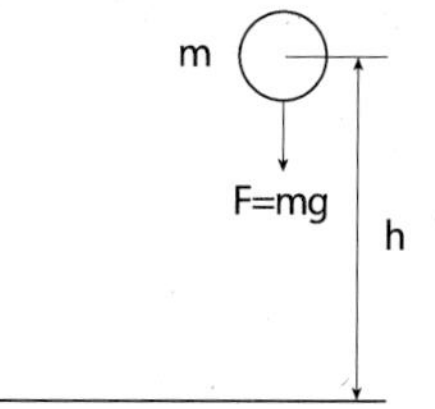

위치에너지를 E_p라 하면

$E_p = mgh$이다.

■ 중력에 의한 위치에너지
$E_p = mgh$

예제7

<보기>와 같이 질량이 100g인 물체로 스프링상수(탄성계수)가 200N/m인 스프링을 20cm 압축된 상태로 잡고 있다가 놓았다. 마찰을 무시할 경우 물체가 빗면을 올라간 최대 높이[m]는? (단, 중력가속도 g=10m/s² 이다.) (2019년 서울시 7급)

① 1
② 2
③ 3
④ 4

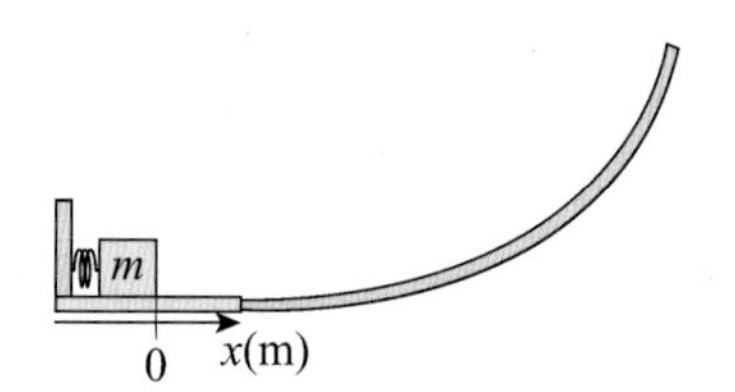

풀이 에너지 보존법칙에서 $\frac{1}{2}kx^2 = mgh$이므로
$\frac{1}{2} \times 200 \times 0.2^2 = 0.1 \times 10 \times h$ $h = 4\text{m}$ 정답은 ④이다.

③ 탄성력에 의한 위치에너지

일반적으로 변형된 용수철은 원래 상태로 돌아가면서 다른 물체에 일을 할 수가 있는데 용수철 상수 k인 용수철이 x만큼 늘어났을 때 $\frac{1}{2}kx^2$ 만큼의 일을 할 수가 있다. 이것을 탄성력에 의한 위치에너지(또는 탄성에너지)라고 한다.

즉 탄성에너지 $E_p = \frac{1}{2}kx^2$이다.

■ 탄성력에 의한 위치에너지
$E_p = \frac{1}{2}kx^2$

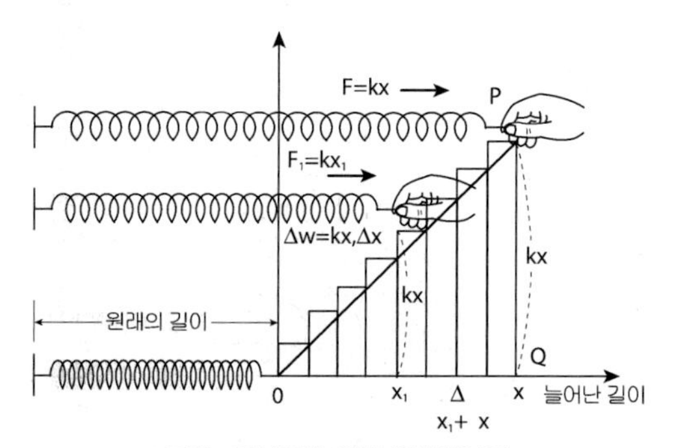

그림. 탄성력에 의한 위치에너지

KEY POINT

용수철이 하는 일은 $W = F \cdot x$로 표시되는데 그림처럼 늘어난 길이 x 값에 비례하여 힘 F가 증가하게 된다. 따라서 x만큼 늘리는 동안의 힘은 평균 힘 $\overline{F} = \frac{O + F}{2}$가 되어야 하므로 $W = \overline{F}x = \frac{1}{2}Fx$($F = kx$: 후크의 법칙) 일 $W = \frac{1}{2}kx^2$이 된다.

즉 그래프에서 한 일은 면적과 같다.

예제8

용수철에 매달린 물체가 단순 조화 진동을 한다. 이 물체의 운동에 대한 설명으로 옳지 않은 것은? (2020년 국가직 7급)

① 운동에너지와 탄성 퍼텐셜 에너지의 합은 일정하다.
② 평형 위치에서 멀어질수록 속력은 줄어든다.
③ 변위가 최대일 때 물체의 가속도 크기는 최대가 된다.
④ 작용하는 힘의 크기는 변위의 제곱에 비례한다.

풀이 $F = kx$ 힘은 변위와 비례한다. 정답은 ④이다.

④ 만유인력의 의한 위치에너지

지표면 근처에서는 질량 m인 물체에 작용하는 힘이 mg(g가 일정)로써 일정하지만 지구에서 멀어지면 힘이 만유인력에 의해 $\frac{GMm}{r^2}$이 되어 떨어진 거리 r^2에 반비례하게 된다. 그러므로 질량 m인 물체가 질량 M인 지구의 중심으로부터 거리 r인 곳에 있을 때 $W = F \cdot S$에서 위치에너지

$$E_p = \int_{\infty}^{r} \frac{GMm}{r^2}\,dr \text{이 되어}$$

$$E_p = -\frac{GMm}{r} \text{ 이 된다.}$$

(−)부호는 물체가 지구에 속박되어 있음을 뜻한다.

즉 무한히 먼 곳에서는 만유인력이 0이 되므로 그 곳에서의 위치에너지 값도 $E_p = 0$이며 이것은 만유인력에 의한 위치에너지의 기준 위치가 된다.

■ 만유인력에 의한 위치에너지
$E_p = -\frac{GMm}{r}$

■ 역학적에너지 보존
$\frac{1}{2}mv^2 + mgh =$ 일정

KEY POINT

⑤ 지표에서 수직으로 쏘아올린 물체의 탈출속도

지표에서 쏘아 올린 물체가 무한히 먼 곳까지 가는데 필요한 최소한의 초속도를 **탈출속도**라고 한다. 무한원에서 운동에너지와 위치에너지는 각각 0 이므로 탈출속도 v_o는 역학적에너지 $\frac{1}{2}mv_o^2 - \frac{GMm}{R} = 0$ 에서 구하면

$v_o = \sqrt{\frac{2GM}{R}} = \sqrt{\frac{2GM}{R^2} \times R} = \sqrt{2gR} \quad (g = \frac{GM}{R^2})$이다.

예제9

지구의 반지름이 R일 때 지표면에서 물체를 연직 위로 쏘아 올려 지표에서 높이 R만큼 올라갈 수 있도록 하려면 지표면에서의 물체의 초속도는 얼마인가?

풀이 지표면에서 R 되는 지점의 위치에너지는

$\int_R^{2R} \frac{GMm}{r^2} dr = GMm\left\{-\frac{1}{r}\right\}_R^{2R} = \frac{GMm}{2R}$ 이다.

이것은 지표에서 운동에너지이므로

$\frac{1}{2}mv^2 = \frac{GMm}{2R}$ 에서 $v = \sqrt{\frac{GM}{R}}$ 이다. $v = \sqrt{\frac{GM}{R}} = \sqrt{\frac{GM}{R^2}R} = \sqrt{gR}$

예제10

지구 반지름을 R이라고 할 때, 지표면에 있던 질량 m인 물체를 지표면에서 R만큼 높은 점 A로 옮기기 위해 한 일 W_A 와 지표면에서 2R만큼 높은 점 B로 옮기기 위해 한 일 W_B 의 비 $W_A : W_B$ 는? (2013년 행안부)

① 1 : 4 ② 2 : 3 ③ 3 : 4 ④ 4 : 5

풀이 $W_A = \int_R^{2R} = \frac{GMm}{r^2} dr = \left[-\frac{GMm}{r}\right]_R^{2R} = \left[-\frac{GMm}{2R}\right] - \left[-\frac{GMm}{R}\right] = \frac{GMm}{2R}$

$W_B = \int_R^{3R} = \frac{GMm}{r^2} dr = \left[-\frac{GMm}{r}\right]_R^{3R} = \left[-\frac{GMm}{3R}\right] - \left[-\frac{GMm}{R}\right] = \frac{2GMm}{3R}$

따라서, $W_A : W_B = \frac{1}{2} : \frac{2}{3}$ 즉, $W_A : W_B = 3 : 4$

정답은 ③이다.

(3) 역학적에너지 보존

물체가 어떤 한 지점에서 다른 지점으로 이동할 때 힘이 한 일이 두 지점의 위치만으로 결정되고 도중의 운동 경로와는 관계없는 힘을 **보존력**이라 한다. 다시 말해 어떤 물체계에 가해진 힘이 물체의 운동 상태를 변화시킬 때 그 변화량을 위치 에너지의 차이로 설명이 가능하다면 이 때 가해진 힘을 보존력이라 한다.

즉 중력, 탄성력, 전기력, 복원력 등은 보존력이고 마찰력, 저항력 등은 비보존력이다.

■ 역학적에너지 보존

$\frac{1}{2}mv^2 + mgh =$ 일정

KEY POINT

① 중력장에서 역학적에너지의 보존

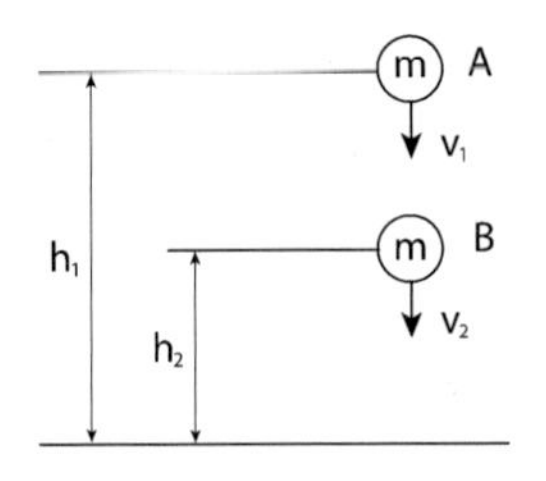

중력장에서 질량 m인 물체가 자유낙하할 때 A에서 역학적에너지와 B에서 역학적에너지는 항상 같다. 이것을 역학적에너지 보존의 법칙이라 한다.

즉 $mgh_1 + \frac{1}{2}mv_1{}^2 = mgh_2 + \frac{1}{2}mv_2{}^2$

이다.

이것은 물체가 가지고 있는 역학적에너지가 같은 크기라면 운동에너지와 위치에너지는 상호 전환된다는 의미이다.

예제11

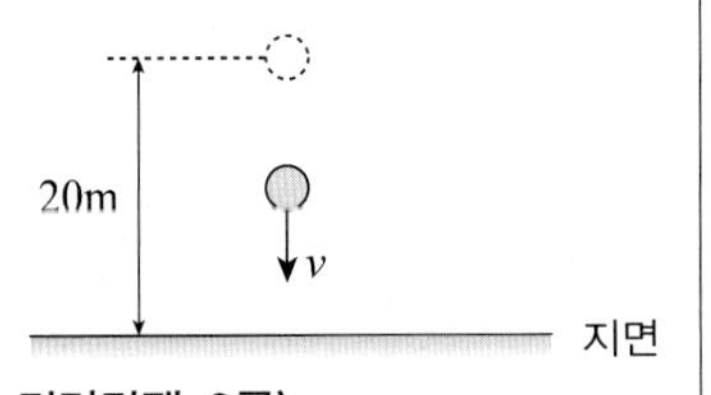

그림은 지면으로부터 20 m 높이에서 가만히 떨어뜨린 물체가 자유낙하 도중 물체의 운동 에너지와 지면을 기준으로 하는 중력 퍼텐셜 에너지가 같아지는 순간을 표현한 것이다. 이때 물체의 속력 v[m/s]는? (단, 중력 가속도는 10 m/s²이고, 공기 저항과 물체의 크기는 무시한다) (2021 경력경쟁 9급)

① $5\sqrt{2}$ ② 10
③ $10\sqrt{2}$ ④ 20

풀이 20m 높이에서 위치에너지는 $mgh = m\times10\times20$이다.
이 역학적에너지는 운동에너지와 위치에너지의 합인데
$E = E_P + E_K$ $E_P = E_K$인 순간은
$E = 2E_K$ $200m = 2\times\frac{1}{2}\times m\times v^2$ $v = 10\sqrt{2}$ 정답은 ③이다.

② 탄성력에 의한 역학적에너지 보존

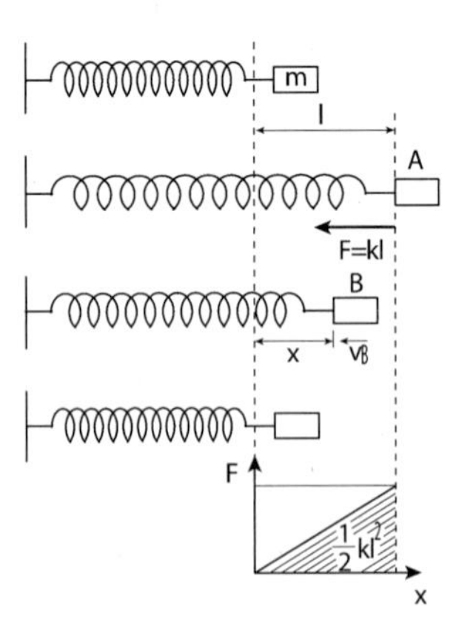

그림에서 용수철 상수 k는 용수철의 한끝을 고정하고 다른 끝에 질량 m인 물체를 매달아 매끄러운 수평면위에서 수평으로 l만큼 늘였다가 놓으면 용수철은 원래의 길이로 돌아가면서 물체를 운동시킨다.

물체가 B점을 지날 때의 속도를 v_B라 하면 이점에서의 운동에너지는 $\frac{1}{2}mv_B{}^2$이고,

이것은 A, B 사이의 용수철의 탄성력에 의한 위치에너지의 차 $\frac{1}{2}kl^2 - \frac{1}{2}kx^2$이 물체의 운동에너지 $\frac{1}{2}mv_B{}^2$이 생기게 하였으므로 $\frac{1}{2}kl^2 - \frac{1}{2}kx^2 = \frac{1}{2}mv_B{}^2$이고 이식을 정리하면

■ 역학적에너지 보존
$\frac{1}{2}mv^2 + \frac{1}{2}kx^2 =$ 일정

$\frac{1}{2}mv_B{}^2 + \frac{1}{2}kx^2 = \frac{1}{2}kl^2$이 되어 A에서의 역학적에너지와 B에서의 역학적에너지가 같다는 것을 알 수 있다.

즉 어느 점에서나 운동에너지(E_k)+위치에너지(E_p)=역학적에너지(E)로써 역학적에너지가 보존된다.

예제12

수평면에서 용수철에 연결된 물체가 단순조화진동을 하고 있다. 물체의 질량, 용수철 상수, 진동의 진폭이 다음과 같을 때, 역학에너지가 가장 큰 것은?
(2021 국가직 7급)

	질량	용수철 상수	진폭
①	m	k	$2A$
②	m	$2k$	A
③	$2m$	k	A
④	$2m$	k	$\frac{A}{2}$

풀이 $\frac{1}{2}kx^2$ 정답은 ①이다.

(4) 행성의 운동과 케플러의 법칙

오늘날 우리는 태양계에 속한 행성들이 태양을 중심으로 각각 자신의 궤도를 따라 운행하고 있음을 알고 있다. 하지만 이전 사람들은 이 우주는 하늘이 수정체(crystalline) 천구들로 되어 있다고 믿었으며 이 천구는 완전하고 또 지구를 중심으로 등속원운동 하고 있다고 믿었다. 실제 관측 결과 이 이론은 틀린 것이었고 많은 학자들에 의해 수정 되어오다 케플러에 이르러 완성되었다.

① 제1법칙

케플러는 제2법칙을 발견하고 행성의 궤도가 타원이라는 것을 알았지만 정확한 형태는 정하지 못했다. 그러다 행성이 빨리 움직이는 큰 궤도와 천천히 움직이는 작은 궤도의 중심을 잇는 식을 발견하였다. 그는 자신의 생각을 버리고 단순한 타원이 아닐까 하는 가설을 세웠다. 그 후 연구 끝에 이 식이 타원식이라는 것을 알게 되었다. 그리하여 이 식은 태양계의 모든 행성은 태양을 하나의 초점으로 하는 타원궤도 운동을 한다는 것으로 타원궤도의 법칙이라고 한다.

② 제2법칙

태양과 행성을 연결하는 선분은 같은 시간동안 같은 면적을 쓸고 지나가는데 이것을 **면적속도 일정의 법칙**이라고 한다.

KEY POINT

■ 케플러의
1 법칙
타원궤도 법칙
2 법칙
면적속도일정의 법칙
3 법칙
조화의 법칙
$T^2 = kR^3$

KEY POINT

$$시간\ t_1 = 시간\ t_2$$
$$면적\ S_1 = 면적\ S_2$$

따라서 지구가 태양의 근일점을 통과할 때는 속력이 빠르고 원일점을 통과할 때는 느리게 된다.
행성의 운동은 별들을 배경으로 놓고 볼 때 방황하고 있는 것처럼 보이는데 화성의 역행이 문제였다. 이 문제는 케플러가 일생의 연구 끝에 행성의 운동을 지배하는 법칙을 끌어냈다.

제2법칙은 각 운동량 보존의 법칙과 동일하다.

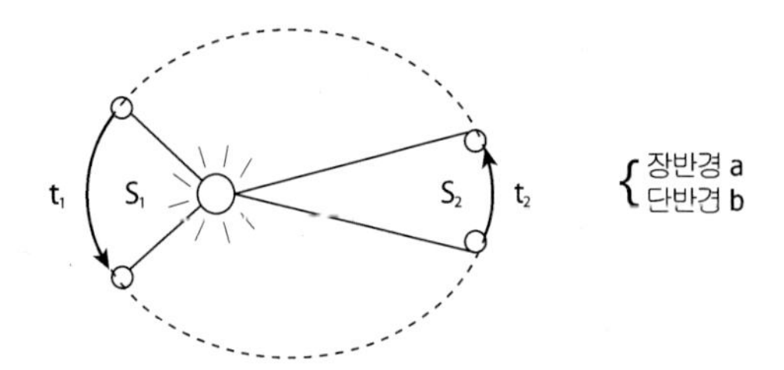

그림에서 삼각형 모양의 넓이 ΔA는 밑변이 r이고 높이가 $r\Delta\theta$인 삼각형으로 근사적으로 $\Delta A = \frac{1}{2} r^2 \Delta\theta$이다.

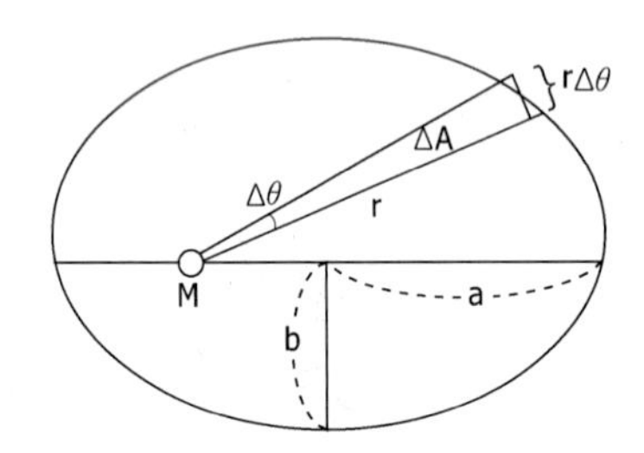

면적 ΔA는 시간 Δt가 0으로 접근할 때 더 정확해 진다.
넓이를 휩쓰는 순간적인 비율은

$$\frac{dA}{dt} = \frac{1}{2} r^2 \frac{d\theta}{dt} = \frac{1}{2} r^2 w$$

이다. 또 각 운동량 $L = rmv \quad (v = rw)$

$$= mr^2 w$$

이므로 $\frac{dA}{dt} = \frac{1}{2} r^2 w$

$$= \frac{1}{2m} mr^2 w = \frac{L}{2m}$$

이다. 따라서 $\frac{dA}{dt}$가 일정하다면 각 운동량 L이 일정하여 보존된다.

KEY POINT

예제13

작은 위성이 타원 궤도를 그리며 거대한 행성 주위를 공전한다. 위성의 속력이 v 인 지점에서 행성에 의한 중력의 크기가 F일 때, 위성의 속력이 $2v$인 지점에서 행성에 의한 중력의 크기는?

① $0.25F$ ② $0.5F$

③ $2F$ ④ $4F$

풀이 타원궤도에서는 $r_1m_1v_1 = r_2m_2v_2$(각 운동량 보존) 이므로 속력 v인 곳에서 r이면 $2v$인 곳에서도 $\frac{1}{2}r$이다. 따라서 힘 F는 4배이다 4F

정답은 ④이다.

③ 제3의 법칙

행성의 공전주기 T의 제곱은 행성의 장반경 r의 세제곱에 비례한다.

이것을 조화의 법칙 이라고 한다.

반지름 r인 원형 궤도를 생각하자. 여기서 r은 장반경이다.

행성과 태양 사이의 만유인력과 행성의 원운동에 의해 생기는 원심력이 같아서 태양의 질량을 M, 행성의 질량을 m, 회전 반경을 r이라하면

$$\frac{GMm}{r^2} = \frac{mv^2}{r}$$

이고 이 식에서 $v^2 = \frac{GM}{r}$ 이다. 속력 v는 $v = \frac{2\pi r}{T}$ 이므로

$$\frac{4\pi^2 r^2}{T^2} = \frac{GM}{r}$$ 에서 주기 T는 $T^2 = \frac{4\pi^2}{GM}r^3$ 이다.

$$T^2 = kr^3$$

으로 간단히 표현할 수 있다.

예제14

행성 A와 B가 어떤 별 주위를 원 궤도를 그리며 공전하고 있다. 이 별에서 행성 A까지의 거리가 행성 B까지의 거리의 4배일 때, 행성 A의 공전 주기는 행성 B의 공전 주기의 몇 배인가? (단, 별의 질량은 행성의 질량보다 매우 크다)
(2014년 국가직 7급)

① $2\sqrt{2}$ ② 4

③ 8 ④ 64

풀이 $\frac{GMm}{r^2} = \frac{mv^2}{r}$에 의해 $v = \sqrt{\frac{GM}{r}}$ 이다.

따라서 공전 주기 $T = \frac{2\pi r}{v} = 2\pi\sqrt{\frac{r^3}{GM}}$ 이므로 A의 주기는 B 주기의 8배가 된다.

정답은 ③이다.

KEY POINT

④ 인공위성의 공전 속력

질량 m인 인공위성이 지구 둘레를 반지름 r인 원궤도를 따라 등속 원운동 할 때 구심력은 지구와 인공위성 사이의 중력, 곧 만유인력이므로 인공위성의 속력은 다음과 같다.

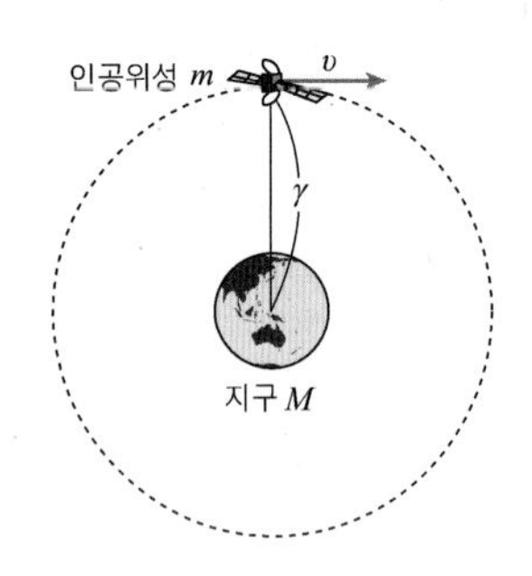

$$\frac{mv^2}{r} = mg' = \frac{GMm}{r^2}$$

$$\rightarrow\ v = \sqrt{rg'} = \sqrt{\frac{GM}{r}}$$

※ 만일 지표 근처에서 인공위성이 **등속 원운동**을 하기 위한 속도는

$v = \sqrt{\frac{GM}{R}} = \sqrt{gR} = \sqrt{9.8m/s^2 \times 6.4 \times 10^6 m} = 7.9$km/s이다.

④ 위성의 궤도와 에너지

인공위성이 타원 궤도를 돌 때 역학적에너지 E 는 일정하고 또 고정된 궤도를 돈다. 역학적에너지는 운동에너지 E_K와 위치에너지 E_P의 합이다.

$$E = E_K + E_P$$

$$= \left(\frac{1}{2}mv^2\right) + \left(-\frac{GMm}{r}\right) \quad \left(\frac{GMm}{r^2} = \frac{mv^2}{r} \text{ 에서 } mv^2 = \frac{GMm}{r}\right)$$

$$= \frac{GMm}{2r} - \frac{GMm}{r} = -\frac{GMm}{2r}$$

예제15

다음 그림과 같이 질량이 같은 두 인공위성 A, B가 반지름이 각각 r, $3r$인 원궤도를 따라 지구 주위를 등속 원운동 하고 있다. 인공위성 A와 B에 대한 설명으로 옳은 것을 보기에서 모두 고른 것은?(단, 두 인공위성 A, B사이에 작용하는 힘은 무시한다.)

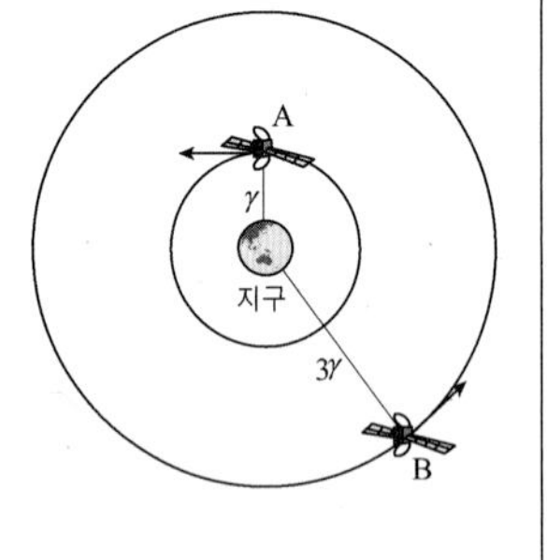

ㄱ. A의 위치 에너지 < B의 위치 에너지
ㄴ. 인공위성 A의 가속도는 인공위성 B의 3배다.
ㄷ. 인공위성 A의 속력은 인공위성 B의 $\frac{1}{3}$ 배다.

① ㄱ ② ㄴ ③ ㄷ
④ ㄱ, ㄴ ⑤ ㄱ, ㄷ

답 : ①

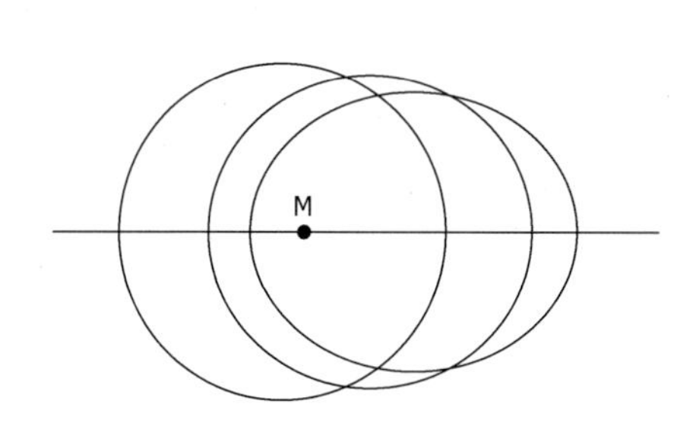

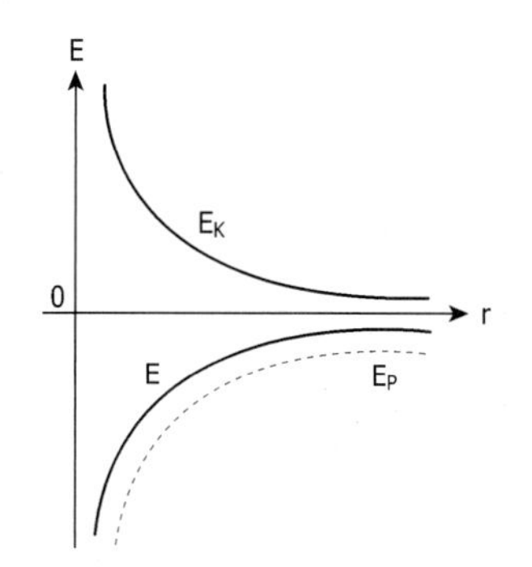

세 궤도의 장반경 a가 모두 같아서 역학적에너지는 같다. 위식에서 보듯이 공전하는 위성의 총 에너지는 그 궤도의 장반경에만 의존하고 이심률에는 무관하다. 위 그림에서 장반경은 모두 같다. 만일 원운동하던 우주선이 오른쪽 그림과 같이 0점에서 달리던 우주선에서 앞 방향으로 분사기를 작동시켜 속력을 줄이면 운동에너지가 감소하고 또 역학적에너지도 감소하여

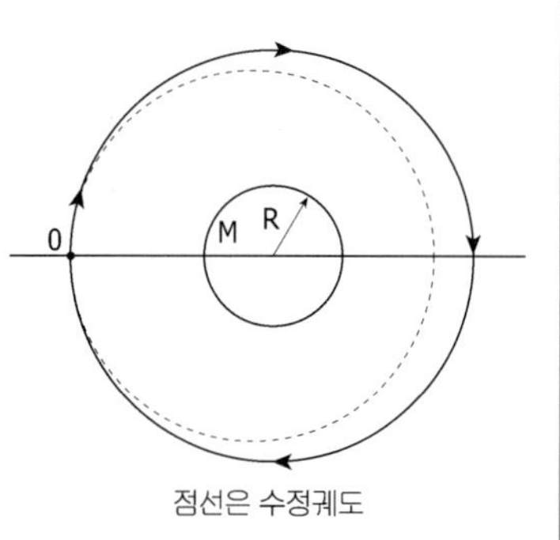

점선은 수정궤도

$E = -\dfrac{GMm}{2a}$ (a는 장반경) 장반경

a도 감소하게 된다.

주기 T 또한 감소하고 이 우주선은 타원궤도 운동을 계속하게 된다.

예제16

질량이 400kg인 인공위성이 지구 주위를 일정한 속력 7km/s로 원형궤도를 따라 공전하고 있다. 이 인공위성의 역학적에너지 (J)는? (단, 지구의 중력만을 고려하며, 위치에너지는 지구로부터 무한대의 거리에서 0이다) (2015년 국가직 7급)

① -4.9×10^9 ② -9.8×10^9

③ 4.9×10^9 ④ 9.8×10^9

풀이 인공위성이 지구 주위를 돌 때 만유인력이 구심력 역할을 한다.

따라서 $\dfrac{GMm}{r^2} = \dfrac{mv^2}{r}$ 을 만족한다.

또한 이 때 인공위성의 역학적에너지는 $-\dfrac{GMm}{2r}$ 이고 이는 위 식에 의해

$-\dfrac{mv^2}{2}$ 와 같다.

따라서 역학적에너지는 $-\dfrac{(4\times10^2)\times(7\times10^3)^2}{2} = -9.8\times10^9$J이다.

정답은 ②이다.

KEY POINT

KEY POINT

예제17

어떤 물체가 지구에서 탈출하기 위한 속도가 v로 주어진다고 하자. 만약 질량이 지구 질량의 세배이고, 반지름은 지구 반지름의 절반인 행성에서 동일한 물체가 탈출하기 위해서 필요한 탈출 속도의 크기는 얼마인가? (2014년 서울시 7급)

① $2\sqrt{2}v$　　② $\sqrt{6}v$　　③ $2v$

④ $\sqrt{3}v$　　⑤ $\sqrt{2}v$

풀이 어떤 물체가 지구를 탈출하기 위해서는 $\frac{GMm}{R} \le \frac{1}{2}mv^2$을 만족해야 한다.

따라서 $v=\sqrt{\frac{2GM}{R}}$이다. 질량이 $3M$, 반지름이 $\frac{1}{2}R$인 행성의 탈출속도

$v' = \sqrt{\frac{6GM}{\frac{1}{2}R}} = \sqrt{\frac{12GM}{R}} = \sqrt{6}v$이다.

정답은 ②이다.

연습문제

1 수평면에 대하여 경사각 30° 인 마찰이 없는 비탈면을 이용해서 100kg의 물체를 5m 높이까지 옮길 때 필요한 일은 얼마인가?

① 245 J
② 490 J
③ 500 J
④ 4900 J
⑤ 9800 J

2 마찰계수가 0.2인 수평면 위에서 10kg의 물체에 힘을 가하여 5m의 거리를 움직였다. 이때 힘이 한 일은 얼마인가?(단 중력가속도 $g=10m/s^2$이다.)

① 1 J
② 5 J
③ 20 J
④ 50 J
⑤ 100 J

3 그림에서 물체가 처음 위치에서 8m의 변위가 될 때가지 물체에 가해진 일의 양은?

① 16 J
② 32 J
③ 36 J
④ 40 J
⑤ 80 J

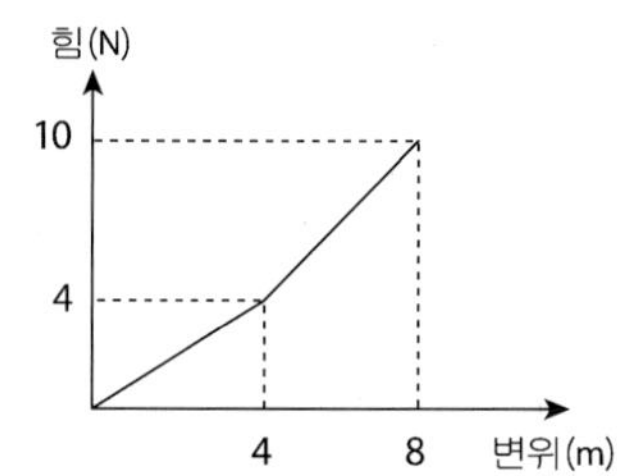

4 그림은 마찰이 없는 수평면위에 정지하고 있던 질량 2kg의 물체에 일정한 힘이 6초 동안 작용하여 속도가 24m/s 될 때까지의 그래프이다. 6초 동안 힘이 한 일은?

① 12 J
② 48 J
③ 72 J
④ 288 J
⑤ 576 J

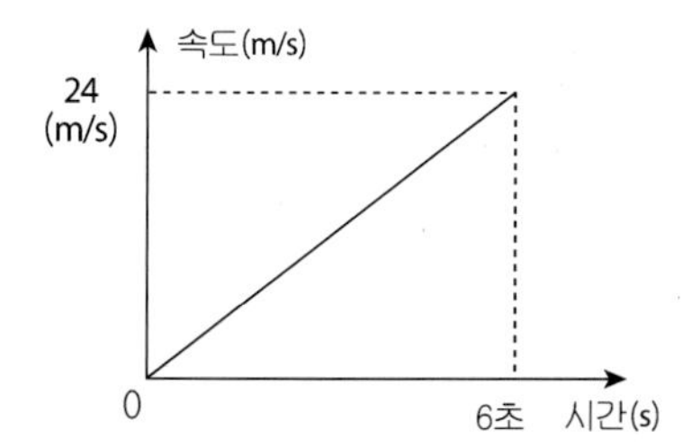

해설

해설 1

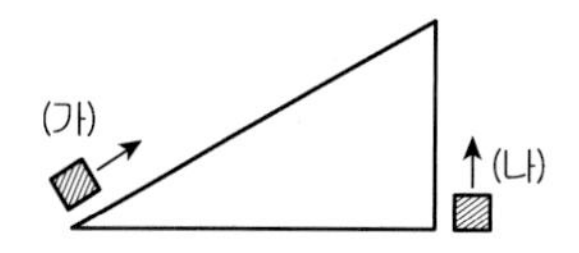

마찰이 없을 때 (가) 경로가 (나)보다 힘이 적게 들지만 이동경로가 길어 결국 일의 양은 (가)와 (나)가 같다.
따라서 일 $W=F \cdot S$에서
$W=100\times9.8\times5=4900J$

해설 2

물체를 움직이기 위해 가한 힘
$F=\mu N=\mu mg=0.2\times10\times10$
$=20N$
이고 한 일 $W=F \cdot S$ 이므로
$W=20\times5=100J$

해설 3

한 일 $W=F \cdot S$이므로 그래프에서 면적이 한 일이 된다.
따라서 $W=\left(4\times4\times\frac{1}{2}\right)+(4\times4)$
$+\left(4\times6\times\frac{1}{2}\right)=36J$

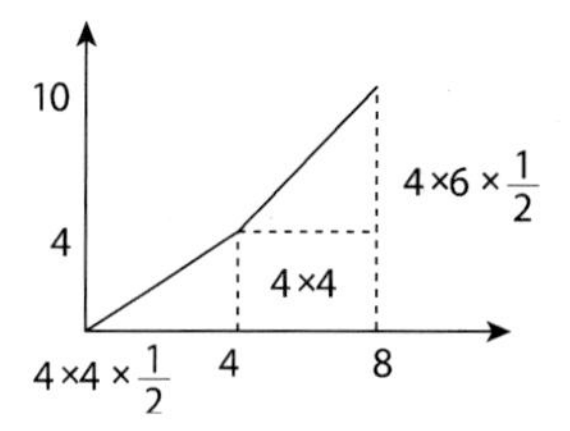

해설 4

그래프가 속도-시간 그래프이므로 기울기는 가속도 a, 면적은 변위 s를 나타낸다. 따라서 $a=\frac{24}{6}=4m/s^2$,
$s=6\times24\times\frac{1}{2}=72m$
힘 $F=ma$ 에서
$F=2kg\times4m/s^2=8N$이고
일 $W=F \cdot S=8\times72=576J$

정답 1. ④ 2. ⑤ 3. ③ 4. ⑤

5~7) 경사각 30° 비탈면의 길이가 10m 운동마찰계수 0.2인 빗면위에 10kg의 물체가 미끄러지고 있다.(단 중력가속도 $g=10m/s^2$)

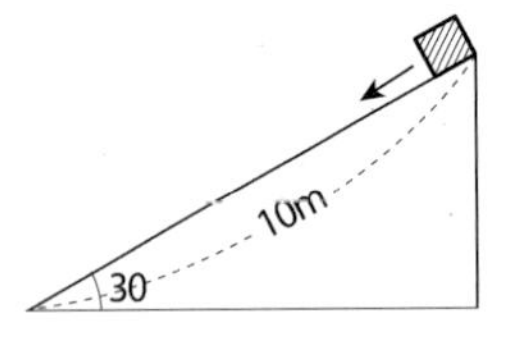

5 중력이 한 일은?

① 25 J ② 50 J
③ 100 J ④ 250 J
⑤ 500 J

6 마찰력이 한 일은?

① 20 J ② $20\sqrt{3}$ J
③ $50\sqrt{3}$ J ④ $100\sqrt{3}$ J
⑤ 500 J

7 수직 항력이 한 일은?

① 0 J ② 50 J
③ $50\sqrt{3}$ J ④ $100\sqrt{3}$ J
⑤ 500 J

8 밑면의 넓이가 s인 원통형 물체가 비중이 ρ인 액체 위에 떠 있다. 만약 이 물체를 h만큼 더 가라앉게 하려면 얼마의 일을 해주어야 하는가?

① ρshg
② $\frac{1}{2}\rho shg$
③ $\frac{1}{2}\rho sh^2g$
④ ρsh^2g
⑤ $\frac{1}{2}\rho sh^3g$

9 질량 50kg의 물체를 수평한 책상면과 나란하게 2m 이동시킬 때 중력이 이 물체에 한 일의 양은?

① 980 J ② 490 J
③ 245 J ④ 100 J
⑤ 0 J

해 설

해설 **5**

일 $W-F\cdot S$이고
힘 $F=mg\sin\theta$에서
$F=100\sin 30=50N$
따라서, 일 $W=50\times 10$

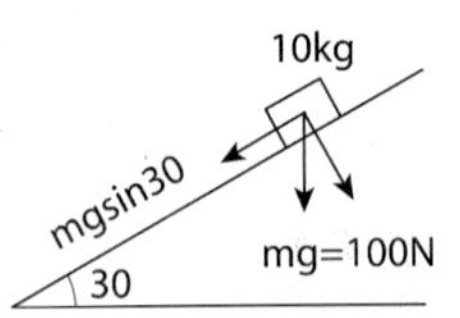

해설 **6**

마찰력 $R=\mu N$이고
수직항력 $N=mg\cos\theta$이므로
$N=(10\times 10\cos 30)=50\sqrt{3}N$이다.
마찰력 $R=0.2\times 50\sqrt{3}=10\sqrt{3}N$
일 $W=10\sqrt{3}\times 10=100\sqrt{3}J$

해설 **7**

변위와 수직항력이 수직이므로 한 일은 0이다.

해설 **8**

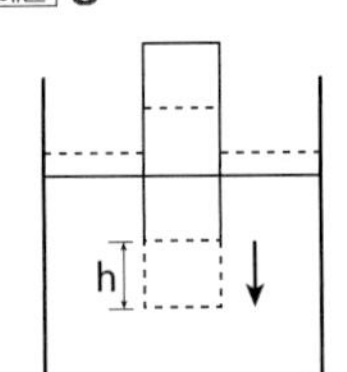

그림에서 부력은 잠긴 물체의 부피만큼의 액체의 무게이다. h만큼 누르면 부력도 물체가 점점 액체 안으로 잠기는 부피에 비례하므로 누르는 힘도 커지게 된다. 물체를 h만큼 넣으려면 힘은 배제된 액체의 무게와 같으므로
힘 $F=mg$에서 밀도 $\rho=\frac{m}{v}$이고
부피 $V=sh$이므로 $F=\rho shg$이다.
그래프에서 한 일은 면적이므로 한일
$W=\frac{1}{2}\rho sh^2g$

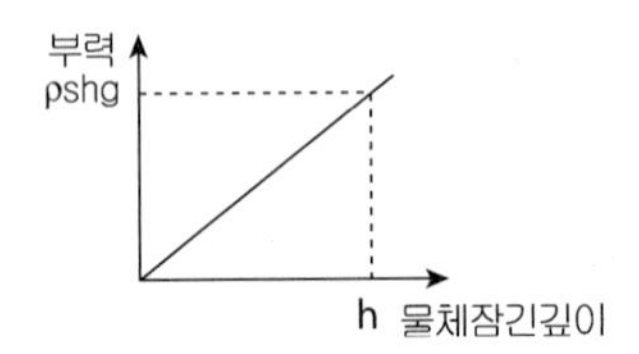

해설 **9**

중력과 물체의 변위 방향이 수직이다.

정답 5. ⑤ 6. ④ 7. ① 8. ③ 9. ⑤

10 마찰이 없는 수평면위에 정지하고 있던 2kg의 물체에 일정한 힘이 4초 동안 작용하여 속도가 20m/s가 되었다. 이때 일률은 몇 w 인가?

① 50 w
② 100 w
③ 200 w
④ 160 w
⑤ 80 w

11 질량 10kg의 물체가 4m/s의 속도로 매끄러운 수평면 위를 운동하고 있다. 이 물체에 운동방향으로 10N의 힘을 10m 이동하는 동안 계속 가하였다면 이때 이 물체의 운동에너지는?

① 40 J
② 80 J
③ 160 J
④ 180 J
⑤ 360 J

12 경사각 30° 인 마찰이 없는 빗면 위에 정지해 있던 2kg의 물체가 미끄러져 탄성계수 40N/m인 용수철을 완전 비탄성충돌 압축하였다. 압축된 용수철의 길이는?(물체가 미끄러진 길이는 용수철의 압축된 길이를 포함하여 용수철의 압축된 길이를 포함하여 2m이고 중력가속도 $g = 10\text{m/s}^2$이다.)

① 0.1 m
② 0.2 m
③ 0.4 m
④ 0.8 m
⑤ 1 m

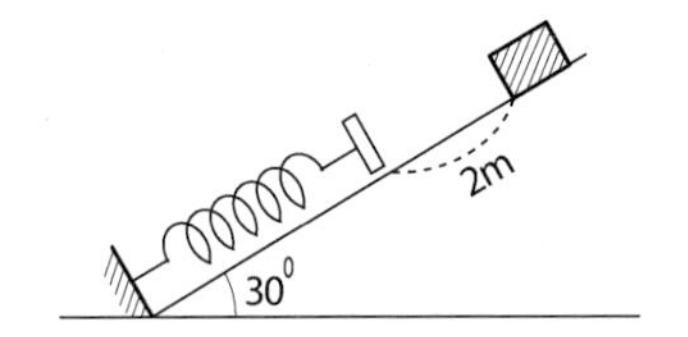

13 1톤의 물을 6m의 높이의 물통에 모터를 이용해서 물을 1분 만에 퍼 올렸다. 이 모터에 공급된 전기는 200V, 20A의 전압과 전류가 공급되었다면 모터에서의 효율은 몇 %인가?(단 중력가속도는 $g = 10\text{m/s}^2$이다.)

① 10%
② 15%
③ 25%
④ 33%
⑤ 50%

해 설

해설 **10**

일률 $P = \dfrac{일(w)}{시간(t)} = \dfrac{F \cdot S}{T} = F \cdot v$이다.

그래프에서 기울기가 가속도 a이므로 $a = 5\text{m/s}^2$힘은 $F = ma$에서 $F = 10\text{N}$이다. 4초 동안 평균속도 $v = \dfrac{0+20}{2} = 10\text{m/s}$

따라서 일률 $P = 100w$

해설 **11**

$F = ma$에서

$10\text{N} = 10\text{kg} \times a$

$a = 1\text{m/s}^2$이다.

그래프에서 기울기가 가속도 a이므로 기울기는 1이다.

따라서 $v = 4 + t$

이고 그래프의 면적이 이동거리이므로

면적 $s = 4t + t \times t \times \dfrac{1}{2}$ 에서

거리가 10m이므로 $10 = \dfrac{1}{2}t^2 + 4t$이고

$t^2 + 8t - 20 = 0$에서

$t = 2$, -10(시간에 (−)부호가 부적절)이고, 따라서 $v = 6\text{m/s}$ 운동에너지

$E_k = \dfrac{1}{2}mv^2 = \dfrac{1}{2} \times 10 \times 6^2 = 180\text{J}$

해설 **12**

물체의 위치에너지는 빗면 30°에서 빗면의 길이 2m는 수직 1m 높이이므로

$E_p = mgh = 2\text{kg} \times 10\text{m/s}^2 \times 1\text{m} = 20\text{J}$이다.

역학적에너지 보존에서 용수철에 전달된 탄성에너지 E_p와 같다.

따라서 $E_p = \dfrac{1}{2}kx^2$에서

$20 = \dfrac{1}{2} \times 40 \times x^2$ $\quad x = 1$이다.

해설 **13**

모터가 한 일률 $P = \dfrac{w}{t} = \dfrac{mgh}{t} = \dfrac{1000 \times 10 \times 6}{60} = 1000w$이다.

공급된 전력은

$P = VI = 200 \times 20 = 4000w$

따라서 효율은 $\dfrac{1000}{4000} \times 100 = 25\%$

정답 10. ② 11. ④ 12. ⑤ 13. ③

14 5m/s의 속력으로 움직이는 질량 8kg의 물체에 10m의 거리를 일정한 힘을 가하면서 밀었더니 속도가 10m/s로 되었다. 물체에 가한 힘은 몇 N인가?

① 10N
② 20N
③ 30N
④ 40N
⑤ 50N

15 탄성계수가 200N/m인 용수철을 5cm 압축시킨 후 질량 0.02kg의 물체를 놓아 용수철이 늘어나는 힘으로 밀어낼 경우 물체의 최고속도는 몇 m/s나 될까?

① 1m/s
② 2m/s
③ $\sqrt{5}$ m/s
④ 5m/s
⑤ 10m/s

16 속력 $v\,m/s$로 운동하던 질량 $m\text{kg}$의 물체 A가 정지하고 있는 질량 $2\,m\text{kg}$의 물체 B와 충돌한 후 물체 A는 정지하고 물체 B는 운동을 한다. 충돌 과정에서 열로 소모된 에너지는 몇 줄 J인가?

① $\frac{1}{16}mv^2$ ② $\frac{1}{4}mv^2$
③ $\frac{1}{2}mv^2$ ④ mv^2
⑤ $2mv^2$

17 위 16번에서 물체 B와 바닥 사이의 운동 마찰 계수가 μ라면 물체 B가 정지할 때까지 이동할 수 있는 거리는 얼마인가? (단, 중력 속도는 g이다.)

① $\frac{v^2}{8\mu g}$ ② $\frac{v^2}{2\mu g}$
③ $\frac{8\mu g}{v^2}$ ④ $\frac{v}{2\mu g}$
⑤ $\frac{2\mu}{v^2}$

해 설

해설 **14**

처음 운동에너지는

$E=\frac{1}{2}mv^2=\frac{1}{2}\times8\times5^2=100\text{J}$

나중 운동에너지

$E_p=\frac{1}{2}\times8\times10^2=400\text{J}$

해준 일의 양은 300J이다.

일 $W=F\cdot S$에서

$300\text{J}=F\cdot10\text{m}\quad F=30\text{N}$

해설 **15**

탄성에너지가 운동에너지로 전환된다.

탄성에너지 E_p는

$E_p=\frac{1}{2}kx^2=\frac{1}{2}\times200\times0,05^2$
$=0.25\text{J}$

운동에너지 E_k는

$E_k=\frac{1}{2}mv^2$

$\Rightarrow0.25=\frac{1}{2}\times0.02\times v^2$

$25=v^2\quad v=5\text{m/s}$

해설 **16**

$mv=2mv_B\quad v_B=\frac{1}{2}v$ 운동에너지는 충돌전이 $\frac{1}{2}mv^2$이고 충돌후가

$\frac{1}{2}\times2m\times v_B^2=\frac{1}{2}\times2m\times(\frac{1}{2}v)^2$

에서 $\frac{1}{4}mv^2$이다.

따라서 열로 소모된 에너지는

$\frac{1}{2}mv^2-\frac{1}{4}mv^2=\frac{1}{4}mv^2$이다.

해설 **17**

$\frac{1}{4}mv^2=R\cdot S=\mu2mgS$에서

$S=\frac{v^2}{8\mu g}$이다.

정답 14. ③ 15. ④ 16. ② 17. ①

18 그림과 같이 질량 m의 물체를 지구 표면에서 연직 방향으로 발사하여 R의 높이까지 도달하였다가 떨어지도록 하고자 한다. 이 때 필요한 초속도 v를 바르게 나타낸 것은? (단, M은 지구의 질량, R는 지구의 반경, G는 만유인력 상수이고, 공기 저항 및 지구의 운동은 무시한다.)

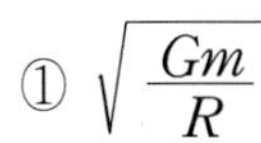

① $\sqrt{\dfrac{Gm}{R}}$

② $\sqrt{\dfrac{GM}{R}}$

③ $\sqrt{\dfrac{G}{Rm}}$

④ $\sqrt{\dfrac{Gm}{RM}}$

⑤ 답 없음

19 정지해 있는 물체를 자유 낙하시켰다. 이 물체가 15m 낙하했을 때의 운동에너지는 10m 낙하했을 때에 비하여 몇 배가 되겠는가? (단, 공기에 의한 마찰은 무시한다.)

① $\sqrt{\dfrac{3}{2}}$배　② $\dfrac{3}{2}$배

③ $\dfrac{9}{4}$배　④ 3배

⑤ 4.5배

20 용수철에 매달린 어떤 물체를 평형점 위치로부터 길이 A만큼 늘였다. 놓으니 평형점을 통과할 때의 속력이 v_0이었다. 길이를 2A만큼 늘였다 놓을 때, 평형점에서의 속력은?

① v_0　② $\sqrt{2}v_0$

③ $2v_0$　④ $4v_0$

⑤ $5v_0$

21 수평면 위에서 용수철 상수 $k=50\,\mathrm{N/m}$ 인 용수철 끝에 질량 2kg인 물체를 매달고, 용수철을 평형 상태로부터 0.2만큼 압축시켰다가 놓아주면 단진동을 한다. 이 때 물체의 속도가 가장 클 때의 값은 몇 m/s인가? (단, 마찰과 용수철 질량은 무시한다.)

① 1m/s　② $\sqrt{2}$m/s

③ 2m/s　④ $\sqrt{5}$m/s

⑤ 4m/s

해 설

해설 18

지상 R인 점에서 위치에너지는 지표에서 운동에너지이다. 위치에너지는

$$\int_{2R}^{R}\frac{GMm}{r^2}dr=\left[-\frac{GMm}{r}\right]_R^{2R}$$

$$=\frac{GMm}{2R}$$ 이므로

$$\frac{GMm}{2R}=\frac{1}{2}mv^2$$ 에서

$$v=\sqrt{\frac{GM}{R}}$$ 이다.

해설 19

$mgh=\frac{1}{2}mv^2$이므로 떨어진 높이 h만큼에 비례하여 운동에너지가 증가 하므로 15m 낙하와 10m 낙하의 운동에너지 15 : 10 즉 3 : 2이다.

해설 20

$\frac{1}{2}mv^2=\frac{1}{2}kx^2$ 에서 $v\propto x$ 이다.

해설 21

$\frac{1}{2}mv^2=\frac{1}{2}kx^2$ 에서

$\frac{1}{2}\times2\times v^2=\frac{1}{2}\times50\times0.2^2$ 이므로

$v=1\,\mathrm{m/s}$ 이다.

정답 18. ② 19. ② 20. ③ 21. ①

22 지구에서 무한히 멀리 떨어져 있는 질량 m인 물체가 지구의 중력에 의하여 서서히 지구로 떨어진다고 가정해보자. 지구와 충돌하는 순간의 속력은 다음 중 어느 식으로 표시되는가? (단, R는 지구의 반경, g는 중력 가속도이다.)

① $\sqrt{2gR}$
② $2gR$
③ $\sqrt{gR}$
④ gR
⑤ $\frac{2g}{R}$

23 질량이 같은 두 개의 인공위성이 지구 주위를 돌고 있다. 두 위성의 궤도 반경이 다르다고 하면, 궤도 반경이 작은 위성의 에너지와 속도는 궤도 반경이 큰 것에 비해 어떻게 되는지 다음 중에서 골라라.

① 역학적에너지는 크고, 속도는 작다.
② 역학적에너지와 속도 모두 크다.
③ 역학적에너지와 속도 모두 작다.
④ 역학적에너지는 작고, 속도는 크다.
⑤ 답 없음

24 그림과 같이 2kg인 물체를 스프링의 40cm 위에서 떨어뜨렸다. 스프링 상수를 1960N/m라 할 때 스프링이 압축되는 최대 길이는 얼마인가?

① 10cm
② 20cm
③ 30cm
④ 40cm
⑤ 50cm

25 질량이 2kg인 A와 질량이 1kg인 B가 그림처럼 도르래에 매달려서 A가 아래로 내려올 때 물체 A의 가속도 a는? (단, 도르래의 무게와 마찰은 무시하고 중력가속도는 10m/s² 이다)

① $\sqrt{2}$m/s²
② 20m/s²
③ 4m/s²
④ $\frac{20}{3}$ m/s²
⑤ 10m/s²

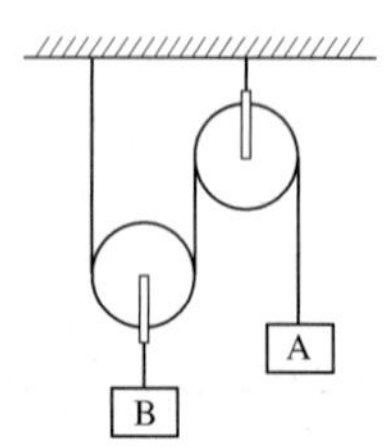

해 설

해설 22

무한히 먼 곳의 물체의 위치에너지는 지표에서 탈출속도를 갖는 운동에너지와 같다.

$\frac{1}{2}mv^2 - \frac{GMm}{R} = 0$ 에서

$v = \sqrt{\frac{2GM}{R}} = \sqrt{2gR}$이다.

해설 23

바깥 궤도를 도는 위성일수록 에너지가 크고 속도는 작다.

해설 24

압축되는 길이를 $x$cm 라 하면 물체는 $(40+x)$cm의 위치 에너지가 탄성에너지로 저장된다.

즉 $mgh = \frac{1}{2}kx^2$ 이므로

$2 \times 9.8 \times (40 + x) \times 10^{-2}$

$= \frac{1}{2} \times 1960 \times (x \times 10^{-2})^2$ 이다.

이 식을 정리하면 $x^2 - 2x - 80 = 0$ 이고 $x = 10$ cm 이다.

해설 25

B물체의 가속도가 -a이면 A물체의 가속도는 2a이다.

A물체의 힘

$Mg - T = M \times 2a$ … ㉠

B물체의 힘

$mg - 2T = m \times (-a)$ …㉡

(2×㉠)−㉡하면

$a = \frac{2M - m}{4M + m}g$이다.

따라서 물체 A의 가속도 2a는 $\frac{4M - 2m}{4M + m}g$이고

$M = 2$kg $m = 1$kg이므로 $\frac{20}{3}$ m/s² 이다.

정답 22. ① 23. ④ 24. ① 25. ④

2. 열과 분자운동

KEY POINT

1 열

물체를 구성하는 무수히 많은 원자나 분자들은 불규칙적인 운동을 끊임없이 계속한다. 이와 같이 불규칙적인 운동을 분자의 열운동이라 한다.

열운동의 세기에 따라 물체의 차고 뜨거운 느낌이 달라진다. 물체를 가열하면 분자나 원자가 열을 받기 때문에 그들의 열운동이 강해지고 온도가 올라간다. 이 때 물체는 열을 받았고, 그 양을 열량이라 한다.

(1) 일과 열

줄은 실험을 반복하여 물의 온도변화가 중력이 추를 낙하시키는데 한 일에 비례한다는 사실을 확인하였다. 그는 이 실험에서 1cal의 열을 발생시키는데 4.2J의 일이 필요하다는 것을 알았다. 즉 1cal의 열량은 4.2J의 일에 해당한다.

해 준 일 W와 발생한 열량 Q사이에는

$$W = JQ$$

의 관계가 있다는 것을 알았다. 비례상수 J = 4.2J/cal이며, 이것을 **열의 일당량**이라고 한다.

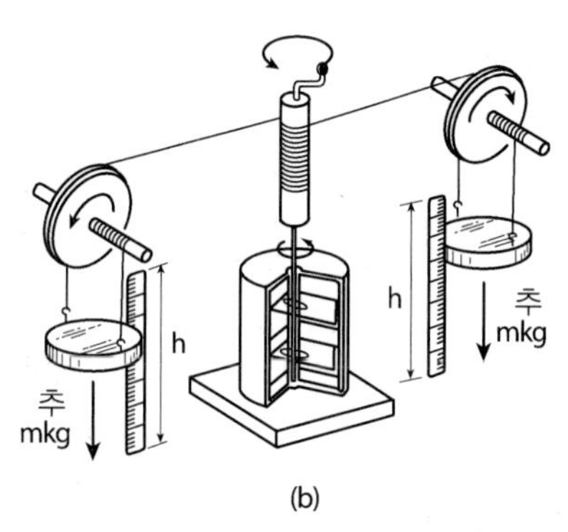

그림. 줄의 실험장치

■ 열의 일당량 1cal=4.2J

(2) 온도와 열

① 온 도

온도는 어떤 물체를 만질 때 느끼게 되는 뜨겁고 차가운 정도로써 각각의 사람에 따라 또 그 사람이 놓여 있는 환경에 따라 다르게 느껴진다. 이와 같이 우리의 촉감에 의지하는 것이 매우 부정확하기 때문에 적당한 물리적 수단이 필요하였다. 그래서 물체의 온도는 물체의 차고 더운 정도를 수량적으로 나타낸 것으로 그 물질을 구성하고 있는 분자들의 열운동상태로 결정된다.

㉮ 섭씨온도 : 1기압에서 순수한 물의 어는점을 0℃, 끓는점을 100℃로 하여 그 사이를 100등분하고 간격을 1℃로 정한 온도를 말한다.

㉯ 절대온도 : 기체의 평균 운동에너지가 0으로 측정되는 온도인 −273℃를 절대온도 0K로 정한 온도를 말하며, 절대온도 T와 섭씨온도 t사이에는 다음과 같은 식이 성립한다.

■ 절대온도 T는

$T = t + 273$

↓ (t) 섭씨온도

$$T(\text{K}) = t(℃) + 273 \text{ [단위 : K(켈빈)]}$$

절대온도 0K는 기체의 속도가 0이 되어 체적이 0이 되고 운동에너지가 0이 되는 온도이다.

㉰ 화씨온도 : 1기압에서 순수한 물의 어는점을 32°F, 끓는점을 212°F로 하여 그 사이를 180등분한 것을 1°F로 정한 온도를 말한다. 섭씨온도와 화씨온도의 관계는 $°F = \frac{9}{5}℃ + 32$가 된다.

예제 1

액체 산소의 끓는점은 90K이고, 액체 수소의 끓는점은 20K이다. 이 두 액체의 끓는점의 화씨온도 차이는? (2009년 행자부)

① 70°F ② 94°F
③ 126°F ④ 158°F

풀이 섭씨온도는 70℃ 차이가 난다.
섭씨온도 5℃ 차이는 화씨온도 9°F $\left(F = \frac{9}{5}C + 32\text{에서}\right)$ 차이 이므로
$\frac{9}{5} \times 70 = 126$°F 이다. 정답은 ③이다.

② 열량과 비열

㉮ 열량 : 온도가 다른 두 물체를 접촉시키면 열이 고온의 물체에서 저온의 물체로 이동하여 두 물체의 온도가 같아져 열평형상태에 도달하게 된다. 이때 이동한 열의 양을 **열량**이라 하며 단위는 cal 또는 kcal를 사용한다.

물질의 질량이 m, 그 물질의 비열이 c일 때 온도를 Δt만큼 올릴 때 필요한 열량 Q는

$$Q = Cm\Delta t$$

로 나타낼 수 있다.

㉯ 비열 : 어떤 물질 1kg을 1℃ 올리는데 필요한 열량을 그 물질의 **비열**이라고 하며 단위는 J/kg℃ 또는 kcal/kg℃(kcal/kg · k)를 사용한다.

즉 비열이 작을수록 온도가 잘 올라가고 비열이 클수록 온도가 잘 올라가지 않는다.

물질의 비열 (비열의 단위 : J/kg · K)

물 질	온도(℃)	비열	물 질	온도(℃)	비열
알루미늄(Al)	25	900	납 (Pb)	25	128
철 (Fe)	25	444	금 (Au)	25	130
은 (Ag)	25	236	물	15	4190
구리 (Cu)	25	386	바닷물	20	3900
수은 (Hg)	25	140	에탄올(C_2H_5OH)	0	2290

KEY POINT

■ 열량 $Q = Cm\Delta t$

■ 비열의 단위 $C = \text{cal/g℃}$

㉰ 열용량 : 물체의 온도를 1K 올리는데 필요한 열량을 그 물체의 **열용량**이라고 한다. 단위는 J/K 또는 kcal/K를 사용하고 열용량 H를 식으로 나타내면

$$H = C\,m\ (\,C\text{는 비열, } m\text{은 물질의 질량})$$

으로 나타낼 수 있다.

㉱ 물당량 : 어떤 물질의 열용량이 H이면 이 값은 물의 비열이 $1cal/g℃$ 이므로 질량이 H인 물의 열용량과 같다. 따라서 이 물체를 물로 취급하여 파악할 때 더 편리한 경우 이 물체의 **물당량**을 mc라고 한다.

KEY POINT

■ 열량 $Q = C\,m\Delta t$ 이므로 $Q = H\Delta t\,(H = Cm)$

예제2

단열된 상태라고 가정하고 폭포에서 떨어지는 물의 중력 퍼텐셜 에너지 감소가 내부 에너지 증가와 같을 때, 물이 100m의 폭포에서 떨어진다면 낙하한 후에 물의 온도 상승과 가장 가까운 것은? (단, 물의 비열은 4.2J/g·℃이고, 중력가속도 $g = 9.8\,m/s^2$이다.) (2019년 서울시 7급)

① 0℃　　② 0.012℃
③ 0.12℃　　④ 0.23℃

풀이 $mgh = cm\triangle T$

$\triangle T = \dfrac{gh}{c} = \dfrac{9.8\times100}{4200} = 0.233℃$ 정답은 ④이다.

㉲ 비열의 측정 : 스티로폼 컵 속에 질량 M의 물을 담고 온도 t_1을 측정해 두고 질량 m의 금속을 가열하여 금속의 온도 t_2를 측정한 후 금속을 스티로폼 컵 속에 넣고 열평형이 되면 물의 온도 t를 측정한다. 금속은 열을 잃고 물은 열을 얻게 되는데 잃은 열과 얻은 열은 같다. 이 실험에서 금속의 비열을 구해보면 금속이 잃은 열량 Q는 $Q = mc\,(t_2 - t)$kcal이고, 물이 얻은 열량 Q'은 $Q' = M(t - t_1)$kcal이다. 이때 열의 손실이 없다고 하면, $mc(t_2 - t) = M(t - t_1)$이 성립하므로

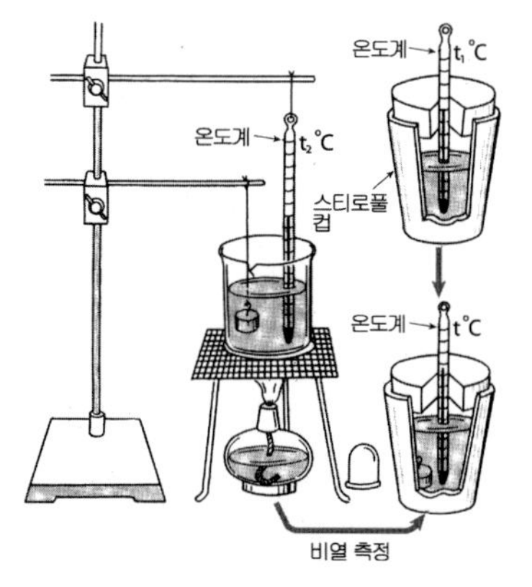

그림. 비열측정

$$c = \frac{M(t - t_1)}{m(t_2 - t)}$$

이 된다. 이 식으로 금속의 비열을 구할 수 있다.

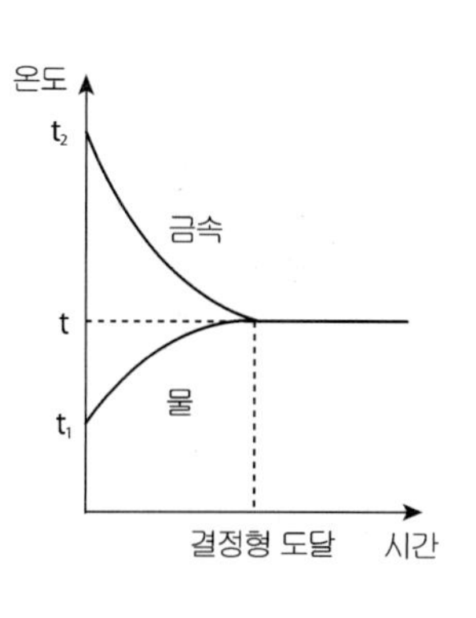

금속이 잃은 열=물이 얻은 열

KEY POINT

④ 열량 보존의 법칙

외부로 손실되는 열량이 없을 때, 열량이 고온의 물체에서 저온의 물체로 이동하면 시간이 지나면서 고온의 물체는 온도가 내려가고 저온의 물체는 온도가 올라가서 열평형 상태에 이른다. 이때 고온의 물체가 잃은 열량과 저온의 물체가 얻은 열량이 같으며 이것을 열량 보존의 법칙이라고 한다. 즉 질량 m_1, 비열 c_1, 온도 t_1인 물체와 질량 m_2, 비열 c_2, 온도 t_2인 물체가 접촉하여 온도 t에서 **열평형 상태**가 되면, 열량 보존의 법칙에서 다음 식이 성립한다($t_1 > t_2$).

$$m_1 c_1 (t_1 - t) = m_2 c_2 (t - t_2)$$

⑤ 물질의 상태 변화

물체를 가열하면 분자들의 열운동이 활발해지면서 물체의 상태가 고체 → 액체 → 기체 상태로 변하게 되고, 반대로 열을 방출하면 기체 → 액체 → 고체의 순서로 상태 변화가 일어난다. 상태가 변하고 있을 때는 물체의 온도가 일정하게 유지되고, 상태변화에 수반되는 융해열, 기화열, 승화열 등의 숨은 열 출입이 일어난다.
고체를 가열하면 분자들은 열을 받아서 보다 활발한 열운동을 하게 되므로 분자는 평형점에서 이탈하게 되고, 일정한 형태를 유지할 수 없게 되어, 액체 상태로 변한다. 이 현상을 융해라 한다. 융해가 일어나기까지는 가해진 열에너지는 분자의 열운동 에너지로 전환되지만 융해가 일어나기 시작하여 끝날 때까지 가해진 열에너지는 분자들 사이의 거리를 늘어나게 하는 위치 에너지로 소비된다.
따라서 융해가 일어나고 있는 동안의 물체 분자의 열운동 에너지는 일정하므로 온도는 일정하게 유지된다. 이 온도를 그 물질의 융해점이라 한다. 단위 질량의 고체가 같은 온도의 액체로 완전히 융해되는 데 필요한 열량을 그 물질의 융해열이라 한다. 얼음의 융해열은 80kcal/kg이고, 융해점은 1기압일 때 0℃이다.
반대로 액체가 고체로 되는 현상을 응고라 한다. 액체가 응고할 때 단위 질량의 액체는 융해열과 같은 응고열을 내어 놓는다.
융해가 끝나면 가해진 열에너지는 분자의 열운동 에너지로 전환된다. 따라서 액체를 계속 가열하게 되면 분자의 열운동은 더욱 활발해져서 액체의 온도는 올라가고 액체표면 또는 그 부근에 있는 분자들은 액체의 분자력을 이겨내고 대기 중으로 튀어나가게 된다. 즉, 액체 상태에서 기체 상태로 변한다. 이 현상을 기화라 한다. 특히 액체 표면에 있는 분자들만이 기화되는 현상을 증발이라 하고, 온도가 높아져서 표면뿐만 아니라 액체 내부에서도 기화가 일어나는 현상을 비등이라 한다.
비등이 시작될 때부터 끝날 때까지 외부에서 가해지는 열에너지는 모두 분자들 사이의 인력을 이탈하는 데 필요한 위치 에너지로 소비되기 때문에 액체의 온도는 일정하게 유지된다. 이 온도를 비등점 또는 끓는점이라 한다. 단위 질량의 액체가 완전히 비등점의 기체로 되는 데 필요한 열량을 기화열이라 한다.

1기압에서 물의 비등점은 100℃이며, 기화열은 540kcal/kg이다. 물질의 융해점과 비등점은 물질의 특성을 나타내는 온도이나, 이 온도는 압력에 따라 변한다.
모든 물질은 온도와 압력에 따라 고체, 액체, 기체의 상태중 하나의 상태로 존재한다.
고체인 얼음을 가열하면 액체인 물이 되고 물을 계속 가열하면 기체인 수증기가 되는데 이런 현상을 물질의 상태변화라 하고 이때 온도변화 없이 물질의 상태만 바꾸는데 필요한 열을 **잠열**이라고 한다.

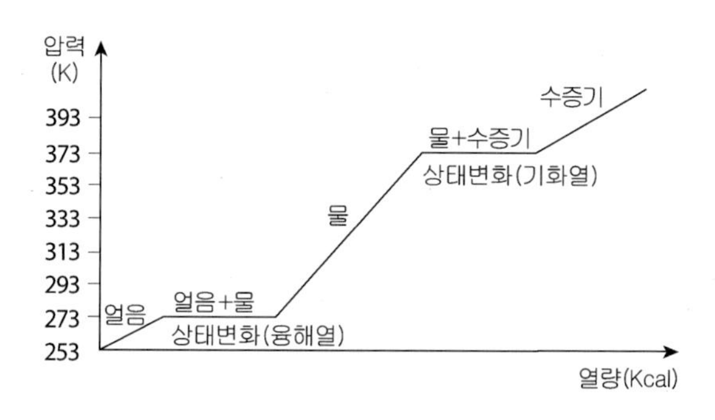

㉮ 융해열 : 1kg의 고체를 같은 온도의 액체로 변화시키는데 필요한 열량을 융해열이라고 하며 얼음의 **융해열**은 80kcal/kg이다.
㉯ 기화열 : 1kg의 액체를 같은 온도의 기체로 변화시키는데 필요한 열량을 기화열이라고 하며 물의 **기화열**은 539kcal/kg이다.
㉰ 임계온도와 임계압력 : 기체가 액체로 액화될 때 기체의 온도가 어느 일정한 온도 이상이 되면 아무리 큰 압력이라도 액화시킬 수 없는데 이와 같이 액화가 일어날 수 있는 최고의 온도를 임계온도라고 하고 또 임계온도에서 액화시킬 수 있는 최저의 압력을 임계압력이라고 한다. 즉 기체를 액화 시키려면 온도를 임계온도 이하로 낮추고 압력은 임계압력 이상으로 올렸을 때 액화가 된다.

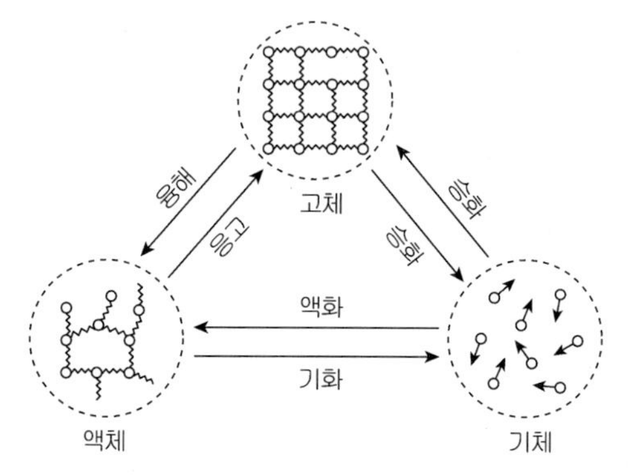

그림. 물질의 상태 변화

KEY POINT

■ 잠열 : 온도 변화 없이 물질의 상태만 바꾸는 열
예) 기화열
액화열

KEY POINT

예제3

단열 용기에 담긴 20℃ 의 물에 60℃의 구리 1 kg을 넣었더니 물의 온도가 30℃에서 열평형 상태가 되었다. 구리 1 kg이 담긴 이 30 ℃물에 100℃의 구리 1 kg을 추가로 넣는다면, 열평형 상태에 도달했을 때 물의 온도[℃]는? (단, 단열 용기와 외부 사이의 열 출입은 없고, 단열 용기의 열용량은 무시한다) (2019년 국가직 7급)

① 38　　② 40
③ 44　　④ 50

풀이 물이 얻은 열량 $Q = cm\triangle T$에서

$C_{물}m_{물}\times10 = C_{구리}\times1\times30$, $C_{물}m_{물} = 3C_{구리}$

$(C_{물}m_{물} + C_{구리}\times1)\times(t-30) = C_{구리}\times1\times(100-t)$

$4C_{구리}\times(t-30) = C_{구리}(100-t)$ $4t-120 = 100-t$

$t = 44$℃ 정답은 ③이다.

예제4

바닷가에서는 보통 100℃에서 물이 끓고 0℃에서 언다. 다음은 높은 산꼭대기에서 물이 끓거나 얼기 시작하는 온도를 바닷가의 경우와 비교하여 설명한 것이다. 옳은 것을 모두 고르면? (2009년 행자부)

ㄱ. 물이 같은 온도에서 끓는다.
ㄴ. 물이 더 낮은 온도에서 끓는다.
ㄷ. 물이 더 높은 온도에서 언다.
ㄹ. 물이 같은 온도에서 언다.

① ㄱ, ㄴ　　② ㄴ, ㄷ
③ ㄷ, ㄹ　　④ ㄹ, ㄱ

풀이

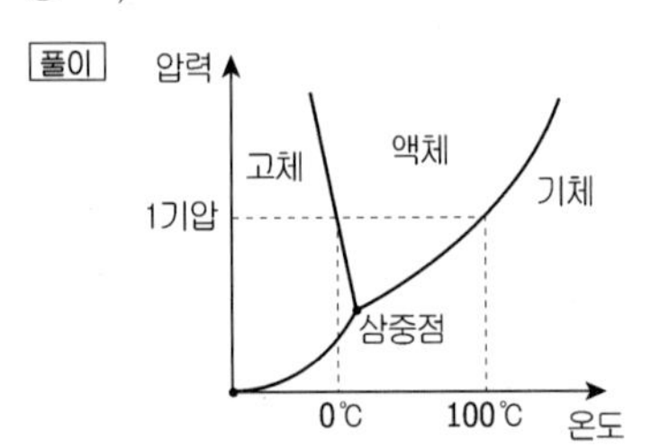

그래프에서 압력이 1기압보다 작아지면 녹는점은 올라가고 끓는점은 내려간다. 그러므로 ㄴ, ㄷ 이다. 정답은 ②이다.

⑥ 열의 이동

어떤 계 안에 있는 두 물질이 열적인 평형 상태에 있지 않고 한쪽의 온도가 다른 쪽보다 높으면 열은 온도가 높은 쪽에서 낮은 쪽으로 이동한다. 이와 같이 열이 이동하는 방법은 전도, 대류, 복사의 세 가지 유형이 있다.

㉮ 전 도

고온의 물체와 저온의 물체를 접촉시킬 때 고온물체에서 활발하게 일어나는 분자운동이 접촉면에서의 충돌로 저온 물체의 분자운동을 활발하게 하여 에너지가 전달된다. 이와 같이 열은 분자들의 충돌에 의하여 물질 내부로 차례로 전달되는데 이러한 현상을 열의 **전도**라고 한다.

오른쪽 그림과 같이 길이 l, 단면적 A, 양끝의 온도가 T_1, T_2($T_1 > T_2$)일 때 시간 t동안에 물체를 통해 이동하는 열량 Q는

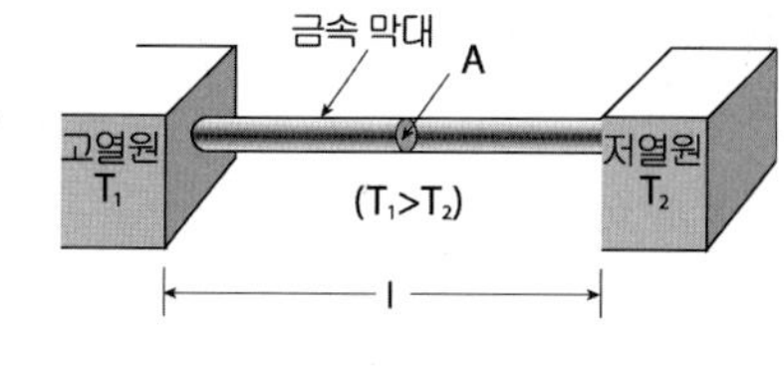

$$Q = k\frac{A(T_2 - T_1)}{l}t$$

가 되고 k는 열전도율로 단위는 kcal/mks이다.

KEY POINT

■ 열의 이동방법
전도 : 매질이 필요
대류 : 매질이 필요
복사 : 매질이 불필요

■ 전도열량

$$Q = \frac{kA(T_2 - T_1)}{l}t$$

예제5

온도가 각각 80℃, 16℃인 두 열 저장소를 열전도도가 각각 $k_1 = 14$W/m·K, $k_2 = 3$W/m·K인 두 개의 물질로 <보기>와 같이 연결하였다. 전체 시스템이 동적 열평형 상태에 있을 때, 두 연결 물질 사이의 온도 T_m은? (2019년 서울시 7급)

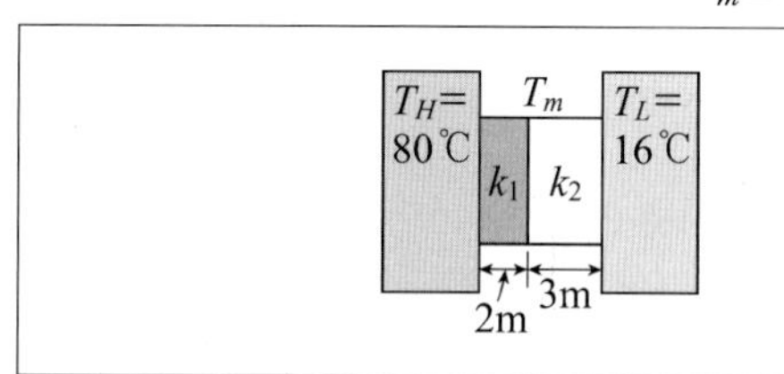

① 74℃ ② 72℃

③ 68℃ ④ 48℃

풀이 열전도도가 k_1인 물체와 k_2인 물체를 통해 전달되는 열량은 같다.
k_1과 k_2 사이 온도를 t라고 하면

$$\frac{14\times A\times(80-t)}{2} = \frac{3\times A\times(t-16)}{3}$$

$560 - 7t = t - 16$ $576 = 8t$ $t = 72$ ℃ 정답은 ②이다.

㉯ 대 류

기체나 액체 상태에 있는 분자는 열을 받아서 온도가 높아지면 그 운동이 활발해지기 때문에 분자들 사이에 평균 간격이 넓어진다. 그러므로 온도가 높은 분자의 물질은 밀도가 작아져서 위로 올라가고 온도가 낮은 부분은 밀도가 커져서 아래로 내려오게 된다. 따라서 액체나 기체내에서는 밀도 차에 의해 분자들의 집단 흐름이 생긴다. 이러한 순환적인 흐름에 의해 열이 전파되는 현상을 **대류**라 한다.

예를 들어 지하철 계단에서는 겨울에 내부의 따뜻한 공기와 밖의 찬 공기 사이에서 강한 바람이 생기고, 강이나 바닷가에서는 바람이 밤과 낮에 교대로 분다. 낮에는 땅의 비열이 낮아 빨리 더워지므로 땅 위의 공기가 따뜻해져 상승하고 그 자리를 물 위의 차가운 공기가 메운다. 밤에는 땅의 공기가 빨리 식으므로 흐름이 반대가 된다.

이러한 현상들이 우리주변에서 볼 수 있는 대류현상들이다.

㉰ 복 사

열이 매질을 이용하지 않고, 직접 전자기파의 형태로 전달되는 현상을 **복사**라고 한다.

예 태양에너지의 지구로 전달, 난로의 열에너지 전달 등

• 슈테판 - 볼쯔만 법칙

어떤 복사체가 단위 표면적에서 단위시간당 방출하는 복사에너지 E는 그 복사체 표면 온도 T의 4제곱에 비례한다.

$E = \sigma T^4$ σ(시그마)는 볼쯔만 상수

KEY POINT

■ 복사에너지 E는 $E = \sigma T^4$으로 절대온도 T의 4제곱에 비례한다.
σ : 볼쯔만 상수

예제6

온도 10K인 흑체가 방출하는 에너지 복사율은 5.0mW였다. 이 물체의 온도가 20K로 증가했을 때 방출하는 에너지 복사율(mW)은? (2010년 지방직 7급)

① 80　　② 40

③ 20　　④ 10

풀이 단위 면적당 흑체의 복사에너지 비율은 $P = \delta T^4$이다. 즉, 절대온도의 네제곱에 비례한다. 10K 온도보다 20K는 2배 이므로 복사율은 2^4배 이다. 즉, 16배가 되어 80mW이다. 정답은 ①이다.

KEY POINT

예제7

온도가 6000K인 어떤 물체의 총 에너지 복사율은 H_1이고, 이 물체가 5400K로 식었을 때, 총 에너지 복사율은 H_2이다. 이 때 $\frac{H_2}{H_1}$에 가장 가까운 값은? (단, 물체의 크기 변화는 무시한다) (2015년 국가직 7급)

① 0.85 ② 0.75
③ 0.65 ④ 0.45

풀이 복사열은 T^4에 비례하므로 $\frac{H_2}{H_1} = \frac{5400^4}{6000^4} = 0.6561$이다. 정답은 ③이다.

• 빈의 법칙

복사체에서 방출하는 전자기파 중에서 에너지가 가장 큰 전자기파의 파장은 복사체의 표면 온도에 반비례한다.

즉 파장과 온도는

$\lambda T =$ 일정$(2.9 \times 10^{-3} m \cdot K)$의 관계가 성립한다.

우리 주변에서 열의 이동

우리 주변의 기구 중에 보온병은 용기가 2중으로 되어 있는데 이것은 열의 전도를 방지하고 이 이중벽 사이에 진공으로 하여 대류현상을 막아서 열의 이동을 막는다. 그리고 보온병 용기에은 코팅을 입혀 놓은 것은 열복사에 의한 손실을 막기 위해서이다.

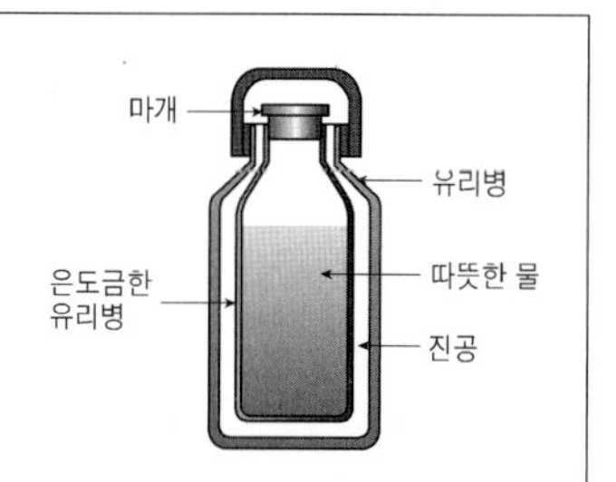

예제8

그림은 표면적이 같고 표면의 절대온도가 각각 T_A, T_B인 흑체 A, B에서 방출되는 단위 시간당 복사에너지의 세기를 파장에 따라 나타낸 것이다. λ_A, λ_B는 복사에너지의 세기가 최대인 파장이다. 이에 대한 설명으로 옳은 것만을 모두 고르면? (2021 국가직 7급)

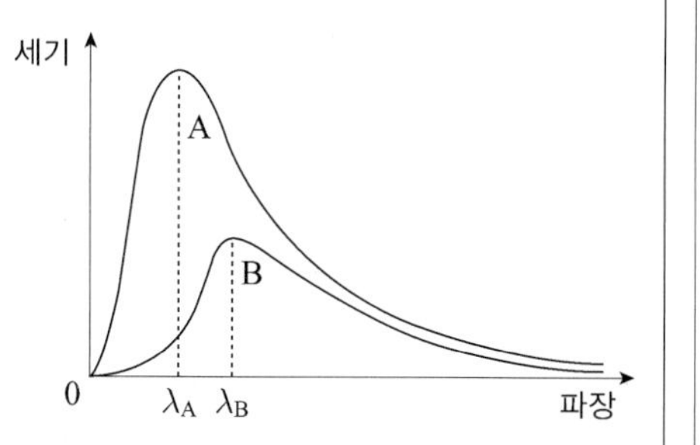

ㄱ. T_A는 T_B보다 높다.
ㄴ. $\lambda_A T_A$는 $\lambda_B T_B$보다 작다.
ㄷ. 단위 시간당 방출되는 복사에너지는 A와 B가 서로 같다.

① ㄱ	② ㄷ
③ ㄱ, ㄴ	④ ㄴ, ㄷ

풀이 온도가 높을수록 파장은 짧다. $T_A > T_B$, $\lambda T =$ 일정
단위시간당 방출되는 복사에너지는 A가 크다. $E \propto T^4$ 정답은 ①이다.

KEY POINT

■ 부피팽창계수
$\beta = 3\alpha$(α는 선팽창계수)

⑦ 열팽창

물체의 온도가 변하면 길이나 부피도 변하게 되는데 이것을 열팽창이라고 한다.

㉮ 고체의 팽창

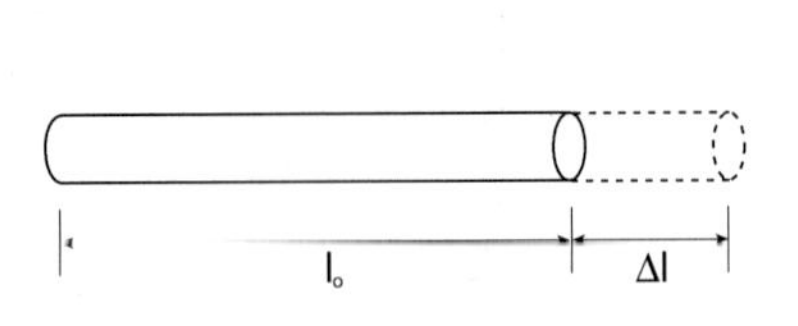

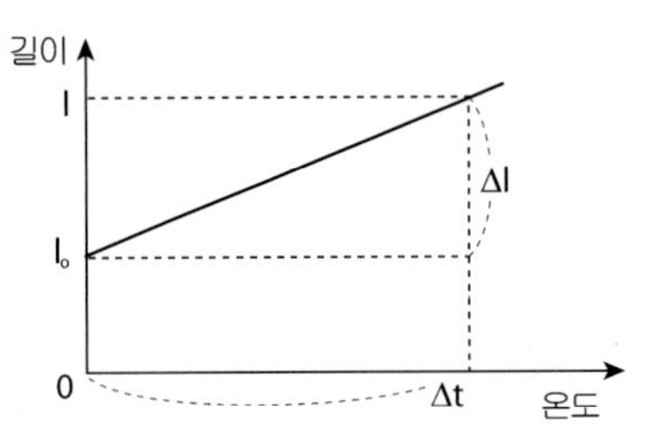

처음길이 l_o인 고체 막대가 Δt의 온도 변화로 길이가 Δl 만큼 늘어났다면 늘어난 길이 Δl은

$\Delta l = \alpha l_o \Delta t$ 가 된다.

(α : 선팽창계수)

온도변화에 의한 길이 l은

$l = l_o + \Delta l$

$= l_o(1 + \alpha \Delta t)$가 된다.

물질의 선팽창 계수

물 질	선팽창계수 ($\times 10^{-6} K^{-1}$)
얼 음	51
납	29
알루미늄	23
놋 쇠	19
구 리	17
강 철	11
유 리	9
파이렉스 유리	1.2

부피팽창은 같은 방법에 의해 부피변화 ΔV는

$\Delta V = \beta V_o \Delta t$

$\begin{cases} V_o : \text{처음부피} \\ \beta : \text{체적팽창계수} \end{cases}$

가 되고

온도변화에 의한 체적 V는

$V = V_o + \Delta V$

$= V_o(1 + \beta \Delta t)$가 된다.

예제9

온도 T_1에서 길이가 L인 강철 막대가 있다. 이 막대의 온도가 T_2로 변하였다. 이때 막대의 길이는? (단, 강철의 선팽창 계수는 a이다.) (2014 국가직 7급)

① $L(1+a(T_2-T_1))$ ② $L(1-a(T_2-T_1))$

③ $L\left(1+\frac{a}{T_2-T_1}\right)$ ④ $L\left(1-\frac{a}{T_2-T_1}\right)$

풀이 $\Delta L = L\times\alpha(T_2-T_1)$이므로
막대의 길이는 $L+\Delta L = L+L\alpha(T_2-T_1) = L(1+\alpha(T_2-T_1))$이다.
정답은 ①이다.

이것만은 꼭

선팽창 계수 α와 부피팽창계수 β는 $3\alpha=\beta$이다.
한 변의 길이가 l_o인 정육면체의 부피 $V_o = l_o{}^3$이다. Δt만큼 온도를 높이면
$V = l^3 = l_o{}^3(1+\alpha\Delta t)^3$
$= l_o{}^3\{1+3\alpha\Delta t+3\alpha^2(\Delta t)^2+\alpha^3(\Delta t)^3\}$이다.
앞의 표에서 보듯이 선팽창계수 α값이 매우 작아서 α^2, α^3값은 전체 값에 비해 무시할 만큼 작아져서 부피 $V = l_o{}^3(1+3\alpha\Delta t) = V_o(1+\beta\Delta t)$이고 따라서 $3\alpha=\beta$가 된다.

㉯ 액체의 팽창

액체도 온도가 올라가면 부피가 팽창하는데 액체는 반드시 용기에 담겨 있으므로 가열하면 용기도 팽창하기 때문에 겉으로 보이는 액체 팽창은 실제보다 작게 보인다. 그러므로 액체의 팽창=겉보기 팽창+용기의 팽창이 된다.

2 기체 분자의 운동

(1) 상태 방정식

① 보일의 법칙

온도가 일정할 때 일정량의 기체를 압축하면 압력이 커지고 기체를 팽창시키면 압력이 작아진다.

기체의 부피가 $\frac{1}{2}$, $\frac{1}{3}$, ……이 되게 압축시키면 기체의 압력이 2배, 3배로 증가하여 기체의 부피와 압력은 반비례한다.

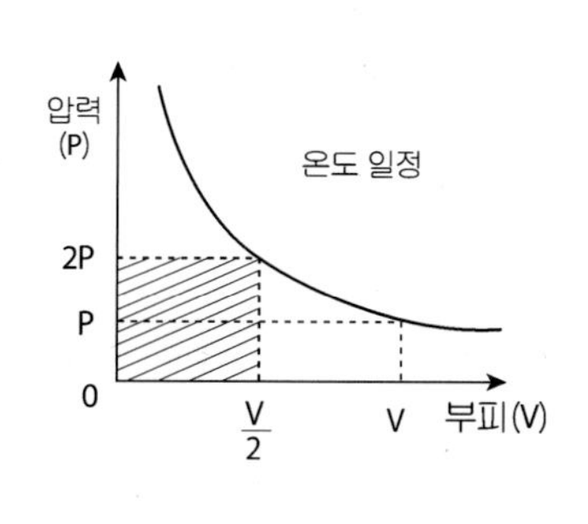

■ 보일의 법칙
(온도 T : 일정)
PV = 일정

그래프처럼 압력 P와 부피 V는

$PV=$일정

인 관계가 성립하는데 이것을 **보일의 법칙**이라고 한다.

② 샤를의 법칙

모든 기체는 압력이 일정할 때 온도가 1K 증가함에 따라 그 기체가 273K일 때 부피의 $\frac{1}{273}$씩 부피가 팽창한다. 즉 기체의 종류에 관계없이 부피 팽창계수 β는 $\frac{1}{273}$이다.

0℃의 부피를 V_o, t℃때 부피를 V라 하면

$V=V_o\left(1+\frac{1}{273}t\right)$이다.

또 그래프에서 온도와 압력의 관계를 일반화하면

$$V=V_o\left(1+\frac{1}{273}t\right)=V_o\left(\frac{273+t}{273}\right)$$

$$=V_o\left(\frac{T}{T_o}\right)\text{ 이다.}$$

따라서 $\frac{V}{T}=\frac{V_o}{T_o}=$일정으로 표시된다.

이것을 **샤를의 법칙**이라고 한다.

③ 보일-샤를의 법칙

보일의 법칙과 샤를의 법칙을 종합하여 보면 기체의 부피 V는 절대온도 T에 비례하고 압력 P에 반비례한다.

$$V=k\frac{T}{P}\ (k\text{는 비례상수})$$

그래프에서 A상태→B상태일 때

그림. 등온 변화와 정압변화의 그래프

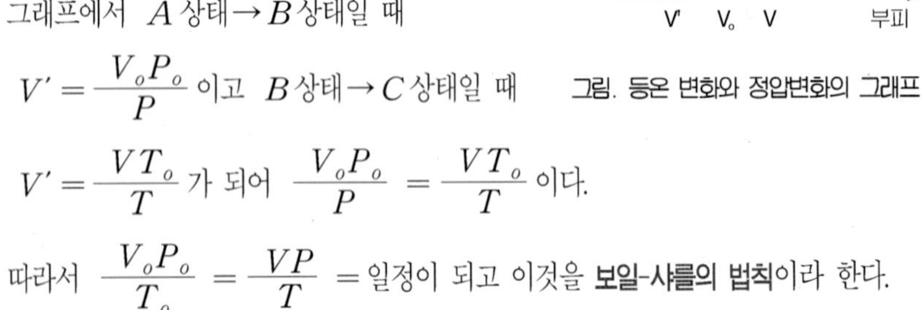

$V'=\frac{V_oP_o}{P}$이고 B상태→C상태일 때

$V'=\frac{VT_o}{T}$가 되어 $\frac{V_oP_o}{P}=\frac{VT_o}{T}$이다.

따라서 $\frac{V_oP_o}{T_o}=\frac{VP}{T}=$일정이 되고 이것을 **보일-샤를의 법칙**이라 한다.

KEY POINT

■ 샤를의 법칙
(압력 $P=$일정이면)
$\frac{V}{T}=$일정

■ 보일-샤를의 법칙
$\frac{P_1V_1}{T_1}=\frac{P_2V_2}{T_2}=$일정

만약 0℃, 1기압 하에서 22.4 l의 부피(모든 기체의 1몰의 부피)를 갖는 기체 분자에 대해 그 "일정" 값을 구해보면 일정한 값 R은

$$R = \frac{P_o V_o}{T_o} = \frac{1\text{기압} \cdot 22.4l}{273\text{K}} = 0.082(\text{기압} \cdot l/\text{k} \cdot \text{mol})$$
$$= 8.32\ (\text{J/K} \cdot \text{mol})$$

이고 이때 R를 기체상수라고 한다.

그러므로 기체가 n몰이라면 $\frac{PV}{T} = nR$이 되고 $PV = nRT$가 된다.

이것을 **이상기체의 상태방정식**이라고 한다.

예제10

27℃, 1기압의 조건에서 존재하는 어떤 이상 기체의 부피가 12L이다. 이 이상 기체의 상태가 127℃, 3기압으로 변화하였을 때, 이 이상 기체의 부피[L]에 가장 가까운 값은? (단, 상태변화 전후에 이상 기체 내 분자 개수는 변화하지 않는다고 가정하며, 기체상수는 0.0821L·tm/mol·이다) (2016 국가직 7급)

① 2.6 ② 5.3

③ 13.6 ④ 19.2

풀이 $\frac{P_1 V_1}{T_1} = \frac{P_2 V_2}{T_2}$를 만족하므로 $\frac{1 \times 12}{300} = \frac{3 \times V}{400}$이다.

따라서 $V = \frac{16}{3} = 5.3\text{L}$이다.

정답은 ②이다.

④ 이상기체

보통의 기체는 보일 – 샤를의 법칙이 성립하지 않는다. 따라서 이 법칙에 따르는 기체를 가상할 수 있는데 이것을 **이상기체**(ideal gas)라고 한다. 보통의 기체는 압력이 낮을수록 또 온도가 높을수록 이상기체와 같은 성질을 갖는다. 이상기체의 성질을 살펴보면

㉮ 기체 분자의 위치에너지는 없다.

㉯ 기체 분자의 충돌은 완전 탄성 충돌이다.

㉰ 이상 기체는 부피가 없고 분자력도 없다.

㉱ 이상 기체는 냉각, 압축시켜도 액화나 응고가 일어나지 않는다.

KEY POINT

■ 이상기체의 상태방정식
$PV = nRT$

KEY POINT

예제11

이상기체(ideal gas)에 대한 설명으로 옳지 않은 것은? (2020년 국가직)

① 기체 분자의 질량은 0으로 가정한다.
② 기체의 온도가 일정할 때 기체의 압력은 부피에 반비례한다.
③ 기체의 압력이 일정할 때 기체의 부피는 절대온도에 비례한다.
④ 기체 분자 사이에는 인력이나 척력이 작용하지 않는다.

풀이 이상기체의 질량은 0이 아니고 부피는 0이다.
정답은 ①이다.

예제12

부피, 압력, 온도가 각각 10 L, 10 atm, 15°C인 이상기체에서, 부피와 압력이 각각 5 L, 15 atm이 되었을 때의 온도[°C]는? (단, 이 이상기체의 몰 수는 일정하다) (2021 서울시 7급)

① −17 ② −37
③ −57 ④ −77

풀이 $\frac{P_o V_o}{T_o} = \frac{PV}{T}$ 보일-샤를 법칙에서 $\frac{10\times10}{288} = \frac{15\times5}{T}$ 이고
절대온도 $T = 216\,\text{k}$ 이므로 섭씨온도 $-57℃$ 이다. 정답은 ③이다.

(2) 기체의 분자 운동론

① 기체 분자의 운동에너지

오른쪽 그림과 같이 한 변의 길이가 l인 밀폐된 정육면체 안에 질량 m인 1개의 기체분자가 $+x$ 방향으로 v_x 속력으로 A 벽에 탄성충돌한다고 하자.

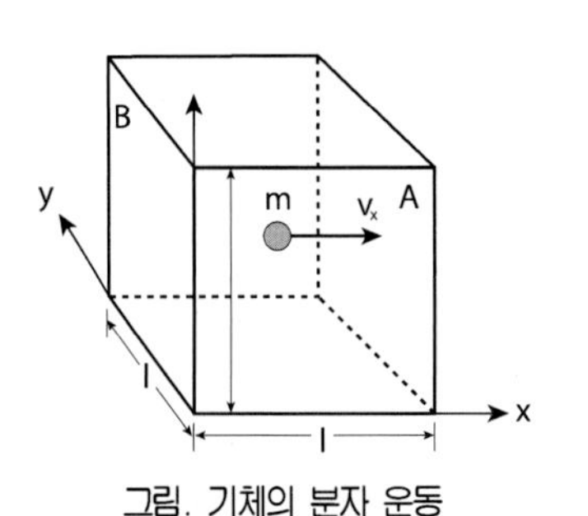

그림. 기체의 분자 운동

충격량은 운동량의 변화량과 같으므로
$I = -mv_x - mv_x = -2mv_x$이고
따라서 A 벽에 미치는 충격량의 크기는 t초 동안 $2mv_x$이다.

즉 $F_x \cdot t = 2mv_x$ 이고

$v_x = \frac{2l}{t}$ 에서 $t = \frac{2l}{v_x}$ 이므로

$F_x \cdot \frac{2l}{v_x} = 2mv_x$ 가 되고

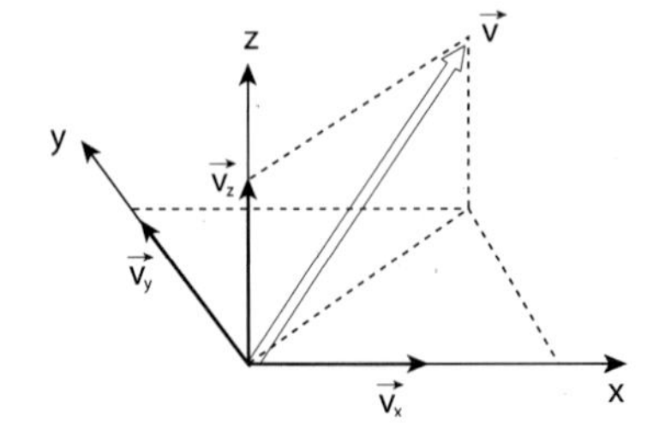

■ 기체분자의 운동에너지
$E_k = \frac{3}{2}KT$

$F_x = \frac{m v_x{}^2}{l}$ 가 된다.

기체분자 실제의 속도 $\vec{v}$는 $\vec{v_x}$, $\vec{v_y}$, $\vec{v_z}$로 분해할 수 있고

$v^2 = v_x{}^2 + v_y{}^2 + v_z{}^2$이다.

분자수가 무수히 많고 무질서하게 운동하므로 모든 방향에 같다고 생각할 때

$\overline{v}_x{}^2 = \overline{v}_y{}^2 = \overline{v}_z{}^2$이므로 $\overline{v}_x{}^2 = \overline{v}_y{}^2 = \overline{v}_z{}^2 = \frac{1}{3}\overline{v}^2$

따라서 $F_x = \frac{m v_x{}^2}{l}$ 은 $F_x = \frac{m \overline{v}_2}{3l}$ 이 되고 만약 상자 안에 N개의 단원자 분자가 있다면 힘은 $F_x = \frac{Nm\overline{v}^2}{3l}$ 이다.

한편 벽에 작용하는 압력 $P_x = \frac{F_x}{l^2} = \frac{1}{3}N\frac{m\overline{v}^2}{l^3}$ 이다.

방향에 관계없이 일반적으로 압력 $P = \frac{1}{3}N\frac{m\overline{v}^2}{l^3}$ 이고 $l^3 = V$(부피)이므로

$PV = \frac{1}{3}Nm\overline{v}^2$이다. $PV = nRT$ 이므로

$nRT = \frac{1}{3}Nm\overline{v}^2$이고 $\left(\frac{n}{N}\right)3RT = m\overline{v}^2$에서

$\frac{3}{2}\left(\frac{n}{N}R\right)T = \frac{1}{2}m\overline{v}^2$이고 $\frac{n}{N}R$은 일정하므로 상수 k로 두면

기체분자의 운동에너지 E_k는

$E_k = \frac{1}{2}m\overline{v}^2 = \frac{3}{2}KT$로서 항상 절대온도에 비례한다.

이때 상수 k는 볼쯔만 상수로 $\frac{8.32\text{J/molK}}{6.02\times10^{23}/\text{mol}} = 1.38\times10^{-23}\text{J/K}$ 이다.

KEY POINT

■ 기체분자의 속도

$v = \sqrt{\frac{3KT}{m}}$

$v \propto \sqrt{T}$

KEY POINT

예제13

3차원 용기에 들어있는 이상기체의 온도가 T일 때 분자당 평균 병진 운동 에너지는? (단, 볼츠만 상수는 k_B이다) (2021 서울시 7급)

① $k_B T$　　② $\frac{3}{2}k_B T$

③ $\frac{5}{2}k_B T$　　④ $\frac{7}{2}k_B T$

풀이 기체 분자의 운동에너지는 $\frac{3}{2}kT$ 이다. 답은 ②이다.

② 내부에너지

단원자 분자들이 계 안에서 운동하고 있을 때 내부의 모든 분자가 갖는 운동에너지와 위치에너지의 합을 **내부에너지**라고 한다. 이상기체에서는 분자가 충돌할 때 이외는 서로 힘을 미치지 아니하고 자유로이 운동하므로 기체분자는 그들 사이에 힘에 의한 위치에너지는 갖지 않고 운동에너지만 갖는다고 할 수 있다.

따라서 절대온도 T일 때 단원자 분자의 이상기체 N개가 들어 있을 때 내부에너지 U는 $U = N \cdot \frac{1}{2}m\overline{v}^2$이다.

앞에서 $\frac{1}{3}(Nm\overline{v}^2) = nRT$ 였으므로

$$= \frac{3}{2}nRT \text{ 가 된다.}$$

산소나 질소같이 2개 이상의 원자로 이루어진 분자들로 구성된 기체는 분자의 회전운동이 있어서 기체의 내부에너지는 $\frac{3}{2}nRT$보다 커지게 된다.

KEY POINT

■ 내부에너지

$U=\frac{3}{2}nRT$

예 산소, 질소 등 이원자분자의 내부에너지는 $U=\frac{5}{2}nRT$ 이다.

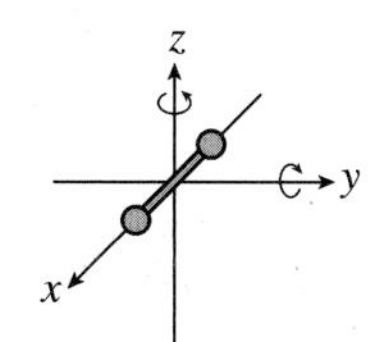

그림. 이원자 분자의 회전운동

③ 운동의 자유도와 에너지 균등 분배의 법칙

물체의 운동을 결정하는 데 필요로 하는 서로 독립적인 변수의 수를 운동의 자유도라 한다.

가령, 공간 내의 질점의 운동은 그 공간 내에 x, y, z축을 잡았을 때 이들 세 축에 대한 변수가 결정되면 이 운동은 확정되므로 질점의 운동의 자유도는 3이다. 단원자 분자는 질점으로 볼 수 있기 때문에 그 운동의 자유도는 3이다. 그러나 2원자 분자는 병진 운동의 자유도는 3이나 분자는 질량 중심을 중심으로 하는 회전 운동을 한다. 일반적으로 회전 운동의 자유도는 3이지만 2원자 분자의 경우는 두 원자를 연결하는 직선을 축으로 하는 회전은 생각하지 않아도 되므로 회전 운동의 자유도는 2가 된다. 따라서 2원자 분자의 자유도는 5가 된다. 그러나 3원자 분자가 되면 그 자유도는 6이 된다.

앞에서 알아본 바와 같이 이상기체의 분자 한 개의 운동 에너지는

$\frac{1}{2}m\overline{v^2}=\frac{3}{2}kT$ 이다. 그리고 $\overline{v^2}=\overline{v_x{}^2}+\overline{v_y{}^2}+\overline{v_z{}^2}$이므로

$$\frac{1}{2}m\overline{v^2}=\frac{1}{2}m\overline{v_x{}^2}+\frac{1}{2}m\overline{v_y{}^2}+\frac{1}{2}m\overline{v_z{}^2}$$

가 되며, $\overline{v_x{}^2}=\overline{v_y{}^2}=\overline{v_z{}^2}$으로 생각할 수 있으므로 $\frac{3}{2}kT$는 3등분되어

$$\frac{1}{2}m\overline{v_x{}^2}=\frac{1}{2}m\overline{v_y{}^2}=\frac{1}{2}m\overline{v_z{}^2}=\frac{1}{2}kT$$

가 된다.

즉, 물질의 온도를 0K에서 TK로 올렸을 때 주어진 에너지는 분자의 한 자유도당

$$E=\frac{1}{2}kT$$

씩 균등하게 분배된다. 이것을 에너지 균등 분배의 법칙이라 한다.

온도 T 일 때 2원자 분자의 에너지는 $\frac{5}{2}kT$가 되며, 3원자 분자에서는 $\frac{6}{2}kT$가 된다.

KEY POINT

예제14

그림은 일정량의 단원자 분자 이상기체가 A→B→C→A의 순서로 순환하는 과정에서 기체의 압력과 부피 사이의 관계를 나타낸 것이다. C→A 과정에서 기체의 내부 에너지 변화는? (2019년 국가직 7급)

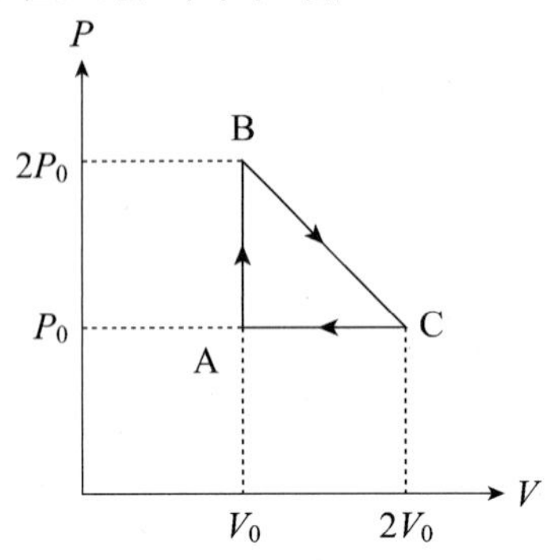

① $\frac{3}{2}P_0V_0$　　② P_0V_0

③ $-P_0V_0$　　④ $-\frac{3}{2}P_0V_0$

풀이 $PV = nRT$

$T_c = \frac{2P_0V_0}{nR}$, $T_A = \frac{P_0V_0}{nR}$

$\triangle U = \frac{3}{2}nR\triangle T = \frac{3}{2}nR\left\{\frac{2P_0V_0}{nR} - \frac{P_0V_0}{nR}\right\} = \frac{3}{2}P_0V_0$ 만큼 감소했으므로

$-\frac{3}{2}P_0V_0$ 정답은 ④이다.

연습문제

1 8m/s로 달리던 질량 1000kg의 자동차가 브레이크를 걸어 정지하였다. 자동차의 운동에너지가 전부 열에너지로 전환됐다면 발생한 열량은?(단, 열의 일당량은 4J/cal)

① 4kcal ② 8kcal
③ 32kcal ④ 4000kcal
⑤ 8000kcal

2 지면으로부터 20m 높이에서 질량 4kg의 물체가 떨어질 때 바닥에 닿을 때까지 공기의 마찰에 의해 38cal의 열이 발생하였다면 바닥에 물체가 닿는 순간의 속도는?(단 중력가속도 $g=10\text{m/s}^2$이고, 1cal =4J이다.)

① 8m/s ② 10m/s
③ 15m/s ④ 16m/s
⑤ 18m/s

3 50g의 물체가 100m 높이의 절벽에서 낙하하여 40m/s의 속력을 갖게 되었다. 얼마의 에너지가 공기와의 마찰열로 없어졌나?(단, 중력가속도 $g=10\text{m/s}^2$, 1cal = 4J)

① 1cal ② 2cal
③ 2.5cal ④ 5cal
⑤ 10cal

4 그림은 A, B 두 물체를 접촉시켰을 때 시간에 따른 온도변화를 나타낸 것이다. 설명 중 옳은 것을 고른 것은?

> ㉠ 열평형 상태에 도달시간은 t_1이다.
> ㉡ A가 잃은 열량이 B가 잃은 열량의 2배이다.
> ㉢ B의 비열이 A의 비열보다 크다.
> ㉣ A의 비열이 B의 비열보다 크다.
> ㉤ B의 열용량이 A의 열용량의 2배이다.

① ㉠, ㉢
② ㉠, ㉡, ㉢
③ ㉠, ㉣
④ ㉠, ㉤
⑤ ㉠, ㉡, ㉢, ㉤

해설

해설 1
운동에너지
$E_k=\frac{1}{2}\times1000\times8^2=32000\text{J}$이고
열량은 $\frac{32000}{4}=8000\text{cal}(8\text{kcal})$

해설 2
물체의 위치에너지
$E_p=4\times10\times20=800\text{J}$이고
마찰로 소모된 에너지는
$E=38\times4=152\text{J}$이다.
따라서 운동에너지 $E_k=648\text{J}$이다.
$E_k=\frac{1}{2}mv^2$에서
$648=\frac{1}{2}\times4\times v^2$에서 $v=18\text{m/s}$

해설 3
위치에너지=운동에너지+손실에너지이므로
$0.05\times10\times100=\frac{1}{2}\times0.05\times40^2+x$
$50=40+x$ $x=10\text{J}$ 따라서 2.5cal

해설 4
열평형도달시간은 온도변화가 없는 t_1시간이고 A가 잃은 열과 B가 얻은 열은 같다.
$Q=Cm\Delta t$에서 $Q_A=C_A m_A\times40$, $Q_B=C_B m_B\times20$이므로 $Q_A=Q_B$에서 $2C_A m_A=C_B m_B$가 되어 문제에서 A, B질량은 알 수 없으므로 비열은 알 수 없고
$C_A m_A : C_B m_B=1 : 2$가 되어
B가 열용량(cm)이 크다.

정답 1. ② 2. ⑤ 3. ③ 4. ④

5 위 4번 문제에서 A의 질량이 B질량의 2배이면, A, B의 비열의 비는?

① 2 : 1　② 1 : 1
③ 1 : 2　④ 1 : 4
⑤ 4 : 1

6 어떤 물체의 선팽창계수가 1.8×10^{-5}/℃이었다면 이 물체의 부피 팽창계수는?

① 0.9×10^{-5}/℃　② 1.8×10^{-5}/℃
③ 3.6×10^{-5}/℃　④ 5.4×10^{-5}/℃
⑤ 알 수 없다.

7 조건을 같게 만든 두 공간에 산소와 수소가 들어 있다. 두 기체의 운동에너지의 비는?(단, 산소와 수소의 질량비는 16 : 1이다.)

① 1 : 1
② 4 : 1
③ 8 : 1
④ 1 : 8
⑤ 알 수 없다.

8 50℃인 길이 4m의 금속 막대를 가열하여 100℃가 되게 한 후 길이를 쟀더니 처음보다 2mm 늘어났다. 이 금속 막대의 선팽창계수는?

① $10^{-4}K^{-1}$
② $\frac{1}{2}\times10^{-4}K^{-1}$
③ $10^{-5}K^{-1}$
④ $10^{-6}K^{-1}$
⑤ $\frac{1}{2}\times10^{-6}K^{-1}$

9 어떤 공간에 질량이 m인 A기체와 질량이 $4m$인 B기체가 같이 들어 있을 때 두 기체의 속도의 비는?

① 4 : 1
② 2 : 1
③ 1 : 1
④ 1 : 2
⑤ 1 : 4

해 설

해설 **5**
4번 해설에서 $2C_A m_A = C_B m_B$ 이므로 $m_A : m_B = 2 : 1$에서 $4C_A = C_B$ 이므로 $C_A : C_B = 1 : 4$

해설 **6**
부피팽창계수 β와 선팽창계수 α는 $\beta = 3\alpha$이다.

해설 **7**
기체분자의 운동에너지 $E_k = \frac{3}{2}KT$ 이므로 절대온도 T에 비례한다.
따라서 두 기체가 같은 조건의 공간이라면 온도가 같아서 운동에너지도 같다.

해설 **8**
$\Delta l = \alpha l_o \Delta t$
$\alpha = \frac{\Delta l}{l_o \Delta t} = \frac{2\times10^{-3}}{4\times50} = 10^{-5}K^{-1}$

해설 **9**
$\frac{3}{2}KT = \frac{1}{2}mv^2 \quad v = \sqrt{\frac{3KT}{m}}$
$v \propto \frac{1}{\sqrt{m}} \quad v_A : v_B = 1 : \frac{1}{2}$

정답 5. ④ 6. ④ 7. ① 8. ③ 9. ②

10 속도 v로 운동하고 있는 질량 m의 물체 A가 정지하고 있는 질량 $2m$의 물체 B와 정면충돌한 후 물체 A는 정지하고 물체 B는 운동한다. 충돌과정에서 열로 소모된 에너지는?

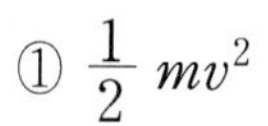

① $\frac{1}{2}mv^2$

② $\frac{1}{3}mv^2$

③ $\frac{1}{\sqrt{2}}mv^2$

④ $\frac{1}{4}mv^2$

⑤ $\frac{1}{8}mv^2$

11 질량 200g인 어떤 금속 구를 뜨거운 물 속에 넣었더니 그 온도가 100℃로 되었다. 이것을 빠르게 열량계내의 물 속에 넣었더니 전체의 온도가 21℃가 되었다. 열량계속에 200g의 물을 넣어 처음의 온도를 측정한 결과 20.1℃였다. 금속구가 잃어버린 열량(cal)은?

① 90 cal
② 100 cal
③ 120 cal
④ 180 cal
⑤ 200 cal

12 온도가 40℃ 정도의 물속에는 매우 뜨거워 쉽게 들어갈 수 없지만, 온도가 100℃ 정도의 한증탕 속에서는 조금 오래 있을 수 있는 이유의 설명으로 가장 적당한 것은?

① 수증기의 비열이 물의 비열보다 크기 때문에
② 온도가 높을수록 물의 비열이 작아지기 때문에
③ 온도가 높을수록 감각이 둔해지기 때문에
④ 40℃의 물의 열용량이 한증탕 속의 증기의 열용량보다 크기 때문에
⑤ 물의 질량이 수증기의 질량보다 크기 때문에

13 일정한 부피의 밀폐된 용기 안에 들어있는 이상 기체에서 분자의 평균운동에너지가 2배로 되면 이 기체의 압력은 몇 배로 되는가?

① $\frac{1}{2}$배 ② 1배
③ 2배 ④ 4배
⑤ $\sqrt{2}$배

해 설

해설 10

운동량보존법칙에 의하면

$mv+0=0+2mv'$ $v'=\frac{1}{2}v$가

되어 B의 속도 $v'=\frac{1}{2}v$이다.

충돌 전 운동에너지는 $\frac{1}{2}mv^2$, 충돌 후 운동에너지는 $\frac{1}{2}\times 2m\left(\frac{1}{2}v\right)^2$이 되어 에너지차이가 열에너지로 소모되었으므로 $\frac{1}{2}mv^2-\frac{1}{4}mv^2=\frac{1}{4}mv^2$

해설 11

금속구가 잃은 열량=물이 얻은 열량이므로 물이 얻은 열량 $Q=Cm\Delta t$에서

$Q=1\times200\times0.9=180\text{cal}$

해설 13

운동에너지가 2배이면 $E_K=\frac{3}{2}KT$이면 온도가 2배되고 $PV=nRT$에서 온도가 2배되면 압력 P도 2배이다.

정답 10. ④ 11. ④ 12. ④ 13. ③

14 질량이 m인 분자 A와 알려지지 않은 분자 B로 혼합된 기체가 평형 상태에 있다. 분자 A의 평균 속력이 v, 분자 B의 평균 속력이 2v 이면 분자 B의 질량은?

① $\frac{1}{4}m$ ② $\frac{1}{2}m$
③ $2m$ ④ $4m$
⑤ $\sqrt{2}m$

15 이상 기체의 부피를 4배로 등압 팽창시키면 이 이상 기체 분자의 속력은 얼마나 빨라지겠는가?

① $\frac{1}{2}$배 ② $\sqrt{2}$배
③ 2배 ④ 4배
⑤ 1배

16 자동차 타이어에 구멍이 나면 공기가 새어나오면서 구멍 근처에 얼음이 생기는 수가 있다고 한다. 이 현상을 설명하는데 적절한 과정은?

① 단열 팽창 ② 등온 팽창
③ 등압 팽창 ④ 자유 팽창
⑤ 답 없음

17 이상 기체가 PV^2 = 일정한 값을 가지고 변화하고 있는 물리 값을 갖고 있다. 이 과정에서 부피가 2배로 증가하면 온도는 어떻게 되겠는가?

① $\frac{1}{2}$배로 된다.
② 2배로 된다.
③ 변화 없다.
④ 4배로 된다.
⑤ $\sqrt{2}$배로 된다.

18 이상 기체에 관한 설명 중 틀린 것은?

① 등온 팽창 시 내부 에너지는 변하지 않는다.
② 단열 팽창 시 내부 에너지 변화는 외부에 해준 일과 같다.
③ 등압 팽창 시 온도는 하강한다.
④ 부피를 변화시키지 않고 열을 가하면 이 열은 모두 내부 에너지로 바뀐다.
⑤ 답 없음

해 설

해설 **14**

두기체가 평형상태에 있으면 온도가 같아서 $E_K = \frac{3}{2}KT$에서 운동에너지 같다.
운동에너지 E_K는 $E_K = \frac{1}{2}mv^2$으로도 표현되는데 속력이 2배이면 질량은 $\frac{1}{4}$배이다.

해설 **15**

$PV = nRT$에서 P 일정일 때 V가 4배되면 T가 4배가 된다.
$\frac{1}{2}mv^2 = \frac{3}{2}KT$ $v^2 \propto T$이므로 속력 v는 2배가 된다.

해설 **16**

단열 팽창하면 온도가 하강한다.

해설 **17**

$PV^2 = K$ (K는 일정) 이라 놓고, $PV = nRT$에 대입하면
$\frac{K}{V} = nRT$에서 $T \propto \frac{1}{V}$이므로
T는 $\frac{1}{2}$배가 된다.

해설 **18**

등압 팽창하면 외부에 일도하고 내부에너지도 증가한다. 따라서 온도상승한다.

정답 14. ① 15. ③ 16. ① 17. ① 18. ③

19 섭씨온도와 화씨온도의 눈금이 같아지는 온도는 얼마인가?

① −40℃
② 0℃
③ 32℃
④ 100℃
⑤ 180℃

20 얇은 강철판에 직경 2cm인 구멍이 나 있다. 온도가 100℃ 증가하면 구멍의 직경은 어떻게 되겠는가? (강철의 선팽창계수는 11×10^{-6}/℃라 한다.)

① 구멍의 직경이 0.01mm 늘어난다.
② 구멍의 직경이 0.01mm 줄어난다.
③ 구멍의 직경이 0.02mm 늘어난다.
④ 구멍의 직경이 0.02mm 줄어난다.
⑤ 구멍의 직경이 0.04mm 늘어난다.

해 설

해설 19

$F=\frac{\rho}{4}C+32$ 이므로
$F=C$ 에서 $F=C=-40$ 이다.

해설 20

길이 팽창은 $\triangle l=l_o\propto\triangle T$ 이다.
따라서
$\triangle L=20\,\text{mm}\times 11\times 10^{-6}/℃\times 100℃$
$=0.022\,\text{mm}$이다.

정답 19. ① 20. ③

3. 열역학의 법칙

KEY POINT

1 이상기체의 팽창과 일

그림과 같은 실린더에 기체분자들이 들어 있을 때 벽은 기체 분자들의 충돌에 의하여 압력을 받고 있다. 피스톤의 단면적을 A, 기체의 압력을 P라고 하면 피스톤에 작용하는 힘 F는

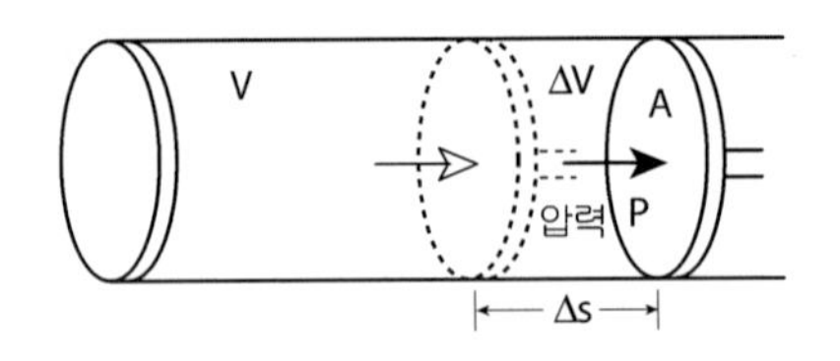

그림. 압력에 의한 팽창

$$P = \frac{F}{A} \text{ 에서 } F = PA \text{ 이다.}$$

이때 힘 F에 의해 피스톤이 $\varDelta S$ 만큼 밀려나가면 기체가 피스톤에 대해 한 일 W는

$$W = F \cdot \varDelta S = PA \cdot \varDelta S$$
$$= P\varDelta V$$

가 된다.

■ 기체가 한 일
$W = P\varDelta V$

예제 1

가솔린 내연기관의 작동은 압력-부피 도표에서 그림과 같이 나타낼 수 있다. 내연기관이 외부로부터 일을 받는 구간은 어디인가? (2016년도 서울시 7급)

① A
② B
③ C
④ D

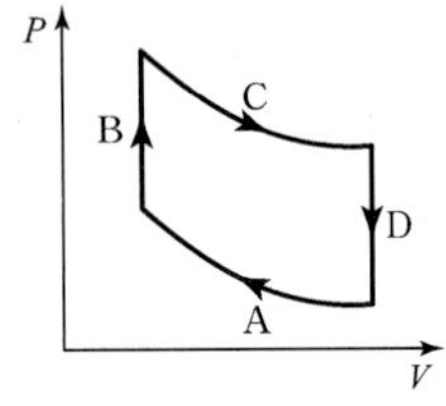

풀이 부피가 줄어들 때 일의 부호가 음(−)이 되므로 이때 외부로부터 일을 받게 된다. 따라서 C구간은 일을 하는 구간이고 A구간은 일을 받는 구간이다. B, D에서는 일이 0이다.
정답은 ①이다.

2 열역학 제 1 법칙

일이든 열이든 외부에서 계에 에너지 Q가 더해지면 계의 내부에너지는 증가한다.
내부에너지의 변화는 계로 전달된 열 또는 일의 순수한 양과 같다. 여기서 계의 온도 상승이란 내부에너지 증가가 밖으로 표시되는 현상이다.
이와 같이 내부에너지의 증가는 주로 온도의 증가로 나타난다. 온도의 증가는 계를 이루는 원자 또는 분자의 평균 운동에너지와 관련 있다. 내부에너지의 증가가 계에 영향을 주는 또 다른 방법은 융해나 기화처럼 상의 변화이다.

■ 열역학 제 1 법칙
= 에너지보존 법칙

KEY POINT

상변화에서는 계를 이루는 원자나 분자가 서로 멀어지면서 평균위치에너지가 증가한다. 이때에도 온도의 변화는 없지만 내부에너지는 증가한다. 계의 내부에서는 계를 이루고 있는 원자나 분자의 운동에너지와 위치에너지의 합이다.
또 계가 외부에 일을 하게 되면 일을 한만큼 내부에너지는 감소한다.
외부에서 계에 Q만큼의 일 또는 열을 주고 계가 외부에 W만큼의 일을 하면 내부에너지는 $\Delta U = Q - W$만큼 증가한다.
$Q = W + \Delta U$가 된다.
이것을 역학적에너지에 열에너지를 포함한 에너지보존 법칙이다.
이것으로 **열역학 제 1 법칙**이라고 한다.

위 식 $Q = W + \Delta U$는 $W = P\Delta V$이고, $\Delta U = \frac{3}{2} nR\Delta T$ 이므로

$$Q = P\Delta V + \Delta U = P\Delta V + \frac{3}{2} nR\Delta T$$

와 같이 나타낼 수도 있다.

$\Delta U > 0$: 내부에너지 증가	$\Delta U < 0$: 내부에너지 감소
$\Delta V > 0$: 기체의 부피증가	$\Delta V < 0$: 기체의 부피감소
$Q > 0$: 기체가 열 흡수	$Q < 0$: 기체가 열방출
$W > 0$: 기체가 외부에 한 일	$W < 0$: 기체가 외부에서 받은 일

내부에너지 ΔU는 $\Delta U = Q - W$인데
여기서 열역학적계가 미소 변화만 일으킨다면 $dU = dQ - dW$로 표현해야 하고 전체 변화는 이 식을 적분해야 한다. 즉 계의 내부 에너지 U는 열(Q)의 형태로 에너지가 더해지면 증가하고 계가 외부에 일을 하면 감소한다.

*제1종 영구기관 : 외부에서 에너지를 공급받지 않고 작동하는 가상적인 영구기관으로 에너지보존 법칙에 위배되고 제작이 불가능하다.

(1) 정적 변화

그림에서 (가) 경로와 같이 부피를 일정하게 유지하면서 이루어지는 변화를 정적변화라고 한다.
따라서

$$Q = W + \Delta U \text{에서}$$

$$Q = P\Delta V + \frac{3}{2} nR\Delta T \text{에서}$$

정적변화에서 $\Delta V = 0$이므로 기체에 가해준 열량은 모두 내부 에너지 증가에 쓰여

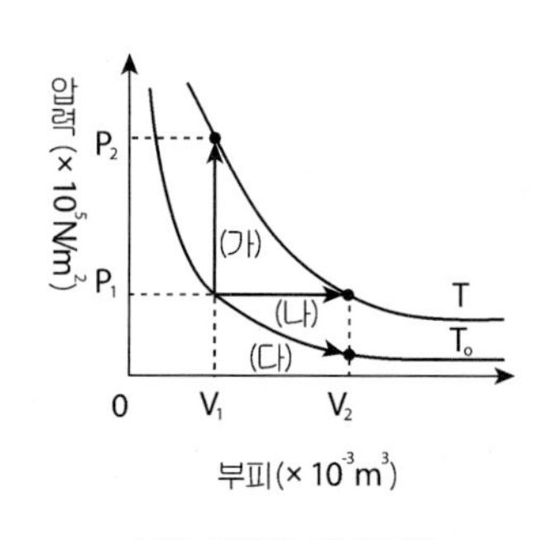

그림. 기체의 변화과정

■ 정적변화
($\Delta V = 0$)
$Q = \Delta U$
$= \frac{3}{2} nR\Delta T$

$$Q = \Delta U = \frac{3}{2}nR\Delta T \text{가 된다.}$$

즉 그림 (가)와 같이 될 때 $Q > 0$, $\Delta U > 0$, $\Delta T > 0$이다.

(2) 정압변화

그림의 (나) 경로와 같이 압력을 일정하게 유지하면서 일어나는 변화과정을 정압변화라고 한다. 따라서

$$Q = W + \Delta U \text{에서}$$

$$Q = P\Delta V + \frac{3}{2}nR\Delta T \text{이고,}$$

정압변화이므로 P가 일정하고 $P\Delta V = nR\Delta T$ 이므로

$$Q = nR\Delta T + \frac{3}{2}nR\Delta T = \frac{5}{2}nR\Delta T \text{가 된다.}$$

즉 그림 (나)와 같이 될 때

$Q > 0$, $\Delta U > 0$, $\Delta T > 0$, $W > 0$, $\Delta V > 0$이다.

KEY POINT

■ 정압변화
$(\Delta P = 0)$
$Q = W + \Delta U$
$= \frac{5}{2}nR\Delta T$

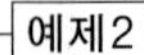

그림은 일정량의 단원자 분자 이상기체의 상태가 A→B를 따라 변할 때 기체의 압력과 부피를 그래프로 나타낸 것이다. A→B 과정에서 기체가 흡수한 열량은? (2021 국가직 7급)

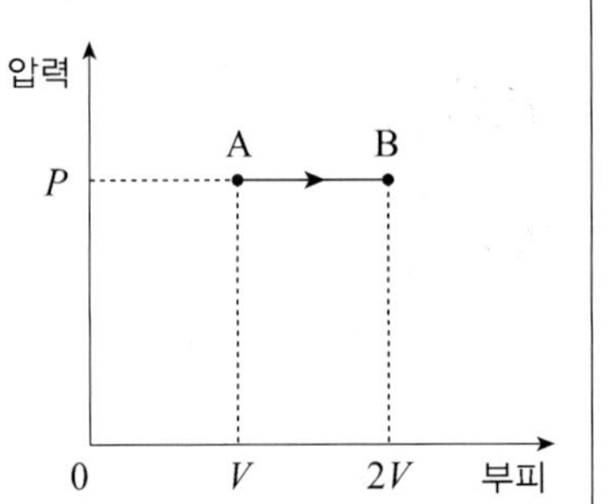

① PV　　② $\frac{3}{2}PV$

③ $2PV$　　④ $\frac{5}{2}PV$

풀이 정압변화에서 $Q= W+\Delta V$

$Q= P\Delta V+\frac{3}{2}nR\Delta T$　　$(P\Delta V= nR\Delta T)$

$= \frac{5}{2}P\Delta V$　　$(\Delta V= V_2 - V_1)$

$= \frac{5}{2}PV$ 이다. 정답은 ④이다.

(3) 등온변화

그림의 (다)과정으로 온도를 일정하게 유지하면서 일어나는 변화과정을 등온변화라고 한다. 따라서

$$Q = W + \varDelta U \text{에서}$$

$$Q = P\varDelta V + \frac{3}{2}nR\varDelta T \text{이고, 등온변화이므로 } \varDelta T = 0 \text{이므로}$$

$$Q = P\varDelta V \text{가 된다.}$$

그림 (다)와 같이 되면 $\varDelta V > 0$, $Q > 0$, $W > 0$가 되고 다음 그림에서 면적 W가 외부에 한 일이 되며 한일 W는

$$W = \int_{V_1}^{V_2} P dV \text{이고}$$

$$PV = nRT \text{에서 } P = \frac{nRT}{V} \text{이므로}$$

$$W = \int_{V_1}^{V_2} \frac{nRT}{V} dV \text{이고}$$

(n, R, T는 모두 일정)

$$= nRT \int_{V_1}^{V_2} \frac{1}{V} dV$$

$$= nRT [\, lnV \,]_{V_1}^{V_2} = nRT\,(lnV_2 - lnV_1)$$

$$= nRT\, ln\frac{V_2}{V_1} \text{가 된다.}$$

예제3

단열되어 있는 밀폐 용기에 자유롭게 움직일 수 있는 칸막이를 중심으로 단원자 분자 이상기체 A, B가 나누어져 있다. A, B의 기체 분자 1개의 질량은 각각 m, $2m$이고, A와 B의 부피는 각각 V, 3V이다. A, B의 온도는 T로 같으며, 칸막이는 정지해 있다. A, B의 분자의 수를 각각 NA, NB라 할 때, NA:NB는? (2021 서울시 7급)

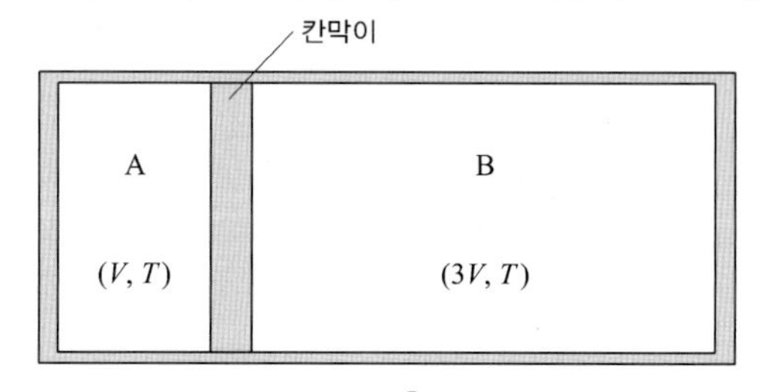

① 1:3　　② 2:3
③ 3:2　　④ 4:3

풀이 자유롭게 움직일 수 있는 칸막이로 되어 있으므로 압력은 같다.
$PV = nRT$에서 압력과 온도가 같으므로 부피가 3배인 B의 기체가 몰수가 3배이므로 분자수도 3배이다. 정답은 ①이다.

KEY POINT

■ 등온변화
$\varDelta T = 0$
$Q = W$
$= P\varDelta V$

■ 단열팽창 : 내부온도 하강

■ 단열압축 : 내부온도 상승

■ 등온팽창($V_1 \rightarrow V_2$)에서 기체가 한 일
$W = nRT ln\frac{V_2}{V_1}$

(4) 단열변화

외부에 대해 열의 출입이 없을 때, 즉 $Q=0$일 때 기체의 부피를 변화시키는 과정을 단열변화라 한다.

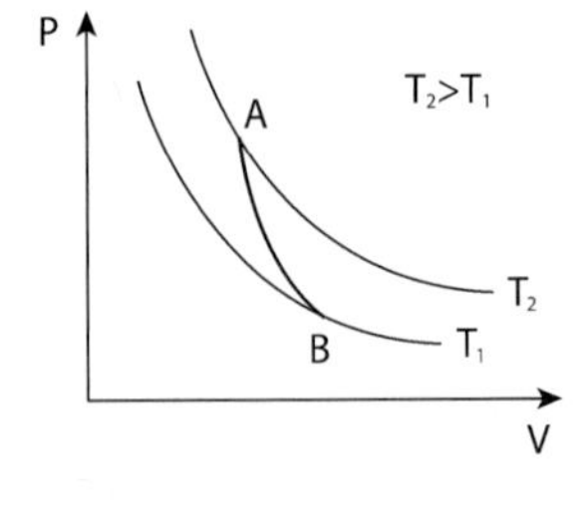

그림에서 $A \rightarrow B$ 과정을 단열팽창이라 하고

$Q = P\Delta V + \frac{3}{2}nR\Delta T$ 에서

$O = P\Delta V + \frac{3}{2}nR\Delta T$ 이고

$\Delta V > 0$이므로

$\Delta T < 0$이다. 따라서 내부에너지가 감소된다.

그림에서 $B \rightarrow A$ 과정을 단열압축이라 하고 위와 마찬가지로 $O = P\Delta V + \frac{3}{2}nR\Delta T$ 이고 $\Delta V < 0$이므로 $\Delta T > 0$이다. 따라서 내부에너지는 증가한다.

예제 4

등적 몰비열, 등압 몰비열이 각각 $\frac{3}{2}R$, $\frac{5}{2}R$인 단원자 이상기체 n몰이 있다. 초기 온도가 T_i, 압력이 P_i인 이 기체가 단열 팽창하여, 외부에 W만큼 일을 한다. 일을 마친 후 기체의 압력이 P_f일 때, $\frac{P_f}{P_i}$는? (단, R는 기체상수이고, $W>0$이다)

① $\left(1-\frac{W}{nRT_i}\right)^{\frac{5}{3}}$ ② $\left(1-\frac{2W}{3nRT_i}\right)^{-\frac{5}{3}}$

③ $\left(1-\frac{W}{nRT_i}\right)^{-\frac{5}{2}}$ ④ $\left(1-\frac{2W}{3nRT_i}\right)^{-\frac{5}{2}}$

풀이 $P_iV_i^{\gamma} = P_fV_f^{\gamma}$ $T_iV_i^{\gamma-1} = T_fV_f^{\gamma-1}$ $\gamma = \frac{5}{3}$

$\frac{P_f}{P_i} = \left(\frac{V_i}{V_f}\right)^{\frac{5}{3}}$ $\left(\frac{V_i}{V_f}\right)^{\frac{2}{3}} = \frac{T_f}{T_i}$ $\frac{V_i}{V_f} = \left(\frac{T_f}{T_i}\right)^{\frac{3}{2}}$

$\frac{P_f}{P_i} = \left\{\left(\frac{T_f}{T_i}\right)^{\frac{3}{2}}\right\}^{\frac{5}{3}} = \left(\frac{T_f}{T_i}\right)^{\frac{5}{2}}$

단열팽창에서 일은 $W = \frac{3}{2}nR(T_i - T_f)$이므로 $T_f = T_i - \frac{2W}{3nR}$ 이다.

따라서 $\frac{P_f}{P_i} = \left\{\frac{T_i - \frac{2W}{3nR}}{T_i}\right\}^{\frac{5}{2}} = \left(1-\frac{2W}{3nRT_i}\right)^{\frac{5}{2}}$ 이다. 정답은 ④이다.

KEY POINT

■ 정압비열은 정적비열보다 크다.

KEY POINT

(5) 기체의 비열

물질의 비열이 물질 1kg을 온도 1K 올리는데 필요한 열량인 것과 같이 기체의 비열은 기체 1몰을 온도 1K 올리는데 필요한 열량이고, 이것을 몰비열이라고 한다. 열량을 Q, 몰수를 n, 온도변화를 ΔT라 하면 식으로 쓰면 몰비열 $C=\frac{Q}{n\Delta T}$이고 $Q=Cn\Delta T$와 같이 쓸 수 있다.

① 정적비열(체적이 일정할 때의 비열)

정적변화에서 $Q=\frac{3}{2}nR\Delta T$였으므로

정적비열 $C_v=\frac{Q}{n\Delta T}=\frac{\frac{3}{2}nR\Delta T}{n\Delta T}=\frac{3}{2}R$ 이다.

즉 $C_v=\frac{3}{2}R$ 이다.

② 정압비열(압력이 일정할 때의 비열)

정압변화에서 $Q=\frac{5}{2}nR\Delta T$였으므로

정압비열 $C_p=\frac{Q}{n\Delta T}=\frac{\frac{5}{2}nR\Delta T}{n\Delta T}=\frac{5}{2}R$ 이다.

즉 $C_P=\frac{5}{2}R$ 이다.

③ 비열비

정압비열 C_P와 정적비열 C_v와의 비를 **비열비**라고 한다. 식으로 표시해보면 비열비는 γ는

$$\gamma=\frac{C_p}{C_v}=\frac{C_v+R}{C_v}\left(C_p=\frac{5}{2}R,\ C_v=\frac{3}{2}R\text{이므로 }C_p=C_v+R\text{ 이다}\right)$$

$$=\frac{\frac{5}{2}R}{\frac{3}{2}R}=\frac{5}{3}\text{ 가 된다.}$$

※ 정압비열이 정적비열보다 큰 이유는 열을 흡수하는 동안 기체가 팽창하여 외부에 일을 하는데 열량을 필요로 하므로 정압비열이 정적비열보다 크다.

기체의 비열비

기체의 종류	정적 비열	정압 비열	비열비
단원자 분자 기체	$\frac{3}{2}R$	$\frac{5}{2}R$	$r=\frac{5}{3}=1.67$
이원자 분자 기체	$\frac{5}{2}R$	$\frac{7}{2}R$	$r=\frac{7}{5}=1.4$
삼원자 분자 기체	$\frac{6}{2}R$	$\frac{8}{2}R$	$r=\frac{8}{6}=1.33$

KEY POINT

예제5

몰당 정압 열용량이 C_p, 정적 열용량이 C_v인 1몰의 이상기체가 그림과 같은 과정을 거쳐 A에서 B상태로 변화했을 때, 엔트로피 변화 $S_B - S_A$는? (단, $\gamma = \frac{C_p}{C_v}$라 한다.) (2017년 서울시 7급)

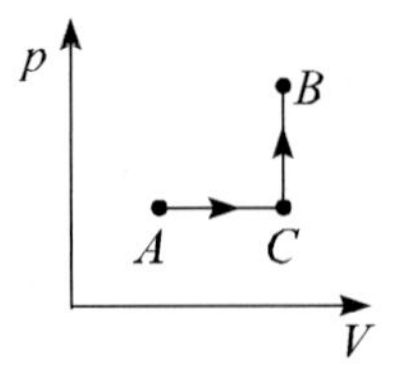

① $c_v \ln \frac{p_B V_B{}^{\gamma}}{p_A V_A{}^{\gamma}}$　　② $c_p \ln \frac{p_B V_B{}^{\gamma}}{p_A V_A{}^{\gamma}}$

③ $c_v \ln \frac{p_A V_A{}^{\gamma}}{p_B V_B{}^{\gamma}}$　　④ $c_p \ln \frac{p_A V_A{}^{\gamma}}{p_B V_B{}^{\gamma}}$

풀이 $Q = \Delta U + W$이고, $s = \frac{Q}{T}$이므로 $ds = \frac{dQ}{T} = \frac{dU}{T} + \frac{PdV}{T}$라고 할 수 있다.

이때, $P = \frac{nRT}{V}$이므로 $ds = \frac{nC_v dT}{T} + \frac{nRdV}{V}$라고 할 수 있다. 따라서 $S_B - S_A$를 구하면 $n=1$이므로

$$S_B - S_A = \int_A^B C_v \frac{dT}{T} + \int_A^B R\frac{dV}{V} = C_v \ln\left(\frac{T_B}{T_A}\right) + R\ln\left(\frac{V_B}{V_A}\right)$$

$= \ln\left(\left(\frac{T_B}{T_A}\right)^{C_V} \cdot \left(\frac{V_B}{V_A}\right)^{R}\right)$이다. 여기에서 $\frac{T_B}{T_A} = \frac{P_B V_B}{P_A V_A}$이므로

$S_B - S_A = \ln\left(\frac{P_B{}^{C_v} V_B{}^{C_v}}{P_A{}^{C_v} V_A{}^{C_v}} \cdot \frac{V_B{}^{R}}{V_A{}^{R}}\right)$이고, $C_p = C_v + R$이므로

$$S_B - S_A = \ln\left(\left(\frac{P_B}{P_A}\right)^{C_v} \cdot \left(\frac{V_B}{V_A}\right)^{C_p}\right) = C_v \ln\left(\left(\frac{P_B}{P_A}\right) \cdot \left(\frac{V_B}{V_A}\right)^{\frac{C_p}{C_v}}\right)$$

$= C_v \ln\left(\frac{P_B V_B{}^{\gamma}}{P_A V_A{}^{\gamma}}\right)$이다.

정답은 ①이다.

예제6

일정량의 이상기체가 단열팽창하여 부피가 두 배가 되었다. 이에 대한 설명으로 옳은 것만을 모두 고르면? (2021 국가직 7급)

ㄱ. 이 기체의 압력은 감소하였다.
ㄴ. 이 기체의 내부 에너지는 감소하였다.
ㄷ. 이 과정 동안 기체는 일을 하지 않았다.

① ㄱ　　② ㄷ

③ ㄱ, ㄴ　　④ ㄴ, ㄷ

풀이 단열 팽창하면 압력은 감소하고 온도는 낮아져서 내부 에너지가 감소한다. 팽창하는 동안 외부에 일을 한다. 정답은 ③이다.

(6) 자유 팽창

KEY POINT

계가 일을 할 때 그 일은 처음과 나중 상태뿐만 아니라 중간에 거치는 경로에 따라 다르다. 즉 경로에 의존한다. 아래 그림에서 (a), (b)는 처음 상태와 나중 상태가 같지만 아래면적이 달라서 한일의 양은 (a)가 더 크다.

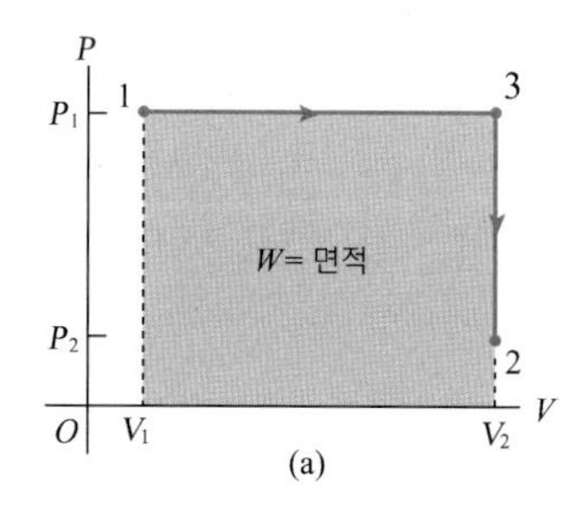

(a)

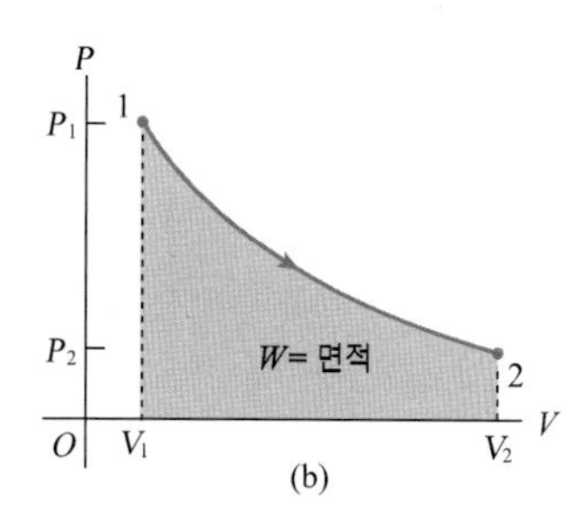

(b)

만일 이상기체의 온도를 350K로 일정하게 유지 하면서 부피를 3.0L에서 6.0L로 증가 시켜 보자. 그림 (가)는 열을 공급하여 온도를 350K로 유지 하면서 기체를 서서히 팽창시킬 때 등온적인 방법으로 팽창하여 부피가 6.0L가 될 때 계는 일정한 양의 열을 흡수한다. 그러나 (나)는 용기를 단열된 벽 속에 넣어 외부와의 열 출입을 차단하고 아랫부분의 3.0L에 기체를 채우고 위의 3.0L에는 진공으로 하여 터트릴 수 있는 칸막이로 두 부분을 나눠 놓고 칸막이를 터트리면 앞의 (가)와는 다르게 기체는 급격하게 자유 팽창을 한다. 나중의 부피는 (가)에서와 같이 6.0L가 되어 있다. 이때에 팽창하는 기체는 어느 것도 움직이게 힘을 작용하지 않았으므로 팽창하는 동안 일을 하지 않는다. 이와 같이 기체가 통제를 받지 않으면서 팽창하는 것을 **자유 팽창**이라고 한다.

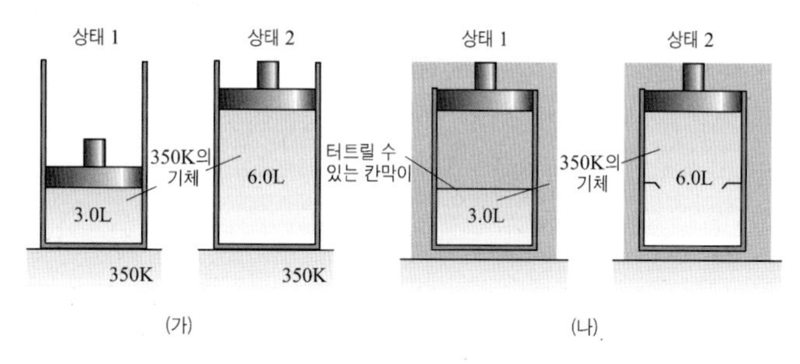

(가) (나)

실험에 의하면 이상 기체가 팽창 하는 동안에 온도 변화는 없다. 그러므로 (가)의 상태2와 같다. 따라서 위의 그림은 처음과 나중의 상태가 같은 기체지만 다른 경로를 나타낸다. 즉 일과 열은 경로 의존성을 가진다. 이와 대비되는 것으로 뒤에서 배울 엔트로피는 경로와는 상관이 없는 상태에만 의존하는 상태 함수이다.

자유 팽창(free expansion)과정

다음 그림과 같이 단열된 두 개의 상자 중 하나에는 이상 기체가 채워져 있고 다른 하나는 진공 상태이다. 잠금 마개를 열면 팽창하는 기체는 아무런 압력도 받지 않고 진공으로 나아가기 때문에 기체는 일을 하지 않는다. 그리고 상자가 단열되어 있으므로 외부와의 열 출입이 없다.
이와 같이 계와 외부간의 열 교환이 없고 계나 외부에 의해 한 일이 없는 단열 과정을 자유 팽창 과정이라고 한다. 따라서 열역학 제 1 법칙에 의해 계의 내부 에너지 변화는 0이 된다.

$Q = W = 0 \rightarrow \triangle U = 0$

이상 기체의 내부 에너지 변화는 $\triangle U = nc_v \triangle T$ 이므로 자유 팽창 과정에서 기체의 온도 변화도 0이다. 자유 팽창 과정은 급속히 진행되기 때문에 진행 과정이 열적 평형 상태(thermal equilibrium)에 있지 않다. 따라서 다룰 수 있는 것은 처음 상태와 나중 상태뿐이다.

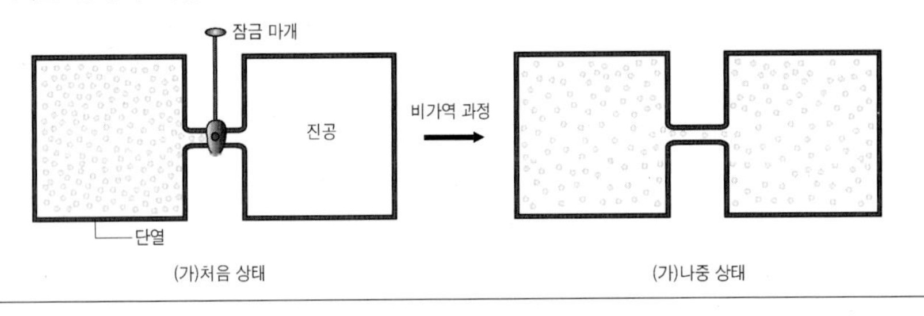

(가)처음 상태 (가)나중 상태

3 열역학 제 2 법칙

(1) 열역학 제 2 법칙

물체와 외부에 어떤 변화도 남기지 않고 처음의 상태로 되돌아가는 상태를 가역현상이라고 하고 반대로 처음 상태로 되돌아 갈 수 없는 변화를 비가역현상이라고 한다. 이런 비가역현상은 열의 이동에서도 볼 수 있는데 즉 역학적 일이 열로 변하는 현상, 또 열이 고온물체에서 저온물체로 이동하는 현상 등이 있다. 이와 같이 자연계에는 제1 법칙과는 별도로 자연현상의 진행을 결정하는 어떤 법칙이 존재한다.
이러한 자연현상의 비가역성을 **열역학 제 2 법칙**이라 한다.

※ 열역학 제 2 법칙의 다른 정의

① 클라우시우스의 표현

열은 고온 물체에서 저온 물체 쪽으로 흘러가고 외부에 영향을 주지 않고 저온에서 고온으로 흐르지 않는다.

② 캘빈-플랭크의 표현

일정온도의 물체로부터 흡수한 열을 모두 일로 전환하는 것은 불가능하다.

※ 제 2 종 영구기관

저온에서 고온으로 열이 이동하여 스스로 작동하는 이상적인 열기관으로 에너지효율이 100%인 열기관이다. 열역학 제 2 법칙에 위배되는 것으로 제작이 불가능하다.

KEY POINT

■ 엔트로피는 무질서도이고 항상 증가하는 방향이다.

KEY POINT

(2) 엔트로피

① 엔트로피의 증가

우리는 컵에 물을 붓고 색깔이 있는 잉크 한 방울 떨어뜨리면 스스로 확산되어 퍼져 나가는 것을 볼 수 있다.

즉 질서 있는 상태에서 무질서한 상태로 변화가 진행되는 것을 볼 수 있다. 외부에 변화를 남기지 않고는 질서 있는 상태로 되돌아가지 못하는 무질서도 또한 증가하는 방향의 비가역 변화이다.

이때 계의 무질서도를 **엔트로피**라고 한다.

엔트로피 S는 $S=\dfrac{Q}{T}$로 정의된다.(Q : 열량, T : 온도)

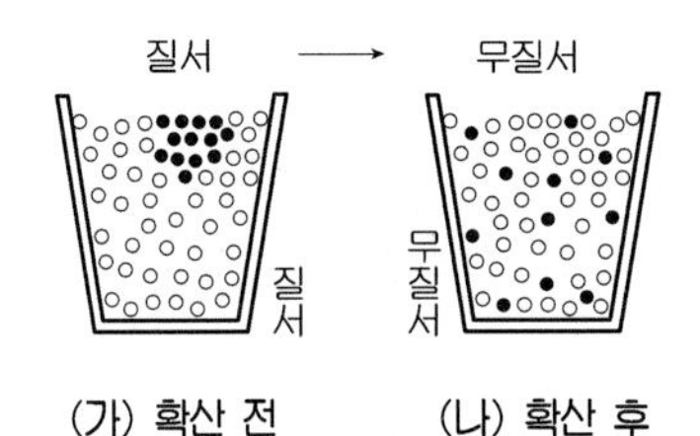

그림. 확산의 비가역성

만일 고온물체의 온도 T_1, 저온물체의 온도 T_2라하고 고온에서 저온으로 열량 Q가 이동할 때 저온물체의 엔트로피는 $\dfrac{Q}{T_2}$만큼 증가하고 고온물체의 엔트로피는 $-\dfrac{Q}{T_1}$만큼 감소하고 전체 엔트로피의 변화량은

$\Delta S=-\dfrac{Q}{T_1}+\dfrac{Q}{T_2}=Q\left(\dfrac{1}{T_2}-\dfrac{1}{T_1}\right)$이 된다.

따라서 $\Delta S>0$이 되어 엔트로피는 항상 증가한다.

KEY POINT

예제7

그림은 1몰의 단원자 이상 기체의 순환 과정을 보여 주는 그래프이다. 이에 대한 설명으로 옳은 것만을 모두 고른 것은? (단, R은 보편 기체 상수이다.) (2014 국가직 7급)

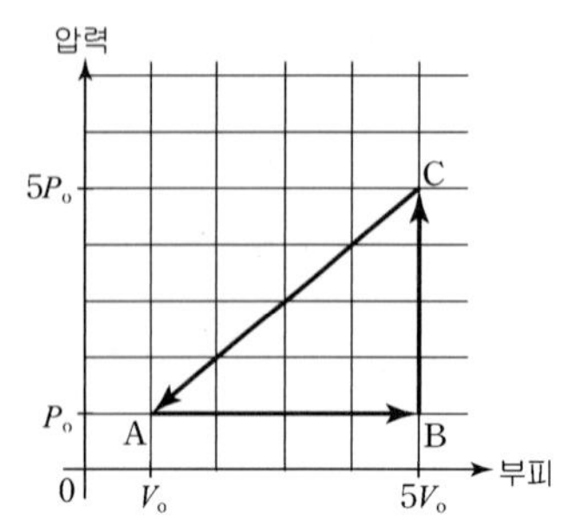

ㄱ. A → B → C → A의 순환 과정 동안 기체가 외부에 한 일은 $8P_oV_o$이다.

ㄴ. B → C에서 내부 에너지 변화량은 $30P_oV_o$이다.

ㄷ. B → C에서 엔트로피 변화량은 $\frac{3}{2}R\ln 5$ 이다.

① ㄱ ② ㄴ

③ ㄱ, ㄷ ④ ㄴ, ㄷ

풀이

	A→B	B→C	C→A
$W(=P\Delta V)$	$4P_0V_0$	0	$-12P_0V_0$
$\Delta E\ (=\frac{3}{2}nR\Delta T)$	$6P_0V_0$	$30P_0V_0$	$-36P_0V_0$
$W+\Delta E=Q$	$10P_0V_0$	$30P_0V_0$	$-48P_0V_0$

ㄱ. 순환 과정 동안의 일은 $4P_0V_0-12P_0V_0=-8P_0V_0$이므로 기체가 받은 일의 크기가 $8P_0V_0$이다.

ㄴ. A상태에서의 온도를 T_0라고 하면 B는 $5T_0$, C는 $25T_0$이다. 따라서 내부 에너지 변화량은 $\frac{3}{2}nR(20T_0)=30P_0V_0$이다.

ㄷ. 등적과정에서 $\Delta s=\frac{3}{2}nR\ln\frac{T_C}{T_B}=\frac{3}{2}R\ln 5$이다.

정답은 ④이다.

② 가역과 비가역

외부에 어떤 변화도 남기지 않고 원래의 상태로 되돌아 갈 수 있는 변화를 **가역**변화 되돌아가지 못하는 변화를 **비가역** 변화라고 한다.

실제 자연계에서 일어나는 현상은 마찰이나 저항이 작게나마 있으므로 비가역 현상이다. 가역 변화에서는 엔트로피 변화는 0이고 비가역 변화에서는 엔트로피는 증가한다. 즉 엔트로피는 결코 감소되지 않는다.

③ 자유 팽창에서 엔트로피의 변화

오른쪽 그림과 같이 밸브가 열리면 기체는 자유롭게 팽창하여 양쪽 공간을 모두 채운다. 기체가 진공으로 들어가면서 아무런 압력도 받지 않으므로 일도 하지 않는다. 그리고 이 과정은 모든 기체 분자들이 저절로 왼쪽 공간으로 다시 모이는 현상을 설명할 수 없는 비가역 과정이다.

오른쪽 그래프는 처음상태 i와 나중상태 f에서 기체의 압력과 온도를 나타낸 것이다.

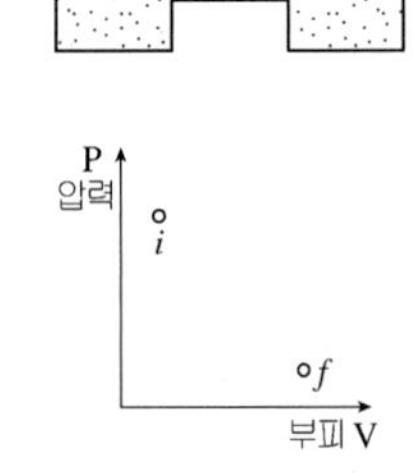

이 때 엔트로피의 변화는

$\Delta S = S_f - S_i = \int_f^i \frac{dQ}{T}$ 로 정의되고 내부에너지 변화가 없으므로 온도는 i, f에서 같다. 그리고 i 상태에서 f 상태로 변하는 중간 과정의 열역학적 상태를 전혀 알 수 없다.

엔트로피가 상태의 특성이므로 처음상태 i와 나중상태 f의 엔트로피 차이는 계의 변화 과정과 무관하게 두 상태에만 의존해야 한다.

따라서 엔트로피 변화는 상태 i와 상태 f를 연결하는 가역과정으로 바꾸어 생각할 수 있다.

따라서 엔트로피 변화 ΔS는

$$\Delta S = S_f - S_i = \frac{1}{T}\int_f^i dQ \text{ 에서}$$

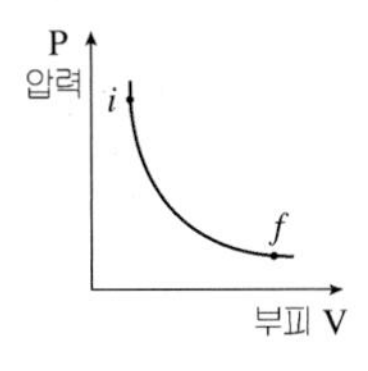

가역과정에서 $\int_f^i dQ = nRT \ln \frac{V_f}{V_i}$ 이므로

$\Delta S = nR \ln \frac{V_f}{V_i}$ 이다.

즉 $V_f > V_i$ 이므로 $\Delta S > 0$이 되어 엔트로피는 증가한다.

KEY POINT

KEY POINT

예제8

단열된 용기가 내부의 칸막이에 의해 두 부분으로 나뉘어 있다. 한 부분에는 이상기체 X가 1몰, 다른 부분에는 이상기체 Y가 3몰 들어 있다. 두 기체는 온도가 같고 압력도 동일하다. 용기 내부의 칸막이를 치워 두 기체가 섞이도록 한 후 평형 상태가 되었을 때, 이 계의 엔트로피 증가량은? (단, 기체 상수는 R이고, 기체 X와 Y는 서로 다른 종류로서 화학 반응을 하지 않으며, 용기의 모양은 변하지 않고 칸막이의 부피는 무시한다.) (2017년 국가직 7급)

① $2R\ln 2$ ② $8R\ln 2 - 3R\ln 3$

③ $2R\ln 2 + R\ln 3$ ④ $8R\ln 2 + 5R\ln 3$

풀이 X와 Y의 온도와 압력이 같으므로 부피 비 $V_X : V_Y = n_X : n_Y = 1:3$이다. 용기의 부피를 V라고 하면 $V_X = \frac{1}{4}V$, $V_Y = \frac{3}{4}V$가 된다. 두 기체가 섞일 때 엔트로피의 변화 $\Delta s = \Delta s_X + \Delta s_Y$라고 할 수 있다. X와 Y가 섞이는 것은 자유팽창이며 자유팽창에서의 엔트로피변화는 등온팽창의 엔트로피 변화와 같다. 따라서

$\Delta s_X = n_X R\ln\left(\frac{V}{\frac{1}{4}V}\right) = R\ln 4 = 2R\ln 2$이고,

$\Delta s_Y = n_Y R\ln\left(\frac{V}{\frac{3}{4}V}\right) = 3R\ln\frac{4}{3} = 6R\ln 2 - 3Rln3$이다. 따라서 총 엔트로피 변화 $\Delta s = 2R\ln + (6R\ln 2 - 3R\ln 3) = 8R\ln 2 - 3R\ln 3$이다.

정답은 ②이다.

(3) 열기관의 효율

① 열기관의 효율

열을 일로 바꾸는 기관을 열기관이라고 한다. 열기관이 동작하는 동안 흡수한 열에너지에 대한 실제 외부에 한 일의 비율을 그 **열기관의 효율**이라고 한다.

■ 열기관의 효율

$e = 1 - \frac{Q_2}{Q_1}$

$= 1 - \frac{T_2}{T_1}$

열기관의 효율 e는

$$e = \frac{w}{Q_1}$$

$$Q_1 = w + Q_2$$

$$= \frac{Q_1 - Q_2}{Q_1} = 1 - \frac{Q_2}{Q_1}$$

$$\leq 1 - \frac{T_2}{T_1}$$ (단, 등호는 카르노기관)이다.

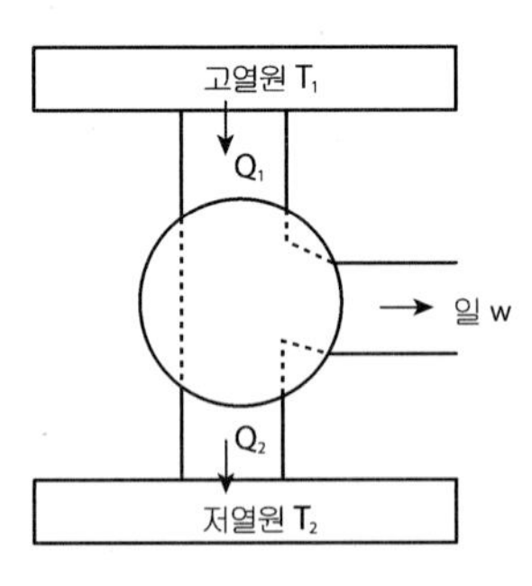

예제9

그림은 고열원으로부터 Q의 열을 공급받아 외부에 W만큼 일을 하고 저열원으로 q의 열을 방출하는 어떤 열기관을 나타낸 것으로 $q=\frac{Q}{2}$이다. 이에 대한 설명으로 옳은 것은? (2021년 경력경쟁 9급)

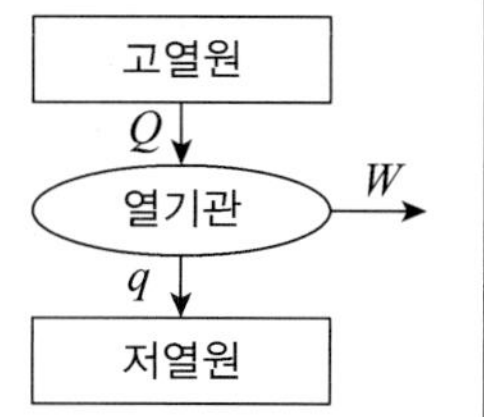

① $q=2W$이다.
② 열기관의 효율은 50%이다.
③ q를 줄이면 열효율이 떨어진다.
④ $Q=W$인 열기관을 만들 수 있다.

풀이 $Q=q+w$ $q=\frac{Q}{2}$이면 $w=\frac{q}{2}$이다. 효율은 $\frac{W}{Q}=\frac{\frac{1}{2}Q}{Q}=0.5$ 즉 50%이다.
q가 작아지면 w가 증가하여 열효율은 증가한다.
$Q=W$인 기관은 제2종 영구기관으로 제작이 불가능하다. 정답은 ②이다.

② 카르노 기관

프랑스 물리학자 카르노는 온도 T_1, T_2의 두 열원 사이에서 작동하는 이상적인 열기관인 가역기관에 대한 이론을 수립하였다. 여기서 가역기관이라고 하는 것은 $A \to B \to C \to D \to A$의 과정에서 조작을 반대로 하면 반대의 방향으로 $A \to D \to C \to B \to A$로 작동하는 기관을 말한다. 즉 기관이 외부에 한일 W를 반대로 외부에서 기관에 일을 해주고 기관이 밖으로 내보낸 열량 Q_2를 밖에서 기관에 가해주면 아무런 영향을 남기지 않고 원래 상태로 되돌아가는 기관이 가역기관이다. 기관에서 생기는 마찰, 전도 또는 복사에 의한 열의 손실과 같은 점들을 무시하고 모든 물리적 법칙을 만족시키는 이상적인 기관을 카르노 기관이라고 한다. 실제의 열기관에서는 마찰과 전도에 의한 열손실 때문에 카르노 기관보다 그 효율이 작다. 카르노 기관은 그림과 같은 등온팽창→단열팽창→등온압축→단열압축의 과정을 거친다.

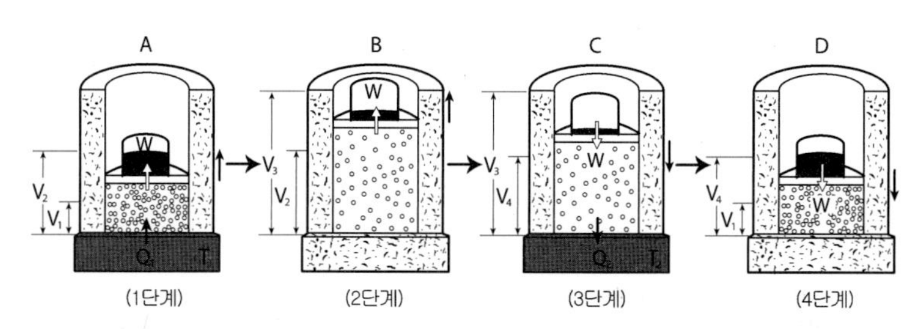

그림. 카르노 기관

KEY POINT

■ 카르노 순환
등온팽창 → 단열팽창 → 등온압축 → 단열압축

KEY POINT

즉 그래프에서 보듯이 $A \rightarrow B$ 과정은 등온과정으로 부피가 V_1 에서 V_2 로 팽창하면서 외부에 일을 하는 등온팽창이고 $B \rightarrow C$ 과정은 열의 출입이 없는 단열과정으로 부피가 V_2 에서 V_3 로 팽창하면서 외부에 일을 하므로 내부에너지 감소로 온도가 T_1 에서 T_2 로 떨어지는 단열팽창과정이고 $C \rightarrow D$ 과정은 등온과정으로 부피가 V_3 에서 V_4 로 압축하는 등온압축이고 $D \rightarrow A$ 과정은 열의 출입이 없는 단열과정으로 부피가 V_4 에서 V_1 으로 압축하는 단열압축과정이다. 이러한 연속싸이클을 갖는 기관을 카르노기관이라고 한다.

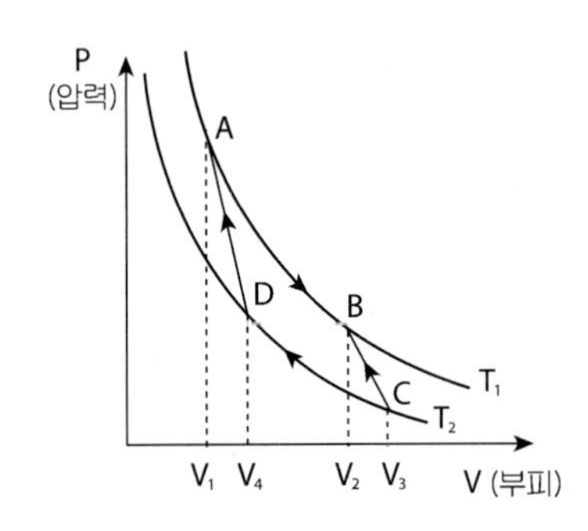

예제10

다음은 300 K와 1,000 K 사이에서 작동하는 카르노 기관의 순환과정을 압력-부피 그래프로 나타낸 것이다. 이에 대한 설명으로 옳은 것만을 모두 고르면?

(2021 국가직 7급)

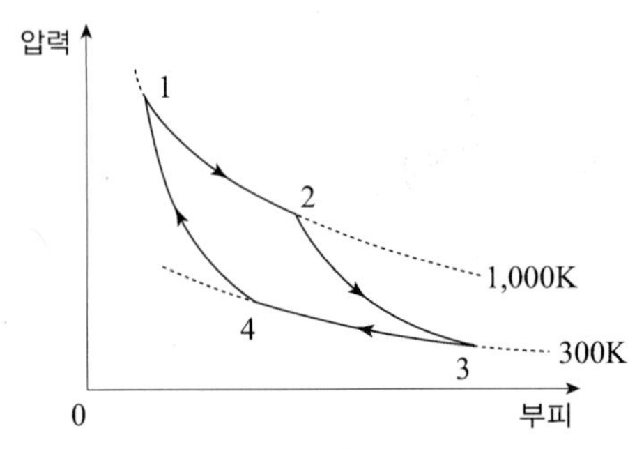

ㄱ. 이 기관의 효율은 0.7이다.
ㄴ. 1→2 과정은 열을 흡수한다.
ㄷ. 2→3 과정은 엔트로피가 증가한다.

① ㄱ, ㄴ　　② ㄱ, ㄷ
③ ㄴ, ㄷ　　④ ㄱ, ㄴ, ㄷ

풀이 카르노기관의 열효율은 $1 - \dfrac{T_2}{T_1} = 1 - \dfrac{300}{1000} = 0.7$ 이다.
1 → 2 과정은 등온팽창이므로 흡수한 열량만큼 일을 한다.
2 → 3 과정은 단열과정이므로 엔트로피 변화가 없다. 정답은 ①이다.

KEY POINT

예제 11

온도가 T_1, T_2인 두 열원 사이에서 작동하는 카르노 기관이 있다. 이 기관의 효율이 가장 높은 두 열원의 온도[K] 조합은? (2020년 국가직)

	T_1	T_2
①	50	200
②	100	300
③	200	500
④	300	600

풀이 열효율은 $\eta = 1 - \dfrac{T_2}{T_1}$ 이다. ($T_1 > T_2$)

① $\frac{3}{4}$, ② $\frac{2}{3}$, ③ $\frac{3}{5}$, ④ $\frac{1}{2}$

정답은 ①이다.

4 열역학 0법칙과 3법칙

(1) 열역학 0법칙

상대적으로 차가운 물체와 뜨거운 물체를 접촉시키면 뜨거운 것은 점점 차가워지고 차가운 것은 점차 뜨거워지는데, 오랜 시간 동안 접촉시켜두면 이러한 온도변화는 없어지게 되며 이때 이 두 물체는 열적평형상태에 도달했다고 하고 온도는 두 물체에서 같아졌다고 생각한다. 이것은 우리가 경험적으로 알 수 있는 것으로 열역학 제 0법칙을 다음과 같이 기술할 수 있다. 물체 A와 물체 B가 제3의 물체 C와 열적 평형상태를 이룬다면 두 물체 A와 B 또한 서로 열적 평형 상태에 있다. 이 열역학 0법칙은 열역학 1, 2법칙보다 나중(1930년대)에 정립되었지만 온도의 개념이 두 법칙의 기본을 이루므로 더 낮은 번호인 0을 붙여 0법칙이라 하였다.

(2) 열역학 3법칙

어떤 계에서 어떠한 방법으로도 0K의 온도에 도달하는 것은 불가능하다. 열역학 3법칙은 어떤 의미를 갖는가? 열역학 제 2법칙에 의하면 열을 일로 100% 모두 바꿀 수 없다. 다만 저온 열원의 온도 $T_L = 0$일 때 효율 100%가 되기 때문이다.

$$e = 1 - \frac{T_L}{T_H} = 1 - \frac{0}{T_H} = 1$$

열역학 3법칙에 의하면 절대온도 0인 찬 열원이 없으므로 효율 100%를 가진 엔진은 존재하지 않는다.

연 습 문 제

1 기체의 압력을 $1.0\times10^5 N/m^2$으로 유지한 채로 $2.4\times10^4 J$의 열을 가해 주었더니 그 부피가 $6\times10^{-2}m^3$만큼 증가하였다. 기체의 내부에너지는 얼마만큼 증가하는가?

① 18000 J
② 24000 J
③ 6000 J
④ 12000 J
⑤ 0 J

2 효율이 30%인 열기관에 매초 0.5kcal의 열을 공급하였다. 이 기관의 일률은 몇 w인가?(단, 1kcal은 4200J이다.)

① 500 w
② 630 w
③ 1260 w
④ 4200 w
⑤ 150 w

3 1몰의 이상기체가 일정한 압력 속에서 팽창하여 온도 1℃ 증가하였다면 내부에너지의 증가량은?

① $\frac{1}{2}R$
② R
③ $\frac{3}{2}R$
④ $2R$
⑤ $\frac{5}{2}R$

4 부피가 같은 두 개의 그릇에 각각 1.5mol, 400K의 수소와 2mol, 200K의 헬륨이 들어 있다. 수소와 헬륨기체의 압력의 비는?

① 1 : 1
② 1 : 2
③ 2 : 3
④ 4 : 3
⑤ 3 : 2

해 설

해설 **1**

$Q=W+\Delta U \qquad Q=P\Delta V+\Delta U$

내부에너지

$\Delta U=Q-P\Delta V$
$=24000-1\times10^5\times6\times10^{-2}$
$=18000J$

해설 **2**

기관이 하는 일은 0.15kcal,
즉 630J이고, 일률 $P=\frac{w}{t}$ 에서

$P=\frac{630J}{1초}=630w$

해설 **3**

$\Delta U=\frac{3}{2}nR\Delta T$ 에서 내부에너지

$\Delta U=\frac{3}{2}\times1\times R\times1=\frac{3}{2}R$

해설 **4**

$PV=nRT$ 에서 부피가 같으므로

$P=\frac{nRT}{V}$

$P_{수소}=\frac{1.5\times R\times400}{V}=\frac{600R}{V}$

$P_{헬륨}=\frac{2\times R\times200}{V}=\frac{400R}{V}$

따라서 3 : 2

정답 1. ① 2. ② 3. ③ 4. ⑤

5 이상기체가 그림과 같이 A, B, C, D 순으로 압력 P와 부피 V를 변화시켰다. 기체의 절대온도가 감소만 하는 과정은?

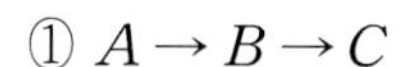

① $A \rightarrow B \rightarrow C$
② $B \rightarrow C \rightarrow D$
③ $C \rightarrow D \rightarrow A$
④ $D \rightarrow A \rightarrow B$
⑤ 없다.

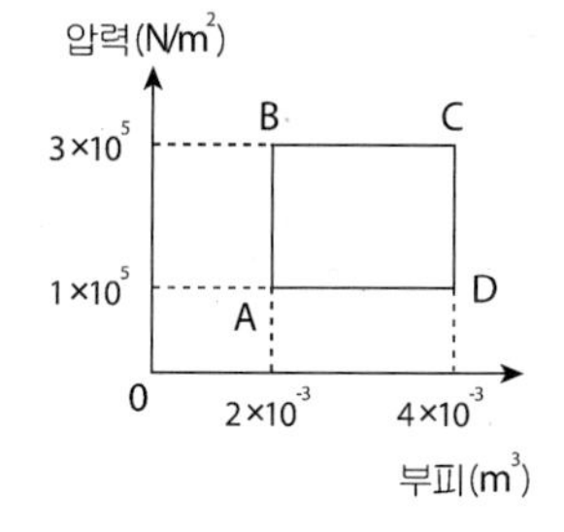

6 위의 5번 문제에서 기체가 한 일의 양은 몇 J인가?

① 100 J
② 200 J
③ 400 J
④ 600 J
⑤ 1200 J

7 127℃의 고온부와 27℃의 저온부에서 작동하는 열기관에 400J의 에너지를 공급할 때 이 기관이 할 수 있는 최대일은 몇 J이나 되는가?

① 50 J　　② 100 J
③ 132 J　　④ 150 J
⑤ 200 J

8 헬륨기체의 정적비열 C_v와 정압비열 C_p의 관계를 바르게 나타낸 것은? (단, R은 기체상수)

① $\dfrac{C_v}{C_p} = R$　　② $\dfrac{C_p}{C_v} = R$
③ $C_v - C_p = R$　　④ $C_v + C_p = R$
⑤ $C_p - C_v = R$

9 어떤 기관이 그림과 같이 작동할 때 기관이 외부에 일을 하는 구간은 어느 구간인가? (단, CD구간은 등온팽창 구간이다.)

① AB구간
② BC구간
③ AB구간 BC구간
④ BC구간 CD구간
⑤ CD구간 DA구간

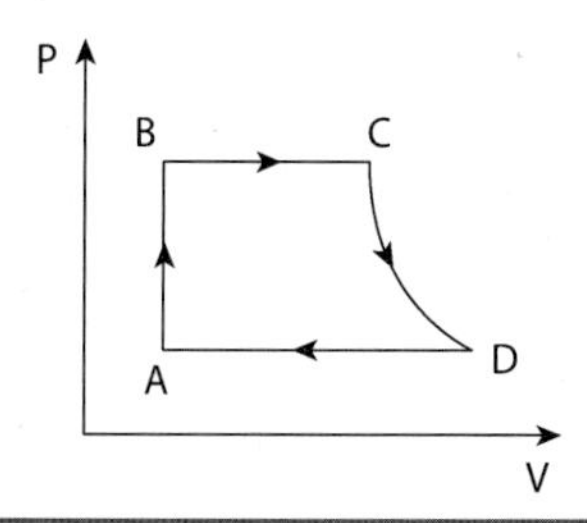

해 설

해설 5

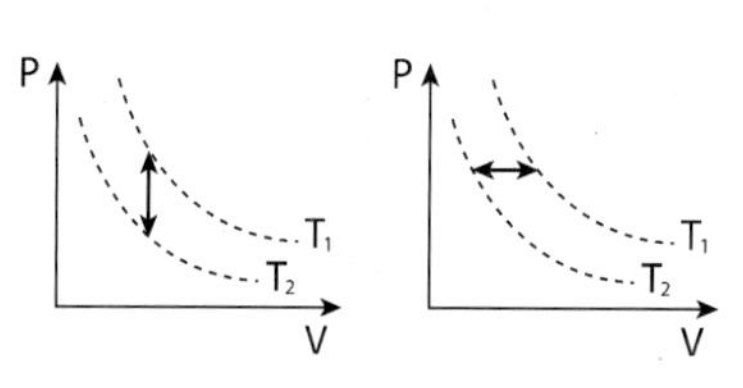

$Q = W + \Delta U$
$Q = P\Delta V + \frac{3}{2}nR\Delta T$
$A \rightarrow B$ 열흡수
$Q > 0 \quad \Delta U > 0 \quad \Delta T > 0$
$B \rightarrow C$ 열흡수
$Q > 0 \quad \Delta U > 0 \quad w > 0 \quad \Delta T > 0$
$C \rightarrow D$ 열방출
$Q < 0 \quad \Delta U < 0 \quad \Delta T < 0$
$D \rightarrow A$ 열방출
$Q < 0 \quad \Delta U < 0 \quad w < 0 \quad \Delta T < 0$

해설 6

기체가 한 일은 $W = P\Delta V$에서 위의 그래프에서 면적의 넓이가 일이 되므로
$W = 2\times10^5 \times 2\times10^{-3} = 400\text{J}$

해설 7

열효율 $e = 1 - \dfrac{T_2}{T_1}$ 이므로
효율 $e = 1 - \dfrac{28+273}{127+273}$
$= 1 - \dfrac{300}{400} = 0.25$
최대일은 $400\times0.25 = 100\text{J}$

해설 8

정적비율 $C_v = \frac{3}{2}R$
정압비열 $C_P = \frac{5}{2}R$
$C_p - C_v = \frac{5}{2}R - \frac{3}{2}R = R$

해설 9

일 $W = P\Delta V$에서 BC구간은 등압팽창하여 일을 하고 CD구간은 등온팽창하여 일한다.

정답 5. ③ 6. ③ 7. ② 8. ⑤ 9. ④

10 어떤 기관이 그림과 같은 경로로 일을 할 때 이 순환과정에 5000cal의 열이 가해졌다면 이 기관의 열효율은 몇 %인가?(단, 1cal = 4J)

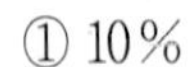

① 10%
② 20%
③ 25%
④ 30%
⑤ 40%

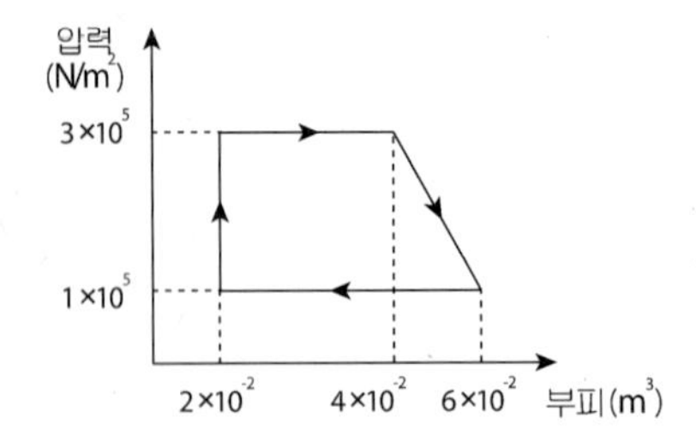

11 질량이 m, $2m$, $3m$인 기체 A, B, C가 $3v$, $2v$, v의 속도로 운동할 때 온도의 비는?

	A : B : C		A : B : C
①	1 : 1 : 1	②	1 : 2 : 3
③	3 : 2 : 1	④	9 : 4 : 1
⑤	9 : 8 : 3		

12 어떤 증기기관이 100cal의 열을 받아 외부에 질량 2.1kg의 물체를 4m 높이까지 올리는 일을 하였다. 이 기관의 열효율은?(중력가속도 $g = 10\text{m/s}^2$이다.)

① 10%
② 20%
③ 25%
④ 33%
⑤ 50%

13 열역학 제 1 법칙을 $\Delta U = Q - W = Q - P\Delta V$라고 쓸 수 있으며 $\Delta U = \frac{3}{2} nR\Delta T$이다. 각 물리량이 (+)일 때와 (-)일 때 아래 표와 같이 해석할 수 있다.

물리량	ΔV	W	ΔT	ΔU	Q
(+)일 때	부피 팽창	외부에 일을 함	온도상승	증가	열을 흡수
(-)일 때	부피 감소	외부로부터 일을 받음	온도하강	감소	열을 방출

이 자료를 분석할 때 기체의 온도가 증가하는 것은?

① 기체의 내부 에너지가 감소한다.
② 기체가 열을 흡수하고 일을 한다.
③ 기체가 열을 흡수하지 않고 부피가 팽창한다.
④ 기체가 열을 흡수하고 부피가 팽창한다.
⑤ 기체가 열을 흡수하지 않고 부피가 수축한다.

해 설

해설 10

$\text{효율} = \frac{\text{한 일}}{\text{가해준 일}}$에서 한 일은 그래프의 면적이므로 한 일은 6000J이다. 따라서

$\text{효율} = \frac{6000}{5000\times4}\times100 = 30\%$

해설 11

$E_k = \frac{1}{2}mv^2$에서 운동에너지 E_k의 비는 $A : B : C$가 9 : 8 : 3이므로 운동에너지 $E_k = \frac{3}{2}KT$는 절대온도 T에 비례하므로 온도의 비도 9 : 8 : 3이다.

해설 12

한 일은 $E = mgh$

$E = 2.1\times4\times10 = 84\text{J}$이고,

84J = 20cal이다.

효율 $e = \frac{20}{100}\times100 = 20\%$

해설 13

기체가 단열수축되면 온도가 상승하고 내부에너지가 증가한다.

즉 $Q = W + \Delta U$ $\quad \Delta U = \frac{3}{2}nRT$

$O = W + \Delta U$

$O = P\Delta V + \frac{3}{2}nR\Delta T$

$\Delta V < 0$이면 $\Delta T > 0$이어야 한다.

정답 10. ④ 11. ⑤ 12. ② 13. ⑤

14 이상기체 시 외부와 단절된 상자 안에 있다. 이 계의 내부 에너지를 변화시키지 않고, 상자 안의 분자 개수를 두 배로 늘렸을 때 다음 중 맞는 것을 고르시오.

① 이 계의 열의 출입이 없었으므로 온도는 변하지 않는다.
② 기체 분자의 수가 두 배로 늘었으므로 압력은 두 배가 된다.
③ 체적과 온도가 일정하므로 압력에는 변화가 없다.
④ 총 에너지의 양에 변화가 없으므로 온도는 반으로 낮아진다.
⑤ 답 없음

15 이상 기체 1몰이 있다. 이 이상 기체의 상태가 압력은 4배, 체적은 $\frac{1}{3}$ 배로 변하였다. 최종상태의 내부에너지는 초기 상태의 내부 에너지의 몇 배가 되는지 옳은 답을 골라라.

① $\frac{3}{4}$
② $\frac{4}{3}$
③ 12
④ $\frac{1}{12}$
⑤ $\frac{\sqrt{3}}{2}$

16 열역학의 법칙 중 비가역 현상이란 다음 중 어떤 사실과 가장 상통하는가?

① 질량이 클수록 가속시키는데 많은 힘이 든다.
② 오래된 고층 건물이 결국은 무너져 내린다.
③ 바닥으로 자유 낙하한 공이 바닥과 완전 탄성 충돌을 하면 원래의 최고 높이까지 올라간다.
④ 행성의 운동은 케플러의 법칙을 따른다.
⑤ 단 진동에서 운동에너지는 모두 탄성에너지로 바뀐다.

17 단원자 이상기체 n 몰이 등적과정을 거쳐 압력이 2배로 되었다. 이때 이상기체의 엔트로피 변화는 얼마인가?

① nR
② $nR\ln 2$
③ $\frac{3}{2}nR$
④ $\frac{3}{2}nR\ln 2$
⑤ $\frac{5}{2}nR\ln 2$

해 설

해설 14

내부에너지 $U=\frac{3}{2}nRT$ 이므로 내부에너지 U가 일정하고 몰수 n이 2배로 되면 온도는 $\frac{1}{2}$로 낮아진다. $PV=nRT$ 에서 압력 P도 일정하다.

해설 15

$PV=nRT$ 에서 온도 T가 $\frac{4}{3}$ 배가 되고 내부에너지 U는 $U=\frac{3}{2}nRT$ 이므로 내부에너지도 $\frac{4}{3}$ 배가 된다.

해설 17

$dQ=dw+dV$ 에서

$dQ=PdV+\frac{3}{2}nRdT$ 이고

$PV=nRT$ 에서

$P=\frac{nRT}{V}$ 이므로

$dQ=\frac{nRT}{V}dV+\frac{3}{2}nRdT$ 이다.

$\frac{1}{T}$ 을 곱하면

$\frac{dQ}{T}=\frac{nR}{V}dV+\frac{3}{2}nR\frac{dT}{T}$ 이고

엔트로피 변화 dS는 $\frac{dQ}{T}$ 이므로

$dS=nR\int\frac{dV}{V}+\frac{3}{2}nR\int\frac{dT}{T}$ 이다

등적이므로 $dS=\frac{3}{2}nR\int\frac{dT}{T}$

$PV=nRT$ 에서 P가 2배이면 T가 2배되므로 $dS=\frac{3}{2}nR\ln 2$ 이다.

정답 14. ④ 15. ② 16. ② 17. ④

18 0℃ 얼음 100g을 100℃ 수증기로 녹여 50℃ 물로 만들려고 한다. 필요한 수증기의 질량은 얼마인가?

① 10g　② 22g
③ 28g　④ 37g
⑤ 48g

19 압력 1기압 체적 1리터 온도 600k인 단원자 이상기체로 된 시스템이 단열 팽창하여 체적이 8리터로 되었다. 다음 설명 중 옳은 것을 골라라

① 압력은 $\frac{1}{64}$ 기압 온도는 150K로 한다.
② 압력은 $\frac{1}{32}$ 기압 온도는 75K로 한다.
③ 압력은 $\frac{1}{32}$ 기압 온도는 150K로 한다.
④ 압력은 $\frac{1}{16}$ 기압 온도는 75K로 한다.
⑤ 압력은 $\frac{1}{8}$ 기압 온도는 150K로 한다.

해설

해설 18

0℃ 얼음 100g을 50℃ 물로 만들기 위헤 필요한 열량은 얼음의 융해열이 80cal/g 이므로 (80×100)+1×100×50=1300cal 이다.
이것은 물의 기화열이 540cal/g이므로 (540×m)+1×m×50=13000cal이다.
따라서 m≒22g이다.

해설 19

$\triangle Q = P\triangle V + \frac{3}{2}nR\triangle T$ 에서 단열이므로 $\triangle Q = 0$ 이고 체적은 V 에서 $8V$ 로 팽창할 때 온도는 T_1 에서 T_2 로 떨어진다.

즉 $dQ = \frac{nRT}{V}dV + \frac{3}{2}nRdT$ 이고

T 로 나누면

$$\frac{dQ}{T} = nR\int_V^{8V}\frac{1}{V}dV + \frac{3}{2}nR\int_{T_1}^{T_2}\frac{1}{T}dT$$

$dQ = 0$ 이므로

$$\int_V^{8V}\frac{dV}{V} = -\frac{3}{2}\int_{T_1}^{T_2}\frac{dT}{T}$$

$ln8 = -\frac{3}{2}\ln\frac{T_2}{T_1}$ 에서

$3ln2 = -\frac{3}{2}\ln\frac{T_2}{T_1}$ 이고

$2ln2 = \ln\frac{T_1}{T_2}$ 이므로 $\frac{T_1}{T_2} = 2^2$ 이다.

따라서 고온 T_1 은 저온 T_2 의 4배이므로 T_1 이 $600K$ 이므로 $T_2 = 150K$ 이다.

또 압력은 보일샤를의 법칙에서

$\frac{D_1V_1}{T_1} = \frac{P_2V_2}{T_2}$ 이므로

$\frac{1\times1}{600} = \frac{P\times8}{150}$ 이고

압력 P 는 $\frac{1}{32}$ 기압이다.

정답 18. ② 19. ③

기출문제 및 예상문제

3 CHAPTER 에너지와 열

1. 지구중력장 속에서 물체를 일정한 높이까지 올리는데 경사면을 따라 올리는 것은 수직으로 직접 올리는 것과 비교하여 다음 어느 양이 감소하는가?

① 전체 일의 양
② 힘
③ 위치에너지
④ 전체에너지
⑤ 움직인 거리

해설 일의 원리란 힘의 이득을 볼 때 거리는 증가하고, 거리의 이득을 볼 때 힘이 증가하여 언제나 일의 양은 같다.($W = F \cdot S$)

2. 질량이 6kg인 물체가 20m/s의 속도로 마찰이 없는 수평면 위를 움직인다. 이 물체가 수평면 위에 정지하여 있는 질량 4kg의 물체와 충돌하여 두 물체가 합쳐져 움직인다고 할 때 충돌과정에서 전체의 몇 퍼센트의 에너지가 손실되는가?

① 30%　　② 40%
③ 50%　　④ 60%
⑤ 70%

해설 운동량보존법칙 6kg×20m/s=(6kg+4kg)× v,
v =12m/s
운동에너지 : 충돌 전 $\frac{1}{2}$×6kg×(20m/s)^2,
충돌 후 $\frac{1}{2}$×10kg×(12m/s)^2

3. 용수철에 매달린 물체를 평형점에서 길이 L 만큼 늘였다 놓으니 평형점을 통과할 때의 속력이 v였다. 길이를 $2L$ 만큼 늘였다 놓는다면 평형점을 통과할 때의 속력은? [94년 총무처 7급]

① v　　② $2v$
③ $\sqrt{2}v$　　④ $4v$

해설 $\frac{1}{2}kx_{max}{}^2 = \frac{1}{2}mv^2{}_{max}$
$\therefore v_{max} \propto x_{max}$

4. 정지해 있는 질량이 9.984kg인 큰 나무토막에 질량이 2g인 총알들을 속도 1000m/s로 수평으로 8발 발사하였다. 8발의 총알이 나무토막에 박힌 후, 이 나무토막의 속도는 얼마인가?(마찰력은 무시한다.) [변리사 31회]

① 1.6m/s　　② 2.0m/s
③ 2.4m/s　　④ 2.8m/s
⑤ 3.2m/s

해설 운동량보존의 법칙은 $mv = m'v'$
총알의 운동량=8(발)×0.002kg×1000m/s=16kg m/s
총알이 나무토막에 박힌 후의 운동량
=(9.984+0.002×8)kg× v m/s
16kg m/s=10kg× v m/s
이때 총알의 운동량=총알이 나무토막에 박힌 후의 운동량

5. 경사진 비탈에 정지해 있던 물체가 마찰 없이 미끄러져 내린다고 하자. 만약 비탈의 높이를 2배로 하면 미끄러져 내리는 물체의 속력은 몇 배인가? [94년 총무처 7급]

① $\frac{1}{2}$　　② $\frac{1}{\sqrt{2}}$
③ $\sqrt{2}$　　④ 2

해설 $mgh = \frac{1}{2}mv^2$　$\therefore v = \sqrt{2gh}$

6. 단진자 추의 운동에너지가 최대로 되는 점은? [78년 서울시 7급]

① 진동의 끝점
② 어느 점에서나 같다.
③ 연직방향에 대해 90°일 때
④ 연직방향에 대해 60°일 때
⑤ 진동의 중점

해설 진동의 중앙에서 속도가 최대이다.

해답 1. ② 2. ② 3. ② 4. ① 5. ③ 6. ⑤

7. 어떤 물체에 15kg 중의 힘을 가하여 힘의 방향과 60° 되는 방향으로 10m 이동시켰을 때 한 일의 양은?

① 147 J ② 150 J
③ 735 J ④ 900 J
⑤ 1470 J

해설 $W = F \cdot S\cos\theta = 15\times9.8\times10\times\cos60 = 735$J

8. 1kWh는 몇 Joule인가? 〔79년 총무처 7급〕

① 3×10^6 ② 3.3×10^6
③ 3.6×10^6 ④ 3.9×10^6
⑤ 1×10^6

해설 $1\text{kWh} = 10^3\, w\times3600\text{sec} = 3.6\times10^6$J

9. 지표면에서 높이 h되는 곳에서 돌을 떨어뜨렸다. 이 돌이 지표면에 부딪치는 순간의 속력은?(단, g은 중력가속도)

① $\frac{1}{2}gh$
② $2gh$
③ $\frac{h}{2g}$
④ $\sqrt{\frac{1}{2}gh}$
⑤ $\sqrt{2gh}$

해설 $\frac{1}{2}mv^2 = mgh \quad v = \sqrt{2gh}$

10. 어떤 기체가 3기압(atm)하에서 600ml 만큼 팽창했을 때 기체가 한 일은 몇 joule인가?

① 1800 ② 180
③ $1,823\times10^2$ ④ 1.823
⑤ 1.8

해설 $W = P\cdot\varDelta V = 3\times10^5\times6\times10^{-4} = 180$J
($1\text{atm} \fallingdotseq 10^5\text{N/m}^2$, $1\,l = 10^{-3}\text{m}^3$)

11. 1몰의 기상기체가 부피 V에서 $2V$로 등온팽창하였다. 이 기체가 한 일은?(단, R은 기체상수, T는 절대온도)

① $\frac{T}{R}ln2$ ② $\frac{R}{T}ln\frac{1}{2}$
③ $RT\,ln\frac{1}{2}$ ④ $RT\,ln2$
⑤ $\frac{R}{T}ln\frac{1}{2}$

해설 $W = \int_{V_1}^{V_2} pdV,\ PV = nRT,\ P = \frac{nRT}{V}$ 에서
$T,\ R,\ n$ 일정
$W = nRT\int_{V_1}^{V_2}\frac{1}{V}dv = 1\times R\times T\int_{V}^{2V}\frac{1}{V}dv$
$= RT\{ln2V - lnV\}$
따라서 $W = RT\,ln\frac{2V}{V}$

12. 로켓을 달로 보내려 한다. 최소한 어느 정도의 초기속력을 주어야 지구를 탈출할 수 있는가?(단, R : 지구반경, M : 지구질량, m : 로켓질량)

① $\frac{GMm}{R}$ ② $\frac{GMm}{R^2}$
③ $\sqrt{\frac{2GM}{R}}$ ④ $\sqrt{\frac{2R}{GM}}$
⑤ $\frac{R}{GMm}$

해설 $\frac{1}{2}mV_c^2 = \frac{GMm}{R}$ 에서 $V_c = \sqrt{\frac{2GM}{R}}$

13. 기체가 887cal의 열을 흡수하고 외부에 대하여 1200 joule의 일을 했을 때 내부에너지의 변화는 얼마인가?(단, 단위는 cal)

① 600 감소 ② 313 증가
③ 600 증가 ④ 313 감소
⑤ 2097 증가

해설 열역학 제1법칙 $Q = \varDelta U + \varDelta W$ 에서
$\varDelta U = 887 - 1200\times0.24 \fallingdotseq 600$cal

해답 7. ③ 8. ③ 9. ⑤ 10. ② 11. ④ 12. ③ 13. ③

14. 다음 중 열역학 제 1 법칙이 의미하는 것은?

① 열전도의 법칙
② 열흐름의 법칙
③ 에너지 보존의 법칙
④ 질량보존의 법칙
⑤ 보일-샤를의 법칙

15. Carnot 기관이 320°K의 고온열원과 260°K의 저온열원 사이에서 부려질 때 고온에서 500joule의 열을 흡수한다면, 이 기관이 하는 일은?

① 50 joule ② 100 joule
③ 94 joule ④ 80 joule
⑤ 200 joule

해설 열효율 $= \frac{W}{500} = \frac{320-260}{320} = \frac{60}{320}$
따라서 $500 \times 6 = 32w \quad w \fallingdotseq 94J$

16. 구리의 비열은 0.09cal/gK이다. 질량이 200g인 구리의 물당량은 얼마인가?

① 9 g ② 18 g
③ 90 g ④ 180 g
⑤ 200 g

해설 물당량은 어떤 물질을 열용량을 계산할 때 물의 양으로 환산한 질량으로 물당량은 $m \times c$ 이다.
따라서 200g×0.09=18g이다.

17. 질량 150g의 구리 그릇에 20℃의 물 200g이 들어 있다. 여기에 8540cal의 열을 가했더니 60℃가 되었다. 구리의 비열은 얼마인가?(단, 물의 비열은 1.0cal/gK이다)

① 0.085 cal/gK
② 0.09 cal/gK
③ 0.093 cal/gK
④ 0.1 cal/gK
⑤ 0.11 cal/gK

해설 $Q = Cm\Delta t$ (물) + $Cm\Delta t$ (구리그릇)에서
$8540 = 1 \times 200 \times 40 + C \times 150 \times 40 \quad 540 = 6000\,C$

18. 엔트로피에 대한 설명으로 옳은 것은?

① 자유팽창하는 이상기체의 엔트로피는 팽창후가 팽창전보다 작다.
② 자연계의 모든 과정은 엔트로피가 감소하는 방향으로 진행된다.
③ 엔트로피는 한계의 무질서의 정도를 나타내 준다.
④ Carnot 가역순환 과정의 엔트로피 변화는 0보다 크다.
⑤ $dS = \frac{T}{dQ}$ 로 표현할 수 있다.

해설 엔트로피는 열역학 제 2 법칙과 관계된다.

19. 10g의 물을 20℃에서 60℃로 가열하는데 필요한 열량은 얼마인가? [83년 총무처 7급]

① 200 cal
② 400 cal
③ 600 cal
④ 800 cal
⑤ 1000 cal

해설 $Q = c \cdot m\Delta t = 1 \times 10 \times (60-20) = 400\text{cal}$

20. 20℃ 100g의 물을 60℃ 200g의 물에 혼합하였다. 이 때 물의 최종온도는 몇℃인가?

① 28℃ ② 30℃
③ 47℃ ④ 50℃
⑤ 52℃

해설 잃은 열=얻은 열이므로 $Q_1 = C_1 m_1 \Delta t$
$Q_2 = C_2 m_2 \Delta t$ 에서 $Q_1 = Q_2$ 이다.
$1 \times 100 \times (t-20) = 1 \times 200 \times (60-t)$
$t - 20 = 120 - 2t \quad 3t = 140$

해답 14. ③ 15. ③ 16. ② 17. ② 18. ③ 19. ② 20. ③

21. 1000N의 추진력을 받아 2m/s의 속력으로 항해하는 배의 엔진의 공률은 몇 kW인가? 〔85년 총무처 7급〕

① 1000 kW
② 2000 kW
③ 500 kW
④ $\frac{1}{500}$ kW
⑤ 2 kW

해설 공률 $P = \frac{w}{t} = \frac{F \cdot S}{t} = F \cdot v$이다.
따라서 $P = 1000 \times 2 = 2000w = 2\text{kW}$

22. 질량 1kg인 물체가 정지해 있다. 이 물체의 10N의 힘이 10초 동안 작용한다면, 이 물체가 얻는 운동에너지는? 〔86년 총무처 7급〕

① 100 J
② 500 J
③ 1,000 J
④ 2,000 J
⑤ 5,000 J

해설 $a = \frac{F}{m} = 10\text{m/s}^2$,
$v = v_0 + at = 0 + 10 \times 10 = 100$
$\therefore k = \frac{1}{2}mv^2 = \frac{1}{2} \times 1 \times 100^2 = 5000\text{J}$

23. 다음 중 운동에너지가 가장 큰 경우는?

① 0.1 kg의 물체가 10 m/s의 속력으로 운동하고 있을 때
② 1 kg의 물체가 1 m/s의 속력으로 운동하고 있을 때
③ 2 kg의 물체가 0.5 m/s의 속력으로 운동하고 있을 때
④ 0.5 kg의 물체가 정지상태에서 1 m만큼 자유낙하한 경우
⑤ 1 kg의 물체가 정지상태에서 0.5 m만큼 자유낙하한 경우

해설 운동에너지는 $\frac{1}{2}mv^2$이고 위치에너지는 mgh이다.
운동에너지 + 위치에너지 = 역학적에너지 = 일정

24. x방향으로 물체를 미는 힘이 $F_x = 2x + 1$(N)으로 주어진다. 이 힘으로 $X = 0$으로부터 $x = 3$m까지 물체를 밀었을 때 한 일은? 〔86년 총무처 7급〕

① 8 J ② 10 J
③ 12 J ④ 14 J
⑤ 20 J

해설 일 $W = \int_0^3 (2x+1)\,dx = 12\text{J}$

25. 그림과 같이 평면 위에서 등속원운동하는 물체가 있다. 그림에 표시된 각 구간에서 구심력이 물체에 한 일에 대한 설명 중 옳은 것은?

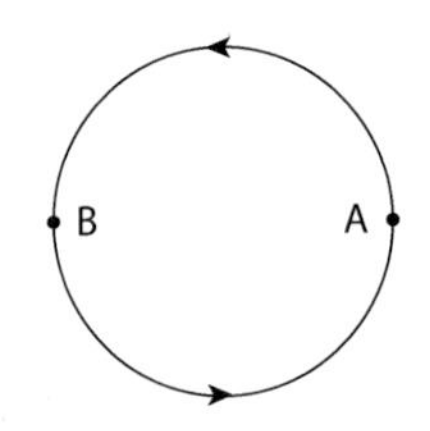

① $A-B$에서는 양, $B-A$에서는 음이다.
② $A-B$에서는 음, $B-A$에서는 양이다.
③ $A-B$와 $B-A$에서 모두 양이다.
④ $A-B$와 $B-A$에서 모두 음이다.
⑤ $A-B$와 $B-A$에서 구심력이 한 일은 모두 0이다.

해설 구심력은 언제나 운동방향과 수직이다.

26. 반경이 25cm이고 200g의 질량을 갖는 원형고리(Hoop)가 바닥에 수직으로 미끄러짐 없이 500cm/s의 속력으로 굴러간다. 이 원형고리의 운동에너지는 얼마인가?

① 2.5 J ② 5.0 J
③ 7.5 J ④ 10.0 J
⑤ 문제에서 주어진 조건만으로는 구할 수 없다.

해설 $\frac{1}{2}Iw^2 + \frac{1}{2}mv^2 = \frac{1}{2}(mR^2)\left(\frac{V}{R}\right)^2 + \frac{1}{2}mV^2$
$= 0.2 \times 5^2 = 5\text{J}$

해답 21. ⑤ 22. ⑤ 23. ① 24. ③ 25. ⑤ 26. ②

27. 그림과 같이 질량 m인 물체가 지면에서부터 h인 지점에서 마찰이 없는 곡면을 따라 미끄러져 내려와 오른쪽 용수철을 압축하면서 정지했다. 압축된 길이를 2배로 하기 위해서 출발하는 지점의 높이를 종전의 몇 배로 해야 하는가?

① 8배
② 4배
③ 2배
④ $\sqrt{2}$배
⑤ $\frac{1}{\sqrt{2}}$ 배

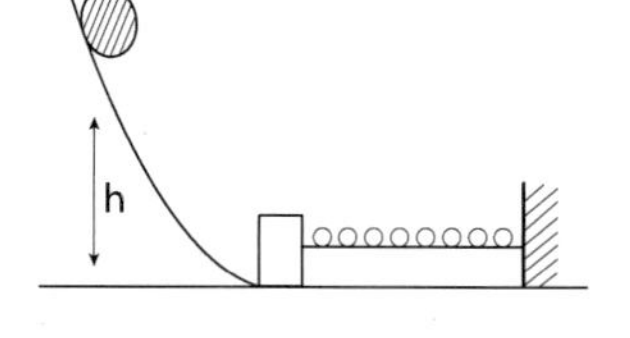

해설 $mgh = \frac{1}{2}kx^2,\ \ h \propto x^2$

28. 괄호 속에 들어갈 말로 적당한 것은?

"움직이는 물체를 정지시키기 위해 필요한 일은(　　　)"

① 물체속도의 세제곱과 같다.
② 물체의 위치에너지와 같다.
③ 물체의 운동에너지와 같다.
④ 물체의 내부에너지와 같다.
⑤ 물체의 질량과 가속도의 곱과 같다.

해설 일=에너지

29. 질량 500g인 물체가 용수철 상수 50N/m인 용수철에 매달려 마찰이 없는 수평면 위에서 단조화 운동한다. 이 운동의 진폭을 5cm라 할 때 물체가 가질 수 있는 최대속도는?

① 5cm/s　② 50cm/s
③ 0.5cm/s　④ 25cm/s
⑤ 답 없음

해설 위치에너지 $\left(\frac{1}{2}kx^2\right)$=운동에너지 $\left(\frac{1}{2}mv^2\right)$

$50\times0.05^2 = 0.5\times v^2 \quad 100\times0.05^2 = v^2$

$v = 0.5\text{m/s} = 50\text{cm/s}$

30. 질량 m인 물체가 정지해 있는 스프링에 v의 속도로 충돌하여 스프링을 수축시킬 때 물체의 운동에너지와 스프링의 퍼텐셜 에너지가 같아지는 지점에서 스프링이 수축된 길이는 얼마인가?

① $v\sqrt{\frac{m}{2k}}$　② mv^2
③ $\frac{mv^2}{2}$　④ $\sqrt{\frac{mv}{4k}}$
⑤ $\frac{mv^2}{2k}$

해설 $\frac{1}{2}mv^2 = E_k + E_p,\ \ \frac{1}{2}mv^2 = 2E_p,$

$\frac{1}{2}mv^2 = 2\cdot\frac{1}{2}Kx^2 \quad \therefore x = v\sqrt{\frac{m}{2k}}$

31. 기체를 액화하려면? 〔77년 서울시 7급〕

① 압축하면 된다.
② 냉각 후 압축한다.
③ 임계온도 이하에서 냉각 후 임계압력 이상으로 압축한다.
④ 임계온도 및 임계압력 이상으로 압축한다.
⑤ 냉각시키면 된다.

32. −2℃의 얼음(비열 5cal/g℃) 1kg을 0℃의 물로 만드는데 필요한 열량은 cal인가?(단, 얼음의 융해열은 80 cal/g이다.) 〔77년 서울시 7급〕

① 810cal　② 8100cal
③ 9000cal　④ 81000cal
⑤ 90000cal

해설 −2℃얼음을 0℃얼음으로 하는데

$Q = 0.5\times1000\times2 = 1000\text{cal}$

0℃얼음을 0℃물로 하는데 80cal/g이므로 1000g은 80000cal이다.

따라서 1000+80000=81000cal

해답 27. ② 28. ③ 29. ② 30. ① 31. ③ 32. ④

33. 4℃의 물을 가열하거나 식히면?

① 밀도가 작아진다.
② 열을 방출한다.
③ 부피가 작아진다.
④ 비중이 커진다.
⑤ 전기가 발생한다.

해설 물은 4℃에서 밀도가 가장 크다.

34. 0℃에 대한 설명으로 맞는 것은? [78년 서울시 7급]

① 모든 분자운동이 정지된다.
② 표준기압 하에서 물과 얼음이 공존한다.
③ 물은 반드시 언다.
④ 물은 0℃ 이하로는 내려가지 않는다.
⑤ 정답이 없다.

35. 기체의 부피와 절대온도가 모두 처음 값의 1/20이 되었다면 기체의 압력은 처음값과 어떤 관계가 있는가? [77년 서울시 7급]

① 2배 ② 1/2배
③ 4배 ④ 1/4배
⑤ 불변

해설 $P = \frac{nRT}{V}$

36. 1kilo mole의 기체 분자수는?

① 6.023×10^{27}
② 6.023×10^{26}
③ 6.023×10^{25}
④ 6.023×10^{28}
⑤ 6.023×10^{29}

해설 1kilo mole$=10^3$mole
1몰=아보가드로수$=6.023\times10^{23}$개

37. 열역학의 제 1 법칙은?

① $-dU = dQ - dW$
② $dU = dQ + pdV$
③ $dU = dQ - dW$
④ $dU = dQ + dW$
⑤ $dU = dQ + Vdp$

38. 열역학 제 2 법칙과 관계없는 것은?

① Entropy ② Clausius
③ 에너지보존 법칙 ④ Carnot engine
⑤ Kelvin

39. 파스칼의 원리를 이용한 것은? [78년 서울시 7급]

① 비중측정계 ② 수압기
③ 기압계 ④ 유속계
⑤ 진공펌프

40. 절대온도 0 K는 섭씨로 몇 도 인가?

① −271℃ ② 0℃
③ −173℃ ④ −274℃
⑤ −273℃

해설 $T=$℃$+273$

41. 20℃의 기체를 부피를 일정하게 유지하고 압력을 3배로 하면 이 기체는 섭씨 몇 도로 되는가?

① 40℃ ② 546℃
③ 606℃ ④ 769℃
⑤ 879℃

해설 $\frac{P_1V_1}{T_1} = \frac{P_2V_2}{T_2}$ V : 일정 $\frac{P}{20+273} = \frac{3P}{T}$
$PT = 3P\times293$ $T = 879K$이므로 $(879-273)$℃

해답 33. ① 34. ② 35. ⑤ 36. ② 37. ③ 38. ③ 39. ② 40. ⑤ 41. ③

42. 다음 중 Boyle-Charles의 법칙을 나타낸 식은 어느 것인가?(단, P는 압력 V는 체적 T은 절대온도이다.)

① $\frac{V}{T}$ = 일정
② $\frac{PV}{T}$ = 일정
③ $\frac{PT}{V}$ = 일정
④ $\frac{TV}{P}$ = 일정
⑤ PV^2 = 일정

43. 주어진 온도에서 기체 분자들이 공통으로 갖는 분자의 성질은 다음 중 어느 것이냐?

① 운동량
② 운동에너지
③ 각 운동량
④ 속도
⑤ 퍼텐셜에너지

44. 금속 저항제의 온도를 내리면 저항의 크기는?

① 항상 증가한다.
② 항상 감소한다.
③ 증가 또는 감소하지 않는다.
④ 항상 일정하다.
⑤ 처음에는 증가, 다음에는 감소한다.

해설 금속은 원자의 열진동 때문에 온도가 증가하면 저항도 증가한다.

45. 이상적인 열기관이 $T_1\,K$되는 고열원에서 Q_1의 열량을 흡수하여 W의 일을 하고 $T_2\,K$의 저열원으로 Q_2의 열량을 방출하였을 때 이 기관의 효율이 될 수 없는 것은?(단, J는 열의 일당량이다.)

① $\frac{T_1 - T_2}{T_1}$
② $\frac{Q_1 - Q_2}{Q_1}$
③ $\frac{W}{JQ_1}$
④ $\frac{Q_1}{JW}$
⑤ $1 - \frac{Q_2}{Q_1}$

46. 온도계에 이용되는 물리적 현상은? [81년 총무처 7급]

① 모세관현상
② 연속의 원리
③ 열팽창
④ 승화
⑤ 기화

47. 이상기체가 단열팽창을 하면? [83년 총무처 7급]

① 기체의 온도는 올라가고 압력은 감소한다.
② 기체의 온도는 내려가고 압력은 감소한다.
③ 기체의 온도는 일정하고 압력은 감소한다.
④ 기체의 온도는 올라가고 압력은 높아진다.
⑤ 기체의 온도는 내려가고 압력은 높아진다.

해설 단열팽창하면 PdV만큼 일을 하게 되므로 기체의 온도는 내려가고, 보일-샤를의 법칙에 이해서 체적이 증가하면 압력이 감소한다.

48. 기체의 압력과 부피와의 관계를 나타내는 도표에서 빗금 부분의 넓이는 무엇을 뜻하는가? [84년 총무처 7급]

① 힘
② 일
③ 온도
④ 열
⑤ 가속도

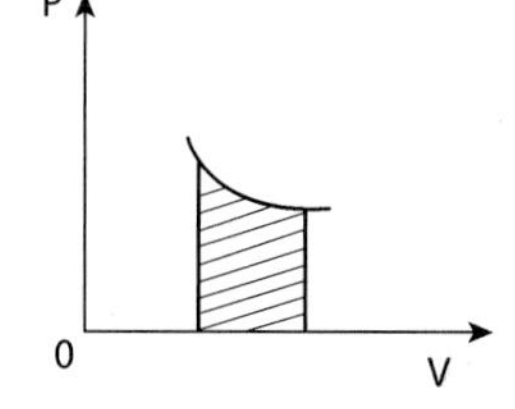

해설 $w = \int PdV$

49. 밀폐된 기체의 절대온도를 3배 올리면 압력은 몇 배나 될 까?

① 1배
② 3배
③ 1/3배
④ 9배
⑤ 1/9배

해설 $\frac{P_1 V_1}{T_1} = \frac{P_2 V_2}{T_2}$ = 일정 $T \propto PV$

해답 42. ② 43. ② 44. ② 45. ④ 46. ③ 47. ② 48. ② 49. ②

50. 기체의 온도를 측정하려고 한다. 옳은 식은?

① $\frac{1}{2}mv^2 = \frac{1}{2}KT$
② $mv = 3KT$
③ $mv^2 = 3K$
④ $\frac{1}{2}mv^2 = \frac{3}{2}KT$
⑤ $\frac{1}{2}mv = \frac{3}{2}KT$

해설 운동에너지 $E_k = \frac{1}{2}mv^2 = \frac{3}{2}KT$

51. Carnot 엔진의 순환과정을 기술한 것 중 그 순서가 올바른 것은? [84년 총무처 7급]

① 단열압축→단열팽창→등온압축→등온팽창
② 등온압축→등온팽창→단열압축→단열팽창
③ 등온압축→단열팽창→단열압축→등온팽창
④ 등온팽창→등온압축→단열팽창→단열압축
⑤ 등온팽창→단열팽창→등온압축→단열압축

52. 단원자의 에너지는?

① 운동에너지
② 위치에너지+회전에너지
③ 회전에너지
④ 위치에너지+운동에너지
⑤ 위치에너지

53. 더운물과 차가운 물로 섞으면 미지근한 물이 되어 다시 분리하지 못한다. 이와 관계있는 것은?

① 에너지보존 법칙
② 열역학 제1법칙
③ 열역학 제2법칙
④ 페르마의 원리
⑤ 연속의 정리

54. 태양으로부터 지구까지 에너지가 이동할 때 전달방법은?

① 복사 ② 전도
③ 대류 ④ 기화
⑤ 대류 및 전도

해설 태양에너지는 전자기파에 의한 복사열 전달이다.

55. 이상기체(ideal gas)를 설명한 것 중 옳지 않는 것은?

① 계의 내부에너지가 온도만의 함수이다.
② Boyle법칙이 성립한다.
③ 기체 속의 분자간격이 충분히 떨어져 있다.
④ 온도는 매우 낮고 압력은 매우 높은 기체를 말한다.
⑤ 기체 내의 분자간의 상호 작용 에너지가 운동에너지에 비해 무시된다.

해설 이상기체는 매우 낮은 압력 하에서 존재한다.

56. 열역학 제2법칙에 대한 표현으로 틀린 것은? [85년 총무처 7급]

① 제1종 영구기관은 에너지를 영구히 방출한다.
② 제2종 영구기관은 존재하지 않는다.
③ 고온 T_1과 저온 T_2사이에서 가동되는 순환기관의 효율은 $(T_1 - T_2)/T_1$보다 클 수 없다.
④ 온도가 다른 두 물체가 접촉되어 있을 때 고온 물체에서 저온물체로 열은 흐른다.
⑤ 고립된 계의 엔트로피는 감소할 수 없다.

57. 유리창의 유리두께를 2mm에서 4mm로 바꾸었다면, 열전도로 유출되는 열량은 몇 배로 되겠는가? [85년 총무처 7급]

① $\sqrt{2}$ ② $\frac{1}{\sqrt{2}}$
③ 2 ④ $\frac{1}{2}$
⑤ 4

해설 Q(열전도량) $\propto \frac{1}{l}$

해답 50. ④ 51. ⑤ 52. ① 53. ③ 54. ① 55. ④ 56. ① 57. ④

58. 우리가 일반적으로 사용하는 보온병은 2중벽이다. 어떤 열이동 방법을 차단하기 위함인가?

① 복사
② 대류
③ 전도
④ 대류, 전도
⑤ 대류, 전도, 복사

해설 이중벽은 열의 전도를 막기 위함이다. 분자의 운동에너지 전달의 차단대류를 막기 위해 이중의 벽 사이를 진공으로 했다.

59. 무중력상태에서 열의 이동이 가능한 방법은?

① 전도, 대류, 복사
② 대류, 복사
③ 대류, 전도
④ 복사, 전도
⑤ 복사

해설 무중력상태에서도 전자기파에 의한 복사는 가능하고 전도 또한 고체 매질에서 가능하지만 대류는 밀도의 차이에 의해 무게로써 이동하여야 하는데 무중력 상태이므로 전달이 불가능하다.

60. 기체의 正壓比熱(specific heat at constant pressure)이 正積比熱(specific heat at constant volume)보다 큰 이유는?

① 팽창계수가 두 경우에 서로 다르기 때문이다.
② 팽창하는 기체가 일을 하기 때문이다.
③ 분자의 引力이 정압상태에서 더 크기 때문이다.
④ 분자 자체가 팽창하기 때문이다.
⑤ 어느 것도 맞지 않는다.

해설 정적비열 C_v = 체적이 일정할 때 단위질량의 시스템에서 단위온도가 상승되는데 필요한 열량이다. 정압비열 C_p = 압력이 일정할 때 온도의 변화에 대한 엔탈피의 변화량이다.

61. 열역학 제 2 법칙의 설명과 무관한 것은?

① 제2종 연구기관의 제작은 불가능하다.
② 열은 저온부분에서 고온부분으로 흘러갈 수 없다.
③ 열기관의 효율은 항상 100%보다 작다.
④ 우측의 모든 과정에서 엔트로피의 변화는 영(0)보다 크거나 작다.
⑤ 에너지의 변화과정에서 그 형태는 바뀔 수 있어도 전체에너지는 항상 일정하다.

해설 ⑤는 열역학 제1법칙을 설명한 것이다.

62. 다음 그림의 카르노 사이클에서 열을 흡수하는 과정은?

① AB
② BC
③ CD
④ AD
⑤ $AB \cdot CD$

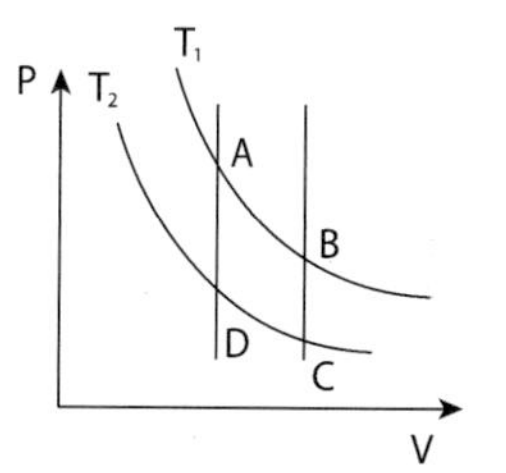

해설 열을 흡수하는 과정은 등온팽창과정이다.

63. 열역학 제 2 법칙과 관계없는 것은?

① 가역과정
② 엔트로피
③ 열기관의 효율
④ 열복사
⑤ 비탄성 충돌

해설 열역학 제2법칙은 엔트로피가 증가하는 방향으로 방향성이 있다. 즉 비가역적이다.

64. 겨울철에는 나무보다 쇠가 더 차갑게 느껴지는 이유는?

① 철의 열전도율이 크기 때문이다.
② 철의 비열이 크기 때문이다.
③ 철의 비열이 작기 때문이다.
④ 철의 전기전도도가 크기 때문이다.
⑤ 철의 수축률이 크기 때문이다.

해설 철의 열전도율이 커서 몸의 열을 빨리 다른 곳으로 이동시키기 때문이다.

해답 58. ③ 59. ④ 60. ② 61. ⑤ 62. ① 63. ① 64. ①

65. 순환하는 열기관의 순환과정을 그래프로 나타냈다. 한번 순환할 때 이 기관이 하는 일은?(단, $P_1 = 2\times10^4$N/m², $P_2 = 5\times10^4$N/m², $V_1 = 3l$, $V_2 = 4l$ 이다.

[94년 총무처 7급]

① 15J
② 20J
③ 30J
④ 40J
⑤ 50J

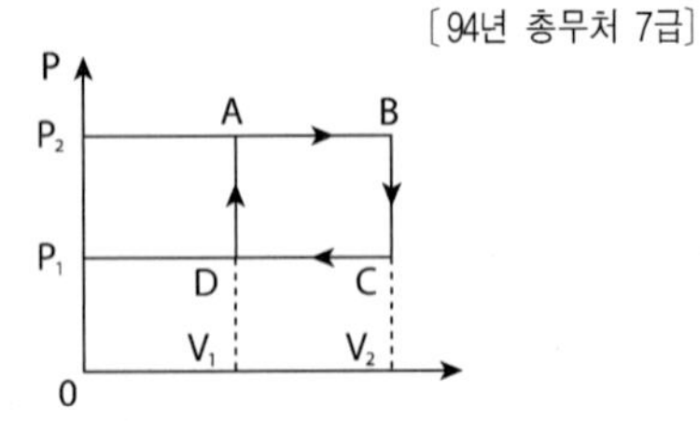

해설 기관이 하는 일은 순환과정으로 싸인 영역의 넓이와 같다.

$W = (3\times10^4)\times(1\times10^{-3})$ $\quad (1l = 10^{-3}\,\text{m}^3)$
$= 30\text{J}$

(66~68) 1몰의 이상기체가 오른쪽 그래프와 같이 $A\to B\to C\to D$의 순서로 변화하였다. 한 순환과정 동안 기체에 가해진 열량은 Qcal이다. 기체상수는 R이고 열의 일당량은 4.2J/cal이다. 다음 물음에 답하여라.

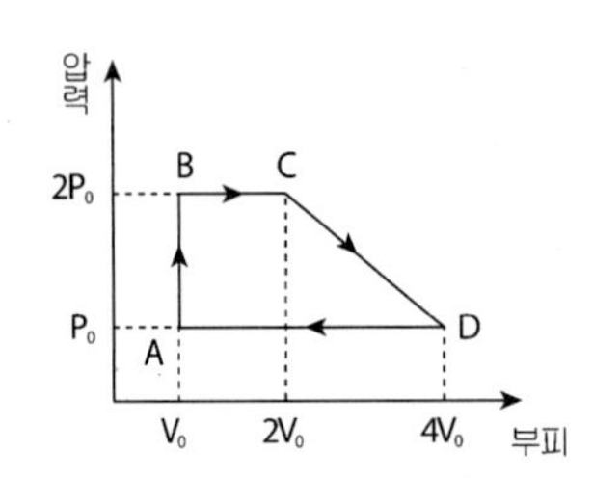

66. 한 순환과정동안 기체가 외부에 한 일의 양은 얼마인가?

① P_oV_o
② $2P_oV_o$
③ $3P_oV_o$
④ $4P_oV_o$
⑤ $5P_oV_o$

해설 넓이가 한 일이다.

넓이 $= (3V_o + V_o)P_o\times\frac{1}{2}$ (사다리꼴 넓이)
$= 2P_oV_o$

67. 기체의 내부 에너지가 증가한 과정을 모두 고른 것은?

① AB ② $AB,\ BC$
③ $AB,\ BC,\ CD$ ④ $CD,\ DA$
⑤ DA

해설 $\Delta U = \frac{3}{2}nR\Delta T$ $\quad \Delta U \propto \Delta T$에서 내부에너지 증가는 온도증가에 기인한다.

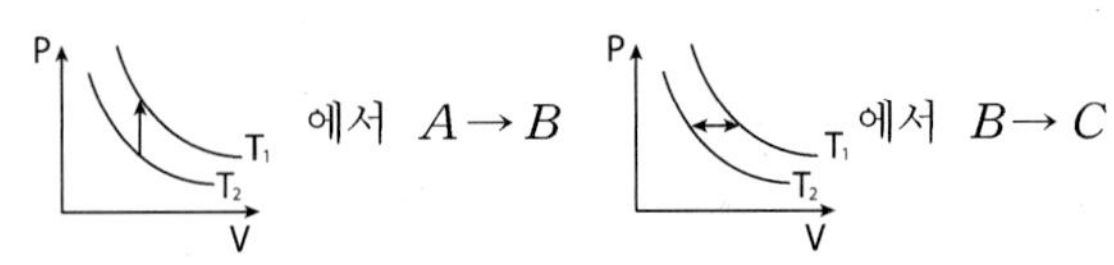

모두 저온 T_2에서 고온 T_1으로

68. 이러한 변화과정을 거치는 열기관이 있다면 열효율은 얼마인가?

① $\dfrac{P_oV_o}{Q}$ ② $\dfrac{2P_oV_o}{Q}$
③ $\dfrac{P_oV_o}{4.2Q}$ ④ $\dfrac{2P_oV_o}{4.2Q}$
⑤ $\dfrac{4.2\times2P_oV_o}{Q}$

해설 열효율 $e = \dfrac{\text{한 일}}{\text{가해진 에너지}} = \dfrac{2P_oV_o}{Q\times4.2(\text{J})}$

69. 절대온도 0K는 어떤 상태인가? [81년 총무처 7급]

① 소금물이 어는 상태
② 모든 물질이 고체로 되는 상태
③ 물이 어는 상태
④ 모든 기체가 액체로 되는 상태
⑤ 이상기체의 분자운동이 정지되는 상태

해답 65. ③ 66. ② 67. ② 68. ④ 69. ⑤

70. 마찰이 없는 수평면 위에 있는 2kg의 토막이 그림처럼 한쪽에 스프링 상수 $K = 40N/m$ 인 스프링에 연결되어 있고 다른 쪽에 수직으로 매달려 있는 4kg인 토막에 연결되어 있다. 스프링이 원래의 길이 일 때 정지상태에서 출발할 때 스프링의 최대한 늘어난 길이는 얼마인가? (단, $g = 10\,\mathrm{m/s^2}$ 이다.)

① 0.5m
② 1m
③ 1.5m
④ 2m
⑤ 5m

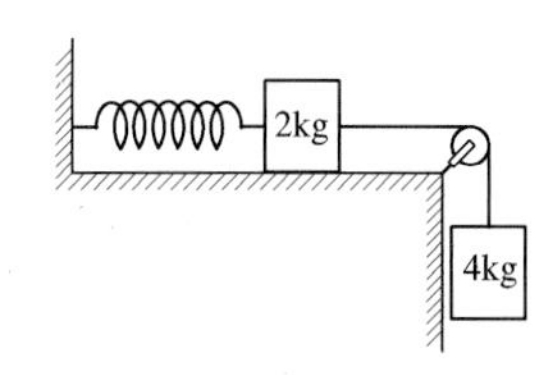

해설 4kg물체의 위치에너지가 탄성에너지로 저장된다.
x 만큼 늘어난다면 $mg \cdot x = \frac{1}{2}kx^2$ 이다.
따라서 $4 \times 10 \times x = \frac{1}{2} \times 40 \times x^2$ 에서 $x = 2\,\mathrm{m}$ 이다.

해답 70. ④

실력향상문제

1 지구 반경을 R이라 한다. 지구 표면으로부터 높이 R인 곳까지 물체를 쏘아 올리려면 초속도 $\sqrt{gR}$을 주어야 한다. 그러면 지표면으로부터 높이 R인 위치에서 물체를 지구 인력으로부터 탈출시키려면 이 위치에서 초속도를 얼마로 주어야 하는가? (g는 중력가속도이다.)

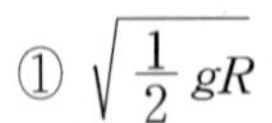

① $\sqrt{\frac{1}{2}gR}$ ② $\sqrt{\frac{2}{3}gR}$

③ $\sqrt{gR}$ ④ $\sqrt{2gR}$

⑤ $\sqrt{3gR}$

2 그림과 같이 길이 L, 질량 m인 막대를 수평으로 유지하고 있다가 O점을 중심으로 회전하도록 가만히 놓았다. 막대가 연직 방향이 되었을 때 막대 끝의 속력 v는 얼마인가?

① $\sqrt{gL}$

② $\sqrt{2gL}$

③ $\sqrt{3gL}$

④ $\sqrt{4gL}$

⑤ $\sqrt{5gL}$

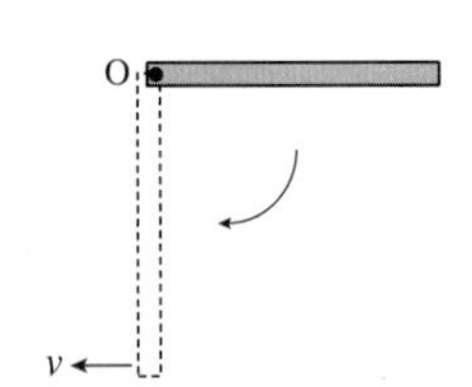

3 그림과 같은 도르래 장치에서 질량 M인 물체를 들어올리는데 필요한 최소 힘 F는 얼마인가? 도드래의 무게는 무시하고 마찰은 없다고 가정한다. (g는 중력가속도)

① $\frac{1}{8}Mg$

② $\frac{1}{4}Mg$

③ $\frac{1}{3}Mg$

④ $\frac{1}{2}Mg$

⑤ Mg

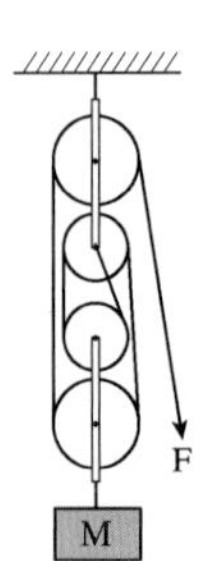

4 그림은 총 질량 2ton인 엘리베이터를 케이블이 끌어올릴 때 엘리베이터의 속도-시간 관계 그래프이다. 엘리베이터가 상승하기 시작하여 정지할 때까지 케이블이 한 평균 일률은 얼마인가? (단, 중력가속도 g는 10m/sec²으로 한다.)

① 16kW

② 48 kW

③ 51.2kW

④ 64 kW

⑤ 76.8kW

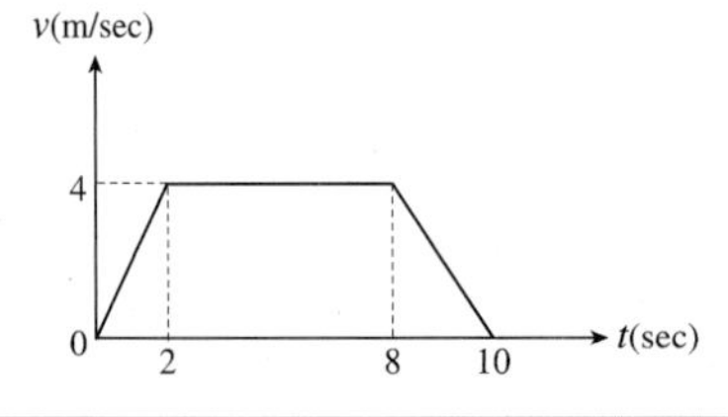

해설

해설 **1**

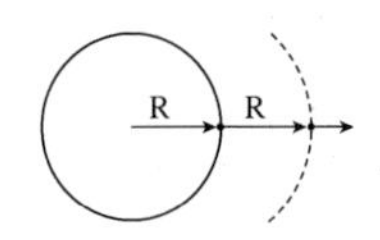

탈출시키려면 물체를 무한 위치에 갖다 두어야 한다.

$\int_{2R}^{\infty}\frac{GMm}{r^2}dr=\frac{GMm}{2R}$ 이므로

이 위치에너지는 운동에너지와 같아서

$\frac{GMm}{2R}=\frac{1}{2}mv^2$ 에서

$V=\sqrt{\frac{GM}{R}}=\sqrt{gR}$ 이다.

해설 **2**

막대의 질량 중심의 위치에너지가 막대의 회전운동에너지와 같다.

$mg(\frac{L}{2})=\frac{1}{2}IW^2 \quad mgL=IW^2$

막대의 관성모멘트 $I=\frac{1}{3}mL^2$ 이므로

$mgL=\frac{1}{3}mL^2W^2$ 이고,

$3gL=L^2W^2=V^2$

$\therefore V=\sqrt{3gL}$ 이다.

해설 **3**

그림에서 위 아래로 움직이는 움직도르래가 2개이므로 움직도르래 1개에 힘이 $\frac{1}{2}$ 줄어든다. 따라서 $\left(\frac{1}{2}\right)^2F$ 이다. $F=Mg$이므로 $\frac{1}{4}Mg$ 이다.

해설 **4**

그래프에서 이동거리는 면적이므로 이동거리 S= 32m이다.

힘 F=mg=2000×10 일률

$P=\frac{W}{t}=\frac{2000\times10\times32}{10}$

$=64000\,W$

정답 1. ③ 2. ③ 3. ② 4. ④

5 그림과 같이 마찰이 없는 책상 위에 질량 m, 길이 L인 줄이 $\frac{1}{4}$ 만큼 늘어지도록 잡고 있다. 늘어뜨린 부분을 책상 위로 끌어올리기 위해 해주어야 할 일은 얼마인가? (g는 중력가속도이다.)

① $\frac{1}{2}mgL$

② $\frac{1}{4}mgL$

③ $\frac{1}{8}mgL$

④ $\frac{1}{16}mgL$

⑤ $\frac{1}{32}mgL$

6 높이가 8m인 두 층을 연결하는 에스컬레이터가 있다. 에스컬레이터의 길이는 12m이다. 에스컬레이터로 1분에 100명씩 이동시키려면 에스컬레이터 구동 모터의 일률을 얼마인가? (1인당 평균 질량을 60kg으로 한다.)

① 7.84kW ② 9.80kW

③ 11.76kW ④ 19.6kW

⑤ 29.4kW

7 질량 2kg인 물체가 책상위에 수평으로 놓여진 스프링을 15cm 눌렀다가 놓았더니 물체가 놓은 곳으로부터 75cm 미끄러져 나가 정지하였다. 스프링상수가 200N/m라면 물체와 책상사이의 마찰계수는 약 얼마인가?

① 0.15

② 0.20

③ 0.25

④ 0.33

⑤ 0.40

75cm

8 어떤 철의 선팽창 계수는 $11\times10^{-6}/℃$ 라고 한다. 이 철은 온도가 100K 높아지면 체적이 얼마나 증가하는가?

① 0.01%

② 0.03%

③ 0.11%

④ 0.33%

⑤ 0.66%

해 설

해설 **5**

$W=F\cdot S$ 인데 S에 따라 F가 변한다.

$F=mg=\rho Alg$

($\rho=\frac{m}{v}$, 부피 $V=A\,l$)

$W=\int_0^{\frac{1}{4}L} \rho Algdl=\left[\frac{1}{2}\rho Agl^2\right]_0^{\frac{1}{4}L}$

$=\frac{1}{32}\rho ALgL$

$=\frac{1}{32}mgL\ (m=\rho AL)$

해설 **6**

$W=F\cdot S=mgS$

$=60\times100\times9.8\times8(J)$

$P=\frac{W}{t}=\frac{60\times100\times9.8\times8}{60}$

$=7.84kW$

해설 **7**

용수철에 저장된 탄성에너지와 마찰력이 한일과 같으므로 $\frac{1}{2}kx^2=R\cdot S$

에서 $\frac{1}{2}\times200\times0.15^2$

$=\mu\times2\times10\times0.75$ 이고

따라서 $\mu=0.15$ 이다.

해설 **8**

부피팽창계수는 선팽창계수의 3배이므로

$\beta=3\alpha=33\times10^{-6}$ 이고

$\Delta V=V_0\beta\Delta T$ 에서

$\frac{\Delta V}{V_0}=33\times10^{-6}\times100=33\times10^{-4}$

이므로 0.33%

정답 5. ⑤ 6. ① 7. ① 8. ④

9 다음 중 열역학 제0법칙에 대한 설명 중 옳은 것은?

① 열은 물체의 온도 차이에 의해서 한 물체에서 다른 물체로 전달되는 에너지이다.
② 열은 온도가 높은 곳에서 낮은 곳으로 흐른다.
③ 어떤 두 물체가 제 3의 물체와 열적 평형상태에 있다면 그 두 물체는 서로 열적 평형 상태에 있다.
④ 외부에 아무런 변화도 남기지 않고 열이 한 물체에서 온도가 더 높은 다른 물체로 이동할 수 없다.
⑤ 열에너지는 이동에도 불구하고 전체 양은 보존된다.

10 흑체로 간주할 수 있는 어떤 물체의 온도가 200℃에서 400℃로 온도가 높아지면 단위 면적당 온도 당 방출하는 복사에너지는 몇 배로 되는가?

① 약 2배 ② 약 4배
③ 약 8배 ④ 약 16배
⑤ 약 32배

11 흑체로 온도가 T일 때 흑체에서 나오는 복사선 중 에너지 밀도가 가장 큰 복사선의 파장을 λ_{max} 라고 하자. Wien의 법칙에 의하면

$\lambda_{max} \cdot T = 2.898\times10^{-3}$ (m·K) (=일정)이라고 한다. 우주의 모든 방향에서 $\lambda_{max} = 0.107\,cm$ 의 마이크로파가 관측된다. 우주의 배경온도는 얼마인가?

① 0K ② 2.7K
③ 3.0K ④ 4.5K
⑤ 10K

12 -10℃ 얼음 4g과 10℃물 10g을 섞으면 물의 질량과 온도는? (얼음의 융해열은 80cal/g, 얼음의 비열은 0.5cal/g℃, 물의 비열은 1cal/g℃이다.)

① 1℃, 9g
② 0℃, 10g
③ -1℃ 0g
④ 1℃ 14g
⑤ 0℃, 11g

해설

해설 10
673k는 473k의 약 1.4배의 온도이므로 $E = T^4$ 에서 에너지 E 는 $(1.4^4 = 4)$ 4배가 된다.

해설 11
$\lambda \cdot T = \delta$ (일정)에서
$T = \frac{\delta}{\lambda} = \frac{2.898\times10^{-3} m\cdot K}{0.107\times10^{-2} m}$ 이고
$T = 2.7K$ 이다.

해설 12
10℃물 10g이 0℃가 될 때 방출하는 열은 $Q = 1\times10\times10 = 100cal$ 이고 -10℃ 얼음 4g이 0℃ 얼음이 될 때 흡수하는 열은
$Q = 0.5\times4\times10 = 20cal$ 이다.
나머지 80cal이므로 얼음 1g만을 물로 녹일 수 있다. 따라서 0℃ 얼음 3g과 0℃물 11g이 공존하게 된다.

정답 9. ③ 10. ② 11. ② 12. ⑤

13 추운 겨울 날 문 밖에 있던 쇠붙이에 손가락을 대면 매우 차갑게 느껴지나 나무에 손을 대면 덜 차갑게 느껴지는 이유는 무엇인가?

① 쇠는 나무보다 열전도도가 크므로 나무보다 온도가 더 낮기 때문이다.
② 쇠는 나무보다 열전도도가 매우 크므로 쇠가 가지고 있던 낮은 온도의 열을 손가락으로 잘 전달하기 때문이다.
③ 쇠는 나무보다 열전도도가 매우 크므로 손가락으로부터 열을 잘 전달하기 때문이다.
④ 나무가 쇠보다 비열이 더 크므로 쇠보다 더 많은 열을 가지고 있기 때문이다.
⑤ 나무가 쇠보다 비열이 더 크므로 쇠보다 더 온도가 높기 때문이다.

14 두께 L과 단면적 A가 서로 같은 두 금속판의 열전도도가 각각 k_1, k_2이다 이 두 금속판을 서로 접합하여 한 쪽에서 다른 쪽으로 열을 전도하게 할 때 합성 열전도도는?

① $\sqrt{k_1 k_2}$
② $\dfrac{2k_1 k_2}{k_1 + k_2}$
③ $\dfrac{k_1 + k_2}{k_1 k_2}$
④ $\dfrac{1}{2}(k_1 + k_2)$
⑤ $\sqrt{k_1^2 + k_2^2}$

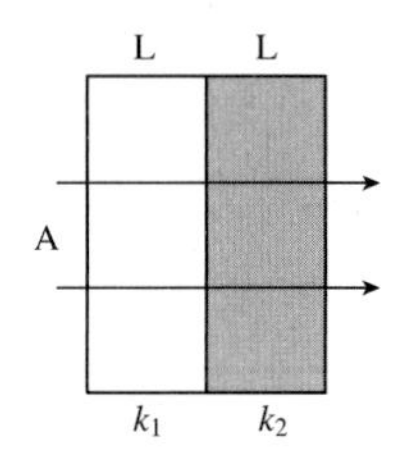

15 실제기체가 이상기체에 가깝게 행동하려면 기체의 온도와 압력이 어떠해야 하는가?

① 온도와 압력이 낮아야 한다.
② 온도는 낮고 압력이 높아야 한다.
③ 온도가 높고 압력이 낮아야 한다.
④ 온도와 압력이 모두 높아야 한다.
⑤ 온도만 높으면 압력은 상관없다.

해 설

해설 14

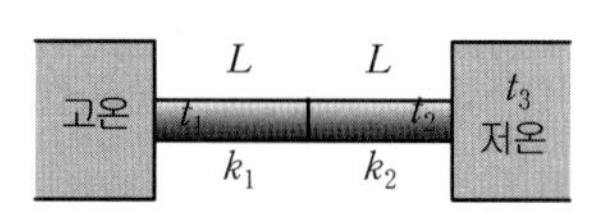

k_1을 통한 열의 이동은

$Q = \dfrac{k_1 A(t_1 - t_2)}{L}$ 이므로

$t_1 - t_2 = \dfrac{LQ}{k_1 A}$ 이고 k_2를 통한 열의 이동은

$Q = \dfrac{k_2 A(t_2 - t_3)}{L}$ 이므로 $t_2 - t_3 = \dfrac{LQ}{k_2 A}$ 이다.

두식의 합은 $t_1 - t_3 = \dfrac{LQ}{A}(\dfrac{1}{k_1} + \dfrac{1}{k_2})$ 이다.

합성 열전도도를 k라 하면 전체 열의 이동 Q는

$Q = \dfrac{kA(t_1 - t_3)}{2L}$ 에서 $t_1 - t_3 = \dfrac{2LQ}{KA}$ 이다.

따라서 $\dfrac{2LQ}{kA} = \dfrac{LQ}{A}(\dfrac{1}{k_1} + \dfrac{1}{k_2})$

$\dfrac{2}{k} = \dfrac{1}{k_1} + \dfrac{1}{k_2} = \dfrac{k_1 + k_2}{k_1 k_2}$

$k = \dfrac{2k_1 k_2}{k_1 + k_2}$ 이다.

정답 13. ③ 14. ② 15. ③

16 온도 T인 1몰의 이상기체를 밀도가 두 배로 되도록 등온 압축하는데 드는 일은? R은 기체상수, k는 볼츠만 상수이다.

① $RT\ln 2$
② $RT\ln 2$
③ $2RT$
④ $2RT$
⑤ T

17 온도 600℃인 이상기체 1몰이 단열 팽창하여 300℃가 되었다. 이 이상기체가 한일은? R은 기체상수이다.

① 450R
② 300R
③ 150R
④ 0
⑤ −150R

18 1몰의 입자로 된 이상기체가 그림과 같이 PV선도 상에서 A상태에서 B상태로 변했다고 한다. 이 이상기체 시스템의 내부에너지 변화량은?

① 12J 감소
② 12J 증가
③ 불변
④ 18J 감소
⑤ 24J 감소

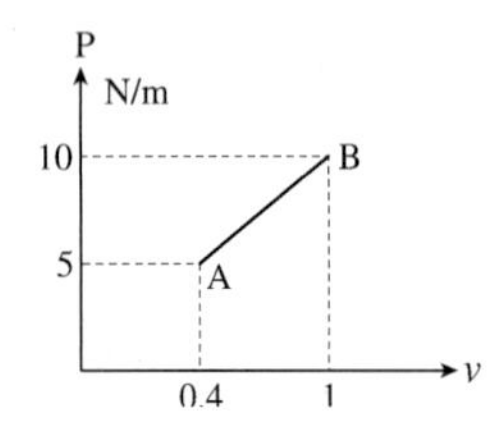

19 병진 및 회전 운동하는 이원자 이상기체의 비열비는 얼마인가?

① 1.29
② 1.33
③ 1.4
④ 1.5
⑤ 1.61

해 설

해설 16

등온 팽창에서 한일 w는

$w=\int_{2v}^{v} P\,dV\ \left(P=\frac{nRT}{V}\right)$이다.

따라서 $w=RTln2$ 이다.

해설 17

한일의 양은 내부에너지의 감소량과 같으므로

$\triangle U=\frac{3}{2}nR\triangle T=\frac{3}{2}\times 1\times R\times 300$
$=450R$ 이다.

해설 18

A점에서는 $PV=nRT$에서

$2=1\times R\times T_A \quad T_A=\frac{2}{R}$

B점에서는 $10=1\times R\,T_B$에서

$T_B=\frac{10}{R}$ 이므로 내부에너지 변화량 $\triangle U$는

$\triangle U=\frac{3}{2}nR\triangle T$
$=\frac{3}{2}\times 1\times R\left(\frac{10}{R}-\frac{2}{R}\right)=12J$

해설 19

$Y=\frac{C_P}{C_V}$ 이므로 $C_V=\frac{5}{2}R$

$C_P=\frac{7}{2}R$에서

비열비 r는 $r=\frac{7}{5}=1.4$ 이다.

정답 16. ① 17. ① 18. ② 19. ③

20 온도 T인 이상기체 n 몰이 등온 팽창하여 체적이 V_i에서 V_f가 되었다. 이 이상기체의 엔트로피 변화는 얼마인가?

① $nR\ln\left(\frac{V_f}{V_i}\right)$ 만큼 증가

② $nR\ln\left(\frac{V_f}{V_i}\right)$ 만큼 감소

③ $nRT\ln\left(\frac{V_f}{V_i}\right)$ 만큼 증가

④ $\frac{3}{2}nR\ln\frac{V_f}{V_i}$ 만큼 증가

⑤ 0(불변)

21 그림과 같이 체적 V인 이상기체가 단열된 상태에서 체적 V이고 진공인 다른 용기 속으로 불구속 자유 팽창하여 전체 체적이 $2V$가 되었다. 다음 중 옳은 것은?

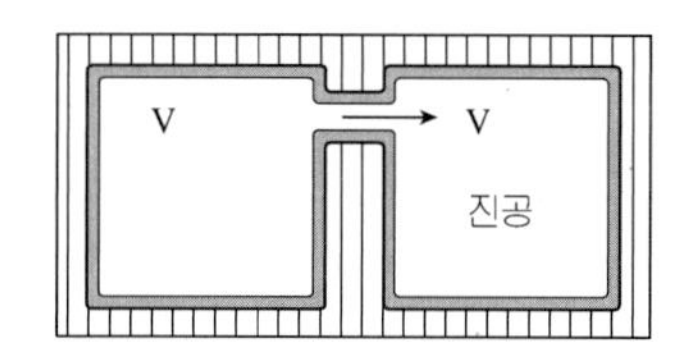

① 이상기체 내부에너지와 엔트로피가 증가한다.

② 이상기체 내부에너지는 감소하고 엔트로피는 증가한다.

③ 이상기체의 온도는 불변이고 엔트로피는 감소한다.

④ 이상기체의 온도는 불변이고 엔트로피는 증가한다.

⑤ 이상기체가 팽창과정에서 일을 하므로 온도가 내려간다.

해 설

해설 **20**

등온팽창에서 한일

$w = nRT\ln\left(\frac{V_f}{V_i}\right)$ 이고

$Q = w + \triangle U$ ($\triangle U = 0$)이므로

엔트로피 $\triangle S = \frac{\triangle Q}{T}$ 이므로

$\triangle S = nR\ln\left(\frac{V_f}{V_i}\right)$이다.

해설 **21**

자유 팽창에서 우측 공간은 진공이므로 벽(칸막이)을 미는 힘이 작용하지 않아서 한일 $w = 0$ 이다.

$\triangle Q = \triangle w + \triangle V$ 에서 단열이므로

$\triangle Q = 0$ 이므로 $\triangle V = 0$ 이 되어

내부 에너지가 변화 없으므로 온도변화가 없다.

정답 20. ① 21. ④

제 4 장 전기자기학

출제경향분석

이 단원은 전기에 관해서는 합성 저항의 계산법과 콘덴서 그리고 키르히호프의 법칙을 이해하고 전류에 의해 만들어지는 자기장의 크기와 방향 또 자기장 내에서 전하의 운동은 반드시 알아야 한다. 그리고 전자기유도에서는 패러데이 법칙을 알아두어야 한다.

세 부 목 차

1. 전기장과 전류

KEY POINT

1 전기장과 전위

전기의 존재는 기원전 6세기 반경 희랍의 철학자 탈레스가 마찰전기 현상을 통해서 알아냈다. 그 이후 전지와 발전기가 발명되고 전기의 이용이 급격하게 많아지고 또 발전되어 오늘날 전기가 없는 세상은 상상이 되지 않을 만큼 모든 분야에 광범위하게 사용되고 있다.

(1) 정전기

마찰전기

유리막대를 명주헝겊으로 문지른 후 유리막대를 가벼운 종이조각에 가까이 가져가면 종이조각이 유리막대에 달라붙는 것을 볼 수 있는데 이것은 마찰로 인하여 유리막대에 전기가 생겼기 때문이며 이것을 **전기마찰**이라고 한다.

■ 전기는 전하의 흐름이다.

또 마찰로 인하여 전기가 발생하였을 때의 물체를 대전되었다고 하며 이 물체를 대전체라고 한다. 이때 생긴 전기의 양을 **전기량** 또는 **전하**라고 한다.

전하는 전자를 얻어 (−)전기로 대전되는 음전하와 전자를 잃어 (+)전기로 대전되는 양전하가 있다. 또 같은 종류의 전기사이에는 반발력이 다른 종류 사이에는 인력이 작용한다. 정전기 사이에 작용하는 이러한 힘을 **전기력**이라고 한다.

※ 대전열

(+) 털가죽−상아−유리−종이−명주−나무−고무−에보나이트(−)

예제 1

유리막대를 명주헝겊으로 문질렀더니 유리막대는 +전기를 명주 헝겊은 −전기를 띠었다. 전자는 어느 곳에서 어느 곳으로 이동하였다.

풀이 마찰 전에는 유리막대와 명주헝겊이 각각 양이온과 음이온의 수가 같아서 중성이었지만 −성질을 띤 전자가 유리막대에서 명주헝겊으로 이동하여 유리막대는 −전하의 수가 줄어서 +전기가 되고 명주헝겊은 유리막대로부터 −전하를 얻어 −전기가 되었다. 즉 전자는 유리 → 명주 이동

(2) 도체와 부도체

우리 주위의 여러 물질 중 전기를 잘 통할 수 있는 물질이 있는가하면 잘 통하지 못하는 물질도 있다. 이때 전기를 잘 통하는 물질을 도체라고 하고 잘 통하지 못하는 물질을 부도체라고 한다.

물질은 원자가 여러 형태로 결합된 것이며 원자는 양(+)전하를 갖는 원자핵과 음(−)전하를 갖는 전자로 구성되어 있다. 또 원자핵은 양전하를 갖는 양성자와 전기적으로 중성인 중성자로 구성된다. 물질이 나타내는 전기적 성질은 물질 내의 전자가 가지는 음전하와 양성자가 가지는 양전하의 변화에 의해 일어나는 것이다. 원자는 그 원자핵 속에 포함되어 있는 양성자수와 같은 수의 전자를 원자핵 주위에 가지고 있다. 양성자 한 개가 가지는 전기의 양 즉, 전하량(전기량이라고도 한다)과 전자 한 개가 가지는 전하량은 같으며 그 부호만 반대이다. 그러므로 원자 전체로서는 양전기와 음전기가 같은 양 포함되어 있기 때문에 전기적으로 중성이 된다.

모든 물체는 원자로 이루어져 있고 원자에 존재하는 대부분의 전자가 원자핵에 속박되어 있지만 구리와 같은 금속들은 원자핵에 속박되지 않고 자유롭게 돌아다닐 수 있는 전자가 많은데 이것을 **자유전자**라고 한다.

① 반도체

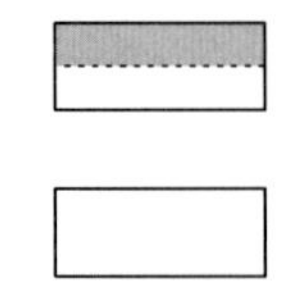

(a) 도체

도체에서는 전자가 채워진 띠 중 에너지가 가장 높은 띠가 일부분만 차 있다. 가장 높은 준위의 전자가 전기 에너지나 열에너지를 받아서 띠 안의 가까운 상태로 전이할 수 있다.

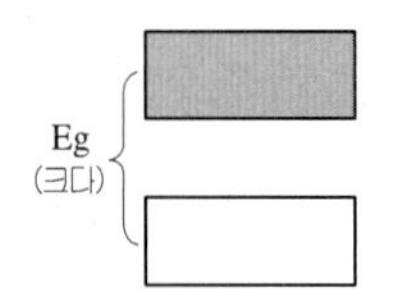

(b) 절연체

전자가 채워진 띠 중 에너지가 가장 높은 띠가 완전히 차 있다. 전자가 전이할 수 없는 상태에 있다.

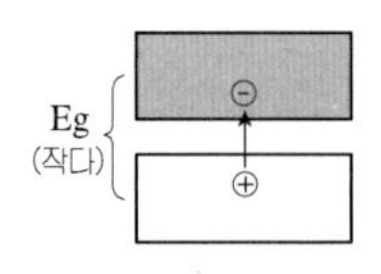

(c) 반도체

에너지 띠 구조는 절연체와 비슷하고 에너지 간격만 상대적으로 작다. 에너지가 낮은 띠의 전자가 열에너지 또는 전기에너지를 받아 에너지가 높은 띠로 들뜰 수 있다. 이런 과정에서 홀(+)이 남는다.

그림에서와 같이 반도체의 에너지 간격은 절연체에 비하여 훨씬 작다. 실온에서 수소의 전자가 열에너지를 받아 원자가 띠에서 전도띠로 들뜰 수 있다. 즉 온도가 증가함에 따라 전도된 전자의 숫자가 증가하고 결과적으로 전기 전도도가 증가한다. 전자가 원자의 띠에서 전도띠로 전이하면 그림의 (c)처럼 구멍, 즉 홀(hole)이 생긴다. 외부 전기장이 걸리면 원자가 띠의 다른 전자가 움직여서 홀을 채울 수 있고 따라서 그 전자의 원래 자리는 hole이 남는다. 이런 과정을 계속 행하여 홀(+)가 이동한다.

이런 과정에 의해 전류가 흐르는 것을 **고유 반도체**라고 한다.

또한 불순물을 첨가하여 반도체의 전기 전도도를 증가 시킬 수 있는데 최외각 전자가 4개인 Ge에 원자가 전자가 다섯 개인 P 같은 불순물을 Ge 결정에 첨가하면 이 전자 중 4개는 공유 결합을 이루고 남은 다른 하나의 전자는 P 이온에 약하게 구속된다.

KEY POINT

이 전자는 열에너지를 받아 쉽게 전도띠로 들뜬다. 이 P 원자는 donor(제공자)라고 한다. 이런 doner에 의해 전류가 흐르는 것을 **n형 반도체**라고 한다.
또 원자가 전자가 3개인 Ga 원소 등이 4가 원소인 Si이나 Ge 등과 결합하면 3가의 불순물인 Ga는 다른 자리에서 전자를 받아들이는 acceptor(받개)가 생긴다. 이렇게 acceptor가 이동하는데 이것은 양전하가 이동하는 것과 같다. 이런 acceptor에 의해 전류가 흐르는 물질을 P형 반도체라고 한다.

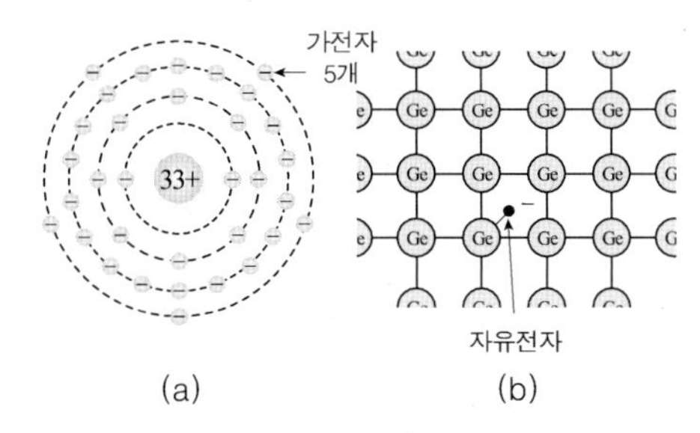

그림. 비소(aS)의 원자 구조와 N형 반도체

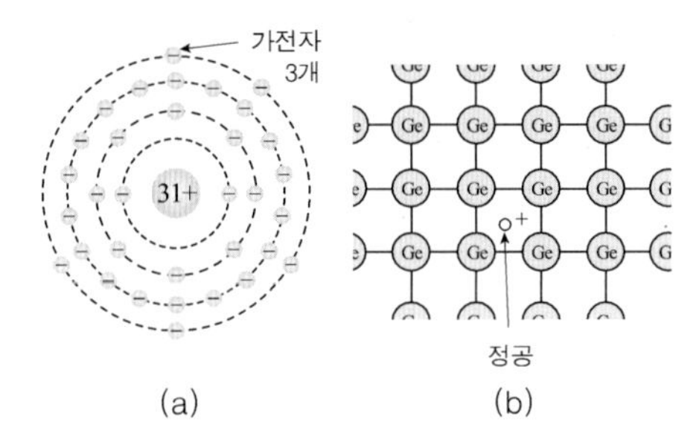

그림. 갈륨(Ga)의 원자 구조와 P형 반도체

예제2

그림은 저마늄(Ge)에 비소(As)가 도핑된 물질의 구조를 나타낸 모형이다. 이에 대한 설명으로 옳지 않은 것은? (2021 경력경쟁 9급)

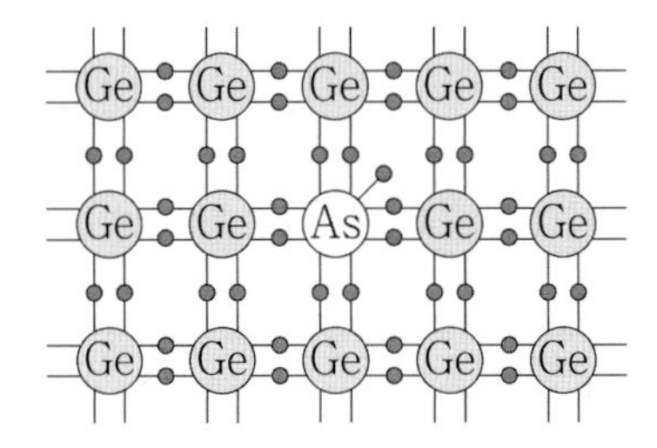

① n형 반도체이다.
② 원자가 전자가 비소는 5개, 저마늄은 4개이다.
③ 전압을 걸어 줄 경우 주된 전하 나르개는 양공이다.
④ 도핑으로 전도띠 바로 아래에 새로운 에너지 준위가 생긴다.

풀이 저마늄(Ge)는 4가 원소 비소(As)는 5가 원소이므로 n형 반도체이다. 전하 운반체는 전자이다. 정답은 ③이다.

KEY POINT

KEY POINT

예제 3

그림은 순수한 실리콘(Si)에 비소(As)를 불순물로 첨가한 반도체의 원소와 원자가 전자의 배열을 모식적으로 나타낸 것이다.

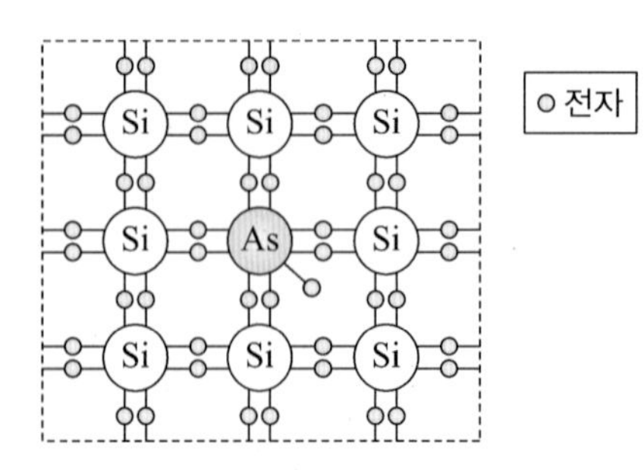

○ 전자

이 반도체의 종류와 비소의 원자가전자의 개수로 옳은 것은?

	종류	원자가전자의 개수
①	p형	3
②	p형	4
③	p형	5
④	n형	3
⑤	n형	5

풀이 정답은 ⑤이다.

예제 4

그림은 반도체 A와 반도체 B의 에너지띠 구조를 모식적으로 나타낸 것이다. A와 B 중에서 한 반도체는 순수한 실리콘 (Si)이고 다른 한 반도체는 실리콘에 알루미늄(Al)이 첨가된 반도체이다. 에너지띠 구조의 밝은 띠와 어두운 띠는 각각 전도띠와 원자가띠를 점선은 받개준위(acceptor level)를 나타낸다.

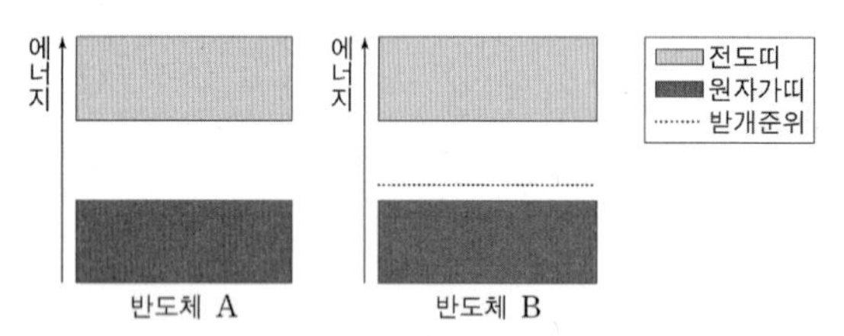

이에 대한 설명으로 옳은 것만을 <보기>에서 있는 대로 고른 것은?

> ㄱ. 상온에서 전기 전도도는 A가 B보다 크다.
> ㄴ. A는 순수한 실리콘이다.
> ㄷ. B는 n형 반도체이다.

① ㄴ　　② ㄷ　　③ ㄱ, ㄴ
④ ㄱ, ㄷ　　⑤ ㄴ, ㄷ

풀이 정답은 ①이다.

KEY POINT

	도 체	반도체	절연체(부도체)
	전기 또는 열에 대한 저항이 매우 작아 전기나 열을 잘 전달하는 물질	전기 전도도가 도체와 절연체의 중간 영역에 속하는 물질	전기 또는 열에 대한 저항이 매우 커서 전기나 열을 잘 전달하지 못하는 물질
에너지 띠의 구조	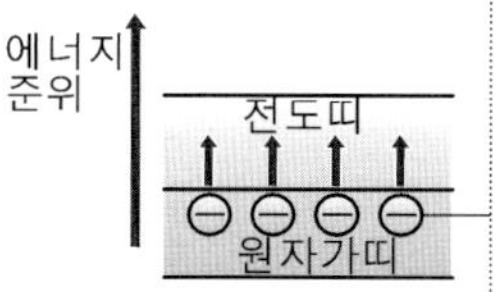 에너지 준위 / 전도띠 / 원자가띠 원자가 띠에 전자가 일부분만 채워져 있다.	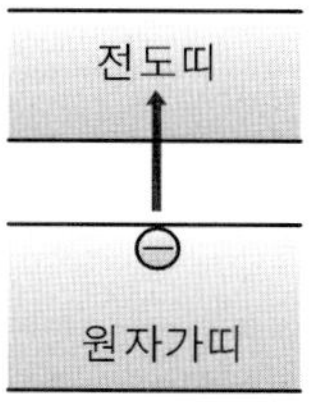 전도띠 / 원자가띠 띠틈이 비교적 좁고, 원자가띠에 전자가 모두 채워져 있다.	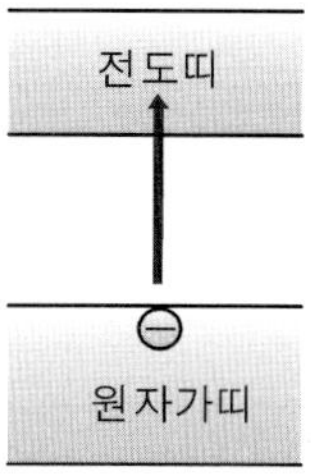 전도띠 / 원자가띠 띠틈이 비교적 넓고, 원자가띠에 전자가 모두 채워져 있다.
띠틈의 간격과 전자의 이동	전도띠와 원자가띠의 일부가 겹치거나 원자가띠의 일부만 채워져 있어, 원자가띠의 전자가 쉽게 전도띠로 이동하여 자유 전자가 될 수 있다.	전도띠와 원자가띠 사이의 띠틈의 간격이 비교적 좁아, 원자기띠의 전자가 적당한 에너지(열, 빛, 전기장 등)를 흡수할 경우 전도띠로 이동하여 자유 전자가 될 수 있다.	전도띠와 원자가띠 사이의 띠틈의 간격이 매우 넓어, 원자가띠의 전자가 전도띠로 이동하는 것이 거의 불가능하다.
전류의 흐름	약간의 에너지만 흡수해도 전자가 쉽게 전도띠로 이동하여 고체 안을 자유롭게 이동하므로 전류가 잘 흐른다.	띠틈이 좁아서 전자가 일정량의 에너지를 흡수하면 전도띠로 이동하여 전류가 흐를 수 있다.	띠틈이 매우 넓어서 전자가 전도띠로 이동할 수 없기 때문에 전류가 거의 흐르지 않는다.
전기 전도도	전기 전도도가 크다. → 전기 저항이 매우 작다. → 전류가 잘 흐른다.	도체와 절연체 중간 정도의 전기 전도도를 갖는다.	전기 전도도가 매우 작다. → 전기저항이 매우 크다. → 전류가 잘 흐르지 않는다.
예	은, 구리 등의 금속	실리콘(Si), 게르마늄(Ge) 등	나무, 고무, 유리, 다이아몬드, 바위 등

※ PN 접합

P형 반도체와 N형 반도체를 접합시키는 것을 PN접합(PN junction)이라 하며, 또 이것은 2극관과 같이 정류작용을 하므로 다이오드(diode)라 부른다.

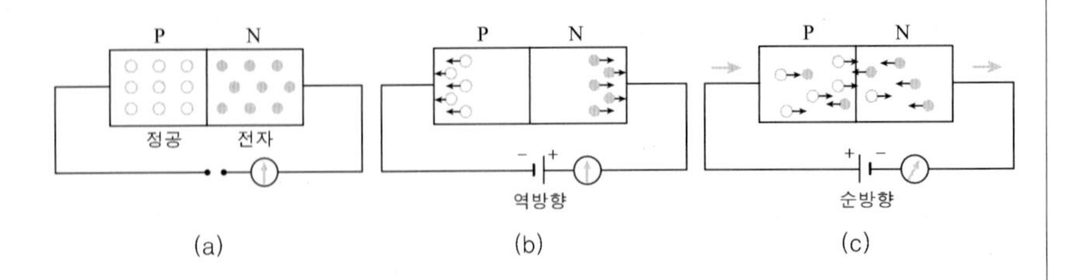

(a) (b) (c)

② 순방향

그림(a)와 같이 전압이 걸리지 않았을 때에는 전자와 정공이 서로 확산되어 전기적으로 평형을 이루고 있으나 그림(c)와 같이 P형반도체에 (+)극을 N형 반도체에 (-)극을 연결하면 정공은 N형 쪽으로 과잉전자는 P형쪽으로 접합부를 통과하므로 전류가 P형 반도체에서 N형 반도체쪽으로 흐른다.

③ 역방향

그림(b)와 같이 P형 반도체에 (-)극을 N형 반도체에 (+)극을 걸어주면 정공은 (-)극에 과잉전자자는 (+)극에 끌려서 접합부를 통과하는 전하가 없으므로 전류가 흐르지 않는다.

④ PN 접합의 정류작용

PN 접합형 다이오드에 교류전압을 걸면 순방향으로 전류가 잘 흐르고 역방향으로 전압을 걸면 전류가 잘 흐르지 않아 **정류작용**을 한다. 이런 정류작용은 교류전류를 직류전류로 바꾸어 준다.

㉠ 정류작용

전류를 방향으로만 흐르게 하는 작용을 말하며, 교류를 직류로 바꾸는 기능을 한다.

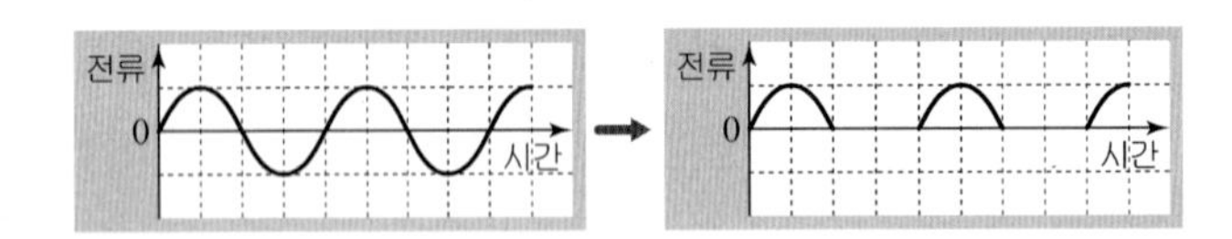

㉡ 순방향 전압

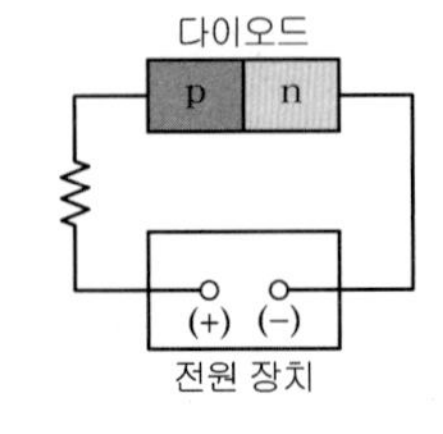

p형 반도체에 전원이 (+)극을 연결하고, n형 반도체에 전원의 (-)극을 연결한 상태로, p형 반도체의 양공과 n형 반도체의 전자가 접합면을 향해 이동하여결합하므로 전류가 흐른다.

예제5

그림은 p-n 접합 다이오드, 저항, 전지, 스위치로 구성한 회로이다. 이에 대한 설명으로 옳은 것은? (2021 경력경쟁 9급)

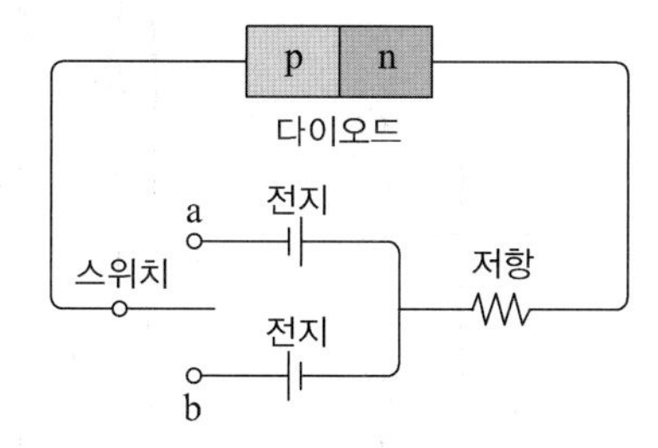

① 스위치를 a에 연결하면 다이오드에 순방향 바이어스가 걸린다.
② 스위치를 a에 연결하면 p형 반도체에서 n형 반도체로 전류가 흐른다.
③ 스위치를 b에 연결하면 양공과 전자가 계속 결합하면서 전류가 흐른다.
④ 스위치를 b에 연결하면 n형 반도체에 있는 전자가 p-n 접합면에서 멀어진다.

풀이 p형 반도체는 (+)극 N형 반도체는 (-)극에 연결해야 순방향 연결이 되어 전류가 흐르게 된다. 정답은 ③이다.

⑤ LED

㉠ 발광 다이오드(LED)

전류가 흐를 때 빛을 방출하는 다이오드를 발광 다이오드(Light Emitting Diode)라고 한다.

㉡ 작동 원리

p-n 접합 다이오드에 순방향으로 전류가 흐를 때 전도띠의 바닥에 있던 w 전자가 원자가 띠의 꼭대기에 있는 양공으로 떨어지면, 그 사이 띠틈에 해당하는 만큼의 에너지가 빛으로 방출된다.

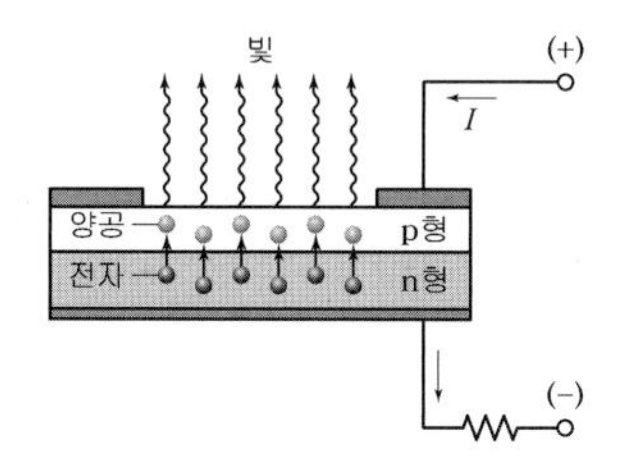

㉢ 특징

LED를 제작하는 반도체이 재질에 따라 띠틈의 에너지가 변화하면, 이를 이용하여 방출하는 빛의 색깔의 바꿀 수 있다.

㉣ 트랜스터

p-n형 접합 반도체에 p형이나 n형 반도체를 추가하여만든 소자로, p-n-p형과 p-n이 있다.

KEY POINT

p－n－p형에서 베이스(B)에 연결된 n형 반도체는 매우 얇아서 이미터(E)와 베이스(B) 사이에 순방향 전압을 걸어 주고, 베이스(B)와 컬렉터(C) 사이에 역방향 전압을 걸어 주면, 이미터 쪽 p형 반도체의 양공이 베이스를 지나 컬렉터까지 이동할 수있게 되어 컬렉터에 흐르는 전류가 증폭될 수 있다.

ⓜ 증폭 작용
이미터와 베이스 사이에 전류가 흐를 때 이미터와 베이스 사이에서 이동하던 전하의 대부분이 매우 얇은 베이스를 관통하여 켈렉터 쪽으로 이동한다. 컬렉터로 이동하는 전하의 양은 이미터와 베이스 사이의 전기 신호에 의하여 영향을 많이 받는다. 따라서 트랜지스터는 베이스의 미세한 신호를 컬렉터의 강한 신호롤 바꾸는 증폭 작용을 할 수 있다.

ⓑ 스위치 작용
증폭 작용을 극대화시키면 트랜지스터는 베이스의 전류가 정해진 값 이하이거나 이상일 때 컬렉디 쪽의 전류가 흐르지 않거니 흐르게 할 수 있는 스위치 역할을 할 수 있다. 이러한 특성은 신호가 1과 0만으로 구성된 디지터 회로를 구성하는 데 이용되면, 집적 회로가 개발된 후 컴퓨터를 제작하는 데 필수 기능이 되었다.

※ 트랜지스터의 작동 원리

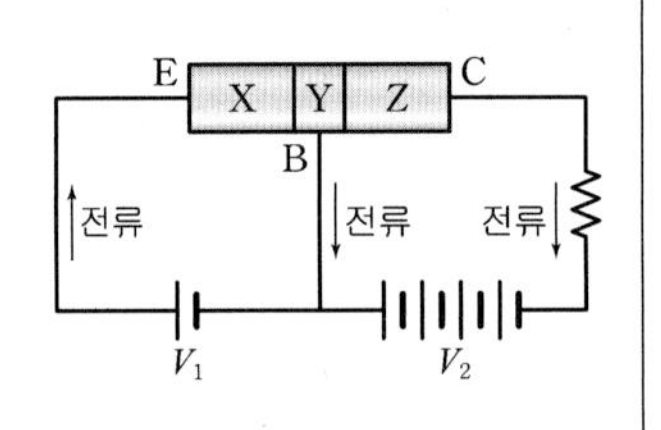

- X와 Y는 순방향 연결하고, Y와 Z는 역방향 연결한다.
- X와 Z는 p형 반도체이고, Y는 n형 반도체이다.
- 베이스(B)를 지나는 전류보다 컬렉터(C)를 지나는 전류의 크기가 증폭된다.
- 트랜지스터는 약한 전기 신호를 강한 전기 신호로 증폭하는 작용을 한다.

KEY POINT

KEY POINT

예제6

그림과 같이 p - n - p형 트랜지스터, 발광 다이오드(LED), 전원 장치를 연결했더니 LED에게 방출되었다. A, B는 각각 p형 반도체, n형 반도체 중 하나이다.

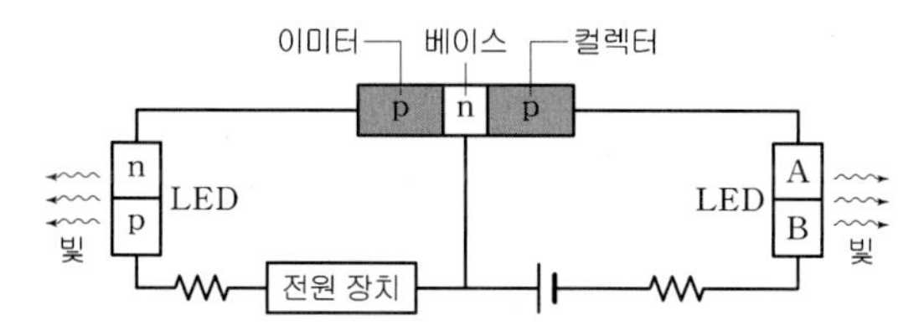

ㄱ. 이미터와 베이스 사이에는 순방향 전압이 걸려 있다.
ㄴ. A는 p형 반도체이다.
ㄷ. 컬렉터에 있는 양공의 대부분이 베이스를 통과하여 이미터에 도달한다.

① ㄱ ② ㄷ ③ ㄱ, ㄴ
④ ㄴ, ㄷ ⑤ ㄱ, ㄴ, ㄷ

풀이 정답은 ③이다.

⑥ 신소재

- 액정(Liquid Crystal) : 액체의 유동적 성질과 결정의 성질을 함께 가지고 있는 물질이다. 액정은 분자들이 늘어선 층을 따라 미끄러져 움직이므로 층에 평행한 방향으로 흐를 수 있으며, 층 사이에 일정한 간격이 결정과 특성을 생기게 한다.
  액정 분자는 긴 방향의 양끝이 각각 양(+) 전하, 음(-)전하를 띠고 있으므로 전압을 가해서 액정의 방향을 바꿀수 있다.
- 기판 사이에 전압이 걸리지 않을 때 : 액정 분자의 방향이 연속적으로 비틀어지므로 위쪽 편광판을 통해 들어온 빛이 진동 방향이 90°까지 회전하기 때문에 아래쪽 편광판을 통과할 수 있다.

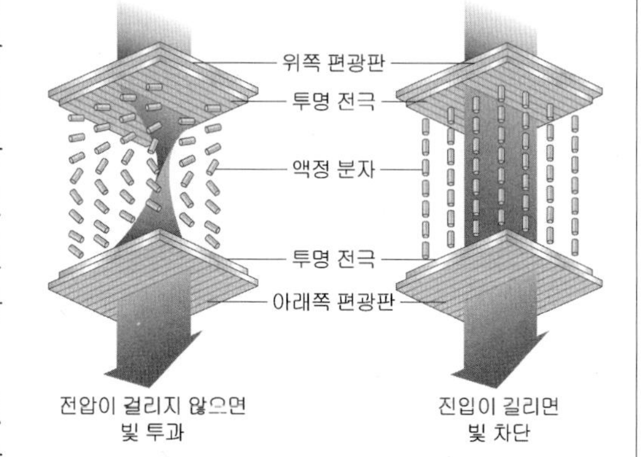

- 기판 사이에 전압이 걸렸을 때 : 액정분자의 방향이 일정하게 정렬되어 위쪽 편광판을 통해 들어온 빛의 진동 방향이변하지 않고 액정을 통과하기 때문에 아래쪽 편광판을 통과할 수 없다. 전압의 크기에 따라 정렬하는 정도가 다르기 때문에 통과하는 빛의 양을 조절할 수 있다.

(3) 정전기 유도

대전체를 전기적으로 중성인 물체에 가까이 가져가면 대전체 가까운 쪽의 물체표면에는 대전체와 반대종류의 전기를 띠고 먼 쪽에는 같은 종류의 전기를 띠게 한다. 이러한 현상을 정전기 유도현상이라고 한다. 이와 같은 정전기 유도 현상은 도체와 부도체에서 다르게 일어난다.

아래 그림 a는 금속 공이 절연된 스탠드에 의해 지탱되어 있다. 음 전하를 띤 막대를 금속 공에 실제로 접촉은 시키지 않고서 가까이 가져왔을 때 그림 b처럼 금속 공의 자유전자들은 막대에 있는 여분의 전자에 의해 밀려서 막대로부터 멀어지는 오른쪽으로 움직이지만 공으로부터 벗어날 수는 없다. 왜냐하면 지탱하고 있는 스탠드와 주위의 공기가 절연체이기 때문이다. 따라서 공의 오른쪽 표면에는 여분의 음전하가, 공의 왼쪽 표면에는 음전하의 결핍(즉, 알짜의 양전하)이 생기게 된다. 이런 여분의 전하들을 유도 전하(induced charges)라고 부른다.

모든 자유전자가 공의 오른쪽 표면으로 이동하는 것은 아니다. 유도전하는 발생하자마자 다른 자유 전자에게 왼쪽으로 향하는 힘을 작용한다. 이러한 전자들은 오른쪽에 있는 음의 유도 전하로부터 반발력을 받게 되고 왼쪽에 있는 양의 유도 전하에 의해서는 인력을 받게 된다. 이러한 계는 대전된 막대로 인해 오른쪽으로 전자에 작용하는 힘과 유도 전하들로 인해 왼쪽으로 작용하는 힘이 균형을 이루게 되는 평형상태에 도달하게 된다. 만약 대전 막대를 치운다면 자유전자들은 다시 왼쪽으로 움직이게 되어서 본래의 중성 상태로 되돌아가게 된다. 이제 그림 c와 같이 플라스틱 막대를 가까이 둔 채로 한 도체 전선의 한쪽 끝을 공의 오른쪽 표면에 접촉시키고 다른 쪽은 땅에 접촉시킨다.

땅은 도체이고, 거의 무한히 커서 실질적으로 여분의 전자를 무한히 제공하거나 남는 전자를 무한히 집어넣을 수 있다. 따라서, 금속공의 오른쪽 표면에 있는 음전하의 일부는 전선을 통하여 땅으로 흘러 들어가게 된다.

그림 d와 같이 땅과 연결된 전선을 잘라 버린 다음에 막대를 제거한다고 하자. 그러면 그림 e처럼 금속 공에는 알짜 양전하만 남게 된다. 이 과정에서 음전하로 대전된 막대의 전하량은 변하지 않는다. 땅은 공에 남아 있는 유도된 양 전하량의 크기와 같은 크기의 음의 전하를 얻게 된다.

유도에 의한 대전은 공에서 움직이기 쉬운 전하가 음전하가 아닌 양전하인 경우에도, 또는 양전하와 음전하 둘 다 있다 하더라도 쉽게 이루어질 수 있다.

KEY POINT

- 대전체에서 이동하는 것은 (−) 전하를 띤 전자이다.
- 같은 종류의 전하
  척력 작용
- 다른 종류의 전하
  인력 작용

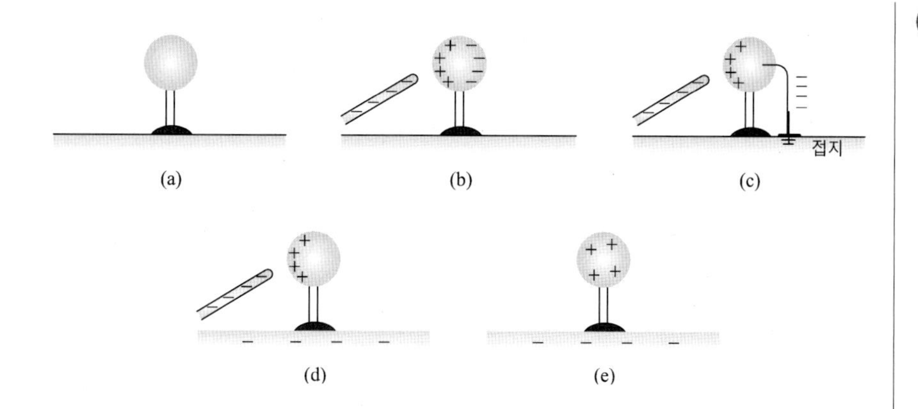

(a) (b) (c) (d) (e)

• 도체의 정전기 유도

그림과 같이 (+)로 대전된 대전체를 도체 가까이에 가져가면 자유전자의 이동이 형성되어 대전체 가까이로 전자(-)가 모이고 반대쪽은 전자의 수가 작아지게 된다. 이와 같이 됨에 따라 전하가 분리되어 대전체 가까운 곳은 (-)가 대전체에서 먼 곳은 (+)가 대전된다. 이때 대전체의 거리에 따라서 유도되는 전하의 양이 차이가 나는데 가까이 가면 갈수록 많은 양의 전하들이 유도된다.

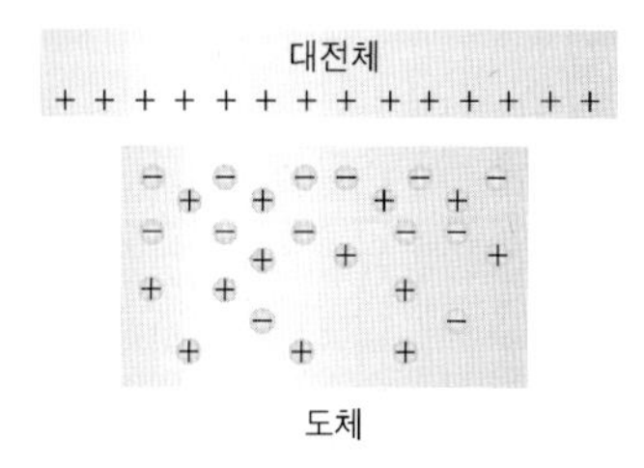

• 부도체 정전기 유도

부도체에는 자유전자들이 거의 없어 대전체를 가까이 해도 전자들이 원자핵에 강하게 붙들려 있기 때문에 원자를 이탈할 수가 없다. 그러나 부도체에 (+) 대전체를 가까이 하면 대전체로부터 힘을 받아 전자의 이동은 없지만 원자나 분자내의 (+)전하와 (-)전하가 서로 반대 방향으로 힘을 받아 찌그러지거나 회전하게 된다. 따라서 대전체와 가까운 표면과 먼 표면은 서로 다른 종류의 전하를 띠게 되는데 이런 현상을 유전 분극이라고 한다. 유전 분극이 잘 되는 정도를 유전율 (ε)이라고 하는데 진공에서의 유전율 (ε_0)를 기준으로 비교하며 진공에 대한 어떤 물질의 유전율의 비를 유전상수라고 하며

$$k = \frac{\varepsilon}{\varepsilon_0}$$

와 같이 표현할 수 있다. 유전상수는 뒤쪽 축전기에서 다시 한번 배우게 될 것이다.

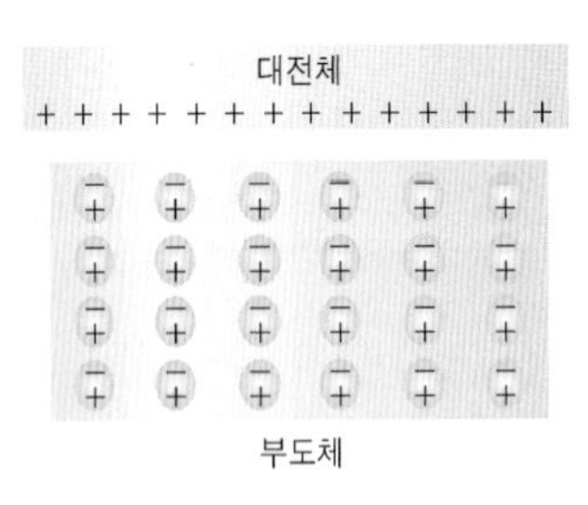

• 검전기

정전기 유도 현상을 이용하여 물체가 대전되어 있는지를 알아보는 데는 그림과 같은 금속박 검전기가 널리 쓰인다.

아래 그림은 중성 상태인 검전기에 (-)대전체를 금속판에 가까이하면 전자들 간의 반발력으로 인하여 금속판에 있던 자유 전자들이 금속박으로 이동하게 된다. 금속박은 매우 얇은 박편인데 전자들 간의 척력 때문에 금속박이 벌어지게 된다.

대전체를 더욱 가까이 가져가면 갈수록 금속박이 이루는 각도는 더 커지게 된다. 즉, 거리에 따라서 유도되는 전하량의 값은 달라지는 것이다.

이 상태에서 손가락을 금속판에 갖다 대어보면 금속박에 있던 전자들이 대전체와 최대한 멀리 이동을 하려고 손을 통해 우리 몸으로 이동을 하게 되고 금속박은 오므라든다. 그리고 손을 치우고 대전체를 나중에 치우게 되면 검전기 전체는 (+)전기를 띠게 된다. 이는 전자의 부족 현상으로 (+)과잉 상태이기 때문에 검전기는 전체적으로 (+)전기를 골고루 띠게 되므로 금속박은 다시 벌어지게 된다.

이 상태에서 다시 (-)대전체를 가까이하면 검전기 내부에 남아 있던 전자들이 다시 반발을 해서 금속박으로 이동을 하게 되어 금속박은 (+)간의 반발력이 약하게 되어 순간적으로 다시 오므라들게 되고, (+)대전체를 가까이하면 금속박은 원래보다 더 벌어지게 되어서 대전체가 가지고 있는 전하의 종류를 쉽게 알아낼 수 있다.

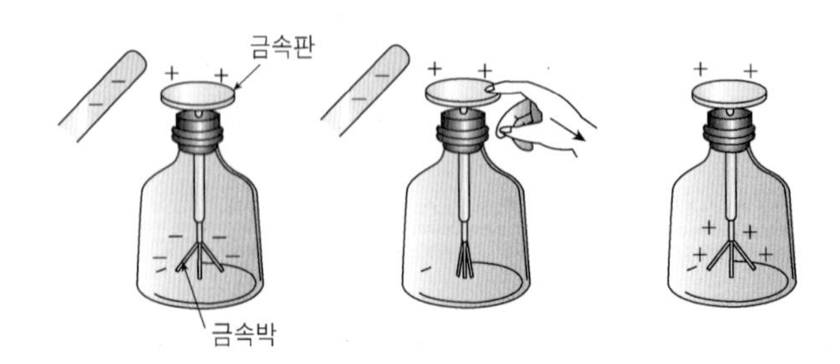

KEY POINT

KEY POINT

예제7

명주헝겊으로 에보나이트 막대를 문지르면 명주헝겊의 전자가 에보나이트 막대로 이동한다. 이런 성질을 이용하여 대전시킨 에보나이트 막대를 그림처럼 검전기에 가까이 가져갔을 때 금속박은 어떤 종류의 전하로 대전되며 또 어떻게 되겠는가?

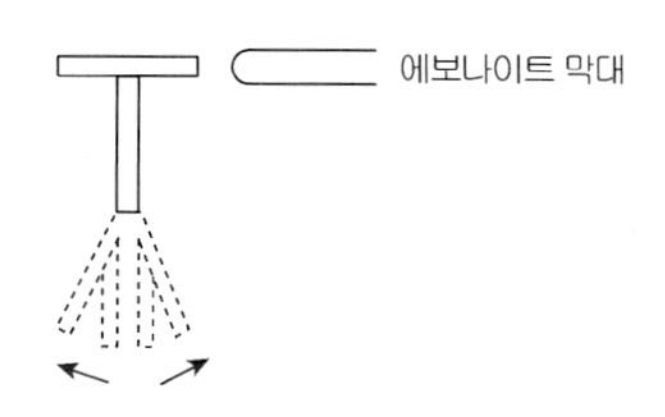

풀이 에보나이트 막대가 (−)전기를 띠게 된다(전자가 명주헝겊에서 에보나이트 막대로 이동하므로) 이 에보나이트 막대를 검전기의 금속판 가까이 가져가면 금속판은 (+)전기를 띠게 되고 금속박은 먼 쪽에 있어서 (−)전기를 띠게 된다. 두 금속박은 같은 (−)전기를 띠게 되어 척력으로 인해 벌어진다.

※ 초전도

도체의 비저항 값은 온도가 낮아질수록 감소한다. 1908년까지는 액체 수소를 이용하여 20K의 온도로 많은 물질의 비저항은 온도를 낮출수록 그 값이 줄어든다. 1908년에 독일의 물리학자 오네스는 헬륨을 액화시켜 4.2K의 온도를 얻는데 성공했다. 수은이 온도가 내려감에 따라 비저항이 감소하다가 4.15K에서 급격히 0으로 떨어졌다. 이 온도를 초전도 임계온도라고 한다.

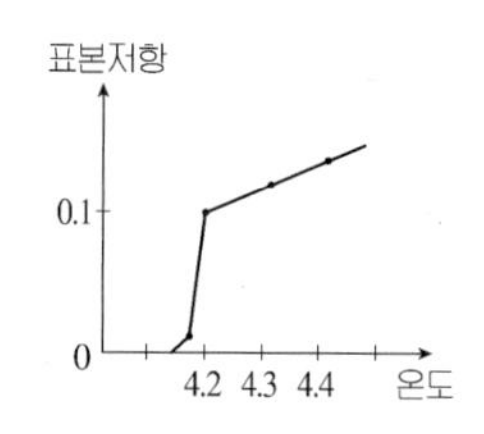

(4) 쿨롱의 법칙

물체는 사람 눈에 보이지만 전하 그 자체는 볼 수가 없다. 그렇다 하더라도 대전체 사이에는 힘의 작용이 있으므로 그 대전된 물체는 전하를 띠고 있고 이 힘은 전하들 사이에 작용하는 힘임을 알 수 있다. 이러한 전하들 사이에 작용하는 전기력은 물질들 사이에 작용하는 중력과 본질적으로 구분되지만 두 힘은 몇 가지 비슷한 특성을 가지고 있다.

공간상에 두 개의 전하가 있을 때 같은 종류의 전하는 전하 간에 밀어내는 척력이 작용하고 다른 종류의 전하는 전하 간에 끌어당기는 인력이 작용한다.

■ 쿨롱의 법칙
전기력 $F = \frac{1}{4\pi\varepsilon_o} \frac{q_1 q_2}{r^2}$

q_1 F 인력 F q_2

r

q_1 F 척력 q_2 F

그림. 전기력의 작용

KEY POINT

이 두 전하 사이에 작용하는 힘의 크기는 전하량의 곱에 비례하고 두 전하 사이의 거리의 제곱에 반비례한다. 이와 같이 두 전하사이에 작용하는 힘을 쿨롱의 법칙이라 한다.

식으로 표현하면

$F=\frac{kq_1q_2}{r^2}$ 이다 (k는 비례상수로 $k=9\times10^9\ Nm^2/C^2$)

비례상수 $k=\frac{1}{4\pi\varepsilon_o}$ (ε_o : 진공의 유전율)이고 ε_o는 진공의 유전율로 실험적으로 $\varepsilon_o=8.85\times10^{-12}\ C^2/Nm^2$으로 얻어진 값이다.

또 여기서 r은 두 전하사이의 거리이고 q_1q_2는 각각의 전하량인데 단위로는 C (Coulomb)을 사용한다.

$1C$은 $1A$의 전류가 1초 동안 흐른 전하량이다. 전자 1개의 전하량은 $1.6\times10^{-19}C$이다.

즉 전자 6.25×10^{18}개의 전하량이 $1C$이다.

예제8

전하 Q가 균일하게 분포해 있는 지름이 10cm인 부도체 구의 중심에서 50cm 떨어져 있는 점전하가 받는 힘이 10N이다. 이 구의 전하가 $2Q$이고 지름이 20cm일 때, 점전하가 받는 힘의 크기(N)는? (2015년 국가직 7급)

① 5 ② 10

③ 20 ④ 40

풀이 두 전하를 가진 입자사이에 작용하는 전기력의 크기는 $\frac{q_1q_2}{r^2}$에 비례한다. 두 입자 사이의 거리는 변하지 않았고 부도체 구의 전하량만 2배 증가하였으므로 전기력도 2배 증가한 20N이 된다. 정답은 ③이다.

(5) 전기장

전하는 떨어져 있어도 다른 전하에 힘을 작용한다. 이 힘은 하나의 전하에서 다른 전하에 직접 전달되는 것이 아니고 하나의 전하가 그 주위의 공간을 정전기력을 전달할 수 있는 성질을 가진 공간으로 만들고 그 공간에 의해 다른 전하에 힘이 전달된다고 생각하면 여러 가지의 전기 현상이 잘 설명된다.

그러므로 어떤 전하가 일정한 자리에 놓여 있는 공간 내의 한 곳에 다른 하나의 전하를 가져가면 그 전하에는 그 곳에 정해져 있는 전기력이 작용한다. 이와 같이 전하에 전기력이 작용하는 공간을 전기장이라 한다. 전기장의 성질을 조사하는 데는 시험 전하로서 1C의 양전하가 사용된다. 실제에는 1C과 같은 큰 전하를 전기장 내에 놓기는 어려우나 이론상으로는 단위 전하라는 개념으로 사용된다. 시험 전하에

■ 전기장 $\vec{E}=\frac{\vec{F}}{q}$

$E=\frac{1}{4\pi\varepsilon_o}\frac{q}{r^2}$

작용하는 전기력의 방향을 전기장의 방향으로 정의하고, 1C의 전하에 작용하는 힘을 전기장의 세기로 정의한다. 따라서 전기장의 단위는 [N/C]이 된다. 또 전기력이 벡터이므로 전기장도 벡터가 된다. 이 벡터를 전기장 벡터 $\vec{E}$로 나타낸다.

KEY POINT

예제9

그림과 같이 $2\sqrt{3}r$만큼 떨어져 있는 두 점전하 $+q$, $-q$를 잇는 직선에 수직한 방향으로, 두 전하의 중간 지점으로부터 r만큼 떨어져 있는 점 P에서의 전기장의 크기는? (단, 쿨롱 상수는 k이다) (2021 서울시 7급)

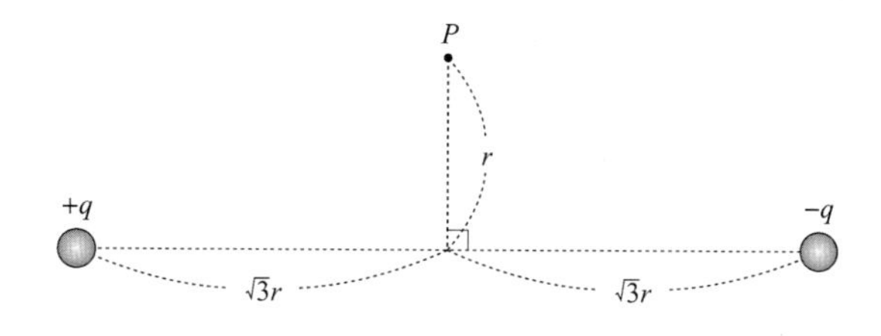

① $k\dfrac{q}{4r^2}$　　② $k\dfrac{\sqrt{3}q}{4r^2}$

③ $k\dfrac{q}{2r^2}$　　④ $k\dfrac{\sqrt{3}q}{2r^2}$

풀이 $+q$에 의한 전기장 E_1 $-q$에 의한 전기장 E_2의 합성 벡터이다.
E_1, E_2의 크기는 같고 사이각이 60°이다.

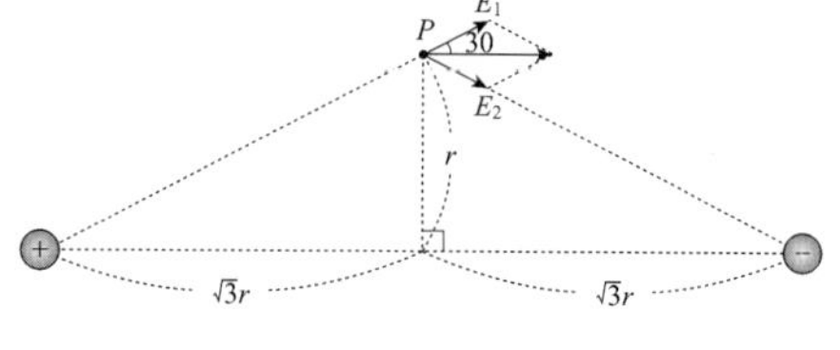

$E_1 = E_2 = k\dfrac{q}{4r^2}$ 이고 합성값은 $E = 2E_1\cos 30$

$E = 2\times k\dfrac{q}{4r^2}\times\dfrac{\sqrt{3}}{2} = k\dfrac{\sqrt{3}q}{4r^2}$

정답은 ②이다.

① 전기장

어떤 전하 주위에 다른 전하를 가져가면 그들 사이에는 서로 전기력이 작용하는데 이와 같이 전하 주위에서 전기력이 작용하는 공간을 **전기장**이라고 한다.
전기장은 단위 양전하를 놓았을 때 그 전하가 받는 힘의 크기를 그 점에서의 전기장의 세기라고 정의하고 식으로는 $\vec{E} = \dfrac{\vec{F}}{q}$ 라고 나타낼 수 있다.
따라서 전기장 E는 크기와 방향을 가진 벡터이다.

예제10

그림과 같은 반지름 R, 길이가 $\frac{2\pi}{3}R$인 원호에 양전하 Q가 고르게 분포되어 있다. 원의 중심 O에서 전기장의 세기는? (단, 쿨롱상수는 k이다.) (2011년 행안부 7급)

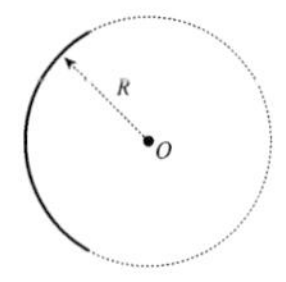

① $\frac{1}{2}\frac{kQ}{\pi R^2}$ ② $\frac{\sqrt{3}}{2}\frac{kQ}{\pi R^2}$ ③ $\frac{3}{2}\frac{kQ}{\pi R^2}$ ④ $\frac{3\sqrt{3}}{2}\frac{kQ}{\pi R^2}$

풀이 그림에서 선 전하밀도는 $\lambda = \frac{Q}{\frac{2}{3}\pi R} = \frac{3Q}{2\pi R}$이다. 미소길이 dl 속의 dQ전하가 중심 O점에 만드는 전기장은 $dE = \frac{1}{4\pi\varepsilon_0}\frac{dQ}{R^2}$인데, PO를 기준으로 대칭이므로 전기장의 dE_y성분은 상쇄되고, dE_x성분만 남는다. $dE_x = dE\cos\theta$이고, 각 θ는 $+\frac{\pi}{3}$에서 $-\frac{\pi}{3}$까지 이다. $E = \int dE_x$인데 $E = \int_{-\frac{\pi}{3}}^{\frac{\pi}{3}} \frac{1}{4\pi\varepsilon_0}\frac{dQ}{R^2}\cos\theta$이고, 선 전하밀도 $\lambda = \frac{dQ}{dl}$, $dQ = \lambda dl$이고, 미소길이 $dl = Rd\theta$이므로,

$$E = \frac{1}{4\pi\varepsilon_0}\int_{-\frac{\pi}{3}}^{\frac{\pi}{3}}\frac{1}{R^2}\lambda Rd\theta\cos\theta = \frac{1}{4\pi\varepsilon_0}\frac{\lambda}{R}\int_{-\frac{\pi}{3}}^{\frac{\pi}{3}}\cos\theta d\theta$$

$$= \frac{1}{4\pi\varepsilon_0}\frac{\lambda}{R}[\sin\theta]_{-\frac{\pi}{3}}^{\frac{\pi}{3}} \left(\frac{1}{4\pi\varepsilon_0} = k\text{로 쿨롱상수}\right)$$

$$= \frac{k\lambda}{R}\left[\left(\frac{\sqrt{3}}{2}\right) - \left(-\frac{\sqrt{3}}{2}\right)\right] = \frac{\sqrt{3}k\lambda}{R}$$

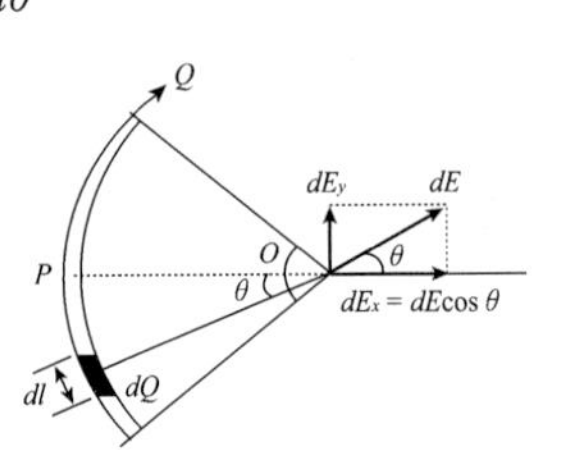

$\lambda = \frac{3Q}{2\pi R}$이므로, $E = \frac{3\sqrt{3}kQ}{2\pi R^2}$이다. 정답은 ④이다.

㉠ 도선에서 r 떨어진 곳의 자기장

선전하 밀도 λ인 도선에서 R만큼 떨어진 곳에서의 전기장의 세기 E는 그림에서

$dE = \frac{kdq}{r^2}$ 이고 $\lambda = \frac{dq}{dl}$, $l = R\tan\theta$ 에서

$dl = R\sec^2\theta\, d\theta \quad (\sec\theta = \frac{r}{R})$

$= \frac{r^2}{R}d\theta$ 이므로

$dE = \frac{kdq}{r^2} = \frac{k\lambda}{r^2}dl = \frac{k\lambda}{r^2} \times \frac{r^2}{R}d\theta$

$= \frac{k\lambda}{R}d\theta$ 이다.

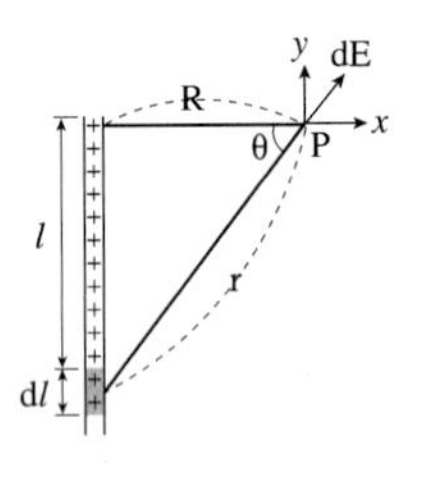

dE_y는 상쇄하고 dE_y는 $dE_x = dE\cos\theta = \frac{k\lambda}{R}\cos\theta\, d\theta$ 이다.

따라서 $E_x = \frac{k\lambda}{R}\int_{-\theta_1}^{\theta_2}\cos\theta\, d\theta = \frac{k\lambda}{R}[\sin\theta]_{-\theta_1}^{\theta_2}$

$= \frac{k\lambda}{R}(\sin\theta_2 + \sin\theta_1)$ 이고

KEY POINT

무한선은 $\theta_1 = \theta_2 = \frac{\pi}{2}$ 이므로 $E = \frac{2k\lambda}{R}$ 이다.

또 $k = \frac{1}{4\pi\varepsilon_o}$, $\lambda = \frac{Q}{l}$ 이므로 $E = \frac{1}{2\pi\varepsilon_o}\frac{Q}{Rl}$ 이다.

예제11

그림과 같이 반경이 R_1이고 속이 찬 무한히 긴 원통형 도체가 단위 길이당 양의 전하밀도로 대전되어 있고, 이 도체와 중심축을 공유하며 반지름이 R_2이고 두께를 무시할 수 있는 무한히 긴 원통형 껍질이 단위 길이당 음의 전하밀도 $-\lambda$로 대전되어 있다. 위치 a, b, c ($r_a < R_1$, $R_1 < r_b < R_2$, $r_c > R_2$)에서의 전기장 E_a, E_b, E_c의 크기를 비교한 것으로 옳은 것은? (단, 도선 및 원통형 껍질 이외의 공간은 진공 상태로 가정한다) (2016년도 국가직 7급)

① $E_a < E_b < E_c$
② $E_a < E_c < E_b$
③ $E_a = E_c < E_b$
④ $E_a < E_b = E_c$

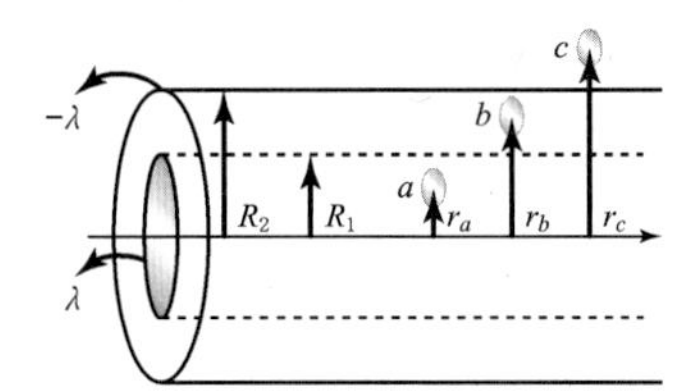

풀이 a 위치의 경우 도체 내부이므로 전기장 $E_a = 0$이다.

b 위치의 경우 도체와 도체 사이이므로(원통의 길이를 L이라 했을 때)

$E_b \times (2\pi r_b) \times L = \frac{\lambda L}{\varepsilon_0}$ 을 만족한다. 따라서 $E_b = \frac{\lambda}{2\pi\varepsilon_0 r_b}$ 이다.

c 위치의 경우 폐곡면 안의 알짜 전하가 0이므로 전기장 $E_c = 0$이다.

따라서 $E_a = E_c < E_b$를 만족한다.

정답은 ③이다.

- 가우스 법칙을 이용한 풀이

가우스 법칙에서 $\varepsilon_o \oint E \cdot ds = q$

$\oint ds = 2\pi Rl$, $\lambda = q/l$ 에서 $q = \lambda l$

따라서 $\varepsilon_o E 2\pi Rl = \lambda l$

$E = \frac{1}{2\pi\varepsilon_o}\frac{l}{R}$

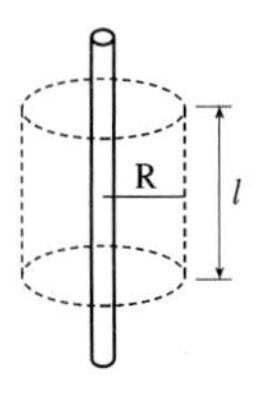

■ 전기력선의 모양 관찰

KEY POINT

㉡ 무한 평면에서 R 떨어진 곳의 전기장

면전하 밀도 δ인 무한 평면에서 R만큼 떨어진 곳에서의 전기장의 크기 E는 그림에서 가우스 법칙에 의해

$$\oint E \cdot dA = E_1A_1 + E_2A_2 = \frac{Q}{\varepsilon_0}$$ 이고

$$\delta = \frac{Q}{A}$$ 이므로

$$\oint E \cdot dA = \frac{\delta A}{\varepsilon_0}$$ 이다.

또 $A_1 = A_2$, $E_1 = E_2$ 이므로 $2EA = \dfrac{\delta A}{\varepsilon_o}$, $E = \dfrac{\delta}{2\varepsilon_o}$ 이다.

예제12

지면과 수직하고 서로 평행한 두 전극판 사이에 균일한 전기장이 형성되어 있고, 절연체 실의 한쪽 끝은 지면과 평행한 천장에 고정되고 다른 쪽 끝에는 질량이 m이고 전하량이 $+Q$인 절연체 공이 매달려 두 전극판 사이에 놓여 있다. 지면과 수직한 연직선에 대하여 절연체 실이 θ의 각을 이루며, 공이 평형 상태에 있을 때 두 전극판 사이의 전기장의 크기는? (단, 실의 질량, 절연체의 크기는 무시하고, 중력 가속도는 g이다) (2021 서울시 7급)

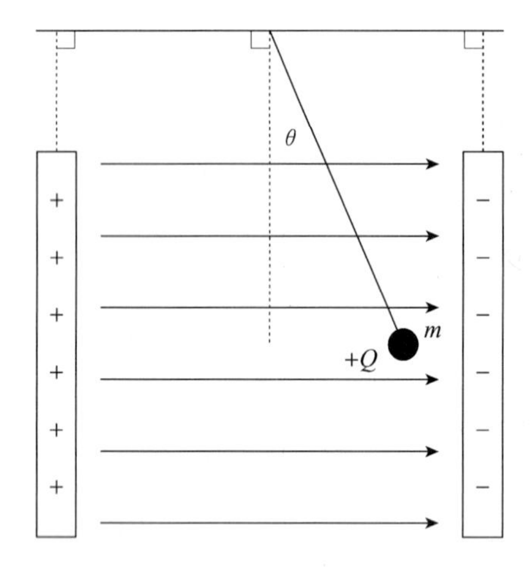

① $\dfrac{mg}{Q}\sin\theta$　　② $\dfrac{mg}{Q}\cos\theta$

③ $\dfrac{mg}{Q}\tan\theta$　　④ $\dfrac{mg}{Q}\sin\theta\cos\theta$

풀이 수직 방향의 힘은 mg이고 수평 방향의 전기장에 의한 힘은 QE 이다.

$\tan\theta = \dfrac{QE}{mg}$　$E = \dfrac{mg\tan\theta}{Q}$ 이다. 정답은 ③이다.

② 전기력선

어떤 전기장 내에 (+)전하를 놓았을 때 그 전하가 받는 힘의 방향을 따라가며 그린 선을 **전기력선**이라고 한다. 따라서 전기력선 위의 한 점에서의 접선의 방향이 그 점에서 전기장의 방향이 된다.

양전하 주위의 전기력선

음전하 주위의 전기력선

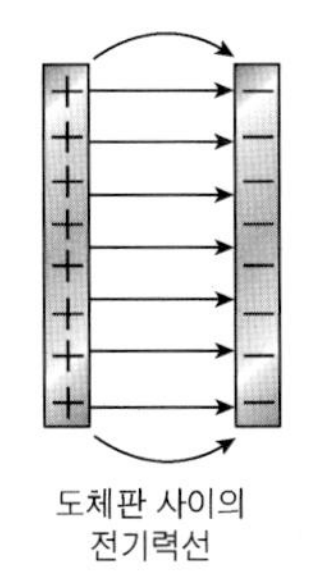

도체판 사이의 전기력선

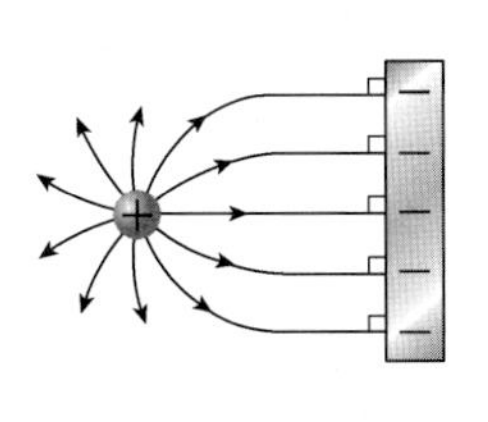

점전하와 도체판 사이의 전기력선

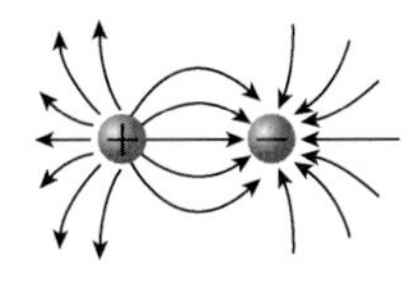

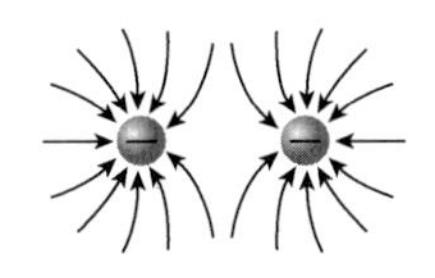

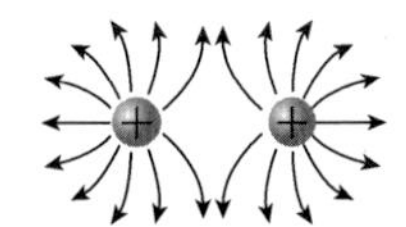

두 전하 사이의 전기력선

전기력선은 다음과 같은 성질을 가진다.

- 전기력선은 (+)전하에서 나와서 (−)전하로 들어가며 도중에 끊어지거나 교차하지 않는다.
- 전기력선에 그은 접선의 방향이 접점에서 전기장의 방향이다.
- 전기장의 세기는 단위면적당 전기력선의 수에 비례한다.

③ 맥스웰 방정식

㉠ 전기장에 대한 가우스의 법칙 $\oint E \cdot ds = \frac{g}{\varepsilon_o}$

㉡ 자기장에 대한 가우스의 법칙 $\oint B \cdot ds = 0$

㉢ 패러데이 법칙 $\oint E \cdot dl = -\frac{d\phi_B}{dt}$

㉣ 앙페르 - 맥스웰 법칙 $\oint B \cdot dl = \mu_o I + \mu_o \varepsilon_o \frac{d\phi_E}{dt}$

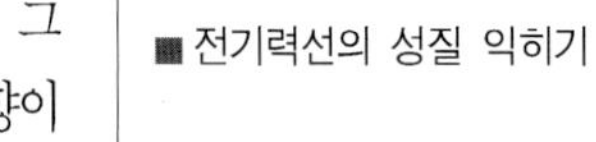

KEY POINT

■ 전기력선의 성질 익히기

KEY POINT

예제13

양(+)전하와 음(-)전하 사이의 전기력선과 등전위면에 대한 설명으로 옳지 않은 것은? (2021 국가직 7급)

① 등전위면은 전기력선과 평행하다.
② 전기력선의 수는 전하의 크기에 비례한다.
③ 양전하에서 나온 전기력선은 음전하로 들어간다.
④ 한 등전위면에서 서로 다른 두 지점 사이의 전위차는 0이다.

풀이 등전위면은 전기력선과 수직이다. 정답은 ①이다.

④ 가우스의 법칙

앞에서 우리는 쿨롱의 법칙을 배웠고 또 전기장에 대해서도 공부를 하였다. 이제는 전하와 전기장 사이의 상호관계를 기술하는 또 다른 방법으로 Gauss의 법칙을 공부하기로 하자. 가우스의 법칙은 간단한 전기장을 구하는데 매우 유용하다.

가우스의 법칙은 전기장 E의 flux(다발)에 관한 법칙이다. 균일하지 않은 전기장 내에 임의의 폐곡면을 생각하자. 이런 폐곡면을 Gauss면 이라고 부른다. 가우스의 법칙은 임의의 폐곡면을 통하여 밖으로 나오는 총 전기선속의 양이 이 곡면 내에 있는 순 전하량 q에 비례한다는 것으로 다음의 식으로 표현된다.

$$\varepsilon_o \Phi_E = q$$

여기서 전기선 속은 어떤 곡면을 통과하는 전기력선의 수(flux)이다.

즉 폐곡면을 지나는 알짜 전기력선속은 전하에 $\dfrac{1}{\varepsilon_o}$을 곱한 것과 같다.

이것을 **가우스의 법칙**이라고 한다.

폐곡면을 지나는 총전기력 선속 Φ는

$$\begin{aligned}\Phi = \oint E\,dS = E\oint dS \\ &= E4\pi r^2 \\ &= \frac{q}{4\pi\varepsilon_o r^2}\times 4\pi r^2 = \frac{q}{\varepsilon_o}\end{aligned}$$ 이다.

균일한 전기장 $\vec{E}$ 속에 평평한 넓이 A인 면을 통과하는 전기력선의 수를 계산해 보자.

KEY POINT

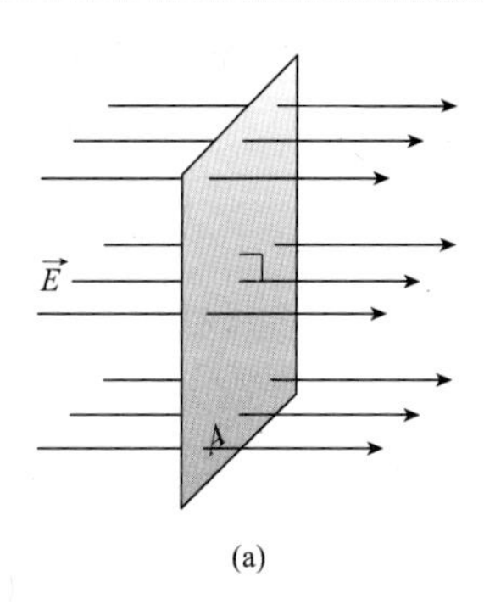

(a)

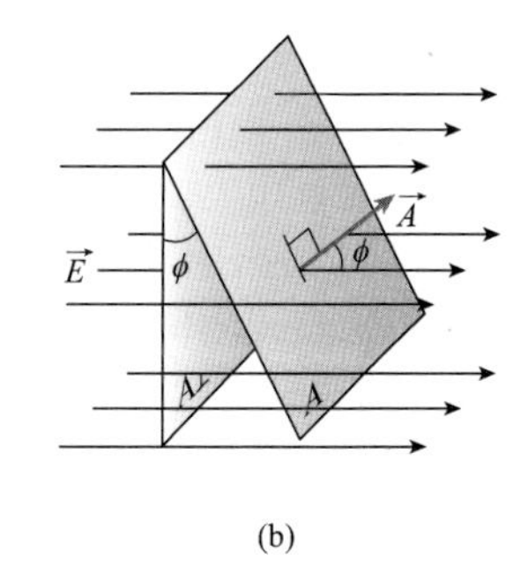

(b)

그림 (a)와 같이 면 A가 전기장 속에 수직으로 놓여 있을 때 이 면을 지나가는 전기력선의 수는 전기장의 세기 E와 면적 A의 곱으로 정의된다.

$$\Phi_E = EA$$

그림 (b)와 같이 면 A가 평평하기는 하지만 전기장 $\vec{E}$에 수직 하지 않을 경우보다 적은 전기력선이 이 면을 지나간다. 이때 A면을 지나는 전기력선의 선의 수는 $\Phi_E = EA\cos\phi$이다.

전하량이 같고 부호가 반대인 두 전하 즉 $+q$, $-q$가 한 폐곡면 내에 있을 때 폐곡면 내의 알짜 전하량은 0이 되고 폐곡면을 통과하는 전기력선의 수의 합은 0이다.

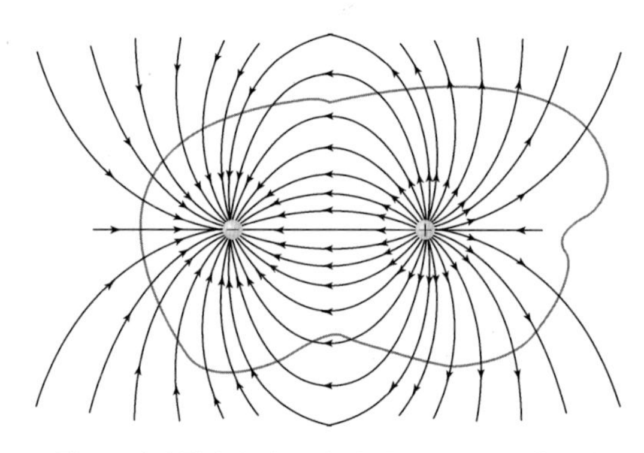
그림. 두 개의 전하가 있을 때 폐곡면을 통과하는 전기력선

만약 폐곡면 내에 전하량이 서로 다른 두 개의 전하 가령, $q_1 = +2q$, $q_2 = -q$의 두 개의 전하가 들어 있는 경우를 생각한다면 이때는 q_1에서 $4\pi k \times 2q$개의 전기력선이 나가고, q_2에 $4\pi kq$개의 전기력선이 들어오므로 이 폐곡면을 출입하는 전기력선 수의 차는 $4\pi k(q_1 - q_2)$개가 된다.

(단, $k = \frac{1}{4\pi\varepsilon_o}$ 이다.)

KEY POINT

예제14

그림 (가)는 전기장 E가 어떤 폐곡면의 면적 요소 ΔA의 법선과 θ의 각을 이루며 그 폐곡면을 통과하는 모습을 나타낸 것이다. ΔA의 법선 방향은 폐곡면의 내부에서 외부로 나가는 방향이다. 이때, 이 면적 요소를 통과하는 전기선 속은 $E\Delta A\cos\theta$가 된다. 그림(나)는 전하가 $+q$인 4개의 양전하와 $-q$인 1개의 음전하가 땅콩 모양으로 생긴 폐곡면의 내부에 3개, 외부에 2개 분포해 있는 모습을 나타낸 것이다.

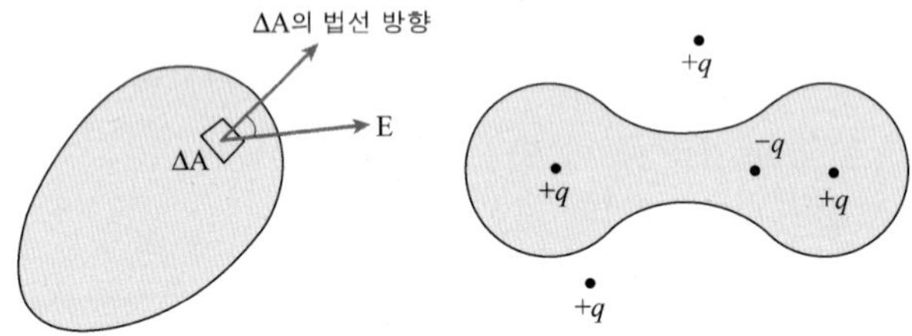

이 땅콩 모양의 폐곡면을 통과하는 전기선속의 총합은? (단, 그림 (나)에서 공간 의유전율은 ε이고, 국제표준 단위(SI 단위)를 사용한다.)

① $\frac{q}{3\varepsilon}$ ② $\frac{q}{\varepsilon}$ ③ $\frac{3q}{2\varepsilon}$

④ $\frac{5q}{3\varepsilon}$ ⑤ $\frac{3q}{\varepsilon}$

풀이 정답은 ②이다.

예제15

전하량 $-q$를 갖는 전하 A가 $(-\frac{1}{2}, -\frac{1}{2}, -\frac{1}{2})$ 좌표에 존재하고, (1,0,0), (1,1,0), (0,1,0), (0,0,0), (1,0,1), (1,1,1), (0,1,1), (0,0,1)를 여덟 개의 꼭짓점으로 하는 정육면체가 놓여 있을 때, 전하 A에 의해 생성된 전기장이 정육면체 표면을 통과하는 알짜 전기선속의 값을 ϕ_A라고 하자. 전하 A를 제거하고 전하량 $+q$를 갖는 새로운 전하 B를 $(\frac{1}{2}, \frac{1}{2}, \frac{1}{2})$ 좌표에 위치시킬 때, 전하 B에 의해 생성된 전기장이 정육면체 표면을 통과하는 알짜 전기선속의 값을 ϕ_B라고 하면, $\frac{\phi_A}{\phi_B}$를 바르게 표현한 것은 무엇인가? (2014 서울시 7급)

① 2 ② 1 ③ 0

④ -1 ⑤ -2

풀이 전하 A의 경우 정육면체 안에 알짜 전하가 존재하지 않기 때문에 $\Phi_A = 0$이다.
전하 B의 경우 정육면체 안에 알짜 전하가 존재하여 $\Phi_B \neq 0$이므로 $\frac{\Phi_A}{\Phi_B} = 0$이다.
정답은 ③이다.

KEY POINT

만일 전하가 도체에 놓여지면 전기장이 도체에 순간적으로 (약 10^{-12}초) 형성되고 재배치된다.

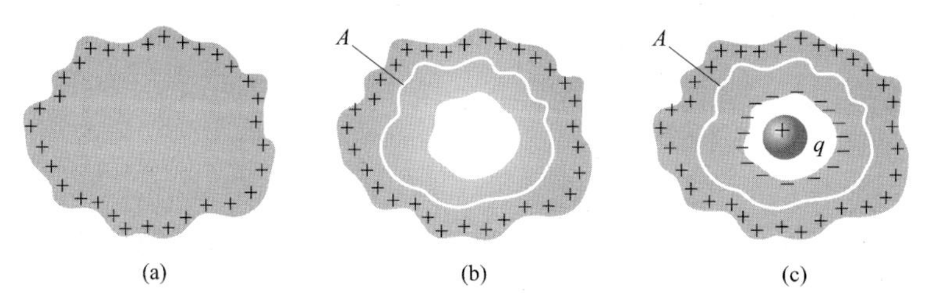

(a) 고체 도체에서의 전하는 모두 외부 표면 위에만 있다.
(b) 도체 내부의 공동에 전하가 없으면 공동 표면에서의 알짜 전하는 영이다.
(c) 공동에 전하 q가 있다면 공동 표면 위의 총 전하는 $-q$이다.

따라서 도체 내부의 전기장은 내부의 임의의 가우스 면에서 면내로 들어오는 전기력선의 수와 외부로 나가는 전기력선의 수가 같으므로 정전 평형 상태에 도달하여 전기장의 크기는 0이 된다.
따라서 Gauss 법칙을 이용하면 그 가우스 곡면 내에는 순전하가 존재하지 않는다는 것을 나타낸다. 이것은 도체 내의 임의의 폐곡면에 대해서도 적용되어야 하기 때문에 도체 내부에는 순전하가 존재할 수 없다는 것을 의미한다. 따라서 절연된 도체에 유도 전하나 순전하가 존재한다면 이들은 도체 표면에만 존재하여야 한다는 것을 알 수 있다.

(6) 전위

① 전위차와 전위

그림과 같이 균일한 전기장 내에서 (+)전하 q를 d만큼 끌어올리려면 외부에서 (+)전하에 일을 해 주어야 한다. 이 일의 크기는 qEd이고 일은 전하의 에너지로 저장되는데 이 에너지를 전기적 위치 에너지라고 한다.
전기장 속에서 단위 (+)전하에 외력을 작용하여 전기력에 대하여 두 점 사이를 이동시켰을 때 위치 에너지의 차를 전위차 또는 전압이라고 하며 단위 전하가 갖는 전기적 위치에너지를 전위라고 한다.

■ 전위 V
$V = \frac{W}{q}$

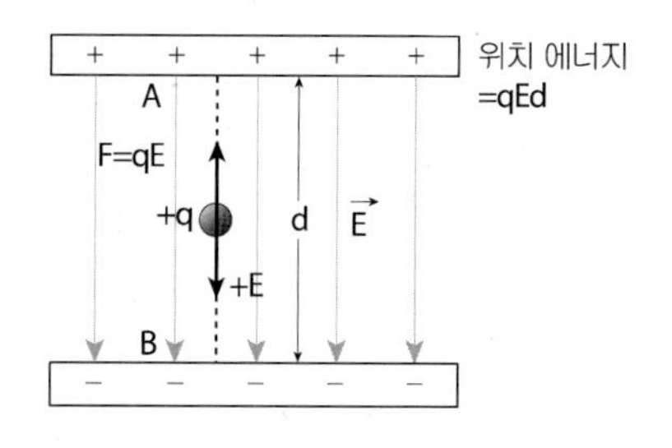

그림. 전기력의 위치에너지

전하 q를 기준점에서 다른 점까지 옮기는 데 한 일이 W이면 두 지점 사이의 전위 $V=\frac{W}{q}$이고 전위의 단위는 J/C이며 이것을 볼트(V)라 한다.

즉 $1V=1J/C$이다.

또 도체 내부에서 전위차는 0이 되므로 도체 표면이나 도체 내부 모든 곳에서 같다.

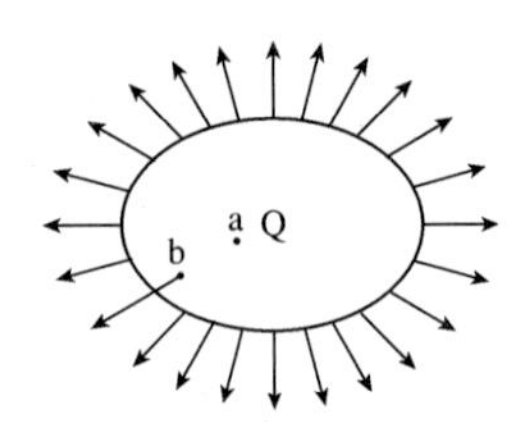

즉 $V_b - V_a = -\int_a^b E \cdot dl$ 에서

내부의 전기장 $E=0$ 이므로 $V_a = V_b$ 이다.

예제16

균일하게 대전된 무한 직선 전선에서 거리가 각각 R_1과 R_2 떨어진 두 위치 사이의 전위차(ΔV)는? (단, 전선은 선전하 밀도 λ로 대전되어 있으며, 전선의 굵기는 무시한다.) (2019년 서울시 7급)

① $\Delta V=\frac{\lambda}{4\pi\varepsilon_0}\ln\frac{R_2}{R_1}$

② $\Delta V=\frac{\lambda}{2\pi\varepsilon_0}\ln\frac{R_2}{R_1}$

③ $\Delta V=\frac{\lambda}{4\pi\varepsilon_0}\frac{R_2}{R_1}$

④ $\Delta V=\frac{\lambda}{2\pi\varepsilon_0}\frac{R_2}{R_1}$

풀이 $E=\frac{dV}{d\ell}$ $dV=E\cdot d\ell$ 이고 전기장 $E=\frac{1}{2\pi\varepsilon}\frac{\lambda}{\ell}$ 이므로 전위차 V는

$$V=\int dV=\frac{1}{2\pi\varepsilon_0}\lambda\int_{R_1}^{R^2}\frac{1}{\ell}d\ell=\frac{1}{2\pi\varepsilon_0}\lambda\{\ell nR_2-\ell nR_1\}$$

$$=\frac{1}{2\pi\varepsilon_0}\lambda\ell n\frac{R_2}{R_1}=\frac{\lambda}{2\pi\varepsilon_0}\ell n\frac{R_2}{R_1}$$ 정답은 ②이다.

② 전기장의 세기와 전위차

전위차는 단위 (+)전하를 전기장 내에서 옮기는 데 필요한 일

즉 $V=\frac{W}{q}$, $W=qV$ 이라고 앞서 배웠다.

한편 (+) q인 전하를 전기장 E속에서 거리 d 만큼 옮길 때 일은

$W=F\cdot d$

이고 전기력 $F=Eq$ 이므로 $W=Eqd$가 된다.

따라서 $W=qV$와 $W=qEd$ 에서 $qV=qEd$ 이므로 전위 V는 $V=E\cdot d$이다.

KEY POINT

■ 전위=전기장×거리
$V=E\cdot d$

KEY POINT

전하 Q와 전기장 및 전위와의 관계

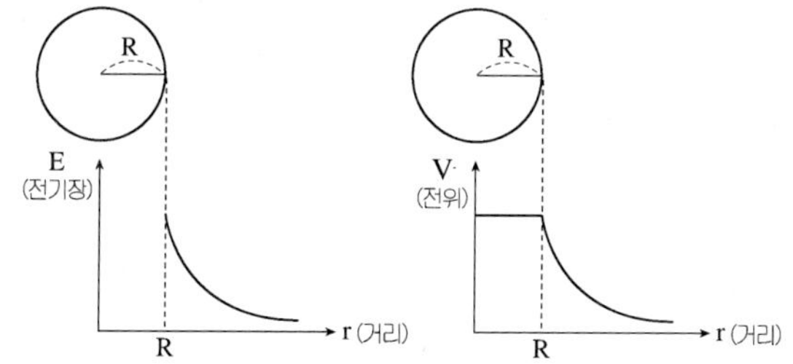

* 한편 도체가 아닌 반지름 R인 부도체에 균일하게 대전된 구가 구전체에 총전하 Q가 균일하게 분포된 부도체 구에서 전기장의 크기는

(a) 구 바깥쪽 (r>R) 전기장 E는
가우스면에 둘러싸인 전하는 Q 이므로

$$E\oint ds=\frac{Q}{\varepsilon_o} \text{ 에서 } E\cdot 4\pi r^2=\frac{Q}{\varepsilon_o}$$

$$E=\frac{1}{4\pi\varepsilon_o}\frac{Q}{r^2} \text{ 이다.}$$

예제17

반지름이 R인 구의 내부에 양전하가 균일하게 분포해 있다. 구가 고립되어 있을 때, 구의 중심으로부터 거리가 r인 지점에서 전기장의 크기에 대한 설명으로 옳은 것은? (2017년 국가직 7급)

① $r< R$이면 전기장의 크기는 r에 비례한다.
② $r< R$이면 전기장의 크기는 r에 무관한 상수이다.
③ $r> R$이면 전기장의 크기는 r에 비례한다.
④ $r> R$이면 전기장의 크기는 r에 무관한 상수이다.

풀이 구의 전체 전하량을 q라고하면 구 내부의 전기장($r< R$) $E=\frac{1}{4\pi\varepsilon_0}\frac{q}{R^3}r$이고,
구 내부의 전기장($r> R$) $E=\frac{1}{4\pi\varepsilon_0}\frac{q}{r^2}$ 이므로 $r< R$이면 전기장의 크기는 r에 비례하고, $r> R$이면 전기장의 크기는 r^2에 반비례한다. 정답은 ①이다.

(b) 구 내부 (r<R) 전기장 E

구에 의해 둘러싸인 전하는 체적 ($\frac{4}{3}\pi r^3$)에 비례한다.

따라서 가우스면 내부의 총전하 Q′의 비율은 $Q : Q' = R^3 : r^3$ 에서

$Q' = \frac{r^3}{R^3} Q$가 된다.

$E \cdot \oint ds = \frac{Q'}{\varepsilon_o}$ 에서 $E \cdot 4\pi r^2 = \frac{r^3}{\varepsilon_o R^3} Q$ 이므로

전기장 E는 $E = \frac{1}{4\pi\varepsilon_o} \frac{Qr}{R^3}$ 이다.

KEY POINT

예제18

전하량 q로 균일하게 대전된 속이 빈 구 껍질이 진공 속에 놓여 있다. 구 껍질의 안과 밖에서의 전기장의 크기는? (단, 진공에서의 유전율은 ε_0, 구의 반지름은 R, 구 중심에서 측정 지점까지의 거리는 r이다.) (2017년 서울시 7급)

① 안: 0 밖: 0

② 안: 0 밖: $\frac{1}{4\pi\varepsilon_0}\frac{q}{r^2}$

③ 안: $\frac{1}{4\pi\varepsilon_0}\frac{qr}{R^3}$ 밖: $\frac{1}{4\pi\varepsilon_0}\frac{q}{r^2}$

④ 안: $\frac{1}{4\pi\varepsilon_0}\frac{qr}{R^2}$ 밖: $\frac{1}{2\pi\varepsilon_0}\frac{q}{r}$

풀이 속이 빈 구 껍질은 전하가 구의 표면에만 분포하므로 구 내부의 전기장은 0이다. 구 밖에서의 전기장을 계산하는 경우 껍질 구를 점전하로 여기기 때문에 이때의 자기장은 $\frac{1}{4\pi\varepsilon_0}\frac{q}{r^2}$ 이다. 정답은 ②이다.

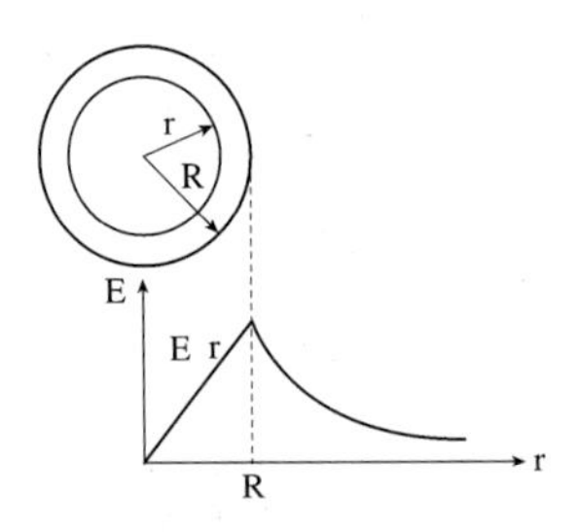

전기장 내에서 전하를 전기장과 같은 방향으로 거리 b만큼 옮겨 놓을 때 이 때 전하의 에너지를 퍼텐셜 에너지라고 한다.

보존력에 의하여 행해진 일의 관점에서는 퍼텐셜 에너지의 정의는 $\Delta U = -\omega$ 이다. 음의 부호는 보존력에 의하여 행해진 양의 일이 퍼텐셜 에너지의 감소로 이어진다는 것을 나타낸다.

$$W = F \cdot S$$
$$\Delta U = -W = -F \cdot dl$$
$$\Delta U = -qE \cdot dl$$

KEY POINT

전기퍼텐셜의 차이 ΔV는

$$\Delta V = \frac{\Delta U}{q} \text{ 이므로}$$

$$W = q\Delta V = q(V_a - V_b)$$

$$dV = \frac{\Delta U}{q} = -E \cdot dl$$

$$V_b - V_a = -\int_a^b E \cdot dl = -\left[\frac{-1}{4\pi\varepsilon_o}\frac{q}{r}\right]_a^b$$

$$= \frac{q}{4\pi\varepsilon_o}\left(\frac{1}{r_b} - \frac{1}{r_a}\right) \text{ 이다. } \frac{1}{r_b} - \frac{1}{r_a} = \frac{1}{r} \text{ 이라하면}$$

퍼텐셜 V는

$$V = \frac{1}{4\pi\varepsilon_o}\frac{q}{r} \text{ 이다.}$$

예제19

반지름이 R인 속이 꽉 찬 금속구가 전하량 Q로 대전되어 있다. 이에 대한 설명으로 옳은 것만을 모두 고르면? (2021 국가직 7급)

ㄱ. 금속구의 내부에서 전기장은 0이다.
ㄴ. 금속구 표면에서 전기장의 크기는 R에 비례한다.
ㄷ. 금속구 표면에서 전기장의 방향은 표면과 수직이다.

① ㄱ
② ㄴ
③ ㄱ, ㄷ
④ ㄴ, ㄷ

풀이 금속에 전하가 대전되면 전하는 표면에만 분포하고 내부전기장은 0이다.
표면에서 전기장은 표면과 수직이고 크기는

$E = \frac{1}{4\pi\varepsilon}\frac{Q}{R^2}$ 이다. 정답은 ③이다.

KEY POINT

예제20

그림과 같이 두 장의 금속판 A, B가 진공 중에서 거리 d를 사이에 두고 평행하게 놓여있으며, B에 양(+), A에는 음(-) A전하가 대전되어 있다.

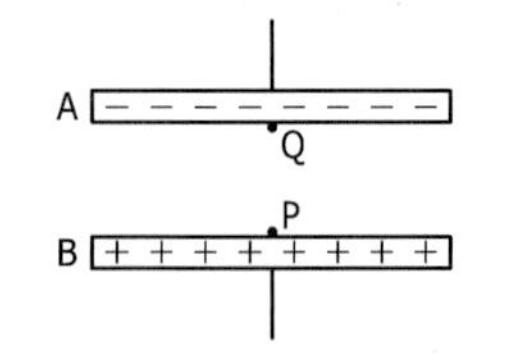

1. 판 사이의 전기장의 세기가 6×10^3N/C일 때 극판 사이의 점 P에 놓인 2×10^{-8}C의 양전하에 작용하는 전기력의 방향과 크기를 구하라.

풀이 양전하에 작용하는 전기력의 방향이 전기장의 방향과 같으므로 전기력의 방향은 $B\to A$방향이다. 또 이 때 작용하는 전기력의 크기는

$F=qE=2\times10^{-8}C\times6\times10^3N/C=1.2\times10^4N$

2. 이 전하를 점 P에서 전기장의 방향으로 5cm 떨어진 점 Q까지 이동시키는 데 필요한 일은 얼마인가?

풀이 일의 정의에 의하여

$W=Fd=1.2\times10^{-4}N\times0.05m=6.0\times10^{-6}J$

3. 또 P, Q 사이의 전위차는 얼마인가?

풀이 두 점 사이의 전위차는

$V_{PQ}=\frac{W}{q}=\frac{6.0\times10^{-6}J}{2\times10^{-8}C}=3.0\times10^2V$

(7) 축전기

① 축전기

양전하나 음전하끼리는 서로 반발하기 때문에 한 종류의 전하만을 좁은 곳에 모으려면 특별한 장치가 필요하다. 양전하 부근에 이와 절연된 음전하가 있으면 두 전하 사이에 인력이 작용하기 때문에 전하는 달아나지 못하고 한곳에 모여 있게 된다. 이런 원리를 이용하여 (+)전하와 (−)전하로 대전된 두 금속판을 가까운 거리에 두고 마주보게 하면 전하들 사이에 인력이 작용하여 두 금속판 사이에 많은 전하를 축적시킬 수 있다. 이와 같이 전하를 축적시키는 것을 충전이라 하고 그 장치를 축전기라고 한다.

■ 축전기 C에 저장된 전하량
$Q=CV$

축전기에 모아지는 전하량 Q는 양단에 걸어주는 전압 V에 비례한다.

즉, $Q\propto V$이고 축전기의 전기용량을 C라 하면 $Q=CV$로 나타낼 수 있다.

전기용량 C의 단위는 F로 나타내고 패럿이라고 한다. 실상에서는 패럿의 단위가 너무 크므로 μF(마이크로 패럿)을 많이 사용한다.

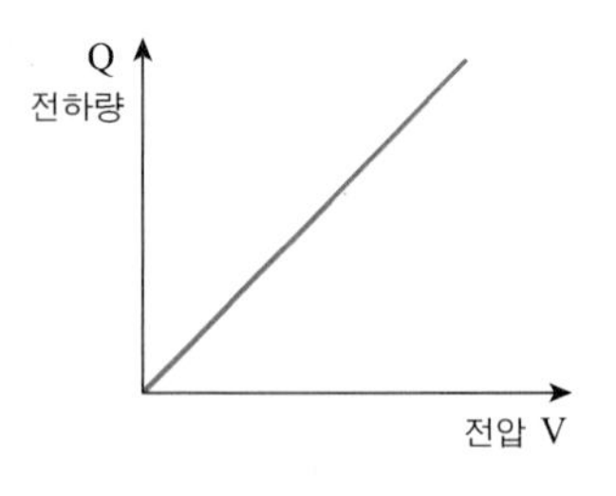

즉 $\mu F=10^{-6}F$이고 쉽게 비교할 수 있는 것은 그림과 같이 전하량이 물이라면 축전기는 물을 담는 그릇이고 전압은 물의 수면 높이와 비유될 수 있다.

■ 축전기의 용량

평행판 $C=\frac{\varepsilon_S}{d}$

원통형 $C=\frac{2\pi\varepsilon_o L}{ln\left(\frac{b}{a}\right)}$

구 형 $C=\frac{4\pi\varepsilon_o ab}{b-a}$

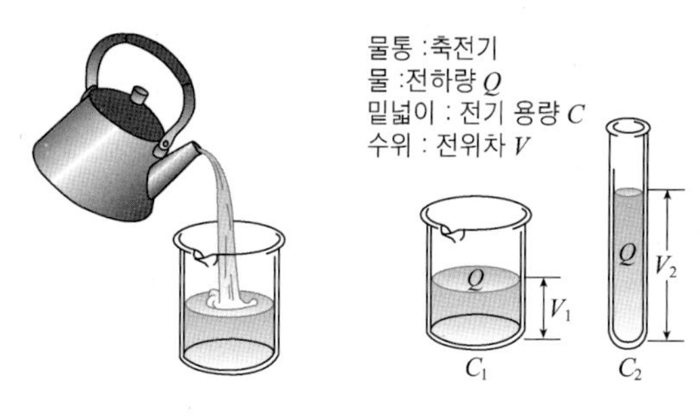

보통의 경우 축전기는 평행한 2개의 금속판으로 구성된다. 다음 그림과 같이 각 금속판을 전지의 양극과 음극에 각각 연결하고 스위치를 닫으면 전하의 이동에 의해 금속판 A와 B는 각각 같은 양의 (+)전기와 (-)전기로 대전되는데, 두 금속판 사이의 전위차가 전지의 전압과 같아질 때 전하의 이동은 멈추게 된다. 이때 두 금속판 사이에는 인력이 작용하므로 회로의 스위치를 열어도 금속판의 전하들은 이동하지 못하고 저장된 상태로 있다.

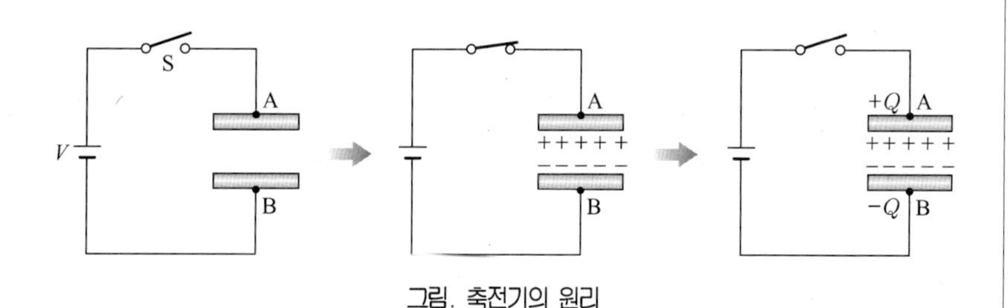

그림. 축전기의 원리

② 평행판 축전기의 전기용량

평행판의 넓이 S가 넓을수록 전기용량이 커지고 두 판 간격 d가 작을수록 전기용량이 커진다. 즉 $C \propto \dfrac{S}{d}$ 이다. 비례상수 ε을 써서 나타내면 $C = \dfrac{\varepsilon S}{d}$ 이고 ε은 극판 사이에 채워지는 물질의 유전율이다.

진공중의 유전율은 $\varepsilon_o = 8.854 \times 10^{-12}\ C^2/Nm^2$ 이다.

물 질	비유전율	물 질	비유전율
진 공	1	에보나이트	2.1~3.3
공기(건조)	1.0005	운 모	3~6
변압기 기름	2.22	유 리	5~9
고무(자연)	2.94	물	80.4
종 이	2.25		

물질과 진공의 유전율의 비를 비유전율이라 하며 비유전율 $K = \dfrac{\varepsilon}{\varepsilon_o}$ 이다.

위 표는 몇 가지 물질의 비유전율을 나타낸 것이다.

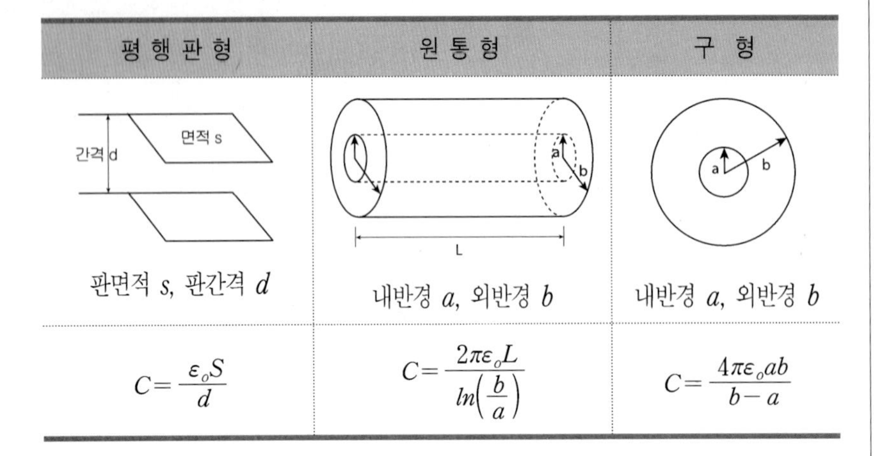

평 행 판 형	원 통 형	구 형
간격 d, 면적 s 판면적 s, 판간격 d	L, a, b 내반경 a, 외반경 b	a, b 내반경 a, 외반경 b
$C=\dfrac{\varepsilon_o S}{d}$	$C=\dfrac{2\pi\varepsilon_o L}{ln\left(\dfrac{b}{a}\right)}$	$C=\dfrac{4\pi\varepsilon_o ab}{b-a}$

예제21

<보기>의 (가)와 같이 판 하나의 넓이가 A인 두 도체판이 서로 d만큼 벌어져 있는 평행판 축전기가 있다. (나)와 같이 축전기의 두 도체판 중앙에 두께가 $\frac{1}{3}d$이며 대전되지 않은 다른 금속판을 넣었고 (다)와 같이 도체판과 금속판 사이에 유전 상수가 $2\varepsilon_0$인 유전체를 채웠을 때, 이에 대한 설명으로 가장 옳은 것은? (단, 유전체가 채워지지 않은 공간은 진공이다.) (2018년 서울시 7급)

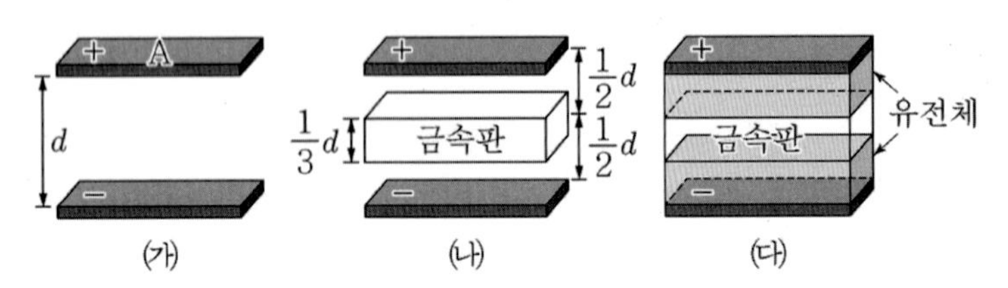

① (가)에서 전기용량은 $\dfrac{2\varepsilon_0 A}{d}$ 이다.

② (나)에서 전기용량은 $\dfrac{3\varepsilon_0 A}{d}$ 이다.

③ (나)에서 중앙에 있는 금속판 내 전기장의 크기는 0이다.

④ (다)에서 전기용량은 (나)의 3배이다.

풀이 ① (가)의 전기용량은 $\dfrac{\varepsilon_0 A}{d}$ 이다.

② (나)의 전기용량은 $$\dfrac{1}{\dfrac{1}{\dfrac{\varepsilon_0 A}{\frac{1}{3}d}}+\dfrac{1}{\dfrac{\varepsilon_0 A}{\frac{1}{3}d}}}=\dfrac{3\varepsilon_0 A}{2d}$$

③ 금속판은 표면에 전하가 분포하므로 내부의 전기장은 0이다.

④ (다)의 전기용량은 $$\dfrac{1}{\dfrac{1}{\dfrac{2\varepsilon_0 A}{\frac{1}{3}d}}+\dfrac{1}{\dfrac{2\varepsilon_0 A}{\frac{1}{3}d}}}=\dfrac{3\varepsilon_0 A}{d}$$ 이므로 (나)의 2배이다.

정답은 ③이다.

KEY POINT

* 반지름 R인 고립된 구의 전기 용량

반지름 R인 구가 전하+Q를 갖는다면 이 전하는 지면으로부터 이동했다고 생각할 수 있다. 이 지면은 적당한 도체이기 때문에 축전기의 두 판 중 한 판으로서의 역할을 한다. 구형(내반경 a, 외반경 b)에서 축전기에서 내반경을 고립구인 반경 R로 외반경을 지면이라 하면 b를 무한으로 하면 고립구의 전기용량 C는 $C = 4\pi\varepsilon_o R$ 이 된다.

③ 축전기의 연결

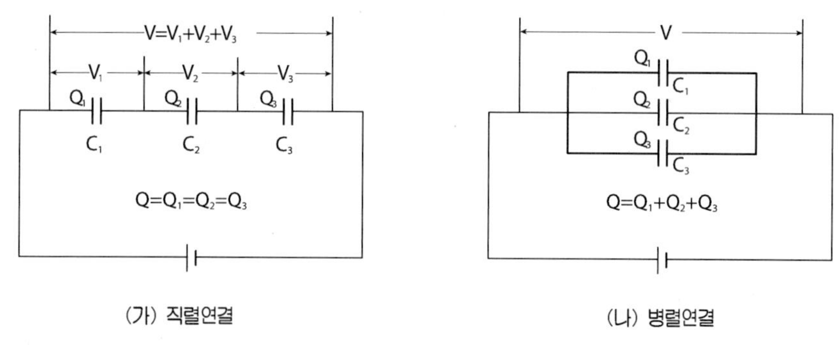

(가) 직렬연결 (나) 병렬연결

그림. 축전기의 연결

■ 축전기의 합성용량

직렬연결 $\frac{1}{C} = \frac{1}{C_1} + \frac{1}{C_2}$

병렬연결 $C = C_1 + C_2$

그림 (가)와 같이 직렬 연결하면 도선을 따라 이동하는 선하량 Q는 각 축전기에서 모두 같고 축전기 C_1, C_2, C_3에 걸리는 전압은 V_1, V_2, V_3가 되어 전체 전압 $V = V_1 + V_2 + V_3$가 된다.

그러므로 $Q = CV$에서

$$V = \frac{Q}{C},\ V_1 = \frac{Q}{C_1},\ V_2 = \frac{Q}{C_2},\ V_3 = \frac{Q}{C_3} \text{ 이고}$$

$V = V_1 + V_2 + V_3$이므로

$$\frac{Q}{C} = \frac{Q}{C_1} + \frac{Q}{C_2} + \frac{Q}{C_3} \text{ 이다.}$$

따라서 직렬 연결된 축전기의 합성 전기 용량 C는

$$\frac{1}{C} = \frac{1}{C_1} + \frac{1}{C_2} + \frac{1}{C_3} \text{ 이 된다.}$$

그림 (나)와 같은 병렬연결에서는 각 축전기에 걸리는 전압이 같아서 $V_1 = V_2 = V_3 = V$가 되고, 전하량은 도선을 따라 나눠지게 되어 $Q = Q_1 + Q_2 + Q_3$가 된다.

그러므로 $Q=CV$에서

$Q=CV,\ Q_1=C_1V,\ Q_2=C_2V\ \ Q_3=C_3V$이고

$Q=Q_1+Q_2+Q_3$이므로

$CV=C_1V+C_2V+C_3V$이다.

따라서 병렬 연결된 축전기의 합성 전기용량 C는 $C=C_1+C_2+C_3$이 된다.

■ 축전기의 에너지
$W=\frac{1}{2}CV^2$

예제22

전기용량이 각각 $C, 4C$인 평행판 축전기 A, B가 있다. A, B에는 유전율이 각각 $\varepsilon, 2\varepsilon$인 유전체가 채워져 있다. A의 평행판 사이의 간격이 d일 때, B의 평행판 사이의 간격은? (단, 평행판의 면적은 A, B가 같다) (2021 국가직 7급)

① $\frac{1}{4}d$　　② $\frac{1}{2}d$

③ $2d$　　④ $4d$

풀이 $\mathrm{A:C}=\frac{\varepsilon s}{d}$　　$\mathrm{B:4C}=\frac{2\varepsilon s}{x}$

$x=\frac{1}{2}d$ 이다. 정답은 ②이다.

④ 축전기의 정전 에너지

축전기에 충전된 에너지를 정전 에너지라고 한다. 전기용량 C의 축전기에 전압 V를 걸어 축전기 내부에 전하 Q가 축적되는 것을 충전이라 하며 반대로 전하들이 빠져 나가는 것을 방전이라 한다.

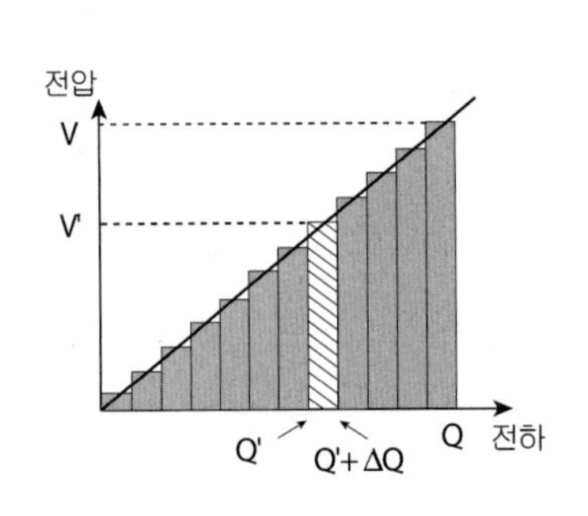

그림. 축전기에 저장된 에너지

■ 축전기의 에너지
$W=\frac{1}{2}CV^2$

그림에서 현재 Q'의 전기량이 충전되어 있다면 극판사이의 전압 V'는 Q'에 비례하고 $Q'=CV',\ V'=\frac{Q'}{C}$이 된다.

전기량 ΔQ만큼 더 충전하려면 일 $W=qV$에서 $V'\Delta Q$만큼의 일이 필요하다. 즉 이것은 그래프에서 넓이와 같아서 전체 일 W는 삼각형의 면적이 되어

$W=\frac{1}{2}QV$가 된다.

또 이 식은 $Q=CV$를 써서 $W=\frac{1}{2}CV^2$으로 나타낼 수도 있다.

⑤ 전기장의 에너지 밀도

평행판 축전기의 전기용량은 $C = \frac{\varepsilon_o A}{d}$ 이고 두 판의 퍼텐셜 차이 V는

$V = E \cdot d$ 이다.

축전기에 축적된 에너지 U_E는

$$U_E = \frac{1}{2} CV^2 = \frac{1}{2} \frac{\varepsilon_o A}{d}(E \cdot d)^2$$

$$= \frac{1}{2} \varepsilon_o E^2 (Ad) \text{ 이다.}$$

전체 축적된 에너지 $V_e = \frac{1}{2} \varepsilon_o E^2 (Ad)$이면 단위체적 (Ad)당 에너지

즉 에너지 밀도 (J/m^3) U_E는

$$U_E = \frac{1}{2} \varepsilon_o E^2 \text{ 이다.}$$

KEY POINT

예제23

두 축전기 C_1, C_2가 병렬로 연결된 상태에서 총 전하량 36 μC이 충전되어 있을 때 전위차가 3 V이다. C_1의 전기용량이 4 μF일 때 C2의 전기용량[μF]은?

① 2 ② 4
③ 6 ④ 8

풀이 $Q_1 = C_1 V_1$ $Q_2 = C_2 V_2$ 병렬연결이므로 전압이 3V 로 같다.
$Q_1 + Q_2 = 36\mu C$이므로 $4\times3 + C_2\times3 = 36$ $C_2 = 8\mu F$이다.
정답은 ④이다.

(8) 전기 쌍극자

매우 작은 거리 d만큼 떨어진 크기가 같고 부호가 반대인 두 개의 전하 q로 된 계를 **전기 쌍극자**라고 한다. 전기 쌍극자의 세기 및 방향은 전기 쌍극자 모멘트 $\vec{P}$로 표현되며 이는 음전하로부터 양전하를 향하고 크기가 qd인 벡터이다.

$$\vec{P} = q\vec{d}$$

① 전기장 내에서 전기 쌍극자의 토오크 전기장 속에 놓인 전기 쌍극자는 알짜힘은 0이지만 토오크는 있다.

$\tau = rF\sin\theta,\quad r = \dfrac{d}{2}$ 에서

$\tau_+ = \tau_-$ 이므로 전체 토오크 τ는

$\tau = 2qE\left(\dfrac{d}{2}\sin\theta\right) \quad F = qE$

$= PE\sin\theta$ 이다. 따라서 $\vec{\tau} = \vec{P} \times \vec{E}$ 이다.

② 전기 쌍극자에 의한 전기장

그림처럼 전하량 $+q$, $-q$를 갖는 $a(2l)$ 만큼 떨어진 전기 쌍극자로부터 거리 r 지점에서 전기장 E를 구해 보자.

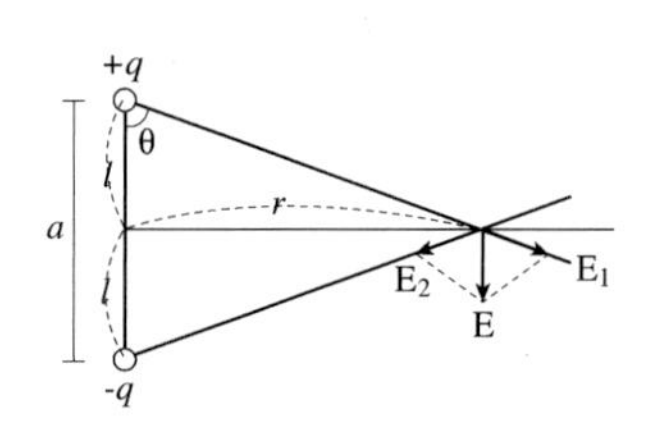

$+q$에 의한 전기장을 E_1이라 하고 $-q$에 의한 전기장을 E_2라고 하자.

그리고 $r \gg a$ 이다.

$\vec{E} = \vec{E_1} + \vec{E_2}$ 이다. 먼저 E_1을 구하면

$E_1 = \dfrac{1}{4\pi\varepsilon_o}\dfrac{q}{(\sqrt{r^2+l^2})^2}$ 이다.

E_2는 그 크기는 E_1과 같아서 $E_2 = \dfrac{1}{4\pi\varepsilon_o}\dfrac{q}{(\sqrt{r^2+l^2})^2}$ 이다.

그림에서 $E = 2E_1\cos\theta$ 이고

$\cos\theta = \dfrac{l}{\sqrt{r^2+l^2}}$ 이다.

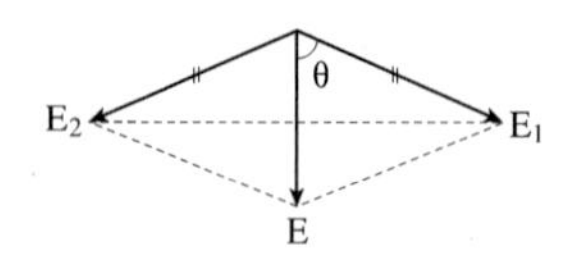

따라서 $E = 2\times\dfrac{1}{4\pi\varepsilon_o}\dfrac{q}{(\sqrt{r^2+l^2})^2}\times\dfrac{l}{\sqrt{r^2+l^2}}$

$= \dfrac{1}{4\pi\varepsilon_o}\dfrac{2ql}{(r^2+l^2)^{3/2}}$ 이고

$r \gg l$ 이므로 $(r^2+l^2)^{3/2} \simeq r^3$ 이다. 전기장 E는 $E = \dfrac{1}{4\pi\varepsilon_o}\dfrac{qa}{r^3}$ 이다.

KEY POINT

예제24

전하량이 $+q$ 인 점전하가 $(0, 0, +\frac{d}{2})$에 놓여 있고, $-q$ 인 점전하가 $(0, 0, -\frac{d}{2})$에 놓여 있는 전기 쌍극자가 있다. 이 전기 쌍극자가 만드는 퍼텐셜에 대한 설명으로 옳은 것만을 모두 고른 것은? (단, $a \gg d$ 이다) (2014 국가직 7급)

ㄱ. 점 $(0, 0, a)$에서 퍼텐셜의 크기는 $q \times d$에 비례한다.
ㄴ. 점 $(0, 0, a)$에서 퍼텐셜의 크기는 a에 반비례한다.
ㄷ. 원점을 지나고 z축에 수직한 평면은 등전위면이다.

① ㄱ ② ㄴ
③ ㄱ, ㄷ ④ ㄴ, ㄷ

풀이 전기 쌍극자가 만드는 전기 퍼텐셜 $V = \frac{1}{4\pi\varepsilon_0}\frac{qd\cos\theta}{r^2}$ 이다. 정답은 ③이다.

2 전압과 전류

오늘날의 전지들은 높은 전압으로 짧은 시간 동안 적은 전하가 흐르는 초기의 정전기 장치와는 달리, 낮은 전압에서 연속적인 전하의 흐름을 공급하는 장치이다. 이러한 안정된 전류원은 과학자들에게 전기회로에서 전하의 흐름을 조절하는 방법을 연구하기 위한 실험을 가능하게 해주었다. 오늘날 전류는 전등, 라디오, TV수상기, 공조기, 컴퓨터, 그리고 냉장고에 동력을 공급하고, 자동차 엔진의 휘발유를 점화시키고, 마이크로 컴퓨터 칩을 이루는 작은 구성요소들을 통해 흐르며, 셀 수 없는 많은 귀중한 일들을 하기 위한 동력을 공급한다.

(1) 전 류

도체 내에서 전압에 의해 힘을 받은 전하가 이동할 때 단위시간당 이동한 전하량을 **전류**라고 하고 전류는 양전하의 이동방향을 (+), 음전하 즉 전자의 이동방향을 (−) 부호로 정하였다. 따라서 금속도체 내에서의 전류의 방향은 자유전자의 이동방향과 반대가 된다.

■ 전류 $= \frac{\text{전하량}}{\text{시간}}$ $\left(I = \frac{dq}{dt}\right)$

전류의 방향은 편의상 양전하가 흐르는 방향으로 정한다. 즉, +전하들의 운동 방향을 +방향으로 한다. 그러나 자연에서 발견되는 다른 대전입자(帶電粒子)보다도 쉽게 움직일 수 있는 전자(電子, electron)의 흐름은 전류의 방향과 반대가 된다.

도선에 일정한 전류를 계속 흐르게 하려면 도선 양단에 일정한 전위차를 걸어 주어야 한다. 이와 같이 전기장의 원천으로써 역할을 하는 장치를 전원(電源)이라 하며,

KEY POINT

전원에는 화학에너지를 전기에너지로 바꾸는 전지(電池)와 역학적 에너지를 전기에너지로 바꾸는 발전기(發電機) 등이 있다. 전원에서 전위가 높은 쪽을 양극(陽極), 낮은 쪽을 음극(陰極)이라 하며, 또 두 극 사이의 전위차를 기전력(起電力)이라 한다.

그림과 같이 도체의 한 단면을 시간 t 동안에 이동하는 전기량을 Q라고 하면 전류 I는 $I=\frac{Q}{t}$ 이다. 전류의 단위로는 암페어(기호 A)를 쓴다. 즉 $1A=1c/s$ 이다.

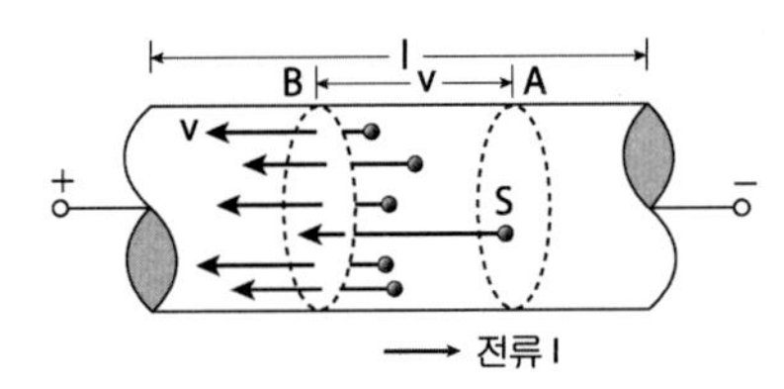

그림. 도체내의 선류

(2) 전기저항

금속내의 자유전자가 기전력의 작용에 의해 전기장과 반대쪽으로의 흐름을 갖게 되는데, 이때 도체내의 성질 즉 도선의 길이, 굵기, 재질 등에 따라 그 전자의 흐름을 방해하는 정도를 달리하며 나타난다. 이 흐름을 방해하는 것을 **전기저항**이라고 한다.

① 옴의 법칙

도선에 흐르는 전류 I는 도선 양단에 걸어준 전압 V에 비례한다. 비례상수를 R이라 하면 $V=IR$이고 이것을 옴(Ohm)의 법칙이라 한다. R은 도선이 갖는 고유특성으로 그 도선의 저항값이며 단위는 Ω(오옴)이고 $1\Omega=1V/A$이다.

또 어떤 저항 R인 도선에 전류 I가 지나면 지난 후에 전압 V는 IR만큼이 떨어지게 된다. 이것을 저항에 의한 전압 강하라고 한다.

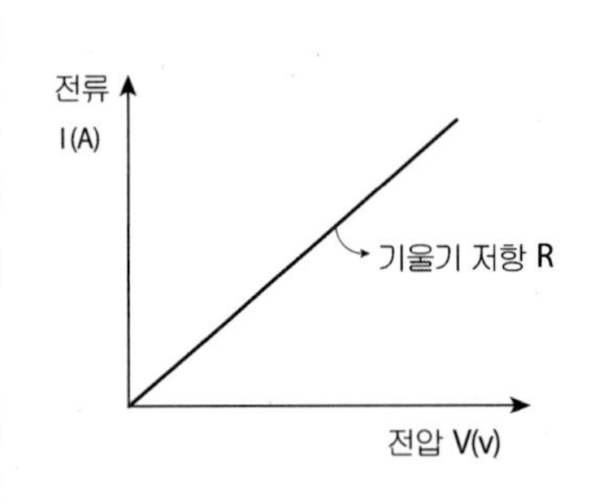

② 저 항

실험에 의하면 전기저항 R은 도선의 길이 l에 비례하고 도선의 단면적 S에 반비례한다. 즉

$R=\rho\frac{l}{S}$ 이다. 여기서 비례상수 ρ는 비저항으로 각 물질에 따라 다른 값을 나타내고 단위는 $\Omega \cdot m$이다.

■ 도선의 저항 $R=\frac{\rho l}{S}$
- ρ : 비저항
- l : 길이
- s : 단면적

KEY POINT

도선의 전기저항은 도선의 온도가 높아지면 금속내의 자유전자들의 충돌이 빈번해지므로 전기의 흐름이 방해를 받게 되어 저항이 커지게 된다.

어떤 도선의 0℃일 때 전기저항이 R_o라고 하면 Δt 만큼 온도를 높이면 증가된 저항 $\Delta R = \alpha R_o \Delta t$ 이며 α는 전기저항의 온도 계수이다.

물질의 비저항(20℃)

물 질	비저항(Ω·m)	물 질	비저항(Ω·m)
은	1.62×10^{-8}	탄 소	3.50×10^{-5}
구 리	1.69×10^{-8}	유 리	$10^{10}\sim10^{14}$
알루미늄	2.75×10^{-8}	황	10^{13}
철	9.68×10^{-8}	에보나이트	$10^{13}\sim10^{15}$
텅 스 텐	5.51×10^{-8}	고 무	$(1\sim15)\times10^{13}$
망 간	4.28×10^{-7}	목 재	$10^{6}\sim10^{17}$
니 크 롬	1.09×10^{-6}	수 정	75×10^{14}

따라서 Δt의 온도 증가후의 저항 R은

$$R = R_o + \Delta R$$
$$= R_o + R_o \alpha \Delta t = R_o(1 + \alpha \Delta t)$$

이다.

예제25

비저항과 부피가 같은 원기둥 모양의 구리 도선 A, B의 길이 비가 2:3일 때, 두 도선의 저항은 각각 R_A, R_B이다. $R_A : R_B$는? (2019년 국가직 7급)

① 1:1 ② 2:1

③ 2:3 ④ 4:9

풀이 $\ell_A : \ell_B = 2 : 3$이면 단면적 $S_A : S_B = 3 : 2$이다.

$R = \frac{\rho \ell}{S}$ 이므로 $R_A = \frac{\rho 2 \ell}{3S}$ $R_B = \frac{\rho 3 \ell}{2S}$

$R_A : R_B = \frac{2}{3} : \frac{3}{2}$ 즉 4:9이다. 정답은 ④이다.

③ 저항의 연결

㉠ 직렬 연결

그림과 같이 저항 R_1, R_2, R_3가 직렬로 연결되어 있을 때 회로 전체에 걸리는 합성저항 R을 구해보면 그림과 같은 직렬 회로에서는 전류 I가 R_1, R_2, R_3에 모두 똑같이 흐르고 각 저항에 걸리는 전압은 V_1, V_2, V_3가 걸린다. 그러므로 $V=V_1+V_2+V_3$이고 $V=IR$에서 $V_1=IR_1$, $V_2=IR_2$, $V_3=IR_3$이므로 $IR=IR_1+IR_2+IR_3$가 되어 R_1, R_2, R_3의 합성저항 R은 $R=R_1+R_2+R_3$가 된다.

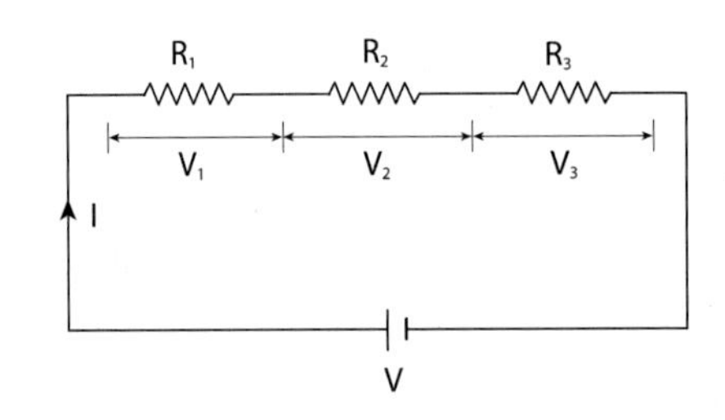

㉡ 병렬 연결

그림과 같은 저항 R_1, R_2, R_3가 병렬 연결되어 있을 때 회로 전체에 걸리는 합성저항 R을 구해보면 병렬 연결에서는 R_1, R_2, R_3에 걸리는 전압은 모두 V로 같이 걸리고 전류는 분기점에서 각각 나눠지므로 R_1, R_2, R_3에 각각 I_1, I_2, I_3의 전류가 흘러 $I=I_1+I_2+I_3$가 된다.

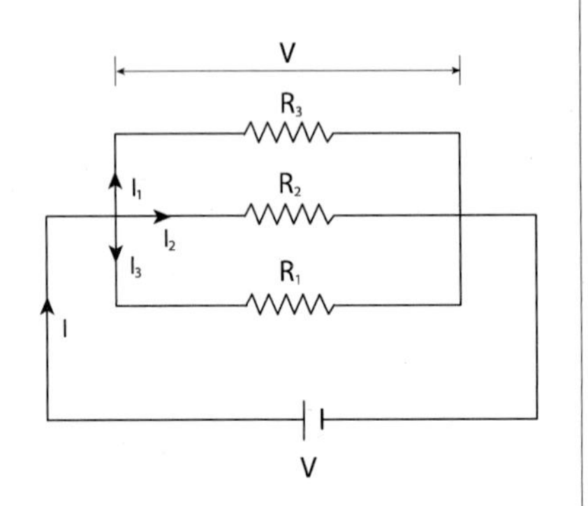

옴의 법칙 $V=IR$에서 $I=\frac{V}{R}$, $I_1=\frac{V}{R_1}$, $I_2=\frac{V}{R_2}$,

$I_3=\frac{V}{R_3}$ 이므로 $\frac{V}{R}=\frac{V}{R_1}+\frac{V}{R_2}+\frac{V}{R_3}$ 가 되어 합성저항 R은

$\frac{1}{R}=\frac{1}{R_1}+\frac{1}{R_2}+\frac{1}{R_3}$ 가 된다.

KEY POINT

■ 저항의 연결
직렬 연결 $R=R_1+R_2$
병렬 연결 $\frac{1}{R}=\frac{1}{R_1}+\frac{1}{R_2}$

■ 병렬에서 전압이 같고 직렬에서 전류가 같다.

KEY POINT

예제26

비저항이 3 Ω·m물질로 이루어진 한 변의 길이가 1cm인 정육면체들을 아래 그림과 같이 배열하였다. 이때 점 A와 B 사이의 저항(Ω)은? (단, 모든 접점의 저항은 무시한다) (2015년 국가직 7급)

① 600
② 800
③ 1000
④ 1200

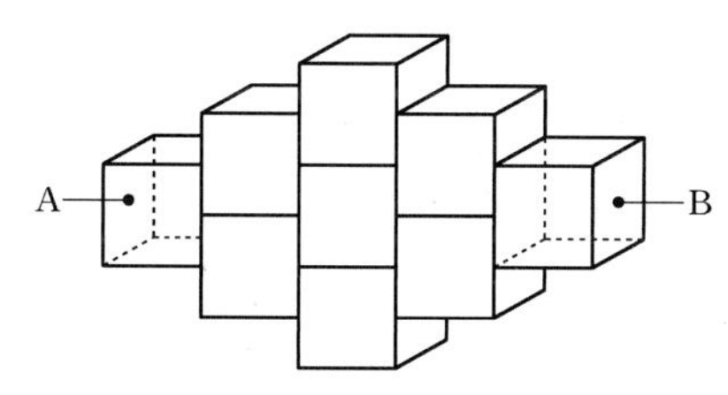

풀이 저항 $R=\rho\times\frac{L}{A}$ 이고, 정육면체 1개에서 도선의 길이는 10^{-2}m, 단면적의 크기는 10^{-4}m^2이다.

따라서 $R=3\times\left(\frac{10^{-2}}{10^{-4}}+\frac{10^{-2}}{2\times10^{-4}}+\frac{10^{-2}}{3\times10^{-4}}+\frac{10^{-2}}{10^{-4}}+\frac{10^{-2}}{2\times10^{-4}}\right)=1000\,\Omega$ 이다. 정답은 ③이다.

④ 여러 가지 회로에서 저항값

a, 그림과 같은 정육면체 모양의 회로에 각 변에 저항 r이 연결되었을 때 전체 저항값을 구해보자.

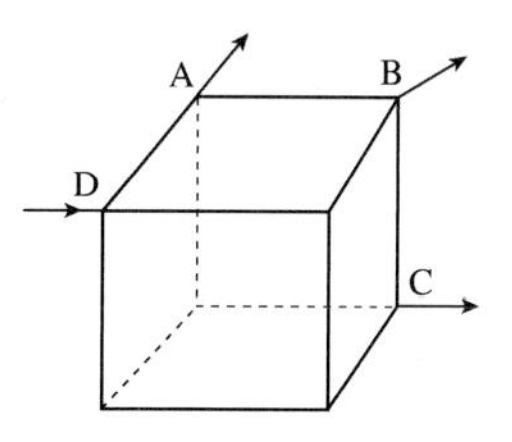

㉠ 0-A 사이의 저항

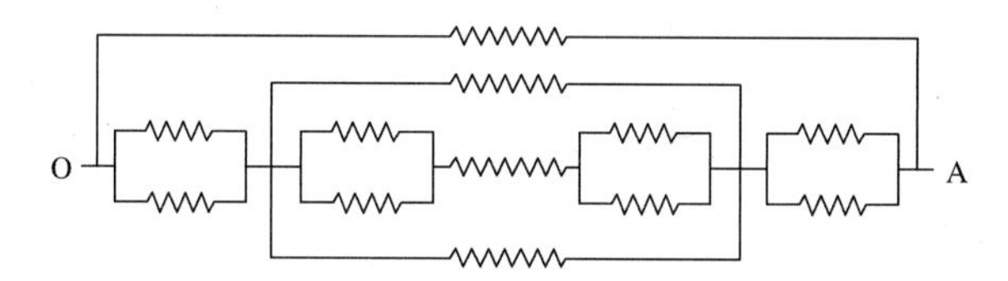

전체저항

$$R=\frac{7}{12}r$$

㉡ 0-B 사이의 저항

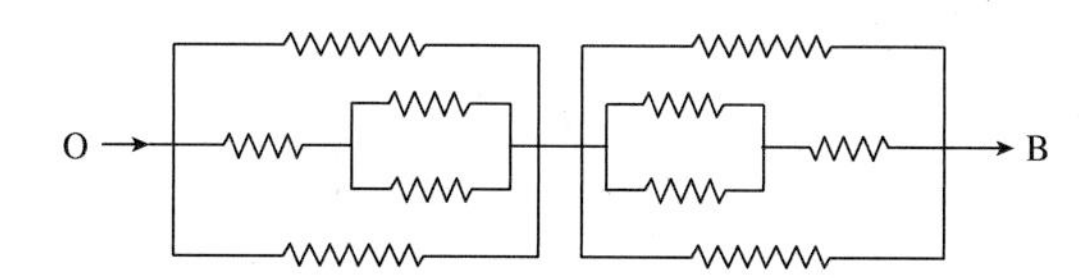

전체저항

$$R=\frac{3}{4}r$$

ⓒ 0-C 사이의 저항

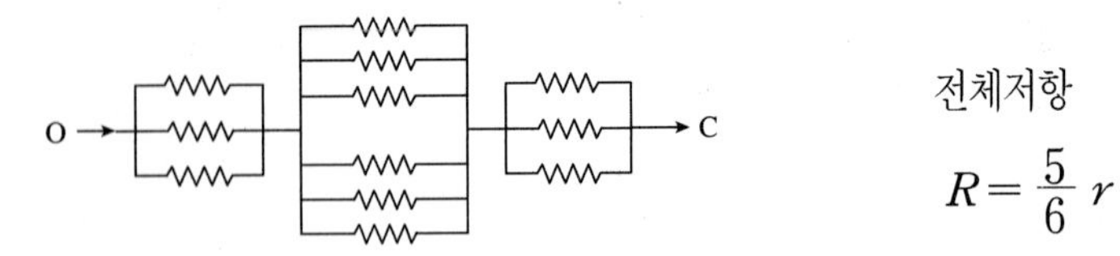

전체저항

$R = \frac{5}{6} r$

b. 오른쪽 그림과 같은 회로에서 전체저항은 $R = \frac{7}{5} r$ 이다.

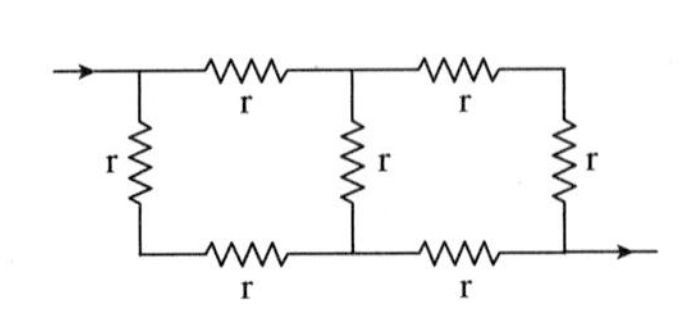

(3) 전기 회로

① 전압과 전류의 측정

㉠ 전류계와 분류기

회로 내에서 각 도선에 흐르는 전류를 재기 위한 측정기가 **전류계**이다. 회로에 직렬로 연결하며 내부저항이 매우 작다.

또 전류계의 측정 범위를 확대하기 위해 전류계와 병렬로 저항 R을 연결할 수 있는데 이것을 **분류기**라고 하고 저항 R을 분류기 저항이라고 한다. 분류기 저항 R을 구해보면 전류계의 내부저항을 r, 전류의 측정범위를 n배 확대한다면 전류계 Ⓐ에 흐를 수 있는 전류는 I이므로 전류계 Ⓐ에 걸리는 전압 $V = Ir$ 이다.

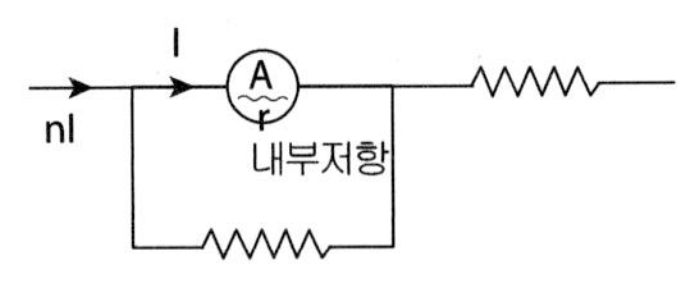

분류기 저항 R

■ 전류계는 회로에 직렬 연결

전류가 n배 흐르므로 회로 전체 전류는 nI이고 전류계에 I가 흐르므로 분류기에는 $nI - I = I(n-1)$의 전류가 흐르고 전압은 전류계와 병렬 연결이므로 전압이 같아서 $V = Ir$ 만큼 걸린다.

따라서 $V = IR$에서

$$Ir = I(n-1) \times R$$

$$R = \frac{1}{n-1} r \text{ 이다.}$$

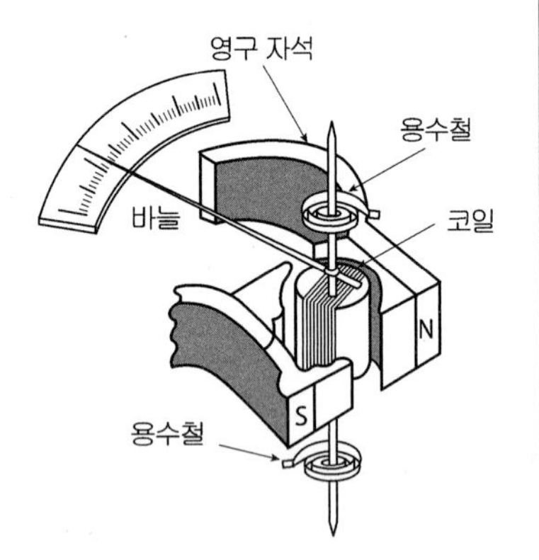

■ 분류기 저항 $R = \frac{1}{n-1} r$

$\begin{cases} n : \text{배율} \\ r : \text{전류계저항} \end{cases}$

분류기는 전류계와 병렬 연결

ⓛ 전압계와 배율기

회로 내에서 두 단자간의 전위차를 재기 위한 측정기를 **전압계**라고 한다. 회로에 병렬로 연결하며 내부저항은 매우 크다. 또 전압계의 측정 범위를 확대하기 위하여 전압계와 직렬로 저항 R을 연결할 수 있는데 이것을 **배율기**라 하고 저항 R을 배율기 저항이라고 한다. 배율기 저항 R은 전압계의 내부저항을 r, 전압의 측정 범위를 n배로 확대

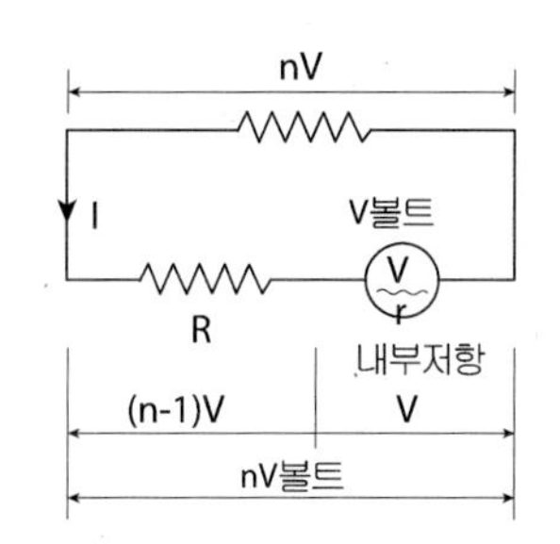

한다면 배율기와 전압계에는 직렬 연결이므로 같은 크기의 전류 I가 흐른다. 전압계에 전압이 V볼트이면 회로 전체에 nV 볼트의 전압이 걸리려면 배율기의 저항 R에 $(n-1)V$의 전압이 걸려야 한다.

전압계에서 $V=Ir$ $\quad I=\dfrac{V}{r}$이고 배율기에서 $(n-1)V=IR$이므로

$\dfrac{V}{r}=\dfrac{(n-1)}{R}V$가 되어 $R=(n-1)r$이다.

■ 전압계는 회로에 병렬 연결

■ 배율기 저항 $R=(n-1)r$
$\begin{cases} n : \text{배율} \\ r : \text{전류계저항} \end{cases}$

배율기는 전압계에 직렬 연결

예제27

아래 그림의 전기 회로에서 10 Ω 저항체에 흐르는 전류(A)는? (2015년 국가직 7급)

① 0.7
② 1.3
③ 2.0
④ 2.7

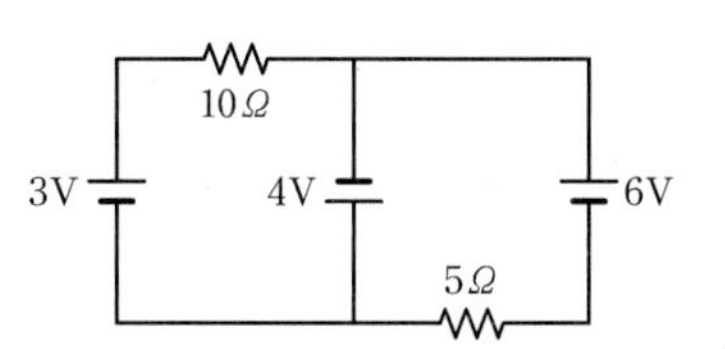

풀이 회로에 각 지점마다 전위를 표시하면 다음과 같다. 10 Ω 저항에 걸리는 전위는 7V이므로 흐르는 전류는 0.7A이다. 정답은 ①이다.

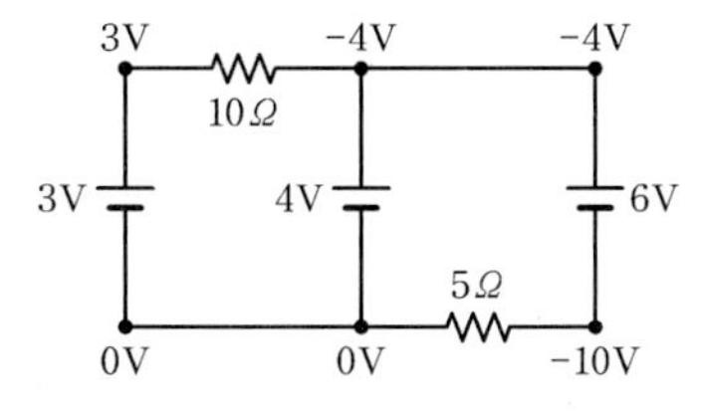

② 키르히호프(Kirchhoff)의 법칙

㉠ 제1법칙(분기점의 원리, 전하량 보존의 법칙)

회로 내에서 한 분기점을 기준으로 분기점에 들어오는 전하량의 총합과 분기점에서 나가는 전하량의 총합은 같다. 즉 그림에서 B 분기점에서 $I_1+I_2=I_3$ 이다.

■ 키르히호프
제1법칙 전하량 보존 법칙
즉, 분기점으로 들어오는 전하의 총합은 분기점에서 나가는 전하량의 총합과 같다.

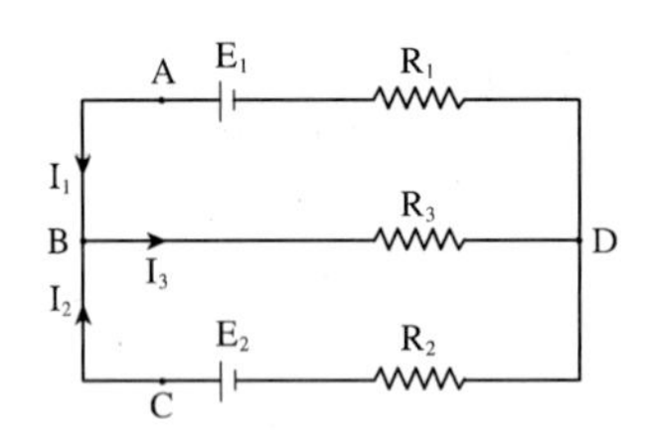

ⓛ 제2법칙(순환 정리, 에너지 보존의 법칙)

임의의 단힌회로에서 전기 저항에 의한 전압 강하의 총합은 전류 방향을 고려하여 회로 내에서 같은 방향으로 작용하는 전지의 기전력 총합과 같다. 즉 그림에서 폐회로 $ABDA$에서 $E_1 = I_1R_1 + I_3R_3$

폐회로 $CBDC$에서 $E_2 = I_2R_2 + I_3R_3$

폐회로 $ABCDA$에서 $E_2 - E_1 = I_2R_2 - I_1R_1$

이다. 임의로 전류의 방향을 정한다면 정해진 방향과 같은 때는 전류값이 (+)이고, 반대 방향일 때는 (−)이다.

예를 들어 위 폐회로 $ABCDA$에서 E_1과 E_2의 부호는 반대이고 I_1R_1과 I_3R_3의 부호도 반대이다.

■ 키르히호프 제2법칙
폐회로의 망로에서 전기에너지는 보존된다.

예제28

내부 저항을 무시할 수 있는 기전력 $E_1 = 6\ V$, $E_2 = 3\ V$인 전지와 저항이 그림과 같이 연결되어 있다. 각 저항선에 흐르는 전류의 세기는 얼마인가?

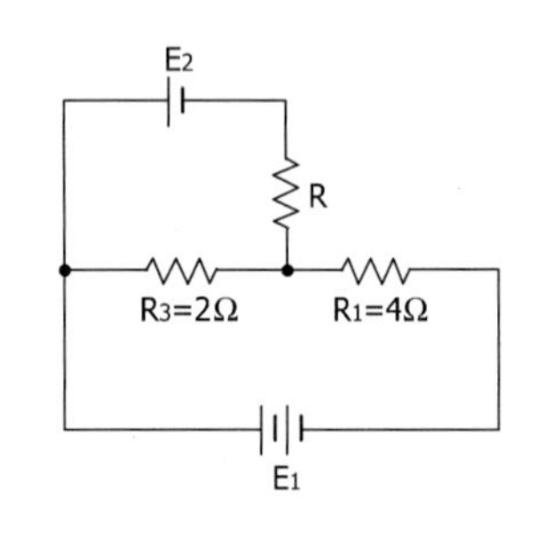

풀이 저항 R_1, R_2, R_3에서 흐르는 전류의 방향과 크기를 그림과 같이 정하고 점 E에 키르히호프의 제1법칙을 적용하면

$I_3 = I_1 + I_2$ …… ①

또 키르히호프의 제2법칙을 각 회로에 적용하면 회로 ABFGA에서

$6\,V = 4\Omega \times I_1 + 2\Omega \times I_3$ …… ②

회로 CBEDC에서

$3\,V = 2\Omega \times I_2 + 2\Omega \times I_3$ …… ③

①과 ②, ①과 ③에서

$6\,V = 6\Omega \times I_1 + 2\Omega \times I_2$ …… ④

$3\,V = 2\Omega \times I_1 + 4\Omega \times I_2$ …… ⑤

④, ⑤, ②, ① 등에서 다음 값이 얻어진다.

$I_1 = 0.9A$, $I_2 = 0.3A$, $I_3 = 1.2A$

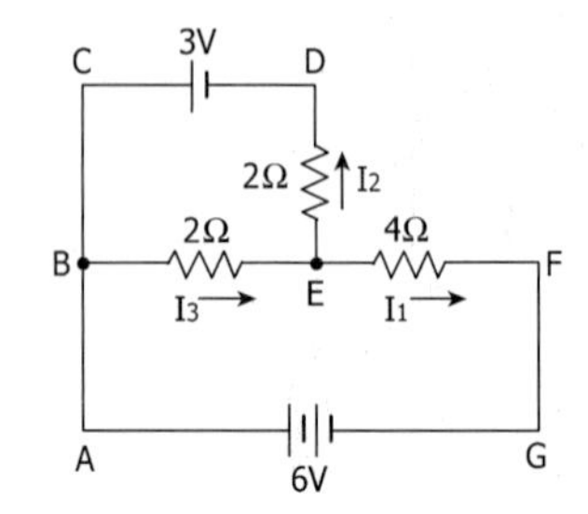

③ 휘스톤 브리지(Wheatstone's bridge)

미지의 저항을 정밀하게 측정할 때 그림과 같은 휘스톤 브리지를 사용한다. 알고 있는 저항 R_1, R_2, R_3에 미지의 저항 R_4를 그림처럼 연결하고 저항을 자유로이 변화시킬 수 있는 가변저항 R_3을 조절하여 검류계 Ⓖ에 전류가 흐르지 않게 되면 C점과 D점 전위가 같으므로 $I_1R_1 = I_2R_2$, $I_3R_3 = I_4R_4$이고 Ⓖ에 전류가 흐르지 않아서

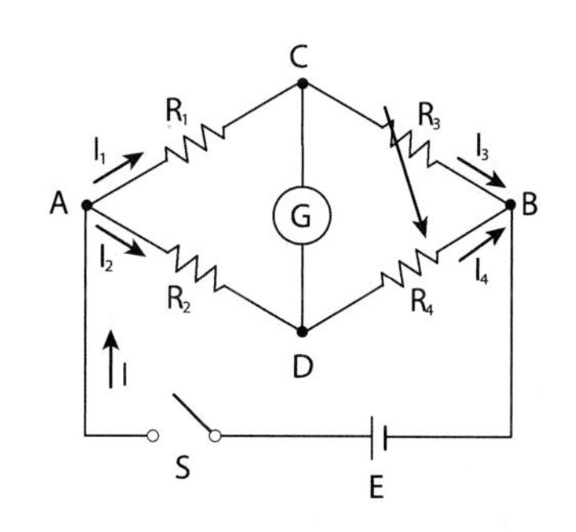

그림. 휘트스톤 브리지 회로

$I_1 = I_3$, $I_2 = I_4$이므로 $\dfrac{I_1}{I_2} = \dfrac{R_2}{R_1}$,

$\dfrac{R_4}{R_3} = \dfrac{I_3}{I_4} = \dfrac{I_1}{I_2}$ 이어서 $\dfrac{R_2}{R_1} = \dfrac{R_4}{R_3}$ 즉 $R_1R_4 = R_2R_3$에서 R_4를 구할 수 있다.

> **KEY POINT**
>
> ■ 휘스톤 브리지
> $R_1R_4 = R_2R_3$

예제29

그림과 같은 회로에 검류계 Ⓖ에 전류 $I = O$이었다면 저항 R값과 R에 흐르는 전류는?

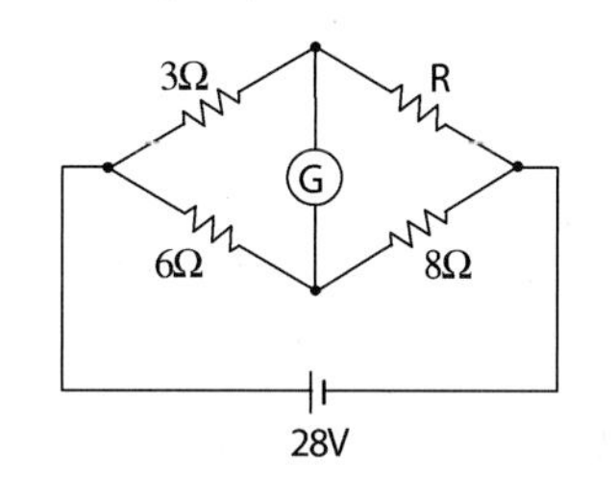

풀이 휘스톤 브리지에서 마주보는 저항의 곱은 같으므로 $3\times8 = 6\times R$에서 $R = 4\Omega$이다. 회로 전체 저항은 G에 전류가 흐르지 않으므로 윗단의 저항은 $3\Omega + 4\Omega = 7\Omega$ 아랫단 저항은 $6\Omega + 8\Omega = 14\Omega$이고 두 선은 병렬 연결이므로 $\dfrac{1}{R} = \dfrac{1}{7} + \dfrac{1}{14} = \dfrac{3}{14}$ $R = \dfrac{14}{3}$이다. $V = IR$에서 $28 = I\times\dfrac{14}{3}$ $I = 6A$의 전류가 흘러 아랫단 $V = IR$에서 $28V = I\times14\Omega$ $I = 2A$이고 윗단 $V = IR$에서 $28V = I\times7\Omega$ $I = 4A$이다. 따라서 저항 R에는 $4A$의 전류가 흐른다.

④ RC회로

그림과 같이 축전기와 저항 그리고 기전력 V_o로 구성된 회로에서 스위치 S를 a에 연결하여 충전하는 경우와 충전 후 스위치를 b에 연결하여 방전하는 경우 회로에서 전류와 전압이 시간에 따라 변하는 전류가 흐르는 경우를 알아보자.

KEY POINT

㉠ 축전기의 충전

그림에서 스위치를 a에 연결한 경우이다.

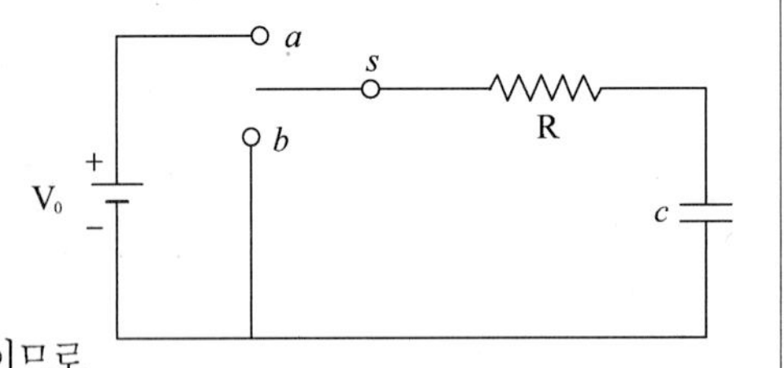

$V_o = V_R + V_C$

$V_R = IR$, $V_c = \dfrac{Q}{C}$

$V_c = V_o - V_R$에서

$\dfrac{Q}{C} = V_o - IR$, $I = \dfrac{dq}{dt}$ 이므로

$\dfrac{Q}{RC} = \dfrac{V_o}{R} - I = \dfrac{V_o}{R} - \dfrac{dq}{dt}$

$dq = -\dfrac{Q - CV_o}{RC}dt$ 이다.

적분하면 $\displaystyle\int_o^q \frac{dq}{Q - CV_o} = -\int_o^t \frac{dt}{RC}$ 이므로

$[\ln(Q - CV_o)]_o^q = -\dfrac{t}{RC}$ $\ln\dfrac{q - CV_o}{-CV_o} = -\dfrac{t}{RC}$ 이고

충전되는 전하량은 $q = CV_o(1 - e^{-\frac{t}{RC}})$ 이다.

또, $Q = CV_o$ 에서 $q = Q(1 - e^{-\frac{t}{RC}})$이다.

축전기에 걸리는 전압 V_c는 $V_c = \dfrac{q}{C} = V_o(1 - e^{-\frac{t}{RC}})$ 이고

저항에 걸리는 전압 V_R은

$V_R = V_o e^{-\frac{t}{RC}}$ 이다.

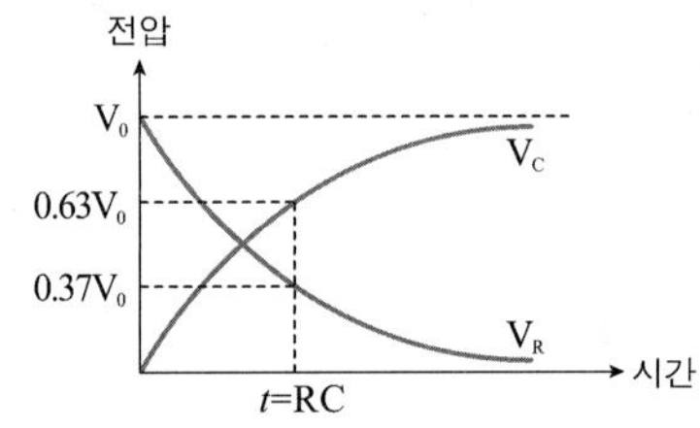

시간 $t = RC$일 때 $e^{-1} = 0.37$이 된다.

이때 시간 t 를 시상수라고 한다.

$\tau = RC$

㉡ 축전기의 방전

앞에서 스위치를 a에 연결하여 축전기가 완전히 충전된 다음 스위치를 다시 b에 연결하여 방전하는 경우이다.

$V_c - V_R = 0$ 즉, $\dfrac{q}{C} = IR$이다.

전류 $I = -\dfrac{dq}{dt}$ (여기서 -부호는 시간이 지남에 따라 전류가 감소함을 나타낸다) 이므로 $\dfrac{q}{C} = R\times(-\dfrac{dq}{dt})$ 이고 $-\dfrac{1}{RC}dt = \dfrac{1}{q}dq$ 이다.

양변을 적분하면

$$\int_Q^q \frac{1}{q}\,dq = -\int_o^t \frac{1}{RC}\,dt$$

$\ln\frac{q}{Q} = -\frac{t}{RC}$ $q = Q\,e^{-\frac{t}{RC}}$ 이다.

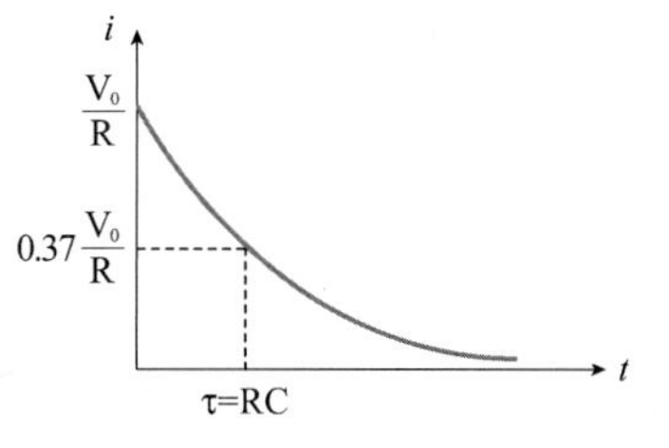

전류 I 는

$I = -\frac{dq}{dt} = \frac{V_o}{R}e^{-\frac{t}{RC}}$ 이고 $I = I_o e^{-\frac{t}{RC}}$ 이다.

예제30

그림과 같이 축전기(C)와 저항(R)으로 구성된 회로에서 축전기는 충분히 충전되어 있다. 축전기에 저장된 초기 에너지의 반이 소모되려면 닫은 후 얼마의 시간이 지나야 하는가? (2010년 지방직 7급)

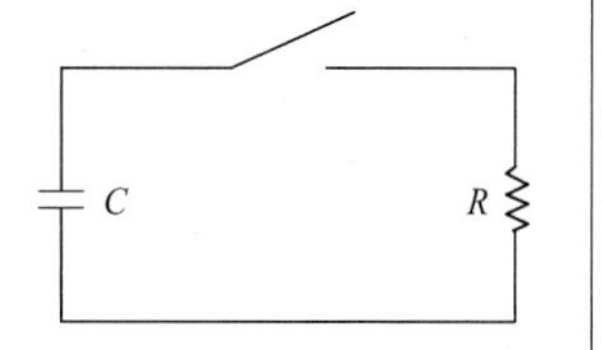

① $\frac{R}{2C}$ ② $\frac{RC}{2}$

③ $2\ln 2RC$ ④ $\frac{\ln 2}{2}RC$

풀이 스위치를 닫아 방전시키면 축전기의 전하가 줄어들면서 전압의 크기도 그래프와 같이 감소한다. $V = V_0 e^{-\frac{1}{RC}t}$

처음 축전기에 충전된 에너지가 $\frac{1}{2}CV_0^{\,2}$이면 에너지가 반이 되려면 $V = \frac{1}{\sqrt{2}}V_0$ 일 때이다.

따라서, $V = V_0 e^{-\frac{t}{RC}}$ 에서 $V = \frac{1}{\sqrt{2}}V_0$이므로

$\frac{1}{\sqrt{2}}V_0 = V_0 e^{-\frac{t}{RC}}$, $2^{-\frac{1}{2}} = e^{-\frac{t}{RC}}$ 이고,

$\ln 2^{-\frac{1}{2}} = -\frac{t}{RC}$, $-\frac{1}{2}\ln 2 = -\frac{t}{RC}$

$t = \frac{\ln 2}{2}RC$이다. 정답은 ④이다.

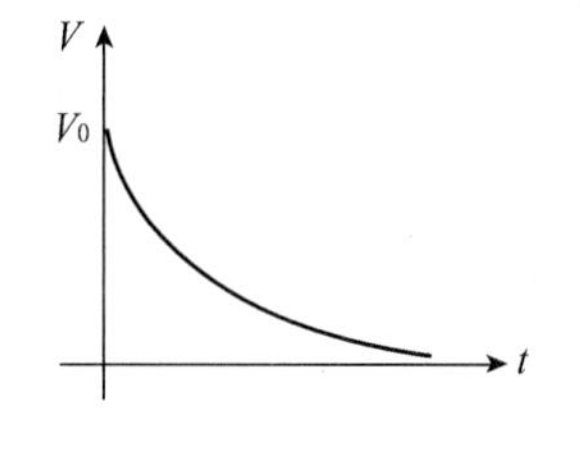

(4) 전 력

① 전기에너지

전열기에 전류가 흐르면 저항에 의해 열이 발생되어 열에너지를 공급하게 된다. 이 에너지는 전류가 흘러 열에너지를 공급한 것이 되는데 이때 에너지를 **전기에너지**라고 한다. 전류가 흐르면서 한일은 $W = qV$ 이고 $q = It$에서 $W = VIt$ 가 된다. 또 전류가 단위시간당 한일을 전력이라고 하고 전력 P는 $P = \frac{W}{t} = VI$로 나타낼 수 있으며 전력의 단위는 와트(W : 기호)이고 $1W = 1J/S$ 이다.

KEY POINT

■ 전력=전압×전류
$P = VI$

(전력=일률)
일=전력×시간
$W = VIt$ (J)

KEY POINT

예제31

기전력이 1.5V이고 내부저항이 0.25 Ω인 전지 20개가 있다. 4개씩 직렬로 연결하여 5묶음을 만들고 이것들을 병렬로 연결한 후, 직렬로 1 Ω의 저항을 연결하였다. 1 Ω 저항에서 소비되는 전력의 크기는 얼마인가? (2016년 서울시 7급)

① 25W ② 30W
③ 36W ④ 48W

풀이 직렬로 연결된 4개의 건전지의 내부저항은 $0.25 \times 4 = 1\ \Omega$이고 기전력은 $1.5 \times 4 = 6$ V이다. 이것이 모두 병렬로 5묶음이 연결되어 있으므로 총 기전력은 6V이고 내부저항은 0.2 Ω이 된다. 따라서 내부저항과 저항의 총 합성저항은 $1 + 0.2 = 1.2\ \Omega$이며, 회로에 흐르는 전류 $I = 6 \div 1.2 = 5$A이다.
따라서 저항에서 소비되는 전력 $P = I^2R = 5^2 \times 1 = 25$W이다.
정답은 ①이다.

우리가 가정에서 사용하는 백열등은 필라멘트의 저항에 의해 발생한 열이 온도가 높아 가시광선이 발생한다. 녹는점이 높은 텅스텐으로 만들어지는 필라멘트는 높은 저항값을 가진 도선으로 머리카락 보다 가늘고 1m의 길이가 넘는다.

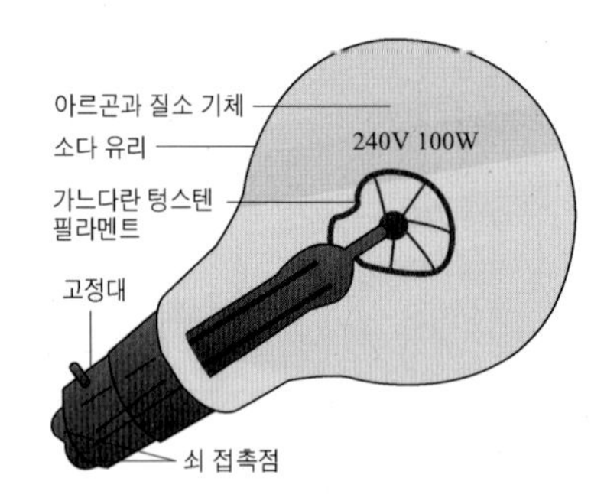

그림. 필라멘트 전구

필라멘트의 온도가 2500℃까지 올라가므로 산화를 줄이기 위해 전구에는 Ar과 N_2의 혼합기체를 주입한다. 그리고 오래 사용하면 필라멘트는 조금씩 증발하여 끊어지게 되면 수명이 다한다. 빛에너지는 전체에너지의 10% 정도만 사용한다.

예제32

그림은 동일한 4개의 전구 A, B, C, D가 연결된 전기 회로이다. 다음은 스위치 S를 닫을 때 전구 B의 소모 전력 변화에 대한 설명 과정이다. 괄호 안에 들어갈 말들을 바르게 나열한 것은?(단, 전지 양단의 전압은 일정하다.)

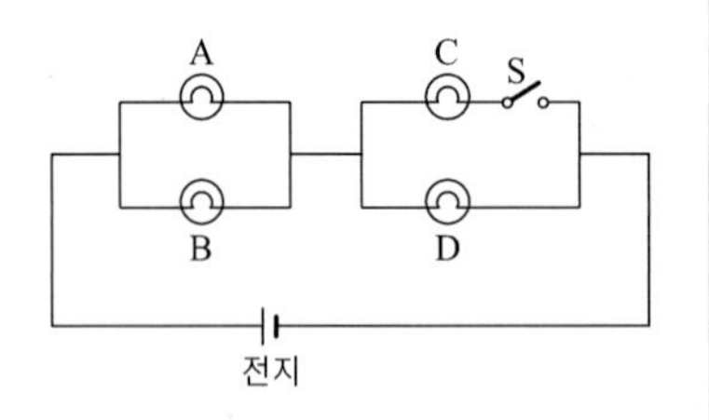

스위치 S를 닫는다→전구 C와 D의 합성 저항은 (㉠)한다.→전구 A에 걸린 전압은 (㉡)한다.→전구 B의 소모 전력은 (㉢)한다.

	㉠	㉡	㉢		㉠	㉡	㉢
①	증가	증가	감소	②	증가	감소	감소
③	감소	증가	증가	④	감소	증가	감소
⑤	감소	감소	증가				

풀이 전구의 저항을 R이라고 할 때 스위치 S를 닫으면 C에도 전류가 흐른다.
따라서 C와 D가 병렬로 연결되므로 C와 D의 합성 저항은 $\frac{R}{2}$이고, 하나의 저항 R보다 작아진다. 스위치를 닫더라도 A와 B의 합성 저항은 $\frac{R}{2}$이므로 전체 합성 저항은 $\frac{3}{2}R$에서 R로 감소한다.
따라서 전체 전류는 증가하고 A와 B사이의 전압(=전류×합성 저항)도 증가한다. 따라서 전구 B에 걸리는 전압이 증가하므로 전구 B의 소비 전력은 증가한다. 저항이 병렬로 연결되면 각 저항에 걸리는 전압의 크기는 같고, 전류의 세기는 저항에 반비례한다. 같은 크기의 저항이 병렬로 연결된 경우 합성 저항은 저항 한 개의 $\frac{1}{2}$배로 감소하므로 전체 전류는 증가한다. 그러므로 정답은 ③이다.

② 도선에서의 손실 전력

일반적으로 전선으로 많이 쓰는 구리 전기선도 매우 작기는 하지만 저항이 있기 때문에 전선에 전류가 흐를 때 저항에 의한 전력 손실이 발생한다.

손실전력 $P = I^2R$ (R : 도선의 저항)

만큼이 열에너지로 빠져나가게 된다. 이 식은 전력 $P = VI$에서 옴의 법칙에서 $V = IR$을 대입하여 $P = I^2R$이 구해진다. 즉 $P = I^2R$에서 손실전력은 전선의 저항이 일정하므로 전류의 제곱에 비례한다.

그러므로 손실전력은 사용전력 $P_o = VI$이므로 사용전력이 많을수록 커진다.

손실전력 $P_{손}$은

$$P_{손} = I^2R = \frac{{P_o}^2}{V^2}R \quad \left(I = \frac{P_o}{V}\right) \text{ 이다.}$$

따라서 손실전력은 전류의 제곱에 비례하고 전압의 제곱에 반비례하고 사용전력의 제곱에 비례한다.

KEY POINT

■ 저항 R인 도선에서 손실전력 $P = I^2R$이다. 송전전력이 P_o, 송전전압이 V이면 손실전력 P는 $P = \frac{{P_o}^2}{V^2}R$이다.

KEY POINT

예제33

발전소에서 전기를 보낼 때 송전선의 저항으로 전력 손실이 발생한다. 발전소에서 변전소까지 송전선의 전압을 220V로 보낼 때 손실되는 전력을 P라 하면, 송전선의 전압이 22000V일 때 손실되는 전력은? (2018년 서울시 7급)

① P/10000　　② P/100

③ P　　④ 100P

풀이 손실전력 $P=I^2r=\left(\frac{P_0}{V_0}\right)^2 r$에서 V_0가 100배가 되면 손실전력은 $\frac{1}{10000}$배가 된다. 정답은 ①이다.

③ 기전력과 단자전압

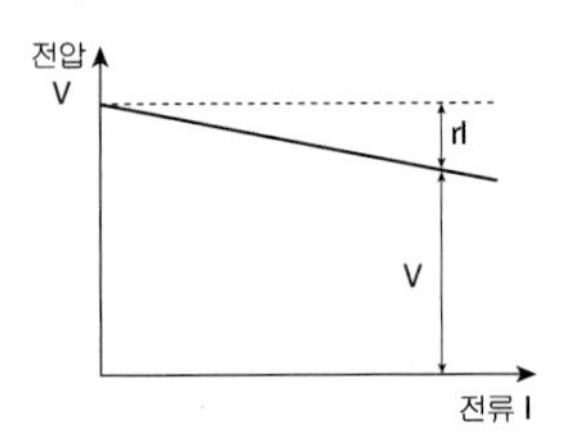

전지와 같이 회로에 전류가 계속 흐르도록 두 극 사이에 전압을 계속 유지시켜 주는 힘을 **기전력**이라 하고 단위는 전압과 같은 V(볼트)이다.

또 우리가 일반적으로 사용하고 있는 화학전지는 전류가 흐를 때 전지 속에서 각 전지마다 갖고 있는 특정의 내부저항에 의해 위 그림과 같이 전압 강하가 일어난다. 즉 그림에서 전류 I가 증가함에 따라 V가 감소하는 직선이 된다.

따라서 $V=E-rI$가 된다. E는 전지의 기전력이고 r은 전지의 내부저항이고 V는 전지 두 극 사이의 전위차로 **단자전압**이라고 한다.

또 저항 R에 기전력 E인 전지를 연결하면

$V=E-rI$이고 $V=IR$에서

$IR=E-rI$이고 회로에 흐르는 전류는

$I=\frac{E}{R+r}$가 된다.

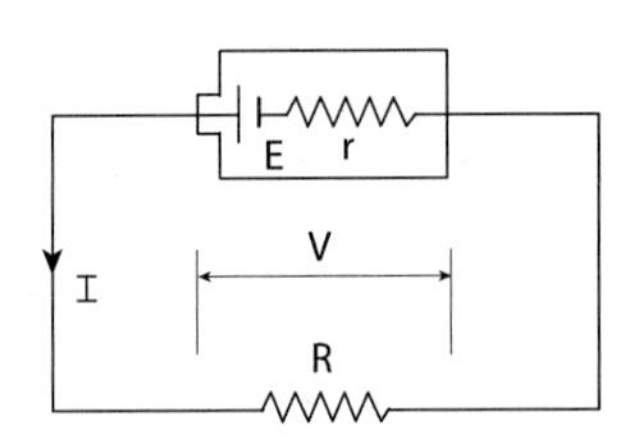

■ 기전력 E, 내부저항 r인 회로의 저항 R에 흐르는 전류 $I=\frac{E}{R+r}$

예제34

그림과 같이 전압 V, 내부 저항 r인 전지에 외부 가변 저항 x가 연결되어 있다. 가변 저항 x를 조절하여 가변 저항에서 소모되는 전력이 최대가 되도록 하였을 때, 내부 저항 r에서 소모되는 전력은? (2014 국가직 7급)

① $\dfrac{V^2}{4r}$

② $\dfrac{V^2}{2r}$

③ $4\dfrac{V^2}{r}$

④ $\dfrac{2V^2}{r}$

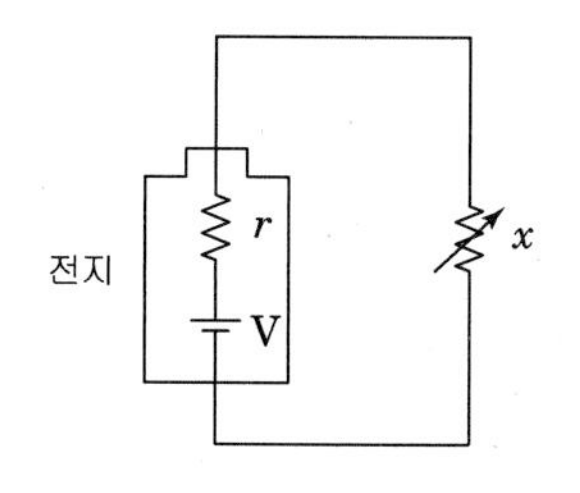

풀이 가변저항의 크기를 R이라고 하면, 가변저항에서 소모되는 전력 $P=\dfrac{V^2}{(R+r)}$이다. 이를 R에 대해서 미분하면 $R=r$일 때 최대로 전력이 소모된다. 이 때 내부 저항에 걸리는 전압은 $\dfrac{1}{2}V$이므로 내부저항이 소비하는 전력은 $\dfrac{(\frac{1}{2}V)^2}{r}=\dfrac{V^2}{4r}$이다. 정답은 ①이다.

㉠ 전지의 직렬연결

그림과 같은 직렬연결 방식에서 기전력 E, 외부저항 R, 내부저항 r인 전지 n개는 $nE=I(R+nr)$이 되고 전체 전류 I는 $I=\dfrac{nE}{R+nr}$가 된다.

㉡ 전지의 병렬연결

오른쪽 그림과 같은 병렬 연결 방식에서는 전지의 내부저항 r이 병렬 연결된 모양이므로 전지의 내부저항의 합성저항 rt는

$$\frac{1}{r_t}=\frac{1}{r}+\frac{1}{r}+\frac{1}{r}+\cdots=\left(\frac{1}{r}\right)\times n\text{에서 } r_t=\frac{r}{n}\text{ 이다.}$$

회로 전체에 흐르는 전류 I는 $E=I\left(R+\dfrac{r}{n}\right)$ 이므로

$$I=\frac{E}{R+\frac{r}{n}}\text{ 가 된다.}$$

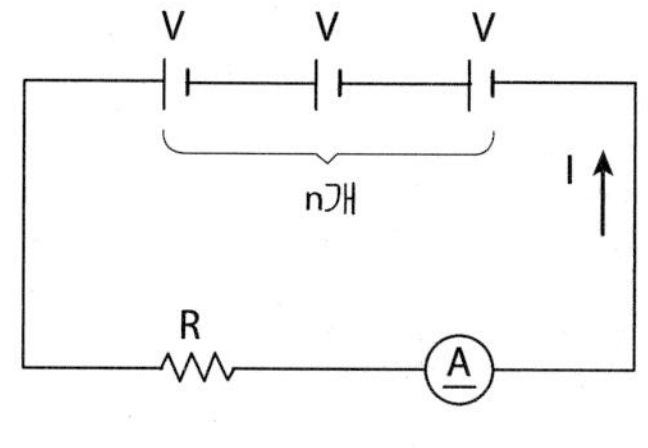

그림. 직렬연결

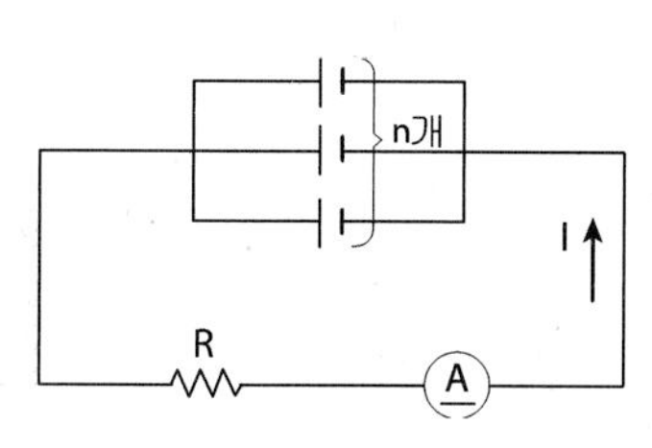

그림. 병렬연결

KEY POINT

■ 전지의 직렬 연결

$I=\dfrac{nE}{R+nr}$

전지의 병렬 연결

$I=\dfrac{E}{R+\frac{r}{n}}$

연습문제

1 중성인 물체에 전자가 빠져 나가거나 들어와서 전기를 띠는 현상을 무엇이라고 하는가?

① 도체
② 부도체
③ 전하
④ 대전
⑤ 방전

2 그림과 같이 검전기에 양전하를 띤 막대를 가까이 했을 때 금속판 (a)와 금속박 (b)에 대전된 전하의 종류는?

(a) (b)
① (−) (+)
② (+) (−)
③ (−) (−)
④ (+) (+)
⑤ 아무런 변화 없다.

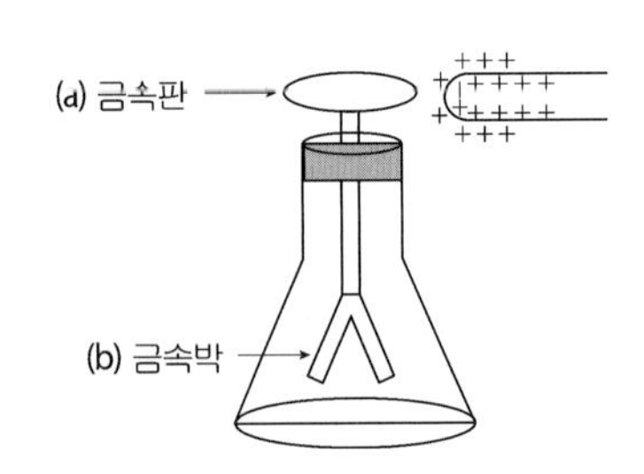

3 2번 문제에서 계속하여 그림처럼 금속판에 접지시키면 금속박은 어떻게 될까?

① 더 벌어진다.
② 오므라든다.
③ 벌어졌다 오므라든다.
④ 오므라들다가 벌어진다.
⑤ 변화 없다.

4 3번처럼 실험한 뒤 접지선을 절단하고 난 후 대전된 막대를 치우면 금속판 (a)와 금속박 (b)에 대전된 전하의 종류는?

(a) (b)
① (+) (−)
② (−) (+)
③ 중성 중성
④ (+) (+)
⑤ (−) (−)

해설

해설 **2**
양전하를 띤 막대가 금속박의 전자 (−)를 금속판으로 끌어 올리므로 금속판은 전자 (−)가 많아지고 금속박은 전자 (−)가 줄어든다.

해설 **3**
접지를 통해 전자가 검전기 쪽으로 끌려 들어오므로 금속박도 일부전자를 받아들여 (+) 전하량이 줄어들어 오므라든다.

해설 **4**
접지선을 먼저 제거 후 대전 막대를 치우면 처음 중성이었던 검전기에 전자 (−)가 늘어났으므로 금전기 전체가 골고루 −전하가 분포하게 된다.

정답 1. ④ 2. ① 3. ② 4. ⑤

5 그림처럼 금속구와 금속막대가 맞닿아 있는데 금속막대 쪽에 음으로 대전된 대전체를 가까이 가져간 후 조금 시간이 흐른 후 금속 구 (가)와 금속막대 (나)를 떼어 내었다 (가)와 (나)의 전하의 종류는?

	(가)	(나)
①	중성	중성
②	+	+
③	−	−
④	+	−
⑤	−	+

6 전하량이 e인 두 전하가 2m 떨어져 있을 때 힘을 F라고 하면 전하량이 각각 $2e$인 두 전하가 4m 떨어져 있을 때의 두 전하 사이의 전기력은 얼마인가?

① F ② $2F$ ③ $4F$ ④ $\frac{1}{2}F$ ⑤ $\frac{1}{4}F$

7 $2\times10^{-4}C$, $-3\times10^{-4}C$의 전하량을 띤 두 금속 구를 3m 떼어 놓았을 때 두 금속 구 사이에 작용하는 전기력은?(단 $k=\frac{1}{4\pi\varepsilon_o}=9\times10^9\ N\cdot m^2/C^2$이다)

① 인력 $60N$ ② 척력 $60N$ ③ 인력 $10N$ ④ 척력 $10N$ ⑤ 인력 $6N$

8 $+q$로 대전된 도체구가 있다. 도체구의 중심으로부터 거리 X에 따른 전기장의 세기를 옳게 표시한 것은?(단, 도체구의 반지름 R이다)

①
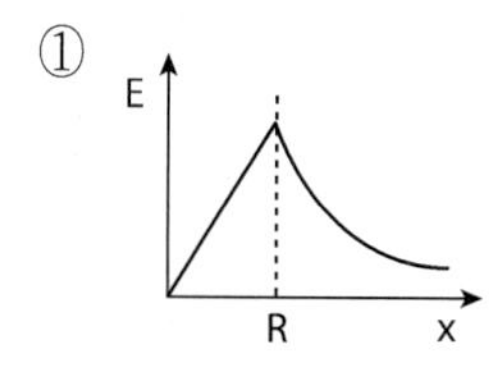

②
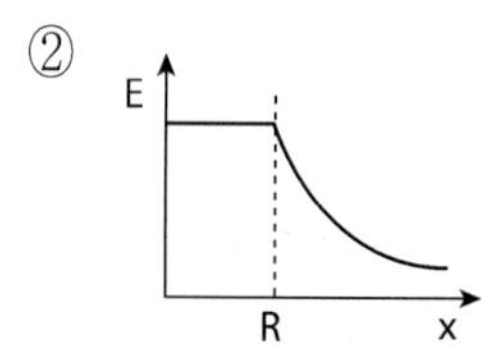

③

④

⑤

해 설

해설 **6**

전기력 $F=k\frac{q_1q_2}{4^2}$ 이므로 $F\propto\frac{q_1q_2}{r^2}$ 이다. 따라서 $F=\frac{ke^2}{2^2}$ 인데 $F'=\frac{k4e^2}{4^2}=F$

해설 **7**

양전하와 음전하이므로 인력이 작용하고 힘의 크기는 $F=k\frac{q_1q_2}{r^2}$ 에서

$F=9\times10^9\times\frac{2\times10^{-4}\times3\times10^{-4}}{3^2}$

$=60N$

해설 **8**

도체 구 내에서 전기장은 0이고 도체 구 밖에서 전기장은 거리의 제곱에 반비례한다.

정답 5. ⑤ 6. ① 7. ① 8. ⑤

9 그림과 같이 같은 크기로 대전된 세 개의 도체구가 있다. (가)와 (다)사이에 작용하는 전기력이 1×10^9N이라면 가운데 구 (나)에 작용하는 힘의 합력은?

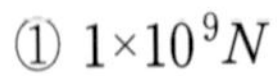

① 1×10^9N
② $\frac{1}{2}\times10^9N$
③ $\frac{1}{9}\times10^{10}N$
④ $\frac{27}{4}\times10^9N$
⑤ $\frac{4}{27}\times10^{10}N$

(가) (나) (다)
1m 2m

10 전하량이 $2C$인 입자가 전기장내로 입사되어 전위가 $10V$에서 $4V$인 곳으로 이동하였다면 이 전하가 한 일은?

① 20J ② 40J
③ 80J ④ 12J
⑤ 8J

11 전하 q로부터 40cm 떨어진 곳의 전기장의 크기가 E였다면 전하 $3q$로부터 80cm떨어진 곳의 전기장의 크기는 얼마인가?

① $\frac{1}{2}E$
② E
③ $2E$
④ $\frac{3}{2}E$
⑤ $\frac{3}{4}E$

12 그림에서 각 점의 전위의 크기를 바르게 나타낸 것은?(그림은 전기력선을 나타낸 것이다)

① $V_a > V_b > V_c > V_d$
② $V_d > V_c > V_b > V_a$
③ $V_d > V_c = V_b > V_a$
④ $V_a > V_b = V_c > V_d$
⑤ $V_a = V_b = V_c = V_d$

a b c d

해설

해설 **9**

$F=k\frac{q_1q_2}{r^2}$에서 $F\propto\frac{1}{r^2}$이므로 (가), (다) 사이의 힘이 1×10^9N이면 (가)와 (나)사이의 거리는 (가), (다)사이의 거리의 $\frac{1}{3}$이므로 힘이 9배인 9×10^9N이고 (나)와 (다)사이의 거리는 (가)와 (나)사이의 2배이므로 힘은 (가)와 (나)보다 $\frac{1}{4}$배여서 $\frac{9}{4}\times10^9N$이다.
따라서 합력 $F=\frac{27}{4}\times10^9N$

해설 **10**

$W=eV$에서 떨어진 전위
$\Delta V=10-4=6V$이므로
일 $W=2\times6=12J$

해설 **11**

전기장 $E=\frac{kq}{r^2}$이므로 $E\propto\frac{q}{r^2}$
문제에서 $E'\propto\frac{3q}{(2r)^2}$가 되어
$E'=\frac{3}{4}E$

해설 **12**

그림에서 전기력선의 방향으로 보아 왼쪽이 양전하가 있다고 생각되므로 전위는 왼쪽이 높고 오른쪽이 낮다.

정답 9. ④ 10. ④ 11. ⑤ 12. ④

13 전기용량이 $C_1 = 3F, C_2 = 6F$인 두 축전기를 직렬 연결하여 양단에 $12V$의 전지를 연결하였다 축전기 C_2의 양단에 걸리는 전위차는?

① $2V$
② $3V$
③ $4V$
④ $6V$
⑤ $12V$

14 저항이 16Ω인 균일한 굵기의 막대를 일정하게 압축시켜 길이를 처음의 반이 되게 하였다. 이때 이 저항체의 저항은 몇 Ω인가?

① 32Ω
② 16Ω
③ 8Ω
④ 4Ω
⑤ 2Ω

15 그림과 같이 회로도에서 3Ω의 양단에 걸리는 전압과 3Ω에 흐르는 전류의 크기는?

① $8V,\ \frac{8}{3}A$
② $12V,\ 4A$
③ $8V,\ 4A$
④ $6V,\ 2A$
⑤ $6V,\ \frac{8}{3}A$

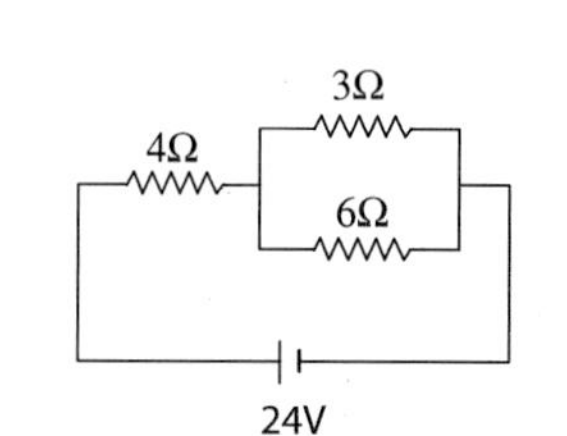

16 그림에서 a, b를 도선으로 연결했을 때 전류의 방향은?

① ㉠ 방향
② ㉡ 방향
③ 흐르지 않는다.
④ ㉠, ㉡ 양방향 왕복
⑤ 이 그림에서 알 수 없다.

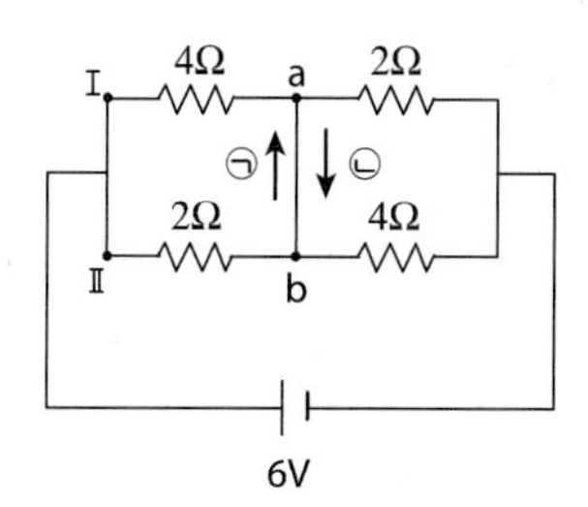

해설

해설 **13**

직렬 연결에서 전기용량 C는

$\frac{1}{C} = \frac{1}{C_1} + \frac{1}{C_2}$ 이므로

$\frac{1}{C} = \frac{1}{3} + \frac{1}{6} = \frac{1}{2} \quad C = 2F$

$Q = CV$에서 전하량은

$Q = 2 \times 12 = 24C$이다.

$V_2 = \frac{Q}{C_2}$ 에서 $V_2 = \frac{24}{6} = 4V$

해설 **14**

저항 $R = \frac{el}{A}$ 에서 압축시켜면 길이 l은 $\frac{1}{2}l$이 되고 단면적 A는 $2A$가 되므로 저항은 $R \propto \frac{l}{A}$ 에서 $R' = \frac{1}{4}R$이 된다.

해설 **15**

3Ω과 6Ω의 합성저항은

$\frac{1}{R} = \frac{1}{3} + \frac{1}{6}$ 에시 $R - 2\Omega$

4Ω과 합성 저항은 즉 전체 저항 $R = 4 + 2 = 6\Omega$이다. $V = IR$에서 $24V = I \times 6\Omega$에서 $I = 4A$의 전류가 회로 전체에 흐른다. 4Ω에 걸리는 전압은 $V = 4A \times 4\Omega = 16V$이므로 3Ω과 6Ω에는 각각 $8V$의 전압이 걸리고 3Ω에 흐르는 전류는

$I = \frac{V}{R} = \frac{8}{3}A$이다.

해설 **16**

I와 II의 저항은 같고 병렬 연결이므로 I, II는 같은 전압이 걸린다. 그런데 I의 4Ω이 II의 2Ω보다 더 많은 전압이 떨어지게 되므로 b점의 전위가 a점의 전위보다 높아서 ㉠ 방향

정답 13. ③ 14. ④ 15. ① 16. ①

17 그림과 같은 휘스톤 브리지에서 검류계 Ⓖ에 전류가 흐르지 않았다면 저항 R은 몇 Ω인가?

① 1Ω
② 2Ω
③ 3Ω
④ 4Ω
⑤ 6Ω

6Ω 3Ω G 4Ω 6Ω R

18 20℃의 물 2000g이 담긴 비커에 10Ω의 니크롬선을 담그고 $100V$의 전원에 연결하여 3분 20초 동안 가열하였다. 물의 온도는?(단 1cal ≒ 4J로 계산한다)

① 25℃ ② 30℃
③ 40℃ ④ 45℃
⑤ 50℃

19 $100V - 200W$ 전열기를 $80V$의 전압에서 사용할 경우 소비전력은?

① $128W$ ② $156W$
③ $160W$ ④ $182W$
⑤ $200W$

20 전기 회로에서 전압계와 전류계의 연결 방법은?

	전압계	전류계
①	직렬	직렬
②	직렬	병렬
③	병렬	병렬
④	병렬	직렬
⑤	상관없다	

21 그림에서 A점의 전위는 C점보다 몇 V나 높은가?(단 전류는 $1A$가 흐르고 전지의 기전력은 $4V$이며 내부저항은 무시한다)

① $2V$
② $4V$
③ $6V$
④ $8V$
⑤ $10V$

4V 2Ω A B C 1A

해 설

해설 17
검류계 G에 전류가 흐르지 않으면 마주보는 저항의 곱은 같다.
따라서 $3\times4=6\times R'$
R'은 $\frac{1}{R'}=\frac{1}{6}+\frac{1}{R}$이므로
$R'=2\Omega$이다. $\frac{1}{2}=\frac{1}{6}+\frac{1}{R}$에서
$R=3\Omega$

해설 18
전기에너지 $E=VIt$에서
$E=100\times10\times200=200000\,\mathrm{J}$
($V=IR$에서 $100V=I\times10\Omega$
$I=10A$) 이다. 즉 50000cal의 열량이 발생하므로 $Q=cm\Delta t$에서
$\Delta t=\frac{50000}{1\times2000}=25℃$
따라서 최종온도는 45℃

해설 19
$P=VI,\ P=\frac{V^2}{R},\ R=\frac{V^2}{P}$에서
전열기의 저항 $R=\frac{100^2}{200}=50\Omega$이다.
$80V$의 전압에서 전력
$P=\frac{80^2}{50}=128W$

해설 21
A에서 C로 전류가 흐르기 위해서는 A점의 전위가 높아야 한다. B점은 C점보다 $V=IR$에서 $V=1\times2=2V$ 높고 A점은 B점 보다 $4V$ 높아야 하므로 A점은 C점보다 $6V$높다.

정답 17. ③ 18. ④ 19. ① 20. ④ 21. ③

22 내부저항이 1Ω이고 최대 측정 가능한 전류가 $100mA$인 전류계가 있다. 이 전류계로 $1A$까지 측정하려면 분류기의 저항은 몇 Ω이면 될까?

① $\frac{1}{99}\Omega$
② $\frac{1}{9}\Omega$
③ $\frac{1}{10}\Omega$
④ $\frac{1}{100}\Omega$
⑤ 9Ω

23 내부저항이 1000Ω인 최대 $10V$의 전압을 측정할 수 있는 전압계가 있다. $500V$의 전압을 측정하기 위해 몇 Ω의 배율기를 연결해야 하나?

① 500Ω
② 1000Ω
③ 4900Ω
④ 4000Ω
⑤ 49000Ω

24 다음 회로에서 전구가 가장 밝은 것부터 순서대로 나열한 것은?

① $A > B > C$
② $A = B = C$
③ $A < B < C$
④ $B > A > C$
⑤ $B > C > A$

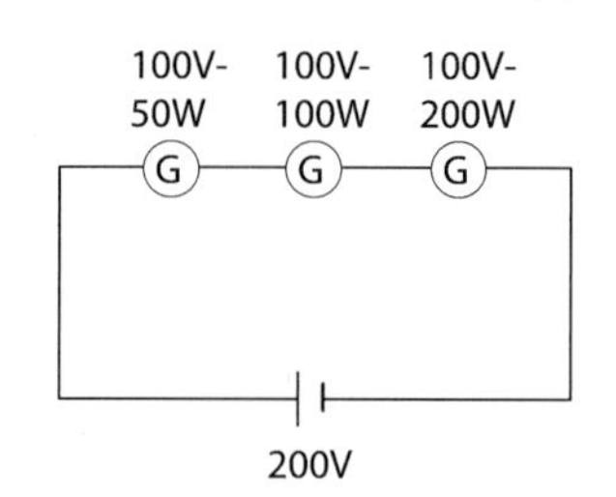

25 기전력의 크기가 $24V$이고 내부저항이 1Ω인 기전력에 6Ω, 3Ω의 두 저항이 병렬연결 되었다면 두 저항에서의 소모 전력의 크기는?

① $24W$
② $48W$
③ $72W$
④ $96W$
⑤ $128W$

해 설

해설 **22**

분류기 저항 $R=\frac{r}{n-1}$

(r : 내부저항 n : 배율)

전류값이 10배이므로

$R=\frac{1}{10-1}=\frac{1}{9}\Omega$

해설 **23**

배율기 저항 $R=r(n-1)$에서 50배의 전압이고 내부저항이 1000Ω이므로 $R=1000(50-1)=49000\Omega$이다.

해설 **24**

$P=IV$ $P=1^2R$ $P=\frac{V^2}{R}$에서

각 전구의 저항을 구해보면 $R=\frac{V^2}{P}$

에서 $R_A=\frac{100^2}{50}$ $R_B=\frac{100^2}{100}$

$R_C=\frac{100^2}{200}$ $R_A=200\Omega$

$R_B=100\Omega$

$R_C=50\Omega$이다.

위 회로는 직렬 연결이므로 각 전구에 같은 전류가 흐른다. 따라서 $P=I^2R$에서 I가 같으므로 $P\propto R$가 되어 A전구가 가장 밝고 B전구가 중간 C 전구가 가장 어둡다.

해설 **25**

전체 합성저항은

$\frac{1}{R}=\frac{1}{3}+\frac{1}{6}=\frac{1}{2}$

$R=2\Omega$

3Ω
6Ω
1Ω
24V

흐르는 전류는 $I=\frac{E}{R+r}$에서

$I=\frac{24}{2+1}=8A$

총소모전력은

$P=I^2R=8^2\times 2=128W$

정답 22. ② 23. ⑤ 24. ① 25. ⑤

26 일정한 전기장이 있는 어느 공간에 질량이 m 이고 전기량이 e 인 양성자를 놓았더니 가속도 a 를 가지고 운동을 시작했다. 만일 이 위치에 질량 $4m$ 이고 전기량 $2e$ 인 입자를 놓으면 이것이 받게 될 가속도는?

① $\frac{1}{4}a$

② $\frac{1}{2}a$

③ a

④ $2a$

⑤ $4a$

27 질량 m, 전하량 q 의 입자를 진공 중에서 자유 낙하시켜 h 만큼 낙하했을 때, 연직 상방의 전기장 E 를 걸었더니 다시 $2h$ 만큼 낙하한 다음 서서히 상승하기 시작했다. 중력 가속도를 g 라 할 때, 전기장 E 가 작용한 후 이 물체의 연직 상방으로 향한 운동 가속도의 크기를 중력 가속도 g 로 나타내라.

① $\frac{1}{4}g$

② $\frac{1}{3}g$

③ $\frac{1}{2}g$

④ g

⑤ $2g$

28 위의 27번 문제에서 $\frac{q}{m}$ 의 값을 E 와 g 로 나타내면 그 값은 어느 것인가?

① $\frac{g}{E}$

② $\frac{E}{g}$

③ $\frac{g}{2E}$

④ $\frac{E}{2g}$

⑤ $\frac{3g}{2E}$

해 설

해설 **26**

전기장에서 전하가 받는 힘은
$F=Eq$ 이므로 $F \propto q$ 이고
$F=ma$ 이다.
$2q$ 가 놓이면 힘 F 는 2배가 되고 질량이 $4m$ 이므로 가속도 a 는 $\frac{1}{2}a$ 이다.

해설 **27**

h 만큼 자유낙하 후 속력은
$h=\frac{1}{2}gt^2$ 과 $v=gt$ 에서 $v=\sqrt{2gh}$ 가 된다.

오른쪽 그림과 같이 $2h$ 만큼 떨어진 후 위로 가속되어 올라가는 것은 힘 F 가 mg 보다 크기 때문이다.

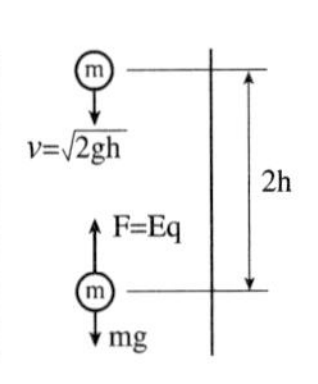

위치에너지와 운동에너지는 같고 위치에너지는
$f \cdot 2h$ 이므로
$ma \cdot 2h=\frac{1}{2}m(\sqrt{2gh})^2$ 에서
$a=\frac{1}{2}g$ 이다.

해설 **28**

앞의 문제해설에서 알짜힘은
$F-mg=ma=\frac{1}{2}mg$ 이므로
$F=\frac{3}{2}mg$ 이고, 힘 F 는 전기장에 의한 힘 Eq 이므로 $Eq=\frac{3}{2}mg$
$\frac{q}{m}=\frac{3g}{2E}$ 이다.

정답 26. ② 27. ③ 28. ⑤

29 그림에서 저항 A, B, C의 값이 각각 같다면, 저항 A의 소비 전력은 C의 소비 전력의 몇 배인가?

① $\frac{1}{4}$ 배
② $\frac{1}{2}$ 배
③ 2배
④ 4배
⑤ 1배

해설

해설 29
저항이 같으므로 C에 흐르는 전류가 A에 흐르는 전류보다 2배이다. 소모전력은 $P=I^2R$ 이므로 전력은 C가 A의 4배이다.

30 두 개의 같은 저항을 직렬로 연결한 전열기 A의 소비 전력을 P_A, 이 두 저항을 병렬로 연결한 전열기 B를 같은 전원에 연결했을 때의 소비 전력을 P_B라 할 때 $P_A : P_B$는?

① 1 : 2
② 1 : 4
③ 1 : 1
④ 2 : 1
⑤ 4 : 1

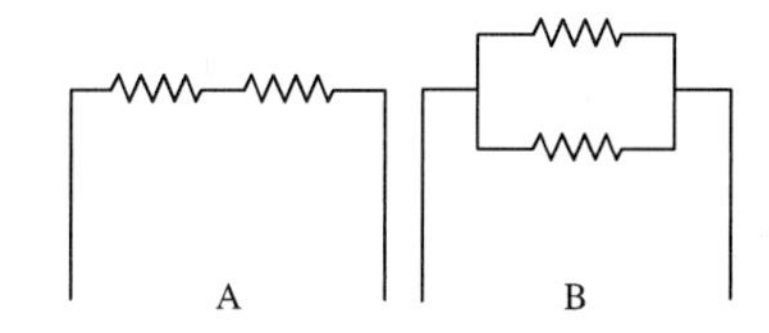

해설 30
A의 합성저항은 2R이고 B의 합성저항은 $\frac{R}{2}$ 이다.
두전열기를 꽂으면 전압이 같으므로
전력 $P=\frac{V^2}{R}$ 에서 저항에 반비례한다.
$P_A : P_B = 1 : 4$

31 그림과 같은 회로에서 AB는 저항이 균일한 도선이다. 검류계의 한쪽 단자를 AC : CB = 2 : 3인 점 C에 접촉하였을 때 검류계에 흐르는 전류가 0이 되었다면 저항 R_X는 얼마인가?

① 16 Ω
② 27 Ω
③ 40 Ω
④ 60 Ω
⑤ 80 Ω

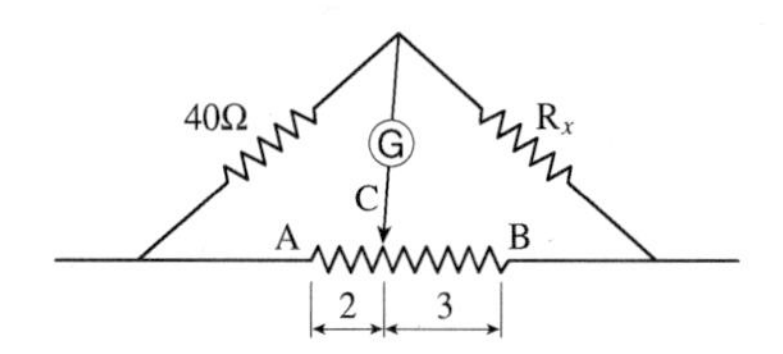

해설 31
저항은 길이에 비례하므로 AC : CB의 저항의 비는 2 : 3이다.
검류계에 전류가 흐르지 않으면 휘스톤 브리지에서 40×3= R_X×2이고
$R_X = 60\Omega$ 이다.

32 전기 저항이 R인 도선 양단에 전압 V를 걸었다. 이 때 t초 동안 도선의 단면을 통과하는 전자의 개수는 얼마인가? (단, 전자의 전하는 e이다.)

① $\frac{Vt}{Re}$
② $\frac{Re}{Vt}$
③ $\frac{VRt}{e}$
④ $\frac{Rt}{eV}$
⑤ $\frac{eV}{Rt}$

해설 32
전하량 $Q=ne$ $I=\frac{Q}{t}$ 이고
또 $I=\frac{V}{R}$ 이므로 $\frac{ne}{t}=\frac{V}{R}$ 에서
$n=\frac{Vt}{Re}$ 이다.

정답 29. ① 30. ② 31. ④ 32. ①

33 저항의 연결에는 직렬 연결과 병렬 연결이 있다. 여러 개의 저항은 직렬과 병렬을 혼합하여 연결할 수 있으며, 세 개의 저항을 연결하는 방법에는 4가지가 있다. $R\Omega$ 의 저항 세 개를 모두 연결하여 만들 수 없는 합성 저항 값은?

① $\frac{R}{3}\Omega$ ② $\frac{2R}{3}\Omega$

③ $\frac{3R}{2}\Omega$ ④ $2R\Omega$

⑤ $3R\Omega$

34 3개의 같은 저항을 그림과 같이 저항에 연결하였을 때 각 도선에 흐르는 전류의 비 $I_1 : I_2 : I_3$ 를 구하라.

① 1 : 2 : 3
② 1 : 3 : 2
③ 2 : 1 : 3
④ 2 : 3 : 1
⑤ 3 : 2 : 1

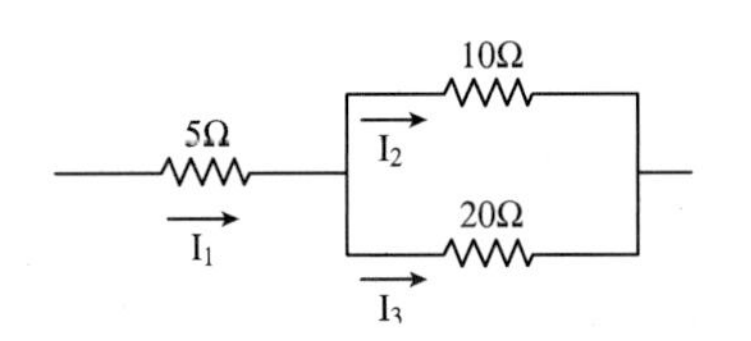

해 설

해설 **33**

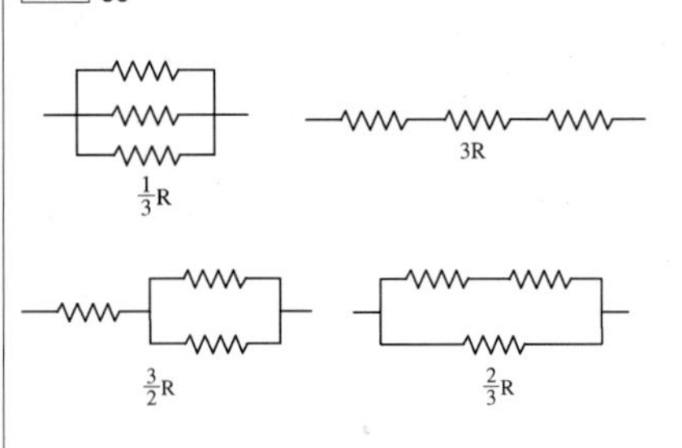

해설 **34**

10Ω과 20Ω중 저항이 작은 쪽으로 전류가 많이 흐른다. 즉 전류는 저항에 반비례한다.

따라서 $I_2 : I_3 = 2 : 1$ 이다.

$I_1 = I_2 + I_3$ 이다.

정답 33. ④ 34. ⑤

2. 전류에 의한 자기장

1 전류에 의한 자기장

KEY POINT

두 자극간의 힘은 양(+)전하와 음전하(-) 사이의 힘과 그 형태가 유사하기는 하지만 가장 중요한 차이점은 양(+)전하와 음(-)전하는 서로 분리되어 따로 존재 할 수 있지만 N극과 S극은 따로 분리되어 존재할 수 없다는 것이다. 아무리 여러 번 영구자석을 자르더라도 각 조각은 항상 N극과 S극을 갖는다. 자화되지 않은 철은 자석으로 문질러서 자화 시킬 수 있다. 또 아주 강한 영구자석 근처에 놓으면 철은 자화된다.

(1) 자기장

자석은 쇠붙이에 가까이 가져가면 쇠붙이를 끌어당기려는 성질을 가지고 있는데 이 같이 자석이 쇠를 당기는 힘을 **자기력**이라고 한다.

막대자석을 실에 매달고 수평하게 움직일 수 있게 하면 자석은 남, 북을 가리키게 되는데 북쪽을 향한 자극을 N극 남쪽을 향한 자극을 S극이라고 한다.

자극은 N극과 S극이 분리되어 존재하지 않고 항상 짝을 이루는데 이 자석 내부의 최소단위의 짝을 자기 쌍극자라고 한다.

■ 전기에 (+)전하는 자기에 N극에 전기에 (-)전하는 자기에 S극에 대응된다.

① 자기력

두 자극 사이에 작용하는 자기력을 측정해 보면

이 힘은 두 자극의 세기의 곱에 비례하고, 두 자극 사이의 거리의 제곱에 반비례함을 알 수 있다. 즉, 두 자극의 세기를 m_1, m_2라 하면 자기력 F는

$$F = k\frac{m_1 m_2}{r^2}$$

가 된다. 이것을 자기력에 대한 쿨롱의 법칙이라 한다.

상수 k의 값은

$$k = \frac{1}{4\pi\mu}$$

이며, 이 μ를 물질의 투자율이라 한다.

진공 중에서는

$$k_0 = \frac{1}{4\pi\mu_0} = \frac{10^7}{(4\pi)^2}[A^2/N] = 6.332\times10^4 A^2/N$$

$$\mu_0 = 4\pi\times10^{-7} N/A^2$$

의 값을 가지며, 이 μ_0를 진공의 투자율이라 한다.

② 자기장

전기와 마찬가지로 극이 다른 N극과 S극 사이에는 인력이 작용하고 극이 같은 N극과 N극, S극과 S극 사이에는 척력이 작용하는데 이와 같이 자기력이 작용하는 공간을 **자기장**이라 한다.

전기장에서 전기력선의 개념을 도입한 것 처럼 자기장의 모양을 나타내기 위해 만든 선을 자기력선이라고 하며 그림처럼 나침반으로 쉽게 그릴 수 있다.

KEY POINT

■ 자기력선은 나침반의 N방향에 따라 그려진다.

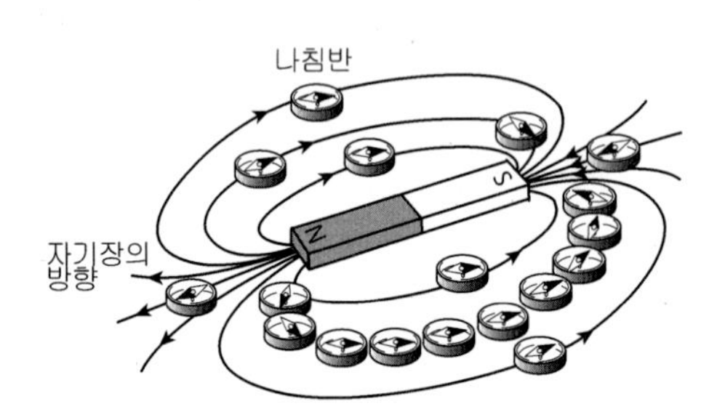

그림. 자석 주의의 나침반과 자기력선

즉 어떤 공간에서 자기장이 존재할 때 자기력선의 방향은 그 공간에 N극을 놓았을 때 N극이 향하는 방향으로 정해진다. 자기력선의 특징은 다음과 같다.

■ 자기력선의 성질 익히기

㉠ N극에서 나와 S극으로 들어가는 연속 폐곡선이다.

㉡ 도중에 교차하거나 분리되지 않는다.

㉢ 자기력선의 밀도와 자기장의 세기는 비례한다.

③ 자속과 자속밀도

자기장에 수직한 단면을 지나는 자기력선의 총수를 **자속**이라 한다. 자속은 기호로 Φ(파이)로 나타내고 단위는 Wb(Weber : 웨버)를 사용한다.

또 자기장에 수직인 단위면적당 자속수를 **자속밀도** 또는 **자기장**이라고 하고 자기장의 크기 B는 $B = \dfrac{\Phi}{S}$ (S는 단면적)이다.

면적이 A인 폐회로가 그 세기가 B인 균일한 자기장 속에 그림과 같이 각 θ로 비스듬히 놓여 있을 때, 이 폐회로를 지나는 자속은 다음과 같이 정의된다.

$$\phi = BA\cos\theta$$

여기서 θ는 다음 그림과 같이 폐회로의 면에 수직한 방향(법선 방향)과 자기장의 방향이 이루는 각도이다. 오른쪽 그림은 왼쪽 그림을 측면에서 본 그림인데, $A\cos\theta$의 의미를 보여주고 있다.

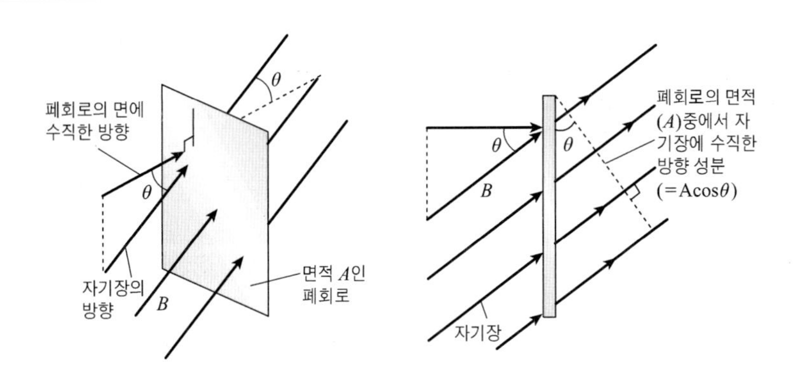

자기장 B의 단위는 T(Tesla : 테슬라)로 쓴다.

즉 $1T = 1Wb/\mathrm{m}^2$이다.

④ 물질의 자기

원자들은 내부 전자들의 운동 및 전자의 스핀에 관련된 고유자기 쌍극자 모멘트에 의하여 자기 쌍극자 모멘트를 가진다. 외부 자기장 하에서 물질내의 자기 모멘트의 행동에 따라 물질을 상자성체(paramagnetic), 반자성체(diamagnetic), 강자성체(ferromagnetic)의 세 종류로 나눈다.

㉠ 상자성체

걸어준 자기장의 방향에 따라 전자의 스핀 또는 원자나 분자의 자기 모멘트가 부분적으로 정렬하여 약하게 자화하는 물질로 알루미늄 등이 여기에 속한다.

㉡ 강자성체

약한 외부 자기장 하에서도 주위의 자기 쌍극자들 사이의 상호작용이 강하기 때문에 정렬이 잘 일어나 전체 자기장이 매우 커진다. 니켈, 코발트, 철 등이 자기장의 방향으로 강하게 자화되어 자석에 강하게 끌린다.

㉢ 반자성체

외부 자기장에 의해 유도된 자기 쌍극자 모멘트 때문에 반자성이 생기는데 자기 모멘트의 방향은 외부자기장과 반대이기 때문에 전체 자기장은 감소한다. 반자성체로는 구리, 수은, 납 등이 있다.

KEY POINT

예제1

물질의 자기적 성질에 대한 설명으로 옳지 않은 것은? (2021 서울시 7급)

① 철, 코발트, 니켈 등과 같은 물질은 강자성체에 속한다.
② 상자성체에 외부 자기장을 걸어주면 외부 자기장과 같은 방향으로 알짜 자기 쌍극자모멘트가 생긴다.
③ 반자성체에 외부 자기장을 걸어주면 외부 자기장에 반대 방향으로 알짜 자기 쌍극자모멘트가 생긴다.
④ 강자성체는 퀴리 온도보다 낮은 온도에서 상자성체가 된다.

풀이 강자성체는 자성체 내의 스핀간의 상호 작용으로 스스로 특정 방향으로 모든 스핀이 정렬하는 물체이다. 강자성체로 철, 코발트, 니켈등이 있고 높은 온도에서는 열에너지에 의한 스핀 요동이 발생 강자성체의 스핀 정렬을 무너뜨리는데 온도가 높을수록 심해지는데 특정온도 이상에서 자기모멘트 값이 0이 되는 상자성을 띠게 된다.
정답은 ④이다.

• 퀴리의 법칙

단위 부피당 자기모멘트를 M, 외부자기장을 B, 절대온도를 T라고 하면 자기화 M은 $M = C\left(\frac{B}{T}\right)$ (C는 상수) 가 되어 외부자기장에 비례하고 절대온도에 반비례한다.

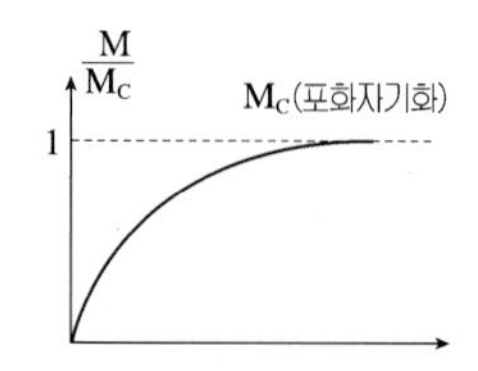

이것을 퀴리의 법칙이라 한다.
또 온도가 올라가면 분자운동이 빨라지므로 포화 자기화는 감소하게 되는데 일정온도 T_c 이상에서 강자성은 없어지고 물질은 상자성이 되는데 이 때 온도 T_c 를 **퀴리온도**라고 한다. 몇 가지 예를 보면

$Fe : 1043K \quad Co : 1404K \quad N : 631K$ 이다.

• 전기 쌍극자와 자기 쌍극자의 비교

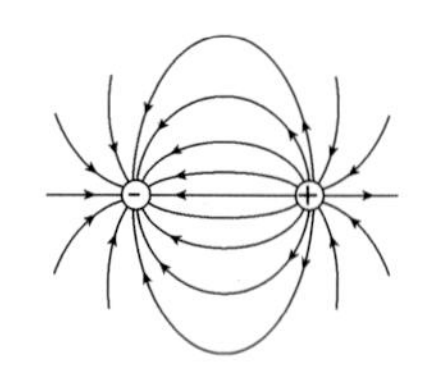

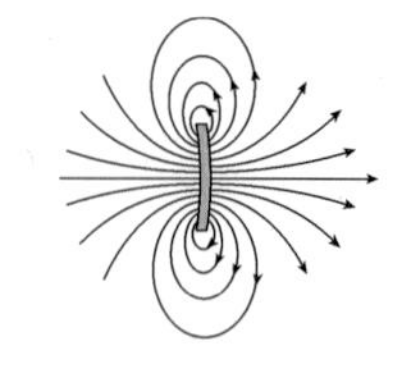

(a) 전기 쌍극자의 전기력선 (b) 자기 쌍극자의 자기력선

위의 그림에서 보듯 멀리 떨어진 곳에서의 력선은 동일하다.
(a)의 전하 사이의 영역에서 전기장은 쌍극자 모멘트와 반대인 반면 (b)의 고리 내에서 자기장은 쌍극자 모멘트와 평행하다. 따라서 자기적으로 편극된 물질 내에서 자기 쌍극자는 자기 쌍극자 모멘트 벡터와 방향이 같은 자기장을 형성한다.

KEY POINT

예제2

그림과 같이 xy 평면에 고정된 x축에 나란한 무한히 긴 두 직선도선 A, B에 전류가 각각 I_A, I_B가 흐른다. A, B로부터 y축 위의 점 P까지의 수직거리는 각각 $4d$, d이다. 점 P에서 I_A, I_B가 만드는 자기장은 서로 같다. A, B 사이에서 I_A, I_B에 의한 자기장의 합이 0인 y축 위의 위치는? (2021 국가직 7급)

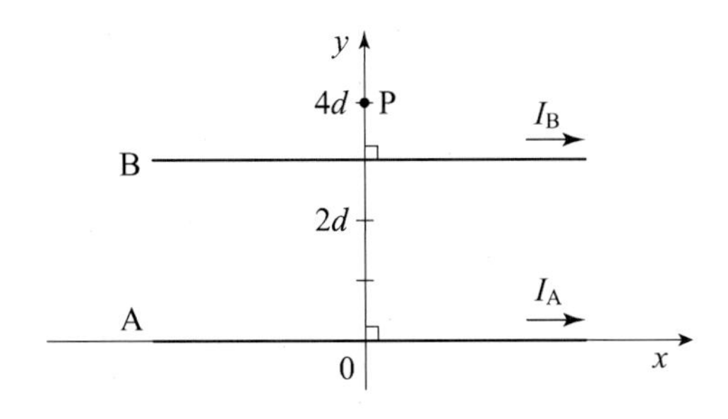

① $\frac{3}{5}d$　　② $\frac{6}{5}d$

③ $\frac{9}{5}d$　　④ $\frac{12}{5}d$

풀이 직선도선이 만드는 자기장은 $B=\frac{\mu_o}{2\pi}\frac{I}{r}$ 이다.

P점에서 크기가 같으므로 전류는 A가 B의 4배이다.

A, B 사이에서 자기장이 0인 곳은 크기가 같고 방향이 반대인 곳이다. 전류가 A가 B의 4배이므로 거리는 4:1인 곳이다.

즉 $\frac{12}{5}d$ 이다. 정답은 ④이다.

(2) 직선 전류에 의한 자기장

■ 앙페르의 법칙
$\oint B\,dl=\mu_o I$

도선에 전류가 흐르면 주위에 자기장이 생긴다는 것은 1920년 덴마크의 물리학자 외르스테드(Oersted)가 우연히 도선 옆에 놓아둔 자침이 전류가 흐를 때 움직이는 것을 보고 발견하였다. 그 후 **비오사바르**에 의해 자장의 크기는

$$dB=\frac{\mu_o i}{4\pi}\frac{dl\sin\theta}{r^2}$$

($\mu_o=4\pi\times10^{-7}\,Wb/A\cdot m$: 진공에서 투자율)

로 정의되었다.

또 자기력선의 방향은 N극이 받는 힘의 방향과 같아서 위 그림에서 자침 N극이 받는 힘의 방향은 위의 오른쪽 그림에서 오른나사의 진행 방향이 전류의 방향이면 나사를 돌리는 방향이 자기력선의 방향이 된다.

이것을 **앙페르의 법칙**이라고 한다.

직선 도선에 전류 I가 흐르면 전류로부터 r거리에서 자기장 B는 전류에 비례하고 거리에 반비례한다. 식을 쓰면 비오사바르의 식

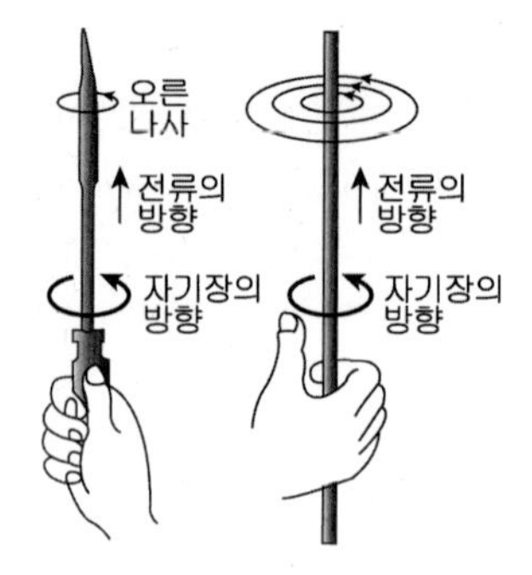

그림. 직선전류가 만드는 자기장

$dB = \frac{\mu_o i}{4\pi} \frac{dl \sin\theta}{r^2}$ 로부터 자기장 B는 적분에 의해

$B = 2 \times 10^{-7} \frac{i}{r}\,(T)$가 된다.

KEY POINT

■ 직선도선이 만드는 자기장

$B = 2 \times 10^{-7} \frac{i}{r}$

예제3

아래 그림과 같이 전류 I가 양쪽으로 무한히 긴 직선 도선을 따라 흐를 때, 점 P에서 자기장의 크기는? (단, 이 도선은 진공에 놓여 있고, μ_o는 자유 공간의 투자율이다) (2015년 국가직 7급)

① $\frac{\mu_o I}{4\pi a}$

② $\frac{\mu_o I}{2\pi a}$

③ $\frac{\mu_o I}{\pi a}$

④ 0

P a I

풀이 무한히 긴 도선이 만드는 자기장에 비해 그림의 도선은 P지점의 위쪽으로 도선이 존재하지 않으므로 자기장을 반밖에 만들지 못한다. 따라서 꺾인 도선이 만드는 자기장은 $\frac{\mu_0}{2\pi} \times \frac{I}{a} \times \frac{1}{2} = \frac{\mu_0 I}{4\pi a}$ 이다. 정답은 ①이다.

예제4

그림과 같이 속이 빈 무한히 긴 원통 모양의 도선에 전류 I가 흐른다. 원통의 안쪽 반지름은 a, 바깥쪽 반지름은 b이다. 전류의 분포가 균일하다고 할 때, 원통 중심으로부터 거리가 r인 원통의 내부에서($a < r < b$) 자기장의 세기는? (단, μ_0는 진공의 투자율) (2018년 국가직 7급)

① $\dfrac{\mu_0 I}{2\pi r}$

② $\dfrac{\mu_0 (r-a)I}{2\pi r(b-a)}$

③ $\dfrac{\mu_0 (r^2-a^2)I}{\pi r(b^2-a^2)}$

④ $\dfrac{\mu_0 (r^2-a^2)I}{2\pi r(b^2-a^2)}$

풀이 원통 내부의 자기장 $B=\dfrac{\mu_0 I}{2\pi r}\left(\dfrac{r^2}{b^2-a^2}-\dfrac{a^2}{b^2-a^2}\right)=\dfrac{\mu_0 (r^2-a^2)I}{2\pi r(b^2-a^2)}$ 이다.
정답은 ④이다.

(3) 원형 전류에 의한 자기장

원형 도선에 전류를 흘렸을 때 오른나사 법칙에 의해 오른쪽 그림과 같은 자기력선이 나타남을 알 수 있다.
원형 전류 중심에서의 자기장은 전류의 크기에 비례하고 반지름 r에 반비례하여 자기장 B는

$B = 2\pi \times 10^{-7}\dfrac{I}{r}\ (T)$가 된다.

즉 이 값은 직선전류의 π배가 된다.

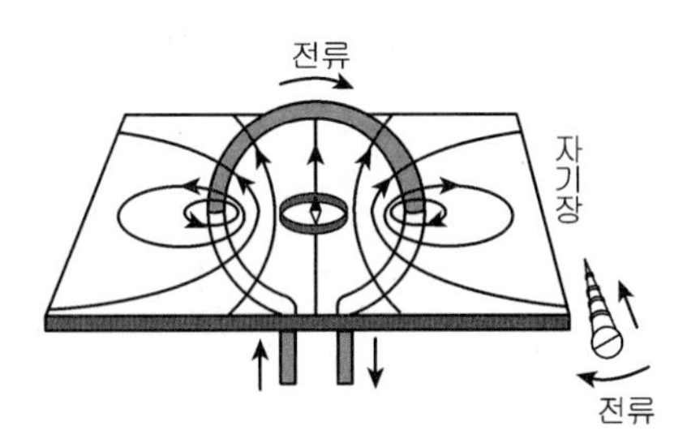

그림. 원형도선 주위의 자기장의 방향

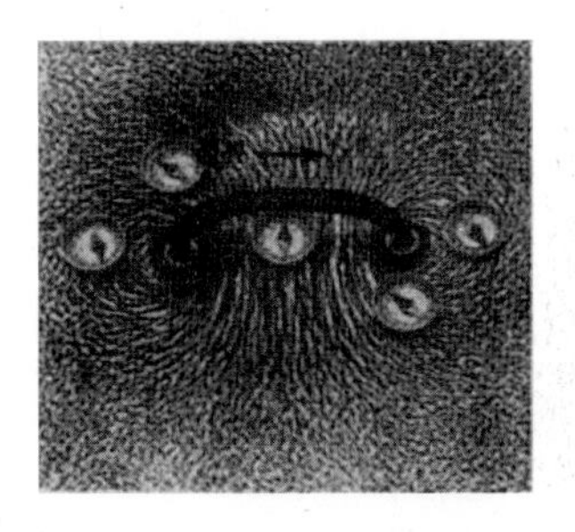
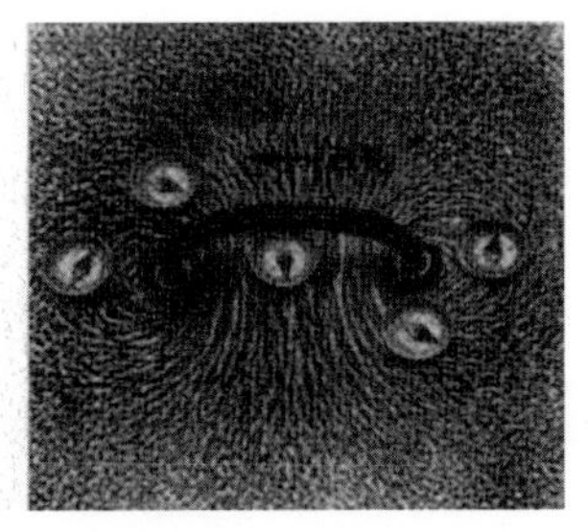
그림. 원형도선 주의의 자기장

KEY POINT

■ 원형 전류에 의한 자기장의 크기
$B = 2\pi \times 10^{-7}\dfrac{i}{r}$

(4) 솔레노이드

원형 전류를 그림처럼 조밀하게 나선형으로 감았을 때 이 코일의 모양을 솔레노이드라고 한다.

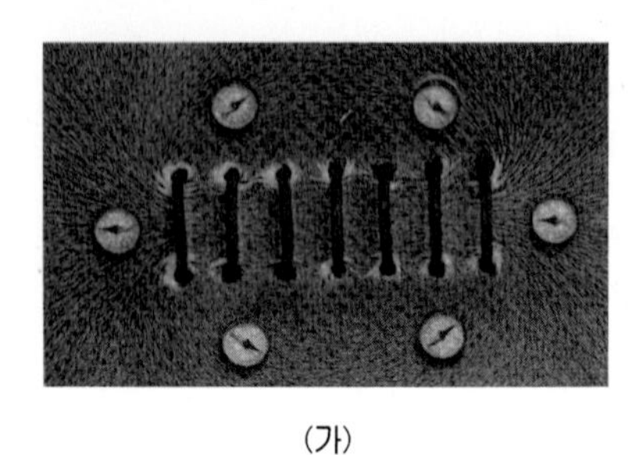

(가)

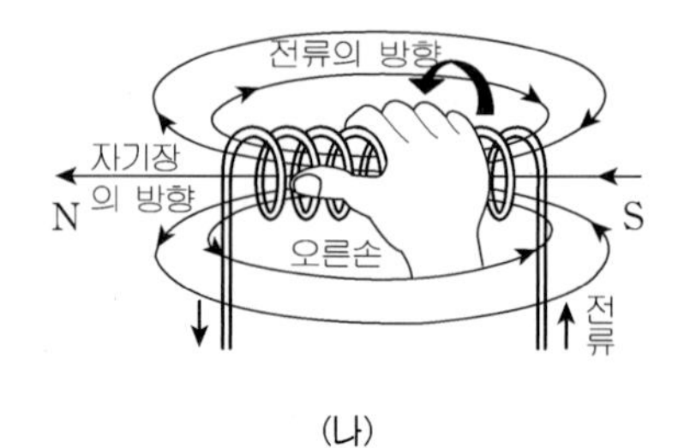

(나)

그림. 솔레노이드에 의한 자기장

솔레노이드에 전류를 흘려주면 원형 도선을 모아 놓은 것과 같은 것이 되어 위의 오른쪽 그림과 같은 자기력선이 그려진다.

솔레노이드 내부에서의 자기장은 흐르는 전류에 비례하고 단위 길이당 감은 횟수에 비례하여 자기장의 크기 B는 $B = \mu_o nI$ ($\mu_o = 4\pi \times 10^{-7}\, Wb/A \cdot m$: 진공에서 투자율) 이다.

KEY POINT

■ 솔레노이드에 전류가 만드는 자기장의 크기
$B = 4\pi \times 10^{-7} ni$
(n : 단위 m당 감긴 횟수)

예제5

그림과 같이 평면에 놓인 회로에 2A의 전류 I가 화살표를 따라 시계 방향으로 흐를 때, 발생하는 자기 쌍극자모멘트의 크기[Am^2]와 방향은? (2017년 국가직 7급)

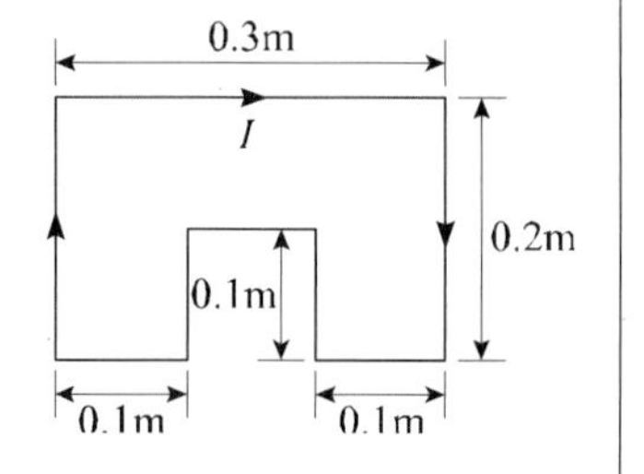

	크기	방향
①	0.1	지면에서 나오는 방향
②	0.1	지면으로 들어가는 방향
③	2.4	지면에서 나오는 방향
④	2.4	지면으로 들어가는 방향

풀이 자기 쌍극자 모멘트 $\mu = NiA$이다. 여기서 $N=1$, $i=2$A이고 면적 $A = (0.3 \times 0.2) - (0.1 \times 0.1) = 0.05\text{m}^2$이다. 따라서 자기 쌍극자 모멘트 $\mu = 1 \times 2 \times 0.05 = 0.1\text{Am}^2$이며, 오른손 법칙에 의해 지면으로 들어가는 방향의 쌍극자 모멘트가 생긴다. 정답은 ②이다.

2 전자기력

(1) 자기장속에서 전류가 받는 힘

오른쪽 그림과 같은 실험 장치를 하고 도선에 전류를 흘려주면 도선은 자기장과 전류에 각각 수직한 방향으로 힘을 받는다. 이 힘의 작용은 플레밍의 왼손 법칙에 따른다. 즉 왼손을 아래 그림과 같이 표현할 때 자기장의 방향으로 검지 손가락을 가리키고 전류의 방향으로 중지손가락을 가리키면 엄지손가락의 방향으로 힘을 받게 된다.

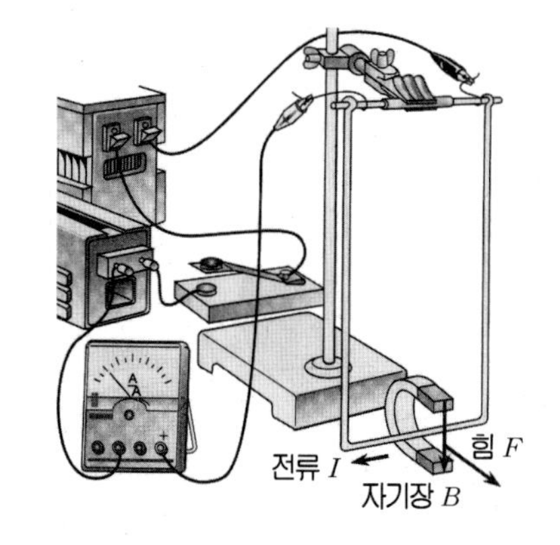

그림. 자기장속에서 도선이 받는 힘

■ 자기장 속에서 전류가 받는 힘 크기 $F = Bli$

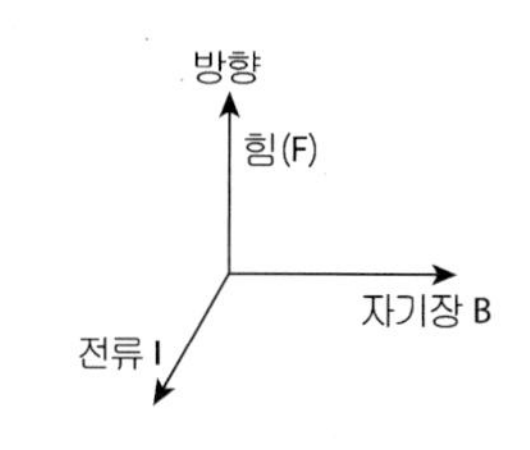

자기장이 직선 전류에 작용하는 자기력 F는 자기장, B, 전류, I 자기장내의 도선의 길이 l에 비례하며 식으로 나타내면 $F = BlI$이다. 이때 전류의 방향과 자기장의 방향이 직각을 이루지 않고 θ각 이라면 자기력 F는 $F = BlI\sin\theta$가 된다.

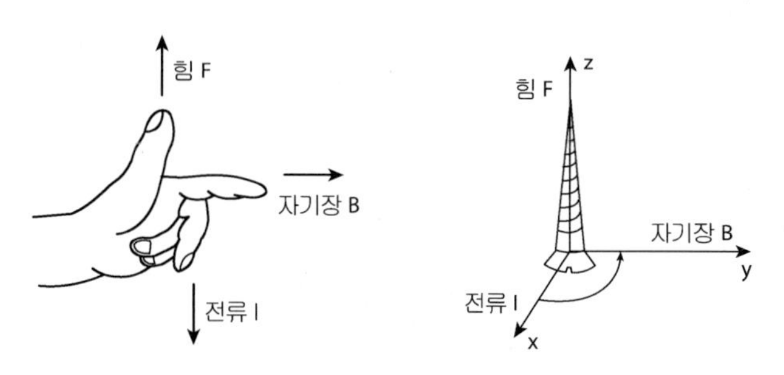

그림. 플레밍의 왼손법칙

자기장내에 들어 있는 도선에 전류가 흐르고 있을 때의 자기력선의 분포이다. 아래쪽 부분에서는 두 자기장의 방향이 서로 같은 방향이 되기 때문에, 자기력선이 빽빽해지고, 위쪽 부분에서는 두 자기장의 방향이 서로 반대가 되기 때문에, 자기력선은 서로 상쇄가 되어 자기장이 작아지게 된다. 그러므로 전류는 아래쪽에서 위쪽으로 힘을 받게 된다.

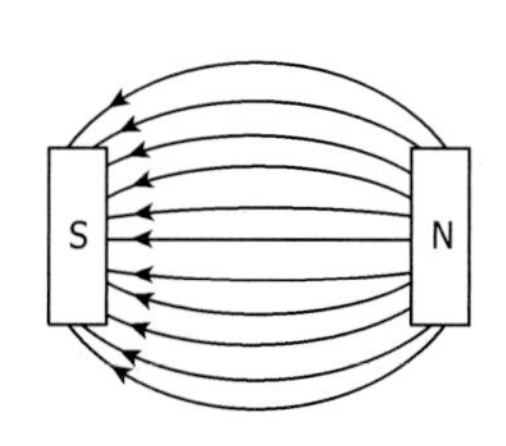

그림. 자석만 있는 경우의 자기력선 분포

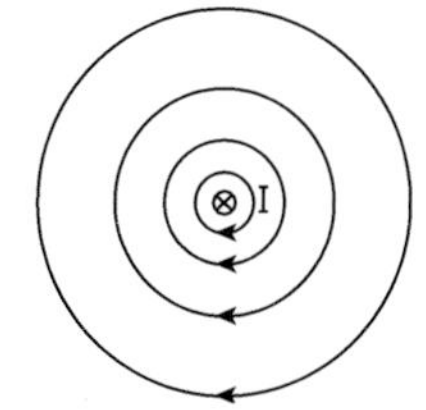

그림. 전류만 있는 경우의 자기력선 분포

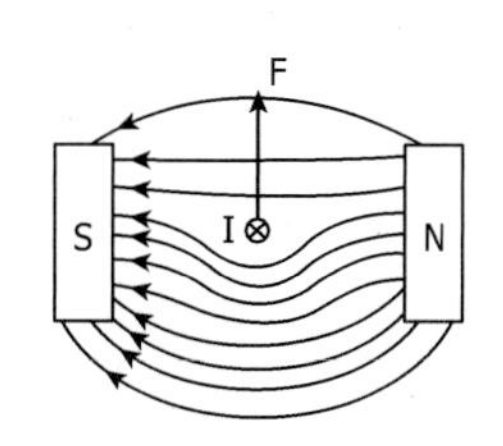

그림. 자석과 전류가 있는 경우의 자기력선 분포

(2) 평행한 두 직선 전류 사이에서의 힘

두 직선 도선을 평행하게 놓고 전류를 흐르게 하면 각각의 도선이 만드는 자기장에 의해 힘을 받게 되는데 아래의 그림처럼 전류의 방향이 같을 때는 인력이, 전류의 방향이 반대 방향으로 흐를 때는 척력이 작용한다. 이 힘의 방향은 플레밍의 왼손법칙에 따른 것이다.

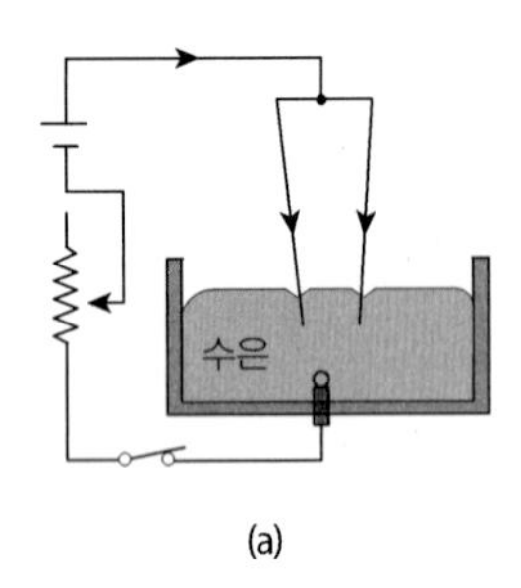

(a)

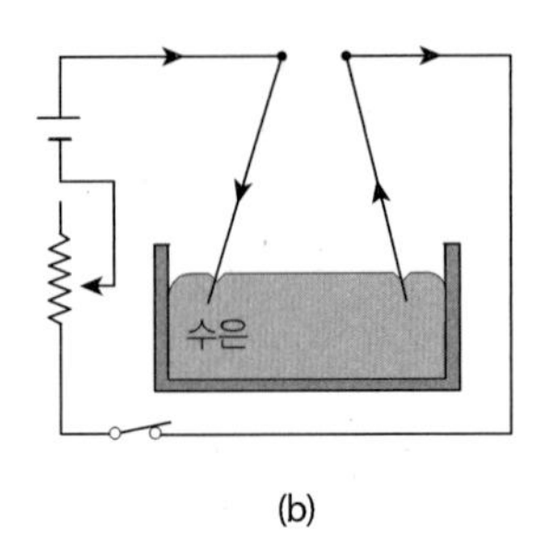

(b)

그림. 평행 전류사이의 상호 작용

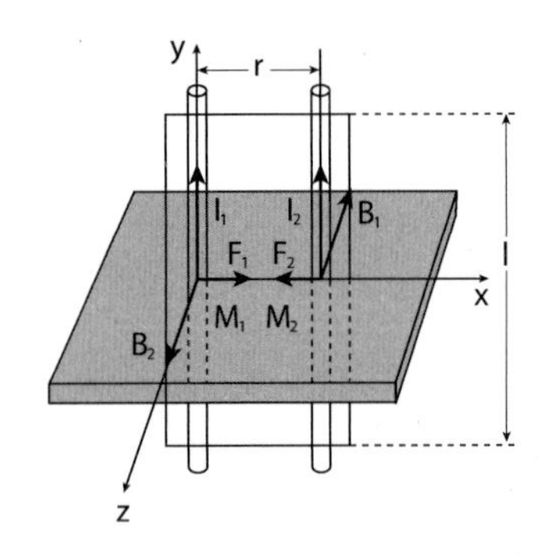

아래 오른쪽 그림과 같이 평행한 두 직선 도선이 거리 r만큼 떨어져 있고 전류가 각각 I_1, I_2가 같은 방향으로 흐르면 M_2 지점에서 전류 I_1에 의해 만들어진 자기장의 방향은 앙페르의 법칙에 따라 지면 속으로 들어가는 방향이 된다. 이 지면 속으로 들어가는 방향의 자기장속에 아래에서 위로 흐르는 전류를 통하면 플래밍의 왼손법칙에 따를 때 힘의 방향은 왼쪽으로 되고 마찬가지로 M_1 지점에서 I_2에 의한 자기장과 I_2의 전류에 의해 힘의 방향은 오른쪽으로 향하여 결국 인력이 작용하게 되고 작용받는 자기력은

$$F_1 = B_2 I_1 l_1 \quad (B_2 = 2\times10^{-7}\frac{I_2}{r})$$

$$= 2\times10^{-7}\frac{I_2}{r} I_1 l_1 \text{ 이고 } F_2 = B_1 I_2 l_2 = 2\times10^{-7}\frac{I_1}{r} I_2 l_2 \text{ 이다.}$$

따라서 평행한 두 도선에 같은 방향의 전류가 흐를 때 두 도선은 서로 같은 크기의 인력이 작용한다.

KEY POINT

■ 나란한 두 직선 도선에 전류가 흐를 때 작용하는 힘의 크기는

$$F = 2\times10^{-7}\frac{i_1 i_2}{r} l$$

방향은
같은 방향의 전류 : 인력
다른 방향의 전류 : 척력

KEY POINT

예제6

그림은 전동기의 구조를 모식적으로 나타낸 것이다. 이에 대한 설명으로 옳은 것만을 모두 고르면? (2021 경력경쟁 9급)

ㄱ. 전기 에너지를 운동 에너지로 변환한다.
ㄴ. 전류가 많이 흐를수록 회전 속력이 빨라진다.
ㄷ. 사각형 도선의 점 P는 위쪽으로 힘을 받는다.

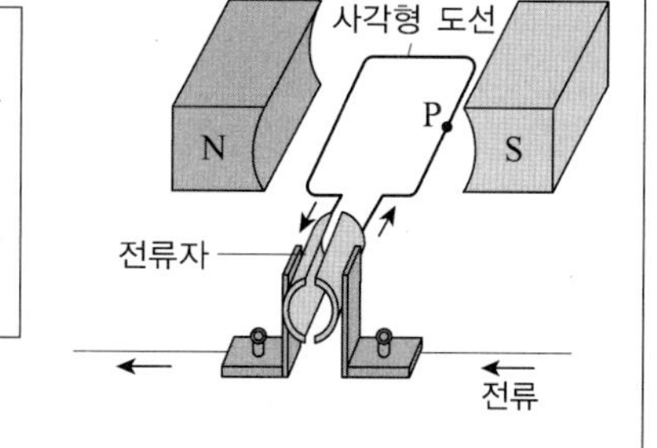

② ㄱ, ㄷ
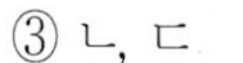

④ ㄱ, ㄴ, ㄷ

풀이 그림에서 도선위의 P점은 플레밍의 왼손 법칙에서 아래쪽으로 힘을 받는다. 정답은 ①이다.

예제7

그림과 같이 전류 i_1이 흐르는 직선 도선으로부터 d 떨어진 곳에 한 변의 길이가 a인 정사각형 모양의 도선에 전류 i_2가 흐를 때 이 도선이 받는 힘의 크기는 얼마인가?

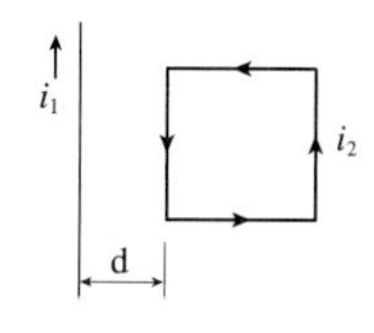

풀이 정사각형 도선에서 윗변과 아랫변이 받는 힘은 상쇄되고 왼쪽 변은 직선도선과 반대 방향으로 전류가 흐르므로 받는 힘은 척력 $F_1 = \frac{\mu_o}{2\pi}\ \frac{i_1 i_2}{d}a$ 이고 오른쪽 변은 직선도선과 같은 방향으로 전류가 흐르므로 받는 힘은 인력 $F_2 = \frac{\mu_o}{2\pi}\ \frac{i_1 i_2}{d+a}a$ 이므로 합력 F는 $F = F_1 - F_2 = \frac{\mu_o}{2\pi}\ i_1 i_2 a\left(\frac{1}{d} - \frac{1}{a+d}\right)$

$= \frac{\mu_o}{2\pi}\ i_1 i_2 \frac{a^2}{d(a+d)}$ 이다.

(3) 자기장 속에서 운동하는 전하가 받는 힘

앞에서 우리는 자기장 속에서 전류는 힘을 받는다는 것을 알았다 결국 전류라는 것은 시간당 전하가 흘러가는 양을 나타내는 것이므로 전하 각각이 자기장에 의해 힘을 받는 것이다. 자기장 B에 수직하게 놓인 길이 l인 도선에 전류 I가 흐르면 힘 F는 $F = BlI$이고 대전입자 한 개의 전하량을 q, 도선의 단면적을 지는 입자수를 N이라 하면 $I = \frac{Nq}{t}$ 이고 입자의 속도 $v = \frac{l}{t}$ 에서 $l = vt$이다.

이것을 $F = BlI$에 각각 대입하면 $F = B \times \frac{Nq}{t} \times vt = BNqV$ 이다.

■ 자기장 속에서 v속도로 움직이는 전하 q가 받는 힘(로렌쯔의 힘) $F = Bqv$

따라서 도선 내에 전하 한 개가 자기장을 지날 때 받는 힘 f는 $f=Bqv$ 이다.
이것을 **로렌쯔의 힘**이라고 한다.

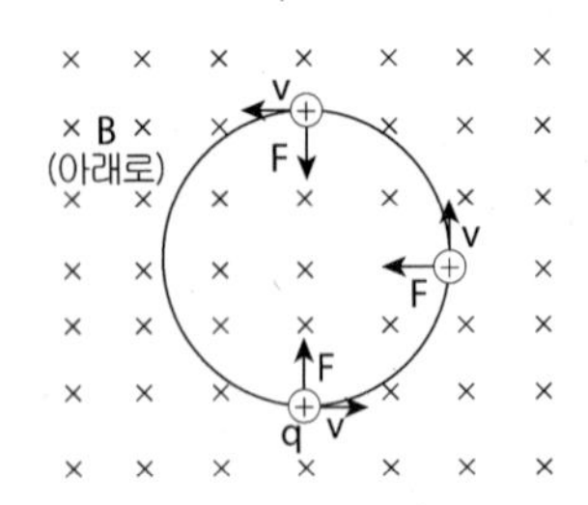

그림. 자기장속에서의 대전입자의 운동

그림과 같이 지면 아래로 형성된 자기장 속으로 양전하 q를 입사시키면 로렌쯔의 힘을 받아 반시계방향으로 회전을 하고 전자를 입사시키면 양전하와 부호가 반대이므로 시계방향으로 원운동하게 된다.
이때 원운동하고 있는 대전입자는 원의 중심 방향으로 전자기력 즉 로렌쯔의 힘과 바깥쪽으로 원심력이 작용하고 힘의 크기가 같을 때 등속원운동을 하게 된다.
자기장 B속을 질량 m인 전하 q가 v속도로 입사하면 로렌쯔힘=원심력에서

$Bqv=\frac{mv^2}{r}$ 이 되어 회전 반경 r은 $r=\frac{mv}{Bq}$ 가 되고 대전 입자의 주기,

즉, 한바퀴 도는데 걸린 시간은 $v=\frac{2\pi r}{T}$ 에서 $r=\frac{2\pi rm}{BqT}$ 이고 주기 T는

$$T=\frac{2\pi m}{Bq}$$

이다.
즉 대전입자의 주기는 전기장 B와 전하량 q에 반비례하고 질량 m에 비례한다.

예제8

균일한 자기장 영역에서 대전 입자가 반지름 R인 원 궤도를 따라 운동에너지 E로 원운동하고 있다. 이 입자가 동일한 자기장 영역에서 반지름이 $2R$인 원 궤도를 돈다면 운동에너지는? (2020년 국가직)

① $8E$ ② $4E$
③ $2E$ ④ $\sqrt{2}E$

풀이 $R=\frac{mv}{Bq}$ 이므로 2R에서 $2v$속력이므로 운동에너지는 4배가 된다.
정답은 ②이다.

KEY POINT

■ 자기장 속에서 점전하가 원운동 할 때 반지름은
$r=\frac{mv}{Bq}$
주기는 $T=\frac{2\pi m}{Bq}$

KEY POINT

※ 균일한 자기장 B에 자기장에 대하여 θ각으로 입사한 경우 그림과 같이 자기장 B에 각도 θ로 비스듬히 v속도로 입사하면 속도 v를 힘을 받는 속도 $v_y = v\sin\theta$와 힘을 받지 않는 속도 $v_x = v\cos\theta$로 분해할 수 있고 v_y에 의해 대전입자가 등속원운동하고 v_x에 의해 x방향으로 등속 직선운동을 하게 되어 결국은 그림과 같이 나선운동을 하게 된다.

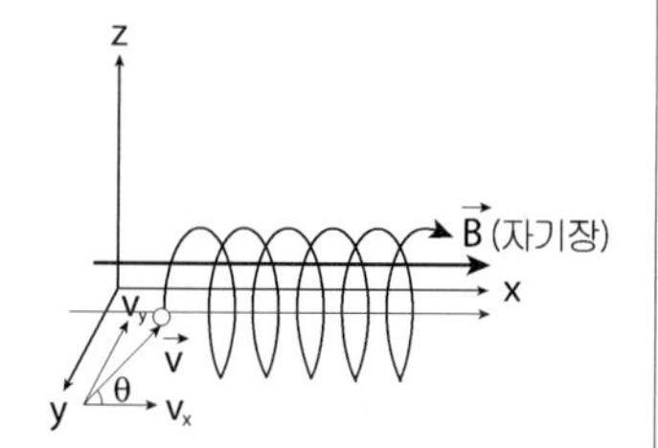

예제9

균일한 자기장($\vec{B}$)이 존재하는 공간에 자기장의 방향에 수직으로 속도 V로 입사하는 질량이 M이고 $+q$로 대전된 이온은 반지름이 R_1 인 원운동을 한다. 질량과 전하량이 각각 2배로 증가할 때 원운동의 반지름(R_2)은? (2019년 서울시 7급)

① $R_2 = R_1/4$ ② $R_2 = R_1$

③ $R_2 = 2R_1$ ④ $R_2 = 4R_1$

풀이 로렌츠의 힘 $F = Bqv$에 의해 원운동하는 입자의 반지름 R은 $Bqv = \frac{mv^2}{R}$

$R = \frac{mv}{Bq}$ 이므로 m, q가 각각 2배이면 R은 변함없다. 정답은 ②이다.

(4) 사이클로트론

사이클로트론은 하전 입자를 가속하는 장치이다.
그림과 같이 균일한 자기장 속에 놓여 있는 두 장의 반원형 금속 상자 속에 이온원 S로부터 양이온을 투입하면, 이 이온은 로렌츠의 힘에 의해 금속상자 내에서 원운동을 하게 된다. 이 이온의 속력을 고주파 전기장에 의해 가속시키는 것이 사이클로트론의 역할이다.
원 운동의 주기와 금속 상자에 걸리는 고주파 전압의 주기가 같을 때는, 한 쪽에서 가속된 이온이 다시 다른 한쪽에서 같은 방향으로 가속된다. 그러므로 이온은 상자 속을 1회전할 때마다 가속되어, 그 에너지가 증가하여 수백 MeV 의 큰 에너지를 가지는 입자로 된다.

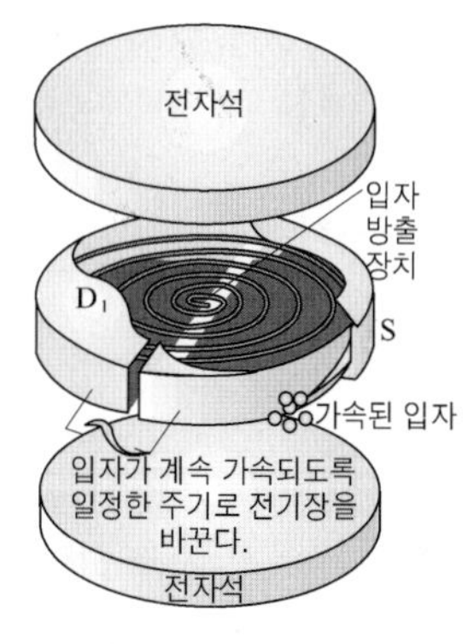

그림. 사이클로트론의 원리

KEY POINT

사이클로트론에서 이온이 얻는 에너지는 금속 상자 D의 반지름과 자기장의 세기 B에 의해 결정되며, 이 에너지는

$$\frac{1}{2}mv^2 = \frac{1}{2}m\left(\frac{qBr}{m}\right)^2 = \frac{q^2B^2r^2}{2m}$$

이 된다.

원자나 전자 등과 같은 작은 입자 하나가 가지는 에너지는 대단히 작은 양이므로 이와 같은 작은 양의 에너지의 단위는 전자 볼트[eV]의 단위가 사용된다. 1eV는 전자 1개가 진공 중에서 1V의 전압으로 가속될 때 얻는 운동 에너지이다.

$$1\,\text{eV} = 1.602\times10^{-19}\text{J}$$

* 홀효과

자기장 속에서 전류가 흐르면 전하 운반체는 힘을 받아 유동하게 된다. 이런 현상으로 도선 속에서 전하가 분리되는 현상을 Hall 효과라고 한다.

그림과 같이 회로에 건전지가 금속에 연결되어 있다. 두 점 a, b는

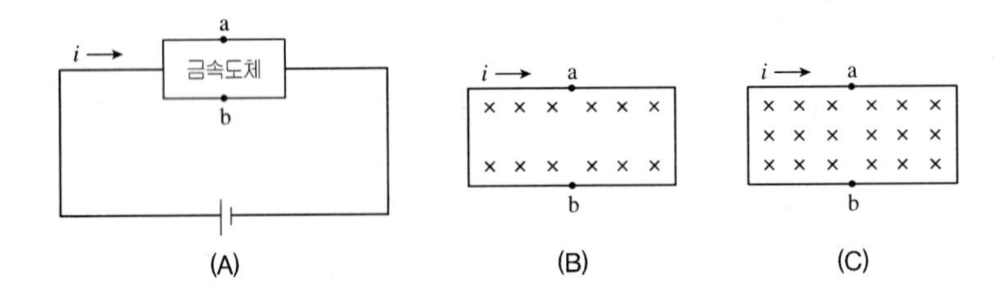

같은 전위를 가지므로 둘 사이의 전위차는 없다. 이 도체에 수직하게 자기장을 걸어주면 그림 (B)에서 보여진 것처럼 a, b는 전위차를 가지게 된다. 띠에 흐르는 전하들이 양전하이면 전하는 위쪽으로 즉 a쪽으로 힘을 받게 된다.

다시 말해 전하 운반체가 양전하일 때 점 a는 양으로 대전된다.

반대로 그림 (C)처럼 왼쪽으로 움직이는 음전하로 되어 있다고 하자.

만일 전류를 형성하는 전하 운반체가 음전하라면 음전하는 위로 향하는 즉 a를 향하는 힘을 받게 된다.

따라서 a는 음전하로 대전된다. 여기서 매질 안에서의 전하 운반체의 부호를 결정하는 방법을 가지게 되는데 이 효과를 미국의 물리학자 hall이 발견하였다.

KEY POINT

예제10

그림은 균일한 자기장 B에 수직으로 놓여 있는 폭 w의 도체에 전류 I가 흐를 때, 점 a와 b에서의 전위 V_a와 V_b의 차이 $\varDelta V(=V_a-V_b)$를 측정하는 것을 나타낸다. 이에 대한 <보기>의 설명 중 옳은 것을 모두 고른 것은? (단, 자기장은 지면 안쪽을 향한다.)

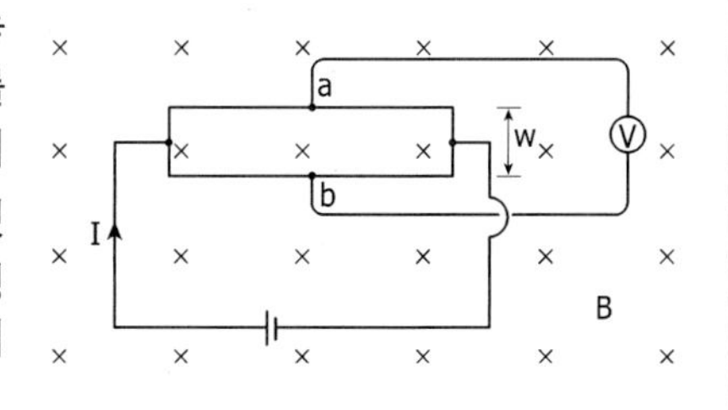

ㄱ. 전하 운반체가 음(-)전하이면 $\varDelta V>0$이다.
ㄴ. 자기장의 방향을 반대로 하면 $\varDelta V$의 부호가 바뀐다.
ㄷ. 전하 운반체의 유동속도를 구하기 위해서는 B의 크기, $\varDelta V$, w를 측정해야 한다.

① ㄱ ② ㄴ ③ ㄷ
④ ㄱ, ㄴ ⑤ ㄴ, ㄷ

풀이 그림에서 전하운반체는 플레밍의 왼손법칙에 의해 위쪽으로 힘을 받아 움직인다. 전하운반체가 음(-)전하이면 $V_b>V_a$가 되어 $V<0$이다. 자기장의 방향을 반대로 하면 전하운반체는 반대방향으로 움직여 V부호가 바뀐다. 한편 처음 전하운반체가 움직여서 a와 b의 전위차가 생기면 그 다음부터 전기장에 의한 힘과 자기장에 의한 힘의 합력이 0이 되어 직진한다.

$Eq=Bqv$에서 속도 $v=\dfrac{Eq}{Bq}=\dfrac{E}{B}$이고 $V=E\cdot W$에서

$E=\dfrac{V}{w}$이므로 $v=\dfrac{V}{Bw}$이다. 정답은 ⑤이다.

예제11

그림과 같이 균일한 전기장 E와 균일한 자기장 B가 작용하는 영역을 속도 v로 입사한 입자가 등속 직선 운동하여 통과하였다. 이 입자의 전하량은 -q이고, v, E, B는 서로 수직이다. E가 아래 방향으로 작용할 때 B의 크기와 방향은? (단, 중력은 무시한다) (2021 국가직 7급)

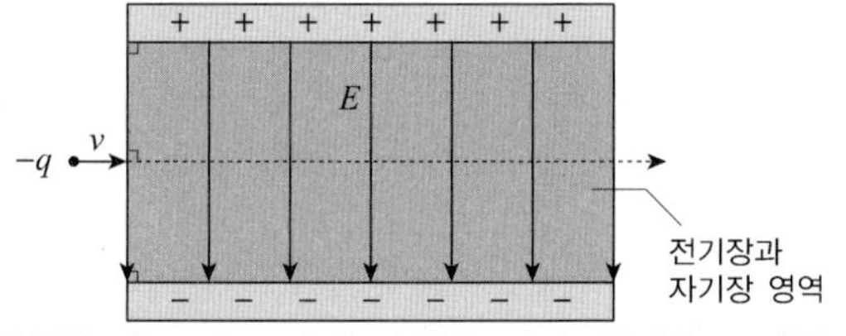

	B의 크기	B의 방향
①	$\left\lvert\dfrac{E}{v}\right\rvert$	지면으로 들어가는 방향
②	$\left\lvert\dfrac{E}{v}\right\rvert$	지면에서 나오는 방향
③	$\lvert vE\rvert$	지면으로 들어가는 방향
④	$\lvert vE\rvert$	지면에서 나오는 방향

풀이 전기장 E와 자기장 B가 수직으로 공존하는 공간에 전하가 v 속도로 직선 운동하려면 크기는 $v=\dfrac{\mathrm{E}}{\mathrm{B}}$ 이고 방향은 $\vec{v}=\vec{\mathrm{E}}\times\vec{\mathrm{B}}$ 이다. 정답은 ①이다.

KEY POINT

3 자기장의 계산

(1) 직선 도선에서 R점에 자기장

오른쪽 그림과 같이 직선 도선에서 전류 I가 흐를 때 도선에서 거리 R 되는 곳의 자기장의 크기는 비오 사바르 법칙

$dB = \dfrac{\mu_o}{4\pi}\dfrac{Idl\sin\theta}{r^2}$ 에서 구할 수 있다.

$dl\ \sin\theta = dl\ \sin(\pi - \theta) = dl\ \cos\alpha$ 이고

$l = R\tan\alpha,\ dl = R\sec^2\alpha\, d\alpha,\ r = R\sec\alpha$ 이므로

$dB = \dfrac{\mu_o}{4\pi}\dfrac{IR\sec^2\alpha\, d\alpha}{(R\sec\alpha)^2}\cos\alpha$ 이다. 따라서

$B = \dfrac{\mu_o I}{4\pi R}\displaystyle\int_{-\alpha_1}^{\alpha_2}\cos\alpha\, d\alpha = \dfrac{\mu_o I}{4\pi R}(\sin\alpha_1 + \sin\alpha_2)$ 이고

무한도선에서 적분한계는 $-\dfrac{\pi}{2}$ 에서 $\dfrac{\pi}{2}$ 이다. 그러므로 $B = \dfrac{\mu_o I}{2\pi R}$ 가 된다.

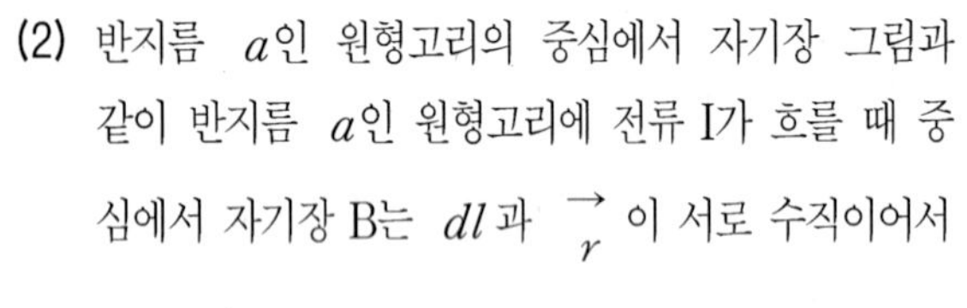

(2) 반지름 a인 원형고리의 중심에서 자기장

그림과 같이 반지름 a인 원형고리에 전류 I가 흐를 때 중심에서 자기장 B는 dl과 $\vec{r}$ 이 서로 수직이어서

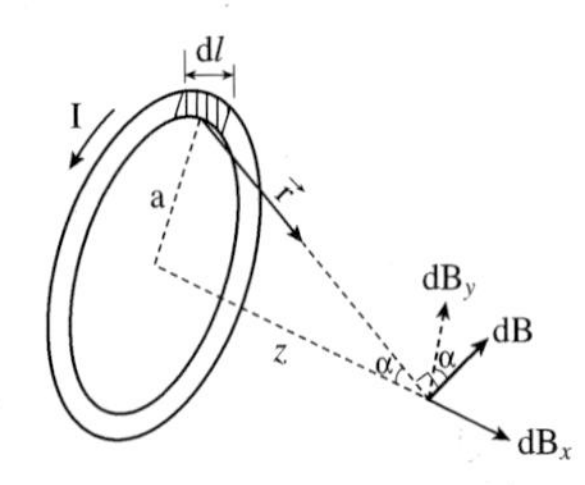

$|dl \times \vec{r}| = dl$

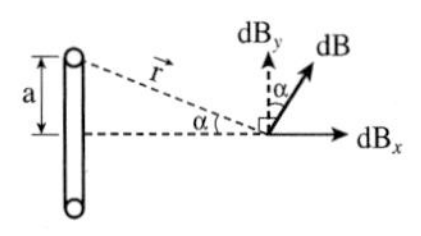

$dB_x = dB\sin\alpha$

$= \dfrac{\mu_o Idl}{4\pi r^2}\times\dfrac{a}{r}\quad (\sin\alpha = \dfrac{a}{r})$

$B_x = \displaystyle\int_o^{2\pi a}\dfrac{\mu_o Ia}{4\pi r^3}dl$ 이다.

$\int dl = 2\pi a,\ r^2 = a^2 + z^2$ 에서

$B_x = \dfrac{\mu_o Ia^2}{2(a^2+z^2)^{3/2}}$ 이다. $z \gg a$인 경우 $B_x = \dfrac{\mu_o Ia^2}{2a}$ 이지만

고리의 중심은 $z = 0$ 이므로 중심에서 자기장의 크기는 $B_x = \dfrac{\mu_o I}{2a}$ 이다.

자기장 B_y는 반대 방향과 상쇄되어 0이 된다.

KEY POINT

(3) 솔레노이드에 의한 자기장

오른쪽 그림과 같이 솔레노이드에서 사각형 $abcd$를 네 개의 적분 경로를 나눌 수 있다.

$$\oint B \cdot dl = \int_a^b B \cdot dl + \int_b^c B \cdot dl + \int_c^d B \cdot dl + \int_d^a B \cdot dl$$

경로 cd에서 자기장은 존재하기는 하지만 극히 미세하여 무시할 수 있다.

$B=0$이므로 $\int_c^d B \cdot dl = 0$ 이고 또 경로 bc와 da는 B와 dl이 수직이므로

$B \cdot dl = 0$ 된다.

경로 ab는 $\vec{B} \cdot \vec{dl} = Bdl$ ab길이가 L이고 감은 수가 n이면 내부전류는

nLI 가 된다.

따라서 $\oint B \cdot dl = B\int dl = \mu_o nLI$

$B \cdot L = \mu_o nLI$ 에서

자기장 $B = \mu_o nI$ 이다.

(4) 토로이드 내부의 자기장

그림은 전류 I_o 총 감은 수 N인 토로이드이다.

앙페르 법칙에서

$$\oint B \cdot dl = \mu_o I = \mu_o I_o N$$

$$B 2\pi r = \mu_o I_o N$$

$$B = \frac{\mu_o I_o N}{2\pi} \frac{1}{r}$$

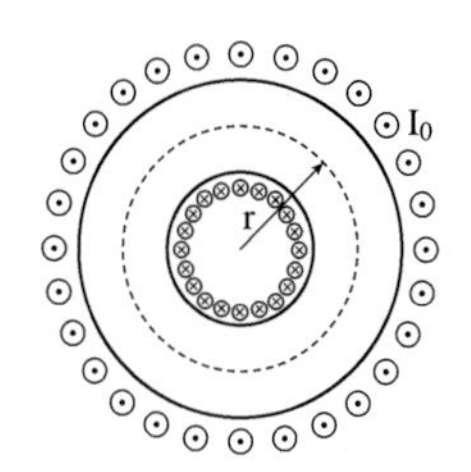

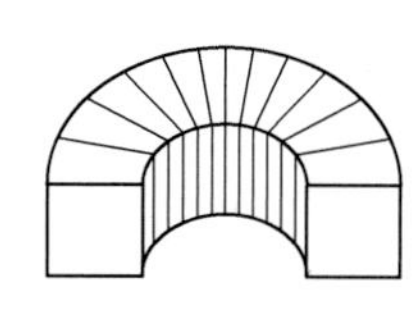

연습문제

1 전류 I가 흐르는 직선 도선으로부터 거리 r인 곳에서의 자기장의 크기가 B이었다. 이 도선에 전류 $2I$를 흘려주고 도선으로부터 거리 $2r$인 곳에서의 자기장을 측정하면 그 크기는?

① $\frac{1}{4}B$　② $\frac{1}{2}B$
③ B　④ $2B$
⑤ $4B$

2 $20A$의 전류가 흐르는 반지름 0.2m인 원형도선의 중심에서 생기는 자기장의 크기는 얼마인가?

① $2\times10^{-7}Wb/m^2$
② $4\times10^{-7}Wb/m^2$
③ $4\times10^{-6}Wb/m^2$
④ $2\pi\times10^{-5}Wb/m^2$
⑤ $4\pi\times10^{-5}Wb/m^2$

3 균일한 자기장 B에 질량 m, 전하량 q인 대전입자가 자기장에 직각으로 v속도로 입사할 때 대전입자의 원운동의 주기 T는?

① $\frac{mv}{Bq}$　② $\frac{Bq}{2\pi m}$
③ $\frac{mv}{2r}$　④ $\frac{Bq}{mv}$
⑤ $\frac{2\pi m}{Bq}$

4 그림과 같이 전류가 위로 흐르는 도선에 나침반 2개를 도선의 위와 아래에 각각 놓아두었을 때 나침반의 N극의 방향은?

	(가)	(나)
①	왼쪽	오른쪽
②	오른쪽	왼쪽
③	위쪽	아래쪽
④	아래쪽	위쪽
⑤	둘 다 변화 없다	

(가)
I
(나)

해설

해설 **1**
직선도선에 의한 자기장 $B=2\times10^{-7}\frac{i}{r}$에서 $B\propto\frac{I}{r}$이므로 $2I$, $2r$이 되어 자기장 B'는 B와 같다.

해설 **2**
원형도선에 전류가 흐를 때 자기장 $B=2\pi\times10^{-7}\frac{i}{r}$이다
따라서 $B=2\pi\times10^{-7}\times\frac{20}{0.2}$
$=2\pi\times10^{-5}Wb/m^2$

해설 **3**
주기 $T=\frac{2\pi r}{v}\left(v=\frac{2\pi r(\text{거리})}{T(\text{시간})}\right)$이고 전하 q가 자기장 B에 수직 입사하면 원운동하게 되고 로렌쯔힘=구심력에서 $Bqv=\frac{mv^2}{r}$에서 $\frac{r}{v}=\frac{m}{Bq}$이 되고 이 식을 $T=\frac{2\pi r}{v}$에 대입하면 주기 $T=2\pi\frac{m}{Bq}=\frac{2\pi m}{Bq}$이 된다.

해설 **4**
앙페르의 오른나사 법칙에 의해 도선의 뒤쪽은 왼쪽 방향으로 도선의 위쪽은 오른쪽 방향으로 자기장이 생긴다.

정답 1. ③ 2. ④ 3. ⑤ 4. ①

5 길이 20cm되는 파이프에 100회의 코일이 감긴 솔레노이드가 있다. 이 코일에 $2A$의 전류를 흐르게 하면 솔레노이드 내부에서 생기는 자기장의 크기는 얼마인가?

① $8\pi\times10^{-5}Wb/m^2$
② $4\pi\times10^{-5}Wb/m^2$
③ $4\pi\times10^{-4}Wb/m^2$
④ $4\times10^{-4}Wb/m^2$
⑤ $8\times10^{-5}Wb/m^2$

6 균일한 자기장 속에 수직으로 입사한 대전입자가 원운동을 하고 있다. 입사속도를 2배로 하고 자기장의 크기를 2배로 하면 원운동의 반지름은 처음 반지름의 몇 배가 될까?

① $\frac{1}{4}$배 ② $\frac{1}{2}$배
③ 1배 ④ 2배
⑤ 4배

7 그림과 같이 두 직선 도선 A, B에 $3A$, $1A$의 전류가 같은 방향으로 흐를 때 B도선으로부터 10cm 떨어진 P점에서 자기장의 방향과 크기는? (단, A, B 도선의 거리는 20cm이다)

① 지면위로 $4\times10^{-6}Wb/m^2$
② 지면 속으로 $4\times10^{-6}Wb/m^2$
③ 지면위로 $4\pi\times10^{-6}Wb/m^2$
④ 지면 속으로 $4\pi\times10^{-6}Wb/m^2$
⑤ 지면 속으로 $2\times10^{-6}Wb/m^2$

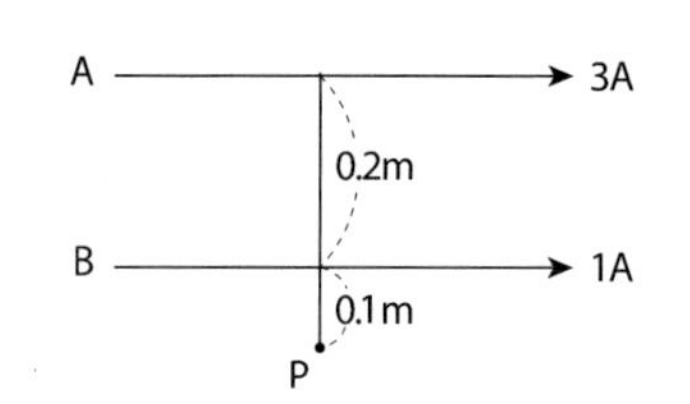

8 그림과 같이 길이 2m인 두 평행직선 도선에 전류 $20A$와 $10A$가 각각 반대방향으로 흐르고 있다. 두 도선 사이가 20cm 떨어져 있을 때 두 도선 사이에 작용하는 힘은 인력인가 척력인가 또 크기는 몇 N인가?

① 힘의 작용이 없다.
② 인력 $4\pi\times10^{-4}N$
③ 척력 $4\pi\times10^{-4}N$
④ 인력 $4\times10^{-4}N$
⑤ 척력 $4\times10^{-4}N$

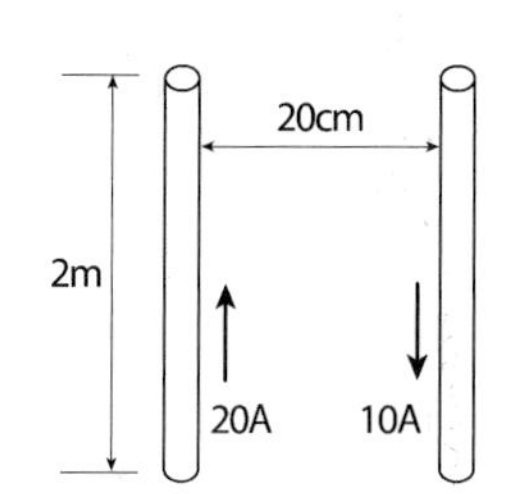

해 설

해설 **5**

$B=4\pi\times10^{-7}ni$에서 n은 단위 m당 감긴 수이므로 $n=500$회$/m$가 된다. 따라서 자기장 B는

$B=4\pi\times10^{-7}\times500\times2$
$=4\pi\times10^{-4}Wb/m^2$

해설 **6**

$Bqv=\frac{mv^2}{r}$에서 원운동 반지름 $r=\frac{mv}{Bq}$이다. 반지름 $r\propto\frac{v}{B}$이므로 B가 2배, v가 2배가 되어 반지름은 변화가 없다.

해설 **7**

A도선에 의한 P점의 자기장은 지면으로 들어가는 방향으로 자기장 크기 B는 $B=2\times10^{-7}\frac{3}{0.3}$ $=2\times10^{-6}Wb/m^2$이고 B도선에 의한 P점에서의 자기장은 지면으로 들어가는 방향으로 자기장의 크기 B는 $B=2\times10^{-7}\frac{1}{0.1}=2\times10^{-6}Wb/m^2$이다. 따라서 두 자기장의 합은 방향이 같으므로 지면 속으로 향하는 자기장이며 크기는 $4\times10^{-6}Wb/m^2$이다.

해설 **8**

전류가 반대방향으로 흘러 척력이 작용한다.

힘 $F=2\times10^{-7}\frac{i_1i_2}{r}l$에서

$F=2\times10^{-7}\frac{20\times10}{0.2}\times2$
$=4\times10^{-4}N$

정답 5. ③ 6. ③ 7. ② 8. ⑤

9 자기장이 걸린 공간에서 그림과 같이 $+y$ 방향으로 전자 e가 운동하다가 $+z$ 방향으로 힘을 받았다면 자기장의 방향은?

① $-y$
② $-z$
③ $-x$
④ $+x$
⑤ yz 평면

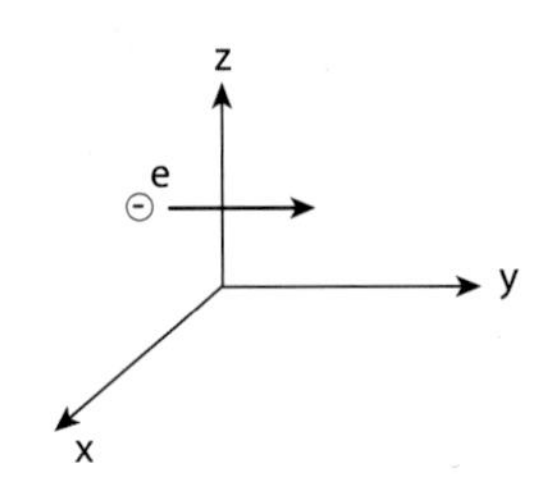

10 자기장 B가 $2\pi\times10^{-4}T$인 공간에 전하량이 $1C$인 입자가 자기장과 같은 방향으로 속도 $3\times10^{6}m/s$로 입사된다면 이 입자가 받는 힘의 크기는 얼마인가?

① $6\pi\times10^{2}N$
② $6\times10^{2}N$
③ $2\pi\times10^{2}N$
④ $2\times10^{2}N$
⑤ 0

11 전기장의 세기가 균일한 곳에 전기장과 수직으로 전자를 입사시키면 전자의 운동 궤적으로 옳은 것은?

① 원　② 타원
③ 포물선　④ 쌍곡선
⑤ 직선운동

12 그림에서 $+Z$ 방향으로 전기장 E가 걸려 있는 공간에 전자 e가 v속도로 입사되었다. 이 전자가 전기장 E에 의해 굴절되지 않고 계속 직진하여 $+y$ 방향으로 빠져나갈 수 있도록 자기장 B를 걸어 주려고 한다. 자기장의 방향과 크기는?

① $+x,\ Ev$
② $-x,\ Ev$
③ $+x,\ \frac{E}{v}$
④ $-x,\ \frac{E}{v}$
⑤ $-Z,\ \frac{E}{v}$

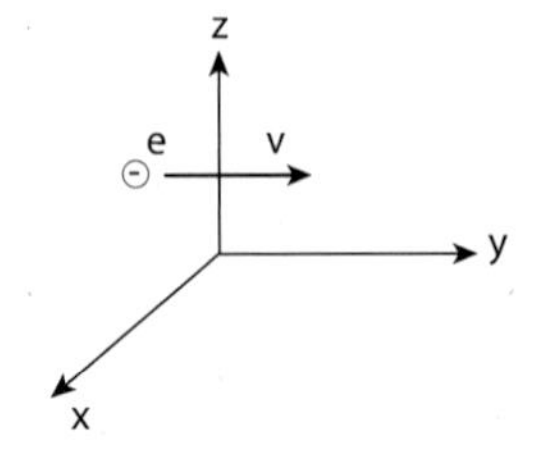

해 설

해설 **9**
플레밍의 왼손 법칙에 의해 전류는 전자와 반대방향이므로 $-y$ 방향, 힘은 $+z$ 방향으로 하면 $+x$ 방향으로 자기장이 걸려 있다.

해설 **10**
자기장과 대전입자의 입사각이 0℃이므로 힘은 0이다.

해설 **11**
자기장에 수직이면 원운동하지만 전기장에 수직으로 입사되면 포물선 운동을 한다.

해설 **12**

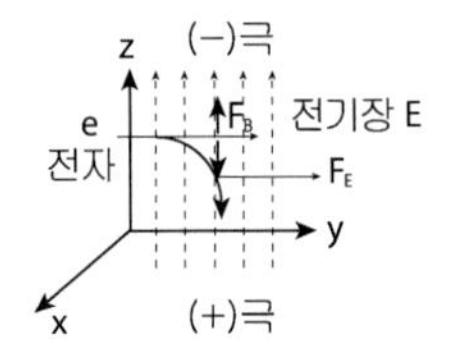

문제에서 $+Z$ 방향이 (−)극, $-Z$ 방향이 (+)극이므로 전기장이 (+) → (−) 방향인 $+Z$ 방향으로 걸려 있다. 따라서 전자는 (−) 입자이므로 (+)극 쪽으로 끌려가게 되어 전기장에 의한 힘 F_E를 $-Z$ 방향으로 받는다.
$F_E=Eq$ 직진시키기 위해 자기장에 의한 힘 F_B는 $+Z$ 방향이 되어야 하고 전류는 전자와 반대인 $-y$ 방향으로 흐르므로 플레밍의 왼손 법칙에 의해 자기장은 $+x$ 방향이 되고 힘 $F_B=Bqv$에서 F_E와 평형이 되어야 하므로 $F_B=F_E$, $Bqv=E_q$이고
$B=\frac{E}{v}$이다.

정답 9. ④ 10. ⑤ 11. ③ 12. ③

13 다음 중 전류가 흐르는 도선이 만드는 자기장에 관한 설명으로 틀린 것은?

① 자기장의 크기는 전류 I에 비례한다.

② 자기장의 단위는 Wb/m^2으로 나타낼 수 있다.

③ 솔레노이드 내부에서의 자기장은 균일하다.

④ 무한 직선 도선에 의한 자기장의 크기는 도선으로부터의 거리의 제곱에 반비례한다.

⑤ 솔레노이드 외부의 자기장은 0이다.

14 오른쪽 그림과 같은 도선에 전류가 흐를 때 도선의 중심에서 자기장의 세기는?

① $\frac{\mu_o I}{4}\left(\frac{1}{a}-\frac{1}{b}\right)$

② $\frac{\mu_o I}{4}\left(\frac{1}{a}+\frac{1}{b}\right)$

③ $\frac{\mu_o I}{2}\left(\frac{1}{a}+\frac{1}{b}\right)$

④ $\frac{\mu_o I}{2}\left(\frac{1}{a}-\frac{1}{b}\right)$

⑤ $\frac{\mu_o I}{2\pi}(a+b)$

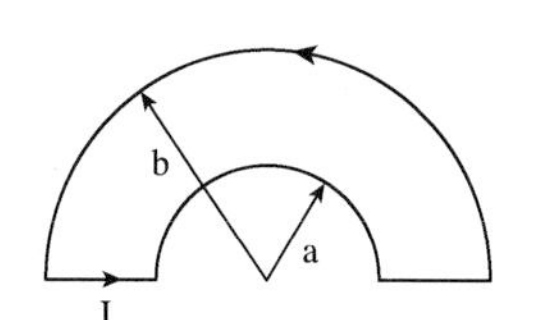

15 오른쪽 그림과 같이 반지름 18cm와 6cm인 코일에 전류 45A가 흐를 때 이 고리의 자기모멘트는?

① 0.405

② 0.81

③ 0.405 π

④ 0.81 π

⑤ 1.62 π

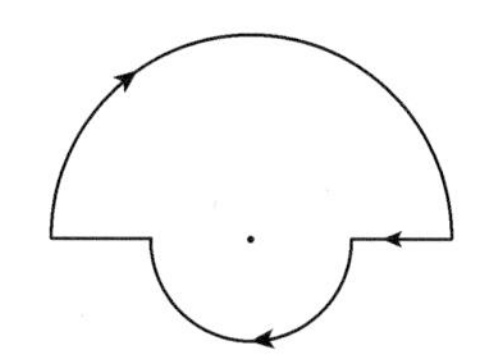

16 두 개의 같은 긴 평행 도선에 같은 전류 I가 같은 방향으로 흐른다. 두 도선 사이의 거리가 1m이고, 한 도선에 작용되는 단위 길이당 힘이 $32\times10^{-7}\mathrm{N/m}$이면 전류 I는 얼마인가?

① 32A

② 16A

③ 8A

④ 4A

⑤ 2A

해설

해설 13

직선도선이 만드는 자기장은

$B=\frac{\mu_o}{2\pi}\frac{i}{r}$이다.

해설 14

원형도선에 의한 자기장의 크기는

$B=\frac{\mu o}{2}\frac{i}{r}$이므로

반지름 a에 의한 반원의 자기장

$B_a=\frac{\mu o}{2}\frac{I}{a}\times\frac{1}{2}$이고 반지름 b에 의한 반원의 자기장

$B_b=\frac{\mu o}{2}\frac{I}{b}\times\frac{1}{2}$이며 방향이 반대이므로

$B=B_a-B_b=\frac{\mu oI}{4}\left(\frac{1}{a}-\frac{1}{b}\right)$이다.

해설 15

자기모멘트의 크기 $\mu=NIA$에서

$N=1$, $I=45$ A면적은

$\left(\frac{1}{2}\times\pi\times0.18^2\right)+\left(\frac{1}{2}\times\pi\times0.06^2\right)$

이므로 $\mu=0.81\pi$이다.

해설 16

$F=\frac{\mu o}{2\pi}=\frac{i_1 i_2}{r}l$에서 단위 길이당 힘이 $32\times10^{-7}N/m$이고 전류 i_1, i_2가 같으므로

$32\times10^{-7}=2\times10^{-7}\frac{I^2}{1}$

$I^2=16$에서 $I=4A$이다.

정답 13. ④ 14. ① 15. ④ 16. ④

17 균일한 자기장 B와 전기장 E가 둘 다 같은 방향(+ x 방향)으로 같은 공간에 주어져 있다. 전하 $-q$ 로 대전된 입자가 일정한 속도로 이들 장에 수직으로 입사하였다면, 이 입자는 어떤 운동을 할까?

① $+x$ 방향으로 진행하는 나선 운동
② $-x$ 방향으로 진행하는 나선 운동
③ x 축과 수직인 입사면 내에서 원운동
④ $+x$ 방향으로 진행하는 포물선 운동
⑤ $-x$ 방향으로 진행하는 포물선 운동

18 균일한 자기장 속에서의 중양자(양성자의 중성자 각각 1개로 구성)의 궤도 반지름과 양성자의 궤도 반지름이 같을 때, 중양자의 운동 에너지는 양성자의 운동 에너지의 몇 배가 되겠는가? (단, 각 입자의 속력은 빛의 속력보다 훨씬 늦다.)

① 0.5 ② 1
③ 2 ④ 4
⑤ $\sqrt{2}$

19 균일한 자기장 B속에서 등속 원운동을 하는 질량이 m 이고 전하가 Q 인 입자가 있다. 이 입자의 원궤도상에서의 이 입자에 의한 전류의 크기는?

① $\dfrac{QB}{2\pi m}$
② $\dfrac{2\pi m}{QB}$
③ $\dfrac{2\pi m}{Q^2B}$
④ $\dfrac{Q^2B}{2\pi m}$
⑤ $\dfrac{Q^2m}{2\pi B}$

해 설

해설 17
자기장에 의해 회전운동을 하고 전기장에 의해서 −전하는 $-x$ 방향으로 끌려가게 되어 합력에 의해 $-x$ 방향으로 나선운동한다.

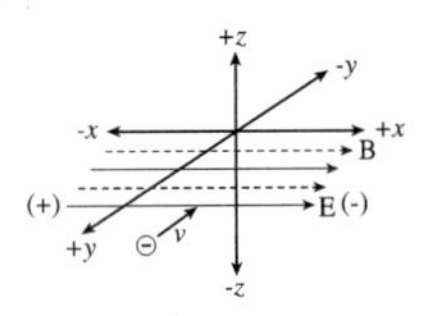

해설 18
$r=\dfrac{mv}{Bq}$ 전하량 q 는 같고 반지름도 같으며 질량이 중양자가 2배이므로 속도는 중양자가 $\dfrac{1}{2}$ 이다.
운동에너지 $\dfrac{1}{2}mv^2$ 이므로
중양자는 $\dfrac{1}{2}(2m)(\dfrac{v}{2})^2$ 이다.

해설 19
$I=\dfrac{Q}{t}$ 이고 $r=\dfrac{mv}{BQ}=\dfrac{m}{BQ}\dfrac{2\pi r}{t}$
$t=\dfrac{2\pi m}{BQ}$ 이므로 $I=\dfrac{BQ^2}{2\pi m}$ 이다.

정답 17. ② 18. ① 19. ④

3. 전자기 유도

1 전자기 유도

(1) 유도 기전력

앞에서 배운 전류가 흐름에 따라 주위공간에 자기장이 형성된 것과는 역으로 그림과 같은 실험장치에서 자석을 움직여서 즉 자기장을 변화시켜서 검류계의 바늘을 관찰한 결과 코일에 전류가 흐르는 것을 발견할 수 있었다. 이러한 현상을 전자기 유도라고하고 코일에 전류가 흐르게 한 기전력을 **유도 기전력**이라고 한다. 이때 흐르는 전류를 유도전류라고 한다.

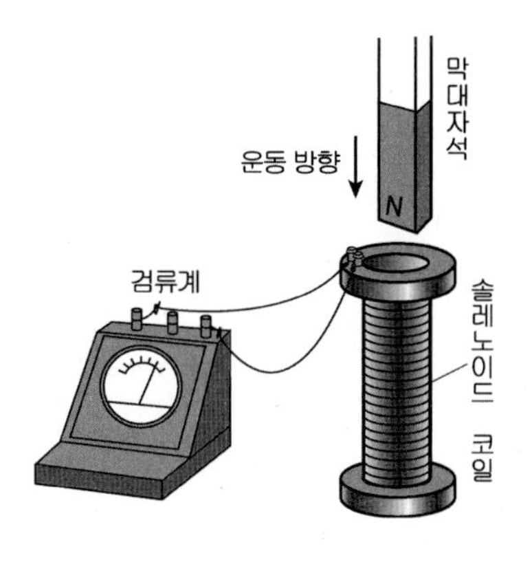

① 렌쯔의 법칙

오른쪽 그림에서 N극을 가까이 할 때 전류의 방향을 나타낸 것이다. N극이 코일에 가까워지면 코일에 닿는 자속의 수가 많아지는데 코일은 이를 막기 위해 코일의 위쪽에 N극을 만들기 위해 코일의 위쪽을 N극으로 하는 유도전류가 흐르고 반대로 N극을 멀리하면 N극을 끌어당기기 위해 코일의 위쪽에 S극을 만드는 방향으로 유도전류가 흐른다. 즉 코일을 지나는 자기력선의 수가 시간에 따라 변하면 그 변화를 방해하려는 방향으로 전류가 유도된다. 이것을 **렌쯔의 법칙**이라고 한다.

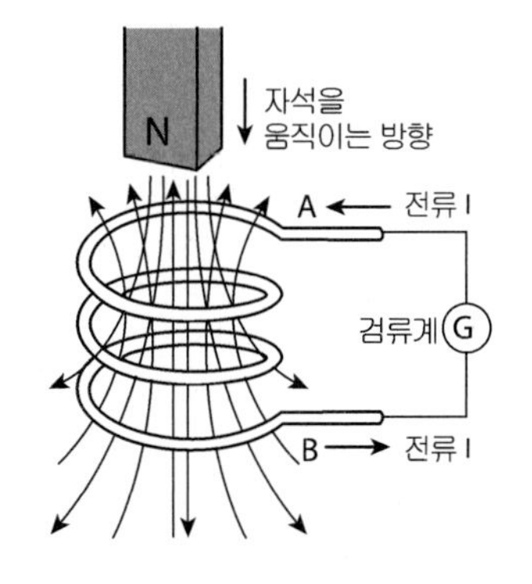

그림. 유도 전류의 방향

② 패러데이의 법칙

앞의 실험에서 자석의 운동이 빠를수록 유도 기전력이 커져서 많은 유도전류가 흐르게 된다. 즉 이것은 유도 기전력은 코일을 지나는 자속의 시간적 변화율에 비례함을 뜻한다. 자속의 변화량 $\Delta\phi$가 시간 Δt 사이에 변화할 때 유도되는 기전력 V는 $V=\dfrac{\Delta\phi}{\Delta t}$가 된다.

이것을 **패러데이의 법칙**이라고 한다.

KEY POINT

■ 코일에 영향을 미치는 자기장의 변화에 의해 코일에 전류가 흐른다.

■ 렌쯔의 법칙
변화를 방해하려는 방향으로 전류가 유도된다.

■ 패러데이의 전자기 유도법칙은 에너지 보존 법칙
유도 기전력 V는
$V=-N\dfrac{d\phi}{dt}$

KEY POINT

예제 1

그림 (가)와 (나)는 검류계 G가 연결된 코일에 막대자석의 N극이 가까워지거나 막대자석의 S극이 멀어지는 모습을 나타낸 것이다. 이에 대한 설명으로 옳은 것은? (2021 경력경쟁 9급)

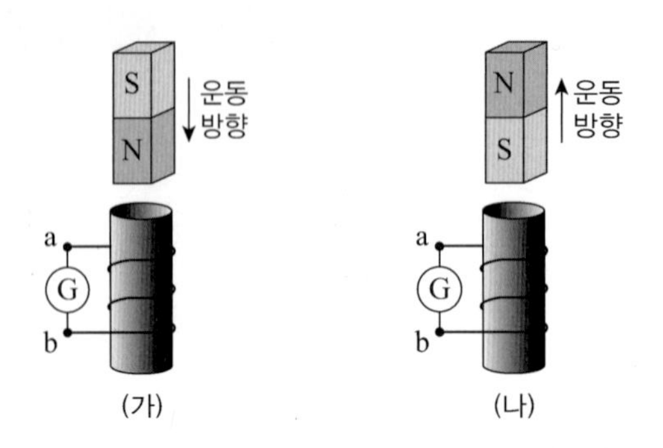

① 막대자석은 반자성체이다.
② 검류계 G에 흐르는 전류의 방향은 (가)와 (나)에서 같다.
③ (가)에서 막대자석에 의해 코일을 통과하는 자기 선속은 감소한다.
④ 막대자석이 코일에 작용하는 자기력의 방향은 (가)와 (나)에서 같다.

풀이 N 극이 접근할 때와 S 극이 멀어질 때의 전류 방향은 같다. 또 자석이 접근할 때는 밀어내고 멀어질 때는 코일이 잡아당기는 방향의 전류가 흐른다.
정답은 ②이다.

유도 기전력의 방향에 관한 렌쯔의 법칙과 유도 기전력의 크기에 관한 패러데이의 법칙을 함께 표현하면 $V=-\dfrac{\Delta\phi}{\Delta t}$ 가 된다. (−)부호는 전기장의 변화에 반대하는 방향으로 유도전류가 흐름을 뜻한다.
또 코일을 N회 감은 솔레노이드에 유도되는 유도 기전력은

$V=-N\dfrac{\Delta\phi}{\Delta t}(V)$가 된다.

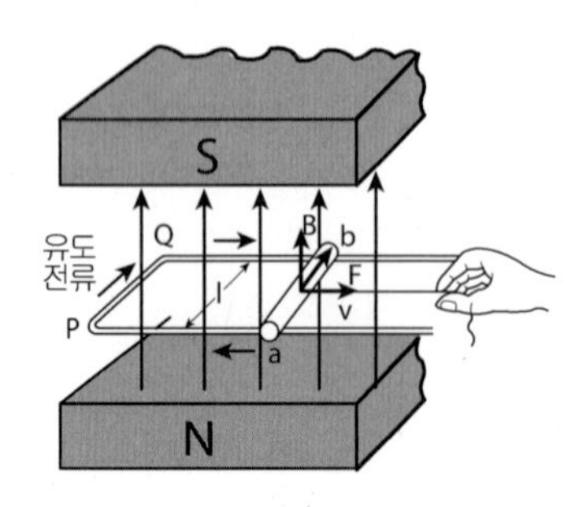

그림. 운동에 관한 유도기전력

KEY POINT

(2) 자기장 속에서 운동하는 도선에 생기는 기전력은 그림과 같이 균일한 자기장 B에 수직하게 놓인 디귿자 도선 위에서 길이 l인 도선을 일정한 속력 v로 움직이면 도선 a, b안에 있는 자유전자들도 v속력으로 바깥쪽으로 끌리게 되어서 발생된다. 자기장 속에서 운동하는 전자는 로렌쯔 힘을 받아 움직이게 되고 전류는 전자와 반대방향으로 즉 그림에서 $b \rightarrow a$ 방향으로 유도전류가 생긴다.

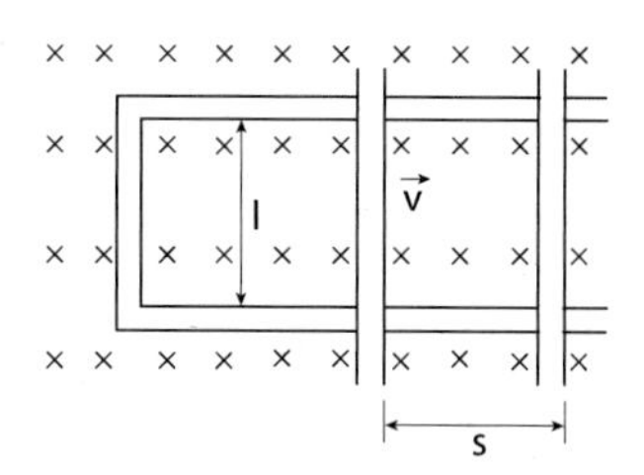

■ 자기장 내에서 움직이는 도선에 유도되는 기전력 $V = -Blv$

유도되는 기전력의 크기는 자기장 B속에서 길이 l 인도선을 v 속도로 운동할 때 시간 t 동안 유도되는 기전력은 패러데이 법칙에서

$V = -\frac{d\phi}{dt}$ (자속 $\phi = BA$, $B = \frac{\phi}{A}$, A는 단면적) 이다.

따라서 $V = -B\frac{dA}{dt}$ 이고, 그림에서 면적 $A = lS$ (l은 일정)

$V = -Bl\frac{ds}{dt}$ $\left(\frac{ds}{dt} = v\right)$이므로 $V = -Blv$의 기전력이 유도된다.

예제2

원형 고리 도선을 통과하는 자기선속이 시간 t[초]에 따라 $\Phi_m = t^3 + 2t^2 + 10$으로 변하고 있다. t = 2초일 때 원형 고리 도선에 유도되는 기전력의 크기는? (단, 자기선속의 단위는 Wb이다) (2019년 국가직 7급)

① 20V
② 26V
③ 40V
④ 78V

풀이 $V = N\frac{d\Phi}{dt}$ 원형고리면 감은수 $N = 1$이고 $V = \frac{d\Phi}{dt} = 3t^2 + 4t$ 2초일 때 $V = 12 + 8 = 20(V)$ 정답은 ①이다.

(3) 자체유도와 상호유도

① 자체유도(self-induction)

그림과 같이 램프 두 개를 한 개는 저항과 다른 한 개는 코일과 연결한 다음 두 램프를 병렬로 연결하여 스위치 S를 닫으면 P_1 전구는 곧바로 밝아지는데 코일과 연결된 P_2 전구는 서서히 밝아지게 된다.

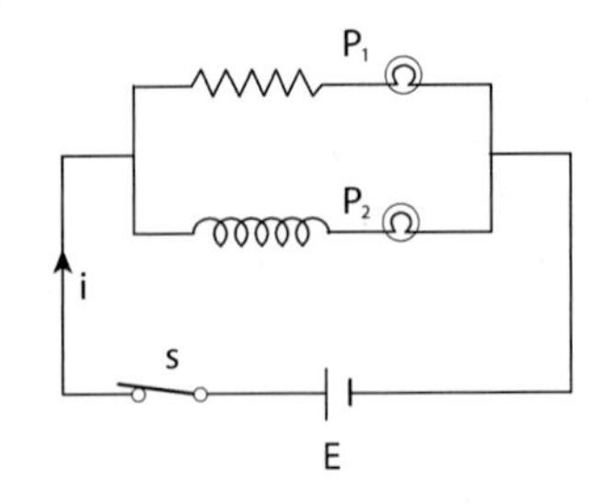

이것은 코일에 전류가 흐르면서 코일자체에 생기는 자속의 변화를 스스로 방해하는 유도 기전력이 전원 E의 기전력과 반대 방향으로 생기기 때문이다. 이러한 현상을 자체 유도라고 하며 이때의 기전력을 자체 유도 기전력이라 한다.

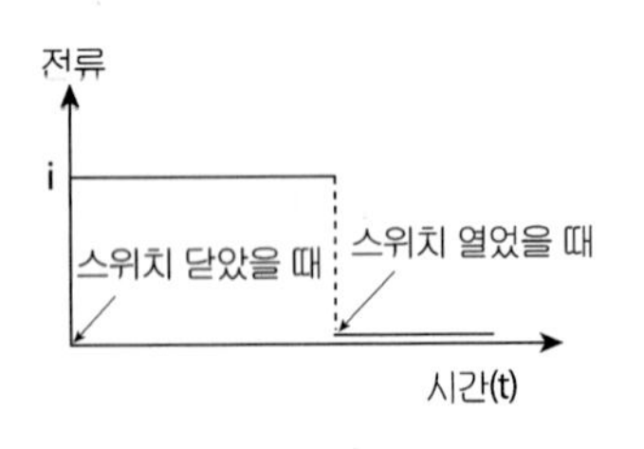

그림. 램프 P_1에 흐르는 전류

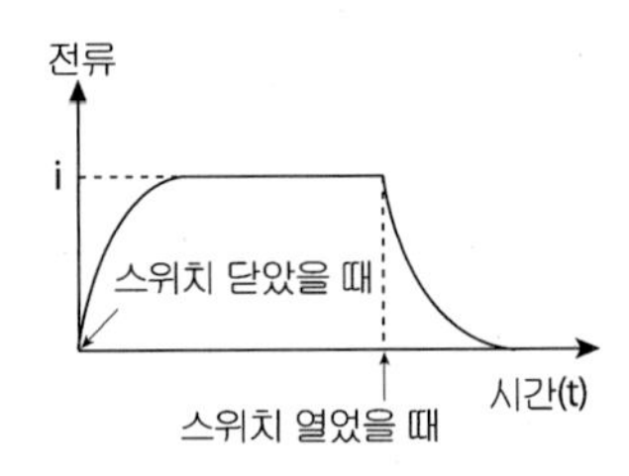

그림. 램프 P_2에 흐르는 전류

도선에 전류가 흐를 때 주위에 자기장이 만들어지는 것을 앞에서 배운 바 있다. 전류 I가 흐를 때 발생한 자속 ϕ는 전류에 비례하여 $\phi \propto I$이다. 비례상수 L을 사용하여 $\phi = LI$로 표현할 수 있다.

■ 자체 유도기전력
$V = -L\frac{dI}{dt}$

따라서 코일에 유도되는 기전력은

$$V = -\frac{d\phi}{dt} = -\frac{d}{dt}LI \text{ 이고 } V = -L\frac{dI}{dt} \text{ 가 된다.}$$

여기서 비례상수 L을 자체유도계수(self-inductance)라고 하고 단위는 H(헨리)로 표기한다.

즉 $1H$는 전류가 회로에서 1초 동안 $1A$식 변할 때 $1V$의 유도 기전력이 생기는 코일의 자체 유도 계수이다.

KEY POINT

예제3

유도 코일 L을 10 Ω의 저항과 20V의 전지에 연결하고 그림 (가)와 같은 전기회로를 만들었다. 스위치를 닫고 이 회로에 흐른 전류의 세기를 측정한 결과는 그림 (나)의 그래프와 같다. 그림에 표시된 접선은 1.0초일 때 시간에 따른 전류곡선과 접한 것이다.

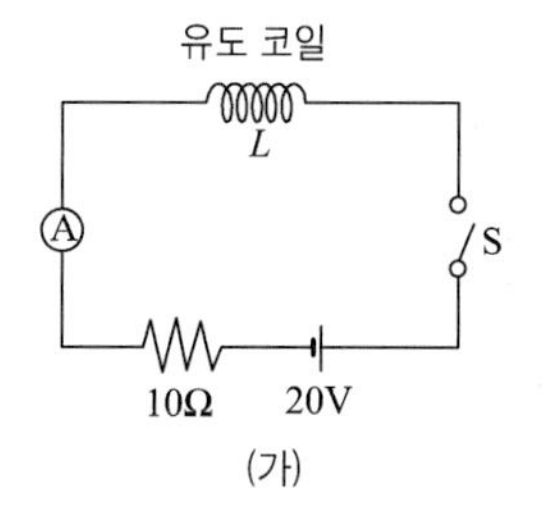

(가)

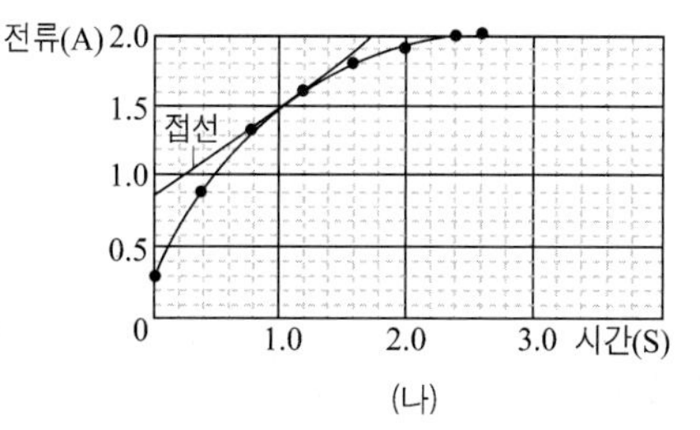

(나)

이 접선을 이용하여 실험에 사용된 유도 코일 L의 자체 유도 계수를 추정하면?

① 0.8H ② 8.3H ③ 16.4H
④ 24.5H ⑤ 32.7H

풀이 그림 (가)에서 키르히호프 법칙을 적용하면 $E-L\frac{\triangle I}{\triangle t}=IR$에서 1초인 순간 전류 $I=1.5A$이고 $\frac{\triangle I}{\triangle t}=\frac{0.6}{1.0}=0.6A/s$이므로 $20-0.6L=15$이다.
따라서 자체 유도 계수 $L=\frac{5}{0.6}\fallingdotseq 8.3$이다. 정답은 ②이다.

② 상호 유도 계수(mutual induction)

그림과 같은 두 개의 코일을 놓고 1차코일에 전류를 흐르게 하면 1차코일에 자속이 만들어지고 이 자속은 2차코일을 지나게 되므로 2차코일은 이 자속을 방해하려는 방향으로 전류를 흘리게 된다.

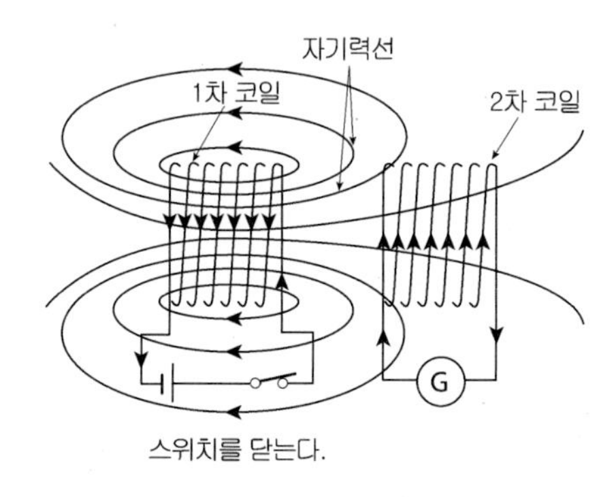

이와 같이 1차코일의 전류 변화에 의한 자기력선수의 변화로 다른 2차코일에서의 전자기 유도 현상이 일어나는 것을 **상호유도**라고 한다.

■ 상호유도기전력
$V=-M\frac{dI}{dt}$

1차코일에 전류 I_1이 흘러서 생긴 자속이 2차코일을 지나는 자속수를 ϕ_2라고 하면 $\phi_2 = MI_1$이다. 이때 비례상수 M을 두 코일사이의 상호유도계수 또는 상호 인덕턴스라고 하고 단위는 자체 인덕턴스와 같이 Henry(기호 : H)를 쓴다.

2차코일에 생기는 기전력 V_2는 $V_2 = \frac{d\phi_2}{dt}$이고 $\phi_2 = MI_1$이므로

$V_2 = -M\frac{dI_1}{dt}$이다.

예제4

직경이 20cm인 솔레노이드 안의 자기장이 2.5T/s의 시간변화율로 증가한다. 코일에 유도된 기전력이 15V이라면 솔레노이드 외부에 감겨진 코일의 횟수에 가장 가까운 값은? (2019년 서울시 7급)

① $30/\pi$　　② $150/\pi$

③ $600/\pi$　　④ $15/\pi$

풀이 패러데이 법치 $V = N\frac{d\phi}{dt}$　$\phi = BA$이므로 $V = NA\frac{dB}{dt}$이다.

단면적 A는 $A = \pi R^2 = \pi\times 0.1^2$이고

$V = N\times 0.01\pi\times 2.5$　$V = 15(\text{V})$이므로

$N = \frac{15}{2.5\times 10^{-3}\pi} = \frac{3}{5\pi}\times 10^3 = \frac{600}{\pi}$(회)이다. 정답은 ③이다.

■ 코일에 저장된 에너지

$V = \frac{1}{2}Li^2$

콘덴서에 저장된 에너지

$W = \frac{1}{2}CV^2$

(4) 자기 에너지

그림과 같이 자체유도계수 L인 코일에 기전력 E의 건전지를 연결하였을 때 회로 내에서 코일에 축적되는 자기 에너지는 $V = \frac{1}{2}LI^2$(I는 회로에 흐르는 전류)이다.

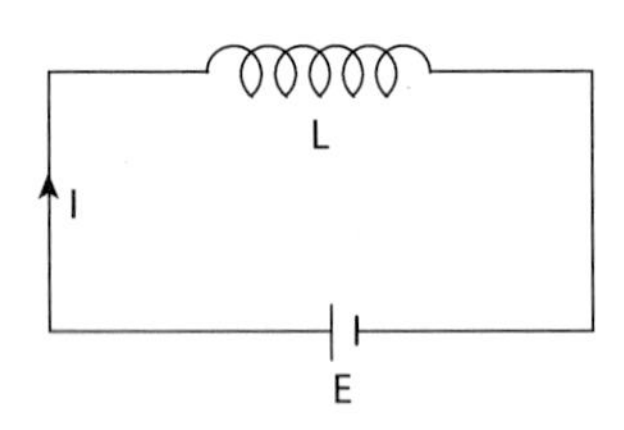

위의 회로에서 도선의 저항을 R, 흐르는 전류를 I, 전지의 기전력을 E라 하면, 임의의 폐회로에서 키르히호프의 법칙에서 $E + V = IR$(기전력의 총합은 저항에 의한 전압강하의 총합과 같다. E : 전지 기전력, V : 코일에 유도된 기전력)

$V = -L\frac{dI}{dt}$이므로 위 식에 대입하면 $E - L\frac{dI}{dt} = IR$, $E = IR + L\frac{dI}{dt}$

양변에 전류 I를 곱하면 $IE = I^2R + IL\frac{dI}{dt}$이다.

앞서 배운 바에 의하면 전력=전압×전류이므로 $IE\{=P$ (전력)}는 공급한 전력이고 $I^2R\{=P$ (전력)}는 저항에 의한 손실전력이 된다.

따라서 $IL\frac{dI}{dt}$ 가 저장에너지가 되어 $\frac{dU}{dt}=IL\frac{dI}{dt}$ $dU=ILdI$ 이고

$\int_o^v dU=\int_o^I ILdI$이므로 자기에너지 $U=\frac{1}{2}LI^2$이다.

예제5

그림과 같이 전지 V, 저항 R, 유도기 L 및 축전기 C가 연결된 회로가 있다. 스위치를 A에 연결하여 충분한 시간을 기다린 후, 스위치를 B로 옮겼다. 스위치가 B에 연결된 직후의 회로에 대한 설명으로 옳은 것만을 모두 고르면? (2020년 국가직)

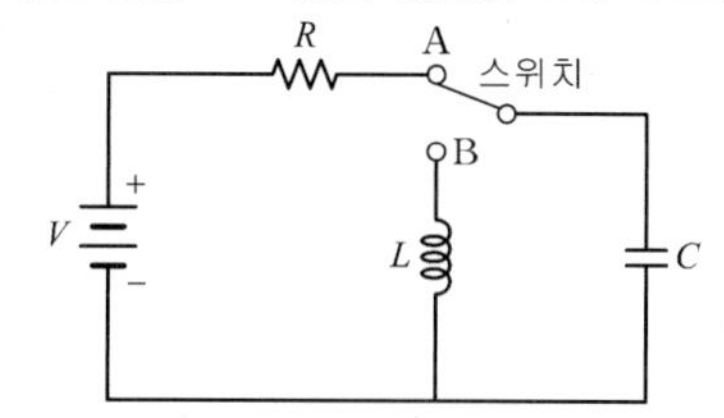

ㄱ. 유도기에 흐르는 전류의 크기는 증가한다.
ㄴ. B 지점에 흐르는 전류의 방향은 시계 방향이다.
ㄷ. 축전기의 전압은 감소한다.

① ㄱ ② ㄴ
③ ㄱ, ㄷ ④ ㄴ, ㄷ

풀이 스위치를 B지점에 연결한 순간 코일에 흐르는 전류는 증가하고 축전기의 전압은 감소하게 된다. 전류의 방향은 반시계방향이다. 정답은 ③이다.

2 교류

(1) 교류 기전력

어떤 회로에 전류가 흐를 때 흐르는 전류의 방향과 크기가 일정하게 흐르는 전류를 직류라고 하고 시간에 따라 방향과 세기가 달라지는 것을 **교류**라고 한다. 이 교류는 우리들이 보통 가정에서 사용하는 전원이다.

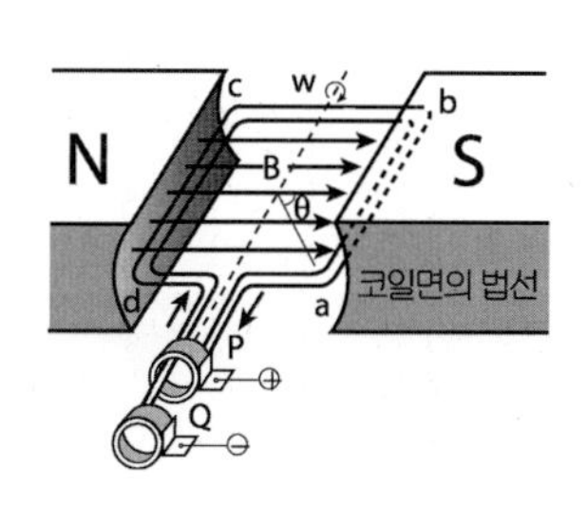

그림. 교류 발전기의 원리

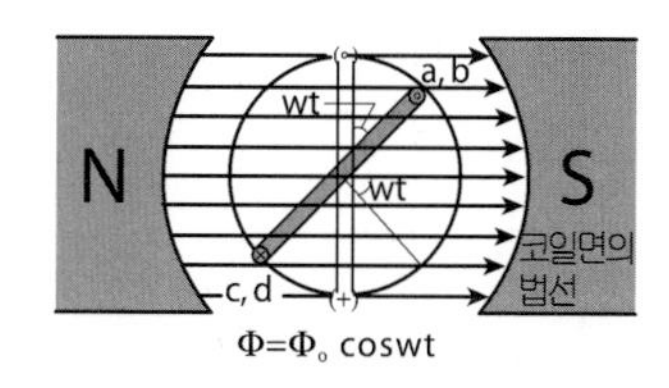

Φ : 코일을 지나는 자기력선속
Φ_o : 자기력선속의 최대값

그림. 코일을 지나는 자기력선속의 변화

KEY POINT

위의 왼쪽 그림과 같이 자기장 B속에서 사각형 모양의 코일의 각속도 ω로 회전을 하면 사각형 코일 $abcd$의 넓이를 A라 할 때 코일면이 자기장에 수직이면 코일을 통과하는 자속은 $\phi_o = AB$(B : 자속밀도)이다.

시간 t 후에 θ의 각도만큼 회전하면 코일을 통과하는 자속은 $\phi = BA\cos\theta$이고 $\omega = \dfrac{\theta}{t}$ 이므로 $\phi = BA\cos wt$ 이다.

앞에서 배운 유도 기전력 V는

$$V = -\frac{d\phi}{dt} = -\frac{d}{dt}(BA\cos wt) = BA\omega\sin wt \text{이며}$$

코일을 N회 감는다면 $V = NBAW\sin wt = V_o\sin wt$가 생겨 이것을 교류전압이라 하고 교류전압 V가 최대일 때 값 V_o는 $V_o = NBAW$이다.

이와 같이 유도 기전력 $V = V_o\sin wt$로서 싸인 함수가 되어 아래 그림과 같이 자속과의 관계를 나타낼 수 있다.

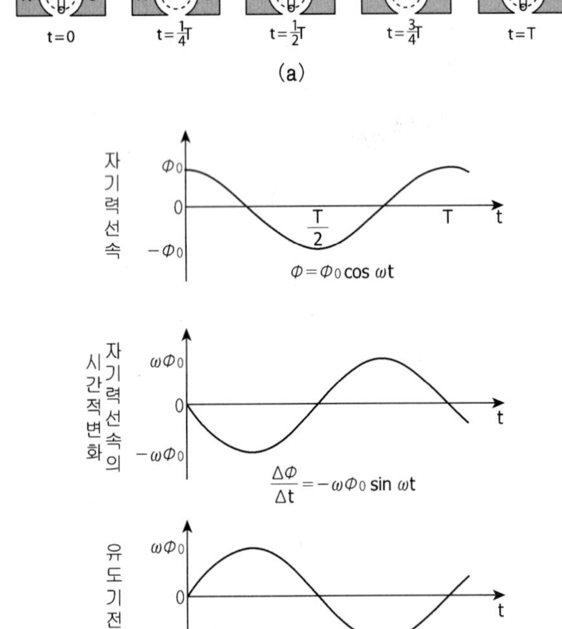

그림. 코일의 주기적 회전(a)과 자속 및 유도 기전력의 변화(b)

KEY POINT

■ 교류기전력
$V = V_o\sin wt$
V_o : 최대전압

KEY POINT

코일이 한번 회전하는 시간을 주기라고 하고 기호로는 T를 쓴다. 또 1초 동안 회전수를 진동수라 하고 기호는 f를 쓰고 진동수의 단위는 Hz(헬쯔) 또는 CPS (Cycle per Second)를 쓰며 주기와는 역수 관계에 있다.

즉 $T=\frac{1}{f}$ 임을 앞에서 배운 바 있다.

각속도 $w=\frac{2\pi}{T}$ 이므로 $w=2\pi f$ 로 쓸 수 있고 우리나라에서 공급되는 교류의 진동수 f는 $60Hz$이다.

전압 V를 저항 R에 연결하면 $V=IR$에서 $I=\frac{V}{R}=\frac{V_o}{R}\sin wt$ 가 되어 전류 $I=I_o \sin wt$ 가 된다. (I_o : 교류전류의 최대값)

예제6

그림은 균일한 자기장 속에 놓인 코일이 자기장의 방향에 수직인 회전축을 중심으로 회전하는 모습을 나타낸 것이다. 자기장의 세기가 B이고, 코일의 면적이 A이고 회전 주기는 T일 때 코일에 유도되는 기전력의 최대값은 V_0이다. 표와 같이 조건을 변화시킬 때 코일에 유도되는 기전력의 최대값이 V_0보다 큰 경우를 모두 고른 것은?

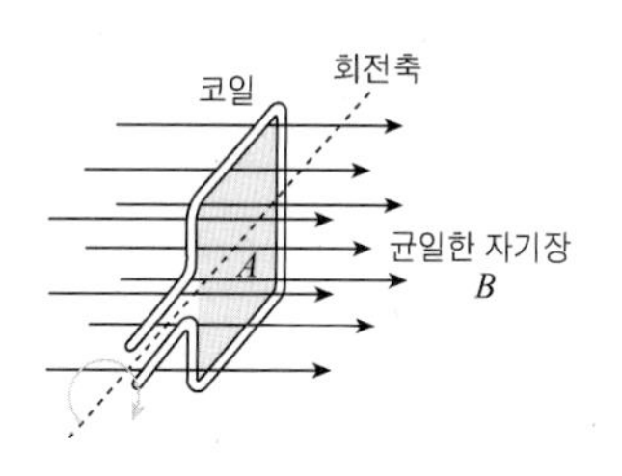

	자기장의 세기	코일의 면적	코일의 회전 주기
ㄱ	A	A	$2T$
ㄴ	B	$\frac{1}{2}A$	T
ㄷ	$2B$	A	T

① ㄱ ② ㄴ ③ ㄷ
④ ㄱ, ㄴ ⑤ ㄴ, ㄷ

풀이 자기장을 B, 코일의 단면적을 A, 코일의 각속도를 w, 시간을 t라고 하면 코일에 유도되는 기전력은 $V=BAw\sin wt=V_0\sin wt$이다. 여기서 각속도 w는 주기 T와 $w=\frac{2\pi}{T}$의 관계가 있으므로 기전력의 최대값 V_0는 $V_0=BA\frac{2\pi}{T}$이다.
따라서 기전력이 V_0보다 커지기 위해서는 자기장 B나 코일의 단면적 A는 증가해야 하고, 주기 T는 감소해야 한다. 자기장의 세기는 기전력과 비례하므로 자기장의 세기가 2배로 커지면 기전력은 V_0보다 커진다. 코일의 회전 주기는 기전력과 반비례 하므로 주기가 2배로 커지면 기전력은 V_0보다 작아진다.

코일의 면적은 기전력과 비례하므로 단면적이 $\frac{1}{2}$배로 작아지면 기전력은 V_0보다 작아진다. 정답은 ③이다.

KEY POINT

(2) 교류의 실효값

전압 V와 전류 I를 그래프에 함께 나타내면 오른쪽 그림과 같이 된다. 여기서 전류와 전압을 한주기 동안 단순히 산술평균을 내면 각각 0이 되어 버린다.

그러나 우리가 이용하는 것은 전압에 의한 전류의 흐름, 즉 전기에너지이므로 전력의 입장에서 평균값을 생각해야 한다.

우리는 이미 앞에서 저항 R에서 소비되는 전력 P는 $P=I^2R$임을 배웠다.

$I=I_o\sin wt$ 이므로 전력 P는 $P=I_o{}^2\sin^2 wt\times R$이 된다. I와 I^2을 비교하면 그림과 같이 되고 그림에서 ㄱ, ㄴ, ㄷ, ㄹ의 면적이 모두 같아서 한 주기 동안 I^2을 평균하면 $\frac{I_o{}^2}{2}$이 된다. 전력 P를 평균한 평균전력 $\overline{P}$는

$\overline{P}=\frac{1}{2}I_o{}^2R=R\left(\frac{I_o}{\sqrt{2}}\right)^2$이 된다.

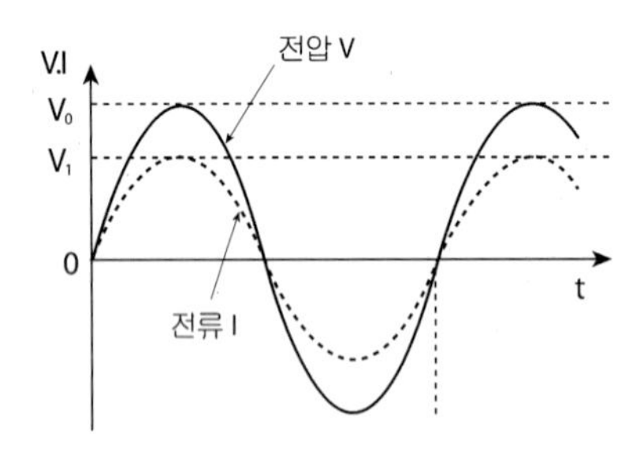

그림. 저항에 흐르는 전류와 전압

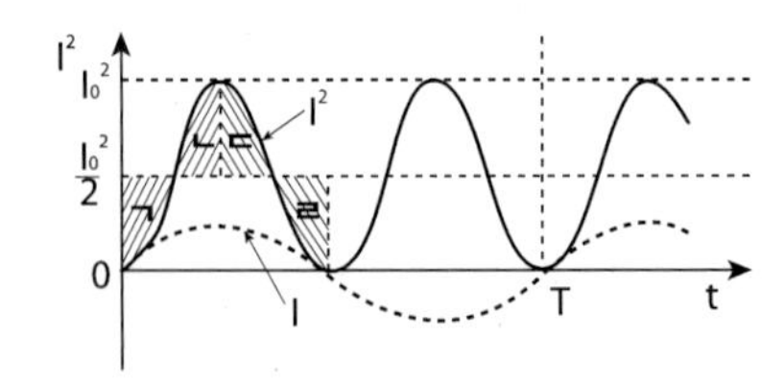

그림. 교류전류의 제곱의 평균값

다시 말해서 교류 전류에 의해 소비되는 전력과 같은 양의 전력을 소비하는 직류전류의 값을 교류전류의 **실효값**이라고 한다.

즉 실효값 전류 I는 최대전류 I_o와 $I=\frac{I_o}{\sqrt{2}}$의 관계가 성립한다.

같은 방법으로 교류전압의 실효값을 구할 수가 있어서 교류 전압의 실효값은

$V=\frac{V_o}{\sqrt{2}}$ (V_o는 최대 전압)와 같이 나타낼 수 있다.

우리가 가정에서 보통 사용하는 전압, 전류의 값은 실효값을 나타내는 것이다.

■ 최대전압 V_o
$V_o=\sqrt{2}\,V$

■ 최대전류 I_o
$I_o=\sqrt{2}\,I$
(V, I는 실효값)

• 교류전류의 실효값 별해

순간 전류값을 I, 최대전류값을 I_o, 전류의 실효값을 I_e라 하면 $I_e=\sqrt{\overline{I^2}}$, $I=I_o \sin \omega t$ 이므로

$$\overline{I^2}=\frac{1}{T}\int_o^T I_o^2 \sin^2 \omega t dt=\frac{I_o^2}{T}\int_o^T \frac{1}{2}(1-\cos 2\omega t)dt$$

$$=\frac{I_o^2}{T}\cdot\frac{1}{2}\left[t-\frac{1}{2\omega}\sin 2\omega t\right]_o^T=\frac{I_o^2}{2}$$

$$I_e=\sqrt{\overline{I^2}}=\frac{I_o}{\sqrt{2}} \quad I_e=\frac{I_o}{\sqrt{2}}$$

예제7

$R=20\,\Omega$, $L=100$mH, $C=10\,\mu$F의 소자를 직렬로 연결한 LRC회로에 전압 $V_{rms}=30$V, 각진동수 $\omega=1000$rad/s의 교류전원을 연결하였을 때 흐르는 전류 I_{rms}는?

① 1.5A ② 3.0A
③ 4.5A ④ 6.0A

풀이 $X_L=\omega L=1000\times(100\times10^{-3})=100$이고, $X_C=\frac{1}{\omega C}=\frac{1}{1000\times(10\times10^{-6})}=100$이므로 회로의 임피던스 $Z=\sqrt{20^2+(100-100)^2}=20$이다. 따라서 회로에 흐르는 전류 $I=\frac{30}{20}=1.5$A이다. 정답은 ①이다.

(3) 코일에 흐르는 전류

자체 유도계수가 L인 코일을 회로에 연결하여 전류 $I=I_o \sin wt$를 흐르게 하면 코일에는 전류의 흐름을 방해하는 방향으로 역기전력 $V=-L\frac{dI}{dt}$가 생긴다. 그러므로 교류전원의 전압 V는 역기전력에 맞서서 $V=L\frac{dI}{dt}$가 작용하게 되고 $I=I_o \sin wt$ 이므로 $V=L\frac{dI}{dt}$에서 $V=L\frac{d}{dt}(I_o \sin wt)=wLI_o \cos wt$ $=wLI_o \sin\left(wt+\frac{\pi}{2}\right)$가 된다. 옴의 법칙에서 전압=저항×전류이므로 위의 식에서 저항은 wL이 된다. 이 값을 **유도 리액턴스**(reactance)라고 하며 기호로 X_L로 표시하고 단위는 Ω(옴) 이다.

즉 $X_L=wL$ $(w=2\pi f)$ $X_L=2\pi fL$로 나타낼 수 있다.

한편 $V=wLI_o \cos wt$의 물리적 의미는 아래 그림과 같이 전압 V가 cos 함수의 그래프가 되어 전류의 위상보다 전압의 위상이 90° 앞서 감을 나타낸다.

KEY POINT

■ 코일의 저항 $X_L=2\pi fL$

또 코일은 공급된 전기에너지를 자기장의 에너지 $V=\frac{1}{2}Li^2$으로 저장하였다가 그 에너지를 회로에 되돌려 주므로 전력의 소모가 없다.

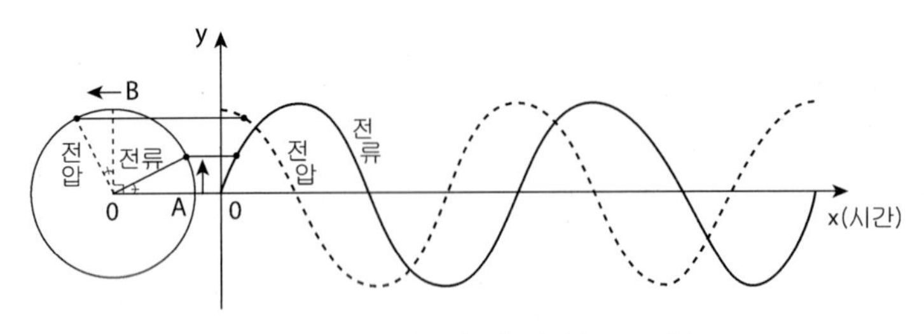

그림. 코일을 흐르는 전류와 전압의 시간 변화

(4) 축전기에 흐르는 교류

축전기가 들어있는 회로에서 직류전원에 연결시켰을 때는 전류가 흐르지 않아 전구에 불이 켜지지 않지만 오른쪽 그림과 같이 교류전원에서는 불이 켜진다. 정전용량 C인 축전기에 교류전압 $V=V_o\sin wt$를 걸면 축전기에 충전 되는 전하량 Q는

$Q=CV=CV_o\sin wt$ 이다.

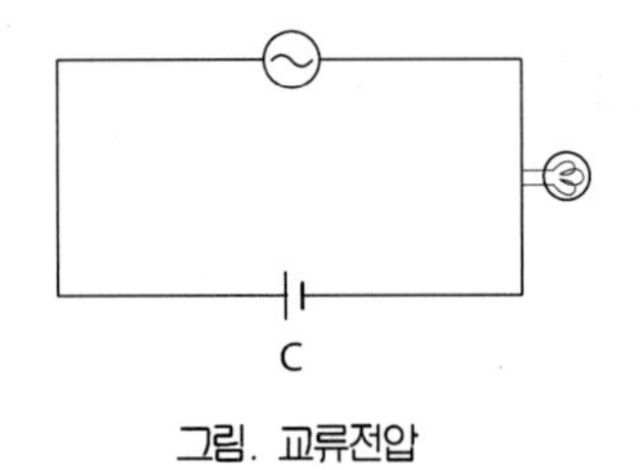

그림. 교류전압

■ 콘덴서에 걸리는 저항
$X_c=\frac{1}{2\pi fc}$

따라서 회로에 흐르는 전류

$$I=\frac{dQ}{dt}=\frac{d}{dt}CV_o\sin wt=WCV_o\cos wt=WCV_o\sin\left(wt+\frac{\pi}{2}\right)$$ 이다.

옴의 법칙에서 전압 = 저항×전류와 비교하여 위의 식을 바꾸면 $V_o\cos wt=\frac{1}{wc}\times I$가 되어 저항은 $\frac{1}{wc}$이 된다.

이 값을 **용량 리액턴스**(reactance)라고 하며 기호로 X_c로 표시하고 단위는 Ω(옴)이다.

즉 $X_C=\frac{1}{wc}$ $(w=2\pi f)$

$X_C=\frac{1}{2\pi fc}$ 로 나타낼 수 있다.

한편 $I=wc\cos wt$의 물리적 의미는 아래그림과 같이 전류 I가 cos 함수의 그래프가 되어 앞서 살펴본 코일에서와 반대로 전류의 위상보다 전압의 위상이 90° 늦다.

■ 코일에는 전압의 위상이 전류의 위상보다 $\frac{\pi}{2}$ 앞서고 콘덴서에는 반대로 전류의 위상이 전압의 위상보다 $\frac{\pi}{2}$ 앞선다.

KEY POINT

또 축전기에서도 코일에서와 마찬가지로 축전기에 저장되었던 에너지는 다시 사용하므로 전력이 소모되지 않는다.

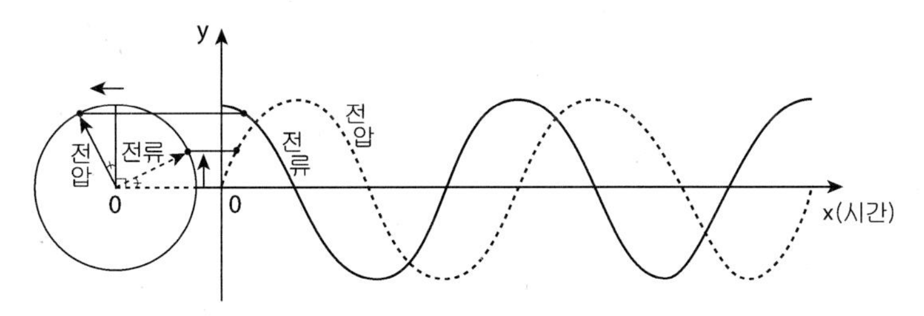

그림. 축전기를 흐르는 전압과 전류의 시간 변화

잠깐 이것만은

코일과 콘덴서의 저항을 비교하면

$X_L = 2\pi fL$, $X_C = \dfrac{1}{2\pi fc}$

이다. L과 C는 각각 고유한 값을 갖는 상수이므로 X_L와 X_C는 주파수 f의 값에 따라 결정난다. 따라서 유도 리액턴스 X_L은 f값에 비례하고 용량 리액턴스 X_C는 f값에 반비례한다.

(5) RLC 직렬 회로

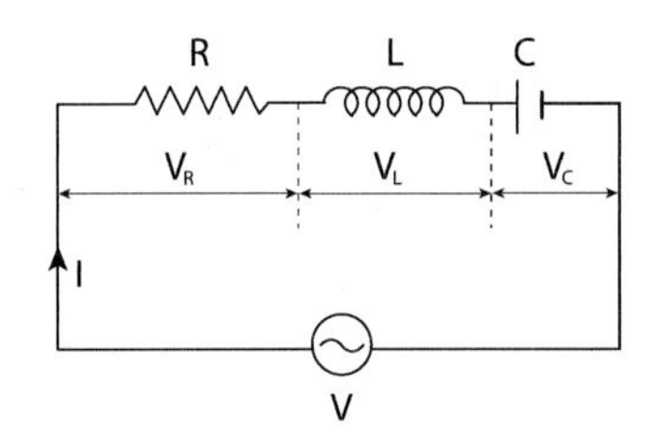

위의 회로와 같이 저항(R), 코일(L), 콘덴서(C)를 직렬로 연결하고 회로에 교류전압 V를 걸어줄 때 R, L, C에 걸리는 각각의 전압을 V_R, V_L, V_C라 하자.

앞서 살펴본 바와 같이 저항에서는 전류와 전압의 위상이 $I = I_o \sin wt$, $V = V_o \sin wt$ 로 같았지만 코일에서는 전압의 위상이 전류의 위상보다 $\dfrac{\pi}{2}$ 만큼 빠르고 콘덴서에서는 전압의 위상이 전류의 위상보다 $\dfrac{\pi}{2}$ 만큼 늦었다.

이것을 합성하여 전체 전압 V는 그림처럼 그려질 것이며 크기를 식으로 나타내면

$V=\sqrt{V_R{}^2+(V_L-V_C)^2}$ 이 된다.

또 이 회로에서 실제 저항(R)과 코일과 축전기(콘덴서)의 리액턴스와 같은 저항을 합성한 저항을 이 회로의 **임피던스**(Impedance : Z)라고 하고 단위는 Ω(옴)이다.
회로에 흐르는 전류는 I 라 하면 옴의 법칙에서
$V=IZ$ 이고 $V_R=IR$, $V_L=IX_L$, $V_C=IX_C$ 이므로 위 식에 대입하면
$IZ=\sqrt{(IR)^2+(IX_L-IX_C)^2}$ 이므로 임피던스 Z는

$Z=\sqrt{R^2+\left(2\pi fL-\dfrac{1}{2\pi fC}\right)^2}$ 이다.

■ $R-L-C$ 직렬회로에서 저항 Z(임피던스)
$Z=\sqrt{R^2+(X_L-X_C)^2}$

RLC직렬회로에서 전류가 최대로 흐를 때를 전기적 공명이라 하고 전기적 공명이 일어나려면 저항인 임피던스 Z가 최소가 되어야 하므로

Z는 $2\pi fL-\dfrac{1}{2\pi fC}$ 이 0일 때 최소이다.

따라서 $2\pi fL=\dfrac{1}{2\pi fC}$ 이고 진동수(주파수) f는 $f=\dfrac{1}{2\pi\sqrt{LC}}$ 이다.

이것을 **직렬공진 조건**이라고 한다.

■ 공진조건
$f=\dfrac{1}{2\pi\sqrt{LC}}$

RCL회로에서의 공진 현상은 라디오와 텔레비전에서 특정한 방송의 신호를 수신하는 동조회로에 이용된다.
라디오의 가변 축전기의 원리는 마주 보는 금속판의 넓이를 변화시켜 축전기의 전기 용량을 조절하는 것이다. 라디오에서는 축전기의 전기 용량을 조절하며, 회로의 고유 주파수를 듣고자 하는 방송의 고유 주파수에 맞춘다.
다음 그림은 라디오에 내장된 가변 축전기로 그 축은 라디오의 외부에 부착된 손잡이와 연결 되어 있다. 회전 금속판이 반원형이므로 손잡이(축)가 돌아가는 각도 θ 는 전기 용량에 비례하도록 만들어져 있다.

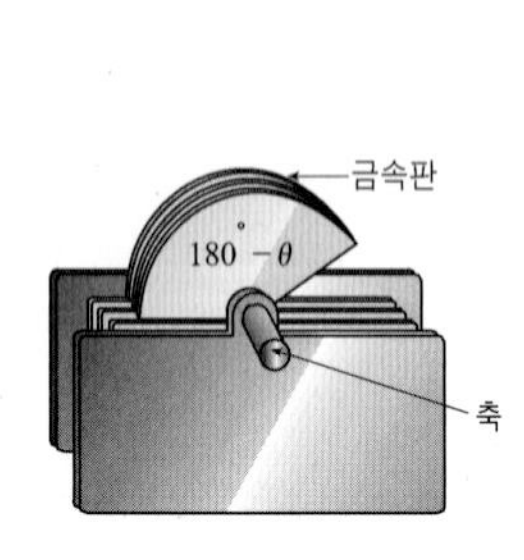

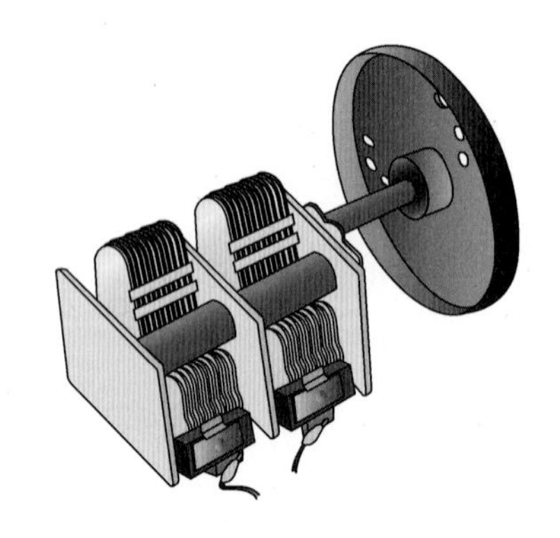

KEY POINT

예제8

그림은 저항값이 R인 저항기, 유도용량이 L인 유도기, 전기용량이 C인 축전기가 직렬로 연결된 회로를 나타낸 것이다. 교류 전원이 공명 진동수 f_0로 구동될 때, 이 회로에 대한 설명으로 옳은 것만을 모두 고르면? (2021 국가직 7급)

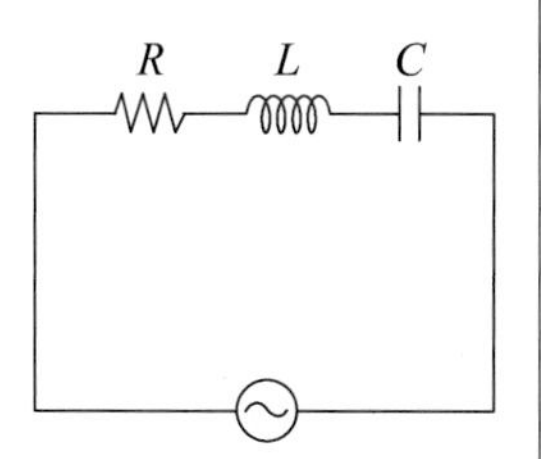

ㄱ. $f_0 = \frac{1}{\sqrt{LC}}$ 이다.
ㄴ. 이 회로의 임피던스는 R이다.
ㄷ. 유도기 양단과 축전기 양단 각각에 걸린 전압의 위상차는 180°이다.

① ㄱ　　② ㄴ
③ ㄱ, ㄷ　　④ ㄴ, ㄷ

풀이 공명 진동수 $f_o = \frac{1}{2\pi\sqrt{LC}}$ 이다. 공명 진동수에서 임피던스는 $Z = R$이다.
축전기 양단의 전압은 교류전류보다 90°위상이 느리고 코일 양단의 전압은 교류전류보다 90°위상이 빠르다. 따라서 위상차는 180°이다. 정답은 ④이다.

저항, 코일, 콘덴서에서의 전류, 전압, 저항 비교

	저항(R)	코일(L)	콘덴서(C)	R-L-C 회로	기타
전류	I	I	I	I	직렬연결이므로 모두 같다.
전압	V_R	V_L	V_c	$V = \sqrt{V_R^2 + (V_L - V_c)^2}$	
위상	I와 V_R 같다.	V_L이 I보다 90°앞선다.	I가 V_c보다 90°앞선다.	I와 V의 위상각	공진주파수 $f = \frac{1}{2\pi\sqrt{LC}}$ 에서 I와 V의 위상은 같다.
저항	R	$X_L = 2\pi fL$	$X_c = \frac{1}{2\pi fL}$	$Z = \sqrt{R^2 + (X_L - X_c)^2}$	
소모전력	I^2R	0	0	I^2R	전력소모는 저항에서만 일어난다.
전류흐름	직류, 교류에서 모두 흐른다.	직류에서 저항은 0이지만 고주파의 교류에서 전류가 흐르기 어렵다.	직류에서 전류는 못 흐르고 저주파 교류에서 흐르기 어렵다.	공진주파수에서 가장 전류가 잘 흐른다.	

(6) 변압기

교류전압이 작은(낮은)전압을 큰(높은)전압으로 또는 큰(높은)전압을 작은(낮은)전압으로 바꾸는 것이 가끔 필요하다. 이와 같은 변화는 변압기라는 장치에 의해 가능하다. 간단한 형태의 교류 변압기는 연철심 둘레에 도선이 감겨진 2개의 코일로 이루어져 있다. 철심의 사용목적은 자기선속을 증가시키고 한 코일을 통과한 선속이 거의 모두 다른 코일로 전달 되도록 하는 매개체를 제공하는 것이다.

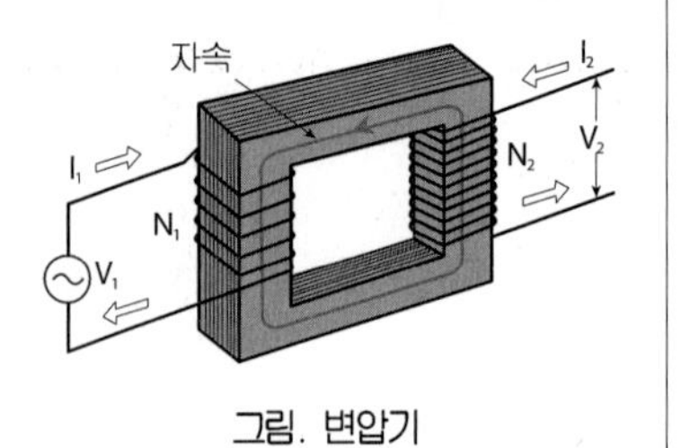

그림. 변압기

상호유도를 이용하여 방향과 세기가 주기적으로 변하는 교류전류를 1차코일에 흐르게 하면 2차코일에 기전력이 감긴 횟수에 비례한다. 이와 같은 원리로 교류전압을 변화시키는 장치를 변압기라 한다.

각각 유도되는 기전력은 $V_1 = N_1 \dfrac{d\phi}{dt}$ $V_2 = N_2 \dfrac{d\phi}{dt}$ 이다.

따라서 $\dfrac{V_1}{N_1} = \dfrac{V_2}{N_2}$ $\dfrac{V_1}{V_2} = \dfrac{N_1}{N_2}$ 이 되고 1차코일과 2차코일에서의 소모전력은 같으므로 $V_1 I_1 = V_2 I_2$가 되고 $\dfrac{N_1}{N_2} = \dfrac{V_1}{V_2} = \dfrac{I_2}{I_1}$ 이다.

이것은 전압은 감긴 수에 비례하고 전류는 반비례한다.

고압선에 흐르고 있는 교류의 전압은 수만 내지 수십만 볼트에 달하는 높은 전압이다. 전력 수송에 이처럼 높은 전압을 사용하려는 이유는 수송에 의한 전력 손실을 줄이기 위해서이다. 전력을 수송하는 전선에도 약간의 저항이 있다.

발전소에서 전력 소비지까지의 거리가 멀기 때문에 송전선의 이 작은 저항도 전체로서는 대단히 큰 값이 된다. 송전선의 저항을 R, 송전 전압을 V라 하면 송전선을 흐르는 전류 I는 $I = \dfrac{P_0}{V}$ 가 되므로 발전 전력을 P_0라 할 때 송전선의 저항에 의해 줄열로 손실되는 전력은

$$P_{손실} = I^2 R = \left(\frac{R_0}{V}\right)^2 \times R$$

가 된다. 따라서 일정한 전력을 수송하는 데 전압을 높이면 전류가 작아지고 저항 R에 의해 소비되는 전력이 작아진다. 이것이 전력 수송에 높은 전압을 사용하는 주된 이유이다. 가령 수송 전압을 n배로 올리면 전류는 $\dfrac{1}{n}$ 배로 되고, 수송에 의한 전력 손실을 $\dfrac{1}{n^2}$ 배로 줄어든다. 그러므로 발전소에서는 높은 전압으로 송전하고 소비지에서는 이 전압을 낮춰서 사용한다.

KEY POINT

■ 변압기의 코일수와 전압관계
$\dfrac{N_2}{N_1} = \dfrac{V_2}{V_1} = \dfrac{I_1}{I_2}$

KEY POINT

예제9

그림은 변압기를 이용하여 전열기를 작동시키는 것을 나타낸 것이고, 표는 이 변압기의 1차 코일과 2차 코일에서 측정된 전압과 전류를 나타낸 것이다.

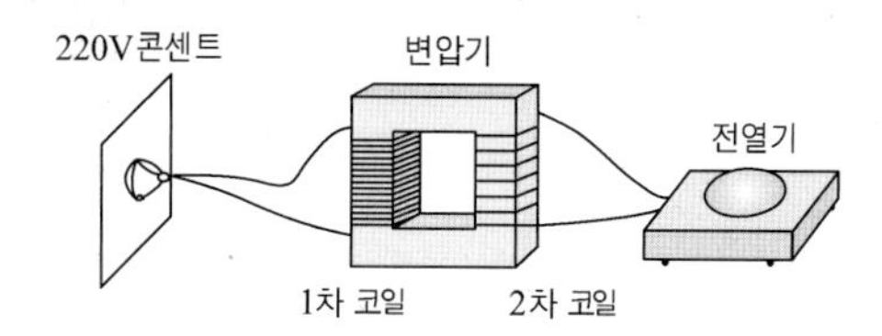

1차코일		2차코일	
전압(V)	전류(A)	전압(V)	전류(A)
220	3	110	6

위에 대한 설명으로 옳은 것을 보기에서 모두 고른 것은?

ㄱ. 2차 코일에 연결된 전열기를 저항이 더 작은 전열기로 바꾸면 2차 코일의 전류는 6A보다 커진다.
ㄴ. 변압기는 1차 코일에 공급되는 전기 에너지의 $\frac{1}{2}$을 2차 코일에 전해준다.
ㄷ. 전열기에서 1시간 동안 소모되는 전력량은 660Wh이다.

① ㄱ ② ㄴ ③ ㄱ, ㄴ
④ ㄱ, ㄷ ⑤ ㄴ, ㄷ

풀이 2차 코일의 전압이 110V로 정해져 있으므로 저항이 작은 전열기로 바꾸면 전류는 커진다.
전력량 =전력×시간=110W×6A×1h=660Wh이다.
1차 코일의 전력과 2차 코일의 전력이 660W로 같다. 정답은 ④이다.

예제10

입력 전압이 500V이고 1차 코일의 감은 수가 100회, 2차 코일의 감은 수가 400회인 변압기가 있다. 이 변압기의 효율이 80%라고 할 때, 2차 코일에 100 Ω의 저항을 연결했다면 1차 코일에 흐르는 전류의 크기는?

① 10A ② 40A
③ 50A ④ 100A

풀이 $\frac{V_2}{V_1} = \frac{N_2}{N_1}$ 이므로 $\frac{V_2}{500} = \frac{400}{100}$ 이다. 따라서 $V_2 = 2000$V이다. 2차 코일에 100Ω의 저항을 연결하였을 때 흐르는 전류는 2000÷100 =20A이다. 효율이 80%하였으므로 $0.8 I_1 V_1 = I_2 V_2$이다. 따라서 $I_1 \times 500 \times 0.8 = 20 \times 2000$이므로 1차 코일에 흐르는 전류 $I_1 = 100$A이다. 정답은 ④이다.

KEY POINT

3 전자기파

전기와 자기가 파동 현상을 일으키며 전파되어 가는 에너지 파동을 전자기파라고 한다. 다음에서 그 성질에 관해 자세히 알아보기로 하자.

(1) 전기진동

오른쪽 그림과 같이 충전된 축전기와 코일을 연결하고 스위치를 닿으면 잠시 후 축전기는 완전히 방전되어 전하가 0이 되고 코일은 유도 기전력에 의해 전류가 흐른다. 이 전류는 아래 그림과 같이 축전기에 처음과 반대방향으로 충전되고 최대로 충전되면 전류는 0이 된다.

축전기는 또 이와 반대방향으로 방전하고 코일에 전류가 반대로 흐르게 된다.

이러한 현상이 계속되는 현상을 **전기진동**이라고 하고 이 회로를 진동회로라고 한다. 또 이때 흐르는 선류를 신동선류라고 한다.

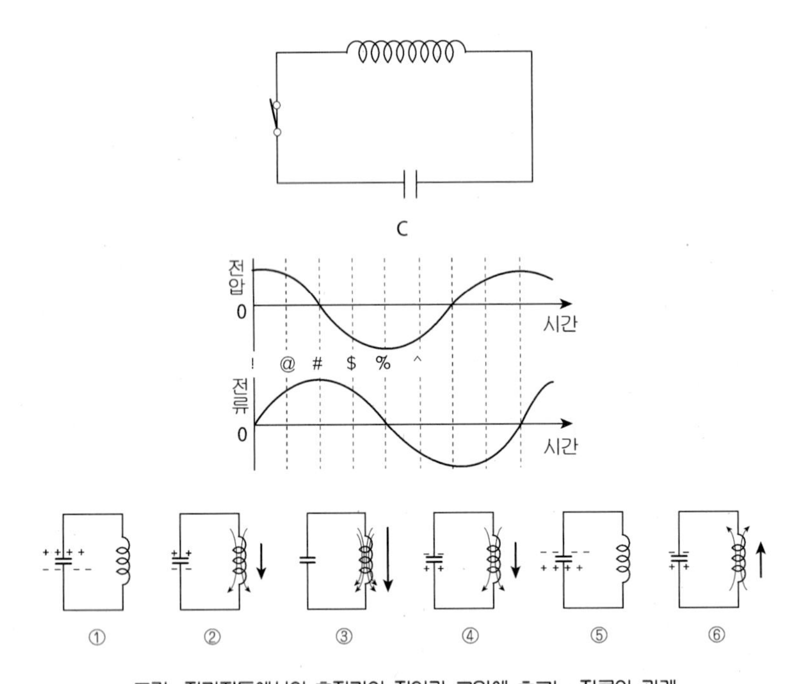

그림. 전기진동에서의 축전기의 전압과 코일에 흐르는 전류와 관계

만일 LC회로에 저항이 0이면 회로에서 소모되는 전력도 0이 되므로 전기 진동은 무한히 계속되겠지만 실제로 도선과 코일에 약간의 전기 저항은 존재하기 마련이므로 전기에너지가 점차 줄어들어 진동 전류는 점차 감쇠되어 없어진다.

LC 전기 진동을 좀 더 쉽게 이해하기 위해 역학적 진동과 비교하면 다음과 같은 관계가 성립한다.

KEY POINT

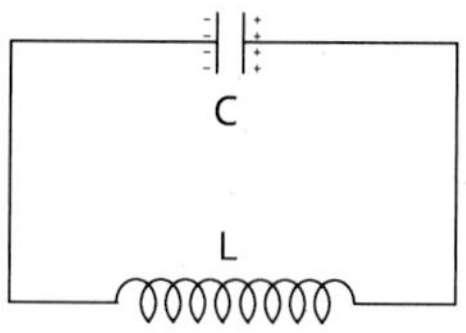 C L	전압 $V=$최대 전류 $I\ =\ 0$	위치에너지=최대 운동에너지=0	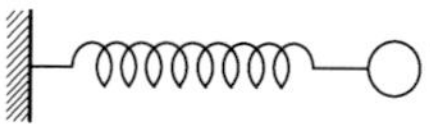
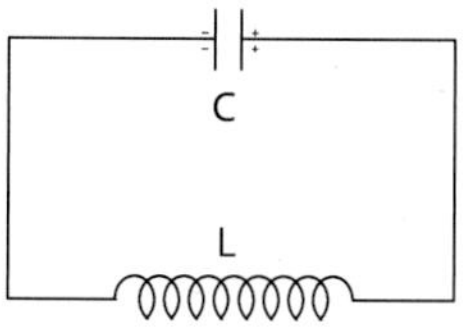 C L			
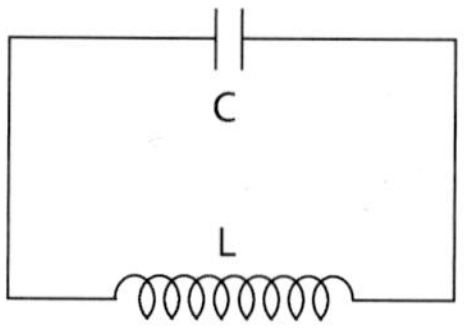 C L	전압 $V=0$ 전류 $I\ =$최대	위치에너지=0 운동에너지=최대	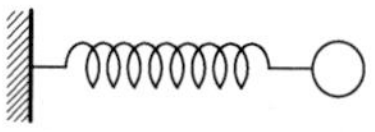
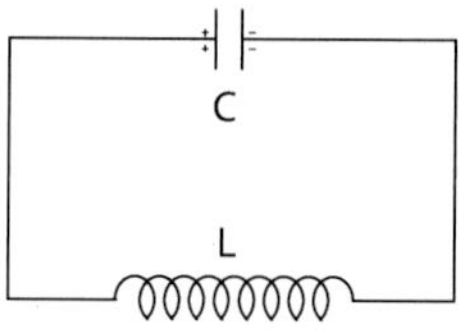 C L			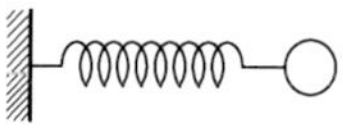
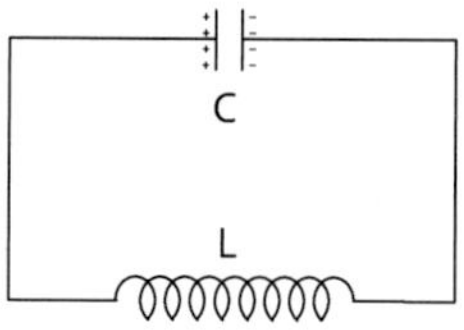 C L	전압 $V=$최대 전류 $I\ =0$	위치에너지=최대 운동에너지==0	

전기에너지 $=\frac{1}{2}\frac{Q^2}{C}$	위치에너지 $=\frac{1}{2}kx^2$
자기에너지 $=\frac{1}{2}LI^2$	운동에너지 $=\frac{1}{2}mv^2$
주기 $T=2\pi\sqrt{LC}$	주기 $T=2\pi\sqrt{\frac{m}{k}}$
$\frac{1}{2}\frac{Q^2}{C}+\frac{1}{2}LI^2=$일정	$\frac{1}{2}ks^2+\frac{1}{2}mv^2=$일정

(2) 전자기파의 발생

전류는 전기장내 에서 전위가 높은 곳에서 낮은 곳으로 흐른다는 것을 배웠다. 어떤 코일에 자속이 변하면 코일에 자체 유도 기전력이 생겨서 전류가 흐르게 된다. 이것은 결국 자기장의 변화에 의해 전기장이 유도된 것이라 하겠다.

역으로 오른쪽 그림과 같은 LC회로에서 축전기 극판의 전하가 시간이 지남에 따라 변하게 되어 극판 사이의 전기장이 변하게 된다.

또 도선에 흐르는 전류의 크기와 같은 크기의 전류 변화가 축전기의 극판에서도 일어났다고 할 수 있다. 이와 같이 축전기 양극판 사이에도 전류가 흘러서 주위에 자기장이 생긴다. 이때 축전기에 흐르게 되는 전류를 **변위 전류**라고 하며 도선에서 전자의 이동에 의해 흐르는 전류와 구별된다.

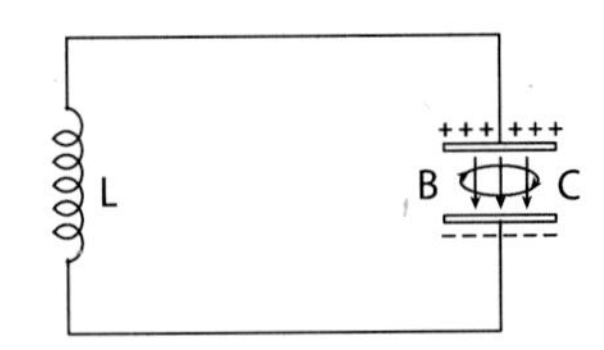

그림. 전기장 변화에 의한 자기장 발생

※ 변위 전류

앙페르 법칙에서 $\oint B \cdot dl = \mu_o I$ 에 따르면 $B \cdot dl$의 선적분은 $\mu_o I$와 같다. I는 고리에 둘러 싸여서 면을 흐르는 전류이다.

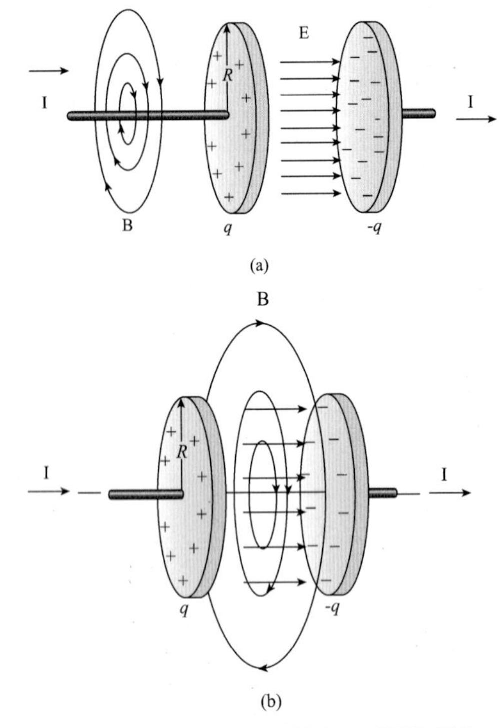

그림. 전도 전류는 I에 의해 충전되는 축전기의 극판 들 사이에는 I와 같은 크기의 변위 전류가 흐른다.

KEY POINT

■ 전자기파의 예언은 맥스웰, 실증은 헤르쯔가 하였다.

직선도선에서 (a)는 일반적으로 성립하지만 (b)에서는 면이 같은 고리에 의해 둘러싸여 있으나 축전기의 판 하나를 포함하고 있다. 이 면을 통과하는 전류는 없으므로 자기장은 0이 되어 모순이다. 맥스웰은 이 모순을 해결하기 위해 판 사이의 부도체에 관계하는 변위 전류 I_D를 제안했다.

$$\oint B \cdot dl = \mu_o (I + I_D)$$

$$I_D = \varepsilon_o \frac{d\phi_E}{dt}$$

① 전자기파의 성질

지금까지 살펴본 바와 같이 진동전류의 주기적 변화에 의해 자기장이 변하고 자기장이 유도되고 전기장이 변하여 전기장이 유도되어 공간을 퍼져나가는 것을 **전자기파**라고 한다.

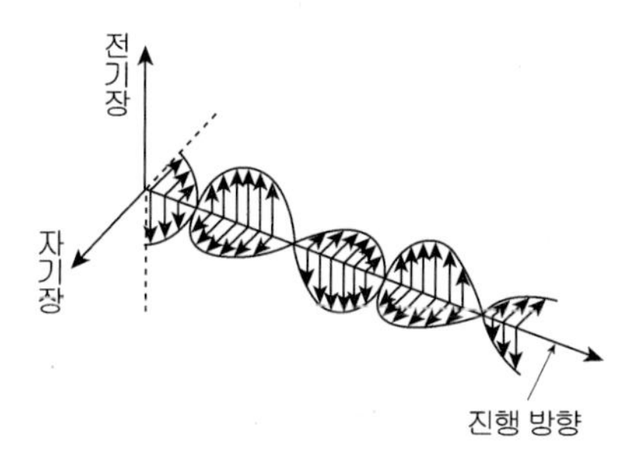

이러한 전자기파는 1864년 맥스웰이 그 존재를 예견하였고 1888 헤르쯔에 의해 실험적으로 증명되었다.

위 그림에서 보는 바와 같이 전자기파는 파동의 진행 방향과 진동 방향이 수직을 이루는 횡파이다. 또 전기장 자기장, 진행방향은 우리가 앞에서 배운 플레밍의 왼손법칙에 따른다. 전자기파의 속도는 전기장에서 공간 상수에 해당하는 유전율 ε(입실론)과 자기장에서 공간 상수에 해당하는 투자율 μ(뮤)의 곱의 제곱근의 역수와 같다.

$$C = \frac{1}{\sqrt{\varepsilon_o \mu_o}} = 3 \times 10^8 m/s$$

ε_o(진공의 유전율) $= 8.85 \times 10^{-12}\ C^2/N \cdot m^2$

μ_o(진공의 투자율) $= 4\pi \times 10^{-7}\ N/A^2$

위의 값 C는 진공 중에서 전자기파의 속도이다.

KEY POINT

■ 전자기파는 자기장에 수직, 전기장에 수직이다.

KEY POINT

전자기파는 다음과 같은 성질이 있다.

㉠ 전자기파는 자기장에 수직이고 전기장에 수직이다.

㉡ 전자기파의 속도는 빛의 속도와 같은 $C=\dfrac{1}{\sqrt{\varepsilon_o \mu_o}}=3\times10^8\,\mathrm{m/s}$ 이다.

㉢ 전자기파는 횡파이므로 편광현상을 보인다.

㉣ 전자기파는 운동량과 에너지를 갖는다.

② 전자기파의 종류

전자기파는 파장 또는 주파수에 따라 구분하며 아래 표에서 명칭과 이용분야를 나타내었다. 주파수가 3×10^5kHz 이하인 전자기파는 전파라고 하고 진동전류에 의해 발생한다. 또 파장이 짧아질수록 직진성이 강하다.

전자기파의 분류와 이용 분야

명 칭		파 장	주피수	이용분야
전파	극장파 (VLF)	100~10km	3~3×10kHz	
	장 파 (LF)	10~1km	$3\times10\sim3\times10^2$kHz	선박, 항공기용 통신
	중 파 (MF)	1000~100m	$3\times10^2\sim3\times10^3$kHz	국내 라디오 방송
	단 파 (HF)	100~10m	$3\times10^3\sim3\times10^4$kHz	원거리 라디오 방송
	초단파 (VHF)	10~1m	$3\times10\sim3\times10^2$kHz	FM, TV 방송
	마이크로파 (UHF)	100~10cm	$3\times10^2\sim3\times10^3$kHz	TV 방송, 택시 무선
	마이크로파 (SHF)	10~1cm	$3\times10^3\sim3\times10^4$kHz	전화 중계, 레이더
	마이크로파 (EHF)	10~1mm	$3\times10^4\sim3\times10^5$kHz	전화 중계, 레이더
적 외 선		$1\times10^{-3}\sim7.8\times10^{-7}$m		적외선 사진, 열선 진료
가시광선		$7.8\times10^{-7}\sim3.8\times10^{-7}$m		광학 기기
자 외 선		$3.8\times10^{-7}\sim1\times10^{-8}$m		살균
X 선		$1\times10^{-8}\sim1\times10^{-12}$m		X선 사진, 의료
γ 선		1×10^{-12}m 이하		재료 검사, 의료

자유공간에서 전자기파의 에너지 밀도

자유공간에서 전자기파의 에너지 밀도는 전기장과 자기장의 에너지 밀도의 합이다.

$U_E=\dfrac{1}{2}\varepsilon_o E^2$, $U_B=\dfrac{B^2}{2\mu_o}$

$E=CB=\dfrac{B}{\sqrt{\varepsilon_o\mu_o}}$ (순간 에너지 밀도가 같아서 $\dfrac{1}{2}\varepsilon_o E^2=\dfrac{B^2}{2\mu_o}$ 이다)

총에너지 밀도 $U=U_E+U_B$에서 $U=\varepsilon_o E^2=\dfrac{B^2}{\mu_o}$ 이다.

KEY POINT

예제11

전기장 $\vec{E}$와 자기장 $\vec{B}$로 구성된 전자기파가 진공 중에서 진행할 때 이에 대한 설명으로 옳은 것만을 모두 고르면? (단, 광속은 c이다) (2021 서울시 7급)

ㄱ. 에너지가 전달되는 방향은 $\vec{E} \times \vec{B}$의 방향이다.
ㄴ. 전기장 크기 E와 자기장 크기 B의 비 $\frac{E}{B}$는 $\frac{c}{2}$와 같다.
ㄷ. 전기장의 에너지 밀도와 자기장의 에너지 밀도는 같다.

① ㄱ ② ㄴ
③ ㄱ, ㄷ ④ ㄱ, ㄴ, ㄷ

풀이 전자기파의 방향은 $\vec{C} = \vec{E} \times \vec{B}$ 이고 크기는 $C = \frac{E}{B}$ 이다.
전기장과 자기장의 에너지 밀도는 같아서

$$\frac{1}{2}\varepsilon_o E^2 = \frac{1}{2}\mu_o B^2 \qquad \frac{E^2}{B^2} = \frac{1}{\varepsilon_o \mu_o}$$

$\frac{1}{\sqrt{\varepsilon_o \mu_o}} = C$ 이고 $\frac{E}{B} = C$ 이다. 정답은 ③이다.

진동수를 써서 전자기파를 분류하면 그림과 같은 자기판의 스펙트럼이 나타난다.

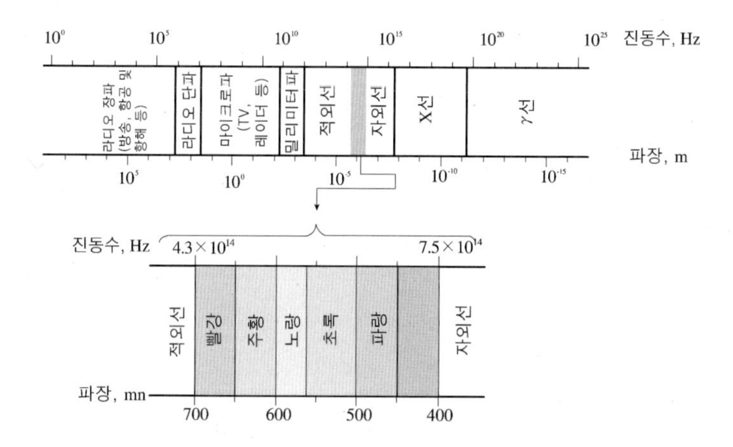

가시광선도 하나의 전자기파로 붉은 빛은 4.3×10^{14} Hz(파장은 $0.7\,\mu m$)이다.
빛깔은 사람의 눈이 가시광선의 진동수를 구분하는 방법이다.
마이크로파 중에서 특정파장은 전자레인지에 이용된다.
전자레인지를 이용하여 음식을 데우거나 요리를 할 때 속을 보면 아무런 불꽃도 보이지 않은데 어떻게 음식이 익는 것일까? 전자레인지에 쓰이는 파장이 약 12cm(주파수로는 2450 MHz)인 마이크로파는 물론 우리 눈에 보이지 않는다. 12cm 파장을 갖는 마이크로파를 사용하는 이유는 물분자의 고유 주파수와 일치하기 때문이다. 12cm 파장을 갖는 마이크로파의 에너지는 물분자의 회전 에너지 간격과 정확하게 같아서 공명이 일어나게 된다. 따라서 전자레인지로 익힐 수 있는 음식은 수분을 함유해야 한다.

KEY POINT

예제12

전자기에 대한 맥스웰 방정식 4가지에 대한 설명으로 가장 옳지 않은 것은? (2019년 서울시 7급)

① 가우스 법칙 : 임의의 폐곡면을 지나는 전기선속은 폐곡면 내의 알짜 전하량과 관계가 있다.
② 자기에 대한 가우스 법칙 : 임의의 폐곡면을 지나는 자기선속은 0이다.
③ 페러데이 법칙 : 자기장의 시간 변화율과 전기장의 관계를 설명한다.
④ 앙페르 법칙 : 유도 전류의 방향은 자기선속의 변화에 저항하는 방향으로 유도된다.

풀이 ④ 유도전류의 방향은 자기선속의 변화에 반대하는 방향으로 유도된다는 것은 렌츠의 법칙이다. 정답은 ④이다.

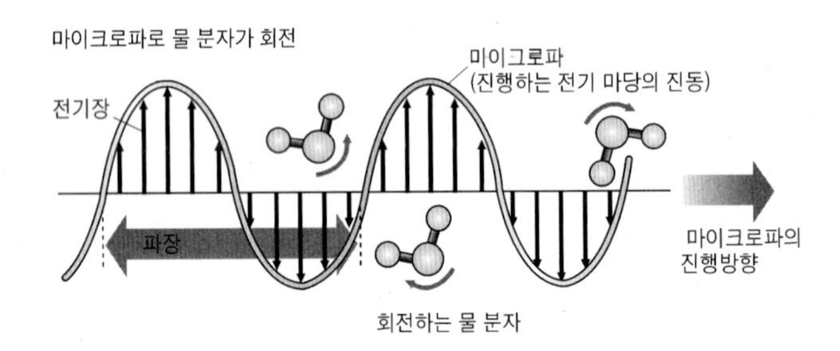

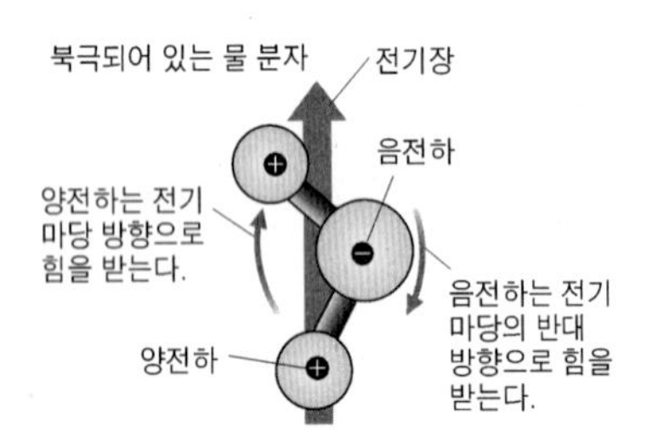

물은 극성분자이므로 물분자가 전기장에 놓이면 전기장의 방향에 따라 배열하고 전기장의 방향이 바뀌면 물분자는 그 방향에 따라 회전하게 된다. 회전이 1초에 24억 번 일어나게 되므로 회전에너지가 열에너지로 전환되어 음식물을 조리하게 된다.

KEY POINT

예제13

전자기파의 전기장과 자기장이 각각 $\vec{E}=3\hat{i}+2\hat{j}$ V/m, $\vec{B}=\frac{1}{c}(2\hat{i}-3\hat{j})$ T 로 주어질 때 이 전자기파의 진행 방향을 하여라. (단, c는 빛의 속도, $\hat{i}$, $\hat{j}$, $\hat{k}$는 각각 x, y, z축 방향으로의 단위벡터이다) (2014 서울시 7급)

① x 방향 ② $-x$ 방향 ③ y 방향

④ z 방향 ⑤ $-z$ 방향

풀이 전자기파의 진행 방향은 전기장, 자기장의 방향과 수직하고 오른 나사 법칙을 따르므로 $-z$ 방향이다.

정답은 ⑤이다.

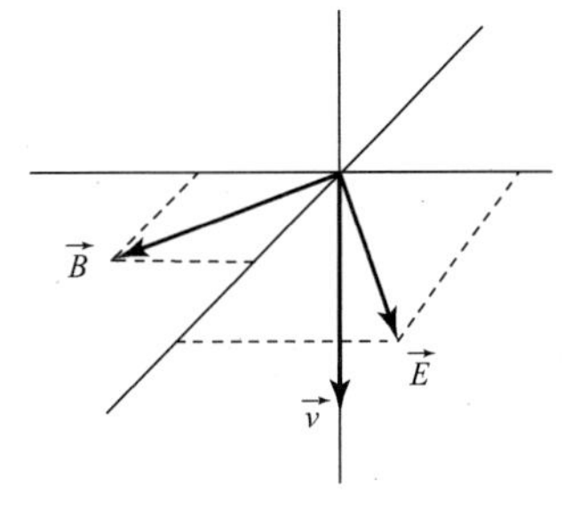

연습문제

1 다음 중 유도 기전력이 생기지 않는 경우는?

① 도선이 자력선과 수직으로 운동할 때
② 자기장과 수직으로 놓인 원형모양의 도선이 회전운동할 때
③ 자기장과 수직으로 놓인 원형모양의 도선이 병진운동할 때
④ 코일에 도달하는 자력선의 수가 증가할 때
⑤ 코일에 도달하는 자력선의 수가 감소할 때

2 그림과 같이 $10T$의 균일한 자기장이 지면 위쪽을 향하고 있는 자기장내 ㄷ자형 도선위에 도선 cd를 놓았다. 도선 cd를 매초 8m만큼 오른쪽으로 이동시킬 때 이 회로의 유도 기전력의 크기는?

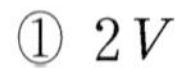

① $2V$
② $4V$
③ $6V$
④ $8V$
⑤ $10V$

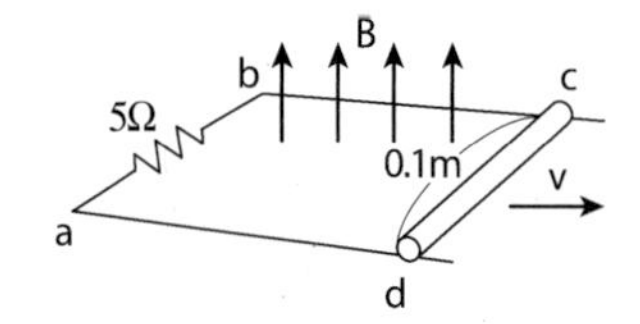

3 위의 2번 문제에서 5Ω의 저항에 흐르는 전류의 방향과 크기는?

① $0A$
② $0.8A$ $a \to b$
③ $0.8A$ $b \to a$
④ $1.6A$ $a \to b$
⑤ $1.6A$ $b \to a$

4 그림과 같은 코일에 자속밀도가 초당 $10Wb/m^2$의 비율로 증가하고 있다. 이 코일의 단면적은 $5\times10^{-3}m^2$이고 감은 수는 200회이다. 이때 이 코일에 유도되는 유도 기전력은 얼마인가?

① $10V$
② $50V$
③ $100V$
④ $200V$
⑤ $2000V$

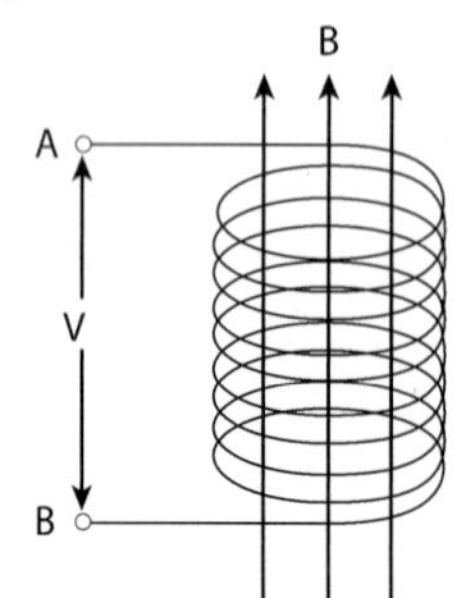

해설

해설 **1**

유도 기전력 $V = \frac{d\phi}{dt}$ 로 시간당 자속수의 변화량이다.

해설 **2**

$V = -Blv$에서 유도 기전력
$V = 10\times0.1\times8 = 8V$

해설 **3**

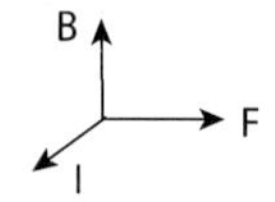

플레밍의 오른손 법칙에서이므로 도선 Cd에서 전류가 $c \to d$이므로 저항에서 $a \to b$로 전류가 흐르고
전류의 크기는 $I = \frac{V}{R}$에서
$I = \frac{8}{5} = 1.6A$이다.

해설 **4**

$V = -N\frac{d\phi}{dt}$에서 감긴 회수 $N = 200$회이고 자속밀도가 1m²당 $10Wb$이므로 코일의 단면적 $5\times10^{-3}m^2$에서는 $5\times10^{-2}Wb$이다.
따라서 $V = 200\times5\times10^2 = 10V$

정답 1. ③ 2. ④ 3. ④ 4. ①

5 $100V$용 $100W$의 전구를 $100V$의 교류 전원에 연결하였다. 이 전구의 저항과 전류의 최대값은 얼마인가?

① 10Ω $1.4A$ ② 10Ω $1A$
③ 10Ω $10A$ ④ 100Ω $1.4A$
⑤ 100Ω $1A$

6 위의 5번 문제에서 소비전력의 최대값은?

① $100W$ ② $141W$
③ $150W$ ④ $200W$
⑤ $282W$

7 전력의 송전시 송전 전압을 n배로 높이면 전선에서 발생하는 손실전력은 전압을 높이기 전의 몇 배나 되는가?

① n^2배 ② n배
③ $\frac{1}{n}$ 배 ④ $\frac{1}{\sqrt{n}}$ 배
⑤ $\frac{1}{n^2}$ 배

8 그림과 같은 두 $L-C$ 회로에서 $L_1=2H$, $C_1=200\mu F$, $L_2=4H$이고 두 회로가 공진한다면 C_2는 얼마인가?

① $100\mu F$
② $200\mu F$
③ $300\mu F$
④ $400\mu F$
⑤ $141\mu F$

C1 L1 L2 C2

9 1차코일이 400회 2차코일이 200회 감긴 변압기에서 2차코일에서 $800W$의 전력을 소모할 때 1차코일에 흐르는 전류의 값은?(2차코일의 전압은 $100V$)

① $2A$ ② $4A$
③ $8A$ ④ $10A$
⑤ $16A$

해 설

해설 **5**

$P=\frac{V^2}{R}$ 에서 $R=\frac{100^2}{100}=100\Omega$의 저항이고 $V=IR$ 에서 $100V=I\times100\Omega$이므로 전류 $I=1A$ 최대전류 $I_M=\sqrt{2}I$에 $I_M=\sqrt{2}\times1$ $=1.4A$

해설 **6**

$P=I_M{}^2R$에서 위에서 $I_M=\sqrt{2}A$
$R=100\Omega$ $P=\sqrt{2}^2\times100=200W$

해설 **7**

송전전력 $P_o=VI$ 흐르는 전류 $I=\frac{P_o}{V}$이고 저항에 의한 손실전력 $P=I^2R$이므로 손실전력 $P=\frac{P_o{}^2}{V^2}R$이다. 따라서 V가 n배 되면 손실전력 $P=\frac{1}{n^2}$ 배가 된다.

해설 **8**

공진조건이 $L_1C_1=L_2C_2$이므로
$2\times200\times10^{-6}=4\times C_2$에서
$C_2=100\times10^{-6}F$이다.
따라서 $C_2=100\mu F$

해설 **9**

$\frac{N_2}{N_1}=\frac{V_2}{V_1}=\frac{I_1}{I_2}$ 이고 2차코일에서
$P=VI$ $800=100\times I$ $I=8A$의 전류가 흐른다. 따라서 $\frac{200}{400}=\frac{I_1}{8}$
$I_1=4A$

정답 5. ④ 6. ④ 7. ⑤ 8. ① 9. ②

10 그림과 같은 $R-L-C$ 직렬 회로 전체 걸리는 전압은 몇 V인가?

① $60V$
② $100V$
③ $140V$
④ $170V$
⑤ $340V$

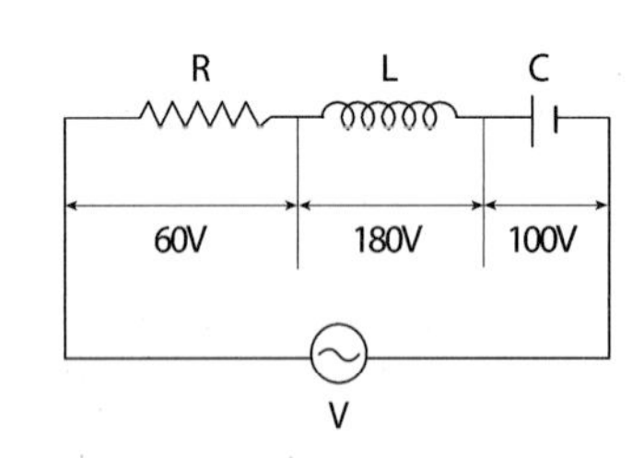

11 10번 문제의 회로에서 저항 $R=40\Omega$, 유도 리액턴스 $X_L=120\Omega$, 용량 리액턴스 $X_C=90\Omega$일 때 회로에 흐르는 전류는?

① 0
② $1A$
③ $2A$
④ $\sqrt{2}A$
⑤ $4A$

12 전기 진동 회로에서 축전기의 극판 사이의 간격만을 $\frac{1}{2}$로 하면 진동수는 어떻게 변하겠는가?

① $\frac{1}{4}$배
② $\frac{1}{2}$배
③ $\frac{1}{\sqrt{2}}$배
④ 2배
⑤ 변화 없다.

13 자체 유도계수가 $12H$이고 전기용량이 $3\mu F$인 코일과 축전기가 연결된 회로에서 전기진동이 일어나기 위해 교류의 주파수를 얼마로 해야 하나? (단, π는 3으로 계산한다)

① 28 Hz
② 32 Hz
③ 36 Hz
④ 64 Hz
⑤ 108 Hz

해설

해설 **10**

전체 전압 $V=\sqrt{V_R{}^2+(V_L-V_C)^2}$

에서 $V=\sqrt{60^2+(180-100)^2}$
$=100V$

해설 **11**

$R-L-C$ 직렬 회로에서 합성저항 임피던스 $Z=\sqrt{R^2+(X_L-X_C)^2}$이므로 $Z=\sqrt{40^2+(120-90)^2}=50\Omega$

옴의 법칙에서 $V=IR$

$100V=I\times 50\Omega \quad I=2A$

해설 **12**

$c=\frac{\varepsilon A}{l}$에서 $C\propto\frac{1}{l}$이므로 극판 간격 l이 $\frac{1}{2}l$로 되면 C는 2배가 된다.

한편 $f=\frac{1}{2\pi\sqrt{LC}}$에서 C가 2배가 되면 진동수 f는 $\frac{1}{\sqrt{2}}$배가 된다.

해설 **13**

$$f=\frac{1}{2\pi\sqrt{LC}}=\frac{1}{2\pi\sqrt{12\times3\times10^{-6}}}$$
$$=\frac{1}{2\times3\times\sqrt{36\times10^{-6}}}$$
$$=\frac{1}{36\times10^{-3}}\fallingdotseq 28\,\text{Hz}$$

정답 10. ② 11. ③ 12. ③ 13. ①

14 다음 중 전자기파가 아닌 것은?

① 적외선
② 장파
③ 가시광선
④ γ선
⑤ β선

15 $L-C$회로에서 코일의 자체 유도계수 $3H$이고 축전기의 전기용량이 $12\mu F$이다. 축전기의 전압이 최대 $100V$일 때 코일에 흐르는 최대 전류는 몇 A인가?

① $0.1A$
② $0.2A$
③ $0.4A$
④ $4A$
⑤ $1A$

16 100V, 400W의 전열기를 100V의 교류 전원에 연결하여 사용할 때 이 전열기에 흐르는 전류의 최대값은 얼마인가?

① 0.25A
② 2A
③ $2\sqrt{2}A$
④ 4A
⑤ $4\sqrt{2}A$

17 위의 16번 문제에서 전열기의 순간 소비전력의 최대값은 얼마인가?

① 100w
② 200w
③ 400w
④ $400\sqrt{2}$w
⑤ 800w

18 그림과 같이 300 Ω인 저항성과 자체 인덕턴스가 1H인 코일을 연결하고 교류 전원에 직렬로 연결하였다. 교류 전압의 실효값이 100V, 각주파수(각속도)가 400rad/s라고 할 때, 300 Ω의 저항선에서 소비되는 평균 전력은 얼마인가?

① 12W
② 25W
③ 33W
④ 100W
⑤ 120W

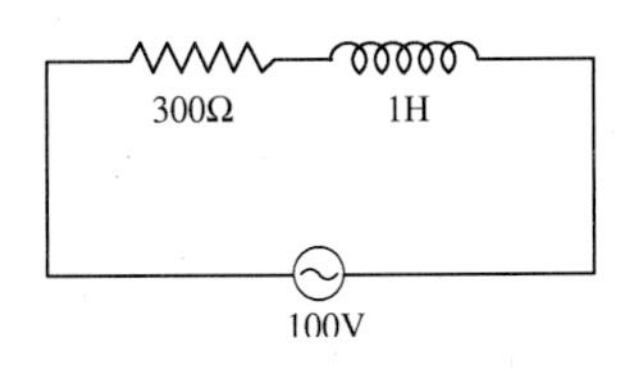

해설

해설 15

$\frac{1}{2}CV^2 = \frac{1}{2}Li^2$에서

$3\times i^2 = 12\times10^{-6}\times100^2$

$i^2 = 4\times10^{-2}$

$i = 0.2A$

해설 16

$P = VI$ $400 = 100I$ $I = 4A$

최대 전류 $I_o = 4\sqrt{2}A$

해설 17

최대 전압 $V_o = 100\sqrt{2}$ 이고

최대전류 $I_o = 4\sqrt{2}$ 이므로

$P = 100\sqrt{2}\times4\sqrt{2} = 800w$ 이다.

해설 18

코일의 저항 $X_L = Lw = 400\Omega$ 이고

코일과 저항에서 위상차가 $\frac{\pi}{2}$ 이므로

합성저항은 $\sqrt{400^2+300^2} = 500\Omega$ 이다.

따라서 회로에 흐르는 전류는 0.2A이고 저항선에서의 전력소모는

$P = I^2R = 0.2^2\times300 = 12w$ 이다.

정답 14. ⑤ 15. ② 16. ⑤ 17. ⑤ 18. ①

19 발전소에서 수요지까지 전기를 송전할 때 송전선의 전기 저항 때문에 전력이 일부 소모된다. 같은 전력을 송전하는 데 있어서 전압을 10배로 높일 수 있다면 송전선의 전력 손실은 처음의 몇 배가 되는가?

① $\frac{1}{100}$ 배　② $\frac{1}{10}$ 배
③ 1배　④ 10배
⑤ 100배

20 다음 중에서 전자기파가 발생하지 않는 경우는?

① 전자가 가속도 운동을 할 때
② 회로에 직류가 일정하게 흐를 때
③ LC회로에서 전기 진동이 일어날 때
④ 전기장과 자기장이 시간에 따라 변할 때
⑤ 답 없음

21 교류 전류는 주파수가 증가함에 따라 어떻게 될까?

① 코일 속은 잘 흐르나, 축전기 속은 흐르기 어려워진다.
② 축전기 속은 잘 흐르나, 코일 속은 흐르기 어려워진다.
③ 코일이나 축전기 다 흐르기 어려워진다.
④ 코일이나 축전기 다 흐르기 쉬워진다.
⑤ 주파수 변화와 관계없이 항상 일정하다.

22 그림과 같이 직류와 교류 양용 전류계와 $\frac{1}{40\pi}H$의 코일을 직렬로 연결한 회로가 있다. 여기에 교류 100V를 가했을 때 전류계는 20A를 가리켰고, 직류 100V를 가했을 때 전류계는 25A를 가리켰다. 이 코일의 저항 R 및 리액턴스 X_L이 옳게 짝지어진 것은?

① $R=3\Omega X_L=4\Omega$
② $R=4\Omega X_L=3\Omega$
③ $R=3\Omega X_L=5\Omega$
④ $R=4\Omega X_L=5\Omega$
⑤ $R=5\Omega X_L=5\Omega$

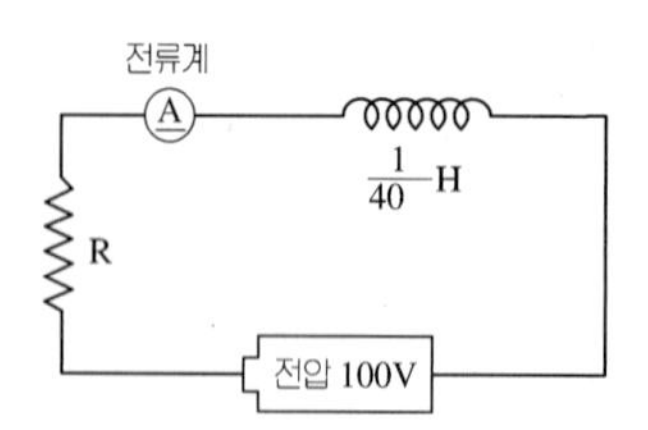

해 설

해설 19

손실전력은 $pP=I^2R=\frac{P_o^2R}{V^2}$
(P_o는 송전 전력량, R은 송전선의 저항)이므로 $\frac{1}{100}$ 배이다.

해설 21

코일의 저항은 $X_L=Lw=2\pi fL$
이므로 주파수에 비례하고
콘덴서의 저항은
$X_C=\frac{1}{Cw}=\frac{1}{2\pi fC}$ 이므로
주파수에 반비례한다.

해설 22

직류 100V일 때 $f=0$ 이므로 코일의 저항은 $X_L=2\pi fL=0$ 이다. 따라서 회로전체 저항은 R이다. $V=IR$에서 $100=25R$이므로 저항값은 4Ω이고 교류에서는 저항과 코일의 합성저항은 $\sqrt{R^2+X_L^2}=5\Omega$($100=20X$ 저항)이므로 $X_L=3\Omega$ 이다.

정답 19. ① 20. ② 21. ② 22. ②

23 위 22번 문제에서 교류전압의 주파수는 몇 Hz인가?

① 10Hz　② 10πHz
③ 30Hz　④ 30πHz
⑤ 60Hz

24 L-C 회로가 전기 진동을 하고 있다. 이 회로에 흐르는 진동 전류의 최대값을 I라고 할 때, 축전기의 전하량이 최대로 되는 순간의 회로에 흐르는 전류의 세기는?

① 0　② $\frac{I}{2}$
③ $\frac{\sqrt{2}}{2}I$　④ I
⑤ $\sqrt{2}I$

25 970kHz의 방송을 듣다가 710kHz의 방송을 들으려고 한다. 다이얼을 돌려서 어떻게 하면 되는가?

① 축전기의 전기 용량을 더 크게 한다.
② 축전기의 전기 용량을 더 작게 한다.
③ 전압을 낮게 한다.
④ 전압을 높게 한다.
⑤ 저항을 더 크게 한다.

26 양전하로 대전된 질량 M인 물체가 용수철 상수 k인 용수철에 의하여 진폭 A를 갖고 단진동 운동을 한다. 이 때 발생하는 전자기파의 파장은 다음 중 어느 것이 될 수 있을까? (단, 빛의 속도는 C이다)

① $2\pi A\frac{\sqrt{M}}{k}$　② $2\pi A$
③ $AC\sqrt{\frac{M}{k}}$　④ $\frac{\pi MC}{k}$
⑤ $2\pi C\sqrt{\frac{M}{k}}$

27 기전력 $V=100\sin 240t(V)$의 전원이 전기용량 $10\mu F$인 축전기에 걸려 있을 때 전류의 진폭은 얼마인가?

① 0.06 A　② 0.12 A
③ 0.18 A　④ 0.24 A
⑤ 0.28 A

해 설

해설 23

코일의 저항 $X_L=3\Omega$이므로 $2\pi fL=3\Omega$에서 $2\pi\times f\times\frac{1}{40\pi}=3$ 이고 $f=60\,Hz$이다.

해설 24

$\frac{1}{2}QV+\frac{1}{2}LI^2=$ 일정에서
Q값이 최대이면 전류 $I=0$이다.

해설 25

$f=\frac{1}{2\pi\sqrt{LC}}$에서 $f\propto\frac{1}{\sqrt{C}}$이다.

해설 26

주기 $T=2\pi\sqrt{\frac{M}{k}}$이고 전자기파의 속도 $C=\frac{\lambda}{T}$에서 $\lambda=CT$이다.
따라서 $\lambda=2\pi C\sqrt{\frac{M}{k}}$이다.

해설 27

문제에서 $w=240\,rad/s$이므로 축전기의 저항은 $X_C=\frac{1}{wc}$에서
$X_C=\frac{1}{240\times10\times10^{-6}}=\frac{1250}{3}\Omega$
이다.
전압은 최대전압이 100V 실효전압은 $\frac{100}{\sqrt{2}}V$이다.
따라서 전류 I는
$I=\frac{V}{X_C}=\frac{50\sqrt{2}}{\frac{1250}{3}}A$이고
최대전류가 진폭이므로
$I_o=\frac{300}{1250}=0.24A$이다.

정답 23. ⑤ 24. ① 25. ① 26. ⑤ 27. ④

기출문제 및 예상문제

CHAPTER 4 전기자기학

1. 그림과 같이 $+q$는 (1, 0) 좌표에 $-2q$는 (0, 1)에 있다. test 전하 $+q$를 (0, 0)에 놓으면 두 전하에 의한 힘의 방향은?

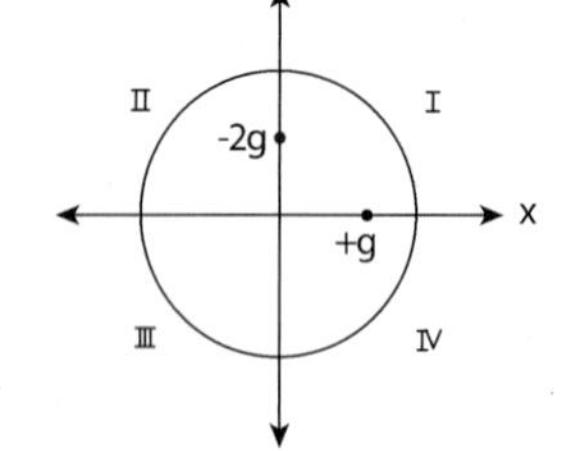

① 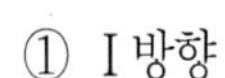 Ⅰ방향
②  Ⅱ방향
③ Ⅲ방향
④ Ⅳ방향
⑤ $-y$축 방향

해설 쿨롱의 법칙에 의해 $-2q$에 의한 인력으로 y방향 $+q$에 의한 척력으로 $-x$방향이므로 합력에 의해 Ⅱ 방향

2. 축전기에 $2C$의 전기량을 줄 때 두 판 사이의 전위차가 $10V$이면 이 축전기의 전기용량은 몇 F인가? [77년 서울시 7급]

① $20F$　② $10F$
③ $5F$　④ $2.5F$
⑤ $0.2F$

해설 $C=\frac{Q}{V}=\frac{2}{10}=0.2F$

3. 평행판 축전기에 극판 사이에 유전율이 K인 물질을 넣을 때 전기용량 C는 처음 용량 C_o의 몇 배인가?

① K배　② $\frac{1}{\sqrt{K}}$배
③ $\sqrt{K}$배　④ $\frac{1}{K}$배
⑤ 변함없다

해설 평행판 축전기의 정전용량 $C=\frac{\varepsilon_o A}{l}$에서 $C \propto \varepsilon_o$ 유전율에 비례한다.

4. 온도가 내려가면 금속원소의 저항은 어떻게 변하는가?

① 항상 감소한다.
② 항상 증가한다.
③ 일정하다.
④ 증가할 수도 감소할 수도 있다.
⑤ 증가하다가 감소한다.

해설 금속의 온도가 올라가면 분자운동이 활발해져 전기저항이 증가한다.

5. 전기용량이 각기 C_1, C_2, C_3의 축전기를 직렬로 연결했을 때의 전기용량 C는?

① $\frac{1}{C_1}+\frac{1}{C_2}+\frac{1}{C_3}$　② $C_1+C_2+C_3$

③ $\frac{1}{C_1+C_2+C_3}$　④ $\frac{1}{\frac{1}{C_1}+\frac{1}{C_2}+\frac{1}{C_3}}$

⑤ $\frac{1}{\frac{1}{C_1}-\frac{1}{C_2}-\frac{1}{C_3}}$

해설 직렬 연결에서 축전기 용량의 합성은
$\frac{1}{C}=\frac{1}{C_1}+\frac{1}{C_2}+\frac{1}{C_3}$

6. $+q$로 대전된 도체구가 있다. 도체구의 중심으로부터 거리 X에 따른 전위의 크기를 나타낸 그래프로 옳은 것은?(R은 도체구의 반경)

①
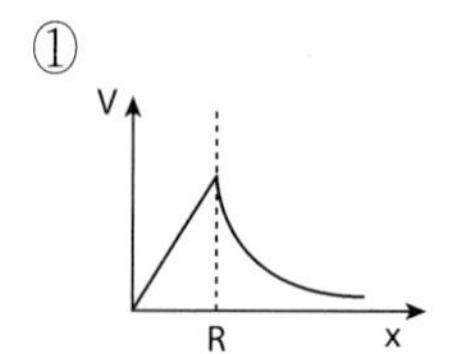

②
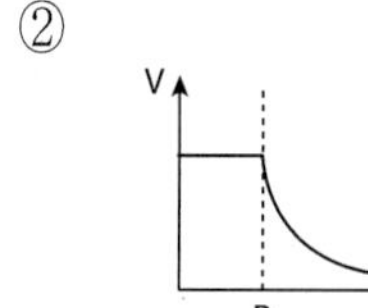

해답 1. ② 2. ⑤ 3. ① 4. ① 5. ④ 6. ②

③ 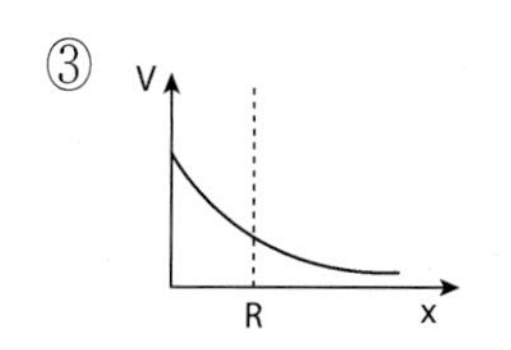

④ 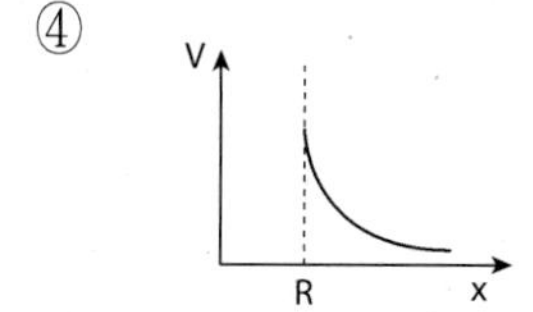

⑤ 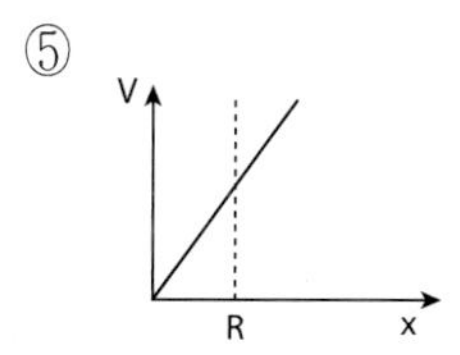

해설 대전된 도체 구에서는 전하가 표면에 분포하고 도체 내부의 전위는 표면과 같다. 도체외부에서는 거리에 반비례한다.

7. 다음 그림처럼 전하가 놓여 있을 때 P지점의 전기장의 방향과 크기는? ($k=\frac{1}{4\pi\varepsilon_o}=9\times10^9\ N\cdot m^2/C^2$)

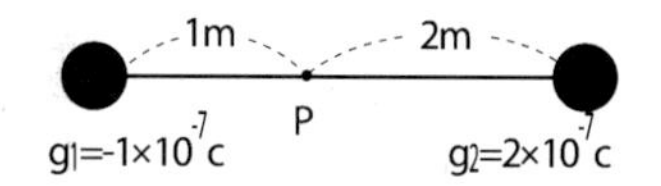

① 왼쪽 1350 N/C
② 왼쪽 450 N/C
③ 오른쪽 450 N/C
④ 오른쪽 900 N/C
⑤ 전기장은 0이다.

해설 전기장은 벡터로서 (+)전하에서 나오는 방향이고 (−)전하에 들어가는 방향이므로 전기장의 방향은 왼쪽이다.
q_1에 의한 전기장 $E=9\times10^9\times\frac{1\times10^{-7}}{1^2}=900\ N/C$이 왼쪽 방향으로 작용하고
q_2에 의한 전기장 $E=9\times10^9\times\frac{2\times10^{-7}}{2^2}=450\ N/C$이 왼쪽 방향으로 작용한다.
따라서 두 전하 $q_1 q_2$에 의한 전기장은 왼쪽으로 1350 N/C이다.

8. 오른쪽 그림과 같이 4개의 금속 구를 매달았더니 (가)는 벌어지고 ($\theta_2>\theta_1$) (나)는 오므라들었($\theta_3=\theta_4$)을 때 다음 설명 중 옳은 것은?

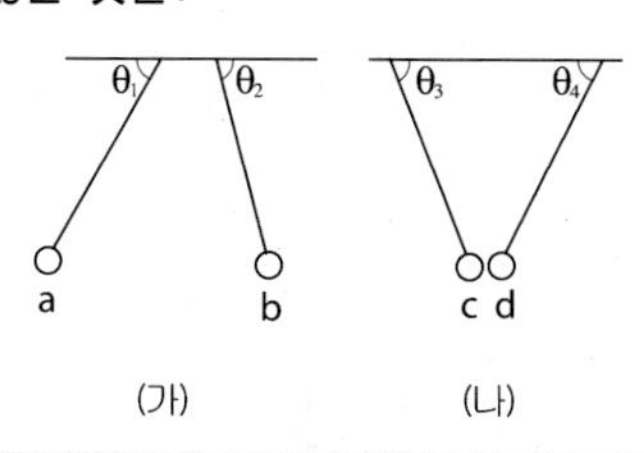

ㄱ. a구의 b구에 대한 전기력이 b구에 대한 a구의 전기력보다 크다
ㄴ. c구와 d구는 각각 전기력이 같다.
ㄷ. a구와 b구의 전하의 종류는 같다.
ㄹ. a구의 전하량이 b구의 전하량보다 크다.
ㅁ. c구와 d구의 질량은 반드시 같다.

① ㄱ, ㄴ, ㄷ, ㄹ
② ㄴ, ㄷ, ㄹ, ㅁ
③ ㄱ, ㄷ, ㅁ
④ ㄱ, ㄴ, ㄹ
⑤ ㄴ, ㄷ, ㅁ

해설 두 전하 사이에 작용하는 힘은 같고 그림 (가)는 전하의 종류가 같아서 척력이 그림 (나)는 전하의 종류가 달라 인력이 그림 (가)에서는 b가 a보다 질량이 크고 그림 (나)는 c, d의 질량이 같다.

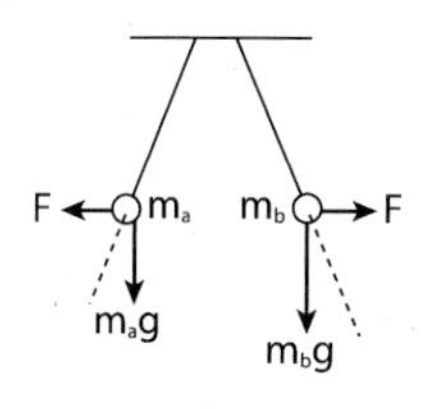

9. A, B사이의 저항은? [78년 서울시 7급]

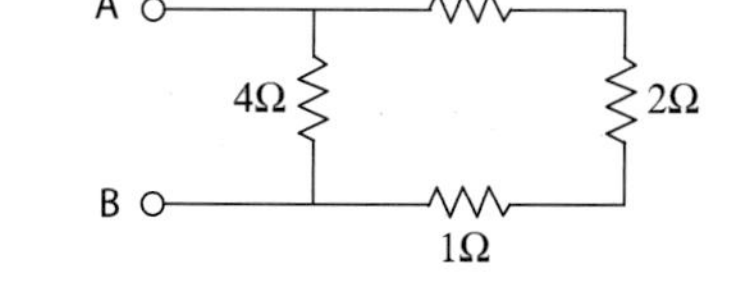

① 0.5Ω
② 1Ω
③ 2Ω
④ 4Ω
⑤ 6Ω

해설 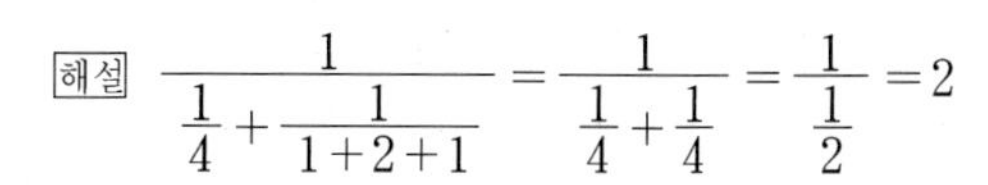
$$\frac{1}{\frac{1}{4}+\frac{1}{1+2+1}}=\frac{1}{\frac{1}{4}+\frac{1}{4}}=\frac{1}{\frac{1}{2}}=2$$

10. 어떤 전기도선을 2배로 당겨서 늘렸다. 도선의 전기저항은 몇 배로 되겠는가? [78년 서울시 7급]

① 5배
② 4배
③ 3배
④ 2배
⑤ 1배

해설 저항 $R\propto\frac{l}{A}$로 단면적이 반비례 길이에 비례하므로 길이를 2배로 하면 단면적은 $\frac{1}{2}$배로 되므로 저항은 4배가 된다.

해답 7. ① 8. ⑤ 9. ③ 10. ②

11. 진공 중에 거리 r 떨어진 두 전하 $q_1 q_2$사이의 Coulomb의 법칙을 옳게 표현한 식은?(진공의 유전율을 ε_o라 한다)

① $\frac{1}{4\pi\varepsilon_o} \quad \frac{q_1 q_2}{r^2}$

② $\frac{\varepsilon_o}{4\pi} \quad \frac{q_1 q_2}{r}$

③ $4\pi\varepsilon_o \quad \frac{q_1 q_2}{r^2}$

④ $\frac{1}{4\pi\varepsilon_o} \quad \frac{q_1 q_2}{r^3}$

⑤ $\frac{4\pi}{\varepsilon_o} \quad \frac{q_1 q_2}{r^2}$

12. $100\,V$용 $500\,W$의 전열기를 $200\,V$의 전원에 연결하였다. 이때 소비전력은 몇 watt인가?

① $250\,W$ ② $500\,W$
③ $600\,W$ ④ $1000\,W$
⑤ $2000\,W$

해설 $P=\frac{V^2}{R} \quad R=\frac{100^2}{500} \quad R=20\Omega$

$P=\frac{V^2}{R}=\frac{200^2}{20}=2000\,W$

13. 각각의 전기량이 $1C$되는 두 개의 작은 대전구가 1m만큼 떨어져 놓여 있을 때 작용하는 전기력은 $9\times10^9\,N$이라 하면 전기량이 $2C$과 $3C$가 되는 두 개의 작은 대전구가 2m만큼 떨어져 놓여 있을 때 작용하는 전기력은 몇 N이 되느냐? [80년 총무처 7급]

① 8.1×10^{10}
② 5.2×10^{10}
③ 2.7×10^{10}
③ 1.35×10^{10}
⑤ 0.3×10^{10}

해설 $F \propto \frac{q_1 q_2}{r^2} \quad \therefore\ F=\frac{2\times3}{2^2}\times9\times10^9\,N$

14. 전장의 세기가 $20\,V/m$인 곳에 전기량 2coul이 받는 힘의 크기는? [80년 총무처 7급]

① $80N$ ② $60N$
③ $40N$ ④ $22N$
⑤ $10N$

해설 $F=qE=2\times20=40N$

15. 진공 속에서 $2.0\times10^{-6}C$와 $-3.0\times10^{-6}C$로 대전된 크기가 같은 두 개의 구 A, B가 있다. 두 구를 접촉시킨 다음 원상태의 거리만큼 띄어 놓았다. 구 A의 전기량은 몇 C인가?

① $+1.0\times10^{-6}$
② $+5.0\times10^{-7}$
③ -1.0×10^{-6}
④ -5.0×10^{-7}
⑤ 2.0×10^{-6}

해설 두 구를 접촉시키면 $+2\times10^{-6}C$과 $-3\times10^{-6}C$이 $-1\times10^{-6}C$이 된다. 이것을 다시 떼어놓으면 각각 $-0.5\times10^{-6}C$이 된다.

16. $220\,V$용 $500\,W$전열기의 열선을 $\frac{1}{6}$ 잘라내고 연결하면 전력은 몇 W로 되겠는가?

① 800 ② 600
③ 650 ④ 720
⑤ 400

해설 저항 $R \propto l$이므로 $\frac{1}{6}$을 잘라내면 남은 $\frac{5}{6}$의 길이 저항은 $R'=\frac{5}{6}R$이 된다. 한편 전력 $P=\frac{V^2}{R}$이므로

$P \propto \frac{1}{R} \quad P' \propto \frac{1}{R'} \quad P' \propto \frac{6}{5R}$이다.

즉 $P' \propto \frac{6}{5}P$가 되어 P가 $500\,W$이므로 P'는 $600\,W$이다.

해답 11. ① 12. ⑤ 13. ④ 14. ③ 15. ④ 16. ②

17. 내부저항이 0.05Ω이고 기전력이 $1.5V$인 건전지로 3Ω되는 저항에 $12A$의 전류를 흐르게 하기 위해서는 직렬로 몇 개를 연결시키면 될까?

① 30개 ② 40개
③ 45개 ④ 50개
⑤ 55개

해설 $i = \dfrac{nE}{R+nr}$에서 $12 = \dfrac{1.5n}{3+0.05n}$
$36+0.6n=1.5n \quad 36=0.9n \quad n=40$

18. 내부저항이 1Ω인 최대눈금 $5A$의 전류계가 있다. 5Ω짜리 저항 20개를 더 가지고 있다면 전류를 어느 정도까지 측정 가능한가?

① $5A$ ② $10A$
③ $20A$ ④ $25A$
⑤ $50A$

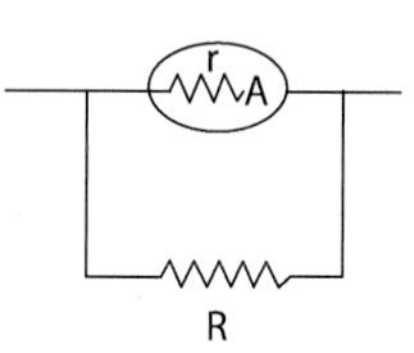

해설 전류계에 흐를 수 있는 최대 전류는 $5A$이다. 분류기의 저항에 많은 전류가 흐르기 위해서는 분류기 지항 R값을 작게 하여 전류계에 병렬 연결해야 한다. 저항 R을 작게 하려면 5Ω저항을 10개 모두 병렬 연결하면 $\dfrac{1}{R}=\dfrac{1}{5}+\dfrac{1}{5}+\cdots\dfrac{1}{5}$
에서 $\dfrac{1}{R}=\dfrac{20}{5} \quad R=\dfrac{1}{4}=0.24\Omega$이다.
내부저항 $r=1\Omega$, 전류 $5A$에서 $V=IR=1\times5=5V$
분류기 저항에도 $5V$의 전압이 걸리므로 $5=I\times\dfrac{1}{4}$
$I=20A$이다. 따라서 회로 전체 흐를 수 있는 전류는 $25A$이다.

19. 다음 단위 중 틀린 것은?

① 1 farad=1 Volt/coulomb
② 1 Volt=1 joule/coulomb
③ 1 ampere=1 coulomb/sec
④ 1 Ohm=1 Volt/ampere
⑤ 1 henry=1 Volt · sec/ampere

20. 음극은 반경 a, 길이 l, 양극은 내경 b, 길이 l이다. 동심축의 원통형 축전기의 전기용량을 구하라.

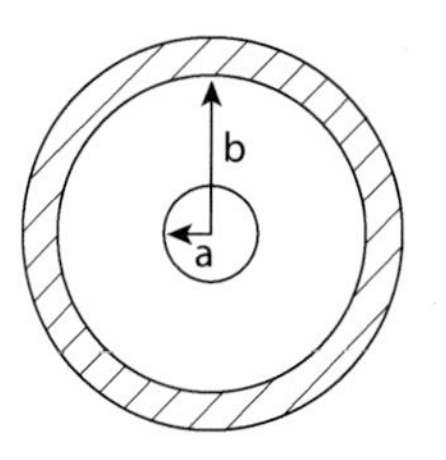

① $4\pi\varepsilon l\ [In(b/a)]$
② $1/[4\pi\varepsilon_o In(b/a)]$
③ $1/[2\pi\varepsilon_o In(b/a)]$
④ $2\pi\varepsilon_o l/[In(b/a)]$
⑤ $In(b/a)/[2\pi\varepsilon_o l]$

해설 가우스의 법칙에서 $Q=\varepsilon_o\oint E\cdot ds=\varepsilon_o E\oint ds$
원통표면의 $\oint ds$는 $2\pi rl$이므로
$E=\dfrac{1}{2\pi\varepsilon_o l}\dfrac{Q}{r}$이고 패러데이 전자기 유도법칙에서 이다.
$Q=CV$에서 $C=\dfrac{Q}{V}$이므로
$C=Q\dfrac{2\pi\varepsilon_o l}{Q\ln\dfrac{b}{a}}=\dfrac{2\pi\varepsilon_o l}{\ln\dfrac{b}{a}}$이다.

21. 한 변의 길이가 a인 정삼각형의 꼭짓점에 $+q$, $+q$ 및 $-q$의 세 전하가 놓여 있다. $+q$ 전하 중의 하나에 작용하는 전기력은?(ε_o는 진공중의 유전율이다)

① $\dfrac{\sqrt{2}}{4\pi\varepsilon_o}\ \dfrac{q^2}{a}$ ② $\dfrac{\sqrt{3}}{4\pi\varepsilon_o}\ \dfrac{q^2}{a}$
③ $\dfrac{1}{2\pi\varepsilon_o}\ \dfrac{q^2}{a}$ ④ $\dfrac{1}{4\pi\varepsilon_o}\ \dfrac{q^2}{a^2}$
⑤ $\dfrac{3}{4\pi\varepsilon_o}\ \dfrac{q^2}{a}$

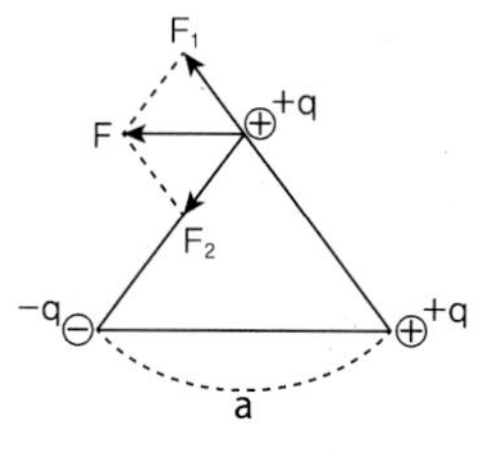

해설 그림에서 F_1과 F_2의 힘이 작용하고 F_1과 F_2의 합력 F는 정삼각형이므로 F_1와 크기가 같다.
$F_1=F_2=F$
$F_1=\dfrac{1}{4\pi\varepsilon_o}\ \dfrac{q^2}{a^2}=F_2$

해답 17. ② 18. ④ 19. ① 20. ④ 21. ④

22. 다음 그림과 같은 회로에서 $R=\infty$일 때 4Ω에 흐르는 전류의 세기는 다음 중 어느 것인가? 〔83년 총무처 7급〕

① $1A$
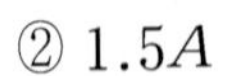
② $1.5A$
③ $2A$
④ $2.5A$
⑤ $3A$

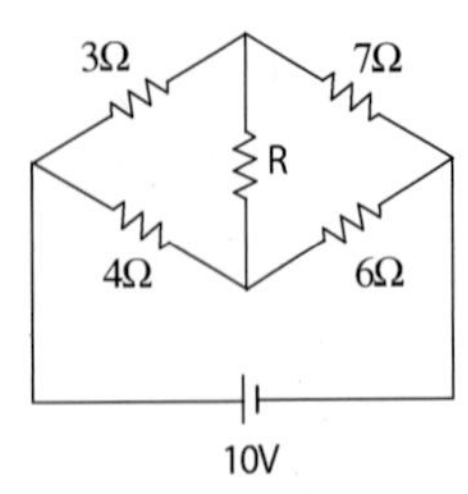

해설 가운데의 저항 R이 무한이므로 전류가 흐르지 않고 윗단 $3+7=10\Omega$ 아랫단 $4+6=10\Omega$이 병렬 연결되어 있으므로 $\frac{1}{R}=\frac{1}{10}+\frac{1}{10}$ $R=5\Omega$ $V=IR$
$10V=I\times5\Omega$ $I=2A$
따라서 4Ω에는 1A의 전류가 흐른다.

23. 어떤 직선상의 전위가 $V(x)=-ax^2+bx+c$로 주어졌을 때 $x=2$인 점에서의 전기장은? 〔84년 총무처 7급〕

① $4a+b$ ② $4a-b$
③ $a+4b$ ④ $-4a+2b+c$
⑤ $4a-2b-c$

해설 $E(x)=-\frac{dV(x)}{dx}=-(-2ax+b)=2ax-b$

24. 다음 회로에서 6Ω에 흐르는 전류는?(단, a, b사이의 전위차는 $81V$) 〔85년 총무처 7급〕

① $\frac{3}{4}A$
② $\frac{4}{3}A$
③ $\frac{8}{3}A$
④ $2A$
⑤ $8A$

해설 6Ω과 3Ω의 합성은 병렬 연결이므로 $\frac{1}{R_1}+\frac{1}{R_2}=\frac{1}{R}$에서 $\frac{1}{6}+\frac{1}{3}=\frac{1}{R}$, $R=2\Omega$이고 이것과 4Ω은 직렬 연결이므로 $4\Omega+2\Omega=6\Omega$ 이것은 다시 12Ω과 병렬 연결 $\frac{1}{6}+\frac{1}{12}=\frac{3}{12}=\frac{1}{4}=\frac{1}{R}$, $R=4\Omega$ 이것은 5Ω과 직렬 연결이므로 회로전체 합성저항은

$4\Omega+5\Omega=9\Omega$, $V=IR$에서 $81V=I\times9\Omega$, $I=9A$

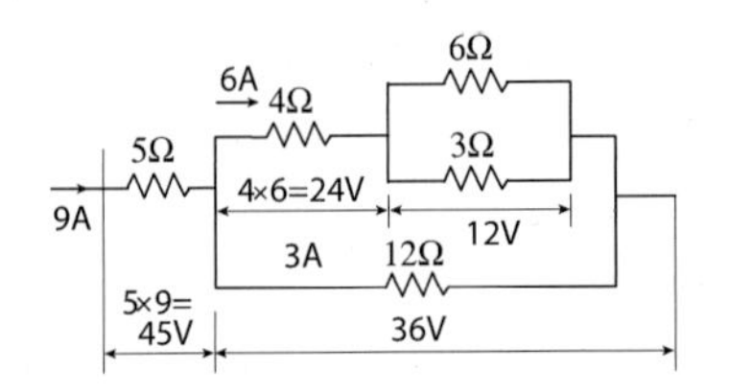

그림에서 6Ω과 3Ω에 걸리는 전압은 $12V$이므로 6Ω에 흐르는 전류는 $V=IR$에서 $12V=I\times6\Omega$, $I=2A$이다.

25. 용량이 $C_1=10\mu F$, $C_2=20\mu F$인 두 축전기를 직렬 연결하여 $24V$인 전지에 연결하였다. 축전기 C_1의 양끝에 걸리는 전위차는? 〔86년 총무처 7급〕

① $24V$ ② $16V$
③ $10V$ ④ $8V$
⑤ $2.4V$

해설 $C=\frac{1}{\frac{1}{10}+\frac{1}{20}}=\frac{20}{3}$, $Q=CV=160\mu C$,
$V_1=\frac{Q}{C_1}=\frac{160\mu C}{10\mu F}=16V$

26. 기전력 $1.5V$, 내부저항 0.3Ω인 건전지가 있다. 이 양단을 9.7Ω의 저항으로 연결했을 때, 흐르는 전류의 세기는? 〔86년 총무처 7급〕

① $0.3Amp$ ② $0.15Amp$
③ $1.5Amp$ ④ $3Amp$
⑤ $9.7Amp$

해설 $i=\frac{E}{R+r}$에서 $i=\frac{1.5}{9.7+0.3}=\frac{1.5}{10}=0.15A$

27. 평행판 축전기를 충전시킨 다음 건전지와의 연결을 끊고, 절연 손잡이로 축전기의 판 사이를 넓혔다. 어떤 결과가 생기는가? 〔86년 총무처 7급〕

해답 22. ① 23. ② 24. ④ 25. ② 26. ② 27. ③

① 축전지의 전하량이 증가한다.
② 축전기의 전하량이 감소한다.
③ 축전기의 걸린 전위치가 증가한다.
④ 축전기에 걸린 전위차가 감소한다.
⑤ 축전기의 전기용량이 증가한다.

해설 $Q=$일정, $Q=CV$이다. $C \propto \frac{1}{l}$이므로 l이 증가하면 C는 감소하므로 V는 증가한다.

28. 반경이 R인 속이 빈 도체 구에 전하 q가 균일하게 분포할 때 도체 구 내부 r인 점($R > r$)에서의 전기장은 얼마인가? [변리사 32회]

① $\frac{q}{4\pi\varepsilon_o r^2}$
② $\frac{q}{4\pi\varepsilon_o R^2}$
③ $\frac{q}{2\pi\varepsilon_o R^2}$
④ $\frac{q^2}{4\pi\varepsilon_o r^2}$
⑤ 0

해설 도체구 내부의 전기장은 0이다.

29. 그림과 같이 $3\mu F$의 축전기 3개를 연결하여 양단에 $60V$의 전압을 걸었다 축전기 a에 축적되는 전하량은 몇 C인가?

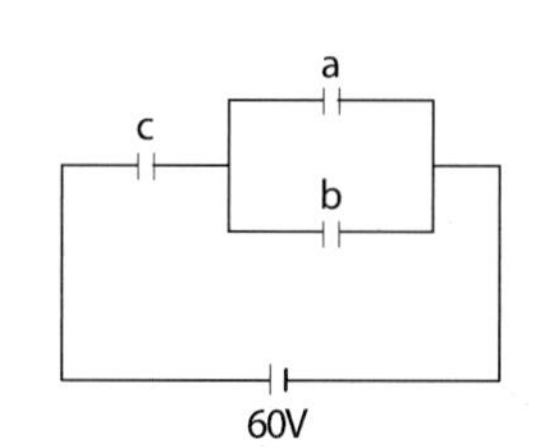

① $6\times10^{-6}C$
② $6\times10^{-5}C$
③ $12\times10^{-5}C$
④ $3\times10^{-6}C$
⑤ $3\times10^{-5}C$

해설 a, b가 병렬 연결이므로 $C_{ab}=C_a+C_b$에서 $C_{ab}=3+3=6\mu F$ C_{ab}와 C_c가 직렬 연결이므로 전체 축전기 용량 $\frac{1}{C}=\frac{1}{3}+\frac{1}{6}=\frac{1}{2}$, $C=2\mu F$이다.
$Q=CV$에서 $Q=2\times10^{-6}\times60=1.2\times10^{-4}C$이다.
C축전기에 전하량은 $1.28\times10^{-4}C$이므로 전압
$V=\frac{Q}{C}$에서 $\frac{1.2\times10^{-4}}{3\times10^{-6}}=40V$이고
따라서 a에 걸리는 전압은 $20V$ ($60V-40V=20V$)이다. 전하량 $Q=3\times10^{-6}\times20=6\times10^{-5}C$

30. 전기용량 C인 평행판 축전기에 전압을 V로 걸어 충전한 후에 전원을 끊고 평행판 축전기의 극판을 처음의 $\frac{1}{2}$로 접근시키면 전압은 얼마나 될까?

① $\frac{1}{2}V$
② $\frac{\sqrt{2}}{2}V$
③ V
④ $2V$
⑤ $4V$

해설 $Q=CV$에서 충전 후 축전기에는 전하량 Q가 충전된다. $C=\frac{\varepsilon A}{l}$에서 극판 간격 l이 $\frac{1}{2}l$이 되면 C는 2배가 되고 $Q=CV$에서 Q는 일정 C는 2배가 되면 $V'=\frac{1}{2}V$가 된다.

31. A, B점의 전위차는?

① $V_{AB}=\int_B^A \vec{E}\cdot d\vec{l}$
② $V_{AB}=-\int_B^A \vec{E}\cdot d\vec{l}$
③ $V_{AB}=\int_{-\infty}^{\infty} \vec{E}\cdot d\vec{l}$
④ $V_{AB}=\vec{E}\cdot\overrightarrow{BA}$
⑤ $V_{AB}=(\vec{E_B}-\vec{E_A})\cdot\overrightarrow{BA}$

해설 패러데이 전자기 유도 법칙
$V=-\frac{d\phi}{dt}=-\int E\cdot dl$

32. $100V$ $0.5A$가 흐르는 부하에서 10분 동안의 전력량은?

① 50 J
② 500 J
③ 3000 J
④ 30000 J
⑤ 300 J

해설 P(전력)$=I\cdot V=0.5\times100=50W$,
전력량$=P\cdot t=50\times10\times60=30000$J

해답 28. ⑤ 29. ② 30. ① 31. ② 32. ④

33. 균일한 선밀도 $\lambda(c/m)$의 전하를 가진 무한한 길이의 줄이 있다. 줄에서 r의 거리에서의 위치에서 전기장 E는?

① $\dfrac{\lambda}{2\pi\varepsilon_o}\ \dfrac{1}{r^3}$

② $\dfrac{\lambda}{2\pi\varepsilon_o}\ \dfrac{1}{r^2}$

③ $\dfrac{\lambda}{2\pi\varepsilon_o}\ lnr$

④ $\dfrac{\lambda}{2\pi\varepsilon_o}\ \dfrac{1}{r}$

⑤ $\dfrac{\lambda}{2\pi\varepsilon_o}$

해설 가우스의 법칙에서 $\varepsilon_o \int E \cdot ds = q$

$\int ds = 2\pi rL$ $\lambda = q/L$에서

$q = \lambda L$ 따라서 $\varepsilon_o E 2\pi rL = \lambda L$

$E = \dfrac{1}{2\pi\varepsilon_o}\ \dfrac{\lambda}{r}$

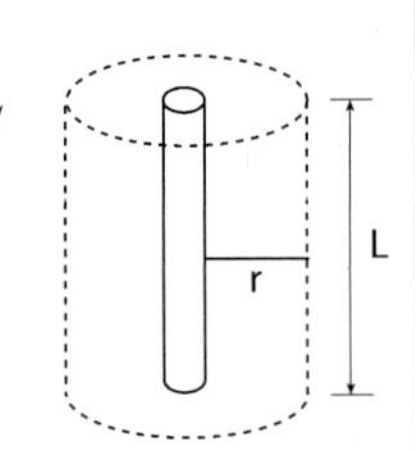

34. 저항이 4.0Ω인 도선을 원래 길이의 세 배로 잡아 늘렸다. 물질의 비저항과 밀도는 늘이는 과정에서 변하지 않았다고 생각했을 때 늘어난 도선의 저항은 얼마인가? [변리사 제25회]

① 12.0Ω ② 24.0Ω

③ 36.0Ω ④ 48.0Ω

⑤ 6.0Ω

해설 $R = \rho\dfrac{l}{A}$, $R' = \rho\dfrac{3l}{\frac{1}{3}A} = 9R = 36(\Omega)$

35. 서로 다른 부호의 전하로 하전된 두 입자사이에는 인력이 작용한다. 두 입자의 전하가 각각 두 배로 되고, 입자 사이의 거리도 각각 두 배로 된다면 인력의 크기는 어떻게 될 것인가? [변리사 제25회]

① 변함없다. ② 0.25

③ 0.5 ④ 2

⑤ 4

해설 전리력 $F = \dfrac{Kq_1q_2}{r^2}$

36. 평행판 축전기의 극판 사이의 간격이 d, 판의 면적이 S일 때 전기용량이 C이다.(단, 극판 사이의 물질의 유전율은 ε이다) 이 축전기에 오른쪽 그림과 같이 판 사이에 반은 유전율이 2ε, 나머지 반은 3ε으로 채울 때 전기용량은 얼마인가?

① C

② $2C$

③ $3C$

④ $\dfrac{5}{2}C$

⑤ $5C$

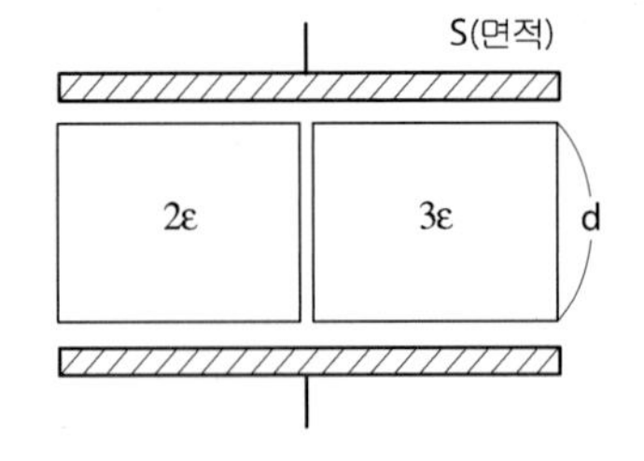

해설 그림은 축전기의 병렬연결을 생각할 수 있다.

즉 (C_1: 2ε, C_2: 3ε 병렬)이 되고 먼저 $C_1 = \dfrac{2\varepsilon\frac{1}{2}S}{d}$ 이고

$C_2 = \dfrac{3\varepsilon\frac{1}{2}S}{d}$ 이다. $C_1 = \dfrac{\varepsilon S}{d} = C$

$C_2 = \dfrac{3}{2}\ \dfrac{\varepsilon S}{d} = \dfrac{3}{2}C$ 따라서 두 축전기의 합성용량

C'는 $C' = C_1 + C_2 = C + \dfrac{3}{2}C = \dfrac{5}{2}C$이다.

37. 36번의 문제에서 이 축전기(용량 C)에 오른쪽 그림과 같이 간격 d의 반은 2ε, 나머지 반은 3ε의 유전물질로 채웠을 때 전기 용량은 얼마인가?

① C

② $5C$

③ $\dfrac{5}{2}C$

④ $\dfrac{12}{5}C$

⑤ $\dfrac{2}{5}C$

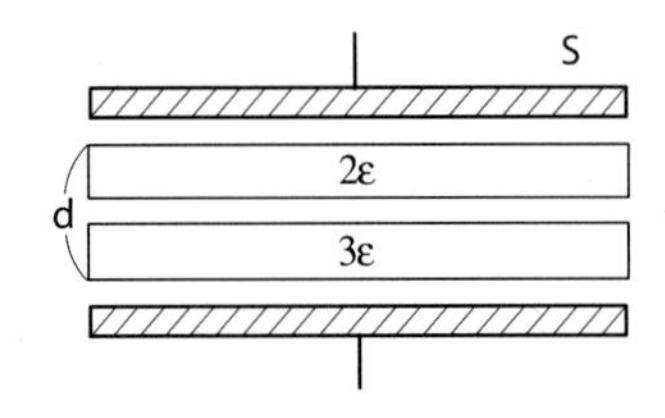

해설 그림은 축전기의 직렬 연결을 생각할 수 있다.

즉 (C_1: 2ε, C_2: 3ε 직렬) 이 되고 $C_1 = \dfrac{2\varepsilon S}{\frac{1}{2}d} = 4\dfrac{\varepsilon S}{d} = 4C$

$C_2 = \dfrac{3\varepsilon S}{\frac{1}{2}d} = 6\dfrac{\varepsilon S}{d} = 6C$ 따라서 두 축전기의 합성

용량 C'는 $\dfrac{1}{C'} = \dfrac{1}{C_1} + \dfrac{1}{C_2}$ 에서

$\dfrac{1}{C'} = \dfrac{1}{4C} + \dfrac{1}{6C} = \dfrac{5}{12C}$ $C' = \dfrac{12}{5}C$

해답 33. ④ 34. ③ 35. ① 36. ④ 37. ④

38. 저항이 R인 니크롬선을 반으로 접어서 두 겹으로 했을 때 저항의 크기는?

① $\frac{1}{4}R$ ② $\frac{1}{2}R$
③ R ④ $2R$
⑤ $4R$

해설 $R \propto \frac{l}{A}$ $R' \propto \frac{\frac{1}{2}l}{2A}$ $R' = \frac{1}{4}R$

39. 그림과 같은 회로에서 전체 저항은 얼마인가?

① $\frac{25}{4}\Omega$
② 5Ω
③ 10Ω
④ 15Ω
⑤ 20Ω

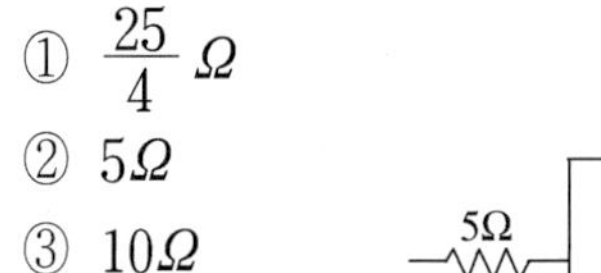

해설

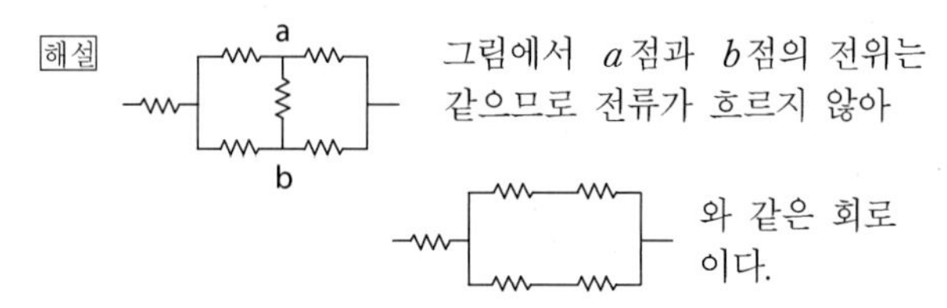

그림에서 a점과 b점의 전위는 같으므로 전류가 흐르지 않아

와 같은 회로이다.

따라서 병렬 연결 윗단 저항이 $5+5=10\Omega$이고 아랫단 저항도 $5+5=10\Omega$이다. 두 단이 병렬 연결이므로 $\frac{1}{R} = \frac{1}{10} + \frac{1}{10}$에서 $R=5\Omega$이고 나머지 앞의 5Ω과는 직렬 연결이므로 총저항 $R=5+5=10\Omega$

40. "강한 상호작용(strong interaction)"이 하는 역할은?

① 태양계의 행성들은 태양 주위에 매여 있게 한다.
② 별과 별 사이에 강한 인력을 준다.
③ 양성자와 중성자를 묶어 원자핵을 이루게 한다.
④ 전자들을 당겨 원자핵 주위에 매여 있게 한다.
⑤ 원자들이 모여 단단한 고체를 이루게 한다.

해설 자연계 존재하는 힘 중 핵력으로 핵력은 핵 자신의 인력으로 작용하는 강한 상호작용과 소립자들 간의 약한 상호작용이 있다.

41. 그림에서 A, B 두 점 사이의 합성저항을 구하시오. [서울시 7급]

① 5Ω
② 10Ω
③ 20Ω
④ 40Ω

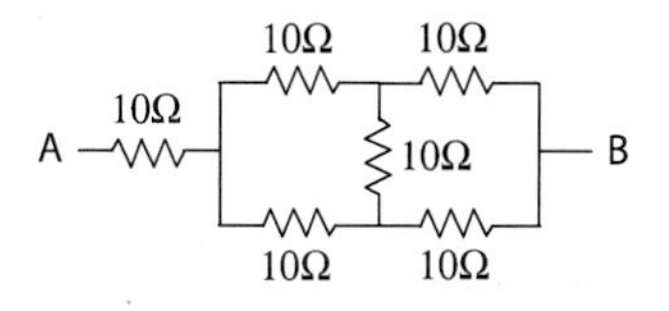

해설 회로의 가운데 10Ω에는 전류가 흐르지 않는다.

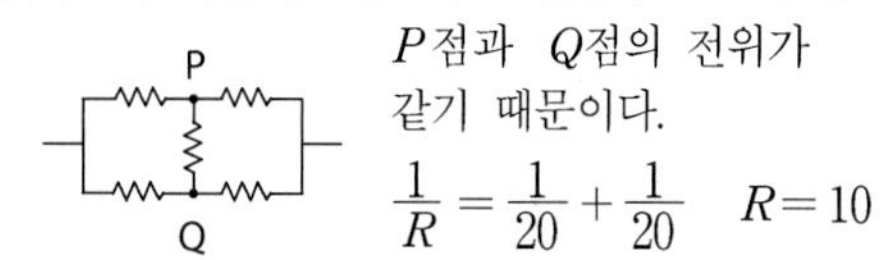

P점과 Q점의 전위가 같기 때문이다.

$\frac{1}{R} = \frac{1}{20} + \frac{1}{20}$ $R=10$

42. $+1C$와 $-2C$ 전기량을 갖는 같은 크기의 도체구가 1m 떨어져서 놓여있다 두 구에 작용하는 전기력 크기의 비는? [변리사 제30회]

① 4 : 1 ② 2 : 1
③ 1 : 1 ④ 1 : 2
⑤ 1 : 4

해설 작용, 반작용의 관계이므로 크기는 같다.

43. 위의 42번 문제에 도체 구를 서로 접촉시켰다가 다시 원래의 위치로 떼어놓으면 $+1C$의 구에 가해지는 힘은 어떻게 달라지는가?

① 변하지 않는다.
② 크기가 같고 방향이 반대이다.
③ 크기가 $\frac{1}{2}$이고 방향이 반대이다.
④ 크기가 $\frac{1}{4}$이고 방향이 반대이다.
⑤ 크기가 $\frac{1}{8}$이고 방향이 반대이다.

해설 42번에서 힘은 $F=k\frac{q_1q_2}{r^2}$에서 $F=2k$이고 전하의 부호가 반대이므로 인력이 작용한다. 접촉 후 떼어 놓으면 두 전하는 $\frac{+1-2}{2개} = -0.5$

부호가 같아서 척력이 작용하고 힘
$F' = k\frac{q_1' q_2'}{r^2} = \frac{1}{4}k$ $F' = \frac{1}{8}F$

해답 38. ① 39. ③ 40. ③ 41. ③ 42. ③ 43. ⑤

44. 내부저항이 r이고 기전력 E인 회로에 저항 R을 연결하여 전력을 소모할 때 소모전력이 최대가 되기 위해서는 외부저항이 얼마이면 될까 내부저항 r로 표현하면?

① $\frac{1}{2}r$
② $\frac{1}{4}r$
③ r
④ $2r$
⑤ $\sqrt{r}$

해설 전력 $P=i^2R$이고 $i=\frac{E}{R+r}$이므로

$$P=\frac{E^2R}{(R+r)^2}=\frac{E^2R}{R^2+2Rr+r^2}=\frac{E^2}{R+2r+\frac{r^2}{R}}$$

이다. P가 최대값이 되기 위해서는 $R+2r+\frac{r^2}{R}$이 최소값을 가져야 한다.

$R+2r+\frac{r^2}{R}=K$로 놓고 K값이 최소가 되려면

$\frac{dk}{dR}=1-\frac{r^2}{R^2}$이 0이 될 때 최소값이 된다.

따라서 $1-\frac{r^2}{R^2}=0$ $\frac{r^2}{R^2}=1$ $r=R$이 된다.

45. 다음 중 전기장의 단위가 아닌 것은? [93년 서울시 7급]

① N/m
② N/C
③ V/m
④ $kg\cdot m/C\cdot s^2$

해설 $E=F/q,\ V=E\cdot d,\ E=V/d$

46. 전기량 $+q$, $-q$의 두 점전하가 간격 a만큼 떨어져 있는 전기 쌍극자로부터 멀리 떨어진 위치에서 전기장의 크기가 E였다고 하자. 만약 이 쌍극자의 전기량을 각각 $+2q$와 $-2q$, 간격을 $2a$로 바꾼다면 같은 위치에서의 전기장의 크기는? [94년 총무처 7급]

① 변하지 않는다. ② $2E$
③ $4E$ ④ $8E$

해설

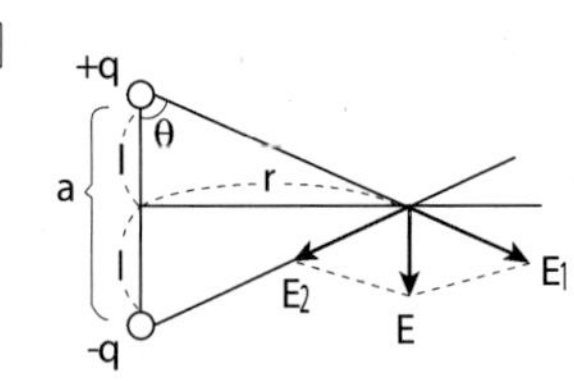

그림처럼 전기 쌍극자가 $2l(=a)$만큼 떨어져 있고 이 전기 쌍극자로부터 r거리에서 전기장 E를 구해보면 $+q$의 전기장을 E_1이라 하고 $-q$의 전기장을 E_2라고 하자. 그리고 $r\gg a$이다.

$\vec{E}=\vec{E_1}+\vec{E_2}$이므로

먼저 $E_1=\frac{1}{4\pi\varepsilon_o}\ \frac{q}{(\sqrt{r^2+l^2})^2}$이고

E_2도 크기는 E_1과 같아서

$E_1=E_2=\frac{1}{4\pi\varepsilon_o}\ \frac{q}{(\sqrt{r^2+l^2})^2}$이다.

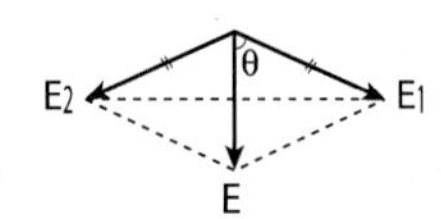

그림에서 $E=2E_1\cos\theta$이고 $\cos\theta=\frac{l}{\sqrt{r^2+l^2}}$이다.

$$따라서\ E=2\times\frac{1}{4\pi\varepsilon_o}\ \frac{q}{(\sqrt{r^2+l^2})^2}\times\frac{l}{\sqrt{r^2+l^2}}=\frac{1}{4\pi\varepsilon_o}\ \frac{2ql}{(r^2+l^2)^{\frac{3}{2}}}$$

$r\gg l$이므로 $(r^2+l^2)^{\frac{3}{2}}\simeq r^3$

$$\therefore\ E=\frac{1}{4\pi\varepsilon_o}\ \frac{2ql}{r^3}=\frac{2}{4\pi\varepsilon_o}\ \frac{q\cdot\frac{1}{2}a}{r^3}$$

$E\propto q\cdot a$이므로 E는 4배

47. 밑면의 반지름이 R이고 높이가 $2R$인 원뿔모양의 도체에 음전하($-Q$)를 대전시켜 놓았을 경우 전위가 낮은 곳은?

① 원뿔의 꼭짓점
② 원뿔의 중심부
③ 원뿔의 밑면
④ 원뿔의 옆면
⑤ 어느 곳이나 같다.

해설 도체에 전하들이 분포할 때 뾰족한 곳에 많이 분포한다.(피뢰침의 원리)
전위가 가장 낮은 쪽으로 몰릴 것이다.

해답 44. ③ 45. ① 46. ③ 47. ①

48. 전기 쌍극자로부터 거리 r만큼 떨어진 곳에서의 전기장에 대한 설명으로 옳게 기술한 것은?

① r^2에 반비례한다.
② r에 비례한다.
③ r에 반비례한다.
④ r에 무관하다.
⑤ r^3에 반비례한다.

해설 문 46에서 $E=\frac{1}{4\pi\varepsilon_o}\ \frac{2aq}{r^3}$ 에서 $E\propto\frac{1}{r^3}$

49. 그림의 회로에서 검류계 G에 전류가 흐르지 않을 때 저항 Rx값은?

① $R_1+R_2+R_3$
② $R_1R_2R_3$
③ $\frac{R_1R_3}{R_2}$
④ $\frac{R_1R_2}{R_3}$
⑤ $\frac{R_2R_3}{R_1}$

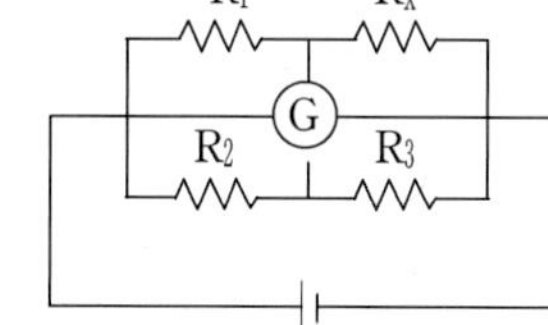

해설 $R_1\times R_3=R_2\times R_x$ (휘스톤 브리지)

50. 다음 고립된 도체의 특성에 대한 것 중 틀린 것은?

① 도체의 내부 어느 곳에서나 전기장은 0이다.
② 고립된 도체에 존재하는 여분의 전하는 모든 도체표면에 위치한다.
③ 대전된 도체의 표면 바로 근처에서의 전기장은 도체의 표면에 접선방향이다.
④ 대전된 도체의 표면 바로 근처에서의 전기장은 도체의 표면에 수직하다.
⑤ 전하들은 뾰족한 지점에 모이는 경향이 있다.

51. 전기적으로 금속이 좋은 이유는?

① 불순물이 적기 때문이다.
② 구속전자가 많기 때문이다.
③ 밀도가 크기 때문이다.
④ 자유전자가 많기 때문이다.
⑤ 양자수가 크기 때문이다.

52. 균일한 전기장 속에서 전자를 일정한 속도로 전기장과 수직 방향으로 입사시키면 그 전자의 운동으로 옳은 것은?

① 등속 나선 운동
② 직선 운동
③ 등속도 운동
④ 등속 원운동
⑤ 포물선 운동

해설 그림에서 전기장 속으로 들어가면 수평방향은 등속 직선 운동하고 전자 (−)가 (+)극으로 끌려가므로 포물선 운동하게 된다.

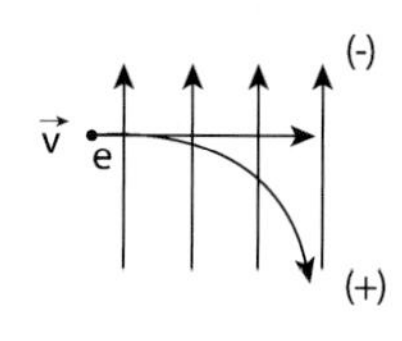

53. 무한 직선 도선에서 r떨어진 점에서의 자기력은?

① $\frac{\mu_oI}{2\pi r}$
② $\frac{I}{2\pi r\mu_o}$
③ $\frac{\mu_oI}{r}$
④ $\frac{\mu_oI}{2r}$
⑤ $\frac{I}{2r\mu_o}$

해설 $\int Bdl=\mu_oI\quad B\cdot 2\pi r=\mu_oI$

$B=\frac{\mu_oI}{2\pi r}=2\times10^{-7}\frac{i}{r}\quad(\mu_o=4\pi\times10^{-7})$

해답 48. ⑤ 49. ③ 50. ③ 51. ④ 52. ⑤ 53. ①

54. 오른쪽 그림과 같이 길이가 모두 1m인 도선 A, B, C에 전류가 $30A$, $20A$, $10A$의 전류가 A와 C는 방향이 같고 가운데 B만 반대방향으로 흐르고 있다. 도선 B가 A와 C로부터 받는 힘의 합력은?

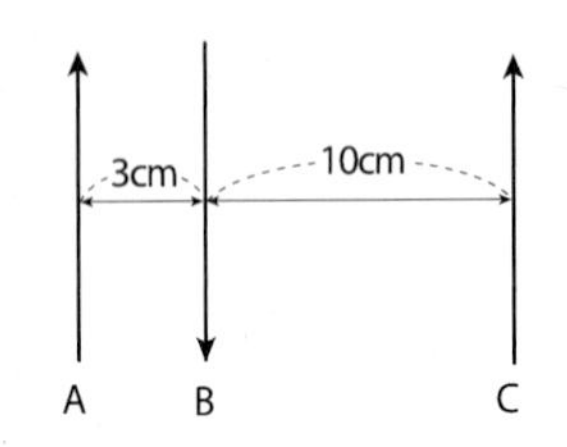

① $3.6\times10^{-3}N$
② $4\times10^{-3}N$
③ $4.4\times10^{-3}N$
④ $3.6\times10^{-4}N$
⑤ $4.4\times10^{-4}N$

해설 평행한 두 직선 도선에 작용하는 힘 $F=2\times10^{-7}\frac{i_1 i_2}{r}l$이다. 또 전류의 방향이 같으면 인력, 반대이면 척력이 작용한다.
A, B간의 힘은 척력이 작용하여 B도선이 오른쪽으로 $F=2\times10^{-7}\frac{30\times20}{0.03}\times1=4\times10^{-3}N$이고 B, C 간의 힘도 척력이 작용하여 B도선이 왼쪽으로 $F=2\times10^{-7}\frac{20\times10}{0.1}=4\times10^{-4}N$이다.
따라서 합력은 ← 4×10^{-4} | 4×10^{-3} → (B) $F=40\times10^{-4}-4\times10^{-4}=36\times10^{-4}N$

55. 실효값 $5A$인 정현파 교류의 최대값은 다음 중 어느 것과 가장 가까운가? 〔77년 서울시 7급〕

① $4A$ ② $5A$
③ $7A$ ④ $9A$
⑤ $10A$

해설 $I_{\max}=\sqrt{2}I_e$

56. 다음 중 전동기의 원리를 설명하는 법칙은? 〔77년 서울시 7급〕

① 렌쯔의 법칙
② 패러데이의 전자유도법칙
③ 주울의 법칙
④ 프레밍의 왼손 법칙
⑤ 프레밍의 오른손 법칙

해설 자기장 속에서 전류가 흐를 때 도선이 받는 힘을 구하는 법칙은 프레밍의 왼손 법칙이다.

57. 자기장의 세기가 균일한 곳에 직각으로 입사한 전자는 등속원운동한다. 이 자기장의 세기를 2배로 하면 원운동의 반경은 원래 반경의 몇 배가 되는가?

① $\frac{1}{4}$배 ② $\frac{1}{2}$배
③ 1배 ④ 2배
⑤ 4배

해설 $\frac{mv^2}{r}=Bqv$에서 $r=\frac{mv}{Bq}$ $r\propto\frac{1}{B}$

58. 자기장 내에 전류가 흐르는 도선에 대한 힘이 0이 되기 위해서는 도선과 B가 이루는 각이 얼마인가? 〔78년 서울시 7급〕

① 0° ② 30°
③ 45° ④ 60°
⑤ 90°

해설 $F=Bil\sin\theta$에서 $F=0$이 되려면 $\sin\theta=0$ $\theta=0$

59. 질량 m, 전하 q인 어느 입자가 진공 중의 자속밀도 B인 균일한 자기장의 수직한 평면 내에서 반지름 r되는 등속원운동을 하고 있다. 이 원운동의 반지름은? 〔83년 총무처 7급〕

① $\frac{Bq}{mv}$
② $\frac{mv}{Bq}$
③ $\frac{qv}{Bm}$
④ $\frac{Bm}{qv}$
⑤ $\frac{Bqv}{m}$

해설 $m\frac{v^2}{r}=qvB$ $\therefore r=\frac{mv}{qB}$

해답 54. ① 55. ③ 56. ④ 57. ② 58. ① 59. ②

60. 어떤 닫힌 도선을 자기장 안에 놓고 이 도선을 움직일 때 이 도선이 둘러싸고 있는 면을 통과하는 자속이 0.5초 동안 $10Wb$만큼 감소했다면 이 도선에 유도된 기전력은 얼마인가?

① $0V$
② $5V$
③ $10V$
④ $20V$
⑤ $100V$

해설 $V=-\frac{d\phi}{dt}=-\frac{-10}{0.5}=20V$

61. 1kW의 전열기를 $100V$의 교류전원에 연결할 때 흐르는 전류의 최대값(A)은? ［84년 총무처 7급］

① 10
② $10\sqrt{2}$
③ $\frac{10}{\sqrt{2}}$
④ 20
⑤ 100

해설 $P=VI$에서 $1000W=100V\times I$ $I=10A$이다.
최대전류 $I_m=\sqrt{2}I$

62. 다음 방정식 중 Maxwell 방정식이 아닌 것은?

① $\int E\cdot ds=\frac{q}{\varepsilon_o}$
② $\Delta\cdot\vec{E}=q$
③ $\int Edl=-\frac{d\phi}{dt}$
④ $\int B\cdot ds=0$
⑤ $\int B\cdot dl=\mu_o I$

63. 어떤 방송국이 710kHz의 진동수로 방송하고 있다. 그 방송파의 파장은? ［83년 총무처 7급］

① 5.22×10^3m
② 5.22×10^2m
③ 4.23×10^3m
④ 4.23×10^4m
⑤ 4.23×10^2m

해설 $v=\frac{\lambda}{T}$ $\left(\frac{1}{T}=f\right)$ $v=f\lambda$ $\lambda=\frac{v}{f}$(전파의 속도 $C=3\times10^8m/s$) $\lambda=\frac{3\times10^8}{710000}=4.23\times10^2m$

64. 오른쪽 그림과 같은 장치에서 막대자석을 코일 쪽으로 접근시키면 오른쪽의 나침반의 N극의 방향은?

① a
② b
③ c
④ d
⑤ 변화 없다.

해설 렌쯔의 법칙에 따라 코일의 왼쪽에 N극이 오른쪽에 S극이 유도되므로 나침반의 N극은 b방향이 된다.

65. 위 문제에서 그림처럼 N극을 접근시키다가 어느 시점에서 자석을 멈추었다면 이때 코일에 연결된 저항에 유도기전력에 의해 유도된 전류의 방향은 어떻게 되겠는가?

① ㉠방향으로 전류가 계속 흐른다.
② ㉡방향으로 전류가 계속 흐른다.
③ ㉠방향으로 흐른다. ㉡방향으로 흐른다.
④ 전류는 전혀 흐르지 않는다.
⑤ ㉠방향으로 흐르다가 전류가 흐르지 않게 된다.

해설 유도 기전력은 $V=-\frac{d\phi}{dt}$에 의해 자속이 변해야 기전력이 유도되고 렌쯔의 법칙에 의해 방해하려는 방향으로 유도되므로 N극이 접근할 때 접근하는 쪽이 코일의 N극이 된다. 따라서 ㉠방향으로 흐르다 멈추면 전류는 흐르지 않는다.

해답 60. ④ 61. ② 62. ② 63. ⑤ 64. ② 65. ⑤

66. 자기장의 세기가 균일한 곳에 전자가 일정한 속도로 자기장에 수직으로 입사하여 운동할 때 이 전지의 운동의 자취는? [78년 서울시 7급] [85년 총무처 7급]

① 타원　② 쌍곡선
③ 원　④ 포물선
⑤ 직선

67. 두 도선이 평행할 때 같은 방향으로 전류가 흐른다면 두 도선 사이에는? [78년 서울시 7급]

① 인력이 작용한다.
② 우력이 작용한다.
③ 척력이 작용한다.
④ 탄성력이 작용한다.
⑤ 아무 힘도 작용하지 않는다.

해설 $F = B\dfrac{i_1 i_2}{r} l \ (B = 2\times 10^{-7})$ 전류방향 같으면 인력 반대면 척력

68. 전기회로에서 임피던스(impedance)는? [78년 서울시 7급]

① 유도계수　② 저항
③ 전기용량　④ 기전력
⑤ 전류

해설 임피던스는 용량 리액턴스, 유도 리액턴스가 포함된 회로의 저항값이다.

69. 파장이 순서적으로 배열되어 있는 것은? [78년 서울시 7급]

① X-선, 자외선, 적외선, 초단파
② 적외선, 초단파, 자외선, X-선
③ 자외선, 적외선, X-선, 초단파
④ 초단파, X-선, 적외선, 자외선
⑤ X-선, 초단파, 적외선, 자외선

해설 파장이 긴 것부터 장파, 중파, 단파, 초단파, 적외선, 가시광선, 자외선, X-선, γ선이다.

70. 인덕턴스가 0.25헨리인 코일에 전류가 흐른다. 전류가 $2Amp$에서 균일하게 감소하여 0이 되는데 $\dfrac{1}{16}$초 걸렸을 때 코일에 유도된 전압(V)은? [85년 총무처 7급]

① 2　② 4
③ 8　④ 16
⑤ 24

해설 $V = -L\dfrac{dI}{dt}$ 이므로 $V = -0.25 \times \dfrac{-2}{\frac{1}{16}} = 8V$

71. 길이 1m의 도선을 자기장 $4Wb/m^2$ 속에서 4m/s의 속력으로 자기장과 직각 방향으로 도선을 이동시켰을 때 이 도선의 양끝에 유도되는 기전력은?

① $0V$　② $4V$
③ $8V$　④ $16V$
⑤ $40V$

해설 $V = Blv$에서 $V = 4\times1\times4 = 16V$

72. 단파방송이 해외통신에 이용되는 이유는? [80년 서울시 7급]

① 전파속도가 빠르기 때문이다.
② 회절성이 강하기 때문이다.
③ 높은 전리층에 의해 반사되기 때문이다.
④ 장애물을 뚫고 나가는 힘이 강하기 때문이다.
⑤ 다른 파와 간섭현상이 잘 일어나기 때문이다.

73. RLC 직렬 공진 회로에 관한 기술로서 옳은 것은? [변리사 제26회]

① 공진주파수는 인덕턴스가 클수록 커진다.
② 공진주파수는 전기용량이 클수록 커진다.
③ 공진주파수는 전기용량과 인덕턴스의 곱의 제곱근에 반비례한다.
④ 회로저항 R이 클수록 공명곡선의 폭이 좁아진다.
⑤ 공진주파수에서 인덕턴스의 최대가 된다.

해설 $R-L-C$ 직렬회로에서 공진조건 $f = \dfrac{1}{2\pi\sqrt{LC}}$ 이다.

해답 66. ③ 67. ① 68. ② 69. ① 70. ③ 71. ④ 72. ③ 73. ③

74. 균일한 자기장 B의 수직한 평면에서 전하 q, 질량 m인 입자가 원운동을 한다. 이때 원운동 각 속도 w에 맞는 것은? ［변리사 제27회］

① $w = wB/q$ ② $w = m/qB$
③ $w = q/mB$ ④ $w/qB = m$
⑤ $w = qB/m$

해설 $\frac{mv^2}{r} = Bqv$ $v = \frac{Bqr}{m}$ $v = rw$ $rw = \frac{Bqr}{m}$
$w = \frac{Bq}{m}$

75. 전자기법칙 중 발전기의 원리와 가장 밀접한 것은? ［변리사 제27회］

① 쿨롱의 법칙 ② 패러데이 법칙
③ 로렌츠의 법칙 ④ 전하보전의 법칙
⑤ 전자기력의 법칙

해설 패러데이의 전자기 유도 법칙 $V = -N\frac{d\phi}{dt}$ 이다.

76. 전자파(電磁波)가 아닌 것은? ［78년 서울시 7급］

① X-선
② 감마선(Gamma-ray)
③ 자외선(紫外線)
④ 가시광선(可視光線)
⑤ 베타선(β-ray)

해설 베타선은 전자의 흐름이다.

77. 원형도선에 자기 속이 지면 안쪽으로 0.1초 동안 $10\,Wb$만큼씩 증가할 때, 도선에 유도되는 기전력의 방향과 크기는? ［94년 총무처 7급］

① 반시계방향, $100\,V$
② 반시계방향, $10\,V$
③ 시계방향, $100\,V$
④ 시계방향, $10\,V$

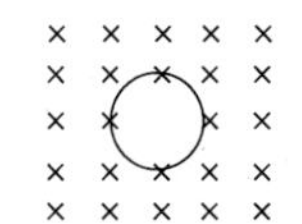

해설 $V = -\frac{d\Phi}{dt} = -\frac{10}{0.1} = -100\,V$ 플레밍의 오른손 법칙에 의해 정의된다. 자속 ϕ가 증가하므로 원형 도선을 넓혀 간다고 생각할 때 반시계방향으로 전류가 흐른다.

78. $R-L-C$ 직렬회로에서 교류전류가 흐를 때 전류의 크기가 최대로 되기 위한 조건 중 옳은 것은?

① $wL = \frac{1}{wC}$
② $wL = \frac{C}{w}$
③ $w = \frac{1}{(LC)^2}$
④ $w = \frac{L}{C}$
⑤ $w = \frac{1}{LC}$

해설 직렬공진조건 $f = \frac{1}{2\pi\sqrt{LC}}$ $w = 2\pi f$ 이므로
$2\pi f = \frac{1}{\sqrt{LC}} = w$

79. 인덕턴스 0.01Henry의 코일과 전기용량 $100PF$의 콘덴서가 직렬로 연결된 회로의 공진 주파수가 몇 kHz인가?

① $\frac{1}{2\pi}$
② $\frac{10}{2\pi}$
③ $\frac{10^2}{2\pi}$
④ $\frac{10^3}{2\pi}$
⑤ $\frac{10^6}{2\pi}$

해설 $f = \frac{1}{2\pi\sqrt{LC}} = \frac{1}{2\pi\sqrt{10^{-2}\times10^{-10}}} = \frac{10^6}{2\pi}\,\text{Hz}$
$1PF$(피코패럿) : $10^{-12}F$ 따라서 $\frac{10^3}{2\pi}\,\text{kHz}$

해답 74. ⑤ 75. ② 76. ⑤ 77. ① 78. ① 79. ④

80. 다음 설명 중 틀린 것은?

① 기전력 유도에서 전류의 방향은 도선이 자기장 영역으로 들어갈 때와 나올 때 서로 반대방향이다.
② 직류 전류가 코일을 지날 때 전류가 변하면 코일에 유도 기전력이 생긴다.
③ 교류 전류가 코일을 지날 때 전류가 변하면 코일에 유도 기전력이 생긴다.
④ 원형도선을 통과하는 자속수가 변할 때 유도 기전력이 생긴다.
⑤ 교류이든 직류이든 축전기를 지나면 무조건 유도 기전력이 생긴다.

해설 축전기에서는 기전력이 유도되지 않는다.

81. 우리나라의 전기는 주파수가 60Hz이다. 전류가 흐를 때 1초 동안 최대값은 몇 번이나 나타나는가?

① 최대값 없이 일정하다.
② 30번
③ 60번
④ 120번
⑤ $60\sqrt{2}$번

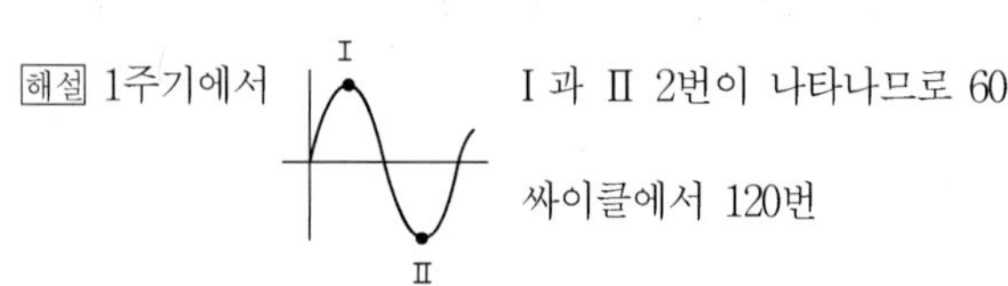

82. 그림과 같이 z축 방향인 균일한 전기장 안에서 y축 방향으로 전자가 운동할 때, 이 전자가 직진하려면 균일한 자기장은 어떤 방향으로 걸어 주어야 하는가? [94년 총무처 7급]

① $+y$방향
② $-y$방향
③ $+x$방향
④ $-x$방향

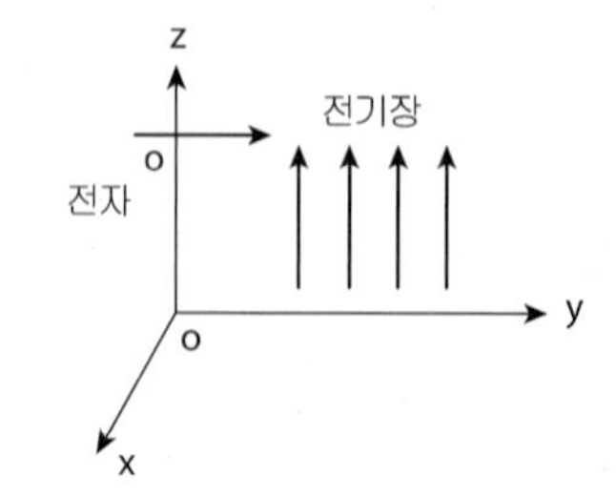

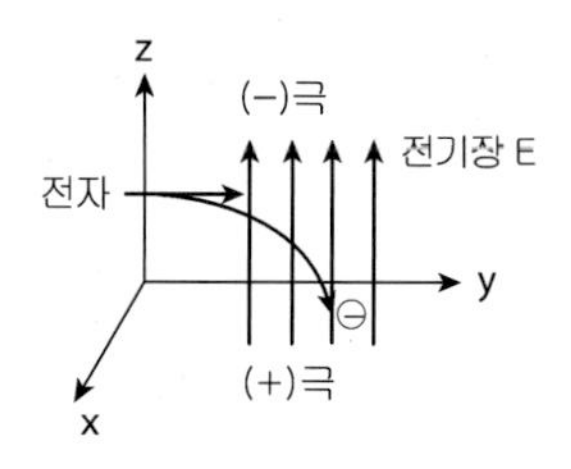

해설 전자가 아래방향으로 끌려간다. 직진시키기 위해 자기장에 의한 힘이 윗방향으로 작용하기 위해 플레밍의 왼손법칙에서 힘($+z$ 방향), 전류($-y$ 방향 : 전자의 반대방향)으로 하면 자기장은 $+x$방향이 된다.

83. 균일한 자기장이 형성된 공간 속으로 전자를 5m/s의 속력으로 수직으로 입사시켰더니 자기장내에서 주기 5초인 원운동을 하였다. 이 공간에 자기장과 60° 의 각으로 같은 전자를 10m/s의 속력으로 입사시키면 10회전 후에 입사 지점으로부터의 거리는? [00년 행정자치부 7급]

① 제자리에서 원운동
② 50m
③ 100m
④ 250m
⑤ 500m

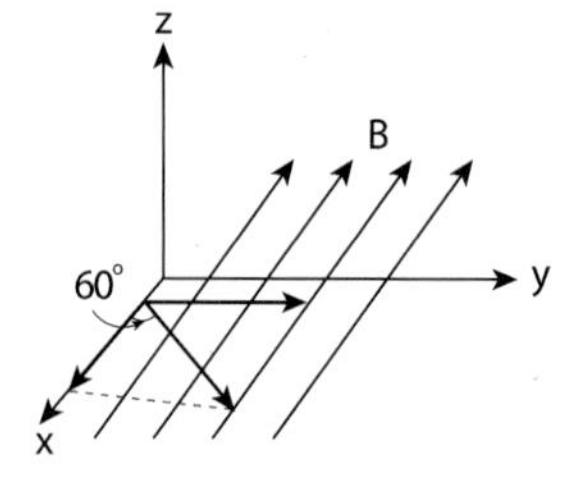

해설 원운동의 주기 T는 $\frac{mv^2}{r} = Bqv \quad v = \frac{Bqr}{m}$
$\left(v = \frac{2\pi r}{T}\right) \quad \frac{2\pi r}{T} = \frac{Bqr}{m}$ 에서 $T = \frac{2\pi m}{Bq}$ 으로
입사속도 v에 관계없다.

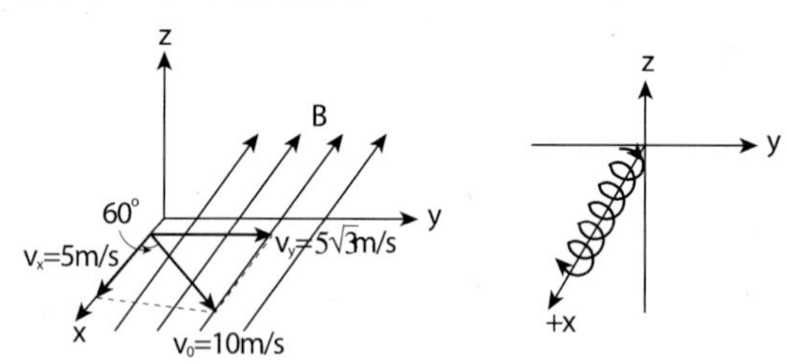

그림처럼 비스듬히 입사 시 나선운동을 하게 되는데 v_o 속도 성분 중 v_y는 원운동 v_x는 등속직선운동을 하게 된다. 자기장에 수직 입사한 $v_y = 5\sqrt{3}$m/s일지라도 주기는 문제에서 주어진 5초가 변함이 없고 10회전하는 시간은 50초이다.
따라서 그림에서 $+x$방향으로 $v_x = 5$m/s이므로
$5 \times 50 = 250$m

해답 80. ⑤ 81. ④ 82. ③ 83. ④

실력향상문제

해 설

1 그림과 같이 q_1 전하량이 각각 q_1, q_2, q_3 인 세 개의 전하가 일직선상에서 거리 d 만큼 떨어져 있을 때 q_3 에 작용하는 힘이 0이라고 한다. 과 q_2 의 관계는?

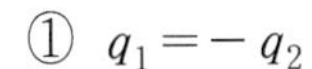

① $q_1 = -q_2$

② $q_1 = q_2$

③ $q_1 = -2q_2$

④ $q_1 = 2q_2$

⑤ $q_1 = -4q_2$

해설 **1**

q_3 에서 힘의 합력이 0이므로 q_1 과 q_2 의 부호는 반대이고 q_1 이 거리가 2배이므로 전하량은 4배여야 힘

$F = k\dfrac{q_1 q_2}{r^2}$ 가 같다.

2 그림과 같이 간격이 $d = 2\,\text{cm}$ 인 대전판 사이에 균일한 전기장 E 가 아래에서 위 방향으로 형성되어 있다. 아래 판 끝 모서리에서 전자를 45도 방향으로 $v_0 = 2.0\times10^6\,\text{m/sec}$ 의 속력으로 쏘아 넣었을 때 전자가 위판에 충돌하지 않도록 하려고 한다. 전기장 E 의 크기를 얼마 이상으로 하면 되는가? (전자의 질량은 9.11×10^{-31}kg이다.)

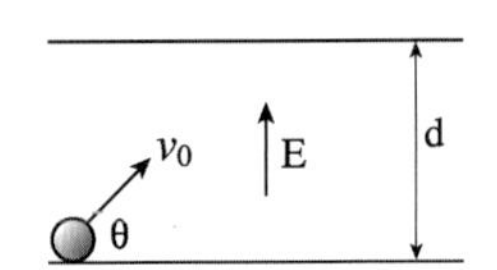

① 2.8×10^2 N/C

② 1.4×10^3 N/C

③ 5.6×10^3 N/C

④ 1.2×10^4 N/C

⑤ 4.8×10^4 N/C

해설 **2**

수직방향으로의 운동에너지는 전기장 안에서 위치에너지 qV 가 된다.

전위 $V = Ed$ 이므로

$\frac{1}{2}mv^2 = qE\cdot d$ 에서

$E = \frac{1}{2}\,\frac{mv^2}{q\cdot d}$ 이다. 수직 방향의 속도

$v_y = v\sin\theta = \frac{1}{\sqrt{2}}\times2\times10^6$ 이고

$m = 9.11\times10^{-31}\text{kg}$,

$q = 1.6\times10^{-19}C$, $d = 2\times10^{-2}\text{m}$ 를

대입하면 전기장 E 는 약

$E = 2,8\times10^2 N/C$ 이다.

3 면전하 밀도 $\sigma(C/\text{m}^2)$로 전하가 고르게 분포해 있는 무한히 크고 얇은 플라스틱 면으로부터 거리 r 인 위치에서 전기장의 세기는 얼마인가?

① $\dfrac{\sigma}{2\varepsilon_0 r^2}$

② $\dfrac{\sigma}{2\pi\varepsilon_0 r^2}$

③ $\dfrac{\sigma}{2\varepsilon_0 r}$

④ $\dfrac{\sigma}{4\varepsilon_0}$

⑤ $\dfrac{\sigma}{2\varepsilon_0}$

해설 **3**

면전하 밀도 δ 인 무한 평면에 의한 전기장은 $\dfrac{\delta}{2\varepsilon_0}$ 이다.

정답 1. ⑤ 2. ① 3. ⑤

4 그림과 같이 면전하 밀도 $\sigma(C/\ m^2)$, $-\sigma(C/\ m^2)$인 무한히 크고 얇은 평면이 평행하게 놓여 있다. 그림에 표시한 Ⅰ, Ⅱ, Ⅲ 세 영역에서 전기장의 세기는 얼마인가?

σ　　　−σ

Ⅰ　　Ⅱ　　Ⅲ

	Ⅰ	Ⅱ	Ⅲ
①	$\frac{\sigma}{2\varepsilon_0}$	0	$-\frac{\sigma}{2\varepsilon_0}$
②	$\frac{\sigma}{2\varepsilon_0}$	0	$-\frac{\sigma}{4\varepsilon_0}$
③	$\frac{\sigma}{4\varepsilon_0}$	$\frac{\sigma}{2\varepsilon_0}$	0
④	0	$\frac{\sigma}{\varepsilon_0}$	0
⑤	0	$-\frac{\sigma}{\varepsilon_0}$	$\frac{\sigma}{2\varepsilon_0}$

5 그림은 면전하밀도가 각각 7 C/m^2, -3 C/m^2인 크고 얇은 평면판이 평행하게 배열되어 있는 모습이다. 그림의 영역 Ⅱ에서 전기장의 크기 및 방향은?

7C/m²　　-3C/m²

Ⅰ　　Ⅱ　　Ⅲ

① $\frac{5}{\varepsilon_0}$, 오른쪽 방향

② $\frac{5}{\varepsilon_0}$, 왼쪽 방향

③ $\frac{3}{\varepsilon_0}$, 왼쪽 방향

④ $\frac{2}{\varepsilon_0}$, 왼쪽 방향

⑤ $\frac{2}{\varepsilon_0}$, 오른쪽 방향

6 쌍극자 모멘트 $p(=qd)$인 전기 쌍극자를 둘러싸는 표면을 통과하는 전기장 선속(전기력선 수)은 얼마인가? d는 전하 사이의 거리이다.

① $\frac{p}{\varepsilon_0}$　　② $-\frac{p}{\varepsilon_0}$

③ $\frac{p}{\varepsilon_0 d}$　　④ $-\frac{p}{\varepsilon_0 d}$

⑤ 0

7 10 Ω인 저항과 0.1H인 인덕터로 구성된 RL직렬회로의 시간상수는 얼마인가?

① $\frac{1}{1000}$ sec　　② $\frac{1}{100}$ sec

③ $\frac{1}{10}$ sec　　④ 1sec

⑤ 10sec

해 설

해설 **4**

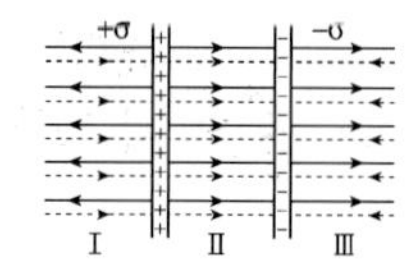

그림의 전기력선에서 보듯이 Ⅰ, Ⅲ 영역에서는 상쇄되어 전기장이 0이고 Ⅱ영역에서는 2배가 되어 $\frac{\sigma}{2\varepsilon_0}\times 2$ 이다.

해설 **5**

면전하 밀도 7 C/m^2에 의한 전기장 $\frac{7}{2\varepsilon_0}$, 면전하 밀도 -3 C/m^2에 의한 전기장 $\frac{3}{2\varepsilon_0}$은 Ⅱ영역에서 방향은 모두 오른쪽으로 같은 방향이므로 크기는 $E=\frac{7}{2\varepsilon_O}+\frac{3}{2\varepsilon_0}=\frac{5}{\varepsilon_0}$ 이다.

해설 **6**

폐곡면에서 전기력선은 +, −에 의해 합은 0이다.

해설 **7**

R-L 직렬 회로에서 시간상수 τ는 $\tau=\frac{L}{R}$ 이다.

정답 4. ④ 5. ① 6. ⑤ 7. ②

8 반경 a인 가상적인 정육면체의 중심에 전하 q가 있다. 정육면체의 한 면을 통과하는 전기장의 선속(전기력선 수)은 얼마인가?

① $\frac{q}{24\varepsilon_0}$
② $\frac{q}{6\varepsilon_0}$
③ $\frac{q}{\varepsilon_0}$
④ $\frac{q}{6a^2\varepsilon_0}$
⑤ $\frac{q}{24a^2\varepsilon_0}$

9 어떤 가상적인 폐곡면 위의 모든 점에서 전기장의 세기를 알았다. 다음 중 어느 사실을 알 수 있는가?

① 폐곡면 내의 양 전하량
② 폐곡면 내의 음 전하량
③ 폐곡면 내의 총 전하량
④ 폐곡면 내의 전하의 위치
⑤ 폐곡면 내의 양 전하량과 음 전하량의 구성비

10 반경 R인 도체 구가 전하 Q로 충전되어 있다. 다음 설명 중 옳지 않은 것은?

① 구형 도체 표면의 전기퍼텐셜은 $\frac{Q}{4\pi\varepsilon_0 R}$ 이다.
② 구형 도체 내부의 전기퍼텐셜은 $\frac{Q}{4\pi\varepsilon_0 R}$ 이다.
③ 충전된 도체 내부에 공동이 있는 경우 공동 내에서 전기퍼텐셜은 0이다.
④ 도체 표면에서 1개의 전자가 움직일 때 전자에 작용하는 정전기력이 하는 일은 0이다.
⑤ 도체 표면이 비대칭적 구조를 갖더라도 평형상태에서 도체 표면은 등 전위 면이다.

11 그림과 같이 오른쪽 방향으로 균일한 전기장 $E = 4.0\times10^5\ V/m$ 이 형성되어 있다고 한다. 전기장 방향에 대하여 θ =30도 방향으로 거리 10m인 두 지점 A, B 사이의 전기퍼텐셜(전위) 차는 얼마인가?

① 1.2×10^2 V
② 6.2×10^4 V
③ 2.0×10^6 V
④ 3.5×10^6 V
⑤ 4.8×10^7 V

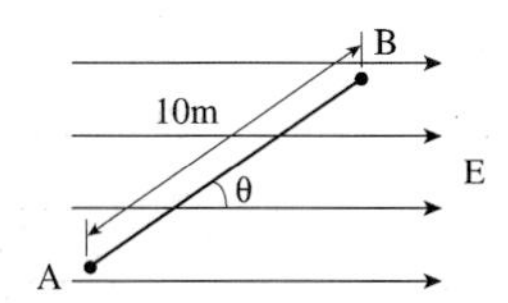

해 설

해설 **8**

전하 q에 의해 전기력선속의 수 ϕ는 가우스 법칙에 의해

$\phi = E\oint ds = \frac{q}{\varepsilon_0}$ 이다. 이것이 정육면체 속에 있을 때 한면에는 $\frac{1}{6}$ 이다.

따라서 $\frac{q}{6\varepsilon_0}$ 이다.

해설 **9**

가우스의 법칙 $\phi = E\oint ds = \frac{q}{\varepsilon_0}$ 이다.

해설 **10**

도체 내부의 전위는 표면전위와 같다.

해설 **11**

$V = E\cdot d$ 이고 d는 수직거리이므로

$d = 10\cos 30 = 5\sqrt{3}$

$E = 4\times10^5$ V/m

정답 8. ② 9. ③ 10. ③ 11. ④

12 표면전하밀도 σ를 갖는 무한 크기의 도체판이 있다. 판 위의 한 점으로부터 작은 양의 전하 q가 판으로부터 거리 z만큼 떨어진 지점으로 이동할 때 전기장에 의한 힘이 한 일은 얼마인가?

① $\frac{\sigma q}{\varepsilon_0} z$　　② $-\frac{\sigma q}{\varepsilon_0} z$

③ $\frac{\sigma q}{2\varepsilon_0} z$　　④ $-\frac{\sigma q}{2\varepsilon_0} z$

⑤ $\frac{\sigma}{2\varepsilon_0} z$

13 그림과 같이 반경이 각각 R, 2R인 두 도체 구가 있다. 두 도체 구가 도선으로 연결되기 전 작은 구는 전하 Q로 대전되어 있었고 큰 구는 대전되어 있지 않았다. 두 도체 구를 가느다란 도선으로 연결했을 때 다음 중 옳은 것은?

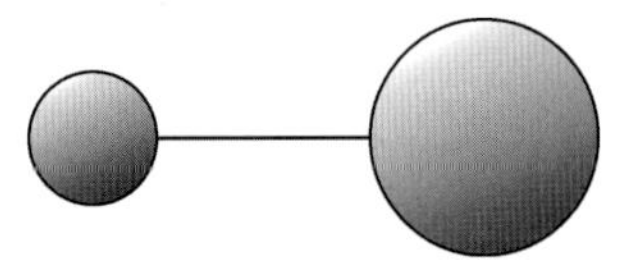

① 작은 구의 전하량과 표면 전하밀도는 큰 구의 그것보다 2배이다.
② 작은 구의 전하량과 표면 전하밀도는 큰 구의 그것보다 0.5배이다.
③ 작은 구의 전하량은 큰 구의 그것보다 2배, 표면 전하밀도는 0.5배이다.
④ 작은 구의 전하량은 큰 구의 그것보다 0.5배, 표면 전하밀도는 2배이다.
⑤ 작은 구에는 전하가 존재하지 않고 모두 큰 구로 이동한다.

14 반지름이 18cm인 도체 구를 공기 중에서 전위가 1,200V가 되도록 대전시켰다. 이 도체 구에 대전되지 않은 반지름 6cm인 도체 구를 접촉시켜 놓았다가 떼어 놓았을 때 도체구의 전위는?

① 200V　　② 400V

③ 900V　　④ 1200V

⑤ 1600V

15 그림은 어떤 공간에서 전위 차가 형성된 모습이다. 그림에서 Ⅰ, Ⅲ, Ⅴ영역은 전위가 일정한 영역이고 영역 Ⅱ는 왼쪽이 오른쪽보다 200볼트 더 높으며 영역 Ⅳ는 오른쪽이 왼쪽보다 100볼트 더 높다. 영역 Ⅰ의 절대 전위를 0볼트라 하면 영역 Ⅴ의 전위는 얼마인가?

① +100볼트
② −100볼트
③ +200볼트
④ −200볼트
⑤ −300볼트

Ⅰ Ⅱ Ⅲ Ⅳ Ⅴ
\+ − − +
200V 100V

해 설

해설 12

전기장이 한일 $w = F \cdot d$, $F = Eq$ 에서 $w = Eqd$이다.

$E = \frac{\sigma}{2\varepsilon_0}$, $d = z$이다.

해설 13

전기 용량 C는 구에서 $C = 4\pi\varepsilon_0 R$ 이므로 $C \propto R$이므로 $Q = CV$에서 전하량은 $R : 2R$이면 $Q : 2Q$이다.

또 표면 전하밀도는 $\frac{Q}{4\pi r^2}$ 이므로 반경이 R과 $2R$인 구에서 $\frac{Q}{4\pi R^2} : \frac{2Q}{4\pi(2R)^2}$가 되어 2 : 1이다.

해설 14

반경 18cm인 구의 용량 C는 $C = 4\pi\varepsilon_0 \times 18$ 이므로 $Q = CV$에서 $Q = 18 \times 4\pi\varepsilon_0 \times 1200$이다. 이 전하량은 반경 6cm인 구와 반경 18cm 구에 1 : 3의 비율로 나눠지므로 반경 18cm인 구에 전하량은 $\frac{3}{4}Q$가 된다. $Q \propto V$이므로 전압은 처음 전압 1200V의 $\frac{3}{4}$인 900V이다.

해설 15

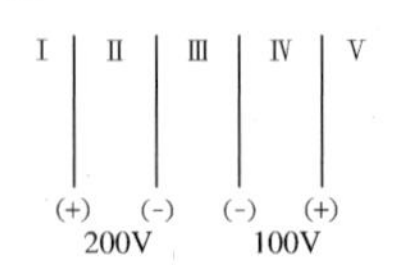

영역 Ⅰ의 절대 전위가 0이면 Ⅲ영역은 −200V이다. Ⅲ영역은 Ⅴ영역보다 100V 낮으므로 영역 Ⅴ는 −100V이다.

정답 12. ③ 13. ④ 14. ③ 15. ②

16 반경이 각각 a, b(a 〈b)인 동심 구각으로 구성된 구형 축전기의 전기용량은 얼마인가?

① $4\pi\varepsilon_0 \dfrac{b-a}{ab}$ ② $2\pi\varepsilon_0 \dfrac{b-a}{ab}$

③ $4\pi\varepsilon_0 \dfrac{ab}{b-a}$ ④ $2\pi\varepsilon_0 \dfrac{ab}{b-a}$

⑤ $4\pi\varepsilon_0 \dfrac{ab}{b+a}$

17 반지름 R인 고립 도체구의 전기용량은 얼마인가?

① $\dfrac{4\pi\varepsilon_0}{R}$ ② $\dfrac{2\pi\varepsilon_0}{R}$

③ $4\pi\varepsilon_0 R$ ④ $2\pi\varepsilon_0 R$

⑤ 0

18 그림과 같이 면적 A, 간격 d인 평행판 축전기 사이에 면적이 A, 폭이 $\dfrac{1}{3}$인 구리판을 끼워 넣었다. 이 축전기의 전기용량은 얼마가 되는가?

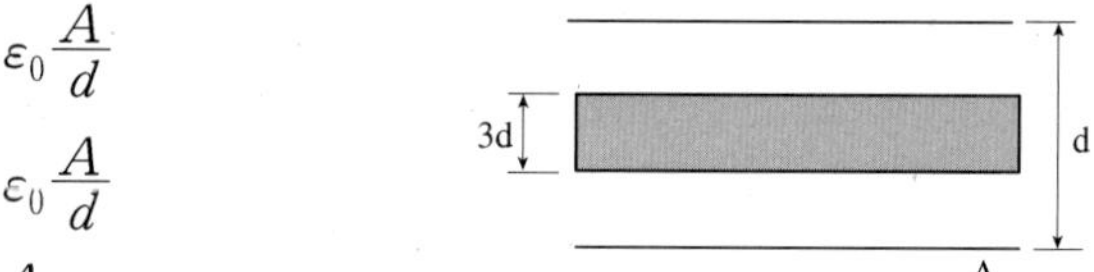

① $\dfrac{1}{3}\varepsilon_0\dfrac{A}{d}$

② $\dfrac{2}{3}\varepsilon_0\dfrac{A}{d}$

③ $\varepsilon_0\dfrac{A}{d}$

④ $\dfrac{3}{2}\varepsilon_0\dfrac{A}{d}$

⑤ $3\varepsilon_0\dfrac{A}{d}$

19 전기용량이 C인 세 개의 축전기를 그림과 같이 연결하고 양 단자 사이에 전위차 V를 걸었다. 축전기에 저장된 총 정전 에너지는 얼마인가?

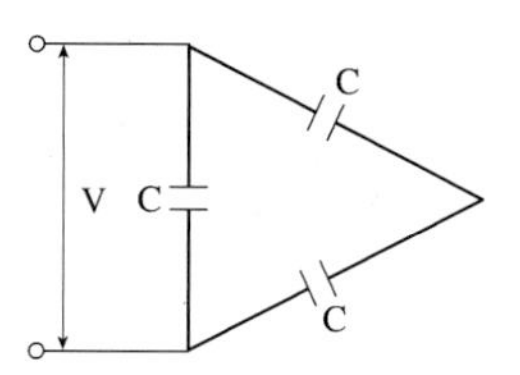

① $\dfrac{1}{3}CV^2$

② $\dfrac{1}{2}CV^2$

③ $\dfrac{2}{3}CV^2$

④ $\dfrac{3}{4}CV^2$

⑤ $2CV^2$

해 설

해설 **16**

$Q=\varepsilon_0\oint E\cdot ds$ 에서 $Q=\varepsilon_0 E4\pi r^2$

이고 $E=\dfrac{1}{4\pi\varepsilon_0}\dfrac{Q}{r^2}$ 이다.

$V=\oint_a^b E\cdot dr$ 에서

$V=\dfrac{Q}{4\pi\varepsilon_0}\dfrac{b-a}{ab}$ 이므로 $Q=CV$

에서 대입하면 $C=\dfrac{4\pi\varepsilon_0 ab}{b-a}$ 이다.

해설 **17**

위의 문제에서 반지름 a인 구를 반지름 R인 구라하고 반지름 b인 구를 반지름 α 인 구라 하면 $C=4\pi\varepsilon_o R$ 이다.

해설 **18**

축전기 사이에 도체를 끼워 넣으면 도체의 두께 만큼 극판 간격이 줄어든 것과 같다.

따라서 $C'=\dfrac{\varepsilon A}{\frac{2}{3}d}=\dfrac{3}{2}\varepsilon_0\dfrac{A}{d}$ 이다.

해설 **19**

콘덴서의 합성용량은 $\dfrac{3}{2}C$ 이므로 총 에너지 $w=\dfrac{1}{2}CV^2$ 에서

$w=\dfrac{1}{2}\times\dfrac{3}{2}C\times V^2=\dfrac{3}{4}CV^2$ 이다.

정답 16. ③ 17. ③ 18. ④ 19. ④

20 전기용량이 0.4PF인 어떤 축전기의 내전압이 100V이고, 전기용량이 0.8PF인 어떤 축전기의 내전압은 200V라고 한다. 이 두 축전기를 직렬 연결하였을 때 양단자 사이에 걸 수 있는 최대 전압은 얼마인가?

① 100V ② 150V
③ 200V ④ 300V
⑤ 600V

21 전기 퍼텐셜 V가 일정하게 유지되는 평행판 커패시터 사이에 유전율 ε인 유전체가 삽입되어 있다. 극판의 면적은 A, 간격은 d이다. 이 유전체를 제거하는데 필요한 일의 크기는?

① $\frac{1}{2}\varepsilon\frac{AV^2}{d}$ ② $\frac{1}{2}(\varepsilon-\varepsilon_0)\frac{AV^2}{d}$
③ $(\varepsilon-\varepsilon_0)\frac{AV^2}{d}$ ④ $\frac{\varepsilon AV^2}{d}$
⑤ $\varepsilon_0\frac{AV^2}{d}$

22 TV 브라운관에 흐르는 전자빔의 전류의 세기를 200μA라고 하면 1초당 TV 화면을 때리는 전자의 수는 얼마인가?

① 1.42×10^{11} 개/sec
② 2.50×10^{13} 개/sec
③ 1.25×10^{15} 개/sec
④ 3.60×10^{18} 개/sec
⑤ 6.60×10^{20} 개/sec

23 폐회로에 관한 키르히호프의 법칙은 다음 중 무슨 법칙과 가장 관계가 깊은가?

① 전하량 보존의 법칙 ② 연속의 정리
③ 쿨롱의 법칙 ④ 가우스 법칙
⑤ 에너지 보존의 법칙

24 내부 저항이 R, 기전력이 E인 발전기가 부하에 공급할 수 있는 최대 전력은 얼마인가?

① $\frac{E^2}{R}$ ② $\frac{E^2}{2R}$
③ $\frac{E^2}{3R}$ ④ $\frac{E^2}{4R}$
⑤ $\frac{E^2}{8R}$

해 설

해설 20

전기용량이 0.4PF, 전압이 100V이 축전기의 전하량은 40PC이고 전기용량이 0.8PF 전압이 200V인 축전기의 전하량은 160PC이다. 두 콘덴서를 직렬로 연결하면 흐르는 전류가 같아서 전하량이 같다. 전하량은 40PC를 넘을 수 없고 직렬의 합성전기용량은

$C=\frac{0.8}{3}PF$ 이다.

따라서 $Q=CV$에서 $V=\frac{Q}{C}$이므로

$V=\frac{40P}{\frac{0.8}{3}P}=150V$이다.

해설 21

평행판 축전기의 에너지는 판사이의 유전물질이 ε이면 $\frac{1}{2}\frac{\varepsilon A}{d}V^2$이며

진공에서는 $\frac{1}{2}\frac{\varepsilon_0 A}{d}V^2$이다.

따라서 유전체를 제거하는데 필요한 일의 크기는 두 에너지의 차이다.

그러므로 $\frac{1}{2}(\varepsilon-\varepsilon_0)\frac{AV^2}{d}$이다.

해설 22

$I=\frac{q}{t}$에서 $q=I\cdot t$이다.

$q=200\times10^{-6}A\times1초=2\times10^{-4}C$

전자 1개의 전하량은 $1.6\times10^{-19}C$이므로 $\frac{2\times10^{-4}}{1.6\times10^{-19}}=1.25\times10^{15}$ 개다.

해설 24

소비전력을 최대로 하기 위해 부하저항 r을 구해보면(내부저항을 R이라 하자)

전력 $P=I^2r$, $I=\frac{E}{R+r}$에서

$$P=\frac{E^2r}{R^2+2Rr+r^2}=\frac{E^2}{\frac{R^2}{r}+2R+r}$$ 이다.

전력이 최대가 되기 위해서는 $\frac{R^2}{r}+2R+r$값이 최소가 되어야 하는데 이 값은 $r=R$에서 최소 값이 된다. 따라서 최대소비 전력은 부하저항이 내부저항 R과 같을 때인

$P=\left(\frac{E}{2R}\right)^2R=\frac{E^2}{4R}$이다.

정답 20. ② 21. ② 22. ③ 23. ⑤ 24. ④

25 그림과 같이 한 변의 저항이 R인 12개의 동일한 저항으로 이루어진 정육면체 모양의 동선이 있다. 대각점을 두 단자로 하는 회로에 대해서 등가저항은 얼마인가?

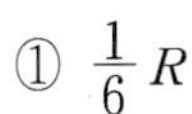

① $\frac{1}{6}R$

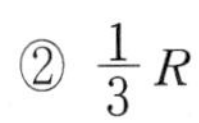

② $\frac{1}{3}R$

③ $\frac{1}{2}R$

④ $\frac{2}{3}R$

⑤ $\frac{5}{6}R$

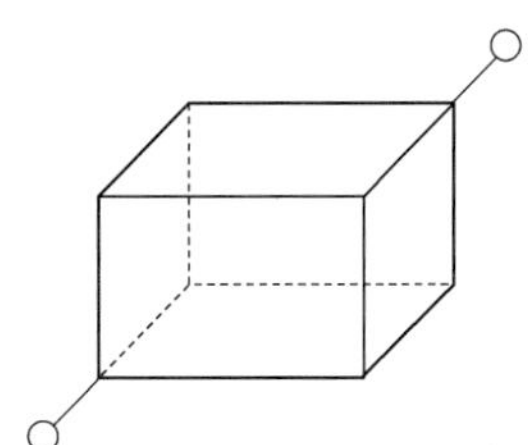

26 그림과 같이 한 변의 저항이 R인 12개의 동일한 저항으로 이루어진 정육면체 모양의 도선이 있다. 한 변의 끝점을 단자로 하는 회로에 대해서 등가저항은 얼마인가?

① $\frac{1}{12}R$

② $\frac{1}{4}R$

③ $\frac{5}{12}R$

④ $\frac{7}{12}R$

⑤ $\frac{3}{4}R$

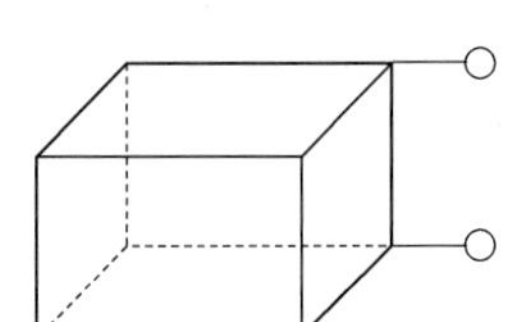

27 전류계와 전압계에 대한 설명으로 가장 옳지 않은 것은?

① 전류계는 측정하고자 하는 전류가 전류계를 통과하도록 직렬 연결하여 사용한다.

② 전압계는 측정하고자 하는 회로 부분에 병렬 연결하여 사용한다.

③ 전류계의 저항은 가능한 한 작게 한다.

④ 전압계의 저항은 가능한 한 크게 한다.

⑤ 전류계의 측정 범위를 높이려면 분류기 저항을 전류계에 직렬 연결하여 사용하면 된다.

해 설

해설 25

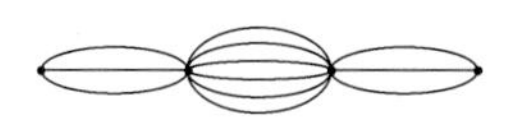

그림과 같은 회로 연결이 되어 저항 $R=\frac{5}{6}r$ 이다.

해설 26

그림과 같은 회로 연결이 된다.

$R=\frac{7}{12}r$

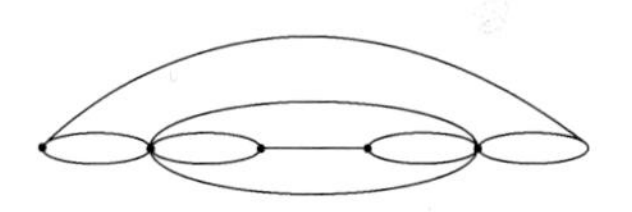

해설 27

분류기 저항은 전류계에 병렬로 연결한다.

크기는 $R=\frac{r}{n-1}$

(n : 배율, r : 내부저항)

정답 25. ⑤ 26. ④ 27. ⑤

28 저항 R 콘덴서 C가 직렬 연결되어 시간 $t=0$ 에서 전압 V_o에 연결되었다. t초 후 콘덴서 전압은 얼마인가?

① $V_o\left(1-e^{-\frac{c}{R}t}\right)$ ② $V_o\left(1-e^{-\frac{R}{ct}}\right)$

③ $V_o\left(1-e^{-\frac{t}{Rc}}\right)$ ④ $V_o\left(1+e^{-\frac{t}{Rc}}\right)$

⑤ $V_o(1-e^{-Rct})$

29 그림과 같은 회로에서 P점의 전위가 100V라면 Q점의 전위는 얼마인가?

① −50V
② −10V
③ 10V
④ 50V
⑤ 100V

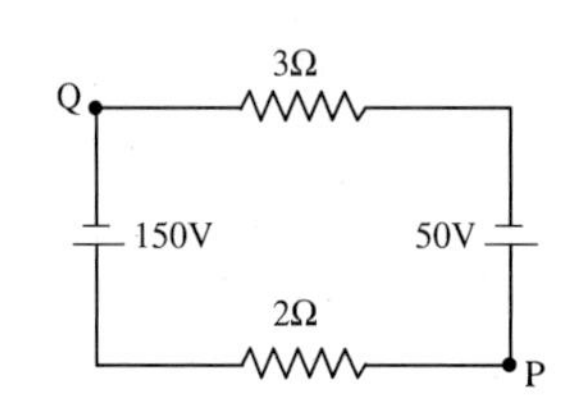

30 저항의 크기가 R, r(R 〉 r)인 두 전구가 있다. 두 전구를 직렬 연결하여 전지에 연결하는 경우와 병렬 연결하여 동일한 전지에 연결하는 경우 어느 것이 더 밝은가?

① 항상 큰 저항을 갖는 전구가 더 밝다.
② 항상 작은 저항을 갖는 전구가 더 밝다.
③ 직렬연결의 경우 작은 저항을 갖는 전구가, 병렬연결의 경우 큰 저항을 갖는 전구가 더 밝다.
④ 직렬연결의 경우 큰 저항을 갖는 전구가, 병렬연결의 경우 작은 저항을 갖는 전구가 더 밝다.
⑤ 저항 값에 따라 다르다.

31 내부저항이 r이고 기전력이 E인 두 개의 전지가 병렬로 연결되어 부하저항 R에 연결되어 있다. 부하에서 에너지 방출률이 최대가 되려면 R이 값을 얼마로 하면 되는가?

① $0.5r$
② r
③ $2r$
④ $3r$
⑤ $4r$

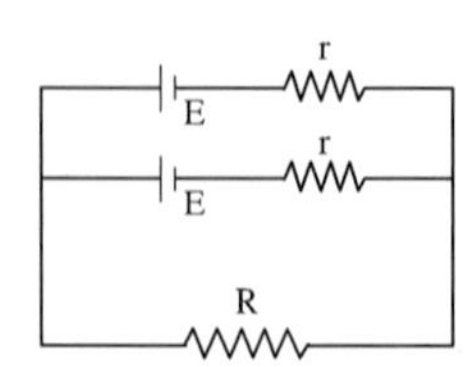

해 설

해설 **28**

본문 식유도 참고

해설 **29**

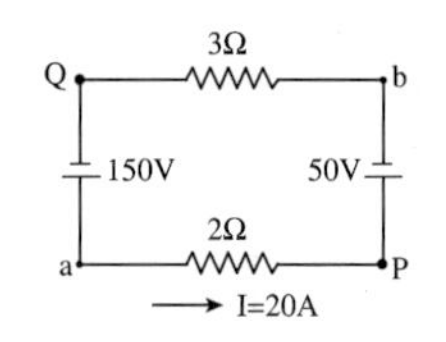

키르히호프 법칙에 따르면 20A의 전류가 그림과 같은 방향으로 흐른다. P점의 전위를 100V라고 했으므로 a점의 전위는 P점보다 40V가 높은 140V이다. 또 a점과 Q점을 비교하면 Q점이 a점보다 150V가 낮으므로 Q점의 전위는 -10V이다.

해설 **30**

소모전력은 $P=I^2R$, $P=\frac{V^2}{R}$ 이고, 직렬 연결에서는 전류가 같이 흐르므로 저항값에 비례하고 병렬연결에서는 전압이 같이 걸리므로 전력은 저항이 반비례한다.

해설 **31**

전류 $I=\frac{E}{R+r}$ 에서 병렬 연결이므로 $I=\frac{E}{R+\frac{r}{2}}$ 이다.

소모전력 $P=I^2R$ 에서

$$P=\frac{E^2R}{R^2+Rr+\frac{r^2}{4}}$$

$$=\frac{E^2}{R+r+\frac{r^2}{4R}}$$ 이고

P가 최대값이 되려면 $R+r+\frac{r^2}{4R}$ 이 최소가 되어야 하므로 $R=\frac{1}{2}r$ 이다.

정답 28. ③ 29. ② 30. ④ 31. ③

32 그림과 같이 동일한 저항 R 5개가 연결되었을 때 등가저항은 얼마인가?

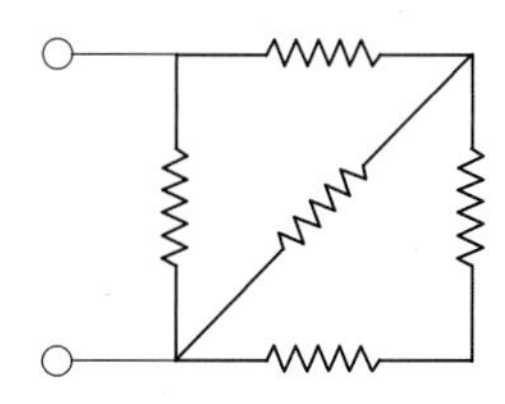

① $\frac{1}{2}R$

② $\frac{5}{8}R$

③ $\frac{3}{4}R$

④ R

⑤ $\frac{3}{2}R$

33 그림과 같이 서로 반대 방향으로 전류가 흐르는 긴 평행 도선이 있다. 왼쪽 도선은 지면에서 나오는 방향으로 3A의 전류가 흐르고 오른쪽 도선은 지면 속으로 들어가는 방향으로 2A의 전류가 흐른다. P점은 도선으로부터 각각 1m, 0.5m 떨어져 있고 점이고 그림과 같이 직각삼각형의 직각부분의 점이다. P점에서 자기장 B의 세기는 얼마인가? ($\mu_0 = 4\pi \times 10^{-7}$)

P, 1m, 0.5m, 3A, 2A

① $\frac{\mu_0}{2\pi}$

② $\frac{\mu_0}{\pi}$

③ $\frac{3\mu_0}{2\pi}$

④ $\frac{2\mu_0}{\pi}$

⑤ $\frac{5\mu_0}{2\pi}$

34 그림과같이 긴 직선 도선이 90도로 꺾어 전류 i가 흐르고 있다. 꼭짓점에서 한 쪽 도선 방향으로 거리 d인 P점에서의 자기장 B의 크기는 얼마인가?

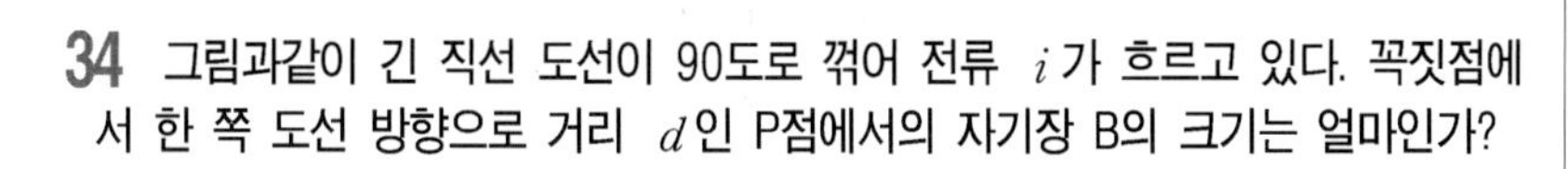

P, d, i

① $\frac{\mu_0 i}{2d}$

② $\frac{\mu_0 i}{4d}$

③ $\frac{\mu_0 i}{2\pi d}$

④ $\frac{\mu_0 i}{4\pi d}$

⑤ 0

해 설

해설 **32**

문제의 회로는 아래의 그림과 같아서 합성저항은 $\frac{5}{8}R$ 이다.

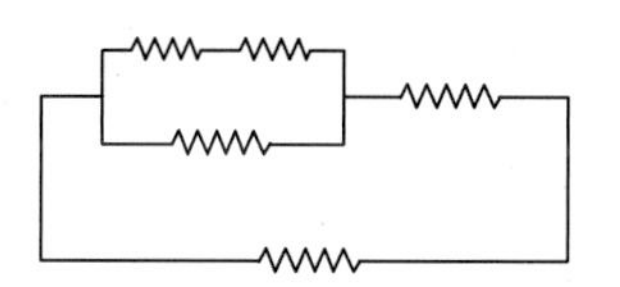

해설 **33**

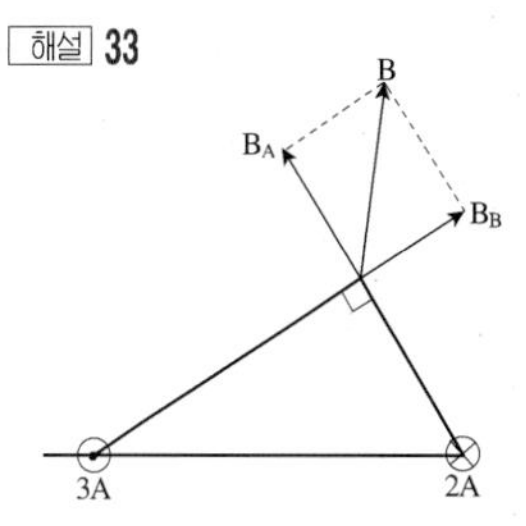

3A에 의한 자기장 $B_A = \frac{\mu_o}{2\pi}\frac{3}{1}$

2A에 의한 자기장

$B_B = \frac{\mu_o}{2\pi}\frac{2}{0.5} = \frac{\mu_o}{2\pi} \cdot 4$

$B = B_A + B_B = \frac{\mu_0}{2\pi} \cdot 5$

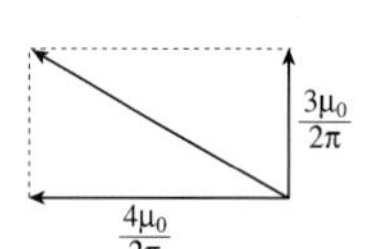

해설 **34**

직선도선에 의한 자기장 $B = \frac{\mu_0}{2\pi}\frac{i}{r}$

에서 반인 $B = \frac{1}{2} \times \frac{\mu_o}{2\pi}\frac{i}{r}$ 이다.

위쪽에 의한 자기장은 없다.

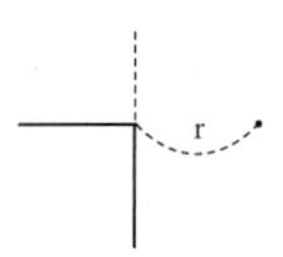

정답 32. ② 33. ⑤ 34. ④

35 간격 d인 두 개의 긴 도선에 전류 i, $3i$가 같은 방향으로 흐르고 있다. 전류 i가 흐르는 도선으로부터 자기장 B가 0인 점까지 거리는 얼마인가?

① $\frac{1}{8}d$　　② $\frac{1}{4}d$
③ $\frac{1}{2}d$　　④ $\frac{2}{3}d$
⑤ $\frac{3}{4}d$

36 2.4kV의 균일한 전기장 E와 0.40T의 균일한 자기장 B 속에서 움직이는 전자에 아무 힘도 작용하지 않는다. 이 전자의 최소 속도의 크기 및 방향은?

① 크기는 0.6km/sec이고, E×B 방향으로 진행한다.
② 크기는 0.6km/sec이고, B×E 방향으로 진행한다.
③ 크기는 6km/sec이고, E×B 방향으로 진행한다.
④ 크기는 6km/sec이고, B×E 방향으로 진행한다.
⑤ 크기는 6km/sec이고, E×B와 수직인 방향으로 진행한다.

37 그림과 같이 오른쪽으로 형성된 일정한 자기장 B = 0.05T내에 10A의 전류가 흐르는 도선이 자기장과 θ = 30도의 각으로 놓여 있다. 이 도선 2m에 작용하는 힘은 얼마인가?

① 0.1N
② 0.2N
③ 0.3N
④ 0.4N
⑤ 0.5N

38 그림과 같이 1.0A의 전류가 위쪽으로 흐르는 긴 도선 옆에 있는 직사각형 루프에 1.0A의 전류가 시계방향으로 흐른다. 직사각형의 크기는 5cm×20cm이고 긴 도선과 직사각형의 가장 가까운 변 사이의 거리는 10cm이다. 직사각형 루프에 작용하는 힘은?

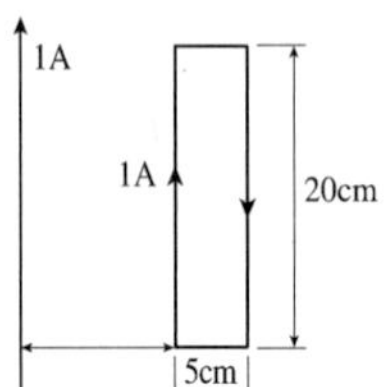

① 0N이다.
② 2.0×10^{-7}N이고 척력이다.
③ 2.0×10^{-7}N이고 인력이다.
④ 1.3×10^{-7}N이고 척력이다.
⑤ 1.3×10^{-7}N이고 인력이다.

해 설

해설 35

같은 방향으로 흐르는 두 도선의 사이에서 자기장이 반대 방향이므로 각 전류가 만드는 자기장의 크기가 같아야 한다.

$B=\frac{\mu_o}{2\pi}\frac{i}{r}$ 에서

$B_1=\frac{\mu_o}{2\pi}\frac{i_1}{r_1}=\frac{\mu_o}{2\pi}\frac{i}{r_1}$

$B_2=\frac{\mu_o}{2\pi}\frac{i_2}{r_2}=\frac{\mu_o}{2\pi}\frac{3i}{r_2}$ 이므로

$\frac{3i}{r_2}=\frac{i}{r_1}$

$3r_1=r_2$ 이다.

해설 36

$Eq=Bqv$ 에서 $v=\frac{E}{B}$ 이고

방향은 $\vec{E}\times\vec{B}$ 방향이다.

해설 37

자기장에 수직방향으로 놓인 길이는 2sin30에서 1m이다.
따라서 $F=Bli$ 에서
0.05×10=0.5N이다.

해설 38

인력 $F_1=2\times10^{-7}\frac{1\times1}{0.1\times0.2}$

척력 $F_2=2\times10^{-7}\frac{1\times1}{0.15}\times0.2$

$F=F_1-F_2 \fallingdotseq 1.3\times1^{-7}$N의 인력

정답 35. ② 36. ③ 37. ⑤ 38. ⑤

39 그림과 같이 z 축 상에 놓여 있는 도선에 z 축 방향으로 전류 i가 흐르고 있다. 도선 방향으로 진행하고 있는 x 축 상의 전자는 어느 방향으로 힘을 받는가?

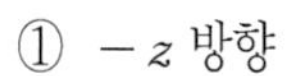
① $-z$ 방향
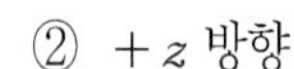
② $+z$ 방향
③ $-y$ 방향
④ $+y$ 방향
⑤ $+x$ 방향

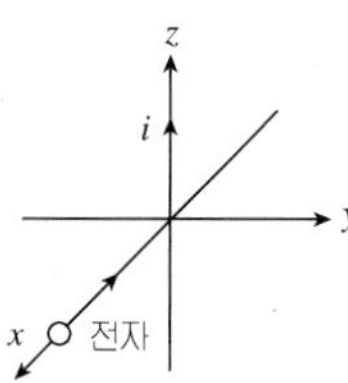

40 같은 운동에너지를 갖는 양성자와 α입자가 균일한 자기장 B에 수직하게 들어간다. 다음 중 옳지 않은 것은?

① 양성자와 α입자와 회전 운동 반경은 서로 같다.
② 두 입자는 같은 방향으로 회전한다.
③ α입자의 회전 주기는 양성자의 회전주기의 2배이다.
④ 두 입자가 서로 다른 운동에너지를 가지고 동일한 자기장 B에 입사되더라도 회전운동 주기는 α입자의 회전 주기는 양성자의 회전주기의 2배이다.
⑤ α입자의 운동에너지가 양성자의 운동에너지의 2배로 입사된다면 α 입자의 회전 반경이 양성자의 회전반경의 2배로 된다.

41 단면적 3cm^2, 길이 10cm인 원통에 코일이 1,000회 고르게 감겨 있고 이 코일에 1.0A의 전류가 흐른다. 이 코일의 자기 쌍극자모멘트는 얼마인가?

① 0.03Am^2
② 0.15Am^2
③ 0.3Am^2
④ 0.6Am^2
⑤ 3Am^2

42 자기장 B가 형성된 지점에서 단위체적당 자기장에 저장된 에너지(에너지밀도)는 얼마인가?

① $\dfrac{B^2}{2\mu_0}$　② $\dfrac{B^2}{2\pi\mu_0}$
③ $\dfrac{1}{2}\mu_0 B^2$　④ $\dfrac{1}{2}\pi\mu_0 B^2$
⑤ $\dfrac{1}{2}\mu_0^2 B^2$

해 설

해설 39

문제의 그림에서 전자가 있는 지점에서 자기장의 방향은 $+y$ 방향이고 전류는 전자의 반대방향인 $-x$ 방향이므로 플레밍의 왼손법칙에 따라 힘의 방향은 $+z$ 방향이다.

해설 40

양성자와 α입자(^4_2He)의 운동에너지 ($\frac{1}{2}mv^2$)이 같으므로

	속도	질량	전하량
양성자	$2v$	m	$+q$
α입자	v	$4m$	$+2g$

반경 $r=\dfrac{mv}{Bq}$ 주기 $T=\dfrac{2\pi m}{Bq}$ 에서 구할 수 있다.

해설 41

$\mu=NiA$ 에서
$\mu=1000\times1\times3\times10^{-4}$
$=0.3\,\text{Am}^2$ 이다.

해설 42

자기에너지 $U=\frac{1}{2}Li^2$ 이고, 코일이 N회 감기고 전류 i가 흐르면 자속은 $N\phi=Li$ 이어서 $U=\frac{1}{2}N\phi i$ 이다.

$n=\dfrac{N}{l}$ 에서 $N=nl$ 이고 $B=\dfrac{Q}{A}$ 에서 $\phi=BA$ 이므로 $U=\frac{1}{2}BniAl$
$=\dfrac{B}{2\mu_0}\mu_0 niAl$ 이다.
$B=\mu_0 ni$ 부피 $V=Al$ 이므로
단위체적당 에너지는 $\dfrac{B^2}{2\mu_0}$ 이다.

정답 39. ② 40. ⑤ 41. ③ 42. ③

43 그림은 두 개의 전기쌍극자가 배열되어 있는 두 가지 경우를 보여준다. A의 경우와 B의 경우 두 쌍극자 사이의 정전기력의 방향은 어떻게 되는가?

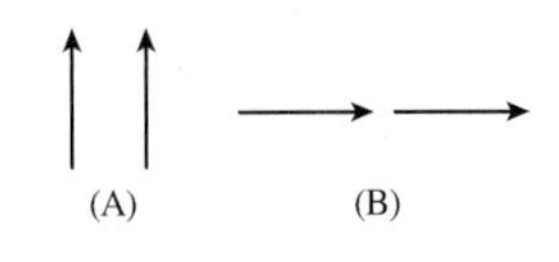

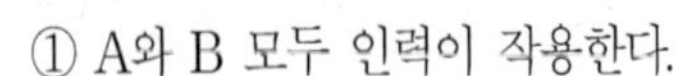
① A와 B 모두 인력이 작용한다.
② A와 B 모두 척력이 작용한다.
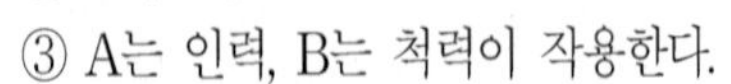
③ A는 인력, B는 척력이 작용한다.
④ A는 척력, B는 인력이 작용한다.
⑤ A와 B 모두 힘이 작용하지 않는다.

44 그림과 같이 지면으로 들어가는 방향의 자기장 B가 형성되어 있는 사각형 영역에 작은 직사각형 고리가 B에 수직하게 일정한 속력으로 통과한다. 직사각형 고리에 유도되는 기전력 E의 크기를 그래프로 옳게 나타낸 것은?

①
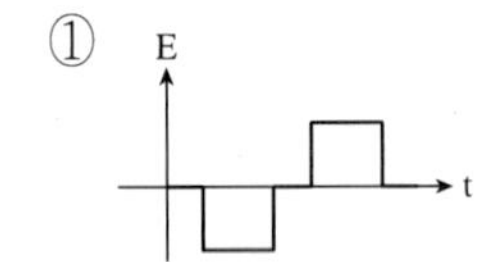

②
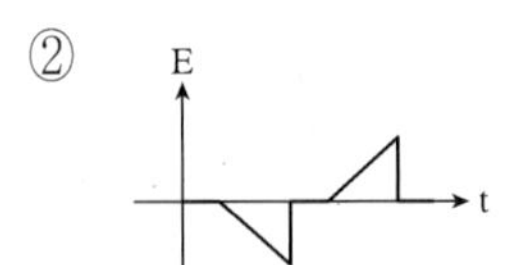

③
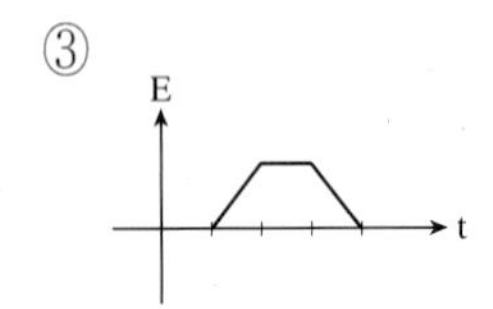

④
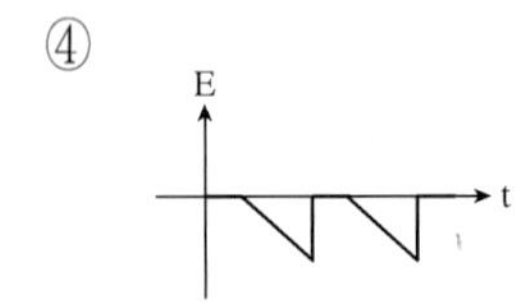

45 저항이 5 Ω인 폐회로를 통과하는 자속 ϕ가 $\phi=3t^2+8t$로 표시된다고 한다. 여기서 자속 ϕ의 단위는 mWb이고 t는 sec 단위이다. t = 2sec일 때 이 폐회로에 흐르는 전류는 얼마인가?

① 1mA
② 2mA
③ 3mA
④ 4mA
⑤ 5mA

해 설

해설 **43**

전기쌍극자의 방향은 (−)전하에서 (+)전하이다.

그림A는 ⊕ ⊕ / ⊖ ⊖ 이고

B그림은 ⊖—⊕ ⊖—⊕이다.

해설 **44**

$E=-\dfrac{d\phi}{dt}=-B\dfrac{dA}{dt}$ 이다.

해설 **45**

$V=-\dfrac{d\phi}{dt}$ 에서 $\phi=3t^2+8t$ 이므로 $V=-(6t+8)$ $t=2$ 에서 전압 V값의 크기는 20V이다. $V=IR$ 에서 $I=\dfrac{V}{R}$ ϕ의 단위가 밀리웨브(mWb)이므로 전류 $I=4mA$ 이다.

정답 43. ④ 44. ① 45. ④

46 그림과 같은 회로에서 스위치(s/w)를 닫은 직후 3 Ω의 저항에 흐르는 전류와 정상상태에 도달한 후 3 Ω의 저항에 흐르는 전류를 차례로 바르게 쓴 것은?

① 2.0A, 2.0A
② 2.0A, 2.5A
③ 2.5A, 2.0A
④ 2.5A, 2.5A
⑤ 1.5A, 2.0A

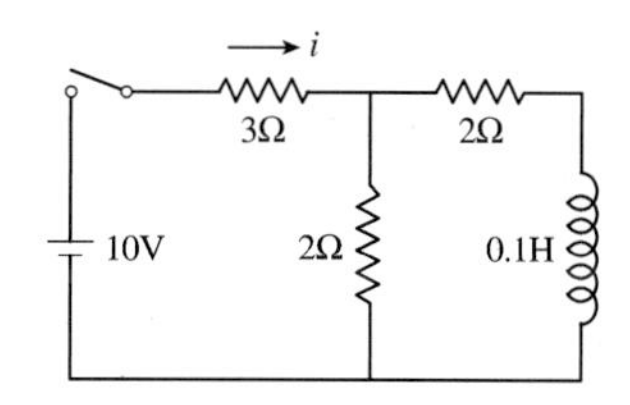

47 코일에 흐르는 전류가 10A일 때 저장된 자기에너지가 5J이었다. 이 코일의 인덕턴스는 얼마인가?

① 0.1H
② 0.2H
③ 0.4H
④ 0.5H
⑤ 1.0H

48 그림과 같은 직류회로에서 콘덴서 및 인덕터에 저장된 에너지의 비 $\frac{E_c}{E_i}$ 는?

① 0
② 2.0×10^{-7}
③ 4.0×10^{-7}
④ 4.0×10^{-6}
⑤ 2.0×10^{-5}

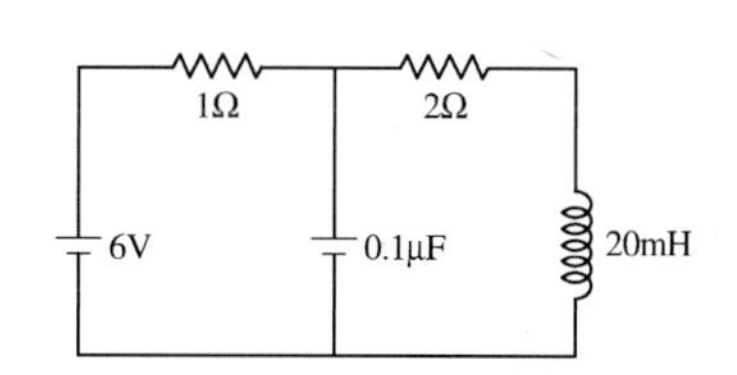

49 0.5T인 자기장에 저장된 에너지밀도와 같은 밀도의 에너지를 저장할 수 있는 균일한 전기장의 세기는 얼마인가?

① 1.5V/m
② 3.0V/m
③ 1.5×10^4 V/m
④ 3×10^4 V/m
⑤ 1.5×10^8 V/m

해 설

해설 46

스위치를 닫는 순간은 코일에 역가전력으로 인해 코일에는 전류가 흐르지 않는다. 따라서 합성저항이 5 Ω이므로 전류는 $V=IR$에서 2A가 흐른다. 그러나 잠시 후 $f=0$ 이므로 코일의 저항은 0이 되어 전체 저항은 4 Ω이므로 전류는 2.5A이다.

해설 47

$U=\frac{1}{2}LI^2$ 에서 $5=\frac{1}{2}L\times10^2$

이므로 $L=0.1H$ 이다.

해설 48

회로에서 주파수 $f=0$ 이므로 콘덴서의 저항 $X_c=\frac{1}{2\pi fC}=\infty$ 이고

코일의 저항 $X_L=2\pi fL=0$ 이다.

정상상태가 되면 전류는 2A가 흐른다. 따라서 회로의 1Ω의 저항에는 2V의 전압이 걸리므로 콘덴서 0.1μF에는 4V가 걸린다. 또 인덕턴스 20mH인 코일에는 2A의 전류가 흐른다.

따라서 각각에 저장된 에너지는

$\frac{1}{2}CV^2$, $\frac{1}{2}LI^2$ 에서

$W_c=\frac{1}{2}\times0.1\times10^{-6}\times4^2$,

$W_L=\frac{1}{2}\times20\times10^{-3}\times2^2$ 이다.

$\frac{W_c}{W_L}=2\times10^{-5}$

해설 49

$\frac{1}{2}\varepsilon_0E^2=\frac{1}{2\mu_0}B^2$ $E^2=\frac{1}{\varepsilon_0\mu_0}B^2$

$E^2=\sqrt{\frac{1}{\varepsilon_0\mu_0}}B^2$

$\left(\frac{1}{\sqrt{\varepsilon_0\mu_0}}=3\times10^8\text{m/s}\right)$

$E=3\times10^8\times0.5=1.5\times10^8\ V/\text{m}$

정답 46. ② 47. ① 48. ⑤ 49. ⑤

50 인덕턴스가 50mH 저항이 0.5 Ω인 코일에 10V의 전지를 연결하여 평형상태에 도달 했을 때 자기장내에 저장된 에너지는 얼마인가?

① 5J　② 10J
③ 15J　④ 20J
⑤ 25J

51 원자나 분자가 고유한 쌍극자 모멘트를 갖지는 않으나 외부 자기장이 인가되었을 때 자기장의 반대방향으로 유도 쌍극자 모멘트가 유도되는 물질을 무엇이라 하는가?

① 극성 유전체　② 비극성 유전체
③ 상자성체　④ 반자성체
⑤ 강자성체

52 강한 자기쌍극자 모멘트를 가지고 열운동의 방해에도 불구하고 쌍극자 사이의 교환결합에 의하여 어떤 구역(domain)내에서 원자 쌍극자가 나란히 정렬하려고 하는 물질은 어떤 것인가?

① 극성 유전체　② 비극성 유전체
③ 상자성체　④ 반자성체
⑤ 강자성체

53 어떤 물질의 온도를 큐리 온도보다 높여주면 그 물질의 자기적 성질은?

① 강자성체에서 상자성체로 변한다.
② 강자성체에서 반자성체로 변한다.
③ 반자성체에서 상자성체로 변한다.
④ 반자성체에서 강자성체로 변한다.
⑤ 상자성체에서 강자성체로 변한다.

54 그림과 같은 회로에서 스위치를 닫고 시간이 충분히 흐른 뒤에 스위치를 열었다. 축전기에 걸리는 최대 전압은 몇 V인가?

① 5V
② 10V
③ 50V
④ 100V
⑤ 500V

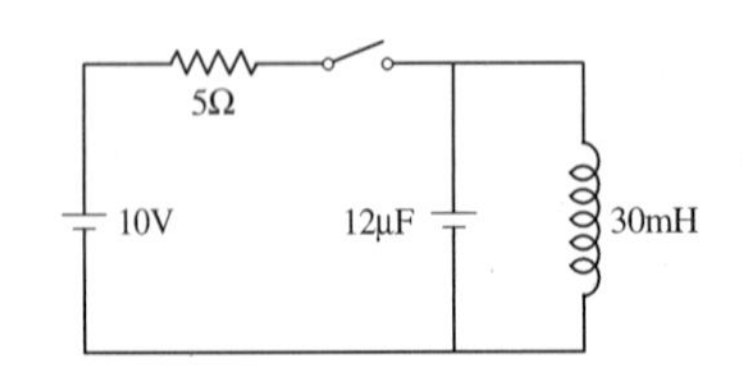

해 설

해설 50

$U=\frac{1}{2}Li^2$, $V=IR$이므로

전류는 20A이다.

$U=\frac{1}{2}\times50\times10^{-3}\times20^2=10J$

해설 51

자기장의 반대방향으로 유도되어 자기장의 크기가 작아진다.

해설 54

$\frac{1}{2}Li^2=\frac{1}{2}CV^2$ 에서 $Li^2=CV^2$

이고 전류는 2A가 흐르므로

$30\times10^{-3}\times2^2=12\times10^{-6}\times V^2$

$V=100\,V$ 이다.

정답 50. ② 51. ④ 52. ⑤ 53. ① 54. ④

55 인덕터에 각 진동수 ω인 교류를 인가할 때 인덕터 양단의 전압과 전류의 위상에 관한 다음 설명 중 옳은 것은?

① 전압과 전류의 위상이 서로 같다.
② 전류의 위상이 전압의 위상보다 90도 빠르다.
③ 전류의 위상이 전압의 위상보다 90도 늦다.
④ 전류의 위상이 전압의 위상보다 180도 빠르다.
⑤ 전류의 위상이 전압의 위상보다 180도 늦다.

56 RLC 직렬회로에 교류를 인가할 때 최대 전류가 흐르게 하려면 교류 전압 진동수가 얼마이어야 하는가?

① $\sqrt{LC}$ ② $\dfrac{1}{\sqrt{LC}}$
③ $2\pi\sqrt{LC}$ ④ $\dfrac{1}{2\pi\sqrt{LC}}$
⑤ $2\pi\sqrt{\dfrac{L}{C}}$

57 $R=30\Omega$, $L=200mH$, $C=50\mu F$인 RLC 직렬회로에 $E=(60\text{V})\sin400t$인 교류전원이 인가되었다 전류의 실효값과 전류의 위상에 대한 다음 설명 중 옳은 것은?

① 전류의 실효값은 1.0A이고 전류의 위상이 전원 전압에 비해 45도 늦다.
② 전류의 실효값은 1.0A이고 전류의 위상이 전원 전압에 비해 45도 빠르다.
③ 전류의 실효값은 1.4A이고 전류의 위상이 전원 전압에 비해 45도 늦다.
④ 전류의 실효값은 1.4A이고 전류의 위상이 전원 전압에 비해 45도 빠르다.
⑤ 전류의 실효값은 1.4A이고 전류의 위상이 전원 전압의 위상과 같다.

해 설

해설 56
최대전류가 흐르기 위해서 임피던스 Z가 최소가 되어야 한다.
$Z=\sqrt{R^2+(2\pi fL-\dfrac{1}{2\pi fc})^2}$ 에서
$2\pi fL=\dfrac{1}{2\pi fc}$ 이므로
$f=\dfrac{1}{2\pi\sqrt{LC}}$ 이다.

해설 57
V_L, V_R, V_C, I

$E=60\sin400t$ 이므로
최대전압 $V_o=60V$
주파수 $w=400Hz$
$X_L=Lw=200\times10^{-3}\times400=80\Omega$
$X_c=\dfrac{1}{Cw}=\dfrac{1}{50\times10^{-6}\times400}$
$=50\Omega$이고 $R=300\Omega$ 이므로
임피던스 $Z=\sqrt{R^2+(X_L-X_C)^2}$
$=30\sqrt{2}\Omega$ 이다.
실효전압은 $V=\dfrac{V_o}{\sqrt{2}}=30\sqrt{2}V$
이므로 전류는 1A가 흐른다.
따라서 각 RLC에 걸리는 전압은
$V_R=30V$, $V_L=80V$, $V_C=50V$
이므로
V_L이 V_C보다 30V가 크다.
따라서 전류에 비해 전압이 45°앞선다.
즉 전류가 45°만큼 늦다.

정답 55. ③ 56. ④ 57. ①

58 $R=30\Omega$, $L=200mH$, $C=50\mu F$인 RLC 직렬회로에 $E=$(60V) sin400t인 교류전원이 인가되었다. 저항에서 소비되는 전력은 얼마인가?

① 18 W
② 24 W
③ 30 W
④ 36 W
⑤ 42 W

59 0.2H의 코일과 50μF의 축전기가 직렬로 연결되어 전류가 $i=2\sin 400t(A)$로 흐르고 있다. 코일과 축전기의 합성 전압의 실효전압은 얼마인가?

① 42 V
② 71 V
③ 100 V
④ 141 V
⑤ 0 V

60 진공의 유전율을 ε_0, 투자율을 μ_0라 할 때 진공에서의 빛의 속도 c는 어떻게 표시되는가?

① $c=\varepsilon_0\mu_0$
② $c=\dfrac{\mu_0}{\varepsilon_0}$
③ $c=\sqrt{\varepsilon_0\mu_0}$
④ $c=\sqrt{\dfrac{\mu_0}{\varepsilon_0}}$
⑤ $c=\dfrac{1}{\sqrt{\varepsilon\mu_0}}$

61 진공 중에서 진행하는 전자기파가 있다. 전기장 E와 자기장 B의 비 $\dfrac{E}{B}$의 값은 얼마인가? c의 빛의 속도, ε_0, μ_0는 각각 진공에서 유전율과 투자율이다.

① $\dfrac{\varepsilon_0}{\mu_0}$
② $\dfrac{\mu_0}{\varepsilon_0}$
③ $\varepsilon_0\mu_0$
④ $\dfrac{1}{c}$
⑤ c

해 설

해설 58

전력소모는 저항에서만 일어나므로 $P=I^2R$이고 $w=400$이므로 $X_L=80\Omega$, $X_C=50\Omega$이다.
$Z=\sqrt{R^2+(X_L-X_C)^2}=30\sqrt{2}\,\Omega$
이고 전압의 실효값이 $30\sqrt{2}\,V$이다.
따라서 전류는 A가 흐른다.

해설 59

$I=I_o\sin wt$가 $i=2\sin 400t$이므로
최대전압은 2A, 실효값은 $i=\dfrac{2}{\sqrt{2}}A$
$w=400$ $X_L=2\pi fL=400\times0.2$
$=80\Omega$이고
$X_C=\dfrac{1}{2\pi fc}$
$=\dfrac{1}{400\times50\times10^{-6}}=50\Omega$이다.
코일과 축전기의 위상차가 π이므로 합성 저항은 80−50=30 Ω이므로 전압은 $30\times\dfrac{2}{\sqrt{2}}=42V$이다.

해설 61

전자기파의 순간 에너지는 자속밀도 에너지와 전기장에 의한 전속밀도 에너지가 같다.
$u_E=\dfrac{1}{\varepsilon_0}E^2$, $u_B=\dfrac{1}{2\mu_0}B^2$
$\dfrac{1}{2}\varepsilon_0E^2=\dfrac{1}{2\mu_0}B^2$
$\dfrac{E^2}{B^2}=\dfrac{1}{\varepsilon_0\mu_0}$, $\dfrac{E}{B}=\dfrac{1}{\sqrt{\varepsilon_0\mu_0}}$,
$\dfrac{1}{\sqrt{\varepsilon_0\mu_0}}=c$

정답 58. ③ 59. ① 60. ⑤ 61. ⑤

62 음의 y방향으로 진행하는 전자기파와 전기장의 특정 시간과 공간에서 양의 z방향을 향하고 100V/m의 세기를 갖는다고 한다. 이 때 자기장 B의 세기와 방향은 얼마인가?

① 세기는 $3.3\times 10^{-7}\ Wb/m^2$이고 방향은 음의 x방향이다.
② 세기는 $3.3\times 10^{-7}\ Wb/m^2$이고 방향은 양의 x방향이다.
③ 세기는 $3.3\times 10^{-7}\ Wb/m^2$이고 방향은 음의 z방향이다.
④ 세기는 $8.0\times 10^{-7}\ Wb/m^2$이고 방향은 음의 x방향이다.
⑤ 세기는 $8.0\times 10^{-7}\ Wb/m^2$이고 방향은 양의 x방향이다.

63 세기가 B로 균일하게 분포한 자기장 내에 수직으로 반지름 r_o인 원형 도선이 놓여져 있다. 이 도선의 반지름이 ν의 비율로 증가 될 경우 도선에 발생하는 유도 기전력은?

① $\pi r^2 \nu B$
② $2\pi r \nu B$
③ $\frac{\pi r \nu}{B}$
④ $\frac{\nu B}{\pi r^2}$

64 그림과 같이 평행한 두 도체판에 전하를 대전시켜 화살표 방향의 균일한 전기장이 $E=10\,V/\mathrm{m}$가 되게 하였다 A와 B사이의 전위차는 몇 V인가?

① 2V
② 4V
③ 5V
④ 7V
⑤ 9V

E=10V/m, 30cm, 50cm, A, B

65 진공 중에서 그림과 같이 무한히 크고 수평인 두 평행 도체판 사이에 질량 1g 전하 9.8×10^{-8} ℃인 물체가 정지하고 있다. 대전된 두 도체 평면 사이의 간격을 10cm라 할 때 두 도체 간의 전위차는? (단, 중력 가속도는 $9.8\mathrm{m/s^2}$ 이다.)

① $1\times 10^2\ V$
② $3\times 10^3\ V$
③ $1\times 10^4\ V$
④ $3\times 10^5\ V$
⑤ $9\times 10^6\ V$

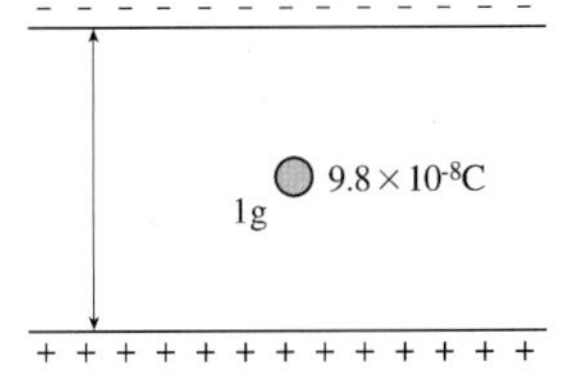

해 설

해설 62

$\frac{E}{B}=C$에서 $B=\frac{E}{C}=\frac{100}{3\times 10^8}$
$=3.3\times 10^{-7}$이다.

방향은 $\vec{E}\times\vec{B}$ 이다.

해설 63

반지름 r은 $r=\nu t+r_o$이고 면적A는
$A=\pi r^2=\pi(\nu t+r_o)^2$
$\phi=BA=\pi B(\nu t+r_o)^2$이다.

기전력
$\varepsilon=\left|-\frac{d\phi}{dt}\right|=\frac{d}{dt}\pi B(\nu t+r_o)^2$
$=2\pi\nu B(\nu t+r_o)$이다.

따라서 기전력 V는 $V=2\pi\nu Br$ 이다.

해설 64

A와 B사이의 거리는 40cm 이므로
$V=E\cdot d$에서
$V=10\times 0.4=4V$이다.

해설 65

전기장에 의해 받는 힘과 중력이 같으므로
$mg=E\cdot q$에서
$1\times 10^{-3}\times 9.8=E\times 9.8\times 10^{-8}$
이므로 전기장 $E=10^5 V/\mathrm{m}$이다.
전위차는 $V=Ed$이므로
$V=10^5\times 0.1=10^4 V$이다.

정답 62. ① 63. ② 64. ② 65. ③

66 그림과 같은 회로에서 스위치 S_1 을 닫은 얼마 후 다시 열고 S_2 를 닫으면 축전기 C_2 의 극판사이의 전위차는 얼마인가? (단, C_1, C_2 의 전기용량은 $2\mu F$, $3\mu F$ 이고 전지의 기전력은 60V이다.)

① 20V
② 24V
③ 40V
④ 48V
⑤ 60V

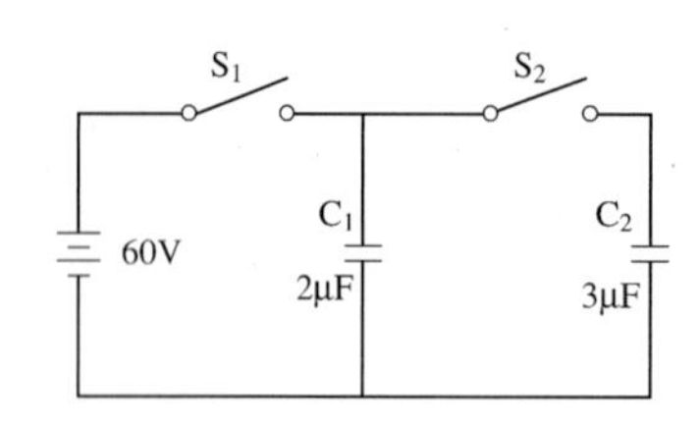

67 오른쪽 그림과 같이 연결된 회로가 있다. 이 회로에서 $3\mu F$ 의 축전기에 저장되는 전하량은?

① $3.6\times10^{-6}C$
② $7.2\times10^{-6}C$
③ $1.08\times10^{-5}C$
④ $1.2\times10^{-5}C$
⑤ $1.8\times10^{-5}C$

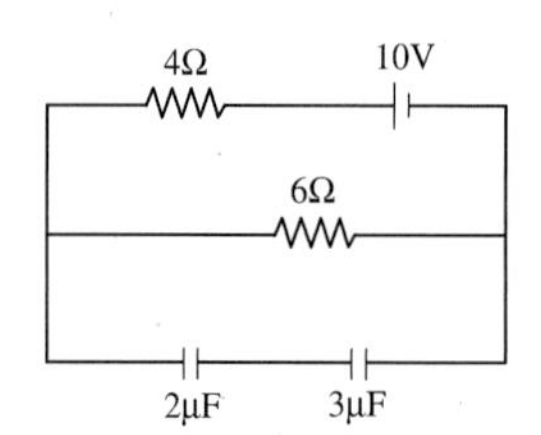

68 오른쪽 그림과 같은 회로에서 R 에 걸리는 전압은 10V 이다. 축전기에 충전되는 전기량과 저항 R 의 값을 구하면 각각 얼마인가?

① $0\mu C$, 4Ω
② $50\mu C$, 1Ω
③ $100\mu C$, 4Ω
④ $150\mu C$, 1Ω
⑤ $200\mu C$, 4Ω

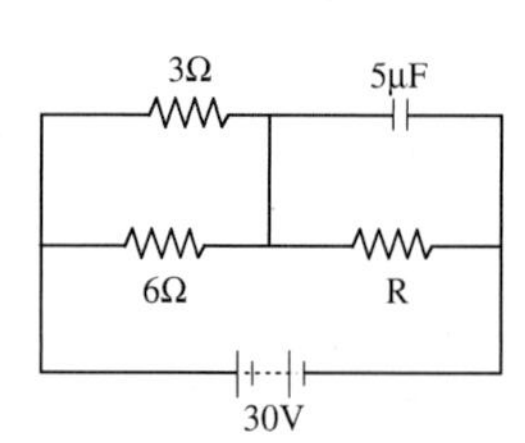

해 설

해설 **66**

C_1 에 저장되는 전하량은

$Q = CV = 2\mu F\times60 = 120\mu C$ 이고

S_2 를 닫은 후에는

C_1 과 C_2 의 합성용량은

$C = C_1 + C_2 = 5\mu F$ 이다.

전체전압은

$V = \frac{Q}{C} = \frac{120\mu C}{5\mu F} = 24V$ 이다.

해설 **67**

정상 상태에 도달하면 전압이 직류이므로 축전기에는 전류가 흐르지 않으므로 회로의 전체 저항은 10Ω이므로 전류는 1A가 흐른다. 따라서 4Ω에 4V의 전압이 걸리므로 6V의 전압이 두 축전기 양단에 걸린다. 축전기의 합성용량은 $\frac{1}{C} = \frac{1}{C_1} + \frac{1}{C_2}$ 에서

$C = 1.2\mu F$ 이다.

$Q = CV$ 에서

$Q = 1.2\times10^{-6}\times6 = 7.2\times10^{-6}C$ 이다

해설 **68**

R 에 걸리는 저항이 10V이므로

$5\mu F$ 에도 10V가 걸리므로

$Q = CV = 5\times10^{-6}\times10 = 50\mu C$ 이다

또 3Ω과 6Ω은 병렬 연결로써 각각 20V의 전압이 걸린다.

따라서 3Ω에는 $\frac{20}{3}A$ 의 전류가 6Ω에는 $\frac{20}{6}A$ 의 전류가 흐르므로 저항 R 에는 $\frac{20}{3} + \frac{20}{6} = \frac{30}{3} = 10A$ 의 전류가 흐른다. 그러므로 저항 R 는

$R = \frac{V}{I} = \frac{10}{10} 1\Omega$ 이다.

정답 66. ② 67. ② 68. ②

69 그림과 같이 2개의 저항, 2개의 축전기가 12V의 전원에 연결되어 있다. 점 A와 B사이의 전위차는 몇 V인가?

① 0V
② 2V
③ 4V
④ 6V
⑤ 8V

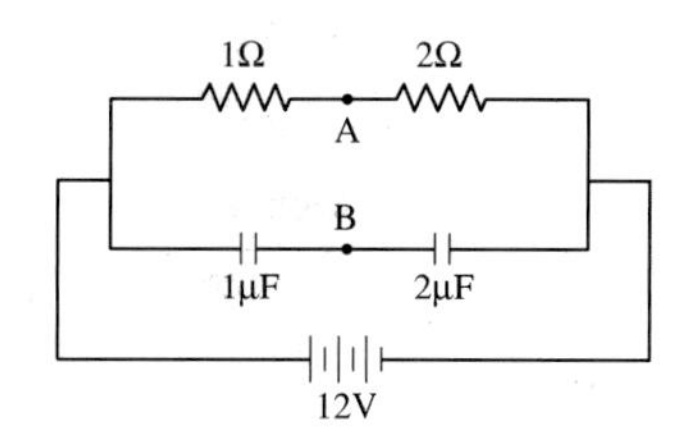

70 110V-60w 전구를 120V에서 사용할 때 아래의 보기 중에서 올바른 것을 고른 것은 어느 것인가?

<보기>

a. 작동하는 동안 소비전력은 60w 이상일 것이다.
b. 110V일 때보다 더 작은 저항값을 가질 것이다.
c. 110V일 때 보다 더 밝을 것이다.
d. 전구를 켠 후 10분 이내 전구가 폭발할 것이다.

① a, b만 옳다.
② a, c만 옳다.
③ b, d만 옳다.
④ d만 옳다.
⑤ a, b, c만 옳다.

71 오른쪽 그림처럼 배열된 세 개의 평행한 도선에 각각 1A의 전류가 흐르고 있다. 그림에서 ⊙는 전류가 지면을 수직으로 뚫고 나오는 방향으로 ⊗는 뚫고 들어가는 것을 나타낸다. 도선 A가 1m당 받는 힘의 크기와 방향은?

① $2\sqrt{3}\times10^{-6}N$, 위로
② $2\sqrt{3}\times10^{-6}N$, 아래로
③ $2\sqrt{3}\times10^{-5}N$, 위로
④ $2\sqrt{3}\times10^{-5}N$, 아래로
⑤ $2\sqrt{3}\times10^{-4}N$, 위로

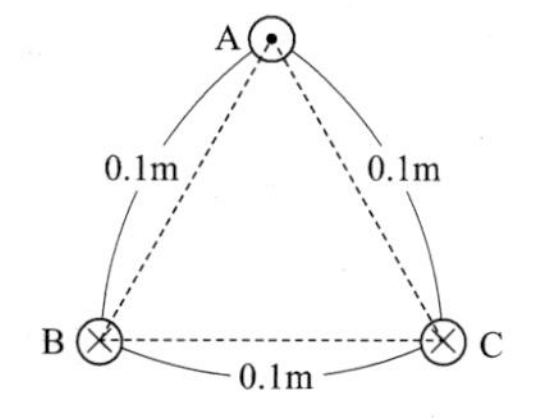

해설

해설 69

1 Ω에는 4V가 걸리고 2 Ω에는 8V의 전압이 걸린다.
축전기의 전압은 $V=\frac{Q}{C}$이므로
$1\mu F$과 $2\mu F$에 걸리는 전압은 2 : 1 이므로 8V와 4V가 걸린다.
따라서 A점이 B점보가 4V만큼 전위가 높다.

해설 70

110V-60w인 전구의 저항은
$R=\frac{110^2}{60}$로 외부전압에 관계없이 같다.
이 저항에 만약 110V가 걸리면 60w의 출력이지만 120V가 걸리면
$P=\frac{120^2}{\frac{110^2}{60}}=\frac{120^2}{110^2}\times60$이 되어
더 밝게 된다.

해설 71

나란한 직선도선에 전류가 흐를 때 같은 방향으로 흐를 때 인력, 반대방향으로 흐를 때 척력이 작용하므로
그림과 같이 F_1, F_2의 힘을 받게 된다.
$F_1=F_2=2\times10^{-7}\frac{1\times1}{0.1}l(N)$
단위 미터당 힘은
$F_1=F_2=2\times10^{-6}(N)$이다.
F_1, F_2의 사이 각은
60°이므로 합성힘은 $2\sqrt{3}\times10^{-6}N$이다.

정답 69. ③ 70. ② 71. ①

72 두 개의 같은 긴 평행도선에 같은 전류 I가 같은 방향으로 흐른다. 두 도선 사이의 거리가 1m이고 한 도선에 작용되는 단위길이당 힘이 32×10^{-7} N/m 이면 전류 I는 얼마인가?

① 2A
② 4A
③ 8A
④ 16A
⑤ 32A

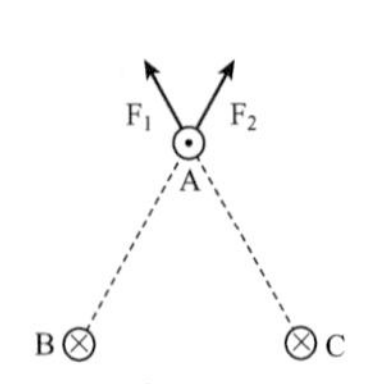

73 오른쪽 그림과 같이 자체 유도계수가 4H 코일과 전기 용량이 $1\mu F$인 축전기를 직렬로 연결하여 100V의 교류 전압을 걸어줄 때 전류가 최대로 되는 교류의 주파수는 몇 Hz인가?

① $\frac{10}{4\pi}Hz$
② $\frac{100}{4\pi}Hz$
③ $\frac{1000}{4\pi}Hz$
④ $\frac{10000}{4\pi}Hz$
⑤ $\frac{4\pi}{100}Hz$

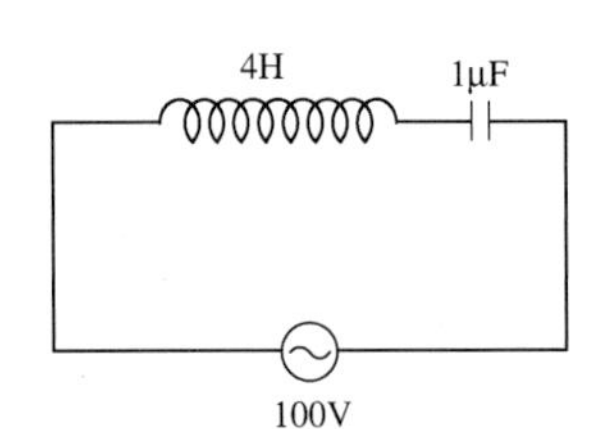

74 전기 용량 $C=4000PF$인 축전기와 인덕턴스 $40\mu H$인 코일을 그림과 같이 연결한 전기 진동 회로가 있다. 이 전기 진동에서 나오는 전자기파의 파장은 얼마인가? (단, 빛의 속도는 $3\times 10^{8}\text{m/s}$ 이다.)

① 6πm
② 12πm
③ 24πm
④ 120πm
⑤ 240πm

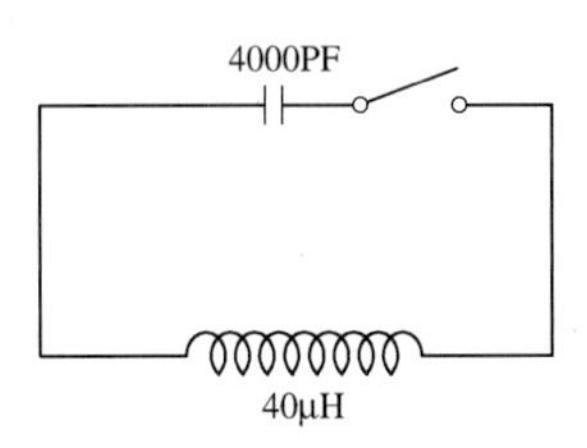

해 설

해설 72

$F/l=\frac{\mu_o}{2\pi}\frac{i_1 i_2}{r}$ 에서

$32\times10^{-7}=2\times10^{-7}\times\frac{I^2}{1}$ 이므로

$I=4A$ 이다.

해설 73

$X_L=X_C$일 때 최대 전류가 흐르므로

$2\pi fL=\frac{1}{2\pi fc}$ 에서

$f=\frac{1}{2\pi\sqrt{LC}}=\frac{1}{2\pi\sqrt{4\times10^{-6}}}$

$=\frac{1000}{4\pi}Hz$

해설 74

회로에서 코일에 흐르는 전류는

$I_L=\frac{V}{wL}=\frac{V}{2\pi fL}$ 이고

축전기에 흐르는 전류는

$I_C=wCV=2\pi fCV$ 이지만 같은 회로를 흐르는

전류이므로 두 전류는 같아서

$I_C=I_L$ 이므로 $\frac{V}{2\pi fL}=2\pi fCV$

이다.

따라서 $f=\frac{1}{2\pi\sqrt{LC}}$ 이므로

$f=\frac{1}{2\pi\sqrt{40\times10^{-6}\times4000\times10^{-12}}}$

$=\frac{10^7}{8\pi}$ Hz 이다.

또 $C=f\lambda$ 에서 파장은 $\lambda=\frac{C}{f}$ 이므로

$\lambda=\frac{8\pi\times3\times10^8}{10^7}=240\pi$m 이다.

정답 72. ② 73. ③ 74. ⑤

75 축전기에 V=200V인 교류 전압을 연결하였더니 오른쪽 그림과 같이 전류가 흘렀다. 이 축전기의 용량 리액턴스를 구하여라.

① $100\sqrt{2}\,\Omega$
② $500\sqrt{2}\,\Omega$
③ $\dfrac{500}{\sqrt{2}}\,\Omega$
④ $1000\sqrt{2}\,\Omega$
⑤ $\dfrac{1000}{\sqrt{2}}\,\Omega$

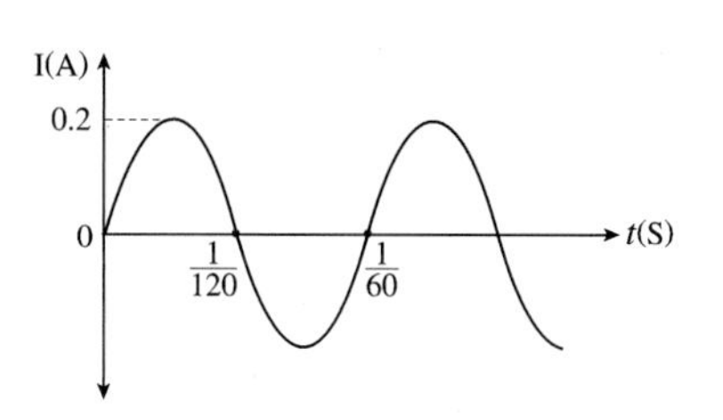

해 설

해설 **75**

그림에서 최대 전류 $I_o=0.2A$ 이므로 실효 전류 값은

$I=\dfrac{0.1}{\sqrt{2}}=0.1\times\sqrt{2}A$ 이다.

$V=I\times X_c$ 에서

$X_c=\dfrac{V}{I}=\dfrac{200}{0.1\times\sqrt{2}}$ 이다.

따라서 $X_c=1000\sqrt{2}\Omega$ 이다.

76 위의 문제에서 축전기의 전기용량은 대략 얼마인가? (단, $\sqrt{2}=1.4$ 이고 $\pi=3$ 으로 계산한다.)

① $0.5\mu F$
② $1\mu F$
③ $2\mu F$
④ $4\mu F$
⑤ $5\mu F$

해설 **76**

그래프에서 주기 $T=\dfrac{1}{60}$ 이므로

$F=60\,\text{Hz}$ 이다.

$X_c=\dfrac{1}{2\pi fC}$ 에서 $C=\dfrac{1}{2\pi fX_c}$

이므로

$C=\dfrac{1}{2\times3\times60\times1000\times1.4}$

$=\dfrac{1}{504000}\fallingdotseq2\mu F$

77 그림처럼 질량이 3g인 두 개의 금속판이 있고 그 안에는 약 3×10^{22}개의 구리원자가 들어 있다. 두 개의 금속판이 전자를 잃어 각각 총전하 $+q$ 로 대전 되었을 때 한금속판이 다른 금속판에서 2m 위에 떠 있다면 이 금속의 전하량 q 는?

① $1\mu C$
② $2\mu C$
③ $3\mu C$
④ $4\mu C$
⑤ $5\mu C$

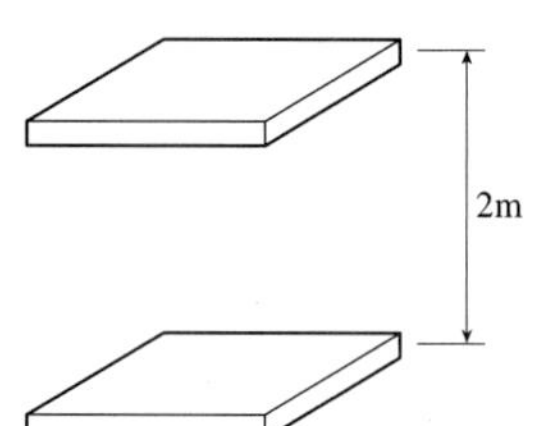

해설 **77**

$mg=\dfrac{1}{4\pi\varepsilon_o}\dfrac{q^2}{r^2}$ 에서

$q^2=4\pi\varepsilon_o r^2mg$ 이므로

$q=\sqrt{\dfrac{1}{9\times10^9}\times2^2\times3\times10^{-3}\times10}$

$=4\times10^{-6}C=4\mu C$

78 위의 문제에서 전하량이 $+q$ 가 되기 위해서는 얼마의 전자를 잃어야 하는가?

① 0.5×10^{13}개
② 1.5×10^{13}개
③ 2.5×10^{13}개
④ 1.5×10^{14}개
⑤ 2.5×10^{14}개

해설 **78**

$Q=nq$ 에서

$q=1.6\times10^{-19}C$ 이므로

$N=\dfrac{4\times10^{-6}}{1.6\times10^{-19}}=2.5\times10^{13}$ 개

이다.

정답 75. ④ 76. ③ 77. ④ 78. ③

79 그림처럼 전하량 $q=5\times10^{-6}C$ 인 양전하로부터 거리 50cm 떨어진 곳에 양성자를 놓았을 때 아주 멀리 밀려난 후의 속도는 몇 m/s인가? (양성자의 질량은 1.67×10^{-27}kg 이다.)

① 3.25×10^{-6}m/s
② 3.65×10^{-6}m/s
③ 4.15×10^{-6}m/s
④ 4.65×10^{-6}m/s
⑤ 4.75×10^{-6}m/s

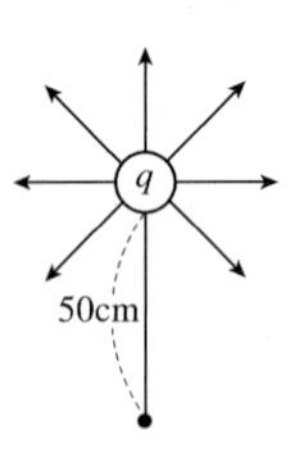

80 오른쪽 그림과 같은 회로에서 저항 r은 몇 Ω이 되어야 하는가?

① 1Ω
② 2Ω
③ 2.5Ω
④ 4Ω
⑤ 5Ω

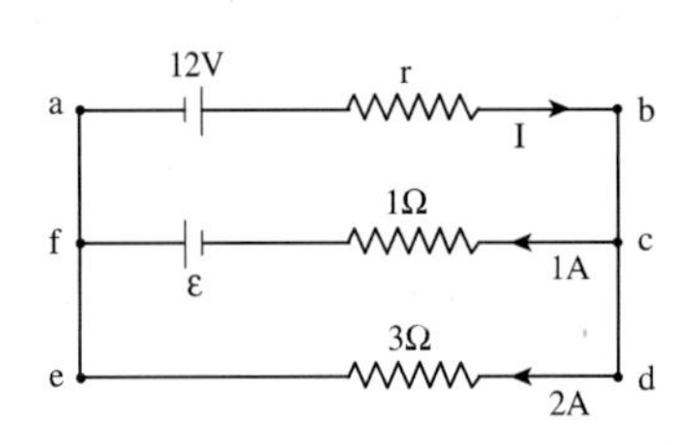

81 위의 문제에서의 회로의 기전력 ε는 몇 V인가?

① 1V
② 2V
③ 3V
④ 4V
⑤ 5V

해 설

해설 **79**

양성자의 위치에너지가 운동에너지로 바뀌므로 $qV=\frac{1}{2}mv^2$에서 구할 수 있다.

$V=\frac{1}{4\pi\varepsilon_o}\frac{q}{r}=9\times10^9\times\frac{5\times10^{-6}}{0.5}$

$=90000V$ 이고

$q=1.6\times10^{-19}C$,

$m=1.67\times10^{-27}$ kg 이므로

$1.6\times10^{-19}\times90000$

$=\frac{1}{2}\times1.67\times10^{-27}\times v^2$ 에서

$v=4.15\times10^{-6}$m/s 이다.

해설 **80**

키르히호프 1법칙에서 C점에서는

$I=1A+2A=3A$ 이다.

키르히호프 2법칙에서 폐회로 a, b, d, e, a에서

$12V=(3\times r)+(2\times3)$ 이므로

$r=2\Omega$ 이다.

해설 **81**

키르히호프 2법칙에서 폐회로 a, b, c, f, a에서 12V와 기전력 ε는 방향이 반대이므로

$12-\varepsilon=(3\times2)+(1\times1)$ 이다.

따라서 $\varepsilon=5V$

정답 79. ③ 80. ② 81. ⑤

82 오른쪽 그림과 같은 회로에서 전류 I_2와 I_3는 각각 몇 A의 전류가 흐르는가?

① 1.05A, 0.45A
② 1.0A, 0.5A
③ 0.85A, 0.65A
④ 0.75A, 0.75A
⑤ 1.2A, 0.3A

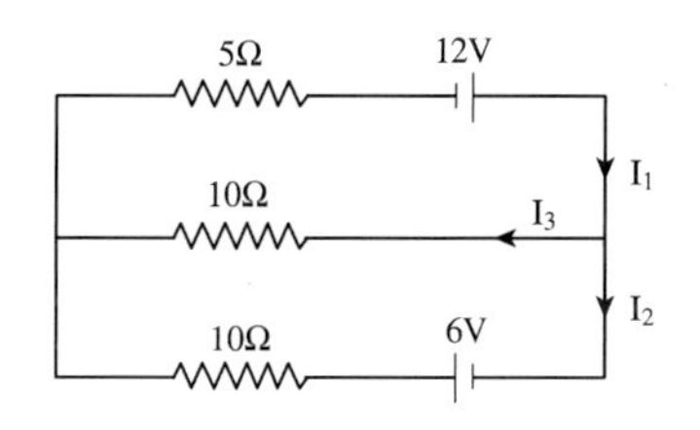

83 라디오에서 인덕터의 전류진폭은 진동수 1.6MHz에서 전압의 진폭이 3.6V일 때 250 μA 이다. 얼마의 유도 리액턴스가 필요한가? 또한 인덕턴스는 얼마인가?

① 14.4 Ω, 1.43mH
② 2.25 Ω, 2.25mH
③ 44k Ω, 2.25mH
④ 14.4k Ω, 1.43mH
⑤ 2.25k Ω, 2.25mH

84 300Ω의 저항과 0.6 μF 인 축전기가 주파수 2000Hz인 교류 80V에 직렬 연결되어 있다. 회로에 흐르는 전류를 구하여라.

① 0.122A
② 0.244A
③ 0.488A
④ 0.5A
⑤ 0.976A

해 설

해설 82

분기점 C에서 $I_1 = I_2 + I_3$ 이므로
$I_3 = I_1 - I_2 \cdots$①이다.
폐회로 a, b, d, e, a에서
$12 + 6 = 5I_1 + 10I_2 \cdots$②
폐회로 a, b, c, f, a에서
$12 = 10I_3 + 5I_1 \cdots\cdots$③이다.
식 ①, ③에서 $12 = 15I_1 - 10I_2$ 이다.
이 식과 식②을 합
하면 $30 = 20I_1$ 이므로
$I_1 = 1.5A$ 이고 ②, ③에서
$I_2 = 1.05A$ 이고 $I_3 = 0.45A$ 이다.

해설 83

$V = IX_L$ 에서
$X_L = \frac{V}{I}\ \frac{3.6}{250\times10^{-6}} = 14.4K\Omega$
이다.
$X_L = 2\pi fL$ 에서
$L = \frac{X_L}{2\pi f} = \frac{1.44\times10^4}{2\pi(1.6\times10^{-6})}$
$= 1.43\times10^{-3} = 1.43\,\text{mH}$

해설 84

회로 전체의 저항은 $Z = \sqrt{R^2 + X_C^2}$
이고 $X_C = \frac{1}{2\pi fC}$ 이므로
$X_C = \frac{1}{2\pi\times2000\times(0.6\times10^{-6})^2}$
$= 133\Omega$ 이다.
따라서 $Z = \sqrt{300^2 + 133^2} = 328\Omega$
이다.
회로에 흐르는 전류는
$I = \frac{V}{Z} = \frac{80}{328} = 0.244A$ 이다.

정답 82. ① 83. ④ 84. ②

제5장 광 학

출제경향분석

이 단원은 수험생들이 다소 어려워하는 부분이다. 그러나 파동방정식만 확실히 이해하고 숙지해두면 별 어려움은 없으리라 생각하고 빛에서는 회절과 간섭 그리고 렌즈와 거울에서는 몇 가지 공식만 암기하고 문제풀이를 반복하면 충분하다.

세 부 목 차

1. 파 동

1 파동의 발생

KEY POINT

파동은 우리와 매우 친밀한 자연현상이다. 인간이 외부세계를 파악하는데 가장 필요하고도 기본적인 수단은 소리나 빛일 것이다. 소리를 듣는 것이나, 색깔을 보는 것이나 휴대폰을 사용하는 것 등은 모두가 파동현상을 통해서 이루어지고 있는 것이다.
대표적인 파동은 음파와 전자기파 그리고 전자기파의 일종인 광파이다.

이들 파동은 그 진행과정이 눈에 보이지 않기 때문에 결과만을 볼 때 매우 복잡해 보인다. 하지만 파동현상도 결국은 단순한 요소들의 조합에 의해 일어난다. 이와 같이 눈에 보이지 않는 수많은 파동들은 사실상 우리 일상의 공간에 가득 차 있다고 할 수 있다. 이제 우리는 파동의 발생과 성질 등에 대해 알아보기로 하겠다.

■ 파동의 이동은 매질 자체의 이동이 아니라 진동에너지가 전달되는 것이다.

(1) 파동의 발생

그림과 같이 물이 고인 호수에 돌을 던지면 돌이 떨어진 곳을 중심으로 둥근 모양의 물결이 퍼져 나가는 것을 우리는 쉽게 볼 수 있다. 물결이 퍼져 나갈 때 물위에 떠 있는 나뭇잎 같은 것들은 물결과 함께 이동하지 않고 상하로 움직일 뿐이다.

이것은 물결이 퍼져 나갈 때 물이 직접 이동하는 것이 아니라 물의 각 부분의 운동 모양의 변화가 매질 즉 물을 따라 이동해 가는 것이다.

KEY POINT

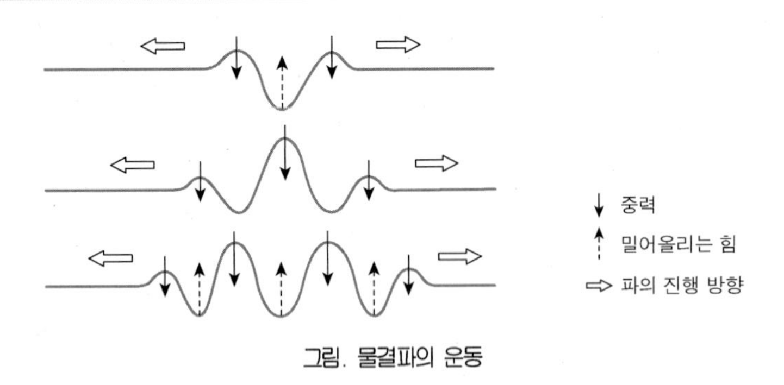

그림. 물결파의 운동

이와 같이 진동 상태가 규칙적으로 전파되어 가는 것을 **파동**이라 하고 파동을 전달해주는 물질을 매질, 그리고 파동이 맨 처음 발생한 곳을 **파원**이라고 한다.

물결이 이동할 때 수면위에 있는 나뭇잎이 상하로 진동하는 에너지는 파원에서 매질에 대하여 에너지가 공급되고 이 공급된 에너지가 매질 각 부분의 진동에너지로 변환된다.

즉 파동이 전파될 때 매질은 이동하지 않고 제자리에서 진동을 하고 에너지만 인접한 매질에 전달한다. 이것은 입자가 한 곳에서 다른 곳으로 직접 에너지를 가지고 가는 방식과는 전혀 다른 방식이다.

① 사인파와 펄스파

물결이 퍼져 나갈 때 단면을 관찰하면 그림(가)와 같이 사인곡선 모양을 이루는데 이것을 **사인파**라고 한다. 그림(나)와 같이 진동상태가 한번 지나가는 것을 **펄스파**라고 한다. 즉 펄스파는 일시적 파동이며 반사파와 굴절파를 조사하여 경계의 성질을 알고자 할 때 많이 활용한다.

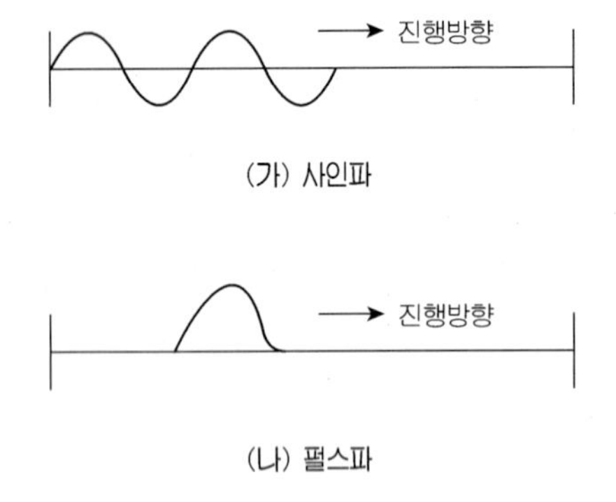

(가) 사인파

(나) 펄스파

② 파동의 표시

- 파장(λ : 람다) : 매질이 한번 진동하는 동안의 파동진행 거리로 단위는 m, cm이다.
- 주기(T) : 한파장이 진행하는데 걸리는 시간으로 단위는 초이다.

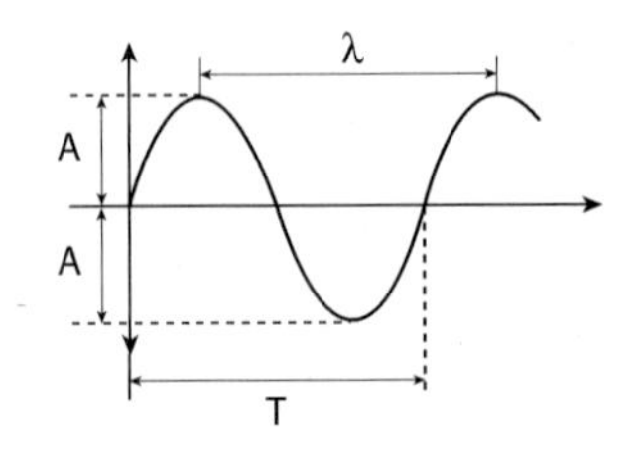

- 진폭(A) : 진동의 중심에서 마루 또는 골까지의 거리로 단위는 m, cm이다.
- 진동수(f) : 초당 진동하는 회수로 단위는 Hz 또는 cps(cycle per second)이다.

  즉, 주기의 역수이다. $T=\frac{1}{f}$ $f=\frac{1}{T}$
- 위상 : 특정 시각에서의 파동의 모양이나 상태
- 파동의 전파속도(v) : $v=\frac{\lambda}{T}=f\lambda$

예제 1

상온과 대기압 하에서 공기 중 음파의 속도는 초속 약 340m이다. 사람이 들을 수 있는 음파의 가청주파수 대역은 보통 20~20,000Hz 정도 된다. 주파수가 20,000Hz인 음파의 파장이 속해 있는 범위는? (2019년 서울시 7급)

① 1μm~1mm ② 1mm~1cm

③ 1cm~1m ④ 1m~1km

풀이 $v=f\lambda$이고 $\lambda=\frac{v}{f}$ 이므로

$\lambda=\frac{340}{20,000}\times10^{3}\,(\text{mm})=17\,(\text{mm})$ 정답은 ③이다.

③ 파동을 나타내는 식

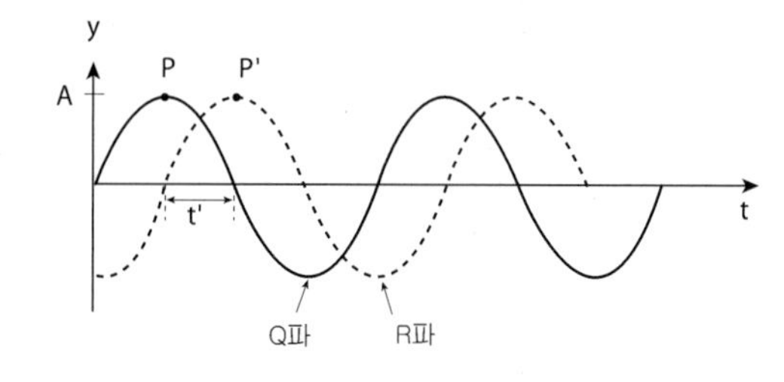

그림에서 Q파의 파동식은 $y=A\sin\omega t\left(\omega=\frac{\theta}{t}\right)$로 나타낼 수 있다.

R파는 t'초 후에 Q파의 모양으로 즉 Q파가 t'시간동안 진행했을 때의 모양이므로 R파의 식은 $y=A\sin\omega(t-t')$으로 쓸 수 있고 $v=\frac{x}{t'}$

$t'=\frac{x}{v}$ 이고 $v=\frac{\lambda}{T}$ 이므로 $t'=\frac{Tx}{\lambda}$ 이다.

이것을 대입하면 $y=A\sin\frac{2\pi}{T}\left(t-\frac{Tx}{\lambda}\right)$ $\left(\omega=\frac{2\pi}{T}\right)$이고 정리하면

$y=A\sin2\pi\left(\frac{t}{T}-\frac{x}{\lambda}\right)$가 된다.

만일 파동이 왼쪽으로 진행한다면 $y=A\sin2\pi\left(\frac{t}{T}+\frac{x}{\lambda}\right)$가 된다.

KEY POINT

■ 파동의 속도

$v=\frac{\lambda}{T}$

■ 파동을 나타내는 식

$y=A\sin2\pi\left(\frac{t}{T}-\frac{x}{\lambda}\right)$

KEY POINT

예제2

x축 방향으로 진행하는 어떤 파동이 $y=\sin(\pi x-5\pi t)$ 형태의 함수로 주어진다. 이 파동의 파장과 진행 속도는? (단, y는 매질의 변위, x는 x축 방향의 위치로서 x와 y의 단위는 미터[m]이고 t는 시각으로서 단위는 초[s]이다) (2010년 국가직 7급)

① 0.4m, 0.2m/s　② 0.4m, 5m/s
③ 2m, 0.2m/s　④ 2m, 5m/s

풀이 $y=\sin(\pi x-5\pi t)=\sin 2\pi\left(\frac{x}{2}-\frac{5}{2}t\right)=\sin 2\pi\left(\frac{x}{2}-\frac{t}{\frac{2}{5}}\right)$

$\lambda=2$ $T=\frac{2}{5}$ 이므로 파장은 2m이고 속도 $v=\frac{\lambda}{T}=\frac{2}{\frac{2}{5}}=5\,\text{m/s}$

정답은 ④이다.

예제3

$y(x,t)=c\sin(ax-bt)$로 기술되는 진행파의 x방향 속력은? (단, a, b, c는 모두 상수이다) (2021 서울시 7급)

① ab　② $c(a+b)$
③ $\frac{a}{b}$　④ $\frac{b}{a}$

풀이 파동 방정식 $y=A\sin 2\pi\left(\frac{x}{\lambda}-\frac{t}{T}\right)$의 형식에서 x 방향의 속력이란 파동의 진행 속력 $v=\frac{\lambda}{T}$ 이다.

문제에서 $y=c\sin(ax-bt)$

$=c\sin 2\pi\left(\frac{ax}{2\pi}-\frac{bt}{2\pi}\right)=c\sin 2\pi\left(\frac{x}{\frac{2\pi}{a}}-\frac{t}{\frac{2\pi}{b}}\right)$이고

따라서 $\lambda=\frac{2\pi}{a}$, $T=\frac{2\pi}{b}$ 이다.

$v=\frac{\lambda}{T}=\frac{\frac{2\pi}{a}}{\frac{2\pi}{b}}=\frac{b}{a}$ 이다.

※ 주의할 것은 $v=\frac{dy}{dt}$를 구하게 되면 각 지점에서 매질 진동의 순간 속력이 된다.

정답은 ④이다.

④ 파동에너지

파동은 매질이 직접 이동하는 것이 아니라 매질에 진동에너지가 전달되어 나타난다. 파동의 진행 방향에 수직한 단위 면적을 통해 단위시간당 전달되는 파동에너지를 **파동의 세기**라고 한다.

파동의 진폭 A(m), 진동수 f(Hz), 속도가 v(m/s)인 파동이 밀도 ρ(kg/m^3)의 매질 속을 통과할 때 파동의 세기 I는 $I = 2\pi^2 A^2 f^2 v \rho$와 같이 쓸 수 있다. 즉 파동의 세기는 진폭의 제곱에 비례하고, 진동수의 제곱에도 비례한다.

KEY POINT

■ 파동에너지는 진폭의 제곱에 진동수의 제곱에 비례한다.

(2) 파동의 종류

① 횡파(고저파)

매질의 진동 방향과 파동의 진행 방향이 서로 수직인 파동이다. 아래 그림과 같이 손을 상하로 움직이면 횡파가 발생한다. 횡파는 전자기파, 태양빛 등이 있다.

■ 횡파 : 진행 방향과 수직방향으로 진동

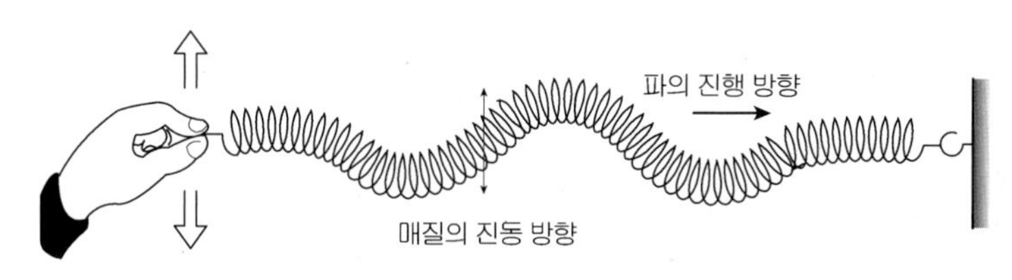

그림. 횡파의 발생과 전파

② 종파(소밀파)

매질의 진동 방향과 파동의 진행 방향이 서로 평행인 파동이다. 그림과 같이 손을 좌우로 움직이면 밀한 부분과 소한 부분이 생겨나면서 용수철을 따라 종파가 발생한다. 종파에는 음파, 지진파의 P파 등이 있다.

■ 종파 : 진행 방향과 같은 방향으로 진동

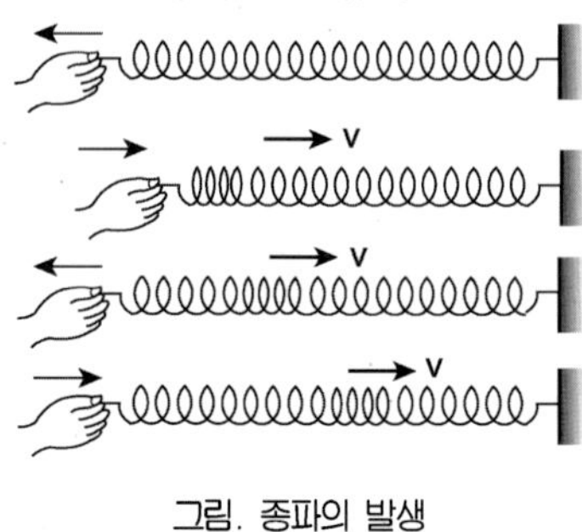

그림. 종파의 발생

KEY POINT

※ 종파를 횡파로 나타내는 방법

종파는 횡파와 달리 그 자체를 파형으로 나타내기가 어려우므로 아래 그림과 같이 x 축 방향의 변위를 왼쪽은 $-y$방향으로 오른쪽은 $+y$ 방향으로 그 변위만큼 이동시켜 나타낸다.

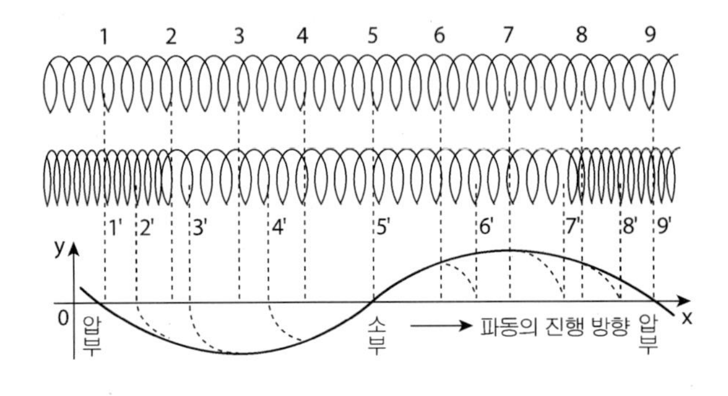

예제4

그림 (가), (나)는 각각 수평인 실험대 위에 파동 실험용 용수철을 올려놓은 후 용수철의 한쪽 끝을 잡고 각각 앞뒤와 좌우로 흔들면서 파동을 발생시켰을 때 파동의 진행 방향을 나타낸 것이다. 이에 대한 설명으로 옳은 것은? (2021 경력경쟁 9급)

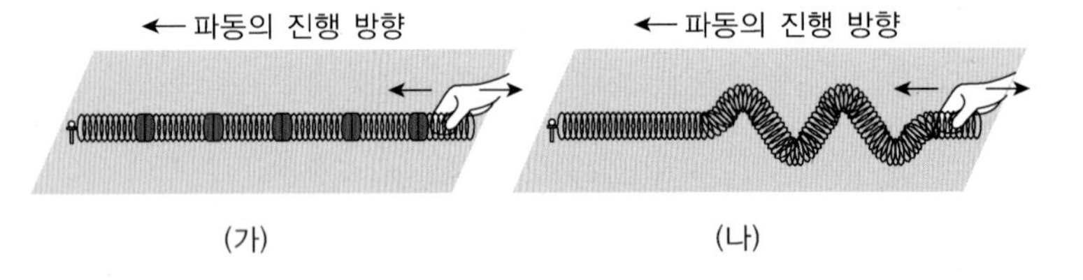

(가) (나)

① (가)에서와 같이 진행하는 파동에는 소리(음파)가 있다.

② (가)에서 용수철의 진동수가 감소하면 파장은 짧아진다.

③ (나)에서 용수철의 진동 방향과 파동의 진행 방향은 같다.

④ (나)에서 진동수의 변화 없이 용수철을 좌우로 조금 더 크게 흔들면 파동의 진행 속력은 빨라진다.

풀이 (가)는 음파와 같은 종파이고 (나)는 빛과 같은 횡파이다.
$v = f\lambda$ 진동수가 감소하면 파장은 커진다.
정답은 ①이다.

■ 호이겐스의 원리
파면의 발생원리

KEY POINT

(3) 파동의 진행원리(호이겐스의 원리)

파동이 전파되어 갈 때 매질의 각점이 진동을 하는데 한순간 위치와 운동 상태가 같은 점을 위상이 같다고 말하는데 위상이 같은 점을 연결한 선 또는 면을 파면이라고 한다.

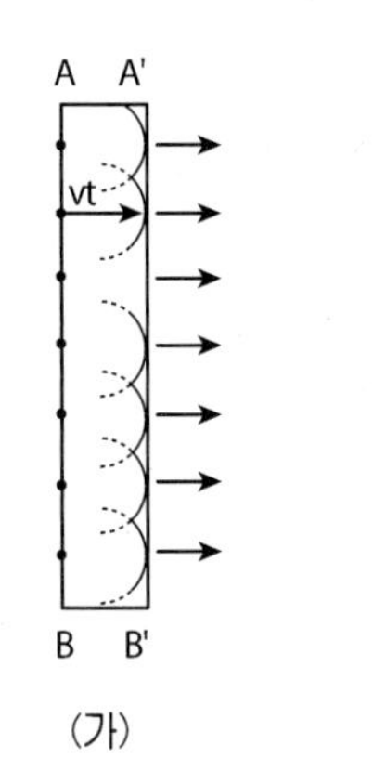

(가)

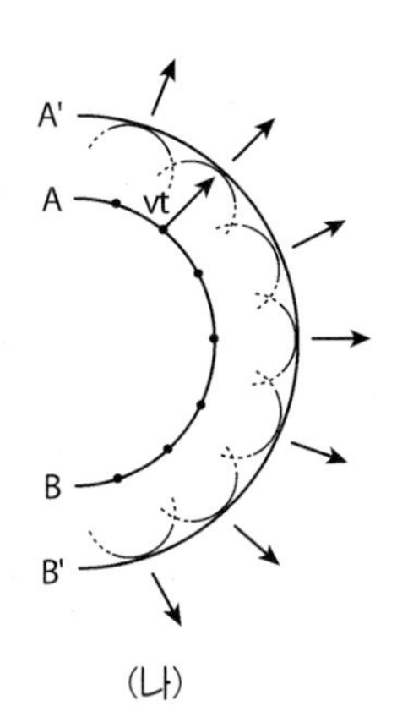

(나)

파면의 모양이 그림(가)와 같이 직선이면 평면파라고 하고 파면의 모양이 그림(나)와 같이 곡선이면 구면파라고 한다. 이러한 파면에는 수많은 점파원들이 있다고 생각할 수 있고 이 점파원들이 2차의 구면파를 동시에 발생시키고 이 구면파의 공통 접선면이 또 새로운 파면을 만들면서 파동이 전파되어간다.

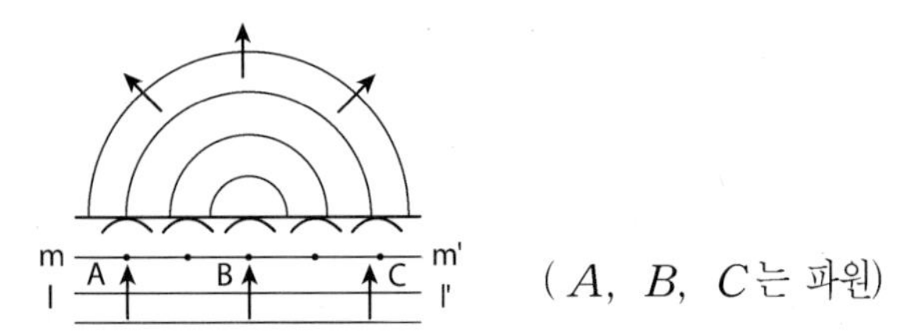

(A, B, C는 파원)

즉 파면 ll' 위의 각점을 파원으로 하여 다음순간 mm'의 파면이 만들어진다. 이렇게 파동이 진행하는 것을 **호이겐스의 원리**라고 한다.

예제5

진폭 2cm 주기 2초인 횡파가 4cm/s의 속력으로 x축의 (+)방향으로 진행하고 있다. 이 파동의 파장은 얼마인가? 또 이 파동을 식으로 나타내면

풀이 $v=\dfrac{\lambda}{T}$ $\quad \lambda=vT$에서 $\lambda=4\times2=8\text{cm}$

$y=A\sin2\pi\left(\dfrac{t}{T}-\dfrac{x}{\lambda}\right)$에서 $y=2\sin n2\pi\left(\dfrac{t}{2}-\dfrac{x}{8}\right)$이다.

(4) 파동의 반사와 굴절

파동이 한 매질에서 일정한 속도로 진행해 기던 중 다른 매질과의 경계면에 닿으면 원래의 처음매질로 되돌아가는 파동과 다른 매질 속으로 진행하는 파동이 생기는데 되돌아가는 파를 반사파 다른 매질 속으로 진행하는 파를 굴절파라고 하고 이러한 현상을 **반사**와 **굴절**이라고 한다.

① 반 사

경계면에서 반사가 일어날 때 입사각과 반사각은 **페르마의 원리**에 의해 같다.

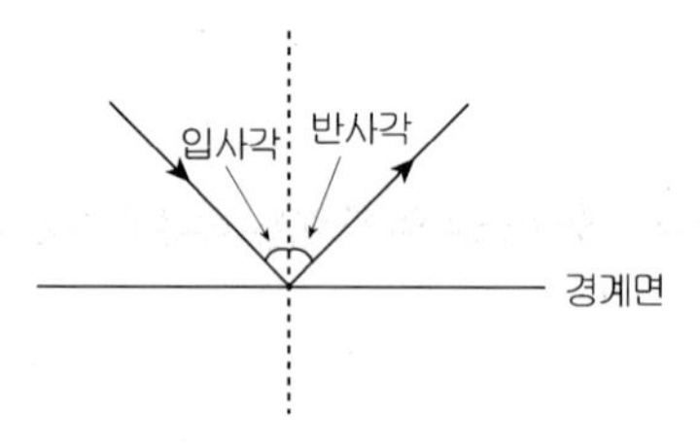

■ 페르마의 원리
두 점 사이를 진행하는 빛은 진행시간이 가장 짧게 걸리는 경로를 택하여 진행한다.

㉠ 고정단 반사

아래 그림처럼 줄의 한쪽 끝을 고정시키고 다른 쪽 끝을 진동시켜 한 개의 펄스를 보내면 고정딘 부분에서 마루가 골이 되어 뇌돌아온다. 반사파의 위상이 반파장 $\left(\frac{\lambda}{2}\right)$만큼 변한다.

■ 고정단 반사 위상 π변화

㉡ 자유단 반사

아래 그림처럼 줄의 한쪽 끝에 고리를 매고 자유롭게 움직일 수 있게 한 다음 다른 쪽 끝을 진동시켜 한 개의 펄스를 보내면 마루는 마루가 되어 돌아온다. 즉 위상의 변화가 없다.

■ 자유단 반사 위상변화 없음

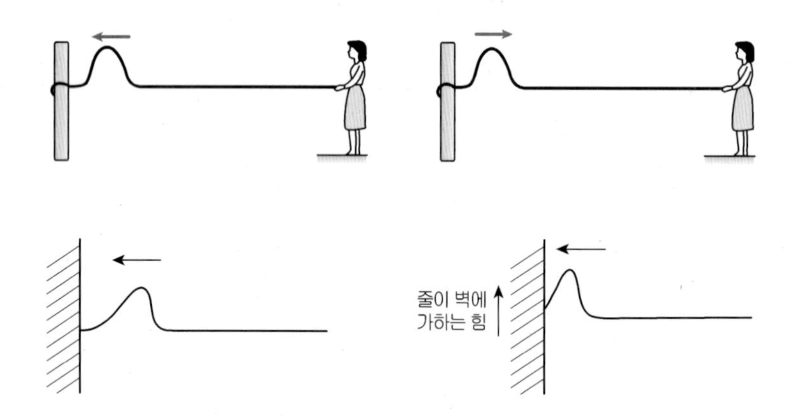

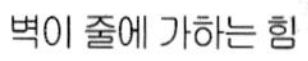

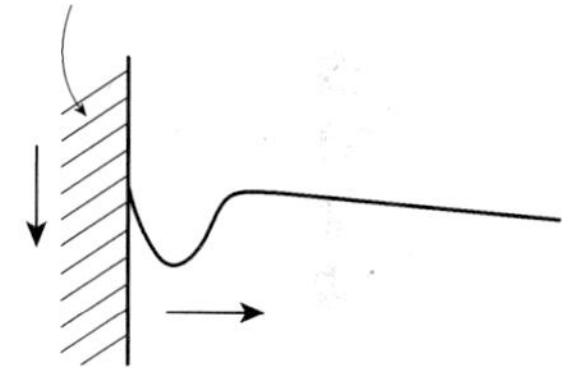

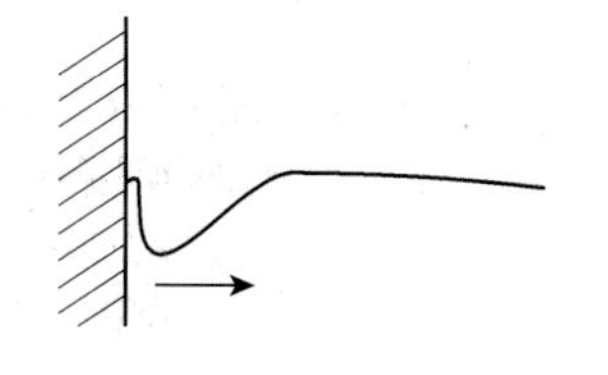

그림. 고정단 반사

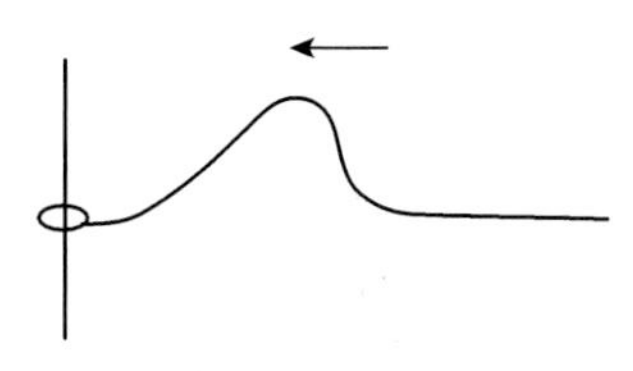

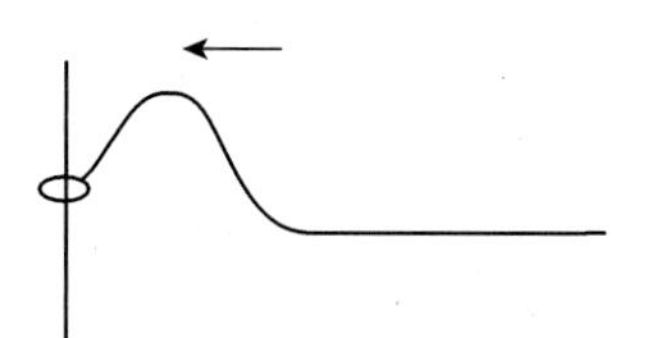

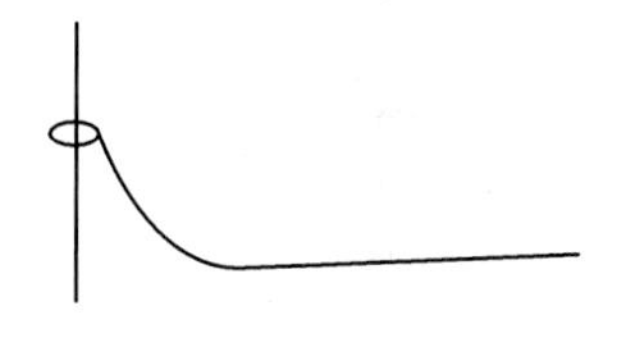

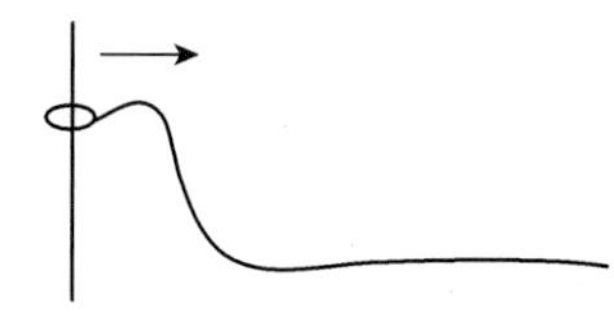

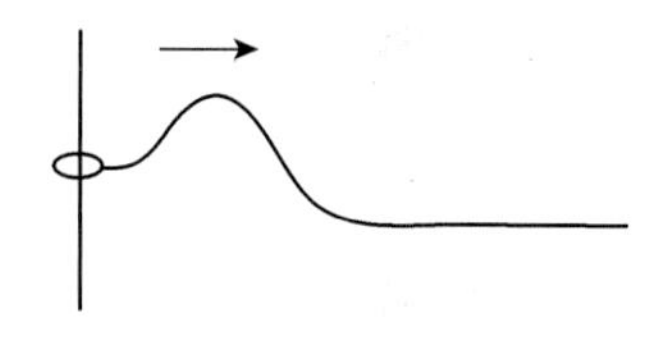

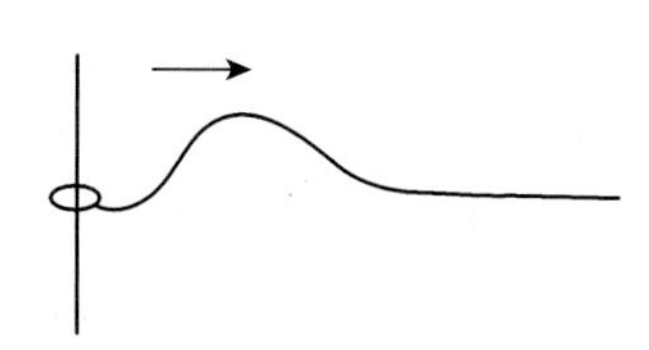

그림. 자유단 반사

* 파동의 반사에서 소한매질에서 밀한 매질로 진행하다 반사될 때는 고정단 반사와 같고 밀한 매질에서 소한매질로 진행하다 반사될 때는 자유단 반사와 같다.
* 수면파는 깊은 곳이 소 얕은 곳이 밀한 매질이고 줄은 가벼운 줄이 소, 무거운 줄이 밀한 매질이다.
* 파동이 반사할 때 속도, 파장, 진동수는 변하지 않는다.

KEY POINT

예제6

그림과 같이 펄스 파동이 선밀도가 낮은 줄에서 높은 줄로 진행할 때, 반사파와 투과파의 모양을 나타낸 것 중 가장 적절한 것은? (2014 국가직 7급)

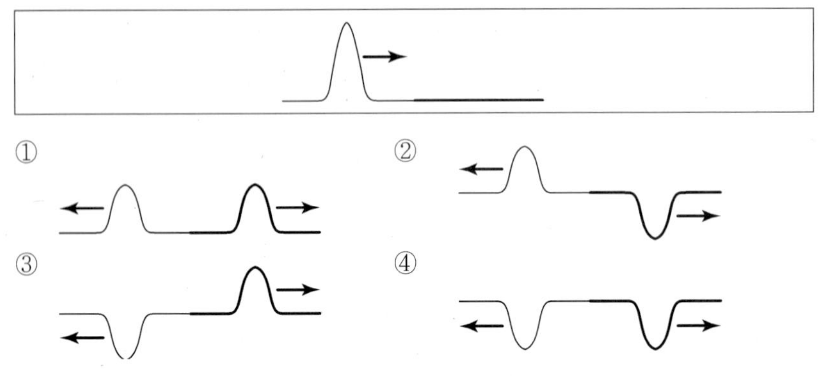

풀이 줄의 파동이 진행할 때 밀도가 더 높은 쪽으로 입사하면 고정단 반사이므로 반사파는 위상이 180° 뒤바뀌고, 투과된 파동은 입사할 때와 동일한 위상으로 진행한다.
정답은 ③이다.

② 굴 절

파동이 경계면에서 굴절할 때 진행 방향이 바뀐다. 이것은 매질이 변하므로 파동의 속도가 달라지기 때문이다. 즉 파동이 굴절할 때는 속도와 파장은 변하지만 진동수는 변하지 않는다.

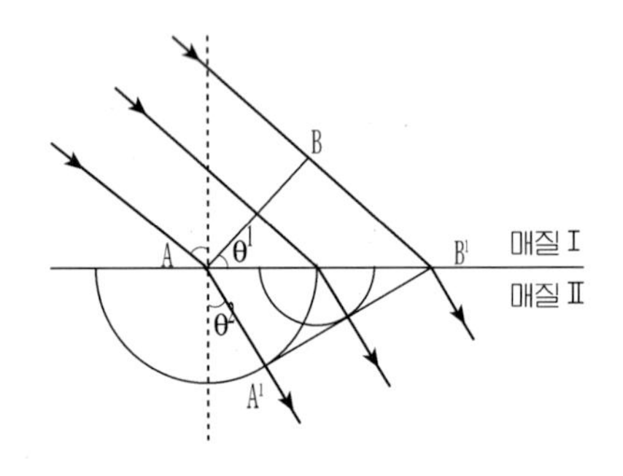

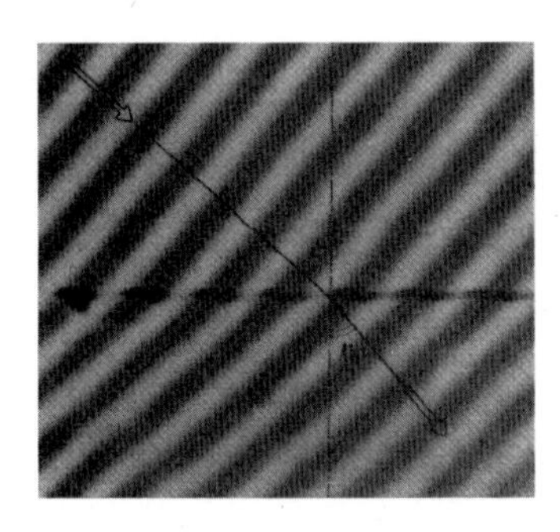

위의 그림과 같이 매질 I에서 매질 II로 파동이 진행하는 파면 AB를 생각하자 입사각은 θ_1 굴절각 θ_2이고 매질 I, II에서 속도를 v_1, v_2라 하자 파면 AB가 진행하다가 A가 경계면에 먼저 닿고 B는 t시간 후에 B'에 닿게 된다. 먼저 경계면에 도달한 A는 매질이 다른 곳에서 (II가 밀하다면) 속력이 느려져 같은 시간 t동안 BB'보다 짧은 거리인 AA'의 거리만큼 호이겐스의 원리에 의해 진행한다.

즉 파면 AB가 경계면 AB'에 순차적으로 도달하면서 굴절파 파면 $A'B'$를 만들게 된다. 따라서

$$BB' = v_1 t,\ \ AA' = v_2 t$$

$$Sin\theta_1 = \frac{BB'}{AB'} \quad Sin\theta_2 = \frac{AA'}{AB'}$$

$$\frac{\sin\theta_1}{\sin\theta_2} = \frac{BB'}{AA'}$$

$$= \frac{v_1 t}{v_2 t} = \frac{v_1}{v_2}$$ 이고

또 $v = \frac{\lambda}{T} = f\lambda$에서 진동수는 변하지 않으므로 $\frac{v_1}{v_2} = \frac{\lambda_1}{\lambda_2}$ 이다.

입사매질과 투과 매질사이의 파동의 성질을 나타내는 값으로 각 매질에서의 속도비를 굴절률이라고 한다. 만약 진공에 대한 매질 Ⅰ의 굴절률 n_1, 진공에 대한 매질 Ⅱ의 굴절률을 n_2라 하면 매질 Ⅰ에 대한 매질Ⅱ의 굴절률을 n_2라 하면 매질 Ⅰ에 대한 매질 Ⅱ의 굴절률 $n_{12} = \frac{n_2}{n_1}$ 이다.

즉 $n_{12} = \frac{\sin\theta_1}{\sin\theta_2} = \frac{v_1}{v_2} = \frac{\lambda_1}{\lambda_2}$ 이 되고 이 법칙을 **스넬의 법칙**이라 한다.

물이나 유리와 같은 투명한 매질 속에서 광속은 물질의 유전율 ε이 달라져서 속력이 달라진다.

$$v = \frac{1}{\sqrt{\varepsilon\mu_o}} = \frac{1}{\sqrt{K\varepsilon_o\mu_o}} \ (\text{유전상수 } K = \frac{\varepsilon}{\varepsilon_o})$$

$$= \frac{C}{\sqrt{K}} \ (\text{광속 } C = \sqrt{\frac{1}{\varepsilon_o\mu_o}})$$

따라서 광속은 K는 1보다 크므로 진공에서보다 매질 속에서 느려진다.

그러면 빛은 왜 물질 속에서 속도가 느려질까? 예컨대 유리 속에서 광속은 진공 속의 50~70% 정도가 된다. 실은 유리 속의 분자는 들어온 빛을 '흡수' 했다가 극히 순간적으로 '재방출' 한다(a).

이러한 과정이 유리 안에서 반복되고, 그 결과로 진공 속에서보다 빛의 속도가 느려진다.

유리는 투명하게 보이지만 이것은 가시광선에 대한 이야기이며, 원적외선이나 자외선에 대해서는 별로 통하지 않는다. 만일 원적외선이나 자외선만 감지하는 특수한 눈으로 본다면 유리는 상당히 불투명하게 보일 것이다(b).

KEY POINT

■ 스넬의 법칙

$$\frac{n_2}{n_1} = \frac{\sin\theta_1}{\sin\theta_2} = \frac{\lambda_1}{\lambda_2} = \frac{v_1}{v_2}$$

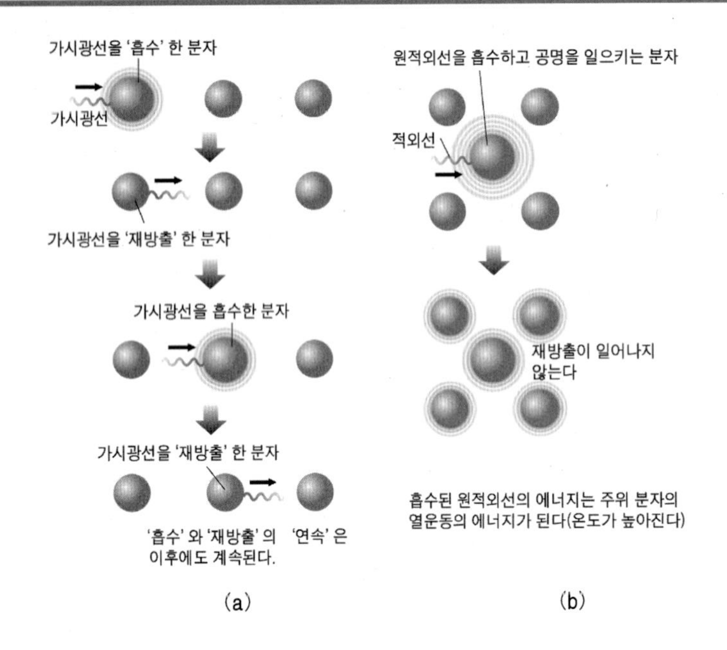

여러 물질의 굴절률

물 질	광속(km/s)	굴절률
진공	299,792	1.00
공기	299,790	1.00
물	225,422	1.33
유리	197,349	1.52
다이아몬드	124,083	2.42

지금까지 살펴본 바와 같이 매질의 종류에 따라 굴절률이 모두 다르고 또 하나 매우 중요한 사실은 동일한 매질이라 할지라도 그 매질 속으로 입사되는 파장의 길이에 따라 굴절률이 다르다. 동일 매질에서 대체로 파장이 길수록 굴절률이 작으며 파장이 작을수록 굴절률이 크다. 파장에 따른 굴절률의 차이는 각 매질의 특성 별로 다르다.

KEY POINT

예제7

그림은 공기에서 매질 A로 단색광이 동일한 입사각으로 입사한 후 굴절하는 경로를 나타낸 것이고, 표는 상온에서 매질 A에 해당하는 세 가지 물질의 굴절률을 나타내고 있다. 이에 대한 설명으로 옳은 것만을 모두 고르면? (2021 경력경쟁 9급)

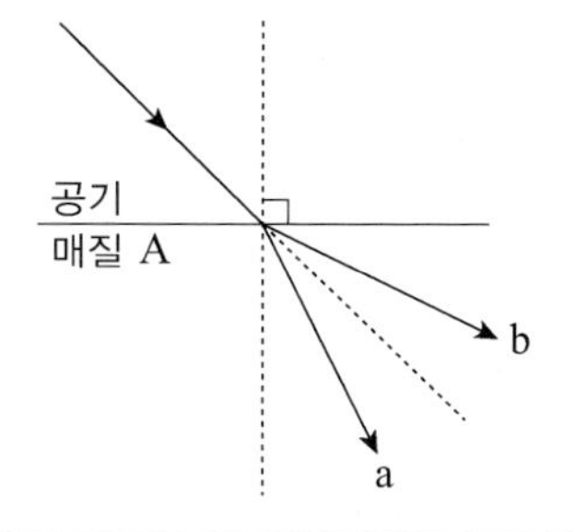

물	1.33
유리	1.50
다이아몬드	2.42

ㄱ. 매질 A가 물이면 단색광의 굴절은 b와 같이 일어난다.
ㄴ. 단색광의 속력은 공기 중에서보다 매질 A에서 더 크다.
ㄷ. 매질 A의 물질 중 공기에 대한 임계각이 가장 큰 물질은 물이다.
ㄹ. 단색광이 공기에서 매질 A로 진행하는 동안 단색광의 진동수는 변하지 않는다.

① ㄱ, ㄴ ② ㄱ, ㄹ
③ ㄴ, ㄷ ④ ㄷ, ㄹ

풀이 빛은 공기에서 밀한 매질로 들어가면 속력이 느려지고 법선쪽으로 굴절이 된다. 진동수는 변함없고 파장이 짧아져서 속력이 감소한다. 정답은 ④이다.

예제8

34cm/s의 속도로 물결통의 깊은 부분을 진행하던 수면파가 얕은 부분의 경계면에 60°의 각으로 입사한다. 이 파가 얕은 부분에서의 24cm/s의 속력으로 진행한다면

1. 굴절각은 얼마인가?

풀이 굴절의 법칙 $\dfrac{\sin i}{\sin r} = \dfrac{v_1}{v_2}$ 에서

$$\sin r = \frac{v_2}{v_1}\sin i = \frac{24\text{cm/s}}{34\text{cm/s}} \times \sin 60° = 0.611$$

2. 얕은 부분의 깊은 부분에 대한 굴절률은 얼마인가?

풀이 얕은 부분의 깊은 부분에 대한 굴절률은

$$n_{12} = \frac{v_1}{v_2} = \frac{34\text{cm}}{24\text{cm}} = 1.4$$

2 간섭과 회절

(1) 파동의 중첩

매질위의 한점에서 둘 또는 그 이상의 파동이 겹치면서 변위가 변하는 현상을 말한다. 즉 아래의 그림처럼 변위는 $y = y_1 + y_2$가 된다.

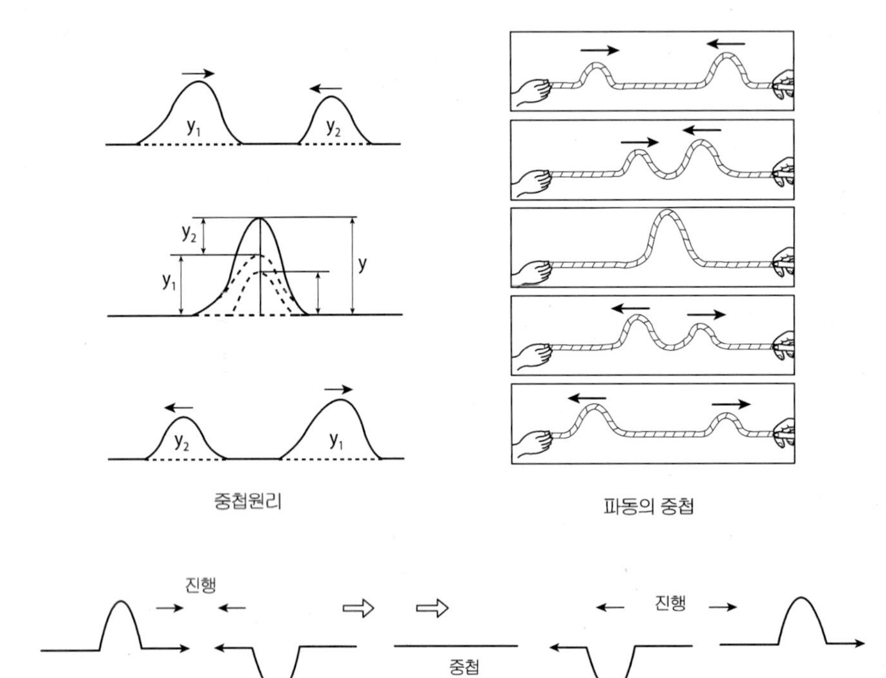

중첩원리

파동의 중첩

이와 같이 합성파의 변위가 $y = y_1 + y_2$가 되는 것을 **중첩의 원리**라고 하고 파동이 중첩된 후에 서로 지나치고 나면 각 파동은 서로 다른 파동의 영향을 받지 않고 만나기전과 같은 모양을 유지하면서 계속 진행한다. 이것을 **파동의 독립성**이라 한다.

KEY POINT

■ 파동은 중첩성과 독립성을 모두 가진다.

예제9

결이 맞은 두 파동은 간섭을 일으킨다고 하자. 이 때 한 파동의 진폭이 다른 파동의 진폭의 2배라면 간섭으로 합성된 파동의 최대 세기 I_{max} 와 최소 세기 I_{min} 의 비 I_{max}/I_{min} 는? (2009년 행자부)

① 2　　② 3

③ 6　　④ 9

풀이 한 파동의 진폭이 A_0이고 다른 파동의 진폭이 $2A_0$이면 보강간섭을 하면 $A_{max} = 3A_0$이고 상쇄간섭을 하면 $A_{min} = A_0$이다. 파동의 세기는 $I \propto A^2$이므로

$\frac{I_{max}}{I_{min}} = \frac{(3A_0)^2}{A_0^2} = 9$　　정답은 ④이다.

(2) 파동의 간섭

두 파동이 한점에서 만나 중첩될 때 파동이 강해지는 부분과 약해지는 부분이 생기는데 이러한 현상을 **파동의 간섭**이라고 하고 두 파동의 마루와 마루 또는 골과 골이 만나 강해지는, 즉 진폭이 최대가 되는 경우를 보강간섭이라 하고 두 파동의 마루와 골이 만나 약해지는, 즉 진폭이 최소가 되는 경우를 상쇄간섭이라고 한다.

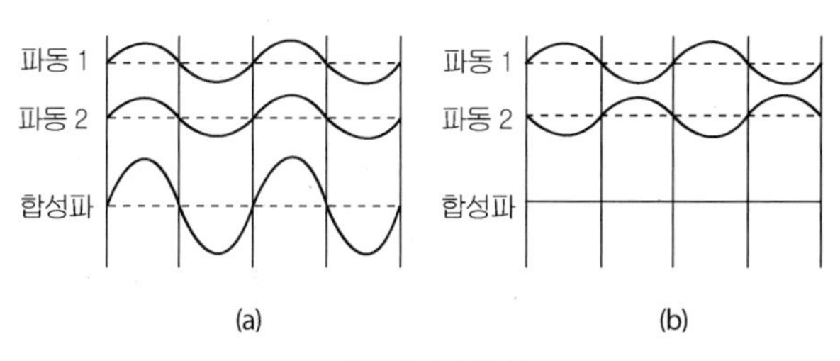

그림. 파동의 간섭

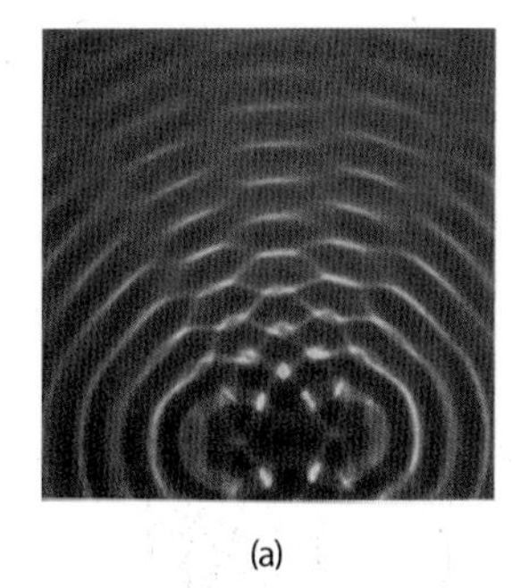

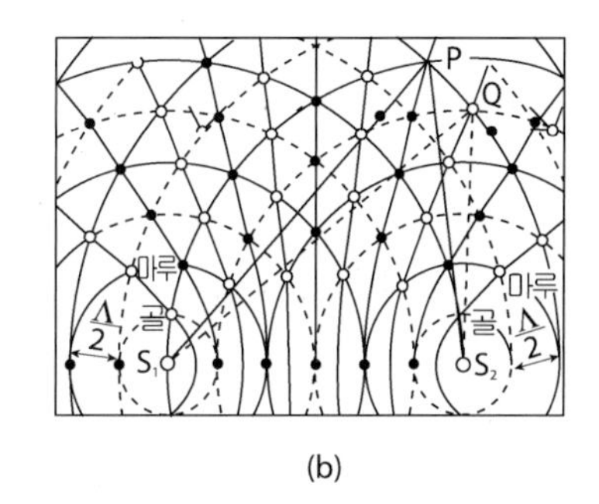

(a) (b)

그림. 수면파의 간섭

위 그림에서 S_1과 S_2에서 발생한 파동음 마루와 골을 만들며 진행하다 여러 군데에서 중첩이 일어난다.

여기서 두 점 P, Q를 생각해보자.

먼저 P점은 S_1의 마루와 S_2의 마루가 만나 보강간섭이 일어난다. P점 이외에 P점과 같이 보강간섭이 일어나는 곳은

$|S_1P - S_2P| = m\lambda(m=0,\ 1,\ 2,\ 3\cdots\cdots)$으로 파동의 경로차이가 파장 λ의 정수배 일 때이다.

또 다른 점 Q점은 S_1의 마루와 S_2의 골이 만나 상쇄간섭이 일어난다. Q점 이외에도 Q점과 같이 마루와 골이 만나 상쇄간섭이 일어나는 곳은

$|S_1Q - S_2Q| = \frac{\lambda}{2}(2m+1)\ (m=0,\ 1,\ 2,\cdots\cdots)$으로 파동의 경로차가 반파장의 홀수배일 때이다.

KEY POINT

■ 파동의 간섭 광로차이가
$\frac{\lambda}{2}$의 홀수 배이면 상쇄간섭
$\frac{\lambda}{2}$의 짝수 배이면 보강간섭

KEY POINT

따라서 $|S_1P - S_2P| = \frac{\lambda}{2}(2m) \quad (m=0,\ 1,\ 2, \cdots\cdots)$: 보강간섭

$|S_1Q - S_2Q| = \frac{\lambda}{2}(2m+1) \quad (m=0,\ 1,\ 2, \cdots\cdots)$: 상쇄 간섭

과 같이 정리할 수 있다.

예제10

그림 (가)는 물결파 투영 장치의 두 파원 S_1, S_2에서 진동수, 진폭이 같은 수면파를 같은 위상으로 발생시켜, 수면파의 간섭 모습을 찍은 사진이다. 그림 (나)는 그림 (가)의 일부를 모식적으로 나타낸 것이다. 실선과 점선은 각각 수면파의 마루와 골을 나타낸다.

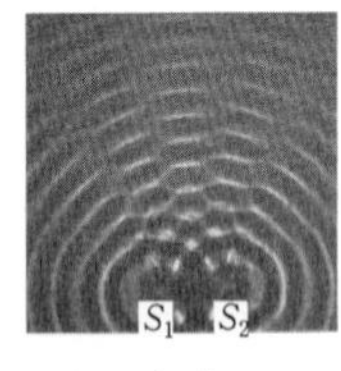

(가)

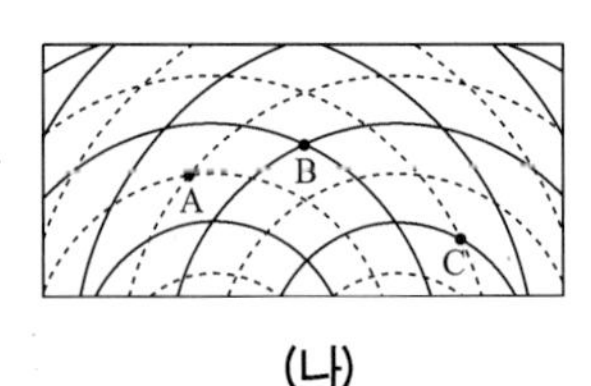

(나)

그림 (가)에서 진동수와 진폭은 변화시키지 않고 S_1의 위상이 S_2와 반대(180°의 위상차)가 되도록 수면파를 발생시켰다. 이 때, 그림 (나)의 고정된 세 지점 A, B, C에서 나타나는 간섭 현상에 대한 설명으로 옳은 것을 보기에서 모두 고른 것은?

ㄱ. A점에서는 보강 간섭이 일어날 것이다.
ㄴ. B점에서는 상쇄 간섭이 일어날 것이다.
ㄷ. C점은 작동하지 않는 마디가 될 것이다.

① ㄱ ② ㄴ ③ ㄱ, ㄴ
④ ㄱ, ㄷ ⑤ ㄴ, ㄷ

풀이 B점은 마루와 마루가 만난 곳이므로 한쪽의 위상이 반대가 되면 마루와 골이 만난다. 따라서 상쇄 간섭이 일어나게 된다.
A점은 골과 골이 만난 곳이므로 한쪽의 위상이 반대가 되면 골과 마루가 만나게 된다. 따라서 상쇄 간섭이 일어나게 된다.
C점은 마루와 골이 만난 곳이므로 한쪽의 위상이 반대가 되면 마루와 마루 또는 골과 골이 만난다. 따라서 보강 간섭이 일어나게 된다. 정답은 ②이다.

KEY POINT

(3) 파동의 회절

파동이 진행하다가 호이겐스의 원리에 의해 장애물을 만나도 장애물의 뒷부분까지 파동이 전달되는 현상을 파동의 **회절**이라 한다.

■ 벽 뒤의 사람은 보이지는 않지만 소리는 들린다. 소리의 파장이 빛의 파장에 비해 매우 크다.

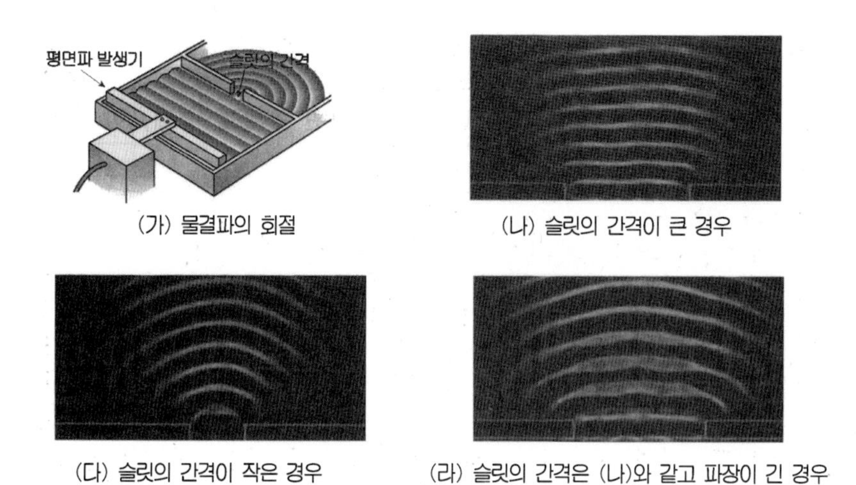

(가) 물결파의 회절

(나) 슬릿의 간격이 큰 경우

(다) 슬릿의 간격이 작은 경우

(라) 슬릿의 간격은 (나)와 같고 파장이 긴 경우

회절은 슬릿의 간격이 작을수록 파장이 클수록 잘 일어난다.

(4) 정상파

파장과 진폭이 같은 2개의 파동이 서로 반대 방향으로 진행하다가 중첩이 될 때 파동은 진동하지만 진행하지 않는 것처럼 보이는 파동을 **정상파**라고 한다. 즉 정상파는 마디부분은 항상 마디이고 배 부분은 항상 배이다.

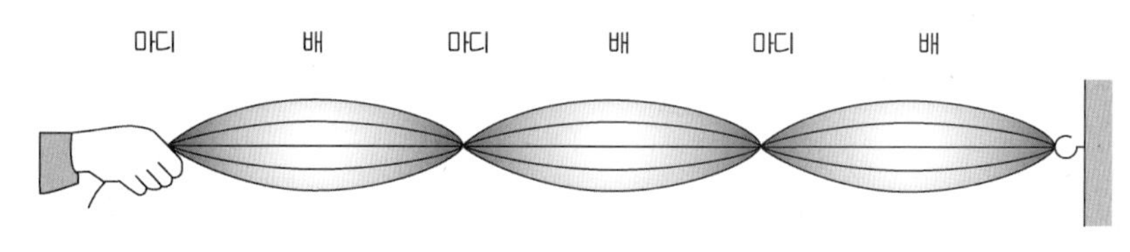

그림. 정상파

* 정상파의 생성

정상파는 파장과 진폭이 같은 두 개의 파가 오른쪽 그림과 같이 반대 방향에서 진행하다 만나서 만들어진다. 그 파동을 각각 y_1, y_2라 하면

$$y_1 = A\sin 2\pi\left(\frac{t}{T} + \frac{x}{\lambda}\right)$$

$$y_2 = A\sin 2\pi\left(\frac{t}{T} - \frac{x}{\lambda}\right)$$

와 같이 나타내면 합성파 $y = y_1 + y_2$ 이다.

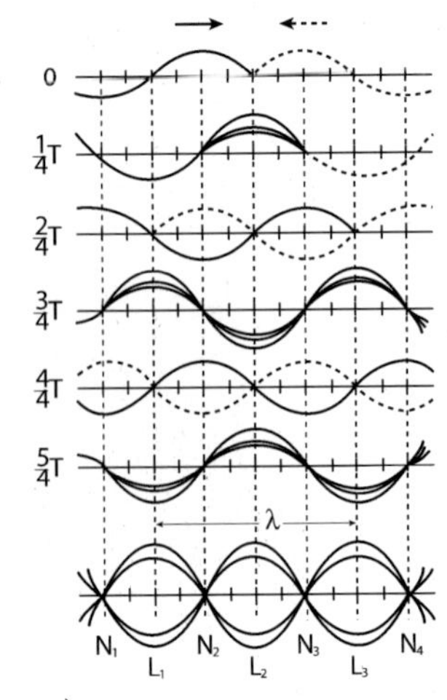

따라서

$$y = A\sin 2\pi\left(\frac{t}{T} + \frac{x}{\lambda}\right) + A\sin 2\pi\left(\frac{t}{T} - \frac{x}{\lambda}\right)$$

그림. 정상파

$$= 2A\sin 2\pi\frac{t}{T}\cos 2\pi\frac{x}{\lambda}$$ 이다.

배가 되는 곳은 진폭이 $2A$이므로 $2A\cos 2\pi\frac{x}{\lambda} = 2A$, $\frac{2\pi x}{\lambda} = \pm m\pi$에서

$x = \pm\frac{\lambda}{2}m$에서 배가 됨을 알 수 있고 같은 방법으로 마디는 $2A\cos 2\pi\frac{x}{\lambda} = 0$

$\frac{2\pi x}{\lambda} = \pm\frac{\pi}{2}(2m+1)$에서 $x = \pm\frac{\lambda}{4}(2m+1)$에서 마디가 됨을 그림에서 확인할 수 있다.

또 t는 진동을 결정하는 것으로 식에 $\frac{1}{4}T$, $\frac{1}{2}T$, $\frac{3}{4}T$, T 등을 대입하면 그림과 같은 파동모양이 발생함을 확인할 수 있다.

예제11

그림은 파원 A, 파원 B에서 줄을 따라 서로 마주 보고 진행하는 두 파동의 순간 모습을 나타낸 것이다. 두 파동의 속력은 모두 1 cm/s이고, 점 P는 줄 위의 한 점이다. 이에 대한 설명으로 옳지 않은 것은? (단, 점선으로 표시된 눈금의 가로세로 길이는 각각 1 cm이다) (2021 경력경쟁 9급)

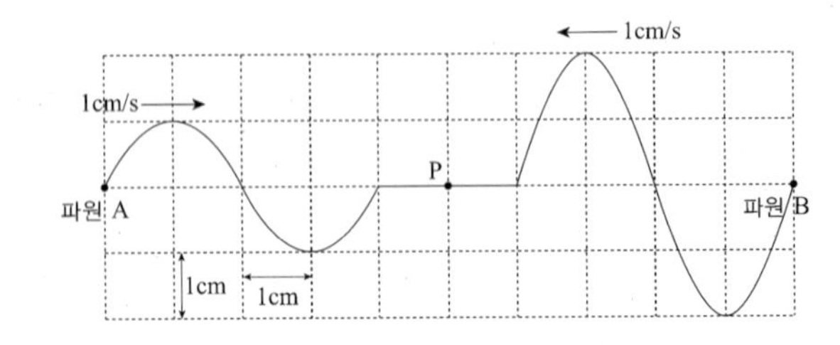

■ $\sin(A+B) + \sin(A-B) = 2\sin A\cos B$

① 파원 A에서 출발한 파동의 파장은 4 cm이다.

② 파원 B에서 출발한 파동의 진동수는 0.25 Hz이다.

③ 그림의 상황에서 2초가 지난 후 P의 변위는 1 cm이다.

④ 두 파동이 중첩될 때 합성파의 변위 최댓값은 진동중심에서 1 cm이다.

풀이 A, B 의 파장은 둘다 4cm이다.

속력은 모두 1cm/s이므로 $v=f\lambda$에서 진동수 f는 두 파동이 같이 $\frac{1}{4}$(Hz)이다.

주기는 4초이고 2초 후는 2cm 씩 이동하므로 P점의 변위는 1cm이다.

합성파의 최대 3cm이다.

정답은 ④이다.

KEY POINT

■ 현에서 파의 전달 속도

$v=\sqrt{\frac{T}{\rho}}$

① 현의 진동

두 끝을 고정시킨 현을 진동시킬 때 정상파가 발생한다.

현의 길이를 l 이라 하면 파장은 다음과 같다.

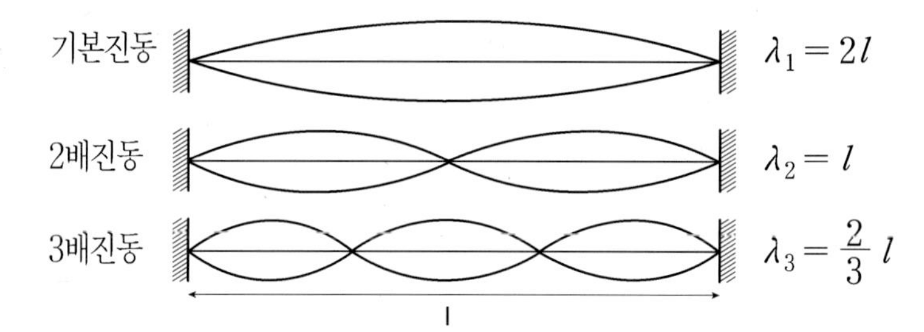

* 현에서 파의 전달속도

속도 $v=\sqrt{\frac{T}{\rho}}$ (T : 현의 장력(N), ρ : 선밀도 kg/m)으로 정의된다.

또 $v=\frac{\lambda}{T}=f\lambda$에서 $f\lambda=\sqrt{\frac{T}{\rho}}$ 이 되어 $f=\frac{1}{\lambda}\sqrt{\frac{T}{\rho}}$ 이다.

이것은 진동수 f 는 파장 λ에 반비례하고 현의 장력 T의 제곱근에 비례한다.

KEY POINT

예제12

그림과 같이 기타 줄의 한 쪽은 벽에 고정되어 있고, 다른 쪽은 작은 도르레를 지나 아래로 늘어뜨려져서 질량 M의 추에 연결되어 있다. 추가 연직 하방에서 정지해 있을 때 이 기타 줄의 수평 부분을 퉁겼더니 진동수 f의 소리가 발생했다. 만일 추가 단진자 운동을 한다면, 기타 줄의 동일한 지점을 퉁기어 나는 소리의 진동수는? (단, 도르래의 마찰은 무시한다.) (2017년 국가직 7급)

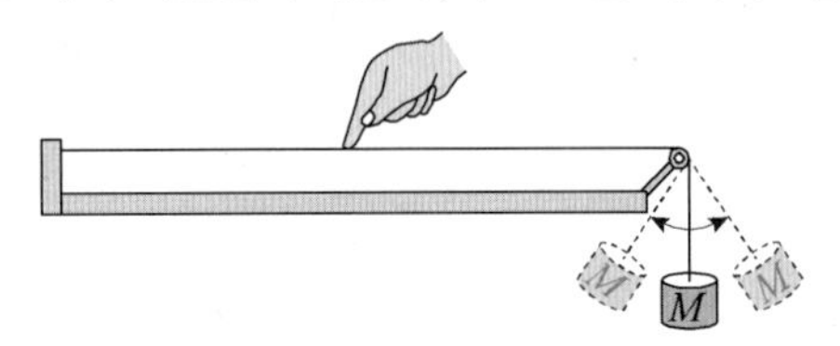

① f와 f보다 작은 진동수 사이에서 변한다.
② f와 f보다 큰 진동수 사이에서 변한다.
③ f보다 작은 진동수와 큰 진동수 사이에서 변한다.
④ f로 일정하게 유지된다.

풀이 추가 정지해있을 때 줄에 걸리는 장력 $T_0 = mg$이다. 추가 단진자 운동을 할 때 최고점에서 속력은 0이므로 장력은 $T_1 = mg\cos\theta$가 된다. 그러나 최저점에서는 속력이 존재하여 원심력도 생기게 되므로

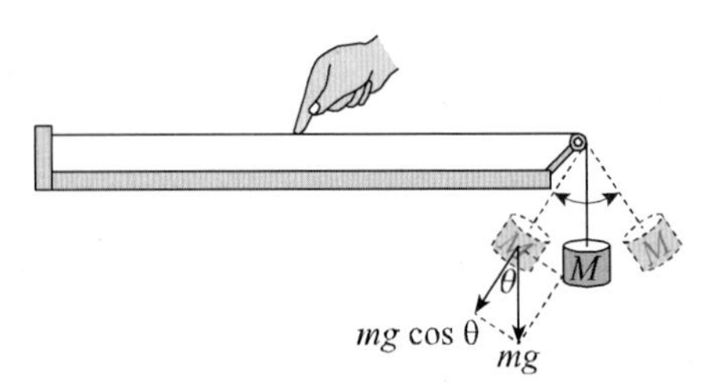

최저점에서의 장력은 중력과 원심력의 합과 같다. 진자의 길이를 l, 최저점에서 추의 속력을 v라고 하면 장력은 $T_2 = mg + \frac{mv^2}{l}$이 된다. 현에서의 파동 속도 $f\lambda = \sqrt{\frac{T}{\rho}}$ 이므로 진동수는 $f = \frac{1}{\lambda}\sqrt{\frac{T}{\rho}}$로 표현할 수 있다. 이때 줄의 장력은 $T_1 < T_0 < T_2$ 이므로 현의 진동수는 f보다 작은 진동수와 큰 진동수 사이에서 변화한다.
정답은 ③이다.

② 기주의 진동

관속의 공기 기둥이 진동할 때 정상파가 생기는데 막힌 쪽은 정상파의 마디, 열린 쪽은 정상파의 배 부분이 된다.

㉠ 한쪽 끝이 막힌 관의 진동에서의 파장

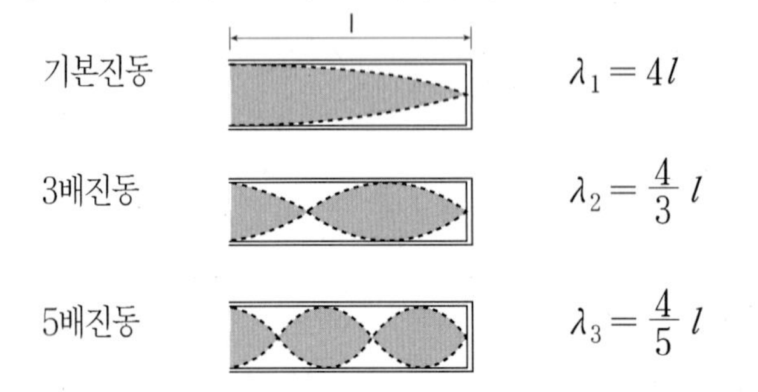

$\lambda_1 = 4l$

$\lambda_2 = \frac{4}{3}l$

$\lambda_3 = \frac{4}{5}l$

따라서 한쪽 끝이 막힌 관(폐관)에서 파장은

$\lambda_n = \dfrac{4l}{2n-1}$ $(n=1,2,3,\cdots)$이 된다.

㉡ 양쪽 끝이 열린 관에서의 진동에서 파장

기본진동 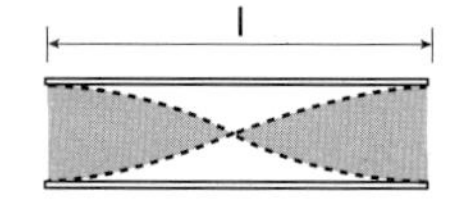 $\lambda_1 = 2l$

2배진동 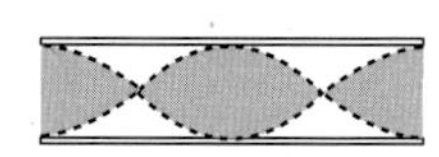 $\lambda_2 = l$

3배진동 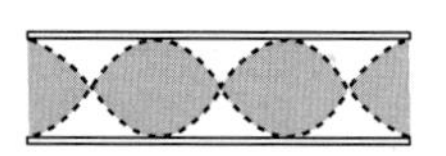 $\lambda_3 = \dfrac{2}{3}l$

양끝이 열린 기주의 진동

따라서 양쪽 끝이 열린 관(개관)에서 파장은 $\lambda_n = \dfrac{2l}{n}$ $(n=1,2,3,\cdots)$이 된다.

예제13

그림과 같이 양쪽이 열려 있고 중간 부분이 막혀 있는 관이 있다. 이 관에서 발생하는 3차 조화모드까지의 정상파들에 의한 맥놀이 진동수[Hz]가 아닌 것은? (단, 공기 중 음속은 340 m/s이다) (2021 국가직 7급)

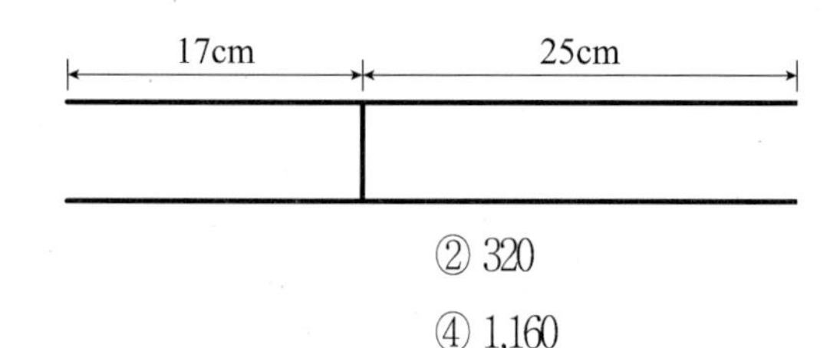

① 160 ② 320

③ 520 ④ 1,160

풀이 중앙이 막혀 있으므로 한쪽 끝이 막힌 관에서

파장은 $\lambda_n = \dfrac{4L}{(2n-1)}$ 이고

진동수는 $f_n = \dfrac{V}{4L}(2n-1)$이다. 관의 길이 L은

$L = 17\text{cm}$ $L = 25\text{cm}$ 이므로

$L = 0.17\text{m}$ $L' = 0.25\text{m}$

$f_1 = \dfrac{340}{0.68} \times 1 = 500(\text{Hz})$ $f_1' = \dfrac{340}{1} \times 1 = 340(\text{Hz})$

$f_2 = \dfrac{340}{0.68} \times 3 = 1500(\text{Hz})$ $f_2' = \dfrac{340}{1} \times 3 = 1020(\text{Hz})$

가능한 맥놀이 진동수로는

$500 - 340 = 160$ $1500 - 340 = 1160$

$1020 - 500 = 520$ $1500 - 1020 = 480$ 이다.

정답은 ②이다.

KEY POINT

3 음 파

(1) 소리의 성질

우리가 일반적으로 듣는 소리는 음원의 진동이 공기라는 매질을 통해 퍼져나가는 종파(소밀파)이다. 사람이 들을 수 있는 영역의 주파수를 가청 주파수라고 하고 약 20~20,000Hz이다. 그 이상의 주파수를 초음파라고 한다. 사람이 보통 말할 때 진동수는 100~600Hz이다.

■ 소리는 종파이고 소리는 반드시 매질이 있어야 전파된다.

① 소리의 속도

소리는 매질을 통해서 전파되므로 매질이 밀할수록 속도는 빨라진다. 그러므로 고체가 속도가 가장 빠르고 기체가 음속이 가장 느리다.

실험적으로 0℃, 1기압에서 소리의 속도는 331.5m/s이며 기온에 비례하여 온도 t℃에서 음속 v는 $v = 331.5 + 0.6t$가 된다. 일반적으로 340m/s로 계산한다. 또 소리의 속도는 기압이나 공기의 밀도에 무관하고 습도가 증가하면 건조한 공기에 비해 속도가 빨라진다.

■ 소리의 속도는 온도가 높을수록 빨라진다.

② 소리의 3요소

㉠ 음의 높이 : 진동수에 따라 결정되며 진동수가 클수록 높은 소리가 난다. 보통 사람의 목소리는 100~500Hz 정도이다.

매 질	속 도(m/s)
공기(0℃)	331
물(0℃)	1402
알루미늄	6420
유 리	5440
강 철	5941

「여러 가지 매질에서 속도」

■ 소리의 3요소
① 고저 - 진동수
② 세기 - 진폭
③ 음색 - 파형

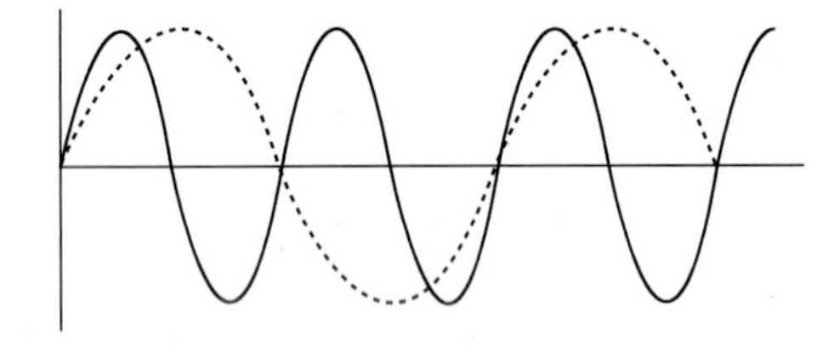

점선 : 저음
실선 : 고음

㉡ 음의 크기 : 음의 높이와 별개로 우리는 큰 소리와 작은 소리를 구분해서 들을 수 있는데 음의 세기도 일종의 파동의 세기이므로 진폭의 제곱에 비례하여 진폭이 클수록 소리가 크게 들린다. 우리가 듣는 소리의 크기를 식으로 나타내면 $L = 10\log\frac{I}{I_0}$가 된다. 소리의 크기 L의 단위는 dB(데시벨)이고 I_0는 소리의 물리적 기준세기로 사람이 들을 수 있는 가장 작은 소리로 $I_0 = 10^{-12}$ ω/m^2이다. 즉 30dB는 소리세기가 10^{-9} w/m^2이고 50dB은 소리의 세기가 10^{-7} w/m^2으로 50dB이 30dB보다 100배의 크기이다.

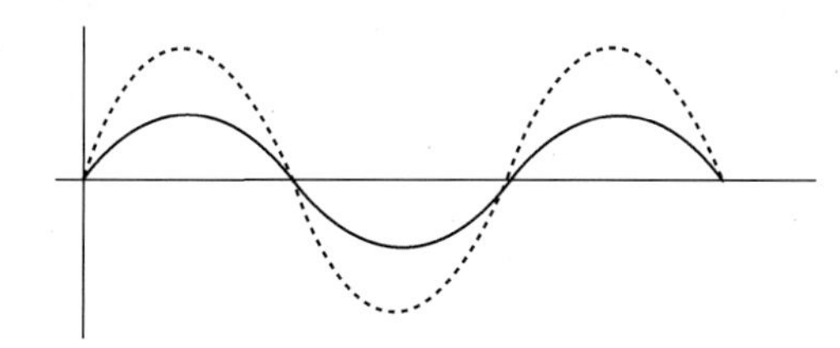

점선 : 큰소리
실선 : 작은소리

예제14

점 음원이 음파를 발생시켰다. 점 음원에서 r_1만큼 떨어진 곳에서 측정한 소리의 세기는 20dB이었고, 점 음원에서 r_2만큼 떨어진 곳에서 측정한 소리의 세기는 10dB이었다면 $\frac{r_2}{r_1}$는? (2017년 서울시 7급)

① $\sqrt{2}$ ② $\sqrt{6}$ ③ $\sqrt{10}$ ④ $\sqrt{14}$

풀이 소리의 세기(dB)는 $10\log\frac{I}{I_0}$로 정의 된다. 이때 I_0는 기준세기이다. 20dB일 경우의 소리의 세기를 I_1, 10db경우의 소리의 세기를 I_2라고 할 때 $20 = 10\log\frac{I_1}{I_0}$이므로 $I_1 = 100I_0$이며 $10 = 10\log\frac{I_2}{I_0}$이므로 $I_2 = 10I_0$이다. 따라서 $I_1 : I_2 = 10 : 1$이다. 소리의 세기는 r^2에 반비례하므로 $I_1 : I_2 = \frac{1}{{r_1}^2} : \frac{1}{{r_2}^2} = 10 : 1$이다. 따라서 $r_2 : r_1 = \sqrt{10} : 1$이므로 $\frac{r_2}{r_1} = \frac{\sqrt{10}}{1} = \sqrt{10}$이다. 정답은 ③이다.

ⓒ 음의 맵시 : 여러 악기들이 같은 높이의 같은 크기의 소리를 내는데도 우리는 그 소리를 구분할 수 있는데 그것은 그 악기가 내는 파형이 각각 다르기 때문이다.

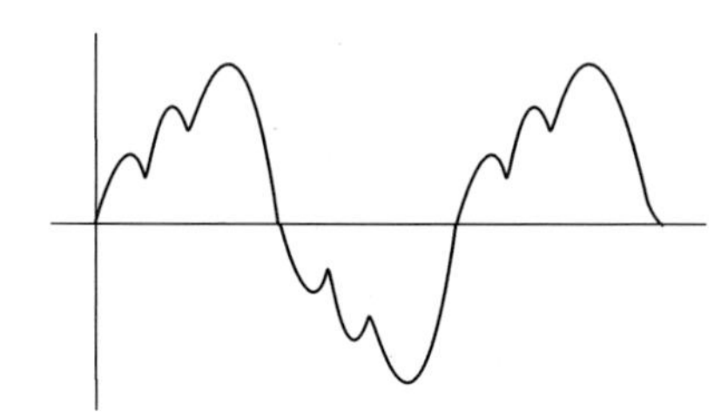

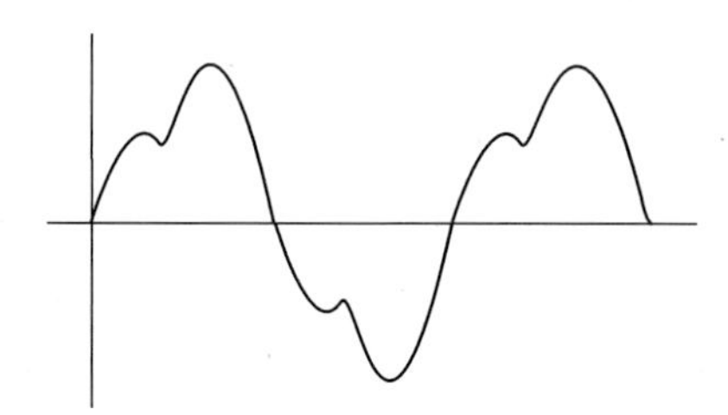

그림. 파형이 다른 경우

KEY POINT

| 예제15 |

아래 그림과 같이 고정된 짧은 튜브에 줄을 통과시키고, 그 끝에 질량 M인 추를 매단 후 줄의 다른 쪽 끝을 진동자에 연결하였다. 진동자가 100Hz로 진동하니 줄에 5배 진동의 정상파가 형성되었다. 줄의 길이가 1m이고 줄의 선밀도가 2.45g/m일 때, 추의 질량(kg)은? (단, 줄과 튜브 사이의 마찰력과 공기저항은 무시하고, 중력가속도 g = 9.8m/s² 이다) (2015 국가직 7급)

① 0.2
② 0.4
③ 0.6
④ 0.8

짧은 튜브
진동자
M

풀이 줄에서의 파동 진행속도 $v=\sqrt{\dfrac{T}{\rho}}$ 에서 장력
$T=mg=9.8\,\mathrm{m}$ 이다.
따라서 줄에서의 파동의 속도 $v=\sqrt{\dfrac{T}{\rho}}=\sqrt{\dfrac{9.8\times \mathrm{m}}{2.45\times 10^{-3}}}=\sqrt{4000\,\mathrm{m}}$ 이다.
이 때 파장 $\lambda=1\times\dfrac{2}{5}=\dfrac{2}{5}\,\mathrm{m}$ 이므로 $\sqrt{4000\,\mathrm{m}}=\dfrac{2}{5}\times 100=40$ 이다.
따라서 $m=0.4\mathrm{kg}$ 이다. 정답은 ②이다.

(2) 맥놀이

진폭과 진동수가 비슷한 두 음파가 간섭을 일으키면 주기적으로 소리가 커졌다 작아졌다 하는데 이것을 **맥놀이**라고 한다.
1초 동안 생기는 맥놀이 수는 두 음파의 진동수의 차이와 같다.
두 음파의 진동수가 각각 f_1, f_2 이면 맥놀이 수 N은 $N=|f_1-f_2|$ 가 된다.

■ 맥놀이 수
$N=f_1-f_2$

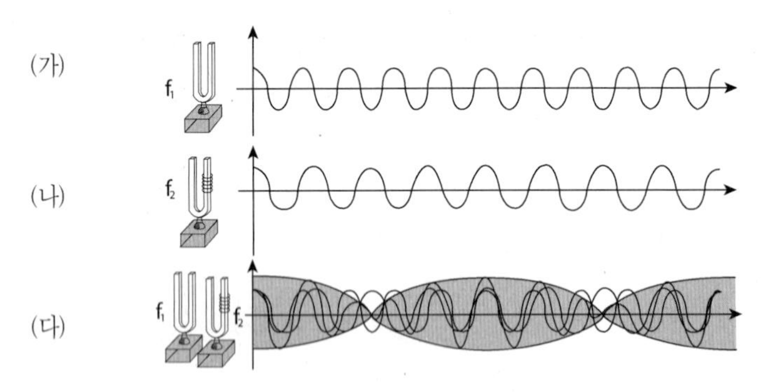

그림. 진동수가 $f_1 f_2$ 인 두 파를 중첩했을 때의 맥놀이 현상

위의 그림처럼 진동수가 비슷한 (가), (나)의 두 음파가 간섭을 일으키면 (다)의 그림처럼 소리가 커졌다 작아졌다 하며 맥놀이가 생긴다.

예제16

440Hz로 진동하는 소리굽쇠 A와 진동수를 모르는 소리굽쇠 B를 동시에 때렸더니 초 당 4회의 맥놀이가 들렸다. 소리굽쇠 B의 가지에만 알루미늄 테이프를 붙인 후, 두 소리굽쇠를 동시에 때렸더니 초 당 2회의 맥놀이가 들렸다. 테이프를 붙이기 전의 소리굽쇠 B의 진동수(Hz)는? (2015 국가직 7급)

① 436 ② 438

③ 442 ④ 444

풀이 맥놀이가 4회 들렸으므로 소리굽쇠 B의 진동수는 436Hz, 444Hz가 될 수 있다. 이 소리굽쇠에 알루미늄 테이프를 붙이면 소리굽쇠의 진동수는 438Hz, 442Hz가 될 수 있는데 소리굽쇠에 알루미늄 테이프를 감게 되면 진동수가 작아지므로 원래 소리굽쇠의 진동수는 444Hz이다. 정답은 ④이다.

(3) 도플러 효과

경적을 울리며 달리는 자동차가 다가올 때는 소리가 높아지다가 차가 지나쳐 멀어지면 소리가 낮게 들린다.

이것은 음원이나 관측자가 운동하면 소리의 진동수가 실제 진동수보다 커지거나 작아진다. 이와 같이 음원과 관측자의 상대적 운동에 의하여 관측되는 진동수가 달라지는 현상을 **도플러 효과**(Doppler effect)라고 한다.

① 음원이 운동할 때

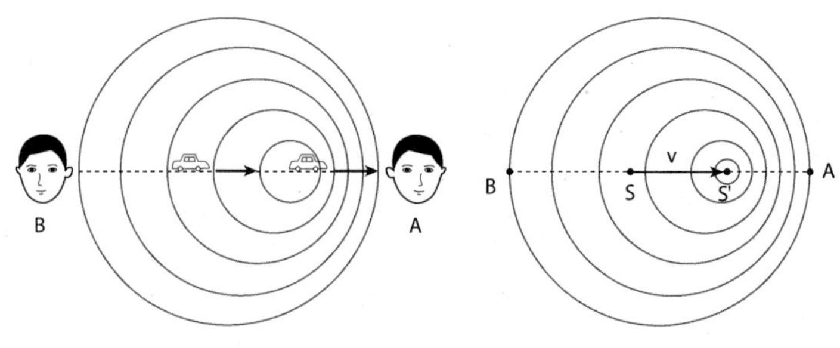

위의 오른쪽 그림에서 음원이 S에서 v의 속도로 S'까지 이동할 때 음속을 V 음원의 진동수를 f_0 관측자의 진동수를 f라 하자. 음원이 S에 있을 때 나온 음파가 t초 후에 A에 도달하였다면 $V=\frac{SA}{t}$ $SA=Vt$이고 t초 동안 음원은 S'까지 이동하므로 $v=\frac{SS'}{t}$, $SS'=vt$가 된다.

따라서 $S'A$는 $S'A=SA-S'S=(V-v)t$이고 이 사이에 t초 동안 음원에서 내보낸 진동수는 $f_0 t$가 존재하므로 파장 λ는

$\lambda=\frac{S'A}{f_o t}=\frac{(V-v)t}{f_o t}=\frac{V-v}{f_o}$ 이고 파동의 속도 $V=f\lambda$ 이므로

KEY POINT

■ 음원이 운동할 때 도플러 효과에 의한 진동수

• 가까워질 때

$$f=\frac{V}{V-v}f_0$$

• 멀어질 때

$$f=\frac{V}{V+v}f_0$$

V: 음의 속도
v: 음원의 속도
f_0: 음원의 진동수

$\lambda = \frac{V}{f}$ 를 위식에 대입하면 $\frac{V}{f} = \frac{V-v}{f_0}$ 가 되고 $f = \frac{V}{V-v} f_0$ 이 된다.

또 반대 방향인 B쪽으로 음원이 움직이면 v 대신 $(-v)$가 되어

$f = \frac{V}{V+v} f_0$ 이 된다.

예제17

기차가 진동수 320Hz의 경적을 울리며 20m/s의 속력으로 역을 통과하고 있다. 이 기차가 역에 다가오는 동안 역에 서 있는 사람이 듣는 경적 소리의 파장은? (단, 소리의 속력은 340m/s이다.) (2018 서울시 7급)

① 0.5m ② 1.0m
③ 1.5m ④ 2.0m

풀이 도플러 효과에 의해 경적의 진동수 $f = \frac{340}{340-20} \times 320 = 340\text{Hz}$이다. 음파의 파장 $\lambda = \frac{v}{f}$ 이므로 이 소리의 파장은 $\frac{340}{340} = 1\text{m}$이다. 정답은 ②이다.

② 관측자가 운동할 때

오른쪽 그림에서 관측자 e가 v 속도로 음원의 반대 A쪽으로 e'까지 이동할 때 음속을 V 음원의 진동수 f_0 관측자의 진동수를 f 라 하자.

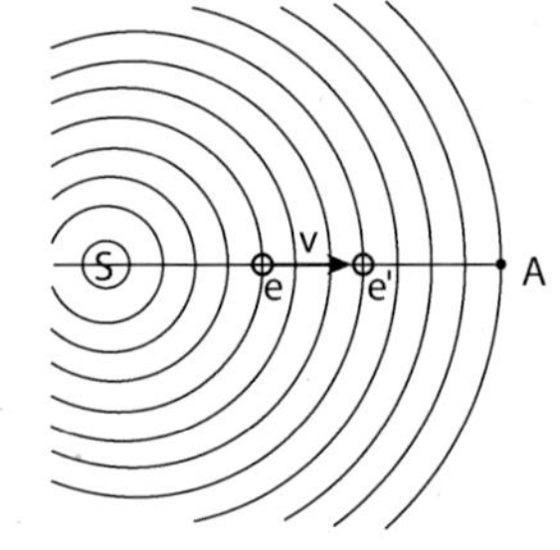

관측자가 1초 동안 e에서 e'로 운동하면 1초 동안 e에 있던 파동은 A까지 이동한다.

따라서 $V = \frac{eA}{1}$ 에서 $eA = V$ 이고 관측자 속도는 v이므로 $v = \frac{ee'}{1}$ 에서 $ee' = v$가 되어 $e'A$ 사이의 파동의 수는 음원의 파장을 λ_0라고 하면 $f = \frac{e'A}{\lambda_0}$ 이고 $V = f_0\lambda_0$이므로 $\lambda_0 = \frac{V}{f_0}$ 를 대입하면 $f = \frac{V-v}{v/f_0}$ $(e'A = eA - ee' = V - v)$이므로 $f = \frac{V-v}{V} f_0$가 된다. 관측자가 반대 방향이면 v가 $(-v)$가 되므로 $f = \frac{V+v}{V} f_0$가 된다.

KEY POINT

■ 관측자가 운동할 때 도플러 효과에 의한 진동수
- 가까워질 때
  $f = \frac{V+v}{V} f_0$
- 멀어질 때
  $f = \frac{V-v}{V} f_0$

V: 음의 속도
v : 관측자의 속도
f_0: 음원의 진동수

■ 도플러 효과 공식
$f = \frac{V \pm v_{관측자}}{V \mp v_{음원}} f_0$

KEY POINT

토플러 효과의 식 유도 별해

① 음원이 움직일 때 : 파장의 크기가 변해서 진동수가 변한다.
그림처럼 음원이 관측자를 향해 v 속도로 달려가면 관측자에게 파장

$\lambda_{관}$는 $\lambda_{관}=\lambda_o-\Delta\lambda$ 이다. $v=\dfrac{\Delta\lambda}{T}$ 에서 $\Delta\lambda=vT$ 이고 소리속도

V는 $V=\lambda_{관}f_{관}$이므로 $f_{관}=\dfrac{V}{\lambda_{관}}=\dfrac{V}{\lambda_o-vT}$ 이다.

$\dfrac{1}{T}=f_o$ 이고 $V=f_o\lambda_o$ 이므로 $f_{관}=\dfrac{V}{\dfrac{V}{f_o}-\dfrac{v}{f_o}}=\dfrac{V}{V-v}f_o$이다.

음원이 반대방향의 속도 v 일 때는 $f_{관}=\dfrac{V}{V+v}f_o$이다.

② 관찰자가 움직일 때 : 파동이 관찰자에게 전달되는 상대속도가 변함에 따라 진동수가 변한다.

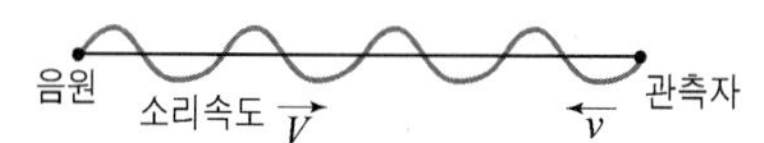

관측자에게 다가오는 소리속도는 상대속도의 크기로
$v_{상}=V-(-v_{관})$이다.

$v_{상}=f_{관}\lambda$(파장은 불변) $f_{관}=\dfrac{V+v_{관}}{\lambda}$.

$\lambda=\dfrac{V}{f_o}$ 에서 $f_{관}=\dfrac{V+v_{관}}{\dfrac{V}{f_o}}=\dfrac{V+v_{관}}{V}f_o$이다.

관측자가 반대방향으로 달리면 $f_{관}=\dfrac{V-v_{관}}{V}f_o$이다.

예제18

직선도로를 따라 진동수 760 Hz의 사이렌을 울리는 소방차가 속력 40 m/s로 달리고 있고, 소방차 뒤를 자동차가 속력 30 m/s로 따라가고 있다. 이때, 자동차에 탄 운전자에게 들리는 사이렌의 진동수[Hz]는? (단, 공기 중 음속은 340 m/s이다) (2021 국가직 7급)

① 620 ② 660
③ 700 ④ 740

풀이 $f=\dfrac{340+30}{340+40}\times 760=740(\text{Hz})$

정답은 ④이다.

연습문제

1 회절에 관한 설명으로 옳은 것은?

① 하늘이 파랗게 보이는 것을 설명할 수 있다.
② 광섬유를 이용한 광통신에 빛이 사용된다.
③ 이슬방울이 반짝인다.
④ 장파는 회절이 잘 일어나므로 통신에 이용된다.
⑤ 물위에 뜬 기름이 무지개 색을 띈다.

2 물결파가 8m/s의 속도로 진행하고 있다. 정지해 있는 뱃머리에 2초에 한번씩 파가 부딪힌다면 이파의 파장은?

① 1m　② 2m
③ 4m　④ 8m
⑤ 16m

3 그림과 같은 통에 물을 담고 물결을 일으켜 깊은 곳 (가)에서 얕은 곳 (나)으로 파동이 진행할 때 경계를 지는 순간 파속의 속도는 어떻게 되는가?

① 빨라진다
② 느려진다
③ 변함 없다
④ 진동수에 따라 다르다
⑤ 처음 진행하는 파장에 따라 다르다

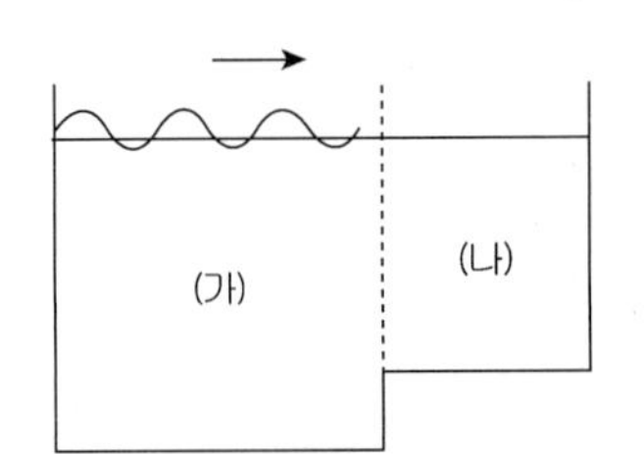

4 소음측정기로 소음의 측정 결과 주택가의 낮은 50dB로 밤의 20dB보다 30dB이 높았다. 낮은 밤보다 소리의 세기가 몇 배인가?

① 3배　② 10배
③ 30배　④ $^3\sqrt{10}$배
⑤ 1000배

5 소리에서 그 크기를 결정하는 요소는 어느 것인가?

① 파장
② 진동수
③ 파의 모양
④ 진폭
⑤ 속도

해설

해설 1
① 빛의 산란
② 빛의 전반사
③ 빛의 반사
⑤ 빛의 간섭

해설 2
$v=\frac{\lambda}{T}$, $\lambda=vT$, 주기는 2초
속도는 8m/s이므로 $\lambda=8\times2=16\,m$

해설 3
$v\propto\sqrt{h}$(h : 깊이)이므로 얕아지면 느려지고 파장도 작아진다.

해설 4
$L=10\log\frac{I}{I_0}$
(I_0 : 소리의 기준세기로 $10^{-12}\omega/m^2$)
10dB차이에 I 는 10배이므로 30dB차이는 $10\times10\times10=10^3$배이다.

해설 5
소리의 3요소 중 음의 고저-진동수, 음의 크기- 진폭, 음의 맵시-파형

정답 1. ④ 2. ⑤ 3. ② 4. ⑤ 5. ④

6 오른쪽 그림과 같이 오른쪽으로 진행하는 파동이 있다. 주기가 T 일 때 $\frac{1}{2}T$후의 파의 모양은?

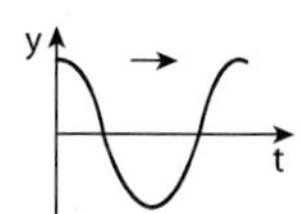

①

② 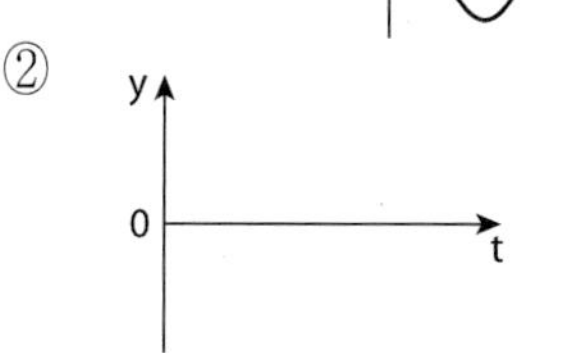

③ 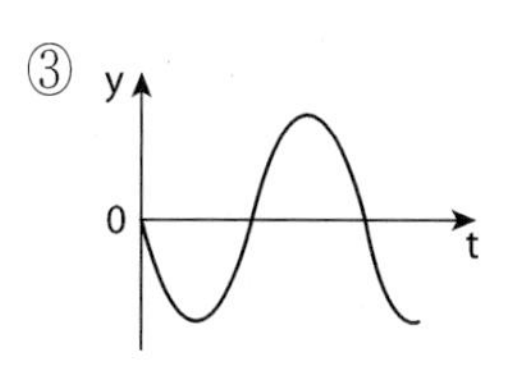

④ 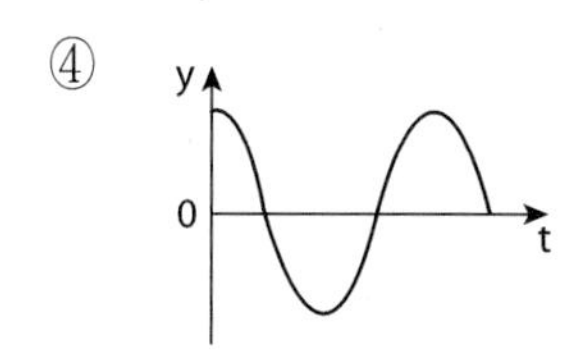

⑤ 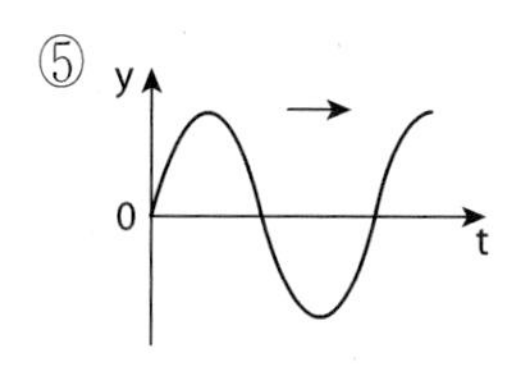

7 다음의 파동 방정식 $y=4\sin 2\pi\left(\frac{t}{2}-\frac{x}{4}\right)$(m)로 진행하는 파동에서 파동의 진행방향과 속도는?

① 오른쪽 4m/s
② 왼쪽 4m/s
③ 오른쪽 2m/s
④ 왼쪽 2m/s
⑤ 오른쪽 8m/s

8 소리굽쇠를 울려 맥놀이 실험을 했더니 1분간 120회의 맥놀이가 발생하였다. 한음의 진동수가 400Hz라면 또 다른 음의 진동수가 많은 쪽은 얼마인가?

① 398Hz
② 400Hz
③ 402Hz
④ 420Hz
⑤ 520Hz

9 오른쪽 그림과 같은 관에서 어떤 음파가 기본진동이 일어났다면 파의 파장은 얼마인가?

① 1m
② 2m
③ 3m
④ 4m
⑤ 8m

2m

해 설

해설 **6**

$\frac{1}{4}T$후 → ⑤ $\frac{1}{2}T$후 → ①

$\frac{3}{4}T$후 → ③

T후 → 6문제의 그래프로 변해간다.

해설 **7**

$y=A\sin 2\pi\left(\frac{t}{T}-\frac{x}{\lambda}\right)$ 의 일반 파동식과 비교 진폭 $A=4$ 주기 $T=2$ 파장 $\lambda=4$이므로

$v=\frac{\lambda}{T}=\frac{4}{2}=2$m/s이고

$y=4\sin 2\pi\left(\frac{t}{2}-\frac{x}{4}\right)$에서 $-\frac{x}{4}$의 부호가 (−)이므로 오른쪽으로 진행하는 파동이다.

해설 **8**

1분에 120회이므로 1초에 2회

맥놀이 수 $N=(f_1-f_2)$이므로

$2=f_1-400$ $f_1=402$Hz

해설 **9**

막힌 관에서는 기본진동이 [그림]와 같이 되어 관의 길이가 l이라면 파장은 $\lambda=4l$이 된다.

따라서 $\lambda=4\times2=8$m

정답 6. ① 7. ③ 8. ③ 9. ⑤

10 양쪽 끝이 팽팽하게 매어진 줄의 길이를 측정했더니 2m이었다. 이 줄을 손으로 튕기었더니 소리가 났다. 이 소리의 진동수는 몇 Hz인가?(단, 소리의 속도는 340m/s이다.)

① 85 Hz　② 170 Hz
③ 340 Hz　④ 680 Hz
⑤ 1360 Hz

11 오른쪽 그림과 같이 파장 진폭 진동수가 같은 두 파동이 서로 반대 방향으로 진행하다 만나 간섭을 일으켜 정상파를 만든다. 그림에서 배가 되는 곳은?

① ㄱ, ㄷ, ㅁ, ㅅ
② ㄴ, ㄹ, ㅂ
③ ㄱ, ㄴ, ㄷ, ㄹ, ㅁ, ㅂ, ㅅ
④ ㄷ, ㅁ
⑤ ㄴ, ㅂ

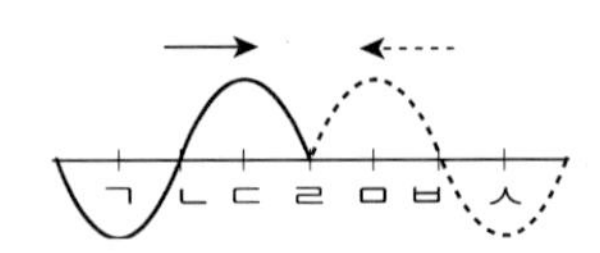

12 오른쪽 그림과 같은 파동이 진행하고 있다. 어느 순간 A점이 아래로 향하고 있다면 B점의 방향과 파동의 진행 방향은?

① B점-오른쪽, 파동-오른쪽
② B점-아래, 파동-오른쪽
③ B점-위, 파동-오른쪽
④ B점-위, 파동-왼쪽
⑤ B점-아래, 파동-왼쪽

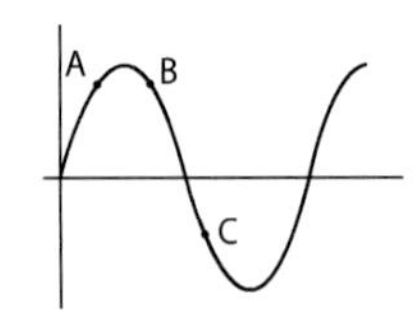

13 진동수와 진폭이 같은 두 음파가 같은 방향으로 반파장의 차이로 겹친다면 간섭의 결과는?

① 소리가 아주 세어진다.　② 소리가 낮아진다.
③ 소리가 아주 약해진다.　④ 소리가 높아진다.
⑤ 소리가 울린다.

14 파동에서 나타나는 다음의 양 중에서 다른 것과 전혀 관계없는 것은 어느 것인가?

① 진폭　② 속도
③ 진동수　④ 파장
⑤ 주기

해 설

해설 10

현의 길이가 l일 때 이 현의 파장은 $\lambda=2l$ 이 되므로

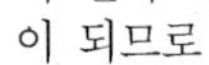

$\lambda=2\times2=4$m가 된다.

또 속도 $v=\frac{\lambda}{T}=fx$에서 진동수 $f=\frac{v}{\lambda}$이므로 $f=\frac{340}{4}=85$Hz

해설 11

그림에서

$\frac{1}{4}T$ 후에는

$\frac{2}{4}T$ 후

$\frac{3}{4}T$ 후

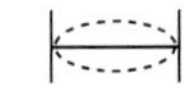

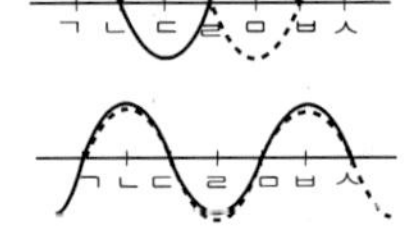

처럼 되어 배가 되는 부분은 ㄴ, ㄹ, ㅂ 이다.

해설 12

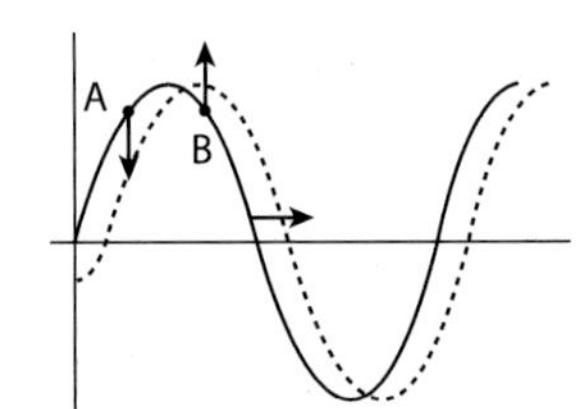

그림에서 A점이 아래 방향이면 B점은 위방향이고 파동은 오른쪽으로 진행한다.

해설 13

반파장이 차이가 나는 소리는 상쇄 간섭이 일어나서 진폭이 작아지므로 소리가 약해진다.

해설 14

속도 $v=\frac{\lambda}{T}=f\lambda$ $\left(\frac{1}{T}=f\right)$이므로 진폭은 관계없는 량이다.

정답 10. ① 11. ② 12. ③ 13. ③ 14. ①

15 파동이 진행하다가 매질이 다른 경계면을 만났을 때 변하지 않는 물리량은?

① 파장 ② 진동수
③ 속도 ④ 방향
⑤ 위 모두 변한다.

16 기적을 울리며 달려오고 있는 기차의 기적소리를 정지해 있는 사람이 들을 때 더 고음으로 들린다. 이 현상은 어느 것에 해당하는가?

① 도플러 효과
② 굴절 현상
③ 회절 현상
④ 맥놀이 현상
⑤ 반사 현상

17 일상적으로 담의 뒤편에 있는 사람이 보이지는 않지만 소리는 들린다. 이는 파동의 어떤 현상 때문이며 소리와 빛의 어떤 차이에 기인하는가?

① 굴절, 종파·횡파의 차이
② 회절, 종파와 횡파의 차이
③ 굴절, 파장의 크기 차이
④ 회절, 파장의 크기 차이
⑤ 굴절, 속도의 차이

18 우리가 피아노 치는 소리를 들을 때 (도)음, (미)음, (솔)음 등이 다름을 알 수 있다. 이것은 소리의 어떤 특성에 기인하는가?

① 소리의 진폭 ② 소리의 속도
③ 맥놀이 ④ 파의 모양
⑤ 소리의 진동수

19 다음 중 호이겐스의 원리를 가장 잘 설명한 것은?

① 파동의 진행방향과 파면은 서로 직각이다.
② 파동이 진행하는 길은 최단시간의 경로를 따라 진행한다.
③ 파동은 파원의 운동상태에 따라 관측자에게 다른 파장으로 관측된다.
④ 파동이 전파할 때 어느 순간은 파면상의 각 점은 새로운 파동을 만든다.
⑤ 다른 매질 속을 파동이 진행할 때 그 경계면에서 진행 방향이 꺾인다.

해설

해설 15
진동수는 매질이 달라져도 변함없다.

해설 16
$f=\frac{V}{V-v_{자동차}}f_0$로
(V: 소리속도 $V_{자동차}$: 기차속도)
$\frac{V}{V-v_{자동차}}$가 1보다 크므로
진동수가 증가되어 고음이 되는
도플러 효과이다.

해설 17
장애물이 뒤까지 전달되는 현상을 회절이라 하고 회절은 파장이 클수록 잘 일어난다.

해설 18
소리의 3요소는 음의 높이 - 진동수
음의 세기 - 진폭 음색 - 파형

해설 19
파면위의 모든 점이 새로운 파원이 되어 파를 발생시킨다.

정답 15. ② 16. ① 17. ④ 18. ⑤ 19. ④

20 수면 위에서 8cm 떨어져 있는 두 점 S_1, S_2에서 다 같이 파장 2cm, 진폭 1cm의 물결파가 같은 위상으로 발생되고 있다. S_1, S_2에서 각각 18cm, 22cm의 곳에 있는 점 P' 에서의 합성파의 진폭은 얼마인가?

① 4cm ② 5cm
③ 1cm ④ 2cm
⑤ 0cm

21 두 점파원 S_1, S_2는 진폭과 파장이 같은 파동을 동일한 위상으로 발생시켰다. 파원 S_1으로부터 12m, 파원 S_2로부터 15m 떨어진 점에서 소멸(상쇄) 간섭이 일어나는 경우, 이 파동의 파장으로 가능한 것은?

① 1m ② 1.5m
③ 2m ④ 3m
⑤ 3.5m

22 정상파가 생기는 경우는 다음 중 어느 것인가?

① 진폭, 파장이 같은 두 파가 같은 방향으로 진행하여 겹칠 때
② 진폭, 파장이 같은 두 파가 반대 방향으로 진행하여 겹칠 때
③ 진폭, 파장이 다른 두 파가 같은 방향으로 진행하여 겹칠 때
④ 진폭, 파장이 다른 두 파가 반대 방향으로 진행하여 겹칠 때
⑤ 파장은 같고 진폭이 다른 두 파가 반대 방향으로 진행하여 겹칠 때

23 다음 중 파동의 회절과 관계가 있는 현상은?

① 양 끝이 고정된 줄에 정상파가 생긴다.
② 백색광이 프리즘을 통과하면 여러 가지 색광으로 나누어진다.
③ 물 속에 반쯤 잠긴 막대가 꺾여 보인다.
④ 담 너머에 있는 사람의 목소리를 들을 수 있다.
⑤ 비누막에 여러 가지 색의 무늬가 생긴다.

24 맥놀이 현상은 다음 중 어느 경우에 가장 잘 일어나는가?

① 2개의 음파가 합치면 언제나 발생한다.
② 진동수와 진폭이 똑같은 2개의 음파가 합칠 때
③ 진동수와 초기 위상이 똑같은 2개의 음파가 합칠 때
④ 진동수가 비슷하고, 진폭이 같은 2개의 음파가 합칠 때
⑤ 똑같은 2개의 음파가 반대 방향으로 진행하여 합칠 때

해 설

해설 **20**

경로 차= | 22−18 | =4cm이고 파장이 2cm이므로 보강간섭이 일어난다.

해설 **21**

상쇄간섭은 경로 차 Δ가 $\Delta=\frac{\lambda}{2}(2m+1)$ 일 때 이므로 $\Delta=\frac{\lambda}{2}, \frac{3\lambda}{2}, \frac{5\lambda}{2}, \frac{7\lambda}{2}\cdots$인 경우가 가능하다 문제에서 $\Delta=3\text{m}$ 이므로 $\lambda=6, 2, \frac{6}{5}$ 등인 경우이다.

해설 **23**

회절은 장애물 뒤쪽까지 파동이 전달되는 현상이다.

정답 20. ④ 21. ③ 22. ② 23. ④ 24. ④

25 양쪽 끝이 고정된 일정한 길이의 현에서 생기는 기본 진동의 설명 중 옳은 것은?

① 줄이 굵을수록 진동수가 커진다.
② 줄이 굵을수록 파장이 짧아진다.
③ 줄이 팽팽할수록 진동수가 작아진다.
④ 줄의 장력에 관계없이 파장이 일정하다.
⑤ 줄이 팽팽할수록 진동수가 커진다.

26 한 끝은 열려있고 다른 한 끝은 닫힌 길이 l의 곧은 관이 있다. 이 관 내의 공기를 진동시켜 음파를 발생시킬 때, 가능한 음파의 파장은 얼마인가?

① l ② $2l$
③ $3l$ ④ $4l$
⑤ $5l$

27 수면 위에서 8cm 떨어진 두 점 S_1, S_2에서 파장 2cm의 같은 파동이 같은 위상으로 보내지고 있을 때, S_1, S_2를 연결하는 선 상에서 S_1, S_2 사이에 나타나는 배는 모두 몇 개인가?

① 1개 ② 2개
③ 4개 ④ 6개
⑤ 8개

28 파동이 진행할 때 생기는 회절 현상이 가장 잘 나타나는 경우는?

① 장애물에 비하여 파장이 짧을 때
② 장애물에 비하여 파장이 길 때
③ 장애물에 비하여 진폭이 작을 때
④ 장애물에 비하여 진동수가 클 때
⑤ 장애물의 종류에 관계없이 똑같다.

29 숨바꼭질하는 아이들이 서로 보이지 않게 숨더라도 상대방이 내는 소리는 들을 수 있다. 이것과 가장 관련 깊은 물리적 사실은?

① 소리는 종파이고 빛은 횡파이다.
② 소리의 전파 속도는 광속도 보다 매우 느리다.
③ 소리의 파장이 빛의 파장에 비하여 매우 길다.
④ 소리는 공기라는 매질을 필요로 하나 빛은 매질이 필요 없다.
⑤ 답 없음

해설

해설 25

$f=\frac{1}{\lambda}\sqrt{\frac{T}{e}}$ 파장은 줄의 장력과 관계 없다.

해설 26

한쪽이 닫힌 관에서는 $\lambda_n=\frac{4l}{2n-1}$ 이므로 $\lambda=4l,\ \frac{4l}{3},\ \frac{4l}{5}\cdots$이다.

해설 27

8cm이면 파장이 2cm이므로 4개의 파가 들어가도 4개의 파는 배가 8개 생긴다.

해설 28

회절은 파장이 길수록 슬릿 간격이 작을수록 잘된다.

정답 25. ④⑤ 26. ④ 27. ⑤ 28. ② 29. ③

30 철로 근처에서 음파를 내고 있는 파원을 향하여 접근하고 있는 기차에서 같은 진동수의 음파를 발생하였을 때, 매초 4회의 맥놀이가 생겼다. 이 때 기차의 속력은 얼마인가? (단, 음파의 진동수는 400Hz이고, 음속은 333m/s이다.)

① 1m/s
② $\sqrt{2}$m/s
③ 2m/s
④ 3m/s
⑤ 4m/s

31 음원이 정지한 관측자를 향하여 음속의 $\frac{1}{3}$ 속도로 움직이고 있다. 이 때 관측자에게 측정된 음파의 파장은 음원이 정지한 경우의 파장에 비하여 몇 배로 변했는지 옳은 답을 골라라.

① $\frac{1}{3}$
② $\frac{2}{3}$
③ $\frac{3}{2}$
④ 3
⑤ $\sqrt{2}$

32 한끝이 열리고 다른 한끝은 닫힌 관 속의 공기가 진동하여 진동수 90Hz의 정상파가 생겼다. 이 관의 양끝을 열었을 때에는 진동수 360Hz인 정상파가 생김을 알았다. 이 때 소리의 속력이 360m/s라면, 이 관의 길이는 다음 중 어느 것이 가능한가?

① 0.50m
② 0.75m
③ 1.00m
④ 1.25m
⑤ 1.5m

해 설

해설 30

맥놀이 수 $N = |f_1 - f_2|$ 이므로
$f_2 = 404\text{Hz}$ 또는 396Hz이다.
$f_2 = \frac{333}{333 - v} \times f_1 = \frac{333}{333 - v} \times 400$
이므로 $f_2 > f_1$ 이고 $f_2 = 404\text{ Hz}$
이므로 $v = 3\text{ m/s}$ 이다.

해설 31

$f = \frac{V \pm v_{관측자}}{V \mp v_{음원}} \times f_o$ 에서
$f = \frac{V}{V - \frac{1}{3}V} f_o$ 이고 $f = \frac{3}{2} f_o$ 이다.
$v = f\lambda$ 에서 $\lambda \propto \frac{1}{f}$ 이므로
파장 λ 는 $\frac{2}{3}$ 배이다.

해설 32

파장 $\lambda = \frac{v}{f}$ 이므로 닫힌 관에서
파장은 $\lambda = \frac{360}{90} = 4\text{ m}$ 이고
열린 관에서 파장은 $\lambda = \frac{360}{360} = 1\text{ m}$
이다.
폐관은 $\lambda = \frac{4l}{2n-1}$, 개관은 $\lambda = \frac{2l}{n}$
이므로
두 조건을 모두 만족시킬 수 있는
$l = 1\text{ m}$ 이다.

정답 30. ④ 31. ② 32. ③

2. 빛

1 빛의 진행

(1) 빛의 성질

① 빛의 직진

어두운 방안에서 작은 창문 틈 사이로 햇볕이 스며들 때 빛은 일직선으로 곧게 나아간다. 이와 같은 빛의 직진성으로 인해 오른쪽 그림과 같이 그림자가 생기는 것을 볼 수 있다.

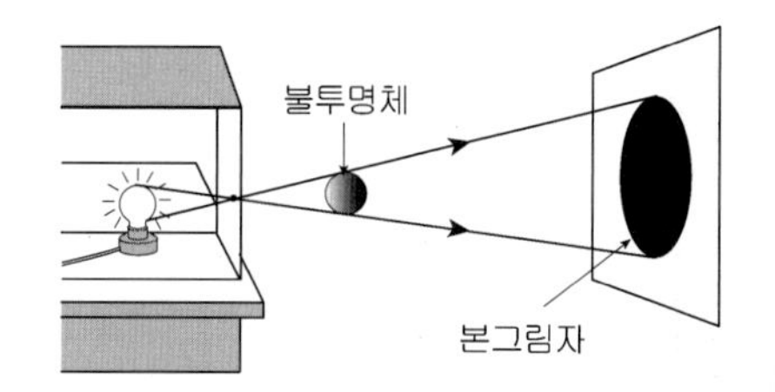

■ 빛은 횡파이며 잔자기파의 일종으로 직진한다.

② 빛의 속도

그동안 여러 학자들에 의해 빛의 속도 측정을 위한 노력이 있었는데 현재 진공중의 빛의 속도 C는 파장에 관계없이 일정하며 그 크기는 $C = 2.9979 \times 10^8$m/s로 알려져 있다. 공기 중에서는 진공에서 보다는 속도가 작기는 하나 거의 같아서 간단히 $C = 3 \times 10^8$m/s로 쓴다.

따라서 지구에서 태양까지의 거리는 약 1.5×10^8km 이므로 $v = \frac{s}{t}$ 에서

$t = \frac{s}{v} = \frac{1.5 \times 10^{11}\text{m}}{3 \times 10^8\text{m/s}}$ 가 되어 t는 약 8분 20초 정도가 된다.

(2) 빛의 반사

빛도 파동이므로 한 매질 속을 진행하다가 다른 매질을 만나면 경계면에서 매질의 종류에 따라 전부 또는 일부가 반사된다.

■ 빛은 매질이 다른 경계면에서 반사와 굴절이 된다.

① 반사의 법칙

㉠ 입사각과 반사각은 같다.

㉡ 입사광선, 반사광선 및 입사점에 세운 법선은 모두 같은 평면 내에 있다.

② 반사의 종류

㉠ 정반사 : 편평한 표면에 평행하게 입사한 광선들이 반사 후에 평행하게 진행하는 반사

㉡ 난반사 : 거친 표면에 평행하게 입사한 광선들이 반사 후 불규칙하게 여러 방향으로 흩어지는 반사

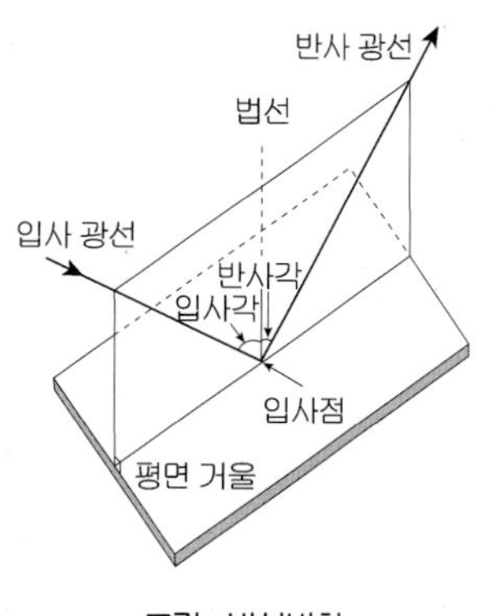

그림. 반사법칙

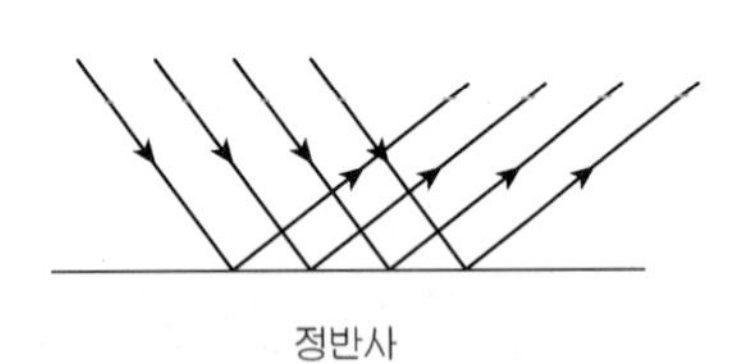

정반사

난반사

예제 1

지면에 평행한 한 거울과 또 하나의 거울이 서로 120° 의 각을 이루고 있다. 지면에 평행한 거울의 법선에 대하여 45°의 각으로 광선이 입사할 때 첫 번째 거울에 반사된 후, 두 번째 거울에 반사된 빛이 지면의 법선과 이루는 각도 θ는?

(2021 서울시 7급)

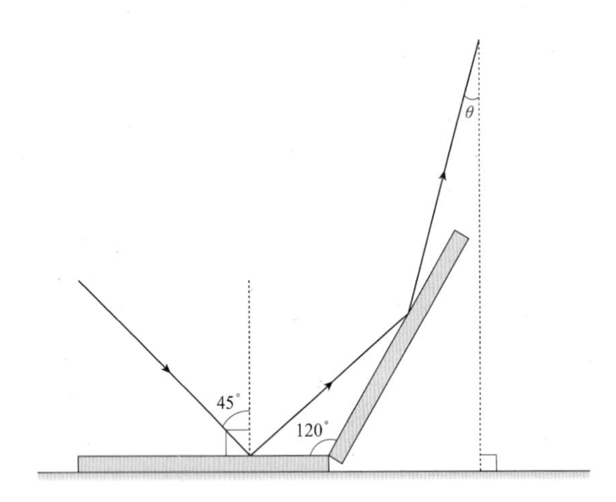

① 10°　　② 15°

③ 20°　　④ 25°

풀이 각 $\alpha=45°$　각 $\beta=15°$　각 $r=60°$

$\beta+r=75°$이므로 따라서 $\theta=15°$이다.

정답은 ②이다.

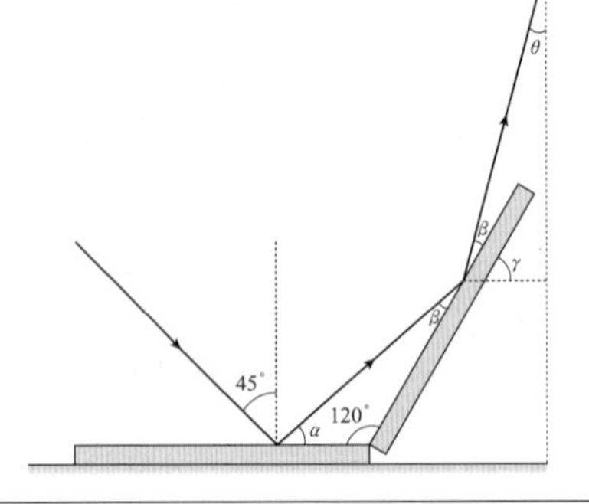

ⓒ 전반사

앞에서 본 스넬의 법칙에 의하면 $\frac{n_2}{n_1} = \frac{\sin\theta_1}{\sin\theta_2}$ 에서 굴절률이 큰 매질에서 굴절률이 작은 매질로 빛이 입사할 때 굴절각이 입사각 보다 커지고 또 입사각 θ_1이 커질수록 굴절각 θ_2도 커지게 된다.

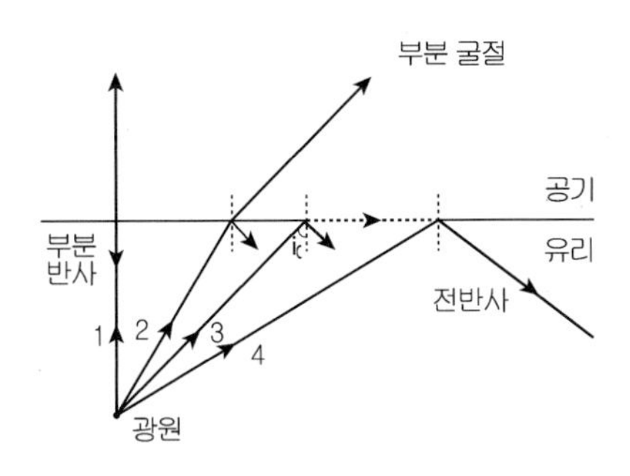

위 그림처럼 유리 속에 있는 광원에서 1과 2 경로로 진행할 때는 반사 광선과 굴절 광선이 같이 존재하지만 입사각을 점점 크게 하여 굴절 광선이 없어지는 각을(i_c) **임계각**이라 하고 임계각보다 입사각이 크면 **전반사**가 일어난다.

이러한 전반사는 프리즘을 이용한 망원경이나 광섬유를 이용한 광통신에 널리 사용된다.

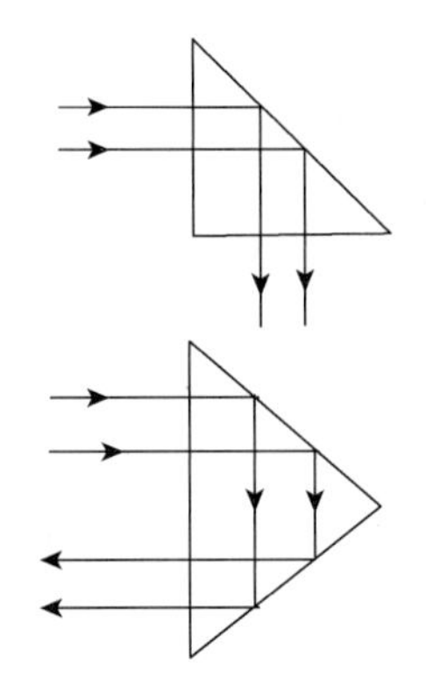

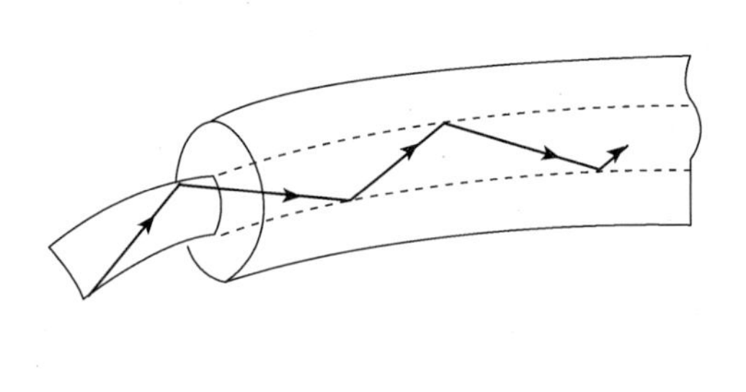

(a) 광섬유에서의 전반사

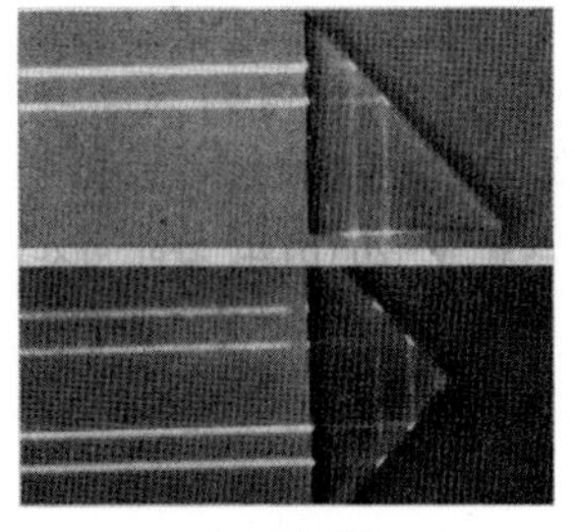

(b) 프리즘

KEY POINT

■ 전반사는 광통신에 이용

■ 전반사 조건
굴절률이 큰 매질에서 굴절률이 작은 매질로 진행할 때 임계각 이상에서 발생

■ 전반사의 임계각 구하기

KEY POINT

예제2

오른쪽 그림과 같이 수조에 물을 채우고 수면으로부터 l 깊이에 점광원을 넣어 두었다. 수조 위에서 점광원이 보이지 않게 하기 위해 반경 R이 되는 물체로 수면 위를 덮으려고 한다. 공기의 굴절률이 1이고 물의 굴절률이 n이면 반경 R은 최소한 얼마만 해야 할까?

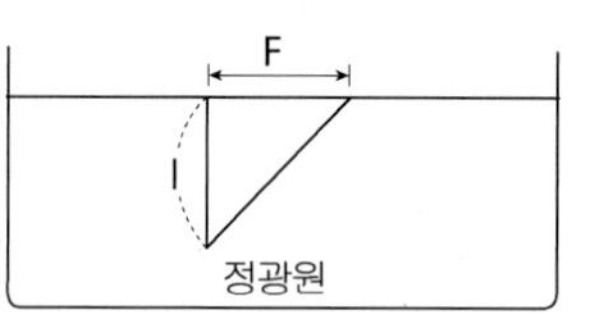

풀이

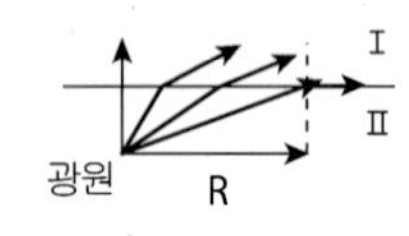

이 문제는 그림에서와 같이 임계각 i_c되는 R을 찾으면 R이후 부분은 모두 전반사가 일어난다.

따라서 $\dfrac{n_2}{n_1} = \dfrac{\sin\theta_1}{\sin\theta_2}$에서 $n_1 = 1,\ n_2 = n$,

$\theta_1 = 90°,\ \theta_2 = i_c$이므로 $n = \dfrac{1}{\sin i_c}$이

되어 (n, $\sqrt{n^2-1}$, 1, i_c) 처럼 되고 그림에서는 $\left(\sin i_c = \dfrac{1}{n}\right)$ (l, R, i_c) 가 되어

$l : \sqrt{n^2-1} = R : 1$에서 $R = \dfrac{l}{\sqrt{n^2-1}}$이 된다.

예제3

단색광이 굴절률 n인 매질에서 공기로 입사할 때 입사각이 45° 보다 크면 전반사한다. 이 매질의 굴절률 n은? (단, 공기의 굴절률은 1이다) (2021 국가직 7급)

① $\dfrac{\sqrt{2}}{2}$ ② $\sqrt{2}$

③ $\sqrt{3}$ ④ 2

풀이 $\sin\theta = \dfrac{1}{n}$에서 $n = \dfrac{1}{\sin 45} = \sqrt{2}$

정답은 ②이다.

KEY POINT

(3) 빛의 굴절

① 굴절의 법칙

빛도 파동의 일종이므로 파동에서 본 것처럼 아래 그림과 같이 매질 I에서 매질 II로 빛이 진행하다가 경계면에서 굴절하게 된다.

따라서 **스넬의 법칙**에 따라서

$$\frac{n_2}{n_1} = \frac{\sin\theta_1}{\sin\theta_2} = \frac{\lambda_1}{\lambda_2} = \frac{v_1}{v_2}$$

의 관계가 성립한다.

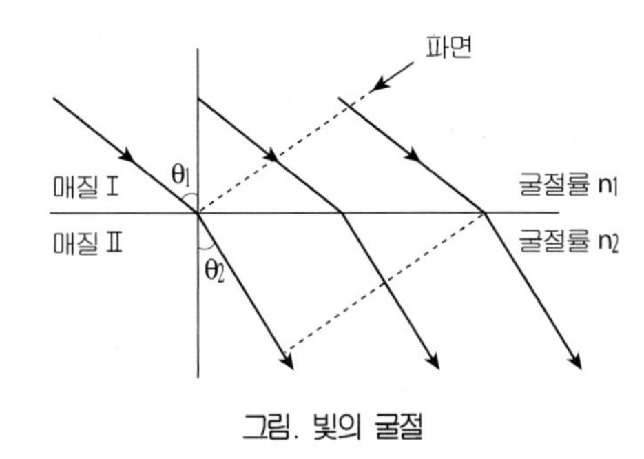

그림. 빛의 굴절

예제4

그림은 공기 중에서 빨강색 레이저 빛이 스크린의 O점에 도달하는 모습을 나타낸 것이다. 이 상태에서 (가)→(나)→(다)의 순서로 실험을 하였다.

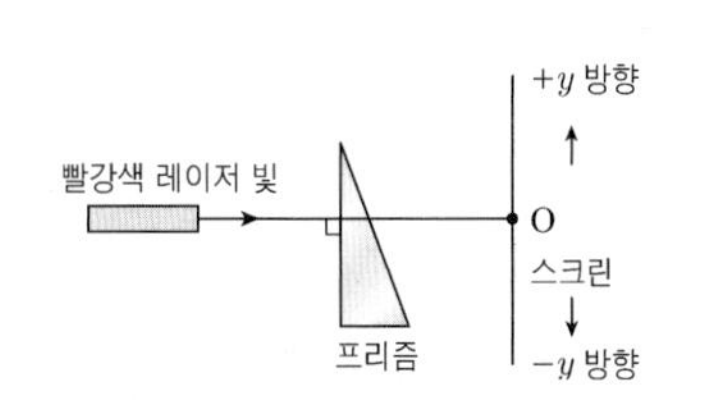

(가) 레이저와 스크린 사이에 그림과 같이 유리로 만든 프리즘을 놓았더니 스크린에 도달한 레이저 빛이 O점에서 (A) 방향으로 이동하였다.
(나) 프리즘의 굴절률만 증가시켰더니 스크린에 도달한 레이저 빛이 (B) 방향으로 이동하였다.
(다) 파랑색 레이저 빛으로 바꾸었더니 스크린에 도달한 레이저 빛이 (C) 방향으로 이동하였다.

A, B, C에 들어갈 방향을 바르게 짝지은 것은? (단, 프리즘에 의한 빛의 전반사는 일어나지 않는다.)

	A	B	C
①	$+y$	$+y$	$+y$
②	$+y$	$+y$	$-y$
③	$+y$	$-y$	$-y$
④	$-y$	$+y$	$-y$
⑤	$-y$	$-y$	$-y$

풀이 정답은 ⑤이다.

KEY POINT

② 떠 보이기

물체를 물속에 넣고 공기 중에서 보면 실제보다 떠 보인다. 이것은 굴절률이 큰 물에서 굴절률이 작은 공기 속으로 빛이 나올 때 입사각 i 보다 굴절각 r이 커지게 된다.

공기의 굴절률이 1이고 물의 굴절률이 n이라면

스넬의 법칙에 의하면 $\frac{n_2}{n_1} = \frac{\sin\theta_1}{\sin\theta_2}$ 에서

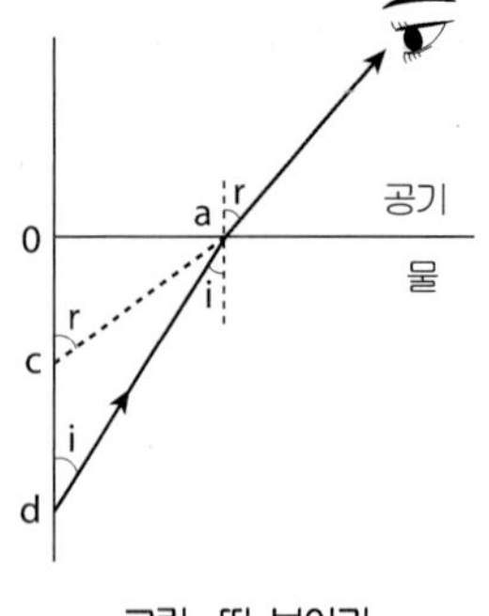

그림. 떠 보이기

$n = \frac{\sin r}{\sin i}$ 이고 $\sin r = \frac{ao}{ac}$, $\sin i = \frac{ao}{ab}$ 이므로

$n = \frac{\frac{ao}{ac}}{\frac{ao}{ab}} = \frac{ab}{ac}$ 가 된다. 관측자가 물의 수직 위에서 본다면 $ab = ob$,

$ac = oc$가 되므로 $n = \frac{ob}{oc}$ 가 되어 겉보기 깊이는 $oc = \frac{ob}{n}$ 가 되어 그림에서 bc 만큼 떠보이게 된다.

즉 $\frac{n_2}{n_1} = \frac{\sin\theta_1}{\sin\theta_2} = \frac{\lambda_1}{\lambda_2} = \frac{v_1}{v_2} = \frac{h_1}{h_2}$ (h_1 = 실제깊이, h_2 = 겉보기 깊이)

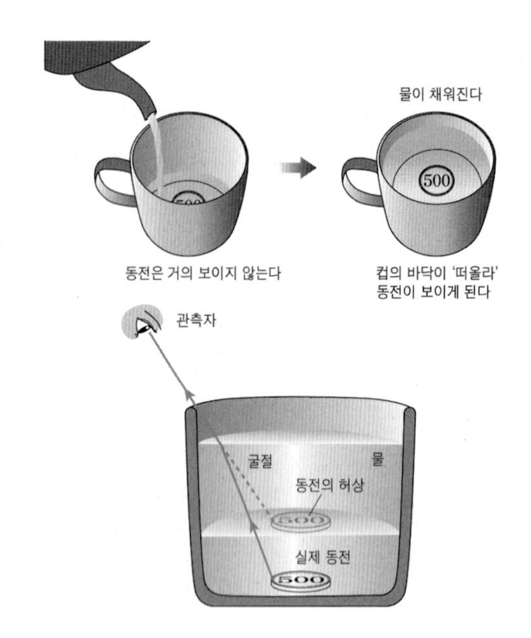

그림과 같이 컵에 물을 부으면 바닥이 떠올라 보여서 깊이가 실제보다 얕아보여서 동전이 보이게 된다.

예제5

강둑에서 사람이 수면을 통하여 강바닥을 바라보고 있다. 이때 바라보고 있는 각도가 수면에 대하여 45° 이고, 물의 실제 깊이가 3m라면 사람이 느끼는 강물의 깊이(겉보기 깊이)[m]는? (단, 물의 굴절률 $n=\sqrt{2}$ 로 한다) (2016년 국가직 7급)

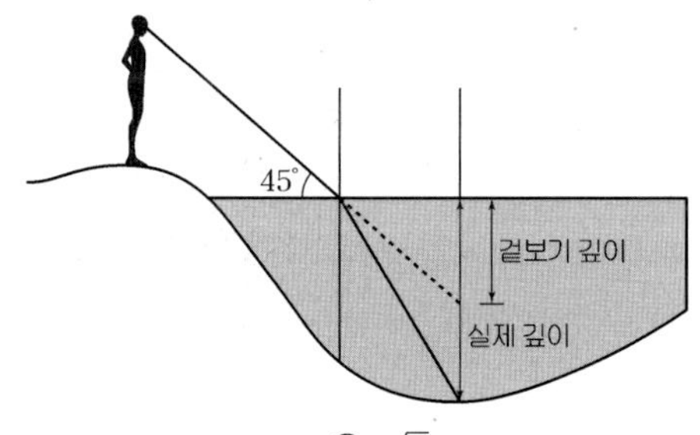

① $\sqrt{2}$ ② $\sqrt{3}$
③ 2 ④ $\sqrt{5}$

풀이 물의 굴절률이 $\sqrt{2}$이므로 이는 $\frac{\sin 45°}{\sin r}$을 만족한다. 따라서 굴절각 $r=30°$ 이다.

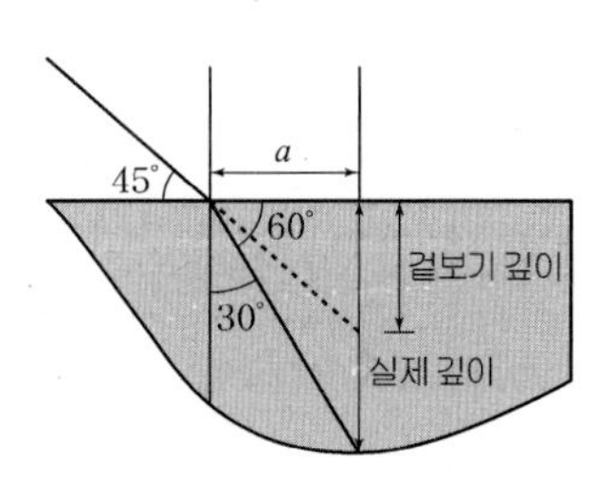

겉보기 깊이를 x라고 할 때

$\tan 60° = \frac{3}{a}$이고, $\tan 45° = \frac{x}{a}$ 하면

$\frac{\tan 45°}{\tan 60°} = \frac{\frac{x}{a}}{\frac{3}{a}} = \frac{x}{3}$을 만족한다.

따라서 겉보기 깊이 x는 $\sqrt{3}$m이다.

정답은 ②이다.

5 거울과 렌즈

(1) 평면거울에 의한 상

평면거울 앞에 놓여 있는 물체를 거울에 반사시켜 보면 마치 거울의 뒤에 있는 것처럼 보인다. 이때의 상을 **허상**이라고 한다.

■ 실상 : 빛이 반사, 굴절 후 빛이 실제로 모여서 생기는 상

■ 허상 : 반사 또는 굴절 광선의 연장선이 모여서 맺는 상

① 평면경의 특징

평면경에 의한 상은 항상 정립 허상이고 상은 또 거울 면에 대칭인 곳에 물체의 크기와 같다.

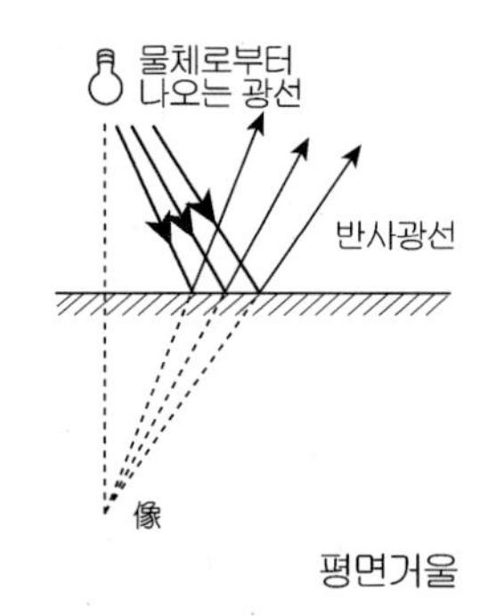

평면거울

② 두 개의 평면거울에 의한 상

두 평면거울을 각 θ로 놓을 때 생기는 상의 수 n은 다음과 같다.

$$n=\frac{360}{\theta} \quad (n : 정수)$$

㉠ n이 짝수이면 상의 수는 $(n-1)$개
㉡ n이 홀수이면 상의 수는 n개
㉢ n이 홀수이고 물체가 이등분선 위에 있으면 상의 수는 $(n-1)$개
㉣ 소수점이 나오면 소수점 이하는 버리고 정수만 n

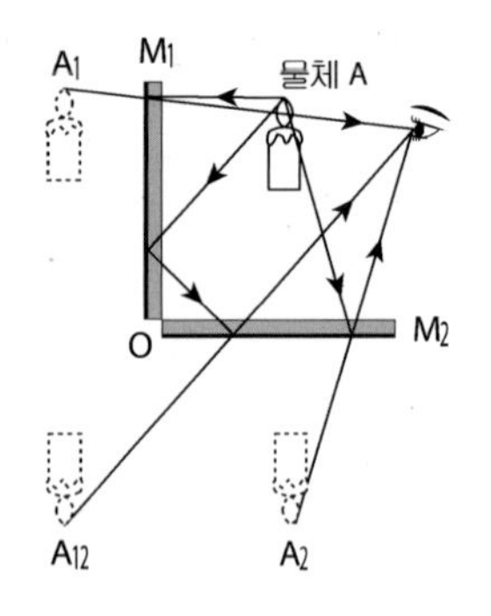

③ 전신을 보기 위한 최소 거울

키가 AB인 사람이 자신의 전신을 보기 위한 평면거울의 최소 길이는 그림에서와 같이 $\dfrac{AB}{2}$ 이다.

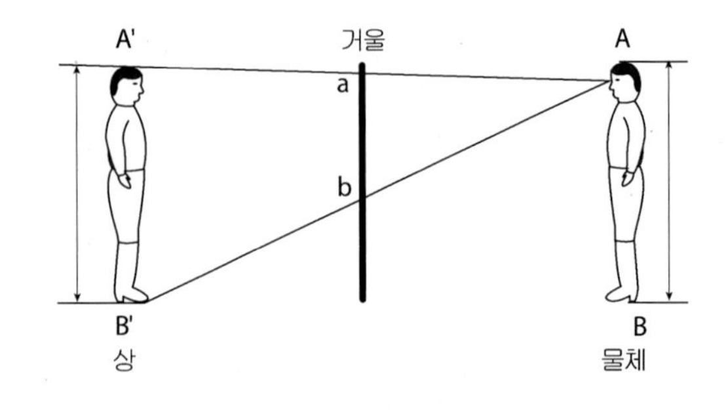

■ 거울을 통해 자신의 전신을 보기 위한 거울의 총 길이는 자기신장의 $\frac{1}{2}$ 이다.

④ 거울의 이동과 물체의 상

평면거울 앞에 물체가 놓여 있을 때 물체가 v 속도로 움직이면 상도 v 속도로 움직이지만 거울이 v 속도로 움직이면 상은 $2v$ 속도로 움직이고 거울을 θ 각도로 움직이면 상은 2θ의 각 만큼 움직인다.

■ 거울을 움직이면 상은 2배 빨리 움직인다.

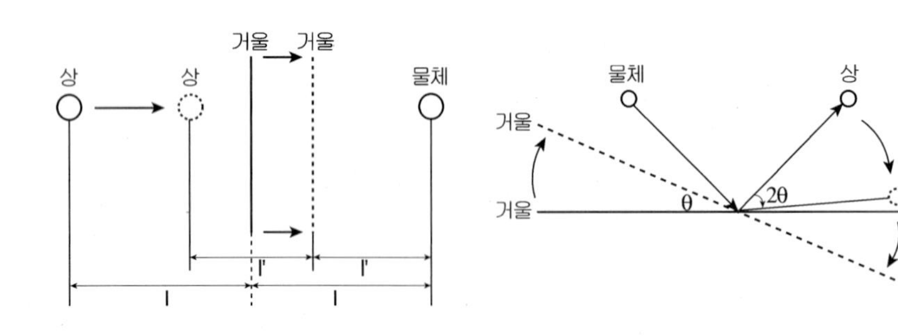

KEY POINT

예제6

거울의 면이 평행하게 마주 보고 있는 두 평면거울 A와 B가 있다. 두 거울 사이의 거리는 1.0m이다. 두 거울 사이에 물체를 놓으면 각 거울에 무한히 많은 상이 맺힌다. 거울 A의 면에서 물체까지의 거리가 0.1m일 때, 거울 A에 맺히는 상들 중에서 거울 A의 면에 가장 가깝게 있는 세 개의 상의 위치를 거울 A의 면을 기준으로 옳게 나타낸 것은? (단, 물체는 점으로 간주한다) (2009년 행자부)

① 0.1mm 2.1m 3.9m ② 0.1m 1.9m 2.1m
③ 0.1m 1.9m 3.9m ④ 0.1m 2.1m 3.3m

풀이 점 Ⅰ ⇒ 0.1m
점 Ⅱ ⇒ 점 Ⅱ′가 A거울로부터 1.9m 앞이므로 1.9m 뒤
점 Ⅲ ⇒ 점 Ⅲ′가 A거울로부터 2.1m 앞이므로 2.1m 뒤
정답은 ②이다.

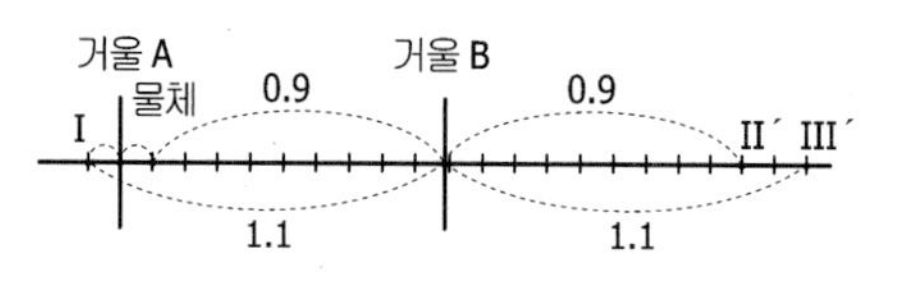

(2) 구면 거울에 의한 상

구면의 일부가 반사면으로 된 거울을 구면 거울이라 하고 구면 거울 중 물체 쪽으로 볼록한 거울을 볼록 거울, 물체 쪽으로 오목한 거울을 오목 거울이라고 한다.

① 구면 거울의 초점

그림 (a)와 같이 빛이 오목 거울에 나란히 입사하면 반사광선은 모두 점 F를 지나는데 이점을 **초점**이라 하고 거울중심에서 초점까지의 거리를 초점거리라고 한다. 또 그림 (b)와 같이 빛이 볼록 거울의 거울 축에 나란히 입사하면 반사광선은 마치 거울의 뒤 F점에서 나온 것처럼 보인다.
이 점을 허초점이라 하고 거울의 중심에서 허초점까지의 거리를 초점거리라고 한다. 그리고 오목거울의 초점거리 $f>0$이고 볼록거울의 초점거리 $f<0$이다.

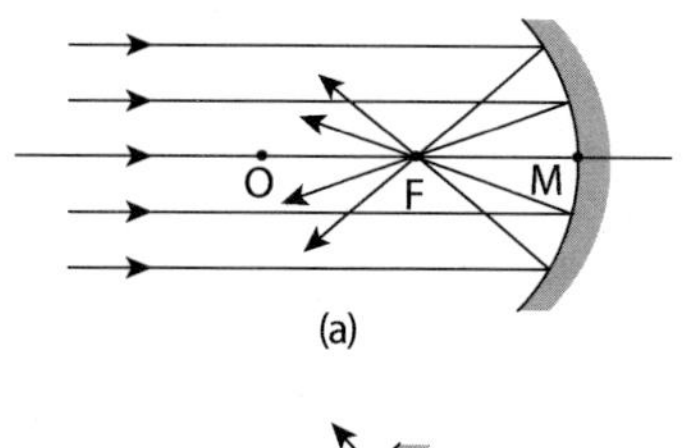

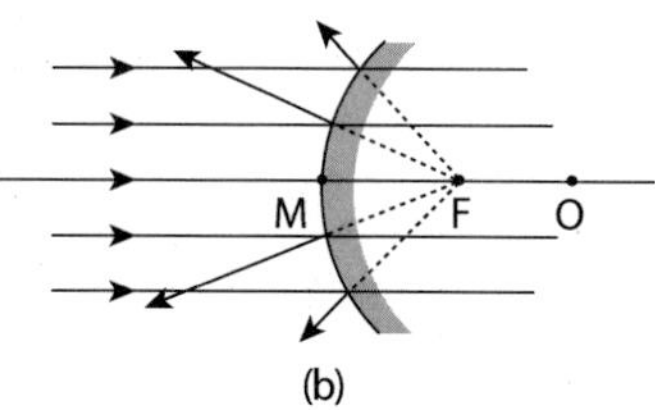

그림. 오목거울과 볼록거울의 초점

■ 오목 거울 초점거리 $f>0$

■ 볼록 거울 초점거리 $f<0$

② 상의 작도 방법

아래 그림에서 곡률 반경 OM을 R 초점거리 FM을 f라고 하면 $R=2f$이다.

다음과 같은 순서에 의해 상을 작도한다.(괄호는 (b)의 볼록 거울 작도)

㉠ 거울 축에 평행으로 입사한 광선은 반사 후 초점을 지난다.
(거울 축에 평행으로 입사한 광선은 반사 후 초점에서 나온 것처럼 반사한다.)

㉡ 초점에 입사한 광선은 거울 축에 평행으로 반사한다.
(초점을 향하여 입사한 광선은 거울 측에 평행으로 반사한다.)

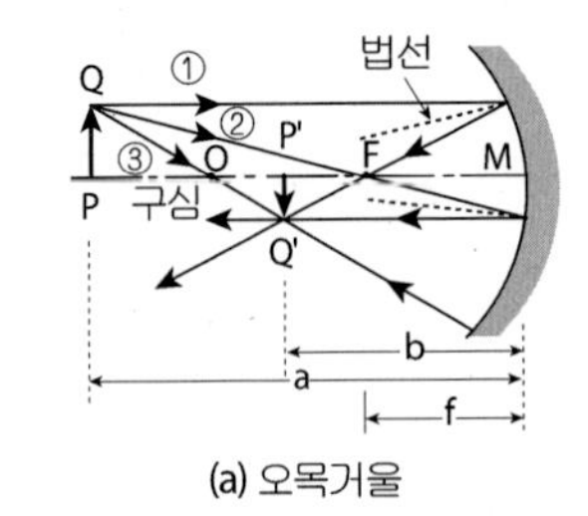

(a) 오목거울

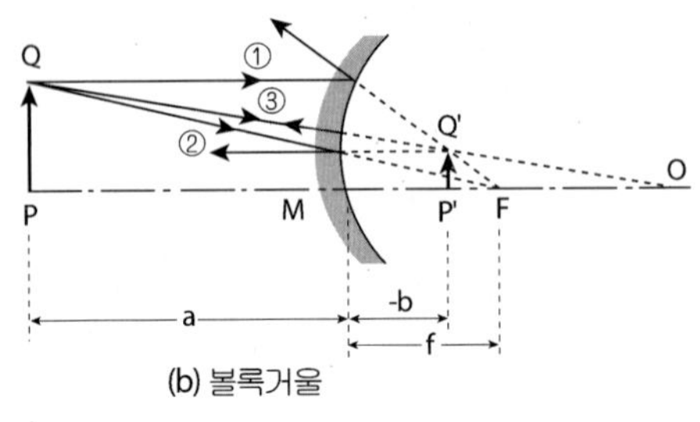

(b) 볼록거울

그림. 구면경에 의한 상의 작도

㉢ 구의 중심으로 입사한 광선은 입사한 경로를 따라 반사한다.
(구의 중심을 향하여 입사한 광선은 입사한 경로를 따라 반사한다.)

■ 반경 R인 거울의 초점거리 f는 $f=\frac{R}{2}$

③ 상의 공식

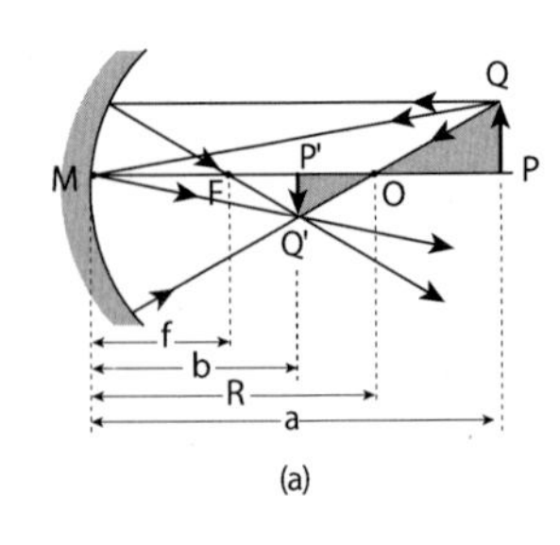

(a)

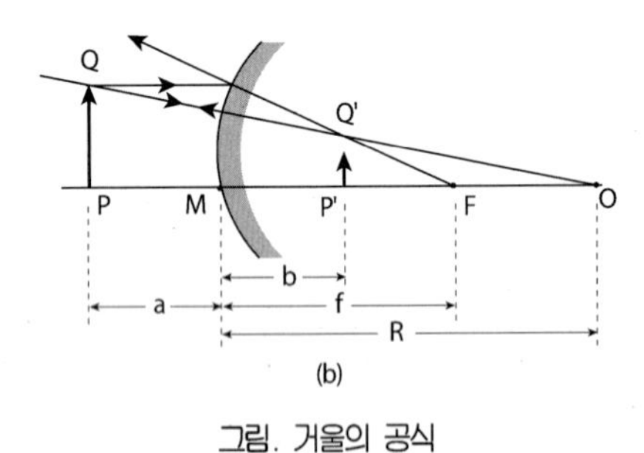

(b)

그림. 거울의 공식

물체와 상과 거울의 초점거리에 대한 관계식을 구해보면 위의 그림에서 $\triangle OPQ$ 와 $\triangle OP'Q'$는 닮은 꼴 이므로

$$\frac{P'Q'}{PQ} = \frac{OP'}{OP} = \frac{R-b}{a-R} \text{ 이고}$$

$\triangle PQM$과 $\triangle P'Q'M$은 닮은 꼴 이므로

$$\frac{P'Q'}{PQ} = \frac{MP'}{MP} = \frac{b}{a} \text{ 가 되어}$$

두 식에서 $\dfrac{R-b}{a-R} = \dfrac{b}{a}$ 이고

$aR - ab = ab - bR,\ aR + bR = 2ab$로 나타낼 수 있다.

양변에 $\dfrac{1}{abR}$ 을 곱하면 $\dfrac{1}{a} + \dfrac{1}{b} = \dfrac{2}{R}$ 가 되고 $R = 2f$ 이므로

$\dfrac{1}{a} + \dfrac{1}{b} = \dfrac{1}{f}$ 이 된다.

이 식은 오목 거울에 관한 식이므로 볼록 거울에서는 $\dfrac{1}{a} + \dfrac{1}{b} = -\dfrac{1}{f}$ 이 된다.

이번에는 거울에 의한 상의 배율을 구해 보면 배율

m은 $m = \dfrac{P'Q'}{PQ}$ 이다.

$\triangle PQM$과 $\triangle P'Q'M$은 닮은 삼각형 이므로

$$m = \frac{P'Q'}{PQ}$$

$$= \frac{MQ}{MP} = \frac{b}{a} \text{ 가 되어 } m = \frac{b}{a} \text{ 이다.}$$

KEY POINT

■ $\dfrac{1}{a} + \dfrac{1}{b} = \dfrac{1}{f}$

$a<0$ 허물체
$b<0$ 허상
$f<0$ 허초점

$a>0$ 실물체
$b>0$ 실상
$f>0$ 실초점

■ 배율 m

$m = \dfrac{b}{a}$

예제7

거울 앞 25cm되는 곳에 5cm의 물체를 놓았더니 10cm 크기의 실상이 생겼다. 이 거울의 초점거리는?

풀이 배율이 2배이고 물체까지 거리가 25cm이므로

$m = \dfrac{b}{a}$ 에서 $2 = \dfrac{b}{25}$, $b = 50$cm이다.

$\dfrac{1}{a} + \dfrac{1}{b} = \dfrac{1}{f}$ 에서 $\dfrac{1}{25} + \dfrac{1}{50} = \dfrac{1}{f}$ $f = \dfrac{50}{3}$cm

④ 물체의 위치에 따른 거울에 의한 상의 위치

구면 거울에서 물체를 거울 축을 따라 이동시키면 상도 이동을 하게 된다.

물체의 위치를 a, 상의 위치를 b, 초점거리를 f, 구의 중심을 $r(=2f)$라 하면 아래와 같이 된다.

■ 볼록 거울은 물체의 위치에 관계없이 언제나 축소 허상

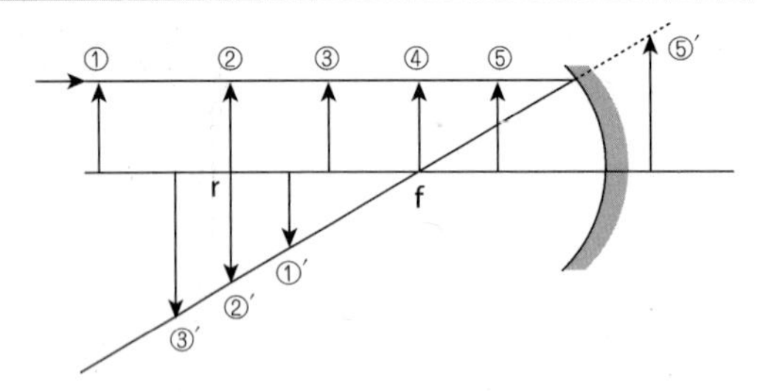

그림. 오목거울에 의한 상의 이동

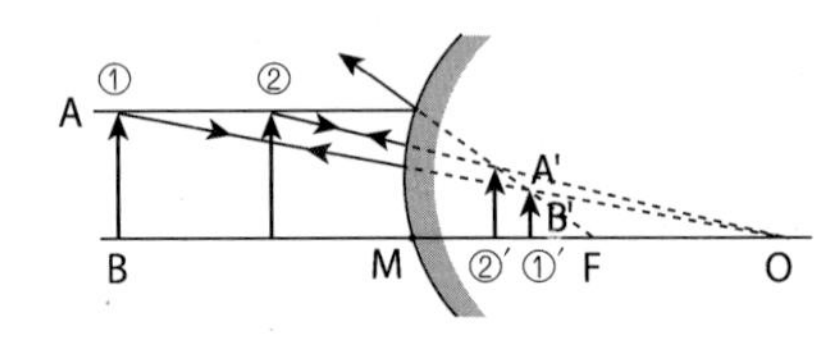

그림. 볼록거울에 의한 상의 이동

㉠ 오목 거울에 의한 상

$a=\infty$	① $\infty > a > r$	② $a=r$	③ $r > a > f$	④ $a=f$	⑤ $a < f$
$b=f$ 점	$r > b > f$ 물체보다 축소된 도립 실상	$b=r$ 같은 크기의 도립 실상	$\infty > b > r$ 물체보다 확대된 도립 실상	$b=\infty$ 상이 생기지 않는다	$b < 0$ 확대된 정립 허상

㉡ 볼록 거울에 의한 상

- 항상 물체보다 작은 정립 허상이 거울의 중심과 허초점 사이에 생긴다.
- 물체가 거울의 중심에 접근할수록 허상의 위치도 거울의 중심에 가까워지면서 크기는 커진다.

예제8

그림과 같이 얇은 볼록렌즈 A, B가 10 cm 간격을 두고 떨어져 있고, A로부터 3 cm 떨어진 지점에 1 mm 크기의 물체가 놓여 있다. A, B의 초점거리는 각각 2 cm, 3 cm이다. A, B의 조합에 의해 생기는 물체의 상의 크기[mm]는? (2021 국가직 7급)

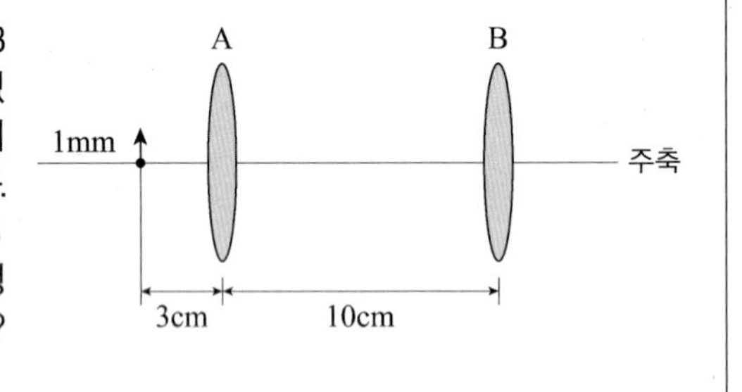

① 3 ② 6 ③ 12 ④ 16

풀이 $\frac{1}{a}+\frac{1}{b}=\frac{1}{f}$ 에서 $\frac{1}{3}+\frac{1}{b_1}=\frac{1}{2}$, $b_1=6(\text{cm})$

렌즈 B로부터 4cm 앞이므로 $a_2=4\text{cm}$이고 $\frac{1}{4}+\frac{1}{b_2}=\frac{1}{3}$ $b_2=12(\text{cm})$ 이다.

배율은 $m=\left|\frac{b_1}{a_1}\right|\left|\frac{b_2}{a_2}\right|=\left|\frac{6}{3}\right|\left|\frac{12}{4}\right|=6$ 이다.

따라서 상의 크기는 6(mm) 이다. 정답은 ②이다.

KEY POINT

(3) 구면 렌즈에 의한 상

빛도 파동이므로 앞에서 배운 파동의 굴절에서와 같이 스넬의 법칙에 따라 다음과 같은 식이 성립한다.

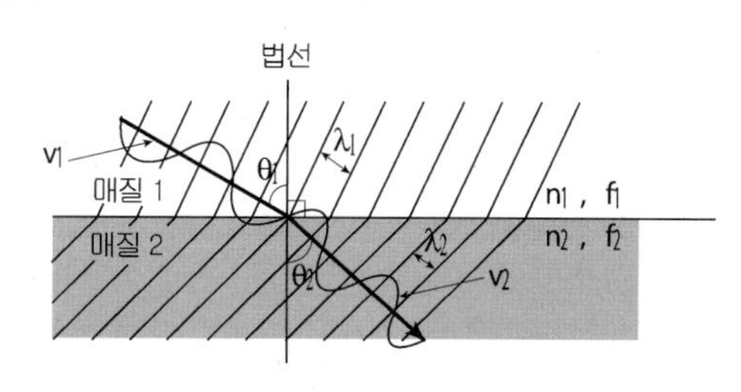

$$n_{12} = \frac{n_2}{n_1} = \frac{\sin\theta_1}{\sin\theta_2} = \frac{v_1}{v_2} = \frac{\lambda_1}{\lambda_2} (f_1 = f_2)$$

n_{12} : 1매질에 대한 2매질의 상대 굴절률

n_1 : 1매질의 절대 굴절률(굴절률) n_2 : 2매질의 절대 굴절률(굴절률)

θ_1 : 입사각 θ_2 : 굴절각

v_1 : 1매질에서의 속도 v_2 : 2매질에서의 속도

λ_1 : 1매질에서의 파장 λ_2 : 2매질에서의 파장

f_1 : 1매질에서의 진동수 f_2 : 2매질에서의 진동수

① 렌즈의 초점

렌즈의 빛을 한 점에 모아주는 볼록렌즈와 빛을 발산시키는 오목렌즈가 있다.

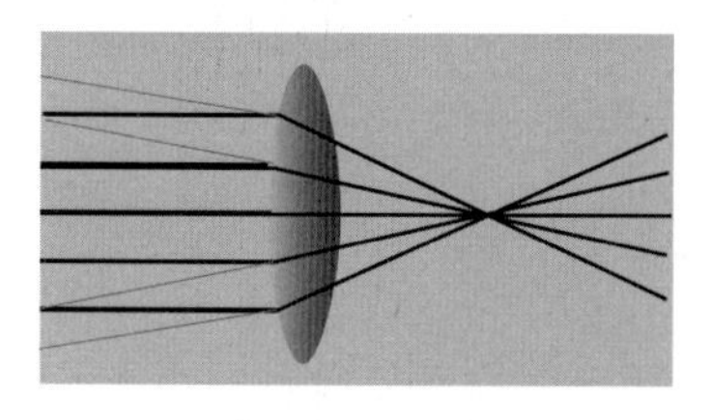
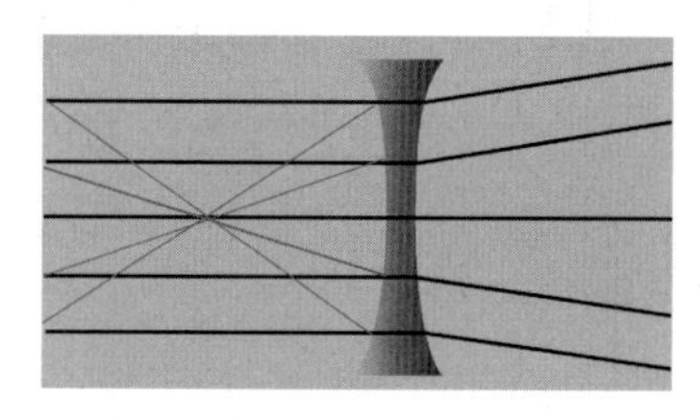

그림. 볼록렌즈의 빛의 집광과 오목렌지의 빛의 발산

아래 그림 (a)와 같이 빛이 렌즈 축에 나란히 볼록 렌즈에 입사하면 굴절 광선은 모두 점 F에 모이는데 이 점을 초점이라 하고 렌즈의 중심에서 초점까지의 거리를 초점거리라고 한다. 오목렌즈 그림 (b)는 입사한 광선이 한점에서 나가는 것처럼 굴절하는데 이 점이 허초점이다. 또 렌즈 중심에서 허초점까지의 거리를 **초점거리**라고 한다.

KEY POINT

■ 스넬의 법칙

$\frac{n_2}{n_1} = \frac{\sin\theta_1}{\sin\theta_2}$

$\frac{\lambda_1}{\lambda_2} = \frac{v_1}{v_2} (f_1 = f_2)$

■ 볼록렌즈의 초점거리 $f > 0$

■ 오목렌즈의 초점거리 $f < 0$

KEY POINT

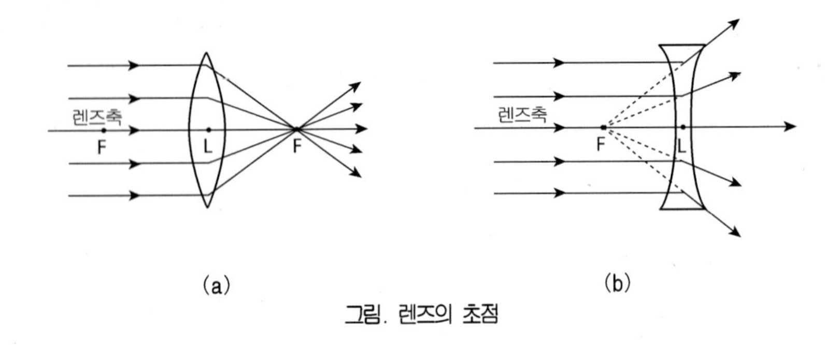

그림. 렌즈의 초점

② 상의 작도 방법

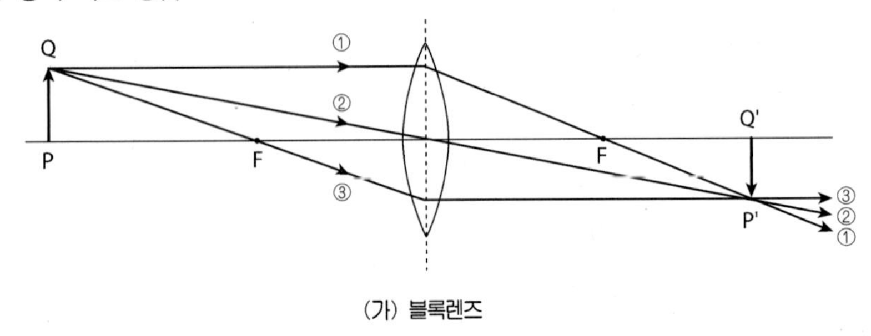

(가) 블록렌즈

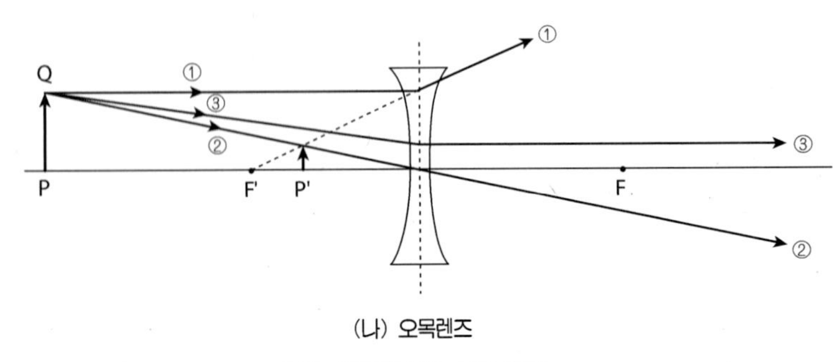

(나) 오목렌즈

그림. 렌즈에 의한 상의 작도

상의 작도

㉠ 광선 ①: 렌즈 축에 나란하게 입사한 광선은 굴절한 다음 초점을 지난다. 오목 렌즈에서는 허초점에서 나온 것처럼 진행한다.

㉡ 광선 ②: 렌즈의 중심으로 입사한 광선은 직진한다.

㉢ 광선 ③: 렌즈의 초점을 지나 입사한 광선은 굴절 후 렌즈 축에 나란하게 진행한다.

예제9

하나의 얇은 렌즈가 만드는 상에 대한 설명으로 옳은 것만을 모두 고른 것은?

ㄱ. 실상은 항상 도립상이다.
ㄴ. 실상은 항상 확대된 상이다.
ㄷ. 허상은 항상 정립상이다.

① ㄱ ② ㄴ
③ ㄱ, ㄷ ④ ㄴ, ㄷ

풀이 ㄱ. 실상은 항상 도립상이다.
ㄴ. 볼록렌즈의 경우 초점 거리 안쪽에 상이 위치할 때 확대된 정립 허상이 생긴다.
ㄷ. 허상은 항상 정립상이다.
정답은 ③이다.

KEY POINT

③ 상의 공식

물체와 상과 렌즈의 초점거리에 대한 공식을 구해보면

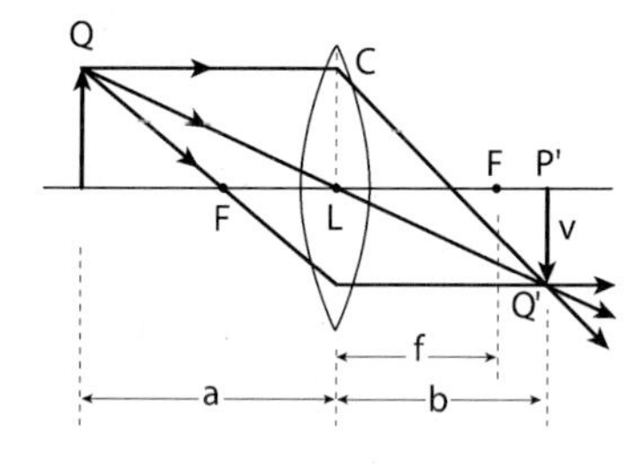

■ $\frac{1}{f}=\frac{1}{a}+\frac{1}{b}$

■ $m=\frac{b}{a}$

위 그림에서 $\triangle PQL$과 $\triangle P'Q'L'$이 닮은 삼각형이므로 $\frac{P'Q'}{PQ}=\frac{P'L}{PL}$ $=\frac{b}{a}$이고 $\triangle CFL$과 $\triangle P'Q'F$가 닮은 삼각형이므로 $\frac{P'Q'}{CL}=\frac{P'Q'}{PQ}$ $(CL=PQ)$ $\frac{P'Q'}{PQ}=\frac{P'Q'}{CL}=\frac{FP'}{FL}=\frac{b-f}{f}$가 되어 위의 식과의 관계에서 $\frac{b}{a}=\frac{b-f}{f}$가 되고 정리하면 $\frac{1}{a}+\frac{1}{b}=\frac{1}{f}$이 된다.

b는 허상이면 $(-)$ f는 오목렌즈이면 $(-)$이다.

또 배율을 구해보면 배율 m은 $m=\frac{P'Q'}{PQ}$이므로 $\triangle PQL$과 $\triangle P'Q'L$이 닮은꼴이므로 $m=\frac{P'Q'}{PQ}=\frac{P'L}{PL}=\frac{b}{a}$가 되어 배율은 $m=\frac{b}{a}$이다.

$m>1$ 이면 확대 $m<1$이면 축소 $m=1$이면 등배상이다.

■ 볼록렌즈는 오목거울과 오목렌즈는 볼록거울과 성질이 같다.

KEY POINT

예제10

그림과 같이 초점거리가 10cm인 얇은 볼록렌즈 앞에 물체 A가 놓여있다. 물체의 한 끝은 렌즈의 중심축에 있으며 물체와 렌즈 사이의 거리는 20cm이다. 이 물체가 그 위치에서 렌즈의 중심축을 따라 렌즈에서 멀어지는 방향으로 10cm 이동할 때 렌즈에 의한 물체의 상이 이동하는 거리(cm)는? (2011년 지방직 7급)

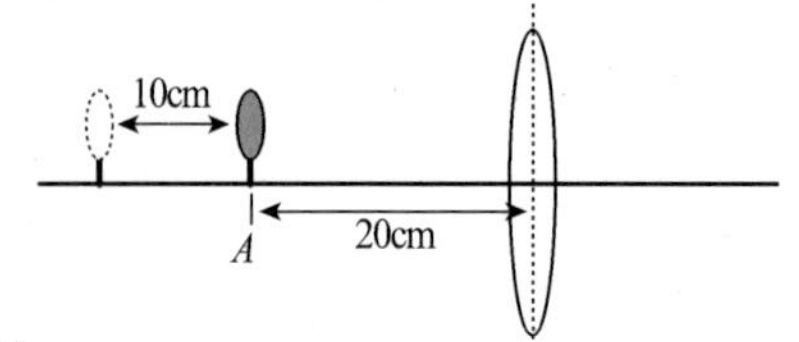

① 5　② 10
③ 15　④ 20

풀이 처음 상의 위치는 $\frac{1}{a}+\frac{1}{b}=\frac{1}{f}$에서 $\frac{1}{20}+\frac{1}{b}=\frac{1}{10}$　$b=20\,\text{cm}$이다.

물체가 10cm 이동 후에는 $\frac{1}{30}+\frac{1}{b}=\frac{1}{10}$　$\frac{1}{b}=\frac{2}{30}-\frac{1}{30}=\frac{1}{15}$

$b=15\,\text{cm}$이므로 상의 이동은 5cm 이다. 정답은 ①이다.

④ 물체의 위치에 따른 렌즈에 의한 상의 위치

렌즈 앞의 물체를 이동하면 상도 같이 이동하는데 그 위치는 다음과 같다.

■ 오목렌즈에서 물체가 렌즈에서 멀어질수록 상은 초점에 가까워진다.

■ 물체가 렌즈 쪽으로 갈수록 상도 초점에서 렌즈 쪽으로 이동한다.

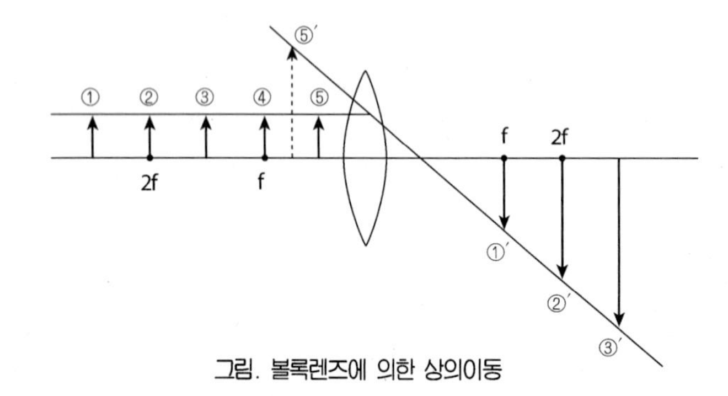

그림. 볼록렌즈에 의한 상의이동

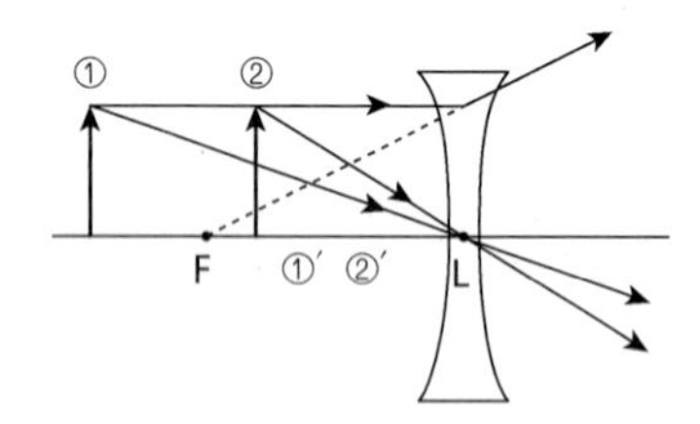

그림. 오목렌즈에 의한 상의이동

KEY POINT

㉠ 볼록 렌즈에 의한 상

$a=\infty$	① $\infty>a>2f$	② $a=2f$	③ $2f>a>f$	④ $a=f$	⑤ $a<f$
$b=f$ 점	$r>a>2f$ 물체보다 축소된 도립 실상	$b=2f$ 같은 크기의 도립 실상	$\infty>b>2f$ 물체보다 확대된 도립 실상	$b=\infty$ 상이 생기지 않는다	$b<0$ 확대된 정립 허상

㉡ 오목 렌즈에 의한 상

- 항상 물체보다 작은 정립 허상이 물체와 같은 쪽에 생긴다.
- 물체가 렌즈의 중심에 접근할수록 허상의 위치도 렌즈의 중심에 가까워지면서 크기는 커진다.

⑤ 복합 렌즈의 초점거리

초점거리가 f_1, f_2인 얇은 렌즈를 맞붙였을 때 두 렌즈에 의한 초점거리 f는

$\frac{1}{f}=\frac{1}{f_1}+\frac{1}{f_2}$ 이 된다.

예제11

초점 거리가 각각 10cm, 25cm인 얇은 볼록렌즈 2개를 35cm의 간격으로 <보기>와 같이 설치하였다. 초점 거리가 10cm인 볼록렌즈의 왼쪽 10cm 떨어진 곳에 크기가 1cm인 물체가 있을 때, 이 두 렌즈에 의한 상의 위치와 크기는?

(2019년 서울시 7급)

	x	상의 크기
①	25cm	2.5cm
②	35cm	3.5cm
③	10cm	1.0cm
④	상이 맺히질 않는다.	

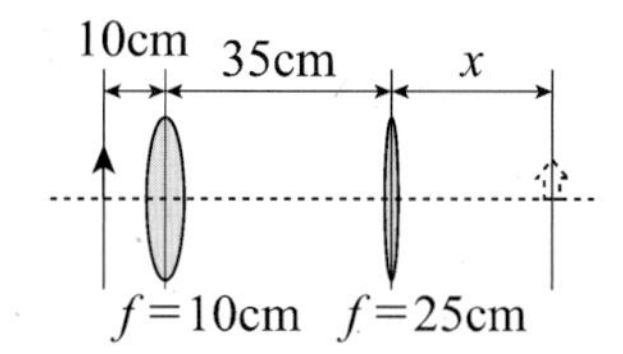

풀이 $\frac{1}{a_1}+\frac{1}{b_1}=\frac{1}{f_1}$ 에서 $\frac{1}{10}+\frac{1}{b_1}=\frac{1}{10}$ $b_1=\infty$이고

$\frac{1}{a_2}+\frac{1}{b_2}=\frac{1}{f_2}$ 에서 $\frac{1}{-\infty}+\frac{1}{b_2}=\frac{1}{25}$ $b_2=25\text{ cm}$

배율 $m=m_1\times m_2=\left(\frac{b_1}{a_1}\right)\times\left(\frac{b_2}{a_2}\right)=\left(\frac{\infty}{100}\right)\left(\frac{25}{\infty}\right)=2.5\text{ cm}$ 정답은 ①이다.

(4) 렌즈의 수차

우리는 경험적으로 볼록 렌즈를 이용하여 빛을 한점(초점)에 모아 보기 위하여 렌즈를 스크린에서 움직여 실험해도 결코 아주 작은 미세한 점에 빛이 모여지지가 않음을 알 수 있다. 렌즈에 관한 공식은 렌즈 축에 가까운 광선의 경우와 단색 광선일 때 근사적으로 성립한다. 이렇게 렌즈를 지난 광선이 한점에 모여지지 않는 현상을 **수차**(aberration)라고 한다.

KEY POINT

■ 파장이 짧은 광선이 굴절이 크다.

① 구면수차

광축에서 먼 광선이 렌즈에서 굴절될 때 광축에서 가까운 광선보다 굴절이 많이 되는데 이러한 현상으로 광선이 한점에 모이지 않는다. 이것은 렌즈의 면이 구면이기 때문에 일어나는 현상으로 이것을 **구면 수차**라고 한다.

이러한 구면 수차는 포물면으로 가공을 함으로써 해결이 가능하다.

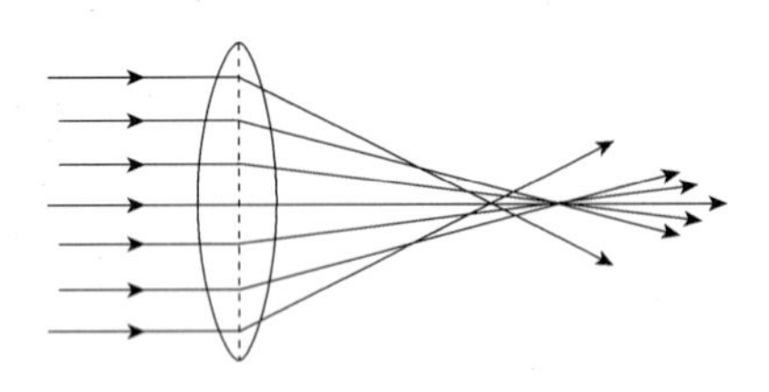

그림. 구면수차

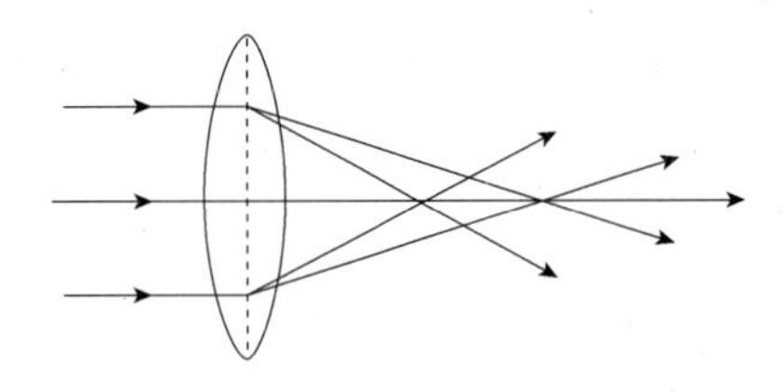

그림. 색수차

② 색수차

굴절률이 빛의 파장에 따라 다르기 때문에 여러 가지 파장이 모인 백색광이 렌즈를 통과 후 각각 다르게 굴절되어 빛의 분산이 일어나서 한 초점에 맺히지 못하게 되는 현상을 색수차라고 한다. 이러한 색수차는 굴절률이 다른 두 개의 렌즈를 접착하여 해결 할 수가 있다.

(5) 구면 경계

그림과 같이 두 매질간의 구면 경계에서 근축 광선의 성질을 본다. 그림에서 굴절률이 $n_2 > n_1$이면 표면은 볼록이고 만약 $n_2 < n_1$ 이면 오목이다.

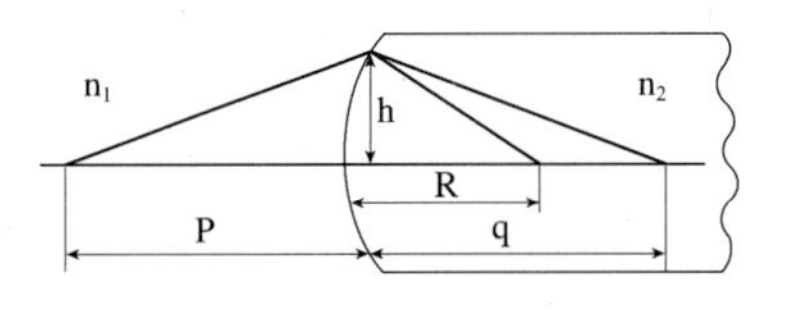

굴절률 n_1의 매질 안에서 진행하는 빛이 곡률 반지름 R의 구면 경계에서 굴절할 때 면과 물체 거리를 P면과 상까지의 거리를 q라 하면

$$\frac{n_1}{P} + \frac{n_2}{q} = \frac{n_2 - n_1}{R}$$ (n_2는 두 번째 매질의 굴절률)이다.

※ 부호 규칙

곡률의 중심이 오른쪽에 있으면 R은 양(+)이고 왼쪽에 있으면 R은 음(-)이다.

빛은 왼쪽에서 오른쪽으로 진행한다.

예제12

한 개의 점광원 O가 그림과 같이 굴절률 $n=1.5$의 유리로 된 원통 내에 있다. 이것은 곡률 반지름이 2cm인 오목면으로부터 왼쪽으로 3cm만큼 떨어져 있다. 이 때 상의 위치를 구하여라.

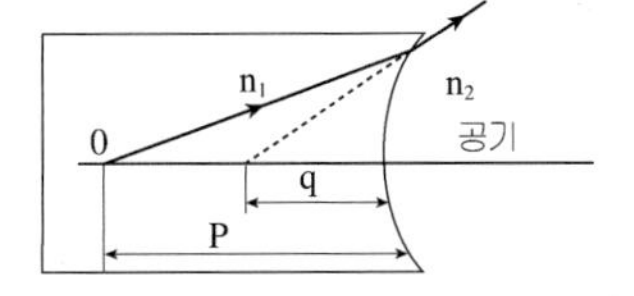

풀이 $\frac{n_1}{P}+\frac{n_2}{q}=\frac{n_2-n_1}{R}$ 에서

$\frac{1.5}{3}+\frac{1}{q}=\frac{1-1.5}{2}$ 이므로 $q=-1.33\,\text{cm}$이다. 상은 허상이다.

렌즈 제작자의 공식

곡률 반경 R_1과 R_2이고 렌즈의 굴절률이 n인 양면 볼록렌즈가 있을 때 이 렌즈의 초점거리 f를 구하면 $\frac{1}{f}=(n-1)\left(\frac{1}{R_1}+\frac{1}{R_2}\right)$이 된다.

2 광학기계

(1) 시력과 안경

사람의 눈도 일종의 광학 기계로서 볼록렌즈 역할을 하는 수정체에 의해 상이 망막에 맺혀 대뇌에 전달된다.

눈의 구조와 흡사한 광학기기로 사진기가 있다. 그림에서 보듯이 눈과 사진기는 유사한 구조로 되어 있다.

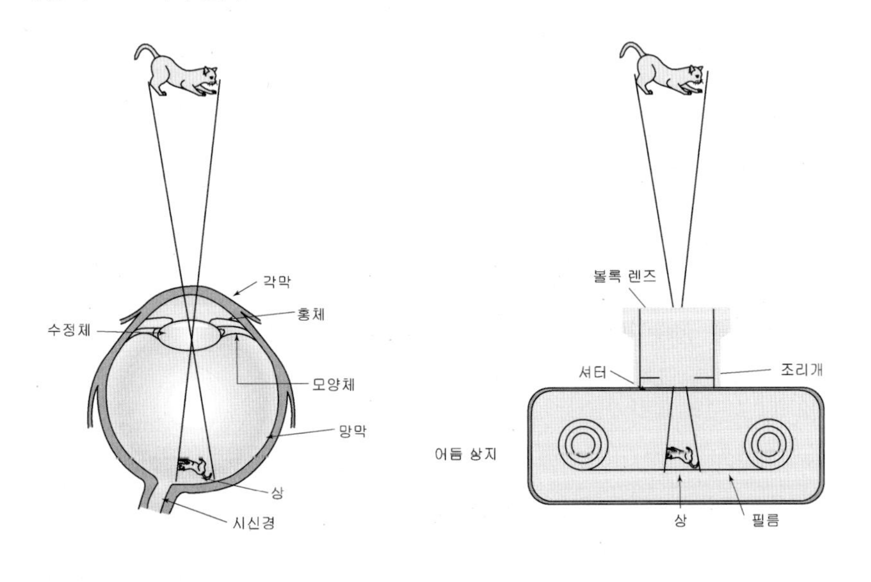

KEY POINT

■ 정상인의 명시거리 $D=25\text{cm}$

① 명시거리

눈은 모양근이 렌즈 두께를 변화시켜 물체 거리에 따라 초점거리를 달리 한다. 눈의 렌즈와 망막 사이 거리는 일정하기 때문에 근거리 혹은 원거리 물체를 선명하게 보려면 거리에 맞게 렌즈 두께를 변화시켜야 한다. 원거리 물체를 볼 때는 눈의 모양근이 이완되면서 렌즈 두께가 얇아지고 초점거리가 길어진다(a). 물체가 가까이 오면 모양근이 수축하면서 렌즈가 두껍고 둥글어지고(b) 초점거리가 짧아진다.

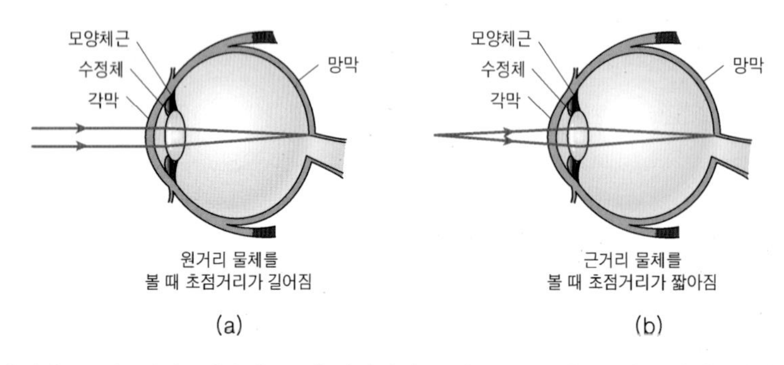

수정체의 두께 변화 덕분에 근점(명시거리, near point)과 원점(원거리 시력 far point) 사이에 있는 물체의 상이 망막에 선명하게 투영된다. 젊은 사람들에게서 흔히 볼 수 있는 정상 안의 근점은 25cm 이하고, 원점은 무한대이다. 어린아이는 근점 10cm에 있는 물체도 볼 수 있다. 근점이나 원점이 정상안의 길이보다 각각 길거나 짧을 경우 교정렌즈(안경이나 콘택트렌즈)를 사용하거나 수술을 통해 교정 할 수 있다.

② 시각

눈으로 물체를 보았을 때 물체의 크고 작음을 판별하는 것으로 한눈으로도 가능하며 시각이 크면 물체가 크고 시각이 작으면 물체는 작다. 아래 그림과 같다.

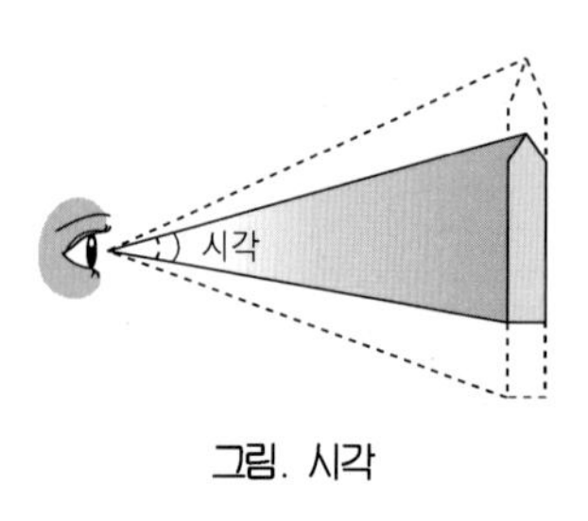

그림. 시각

■ 시각은 물체의 크기 판별
광각은 물체까지의 거리 판별

예제13

반경 R인 지구를 출발하여 반경 $\frac{1}{4}R$인 달을 향해 가고 있는 우주선이 있다. 이 우주선에서 달과 지구를 보았을 때 달과 지구의 크기가 같아 보이는 지점은 지구로부터 얼마만큼 떨어진 곳에서인가? (단 지구와 달의 거리는 r이다.)

풀이 크기가 같게 보이는 것은 시작이 같아야 하므로 그림에서 두 삼각형의 닮은비가 4 : 1이다. 따라서 그림의 P점은 $\frac{4}{5}r$인 곳이다.

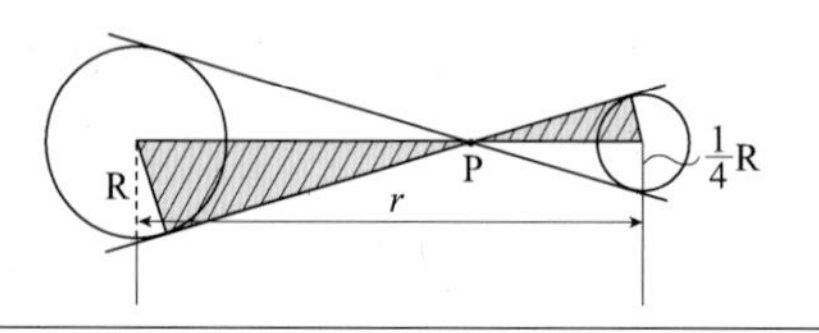

③ 광각

아래 그림 (b)와 같이 물체의 거리를 판별하는 것으로 두 눈에 의해 식별이 가능하며 광각이 크면 물체는 가깝고 광각이 작으면 물체는 멀리 있다.

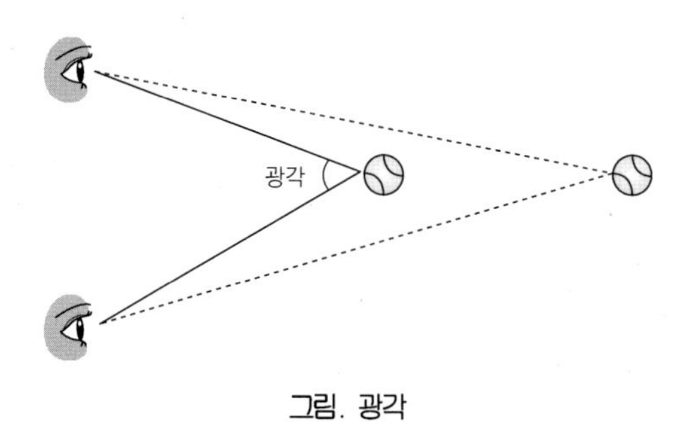

그림. 광각

④ 근시안

수정체가 너무 볼록하여 먼 곳의 상이 망막의 앞쪽에 맺혀 먼 곳을 잘 볼 수가 없어 오목렌즈를 사용하여 교정한다.

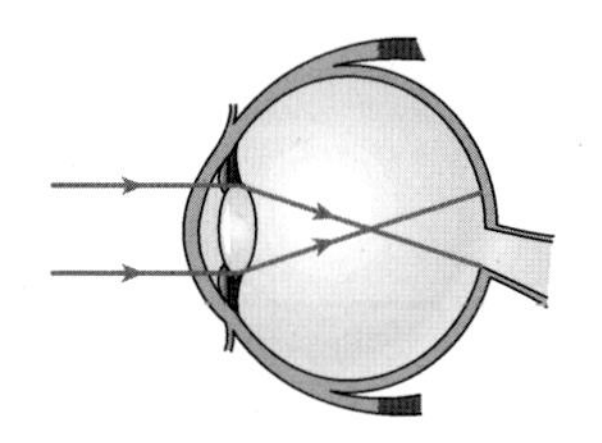

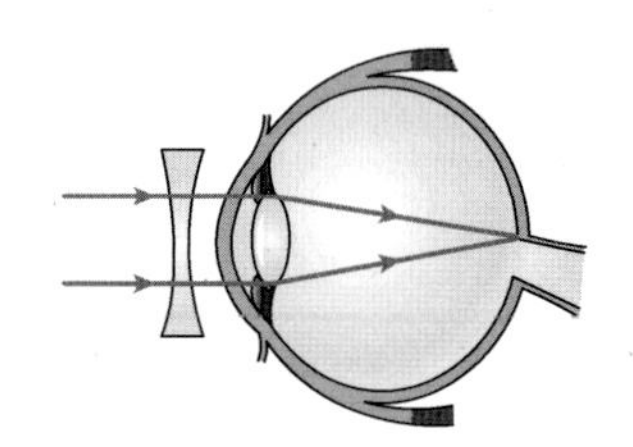

⑤ 원시안

수정체가 너무 얇아 상이 망막의 앞쪽에 맺혀서 먼 곳은 잘 보이지만 가까운 곳이 잘 보이지 않는다. 볼록렌즈를 사용하여 교정한다.

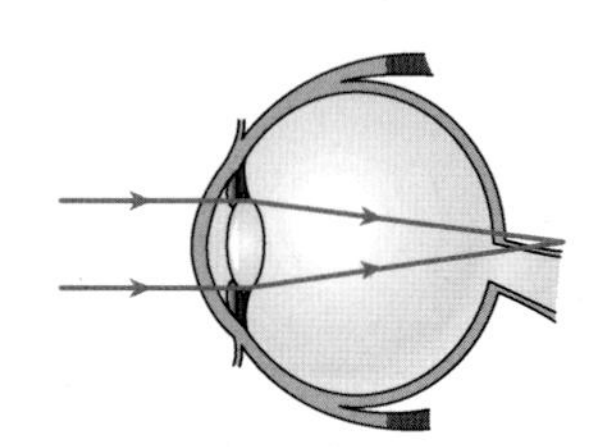

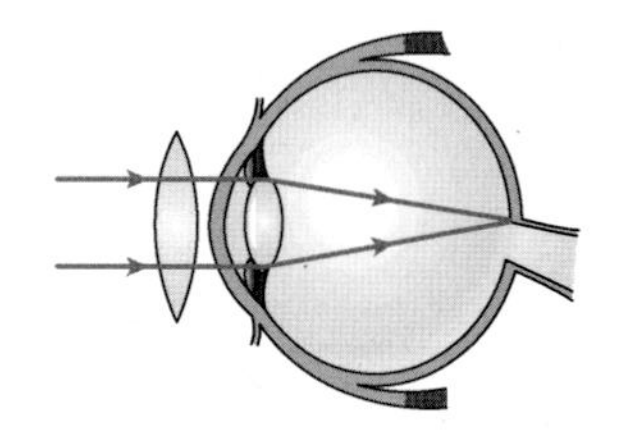

⑥ 난시안

수정체가 각 면의 반경이 달라져 빛의 굴절이 균일하지 못하여 아래 그림처럼 각도에 따라 상이 다르게 맺힌다.

이런 눈은 원통형(Toric) 렌즈를 사용하여 교정한다.

KEY POINT

■ 시력의 교정

근시안 : 오목렌즈

원시안 : 볼록렌즈

난시안 : 원통형 렌즈

■ 안경의 디옵터

$$\text{Diopter} = \frac{1}{f}$$

f : 초점거리(m)

$$\frac{1}{f} = \frac{1}{25} - \frac{1}{D}$$

D : 명시거리

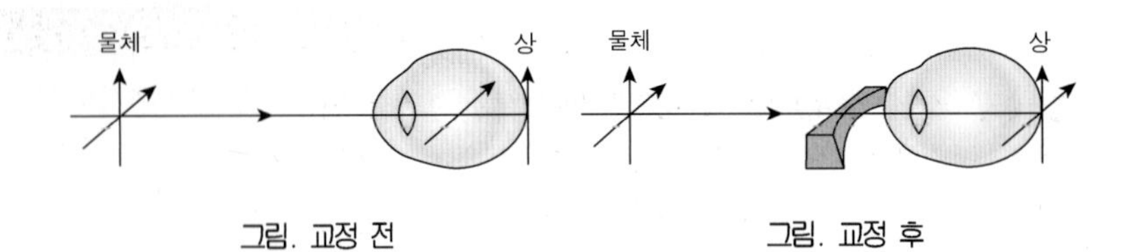

그림. 교정 전 그림. 교정 후

⑦ 시력의 교정과 안경의 디옵터

안경을 통해서 물체를 볼 때 물체는 사람에게 잘 보이는 위치에 허상이 생기도록 하는 렌즈를 사용하여 시력을 교정한다.

따라서 정상인의 명시거리가 25cm 이므로

$\frac{1}{25}-\frac{1}{D}=\frac{1}{f}$ 이다. D는 그 사람의 명시거리이고 $f>0$ 이면 볼록렌즈이고 $f<0$ 이면 오목렌즈이다.

안경의 단위

㉠ 디옵터 : 렌즈의 초점거리의 역수. 단 초점거리의 단위는(m)

$$D=\frac{1}{f}$$

㉡ 도 : 렌즈의 초점거리를 cm로 한 후 인치로 나눈 값, 즉 초점거리의 단위를 인치(약 2.5cm)로 나타낸 값이다.

※ 디옵터 × 도 = 40

■ 디옵터×도=40

예제14

근점은 사람이 물체를 어려움 없이 초점에 모이게 할 수 있는 가장 짧은 거리이고 정상인의 눈의 근점은 25cm 정도이다. 어떤 사람이 노안으로 인하여 근점이 1m가 되었다면, 이 사람에게 근점을 25cm로 바꾸는 데 필요한 렌즈의 초점거리와 가장 가까운 것은? (2016년 서울시 7급)

① 16.7cm ② 25cm

③ 33.3cm ④ 100cm

풀이 노안이 되어 근점이 1m가 되었다면 렌즈를 이용해 렌즈에 의한 상이 1m 거리에 맺히도록 하면 된다. 따라서 $\frac{1}{0.25}+\frac{1}{-1}=\frac{1}{f}$ 이다.

이때 초점거리 $f=\frac{1}{3}$ m이므로 33.3cm이다.

정답은 ③이다.

(2) 돋보기

앞에서 살펴본 바와 같이 볼록렌즈의 초점거리 안쪽에 물체가 놓이면 정립 확대 허상이 생긴다. 돋보기는 이러한 성질을 이용한 볼록 렌즈이다.

즉, 초점거리 안에 놓인 작은 물체의 확대된 허상이 명시거리에 생기도록 한 것이다.

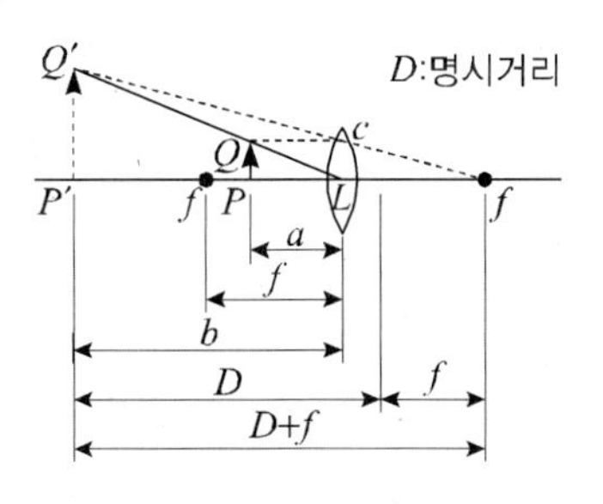

배율 $m=\dfrac{P'Q'}{PQ}$ 이다. $PQ=LC$이고 $\triangle P'Q'f$ 와 $\triangle LCf$ 는 닮은 삼각형이다. 따라서 배율 m은

$$m=\frac{P'Q'}{LC}=\frac{f+D}{f}=1+\frac{D}{f}\text{ 이다.}$$

■ 돋보기의 배율
$m=1+\dfrac{D}{f}$

예제15

초점거리가 각각 20cm, -25cm, 30cm인 세 개의 얇은 렌즈가 있다. 이 중 두 개를 골라 각각 대물렌즈와 대안렌즈로 사용하여 굴절망원경을 만들려고 할 때, 이 망원경이 가질 수 있는 가장 큰 각배율은? (2017년 국가직 7급)

① $\dfrac{6}{5}$ ② $\dfrac{5}{4}$ ③ $\dfrac{3}{2}$ ④ $\dfrac{5}{2}$

풀이 굴절망원경의 각배율 $m_\theta=\dfrac{f_{대물}}{f_{대안}}$ 이다. 따라서 각배율이 최대가 되기 위해서는 대안렌즈를 초점거리가 20cm인 렌즈를 사용하고, 대물렌즈는 초점거리가 30cm인 렌즈를 사용할 때 이다. 이때 각배율 $m=\dfrac{30}{20}=\dfrac{3}{2}$ 이다.
정답은 ③이다.

(3) 현미경

볼록렌즈 두 개를 사용하여 대물렌즈 초점 밖에 작은 물체를 놓아 대물렌즈에 의해 맺힌 실상이 접안렌즈의 초점 안쪽에 맺게 하여 그것을 접안렌즈에 의해 확대된 허상으로 명시거리에서 볼 수 있도록 한 광학기기이다.

■ 현미경의 배율
$m=m_0\cdot m_e=\dfrac{L}{f_0}\dfrac{D}{f_e}$

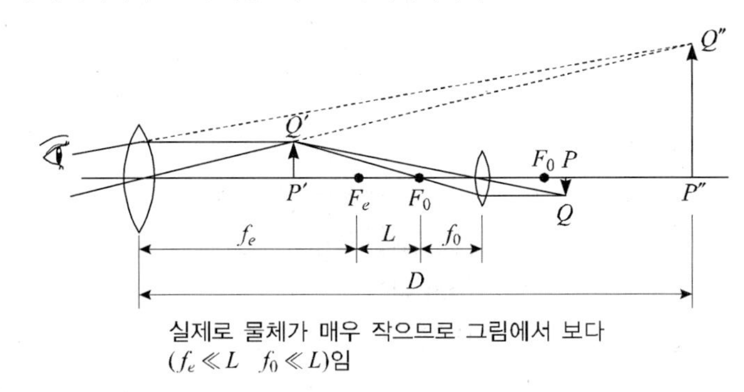

실제로 물체가 매우 작으므로 그림에서 보다 ($f_e \ll L$ $f_0 \ll L$)임

KEY POINT

m_0 : 대물렌즈의 배율 m_e : 접안렌즈의 배율

f_0 : 대물렌즈의 초점거리 f_e : 접안렌즈의 초점거리

L : 광학통의 길이 D : 명시거리

대물렌즈에 의한 비율 $m_0 = \frac{P'Q'}{PQ} = \frac{b}{a} = \frac{f_0 + L}{f_0} \simeq \frac{L}{f_0} (L \gg f_0)$

접안렌즈에 의한 배율 $m_e = \frac{P''Q''}{P'Q'} = \frac{D}{f_e}$

전체배율 $m = \frac{P''Q''}{PQ} = \frac{P'Q'}{PQ} \times \frac{P''Q''}{P'Q'} = m_0 m_e$이고

따라서 $m = m_0 \cdot m_e = \frac{L}{f_0} \cdot \frac{D}{f_e}$ 이다.

예제16

시력이 정상인 사람이 어떤 현미경을 통해 물체를 보았더니 500배 확대되어 보였다. 같은 현미경을 명시거리가 15cm인 근시안의 사람이 안경을 사용하지 않고 현미경을 본다면 배율은 얼마일까?

풀이 현미경의 배율 $m = m_0 \cdot m_e = \frac{L}{f_0} \cdot \frac{D}{f_e}$ 에서

$\frac{L}{f_0 \cdot f_e} \cdot D = 500$이므로 정상인의 평시거리 $D = 25\text{cm}$이므로 $\frac{L}{f_0 \cdot f_e} = 20$

이다. 따라서 $D = 15\text{cm}$이면 $m = \frac{L}{f_0 \cdot f_e} \cdot D = 20 \times 15 = 300$배이다.

4 빛의 간섭과 회절

(1) 빛의 간섭

앞서 우리는 두 개의 파동이 경로 차에 따라 보강간섭과 상쇄간섭을 일으킴을 배웠다. 이제 빛에서의 몇 가지 간섭현상을 알아보자.

① 영의 간섭 실험(이중 슬릿에 의한 빛의 간섭)

1801년 영국의 영은 아래 그림과 같은 이중 슬릿을 이용하여 빛의 간섭실험을 하여 밝고 어두운 간섭무늬를 얻어 빛이 파동임을 증명하였다.

■ 광로차 $\Delta = \frac{dx}{L}$

$\Delta = \frac{\lambda}{2}(2m)$ 보강

$\Delta = \frac{\lambda}{2}(2m+1)$ 상쇄

KEY POINT

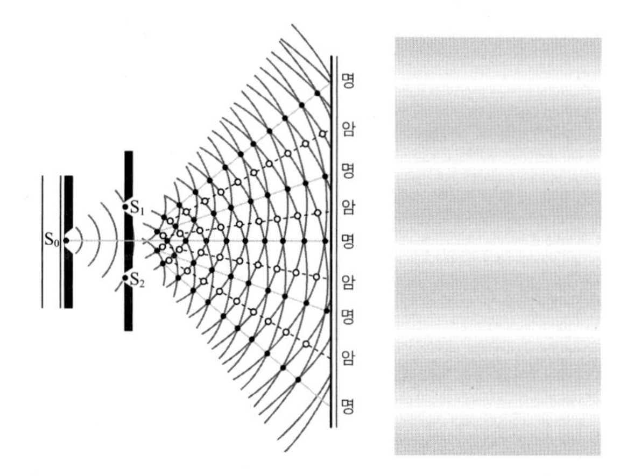

그림. 이중 슬릿 실험

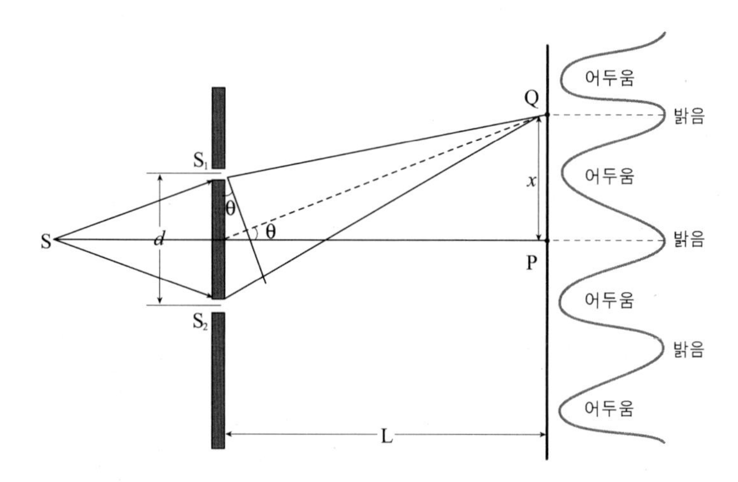

실험에서 두 개의 슬릿 S_1, S_2의 간격을 d, 슬릿에서 스크린까지의 거리를 L, 스크린의 중앙 (P)에서 무늬까지의 거리를 x라 하고 중심각을 θ라고 하자. 그림에서 두 빛의 광로차 Δ는 $\Delta = QS_2 - QS_1 = d\sin\theta$이고 실험에서 d는 L에 비해 대단히 작은 값이므로 θ도 매우 작아서 $\sin\theta \fallingdotseq \tan\theta$가 되어 $\sin\theta \fallingdotseq \dfrac{x}{L}$ 이므로 결국 광로차는 $\Delta = d\sin\theta = \dfrac{dx}{L}$ 이다. 간섭조건에서

$$\frac{dx}{L} = \frac{\lambda}{2}(2m) \qquad \cdots \text{ 보강간섭(밝은 무늬)}$$

$$\frac{dx}{L} = \frac{\lambda}{2}(2m+1) \qquad \cdots \text{ 상쇄간섭(어두운 무늬)}$$

(단 $m = 0, 1, 2, 3, \cdots$)

이다.

※ 실험에서 무늬 간격과 여러 조건과의 관계

$\frac{dx}{L}=\frac{\lambda}{2}(2m)$에서 $x=\frac{L\lambda m}{d}$이다.

따라서

㉠ 파장이 길수록 무늬 간격이 넓어지고

㉡ 슬릿과 스크린 사이 간격이 길수록 무늬 간격이 넓어지고

㉢ 슬릿 사이 간격이 클수록 무늬간격은 좁아진다.

예제17

파장이 λ인 단색광을 이용한 영의 이중 슬릿 간섭 실험에서 다른 조건은 그대로 두고 간섭무늬가 넓어지는 조건으로 옳은 것만을 모두 고르면? (2021 국가직 7급)

ㄱ. 슬릿의 간격을 증가시킨다.
ㄴ. λ보다 긴 파장의 단색광을 사용한다.
ㄷ. 슬릿과 스크린 사이의 거리를 증가시킨다.

① ㄱ　　② ㄴ

③ ㄱ, ㄷ　　④ ㄴ, ㄷ

풀이 간섭무늬 간격은 $x=\frac{L\lambda}{d}$ 이다. 정답은 ④이다.

② 얇은 막에 의한 간섭

비누 방울의 막에 햇빛이 비치면 무지개 색으로 보이는 때가 있다. 이것은 비누 방울의 얇은 막에 의한 빛의 간섭현상 때문이다.

■ 얇은 막에서 광로차 Δ
$\Delta=2nd\cos\theta$

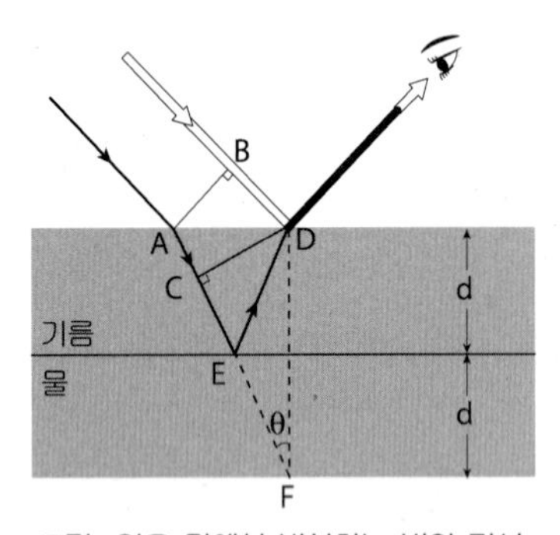

그림. 얇은 막에서 반사하는 빛의 간섭

그림. 비누막에 의한 간섭 무늬

그림과 같이 빛이 공기 중에서 두께 d인 얇은 막에 비스듬히 입사하여 D에서 반사되는 광선과 E에서 반사되는 광선이 만나 간섭을 일으킨다.

파면 AB가 진행하여 B가 D에 도달하여 A가 C에 도달하게 된다.

KEY POINT

따라서 두 광선의 광로차 Δ는 $\Delta = CE + ED$이고 $ED = EF$ 이므로
$\Delta = CE + EF = CF$이다.
$CF = 2d\cos\theta$ $(DF = 2d)$ 이므로 광로차 $\Delta = 2d\cos\theta$ 이다.
이것은 굴절률 n인 매질(기름) 속에서 빛이 이동한 거리이므로 공기에서 이동거리로 환산하면 $\Delta' = 2nd\cos\theta$가 된다.

㉠ 굴절률이 $n_{공기} < n_{기름} < n_{물}$ 이면

D점에서 반사는 고정단 반사(소한 매질→밀한 매질)가 되어 위상이 $\frac{\lambda}{2}$ 만큼 변한다. 또 E점에서의 반사도 고정단 반사가 되어 위상이 $\frac{\lambda}{2}$(반파장) 만큼 변하므로 두 반사파는 조건이 같이 되어 광로차 Δ'에 따라 다음과 같이 간섭한다.

$$\Delta' = 2nd\cos\theta = \frac{\lambda}{2}(2m) \quad \cdots \text{ 보강 간섭(밝다)}$$

$$\Delta' = 2nd\cos\theta = \frac{\lambda}{2}(2m+1) \quad \cdots \text{ 상쇄 간섭(어둡다.)}$$

$(m = 0, 1, 2, 3, 4, \cdots)$

예제18

그림과 같이 굴절률이 $n = 1.5$인 유리 위에 $n = 1.2$인 어떤 물질을 코팅하였더니, $n = 1.0$인 공기 중에서 유리면 방향으로 수직 입사하는 빛이 거의 반사되지 않고 대부분 투과되었다. 공기 중에서 빛의 파장이 600 nm일 때, 코팅된 물질의 최소 두께[nm]는? (2020년 국가직)

	빛 ↓	
공기		n=1.0
코팅		n=1.2
유리		n=1.5

① 100　　② 125
③ 150　　④ 300

풀이 반사를 줄이기 위해서는 상쇄간섭을 일으켜야 한다.
$d = \frac{\lambda}{4n}(2m+1)$ 최초막두께이므로 $m = 0$에서
$d = \frac{600}{4 \times 1.2}(nm) = 125(nm)$이다. 정답은 ②이다.

ⓛ 굴절률이 $n_{공기} < n_{기름}$, $n_{기름} > n_{물}$ 이면

D점에서는 고정단 반사가 되어 위상이 $\frac{\lambda}{2}$(반파장) 변하지만 E점에서는 자유단반사(밀한 매질 → 소한 매질)가 되어 위상이 변하지 않는다. 따라서 광로차 Δ'에 따라 다음과 같이 간섭한다.

$$2nd\cos\theta + \frac{\lambda}{2} = \frac{\lambda}{2}(2m) \qquad \cdots \text{ 보강간섭}$$

$$2nd\cos\theta + \frac{\lambda}{2} = \frac{\lambda}{2}(2m+1) \qquad \cdots \text{ 상쇄간섭}$$

정리하면

$$2nd\cos\theta = \frac{\lambda}{2}(2m+1) \qquad \cdots \text{ 보강간섭(밝다)}$$

$$2nd\cos\theta = \frac{\lambda}{2}(2m) \qquad \cdots \text{ 상쇄간섭(어둡다)}$$

$$(m = 0, 1, 2, 3, 4, \cdots)$$

예제19

실리콘(Si)의 표면을 얇은 산화 실리콘(SiO_2)으로 코팅해서 특정 파장의 빛에 대한 표면에서의 반사를 줄이고자 한다. 500nm 파장의 빛이 최소로 반사되기 위한 SiO_2 박막의 두께로 적절한 것은? (단, Si 굴절률은 3.5, SiO_2 굴절률은 1.45이다.) (2017년 서울시 7급)

① 35.7nm ② 71.4nm ③ 172.4nm ④ 258.6nm

풀이 빛이 최소로 반사되기 위해서는 SiO_2에서 반사되는 빛과 Si에서 반사되는 빛이 상쇄간섭을 일으켜야 한다. SiO_2에서 반사되는 빛은 고정단 반사이며 Si에서 일어나는 반사도 고정단 반사이다. 따라서 두 빛의 반사파는 모두 180° 위상이 변화하며 이 둘이 상쇄 간섭을 일으키기 위한 조건은 경로 차 $\Delta = 2n_1 d = \frac{1}{2}\lambda(2n+1)$이어야 한다.

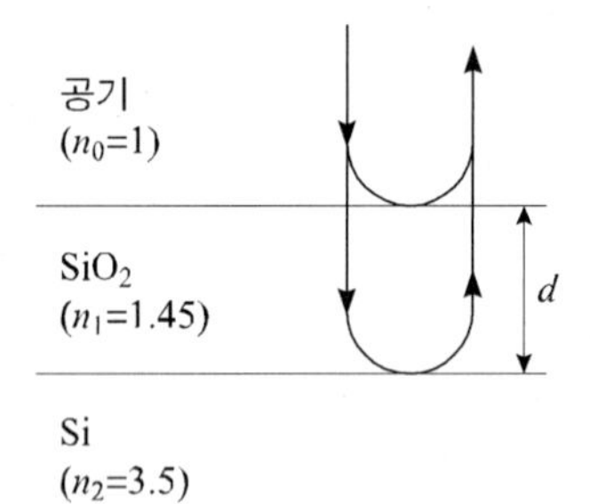

따라서 $d = \frac{(2n+1)\lambda}{2\times 2n_1} = \frac{(2n+1)\times 500}{2\times 2\times 1.45}$ 와 같이 나타낼 수 있다. $n=0$일 때, $d = 86.21$nm이고, $n=1$일 때 $d = 258.6$nm이다. 따라서 보기에서 만족하는 최소 박막의 두께는 258.6nm이다. 정답은 ④이다.

KEY POINT

■ 뉴턴의 원무늬에서 광로차 Δ

$\Delta = 2d = \frac{x^2}{R}$

비누 방울에 태양광이 비추어지면 비누 방울의 앞쪽 면과 뒤쪽 면에서 반사된 빛들이 간섭하여 무지개 색의 간섭무늬가 보이지만, 유리창에서는 간섭무늬가 관찰되지 않는다. 유리창 역시 앞면과 뒷면에서 반사된 빛들이 중첩됨에도 불구하고 간섭무늬가 나타나지 않는다. 그 이유는 태양광이 결맞음성이 떨어지기 때문이다. 물론 결맞음성이 우수한 레이저를 유리창에 비추면 간섭무늬가 나타난다.

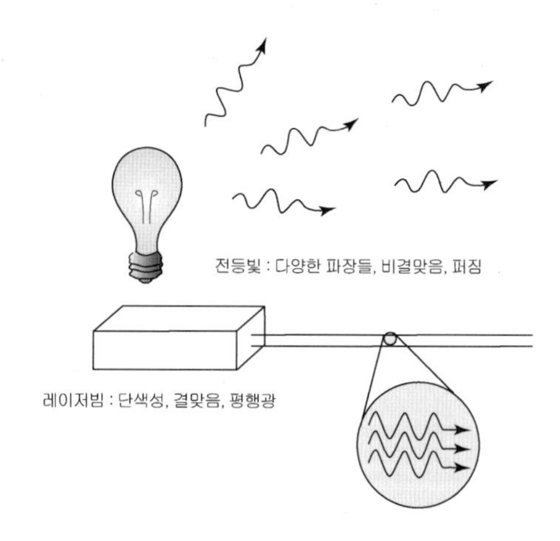

예제20

레이저 빛에 대한 설명으로 옳지 않은 것은? (2020년 국가직)

① 고도로 결맞은 빛이다.

② 방향성이 좋아서 거의 퍼지지 않는다.

③ 백열등 빛보다 넓은 파장 폭을 가지고 있다.

④ 들뜬 상태 원자의 유도방출로 생성된다.

풀이 레이저 광은 파장의 폭이 좁다. 정답은 ③이다.

③ 뉴턴 링(Newton's ring)

평판유리 위에 반지름이 큰 평볼록렌즈를 놓고 위에서 단색광을 비추면 중간의 공기층이 얇은 막 구실을 하여 렌즈의 아랫면과 윗면에서 반사된 빛이 간섭에 의해 명암의 무늬가 나타난다.

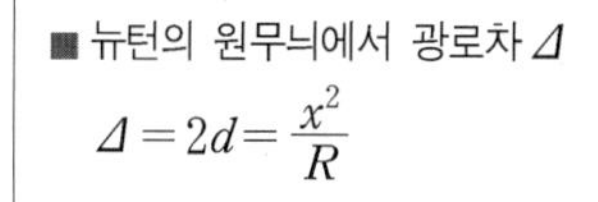

■ 뉴턴의 원무늬에서 광로차 Δ

$\Delta = 2d = \dfrac{x^2}{R}$

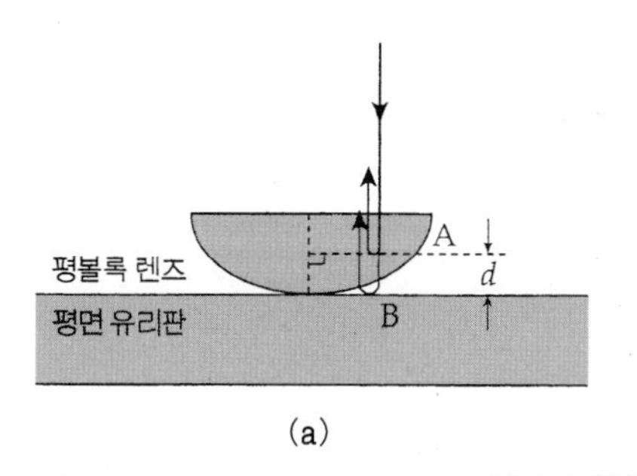

(a)

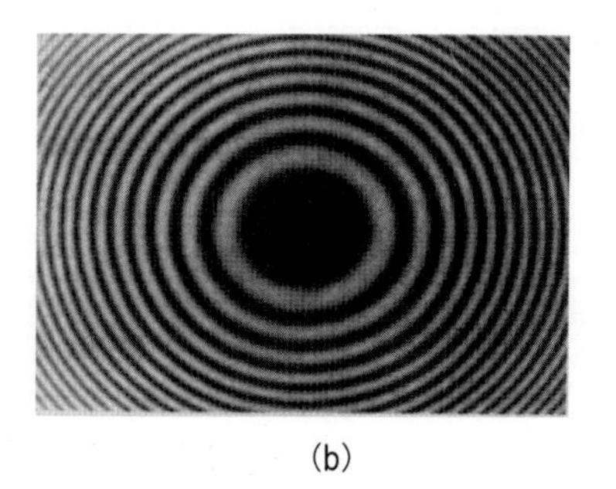

(b)

그림. 뉴턴의 원무늬

KEY POINT

위의 그림에서 렌즈에 수직 입사된 빛은 A와 B에서 각각 반사되는데 A에서 반사는 자유단 반사(밀한 매질→소한 매질의 반사)이므로 위상이 변하지 않지만 B에서 반사는 고정단 반사 (소한 매질 → 밀한 매질의 반사)가 되어 위상이 $\frac{\lambda}{2}$ (반파장) 변하게 된다. 따라서 광로차 $\varDelta(=2d)$에서 간섭 조건은

$$\varDelta = 2d = \frac{\lambda}{2}(2m+1) \quad \cdots \text{ 보강간섭(밝다)}$$

$$\varDelta = 2d = \frac{\lambda}{2}(2m) \quad \cdots \text{ 상쇄간섭(어둡다)}$$

$$(m = 0, 1, 2, 3, 4, \cdots)$$

와 같이 된다.

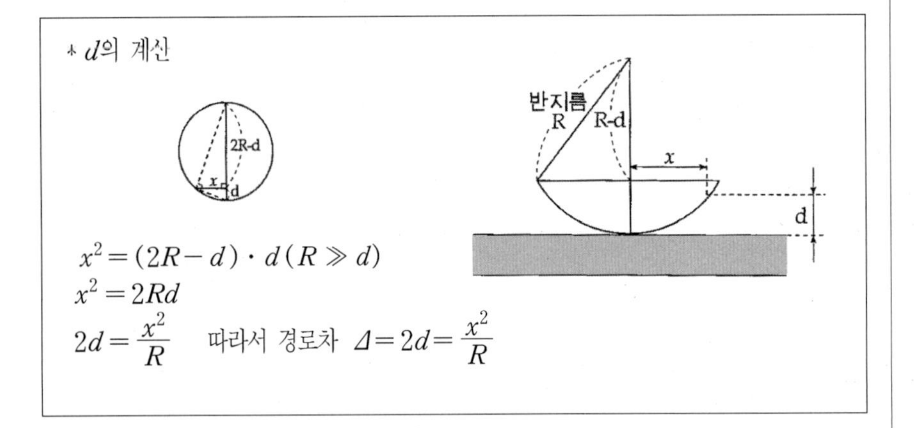

(2) 빛의 회절

회절이란 파동이 장애물의 뒤에까지 전달되는 현상임을 앞서 배웠다. 빛도 파동이므로 아래 그림과 같이 (a) 작은 구멍에서의 회절과 (b)광원과 스크린 사이의 가는 막대에 의한 회절이 나타남을 알 수 있다.

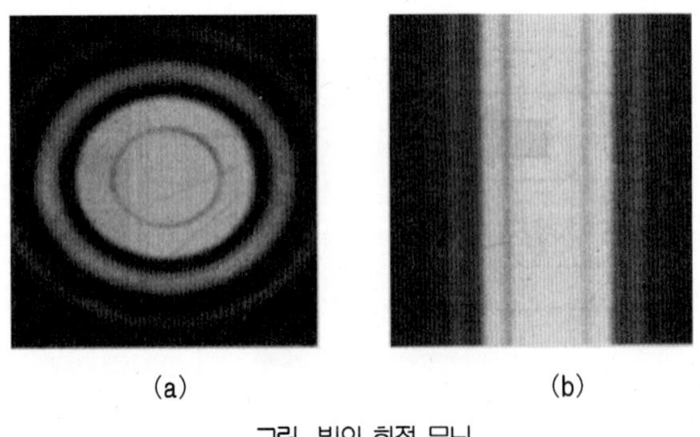

(a) (b)

그림. 빛의 회절 무늬

① 단일 슬릿에 의한 회절

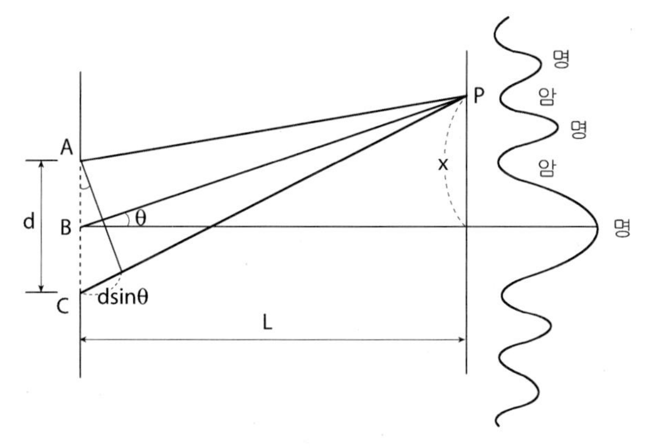

그림. 단일 슬릿에 의한 회절 실험

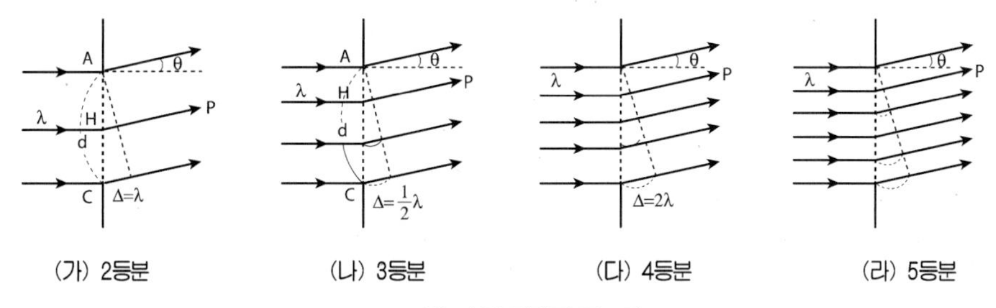

그림. 슬릿 간격과 광로차

실험에서 슬릿 AC 사이에 여러 개의 점파원이 만들어지고 이 점파원들이 호이겐스의 원리에 따라 진행하며 스크린에 밝고 어두운 무늬를 만들었다. 스크린의 중앙은 각 점파원들로부터 거의 같은 거리에 있으므로 빛의 위상이 모두 같아서 밝은 무늬를 만들고 위의 그림에서 P점의 어두운 무늬는 A광선과 B광선이 상쇄되었다고 생각하면 AB와 BC의 각각 파원들이 상쇄된다고 할 것이다.

A광선과 B광선이 상쇄되면 광로차는 BB'이고 $BB' = \frac{\lambda}{2}$가 된다.

또 $2BB' = CC'$이므로 $CC' = \lambda$가 되어 $CC' = d\sin\theta = \frac{\lambda}{2}(2m)$일 때 상쇄 간섭이 일어난다. 그림 (가)와 같은 경우이다.

보강 간섭의 경우, 즉 그림 (나)는 광로차 $\varDelta$가 $\frac{\lambda}{2}(2m+1)$인 경우는 $\varDelta$를 $(2m+1)$등분하여 생각하자.

즉 $\varDelta = \frac{3}{2}\lambda$인 경우 슬릿 d 간격도 3등분했을 때 AB와 BC의 빛이 앞에서 (가) 본 것처럼 상쇄되고 CD부분만 빛이 나아가 밝은 무늬가 된다.

따라서 $\varDelta = d\sin\theta = \frac{\lambda}{2}(2m+1)$일 때 밝은 무늬가 생긴다.

KEY POINT

■ 단일 슬릿에 의한 광로차 $\varDelta$

$\varDelta = d\sin\theta$

$\varDelta = \frac{\lambda}{2}(2m+1)$ 보강

$\varDelta = \frac{\lambda}{2}(2m)$ 상쇄

■ 어두운 무늬

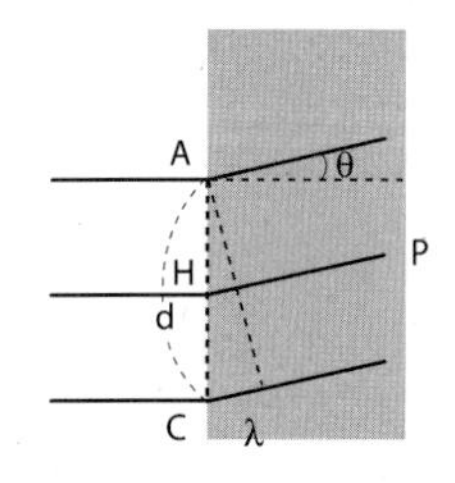

$A \sim B$사이를 통과한 광자들이 $B \sim C$사이를 통과한 광자들과 짝을 이루어 상쇄된다.

KEY POINT

정리하면

$$d\sin\theta = \frac{dx}{L} = \frac{\lambda}{2}(2m) \qquad m = 1, 2, 3, \cdots \qquad \text{어두운 무늬}$$

$$d\sin\theta = \frac{dx}{L} = \frac{\lambda}{2}(2m+1) \qquad m = 1, 2, 3, \cdots \qquad \text{밝은 무늬}$$

예제21

폭 $a = 0.3$mm인 단일슬릿에 파장이 600nm인 빛이 입사하여 1.0m 떨어진 스크린에 회절무늬를 만든다. 스크린의 중앙 밝은 무늬의 중심으로부터 첫 번째 어두운 무늬의 중심까지 거리는? (2018년 국가직 7급)

① 1.0mm ② 2.0mm
③ 3.0mm ④ 4.0mm

풀이 $\Delta x = \frac{L\lambda}{d} = \frac{1.0\times(600\times10^{-9})}{0.3\times10^{-3}} = 0.002 = 2.0\text{mm}$

정답은 ②이다.

② 회절 격자에 의한 회절

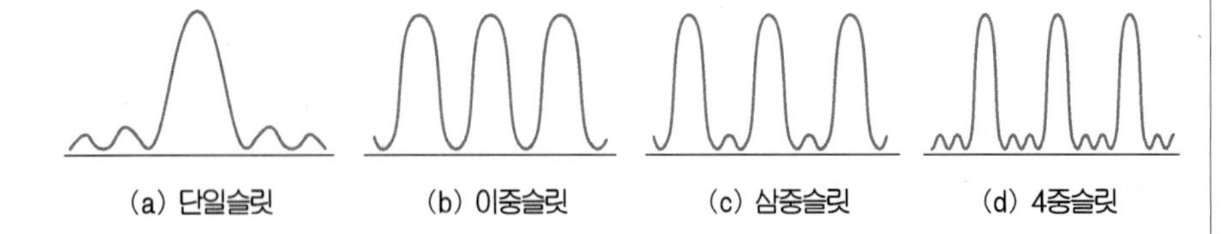

(a) 단일슬릿 (b) 이중슬릿 (c) 삼중슬릿 (d) 4중슬릿

지금까지 우리는 이중 슬릿과 단일 슬릿에 대해 공부하였다. 가장 밝은 곳을 극대 가장 어두운 곳을 극소라고 하자.

이제 슬릿의 수를 증가시키면서 무늬가 어떻게 될지를 알아보자.

두 개의 슬릿 대신 같은 간격의 세 슬릿을 사용하면 무늬는 그림의 (c)와 같다.

극대의 세기는 여전히 이중 슬릿의 극대와 같은 위치에서 나타난다.

이것은 세 개의 슬릿으로부터 오는 모든 빛이 같은 위상으로 도달하는 위치이기 때문이다.

이때 이 극대점들의 폭은 더 좁고 이차극대가 주극대 사이에 나타난다.

이중 슬릿에서 두 파동이 $\frac{\lambda}{2}$의 위상차가 나는 곳에서 상쇄되면 나머지 한 슬릿에서 나오는 파동이 도달하게 된다. 이곳이 2차 극대가 나타난다.

KEY POINT

이와 같이 3중 슬릿 무늬에서 이차 극대들은 이중 슬릿 무늬에서의 극소 지점에서 나타난다.

4중 슬릿은 3중 슬릿에서 또 하나의 슬릿을 추가하면 된다. 이 4중 슬릿에서는 이차극대가 주 극대 사이에 하나가 더 생겨 주 극대 사이에는 이차 극대가 두 개 나타난다. 그리고 주 극대의 폭은 매우 작아진다. 이와 같이 N이 증가함에 따라 (좋은 격자의 경우 10^4개 정도) 띠들의 폭은 점점 예리하게 좁아지고 추가로 생기는 극대(한 쌍의 밝은 띠 사이에 생기는 희미한 띠)띠는 수가 많아지지만 밝기가 너무 약해져 그들의 실제 효과는 무시된다. 따라서 추가로 생기는 띠들 중 극도로 약한 띠들은 고려할 필요가 없으므로 가늘고 밝게 나타나는 띠만을 생각하기로 한다.

간격이 일정하고 평행한 많은 수의 슬릿 배열을 회절격자라고 부른다.

따라서 회절격자에 의한 광세기 분포를 많은 슬릿에 의한 빛의 간섭 무늬로 해석할 수 있다.

평판 유리에 1cm당 3000~20000개 정도의 가는 줄을 일정한 간격으로 평행하게 그은 것을 **회절격자**(또는 회절발 : diffraction grating)라고 하고 줄 사이의 간격을 (d)격자상수라고 한다.

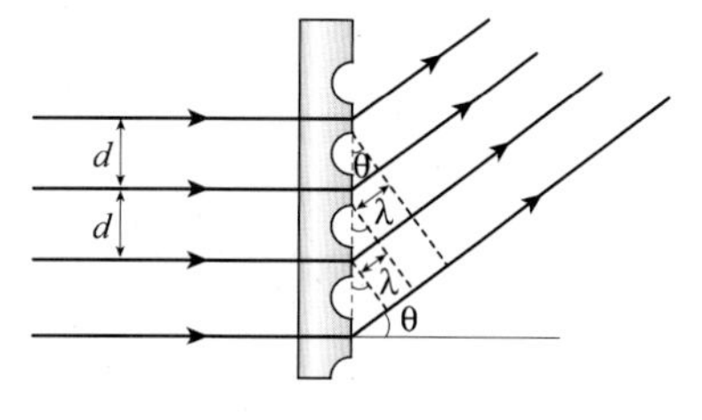

그림. 회절 격차

그림처럼 빛이 수직으로 입사하면 줄과 줄 사이에는 투명하여 빛이 통과하여 슬릿의 역할을 하게 되므로 빛이 회절하여 간섭무늬를 만든다.

입사 후 θ방향으로 회절한 광선은 광로차 Δ가 $\frac{\lambda}{2}(2m)$이면 인접한 광선들이 보강간섭하여 밝은 무늬가 나타난다.

즉, $\Delta = d\sin\theta = \frac{\lambda}{2}(2m)$ … 보강간섭

$(m = 0, 1, 2, 3, \cdots)$

이다.

회절 방정식을 다음과 같이 쓸 수 있다.

$$dsin\theta = m\lambda$$

즉, $\sin\theta = \frac{\lambda}{d}m$와 같아서

파장이 긴 빛일수록 더 큰 각도로 편향된다. 따라서 회절 스펙트럼들은 법선에 가까운 쪽으로 보라색이 먼 쪽으로 빨간색이 형성된다.

KEY POINT

또 격자사이의 간격 d가 작을수록 즉 다시 말해 1cm 당 격자수가 많을수록 더 큰 각도로 편향된다.

앞에서의 4중슬릿에서 슬릿수를 증가시켜가면 슬릿의 폭은 점점 작아지고 빛의 세기는 증가하게 되어 아래 그림처럼 무늬가 생긴다.

그림. 다중 슬릿과 이중 슬릿의 회절무늬 비교

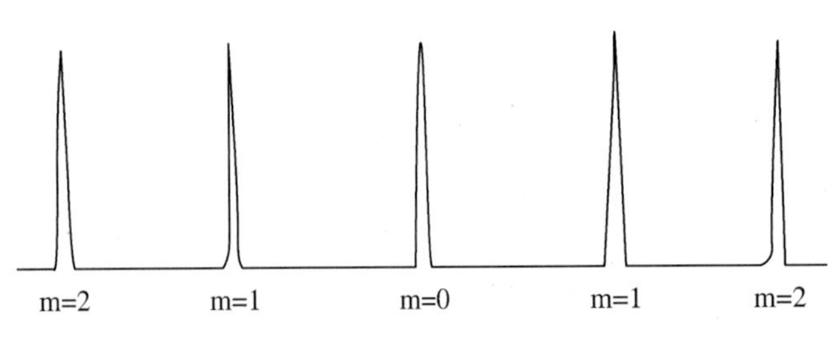

그림. 회절 격자에 의한 무늬

예제22

파장 600mm인 단색광이 5,000lines/cm의 회절 격자면에 수직으로 입사한다. 입사 방향에 대하여 회절된 빛의 1차 극대가 나타나는 각도[rad]는? (2014 국가직 7급)

① $\sin^{-1}(0.15)$ ② $\sin^{-1}(0.3)$

③ $\cos^{-1}(0.15)$ ④ $\cos^{-1}(0.3)$

풀이 회절격자의 간격 $d=\frac{1}{5000}\text{cm}=\frac{1}{5}\times10^{-5}\text{m}$이고, 경로차 $d\sin\theta=\lambda$에서 1차 극대가 나타나므로 $\frac{1}{5}\times10^{-5}\times\sin\theta=600\times10^{-9}$이다.

$\sin\theta=0.3$이므로 $\theta=\sin^{-1}(0.3)$이다.

정답은 ②이다.

프라운 호프와 프레넬 회절

회절 무늬들은 보통 파원과 스크린이 어디에 놓이느냐에 따라 두 영역으로 구분 짓는데 파원 또는 스크린 어느 한쪽이 구멍이나 장애물에 가까이 있을 때 파면은 구면이며 그 무늬는 상당히 복잡하다. 이것을 프레넬 회절이라고 한다. 파원과 스크린 둘 다 구멍이나 장애물로부터 아주 멀리 떨어져 있을 때 입사광은 평면파 형태이며 구멍을 나오는 광선들은 거의 평행하다. 이것을 프라운 호프 회절이라 하고 우리는 주로 이 회절에 의해 논하기도 한다.

③ 분해능

그림은 광원으로부터 멀리 떨어진 원형 구멍에서 볼 때 α각을 갖는 두 개의 점 광원을 나타낸다.

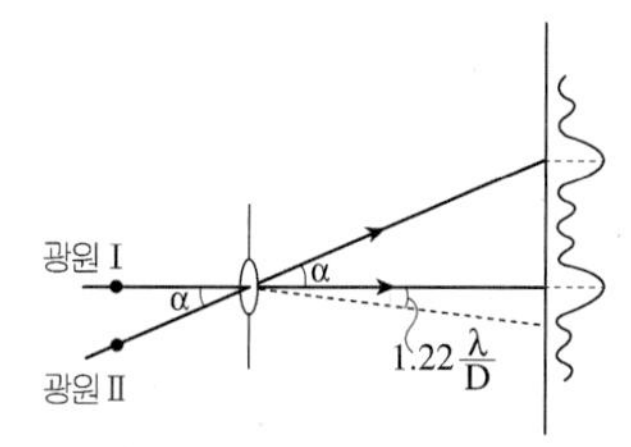

이 각 점광원은 각각 자신의 회절무늬를 만들어 내며 원형구멍인 경우 각 회절무늬에서 첫 번째 최소의 위치는 다음과 같다.

$$Sin\theta = \frac{1.22\lambda}{D}$$

이때 θ가 매우 작으면 $Sin\theta \approx \theta$여서 $\theta = \frac{1.22\lambda}{D}$라 할 수 있다.

만약 α가 $1.22\lambda/D$보다 훨씬 크다면 광원은 두 개의 광원처럼 보일 것이다. 그러나 α가 줄어듦에 따라 회절무늬의 중복이 늘어나게 되고 한 개의 광원인지 두 개의 광원인지 구별하기 어려워진다.

임계각 α_c는 $\alpha_c = \frac{1.22\lambda}{D}$ (D는 원형 구멍의 지름) 로 주어지며 이것은 한 광원의 첫 번째 회절무늬의 최소(상쇄간섭)가 다른 광원의 중앙 최대(보강간섭)에 놓이게 되는 간격이다. 이것을 **레일리의 분해능** 기준이라 한다.

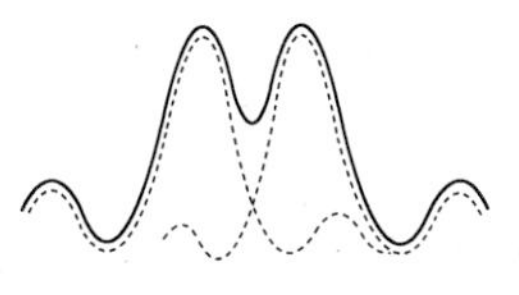
(구별가능)

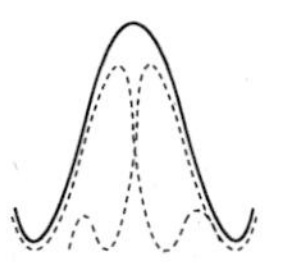
(구별 불가능)

KEY POINT

■ 편광현상에 의해 빛이 횡파라는 것이 증명된다.

■ 종파는 편광현상이 일어나지 않는다.

KEY POINT

예제23

매우 작지만 아주 밝은 촛불 두 개가 50cm 간격으로 놓여 있다. 이 두 촛불을 멀리에서 보면 하나로 보인다. 육안으로 관찰할 때 촛불이 두 개로 구별되어 보이는 촛불과 관찰자 사이의 최대 거리[m]에 가장 가까운 것은? (단, 눈의 동공 지름은 5mm이고 촛불 빛의 파장은 500nm이며, 눈의 분해능은 단지 회절에 의해서만 제한된다고 가정한다.) (2017년 국가직 7급)

① 100　　② 400

③ 1,000　　④ 4,000

풀이 촛불 사이 간격을 d, 촛불과 관찰자 사이의 거리를 L이라고 할 때, $\sin\theta = \frac{1.22\lambda}{D}$ 이다. 또한 $\sin\theta$는 $\frac{d}{L}$ 이다. 이때 θ가 매우 작으면 $\sin\theta \approx \theta$이므로 $\theta = \frac{1.22\lambda}{D} = \frac{d}{L}$ 라고 할 수 있다. 따라서 촛불과 관찰자 사이의 거리 $L = \frac{Dd}{1.22\lambda} = \frac{(5\times10^{-3})\times(50\times10^{-2})}{1.22\times(500\times10^{-9})} = 4098.36\text{m}$이다. 정답은 ④이다.

5 빛의 여러 가지 성질

(1) 편 광

우리는 이제까지 빛도 파동의 일종으로 회절, 간섭, 굴절 등의 현상이 나타남을 배웠다. 그러나 빛이 종파인지 횡파인지는 알 수가 없었다. 태양으로부터 오는 자연광은 모든 방향으로 진동한다. 하지만 얇은 폴라로이드 판이나 얇은 전기 석판을 통과한 빛은 한 방향으로만 빛을 진동시키는 내부구조 (이런 것을 편광판이라 한다.)에 의해 어느 특정의 한 방향으로만 빛이 진동하며 진행하는데 이러한 현상을 **편광**이라 한다. 즉 이것은 빛이 횡파라는 증거이다.

■ 편광현상에 의해 빛이 횡파라는 것이 증명된다.

■ 종파는 편광현상이 일어나지 않는다.

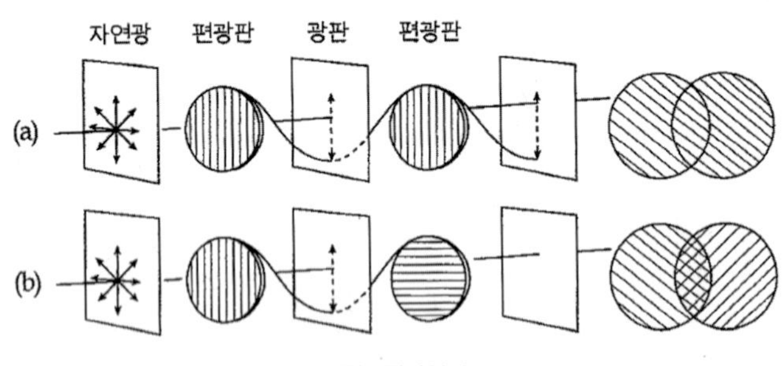

그림. 편광현상

자연광이 다른 매질로 입사하다 경계면에서 반사가 일어나는데 입사면(입사광, 굴절광, 반사광을 포함하는 평면)에 수직한 진동의 편광이 주로 반사되고 입사면에 평행한 진동의 편광이 주로 굴절한다. 이 때 반사광과 굴절광이 90°를 이루면 반사광은 완전 편광이 된다.

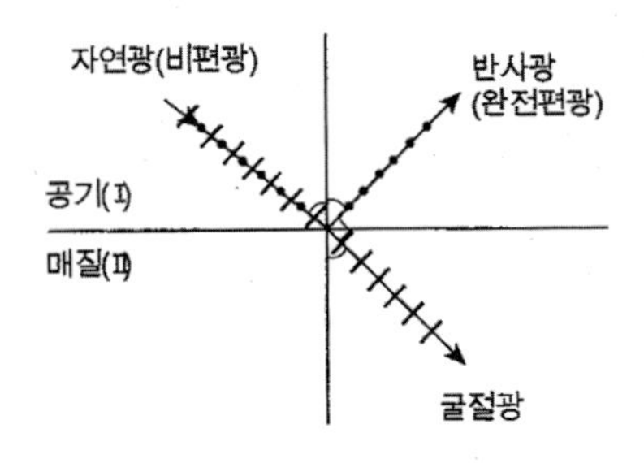

이때 입사각을 편광각이라 하고 편광각 θ와 굴절률 n 사이에는

$\theta + r = 90^\circ \quad r = 90 - \theta$

$\dfrac{n_2}{n_1} = \dfrac{\sin\theta_1}{\sin\theta_2}$에서 공기 ($n_1 = 1$), 매질 ($n_2 = n$), $\theta_2 = r$을 대입하면

$n = \dfrac{\sin\theta}{\sin r} = \dfrac{\sin\theta}{\sin(90-\theta)} = \dfrac{\sin\theta}{\cos\theta} = \tan\theta$의 관계가 성립한다.

이것을 반사에 의한 편광의 법칙 또는 **브루스터의 법칙**이라고 한다.

말루스의 법칙

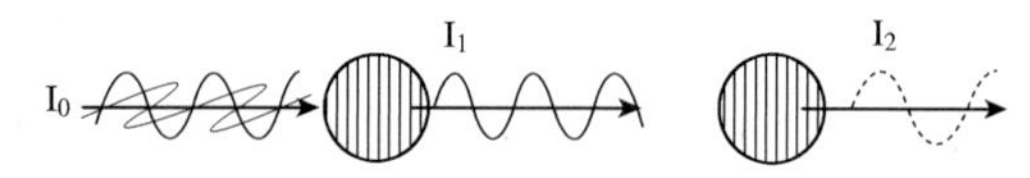

편광판 1개를 통과한 빛의 세기 I_1은 $I_1 = \frac{1}{2} I_o$ 이고 두 편광판의 편광 축 사이 각을 θ라 하면 두 번째 편광판을 통과한 빛의 세기 $I_2 = I_1 \cos^2\theta$ 이다.

따라서 $I_2 = \frac{1}{2} I_o \cos^2\theta$ 이다.

KEY POINT

예제24

그림과 같이 세 편광자 A, B, C가 있다. 편광자 A, B, C의 축과 수직선이 이루는 각은 각각 0°, 45°, 90° 이다. 다음 설명 중 옳은 것만을 모두 고르면? (2020년 국가직)

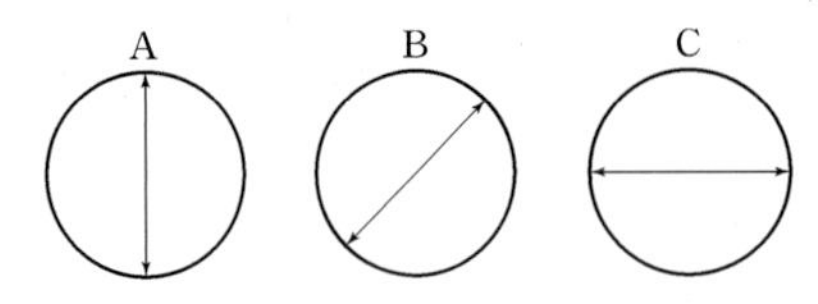

ㄱ. 편광자 A, B, C 중 하나를 선택하여 편광되지 않은 빛을 통과시키면, 통과 후 빛의 세기는 세 편광자에서 모두 같다.

ㄴ. 편광자 A, B, C 모두를 임의의 순서로 배치한 후 편광되지 않은 빛을 차례로 통과시키면, 통과 후 빛의 세기는 편광자의 배치 순서와 무관하게 모두 같다.

ㄷ. 편광자 A, B, C 중 임의로 두 개를 선택하여 편광되지 않은 빛을 차례로 통과시키면, 통과 후 얻을 수 있는 빛의 세기의 최댓값은 처음 세기의 25 %이다.

① ㄱ ② ㄱ, ㄷ

③ ㄴ, ㄷ ④ ㄱ, ㄴ, ㄷ

풀이 편광자 하나를 통과하면 $I_1 = \frac{1}{2} I_0$이고 두개로 통과하면 $I_2 = \frac{1}{2} I_0 \cos^2\theta$이다.

$I_2 = \frac{1}{2} I_0 (\cos 45)^2 = \frac{1}{4} I_0$ 정답은 ②이다.

(2) 복굴절

방해석과 같은 물질로 물체를 보면 물체가 두 개로 보인다. 이러한 현상을 **복굴절**이라 한다. 이것은 방해석에서 정상광선과 이상광선으로 나누는 두 개의 광축에 기인한다. 즉 정상광선과 이상광선의 진동방향은 서로 수직이다.

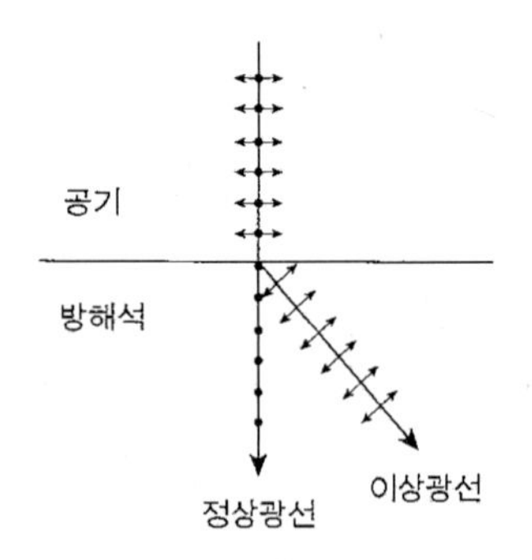

■ 브루스터 법칙
완전편광이 일어나는 조건에 관한 법칙

(3) 분 산

태양으로부터 오는 자연광은 모든 파장의 빛을 같이 가지고 있다. 또 빛은 매질 속에서 파장에 따라 속도가 다르므로 굴절률도 파장에 따라 다르다. 이러한 성질을 이용하여 자연광을 프리즘에 통과시켜 스크린에 비친 빛을 보면 오른쪽 그림과 같이 여러 가지 색깔로 나뉜다. 이것을 빛의 **분산**이라고 한다. 빛의 파장이 짧을수록 굴절률이 크다.

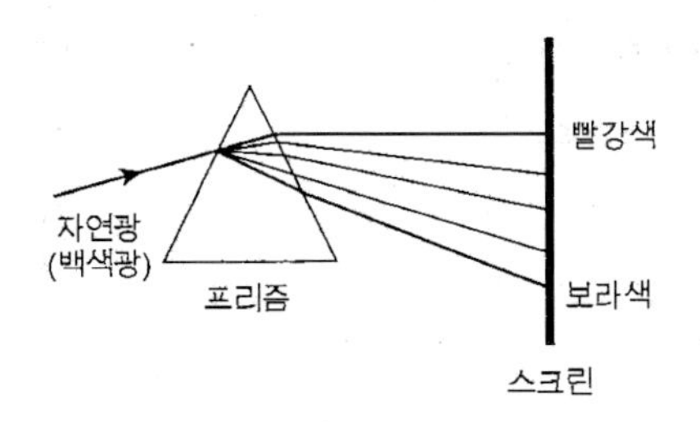

우리가 눈으로 볼 수 있는 가시광선의 파장은 약 400nm~760nm이며 650nm의 파장은 붉은색, 550nm의 파장은 녹색, 430nm의 파장은 보라색으로 보인다.
우리 눈에 보이는 물체의 색은 자연광을 받은 물체가 반사하는 빛만 보인다. 즉 나머지는 물체가 모두 흡수한 결과이다. 흰색으로 보이는 것은 물체가 흡수하는 가시광선이 없이 모두 반사하여 우리 눈에 백색으로 보이고 검정색은 물체가 모두 흡수하여 반사하는 빛이 없어서 검정색으로 보인다. 즉 나뭇잎은 녹색이니까 녹색이외의 파장은 잎이 모두 흡수하고 녹색만 반사한다.

예제25

백색광이 프리즘을 통과할 때 여러 색깔의 가시광선으로 분리되는 현상은?
(2021 서울시 7급)

① 분산 ② 반사
③ 회절 ④ 간섭

풀이 백색광이 프리즘을 통과할 때 각 진동수(빛의 색깔)에 따라 굴절율이 달라서 빛이 흩어지는 현상을 분산이라 한다. 정답은 ①이다.

무지개의 발생

무지개는 수세기 동안 그 발생에 관해 의문점을 갖게 했다. 그러다 1275년 위텔로는 햇빛이 물로 채워진 둥근 접시나 육각형의 프리즘을 통과하면 스펙트럼이 생긴다는 것을 보여 무지개의 발생이 각 물방울의 굴절과 반사가 주 요인임이 명백해졌다.

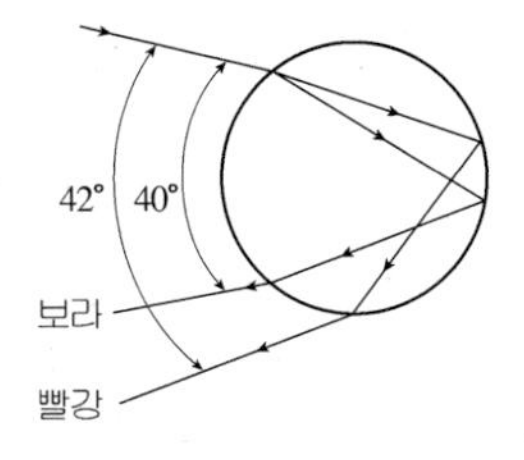

이 식은 입사각을 i, 굴절률을 n이라 하면 $\cos i = \sqrt{\frac{n^2-1}{3}}$에 따른다.

KEY POINT

■ 무지개 빛깔이 7색으로 보이는 것은 빛의 굴절과 간섭에 의해서이다. 예) 비누방울, 기름막

(4) 산 란

파동은 진행 중에 그 파동의 크기가 비슷한 알갱이나 그 보다 작은 것을 만나면 파동은 그 알갱이를 중심으로 하여 사방으로 퍼져 나간다. 이런 현상을 **산란**이라 한다.

- 공기분자에 의한 산란의 세기가 파장의 네제곱에 반비례한다.
- 파장이 짧은 청색계열이 적색계열 보다 산란이 더 잘 일어나서 하늘이 푸르게 보인다.
- 저녁노을이 붉은 것도 햇볕이 공기층에서 파란색은 산란되고 파장이 긴 붉은 빛이 들어오기 때문이다.

예제26

빛의 특성에 의한 현상으로 나머지 셋과 다른 것은?

① 비눗방울이 여러 색깔로 아름답게 보이는 현상
② 프리즘에 백색광을 입사하면 여러 가지 색이 보이는 현상
③ 볼록 렌즈를 통과한 빛이 한 점에 모이는 현상
④ 물 컵에 담겨있는 빨대가 꺾여 보이는 현상

풀이 비눗방울이 여러 색깔로 보이는 현상은 빛의 간섭, 프리즘은 빛의 굴절, 볼록 렌즈를 통과하는 빛은 굴절되므로 한 점으로 수렴되며, 빨대가 꺾여 보이는 것은 매질이 바뀌면서 빛이 굴절되기 때문이다. 정답은 ①이다.

(5) 빛에 대한 도플러 효과

앞에서 배운 소리에 대한 도플러 효과와 마찬가지로 빛에서도 도플러 효과가 나타나서 물체의 속도에 따라 진동수 변화에 의해 파장이 변하게 되어 색깔이 다르게 관측되는 현상이다.

가령 천체가 지구를 향해 접근하는 속도를 v, 광속도를 c, 천체가 내는 고유한 색깔의 파장을 λ_0, 관측되는 파장을 λ라 하면

$c = f\lambda$, $c = f_0\lambda_0$이고 음의 도플러 효과에서 $f = \dfrac{V}{V - v_{자동차}} f_0$이므로 빛에서는 $f = \dfrac{c}{c-v} f_0$로 고쳐 쓸 수 있고

$f = \dfrac{c}{\lambda}$, $f_0 \dfrac{c}{\lambda_0}$를 대입하면 $\dfrac{c}{\lambda} = \left(\dfrac{c}{c-v}\right)\dfrac{c}{\lambda_0}$이고 정리하면

$\lambda = \lambda_0\left(1 - \dfrac{v}{c}\right)$가 되어 파장이 짧게 보여지게 되어 청색편이라고 한다.

또 천체가 지구로부터 멀어지면 v대신 $-v$가 되어 $\lambda = \lambda_0\left(1 + \dfrac{v}{c}\right)$가 되어 파장이 길어지게 되어 적색편이라고 한다.

KEY POINT

■ 빛에 대한 도플러 효과
$\lambda = \lambda_0\left(1 - \dfrac{v}{c}\right)$

KEY POINT

(6) 광도와 조명도

① 광 도

광도는 광원이 빛을 내는 세기의 정도를 나타낸 것으로 단위는 촉광과 칸델라(cd)를 사용한다. (1촉광 $\simeq 1cd$)

흑체의 $1m^2$의 면적에 수직방향의 밝기의 60분의 1을 $1cd$로 정의했다.

② 조 도

조도는 단위시간당 단위 면적이 받는 빛의 양을 말하는 것으로 단위로는 럭스(lux)를 사용하며 1lux는 $1cd$의 광원이 1m의 거리에서 비추는 수직면의 밝기이다.

※ 람베르트의 법칙

조도 L은 광도 I에 비례하고 광원에서 면까지의 수직거리 r의 제곱에 반비례하고, 면에 수직선과 면으로 들어오는 광원의 각을 θ라 하면 $\cos\theta$에 비례한다.

즉 $L = \dfrac{I\cos\theta}{r^2}$ (lux)이다.

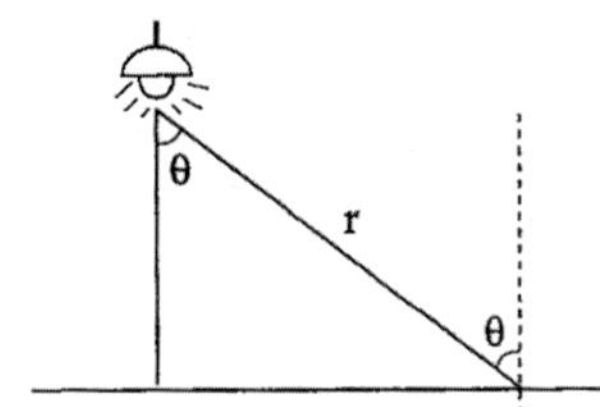

예제27

다음 그림과 같은 조명아래의 두 지점 A, B에서 조도의 비는 얼마인가?

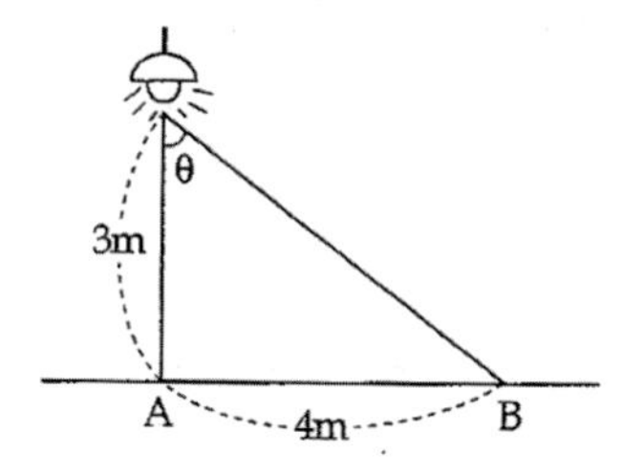

풀이 조도 $L = \dfrac{I}{r^2}\cos\theta$이므로

$L_A = \dfrac{I}{3^2}\cos\theta = \dfrac{I}{9}$ $L_B = \dfrac{I}{5^2}\cos\theta = \dfrac{I}{25}\cdot\dfrac{3}{5}$

이다. 따라서 $L_A : L_B = \dfrac{1}{9} : \dfrac{3}{125} = 125 : 27$

연습문제

1 신장 170cm인 사람이 거울 앞 2m 떨어진 지점에서 자신을 볼 때 자신과 거울에 비친 상과의 거리는 몇 m인가?

① 2m ② 4m
③ 6m ④ 8m
⑤ 알 수 없다

2 위의 1번 문제에서 거울을 1m사람 앞으로 당기면 상의 위치 변화는 어떻게 되겠는가?

① 상이 물체 쪽을 1m 이동
② 상이 물체의 반대쪽으로 1m 이동
③ 상이 물체 쪽으로 2m 이동
④ 상이 물체의 반대쪽으로 2m 이동
⑤ 상은 제자리에 있다.

3 거울 앞 20cm인 곳에 10cm 크기의 물체를 놓았더니 거울 뒤 5cm 크기의 상이 보였다. 이 거울의 종류와 초점거리는 얼마인가?

① 오목거울 20cm ② 볼록거울 20cm
③ 오목거울 15cm ④ 볼록거울 15cm
⑤ 볼록거울 10cm

4 정상인의 명시거리는 25cm이다. 명시거리가 50cm인 원시안을 가진 사람이 사용할 볼록렌즈로 된 안경의 초점거리는?

① 50cm ② 40cm
③ 35cm ④ 25cm
⑤ 10cm

5 한 광원에서 나온 빛이 서로 다른 경로를 지나와서 한 점에서 만날 때 두 빛이 서로 상쇄되어 어두워졌다. 광로차는 파장의 몇 배인가?

① 0배 ② 1파장의 홀수 배
③ $\frac{1}{2}$ 파장의 홀수 배 ④ 1파장의 짝수 배
⑤ $\frac{1}{4}$ 파장의 홀수 배

해설

해설 **1**
평면거울에 의한 상은 물체와 거울의 거리만큼 거울의 뒤쪽에 허상이 맺힌다. 따라서 4m

해설 **2**
거울을 움직이면 상은 거울의 거리에 2배를 움직이므로 2m 전진한다.

해설 **3**
배율 $m\left(=\frac{b}{a}\right)=\frac{1}{2}\left(\frac{5}{10}\right)$이므로 축소상이고 거울 뒤편에 상이 타나 났으므로 허상이다. 축소허상은 볼록거울(오목거울의 허상은 확대상이다) 초점거리는 $\frac{1}{f}=\frac{1}{a}+\frac{1}{b}$에서
$\frac{1}{f}=\frac{1}{20}+\frac{1}{-10}$ $\left(\frac{1}{2}=\frac{b}{20}\right)$=배율에서 $b=10$ 허상이므로
$b=-10$이다. $f=-20$cm

해설 **4**
$\frac{1}{25}-\frac{1}{D}=\frac{1}{f}$에서 $\frac{1}{25}-\frac{1}{50}=\frac{1}{f}$
이므로 $f=50$cm이다.

해설 **5**
상쇄 간섭조건은 광로차
$\Delta=\frac{\lambda}{2}(2m+1)$
$(m=0,1,2,3,\cdots)$이다.

정답 1. ② 2. ③ 3. ② 4. ① 5. ③

6 광통신은 빛의 어떤 성질을 이용한 것인가?

① 회절 ② 굴절
③ 분산 ④ 전반사
⑤ 산란

7 빛이 횡파라는 실험적 사실은 빛의 어떤 현상으로 알 수 있는가?

① 회절 ② 산란
③ 분산 ④ 도플러 효과
⑤ 편광

8 진공 중에서 6000Å의 빛의 파장이 유리 속으로 들어가면 그 파장은 얼마로 되는가? (단, 유리의 굴절률은 $\frac{3}{2}$이다.)

① 2000 Å
② 3000 Å
③ 4000 Å
④ 6000 Å
⑤ 9000 Å

9 오목 거울과 관계없는 사항은?

① 확대허상
② 축소 도립 실상
③ 확대 도립 실상
④ 축소 허상
⑤ 물체의 거리에 따라 다른 상

10 초점거리 30cm인 오목 거울 앞 25cm 되는 곳에 길이 10cm인 물체가 놓여 있다. 이 물체의 상의 크기와 위치는?

① 길이가 60 cm인 정립허상
② 길이가 60 cm인 도립허상
③ 길이가 30 cm인 정립허상
④ 길이가 30 cm인 도립허상
⑤ 길이가 50 cm인 정립허상

해 설

해설 **6**

광통신은 빛의 전반사를 이용했다.

해설 **8**

$\frac{n_2}{n_1} = \frac{\sin\theta_1}{\sin\theta_2} = \frac{\lambda_1}{\lambda_2}$에서

$\frac{\frac{3}{2}}{1} = \frac{6000}{\lambda_2}$ $\frac{3}{2}\lambda_2 = 6000$

$\lambda_2 = 4000\,\text{Å}$

해설 **9**

축소 허상은 항상 볼록 거울이다.

해설 **10**

오목거울의 초점거리 30cm이므로 $f = +30$이다.

$\frac{1}{25} + \frac{1}{b} = \frac{1}{30}$

$\frac{1}{b} = \frac{1}{30} - \frac{1}{25} = -\frac{1}{150}$

$b = -150\text{cm}$

배율 $m = \left|\frac{b}{a}\right| = \left|\frac{-150}{25}\right| = 6$이므로 6배의 허상이 생긴다. 물체 길이가 10cm이므로 6배이면 60cm의 크기의 허상이 거울 뒤쪽 150cm 되는 곳에 생긴다.

정답 6. ④ 7. ⑤ 8. ③ 9. ④ 10. ①

11 물체를 먼 곳에서부터 점점 오목거울로 접근시킬 때 도립상에서 정립상으로 변하는 경계점은 어느 곳인가?

① 구심 ② 구심 밖
③ 초점 ④ 구심과 초점사이
⑤ 초점안

12 초점거리 25cm인 볼록 렌즈로 2배의 실상을 만들려면 물체를 렌즈로부터 얼마의 거리에 두어야 하는가?

① 12.5 cm ② 25 cm
③ 50 cm ④ 37.5 cm
⑤ 75 cm

13 초점거리가 10cm인 볼록렌즈에서 실물의 $\frac{1}{2}$배의 상이 생겼다면 물체까지의 거리는?

① 10 cm
② 20 cm
③ 30 cm
④ 40 cm
⑤ 5 cm

14 임계각이 45°인 물질의 굴절률은?

① 1
② 1.5
③ $\sqrt{3}$
④ $\frac{1}{\sqrt{2}}$
⑤ $\sqrt{2}$

15 접안렌즈의 초점거리가 4cm이고 대물렌즈의 초점거리가 32cm인 망원경의 배율은 얼마인가?

① 4배
② 8배
③ 16배
④ 128배
⑤ 알 수 없다

해 설

해설 **11**
초점보다 먼 곳은 도립실상이고 초점 안쪽은 정립허상이다.

해설 **12**
배율 $m=\frac{b}{a}$에서 $2=\frac{b}{a}$ $b=2a$
이고 실상이므로 $b>0$이다.
$\frac{1}{a}+\frac{1}{b}=\frac{1}{f}$에서 $\frac{1}{a}+\frac{1}{2a}=\frac{1}{25}$
$\frac{3}{2a}=\frac{1}{25}$ $a=\frac{75}{2}$

해설 **13**
볼록렌즈 초점거리이므로 $f>0$이고
배율이 $\frac{1}{2}$이므로 $\frac{1}{2}=\frac{b}{a}$
$a=2b$이고 $\frac{1}{a}+\frac{1}{b}=\frac{1}{f}$에서
$\frac{1}{a}+\frac{1}{\frac{1}{2}a}=\frac{1}{10}$ $\frac{3}{a}=\frac{1}{10}$
$a=30\text{cm}$

해설 **14**

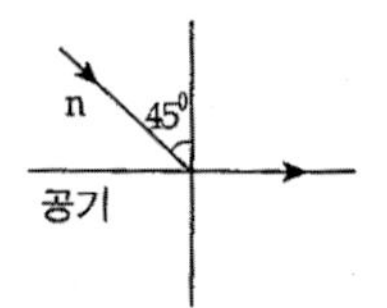

$\frac{n_2}{n_1}=\frac{\sin\theta_1}{\sin\theta_2}$
$n=\frac{1}{\sin 45}=\sqrt{2}$

해설 **15**
망원경의 배율 $m=\frac{f_0}{f_e}=\frac{32}{4}=8$

정답 11. ③ 12. ④ 13. ③ 14. ⑤ 15. ②

16 굴절과 회절에 대하여 옳지 않은 것은?

① 굴절은 밀도가 다른 두 매질 사이에서 일어난다.
② 회절은 매질 속에서 장애물이 있을 때 진로를 굽혀서 장애물 뒤에까지 도달한다.
③ 회절은 파장이 길수록 회절성이 커진다.
④ 굴절은 파장이 짧을수록 많이 꺾인다.
⑤ 굴절과 회절은 파장이 길수록 그 율이 더하다.

17 파장이 λ인 단색광이 단일 슬릿을 통하여 회절한 후 스크린 위의 중앙점 O로부터 첫 번째 밝은 무늬가 P점에 만들어졌다. 경로 AP와 BP사이의 경로차 Δ는?

① 2λ
② $\frac{3}{2}\lambda$
③ λ
④ $\frac{\lambda}{2}$
⑤ $\frac{\lambda}{4}$

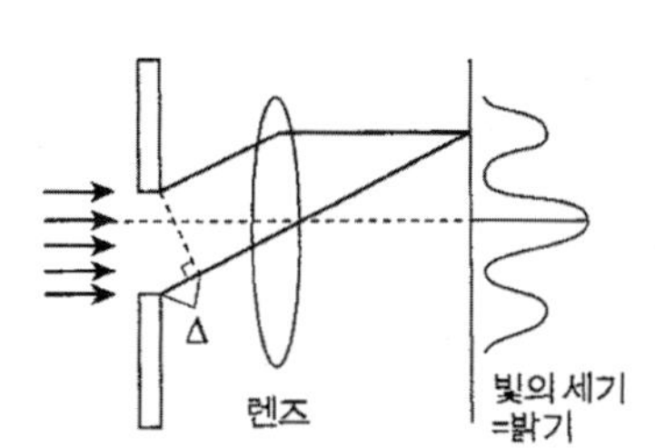

18 아래 그림은 굴절률이 n이고 두께가 d인 얇은 막에 입사각 i로 빛을 비출 때, 표면 반사광과 밑면 반사광의 간섭현상을 나타낸 것이다. 두 광선 ㉠, ㉡이 D에서 만났을 때의 광로차는?

① $2\,d\cos r$
② $2\,nd\cos i$
③ $2\,nd\cos r$
④ $2\,nd\sin i$
⑤ $2\,nd\sin r$

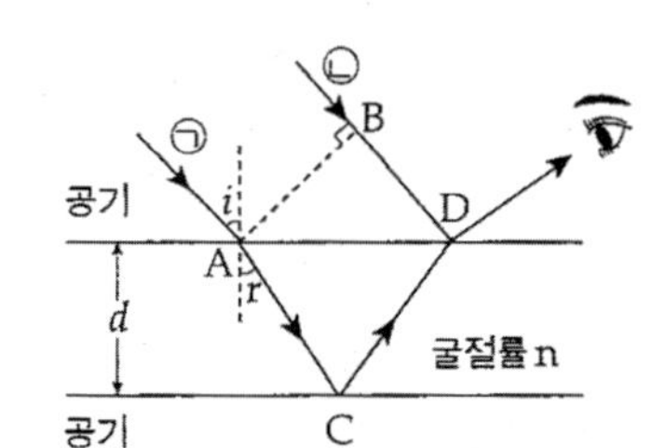

19 아래 그림과 같이 영의 간섭 실험에서 슬릿 사이 간격 d는 2mm이며 중앙 밝은 무늬에서 첫 번째 밝은 무늬 P점까지 거리가 0.3mm일 때 입사된 빛의 파장은 몇 Å인가? 슬릿과 스크린 사이의 거리는 1m이다.(1m = 10^{10}Å)

① 15000 Å
② 6000 Å
③ 3000 Å
④ 1500 Å
⑤ 6670 Å

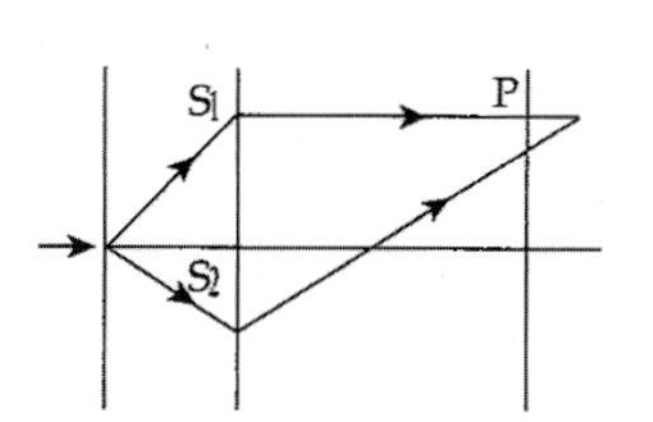

해 설

해설 16
굴절은 파장이 짧을수록 회절은 파장이 길수록 강하다.

해설 17
$\Delta = \frac{\lambda}{2}(2m+1)$ … 밝은 무늬
첫 번째이므로 $m=1=0$ $\Delta = \frac{3}{2}\lambda$

해설 18
얇은 막에서의 광로차는 $\Delta = 2\,nd\cos r$이다.

해설 19
밝은 무늬 간섭은 $\frac{dx}{l} = \frac{\lambda}{2}(2m)$
첫 번째 밝은 무늬는 $m=1$이다.
$\frac{2\times10^{-3}m\times3\times10^{-4}m}{1m} = \lambda$
$\lambda = 6\times10^{-7}m$ $\lambda = 6000$Å

정답 16. ⑤ 17. ② 18. ③ 19. ②

20 다음 중 렌즈나 거울에 의하여 생기는 실상과 허상에 대하여 올바르게 기술한 것은?

① 실상은 빛이 실제로 모여서 형성된 상이나, 허상은 그렇지 못하다. 스크린에 나타나는 상은 실상뿐이다.
② 실상은 빛이 실제로 모여서 형성된 상이나, 허상은 그렇지 못하다. 실상과 허상 모두 스크린에 나타날 수 있다.
③ 실상과 허상 모두 빛이 실제로 모여서 형성된 상이다. 스크린에 나타나는 상은 실상뿐이다.
④ 실상과 허상 모두 빛이 실제로 모여서 형성된 상이다. 실상과 허상 모두 스크린에 나타날 수 있다.
⑤ 답 없음

21 다음 중 항상 허상만 생기는 것으로 짝지어진 것은?

① 볼록 거울, 볼록 렌즈
② 볼록 거울, 오목 렌즈
③ 오목 거울, 볼록 렌즈
④ 오목 거울, 오목 렌즈
⑤ 볼록 렌즈, 평면거울

22 단일 슬릿에 의한 빛의 회절에 대한 다음 설명 중 틀린 것은?

① 회절 무늬의 간격은 슬릿의 폭에 따라 달라진다.
② 회절 무늬의 간격은 빛의 파장에 따라 달라진다.
③ 회절 무늬는 파동의 중첩 원리에 의해서 생긴다.
④ 회절 현상으로부터 빛은 종파가 아니라 횡파임을 알 수 있다.
⑤ 회절 현상으로부터 빛은 종파가 아니라 횡파임을 알 수 있다.

23 초점 거리 30cm의 볼록 거울로 실물의 $\frac{1}{2}$배 크기의 상을 만들려면 물체를 거울 전방 몇 cm에 놓으면 되는가?

① 30cm
② 60cm
③ 90cm
④ 120cm
⑤ 150cm

해 설

해설 **21**
오목렌즈와, 볼록거울은 초점거리 $f<0$이다.
또한 평면거울도 $f=0$ 이므로 허상을 갖는다.

해설 **22**
빛의 횡파 입증은 편광실험에서 알 수 있다.

해설 **23**
배율 $m=\frac{b}{a}$ 이므로 $\frac{1}{2}=\frac{b}{a}$
$a=2b$ 이고 $\frac{1}{a}+\frac{1}{b}=\frac{1}{f}$ 에서
볼록거울이므로 $f<0$ 이다.
$\frac{1}{a}+\frac{1}{-\frac{1}{2}a}=\frac{1}{-30}$ 볼록거울에 의한 상은 허상이므로 $b<0$ 이다.
$a=30\,\text{cm}$ 이다.

정답 20. ① 21. ② 22. ④ 23. ①

24 오목 거울로 어느 물체의 5배되는 실상을 얻었다. 지금 이 물체를 조금 움직였더니 상이 선명하지 않아서 스크린을 30cm만큼 뒤로 이동시켰더니 다시 선명한 상을 얻었다. 이 때 상의 배율이 8배였다고 하면, 이 오목 거울의 초점거리는 얼마인가?

① 5cm
② 10cm
③ 12cm
④ 15cm
⑤ 30cm

25 어떤 렌즈 앞에 물체를 놓았더니 네 배의 실상이 생겼고, 이 물체를 렌즈로부터 4cm 더 멀리 하였더니 두 배의 실상이 생겼다면 이 렌즈의 초점거리는?

① 볼록렌즈 8cm
② 오목렌즈 8cm
③ 볼록렌즈 16cm
④ 오목렌즈 16cm
⑤ 볼록렌즈 20cm

26 빛 대신에 전자로 영의 실험을 한다. 전자의 가속 전압을 높이면 간섭무늬에 어떤 변화가 오는지 가장 가까운 답을 골라라.

① 간섭무늬 사이의 간격이 좁아진다.
② 간섭무늬 사이의 간격이 넓어진다.
③ 변화가 없다.
④ 전자로는 간섭 현상을 볼 수 없다.
⑤ 전자의 간섭무늬는 간격이 좁아졌다. 넓어진다.

해 설

해설 **24**

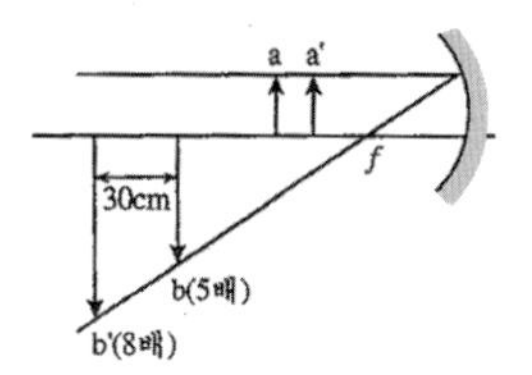

$\frac{b}{a}=5,\ \frac{b'}{a'}=\frac{b+30}{a'}=8$

$\frac{1}{a}+\frac{1}{b}=\frac{1}{f}$ 에서 $\frac{1}{\frac{b}{5}}+\frac{1}{b}=\frac{1}{f}$

$\frac{1}{a'}+\frac{1}{b'}=\frac{1}{\frac{b+30}{8}}+\frac{1}{b+30}=\frac{1}{f}$

이므로

$9b=6b+180\quad b=60\,\text{cm}$ 이다.

따라서 $\frac{5}{60}+\frac{1}{60}=\frac{1}{f}$ 에서

$f=10\,\text{cm}$ 이다.

해설 **25**

실상이 생겼으므로 볼록렌즈이다.

$\frac{b}{a}=4\quad \frac{b'}{a+4}=2\quad \frac{1}{a}+\frac{1}{4a}=\frac{1}{f}$

$\frac{1}{a+4}+\frac{1}{2(a+4)}=\frac{1}{f}$ 에서

$\frac{5}{4a}=\frac{3}{2a+8}$ 이고 $a=20\,\text{cm}$ 이다.

$\frac{1}{20}+\frac{1}{80}=\frac{1}{f}$ 에서 $f=16\,\text{cm}$ 이다.

해설 **26**

$qV=\frac{1}{2}mv^2$ 에서 $V\propto v^2$ 이고 물질파 파장 λ는 $\lambda=\frac{h}{mv}$ 이므로

$\lambda\propto\frac{1}{\sqrt{V}}$ 이다.

한편 이중슬릿에서 $\frac{dx}{l}=\frac{\lambda}{2}(2\,m)$,

무늬간격 $x\propto\lambda$ 이므로

$x\propto\frac{1}{\sqrt{V}}$ 이다. 따라서 전압 V가 커지면 무늬간격 x는 작아진다.

정답 24. ② 25. ③ 26. ①

기출문제 및 예상문제

5 CHAPTER 광 학

1. 어떤 파동이 오른쪽 그림과 같이 전파되고 있을 때 그림에서 알 수 없는 것끼리 짝지은 것은?

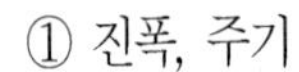
① 진폭, 주기
② 주기, 진동수
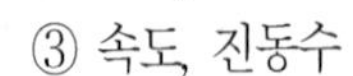
③ 속도, 진동수
④ 진폭, 파장
⑤ 파장, 속도

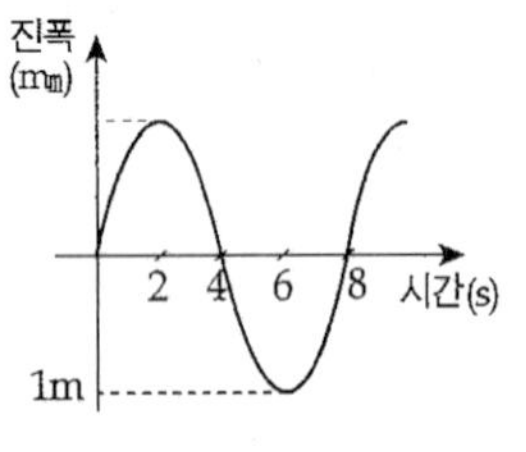

해설 진폭은 y축이 되어 알 수 있고 주기는 x축이 되어 알 수 있다. 주기(8초)
진동수는 $f=\frac{1}{T}$로 알 수 있다.

2. 파동에 관한 다음 설명 중 옳은 것은?

① 파동의 진행방향과 파면은 항상 나란하다.
② 파동은 매질이 이동해 가기 때문에 전달된다.
③ 파동은 진동 에너지가 이동하여 가는 현상이다.
④ 종파는 마루와 골이 생기면서 전달되는 파동이다.
⑤ 횡파는 소한 부분과 밀한 부분이 생겨 전달되는 파동이다.

해설 횡파는 진행방향과 수직이고, 파동은 매질이 진행하지 않고 진동한다.

3. 아래 그림은 어떤 시각 파동의 모양을 그린 것이다. 1초 후에 같은 모양이 나타났다면 0.5초 후의 파동의 모양은?

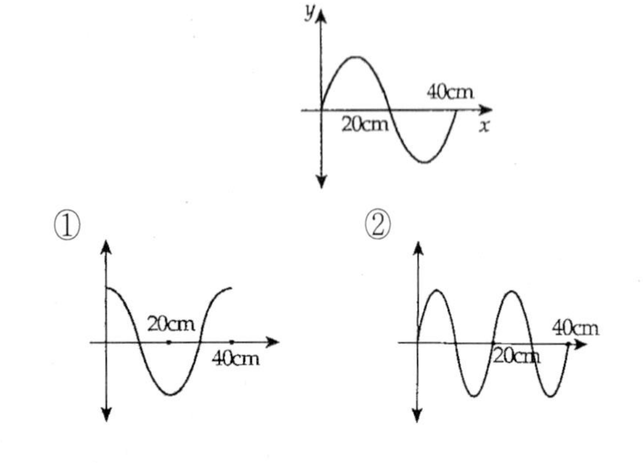

③
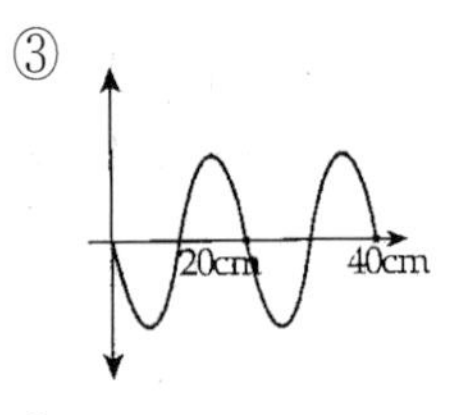

④
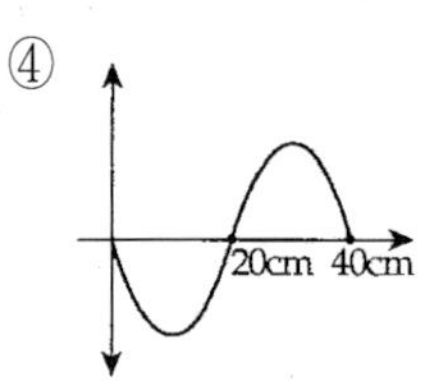

⑤
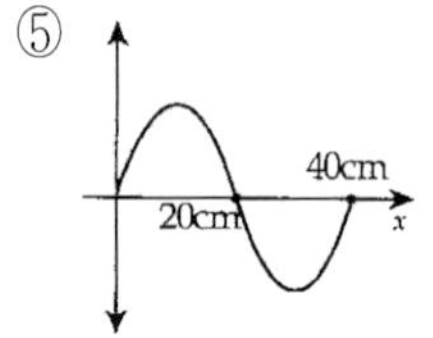

해설 주기가 1초이므로 1초에 한 파장씩 이동한다. 0.5초 후에는 반파장이 이동하게 된나.

4. 파장이 250m이고 전파속도가 340m/s인 파동의 진동수는?

① $\frac{350}{340}$ ② 250×340
③ 340 ④ 250
⑤ $\frac{340}{250}$

해설 $v=\frac{\lambda}{T}\left(\frac{1}{T}=f\right)$ $v=f\lambda$ $f=\frac{v}{\lambda}=\frac{340}{250}$

5. 파장이 3m이고 주기가 $\frac{1}{2.5}$초인 파의 속력은?

〔79년 총무처 7급〕

① 3m/sec ② 7.5m/sec
③ $\frac{3}{2.5}$ m/sec ④ $\frac{2.5}{3}$ m/sec

해설 $v=\frac{\lambda}{T}=2.5\times3=7.5$

6. 진공 중에서의 전파와 광파의 가장 두드러진 차이점은?

〔79년 총무처 7급〕

① 속도가 서로 다르다.
② 진동수가 서로 상이하다.
③ 광파는 진공 중을 통과하나 전파는 통과하지 못한다.

해답 1. ⑤ 2. ③ 3. ④ 4. ⑤ 5. ② 6. ②

④ 광파는 반사현상이 있으나 전파는 그러하지 아니하다.

해설 빛은 파장이 짧고 전파는 파장이 길다. $f \propto \frac{1}{\lambda}$

7. 빛은 일종의 파동이라고 보는 "호이겐스의 파동설"에 대한 대표적인 현상으로 알맞지 않은 것은? [79년 총무처 7급]

① 회절　　② 편광
③ 간섭　　④ 굴절 및 반사

해설 호이겐스의 파동설은 종파와 횡파에 공통으로 회절, 간섭, 굴절, 반사가 설명되지만 편광은 횡파에만 나타나는 성질이다.

8. 진행파가 $y = A\sin 2\pi\left(\frac{t}{T} - \frac{x}{\lambda}\right)$로 표시될 때 파동의 속력은?

① $v = \frac{x}{T}$　　② $v = \frac{x}{t}$
③ $v = \frac{\lambda}{x}$　　④ $v = \frac{2\pi}{T}$
⑤ $v = \frac{\lambda}{T}$

해설 $v = \frac{\lambda}{T}$

9. 빛의 성질로 볼 수 없는 것은?

① 횡파　　② 도플러 효과
③ 편광　　④ 간섭
⑤ 종파

10. 그래프는 $+x$ 방향으로 진행하는 횡파의 어느 순간의 모양을 나타낸 것이다. 이 순간, 점 P에서의 매질의 운동방향은?

① A
② B
③ C
④ D
⑤ E

해설 매질은 상하로 진동하는데 파동이 $+x$ 방향으로 진행하면 P점은 그림처럼 윗방향으로 진동한다.

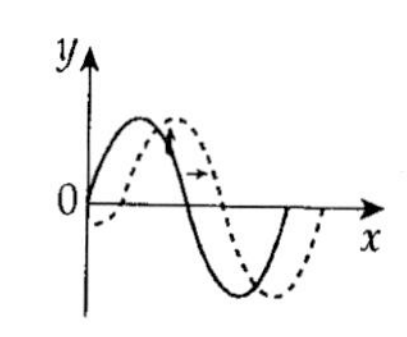

11. 아래 그림과 같은 파동에서 A점이 B점까지 진행하는데 1초가 걸렸다. 보기에서 옳은 것은?

보 기
㉠ 이 파동의 주기는 1초이다.
㉡ 이 파동의 파장은 2.5m이다.
㉢ 이 파동의 전파속도는 2.5m/s이다.

① ㉠
② ㉡
③ ㉢
④ ㉠, ㉡
⑤ ㉠, ㉡, ㉢

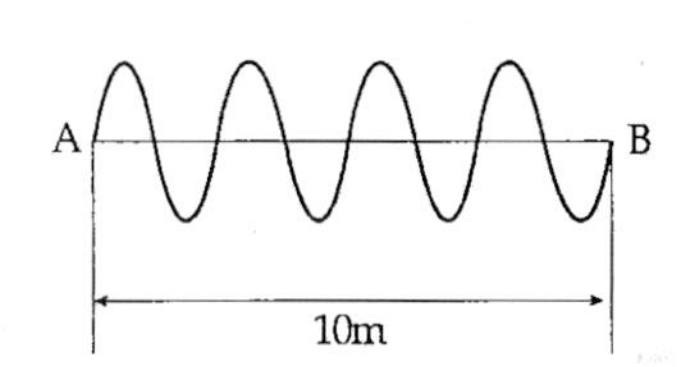

해설 $A \sim B$사이 파장이 4개이므로 주기는 0.25초이고 파장은 $\lambda = 2.5$m이다. 파동의 전파속도는 $v = \frac{\lambda}{T}$에서 $v = \frac{2.5}{0.25} = 10$m/s이다.

12. 편광과 관계있는 사실은?

① 음파　　② 회절
③ 횡파　　④ 종파
⑤ 회절 및 반사

13. 진행파가 $y = 12\sin(8\pi t - 2\pi x)$일 때 이 파의 주기는?

① 1초　　② 2초
③ 4초　　④ $\frac{1}{2}$초
⑤ $\frac{1}{4}$초

해설 파동의 일반식 $y = A\sin 2\pi\left(\frac{t}{T} - \frac{x}{\lambda}\right)$로 나타내면 $y = 12\sin 2\pi\left(\frac{t}{\frac{1}{4}} - \frac{x}{1}\right)$가 되어 주기 $T = \frac{1}{4}$ 파장 $\lambda = 1$이 된다.

해답 7. ② 8. ⑤ 9. ⑤ 10. ① 11. ② 12. ③ 13. ⑤

14. 그림은 용수철을 잡고 종파를 발생시키는 그림이다. 매초 2번의 비율로 진동시킬 때의 그림이라면 이 종파의 속도는?

① 2m/s
② 4m/s
③ 8m/s
④ 16m/s
⑤ 24m/s

밀 소 밀 소 밀
8m

해설 밀에서 밀까지가 한 파장(횡파 : 마루에서 마루)이므로 그림에서 파장 $\lambda=4$m이다. 진동수가 $(f=2)$이므로 주기는 $T=\frac{1}{f}=\frac{1}{2}$이다. $v=\frac{\lambda}{T}$에서 8m/s이다.

15. 빛이 회절 격자에 입사하여 중심상에서 가장 멀리 떨어져 나가는 색깔은? [79년 총무처 7급]

① 빨간색　② 노란색
③ 푸른색　④ 녹색
⑤ 보라색

해설 파장이 큰 빛일수록 회절이 잘 일어난다.

16. 진폭 3cm, 파장 6cm인 정현파(sine wave)가 90cm/sec의 속도로 전파하는 파동이 있다. 이 파동의 진동수는? [86년 총무처 7급]

① 3회　② 6회
③ 15회　④ 18회
⑤ 30회

해설 $f=\frac{v}{\lambda}=\frac{90}{6}=15$

17. 빛이 횡파라는 사실을 뒷받침하는 현상은? [81년 총무처 7급]

① 회절　② 간섭
③ 반사　④ 굴절
⑤ 편광

해설 편광현상은 종파의 경우에는 생기지 않는다.

18. 진동수 f_0Hz의 음원이 정지하고 있는 관측자를 향하여 속력 V m/sec로 달려온다. 음속을 V_0 m/sec라 할 때 관측자가 듣는 진동수는 다음 중 어느 것인가? [81년 총무처 7급]

① f_0　② $\frac{V_0}{V_0-V}f_0$
③ $\frac{V_0}{V_0+V}f_0$　④ $\frac{V_0+V}{V_0}f_0$
⑤ $\frac{V_0-V}{V_0}f_0$

해설 $f=\frac{V\pm v_{사람}}{V\mp v_{자동차}}f_0$에서 윗부호 $+v_{사람}$, $-v_{자동차}$ 접근할 때이고 아랫부호는 멀어질 때이다.

19. 한 물체가 원점 O를 중심으로 하여 x축 상에서 조화진동을 한다. 진폭이 5cm, 진동수는 2Hz, 초기 위상이 π rad일 때 이 단진동을 만족하는 식은? [80년 총무처 7급]

① $x=5\sin(2\pi t+\pi)$
② $x=5\sin(2t+\pi)$
③ $x=5\sin(4\pi t+\pi)$
④ $x=5\sin(\pi t+\pi)$
⑤ $x=5\sin(4t+\pi)$

해설 진동수 $f=2$ Hz이므로 주기 $T=\frac{1}{2}$
$y=A\sin 2\pi\left(\frac{t}{T}\right)$에서 $x=5\sin 2\pi(2t)$이고 초기 위상이 π이므로 $y=5\sin(4\pi t+\pi)$

20. 아래 그림은 가는 줄에서 굵은 줄로 진행하는 파동이다. 이때 굵은 줄과 만나는 점에서 일부는 반사하고, 일부는 투과할 때의 반사파와 투과파의 파형을 옳게 그린 것은?

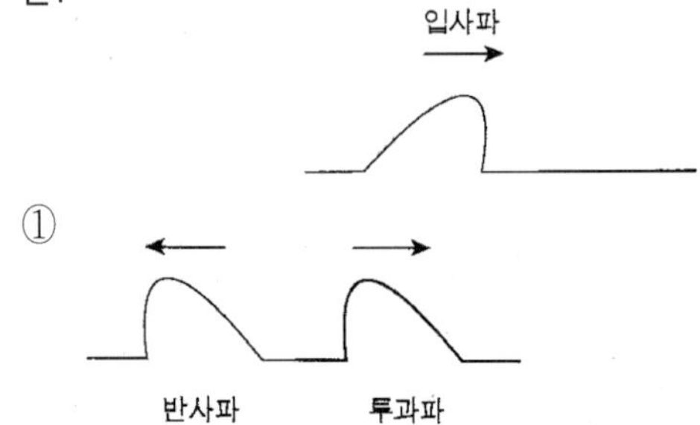

해답 14. ③　15. ①　16. ③　17. ⑤　18. ②　19. ③　20. ③

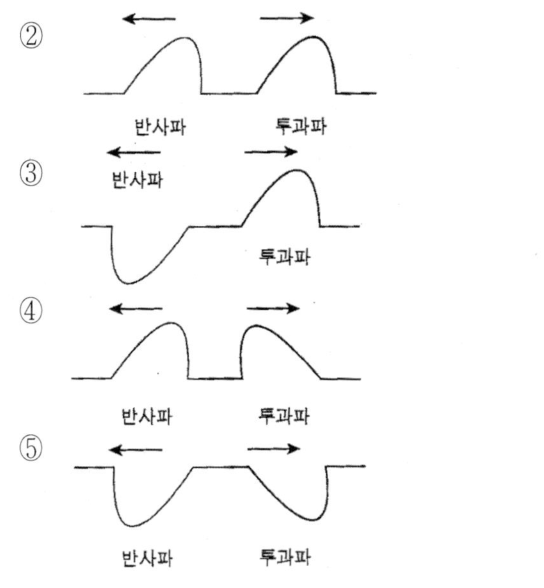

해설 그림은 소한 매질에서 밀한 매질로 진행하는 파동이므로 고정단 반사이고 고정단 반사에서 반사파는 위상이 $\frac{\lambda}{2}$(=반파장)이 변화하고 투과하는 파는 변화 없다.

21. $100cd$ 되는 광원에서 2m거리에 떨어져 있고 광원과 45° 되는 면의 조명도는 얼마인가?

① 200 lux　② 100 lux
③ $50\sqrt{2}$ lux　④ $25\sqrt{2}$ lux
⑤ $\frac{25}{\sqrt{2}}$ lux

해설 $L=\frac{I}{r^2}\cos\theta$에서

$$L=\frac{100}{2^2}\cos 45=\frac{100}{4}\times\frac{1}{\sqrt{2}}=\frac{25}{\sqrt{2}}$$

22. 길이가 2m와 3m인 같은 굵기와 같은 재질의 두 줄을 튕겨서 같은 높이의 소리를 내려면 장력의 비는?

① 1 : 1.5　② 1 : 3
③ 2 : 3　④ 4 : 9
⑤ 3 : 2

해설 음의 높이가 같으려면 진동수 f가 같아야 한다.
속도 $v=\sqrt{\frac{T}{e}}$ 이다.
T : 장력, e : 선밀도 (줄이 같은 종류이므로 같다)
$v=f\lambda$에서 $f\lambda=\sqrt{\frac{T}{e}}$ $f=\frac{1}{\lambda}\sqrt{\frac{T}{e}}$ 길이가 2m, 3m이면 파장은 각각 4m, 6m이다. 장력 T는 $T=f^2\lambda^2 e$이고 e와 f는 같으므로 $T\propto\lambda^2$ 따라서 $4^2 : 6^2$

23. 100촉광의 전등에서 2m 떨어져 있는 수직면의 밝기는? 〔82년 총무처 7급〕

① 25 lux　② $25\sqrt{3}$ lux
③ 50 lux　④ $50\sqrt{3}$ lux
⑤ 100 lux

해설 $L=\frac{I}{r^2}\cos\theta$ $L=\frac{100}{2^2}\cos 0=25$ lux

24. 소리의 감각상의 세기는 물리적 세기의 대수에 비례하며, 그 단위는 데시벨(dB)이다. 또한 교통이 매우 혼잡한 곳은 90dB, 보통의 말소리는 70dB정도이다. 90dB은 70dB보다 그 물리적 세기가 몇 배가 더 큰 소리인가? 〔82년 총무처 7급〕

① $\frac{9}{7}$ 배　② 20배
③ 50배　④ 100배
⑤ 200배

해설 $10\log\frac{I_1}{I_2}=90-70$, $\log\frac{I_1}{I_2}=2$,
$\frac{I_1}{I_2}=10^2=100$

25. 그림은 파동이 진행하다가 일부는 반사하고 일부는 굴절하는 것을 나타낸 것이다. 이때 입사 파동과 비교해서 위상이 180° 변하는 경우와 위상의 변화가 없는 경우가 있다. 보기의 설명 중 옳은 것을 모두 고르면?

보 기
㉠ A, E는 위상이 변한다.
㉡ B, D는 위상이 변하지 않는다.
㉢ C는 위상이 변한다.

해답 21. ⑤　22. ④　23. ①　24. ④　25. ②

① ㉠

② ㉡
③ ㉢
④ ㉠, ㉡

⑤ ㉡, ㉢

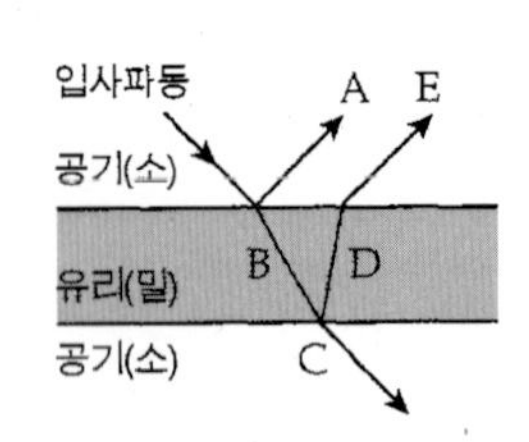

해설 투과파는 항상 위상이 변하지 않고 반사파 중 고정단 반사(소→밀)만 위상 180° $\left(\frac{\lambda}{2}\right)$만큼 변한다.

26. 소리굽쇠의 진동수도 4배, 진폭도 4배가 되면 진동에너지는 몇 배가 되는가?

① 16배
② 256배
③ 4배
④ 불변
⑤ 80배

해설 파동에너지 $V \propto A^2 f^2$(A : 진폭, f : 진동수)

27. 빛이 큰 구멍을 통과할 경우에는 곧게 나아가지만 아주 작은 구멍을 빠져 나갈 때는 보통 그늘이 지는 곳에도 진입한다. 이러한 현상을 빛의 무슨 현상이라고 하는가?

① 굴절
② 산란
③ 편광
④ 간섭
⑤ 회절

해설 회절은 슬릿의 폭이 좁을수록 잘 나타난다.

28. 각각의 진동수가 180Hz,150Hz인 소리굽쇠를 동시에 울릴 때 1초간의 맥놀이 수는 다음 중 어느 것인가?

① 330 ② 30
③ 165 ④ 15
⑤ 60

해설 맥놀이 수 $N = |f_1 - f_2| = 180 - 150$

29. 그림처럼 수평면 위 원형 트랙 위를 모터사이클이 돌고 있다. 관측자가 소리를 들을 때 어느 지점에 모터사이클이 있는 순간에 가장 높은 소리를 들을 수 있을까? 이것은 소리의 어떤 원리인가?

① A점, 소리의 회절
② D점, 소리의 굴절
③ C점, 소리의 도플러 효과
④ A점, 소리의 도플러 효과
⑤ D점, 소리의 회절

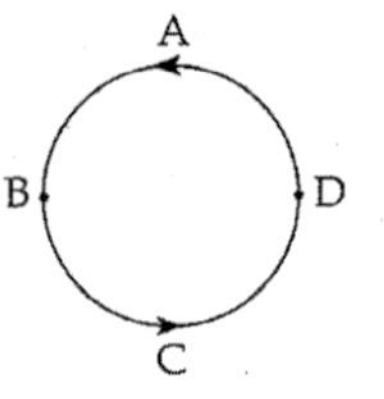

해설 음의 고저는 진동수가 크면 높은 음이 나고 이것은 $f = \frac{V}{V - v_{사이클}} f_0$라는 도플러 효과에 기인한다.

30. 진동수, 속도, 진폭이 같은 두 파동이 서로 반대방향으로 진행할 때 생기는 파동은?

① 정상파 ② 진행파
③ 구면파 ④ 평면파
⑤ 공명파

31. 입사파의 진행방향과 법선 사이의 각이 θ_1, 굴절파의 진행방향과 법선 사이의 각이 θ_2라 하고, 입사파의 파면 사이의 거리가 λ_1, 굴절파의 파면 사이의 거리가 λ_2라고 할 때, 다음의 관계 중 옳은 것은?

① $\frac{\sin\theta_1}{\sin\theta_2} = \frac{\lambda_1}{\lambda_2}$

② $\frac{\sin\theta_1}{\sin\theta_2} = \frac{\lambda_2}{\lambda_1}$

③ $\frac{\cos\theta_1}{\cos\theta_2} = \frac{\lambda_1}{\lambda_2}$

④ $\frac{\cos\theta_1}{\cos\theta_2} = \frac{\lambda_2}{\lambda_1}$

⑤ $\frac{\theta_1}{\theta_2} = \frac{\lambda_2}{\lambda_1}$

해설 스넬의 법칙에서 $\frac{n_2}{n_1} = \frac{\sin\theta_1}{\sin\theta_2} = \frac{\lambda_1}{\lambda_2}$으로 구할 수 있다.

해답 26. ② 27. ⑤ 28. ② 29. ③ 30. ① 31. ①

32. 소리의 속력이 340m/s이다. 진동수가 1000Hz인 음의 파장은? [83년 총무처 7급]

① 340km ② 340m
③ 34cm ④ 약 3m
⑤ 약 30m

해설 $v=f\cdot\lambda$, $\lambda=\frac{v}{f}=\frac{340}{1000}=0.34m$

33. 100MHz로 방송되는 텔레비전 전파의 파장은 얼마인가? [93년 서울시 7급]

① 3m ② 1m
③ 30cm ④ 10cm

해설 $\lambda=\frac{v}{f}=\frac{3\times10^8}{100\times10^6}=3\text{m}$

34. 진동수가 동일한 두 파동이 완전한 보강간섭을 하려면 두 파동의 위상차가 얼마이어야 하는가?

① 45° ② 180°
③ 360° ④ 90°
⑤ 270°

해설 보강간섭은 위상차가 한 파장(2π)일 때 일어난다.

35. 파동에너지는? [85년 총무처 7급]

① 진폭에 비례한다.
② 진폭에 반비례한다.
③ 진폭에 제곱에 비례한다.
④ 진폭의 제곱에 반비례한다.
⑤ 진폭에 관계없이 일정하다.

해설 파동에너지 $\propto A^2\cdot f^2$ (A : 진폭, f : 진동수)

36. 한 광원에서 두 개의 슬릿을 통하여 나온 빛이 서로 상쇄되어 어두워졌다. 광로차는 파장의 몇 배인가? [85년 총무처 7급]

① 0 ② 1
③ 2 ④ $\frac{1}{2}$
⑤ $\frac{1}{4}$

해설 상쇄간섭은 광로차가 $\frac{\lambda}{2}(2m+1)$일 때

37. 초음파에 대한 다음 설명 중 맞는 것은? [85년 총무처 7급]

① 가청주파수보다 더 높은 진동수를 가지는 음파이다.
② 가청주파수보다 더 낮은 진동수를 가지는 음파이다.
③ 초음파는 진공에서도 전파될 수 있다.
④ 초음파는 횡파이다.
⑤ 초음파의 전파속도는 가청파의 전파속도보다 크다.

해설 우리가 들을 수 있는 소리의 진동수는 약 20~20000Hz인데 이보다 주파수(진도수)가 많은 음파이다.

38. 그림은 오목 거울을 향해 입사한 빛이 반사하여 지나가는 경로를 나타낸 것이다. 이 오목 거울 앞 20cm인 곳에 높이 5cm안 물체를 놓았을 때 상의 크기는?

① 2.5cm
② 5cm
③ 7.5cm
④ 10cm
⑤ 20cm

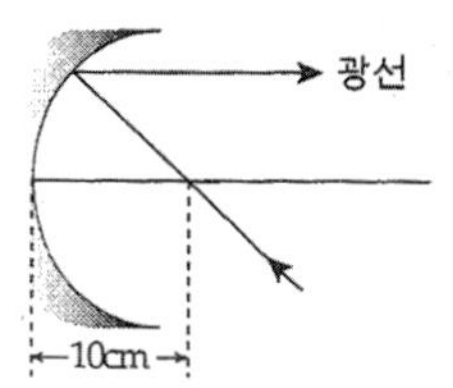

해설 $\frac{1}{a}+\frac{1}{b}=\frac{1}{f}$에서 $\frac{1}{20}+\frac{1}{b}=\frac{1}{10}$ $b=20cm$이다.
배율 $m=\frac{b}{a}$에서 $m=\frac{20}{20}=1$이 되어 등배이다.

39. 뒤에서 걸어오는 사람을 볼록거울을 통해 비쳐 보면 어떻게 보이겠는가?

① 거꾸로 보이면서 점점 커지다가 순간 안 보였다가 똑바로 보이면서 점점 커진다.
② 거꾸로 보이면서 점점 커지다가 순간 안 보였다가 똑바로 보이면서 점점 작아진다.

해답 32. ③ 33. ① 34. ③ 35. ③ 36. ④ 37. ① 38. ② 39. ⑤

③ 거꾸로 보이면서 점점 작아지다가 순간 안 보였다가 똑바로 보이면서 점점 커진다.
④ 거꾸로 보이면서 점점 커진다.
⑤ 똑바로 보이면서 점점 커진다.

해설 볼록 거울에 의한 상은 항상 축소 정립 허상이다.

40. 다음 중에서 어느 광선의 파장이 제일 긴가?

① 보라색 ② 붉은색
③ 노란색 ④ 파랑색
⑤ 초록색

해설 파장이 긴 것부터 빨강-주황-노랑-초록-파랑-남색-보라색 순이다.

41. 초점거리가 10cm인 볼록렌즈 앞 20cm인 곳에 물체를 놓으면 상은 어느 위치에 맺어지는가? 〔77년 서울시 7급〕

① 렌즈 앞 10 cm
② 렌즈 앞 20 cm
③ 렌즈 뒤 5 cm
④ 렌즈 뒤 10 cm
⑤ 렌즈 뒤 20 cm

해설 $\frac{1}{10}=\frac{1}{20}+\frac{1}{b}$, $\frac{1}{b}=\frac{1}{20}$, $\therefore b=20$ $b>0$ 이므로 실상이고 실상은 렌즈 뒤에 맺힌다.

42. 렌즈의 한 쪽은 곡률 반경이 12cm인 볼록면이고, 다른 면은 평평하다. 유리의 굴절률이 1.57이면 이 렌즈의 초점거리는 얼마인가? 〔77년 서울시 7급〕

① 21 cm ② 12 cm
③ 6 cm ④ 3 cm
⑤ 10.5 cm

해설 $\frac{1}{f}=(n-1)\left(\frac{1}{R_1}+\frac{1}{R_2}\right)$에서 평면은 반경이 ∞이므로 $\frac{1}{f}=(1.57-1)\left(\frac{1}{12}+\frac{1}{\infty}\right)$, $\frac{1}{f}=0.57\times\frac{1}{12}$
$f=21cm$

43. 붉은 빛만 내는 전등 불빛에서 노란색의 물체를 보면 어떻게 보이겠는가?

① 붉은색 ② 노란색
③ 주황색 ④ 검정색
⑤ 흰색

해설 노란색 물체는 노란빛의 파장만 반사하므로 붉은빛만 오면 반사할 노란색깔의 파장이 없으므로 아무런 파장이 나오질 않아서 검정색으로 보인다.

44. 프리즘을 통한 빛의 분해는 빛의 어떤 성질을 이용한 것인가? 〔78년 서울시 7급〕

① 반사 ② 굴절
③ 편광 ④ 간섭
⑤ 분산

해설 각 빛의 파장에 따른 굴절률이 다르기 때문에 빛을 분리할 수 있다.

45. 달의 표면에서 본 하늘의 색은?

① 흰색 ② 검정색
③ 파란색 ④ 붉은색
⑤ 회색

해설 달에는 공기가 없으므로 아무것도 보이지 않는다. 지구에서는 공기에 의한 빛의 산란현상으로 파랗게 보인다.

46. "스넬의 법칙"을 기술한 것으로 옳은 것은?(단, r은 굴절각, i는 입사각, n은 굴절률이다.) 〔79년 총무처 7급〕

① $n=\frac{\sin i}{\sin r}$ ② $n=\frac{\sin r}{\sin i}$
③ $n=\frac{\cos r}{\cos i}$ ④ $n=\frac{\cos i}{\cos r}$

해설 $\frac{n_2}{n_1}=\frac{\sin\theta_1}{\sin\theta_2}$ (그림: n_1, n_2, θ_1, θ_2) n_1이 공기라면 $n_1=1$이 되어
$n=\frac{\sin i}{\sin r}$

해답 40. ② 41. ⑤ 42. ① 43. ④ 44. ② 45. ② 46. ①

47. 물속에 있는 물체가 물 밖으로 보면 떠올라 보이는 이유는? [79년 총무처 7급]

① 빛의 회절현상　　② 빛의 간섭현상
③ 빛의 반사현상　　④ 빛의 굴절현상
⑤ 빛의 편광현상

48. 그림처럼 굴절률이 1.5인 투명 액체 속에 깊이 6cm되는 곳에 있는 물체를 위에서 보면 몇 cm 떠 보이는가?

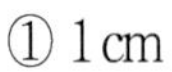
① 1cm
② 2cm
③ 2.5cm
④ 3cm
⑤ 3.5cm

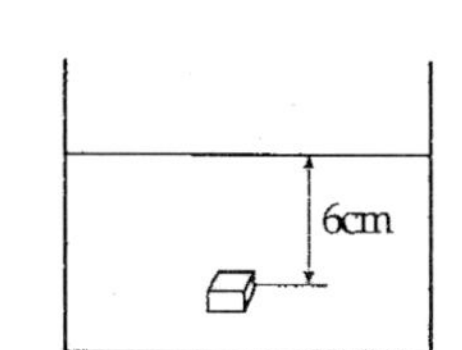

해설 $\frac{n_2}{n_1} = \frac{h_1}{h_2}$ (I : 공기중 II : 액체속) $\frac{1.5}{1} = \frac{6}{h_2}$

$h_2 = \frac{6}{1.5} = 4\text{cm}$

따라서 4cm의 깊이에 있는 것처럼 보여서 2cm 떠 보인다.

49. 초점거리 10cm인 오목 렌즈 앞 15cm인 곳에 물체를 놓았을 때 상의 배율은?

① $\frac{2}{5}$　　② $\frac{2}{3}$
③ 1　　④ 2
⑤ $\frac{5}{2}$

해설 오목렌즈이므로 $f<0$ $\frac{1}{a}+\frac{1}{b}=\frac{1}{f}$ 에서

$\frac{1}{15}+\frac{1}{b}=\frac{1}{-10}$　$\frac{1}{b}=-\frac{1}{10}-\frac{1}{15}=-\frac{5}{30}=-\frac{1}{6}$

$b=-6$ 배율 $m=\left|\frac{b}{a}\right|=\frac{6}{15}=\frac{2}{5}$

50. 초점거리 20cm인 볼록렌즈 앞 1m되는 곳에서 물체를 렌즈와 멀어지는 방향으로 2cm/sec의 속도로 이동시킬 때 상의 이동속도와 방향은 다음 중 어느 것인가? [80년 총무처 7급]

① 2cm/sec보다 큰 속도록 렌즈에 접근
② 2cm/sec보다 큰 속도로 렌즈에서 멀어짐
③ 2cm/sec보다 작은 속도로 렌즈에 접근
④ 2cm/sec보다 작은 속도로 렌즈에서 멀어짐
⑤ 4cm/sec의 속도로 렌즈에서 멀어짐

해설
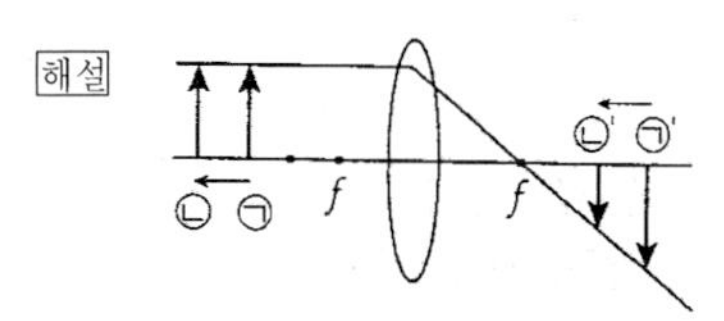

그림에서 물체가 $2f$에 있으면 상도 렌즈 뒤쪽 $2f$ 에 있다. 물체가 렌즈로부터 ∞까지 멀어지는 동안 상은 렌즈 쪽으로 f점까지 이동하므로 같은 시간동안 물체의 이동거리가 상의 이동거리보다 많아 상의 이동속도가 느리다.

51. 다음은 유리로 된 프리즘에 입사하는 광선의 진로를 각도한 것이다. 맞는 것은? [81년 총무처 7급]

①
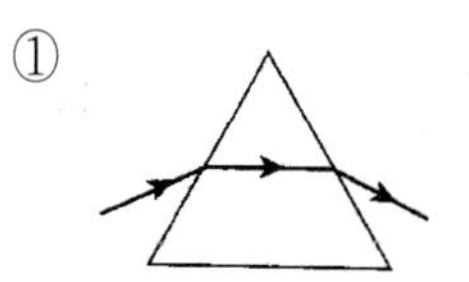

②

③
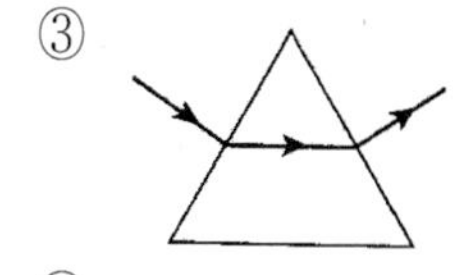

④
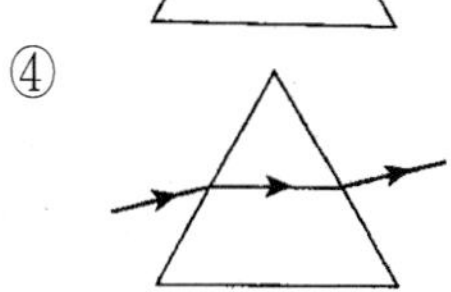

⑤
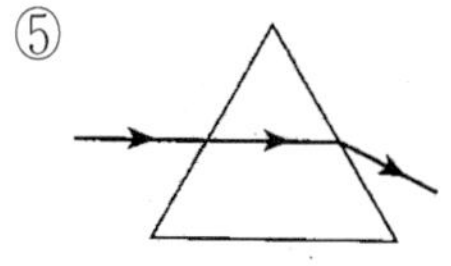

52. 공기 속에서보다 물 속에서 빛은? [83년 총무처 7급]

① 파장은 길어지나 진동수는 같다.
② 파장은 짧아지나 진동수는 같다.
③ 파장과 진동수 모두 작아진다.
④ 파장과 진동수 모두 변화 없다.
⑤ 파장은 같으나 진동수가 작아진다.

해설 $\frac{n_2}{n_1} = \frac{v_1}{v_2} = \frac{\lambda_1}{\lambda_2}$ 물의 굴절률이 크므로 속도와 파장이 작아진다.

해답 47. ④　48. ②　49. ①　50. ③　51. ①　52. ②

53. 초점거리 12cm의 볼록렌즈의 축상에 렌즈로부터 18cm의 거리에 있는 길이 5mm의 상이 생길 때 상이 생기는 곳까지의 거리 b를 구하는 식은 다음 중 어느 것인가?

〔83년 총무처 7급〕

① $\frac{1}{18}+\frac{1}{b}=\frac{1}{12}$

② $\frac{1}{18}-\frac{1}{b}=\frac{1}{12}$

③ $\frac{1}{18}+\frac{1}{b}=-\frac{1}{12}$

④ $-\frac{1}{18}+\frac{1}{b}=\frac{1}{12}$

⑤ $-\frac{1}{18}-\frac{1}{b}=\frac{1}{12}$

해설 $\frac{1}{a}+\frac{1}{b}=\frac{1}{f}$

54. 공기중에서 어느 매질의 표면에 입사각 30°로 단색광을 입사시켰더니 반사광이 완전 편광되었다면, 이 물질의 굴절률은?(단, 공기의 굴절률은 1.0) 〔83년 총무처 7급〕

① $\frac{1}{\sqrt{2}}$ ② $\sqrt{2}$

③ $\frac{1}{\sqrt{3}}$ ④ $\sqrt{3}$

⑤ $\frac{\sqrt{3}}{2}$

해설 브루스터 법칙에서 완전 편광 조건 $n=\tan\theta$에서

$n=\tan 30$ $n=\frac{1}{\sqrt{3}}$

55. 어떤 볼록렌즈 앞에 물체를 놓으니 4배의 실상이 생겼다. 물체를 렌즈로부터 4cm 더 멀리했을 때 2배의 실상이 생겼다면 이 렌즈의 초점거리는?

① 18cm ② 16cm

③ 9cm ④ 6cm

⑤ 4cm

해설 $m=\frac{b}{a}$, $4=\frac{b}{a}$, $2=\frac{b}{a+4}$ 에서

$4a=b$ $\frac{1}{a}+\frac{1}{4a}=\frac{1}{f}$ $\frac{5}{4a}=\frac{1}{f}$ 이고

$2a+8=b$ $\frac{1}{a+4}+\frac{1}{2a+8}=\frac{1}{f}$ $\frac{3}{2a+8}=\frac{1}{f}$ 이므로

$\frac{3}{2a+8}=\frac{5}{4a}$ 에서 $a=20$ 이므로 $f=16\text{cm}$

56. 유리의 굴절률은 1.5이다. 유리 속에서의 빛의 속도(meter/sec)는 다음 어느 것과 가장 가까운가?

① 2×10^5 ② 4.5×10^5

③ 1.5×10^8 ④ 4.5×10^8

⑤ 2×10^8

해설 $\frac{n_2}{n_1}=\frac{v_1}{v_2}$ $\frac{1.5}{1}=\frac{3\times10^8}{v_2}$ $v_2=2\times10^8 m/s$

57. 매질 1에서 매질 2로 입사하는 파동의 속도는 2배로 되면 파장은 몇 배로 되는가? 〔84년 총무처 7급〕

① 2 ② 1

③ 4 ④ $\frac{1}{2}$

⑤ $\frac{1}{4}$

해설 $\frac{n_2}{n_1}=\frac{v_1}{v_2}=\frac{\lambda_1}{\lambda_2}$

58. 초점거리 15cm인 오목렌즈의 전방 10cm인 곳에 어떤 물체가 있다. 이 물체의 렌즈에서 상까지의 거리(cm)는?

〔84년 총무처 7급〕

① 5 ② 6

③ 10 ④ 15

⑤ 25

해설 $\frac{1}{10}+\frac{1}{b}=-\frac{1}{15}$, $\frac{1}{b}=-\frac{1}{10}-\frac{1}{15}=-\frac{1}{6}$

$\therefore\ b=-6$

해답 53. ① 54. ③ 55. ② 56. ⑤ 57. ① 58. ②

59. 음파가 공기중으로부터 물속으로 진행할 때 변하지 않는 것은?

① 진동수 ② 진폭
③ 파장 ④ 속도
⑤ 진행방향

해설 진동수는 매질에 관계없이 일정하다.

60. 색수차를 설명한 것 중 옳은 것은? [변리사 제29회]

① 굴절각은 빛의 파장에 따라 결정된다.
② 굴절도는 사용한 유리에 따라 변한다.
③ 빛은 유리 속에서의 속도가 공기 속에서 보다 작다.
④ 렌즈는 어느 색을 다른 색보다 더 잘 흡수한다.
⑤ 입사각이 굴절각에 영향을 준다.

해설 색은 빛의 파장에 따라 다르게 나타나고 파장이 짧을수록 굴절률이 크다.

61. 어떤 투명한 물질 내부에서 공기로 빛이 진행할 때 입사각이 30°보다 크면 전반사가 일어난다. 이 물질의 굴절률은 얼마인가? [93년 서울시 7급]

① $\frac{\sqrt{3}}{2}$ ② $\sqrt{3}$
③ $\frac{3}{2}$ ④ 2

해설 $n = \frac{1}{\sin ic}$

62. 맥놀이 현상이 가장 잘 일어나는 경우는 어느 경우인가?

① 두 개의 음파가 합하여지면 항상 일어난다.
② 초기 위상이 같은 두 개의 음파가 합하여지면 일어난다.
③ 진동수와 진폭이 같은 두 개의 음파가 합하여지는 경우 일어난다.
④ 진동수가 비슷하고, 진폭이 같은 두 개의 음파가 합하여지면 일어난다.

해설 진동수가 비슷한 두 음파가 합쳐져서 진동수의 차이만큼의 진동수로 소리가 커졌다 작아졌다 하는 현상을 맥놀이라 한다.

63. 지구로부터 멀어지고 있는 천체에서 나오는 빛은 천체의 운동이 없는 경우에 비해 어떻게 관측되는가? [94년 총무처 7급]

① 짧은 파장 쪽으로 그 파장이 변화한다.
② 긴 파장 쪽으로 그 파장이 변화한다.
③ 그 세기가 약해진다.
④ 그 세기가 강해진다.

해설 도플러 효과에 의해 멀어지는 광원은 파장이 길어진다.

64. 양끝이 붙잡힌 길이 l의 현의 진동에서 양끝을 제외하고는 마디가 하나도 생기지 않았다면 이 정상파의 파장은? [94년 총무처 7급]

① $\frac{1}{4}L$ ② $\frac{1}{2}L$
③ $1L$ ④ $2L$

해설

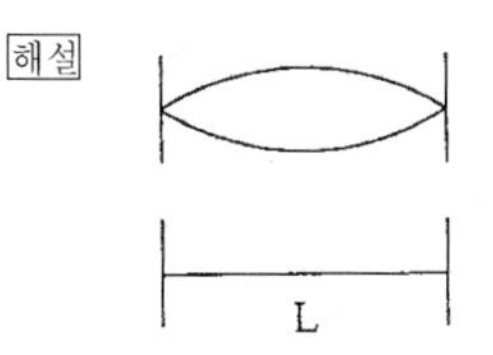

65. 빛의 Brewster 법칙을 이용하면 다음의 어떤 것을 얻을 수 있는가? [94년 총무처 7급]

① 편광 ② 간섭무늬
③ 빛의 파장변화 ④ 회절무늬

66. 태양광선은 프리즘에 의하여 분산된다. 분산된 스펙트럼 중에서 빨강색 빛의 굴절률이 가장 적고, 보라색 빛의 굴절률이 가장 크다. 유리 속에서 광속이 가장 작은 것은?

① 빨강색 ② 보라색
③ 파랑색 ④ 초록색
⑤ 노랑색

해설 $\frac{v_1}{v_2} = \frac{\lambda_1}{\lambda_2}$ 매질이 바뀌어도 진동수는 일정하므로 $v = f\lambda$에서 파장에 비례한다.

해답 59. ① 60. ① 61. ④ 62. ④ 63. ② 64. ④ 65. ① 66. ②

67. 두 개의 얇은 볼록렌즈의 초점거리는 각각 10cm, 20cm이다. 아래 그림과 같이 물체가 첫 번째 렌즈의 왼편 15cm에 놓여 있다면 두 렌즈에 의한 상의 위치는?

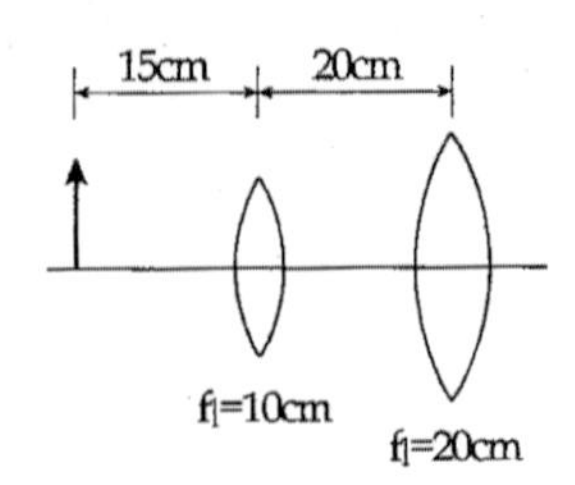

① 첫 번째 렌즈의 왼쪽 30cm
② 첫 번째 렌즈의 오른쪽 30cm
③ 두 번째 렌즈의 왼쪽 $\frac{20}{3}$ cm
④ 두 번째 렌즈의 오른쪽 $\frac{20}{3}$ cm
⑤ 첫 번째 렌즈의 오른쪽 10cm

해설 첫 번째 렌즈에 의한 상은 $\frac{1}{a}+\frac{1}{b}=\frac{1}{f}$ 에서 $\frac{1}{15}+\frac{1}{b}=\frac{1}{10}$ 에서 $b=30$cm이다.
이것은 첫 번째 렌즈의 오른쪽 30cm지점에 생긴 상이고 이상은 두 번째 렌즈의 오른쪽 10cm에 있는 것이어서 허물체 $a=-10$cm이다. 따라서 $\frac{1}{-10}+\frac{1}{b}=\frac{1}{20}$ 에서 $\frac{1}{b}=\frac{1}{20}+\frac{1}{10}=\frac{3}{20}$ $b=\frac{20}{3}$ $b>0$이므로 실상이고 따라서 오른쪽.

68. 그림과 같이 얇은 막을 통해서 빛이 A면과 B면에서 반사하여 상쇄간섭을 일으킨다. 막의 두께와 빛의 성질간의 관계로서 맞는 것은?(d는 막의 두께, λ는 파장, v는 진동수) [변리사 제27회]

① $2d=\lambda$
② $d=\frac{1}{2}\lambda^2$
③ $d=\frac{\lambda}{4}$
④ $d=\frac{1}{2\lambda}$
⑤ $d=2v$

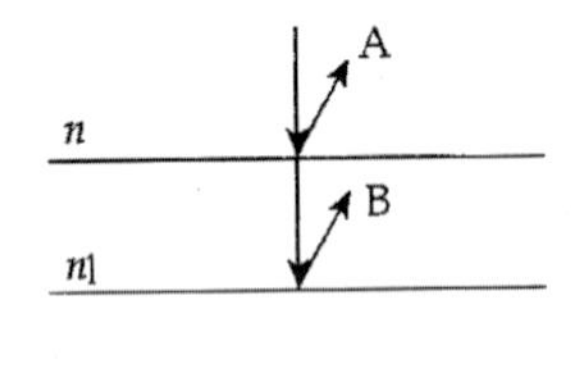

(굴절률 $n_1=1$, $n_2>n_1>n$)

해설 A, B반사 모두 고정단 반사가 되어 위상이 똑같이 $\frac{\lambda}{2}(\pi)$만큼 변한다. 따라서 조건은 같고 상쇄간섭을 일으키려면 광로차가 $\frac{\lambda}{2}$의 홀수 배이어야 한다. 얇은 막에서 $2n_1 d\cos\theta$ $\theta=\frac{\lambda}{2}(2m+1)$에서 $\cos\theta=1$이고 $m=0$(최소 두께이므로)이므로 $2n_1 d=\frac{\lambda}{2}$ $(n_1=1)$
$d=\frac{\lambda}{4}$

69. 이중 슬릿을 통한 빛의 회절실험에서 빛의 파장을 두 배로 하면 어떤 변화가 생기는가? [변리사 제30회]

① 회절무늬의 간격이 넓어진다.
② 회절무늬의 간격이 좁아진다.
③ 회절무늬의 세기가 두 배로 강해진다.
④ 회절무늬의 세기가 반으로 약해진다.
⑤ 회절무늬의 수가 두 배로 된다.

해설 회절무늬 간격 $x\propto\frac{l\lambda}{d}$

70. 다음 보기 중에서 간섭 현상으로 설명되는 것을 모두 고른 것은?

보기
㉠ 비누 방울에서 아름다운 무지개 빛깔의 무늬를 볼 수 있다.
㉡ 물에 뜬 석유 기름의 아름다운 무지개 빛깔의 무늬를 볼 수 있다.
㉢ 여름철에는 소나기가 지나간 후 흔히 쌍무지개의 무늬를 볼 수 있다.

① ㉠ ② ㉡
③ ㉢ ④ ㉠, ㉡
⑤ ㉡, ㉢

해설 무지개는 빛의 분산에 의해 나타나는 현상이다.

해답 67. ④ 68. ③ 69. ① 70. ④

71. 단일 슬릿에 의한 빛의 회절에 대한 다음 설명 중 틀린 것은?

① 회절 무늬의 간격은 슬릿 폭에 따라 달라진다.
② 회절 무늬의 간격은 빛의 파장에 따라 달라진다.
③ 회절 무늬는 파동의 중첩 원리에 의해서 생긴다.
④ 회절 무늬를 만드는 것은 빛이 파동성이 있음을 나타낸 것이다.
⑤ 회절 무늬로부터 빛은 종파가 아니라 횡파임을 알 수 있다.

해설 광로차 $\Delta = \frac{dx}{l} = \frac{\lambda}{2}(2m)$이고 빛이 횡파임은 편광현상에 의해 알 수 있다.

해답 71. ⑤

실력향상문제

1 굴절률이 1.73인 어떤 고밀도 유리에 빛을 입사시켰더니 반사광이 모두 편광되었다. 이 때 굴절된 광의 굴절각은 얼마인가?

① 15도
② 22.5도
③ 30도
④ 45도
⑤ 60도

2 다음 중 허상이 생기는 경우가 아닌 것은?

① 볼록 거울의 앞에 물체가 있을 때
② 오목 거울의 앞에서 초점거리보다 바깥쪽에 물체가 있을 때
③ 볼록 렌즈의 앞에서 초점거리보다 안쪽에 물체가 있을 때
④ 오목렌즈의 앞에 물체가 있을 때
⑤ 평면거울 앞에 물체가 있을 때

3 렌즈와 구면경에 의한 상에 대한 설명 중 가장 옳지 않은 것은?

① 구면경 또는 렌즈에 의한 물체의 허상은 항상 정립이다.
② 구면경 또는 렌즈에 의한 물체의 실상은 항상 도립이다.
③ 오목 구면경 또는 볼록 렌즈에 의한 물체의 허상은 물체보다 항상 크다.
④ 오목 렌즈 또는 볼록 구면경에 의한 허상의 크기는 항상 물체보다 작다.
⑤ 구면경 또는 렌즈에 의한 확대된 허상은 물체의 반대쪽에 생긴다.

4 근시와 원시에 관한 설명으로 가장 옳지 않은 것은?

① 근시는 평행 광이 망막 앞에 맺히고 원시는 망막 뒤에 맺힌다.
② 근시는 오목렌즈로 교정하고 원시는 볼록렌즈로 교정한다.
③ 보통 근시인 사람의 명시거리는 정상인의 명시거리보다 짧다.
④ 원시는 수정체의 굴절률이 상대적으로 작거나 망막까지 거리가 짧아서 나타난다.
⑤ 책을 읽을 때만 안경이 필요한 사람은 오목렌즈를 사용한다.

해 설

해설 **1**
완전 편광에 관한 브루스터 법칙에서
$n = \tan\theta$ 이므로 $1.73 = \tan\theta$
$1.73 \fallingdotseq \sqrt{3}$ 이므로 $\theta = 30°$

해설 **3**
실상은 항상 도립 허상은 항상 정립이다. 오목렌즈, 볼록거울에서는 언제나 축소된 정립허상이다. 거울의 허상은 물체와 반대편 렌즈에 의한 허상은 물체와 같은 쪽에 생긴다.

해설 **4**
책을 읽을 때 안경이 필요한 사람은 볼록렌즈를 사용한다.

정답 1. ③ 2. ② 3. ⑤ 4. ⑤

5 그림과 같이 초점거리가 각각 $f_1 = 4\,\text{cm}$, $f_2 = 5\,\text{cm}$ 인 두 개의 볼록렌즈가 24cm 떨어져 있다. 물체가 렌즈 I의 왼쪽으로 5cm 위치에 있을 때 물체의 상의 위치, 종류, 배율은 무엇인가?

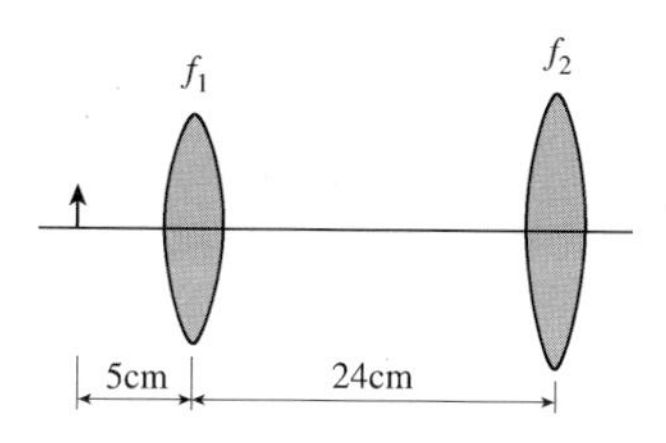

① 렌즈I의 오른쪽 4cm 위치, 도립 허상, 20배
② 렌즈I의 왼쪽 4cm 위치, 도립 허상, 20배
③ 렌즈I의 오른쪽 20cm 위치, 도립 실상, 4배
④ 렌즈I의 오른쪽 20cm 위치, 도립 허상, 4배
⑤ 렌즈I의 오른쪽 15cm 위치, 정립 허상, 20배

6 그림에서 서로 9cm만큼 떨어져 있는 볼록렌즈와 오목렌즈의 초점거리는 모두 10cm이다. 그림과 같이 오목렌즈 전방 15cm인 곳에 물체를 놓았을 때 상의 위치와 배율은 무엇인가?

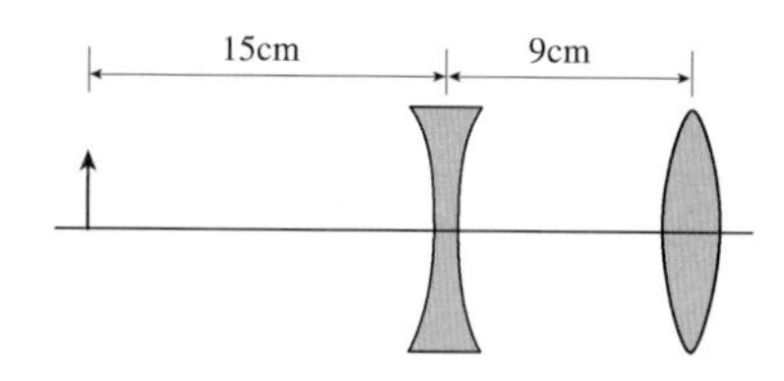

① 볼록렌즈 오른쪽으로 30cm, 배율 0.8
② 볼록렌즈 오른쪽으로 30cm, 배율 1.2
③ 볼록렌즈 오른쪽으로 20cm, 배율 0.6
④ 볼록렌즈 왼쪽으로 10cm, 배율 1.5
⑤ 볼록렌즈 왼쪽으로 15cm, 배율 1.0

7 명시거리가 10cm인 사람은 어떤 안경으로 교정하는 것이 좋은가?

① 초점거리 8.8cm의 볼록렌즈
② 초점거리 8.8cm의 오목렌즈
③ 초점거리 16.7cm의 볼록렌즈
④ 초점거리 16.7cm의 오목렌즈
⑤ 초점거리 25cm의 오목렌즈

해 설

해설 **5**

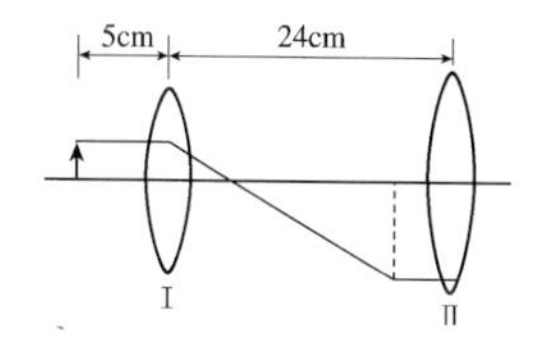

렌즈 I에 의한 상을 구하면

$\frac{1}{a} + \frac{1}{b} = \frac{1}{f}$ 에서 $\frac{1}{5} + \frac{1}{b} = \frac{1}{4}$

$b = 20\,\text{cm}$ 이고

배율 $m_1 = \frac{b}{a} = \frac{20}{5} = 4$ 이다.

렌즈II에 의한 상을 구하면 렌즈 I 에 의해 맺힌 상이 물체이므로

$a = 4\,\text{cm}$ 이다. $\frac{1}{4} + \frac{1}{b} = \frac{1}{5}$ 에서

$b = -20\,\text{cm}$ 의 허상이 맺힌다.

배율 $m_2 = \frac{b}{a} = \frac{20}{4} = 5$ 이다.

따라서 전체 배율 $m = m_1 \cdot m_2 = 20$ 배인 렌즈 I 의 오른쪽 4cm에 도립 허상이 생긴다.

해설 **6**

먼저 오목렌즈에 의한 상을 구하면

$\frac{1}{15} + \frac{1}{b} = \frac{1}{-10}$ 에서

$b = -6\,\text{cm}$ 이다.

배율 $m_1 = \frac{6}{15} = \frac{2}{5} = 0.4$ 인

허상이 오목렌즈 왼쪽 6cm

즉 볼록렌즈 왼쪽 15cm에 생긴다.

이상은 볼록렌즈에 의해

$\frac{1}{15} + \frac{1}{b} = \frac{1}{10}$ 에서 $b = 30\,\text{cm}$ 이다.

배율 $m_2 = \frac{30}{15} = 2$ 전체 배율

$m = m_1 \cdot m_2 = 0.4 \times 2 = 0.8$배

해설 **7**

$\frac{1}{25} - \frac{1}{D} = \frac{1}{f}$ 에서

$\frac{1}{25} - \frac{1}{10} = -\frac{3}{50}$ $f = -16.7\,\text{cm}$

$f < 0$ 이므로 오목렌즈이다.

정답 5. ① 6. ① 7. ④

8 어떤 사람이 -4도 안경을 쓰고 있다. 안경을 벗었을 때 이 사람의 명시거리는 얼마인가?

① 약 7cm
② 약 14cm
③ 약 21cm
④ 약 38cm
⑤ 약 32cm

9 수평인 바닥으로부터 4m 높이에 60W 전구가 있다. 전구 바로 밑에서 수평으로 3m인 지점의 조명도는 얼마인가? (1W는 대략 1cd라고 한다.)

① 10 lux
② 8.5 lux
③ 6.7 lux
④ 3.4 lux
⑤ 1.9 lux

10 굴절률이 1.5인 유리로 한쪽 면은 평면이고 다른 쪽 면은 곡률 반경 20cm인 볼록면이 되도록 얇은 렌즈를 만들었다. 초점거리는 얼마인가?

① 10cm
② 20cm
③ 30cm
④ 40cm
⑤ 50cm

11 초점거리 f인 얇은 렌즈가 있다. 물체로부터 첫 번째 초점까지의 거리를 x, 상으로부터 두 번째 초점까지의 거리를 y라 할 때 x, y, f 사이의 관계식으로 옳은 것은 어느 것인가?

① $x+y=2f$
② $x-y=f$
③ $xy=f^2$
④ $4xy=f^2$
⑤ $x^2+y^2=f^2$

해 설

해설 **8**

-4도인 안경의 초점거리

$f=-4\times2.5=-10$ cm이다.

$\frac{1}{25}-\frac{1}{D}=\frac{1}{f}$, $\frac{1}{25}-\frac{1}{D}=-\frac{1}{10}$

$\frac{1}{D}=\frac{1}{10}+\frac{1}{25}=\frac{7}{50}$

$D=\frac{50}{7}\fallingdotseq 7$ cm

해설 **9**

$L=\frac{I}{r^2}\cos\theta$에서

$L=\frac{60}{5^2}\times\frac{4}{5}$

$=1.9$ lux

해설 **10**

$\frac{1}{f}=(n-1)(\frac{1}{R_1}+\frac{1}{R_2})$

$R_1=20$ cm, $R_2=\infty$, $n=1.5$

이므로

$\frac{1}{f}=(1.5-1)(\frac{1}{20}+\frac{1}{\infty})=\frac{0.5}{20}$

$f=\frac{200}{5}=40$ cm

해설 **11**

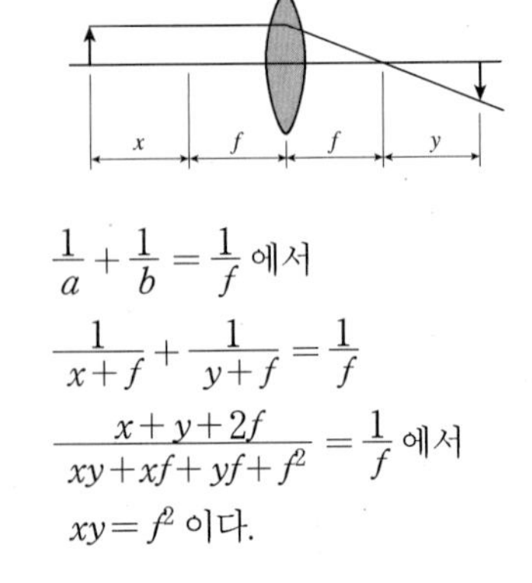

$\frac{1}{a}+\frac{1}{b}=\frac{1}{f}$에서

$\frac{1}{x+f}+\frac{1}{y+f}=\frac{1}{f}$

$\frac{x+y+2f}{xy+xf+yf+f^2}=\frac{1}{f}$에서

$xy=f^2$이다.

정답 8. ① 9. ⑤ 10. ④ 11. ③

12 그림과 같이 반경 r인 속이 꽉 찬 구에 폭이 좁은 평행광선이 구의 중심을 향하여 입사되고 있다. 이 광선의 초점이 구의 뒷면에 모아졌다면 구의 굴절률은 얼마인가?

① 1.5
② 1.8
③ 2.0
④ 2.2
⑤ 2.5

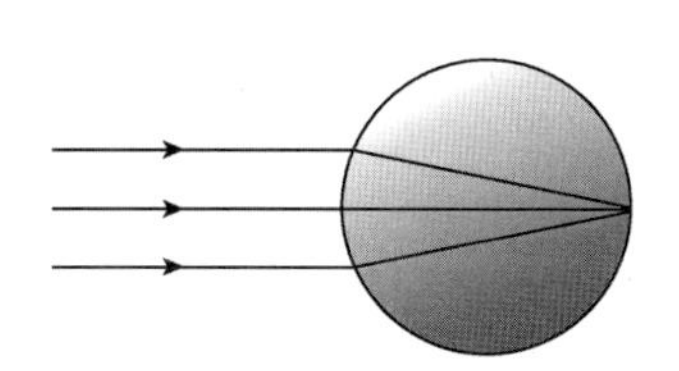

13 그림과 같이 평면경과 초점거리 50cm인 볼록렌즈가 2m 거리로 평행하게 놓여 있다. 볼록렌즈 오른쪽 1.0m 거리에 물체를 놓았을 때 거울과 렌즈 조합에 의하여 생기는 상의 위치와 종류, 배율은 무엇인가?

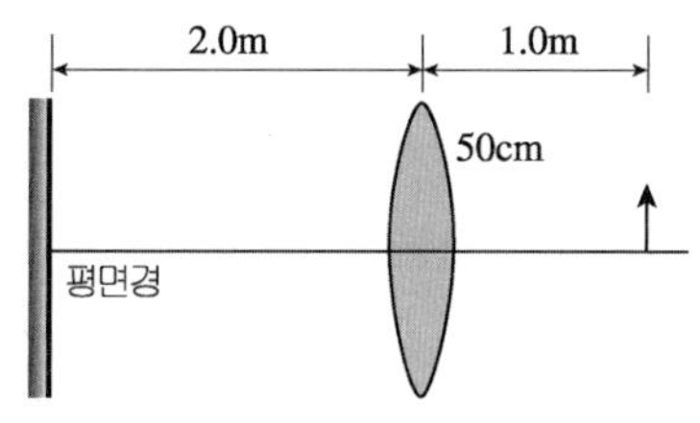

① 렌즈 오른쪽 1.0m, 정립허상, 배율 1.0
② 렌즈 왼쪽 1.0m, 도립실상, 배율 1.0
③ 렌즈 오른쪽 60m, 정립실상, 배율 0.2
④ 렌즈 오른쪽 60m, 도립실상, 배율 0.2
⑤ 상이 생기지 않는다.

14 그림과 같이 초점거리 20cm인 볼록렌즈와 초점거리 10cm인 오목 거울이 70cm의 거리를 두고 평행하게 놓여있다. 그림에서 같이 볼록렌즈 왼쪽 40cm 위치에 물체를 놓았을 때 렌즈와 오목거울 조합이 만드는 최종적인 상의 위치, 종류, 배율은 무엇인가?

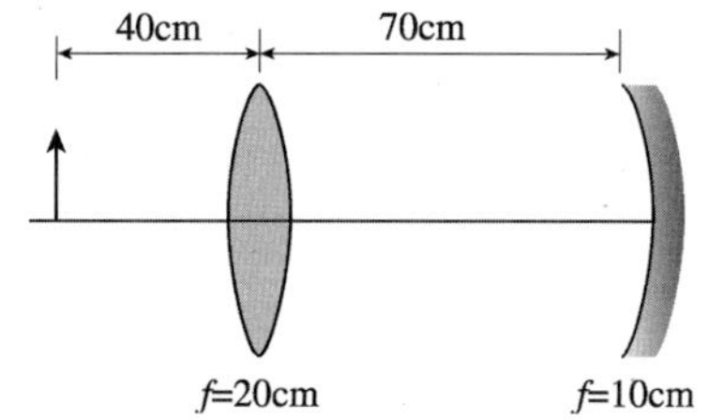

① 오목거울 왼쪽 15cm, 정립실상, 배율 0.5
② 오목거울 오른쪽 15cm, 도립허상, 배율 2.0
② 오목거울 왼쪽 20cm, 정립실상, 배율 1.0
③ 오목거울 오른쪽 20cm, 도립허상, 배율 4.0
④ 오목거울 오른쪽 20cm, 도립허상 배율 4.0
⑤ 상이 생기지 않는다.

해 설

해설 12

$\frac{n_1}{P} + \frac{n_2}{q} = \frac{n_2 - n_1}{r}$ 이므로

$\frac{1}{\infty} + \frac{n}{2r} = \frac{n-1}{r}$ 이고

$nr = 2nr - 2r$ $2r = nr$ 이어서

$n = 2$ 이다.

해설 13

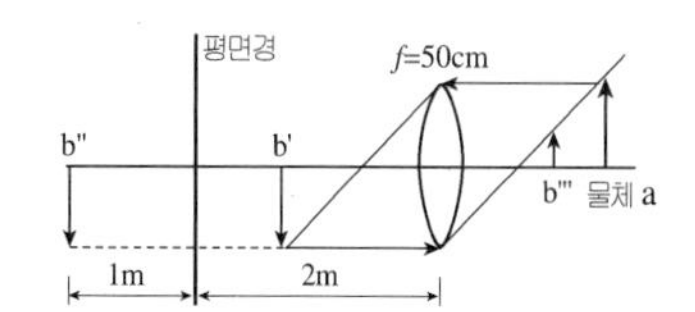

렌즈에 의한 상은 평면경과 렌즈사이 평면경 앞 1m에 실상이 생긴다.

$\frac{1}{a} + \frac{1}{b} = \frac{1}{f}$ 에서 $\frac{1}{100} + \frac{1}{b} = \frac{1}{50}$

$b = 100\,\text{cm}$ 이 상은 평면경에 의해 평면경 뒤쪽 100cm 되는 곳에 $b = -100$ 인 허상이 생긴다. 또 이상은 렌즈의 뒤쪽 300cm 되는 곳이므로

$\frac{1}{300} + \frac{1}{b} = \frac{1}{50}$ 에서 $b = 60\,\text{cm}$

이다. 배율 $m = \frac{60}{300} = 0.2$ 이고

정립 실상이다.

해설 14

렌즈에 의한 상은 $\frac{1}{40} + \frac{1}{b} = \frac{1}{20}$ 에서 $b = 40$ 이므로 렌즈의 오른쪽 40cm인 곳 즉 오목렌즈 앞 30cm 되는 곳에 상이 생긴다. 이 상은 다시 오목거울에 의해 $\frac{1}{30} + \frac{1}{b} = \frac{1}{10}$ $b = 15\,\text{cm}$ 인 실상이 오목거울 앞 15cm인 곳에 생긴다. 렌즈에 의한 배율은 1배이고 거울에 이해 배율은 $\frac{15}{30}$ 에서 0.5배이다.

정답 12. ③ 13. ③ 14. ①

15 그림과 같이 물체와 스크린 사이의 거리가 L이다. 물체와 스크린 사이에 볼록렌즈를 넣어 물체의 상이 스크린에 생기게 하려면 볼록렌즈의 초점거리 f는 어느 범위에 있어야 하는가?

① L 보다 같거나 작으면 된다.
② $\frac{1}{2}L$ 보다 같거나 작으면 된다.
③ $\frac{1}{3}L$ 보다 같거나 작으면 된다.
④ $\frac{1}{4}L$ 보다 같거나 작으면 된다.
⑤ 어떤 볼록렌즈라도 좋다.

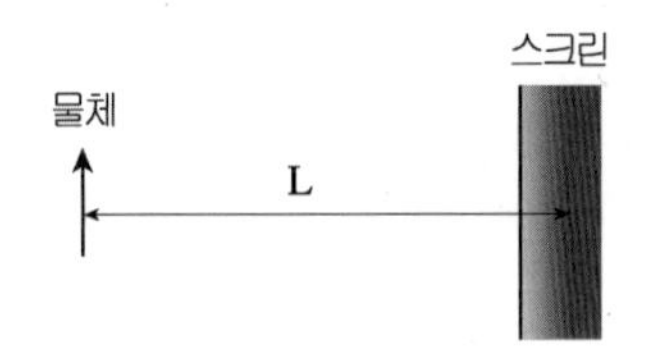

16 영(Young)의 이중 슬릿 실험에서 슬릿 간격을 2배로 늘이고 같은 간섭무늬를 얻으려면 이중 슬릿과 스크린 사이의 거리를 어떻게 하여야 하는가?

① 슬릿과 스크린 사이의 거리를 반으로 줄인다.
② 슬릿과 스크린 사이의 거리를 1.5배로 늘인다.
③ 슬릿과 스크린 사이의 거리를 2배로 늘인다.
④ 슬릿과 스크린 사이의 거리를 2.5배로 늘인다.
⑤ 슬릿과 스크린 사이의 거리를 3배로 줄인다.

17 파장이 5,000A인 평면파인 빛이 공기 중에 놓여 있던 두께 6.5μm, 굴절률이 1.5인 유리를 통과했다고 하자. 매질을 통과한 빛과 매질을 통과하지 않고 공기 중을 진행한 빛이 한 점에 모인다면 이 점에서 두 빛의 간섭결과는 무엇인가?

① 서로 간섭하지 않는다.
② 위상차 120도로 간섭하여 세기가 1배로 된다.
③ 위상차 180도로 소멸 간섭한다.
④ 위상차 0도로 보강 간섭한다.
⑤ 위상차 90도로 간섭하여 세기가 2배로 된다.

18 영(Young)의 이중 슬릿 실험에서 간섭무늬의 간격이 넓어지는 경우가 아닌 것은?

① 슬릿과 스크린 사이의 간격을 멀리한다.
② 이 중 슬릿 사이의 간격을 더 좁힌다.
③ 긴 파장의 빛을 사용한다.
④ 슬릿과 스크린 사이의 공기를 제거하고 진공으로 한다.
⑤ 슬릿과 스크린 사이에 굴절률이 큰 기체로 채운다.

해 설

해설 15

물체 a가 $2f$일 때 상 b가 $2f$이므로 f가 $\frac{L}{4}$보다 같거나 작으면 된다.

해설 16

$\frac{dx}{l} = \frac{\lambda}{2}(2\text{ cm})$에서 무늬 간격 x는 슬릿간격에 반비례하고 슬릿과 스크린 사이의 거리에 비례한다.

해설 17

굴절률 1.5인 막에서 두께 6.5μm는 공기중에서 두께로 환산하면
$6.5\times10^{-6}\times1.5=975\times10^{-8}$m이다.
즉 97500 Å 인데 이것은 파장 5000 Å의 정수배가 되지 못하고 반파장인 2500 Å의 정수배가 되므로 위상차 180°로 상쇄간섭이 일어난다.

해설 18

굴절률이 큰 매질 속에서 빛의 파장은 작아진다.

정답 15. ④ 16. ③ 17. ③ 18. ⑤

19 두 빛이 간섭성(coherence)이 있다는 것은 무엇을 의미하는가?

① 두 광선의 위상차가 시간에 불변일 때를 뜻한다.
② 두 광선의 진폭이 갈음을 뜻한다.
③ 두 광선의 파장이 같음을 뜻한다.
④ 두 광선의 진동수가 같음을 뜻한다.
⑤ 두 광선의 세기가 같음을 뜻한다.

20 5,300A의 빛이 공기 중에 있던 굴절률 1.33인 비눗물 막에 수직으로 입사하였다. 비눗물 막에서 반사한 빛이 보강 간섭을 일으키기 위한 가장 작은 두께는 얼마인가?

① 360A
② 664A
③ 996A
④ 1,990A
⑤ 2,990A

21 카메라 렌즈에 굴절률이 1.25인 물질을 박막 코팅하여 수직으로 입사하는 파장 λ인 빛의 반사를 없앴다. 코팅 박막의 최소 두께는 얼마인가? (렌즈의 굴절률은 박막의 굴절률보다 크다.)

① $\frac{\lambda}{5}$
② $\frac{\lambda}{4}$
③ $\frac{\lambda}{3}$
④ $\frac{\lambda}{2}$
⑤ λ

22 빛이 한 점에서 다른 점으로 진행하는 경우 진행시간이 최단시간이 되는 경로를 따라 진행한다. 이를 무슨 원리라 하는가?

① 해밀튼(Hamilton)의 원리
② 페르마(Fermat)의 원리
③ 최소 작용의 원리
④ 최소 거리의 원리
⑤ 최소 시간의 원리

해설

해설 20

공기중의 비눗물의 보강 간섭은

$2nd\cos\theta = \frac{\lambda}{2}(2m+1)$ 이다.

수직입사이므로

$\cos\theta = 1$, $n = 1.33$, $\lambda = 5300\,\text{Å}$

최소두께 이므로 $m = 0$ 이다.

$d = \frac{\lambda}{4n} = \frac{5300}{4\times1.33} = 996\,\text{Å}$

해설 21

상쇄간섭이 일어나야 하므로

$2nd\cos\theta = \frac{\lambda}{2}(2m+1)$

(렌즈의 굴설률이 박굴설률 보나 크나.)

이므로 $n = 1.25$ $\cos\theta = 1$ 을

대입하면 $d = \frac{\lambda}{5}$ 가 된다.

정답 19. ① 20. ③ 21. ① 22. ②

23 Rayleigh 식별기준을 쓸 때 매우 멀리 떨어져 있는 두 물체를 직경이 d인 렌즈로 상을 만들어 관측할 때 간신히 분해될 수 있는 최소한의 각 편차 θ는 얼마인가? 물체에서 오는 빛의 파장은 λ이다.

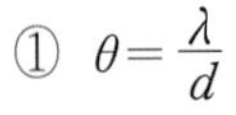

① $\theta = \frac{\lambda}{d}$

② $\theta = \frac{d}{\lambda}$

③ $\theta = 1.22\frac{\lambda}{d}$

④ $\theta = 1.22\frac{d}{\lambda}$

⑤ $\theta = 1.22\frac{\lambda}{2d}$

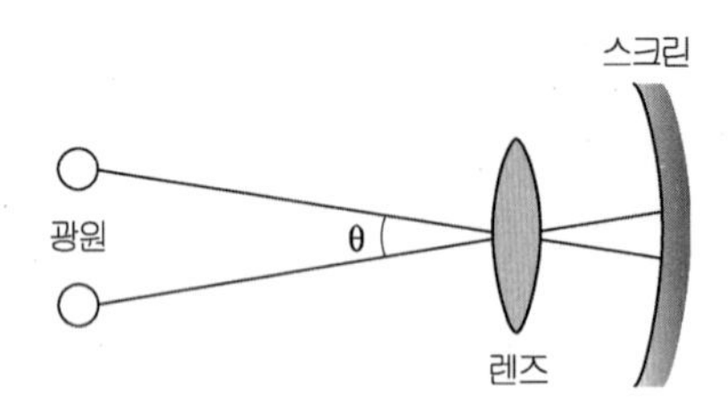

24 100km 전방에 상하로 1m 떨어진 두 개의 점광원이 파장 5,000A의 빛을 내고 있다. 이 두 광원을 분해가능하기 위한 최소한의 렌즈 직경은 대략 얼마인가?

① 3cm

② 6cm

③ 15cm

④ 20cm

⑤ 30cm

25 볼록렌즈에 평면파를 입사했을 때 파면의 진행 모습을 바르게 그린 것은 어느 것인가?

①

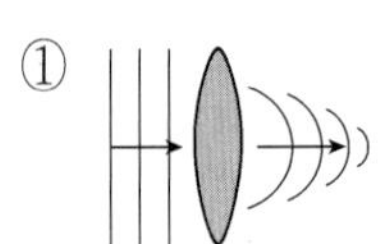

②

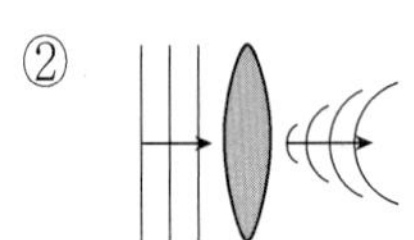

③

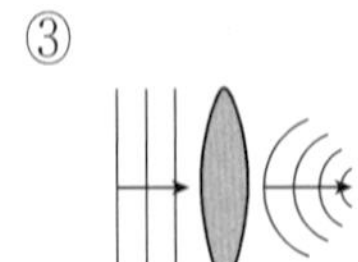

④

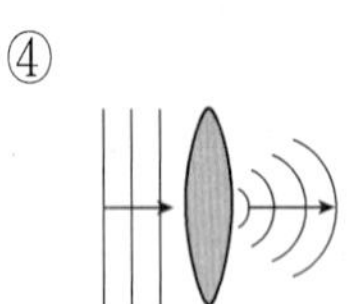

⑤

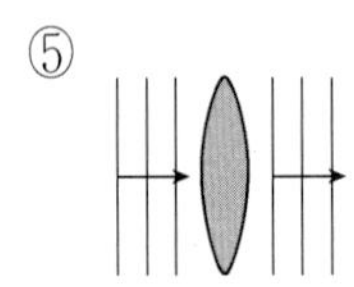

해 설

해설 23

분해능 $\sin\theta = 1.22\frac{\lambda}{d}$ 에서

각 θ가 작으면 $\sin\theta \approx \theta$이다.

해설 24

$\sin\theta = 1.22\frac{\lambda}{d}$ 에서

$\sin\theta = \frac{1}{100000} = 10^{-5}$이고

$\lambda = 5000\,\text{Å} = 5\times10^{-7}\,\text{m}$ 이므로

$d = 1.22\lambda \times \frac{1}{\sin\theta}$

$= 1.22\times5\times10^{-7}\times\frac{1}{10^{-5}}$

$\fallingdotseq 6\times10^{-2}\,\text{m}$

이다. 즉 $d = 6\,\text{cm}$

해설 25

볼록렌즈이므로 입사파는 한점으로 수렴되며 렌즈 안에서는 두꺼울수록 파가 천천히 나온다.

정답 23. ③ 24. ② 25. ③

26 오목렌즈에 평면파를 입사했을 때 파면의 진행 모습을 바르게 그린 것은 어느 것인가?

① 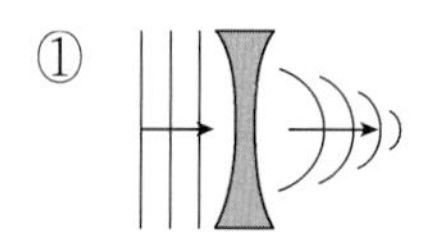
② 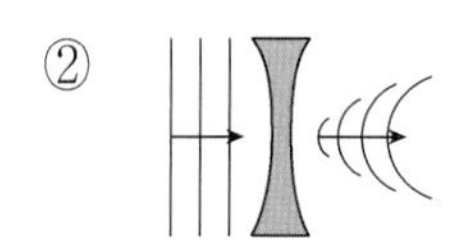
③ 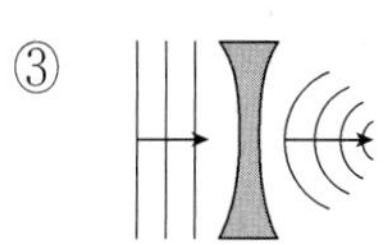
④ 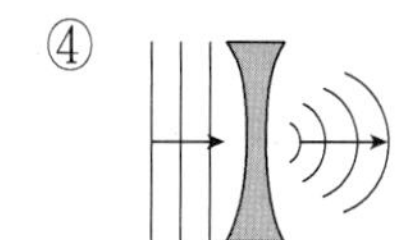
⑤ 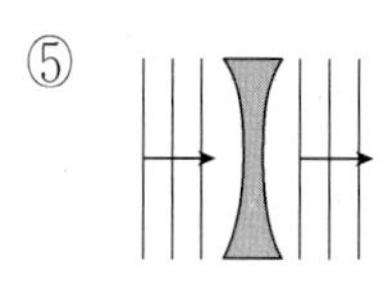

27 동일한 파장과 진폭을 가지는 두 사인곡선형 파동이 줄을 따라 10m/sec의 속도로 서로 반대 방향으로 진행하여 정상파(정지파)를 만들고 있다. 0.1초마다 한번씩 줄이 직선이 되었다. 이 파동의 파장은 얼마인가?

① 5m ② 4m
③ 3m ④ 2m
⑤ 1m

28 어떤 스피커가 모든 방향으로 음을 낸다고 하자. 스피커에 2m 거리까지 접근하였더니 귀가 아프기 시작하였다. 귀가 아플 정도의 음의 세기는 120dB이다. 이 스피커의 출력은 얼마인가?

① $18\pi\ watt$ ② $16\pi\ watt$
③ $12\pi\ watt$ ④ $8\pi\ watt$
⑤ $4\pi\ watt$

29 서로 반대방향으로 진행하는 두 개의 사인파형이 서로 중첩되어 정상파를 만들었다. 다음 중 옳지 않은 설명은?

① 서로 반대로 진행하는 두 파동은 진폭, 진동수, 속도의 크기가 모두 같다.
② 마디와 마디, 배와 배 사이의 거리는 파장과 같다.
③ 정상파의 최대 진폭은 중첩 전 파동 진폭의 2배이다.
④ 정상파 한 파장에 저장되어 있는 에너지는 본래 파동의 한 파장이 가지고 있던 에너지의 두 배이다.
⑤ 마디 부분에 있는 매질은 움직이지 않으며, 배 부분의 매질은 최대 진폭을 가지고 진동한다.

해 설

해설 27
주기는 0.2초이므로 $v = \frac{\lambda}{T}$ 에서
$\lambda = vT = 10 \times 0.2 = 2\,\mathrm{m}$ 이다.

해설 28
$L = 10\log\frac{I}{I_o}$ 에서 $L = 120dB$,
$I_o = 10^{-12} watt/\mathrm{m}^2$ 이므로
$I = 1 watt/m^2$ 이다. 2m 거리에서 소리의 세기가 $1\ watt/\mathrm{m}^2$ 이므로 음원에서는 $4\pi r^2 \times I$ 이다.
따라서 $16\pi\,watt$ 이다.

해설 29
마디와 마디 배와 배 사이는 반 파장이다.

정답 26. ④ 27. ④ 28. ② 29. ②

30 하나의 점원으로부터 모든 방향으로 균일하게 퍼져나가는 구면파를 나타내는 식으로 가장 적절한 것은?

① $\Psi = A\sin(kr - wt)$

② $\Psi = Ae^{(kr-wt)}$

③ $\Psi = Ar\sin(kr - wt)$

④ $\Psi = \frac{A}{r}\sin(kr - wt)$

⑤ $\Psi = \frac{A}{r^2}\sin(kr - wt)$

31 진폭이 각각 A, $\frac{1}{2}A$, $\frac{1}{3}A$인 세 개의 사인형 파동이 같은 방향으로 진행한다. 진동수와 파장은 모두 같다. 위상 수는 차례로 0, $\frac{\pi}{2}$, π이다. 세 파동의 합성파의 진폭은 얼마인가?

① A

② $\frac{3}{4}A$

③ $\frac{5}{6}A$

④ $\frac{3}{2}A$

⑤ $\frac{7}{6}A$

32 양쪽이 파이프의 기본 진동수는 1,600Hz이다. 이 파이프의 한쪽 끝을 막으면 기본 진동수는?

① 3,200Hz

② 1,600Hz

③ 800Hz

④ 400Hz

⑤ 200Hz

해 설

해설 30

파동의 세기 $I \propto A^2$이고

또 $I \propto \frac{1}{r^2}$이므로

구면파는 $y = \frac{A}{r}\sin wt$이다.

해설 31

진폭이 A, $\frac{1}{3}A$인 두 파의 위상차가 π이므로 합성파의 진폭은 $\frac{2}{3}A$이다.

또 이파와 $\frac{\pi}{2}$의 위상차가 나는 진폭 $\frac{1}{2}A$인파의 합성파는 진폭이

$\sqrt{(\frac{2}{3})^2 + (\frac{1}{2})^2}A = \frac{5}{6}A$이다.

해설 32

개관은 $\lambda = 2l$이고 폐관은 $\lambda = 4l$이다.

$v = f\lambda$에서 $\lambda = \frac{v}{f}$이므로

개관은 $\frac{v}{f} = 2l$이고

폐관은 $\frac{v}{2f} = 2l$이다.

$\frac{v}{1600} = \frac{v}{2f}$에서 $f = 800Hz$이다.

정답 30. ④ 31. ③ 32. ③

33 어떤 금속 내의 음속이 V이고 공기중의 음속은 v라고 한다. 이 금속으로 만든 길이 L인 관의 한 끝을 때렸을 때 다른 끝에 있는 관측자가 관을 통해 도달한 소리와 공기를 통해 도달한 소리 사이의 시간 간격이 t였다. 관의 길이 L은 얼마인가?

① $\frac{Vv}{V+v}t$

② $\frac{Vv}{V-v}t$

③ $\sqrt{Vvt}$

④ $\frac{V+v}{2}t$

⑤ $V-vt$

34 절벽과 관측자 사이에 진동수 100Hz를 내는 싸이렌이 절벽을 향해 10m/sec의 속력으로 달려가고 있다. 음속은 330m/sec이다. 관측자가 싸이렌으로부터 직접 듣는 음과 절벽에 반사해서 오는 음에 의한 맥놀이 진동수는 대략 얼마인가?

① 3회/sec

② 6회/sec

③ 10회/sec

④ 12회/sec

⑤ 18회/sec

35 어떤 비행기가 마하2의 속력으로 지상 5,000m 상공을 날아간다. 이 비행기가 만드는 마하 원뿔의 반각인 마하 원뿔각은 얼마인가? 그리고 지상에 있는 사람이 바로 머리 위에서 이 비행기를 본 이후 몇 초 만에 충격파가 도달하는가? (음속은 340m/sec라고 한다.)

① 30°, 약 15초

② 30°, 약 12초

③ 45°, 약 15초

④ 60°, 약 15초

⑤ 60°, 약 12초

해 설

해설 **33**

공기에서 전달시간을 t, 금속에서 전달시간을 t_2라 하면 $t_1=\frac{L}{v}$, $t_2=\frac{L}{V}$이다.

도달간격 $t=t_1-t_2=\frac{L}{v}-\frac{L}{V}$이다.

$t=L\left(\frac{V-v}{Vv}\right)$이므로 관의 길이 $L=\frac{Vv}{V-v}t$이다.

해설 **34**

관측자가 직접 듣는 진동수는

$f=\frac{330}{330+10}\times 100 \fallingdotseq 97\,\text{Hz}$ 이고

절벽에서 반사되어 오는 음의 진동수는

$f=\frac{330}{330-10}\times 100 = 103\,\text{Hz}$ 이다.

맥놀이 횟수는 $N=106-100=6$회이다.

해설 **35**

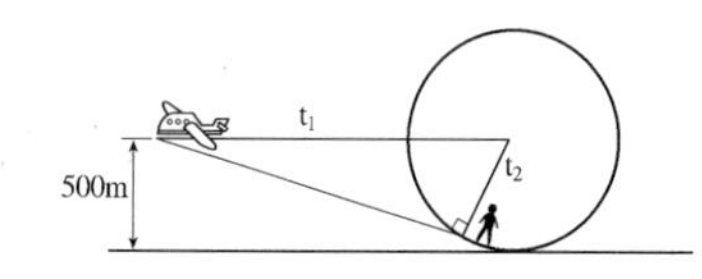

그림에서 시간 t_1과 t_2은 같고 속력은 소리의 속력보다 비행기의 속력이 2배이므로 거리도 2배이다. 원뿔의 반각은 30°이고 음파의 도달시간은

$t=\frac{S}{v}=\frac{5000}{340}$ 이다.

정답 33. ② 34. ② 35. ①

36 다음 중 허상이 생기는 경우가 아닌 것은?

① 볼록거울의 앞에 물체가 있을 때
② 오목거울의 앞에 물체가 있을 때
③ 볼록 렌즈의 앞에서 초점거리보다 안쪽에 물체가 있을 때
④ 오목렌즈의 앞에 물체가 있을 때
⑤ 평면경 앞에 물체가 있을 때

37 그림과 같이 파장 $\lambda = 6,500\text{Å}$ 의 빛을 단일 슬릿에 비추었더니 중심축으로부터 $\theta = 15$ 도인 위치에서 첫 번째 어두운 띠가 나타났다. 슬릿 폭 a는 얼마인가? (sin 15° ≃ 0.26)

① 0.5 μm
② 1.0 μm
③ 1.5 μm
④ 2.0 μm
⑤ 2.5 μm

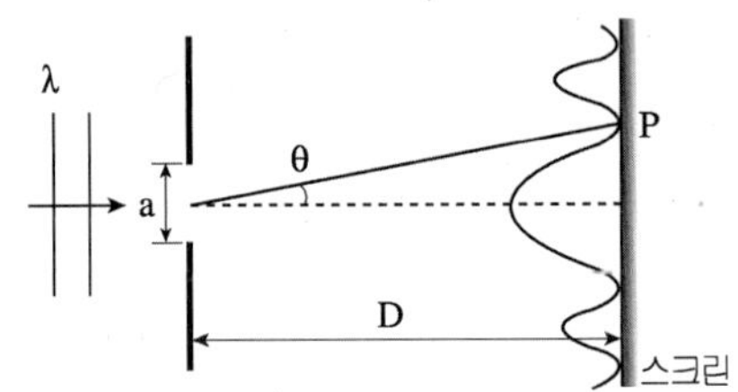

38 초점거리 10cm인 오목 구면경의 앞 15cm 거리에 높이 3cm인 물체가 서 있다. 구면 중심으로부터 상까지 거리 및 물체의 크기는 얼마인가?

① 거리 20cm, 높이 4cm인 정립 허상
② 거리 20cm, 높이 4cm인 정립 실상
③ 거리 20cm, 높이 4cm인 도립 허상
④ 거리 30cm, 높이 6cm인 정립 실상
⑤ 거리 30cm, 높이 6cm인 도립 허상

39 정상파를 이루며 진동하고 있는 끈이 그림과 같이 가장 많이 찌그러진 모양에서 0.5초 후에 처음으로 반경 $\frac{10}{\pi}$ cm 인 원이 되었다면 이 정상파의 주기는 몇 초인가?

① 0.5초
② 1초
③ 2초
④ 3초
⑤ 4초

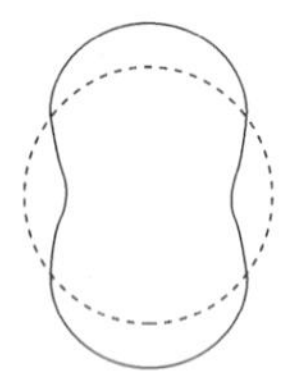

40 위의 40번 문제에서 이정상파의 파장은 몇 cm인가?

① $\frac{5}{\pi}$ cm
② $\frac{10}{\pi}$ cm
③ 5cm
④ 10cm
⑤ 20cm

해 설

해설 **36**

볼록거울과 오목렌즈는 허상만 생기고 오목거울과 볼록렌즈는 물체가 초점거리 안으로 들어올 때만 허상이 생긴다.

해설 **37**

$d\sin\theta = \frac{\lambda}{2}(2\,m)$ $m=1$ $\theta = 15°$

$\lambda = 6,500\text{Å}$ 이므로

$d = \frac{6500}{\sin 15} = \frac{6500}{0.26} = 25000\text{Å}$ 이다.

즉 $d = 2.5\mu\text{m}$ 이다.

해설 **38**

$\frac{1}{a} + \frac{1}{b} = \frac{1}{f}$ 에서 $\frac{1}{15} + \frac{1}{b} = \frac{1}{10}$

이고 $b = 30\,\text{cm}$ 이다.

배율 $m = \frac{b}{a}$ 이므로 2배가 된다.

또 실상이므로 도립상이다.

해설 **39**

주기는 0.5×4=2초

해설 **40**

그림에서 파는 2개의 파이다.

따라서 원주는

$2\pi r = 2\pi \times \frac{10}{\pi} = 20\,\text{cm}$

따라서 파장은 10cm 이다.

정답 36. ② 37. ⑤ 38. ⑤ 39. ③ 40. ④

제 6 장 현대물리

출제경향분석

이 단원은 현대 물리에서는 반드시 모든 시험에서 2문제 이상 출제되고 있다. 빛의 이중성 부분에서는 광전효과에 대해 모든 것을 알아두어야 한다. 물질파의 파장에 대해 숙지하고 원자모형에 관해서는 보어의 모형에 대해 꼭 알아두어야 하고 반감기 문제도 간혹 출제되므로 익혀두어야 한다.

세 부 목 차

1. 빛과 물질의 이중성

1 빛의 이중성

(1) 플랑크의 양자 가설

플랑크는 고온의 물체가 빛에너지를 방출하거나 흡수할 때 그 에너지를 연속적이 아닌 빛의 진동수에 비례하는 불연속적인 어떤 양으로 나타난다는 양자 가설을 주장하여 열복사에 대한 그래프로 증명하였다.(**양자**란 복사에너지가 연속적인 값을 갖지 않는 작은 에너지 덩어리이다.) 진동수 f의 빛이 방출하는 에너지는 hf의 정수배만큼 방출된다는 것이다. 즉 복사에너지 E는 $E = nhf$ (n : 정수)이다.

h 는 플랑크 상수이며 그 값은 $h = 6.626 \times 10^{-34} J \cdot S$이다.

따라서 빛이 갖는 단위 에너지 양자는 $E = hf = \frac{hc}{\lambda}$ 로 표현된다.

KEY POINT

■ 광량자의 에너지
$E = hf = \frac{hc}{\lambda}$

(2) 광전효과

오른쪽 그림처럼 검전기에 미리(−)전하로 대전시켜 금속박이 열리게 한 후 자외선이 방출되는 전등을 금속판에 쪼이면 벌어졌던 금속박이 닫히게 된다. 이것은 아연판(금속판)에서 전자들이 자외선에 의해 방출되었음을 의미한다. 이와 같이 빛을 물질에 쪼였을 때 전자가 튀어 나오는 현상을 **광전효과**라고 하고 이때 튀어나오는 전자를 **광전자**라고 한다.

그런데 이러한 광전효과는 빛이 파동이면 일어날 수 없는 현상으로 모순이 생기게 된다. 이러한 모순을 아인쉬타인은 플랑크의 양자가설을 적용하여 빛도 입자의 성질을 가지며 빛의 입자를 **광자**라고 하고 진동수 f인 빛의 에너지 E와 운동량 P를

$E = hf = \frac{hc}{\lambda}$ $P = \frac{hf}{c} = \frac{h}{\lambda}$ 로 나타냈다.

■ 광전효과 빛이 입자성을 갖는다.

그림. 광전 효과의 실험

① 광전 효과의 실험

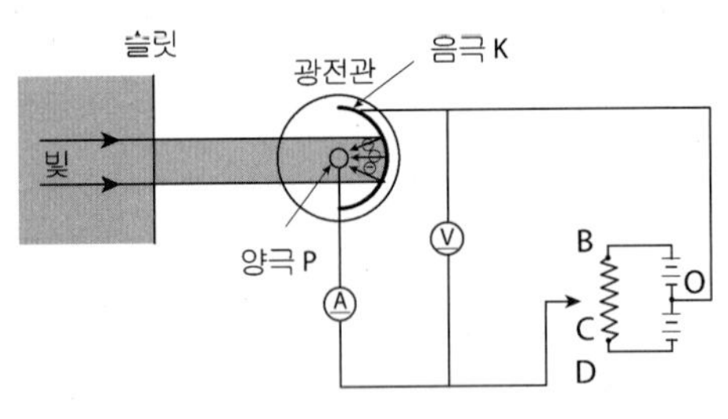

그림. 광전효과 실험장치

위와 같은 실험 장치를 이용하여 실험한 결과 다음과 같은 실험 결과를 얻을 수 있다.

㉠ 금속에서 광전자가 튀어나오게 하려면 금속의 종류에 따라 다르게 정해지는 특정 진동수 f_0 이상의 빛을 비추어야 한다. 이때 f_0를 **한계 진동수**라고 한다.

㉡ 한계 진동수 f_0 이하의 빛은 빛의 세기가 아무리 커도 광전자가 튀어나오지 않는다.

㉢ 한계진동수 f_0 이상의 빛은 빛의 세기가 약해도 광전자가 튀어나온다.

㉣ 한계 진동수 f_0 이상의 빛에서는 빛의 세기가 클수록 튀어나오는 광전자의 수가 많았다.(광전류가 커진다.)

㉤ 한계 진동수 f_0 이상의 빛에서 진동수가 크면 광전자의 운동에너지가 커진다.(광전압이 커진다.)

■ 광전효과의 실험결과 빛은 한계 진동수 f_0 이상에서만 광전자가 나온다.

예제 1

그림은 같은 금속판에 진동수가 다른 단색광 A와 B를 각각 비추었을 때 광전자가 방출되는 것을 나타낸 것이고, 표는 단색광 A와 B를 금속판에 각각 비추었을 때 1초 동안 방출되는 광전자의 수와 광전자의 물질파 파장을 나타낸 것이다. 이에 대한 설명으로 옳은 것만을 모두 고르면? (단, 단색광 A와 B의 빛의 세기를 각각 I_A, I_B 라 하고, 진동수를 f_A, f_B 라 한다) (2021 경력경쟁 9급)

단색광	1초 동안 방출되는 광전자의 수	광전자의 물질파 파장
A	N	4λ
B	2N	λ

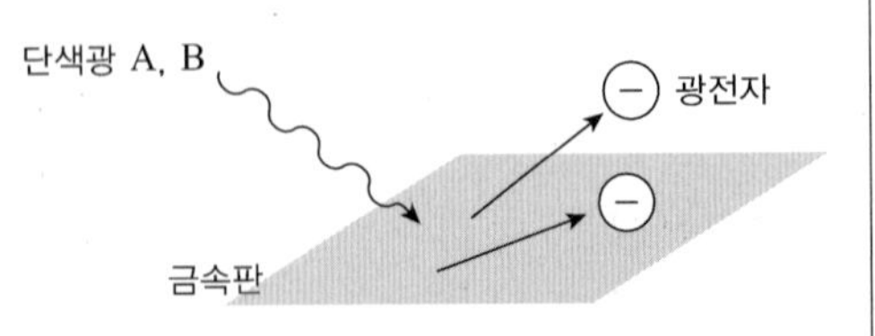

ㄱ. $f_A > f_B$
ㄴ. $I_A < I_B$
ㄷ. 금속판의 문턱 진동수를 f_0라 하면 $f_0 < f_B$이다.

① ㄱ, ㄴ	② ㄱ, ㄷ
③ ㄴ, ㄷ	④ ㄱ, ㄴ, ㄷ

풀이 $\lambda = \frac{h}{mv}$ 이므로 B광전자의 속력이 A 보다 4배 빠르다. 운동에너지는 16배이고 $f_A < f_B$ 이다. 빛의 세기 $I \propto f^2 A^2$ 이고 광전자의 수가 B가 크므로 $I_A < I_B$이다. A, B 모두 광전자가 방출되므로 문턱 진동수 f_o 보다 크다. 정답은 ③이다.

② 광전자의 운동에너지

광전 효과는 광자가 금속 표면에 닿아 그 에너지를 전자에게 주어 전자를 금속에서 탈출시키는 것으로 광자의 에너지 hf가 커질수록 방출되는 전자의 에너지도 커진다.

그런데 금속판으로부터 전자가 튀어나오려면 금속고유의 특성에 따라 얼마간의 일이 필요하게 되어 방출전자의 에너지는 흡수된 광자의 에너지 보다 작다. 그림처럼 금속내부에 광자의 에너지 hf를 주면 전자가 흡수하여 튀어나올 때 운동에너지 E_k는

$E_k = hf - W \quad (w = hf_0)$이다.

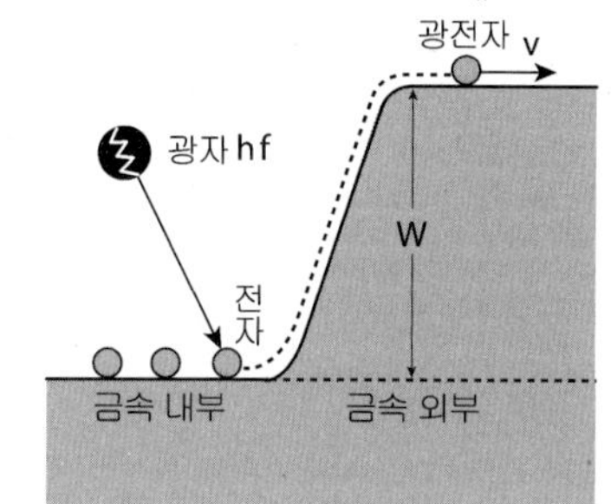

그림. 광전효과의 설명

여기서 w는 전자가 금속 표면에서 외부로 튀어나오는데 필요한 일함수이나. 즉 그래프로 나타내보면 아래 그림과 같다.

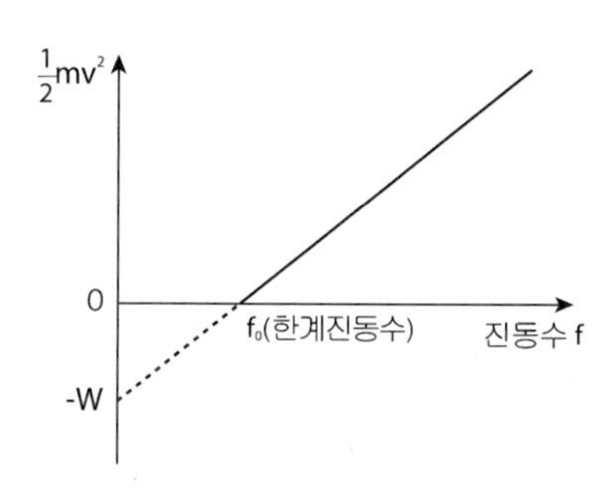

그림. 입사광의 진동수와 운동에너지

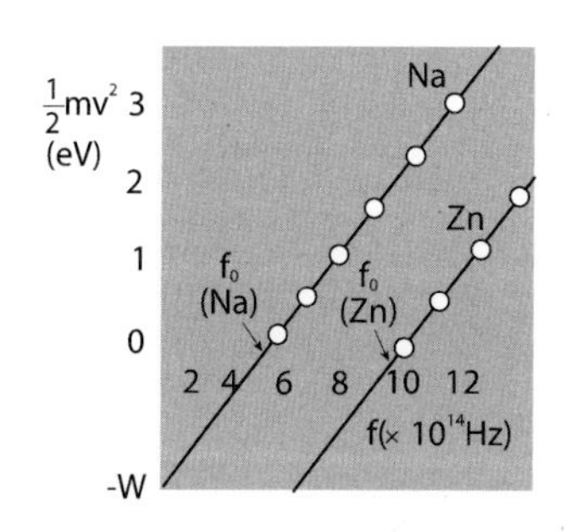

그림. 진동수와 최대운동에너지의 관계

몇 가지 금속의 한계진동수와 일함수

물질	한계진동수 ($\times 10^{14}$Hz)	일함수 (eV)
아 연	10.42	4.31
구 리	11.75	4.86
나트륨	5.51	2.28
세 슘	4.56	1.89

KEY POINT

KEY POINT

예제2

파장 600 nm의 빛을 발생하는 레이저는 초당 3 mJ의 빛 에너지를 방출한다. 이 레이저가 초당 방출하는 광자의 수는? (단, 플랑크 상수는 6×10^{-34} J·s, 광속은 3×10^{8} m/s이다) (2021 서울시 7급)

① $\frac{1}{2}\times10^{16}$　② 1×10^{16}

③ 2×10^{16}　④ 4×10^{16}

풀이 광자에너지는 $E=\frac{hc}{\lambda}$이고 n개의 에너지는 $\frac{hc}{\lambda}\times n$이다. $\frac{hc}{\lambda}\times n=3\,(\mathrm{mJ})$

$\frac{6\times10^{-34}\times3\times10^{8}}{600\times10^{-9}}\times n=3\times10^{-3}$

$n=10^{16}$개 이다. 정답은 ②이다.

예제3

볼츠만 상수(k)의 단위는? (2021 국가직 7급)

① $\mathrm{kg}\cdot\mathrm{m}^{2}\cdot\mathrm{s}^{-1}\cdot\mathrm{K}^{-1}$

② $\mathrm{kg}\cdot\mathrm{m}^{2}\cdot\mathrm{s}^{-2}\cdot\mathrm{K}^{-1}$

③ $\mathrm{kg}\cdot\mathrm{m}^{2}\cdot\mathrm{s}^{-3}\cdot\mathrm{K}^{-1}$

④ $\mathrm{kg}\cdot\mathrm{m}^{2}\cdot\mathrm{s}^{-2}\cdot\mathrm{K}^{-2}$

풀이 이상기체 방정식에서 $PV=nRT$이고 볼츠만 상수 $k=\frac{nR}{N}$ $PV=NkT$로 쓸 수 있다.

$k=\frac{PV}{NT}$ (N : 분자수이므로 단위가 없고 PV는 에너지 단위이므로 $\mathrm{kg(m/s)}^{2}$이다.

따라서 $\mathrm{kg}\cdot\mathrm{m}^{2}\cdot\mathrm{s}^{-2}\cdot\mathrm{k}^{-1}$ 이다. 정답은 ②이다.

(3) 콤프턴 효과

일정한 파장의 X선을 물질에 비추면 X선의 일부는 똑바로 투과하고 일부는 흡수되고 나머지는 산란된다. 산란된 X선 중에는 입사 X선과 파장이 같은 것도 있지만 입사 X선보다 파장이 긴 것도 있다. 입사 X선과 같은 파장의 X선은 전자기파 이론에 의해 물질의 원자가 입사파의 에너지를 흡수하여 공진하고 이 공진에 의해 입사파와 같은 파장의 X선을 복사하는 것으로 설명이 된다.

그러나 긴 파장 즉 에너지가 작아진 이 파장은 설명이 불가능하다.
이것을 미국의 물리학자 콤프턴은 1923년에 몰리브덴의 표적에서 나온 X선을 입사시켜 산란X선의 파장의 강도 분포를 각 θ를 변해가면서 조사하였다.
입사한 X선은 단일파장이었으나 산란된 X선은 특정파장에서 세기가 강한 두 개의 피크점을 갖고 있었다. 하나의 봉우리는 입사한 파장 λ와 같았고 다른 하나의 봉우리는 $\lambda+\Delta\lambda$인 자리에 있었다.
이를 compton 이동이라고 한다.

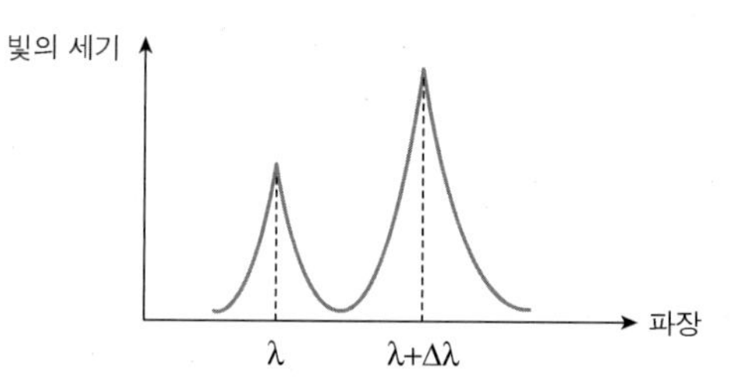

이 현상은 광량자를 빛에너지(X선의 에너지) hf와 운동량 $\frac{h}{\lambda}$를 갖는 입자라 가정하고 한 개의 광량자가 한 개의 정지한 전자와 충돌현상으로 보았다. 원자 내에는 원자핵과 강하게 결합되어 있는 전자와 약하게 결합되어 있는 전자가 있다. 이때 X선의 에너지와 비교하여 약하게 결합되어 있는 전자는 정지되어있는 자유전자로 간주할 수 있다.
따라서 광자와 전자 사이의 충돌에 의해 전자가 속도를 갖게 되어 전자가 운동에너지를 갖게 된다. 이 에너지만큼 광자의 에너지가 감소하게 되는 것
이다. 1916년 아인쉬타인은 빛의 양자에 대한 개념을 확장하여 $E=\frac{hc}{\lambda}$인 에너지와 $P=\frac{E}{C}=\frac{hf}{C}=\frac{h}{\lambda}$인 운동량을 갖는 광자가 마치 물질이 충돌할 때처럼 에너지와 운동량이 함께 전달된다고 생각하였다.

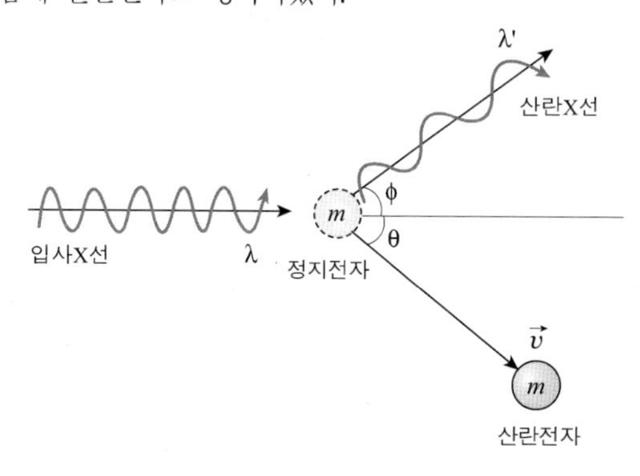

위의 그림에서 입사 X선의 파장을 λ, 산란 X선의 파장을 λ' X선의 산란각을 ϕ이고 전자가 θ방향으로 v속도로 튀어 나아갈 때 전자의 질량 m, 광속이 c라면

KEY POINT

■ 콤프턴 효과는 빛의 입자성 증명

KEY POINT

입사 X선의 에너지 $E=\dfrac{hc}{\lambda}$

산란 X선의 에너지 $E'=\dfrac{hc}{\lambda'}$

산란 후 전자의 에너지는 $\dfrac{1}{2}mv^2$ 이므로

운동에너지 보존에서 $\dfrac{hc}{\lambda}=\dfrac{hc}{\lambda'}+\dfrac{1}{2}mv^2$ … ㉠ 이다.

운동량 보존에서는 x방향 $\dfrac{h}{\lambda}=\dfrac{h}{\lambda'}\cos\phi+mv\cos\theta$

y방향 $0=\dfrac{h}{\lambda'}\sin\phi-mv\sin\theta$

위의 두식에서 θ를 소거하면 $m^2v^2=\dfrac{h^2}{\lambda^2}+\dfrac{h^2}{\lambda'^2}-\dfrac{2h^2}{\lambda\lambda'}\cos\phi$이고

이것을 ㉠식에 대입하면 $2mhc\left(\dfrac{1}{\lambda}-\dfrac{1}{\lambda'}\right)=\dfrac{h^2}{\lambda^2}+\dfrac{h^2}{\lambda'^2}-\dfrac{2h^2}{\lambda\lambda'}\cos\phi$이다.

그런데 X선의 입사파장 λ와 산란파장 λ'는 근사적으로 $\lambda^2\fallingdotseq\lambda'^2\fallingdotseq\lambda\lambda'$가 되어

충돌전후의 파장차이 $\varDelta\lambda$는 $\varDelta\lambda=\lambda'-\lambda=\dfrac{h}{mc}(1-\cos\phi)$가 된다.

여기서 $\dfrac{h}{mc}$를 콤프턴 파장이라 하고 그 값은 0.024Å이다.

산란각 ϕ 에 따라 $\varDelta\lambda$ 는 아래 그림과 같이 변한다.

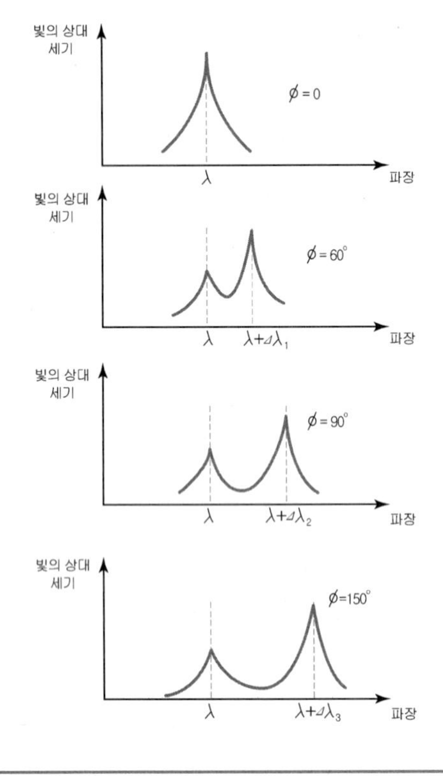

■ 산란파장의 늘어난 길이는

$\varDelta\lambda=\dfrac{h}{mc}(1-\cos\phi)$

이와 같이 콤프턴 효과는 빛을 광자의 흐름으로 보아 보통의 입자의 충돌에서 운동 에너지와 운동량 보존의 법칙이 성립하듯이 광자와 전자의 충돌로 빛이 갖는 **입자성**을 설명하고 있다.

예제4

파장이 λ인 X선을 전자와 탄성 충돌시켰더니 X선의 파장이 변화하였다. 이때 충돌 전후의 X선의 파장 차이는 $\Delta\lambda = \frac{h}{m_e c}(1-\cos\theta)$이다. 이 현상에 대한 설명으로 옳은 것만을 모두 고른 것은? (단, h는 플랑크 상수, m_e는 전자의 정지 질량, c는 진공에서 빛의 속력, θ는 충돌 전 X선의 진행 방향과 충돌 후 X선의 진행 방향 사이의 각이다) (2016년 국가직 7급)

ㄱ. X선이 전자와 충돌 후 입사 방향에 대하여 정반대 방향으로 진행할 때 $\Delta\lambda$가 최대이다.
ㄴ. 충돌 후 전자의 운동에너지 변화는 $\frac{hc}{\lambda} - \frac{hc}{\lambda+\Delta\lambda}$이다.
ㄷ. X선의 $\Delta\lambda$는 충돌 전 X선의 진동수에 따라 달라진다.

① ㄱ　　② ㄷ
③ ㄱ, ㄴ　　④ ㄱ, ㄴ, ㄷ

풀이 ㄱ. 입사 방향에 대하여 정반대로 진행하면 $\theta = 180°$ 이므로 $\Delta\lambda = \frac{2h}{m_e c}$로 최대가 된다.
ㄴ. 충돌 후 전자의 파장은 $\lambda + \Delta\lambda$이다.
따라서 운동에너지의 변하는 $\frac{hc}{\lambda} - \frac{hc}{\lambda+\Delta\lambda}$이다.
ㄷ. 파장 차이는 진동수와 상관 없다.
정답은 ③이다.

2 물질의 이중성

(1) X 선

① X선의 발생

독일의 뢴트겐이 음극선 실험 중 텅스텐 같은 금속을 (+)극으로 하여 고속의 전자를 충돌시킬 때 투과력이 강한 짧은 파장의 광선이 방출되는데 이것이 X선이다.

KEY POINT

■ X선은 파장이 매우 짧은 빛으로 발생은 광전효과의 역과정에 의해 발생한다.

KEY POINT

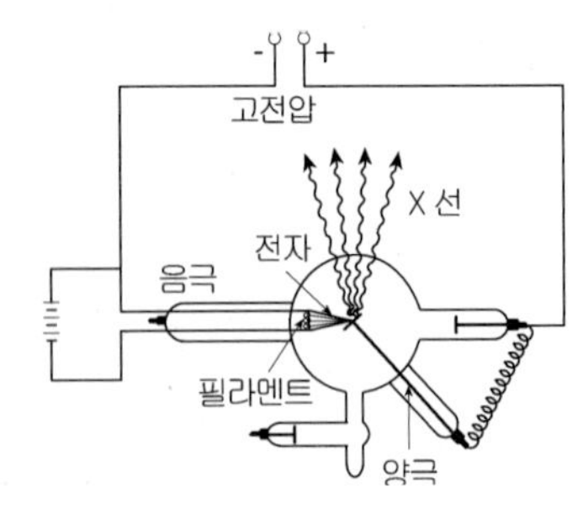

그림. X선 발생관의 구조

위의 그림과 같은 장치를 하고 필라멘트에 전류를 흐르게 하면 전자가 방출되고 전자는 음극(필라멘트)과 양극사이에 걸어준 높은 전압에 의해 가속되어 큰 에너지를 가지고 금속판에 충돌하여 에너지를 잃고 X선이 방출된다.

이 에너지가 모두 X선의 광자에너지로 변한다고 하면 이때 발생한 X선의 최소 파장 $\lambda_{\min}$은 $eV = \frac{1}{2}mv^2 = \frac{hc}{\lambda_{\min}}$

$\therefore\ \lambda_{\min} = \frac{hc}{eV}$ 이다.

② X선의 성질 및 이용

㉠ X선은 자기장이나 전기장에서 진로가 변하지 않는다.

㉡ 투과력이 강하고 형광작용 및 사진건판을 감광시키는 감광작용이 있다.

㉢ 반사, 굴절, 회절, 간섭을 일으키며 편광 현상이 있다.

㉣ 기체 분자를 이온화시키는 전리작용이 있다.

㉤ 광전효과와 같은 입자성이 있다.

㉥ 투과력이 강하여 인체 내부의 사진을 찍을 수 있고 세포를 파괴하는 생리작용을 한다.

㉦ 생식 세포의 유전자를 변화시켜 돌연변이를 일으키게 한다.

㉧ 결정체에 투과시켜서 회절 무늬를 활용하여 결정체의 원자구조를 연구한다.

(2) 물질파

① 물질파

1924년 프랑스의 물리학자 드브로이는 파동이라고만 여겨왔던 빛이 입자성을 갖는다면 입자라고만 생각하고 있는 전자도 파동성을 가질 것이라는 가설을 제시하고 질량 m인 입자가 v속도로 운동할 때 입자는 파장 $\lambda = \frac{h}{mv}$를 갖는다고 하였다.

■ 물질파의 파장 $\lambda = \frac{h}{mv}$

■ 질량이 클수록 속력이 클수록 파장은 작아진다.

KEY POINT

이 파장 λ를 드브로이 파장이라 하고 이 입자의 파동을 **물질파**라고 한다.
이 가설은 후에 1927년 데이비슨과 거머에 의해 전자회절간섭무늬실험을 통해 증명되었다.

② 전자의 파동성

정지하고 있는 전자에 전위차 V를 주어 전자를 가속시켜 속력이 v로 되었다면 전자의 파장 즉 물질파는 다음과 같이 구해진다.

$$eV_0 = \frac{1}{2}mv^2 (p = mv) = \frac{P^2}{2m}$$

$$P = \sqrt{2meV_0}$$

$$\lambda = \frac{h}{mv} = \frac{h}{p}$$

$$\lambda = \frac{h}{\sqrt{2meV_0}}$$ 이다.

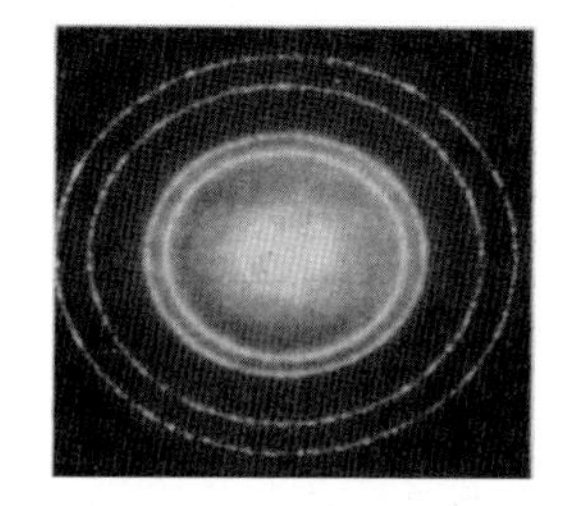

그림. 전자의 회절사진

③ 물질의 이중성

앞에서 우리는 빛이 파동성과 입자성을 동시에 갖는다는 것을 배웠고 또 지금 전자나 양성자, 중성자 등 입자 역시 빛과 마찬가지로 파동성을 가짐을 알았다. 이와 같이 물질입자가 파동성과 입자성을 다 갖는 이런 성질을 **물질의 이중성**이라고 한다. 따라서 물질이 입자성을 갖는지 파동성을 갖는지는 의도하는 측정 장치에 달려 있다. 이것을 보어의 상보성원리라 한다.

예제5

정지해 있던 전자에 일정한 전압을 가하여 가속시킨 후 드브로이 파장을 측정하였다. 1kV로 가속시킨 전자의 파장을 λ_1, 4kV로 가속시킨 전자의 파장을 λ_4라고 할 때, $\frac{\lambda_1}{\lambda_4}$은? (단, 상대론적 효과는 무시한다.) (2017년 국가직 7급)

① 0.25 ② 0.5 ③ 2 ④ 4

풀이 드브로이 파장 $\lambda = \frac{h}{mv}$이며, 일정한 전압을 가하여 가속한 전자의 운동에너지는 가해준 전기에너지와 같다. 따라서 $\frac{1}{2}mv^2 = eV$이다. 여기에서 $mv = \sqrt{2meV}$이므로 $\lambda = \frac{h}{\sqrt{2meV}}$이다. $\frac{\lambda_1}{\lambda_4} = \frac{\frac{h}{\sqrt{2meV_1}}}{\frac{h}{\sqrt{2meV_4}}} = \sqrt{\frac{V_4}{V_1}} = \sqrt{\frac{4}{1}} = 2$이다.

정답은 ③번이다.

KEY POINT

예제6

영의 이중슬릿 간섭실험 장치에 빛 대신 전자 빔을 사용하면 단색광을 사용했을 때와 같은 전자의 간섭무늬를 얻을 수 있다. 어떤 전자 빔으로 이중슬릿 간섭실험을 했을 때 스크린의 인접한 밝은 무늬 사이 간격이 d이다. 다른 조건은 그대로 두고 전자의 운동에너지를 절반으로 낮출 때, 인접한 밝은 무늬 사이 간격과 가장 가까운 것은? (단, 상대론적 효과는 무시한다) (2020년 국가직)

① $\frac{d}{2}$　　② $\frac{d}{\sqrt{2}}$

③ $\sqrt{2}d$　　④ $2d$

풀이 $x=\frac{\ell\lambda}{d}$ 이고 파장 $\lambda=\frac{h}{mv}$ 이다.

전자운동에너지가 $\frac{1}{2}$ 이면 속력 v는 $\frac{1}{\sqrt{2}}$ 이므로 무늬간격 x는 $\sqrt{2}$배가 된다.

정답은 ③이다.

예제7

표는 등속 운동을 하는 입자 A, B의 운동량, 속력, 물질파 파장을 나타낸 것이다. 이에 대한 설명으로 옳은 것은? (2021 경력경쟁 9급)

입자	운동량	속력	물질파 파장
A	p	v	㉠
B	$2p$	$3v$	λ

① ㉠은 3λ이다.

② 플랑크 상수는 $3\lambda p$이다.

③ 입자의 질량은 B가 A의 2배이다.

④ A와 B의 운동 에너지 비는 1:6이다.

풀이 운동량 $P=mv$ 이고 물질파 파장은 $\lambda=\frac{h}{mv}$ 이다.

$\lambda=\frac{h}{P}$ B 입자에서 $\lambda=\frac{h}{3m_B v}$ 이고 $2P=m_B\times 3v$ A 입자는

$P=m_A v$ 이므로 $m_A : m_B=3:2$ 이다.

A 입자 B 입자의 질량을 각각 $3m_o$, $2m_o$라 하면

A 입자의 물질파 파장은 $\frac{h}{3m_o v}$ 이고

B 입자의 물질파 파장은 $\lambda=\frac{h}{2m_o\times 3v}$ 이므로 A 입자의 물질파 파장은 2λ 이다.

운동에너지는 $E_A=\frac{1}{2}\times 3m_o\times v^2$

$E_B=\frac{1}{2}\times 2m_o\times(3v)^2$ 이므로 B가 A의 6배이다. 정답은 ④이다.

연습문제

1 광전 효과에서 튀어나오는 광전자의 속도는 다음 중 어느 것에 비례하는가?

① 진동수 ② 광속
③ 빛의 세기 ④ 진동수와 광속
⑤ 빛의 세기와 진동수

2 광전 효과를 바르게 설명한 말은 다음 중 어느 것인가?

① 금속표면에 전자를 입사시켰더니 X선이 나왔다.
② 금속표면에 X선을 입사시켰더니 가시광선이 나왔다.
③ 금속표면에 자외선을 입사시켰더니 광전자가 나왔다.
④ 금속표면에 전자를 입사시켰더니 광전자가 나왔다.
⑤ 정답이 없다.

3 다음 중 빛의 입자성을 나타내는 현상은?

① 렌즈위에 얇은 막 코팅
② 전자의 회절
③ 영의 간섭실험
④ 광전효과
⑤ 저녁노을

4 전자의 파동성을 예측한 사람은?

① 플랑크 ② 드브로이
③ 보어 ④ 데이비슨
⑤ 아인슈타인

5 파장이 2λ인 광량자의 에너지는 파장이 λ인 광량자에 비하여 몇 배의 에너지를 갖는가?

① 4 배
② 2 배
③ 1 배
④ $\frac{1}{2}$ 배
⑤ $\sqrt{2}$ 배

해설

해설 1
$\frac{1}{2}mv^2 = hf - w$에서 $v \propto \sqrt{f}$이다.

해설 3
광전효과, 콤프턴효과, 광압현상은 빛의 입자성을 나타낸 것이다.

해설 5
$E = \frac{hc}{\lambda}$에서 $E \propto \frac{1}{\lambda}$로 에너지는 파장에 반비례한다.

정답 1. ① 2. ③ 3. ④ 4. ② 5. ④

6 광전류의 크기의 증가 감소는 다음의 어느 것과 관계 있는가?

① 빛의 진동수
② 빛의 파장
③ 빛의 반사
④ 빛의 굴절
⑤ 빛의 세기

7 오른쪽 그래프는 광전효과를 그래프로 나타낸 것이다. 그래프에서 기울기가 의미하는 것은 다음 중 어느 것인가?

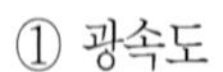

① 광속도
② 드브로이 파장
③ 플랑크 상수
④ 광량자의 에너지
⑤ 한계 진동수

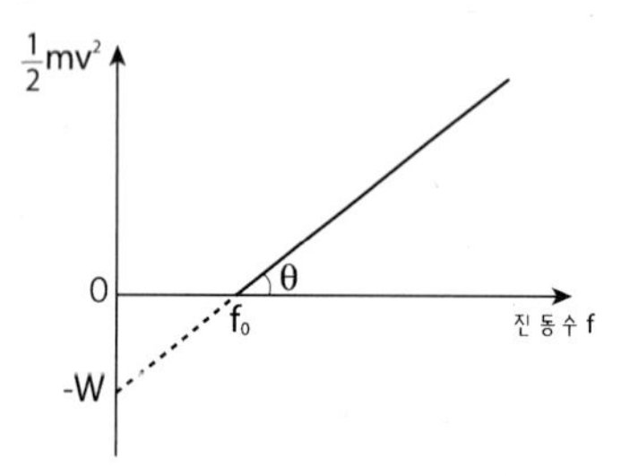

8 콤프턴 효과에서 입사광선 λ와 산란광선 λ'와의 관계는?

① $\lambda' < \lambda$
② $\lambda' = \lambda$
③ $\lambda' > \lambda$
④ $\lambda' \geq \lambda$
⑤ $\lambda' \leq \lambda$

9 전압을 V로 걸어 전자를 가속시켰더니 물질파의 파장이 λ였다면 전압을 $4V$로 걸어 전자를 가속시키면 파장의 크기는?

① 4λ
② 2λ
③ λ
④ $\frac{1}{2}\lambda$
⑤ $\frac{1}{4}\lambda$

해 설

해설 **6**
빛의 진동수는 광전압에 관계있고 빛의 세기가 커질수록 광전자의 수가 많아져 광전류가 증가한다.

해설 **7**
$\frac{1}{2}mv^2 = hf - w$가 광전효과에서 광전자의 운동에너지 관계식이므로 $-w$는 $\left(\frac{1}{2}mv^2\right)$축의 절편이고 기울기는 h, 즉 플랑크 상수이다.

해설 **9**
$\frac{1}{2}mv^2 = eV$에서 $m^2v^2 = 2meV$이고 $\lambda = \frac{h}{mv}$이므로 $\lambda = \frac{h}{\sqrt{2meV}}$이다.
따라서 $\lambda \propto \frac{1}{\sqrt{V}}$

정답 6. ⑤ 7. ③ 8. ③ 9. ④

10 그림과 같이 거리 d 만큼 떨어진 고정된 두 벽 사이에서 질량이 m 이고 전하량이 e 인 입자가 왕복 운동을 하고 있다. 이 입자의 물질파가 벽 사이에서 정상파를 만들고 또 이 입자는 전기파를 방출하고 있다고 가정한다.(단, 이 입자와 벽 사이의 충돌은 완전 탄성 충돌이다.)
이 입자의 운동량을 d, h, n 을 써서 표시하라.

① $\frac{n\lambda}{2d}$
② $\frac{2d}{n\lambda}$
③ $\frac{d\lambda}{2n}$
④ $\frac{2n}{d\lambda}$
⑤ $\frac{n\lambda}{d}$

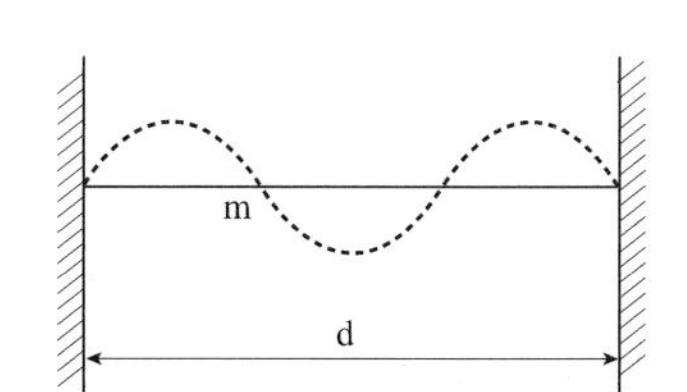

11 위의 10번 문제에서 입자의 양자화된 운동에너지를 h, m, d 및 n 을 써서 표시하라.

① $\frac{nh}{4md}$　② $\frac{4md}{nh}$
③ $\frac{nmh}{4d}$　④ $\frac{8md^2}{n^2h^2}$
⑤ $\frac{n^2h^2}{8md^2}$

12 광전 효과 실험에서 금속 표면에 어떤 파장의 빛을 비추었더니 전자가 방출되지 않았다. 그 이유로 옳은 것은?

① 빛의 세기가 작았다.
② 빛을 비추어 주는 시간이 짧았다.
③ 파장이 너무 짧은 빛을 비추어 주었다.
④ 금속의 일함수가 비추어 줄 빛의 에너지보다 컸다.
⑤ 진동수가 너무 큰 빛을 비추어 주었다.

13 광전 효과의 실험에서 튀어나오는 전자의 속력을 구하는데 필요한 물리량 중에서 옳은 것은?

a. 빛을 쪼여준 시간	b. 광자의 진동수
c. 금속의 일함수	d. 빛의 세기

① a, b　② b, c
③ c, d　④ d, a
⑤ a, c

해 설

해설 10
거리 d 인 벽 사이에서 파장은
$d=\frac{\lambda}{2}n$ (n=자연수)이다.
운동량 $P=\frac{h}{\lambda}$ 이므로 $P=\frac{nh}{2d}$ 이다.

해설 11
$E=\frac{1}{2}mv^2=\frac{(mv)^2}{2m}$ 이고
운동량 $P=mv=\frac{nh}{2d}$ 이므로
$E=\frac{n^2h^2}{8md^2}$ 이다.

해설 12
광전효과는 일함수보다 광자의 에너지
$E=hf=\frac{hc}{\lambda}$ 가 커야 한다.

해설 13
$\frac{1}{2}mv^2=hf-w$

정답 10. ① 11. ⑤ 12. ④ 13. ②

14 속력 v로 직선 운동을 하는 질량 m의 원자가 진행하는 방향으로 진동수 f의 광자를 방출한다. 플랑크 상수를 h, 광속도를 c라고 한다. 이 때 광자의 에너지는 mc^2보다 작아서 무시할 수 있다고 한다. 광자를 방출한 후의 원자의 속력을 구하라.

① $v-\dfrac{hf}{mc}$

② $v+\dfrac{hf}{mc}$

③ $v-\dfrac{mc}{hf}$

④ $v+\dfrac{mc}{hf}$

⑤ $v-\dfrac{f_c}{mh}$

15 광전압의 크기는 무엇과 관계있는가?

① 빛의 진동수
② 빛의 파장
③ 빛의 반사
④ 빛의 굴절
⑤ 빛의 세기

해 설

해설 14

운동량 보존의 법칙에서

$mv=mv'+\dfrac{hf}{c}$ $mv'=mv-\dfrac{hf}{c}$

이므로 $v'-v-\dfrac{hf}{mc}$ 이다.

해설 15

$\dfrac{1}{2}mv^2=hf-w$ 에서 진동수 f가 커지면 전자의 속도 v가 커진다.

한편 $qV=\dfrac{1}{2}mv^2$ 에서 v가 커지면 전압 V가 증가한다.

정답 14. ① 15. ①

2. 원자의 구조

KEY POINT

1 전자와 원자핵의 발견

(1) 전자의 발견

① 진공 방전

오른쪽 그림과 같이 관의 양 끝에 (+), (−)의 두 전극에 높은 전압을 걸어주고 진공 펌프로 유리관속의 압력을 낮추어 주면 방전현상이 나타나는 데 이것을 진공방전이라 한다. 유리관의 압력에 따라 다음과 같이 나눌 수 있다.

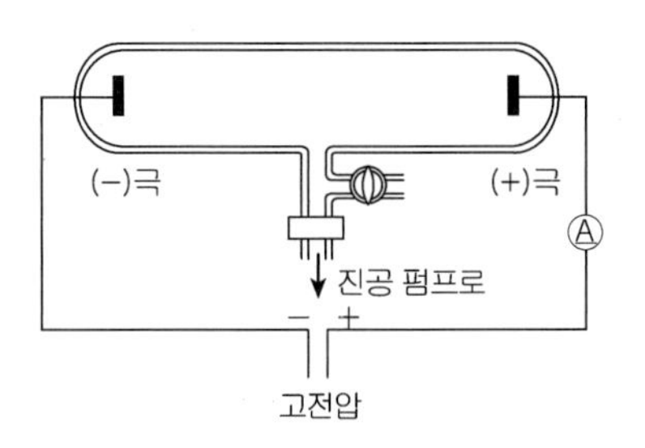

그림. 진공방전

㉠ 압력이 50~20mmHg이면 붉은 보라색의 아크(arc) 방전이 일어난다.

㉡ 압력이 10~1mmHg이면 보라색의 글로우 방전이 일어난다. 글로우(glow) 방전하는 방전관을 가이슬러(Geissler)관이라 하고 네온사인 등에 이용된다.

㉢ 압력이 10^{-3}mmHg 정도되면 빛이 없어지고 그림처럼 음극의 반대쪽 관에 엷은 연두색 형광빛이 나타난다.

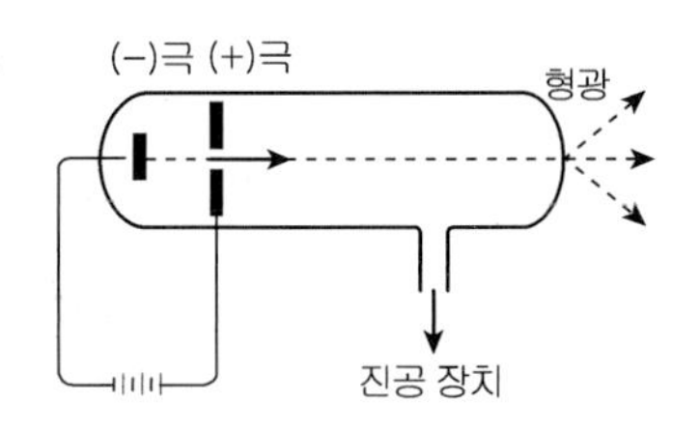

■ 음극선의 본질은 전자

② 음극선

위에서 본 것처럼 압력이 10^{-3}mmHg의 낮은 압력에서 녹색형광이 나타나는 이유는 음극에서 무엇인가 나와서 유리벽에 부딪혀 형광을 내게 하는 것으로 이것을 **음극선**이라고 한다.

실험을 통해 조사한 음극선의 성질은 다음과 같다.

■ 음극선의 성질 암기

㉠ 음극선은 직진한다. 장애물을 놓아두면 뒤쪽에 그림자가 생긴다.

㉡ 진공 방전관 내부에 바람개비가 돌아가는 것으로 보아 음극선은 질량을 갖고 있다.

㉢ 음극선은 유리나 형광물질에 부딪히면 형광을 발생시킨다.

㉣ 사진 건판을 감광시킨다.

㉤ 전기장과 자기장에서 진로가 휜다.

㉥ 금속판에 부딪히면 X선을 발생시킨다.

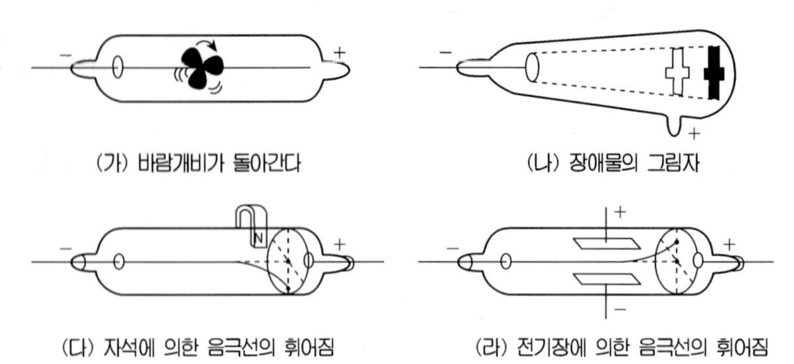

그림. 음극선의 성질 실험

이와 같은 실험결과 음극선은 (−)전하를 띤 입자의 흐름임을 알 수 있고 1897년 톰슨은 이 입자를 **전자**라고 불렀다.

■ 전자의 발견-톰슨

③ 전자의 비전하 측정

비전하란 대전입자의 전하량 q와 질량 m의 비 $\frac{q}{m}$를 **비전하**라고 한다.

오른쪽 그림에서 전위차가 V 전자의 전하량을 q, 질량을 m, 자기장을 B_1, 전자의 속도를 v라 하면 전자의 속도 v는 $eV=\frac{1}{2}mv^2$ $v=\sqrt{\frac{2eV}{m}}$이고 이 전자가 균일한 자기장 B속에 수직 입사하면 등속원운동을 하게 된다. 이때 구심력=로렌쯔의 힘이 성립하므로

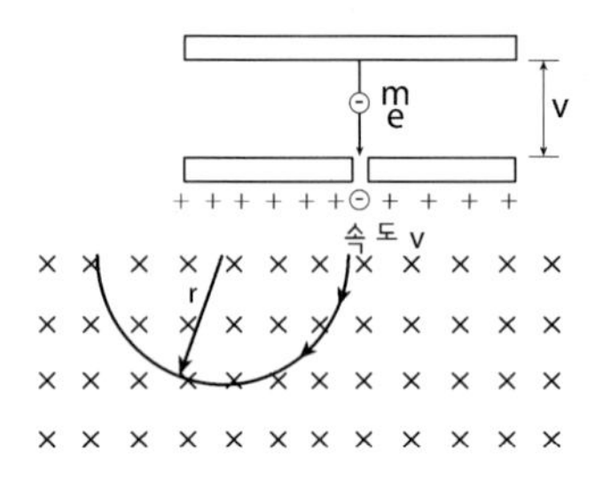

그림. 전자의 비전하 측정

$\frac{mv^2}{r}=Bev$이고 이식에 v값을 대입하여 정리하면 $\frac{e}{m}=\frac{2V}{B^2r^2}$ 이다.

실험에 의해 측정된 비전하 값은 $e/m=1.76\times10^{11}c/kg$이다.

④ 전자의 전하량 측정

1910년 미국의 물리학자 밀리컨(Millikan)은 기름방울실험에 의해 전자의 전하량을 측정하였다.

■ 전자의 전하량 측정
밀리컨의 기름방울 실험

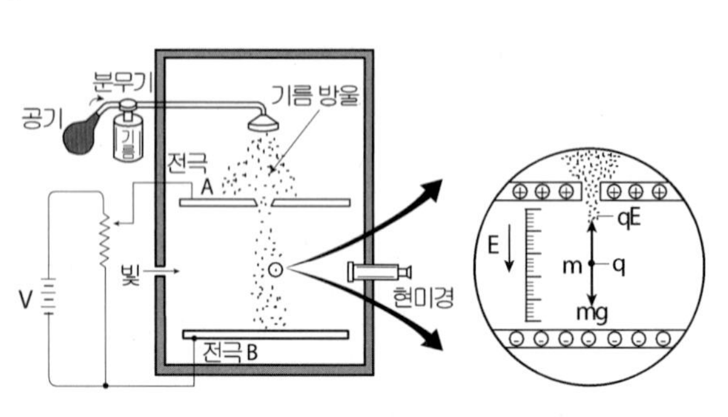

그림. 밀리컨의 기름방울 실험

위와 같이 실험 장치를 하고 분무기로 기름을 뿜으면 기름방울이 마찰에 의해 전하를 띠게 된다. 이들 기름방울은 구멍을 지나 평행판 사이로 들어오면 전압 V를 걸어 연직 상방으로 전기장 E가 생기게 하면 중력과 전기력이 평형을 이루어 기름방울은 정지상태로 공중에 떠 있게 된다. 이때 $mg = qE$이므로

$q = \frac{mg}{E}$ 가 된다. 전하량 q를 구하기 위해서는 전기장 E와 질량 m을 구해야 하는데 전기장 E는 걸어준 전압 V와 극판사이 간격 d에서 $V = Ed$로 구할 수 있다.

한편 질량 m은 극판사이에 전기장이 없으면 기름방울은 중력에 의해 낙하하는데 이때 공기의 저항력과 중력이 같아지는 속력까지 빨라진다. 등속이 되면 저항력=중력이 되어 스토크스의 정리에 의해

$$mg = kv \begin{cases} k = 6\pi r\eta \\ (r: \text{구의반경},\ \eta: \text{공기의 점성율}) \end{cases}$$

에서 종단속도 v의 측정으로 질량 m이 구해진다.

이렇게 구해진 전하량 q값은 1.6×10^{-19C}보다 작은 값은 없고 어느 것이나 $1.6\times10^{-19}C$의 정수 배임을 알았다.

이 결과로 전자의 전하량은 전하량의 기본단위이고 그 값은 $e = 1.6\times10^{-19C}$이고 비전하의 값으로부터 질량 m은 $m = 9.1094\times10^{-31}kg$이다.

(2) 원자핵의 발견

KEY POINT

■ 원자핵의 발견
러더퍼드의 α입자 산란실험

* 러더퍼드(Rutherford)의 α입자 산란 실험

러더퍼드는 그림과 같이 α입자를 얇은 금박에 충돌시켜 산란되는 현상을 관측하였다.

α입자는 $+Ze$의 전하를 갖는 고속의 헬륨 이온으로 전자에 비해 질량이 대단히 크다.

이 고속의 무거운 α입자는 전자와 같은 가벼운 입자와 충돌하더라도 거의 직진할 것으로 생각되나 몇 개는 90°보다 큰 각으로 산란되었다.

이 실험 결과로 다음과 같은 결론을 내렸다.

원자는 (+)전하와 원자의 질량이 거의 모두 좁은 영역에 집중된 핵이 있고 전자는 핵에서 좀 떨어진 공간에 있다. 이렇게 원자의 한부분에 집중된 (+)전하의 질량을 **원자핵**이라 하였다.

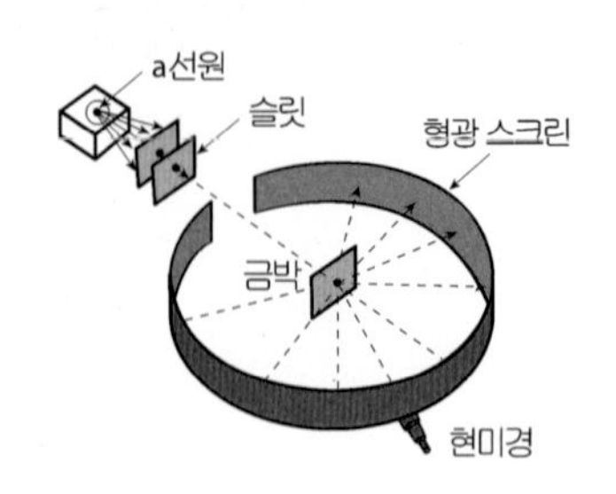

그림. 러더퍼드의 산란실험

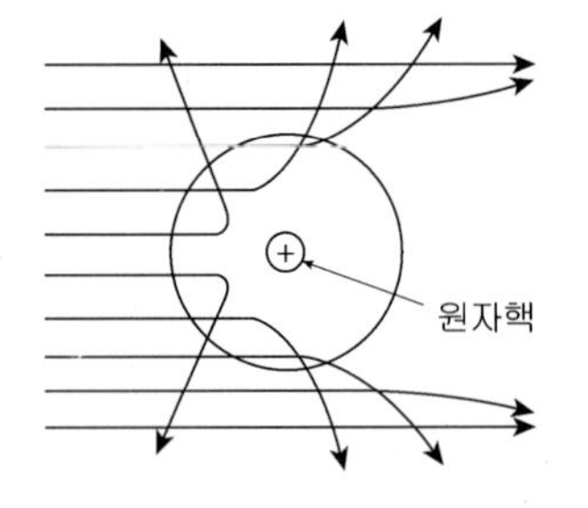

그림. 러더퍼드의 모형에 의한 α입자의 산란

KEY POINT

2 원자 모형

(1) 톰슨의 원자 모형

톰슨은 전자를 발견하고 전자가 원자를 구성하는 구성요소로서 원자 속에서 전자들은 서로 반발하고 (+)전하로부터는 인력을 받아 이들 힘에 의해 오른쪽 그림과 같이 (+)전하로 이루어진 구형태의 바탕에 전자가 드문드문 박혀있는 모형을 제시하였다.
그러나 훗날 러더퍼드의 α 입자 산란 실험에 의해 잘못된 모형임이 밝혀졌다.

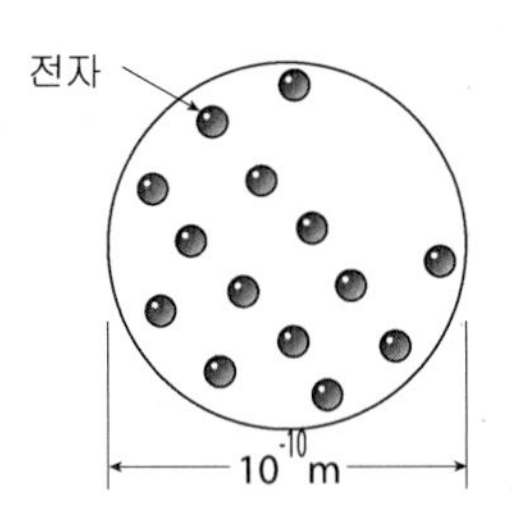

그림. 톰슨의 모형

(2) 러더퍼드의 원자 모형

α입자 산란 실험에서 핵의 존재를 알아냄으로써 원자의 중심에 (+)전하를 가진 핵이 있고 그 원자핵 주위를 (−)전하를 가진 전자가 돌고 있으며 이들은 전기력과 구심력에 의해 안정하게 유지된다는 모형을 발표하였다. 이것은 마치 태양계의 축소판과 흡사한 것으로 생각하였다.

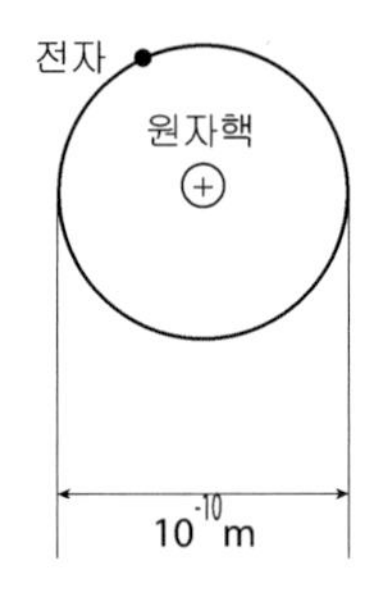

그림. 러더퍼드의 원자모형

* 러더퍼드 원자모형의 문제점

고전 전자기 이론에 의하면 대전 입자가 가속도 운동을 하게 되면 전자기파를 방출하면서 에너지를 잃게 되며 오른쪽 그림과 같이 궤도가 점점 줄어들게 되어 결국 전자는 원자핵과 충돌하게 된다.
그러나 원자는 항상 일정한 크기를 유지하여 전자는 계속 핵 주위를 돌고 있으므로 이러한 전자궤도의 안정성을 설명할 수 없는 문제가 있다. 또 다른 하나는 러더퍼드의 모형은 원자에서 방출되는 빛의 스펙트럼인 전자의 가속운동으로 인하여 방출되는 전자기파는 빛이 연속적으로 나타나는 연속 스펙트럼이어야 하지만 실제는 선 스펙트럼으로 관측되므로 이모형 아님이 밝혀졌다.

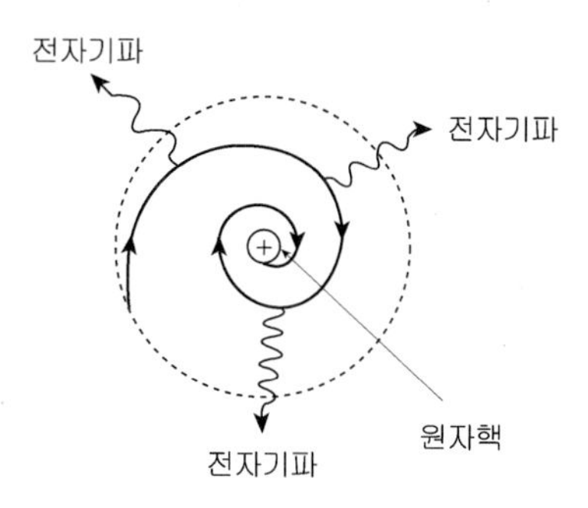

그림. 전자기학에 의한 전자의 운동

(3) 보어(Bohr)의 원자 모형

① 보어(Bohr)의 양자 가설

보어는 러더퍼드의 모형의 난점을 해결하기 위하여 플랑크의 양자 가설을 도입하여 다음과 같은 두 가지 가설을 발표하였다.

㉠ 제1가설(양자조건)

수소원자에서 전자는 원자핵 주위를 도는데 특정 조건을 만족하는 궤도만을 따라 돌 수 있으며 이 궤도 운동에서 전자는 전자기파를 방출하지 않는다. 이것을 양자 조건이라 한다.

질량 m인 전자가 궤도 반지름 r에서 v속력으로 원운동할 때 전자의 물질파의 파장이 λ이면 $2\pi r = n\lambda$ $(n = 1,\ 2,\ 3, \cdots\cdots)$를 만족하는 반경 r 택한다. 즉 n이 정수이므로 원둘레의 길이가 양자화 되어 있음을 나타낸다. 이 때 정수 n을 양자수라 한다. 전자가 양자조건을 만족하는 상태에 있을 때 그 상태를 정상상태라고 한다.

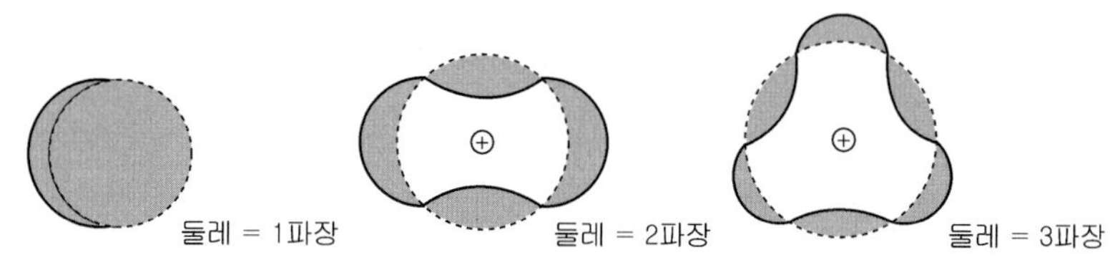

그림. 수소원자에서 전자의 정상파

즉 전자가 운동하는 원둘레의 길이($2\pi r$)가 물질파 파장의 정수배로서 정상파가 되면 파동은 시각적으로 변하지 않는 상태여서 안정한 상태에서 궤도를 계속 유지할 수 있다.

KEY POINT

■ 제1가설
$2\pi r = n\lambda$
(n =자연수)

■ 제2가설
$f = \dfrac{E_n - E_m}{h}$

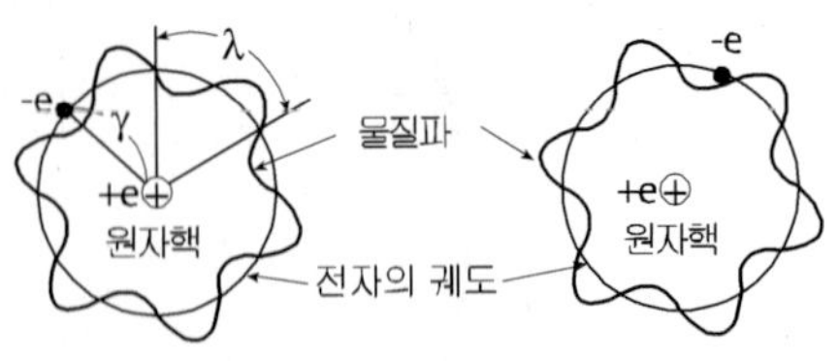

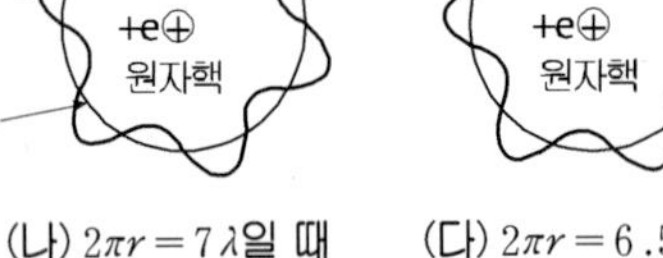

존재하지 않는다.

(가) $2\pi r = 6\lambda$일 때　(나) $2\pi r = 7\lambda$일 때　(다) $2\pi r = 6.5\lambda$일 때

그림. 원자내의 전자의 궤도

KEY POINT

■ 제2가설

$$f = \frac{E_n - E_m}{h}$$

예제 1

보어의 수소원자 모형에서 전자가 첫 번째 들뜸상태(양자수 n=2)의 궤도를 따라 운동하고 있을 때, 궤도 반지름이 r이다. 이 때 전자의 운동량의 크기는? (단, h는 플랑크 상수이다) (2015년 국가직 7급)

① $\dfrac{\pi r}{h}$　② $\dfrac{2\pi r}{h}$

③ $\dfrac{h}{\pi r}$　④ $\dfrac{h}{2\pi r}$

풀이 보어의 수소원자 모형에서 $2\pi r = n\lambda$를 만족한다. $n=2$일 때 $\lambda = \pi r$이며 물질파 파장은 $\dfrac{h}{mv}$로 표현되므로 운동량 $mv = \dfrac{h}{\pi r}$이다. 정답은 ③이다.

ⓛ 제2가설(진동수 조건)

전자가 궤도를 옮길 때(천이할 때) 두 궤도간의 에너지 차이만큼 전자기파를 방출하거나 흡수한다. 이것을 **진동수 조건**이라 한다.

전자가 양자수 n인 궤도에서 m인 궤도로 천이할 때 n, m궤도의 정상상태의 에너지를 각각 E_n, E_m $(E_n > E_m)$이라 하면 진동수 조건은 $hf = E_n - E_m$이다.

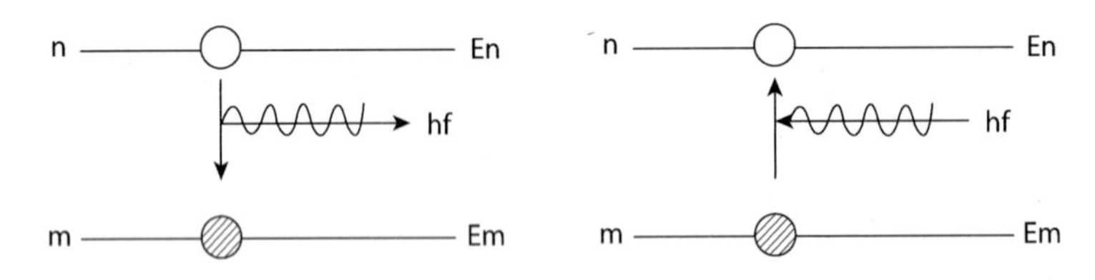

그림. 궤도 천이에 따른 에너지 방출과 흡수

② 보어의 원자 모형

보어는 위의 가설로부터 전자는 원자핵 주위를 원운동하고 있으며 전자가 선택된 궤도에서 도는 정상 상태에서는 전자기파의 방출이 없고 정상 상태의 궤도를 이동할 때만 에너지를 방출 또는 흡수한다.

㉠ 전자의 궤도 반지름

오른쪽 그림에서 전하가 $-e$인 질량 m인 전자가 전하가 $+e$인 원자핵 주위를 반경 r인 원궤도를 v속력으로 운동한다면

$$\frac{mv^2}{r} = \frac{ke^2}{r^2}\left(k = \frac{1}{4\pi\varepsilon_0}\right) \cdots\cdots ㉠$$

이다.

한편 양자조건에서 $2\pi r = \lambda \cdot n$이므로 물질파 파장 $\lambda = \dfrac{h}{mv}$를 대입하여

$v = \dfrac{h}{2\pi rm}$를 구하여 앞의 ㉠식에 대입하면

$r = \dfrac{h^2}{4\pi^2 kme^2} \cdot n^2 = 0.53n^2(\text{Å})$이 된다. 즉 가장 안쪽 궤도 반지름은 $n=1$일 때인 $r = 0.53\text{Å}$ 이고 이것을 보어 반지름이라 한다.

㉡ 원자의 에너지 준위

정상 상태에서 전자의 운동에너지 E_k는

$$E_k = \frac{1}{2}mv^2 = \frac{1}{2}\frac{ke^2}{r}\left(㉠\text{식에서 } mv^2 = \frac{ke^2}{r}\right)$$

또 전기력에서 전자의 위치에너지 E_p는 전자가 원자핵으로부터 무한히 멀리 떨어져 있을 때를 기준값으로 0으로 잡으면

$E_p = -k\dfrac{e^2}{r}$ 이다. (−) 부호는 전자가 원자핵에 끌리고 있음을 의미한다.

따라서 전자의 총에너지 E는

$E = E_k + E_p = \dfrac{1}{2}K\dfrac{e^2}{r} - k\dfrac{e^2}{r} = -\dfrac{1}{2}\dfrac{ke^2}{r}$ 이다. 에너지 값이 음인 것은 전자가 원자핵에 구속되었음을 나타낸다. 이식에

앞의 전자궤도 반지름 $r = \left(\dfrac{h^2}{4\pi^2 kme^2}\right)n^2$을 대입하면 양자수 n궤도에서 전자의 에너지 E_n은

$$E_n = -\frac{1}{2}\frac{ke^2}{r} = -\frac{ke^2}{2}\left(\frac{4\pi^2 kme^2}{h^2}\right)\frac{1}{n^2}$$

$$= -\left(\frac{2\pi^2 k^2 me^4}{h^2}\right)\frac{1}{n^2} \quad (n=1,\ 2,\ 3,\ \cdots\cdots)$$ 이 된다.

KEY POINT

이것에 m, e, k, h값을 넣고 계산하면

$E_n = -\frac{21.76\times10^{-19}}{n^2} J$ ($n=1$, 2, 3, ……)이 된다.

또 $1eV = 1.604\times10^{-19}J$이므로 eV 단위로는

$E_n = \frac{13.6}{n^2} eV$ ($n=1$, 2, 3,……)이다. 이식을 수소원자의 에너지 준위라고 하고 $n=1$일 때의 에너지 값을 **바닥상태** $n=2$, 3, 4……에너지 값을 **들뜬 상태**라고 한다.

예제2

보어의 수소 원자 모형에서 질량이 m인 전자가 양자수 $n=2$인 상태에서 궤도 반지름 r로 운동한다. 이때, 전자의 운동에너지는? (단, h는 플랑크 상수이다)

(2021 국가직 7급)

① $\frac{h^2}{8\pi^2 mr^2}$ ② $\frac{h^2}{4\pi^2 mr^2}$

③ $\frac{h^2}{2\pi^2 mr^2}$ ④ $\frac{h^2}{\pi^2 mr^2}$

풀이 궤도 길이는 $l=2\pi r$ 이고 물질파 파장이 2개 있으므로 $\lambda=\pi r$ 이다.

전자의 운동에너지는

$$E = \frac{1}{2}mv^2 = \frac{1}{2m}(mv)^2 \qquad \left(mv = \frac{h}{\lambda}\right)$$

$$= \frac{1}{2m}\left(\frac{h}{\lambda}\right)^2 = \frac{h^2}{2\pi^2 mr^2}$$

정답은 ③이다.

(4) 수소원자 스펙트럼

① 수소원자 스펙트럼의 발머계열

햇빛에서 나오는 빛은 여러 파장이 결합되어 연속 스펙트럼으로 나타나지만 원자들은 각 원자들의 고유한 선 스펙트럼을 나타낸다.

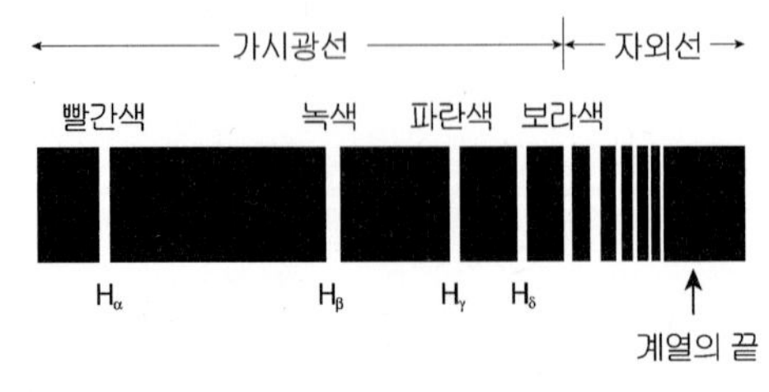

그림. 수소의 스펙트럼(발머 계열)

KEY POINT

KEY POINT

발머는 그림과 같은 수소원자의 선스펙트럼을 보고 가시광선 영역의 파장이 어떤 수열로 표시되는 것임을 깨닫고 파장 λ는 다음과 같이 나타낼 수 있음을 알았다.

$$\frac{1}{\lambda} = R\left(\frac{1}{2^2} - \frac{1}{n^2}\right) \quad (n=3,\ 4,\ 5,\ \cdots\cdots)$$

여기서 R는 리드베리 상수이고 그 값은 $r = 1.097 \times 10^7 m^{-1}$이다.
위의 식으로 표시되는 가시광선의 스펙트럼 계열을 **발머계열**이라고 한다.

예제3

보어의 수소 원자 모형에서 전자가 $n=3$ 에너지 준위에서 $n=1$ 에너지 준위로 전이하였다. 이 과정에서 방출되는 광자의 에너지로 가장 가까운 것은? (단, 수소 원자에서 전자의 바닥 상태 에너지는 −13.6 eV이다) (2019년 국가직 7급)

① 13.6 eV ② 12.1 eV

③ 6.8 eV ④ 3.4 eV

풀이 $E_n = -\frac{13.6}{n^2}$ 에서 $E_3 - E_1$은

$$\left(-\frac{13.6}{3^2}\right) - \left(\frac{-13.6}{1^2}\right) = 13.6\left\{1 - \frac{1}{9}\right\} = 13.6 \times \frac{8}{9} \approx 12.1(\text{eV})$$

정답은 ②번이다.

② 수소원자 스펙트럼의 여러 계열

수소원자 스펙트럼의 발머계열이 관측된 후 많은 다른 과학자들에 의해 자외선 부분과, 적외선 부분에도 다른 스펙트럼 계열을 발견하여 수식화시켰다.

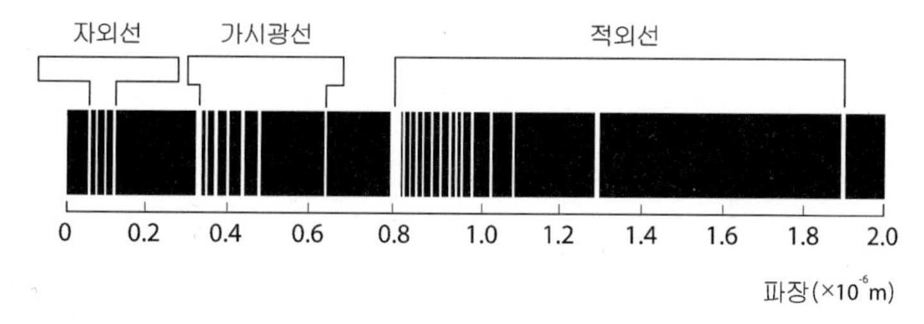

그림. 수소 원자의 스펙트럼

KEY POINT

각 계열별 파장 λ는 다음과 같이 표시된다.

$$\frac{1}{\lambda} = R\left(\frac{1}{m^2} - \frac{1}{n^2}\right) \quad (m,\ n \text{ 정수} \quad m<n)$$

$m=1$ $n=2,\ 3,\ 4\cdots$: 라이만 계열 (자외선 방출)

$m=2$ $n=3,\ 4,\ 5\cdots$: 발머 계열 (가시광선 방출)

$m=3$ $n=4,\ 5,\ 6\cdots$: 파셴 계열 (적외선 방출)

$m=4$ $n=5,\ 6,\ 7\cdots$: 브래킷 계열 (적외선 방출)

$m=5$ $n=6,\ 7,\ 8\cdots$: 푼트 계열 (적외선 방출)

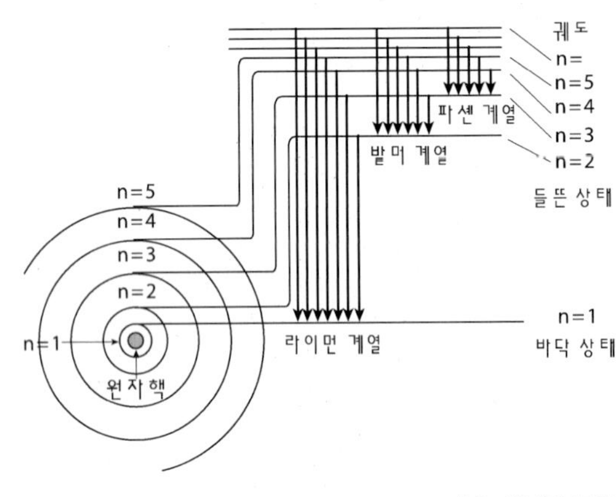

(가) 전자의 궤도　　　　　　　　　　(나) 에너지 준위

그림. 수소 원자내의 전자의 궤도와 에너지 준위

예제4

보어의 수소원자모형에서 $n=1$의 바닥상태에 있던 전자를 $n=3$의 두 번째 들뜬 상태로 옮기기 위해 공급해주어야 하는 에너지는? (단, n은 양자수이고 수소의 바닥상태의 에너지를 E_g라 한다) (2010년 국가직 7급)

① $\frac{1}{4}|E_g|$　　② $\frac{2}{3}|E_g|$

③ $\frac{3}{4}|E_g|$　　④ $\frac{8}{9}|E_g|$

풀이 각 궤도에서 에너지는 $E_n = \frac{E_g}{n^2}$ 이다. 즉 바닥상태의 에너지는 $n=1$ 에서 $E_1 = E_g$ 이다. $n=3$ 인 궤도의 에너지는 $E_3 = \frac{E_g}{9}$ 이므로 차이에 해당되는 $\frac{8}{9}E_g$ 이다.
정답은 ④이다.

KEY POINT

(5) 보어의 원자 모형의 한계

보어의 모형은 러더퍼드의 원자모형의 모순을 잘 극복하였지만 궤도전자가 한 개인 수소원자의 경우는 설명이 잘되나 전자가 많은 원자는 전자 하나하나의 궤도 및 에너지 준위를 정할 수 없는 등 원자번호가 큰 원자에는 적합하지 않는 것으로 밝혀졌다. 이러한 문제 해결을 위해 물질파 개념을 도입하여 슈레딩거와 하이젠베르그 등과 같은 학자들은 전자의 특정한 궤도의 개념 대신 전자의 확률적 분포를 나타내는 것으로 특정 궤도를 중심으로 전자구름 형태를 갖는다는 양자역학을 도입하여 새로운 원자모형을 제시하였다.

① 슈레딩거 파동 방정식

공간 좌표 x, y, z와 시간좌표 t의 함수 ψ는 입자를 발견할 수 있는 가능성과 연관된다.

슈레딩거는 부피 dv 안에서 입자가 발견될 확률은 파동함수 $\psi^2 dv$로 나타냈다.

x축상에서 입자의 발견 확률은 $\int_{-oo}^{oo} \psi^2(x)\,dx = 1$ 이다. 이때 $|\psi|^2$은 확률 밀도이다.

물질파의 변하는 양을 양자역학에서는 파동함수 ψ로 나타내며 이 입자의 파동함수가 만족하는 식을 슈레딩거 빙정식이라고 한다. 즉

$$\frac{d^2\psi}{dx^2} + \frac{8\pi^2 m}{h^2}(E - V)\psi = 0 \quad \begin{Bmatrix} E: \text{입자의 에너지} \\ V: \text{퍼텐셜 에너지} \end{Bmatrix} \text{를 만족한다.}$$

파동함수 ψ 그 자체는 물리적 의미가 없으며 함수의 제곱 ψ^2은 입자의 발견할 확률밀도를 의미한다.

㉠ 위치와 운동량의 불확정성

물체의 위치파악을 위해 보아야 하는데 본다는 것은 파동의 반사이므로 보는 것 자체가 운동량을 변화시킨다. $\triangle x \cdot \triangle P \geq \frac{h}{2\pi}$

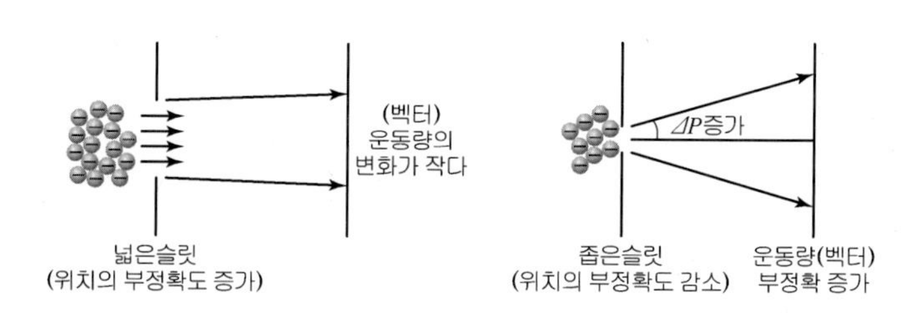

KEY POINT

즉 어떤 시간에 얼마의 운동량을 가진 입자가 어느 곳에 존재할 확률이 얼마이다라고 표현이 가능할 뿐이다.

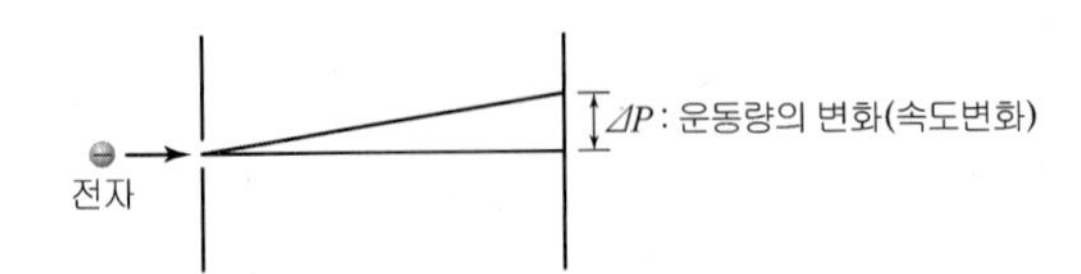

예제5

그림은 전자의 회절 실험을 나타낸 것으로 슬릿의 폭은 b이고, 슬릿의 중심에서 첫 번째로 전자가 도달하지 않는 지점을 이은 선이 $+x$ 방향과 이루는 각은 $\Delta\theta$이다. 스크린과 슬릿은 y축과 나란하고, 슬릿을 향해 입사된 전자의 운동량 크기는 p이며, 진행 방향은 $+x$ 방향이다.

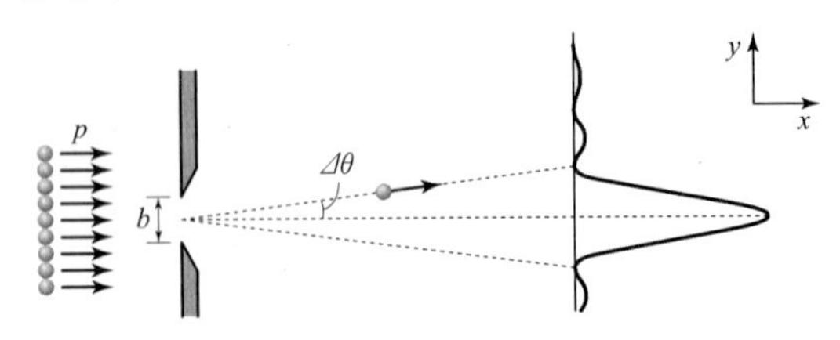

이 실험을 하이젠베르크의 불확정성 원리로 설명한 것으로 옳은 것만을 <보기>에서 있는 대로 고른 것은?

ㄱ. 위치의 불확정성은 b가 클수록 크다.
ㄴ. 운동량의 불확정성은 $\Delta\theta$에 비례한다.
ㄷ. b가 커지면 운동량이 불확정성 또한 증가한다.

① ㄱ ② ㄷ
③ ㄱ, ㄴ ④ ㄴ, ㄷ
⑤ ㄱ, ㄴ, ㄷ

풀이 정답은 ③이다.

KEY POINT

㉡ 에너지와 시간의 불확정성

입자의 에너지 ($E=hf$) 즉 진동수를 측정할 때 걸린 시간이 작을수록 에너지의 불확정성은 커진다.

$$\triangle E \cdot \triangle t \geq \frac{h}{2\pi}$$

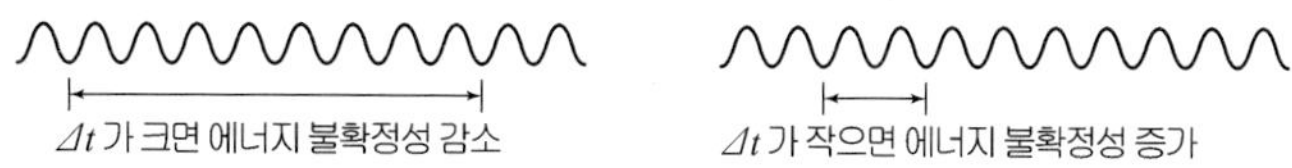

예제6

어떤 입자의 위치와 운동량을 동시에 측정하는 것은 불가능하다는 내용을 설명하는 것은? (2020년 국가직)

① 불확정성 원리　　② 상대성 이론
③ 배타 원리　　④ 광전 효과

풀이 $\triangle x \triangle P \geq \frac{h}{2\pi}$ 위치와 운동량을 동시에 정확히 측정할 수 없다는 것이 불확정성의 원리이다. 정답은 ①이다.

② 불확정성의 원리

어느 순간 입자의 위치와 선운동량은 모두 동시에 임의의 정밀도로 측정하는 것은 불가능한데 이것을 **불확정성의 원리**라 한다. 전자의 운동량을 측정하기 위해서는 광자를 전자에 충돌시킨 후 다시 튀어 나온 광자의 변화를 조사해야 한다.
이때 전자의 운동량이 변하게 되는데 이 운동량의 변화가 어느 정도 일어났는지 정확하게 알 수는 없다. 그러므로 측정된 운동량은 확정될 수가 없는데 이 불확정도를 ΔP 라 하면 이 불확정도의 크기는 알 수 없으나 그 중 가장 큰 경우가 광자의 운동량은 $\frac{h}{\lambda}$ 이다.

$$\Delta P \approx \frac{h}{\lambda}$$

이때 전자의 위치는 사용된 빛의 파장으로 측정되어야 한다.

운동량의 불확정 정도는 $\frac{h}{\lambda}$ 이고 위치의 불확정 정도 Δx는 $\Delta x = \lambda$ 이다.

두 식을 정리하면 $\Delta P \cdot \Delta x \approx h$ 가 된다.
즉 전자의 위치 측정의 정확도를 높이기 위해 짧은 파장의 빛을 사용하면 운동량의 정확도가 낮아지고 긴 파장을 사용하면 운동량은 정확히 측정할 수 있으나 위치 측정이 부정확해진다.
이것은 실험기술이나 장치와는 관계없는 자연 본래의 성질이다.

KEY POINT

예제7

불확정성 원리에 대한 설명으로 옳은 것만을 모두 고르면? (2021 서울시 7급)

ㄱ. 입자의 위치 x와 운동량 p를 동시에 정확히 측정할 수 없다.
ㄴ. 입자의 에너지 E와 운동량 p를 동시에 정확히 측정할 수 있는 경우는 없다.
ㄷ. 입자의 서로 다른 어떤 두 물리량도 동시에 정확히 측정할 수 없다.

① ㄱ　　② ㄴ
③ ㄱ, ㄴ　　④ ㄱ, ㄴ, ㄷ

풀이 불확정성 원리는 입자의 운동량과 위치를 동시에 정확히 측정하는 것은 불가능하다. 정답은 ①이다.

③ 상자속의입자

원자내에서 전자는 원자핵에 의해 속박된 채 갇혀 있다. 이렇게 갇힌 상태에서 전자의 파동성과 관련해 전자의 운동상태를 기술해 보자.

설명을 위해 거리가 L인 단단한 두 벽 사이에 입자가 갇혀서 이 사이에서만 입자가 존재 할 수 있다고 가정하자.

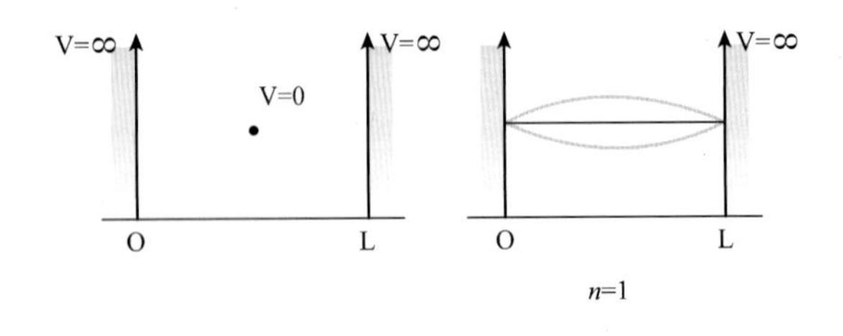

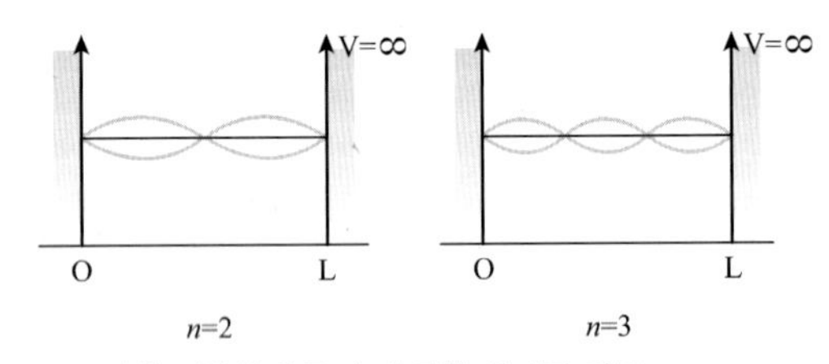

1차원 퍼텐셜 우물 속에 갇힌 입자의 파동

허용된 지역 밖에서는 퍼텐셜 에너지V가 매우 커서 파동함수는 0이 되어야 한다. (상자 밖에서는 입자가 존재할 확률($|\psi|^2$)이 0이므로 파동함수는 0이다.) 반면 상자 내부에서는 위치에너지가 0이다. 따라서 이 입자는 파동함수

KEY POINT

예제8

그림은 폭이 L인 1차원 무한 퍼텐셜 우물 안에 갇힌 입자의 양자화된 에너지 준위 $E_n(n=1, 2, 3, ...)$을 나타낸 것이다. 이에 대한 설명으로 옳은 것은?

(2021 국가직 7급)

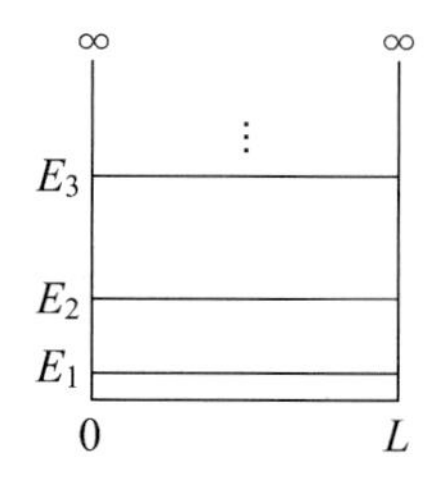

① 에너지 준위는 n에 비례한다.

② 에너지 준위는 L이 커질수록 낮아진다.

③ 우물 밖에서 입자를 발견할 확률이 존재한다.

④ E_2 상태에서 E_1 상태로 입자가 전이할 때 에너지를 흡수한다.

풀이 입자의 물질파 파장은 $\lambda=\frac{h}{mv}$이고 우물에서 파장은 $\lambda_n=\frac{2L}{n}$ 이다.

$E_n=\frac{1}{2}mv^2=\frac{h^2}{2m}\left(\frac{1}{\lambda_n}\right)^2=\frac{h^2}{8mL^2}n^2$ 이다.

L이 커질수록 에너지는 작아진다.

정답은 ②이다.

$$\frac{d^2\psi}{dx^2}+\frac{8\pi^2m}{h^2}(E-V)\psi=0 \quad \cdots\cdots\cdots\cdots \text{㉠}$$

에서 운동에너지 E를 갖는 파동함수 ψ를 갖는다.

이런 경우 땅속을 파서 만든 우물과 비슷하다는 의미에서 이런 문제를 퍼텐셜 우물 문제라고 한다. 그리고 자유전자에 대해서 위치에너지 $V=0$이다.

상자내부에서 입자에 대한 슈레딩거 방정식은 다음과 같이 쓸 수 있다.

$$\frac{d^2\psi}{dx^2}+\frac{8\pi^2m}{h^2}E\psi=0 \quad \cdots\cdots\cdots\cdots \text{㉡}$$

상자의 경계면이 단단한 벽이기 때문에 $x=0$과 $x=L$에서 파동함수는 0이다.

상자 밖에서 입자가 존재할 확률밀도 $|\psi|^2$이 0이므로 경계에서도 0이다.

KEY POINT

이것은 고정된 줄의 진동에 의한 파동과 비슷하다. 이 조건을 만족시키는 파동의 해는 다음과 같다.

$$\psi_n(x) = \begin{cases} \psi_0 \sin(n\pi x/L) & n=1,\ 2,\ 3,\ \cdots\cdots \quad 0 < x/ < L \\ 0 & x \leqq 0,\ x \geqq L \end{cases}$$

그림에서 보듯이 파장은 n=1에서 $\lambda_1 = 2L$

n=2에서 $\lambda_2 = \cdot L$

n=3에서 $\lambda_3 = \frac{2L}{3}$

이므로 $\lambda_n = \frac{2L}{n}$ 이다. 앞에서 배운 파동식

$\psi(x,t) = A\sin 2\pi(\frac{x}{\lambda} - \frac{t}{T})$에서 $t=0$이면

$$\psi(x) = \psi_o \sin 2\pi\left(\frac{nx}{2L}\right)$$

$$= \psi_0 \sin\frac{n\pi x}{L}$$ (진폭 A가 ψ_0이라 하자) ……· ⓒ이다.

ⓛ식과 ⓒ식에 에너지 E를 구하면

$$E_n = \frac{h^2}{8mL^2}n^2 \quad n=1,2,3,4,\cdot\cdot\cdot\cdot\cdot$$

와 같이 쓸 수 있다. 이 에너지는 고전역학을 이용해서 풀 수도 있다.

입자의 물질파 파장은 $\lambda = \frac{h}{mv}$ 이고 앞에서 $\lambda = \frac{2L}{n}$ 이므로 $mv = \frac{hn}{2L}$ 이다. 한편 운동에너지는 E는 $E = \frac{1}{2}mv^2 = \frac{1}{2m}(mv)^2$이므로

$$E = \frac{1}{2m}\frac{h^2n^2}{4L^2} = \frac{h^2}{8mL^2}n^2$$

에너지 준위는 양자수 n의 제곱값에 비례하여 양자화 된다.

1차원 퍼텐셜 우물 속에 있는 입자는 오직 파동함수 ψ^2으로 표현되는 유한한 에너지 E_n을 갖는 상태에만 존재할 수 있다. 그 외의 에너지를 갖는 입자는 결국 존재할 수 없다.

KEY POINT

예제9

그림은 길이가 L인 1차원 무한 퍼텐셜 우물에 갇힌 입자에 대해, 양자수 $n=1$, $n=2$, $n=3$에 해당하는 파동함수 ψ_1, ψ_2, ψ_3와 각 상태의 에너지 E_1, E_2, E_3를 나타낸 것이다. $E_2-E_1=E_o$일 때, E_3-E_2는? (2021 서울시 7급)

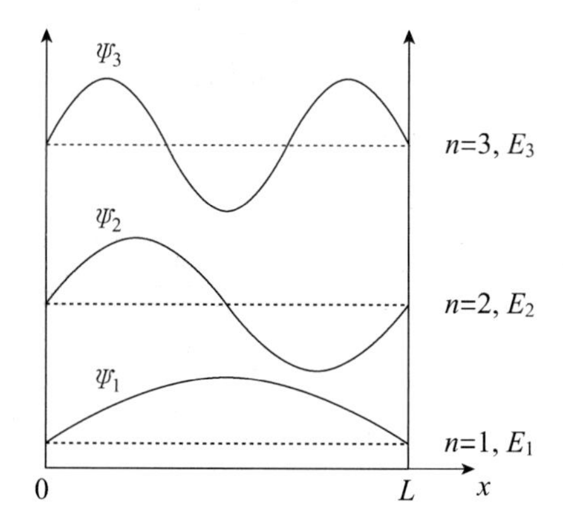

① $\frac{1}{3}E_o$　　② $\frac{1}{2}E_o$

③ $\frac{5}{3}E_o$　　④ $2E_o$

풀이 우물 속에 갇힌 입자의 에너지는

$E_n=\frac{h^2n^2}{8mL^2}$ 이다.

$E_2-E_1=\frac{h^2}{8mL^2}(2^2-1^2)=\frac{3h^2}{8mL^2}=E_o$

$E_3-E_2=\frac{h^2}{8mL^2}(3^2-2^2)=\frac{h^2}{8mL^2}\times5=\frac{5}{3}E_o$

정답은 ③이다.

예제10

그림은 폭이 L인 일차원 무한 퍼텐셜 우물 속에 갇혀 있는 입자의 양자수 n에 따른 파동 함수 Ψ_n과 에너지 준위 E_n을 나타낸 것이다.

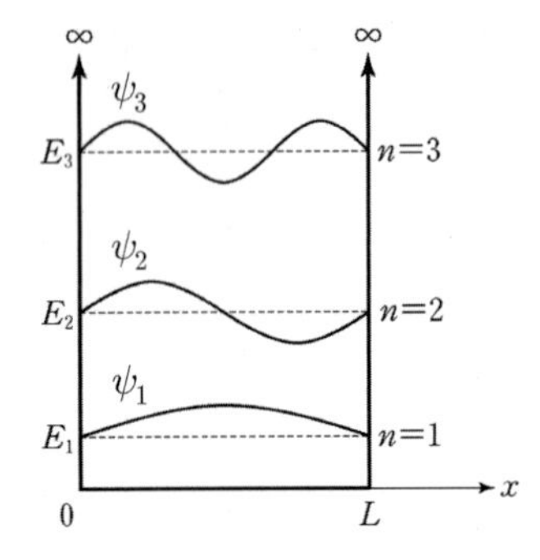

이에 대한 설명으로 옳은 것만을 <보기>에서 있는 대로 고른 것은?

ㄱ. 입자의 드브로이 파장은 $n-1$일 때가 $n-2$일 때의 2배 이다.

ㄴ. 입자가 $x=\frac{L}{2}$에서 발견될 확률 밀도는 $n=2$일 때와 $n=3$일 때가 같다.

ㄷ. $E_3=9E_1$이다.

① ㄱ　　② ㄴ

③ ㄷ　　④ ㄱ, ㄷ

⑤ ㄱ, ㄴ, ㄷ

풀이 정답은 ④이다.

④ 양자 터널 효과

입자가 가진 운동 에너지(E)보다 더 높은 퍼텐셜 장벽(U_0)을 뚫고 투과해 가는 현상을 양자 터널 효과라고 한다.

고전 역학으로 설명이 불가능하고 양자 역학으로 해석이 가능하다.

그림에서 중요한 것은 $E < U_0$인데도 장벽의 오른쪽에서 파동 함수가 0이 아니라는 것이다. 이것은 왼쪽에서 접근하는 입자가 장벽의 오른쪽에서도 발견될 확률이 있다는 것을 의미한다.

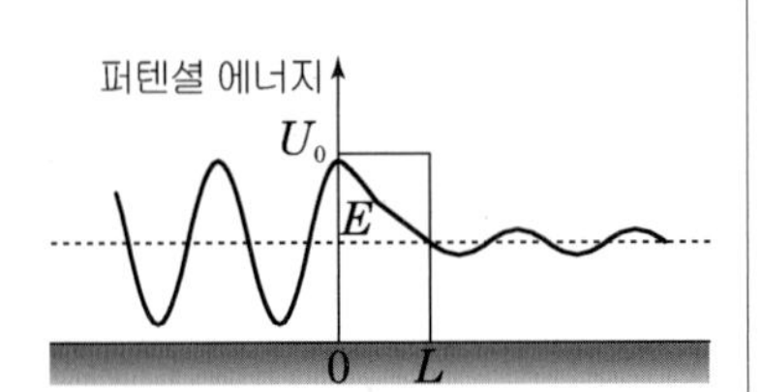

퍼텐셜 장벽의 폭(L)이 좁고, 높이(U_0)가 낮을수록 입자의 투과확률은 높아진다.

KEY POINT

(6) 입자의 검출 확률

앞에서 배운바와 같이 파동함수 $\psi_n(x)$는 어떤 방법으로도 검출하거나 측정할 수 없다. 확률밀도 $\psi_n^2(x)$는 x축에서 단위길이당 확률이다.

따라서 x축상에서 전자의 발견 확률 $P(x)$는

$$P(x) = \psi_n^2(x)\,dx \text{ 이다.}$$

$$\psi_n^2(x) = \psi_0^2 \sin^2\left(\frac{n\pi x}{L}\right) \text{ 이므로}$$

x_1과 x_2 사이에서 전자가 발견될 확률은

$$p_{x_2 \sim x_1} = \int_{x_1}^{x_2} \psi_o^2 \sin^2\left(\frac{n\pi x}{L}\right) dx \text{가 된다.}$$

고전 물리에서 공간 속에 갇힌 입자가 발견될 확률은 어느 곳에서나 같다.

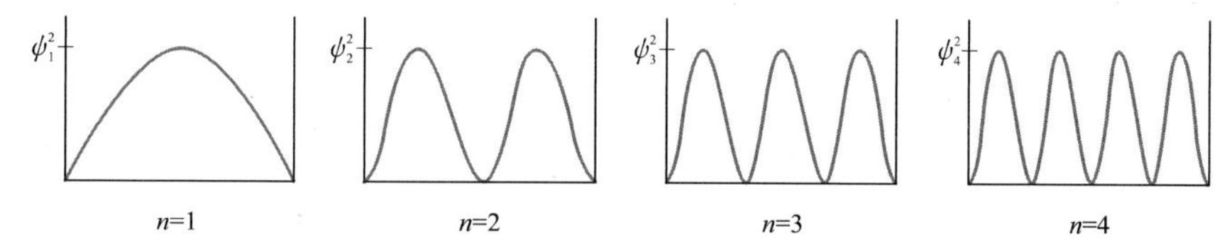

그림. 우물에 갇힌 입자의 각 양자 상태에서 확률밀도

그러나 그림에서 보듯이 발견확률이 모두 같지 않다. 진폭($\psi^2(x)$이 확률밀도이므로)이 각 지점에서 다르기 때문이다 주목할 것은 n이 증가함에 따라 우물 내에서 전자를 발견할 확률이 점점 균일해짐을 볼 수 있다.
즉 양자수가 충분히 커지면 양자물리의 예측이 고전 물리의 예측에 점차 접근한다.

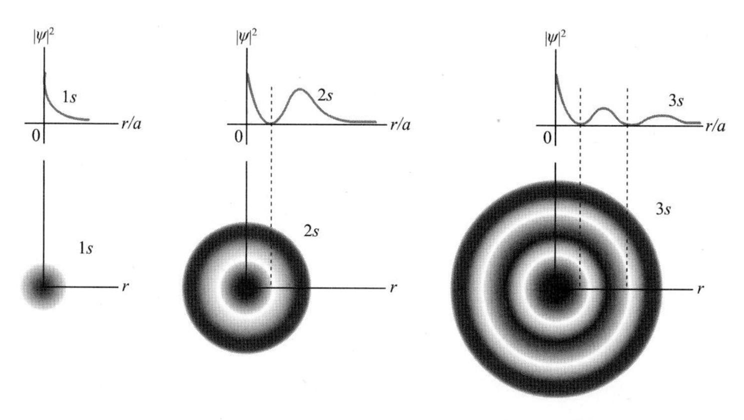

그림. 수소 원자의 구형 대칭인 1s, 2s, 3s 파동 함수들에 대한 확률 분포 $|\psi|^2$

KEY POINT

KEY POINT

예제11

두 무한 네모 우물(Infinite square well) A, B 안에 각각 동일한 질량 m인 전자가 하나씩 들어있으며, A 우물에 들어있는 전자의 바닥 상태 에너지와 B 우물에 들어 있는 전자의 두 번째 들뜬 상태 에너지가 같다. 이 경우 무한 네모 우물 A의 폭 L_A와 무한 네모 우물 B의 폭 L_B를 비교했을 때 가장 옳은 것은?

(2019년 서울시 7급)

① $L_A = 2L_B$　② $L_A = 3L_B$

③ $L_B = 2L_A$　④ $L_B = 3L_A$

풀이 우물퍼텐셜의 전자에너지는 $E_n = \frac{h^2}{8mL^2} n^2$이다.

$A \Rightarrow E_1 = \frac{h^2}{8mL_A^2} \times 1^2 \quad B \Rightarrow E_3 = \frac{h^2}{8mL_B^2} \times 3^2 \quad \frac{1}{L_A^2} = \frac{1}{L_B^2} \times 3^2$

$L_B = 3L_A$ 정답은 ④이다.

연습문제

1 다음 중 러더퍼드의 α입자 산란 실험과 관계 있는 것은?

① α 입자의 성질
② 핵의 질량 측정
③ 전자의 분포 상태
④ 전자의 전하량 측정
⑤ 원자의 유핵 모형

2 전자가 에너지 준위 E_n에서 E_m상태로 떨어졌을 때 방출되는 전자기파의 파장은 얼마인가?(단, 양자수 $n>m$, h는 플랑크 상수, c는 광속)

① $\dfrac{E_n-E_m}{ch}$　② $\dfrac{ch}{E_n-E_m}$
③ $\dfrac{E_n-E_m}{h}$　④ $\dfrac{c}{h(E_n-E_m)}$
⑤ $\dfrac{c(E_n-E_m)}{h}$

3 음극선의 본질은 무엇인가?

① 중간자　② 양성자
③ 전자　④ 양전자
⑤ 중성자

4 보어의 양자조건에서 기저상태에 있는 수소원자에서 전자의 물질파 파장은 그 원자 반지름의 몇 배나 되겠는가?

① 2π배　② $\dfrac{1}{2\pi}$배
③ 1배　④ $\dfrac{1}{2}$배
⑤ 2배

5 다음 중 비전하 (q/m)의 값을 측정한 사람은 누구인가?

① 톰슨　② 아인슈타인
③ 밀리컨　④ 보어
⑤ 러더퍼드

해설

해설 **1**
원자의 중심에 질량이 집중된 덩어리가 존재한다.

해설 **2**
방출에너지
$E=E_n-E_m$, $E=hf=\dfrac{hc}{\lambda}$ 이므로
$\dfrac{hc}{\lambda}=E_n-E_m$　$\lambda=\dfrac{hc}{E_n-E_m}$

해설 **4**
양자조건 $2\pi r=n\lambda$ (n은 자연수)에서 기저상태이므로 n의 $2\pi r=\lambda$
따라서 파장은 반지름 r에 2π를 곱한 값이다.

해설 **5**
톰슨은 음극선의 비전하를 측정하여 전자를 발견했다.

정답 1. ⑤ 2. ② 3. ③ 4. ① 5. ①

6 실험에 의해 밝혀진 음극선의 성질과 관계없는 것은?

① 음극선은 질량을 갖는 입자들의 흐름이다.
② 음극신은 직진한다.
③ 음극선은 형광, 전리작용이 있다.
④ 음극선은 자기장의 영향을 받지 않는다.
⑤ 음극선은 사진 작용이 있다.

7 수소원자에서 $n=2$인 궤도에서 $n=1$인 궤도를 전자가 천이한다. 이때 내는 복사파는 무슨 계열인가?

① 발머 계열
② 브레킷 계열
③ 라이만 계열
④ 파셴 계열
⑤ 푼트 계열

8 위의 7번 문제에서 복사파의 파장은 얼마인가? 리드베리 상수 R로 나타내어라.

① $\frac{3R}{4}$
② $\frac{1}{4}R$
③ $4R$
④ $\frac{4}{3R}$
⑤ R

9 수소 원자에서 나오는 스펙트럼은 선 스펙트럼이다. 이것으로 알 수 있는 사실은?

① 수소원자의 크기
② 수소 원자핵의 내부구조
③ 수소 원자핵의 크기
④ 에너지 준위의 불연속성
⑤ 수소 원자의 일함수

해 설

해설 **8**

$\frac{1}{\lambda}=R\left(\frac{1}{m^2}-\frac{1}{n^2}\right)$에서

$\frac{1}{\lambda}=R\left(\frac{1}{1^2}-\frac{1}{2^2}\right)$ $\lambda=\frac{4}{3R}$

해설 **9**

전자가 각 궤도에서 안쪽 궤도로 천이할 때 에너지를 방출하는데 방출하는 에너지는 $E=-13.6\left(\frac{1}{n^2}-\frac{1}{m^2}\right)$ (n, m은 자연수이며 n이 바깥궤도 m이 안쪽 궤도이다.)에 따르므로 불연속적이다.

정답 6. ④ 7. ③ 8. ④ 9. ④

10 가속 전압 V로 가속된 전자가 균일한 자기장 B 속에 자기장의 방향과 수직으로 입사하여 반지름 r인 원운동을 할 때, 이 전자의 비전하를 r와 V로 표시하라.

① $\frac{2V}{B^2r^2}$　② $\frac{B^2r^2}{2V}$
③ $\frac{2V}{Br}$　④ $\frac{Br}{2V}$
⑤ $\frac{r^2}{2VB}$

11 다음 중 맞는 내용으로 구성된 것은 어느 것인가?

> 1) 밀리컨의 유적 실험으로 전하가 양자화 되어있는 것을 알 수 있다.
> 2) 리더퍼드의 α입자 산란 실험은 원자의 중앙에 양전하를 띤 원자핵의 존재를 보여준다.
> 3) 선 스펙트럼은 러더퍼드의 원자 모형으로 설명될 수 있다.
> 4) 진공관의 양근에 전원을 연결하고 진공관의 중간에 일함수가 매우 작은 금속판에 고전압을 걸어주면 금속판에서 X선이 발생한다.

① 1), 2)　② 1), 3)
③ 1), 2), 3)　④ 1), 2), 4)
⑤ 2), 3), 4)

12 원자가 두 에너지 준위 사이를 전자가 전이함으로써 방출되는 광양자의 에너지는 실제로 두 에너지 준위차이보다 작다. 이 사실에 대한 설명으로서 맞는 것은 어느 것인가?

① 광양자는 실제로 파동이므로 입자인 원자와 함께 에너지 보존 법칙을 만족시켜야 할 필요가 없다.
② 전자는 실제로 일정한 에너지 준위를 가질 수 없는 구름 형태로 되어 있으므로 에너지가 불확실하다.
③ 질량 에너지의 등가성 원리에 의해 이 에너지 차이가 관찰되지 않는 것은 입자로 만들어졌을 것이다.
④ 운동량 보존 법칙에 의해 원자는 광양자의 방향과 반대 방향으로 움직이므로 이 에너지 차이는 이 원자의 운동에너지가 되었을 것이다.
⑤ 답 없음

해 설

해설 10

$r=\frac{mv}{Bq}$ 이고 비전하 $\frac{q}{m}$ 는

$\frac{q}{m}=\frac{v}{Br}$ 이다.

$qV=\frac{1}{2}mv^2$ 에서 $v=\sqrt{\frac{2qV}{m}}$

이므로 $\frac{q}{m}=\frac{1}{Br}\sqrt{\frac{2qV}{m}}$ 이고

양변 제곱하면 $\frac{q}{m}=\frac{2V}{B^2r^2}$ 이다.

해설 11

전하 위 기본 전하량은 $1.6\times10^{-19}C$ 이고 X선 발생은 광전효과 실험의 역현상이다.

정답 10. ① 11. ④ 12. ④

13 전자가 안정된 원운동을 하기 위해서는 보어의 양자조건을 만족시켜야 한다. 매우 강한 자기장 B안에서 전자가 원운동하고 있을 때 가능한 최소 회전 반경은 얼마인가? 플랑크 상수는 h, 전하량의 크기는 e라 한다.

① $\sqrt{\dfrac{Be}{h}}$

② $\sqrt{\dfrac{2\pi Be}{h}}$

③ $\sqrt{\dfrac{h}{Be}}$

④ $\sqrt{\dfrac{h}{2\pi Be}}$

⑤ $\sqrt{\dfrac{2\pi h}{Be}}$

14 수소 원자의 주양자수를 n이라 할 때 가능한 궤도 양자수 l의 값은 무엇인가?

① 0이상의 모든 정수가 가능하다.

② $l=1, 2, 3, \cdots, (n-1), n$

③ $l=1, 2, 3, \cdots, (n-1), (n-2)$

④ $l=0, 1, 2, \cdots, (n-1), n$

⑤ $l=0, 1, 2, \cdots, (n-2), (n-1)$

15 궤도 양자수를 l이라하면 가능한 자기양자수 m의 값은 무엇인가?

① $m=1, 2, \cdots, l$

② $m=-1, -2, \cdots, -l$

③ $m=0, \pm1, \pm2 \cdots, \pm l$

④ $m=\pm1, \pm2, \cdots, \pm l$

⑤ 모든 정수 값

16 반도체에 관한 다음 설명 중 틀린 것은?

① N형 반도체의 전하 운반자는 전자이고 P형 반도체의 전하운반자는 홀이다.

② 홀 효과 실험을 하여 전하운반자의 부호를 알 수 있다.

③ 실리콘에 5족원소인 인을 접합시키면 N형 반도체가 된다.

④ P형과 N형 반도체를 접합하여 정류 소자로 사용가능하다.

⑤ PN접합 다이오드는 V=IR이라는 옴의 법칙을 만족시킨다.

해 설

해설 13

로렌쯔힘 $F=Bqv$ 이고

원심력 $F=\dfrac{mv^2}{r}$ 에서 $r=\dfrac{mv}{Bq}$ 이다.

보어의 양자조건에서 $2\pi r\cdot mv=nh$

에서 $mv=\dfrac{nh}{2\pi r}$ 이므로

$r=\dfrac{nh}{2\pi r\cdot Bq}$ 이고 $r=\sqrt{\dfrac{nh}{2\pi Bq}}$

에서 최소반경 $n=1$ 이므로

반경은 $r=\sqrt{\dfrac{h}{2\pi Bq}}$ 이다.

해설 14

주양자수 n이면 궤도 양자수 l은 $0\le l\le(n-1)$ 이다.

해설 15

$-l\le m\le l$ 이다.

정답 13. ④ 14. ⑤ 15. ③ 16. ⑤

3. 원자핵

KEY POINT

1 원자핵의 구성

앞 절에서 원자모형을 살펴본 결과 원자는 원자핵과 전자로 구성되었고 원자핵은 대부분의 질량을 차지하며 양전하를 띠고 있음을 알았다. 그러면 원자핵은 어떤 입자로 구성되어 있을까에 대해 알아본다.

(1) 원자핵의 구조

■ 원자핵은 양성자+중성자

원자핵은 양성자와 중성자로 구성되어 있으며 이들 핵을 구성하는 입자를 **핵자**라고 한다.

① 양성자 : 수소원자의 원자핵으로 전기적으로 $+e$의 전하량을 갖고 질량은 전자의 약 1836배이다.

② 중성자 : 전기적으로 중성이며 질량은 양성자와 거의 같다.

※ 원자핵의 표시
원자핵속의 양성자의 수를 그 원자의 원자 번호라 하고 기호로는 보통 Z로 표시한다. 즉 원자번호가 Z인 원자의 핵 속에는 양성자가 Z개 있다. 또, 중성자의 수를 N이라 하면 그 원자핵의 질량 A는 $A = Z + N$이고 원자핵을 표시할 때는 임의의 원소 X가 있으면 ${}^{A}_{Z}X$로 표시한다.

(2) 동위원소

각 원소는 화학적 성질이 같은 원소라도 서로 다른 질량을 갖는 경우가 있는데 즉 양성자의 수는 같지만 중성자의 수가 달라 질량이 다른 원소이다. 이것을 **동위원소**라고 한다.

수소 동위원소
전자
${}^{1}_{1}H$ ${}^{2}_{1}H$ ${}^{3}_{1}H$

헬륨 동위원소
${}^{3}_{2}He$ ${}^{4}_{2}He$
양성자
중성자

그림. 수소와 헬륨 원자핵의 구성과 동위원소

동위원소의 예

원소		존재비
수소	${}^{1}H$	99.985
	${}^{2}H({}^{2}D)$	0.015
헬륨	${}^{3}He$	1.3×10^{-4}
	${}^{4}He$	≒100
탄소	${}^{12}C$	98.892
	${}^{13}C$	1.108
산소	${}^{16}O$	99.759
	${}^{17}O$	0.037
	${}^{18}O$	0.204
네온	${}^{20}Ne$	90.92
	${}^{21}Ne$	0.257
	${}^{22}Ne$	8.82

KEY POINT

일반적으로 동위 원소는 자연계에 서로 혼합되어 존재하고 있다. 위의 표는 몇 가지 원소에 대한 동위원소와 그 존재비율을 나타낸 것이다.
수소원자의 질량은 전자질량의 약 1836배나 되므로 원자의 질량에서 전자가 차지는 부분은 무시해도 될 만큼 작다. 따라서 동위원소의 질량 차는 핵의 질량차가 된다.
핵의 질량에 질량수가 하나씩 차이가 나는 원소가 있다는 것은 위의 헬륨원자핵의 구성 그림에서 보듯이 핵의 구조에 대한 하나의 암시가 된다.

예제 1

같은 원소의 동위원소들에 대한 설명으로 옳은 것은? (2018년 국가직 7급)

① 스핀 값이 같다.
② 원자번호는 같으나 원자량이 다르다.
③ 화학적 성질이 같기 때문에 분리할 수 없다.
④ 세 가지 이상의 동위원소가 존재하는 원소는 없다.

풀이 ② 원자번호는 같으나 중성자수가 달라서 질량수가 같은 원소를 동위원소라고 한다. 정답은 ②이다.

예제 2

그림은 균일한 자기장에 수직으로 입사한 원자핵 X, Y, Z가 운동한 경로를 나타낸 것이다. X, Y, Z는 같은 속도로 입사 했으며, 지름이 각각 D_X, D_Y, D_Z인 원궤도를 따라 운동한 후 자기장 영역 밖으로 나왔다. X와 Y는 서로 동위 원소인 두 원자의 원자핵이며, Z는 Y가 한 번 알파붕괴하여 생성된 원자핵이다. $D_X < D_Y < D_Z$일 때, 이에 대한 설명으로 옳은 것을 보기에서 모두 고른 것은? (단, 원자핵 사이에 작용하는 힘, 전자기파의 발생, 중력의 영향은 무시한다.)

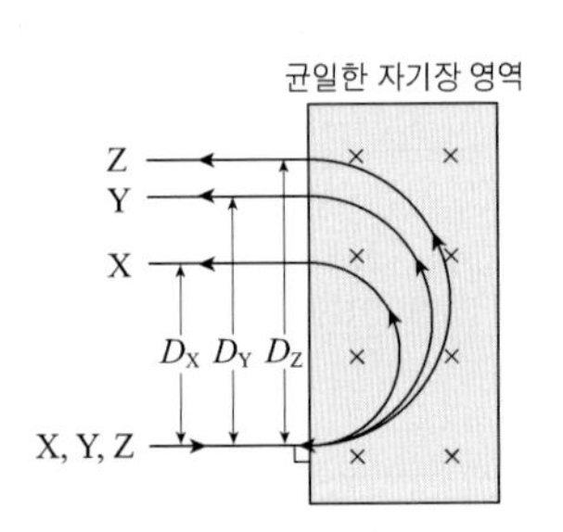

ㄱ. X의 양성자 수는 Z의 양성자 수보다 작다.
ㄴ. X의 중성자 수는 Y의 중성자 수보다 작다.
ㄷ. 자기장 영역에서 구심력의 크기는 Y가 Z보다 작다.

① ㄱ ② ㄴ ③ ㄷ
④ ㄴ, ㄷ ⑤ ㄱ, ㄴ, ㄷ

풀이 X와 Y는 동위 원소이므로 전하량이 같지만 Y의 회전 반지름이 X보다 더 크므로 $qvB=\frac{mv^2}{r}$, $r=\frac{mv}{qB}$에서 Y의 질량이 X보다 더 크다. 따라서 X의 중성자수는 Y의 중성자수보다 작다.
- α 붕괴를 하면 양성자와 중성자가 2개씩 감소한다. 그리고 X와 Y는 동위 원소이므로 양성자수가 같다. 따라서 X의 양성자수는 Z의 양성자수보다 많다.
- 구심력의 크기는 자기력의 크기와 같고 자기력은 $F=qvB$이다. 그런데 속력 v와 자기장 B는 같고 전하량은 Y가 Z보다 크다. 따라서 구심력의 크기는 Y가 Z보다 크다. 정답은 ②이다.

KEY POINT

■ 원자핵의 반지름 R과 원자핵의 질량 A
$R^3 \propto A$

(3) 원자핵의 크기

여러 실험을 통해 원자핵은 거의 공 모양이고 원자핵의 부피 V는 질량수 A에 비례함을 알았다.

반지름이 R일 때 구의 부피는 $\frac{4}{3}\pi R^3$이므로 $V \propto A$에서 $A \propto \frac{4}{3}\pi R^3$이 되어 R은 $A^{\frac{1}{3}}$에 비례한다.

즉 식으로 나타내면 $R=R_0 A^{\frac{1}{3}}$이며 실험적으로 $R_0=1.2\times10^{-15}m$ 정도임이 밝혀졌다.

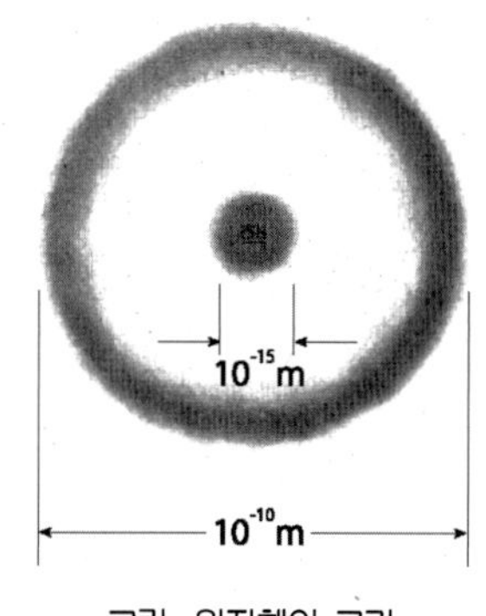

그림. 원자핵의 크기

(4) 원자핵의 질량

원자핵의 질량은 질량수 12인 탄소원자의 질량의 1/12을 단위로 하여 나타낸다. 이것을 1원자 질량단위 ($1\,amu$ 또는 $1u$)라 한다. 아보가드로수가 6.02×10^{23}개이므로 $1amu$는 $1amu=\frac{12.00}{6.02\times10^{23}}\times\frac{1}{12}=1.66\times10^{-27}kg$이다.

※ 질량 분석기

질량분석기는 동위원소를 분석하는 장치로서 1919년 영국의 에스턴이 최초로 만들었다. 이온화된 원자에 전위차를 주어 가속한 다음 자기장속을 지나게 한 다음 그 진로가 굽어지는 정도로 원자의 질량을 측정하였다.

오른쪽 그림과 같이 전하량 q인 입자가 속도 v로 전기장 E와 자기장 B가 동시에 걸려 있는 속도 선택기를 지나 슬릿 R을 통과하여 자기장 B'에 수직 입사하면 입자는 등속원운동하여 반경 r의 궤도를 그리며 S점에 도달한다.

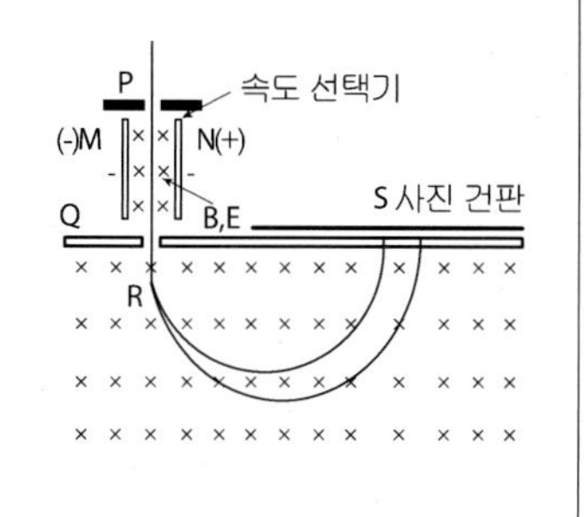

그림. 질량 분석기

한편 속도선택기에서 입자를 직진시키려면 자기장으로부터 받는 힘 $F_B = Bqv$ 와 전기장으로부터 받는 힘 $F_E = qE$는 같으므로 $qE = Bqv$, $v = \frac{E}{B}$ 이다. 또 자기장 B'에서는 $\frac{mv^2}{r} = B'qv$가 되고 여기에 $v = \frac{E}{B}$를 대입하면 $m = \frac{qBB'r}{E}$ 이다. 즉 입자의 질량은 궤도 반지름에 비례한다.

2 방사능과 원자핵의 변환

(1) 방사능

① 방사선

1895년 베크렐은 우라늄을 포함하는 광물에서 미지의 방사선이 나와 사진건판을 감광시키는 것을 발견하였다. 그리고 폴로늄(P_0)과 라듐 (Ra) 방사선을 낸다는 것이 발견되었다.

이와 같이 방사선을 내는 원소를 방사성원소라고하고 방사선을 내는 성질을 **방사능**이라고 한다.

② 방사선의 종류와 성질

자연계에는 α, β, γ의 3종류가 있다. 그림과 같이 방사선의 진로에 전기장이나 자기장을 걸어주면 3종류로 분리되고 이들을 α선(알파선) β선(베타선) γ(감마선)이라고 부른다.

■ 방사선의 종류
α선-헬륨핵
β선-전자
γ선-전자기파

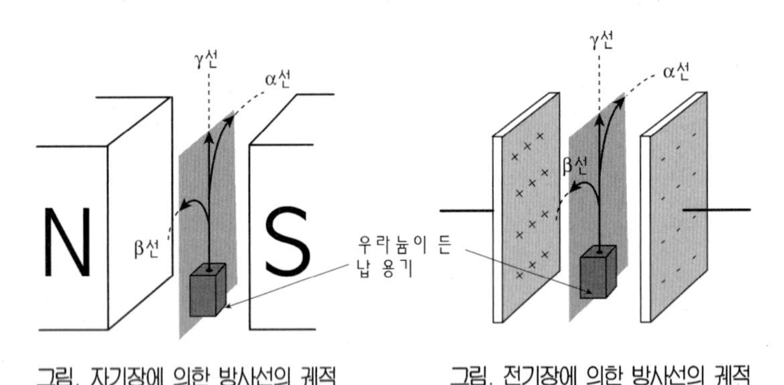

그림. 자기장에 의한 방사선의 궤적 그림. 전기장에 의한 방사선의 궤적

㉠ α선 : 양전하를 띠고 있는 헬륨(He)핵의 흐름이며 전리작용은 세지만 투과력은 매우 약하다.

㉡ β선 : 고속의 전자의 흐름이며 α선보다 전리작용은 약하지만 투과력은 세다.

㉢ γ선 : 전기장이나 자기장의 영향을 받지 않는 전자기파로서 성질은 X선과 유사하고 질량은 없으며 파장은 X선보다 훨씬 짧고 투과력이 강해서 금속판도 투과한다.

KEY POINT

방사선의 성질

종류	본성	질량	전하량	투과력	형광, 사진, 전리작용	전기장에서 휨	자기장에서 휨	속도	에너지
α선	헬륨의 원자핵 ($_2He^4$)	$4m_p$	$+2e$	소 (공기, 수cm)	대	(−)극 쪽으로 조금 휨	전류와 같음	느림	수MeV
β선	고속의 전자 ($_{-1}e^0$)	$\frac{m_p}{1840}$	$-e$	중 (Al, 수mm)	중	(+)극 쪽으로 많이 휨	α선과 반대쪽	중간	2MeV
γ선	파장이 짧은 전자기파 (광자)	0	0	대 (Pb, 수cm)	소	직진	직진	광속	

(2) 원자핵의 붕괴

① 방사성원소의 붕괴

방사성원소의 원자핵은 많은 양성자의 전기적 반발력에 의해 깨어지면서 방사선을 내고 다른 원소의 원자핵으로 변환되는데 이것을 방사성원소의 붕괴 또는 원자핵의 자연붕괴라고 한다. 붕괴방법에는 방출하는 방사선의 종류에 따라 α붕괴, β붕괴 γ붕괴로 나누어진다.

㉠ α붕괴 : 원자핵에서 α입자(양성자 2개, 중성자 2개)가 방출되고 다른 원자핵으로 변환되는 것

$^{A}_{Z}Y \rightarrow ^{A-4}_{Z-2}X + ^{4}_{2}He$ 예) $^{226}_{88}Ra \rightarrow ^{222}_{86}Rn + ^{4}_{2}He$
(라듐) (라돈) (α선)

㉡ β붕괴 : 원자핵에서 β입자(전자)가 방출되고 다른 원자핵으로 변환되는 것

$^{A}_{Z}X \rightarrow ^{A}_{Z+1}Y + ^{0}_{-1}e$ 예) $^{14}_{6}C \rightarrow ^{14}_{7}N + ^{0}_{-1}e$
(탄소) (질소) (β선)

또 이 β붕괴에서는 중성자가 양성자로 변할 때 전자 외에 전하도 없고 질량도 매우 작은 소립자인 중성미자도 함께 방출된다.

㉢ γ붕괴 : α붕괴나 β붕괴로 생긴 원자핵은 기저상태보다 에너지가 더 큰 들뜬 상태에 있다. 들뜬 상태에서 바닥상태로 돌아갈 때 그 에너지를 전자기파의 형태로 γ선(광자)을 방출하고 원자번호와 질량은 변화 없다.

$^{A}_{Z}X \rightarrow ^{A}_{Z}X + \gamma$선

KEY POINT

예제3

원자핵이 α, β, γ 붕괴를 할 때 원자번호(양성자수)와 질량수의 변화를 설명한 것으로 옳은 것은? (2009년 행자부)

① α 붕괴를 하면 원자번호와 질량수가 각각 2감소한다.

② β^+ 붕괴를 하면 원자번호는 변하지 않고 질량수가 1 감소한다.

③ β^- 붕괴를 하면 원자번호는 1 감소하고 질량수는 변하지 않는다.

④ γ 붕괴를 하면 원자번호와 질량수는 모두 변하지 않는다.

풀이 β^- 붕괴하면 원자번호 1 증가하고 질량수 변화 없다.
β^+ 붕괴하면 원자번호 1 감소하고 질량수 변화 없다.
정답은 ④번이다.

예제4

다음은 우라늄의 핵분열과정을 나타낸 것이다. ㉠에 들어갈 입자는? (2017 국가직)

$$^{235}_{92}U + (㉠) \rightarrow ^{140}_{54}Xe + ^{94}_{38}Sr + 2\,^{1}_{0}n + \text{에너지}$$

① 중성자　　② 전자
③ 양성자　　④ α입자

풀이 핵분열 과정에서는 원자번호의 합, 질량수가 유지된다. ㉠의 질량수를 a, 원자번호를 b라고 하면, $235 + a = 140 + 94 + 2 \times 1$에서 $a = 0$이고, $92 + b = 54 + 38$에서 $b = 1$이다. 질량수가 0이고, 원자번호가 1이므로 ㉠은 $^{1}_{0}$n인 중성자이다.
정답은 ①이다.

② 반감기

방사성원소의 원자핵은 α붕괴, β붕괴를 하여 다른 원자핵으로 변환되어 가므로 남은 원래의 원소는 시간이 지남에 따라 그 양이 줄어든다. 이때 붕괴하는데 걸리는 시간은 방사성 원소의 종류에 따라 다르다. 이와 같이 붕괴로 인해 방사성원소가 원래 처음 질량의 반으로 줄어드는데 걸린 시간을 **반감기**라고 한다.

반감기가 T인 방사성원소가 현재 N_0 있다면 t 시간 후에 남은 원소의 양 N은 다음과 같이 나타낼 수 있다.

$$N = N_0\left(\frac{1}{2}\right)^{\frac{t}{T}}$$

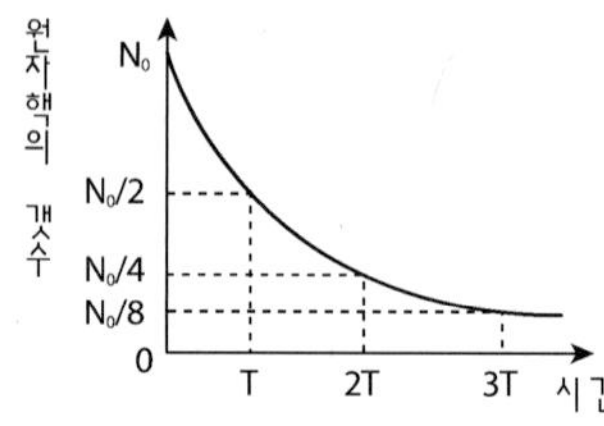

그림. 방사성 원자핵의 반감기

KEY POINT

방사성 원소의 반감기

방사성 원소	붕괴의 종류	반감기
$^{212}_{84}Po$	α	3.0×10^{-7}초
$^{212}_{82}Pb$	β	10.64시간
$^{222}_{86}Pn$	α	3.8일
$^{90}_{38}Sr$	β	28년
$^{238}_{92}U$	α	4.51×10^{9}년
$^{232}_{90}Th$	α	1.41×10^{10}년

예제5

반감기가 8일인 요오드($^{131}_{53}I$)의 초기 방사선 강도가 6.4×10^{7}Bq일 때, 방사선 강도가 4×10^{6}Bq로 줄어드는 데 소요되는 기간은? (2019년 국가직 7급)

① 40일　　② 32일

③ 24일　　④ 16일

풀이 $N=N_0\left(\frac{1}{2}\right)^{\frac{t}{T}}$ $4\times10^{6}=64\times10^{6}\left(\frac{1}{2}\right)^{\frac{t}{8}}$

$\frac{1}{16}=\left(\frac{1}{2}\right)^{\frac{t}{8}}$ $\left(\frac{1}{2}\right)^{4}=\left(\frac{1}{2}\right)^{\frac{t}{8}}$ $t=32$일 정답은 ②이다.

※ 방사성 붕괴의 성질 및 특징

① 방사성원소의 반감기를 이용하여 지질 연대를 측정한다.
② 방사성 붕괴는 핵 내부에서 일어나므로 온도, 압력, 전기장, 자기장 및 화학적 변화 등에 영향을 받지 않는다.
③ 방사성 붕괴에서도 운동량이 보존된다.
④ 반감기가 짧을수록 붕괴속도는 빠르고 방사능도 강하다.
⑤ 방출되는 방사선의 세기는 시간이 지날수록 약해진다.
⑥ 방사선 붕괴 시 에너지 방출에 의해 온도는 상승한다.

③ 방사선의 검출장치

㉠ 윌슨의 안개상자(전리작용 이용)

일정크기의 상자에 수증기나 알코올 증가로 포화시키고 다시 단열팽창시키면 온도가 내려가서 과포화 상태가 된다. 이때 방사선을 지나가게 하면 전리작용에 의해 이온이 생기고 생기 이온 핵을 중심으로 과포화 증기가 응결하여 방사선이 지나간 자리에 안개가 생긴다. 이것을 밝은 빛을 비추어 안개선을 이룬 비적을 관찰하여 검출할 수 있다.

㉡ 가이거—뮐러 계수관

금속원통에 아르곤과 알코올 혼합 기체를 넣고 방사선을 지나가게 하면 기체 분자들이 전리되면서 방출된 이온들이 관속의 (+)극에 부딪히면서 순식간에 전류가 흐르게 된다.

이때 강한 방사선일수록 많은 기체 분자들을 전리시키고 따라서 전류도 증가하게 된다. 즉 전류의 증폭을 측정하여 방사선의 세기를 측정할 수 있는 장치이다.

3 원자핵 에너지

(1) 핵에너지

① 질량에너지 등가의 원리

1905년 아인슈타인은 "등속도 운동하는 모든 좌표계에서 측정된 빛의 속력 c는 항상 같다"는 특수 상대선 이론에서 물체의 질량은 그 속력에 따라서 변할 수 있으며 물체가 정지해 있을 때 질량을 m_0, 빛의 속력을 c라고 하면 v로 운동하는 물체의 질량 m은

$$m = \frac{m_0}{\sqrt{1-\frac{v^2}{c^2}}}$$ 가 된다고 하였다.

또 질량과 에너지는 별개로 보존되는 양이 아니라 서로 변환될 수 있는 양으로 질량과 에너지는 동등한 것이라고 하여 감소한 질량이 Δm일 때 Δmc^2의 에너지가 생긴다. 즉 $E = \Delta mc^2$ (c는 진공중의 빛의 속도)이다.

※ 속력 v로 운동하는 질량 m인 입자의 상대론적 에너지

$E = mc^2$, $m = \frac{m_0}{\sqrt{1-\frac{v^2}{c^2}}}$ 이므로 $E = \frac{m_0c^2}{\sqrt{1-\frac{v^2}{c^2}}} = m_0c^2\left(1-\frac{v^2}{c^2}\right) - \frac{1}{2}$

이다. $(1+x)^n$에서 x가 1보다 매우 작으면 $(1+x)^n = 1+nx$이다.

따라서, $\left(1-\frac{v^2}{c^2}\right)^{-\frac{1}{2}} = 1 + \frac{v^2}{2c^2}$ 이므로 $E = m_0c^2 + \frac{1}{2}m_0v^2$이다.

② 질량 결손

양성자와 중성자로 결합된 원자핵의 질량은 양성자와 중성자를 따로 떨어져 있을 때 각 질량의 합보다 작다. 이 질량의 차이를 질량 결손이라 한다.

KEY POINT

■ 질량 m_0인 물체가 v 속도 운동하면 $m = \frac{m_0}{\sqrt{1-\frac{v^2}{c^2}}}$

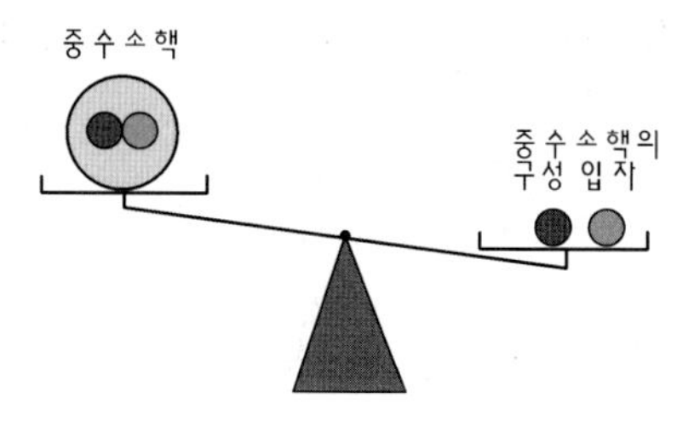

그림. 중양성자의 질량 결손

일반적으로 원자번호 Z 질량수 A의 원자핵의 질량을 M이라 하고 중성자의 수를 N이라 하면 $A-Z=N$이고 결손질량 ΔM은

$$\Delta M=(Zm_p+Nm_n)-M\text{이다.}$$

여기서 m_p는 양성자의 질량이고 m_n은 중성자의 질량이다.

즉 결손질량만큼이 에너지화 되어 결합에너지로 되었다. 따라서 $E=mc^2$이 옳다는 것이 증명되었다.

예제6

태양은 핵융합 과정을 통하여 에너지를 만들어 낸다. 태양이 매 초 $9.0\times10^{26}J$ 만큼의 에너지를 만들어 낸다면 매 초당 감소하는 질량[kg]에 가장 가까운 값은?

(2013년 행안부)

① 1.0×10^{10}	② 1.0×10^{11}
③ 3.0×10^{10}	④ 3.0×10^{11}

풀이 핵융합 에너지가 초당 $9.0\times10^{26}J$ 만큼 생성된다. 에너지 $E=mc^2$ 이므로 (c 는 빛의 속도인 3.0×10^8) 매 초 감소하는 질량은 $\frac{E}{c^2}$ 이므로 $9.0\times10^{26}\div(3.0\times10^8)^2=1.0\times10^{10}$ 이 된다. 정답은 ①이다.

③ 특수 상대성 이론

1905년 아인쉬타인은 진공속의 광속도는 모든 관성계에서 광원과 관측자 사이에서 상대속도와 무관하게 일정하고 서로 등속도로 운동하는 모든 좌표계에서 동일 형태로 표현된다고 하는 특수 상대성 이론을 발표하였다. 이 이론에 의하면 질량과 에너지는 동일하며 속력의 증가와 함께 질량 증가, 시간 지연, 길이 수축도 일어난다. 즉

㉠ $E=mc^2$

㉡ $m=\dfrac{m_o}{\sqrt{1-(\frac{v}{c})^2}}$

KEY POINT

㉢ $t = \dfrac{t_o}{\sqrt{1-(\dfrac{v}{c})^2}}$

㉣ $l = l_o\sqrt{1-(\dfrac{v}{c})^2}$

예제7

A가 타고 있는 우주선이 일정한 속도 $v=0.6c$로 지구로부터 멀어지고 있다. A가 측정한 여행 시간이 우주선 내부의 시계로 20년이라면, 지구에 있는 B가 지구의 시계로 측정한 여행 시간은?(단, 빛의 속도 c = $= 3\times10^8$ m/s이다) (2019년 국가직 7급)

① 15년　　② 20년
③ 22년　　④ 25년

풀이 $t = \dfrac{t_0}{\sqrt{1-(\dfrac{v}{c})^2}}$　$t = \dfrac{20}{\sqrt{1-(\dfrac{0.bc}{c})^2}} = \dfrac{20}{0.8} = 25$년 정답은 ④이다.

예제8

지구에 대해 0.6c의 속도로 움직이는 우주선 내에서의 1시간은 정지한 지구에서 측정하면 얼마인가? (단, c는 진공에서의 빛의 속도이다.) (2019년 서울시 7급)

① 2.5시간　　② 1.6시간
③ 1.5시간　　④ 1.25시간

풀이 $t = \dfrac{t_0}{\sqrt{1-\left(\dfrac{v}{C}\right)^2}} = \dfrac{1}{\sqrt{1-\left(\dfrac{0.6C}{C}\right)^2}} = \dfrac{1}{0.8} = 1.25$ 정답은 ④이다.

④ 운동량과 운동에너지

입자가 운동량 P를 가지고 있을 때 총 에너지는 $E^2 = (pc)^2 + (mc^2)^2$ 이다.

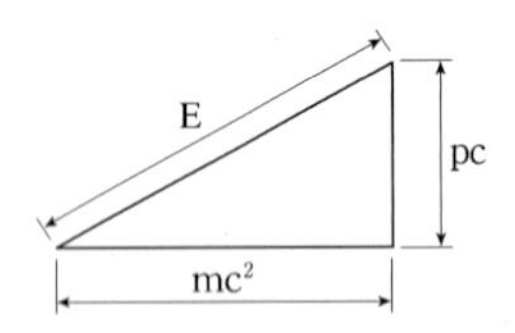

KEY POINT

KEY POINT

$E^2=(pc)^2+(mc^2)^2$ 의 계산

$E=mc^2=rm_oc^2$ ($m=\dfrac{m_o}{\sqrt{1-(\frac{v}{c})^2}}$ 이고 $r=\dfrac{1}{\sqrt{1-(\frac{v}{c})^2}}$ 이라 하자)

$$E^2=\frac{{m_o}^2c^4}{1-\frac{v^2}{c^2}}={m_o}^2c^2\left(\frac{c^4}{c^2-v^2}\right)={m_o}^2c^4\left(\frac{\frac{c^2}{v^2}}{\frac{c^2}{v^2}-1}\right)$$

$$={m_o}^2c^4\left(\frac{\frac{c^2}{v^2}-1+1}{\frac{c^2}{v^2}-1}\right)={m_o}^2c^4\left(1+\frac{1}{\frac{c^2}{v^2}-1}\right)$$

$$={m_o}^2c^2\left(c^2+\frac{c^2v^2}{c^2-v^2}\right)={m_o}^2c^2\left\{c^2+\frac{v^2}{1-(\frac{v}{c})^2}\right\}$$

$$={m_o}^2c^4={m_o}^2c^2v^2r^2 \quad (p=mv=m_orv)$$

$$={m_o}^2c^4+c^2p^2 \text{ 이다.}$$

따라서 $E^2=(m_oc^2)^2+(cp)^2$ 이다.

예제9

물체의 속력이 $0.6c$일 때 상대론적 운동 에너지를 K_1, 속력이 $0.8c$일 때 상대론적 운동 에너지를 K_2라 할 때, $\frac{K_2}{K_1}$는? (단, c는 진공에서의 광속이다.)

(2017년 서울시 7급)

① $\frac{16}{9}$ ② $\frac{8}{3}$ ③ $\frac{10}{3}$ ④ $\frac{14}{3}$

풀이 $m=\dfrac{m_0}{\sqrt{1-\left(\frac{v}{c}\right)^2}}=m_0\left\{1-\left(\frac{v}{c}\right)^2\right\}^{-\frac{1}{2}}$ 이다. 이를 이항 정리하면

$m=m_0\left(1+\frac{v^2}{2c^2}\right)=m_0+\frac{1}{2}m_0\frac{v^2}{c^2}$ 이고 이 식의 양변에 c^2을 곱하면

$mc^2=m_0c^2+\frac{1}{2}m_0v^2$이므로 $K=\frac{1}{2}m_0v^2=mc^2-m_0c^2$이다.

$m=\dfrac{m_0}{\sqrt{1-\left(\frac{v}{c}\right)^2}}$ 을 대입하면

$K=\dfrac{m_0}{\sqrt{1-\left(\frac{v}{c}\right)^2}}c^2-m_0c^2=m_0c^2\left\{\dfrac{1}{\sqrt{1-\left(\frac{v}{c}\right)^2}}-1\right\}$이다.

KEY POINT

따라서 $\frac{K_2}{K_1}=\frac{\frac{1}{\sqrt{1-\left(\frac{0.8c}{c}\right)^2}}-1}{\frac{1}{\sqrt{1-\left(\frac{0.6c}{c}\right)}}-1}=\frac{\frac{1}{0.6}-1}{\frac{1}{0.8}-1}=\frac{\frac{4}{6}}{\frac{2}{8}}=\frac{8}{3}$ 이다.

정답은 ②이다.

예제10

상대론적 운동에너지가 $2\times10^{15}eV$인 양성자의 드브로이파장[m]은? (단, 플랑크 상수는 $h\simeq4\times10^{-15}eV\cdot s$이며, 위의 운동에너지는 양성자의 정지에너지 $m_0c^2\simeq10^9eV$보다 훨씬 크다는 사실에 유의하라) (2008년 행정자치부 7급)

① 약 6×10^{-22} ② 약 6×10^{-19}

③ 약 6×10^{-16} ④ 약 6×10^{-13}

풀이 $\lambda=\frac{h}{mv}$ $\lambda=\frac{h}{P}(P=mv)$

$E^2=(m_0c^2)^2+(cP)^2$

$(2\times10^{15})^2=(10^9)^2+(cP)^2$, $10^9\ll2\times10^{15}$이므로

$(2\times10^{15})^2=(cP)^2$, $2\times10^{15}=3\times10^8\times P$

$P=\frac{2}{3}\times10^7$ $\lambda=\frac{4\times10^{-15}}{\frac{2}{3}\times10^7}=6\times10^{-22}$ 정답은 ①이다.

(2) 핵분열과 핵융합

① 핵분열

$^{235}_{92}U$에 느린 중성자가 충돌하면 $^{235}_{92}U$으로 변환되는데 이것은 매우 불안정하여 다시 질량수가 작은 가벼운 핵으로 분열되고 동시에 2~3개의 중성자가 방출된다.

이러한 현상을 **핵분열**이라고 한다. 즉

$$^{235}_{92}U+^{1}_{0}n\rightarrow\ ^{236}_{92}U$$

$$^{236}_{92}U\rightarrow\ ^{144}_{56}Ba+^{89}_{36}Kr+3in+Q$$

(빠른 중성자) (에너지)

또 위 식에서 나오는 2~3개의 중성자를 감속시켜 다른 $^{235}_{92}U$에 충돌시켜 차례로 핵분열을 일으킬 수가 있다. 이와 같이 계속해서 연속적으로 일어나는 핵반응을 연쇄 반응이라고 한다. 이러한 연쇄 반응을 조절하게 하는 장치를 원자로라고 한다.

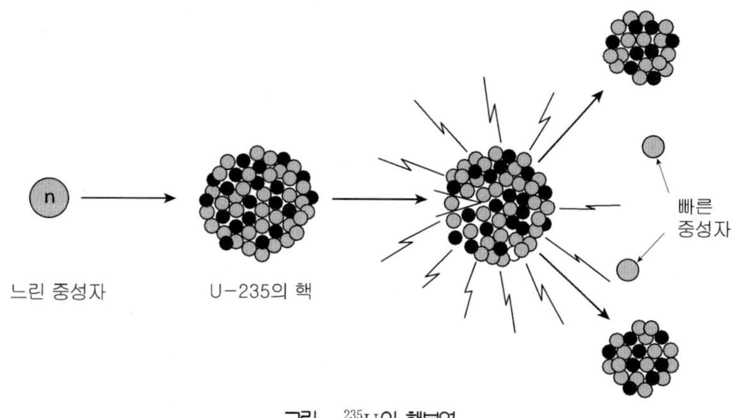

그림. $^{235}_{92}U$의 핵분열

② 핵융합

핵분열과 반대로 2개의 가벼운 원자핵이 결합하여 1개의 무거운 원자핵으로 되는 핵반응에서 많은 에너지가 방출되는데 이 반응을 **핵융합**이라 한다. 태양의 복사에너지가 대표적인 예이다. 또 이러한 핵융합이 일어나기 위해서는 핵과 핵사이의 전기적 반발력보다 큰 에너지를 공급해야 하고 그러기 위해서는 $10^6 \sim 10^7 K$의 고온을 유지해야 한다.

가령 태양에너지는 $4\,^1_1H \rightarrow \,^4_2He + 2\,^0_1e + 26.7MeV$와 같은 식에 의해 에너지가 방출된다.

예제11

표적 원자에 입자를 충돌시키는 핵반응에서 중성자가 원자핵 내부로 잘 들어가는 주된 이유는? (2013년 행안부)

① 중성자와 원자핵을 결합하는 핵력 때문
② 중성자는 전하가 없기 때문
③ 중성자와 양성자의 질량이 비슷하기 때문
④ 중성자의 스핀(spin) 값과 전자의 스핀 값이 동일하기 때문

풀이 정답은 ②이다.

(3) 핵력

원자핵은 앞서 살펴 본바와 같이 양성자와 중성자로 결합되어 있는데 양성자와 양성자는 전기적으로 척력이 작용하기 때문에 원자핵이 깨져야 함에도 강하게 결합되어 있다. 이것은 핵자 사이에 전기력 이외에 다른 종류의 대단히 강한 인력이 존재한다는 것을 나타낸다. 이 원자핵을 구성하는 핵자 상호간에 작용하는 힘을 **핵력**이라고 한다.

KEY POINT

KEY POINT

이 핵력은 만유인력이나 전기력과 같이 거리 제곱이 반비례하여 작아지는 것이 아니고 매우 짧은 거리 (10^{-15} m)에서만 매우 강하게 작용한다. 빠른 중성자가 원자핵에 접근하여 10^{-15} m의 거리에 접근하면 핵력에 의해 원자핵에 포획된다.

※ 전자의 궤도의 확률적 분포의 화학적 보충
원자모형에서 전자의 궤도를 특정할 수 없고 단지 전자구름으로 확률적 개념으로 설명할 수 있다. 전자가 존재하는 공간을 오비탈이라 하는데 오비탈은 구모양의 S오비탈 아령형의 P오비탈 크로바 모양의 d오비탈 등이 있다. 또 양자수는
주 양자수 n : 에너지 준위를 표시
궤도 양자수 $l\,(0\sim n-1$의 정수$)$: 전자의 각 운동량 표시, 오비탈의 모양을 결정
자기양자수 $m(-l\leq m\leq l$정수$)$: 오비탈의 방향을 결정
스핀양자수 $S\left(-\frac{1}{2},\ \frac{1}{2}\right)$: 전자의 방향 표시
등이 있고 특히 원자 내에 두 전자는 동일 양사 상태로는 존재가 불가능하여 $\left(-\frac{1}{2},\ \frac{1}{2}\right)$ 상태로만 존재한다는 것인데 이것을 파울리의 베타원리라고 한다.

① 강한 상호작용(strong interaction)

원자핵속의 양성자와 중성자가 결합하기 위해서는 전기력보다 더 강한 힘이 필요한데 이러한 원자핵을 만드는데 필요한 힘을 **강한 상호작용**이라 한다.
또 강한 상호 작용을 매개하는 입자는 **글루온**(gluon)이라는 입자이다.

② 약한 상호 작용(Weak interaction)

불안정한 원자핵이 붕괴하면서 전자를 방출(β붕괴)하는데 이것은 핵이 붕괴하면서 생성되는데 이 과정에서 원자핵에는 중성미자가 존재함이 밝혀졌고 이 중성미자가 상호작용하는 힘을 약한 상호작용이라 한다.

이것만은 꼭 알아두자

자연계에 존재하는 4대 힘
① 만유인력 ② 전자기력 ③ 강한 상호작용 ④ 약한 상호작용

(4) 쌍소멸과 쌍생성

양전자와 전자가 가까이 있으면 충돌하면 두 개의 광자(γ)가 나오면서 두 입자는 동시에 소멸한다. 이때 두 입자의 질량 결손은 광자에너지로 전환되는데 이와 같은 현상을 **쌍소멸**이라고 한다. 반대로 에너지가 큰 광자(γ)가 강한 전기장 속을 지날 때 광자 자신은 사라지고 전자와 양전자가 나타나는 현상을 **쌍생성**이라고 한다.

쌍소멸 $e^- + e^+ \rightarrow 2\gamma$ 쌍생성 $\gamma \rightarrow e^- + e^+$

KEY POINT

(5) 플라즈마의 발생

고온의 입자들이 전기적 반발을 이기기 위해서는 충분히 가깝게 밀착시키는 데 10^8K 보다 높은 온도가 필요하다. 이러한 온도에서는 원자들에 속박되어 있는 전자들이 떨어져 나와 완전하게 이온화 된 가스 상태가 된다. 이렇게 된 기체를 **플라즈마**라고 한다.

4 상대론

현재 우리가 느끼는 통상의 모든 물체의 운동은 고전물리학으로 대부분 설명이 가능하다. 그러나 광속에 가까울 만큼 빠르게 운동하는 물리적 현상은 정확히 표현하기 어렵다. 따라서 광속에 가까울 만큼 빠르게 운동하는 물체를 보다 명확히 설명하기 위해서는 상대론을 도입하여야 한다.

(1) 상대론의 원리

상대적 운동의 개념은 상대속도에서 물체의 속도는 어떤 것을 기준으로 하는가에 따라서 달라진다는 것을 보았다. 즉 기준틀을 먼저 명시해야 한다. 기준틀 변환과 운동에 관해서 1905년 아인쉬타인은 특수 상대성이론을 발표하였다. 여기서 특수라는 말은 틀이 가속되는 것이 아니라 서로 일정한 상대속도로 운동하는 관성기준틀만을 다룬다는 뜻이다.

모든 사건은 공간과 시간에 얽혀 있어 두 사건이 일어나는 시간은 두 사건이 어느 곳에서 일어나는지에 따라 정해진다는 것이다.

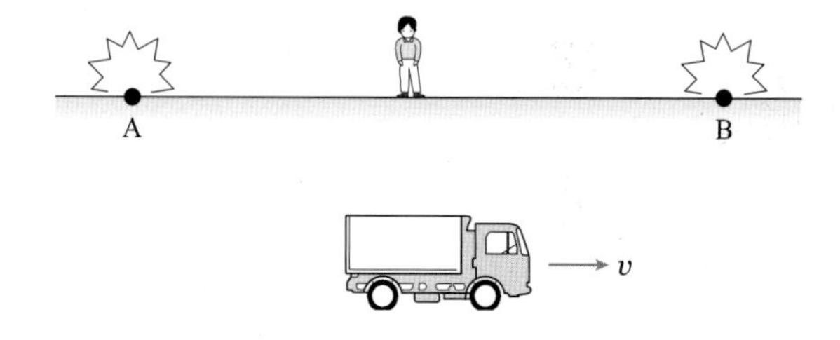

그림에서 보듯이 A, B 두 지점에서 동시에 화재가 발생했다고 가정할 때 이것은 A와 B로부터 같은 거리에 떨어진 정지한 관찰자를 기준으로 했을 때 동시에 발생했지만 v속도에 달리는 차 속의 관측자에게는 B에서 화재가 먼저 발생하고 A에서 나중에 화재가 발생했다고 할 것이다.

KEY POINT

(2) 특수상대론에 대한 아인쉬타인의 가설

1905년에 이인슈타인이 내놓은 논문에서 그는 특수싱대론에 대해 두 가지 가설을 내놓았다.

① 상대성 가설

물리법칙은 모든 관성틀의 관측자에게 동일하다.

② 광속도 가설

진공 속에서 빛의 속도는 모든 관성기준틀에서 모든 방향에 대하여 동일한 값 C 이다.

첫 번째 가설은 자연법칙이 상황에 따라서 바뀌지 않는다는 것이고, 두 번째 가설은 사실 우리 일상생활에서 속도를 더하는 방식은 이가설과 모순이다. 그러나 이 가설은 실험과 잘 일치하여 옳다는 것이 밝혀졌다. 또 빛 뿐만 아니라 중성미자처럼 질량이 없는 모든 입자가 빛의 속력으로 운동한다. 그러나 에너지가 정보를 전달하는 어떠한 것도 이 한계 즉 빛의 속력을 초월할 수 없다.

이것의 검정은 1964년 물리학자들에 의해 0.99975C의 속력으로 움직이는 파이온 다발에서 나오는 빛과 정지해 있는 파이온에서 방출되는 빛의 속력과 같다는 사실이 발견되었다.

(3) 속도의 덧셈(Velocity Addition)

달리는 기차 속에서 달리는 방향으로 공을 던질 때 그 공은 정지상태에서 던질 때 보다 더 빨리 날아간다. 만일 30m/s의 속력으로 달리는 기차에서 달리는 방향으로 40m/s의 속력으로 공을 던지면 이 공은 70m/s의 속력으로 날아간다.

땅에 대한 열차의 속력을 v, 열차에 대한 공기 속력을 u', 그리고 땅에 대한 공의 속력을 u라고 하면

$u = u' + v$라고 쓸 수 있다. 이것은 우리의 일상적인 경험에서 알 수 있다.

이 식을 우리는 갈릴레이 또는 고전적인 속도 덧셈 공식이라 한다.

그러나 이 식은 앞에서 살펴본 두 번째 가설에 위배된다. 이러한 모순은 아이슈타인이 속도 덧셈 공식을 이용함으로써 해결되었다.

$$u = \frac{u' + v}{1 + \frac{u'v}{C^2}} \quad \text{(C는 빛의 속도)}$$

이 식은 일상 경험과 특수상대론의 두 번째 가정 두 가지를 모두 만족한다. 또 이식은 모두 같은 방향으로 움직일 때이다. 한 속도가 다른 속도와 반대방향인 경우 한 방향이 양(+)이면 그 반대 방향이 음(-)이다.

(4) 특수 상대성 이론에 의한 시간, 길이, 질량 변화

앞서 본 특수 상대성 이론에 의하면 속력이 증가하면 시간 연장, 길이축소, 질량증가가 일어난다.

① 시간 연장 $t=\dfrac{t_o}{\sqrt{1-\left(\dfrac{v}{C}\right)^2}}$

② 길이 축소 $l=l_o\sqrt{1-\left(\dfrac{v}{C}\right)^2}$

③ 질량 증가 $m=\dfrac{m_0}{\sqrt{1-\left(\dfrac{v}{C}\right)^2}}$

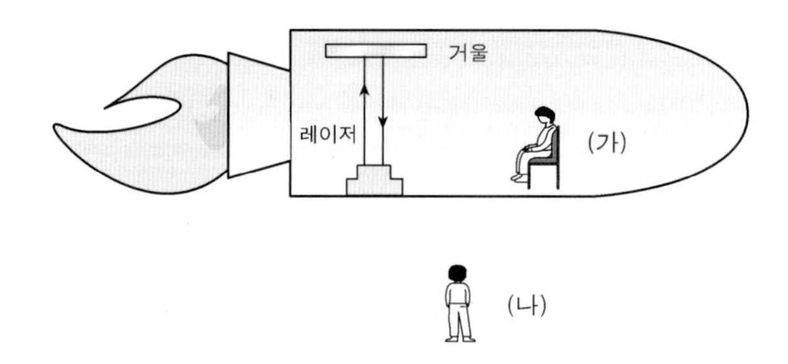

예제12

**시계의 기준틀에서 측정한 시계추의 주기가 1초였다. 시계에 대해 0.8 c의 속력으로 움직이는 관측자가 측정한 시계추의 주기와 가장 가까운 것은?
(단, c는 빛의 속력이다.) (2016년 서울시 7급)**

① 0.42초
② 0.6초
③ 1.2초
④ 1.67초

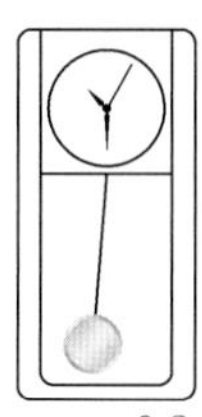

풀이 움직이는 물체에서는 시간이 보다 빨리 가게 되므로

$$t=\frac{1}{1-\left(\frac{v}{c}\right)^2}=\frac{1}{1-\left(\frac{0.8c}{c}\right)^2}=\frac{1}{0.6}=1.67\text{초이다.}$$

정답은 ④이다.

KEY POINT

지상에 있는 관측자가 로켓을 타고 V속도로 지나가는 레이저를 본다.
그림에서 로켓을 티고 있는 사람이 레이저 빛을 보면 다음과 같다.
광속이 C이면 로켓안의 사람이 보는 빛의 왕복시간 $t_{(가)}$는

$$t_{(가)} = \frac{2L}{C} \text{ 이다.}$$

한편 로켓의 밖에서 레이저 빛을 보는 사람에게는 다음과 같다.
로켓 밖에 있는 사람의 시간을 $t_{(나)}$라고 하면

$$t_{(나)} = \frac{2D}{C} \text{ 이다.}$$

왼쪽 그림에서 D 값을 구하면

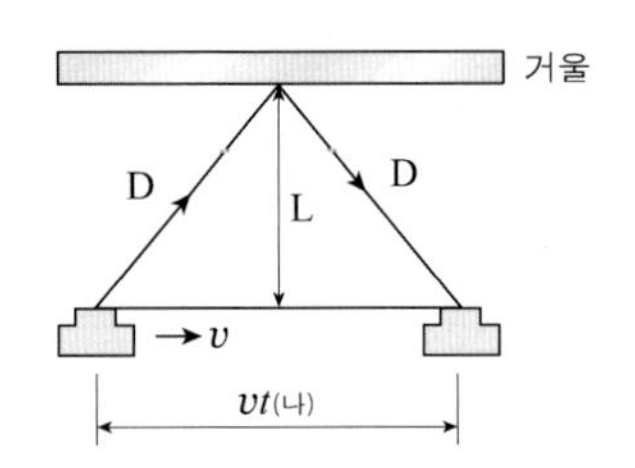

$$D^2 = L^2 + \left(\frac{vt_{(나)}}{2}\right)^2 \text{ 이다.}$$

따라서 $C^2t^2_{(나)} = 4D^2$에 대입하면

$$C^2t^2_{(나)} = 4L^2 + v^2t^2_{(나)} \text{ 이고}$$

$$(C^2 - v^2)t^2_{(나)} = 4L^2 \text{ 이다.}$$

앞에서 $t_{(가)} = \frac{2L}{C}$ 식에서 $4L^2 = C^2t^2_{(가)}$ 이므로

$$(C^2 - v^2)t^2_{(나)} = c^2t^2_{(가)}$$

$$t^2_{(나)} = \frac{C^2t^2_{(가)}}{C^2 - v^2}$$

$$= \frac{t^2_{(가)}}{1 - \left(\frac{v}{C}\right)^2} \text{ 이다.}$$

따라서 시간 연장이 일어나

$$t_{(나)} = \frac{t_{(가)}}{\sqrt{1 - \left(\frac{v}{C}\right)^2}} \text{ 와 같이 쓸 수 있다.}$$

KEY POINT

KEY POINT

예제13

해왕성에 대해 0.8c의 상대 속도로 해왕성을 스쳐지나가는 우주관광열차에 탑승하고 있는 지수는 이 열차 한 량의 길이를 L_0로 측정하였다. 이때 이 우주관광열차를 해왕성에 서서 바라보고 있는 재성이가 관측한 열차 한 량의 길이는? (단, c는 진공에서 빛의 속력이다) (2016년 국가직 7급)

① $\frac{5}{3}L_0$　② $\frac{5}{4}L_0$

③ $\frac{4}{5}L_0$　④ $\frac{3}{5}L_0$

풀이 $L=L_0\sqrt{1-\left(\frac{v}{c}\right)^2}=L_0\sqrt{1-\left(\frac{0.8c}{c}\right)^2}=0.6c=\frac{3}{5}L_0$이다.
정답은 ④이다.

예제14

관성기준틀에 있는 어떤 관찰자가 관찰자를 지나가는 직선을 따라 서로 반대방향으로 운동하는 우주선과 운석을 관찰하였다. 우주선과 운석의 속력은 각각 0.6c와 0.4c로 일정하였다. 우주선 안에 있는 다른 관찰자가 측정한 그 운석의 속력으로 가장 가까운 것은? (c는 진공 중 광속이다. 단, 우주선과 운석이 운동하는 공간은 진공이며, 각 관성기준틀 안에 있는 각 관찰자는 정지해 있다.) (2011년 지방직 7급)

① 0.7c　② 0.8c

③ 0.9c　④ 1.0c

풀이 $u=\dfrac{v+u'}{1+\dfrac{vu'}{c^2}}=\dfrac{0.6c+0.4c}{1+\dfrac{0.6c+0.4c}{c^2}}=\dfrac{1}{1.24}c\approx0.8c$
정답은 ②이다.

5 상대성 이론 정리

(1) 특수 상대성 이론

① 동시에 상대성

시간이란 상대적인 것으로 한 관찰자에게 동시에 일어난 사건은 다른 관찰자에게는 동시에 일어난 것이 아닐 수도 있는 것이다.

우주선 안의 관찰자	행성에 있는 관찰자
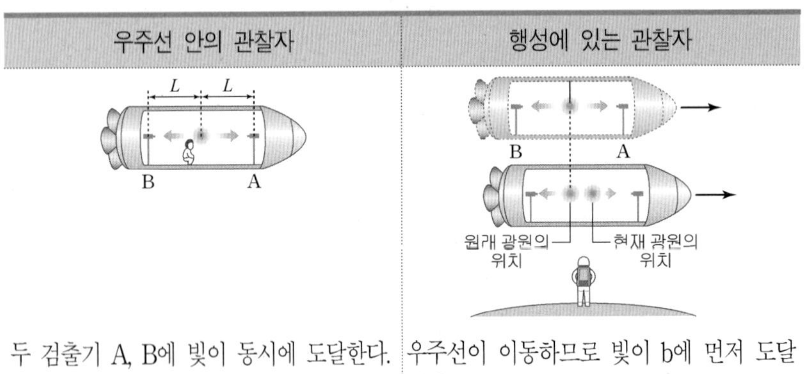	
두 검출기 A, B에 빛이 동시에 도달한다.	우주선이 이동하므로 빛이 b에 먼저 도달한다.
관찰자에 따라 두 사건이 동시에 일어날 수도 있도, 동시에 일어나지 않을 수도 있다. 사건의 동시성은 절대적인 개념이 아니라 상대적인 개념이다.	

② 시간 지연

앞 서 시간 연장의 공식을 유도한 바와 같이 정지한 관찰자의 빛의 진행 거리를 측정하면 피타고라스 정리에 의해 $\left(c\frac{\Delta t}{2}\right)^2=\left(v\frac{\Delta t}{2}\right)^2+l^2$에서

$\Delta t=\frac{1}{\sqrt{1-(v/c)^2}}\Delta t_0$이다. $c>v$이므로 $\Delta t>\Delta t_0$이다.

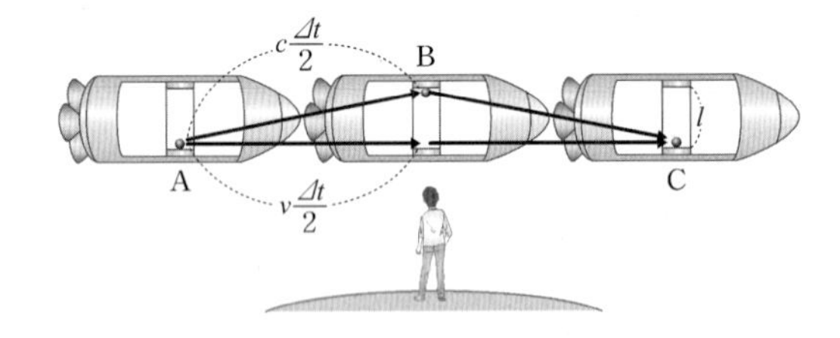

③ 길이 수축

- 고유길이 : 관찰자와 물체가 같은 속도로 움직일 때 관찰자가 측정한 물체의 길이이다.
- 길이 수축 : 관찰자와 물체가 서로 다른 속도로 움직일 때 관찰자가 물체의 길이를 측정하면 고유 길이보다 운동 방향의 길이가 짧게 측정된다.

KEY POINT

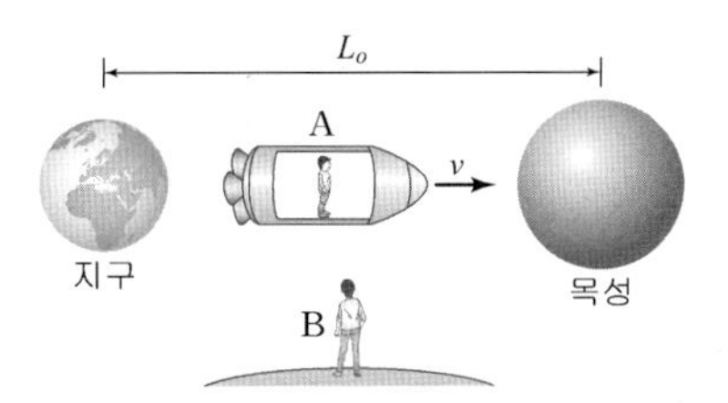

L_0 : 고유길이　　　A시간 : t_0　　　B시간 : t ($t_0 < t$)

정지한 B의 시선에서 지구와 목성간 길이는 고유길이 L_0이다.
v속도로 달리는 A의 시선에서 보면

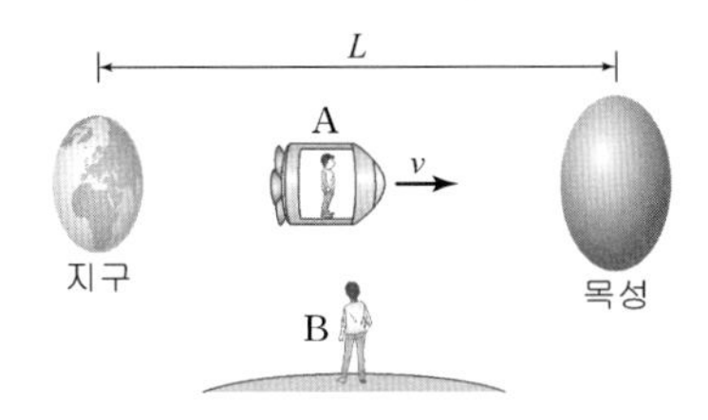

$L_0 = vt$(B 시선)　　$L = vt_0$(B 시선)

$$L_0 = \frac{L}{t_0} t \quad L = \frac{t_0}{t} L_0 \quad t = \frac{t_0}{\sqrt{1-\left(\frac{v}{C}\right)^2}}$$

$$L = \sqrt{1-\left(\frac{v}{C}\right)^2} L_0$$

예제15

그림과 같이 정지해 있는 A에 대해 B가 탑승한 우주선이 0.9 c의 속력으로 움직이고 있다. B가 탑승한 우주선 바닥에서 출발한 빛이 거울에 반사되어 되돌아올 때까지, A와 B가 측정한 빛의 이동 거리는 각각 L_A, L_B이고, 이동 시간은 각각 t_A, t_B이다. 이에 대한 설명으로 옳은 것만을 모두 고르면? (단, c는 빛의 속력이다) (2021 경력경쟁 9급)

ㄱ. $L_A > L_B$
ㄴ. $t_A > t_B$
ㄷ. $\frac{L_A}{t_A} > \frac{L_B}{t_B}$

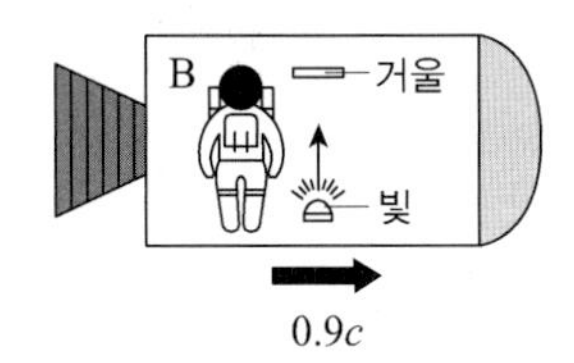

① ㄱ, ㄴ　　② ㄱ, ㄷ
③ ㄴ, ㄷ　　④ ㄱ, ㄴ, ㄷ

풀이 빛의 속도 $C = \frac{L}{t}$은 변함없고 우주선의 B 보다 A가 시간이 길어진다.
$t_A > t_B$　　$L_A > L_B$　　정답은 ①이다.

④ 질량증가

질량증가의 증명은 수학적으로 치환적분등을 이용하는 다소복잡한 과정이므로 간략히 개념적으로 설명하면 우리가 잘아는 식

$v = v_0 + at$에서 $a = \dfrac{F}{m}$를 대입하여

$v = v_0 + \dfrac{F}{m}t$이다.

$a = \dfrac{F}{m}$에서 물체에 일정한 힘 F를 가하면 가속도가 일정해서 속력은무한대 이르게 된다.

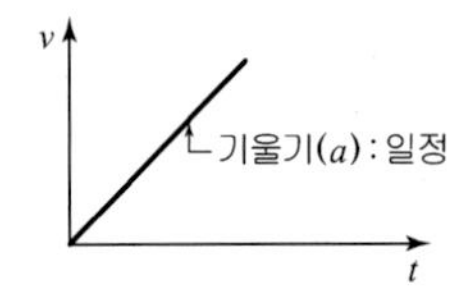

따라서

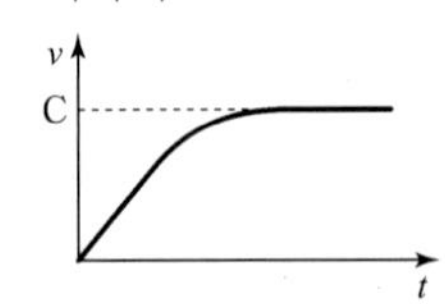

그래프처럼 속도의 크기가 빛의 속도(C)에 수렴하게 되어서 가속도(기울기)가 점점 감소하고

$F = ma$에서

질량 m이 증가하게 된다.

$$m = \frac{m_0}{\sqrt{1 - \left(\frac{v}{C}\right)^2}}$$

⑤ 질량 에너지 등가의 원리

물체의 에너지는 $\frac{1}{2}mv^2$이다. 속도 v가 광속 C가 되면 에너지는 $E = mC^2$이 되고 광속 C는 불변인 상수 값이므로 질량 m이 값이 에너지이다.

KEY POINT

KEY POINT

※ 운동에너지의 계산

고전역학에서 물체의 운동에너지는 $E_k=\frac{1}{2}mv^2$으로 운동에너지의 크기는 물체의 속도값에만 의존했지만 현대물리의 관점에서 보면 속도가 증가하면 질량도 같이 증가하게 되어 바른 계산식이 될 수 없다. 따라서 상대론적 운동에너지는 움직이는 물체의 총에너지 (E)에서 정지에너지(E_0)를 뺀값과 같다.

$$E_k=E-E_0$$

$$=mC^2-m_0C^2 \quad \left(m=\frac{m_0}{\sqrt{1-\left(\frac{v}{C}\right)^2}}\right)$$

$$=\left\{\frac{1}{\sqrt{1-\left(\frac{v}{C}\right)^2}}-1\right\}m_0C^2 \quad \left(\frac{1}{\sqrt{1-\left(\frac{v}{C}\right)^2}}=\gamma\right)$$

$$E_k=(\gamma-1)m_0C^2$$

$$E_k=(\gamma-1)E_0$$

예제16

어떤 물체의 운동에너지가 정지에너지의 3배라면 이 물체의 속력은 얼마인가?

① $\frac{1}{2}$C ② $\frac{3}{4}$C

③ $\frac{\sqrt{3}}{2}$C ④ $\frac{\sqrt{15}}{4}$C

풀이 $E_k=(\gamma-1)E_0 \quad E_k=3E_0$

$3E_0=(\gamma-1)E_0 \quad \gamma=4 \quad \gamma=\frac{1}{\sqrt{1-\left(\frac{v}{C}\right)^2}}$

$v=\frac{\sqrt{15}}{4}C$ 정답은 ④이다.

(2) 일방상대성 이론

관성력에 의한 효과와 중력에 의한 효과는 근본적으로 동일하므로 관성력과 중력을 구별할 수 없다. 중력 질량과 관성 질량은 구별되지 않는다. 우주 공간에서 가속도 운동을 하는 우주선 안에서 사람이 들고 있는 물체를 가만히 놓으면 사람에게는 물체가 낙하하는 것으로 보인다. 사람이 볼 수 없다면 낙하 운동이 관성력에 의한 것인지 중의한 것인지 구별할 수 없다. 이것을 관성력 중력 등가성의 원리라고 한다.

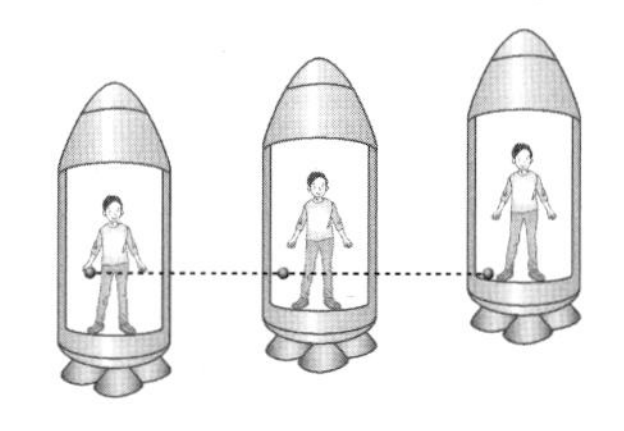

KEY POINT

※ 뮤온 입자의 소멸
우주공간에서 지구를 향해 떨어지는 우주ray가 지구대기와 충돌하는 순간 뮤온(μ)입자가 발생한다. 그런데 이 뮤온 입자는 수명이 매우 짧아서 지구 표면에 도달하는데 걸리는 시간ㅂ다 더 짧아서 지표에서 발견될 수가 없음에도 지표에서 관측이 되었다. 이것은 뮤온이 매우 빠른 속도 0.99C로 이동해서 뮤온의 수명이 길어진 결과이다. 즉 지구의 입장에서 보면 뮤온 수명의 시간연장이 되었고 뮤온의 입장에서 대기권 길이의 수축이 일어난 결과이다.

일반상대성 이론의 효과로 시간 연장, 중력렌즈효과(공간 휨) 세차운동 등이 있다.

연습문제

1 두개의 원자핵 A, B의 질량비가 $m_A : m_B = 1 : 64$이면 두 원자핵의 반지름 비 $\gamma_A : \gamma_B$의 값은?

① 1 : 8
② 1 : 4
③ 1 : 2
④ 2 : 1
⑤ 1 : 64

2 다음 식에서 X는 무엇인가?

$^{234}_{92}U \ -> \ ^{230}_{90}Th + X +$ 에너지

① 양성자
② 전자
③ 중성자
④ β입자
⑤ α입자

3 방사성 원소의 반감기를 T라고 할 때 $3T$후에 그 원소는 처음에 비해 얼마만큼 남아 있겠는가?

① $\frac{1}{2}$ ② $\frac{1}{3}$
③ $\frac{1}{4}$ ④ $\frac{1}{8}$
⑤ $\frac{1}{9}$

4 다음 보기에서 에너지를 얻는 원리가 서로 같은 것끼리 옳게 짝지어 놓은 것을 모두 고른 것은?

보 기

ㄱ. 태양과 원자폭탄　　ㄴ. 원자로와 원자 폭탄
ㄷ. 원자 폭탄과 수소 폭탄　　ㄹ. 태양과 수소 폭탄

① ㄱ ② ㄴ
③ ㄷ ④ ㄹ
⑤ ㄴ, ㄹ

해설

해설 **1**
반지름 R은 질량 $A^{\frac{1}{3}}$에 비례한다.
즉 $\gamma \propto m^{\frac{1}{3}}$이므로
$\gamma_A : \gamma_B = m_A^{\frac{1}{3}} : m_B^{\frac{1}{3}}$

해설 **2**
위의 식은 α붕괴(^4_2He)가 일어나 양성자수 2, 질량수 4가 줄어들었다.

해설 **3**
$N = N_0\left(\frac{1}{2}\right)^{\frac{t}{T}}$에서 남은 양
$N = N_0\left(\frac{1}{2}\right)^3$ (N_0 : 처음 양)이므로
$N = \frac{1}{8}N_0$

해설 **4**
핵분열(원자폭탄, 원자로)과
핵융합(태양, 수소폭탄)

정답 1. ② 2. ⑤ 3. ④ 4. ⑤

5 방사성 원소에서 나오는 α, β, γ선을 구분하기 위하여 오른쪽 그림처럼 전기장을 걸어 주었다. <보기>에서 옳은 것을 모두 고른 것은?

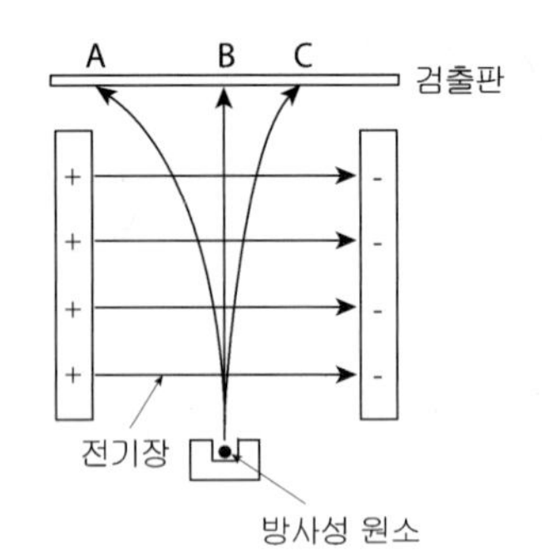

보 기

ㄱ. α선의 궤적은 C이다.
ㄴ. β선의 궤적은 B이다.
ㄷ. γ선의 궤적은 A이다.

① ㄱ
② ㄴ
③ ㄷ
④ ㄱ, ㄴ
⑤ ㄱ, ㄴ, ㄷ

6 $^{235}_{92}U$가 α붕괴 5번 β붕괴 4번을 하였다. 질량수의 감소는?

① 20
② 16
③ 14
④ 10
⑤ 6

7 오른쪽 그림은 시간의 경과에 따른 U^{235}의 남아 있는 양을 백분율로 나타낸 것이다. 지층을 이루는 암석 속에 U^{235}가 처음 생성 시에는 3.2×10^{-4}g이 포함되어 있었다고 한다. 현재 이 암석에 U^{235}가 8×10^{-5}g이 남아 있다고 할 때 이 지층이 형성된 연대로 가장 적절한 것은?

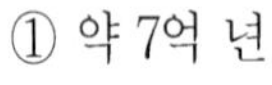

① 약 7억 년
② 약 14억 년
③ 약 21억 년
④ 약 28억 년
⑤ 약 35억 년

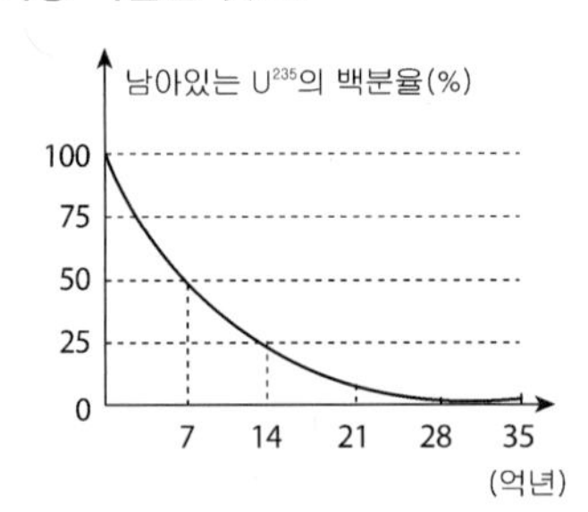

8 β붕괴는 중성자가 양성자로 변화되면서 전자와 중성미자 하나씩 내는 작용이다. 전자의 질량을 m이라하면 중성자의 질량은 양성자의 질량보다 $\frac{8}{3}m$만큼 크다. β붕괴에서 방출되는 중성미자의 총에너지는? (단, 중성미자 외 다른 입자들의 운동 에너지는 무시할 수 있으며, 빛의 속도는 c이다.)

① mc^2
② $\frac{5}{3}mc^2$
③ $\frac{8}{3}mc^2$
④ $\frac{25}{9}mc^2$
⑤ $\frac{64}{9}mc^2$

해 설

해설 **5**

α는 ^4_2He으로 2+이고 β는 전자로 (−)전하를 띠고 γ는 전자기파로 중성이다.

해설 **6**

α붕괴는 번호 2 감소, 질량 4 삼소, β붕괴는 번호만 1증가 따라서 질량은 4×5(회)=20

해설 **7**

$N=N_0\left(\frac{1}{2}\right)^{\frac{t}{T}}$ 에서

$8\times10^{-5}=3.2\times10^{-4}\left(\frac{1}{2}\right)^{\frac{t}{7}}$

해설 **8**

중성자 → 양성자+전자+중성미자이고 중성자=양성자+$\frac{8}{3}m$이고, 전자의 질량이 m이므로 중성미자의 질량은 $\frac{5}{3}m$이다. $E=m_oc^2$에서 $E=\frac{5}{3}mc^2$이다.

정답 5. ① 6. ① 7. ② 8. ②

9 원자핵 반응에서 다음과 같은 반응이 일어났다. 이 때 X는 무엇인가?

$$^{18}_{9}F \rightarrow {}^{18}_{8}O + X$$

① 전자　　② 양성자
③ 중성자　　④ 광자
⑤ 양전자

10 다음에서 자연 방사성 원소의 β붕괴를 설명하는 말 중 틀린 것은?

① 중성자수에는 변화가 없다.
② 양성자수가 1개 증가한다.
③ 중성자수가 1개 감소한다.
④ 핵 속에서 전자가 1개 방출된다.
⑤ 핵의 질량수에는 변화가 없다.

11 y 원소의 반감기가 x 원소의 반감기 T와 3배가 되는 두 개의 방사성 원소 x와 y가 있다. 처음에 같은 양이었던 두 개의 방사성 원소가 붕괴하기 시작해서 x와 y의 질량의 비가 1 : 64로 될 때까지 걸린 시간은 얼마인가?

① $\frac{1}{9}T$
② $\frac{1}{3}T$
③ $2T$
④ $3T$
⑤ $9T$

해 설

해설 10

β붕괴는 중성자가 깨어져 1개의 양성자와 전자로 된다.

해설 11

x 원소 $N_x = N\left(\frac{1}{2}\right)^{\frac{t}{T}}$

y 원소 $N_y = N\left(\frac{1}{2}\right)^{\frac{t}{3T}}$ 이므로

$N_x : N_y = 1 : 64$ 에서

$N\left(\frac{1}{2}\right)^{\frac{t}{3T}} = 64N\left(\frac{1}{2}\right)^{\frac{t}{T}}$ 이므로

$6 + \frac{t}{3T} = \frac{t}{T}$　$t = 9T$ 이다.

정답 9. ⑤ 10. ① 11. ⑤

기출문제 및 예상문제

CHAPTER 6 현대물리

1. X선의 성질을 설명한 것 중 틀린 것은?

① 투과작용 ② 형광작용
③ 정류작용 ④ 전리작용
⑤ 생리작용

해설 정류작용은 2극 진공관의 작용이다.

2. planck 상수의 단위는?

① erg/sec ② Joule/cycle
③ watt · sec ④ Joule · sec
⑤ cal/sec^2

해설 $E=hf$에서 $h=\frac{E}{f}$ $(J \cdot S)$

3. 빛의 세기가 증가하였다는 것은 무엇을 의미하는가?

① 광자의 진동수 증가
② 광자의 에너지증가
③ 광자의 파장 증가
④ 광자의 속도 증가
⑤ 광자수의 증가

4. 콤프턴의 X선 산란 실험에서 입사된 X선의 파장을 λ 산란된 X선의 파장을 λ'라하고 입사 X선의 수평 진행 방향과 산란전자의 각을 θ 산란 X선과의 각을 ϕ라 할 때 파장의 변화량 $\Delta=\lambda'-\lambda$의 값에 대한 설명 중 옳지 않은 것은?

① 전자의 산란각 θ와 무관하다.
② 전자의 질량과 관계 있다.
③ X선의 산란각 ϕ가 커지면 Δ는 증가한다.
④ 입사 X선의 파장이 길수록 Δ 는 증가한다.
⑤ X선의 산란각 ϕ가 180℃일 때 Δ는 최대이다.

해설 $\Delta=\lambda'-\lambda=\frac{h}{mc}(1-\cos\phi)$에서 전자의 질량에 반비례하고 ϕ가 0~90°사이는 증가할수록 Δ가 커지고 입사 X선의 파장에는 무관하다.

5. X선의 발생 장치에서 X선관에 어떤 조건을 걸면 파장이 짧은 X선을 얻을 수 있겠는가?

① 관 사이에 전압을 높인다.
② 관 사이에 전압을 낮춘다.
③ 일함수 값이 큰 금속을 사용한다.
④ 관을 길게 한다.
⑤ 관을 짧게 한다.

해설 $eV=\frac{1}{2}mv^2=\frac{hc}{\lambda}$에서 전압을 높여 짧은 파장의 X선을 얻을 수 있다.

6. 금속표면에 한계진동수 이상의 빛을 쪼이면 광전자가 방출된다. 이때 방출되는 광전자의 수에 관계되는 것은?

① 빛의 진동수 ② 빛의 세기
③ 빛의 파장 ④ 빛의 속도
⑤ 빛의 색깔

해설 방출되는 광전자의 속도는 진동수에 관계되고 광전자의 수는 빛의 세기에 관계된다.

7. 질량이 20g인 탄환이 800m/s의 속도로 날아갈 때 이 탄환의 드브로이 파장은 얼마인가?(단 플라크 상수 $h \fallingdotseq 6\times10^{-34}$로 한다.)

① $3.75\times10^{-35}m$ ② $3.75\times10^{-34}m$
③ $15\times10^{-35}m$ ④ $15\times10^{-34}m$
⑤ $9.6\times10^{-34}m$

해설 $\lambda=\frac{h}{mv}=\frac{6\times10^{-34}}{20\times10^{-3}\times800}=3.75\times10^{-35}m$

해답 1. ③ 2. ④ 3. ⑤ 4. ④ 5. ① 6. ② 7. ①

8. 광전효과에 대한 설명 중 가장 옳은 것은?

① 금속표면의 전자가 이탈할 수 있도록 광자에너지 ($=hf$)를 크게 하려면 빛의 파장이 충분히 짧아야 한다.
② 보통 광자의 진동수가 너무 낮아도 많은 광전자를 방출할 수 있다.
③ 문지방 에너지(work function : 일함수)에서 광자의 에너지는 표면으로부터 전자를 이탈시키는데 필요한 최소 에너지인 일함수와 같지 않다.
④ X-선은 언제나 광전자를 방출하는 것은 아니다.
⑤ 자외선이나 열광자는 항상 광전자를 방출한다.

해설 빛의 에너지 $E=\frac{hc}{\lambda}$ 금속의 일함수 w이면 광전자의 운동에너지 $\frac{1}{2}mv^2$은 $\frac{1}{2}mv^2=\frac{hc}{\lambda}-w$

9. 광전효과로 입증된 사실은?

① 전자의 입자성
② 전자의 파동성
③ 빛의 입자성
④ 빛의 파동성
⑤ Bohr이론의 타당성

해설 빛의 입자성의 입증은 광전효과와 콤프턴효과 광압현상 등이 있다.

10. 다음 중 광량자 1개의 에너지가 가장 큰 것은?

① 가시광선
② 장파
③ 자외선
④ 극초단파
⑤ X선

해설 광자의 에너지 $E=\frac{hc}{\lambda}$이므로 파장이 짧을수록 에너지가 크다.

11. 질량이 m인 전자의 드브로이 파장이 λ일 때 전자의 운동에너지는?

① $\frac{1}{2}mv^2$　② $\frac{h^2}{m\lambda^2}$
③ $\frac{hc}{\lambda}$　④ $\frac{h}{m\lambda^2}$
⑤ $\frac{h^2}{2m\lambda^2}$

해설 파장이 λ이므로 $\lambda=\frac{h}{mv}$이다.
운동에너지 $E=\frac{1}{2}mv^2$에서
$E=\frac{1}{2m}(mv)^2=\frac{1}{2m}\left(\frac{h}{\lambda}\right)^2=\frac{h^2}{2m\lambda^2}$이다.

12. 다음의 입자 중 회절현상의 관측이 가장 어려운 것은? (단 속력은 모두 같다.)

① 전자　② α입자
③ 양성자　④ 중성자
⑤ 야구공

해설 회절은 파상이 클수록 잘 일어난다. 물질파의 파장 $\lambda=\frac{h}{mv}$에서 $\lambda\propto\frac{1}{m}$이므로 질량이 클수록 파장은 작아져 회절이 잘 일어나지 않는다.

13. 원자를 광학 현미경으로 볼 수 없는 이유는?

① 원자가 빛을 흡수하기 때문이다.
② 원자가 고속도로 움직이기 때문이다.
③ 원자가 너무 밀접하기 때문이다.
④ 원자는 크기가 없기 때문이다.
⑤ 원자의 반경이 빛의 파장보다 작기 때문이다.

14. Millikan의 유적 실험은 전자(질량 m, 전하 e)에 대해 어떤 값을 구한 것인가 맞는 것은?

① $e\cdot m$　② e/m^2
③ e　④ e^2m
⑤ e^2/m

해답 8. ① 9. ③ 10. ⑤ 11. ⑤ 12. ⑤ 13. ⑤ 14. ③

15. 바닥상태에 있는 수소원자에서 전자를 떼어 내어 이온화시키는데 필요한 최소한의 에너지는?

① $0.136eV$ ② $1.36eV$
③ $12eV$ ④ $13.6eV$
⑤ $136eV$

해설 $E=-13.6\frac{1}{n^2}eV$가 n궤도에서 에너지이므로 바닥상태($n=1$)에서 에너지는 $E=-13.6eV$ 이므로

16. 자기장에 의해서도 힘을 받지 않는 것은?

① X선 ② 광전자의 흐름
③ α선 ④ 전자
⑤ β선

해설 X선은 전자기파로 전기장이나 자기장에서 진로가 휘지 않는다.

17. 러더퍼드의 원자모형에서의 문제점을 바르게 지적한 것은?

① α입자 산란실험의 결과와 맞지 않다.
② 톰슨의 원자 모형에 모순된다.
③ 원자의 중심에 (+)전하의 핵이 존재한다.
④ 전자가 궤도상에서 원운동 할 때 전자기파를 방출한다.
⑤ 전자의 궤도는 불연속적 상태이다.

해설 전자가 가속도 운동을 하면서 전자기파를 방출하면 에너지 잃고 원자핵과 충돌하게 된다.

18. 그림은 α입자를 얇은 금속박에 충돌시킬 때 α입자가 산란되는 모습을 나타낸 것이다. 이 실험을 통해 러더퍼드가 세운 원자 모형과 관련이 없는 것은?

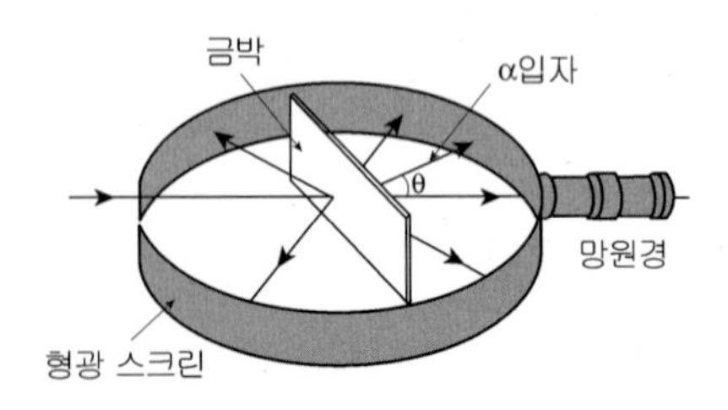

① 원자핵은 (+)전하를 띤다.
② 원자핵 주위를 전자가 원운동한다.
③ 원자 질량의 대부분은 원자핵의 질량이다.
④ 원자는 여러 가지 선스펙트럼을 가지고 있다.
⑤ 원자의 크기에 비해 핵의 크기는 매우 작다.

해설 러더퍼드의 모형은 원자의 안정성과 선스펙트럼의 설명 불가능

19. 음극선의 성질 중 옳지 않은 것은?

① 음극선은 파장이 짧은 전자기파이다.
② 음극선은 운동량을 갖는 입자이다.
③ 음극선은 질량을 갖는 입자이다.
④ 음극선은 직진한다.
⑤ 음극선은 전기를 띤 입자이다.

해설 음극선은 전자들의 흐름이지 전자기파가 아니다.

20. 수소 기체의 스펙트럼 중 발머 계열은 $\frac{1}{\lambda}=R\left(\frac{1}{2^2}-\frac{1}{n^2}\right)$로 나타낼 수 있다. 이 계열의 가장 짧은 빛의 파장은?

① $\frac{R}{4}$ ② $\frac{4}{R}$
③ $\frac{5R}{36}$ ④ $\frac{36}{5R}$
⑤ $\frac{3}{16R}$

해설 파장이 짧을수록 에너지는 크고 따라서 에너지가 가장 크려면 $n=\infty$에서 $n=2$로 궤도 천이할 때이므로
$\frac{1}{\lambda}=R\left(\frac{1}{4}-\frac{1}{\infty}\right)$ $\frac{1}{\lambda}=\frac{R}{4}$ $\lambda=\frac{4}{R}$

21. 다음 원자의 에너지 준위가 가장 많이 변화되었을 때 방출되는 빛은?

① 적외선 ② 초록색
③ 보라색 ④ 빨강색
⑤ 노란색

해답 15. ④ 16. ① 17. ④ 18. ④ 19. ① 20. ② 21. ③

해설 에너지준위의 변화가 클수록 파장이 짧다.

22. 원자핵을 구성하는 것은? [78년 서울시 7급]

① 양성자와 전자
② 양전자와 전자
③ 양전자와 중성자
④ 양성자와 양전자
⑤ 중성자와 양성자

23. 감마선(Gamma-ray)은?

① 음극선과 같다.
② 전자파(電磁波)이다.
③ 종파(縱波)이다.
④ 베타선(β-ray)과 같다.
⑤ 대전(帶電)된 입자의 흐름이다.

24. 광전관에서 발생되는 광전류의 세기는?

① 빛의 밝기에 비례한다.
② 빛의 속도에 비례한다.
③ 빛의 진동수에 비례한다.
④ 빛의 양에 비례한다.
⑤ 빛의 파장에 비례한다.

해설 세기는 빛의 양에 비례하고, 에너지는 진동수에 비례한다.

25. 파장이 8,000Å인 빛의 에너지는 파장이 4,000Å인 빛의 에너지의 몇 배가 되겠는가? [80년 총무처 7급]

① 4배 ② 서로 같다.
③ $\sqrt{2}$배 ④ 2배
⑤ 1/2배

해설 광자의 에너지는 $E = hf = \frac{hc}{\lambda}$ 이므로 $E \propto \frac{1}{\lambda}$

26. 원자핵에서 다음 반응이 일어났다. 이때 X는?

$${}_6C^{14} \rightarrow {}_7N^{14} + X$$

[80년 서울시 7급]

① α입자 ② 전자
③ 양성자 ④ γ입자
⑤ He입자

해설 β붕괴는 핵의 중성자가 양성자와 전자로 분리되어 전자가 방출된다. 따라서 번호 1증가 질량 불변

27. 원자의 질량은 원자의 부피 중 극히 작은 부분에 집중되어 있다는 것은 다음 어느 것에 의하여 실증되었는가? [80년 총무처 7급]

① 원자 속에 전자가 포함되어 있다.
② α입자를 얇은 금박에 투사시킨다.
③ 원자는 화학변화를 하는 동안 그 질량이 변하지 않는다.
④ 빛은 많은 물질을 통과할 수 있다.
⑤ 기체는 매우 작은 부피로 압출시킬 수 있다.

해설 원자핵의 발견은 러더퍼드의 α 입자 산란실험에서다.

28. 광전효과에 대한 다음 설명 중 틀리는 것은? [81년 총무처 7급]

① 빛의 파동성으로 설명된다.
② 빛의 입자성으로 설명된다.
③ 일함수보다 큰 에너지를 가진 광자를 비추어야 전자가 방출된다.
④ 광전자의 속력은 비추어 주는 빛의 진동수에 관계된다.

29. 전자의 상태를 나타내는 양자수가 아닌 것은? [81년 총무처 7급]

① 스핀양자수 ② 궤도양자수
③ 자기양자수 ④ 주양자수
⑤ 광양지수

해설 전자 상태를 나타내는 양자수는 주양자수, 궤도양자수, 자기양자수, 스핀양자수 등이 있다.

해답 22. ⑤ 23. ② 24. ①④ 25. ⑤ 26. ② 27. ② 28. ① 29. ⑤

30. 파장이 λ되는 광량자의 에너지는 파장이 2λ되는 광량자의 에너지의 몇 배인가? 〔83년 총무처 7급〕

① 4배
② 2배
③ 1배
④ $\frac{1}{2}$배
⑤ $\frac{1}{4}$배

해설 $E=\frac{hc}{\lambda}$ $E\propto\frac{1}{\lambda}$

31. 플랑크(plank) 상수 h의 차원은? 〔84년 총무처 7급〕

① LMT^{-1}
② LM^2T^{-1}
③ LMT^{-2}
④ L^2MT^{-2}
⑤ L^2MT^{-1}

해설 $[h]=\text{Joule}\cdot\text{Sec}=(\text{kg}\cdot\text{m}^2/\text{sec}^2)\cdot\text{sec}$
$=\text{kg}\cdot\text{m}^2/\text{sec}$ $E=hf$ $\frac{E}{f}=h$

32. 빛에 민감한 금속표면에 빛을 쬐어 주면 전자가 표면으로부터 튀어나온다. 이 전자의 에너지를 증가시키기 위해서는 어떻게 해야 하나? 〔84년 총무처 7급〕

① 빛의 세기를 증가시킨다.
② 빛의 진폭을 증가시킨다.
③ 빛의 진동수를 감소시킨다.
④ 빛의 파장을 감소시킨다.
⑤ 위의 방법들로는 할 수 없다.

해설 광전효과에서 광전자의 운동에너지 $E_k=\frac{1}{2}mv^2$
$=\frac{hc}{\lambda}-w$ (w는 금속의 일함수)이므로 $E\propto\frac{1}{\lambda}$이다.

33. 아인슈타인(Einstein)의 상대성 이론에 의하면 Energy E와 질량 m사이에는 $E=mc^2$의 관계가 있다. 여기서 c는? 〔85년 총무처 7급〕

① 질량 m의 속도
② Plank 상수
③ Coulomb 상수
④ 빛의 속도
⑤ 물질의 고유상수

34. 금속표면에 빛을 쪼이면 그 표면에서 전자가 튀어 나온다. 이러한 현상은? 〔85년 총무처 7급〕

① 빛의 간섭현상
② 광전효과
③ 도플러(Doppler) 효과
④ 빛의 회절현상
⑤ 아인쉬타인의 상대성 효과

35. 다음 중 전자의 파동성을 뒷받침하는 것은? 〔86년 총무처 7급〕

① Compton 효과
② Davisson-Germer 전자회절실험
③ 광전 효과
④ Thomson의 전자에 대한 e/m 측정
⑤ Compton 측정실험

36. 어떤 전자가 0.6배의 빛의 속도를 가진다. 그의 질량은 정지질량의 m_0의 몇 배인가?

① 0.6배 ② 1.5배
③ 1.0배 ④ 2.0배
⑤ 1.25배

해설 $m=\frac{m_0}{\sqrt{1-v^2/c^2}}=\frac{m_0}{\sqrt{1-(0.6)^2}}=\frac{m_0}{0.8}$ $1.25m_0$

해답 30. ② 31. ⑤ 32. ④ 33. ④ 34. ② 35. ② 36. ⑤

37. 광전효과에 의해 튀어 나오는 전자의 최대 운동에너지는 무엇과 직접 관계가 있는가? [93년 서울시 7급]

① 빛의 세기
② 빛의 진동수
③ 전자의 전하량
④ 전자의 크기

해설 $\frac{1}{2}mv^2 = \frac{hc}{\lambda}(=hf) - w$

38. 반감기가 2시간인 물질이 있다. 원래 질량의 1/16로 되려면 얼마의 시간이 흘러야 할까? [93년 서울시 7급]

① 2시간
② 4시간
③ 8시간
④ 16시간

해설 $N = N_0\left(\frac{1}{2}\right)^{\frac{t}{T}}$에서 $\frac{1}{16}N_0 = N_0\left(\frac{1}{2}\right)^{\frac{t}{2}}$이고

$\left(\frac{1}{2}\right)^4 = \left(\frac{1}{2}\right)^{\frac{t}{2}}$ $4 = \frac{t}{2}$ $t = 8$

39. 다음 그림은 수소 원자에 대한 보어의 원자 모형을 도식화한 것이다. 이에 대한 설명으로 옳은 것을 <보기>에서 모두 고른 것은?

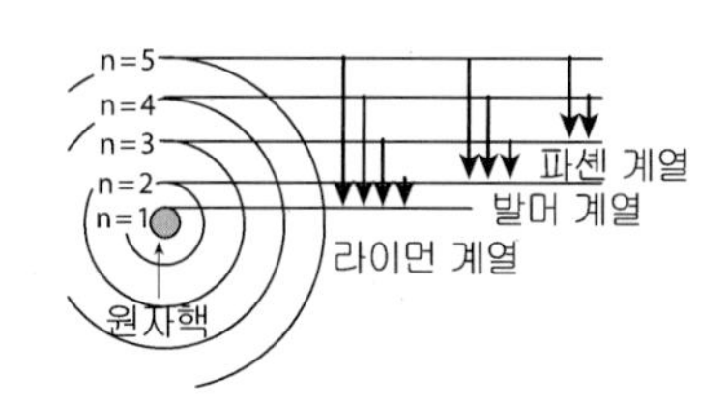

보 기

ㄱ. 에너지 준위는 불연속적이다.
ㄴ. 에너지 차가 클수록 파장이 긴 빛을 방출하거나 흡수한다.
ㄷ. 전자는 물질파 파장의 정수배가 되는 궤도에서만 돌 수 있다.
ㄹ. 에너지 준위가 높은 궤도에서 낮은 궤도로 전자가 전이할 때는 전자기파를 흡수한다.

① ㄱ, ㄴ ② ㄱ, ㄷ
③ ㄴ, ㄷ ④ ㄴ, ㄹ
⑤ ㄷ, ㄹ

해설 양자 제1조건 $2\pi r = n\lambda(n = 1, 2, 3, 4\cdots)$ 양자 제2조건 n궤도에서 m궤도로 전자가 천이할 때(단, $n > m$) $E(=hf) = E_n - E_m$

40. 그림과 같이 수소원자핵을 중심으로 전자가 물질파를 그리며 원운동하고 있다. 지금 이 그림상의 전자는 바닥상태(기저상태)에서 비해 전자의 속도가 몇 배나 되겠는가?

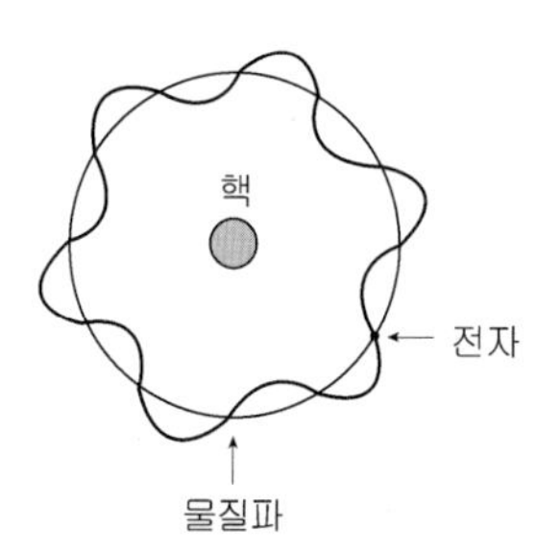

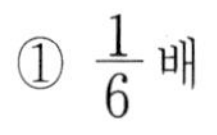
① $\frac{1}{6}$배
② $\frac{1}{3}$배
③ $\frac{1}{2}$배
④ 6배
⑤ 36배

해설 $2\pi r = n\lambda$에서 $n = 6$이다.(바닥상태는 $n = 1$이다.)
$\lambda = \frac{h}{mv}$이므로 $2\pi r = \frac{nh}{mv}$, $v = \frac{nh}{2\pi rm}$이고
$r = 0.53n^2$이므로 $v \propto \frac{1}{n}$이 된다.

41. 원자 핵력이란 무엇인가?

① 원자가 갖는 총 에너지
② 원자력과 핵 사이에 작용하는 힘
③ 원자력과 궤도전자 사이에 작용하는 힘
④ 중성자와 양성자 사이에 작용하는 힘
⑤ 양성자와 궤도전자 사이에 작용하는 힘

해답 37. ② 38. ③ 39. ② 40. ① 41. ④

42. $^{238}_{92}U$이 α붕괴와 β붕괴를 반복하여 $^{206}_{82}Pb$이 되었다. 이때 반복한 α붕괴와 β붕괴의 횟수는 각각 몇 회씩인가?

① α붕괴 6회, β붕괴 6회
② α붕괴 6회, β붕괴 8회
③ α붕괴 8회, β붕괴 6회
④ α붕괴 7회, β붕괴 5회
⑤ α붕괴 5회, β붕괴 7회

해설 α붕괴는 질량 4감소, 번호 2감소이고 β붕괴는 질량 불변 번호 1증가이다. 따라서 질량은 오로지 α붕괴에 기인하므로 32감소이므로 α붕괴는 8회이다. α붕괴 8회이면 원자번호는 16감소이므로 92-16=76이다. 그런데 Pb의 원자 번호는 82이므로 6증가되었으므로 β붕괴 6회

해답 42. ③

실력향상문제

1 시계와 함께 움직이는 관측자가 재는 시간이 시계에 대해서 정지해 있는 관측자가 측정한 시간의 반이 되기 위한 상대 속도는 얼마인가?

① 0.50c ② 0.630c
③ 0.685c ④ 0.750c
⑤ 0.866c

2 지상의 관측자가 우주선의 길이를 측정하였더니 정지길이의 반이었다. 관측자가 본 이 우주선의 속도는 얼마인가?

① 0.50c ② 0.69c
③ 0.75c ④ 0.87c
⑤ 0.90c

3 지상에 10km 길이의 철도가 있다. 슈퍼맨이 철도 위를 0.6c의 속도로 날아가면서 철도를 볼 때 철도의 길이가 얼마로 보이겠는가?

① 3km ② 5km
③ 8km ④ 10km
⑤ 13km

4 어떤 사람이 20세에 지구를 출발하여 자신의 시계로 60세가 되기 전에 2,000광년 떨어진 북극성에 도착하려 하다. 이 사람은 최소한 어떤 속력으로 여행하여야 하는가?

① 0.89c ② 0.96c
③ 0.992c ④ 0.990c
⑤ 0.998c

5 0.2c의 속도로 지구에서 멀어져 가고 있는 우주선 내에 있는 빛이 우주선 승객에게는 4,750A의 파란빛으로 보인다. 지상의 관측자는 파장이 얼마로 보이는가?

① 3,100A ② 4,750A
③ 5,820A ④ 6,500A
⑤ 7,000A

해 설

해설 **1**

$t=\dfrac{t_o}{\sqrt{1-(\frac{v}{c})^2}}$ 에서

$2t_o=\dfrac{t_o}{\sqrt{1-(\frac{v}{c})^2}}$ 이므로

$\sqrt{1-(\frac{v}{c})^2}=\frac{1}{2}$ 이다.

따라서 $v\fallingdotseq 0.866c$가 된다.

해설 **2**

$l=l_o\sqrt{1-(\frac{v}{c})^2}$ 에서

$\frac{1}{2}l_o=l_o\sqrt{1-(\frac{v}{c})^2}$ 이므로

$\sqrt{1-(\frac{v}{c})^2}=\frac{1}{2}$ 이다.

따라서 $v\fallingdotseq 0.866c$ 가 된다.

해설 **3**

길이 축소가 일어나므로

$l=10\sqrt{1-(\frac{0.6c}{c})^2}$ 에서

$l=10\sqrt{1-0.36}=8$ 이 된다.

해설 **4**

2000년의 시간을 40년 만에 가야하므로 시간 연장이 일어나야 한다.
50배의 시간 연장이 일어나야 하므로

$50t_o=\dfrac{t_o}{\sqrt{1-(\frac{v}{c})^2}}$ 에서

약 $v=0.998c$ 정도가 된다.

해설 **5**

빛에 대한 도플러 효과

$\lambda=\lambda_o(1\pm\frac{v}{c})$에서 0.2c

속도로 지구에서 빛이 멀어지고 있으므로 $\lambda=4150(1+\frac{02c}{c})=5820\,\text{Å}$

이다.

정답 1. ⑤ 2. ④ 3. ③ 4. ⑤ 5. ③

6 정지질량 m_0인 입자의 속도가 v일 때 상대론적 운동량 p는 얼마인가?

① $p=m_0 v$
② $p=m_0 v\sqrt{1-\left(\frac{v}{c}\right)^2}$
③ $p=m_0 v\sqrt{1+\left(\frac{v}{c}\right)^2}$
④ $p=\frac{m_0 v}{\sqrt{1-\left(\frac{v}{c}\right)^2}}$
⑤ $p=\frac{m_0 v}{\sqrt{1+\left(\frac{v}{c}\right)^2}}$

7 질량이 0인 입자가 빛의 속도를 가진다고 한다. 이 입자의 에너지가 E일 때 운동량 p는 얼마인가?

① $p=Ec$
② $p=Ec^2$
③ $p=\frac{c}{E}$
④ $p=\frac{E}{c}$
⑤ $p=\frac{E}{c^2}$

8 광전효과 실험에서 양극 금속판에 진수 f인 빛을 쪼였더니 전류가 흘렀다. 그런데 양극판의 전압을 서서히 높여 음극에 대하여 V_0의 역 전압을 걸어주었더니 전류의 흐름이 0이 되었다. 금속의 일함수를 W라고 한다. 다음 설명 중 옳지 않은 것은 어느 것인가?

① eV_0는 역전압을 걸지 않았을 때 가장 빠른 광전자의 운동에너지와 같다.
② 광자의 진동수를 f를 하면 $hf=eV_0+W$의 관계식이 성립한다.
③ 전자가 금속에서 튀어나오기 위해서는 최소한의 에너지 W를 얻어야 한다.
④ 광전류의 세기는 빛의 진동수에 무관하고 빛의 세기만 같으면 동일하다.
⑤ 전자가 튀어나오는 속도는 빛의 세기가 클수록 크다.

9 광전효과 실험에서의 빛의 진동수는 일정하게 하고 빛의 세기를 2배로 증가시킬 때 다음 중 어떤 결과가 나타나는가?

① 빛 에너지를 얻은 전자가 튀어나오는 시간이 더 빨라진다.
② 빛 에너지를 얻은 전자의 속력이 더 커진다.
③ 빛 에너지를 얻고 튀어나오는 광자의 수가 더 많아진다.
④ 전자가 금속 밖으로 튀어나오기 위해 극복해야하는 퍼텐셜 장벽이 낮아진다.
⑤ 전자가 튀어나오지 못하도록 하기 위해 더 큰 역전압을 걸어주어야 한다.

해 설

해설 **6**

$m=\frac{m_0}{\sqrt{1-(\frac{v}{c})^2}}$ 이므로

운동량 $p=mv$에서

$p=\frac{m_0 v}{\sqrt{1-(\frac{v}{c})^2}}$ 이다.

해설 **7**

질량이 0인 광자의 에너지 $E=\frac{hc}{\lambda}$

이고 운동량 $p=\frac{h}{\lambda}$ 이므로

$E=p\cdot c$에서 운동량 $p=\frac{E}{c}$ 이다.

해설 **8**

전자가 튀어나오는 속도는 빛의 진동수가 클수록 크다.

정답 6. ④ 7. ④ 8. ⑤ 9. ③

10 그림은 광전효과 실험에서 빛의 진동수에 대응하는 역전압(전류의 흐름이 0이 되게 하는 전압)크기를 보여주는 그래프이다. 그래프에 나타난 직선의 기울기는 무엇을 나타내는가?

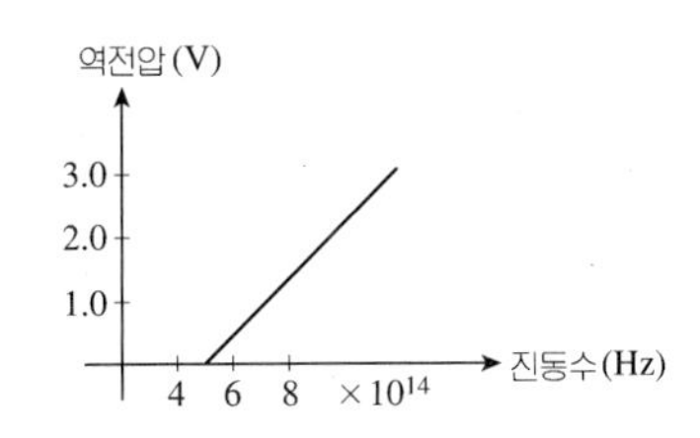

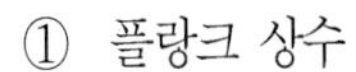
① 플랑크 상수

② $\dfrac{\text{플랑크상수}}{\text{전자의 전하량}}$

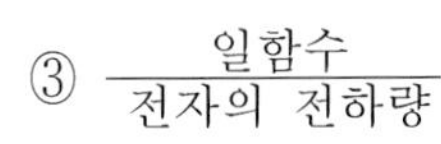
③ $\dfrac{\text{일함수}}{\text{전자의 전하량}}$

④ $\dfrac{\text{문턱진동수}}{\text{전자의 전하량}}$

⑤ 전자의 운동에너지

11 금속판에 특정한 진동수의 빛을 쪼일 때 전자가 방출되는지 아닌지는 다음 중 어느 성질에 의존하는가?

① 조명의 세기 ② 빛에 노출되는 시간
③ 금속판의 열전도도 ④ 금속판의 넓이
⑤ 금속판의 물질

12 빛의 진동수가 $3.0\times 10^{15}\,\text{Hz}$일 때 일함수가 $2.3\,eV$가 물질에서 나오는 광전자의 최대 운동에너지는 얼마인가? (플랑크 상수 $h = 6.67\times 10^{-34} J\cdot S$)

① $2.3\,eV$
② $4.4\,eV$
③ $6.8\,eV$
④ $10.2\,eV$
⑤ $15.0\,eV$

13 X선 산란 실험에서 표적 물질을 중심으로 X선 입사방향에 대하여 θ인 위치에서 측정된 산란광의 콤프톤 이동은 얼마인가? m은 전자질량, h는 플랑크 상수, c는 빛의 속도이다.

① $\dfrac{h}{mc}(1-\cos\theta)$ ② $\dfrac{h}{mc}(1+\cos\theta)$
③ $\dfrac{h}{mc}\cos\theta$ ④ $\dfrac{h}{mc}(1-\sin\theta)$
⑤ $\dfrac{h}{mc}(1+\sin\theta)$

해 설

해설 **10**

광전효과에서 $\dfrac{1}{2}mv^2 = hf - w$이고 $qV = \dfrac{1}{2}mv^2$이다.
(V : 전압, v : 속도)
따라서 $qV = hf - w$이고
$V = \dfrac{h}{q}f - \dfrac{w}{q}$이므로 기울기는 $\dfrac{h}{q}$이다.

해설 **11**

한계 진동수는 금속의 종류에 따라 다르다.

해설 **12**

$hf - w = \dfrac{1}{2}mv^2$에서
$hf = 6.67\times 10^{-34}\times 3\times 10^{15}$
$\fallingdotseq 20\times 10^{-19}J$ $20\times 10^{-19}J$은
$12.5\,eV$이다.($1eV = 1.6\times 10^{-19}J$)
따라서 운동에너지는
$12.5 - 2.3 = 10.2\,eV$이다.

정답 10. ② 11. ⑤ 12. ④ 13. ①

14 입사파장 λ_0인 X선을 얇은 금속박막에 입사시켜 산란되는 X선의 파장과 세기를 측정하여 그림과 같은 결과를 얻었다. 측정 위치는 표적물질을 중심으로 입사방향에 대하여 $\theta=60°$인 방향이다. 다음 중 가장 옳지 않은 것은 어느 것인가?

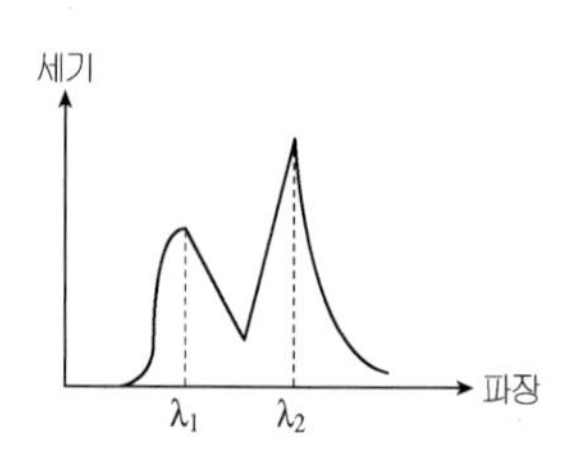

① 그림에서 λ_1은 질량이 큰 핵에 의한 산란의 결과이며 입사파장과 거의 같다.
② 파장이 더 짧은 X선 입사하고 같은 방향에서 측정하면 파장 이동값 $\triangle\lambda$ $(=\lambda_2-\lambda_1)$의 값이 더 커진다.
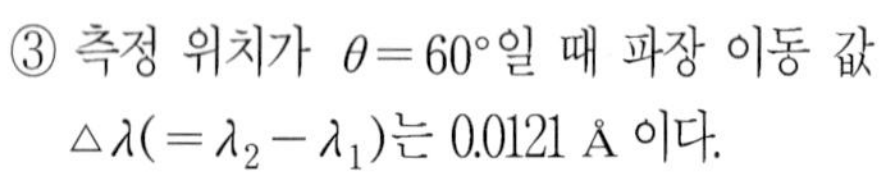
③ 측정 위치가 $\theta=60°$일 때 파장 이동 값 $\triangle\lambda(=\lambda_2-\lambda_1)$는 0.0121 Å 이다.
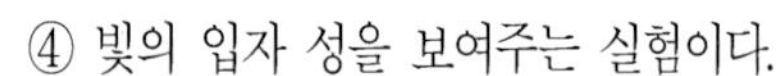
④ 빛의 입자 성을 보여주는 실험이다.
⑤ λ_2는 전자에 의한 산란의 결과이다.

해 설

해설 **14**

파장의 이동값

$\triangle\lambda=\dfrac{h}{mc}(1-\cos\theta)$ 이므로

입사 파장의 값에 관계없다.

15 27℃인 물제의 표면 1m² 에서 1초당 복사하는 에너지는 얼마인가? 스테판-볼츠만 상수 $\sigma=5.67\times10^{-8}\,W/\mathrm{m}^2\cdot k^4$ 이다

① 300 J
② 340 J
③ 380 J
④ 420 J
⑤ 460 J

해설 **15**

27℃=300K이고 $E=\sigma T^4$에서

$E=5.67\times10^{-8}\times300^4=459.27J$

이다.

16 태양이 바로 머리 위에 있을 때 햇빛은 약 1.4 kW/m^2의 비율로 지구에 도달한다. 이 태양정수의 값이 2배로 되려면 태양까지 거리는 현재의 몇 배로 되어야 하는가?

① 0.50배
② 0.71배
③ 0.82배
④ 0.87배
⑤ 0.95배

해설 **16**

태양 상수의 값은 거리 제곱에 반비례한다.

따라서 $I\propto\dfrac{1}{r^2}$이고 $r\propto\dfrac{1}{\sqrt{I}}$에서

$\dfrac{1}{\sqrt{2}}=0.71$ 된다.

17 보어(Bohr)의 수소원자 모델과 가장 관련이 없는 것은 어느 것인가?

① 전자가 정상상태 궤도를 돌고 있을 때 그 전자는 가속 운동에도 불구하고 전자기파가 발생하지 않는다.
② 전자가 안정된 궤도를 돌고 있을 때 궤도길이는 전자의 드브로이 물질 파장의 정수 배이다.
③ 전자의 각운동량은 $\dfrac{h}{2\pi}$의 정수 배로서 불연속적인 값만을 갖는다.
④ 전자가 안정된 궤도에서 다른 안정된 궤도로 전이할 때 두 궤도의 에너지 차이 만큼에 대응하는 광자를 방출하거나 흡수한다.
⑤ 전자가 전이할 대 방출하는 광자의 파장은 전자의 드브로이 물질 파장과 같다.

해설 **17**

전자가 천이할 때 방출하는 광자의 파장은 두 궤도의 에너지 차에 기인한다.

정답 14. ② 15. ⑤ 16. ② 17. ⑤

18 수소원자가 양자수 $n=2$ 인 상태에 있다. 전자와 양성자를 분리하기 위해서는 최소한 얼마의 일을 해주어야 하는가?

① $+13.6eV$　② $-13.6eV$
③ $+6.8eV$　④ $-6.8eV$
⑤ $+3.4eV$

19 수소원자 스펙트럼에서 가시 광 부분은 어느 계열에 속하는 것인가?

① 라이만 계열　② 발머 계열
③ 파센 계열　④ 브라켓 계열
⑤ 라이만과 발머 계열

20 수소원자 스펙트럼 계열 중 발머 계열에서 가장 긴 파장을 갖는 광자의 에너지는 얼마인가?

① $0.85\,eV$　② $1.5\,eV$
③ $1.9\,eV$　④ $2.5\,eV$
⑤ $3.4\,eV$

21 수소원자 스펙트럼에서 발머 계열의 가장 짧은 파장은 라이만 계열의 가장 짧은 파장의 몇 배인가?

① 1배
② 2배
③ 3배
④ 4배
⑤ 5배

22 한 개의 광자가 전자 1개의 양전자 1개로 변환된다면 이 광자의 진동수 f는 얼마인가?

① $\dfrac{mc^2}{4h}$
② $\dfrac{mc^2}{2h}$
③ $\dfrac{mc^2}{h}$
④ $\dfrac{2mc^2}{h}$
⑤ $\dfrac{4mc^2}{h}$

해 설

해설 18

$E=-\dfrac{13.6}{n^2}eV$ 에서 $n=2$ 인 상태에서 갖는 에너지는 $E_2=-3.4eV$ 이다.

해설 20

발머 계열은 $n=2$로 천이할 때 방출되는 에너지로 파장이 가장 길다는 것은 발머 계열 중 에너지가 가장 작은 $n=3$ 인 궤도에서 $n=2$로 천이 할 때이다.

따라서 $E=E_3-E_2$

$=\left(-\dfrac{13.6}{3^2}\right)-\left(-\dfrac{13.6}{2^2}\right)$

$=1.9eV$ 이다.

해설 21

파장이 가장 짧다는 것은 에너지가 가장 크다는 것과 같으므로

$\dfrac{1}{\lambda}=R\left(\dfrac{1}{n^2}-\dfrac{1}{m^2}\right)$ n은

라이만 계열은 1, 발머계열은 2이다.

$\dfrac{1}{\lambda_1}=R\left(\dfrac{1}{1^2}-\dfrac{1}{\infty^2}\right)$ $\lambda_1=\dfrac{1}{R}$

$\dfrac{1}{\lambda_2}=R\left(\dfrac{1}{2^2}-\dfrac{1}{\infty^2}\right)$ $\lambda_2=\dfrac{4}{R}$

해설 22

질량의 합은 2m이므로 정지에너지 $2mc^2$이다.

따라서 $2mc^2=hf$ $f=\dfrac{2mc^2}{h}$ 이다.

정답 18. ⑤ 19. ② 20. ③ 21. ④ 22. ④

23 전자가 파동성을 가짐을 처음으로 보여준 실험은?

① 광전 효과
② 콤프톤 산란
③ 홀 효과
④ 플랑크 헤르츠 실험
⑤ 데이비슨-거미와 톰슨의 실험

24 운동에너지가 K인 전자의 드브로이 파장 λ은 얼마인가? m은 전자의 질량이다.

① $\lambda = \frac{h}{\sqrt{2K}}$ ② $\lambda = \frac{h}{\sqrt{K}}$
③ $\lambda = \frac{h}{\sqrt{2mK}}$ ④ $\lambda = \frac{h}{\sqrt{mK}}$
⑤ $\lambda = \frac{h}{2\sqrt{mK}}$

25 x축 상에서 움직이는 어떤 입자의 파동 함수가 $\varphi(x)$일 때 입자가 위치 x와 $x+\triangle x$ 사이에서 발견될 확률은 무엇에 비례하는가?

① $|\phi(x)|\triangle x$ 에 비례
② $|\phi(x)|\triangle x$ 에 반비례
③ $|\phi(x)|^2\triangle x$ 에 비례
④ $|\phi(x)|^2\triangle x$ 에 반비례
⑤ $\phi(x)$ 에 무관

26 정지하여 있던 양성자와 전자가 결합하여 바닥상태의 수소원자를 형성할 대 1개의 광자가 방출된다면 이 광자의 파장은 대략 얼마인가? (단, 플랑크 상수 $h = 6.67 \times 10^{-34}$)

① 910 Å ② 1,250 Å
③ 3,550 Å ④ 4,760 Å
⑤ 5,100 Å

해 설

해설 23
전자의 파동성은 데이비슨-거머와 톰슨의 전자 회절 실험에서 입증되었다.

해설 24
$K = \frac{1}{2}mv^2$ 에서 $m^2v^2 = 2mK$ 이다.
파장 $\lambda = \frac{h}{mv}$ 이므로 $\lambda = \frac{h}{\sqrt{2mK}}$ 이다.

해설 25
슈레딩거 파동 함수 $\phi(x)$ 의 절대치의 제곱은 확률밀도이다.

해설 26
방출에너지는 13.6 eV 이므로
$13.6 \times 1.6 \times 10^{-19} J$ 이다.
$E = \frac{hc}{\lambda}$ 에서 $\lambda = \frac{hc}{E}$ 이다.

정답 23. ⑤ 24. ③ 25. ③ 26. ①

27 정지질량 m_0인 입자의 총에너지를 E, 운동량은 p라고 하면 E와 p사이에 성립하는 관계는 어느 것인가?

① $E = pc$ ② $E = pc^2$
③ $E^2 = p^2c^2 + m_0^2c^4$ ④ $E^2 = p^2c^2 + m_0^2c^2$
⑤ $E^2 = pc^4 + m_0^2c^4$

28 양자역학에서 입자는 파동으로 기술되므로 입자의 위치 x와 운동량 p를 동시에 정확하게 측정하는 것은 불가능하다. 입자의 위치 x를 측정할 때 위치의 불확정도를 $\triangle x$라 하고 운동량을 측정할 때 운동량의 불확정도를 $\triangle p$라 하면 $\triangle x \cdot \triangle p = \frac{h}{2\pi}$인 관계가 성립한다. 이를 무엇이라 하는가?

① Hamilton 원리
② Fermat 원리
③ 최소작용원리
④ Heisenberg의 불확정성원리
⑤ 대응원리

29 양자역학에 의해 기술되는 입자의 위치 x운동량 p를 반복하여 측정하여 정밀도를 높이려고 한다. 입자의 위치 x의 표준 편차 $\triangle x$와 운동량의 표준편차 $\triangle p$ 사이의 관계로 가장 옳은 것은 무엇인가?

① 표준 편차 $\triangle x$가 작으면 작을수록 표준편차 $\triangle p$는 커진다.
② 표준 편차 $\triangle x$가 작으면 작을수록 표준편차 $\triangle p$는 작아진다.
③ 표준 편차 $\triangle x$와 표준 편차 $\triangle p$사이에는 아무 관계도 없다.
④ 표준 편차 $\triangle x$와 표준 편차 $\triangle p$의 제곱에 반비례하여 작아진다.
⑤ 표준 편차 $\triangle x$와 표준 편차 $\triangle p$의 제곱에 비례하여 커진다.

30 핵이 과도한 에너지를 가지고 있는 경우 어떤 붕괴를 할 것으로 예상되는가?

① α 붕괴 ② β 붕괴
③ γ 붕괴 ④ 전자포획
⑤ 양전자 방출

해 설

해설 29
운동량과 위치는 $\triangle p \cdot \triangle x \simeq h$의 관계 있으므로 $\triangle x$와 $\triangle p$는 반비례한다.

해설 30
높은 에너지에서 낮은 에너지 준위로 전이할 때 γ선이 방출된다.

정답 27. ③ 28. ④ 29. ① 30. ③

31 핵이 너무 큰 경우 어떤 붕괴를 할 것으로 예상되는가?

① α 붕괴 ② β 붕괴
③ γ 붕괴 ④ 전자포획
⑤ 양전자 방출

32 방사성 붕괴 중 질량수의 변화를 가져오는 붕괴는 어떤 것인가?

① α 붕괴 ② β 붕괴
③ γ 붕괴 ④ 전자포획
⑤ 양전자 방출

33 원자로의 연료나 원자 폭탄의 원료로 사용되는 플루토늄 동위원소

$^{239}_{94}Pu$는 핵 발전 연료의 대부분을 차지하는 $^{239}_{94}U$가 빠른 중성자를 흡수하여 방사성 붕괴를 거쳐 생성된다. 고속 증식로에서 플루토늄이 생성되는 반응은 다음과 같다고 하다.

$^{239}_{\rho 2}U + ^{1}_{0}n \rightarrow ^{239}_{94}Pu + \square$ 빈칸에 알맞은 입자는 무엇인가?

① $2e^-$ ② $2e^+$
③ $2\nu^-$ ④ $2\,^{1}_{0}n$
⑤ $2\,^{1}_{1}p$

34 정지질량 m_0인 입자의 총 에너지가 정지에너지의 3배라면 이 입자의 운동량은 얼마인가?

① m_0c
② $\frac{1}{2}m_0c$
③ $\frac{\sqrt{2}}{2}m_0c$
④ $\sqrt{2}m_0c$
⑤ $2\sqrt{2}m_0c$

해 설

해설 31

α 붕괴는 양성자와 중성자가 각각 2개씩 방출된다.

해설 33

질량수는 변화 없고 번호만 2증가 했으므로 전자 2개가 방출됨

해설 34

정지에너지와 운동량의 관계는
$E^2=(Pc)^2+(m_0c^2)^2$이다.

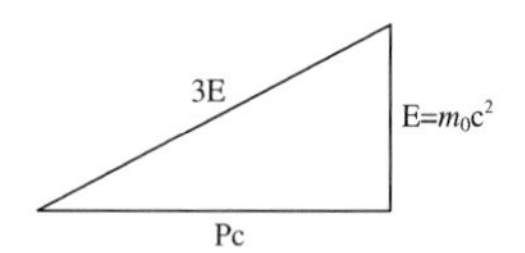

그림에서
$Pc=\sqrt{(3E)^2-E^2}=2\sqrt{2}E$이다.
$Pc=2\sqrt{2}m_0c^2$이므로
운동량 $P \fallingdotseq 2\sqrt{2}m_0c$이다.

정답 31. ① 32. ① 33. ① 34. ⑤

35 다음의 β붕괴에서 생성된 β입자는 어디에서 나오는 것인가?

$$^{14}_{6}C \xleftarrow{\beta} {}^{14}_{7}N + {}^{0}_{-1}e$$

① 붕괴 전 탄소 원자의 핵 주위를 돌고 있던 6개의 전자 중 하나이다.
② 붕괴 전 탄소 원자의 핵에 있던 6개의 양성자 중 하나가 중성자로 변환하는 과정에서 새로 생성된 전자이다.
③ 붕괴 전 탄소 원자의 핵에 있던 8개의 중성자 중 한 개가 양성자로 변화하는 과정에서 새로 생성된 전자이다.
④ β붕괴를 하는 탄소 원자 주위에 있는 다른 탄소 원자의 핵 주위를 돌고 있던 전자 중의 하나이다.
⑤ 답 없음

36 전자의 상태를 나타내는 양자수가 아닌 것은?

① 스핀 양자수 ② 궤도 양자수
③ 자기 양자수 ④ 주양자수
⑤ 광양자수

37 원자내의 전자의 상태를 주양자수(n), 궤도양자수(l), 자기양자수(m), 스핀양자수(S)로 나타낼 때 [n, l, m, s]로서 타당한 것은 어느 것인가?

① [1, 0, 1, 1/2]
② [0, 1, 0, -1/2]
③ [2, -1, 1, 1/2]
④ [3, 1, 0, -1/2]
⑤ [3, 2, -2, 0]

해 설

해설 **37**
주양자수 n은 $n-1, 2, 3, 4, \cdots n$
궤도 양자수 l은 $0 \leq l \leq (n-1)$
자기 양자수 m은 $-l \leq m \leq l$
스핀양자수 s는 $s=\frac{1}{2}$, $-\frac{1}{2}$이다.

정답 35. ③ 36. ⑤ 37. ④

부록

기출문제

기출문제

국가직 7급(2018년도)

1. 빛의 특성에 의한 현상으로 나머지 셋과 다른 것은?

① 비눗방울이 여러 색깔로 아름답게 보이는 현상
② 프리즘에 백색광을 입사하면 여러 가지 색이 보이는 현상
③ 볼록 렌즈를 통과한 빛이 한 점에 모이는 현상
④ 물 컵에 담겨있는 빨대가 꺾여 보이는 현상

2. 그림과 같이 둥근 막대자석을 금속으로 만든 원통 모양의 관 속으로 떨어뜨린다. 이 막대자석의 운동에 대한 설명으로 옳은 것은? (단, 자석과 금속관 내벽 사이의 충돌과 마찰은 무시하고, 금속관의 길이는 충분히 길다고 가정한다.)

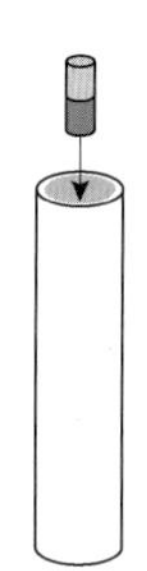

① 자유낙하를 한다.
② 자유낙하의 경우보다 더 빨리 떨어진다.
③ 자유낙하의 경우보다 더 천천히 떨어진다.
④ 충분히 관이 긴 경우 떨어지다가 관 중간에서 낙하를 멈춘다.

3. 같은 원소의 동위원소들에 대한 설명으로 옳은 것은?

① 스핀 값이 같다.
② 원자번호는 같으나 원자량이 다르다.
③ 화학적 성질이 같기 때문에 분리할 수 없다.
④ 세 가지 이상의 동위원소가 존재하는 원소는 없다.

4. 그림과 같이 줄의 한쪽 끝이 천장에 고정되어 있고 다른 끝에 쇠구슬이 묶여있는 단진자가 진폭의 감쇄 없이 A, B 두 지점 사이를 단진동 운동할 때, 옳지 않은 것은? (단, 공기의 저항은 무시한다.)

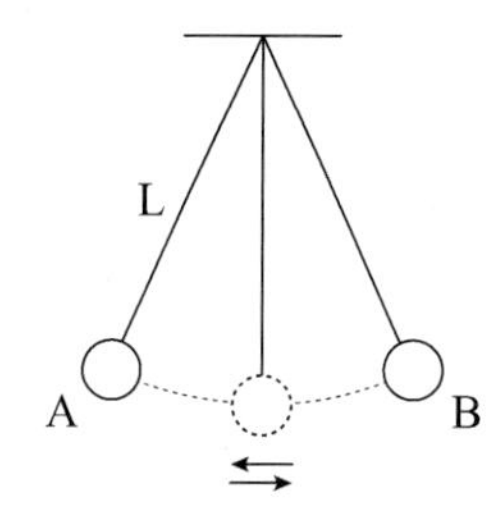

① 쇠구슬의 속력은 가장 낮은 위치를 지날 때 가장 크다.
② 쇠구슬의 질량이 커지면 주기도 커진다.
③ 중력가속도가 큰 곳에서는 주기가 작아진다.
④ 쇠구슬의 가속도 절댓값은 가장 낮은 위치를 지날 때 가장 작다.

5. 지면에서 수평면과 각 θ의 방향으로, 속력 v_0로 물체를 발사했다. 이 물체의 운동에 대한 설명으로 옳은 것만을 모두 고르면? (단, 공기의 저항은 무시하며, $0 < \theta < 90°$이다.)

> ㄱ. 지면의 수직방향 속력은 v_0보다 작다.
> ㄴ. 물체가 최고점에 도달할 때, 물체의 속도와 가속도는 서로 수직이다.
> ㄷ. $\theta = 30°$인 경우, $\theta = 60°$의 경우와 비교하여 도달하는 수평거리가 더 크다.
> ㄹ. $\theta = 30°$인 경우, $\theta = 60°$의 경우와 비교하여 지면에 도달할 때까지 걸리는 시간이 더 작다.

① ㄱ, ㄴ　　② ㄱ, ㄹ
③ ㄱ, ㄴ, ㄷ　　④ ㄱ, ㄴ, ㄹ

6. 질량 M, 반경 R인 균일하게 속이 꽉 찬 원판이 그림과 같이 높이 h의 경사면 위에서 미끄러지지 않고 굴러서 내려가고 있다. 경사면 바닥에서 원판 무게중심의 속력은? (단, g는 중력가속도이며 공기저항은 무시한다.)

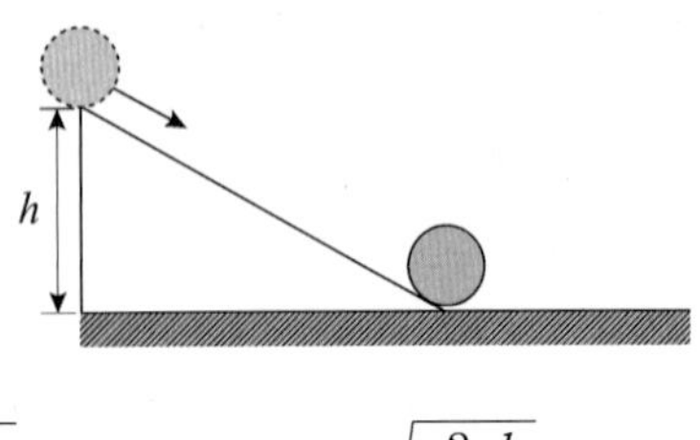

① $\sqrt{\frac{4gh}{3}}$　　② $\sqrt{\frac{2gh}{3}}$

③ $\sqrt{2gh}$　　④ $\sqrt{gh}$

7. 소방차가 멈춰있는 철수의 옆을 지나갔다. 이때 철수는 소방차가 다가올 때 사이렌 소리의 주파수를 3250Hz로, 멀어질 때 주파수를 2750Hz로 측정하였다. 소방차의 속력에 가장 가까운 값은? (단, 음파 속력은 340m/s이다.)

① 70km/h　　② 80km/h

③ 90km/h　　④ 100km/h

8. 균일한 자기장이 있는 공간으로 자기장에 수직으로 입사된 네 개의 대전 입자 A, B, C, D가 있다. 이 입자들이 모두 같은 전하량을 가지고 있다면 입사할 때 속력도 모두 같다. 이 네 개의 입자들이 원운동을 하며 벽면에 충돌한 위치가 다음 그림과 같을 때, 이 중에서 가장 질량이 큰 입자는?

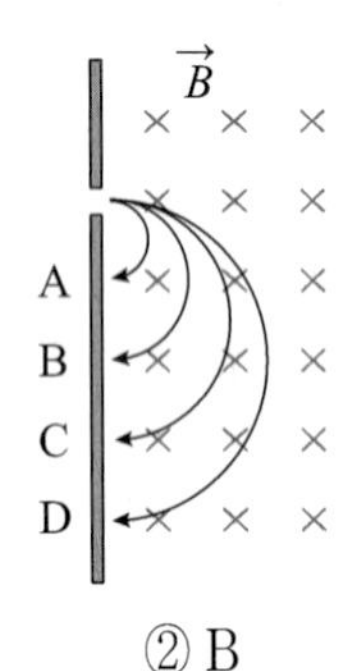

① A　　② B

③ C　　④ D

9. 다음 그림과 같이 밀도 $\rho = 900$kg/m^{3}인 직육면체 나무토막이 밀도 $\rho_f = 1100$kg/m^{3}인 유체에 떠 있다. 나무토막의 높이 $H = 6$cm라면 나무토막이 유체에 잠긴 깊이 h에 가장 가까운 값은? (단, 중력가속도 $g = 10$m/s^{2}이다.)

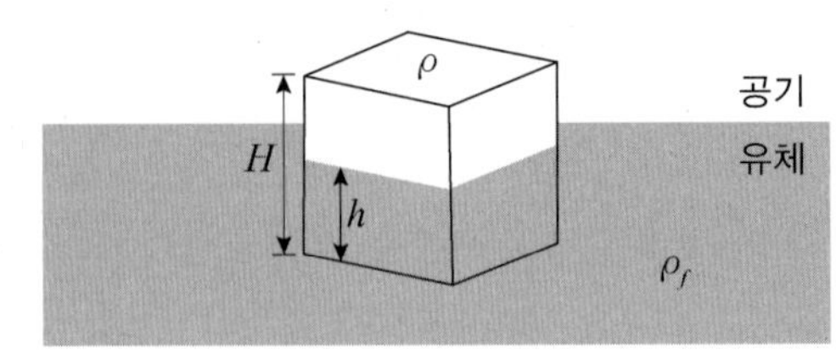

① 3cm　　② 4cm

③ 5cm　　④ 6cm

10. 태양 주변을 도는 지구의 질량이 속력의 변화 없이 갑자기 2배로 증가하였을 때, 지구의 공전 운동에 대한 설명으로 옳은 것은? (단, 태양은 고정되어 있으며, 지구는 원 궤도를 돈다고 가정한다.)

① 지구 공전 궤도반지름이 $\frac{1}{2}$로 줄어들게 되지만 공전 주기는 변함없다.

② 지구 공전 궤도반지름은 변화가 없지만 공전 주기는 2배로 늘어나게 된다.

③ 지구 공전 궤도반지름은 $\frac{1}{2}$로 줄어들게 되고, 공전 주기는 2배로 늘어나게 된다.

④ 지구 공전 궤도반지름과 공전 주기 모두 변화가 없다.

11. 지표면으로부터 높이 H인 지점에서 질량이 m인 물체가 자유 낙하 하였다. 지표면에서 $\frac{3}{4}H$인 높이에서의 물체의 속력은? (단, 공기저항은 무시하고, 중력 가속도는 g이다.)

① $\frac{gH}{2}$　　② $\sqrt{\frac{gH}{2}}$

③ $\sqrt{\frac{3gH}{4}}$　　④ $\sqrt{\frac{3gH}{2}}$

12. 수소원자의 전자가 높은 에너지 준위에서 낮은 에너지 준위로 이동할 때 방출되는 입자는?

① 광자 ② 전자
③ 양성자 ④ 중성자

13. 마찰계수가 0.5인 경사가 없는 바닥에서 질량이 m인 물체를 정지 상태에서 수평 방향으로 끌기 위해 필요한 최소한의 힘이 15N이었다면 물체의 질량은? (단, 중력가속도 $g = 10$m/s^{2}이다.)

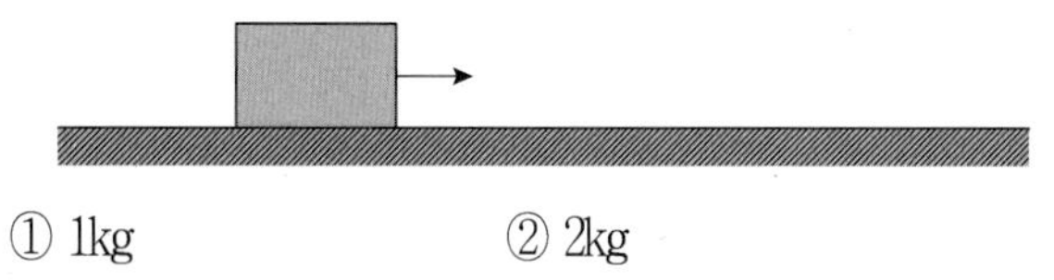

① 1kg ② 2kg
③ 3kg ④ 4kg

14. 그림은 1몰의 단원자 분자 이상 기체의 상태가 A → B → C → A를 따라 변할 때, 압력과 절대온도의 관계를 나타낸 그래프이다. A에서 기체의 압력, 절대온도, 부피는 각각 P_0, T_0, V_0이다. 이때 C와 B에서의 부피의 비 $\frac{V_C}{V_B}$는?

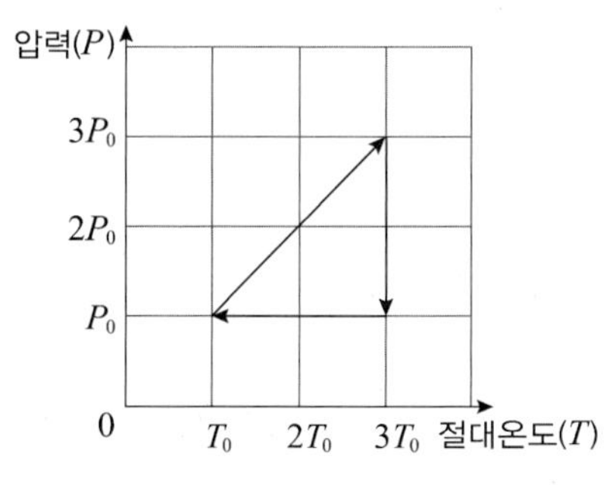

① 1 ② 2
③ 3 ④ 4

15. $R = 20\ \Omega$, $L = 100$mH, $C = 10\ \mu$F의 소자를 직렬로 연결한 LRC회로에 전압 $V_{rms} = 30$V, 각진동수 $\omega = 1000$ rad/s의 교류전원을 연결하였을 때 흐르는 전류 I_{rms}는?

① 1.5A ② 3.0A
③ 4.5A ④ 6.0A

16. 열효율이 0.4인 어떤 열기관이 고온 열원에서 열을 흡수하여 한 순환과정 동안 일을 한 후 저온 열원으로 600J의 열을 방출한다. 이 과정에서 열기관이 수행한 일은?

① 200J ② 300J
③ 400J ④ 500J

17. 그림과 같이 속이 빈 무한히 긴 원통 모양의 도선에 전류 I가 흐른다. 원통의 안쪽 반지름은 a, 바깥쪽 반지름은 b이다. 전류의 분포가 균일하다고 할 때, 원통 중심으로부터 거리가 r인 원통의 내부에서($a < r < b$) 자기장의 세기는? (단, μ_0는 진공의 투자율)

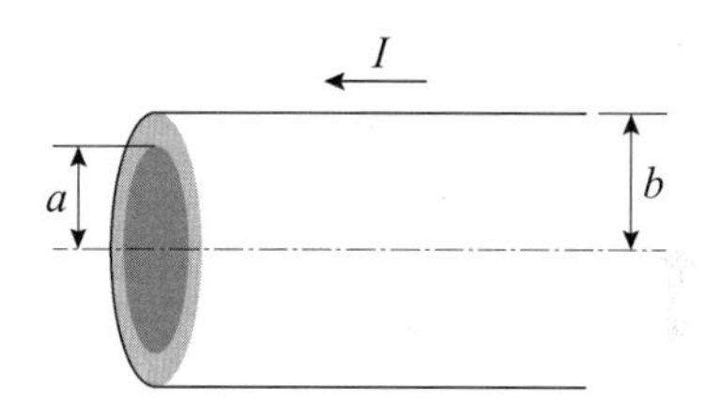

① $\frac{\mu_0 I}{2\pi r}$ ② $\frac{\mu_0 (r-a) I}{2\pi r(b-a)}$
③ $\frac{\mu_0 (r^2-a^2) I}{\pi r(b^2-a^2)}$ ④ $\frac{\mu_0 (r^2-a^2) I}{2\pi r(b^2-a^2)}$

18. 그림과 같이 청룡열차가 $v_0 = 20$m/s의 속력으로 첫 번째 언덕에 올라선 후 외부의 동력 없이 하강할 때, B 지점에서의 속력은? (단, 열차 바퀴와 레일의 마찰은 무시하며, $h = 50$m, 중력가속도 $g = 10$m/s^{2}이다.)

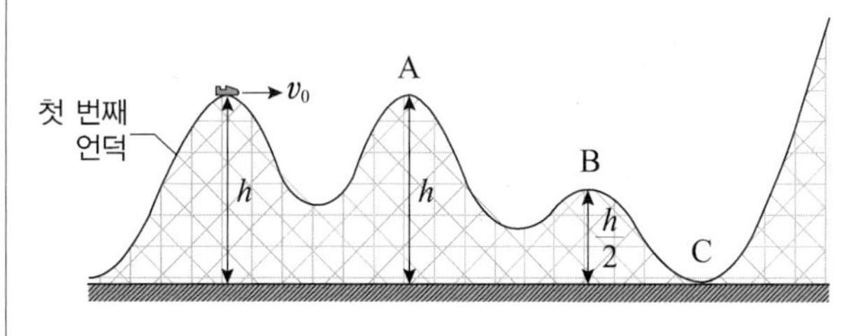

① 10m/s ② 20m/s
③ 30m/s ④ 40m/s

19. 파장이 800nm인 빛을 어떤 금속 표면에 쪼일 때 방출되는 전자의 속력이 6.00×10^{5}m/s이다. 이 금속의 차단 파장에 가장 가까운 값은? (단, 전자의 질량 $m=9.00\times10^{-31}$kg, 플랑크 상수와 빛의 속력의 곱 $hc=2.00\times10^{-25}$J·m이다.)

① 1680nm　　② 2270nm
③ 3890nm　　④ 4230nm

20. 폭 $a=0.3$mm인 단일슬릿에 파장이 600nm인 빛이 입사하여 1.0m 떨어진 스크린에 회절무늬를 만든다. 스크린의 중앙 밝은 무늬의 중심으로부터 첫 번째 어두운 무늬의 중심까지 거리는?

① 1.0mm　　② 2.0mm
③ 3.0mm　　④ 4.0mm

해설 및 정답

1. 비눗방울이 여러 색깔로 보이는 현상은 빛의 간섭, 프리즘은 빛의 굴절, 볼록 렌즈를 통과하는 빛은 굴절되므로 한 점으로 수렴되며, 빨대가 꺾여 보이는 것은 매질이 바뀌면서 빛이 굴절되기 때문이다.

2. 자석이 금속으로 만든 원통을 통과하면 전자기 유도가 잃어나므로 자석의 운동을 방해한다. 따라서 자유낙하의 경우보다 더 천천히 떨어진다.

3. ① 중성자수가 다르므로 스핀 값이 다르다.
② 원자번호는 같으나 원자량이 다르다
③ 질량수가 다르므로 물리적 성질의 차이를 이용하여 분리할 수 있다.
④ 세 가지 이상의 동위원소가 존재하는 원소도 있다.
ex) 수소, 중수소, 삼중수소

4. ① 가장 낮은 위치에서는 감소한 위치에너지가 모두 운동에너지로 전환되므로 가장 낮은 위치에서 속력이 최대가 된다.
②, ③ 진자의 주기 $T=2\pi\sqrt{\frac{L}{g}}$ 이므로 쇠구슬의 질량과 상관없으며 중력가속도가 큰 곳에서는 g가 증가하므로 T는 감소한다.
④ 쇠구슬의 가속도의 크기는 $|g\sin\theta|$ 이므로 가장 낮은 위치를 지날 때 가장 작다.

5. ㄱ. 수직방향 속력은 $v_0\sin\theta$이므로 v_0보다 작다.
ㄴ. 물체가 최고점에 도달할 때, 물체의 속도는 수평방향 성분만 존재하고, 가속도는 항상 수직방향이므로 서로 수직이다.
ㄷ. 도달하는 수평거리 $v_0\cos\theta\times\frac{2v_0\sin\theta}{g}=\frac{{v_0}^2\sin2\theta}{g}$ 이므로 $\theta=30°$인 경우와 $60°$인 경우에 $\sin2\theta$ 값이 같아지므로 지면에 도달할 때 걸리는 시간이 같다.
ㄹ. 지면에 도달할 때까지 걸리는 시간 $t=\frac{2v_0\sin\theta}{g}$ 이므로 $\theta=30°$일 때가 $60°$일 때보다 더 작다.

6. 균일하게 속이 꽉 찬 원판의 관성모멘트 $I=\frac{1}{2}mr^2$이다. 에너지 보존 법칙에 의해 $mgh=\frac{1}{2}I\omega^2+\frac{1}{2}mv^2$이고, $\omega=\frac{v}{r}$이므로 $mgh=\frac{1}{2}I\left(\frac{v}{r}\right)^2+\frac{1}{2}mv^2$이다. 따라서 $v=\sqrt{\frac{4gh}{3}}$

7. 소방차 속력이 v라고 할 때
$\frac{340}{340-v}f_0=3250$, $\frac{340}{340+v}f_0=2750$이다.
따라서 $\frac{340+v}{340-v}=\frac{3250}{2750}=\frac{13}{11}$이므로
$v=\frac{85}{3}$ m/s $=102$km/h 즉, 약 100km/h이다.

8. $Bqv=\frac{mv^2}{r}$이므로 $m=\frac{Bqr}{v}$이다.
따라서 반지름이 가장 큰 D가 질량이 가장 크다.

9. 직육면체 밑면의 넓이를 s라 하면 $\rho_f shg=\rho sHg$를 만족한다.
$h=\frac{\rho}{\rho_f}H=\frac{900}{1100}\times6=\frac{54}{11}$ 이므로 약 5cm이다.

10. $\frac{mv^2}{r}=\frac{GMm}{r^2}$에서 $v=\sqrt{\frac{GM}{r}}$이다. 질량이 변하여도 속력, 공전 궤도 반지름은 변화 없다. 공전 주기 $T=\frac{2\pi r}{v}$도 변하지 않는다.

11. $mgH=\frac{1}{2}mv^2+\frac{3}{4}mgH$이므로 $v=\sqrt{\frac{gH}{2}}$이다.

13. $m\times10\times0.5=15$이므로 물체의 질량 $m=3$kg이다.

14. $PV=nRT$에서 $V=\frac{nRT}{P}$이다. $n=1$이므로 $V=\frac{RT}{P}$이다. 따라서 $V_C=\frac{3RT_0}{P_0}$이고, $V_B=\frac{3RT_0}{3P_0}=\frac{RT_0}{P_0}$이다.
그러므로 $\frac{V_C}{V_B}=3$이다.

15. $X_L=\omega L=1000\times(100\times10^{-3})=100$이고,
$X_C=\frac{1}{\omega C}=\frac{1}{1000\times(10\times10^{-6})}=100$이므로 회로의 임피던스 $Z=\sqrt{20^2+(100-100)^2}=20$이다. 따라서 회로에 흐르는 전류 $I=\frac{30}{20}=1.5$A이다.

16. 열효율이 0.4이므로 고열원에서 저열원으로 방출하는 비율은 0.6이고 이것이 600J이다. 따라서 열기관이 수행한 일은 400J이다.

17. 원통 내부의 자기장

$B=\frac{\mu_0 I}{2\pi r}\left(\frac{r^2}{b^2-a^2}-\frac{a^2}{b^2-a^2}\right)=\frac{\mu_0(r^2-a^2)I}{2\pi r(b^2-a^2)}$ 이다.

18. 역학적 에너지 보존 법칙에 의해 첫 번째 언덕에서와 B지점에서의 역학적 에너지 보존식은

$mgh+\frac{1}{2}mv_0{}^2=\frac{1}{2}mgh+\frac{1}{2}mv^2$이다.

$h=50\text{m}$이고, $v_0=20\text{m/s}$이므로

$v=\sqrt{gh+v_0{}^2}=\sqrt{(10\times 50)+20^2}=30\text{m/s}$이다.

19. $\frac{1}{2}mv^2=\frac{hc}{\lambda}-W$이므로

$W=\frac{hc}{\lambda}-\frac{1}{2}mv^2$

$=\frac{2.00\times 10^{-25}}{800\times 10^{-9}}-\frac{1}{2}\times(9.00\times 10^{-31})\times(6.00\times 10^5)^2$

$=8.80\times 10^{-20}\text{J}$이다.

차단파장을 λ'라고 할 때, $W=\frac{hc}{\lambda'}$이므로

$\lambda'=\frac{hc}{W}=2270\text{nm}$이다.

20. $\Delta x=\frac{L\lambda}{d}=\frac{1.0\times(600\times 10^{-9})}{0.3\times 10^{-3}}=0.002=2.0\text{mm}$

1. ①	2. ③	3. ②	4. ②	5. ④
6. ①	7. ④	8. ④	9. ③	10. ④
11. ②	12. ①	13. ③	14. ③	15. ①
16. ③	17. ④	18. ③	19. ②	20. ②

기출문제
서울시 7급(2018년도 1회)

1. 교류 발전기의 코일이 도선 고리 면적 A=0.1m^2인 도선으로 50회 감겨 있으며, 도선의 전체 저항은 12 Ω이다. 이 도선 고리는 0.5T의 자기장 내에서 자기장과 수직인 방향을 회전축으로 하여 60Hz의 일정한 진동수를 가지고 회전한다. 이 발전기의 출력 단자에 저항을 무시할 수 있는 도체가 연결되어 있다면 이때 최대 유도 전류의 크기는? (단, $\pi = 3.14$이다.)

① 78.5A　② 80.0A
③ 82.0A　④ 84.5A

2. 그림과 같이 길이 2m, 전체 무게 100N인 균일한 보가 중간 1m 지점에 연결된 줄로 기둥에 고정되어 있다. 보와 기둥은 서로 수직이고 줄과 보 사이의 각도는 30° 이다. 보의 끝에 무게 200N인 물체가 매달려 있을 때 줄에 작용하는 장력 T의 크기는? (단, 줄의 질량은 무시한다.)

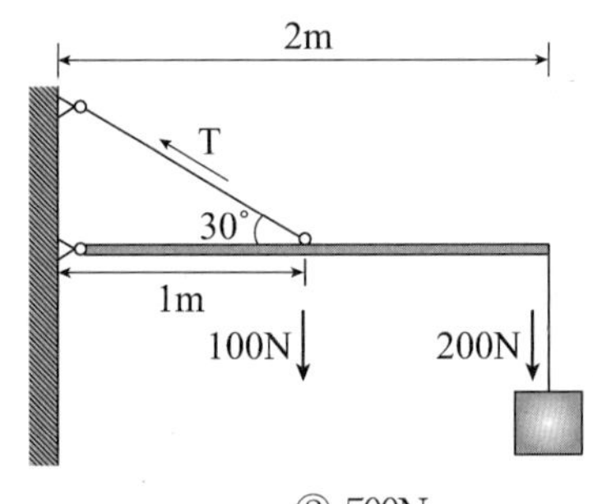

① 200N　② 500N
③ $500\sqrt{3}$N　④ 1000N

3. <보기>의 지문 속 (　) 안에 들어갈 공통적인 단어로 가장 옳은 것은?

> 양자 이론은 입자의 위치와 (　)을/를 무한대의 정밀성을 갖고 동시에 측정하는 것은 근본적으로 불가능하다고 예상하였다. 하이젠베르크는 전자의 위치를 정확히 정하지 못하는 이유가 측정 과정 자체의 본질적인 성질 때문이라고 생각하였다. 그래서 빛을 이용해 전자의 위치를 측정하는 과정에 나타난 현상처럼, 입자의 위치와 (　)은/는 동시에 정확하게 결정할 수 없다는 불확정성의 원리를 제시하였다.

① 힘　② 시간
③ 운동량　④ 에너지

4. 그림과 같이 마찰이 없는 얼음판 위에 질량 10kg인 물체 A가 놓여 있고, 그 위에 질량 1kg인 물체 B가 놓여 있다. 두 물체 A와 B 사이에는 최대 정지마찰계수 $\mu_s = 0.8$, 운동마찰계수 $\mu_k = 0.5$로 마찰이 작용한다. 두 물체가 정지한 상태에서 물체 B에 외력 F를 가하여 물체 A가 움직이기 시작한 직후, A의 가속도를 가장 크게 만드는 외력 F의 크기는? (단, 중력가속도 $g = 10$m/s^2이다.)

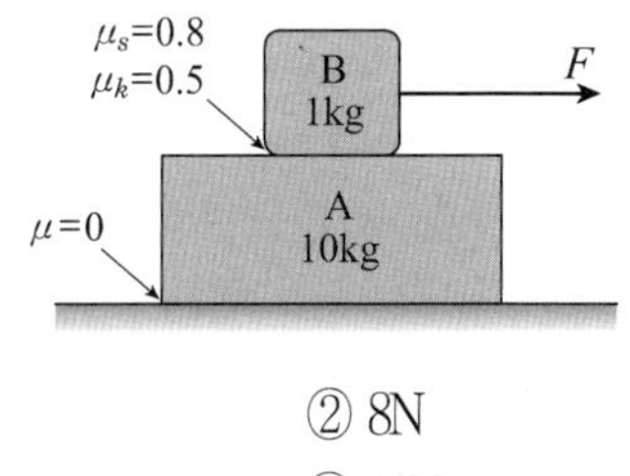

① 5N　② 8N
③ 10N　④ 11N

5. <보기>의 (가)와 같이 판 하나의 넓이가 A인 두 도체판이 서로 d만큼 떨어져 있는 평행판 축전기가 있다. (나)와 같이 축전기의 두 도체판 중앙에 두께가 $\frac{1}{3}d$이며 대전되지 않은 다른 금속판을 넣었고 (다)와 같이 도체판과 금속판 사이에 유전 상수가 $2\varepsilon_0$인 유전체를 채웠을 때, 이에 대한 설명으로 가장 옳은 것은? (단, 유전체가 채워지지 않은 공간은 진공이다.)

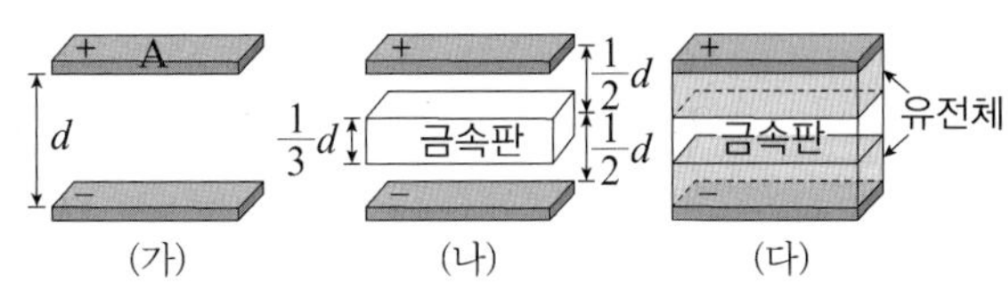

① (가)에서 전기용량은 $\frac{2\varepsilon_0 A}{d}$이다.
② (나)에서 전기용량은 $\frac{3\varepsilon_0 A}{d}$이다.
③ (나)에서 중앙에 있는 금속판 내 전기장의 크기는 0이다.
④ (다)에서 전기용량은 (나)의 3배이다.

6. 그림과 같이 단면적 S, 질량 m인 직육면체의 나무 도막이 밀도 ρ인 액체에 깊이 l만큼 잠겨 평형을 이루고 있다. 나무 도막의 윗면에서 아래쪽으로 힘 F를 가해 깊이 x만큼 더 밀어 넣었다가 힘을 제거했을 때 나무 도막이 단진동하는 주기는?

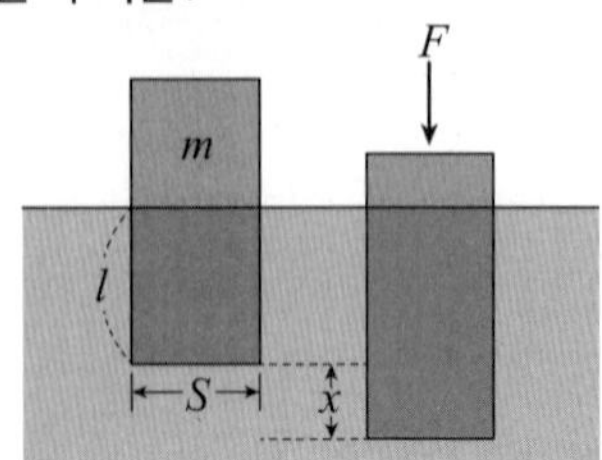

① $\pi\sqrt{\frac{m}{\rho g S}}$　② $\pi\sqrt{\frac{m}{\rho g l}}$
③ $2\pi\sqrt{\frac{m}{\rho g S}}$　④ $2\pi\sqrt{\frac{m}{\rho g l}}$

7. 입력 전압이 500V이고 1차 코일의 감은 수가 100회, 2차 코일의 감은 수가 400회인 변압기가 있다. 이 변압기의 효율이 80%라고 할 때, 2차 코일에 100 Ω의 저항을 연결했다면 1차 코일에 흐르는 전류의 크기는?

① 10A　② 40A
③ 50A　④ 100A

8. <보기>는 감마선-전자의 콤프턴 효과를 간략히 나타낸 것이다. 콤프턴 효과에 대한 설명 중 가장 옳은 것은? (단, 산란전후 감마선의 파장은 각각 λ, λ'이다.)

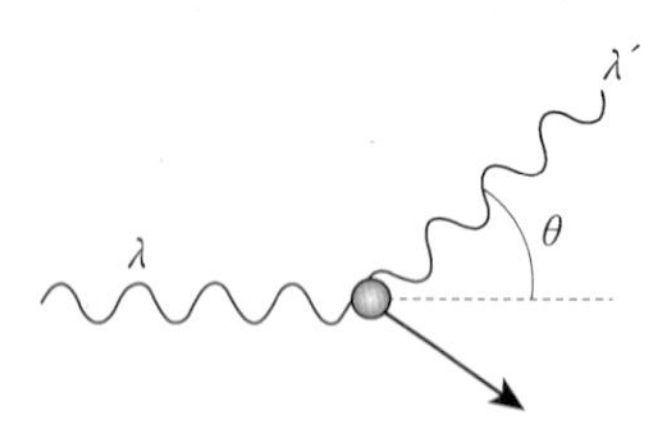

① $\theta = 90°$일 때 광자의 파장 변화는 입자의 콤프턴 파장과 같다.
② 산란 파장 λ'는 $\theta = 90°$일 때 가장 크다.
③ 콤프턴 효과는 입자의 파동성을 설명하는 데 큰 역할을 하였다.
④ 산란된 전자의 에너지 $E = h\frac{c}{\lambda'} - h\frac{c}{\lambda}$이다.

9. <보기>의 (가)와 같이 외력의 작용 없이 일정한 각속도 ω로 회전하고 있는 반지름 R의 원판이 있다. (나)와 같이 질량이 m인 물체를 원판의중심에서 거리 $R/2$만큼 떨어진 곳에 원판 위에서 미끄러지지 않고 함께 회전하도록 살며시 올려놓았더니 각속도가 $\omega/2$로 변하였다. (다)와 같이 이 물체를 중심에서 거리 R만큼 떨어진 곳에서 원판 위에 미끄러지지 않고 함께 회전하도록 살며시 올려놓았다면 이때의 각속도는? (단, 물체를 올려놓는 과정에서 원판과 물체를 포함하는 계에 돌림힘은 작용하지 않는다.)

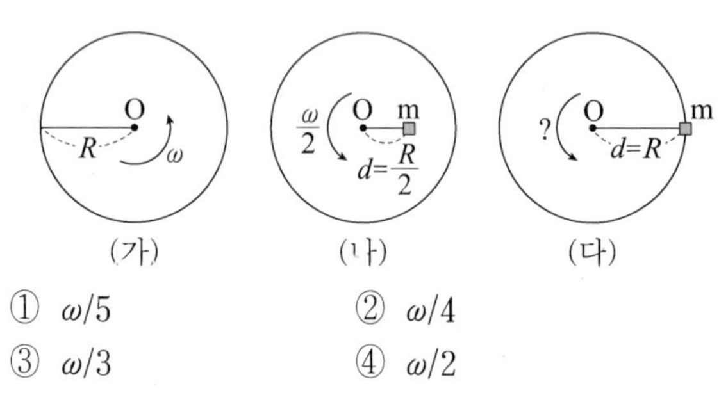

① $\omega/5$　② $\omega/4$
③ $\omega/3$　④ $\omega/2$

10. 기차가 진동수 320Hz의 경적을 울리며 20m/s의 속력으로 역을 통과하고 있다. 이 기차가 역에 다가오는 동안 역에 서 있는 사람이 듣는 경적 소리의 파장은? (단, 소리의 속력은 340m/s이다.)

① 0.5m　② 1.0m
③ 1.5m　④ 2.0m

11. 그림과 같이 천장에 고정된 실에 의해 매달린 질량 $m_1 = 1$kg의 구슬이 높이 $h_1 = 1$m만큼 내려와 가장 낮은 지점을 지날 때 질량 $m_2 = 3$kg인 구슬과 탄성충돌 하였다. 이때 질량 m_2인 구슬이 올라갈 수 있는 최대 높이는?

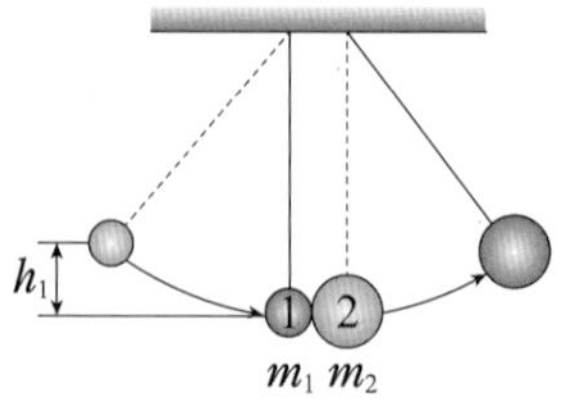

① 0.10m　② 0.15m
③ 0.20m　④ 0.25m

12. 어느 파동의 변위 y를 파원으로부터의 거리 x와 시간 t에 따라 나타내었더니 $y = 2\sin(4\pi t - 2\pi x)$m이었다. 이 파동의 전파 속력은?

① 1m/s ② 2m/s
③ 3m/s ④ 4m/s

13. 파장이 600nm인 빛을 방출하는 레이저를 이용하여 이중 슬릿 간섭 실험을 하였다. 슬릿 간격이 0.3mm이고 슬릿에서 스크린까지의 거리가 4m일 때, 간섭 무늬에 인접한 어두운 선 사이의 거리는?

① 2mm ② 4mm
③ 6mm ④ 8mm

14. 질량 m_a와 전하 $+q$를 갖고 정지해 있는 입자 A가 전위차 ΔV에 의해 가속된 후, 균일한 자기장에 의해 반지름이 R인 반원을 따라 이동한다. 질량 m_b와 전하 $+2q$를 갖고 정지해 있는 또 다른 입자 B는 같은 전위차에 의해 가속된 후 같은 자기장에 의해 반지름이 $2R$인 반원을 따라 이동할 때, 두 입자 A, B의 질량비 $\frac{m_b}{m_a}$는? (단, 두 경우 모두 전하의 속도와 자기장의 방향은 항상 수직이다.)

① 2 ② 4
③ 6 ④ 8

15. 몰당 정압 열용량이 C_p, 정적 열용량이 C_v인 1몰의 이상기체가 그림과 같은 과정을 거쳐 A에서 B상태로 변화했을 때, 엔트로피 변화 $S_B - S_A$는? (단, $\gamma = \frac{C_p}{C_v}$라 한다.)

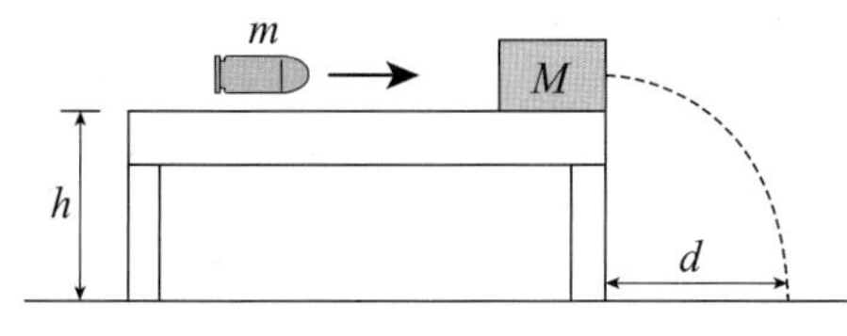

① 11m/s ② 33m/s
③ 55m/s ④ 77m/s

16. 카르노(carnot) 기관이 두 온도 T_H=600K, T_L=300K 사이에서 작동하고, 한 순환과정당 1200J의 일을 한다. 매 순환과정마다 고온과 저온의 열저장고에서 뽑아내는 열에너지 $|Q_H|$과 $|Q_L|$ 각각의 크기는?

① 1200J, 800J ② 2400J, 1200J
③ 300J, 1600J ④ 3600J, 1800J

17. 발전소에서 전기를 보낼 때 송전선의 저항으로 전력 손실이 발생한다. 발전소에서 변전소까지 송전선의 전압을 220V로 보낼 때 손실되는 전력을 P라 하면, 송전선의 전압이 22000V일 때 손실되는 전력은?

① P/10000 ② P/100
③ P ④ 100P

18. 초점거리 1m인 볼록거울이 있다. 이 거울에서부터 4m 앞에 키 1m인 어린이가 서 있을 때 볼록거울을 통해 비친 어린이 모습의 키는?

① 20cm ② 80cm
③ 100cm ④ 120cm

19. 그림과 같이 질량 M인 물체가 실에 매달려 그림처럼 평면에서 원운동할 때, 물체의 회전 주기는?

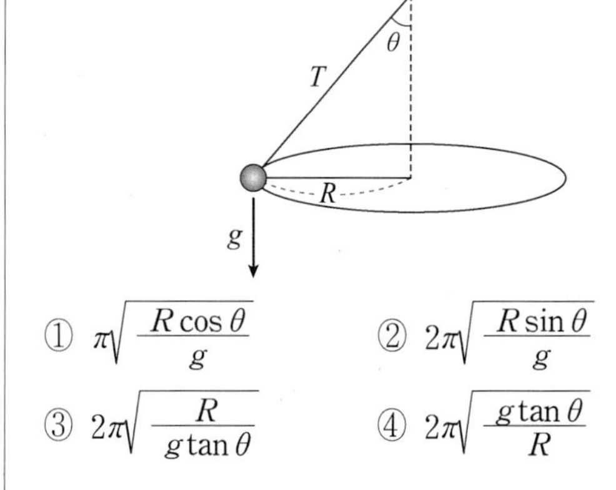

① $\pi\sqrt{\frac{R\cos\theta}{g}}$ ② $2\pi\sqrt{\frac{R\sin\theta}{g}}$
③ $2\pi\sqrt{\frac{R}{g\tan\theta}}$ ④ $2\pi\sqrt{\frac{g\tan\theta}{R}}$

20. 단원자 분자로 된 온도 300K의 이상기체 4mol이 단열 상태로 일정한 부피의 용기에 담겨 있으며 이 용기 내부에는 20 Ω의 저항체가 들어 있다. 용기 속 저항체에 5A의 전류를 1분간 흐르게 하였을 때 기체의 온도는 처음 온도의 약 몇 배인가? (단, 기체 상수는 8.3J/mol · K이다.)

① 약 2배
② 약 3배
③ 약 4배
④ 약 5배

해설 및 정답

1. 유도 기전력 $V=-N\frac{d\phi}{dt}=-\omega NBA\sin\omega t$이다. 최대 유도 전류는 유도기전력이 최대일 때의 전류값이다. 따라서 $I=\frac{\omega NBA}{R}=\frac{2\pi fNBA}{R}=\frac{2\times3.14\times60\times50\times0.5\times0.1}{12}=78.5$ A이다.

2. 돌림힘 평형에 의해서 $100\times1+200\times2=T\sin30°\times1$이므로 $T=1000$N이다.

4. A에 작용하는 힘은 A와 B 사이의 마찰력뿐이다. 따라서 A와 B 사이의 마찰력이 A에 작용하는 알짜힘이 된다. A에 작용하는 알짜힘이 최대이기 위해서는 두 물체 사이의 마찰력이 최대정지 마찰력과 같아야 한다. 따라서 이 마찰력은 $1\times10\times0.8=8$N이고, 외력이 이와 같은 8N이어야 한다.

5. ① (가)의 전기용량은 $\frac{\varepsilon_0 A}{d}$이다.

② (나)의 전기용량은 $\frac{1}{\frac{1}{\frac{\varepsilon_0 A}{\frac{1}{3}d}}+\frac{1}{\frac{\varepsilon_0 A}{\frac{1}{3}d}}}=\frac{3\varepsilon_0 A}{2d}$

③ 금속판은 표면에 전하가 분포하므로 내부의 전기장은 0이다.

④ (다)의 전기용량은 $\frac{1}{\frac{1}{\frac{2\varepsilon_0 A}{\frac{1}{3}d}}+\frac{1}{\frac{2\varepsilon_0 A}{\frac{1}{3}d}}}=\frac{3\varepsilon_0 A}{d}$

이므로 (나)의 2배이다.

6. $F=\rho Sxg=m\omega^2x$이다. 따라서 $\omega=\sqrt{\frac{\rho gS}{m}}$이므로 주기 $T=\frac{2\pi}{\omega}=2\pi\sqrt{\frac{m}{\rho gS}}$이다.

7. $\frac{V_2}{V_1}=\frac{N_2}{N_1}$이므로 $\frac{V_2}{500}=\frac{400}{100}$이다. 따라서 $V_2=2000$V이다. 2차 코일에 100Ω의 저항을 연결하였을 때 흐르는 전류는 $2000\div100=20$A이다.
효율이 80%하였으므로 $0.8I_1V_1=I_2V_2$이다.
따라서 $I_1\times500\times0.8=20\times2000$이므로 1차 코일에 흐르는 전류 $I_1=100$A이다.

8. ① $\Delta\lambda=\frac{h}{mc}(1-\cos\theta)$이므로 $\theta=90°$일 때 파장의 변화는 없다.

② $\Delta\lambda=\frac{h}{mc}(1-\cos\theta)$가 최대가 되려면 cos값이 -1일 때 즉, $\theta=180°$일 때이다.

③ 콤프턴 효과는 빛의 입자성을 설명한다.

④ 산란된 전자의 에너지 $E=\frac{hc}{\lambda}-\frac{hc}{\lambda'}$이다.

9. 원판의 관성모멘트를 I라고 하고, 각운동량 보존 법칙에 의해 (가)와 (나)의 각운동량은 동일하다.
따라서 $Iw=\left(I+\frac{mR^2}{4}\right)\times\frac{w}{2}$이고, $I=\frac{mR^2}{4}$이다. (나)와 (다)도 각운동량 보존 법칙이 성립하므로 $Iw=(I+mR^2)w'$를 만족한다. $I=\frac{mR^2}{4}$를 대입하면 $w'=\frac{1}{5}w$이다.

10. 도플러 효과에 의해 경적의 진동수 $f=\frac{340}{340-20}\times320=340$Hz이다. 음파의 파장 $\lambda=\frac{v}{f}$이므로 이 소리의 파장은 $\frac{340}{340}=1$m이다.

11. m_1의 충돌직전 속도는 $\frac{1}{2}m_1v=m_1g\times1$이므로 $v=\sqrt{2g}$이다. 두 구슬의 충돌에서 운동량보존 법칙으로 만족하므로 $m_1v=m_1v'+m_2v_2$를 만족하고 탄성충돌이므로 $\frac{v'-v_2}{v-0}=-1$을 만족한다. 이 조건들로 연립을 하면 $v_2=\sqrt{\frac{1}{2}g}$이다. 따라서 m_2이 올라갈 수 있는 최대 높이 $h=\frac{{v_2}^2}{2g}=\frac{\frac{1}{2}g}{2g}=0.25$m이다.

12. $y=A\sin(kx-wt)$에서 $k=\frac{2\pi}{\lambda}=2\pi$이므로 파동의 파장은 1m이다. 파동의 속도 $v=\lambda f=\frac{w}{2\pi}\lambda=\frac{4\pi}{2\pi}=2$m/s이다.

13. $\Delta x=\frac{L\lambda}{d}=\frac{4\times600\times10^{-9}}{0.3\times10^{-3}}=0.008$m 즉, 8mm이다.

14. $qV=\frac{1}{2}mv^2$이므로 A와 B의 전하량의 비가 운동에너지 비와 같다. 따라서 A와 B의 운동에너지의 비는 2 : 1이다. 자기장 내에서 운동할 때 $Bqv=\frac{mv^2}{R}$에서 $mv=BqR$이다. 동일한 자기장 내를 운동하고 전하량의 비가 1 : 2, 회전 반경의 비가 1 : 2이므로 A와 B의 운동량의 비는 1 : 4이다. 따라서 질량비는 1 : 8이다.

15. $\frac{1}{2}gt^2=5$에서 나무도막이 떨어져 지면에 도달할 때까지 걸리는 시간은 1초이다. 낙하하는 동안 이동한 수평거리도 5m이므로 나무도막의 수평속도는 5m/s라고 할 수 있다. 따라서 총알의 처음 속력을 v라고 했을 때, $0.5v=5.5\times5$를 만족하므로 총알의 속력은 55m/s이다.

16. 카르노 기관의 효율은 $\frac{600-300}{600}=\frac{Q_H-Q_L}{Q_H}=\frac{1200}{Q_H}$ 이다. 따라서 $Q_H=2400$J이고, $Q_L=1200$J이다.

17. 손실전력 $P=I^2r=\left(\frac{P_0}{V_0}\right)^2r$에서 V_0가 100배가 되면 손실전력은 $\frac{1}{10000}$배가 된다.

18. $\frac{1}{a}+\frac{1}{b}=\frac{1}{f}$에서 $\frac{1}{4}+\frac{1}{b}=\frac{1}{-1}$이다.

따라서 $b=-\frac{4}{5}$이다. 따라서 배율은 $\frac{\frac{4}{5}}{4}=\frac{1}{5}$이므로 1m의 어린이는 20cm로 보인다.

19. 원심력은 $T\sin\theta=\frac{Mv^2}{R}$을 만족하고 수직성분 $Mg=T\cos\theta$를 만족한다. 따라서 $T=\frac{Mg}{\cos\theta}$를 원심력 식에 대입하면 $v^2=\frac{Rg\sin\theta}{\cos\theta}$이다. 따라서 원운동의 주기

$T=\frac{2\pi R}{v}=2\pi R\sqrt{\frac{\cos\theta}{Rg\sin\theta}}=2\pi\sqrt{\frac{R}{g\tan\theta}}$이다.

20. 기체에 가해준 열량 $Q=I^2Rt=5^2\times20\times60=30000$J이다. 이는 내부에너지 변화와 같으므로 $\frac{3}{2}nR\Delta T=30000$에서 $\frac{3}{2}\times4\times8.3\times(T-300)=30000$이다. 따라서 $T=902.41$K이므로 처음 온도의 약 3배이다.

1. ①	2. ④	3. ③	4. ②	5. ③
6. ③	7. ④	8. ①	9. ①	10. ②
11. ④	12. ②	13. ④	14. ④	15. ③
16. ②	17. ①	18. ①	19. ③	20. ②

기출문제

서울시 7급(2018년도 2회)

1. 50W의 전구를 30분 동안 사용할 때, 소모되는 에너지의 크기는?

① 25J ② 250J
③ 1500J ④ 90000J

2. 자동차 서비스 센터에서는 자동차를 들어올리기 위해 보통 유압을 이용한다. 한쪽 끝의 작은 원형 실린더의 반지름은 R이고 다른 쪽 원형 실린더의 반지름은 10R이다. 10R의 반지름을 갖는 실린더 위에 있는 10000N 무게의 물체를 들어 올리기 위해 작은 반지름을 갖는 실린더에 가해야 할 힘의 최솟값은? (단, 유체 내의 압력은 일정하다.)

① 100N ② 1000N
③ 100000N ④ 1000000N

3. 전기 전도도 σ, 단면적 A, 길이가 L인 도선과 전기 전도도 2σ, 단면적 $2A$, 길이가 L인 도선을 병렬로 연결한 전체 도선의 저항은?

① $\frac{L}{5\sigma A}$ ② $\frac{5L}{4\sigma A}$
③ $\frac{\sigma L}{5A}$ ④ $\frac{5\rho L}{4\sigma A}$

4. 이상기체 1mol이 부피 V_1 상태에서 부피 V_2 상태로 단열 자유팽창 했다면, 이 과정에서 증가한 엔트로피는? (단, R은 기체상수, T는 온도이다.)

① $R\ln\left(\frac{V_2}{V_1}\right)$ ② $R\ln\left(\frac{V_1}{V_2}\right)$
③ $RT\ln\left(\frac{V_1}{V_2}\right)$ ④ $ER\ln\left(\frac{V_2}{V_1}\right)$

5. 아래 회로의 ⓐ와 ⓑ 부분을 지나는 전선 위에 나침반을 올려놓았다. 스위치를 닫아 전류를 흐르게 할 때 나침반의 N극이 가리키는 방향은? (단, 나침반에서 진하게 표시된 부분이 N극이다.)

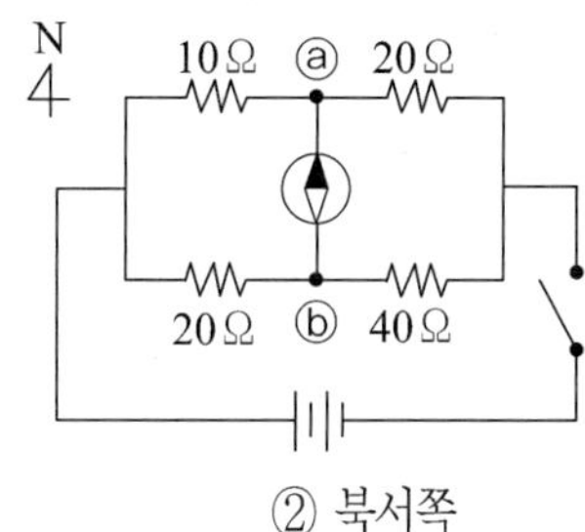

① 북동쪽 ② 북서쪽
③ 남쪽 ④ 북쪽

6. x축상에서 1차원 운동을 하는 물체가 있다. 시간 t에서 물체의 순간 속도 $v = 2t + 1$일 때, $t = 0$에서 $t = 2$까지 물체의 변위는?

① 4 ② 5
③ 6 ④ 7

7. 다음은 직선 운동하는 물체의 시간에 대한 가속도를 조사한 그래프이다. 이 물체의 운동에 대한 설명으로 가장 옳은 것은?

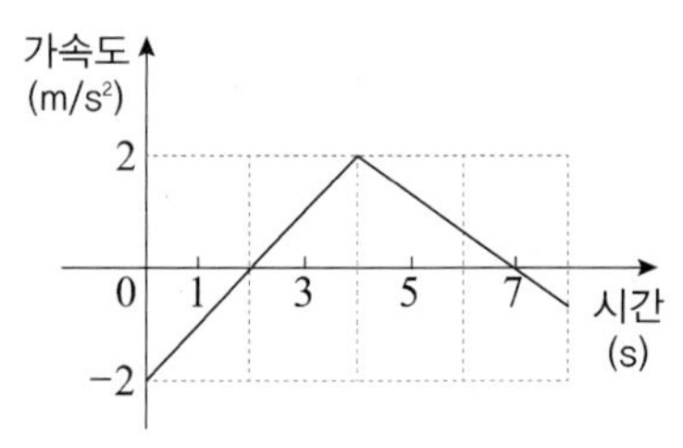

① 처음 4초간 이 물체의 속도는 계속 증가한다.
② 2초일 때 이 물체의 속도는 0초일 때의 속도와 같다.
③ 7초일 때 이 물체에 작용하는 외력의 크기는 0이다.
④ 2초일 때와 7초일 때 물체의 속도는 같다.

8. 아래 회로에서 $\varepsilon_1 = 3.0$V, $\varepsilon_2 = 6.0$V, $R_1 = 2.0\ \Omega$, $R_2 = 4.0\ \Omega$이다. 이때 전류 i_3의 크기는? (단, 게 개의 배터리는 이상적으로 작동한다.)

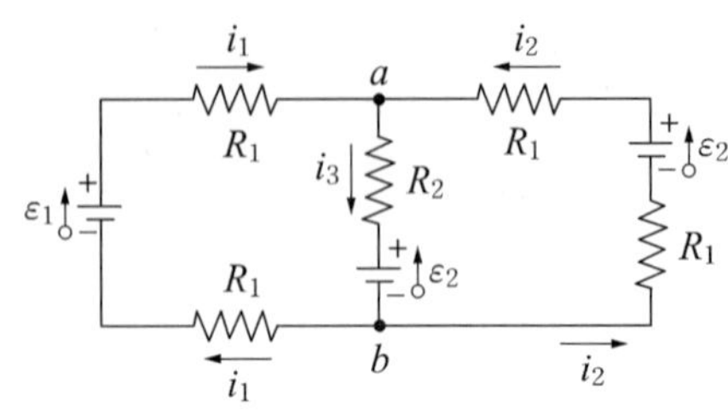

① -0.50A　　② -0.25A
③ +0.25A　　④ +0.50A

9. 그림의 직사각형 고리도선이 비균일하고 시간에 따라 변화하는 자기징 B에 수직을 놓여 있으며 자기장이 시간(t)과 위치(x)에 따라 $B = 4t^2x^2$(Tesla)으로 주어진다. 직사각형 고리의 $H = 2.0$m, $W = 3.0$m일 때, $t = 0.1$초에 고리에 유도되는 기전력의 크기는? (단, 자기장 방향은 그림과 같이 도선면으로 들어가는 쪽이며, x방향은 W방향과 평행하다.)

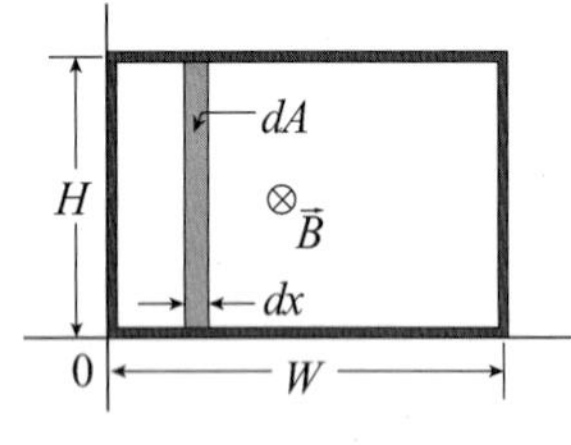

① 11.4V　　② 12.4V
③ 13.4V　　④ 14.4V

10. 그림과 같이 질량 2kg인 물체가 실에 매달려 반지름 1.2m인 원궤도를 따라 수평면과 나란하게 등속 원운동을 한다. 물체를 당기는 실의 장력이 25N이라면 물체 속력의 크기는? (단, 중력가속도 $g = 10$m/s^{2}이고, 실의 질량은 무시한다.)

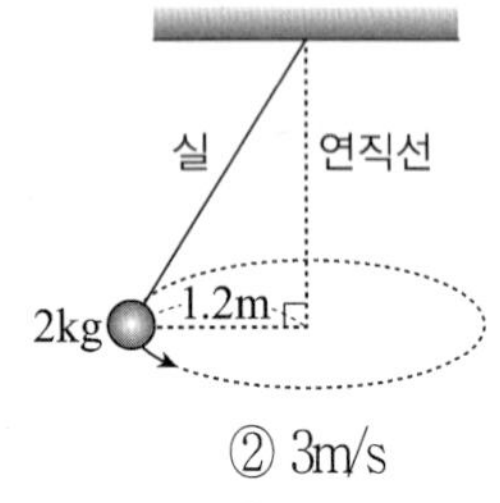

① 2m/s　　② 3m/s
③ 4m/s　　④ 5m/s

11. 속이 빈 구 껍질 A와 균일한 밀도로 속이 꽉 찬 구 B가 있다. A와 B는 각각 질량이 M, 반지름이 R로 같고, 막대로 연결되어 있으며 두 중심 사이의 거리는 L이다. 그림과 같이 두 구체 사이를 4등분한 점 중 A와 가까운 점을 지나며 막대와 수직한 축으로 A와 B를 회전시킬 때 관성모멘트는? (단, 막대 질량은 무시한다.)

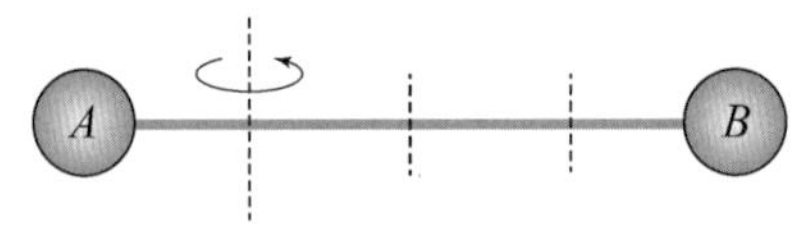

① $\frac{16}{15}MR^2 + \frac{5}{8}ML^2$　　② $\frac{4}{3}MR^2 + \frac{5}{8}ML^2$
③ $\frac{16}{15}MR^2 + \frac{7}{8}ML^2$　　④ $\frac{4}{3}MR^2 + \frac{7}{8}ML^2$

12. 고유 길이가 200m인 초고속 열차가 일정한 속력으로 움직이면서 고유 길이가 120m인 터널을 통과한다. 철로 옆에 정지해 있는 관측자가 보았을 때, 순간적으로 열차 전체가 터널 내부에 들어가 있기 위해 필요한 열차의 최저 속력은? (단, c는 진공 중의 광속이며, 열차의 고유길이는 정지한 상태에서 측정하였다.)

① $0.5c$　　② $0.6c$
③ $0.7c$　　④ $0.8c$

13. 전기로 동작하는 카르노 열펌프를 난방기로 사용하여 건물 내부의 온도를 300K로 유지하고 있다. 건물 외부의 온도는 250K로 일정하고, 건물 내부에서 외부로 새어 나가는 열에너지가 초당 9kJ일 때, 카르노 열펌프에 공급하고 있는 전력의 크기는?

① 500W　　② 1500W
③ 3000W　　④ 6000W

14. 기전력이 12V인 전지, 인덕턴스(L)가 6.4H인 인덕터, 전기용량이 C인 축전기가 연결된 LC회로가 있다. 회로의 공명 진동수가 $f = \frac{1}{2\pi\sqrt{LC}}$일 때, 회로에 흐를 수 있는 최대 전류의 크기가 0.3mA라면, 축전기 전기 용량의 값은?

① 1×10^{-9}F　　② 2×10^{-9}F
③ 3×10^{-9}F　　④ 4×10^{-9}F

15. 그림과 같이 질량 1000kg인 자동차가 20m/s의 속력으로 달리다 벽으로부터 거리 $d=100$m 떨어진 곳에서 급히 핸들을 왼쪽으로 돌렸다. 속력을 일정하게 유지한 채 자동차가 반지름이 d인 사분원 궤적을 그리며 아슬아슬하게 벽과 충돌을 면하였을 때, 자동차와 지면간의 마찰계수의 최솟값은? (단, 중력가속도 $g=10$m/s^{2}이다.)

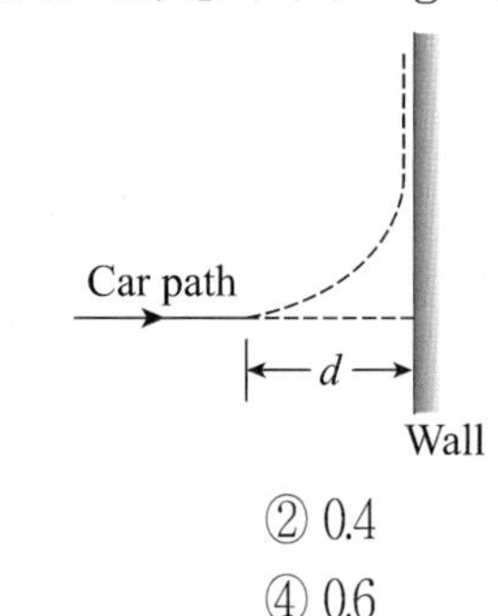

① 0.3　　② 0.4
③ 0.5　　④ 0.6

16. 파장이 0.5μm인 빛이 cm당 500개의 홈이 나 있는 회절 격자 면에 그림과 같이 수직으로 입사한다. 1m 떨어진 스크린에서 1차 극대가 관찰되는 높이 h에 가장 가까운 값은?

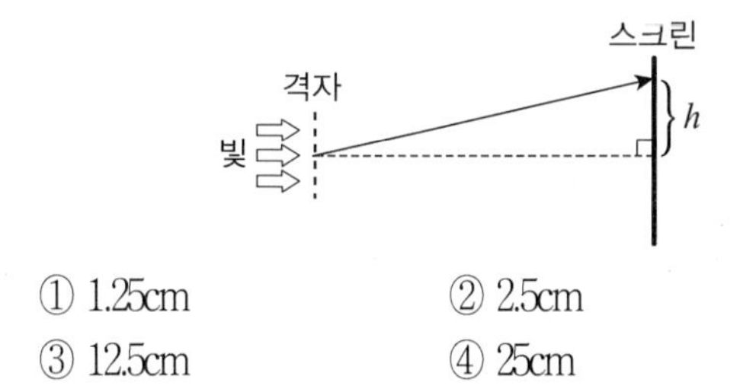

① 1.25cm　　② 2.5cm
③ 12.5cm　　④ 25cm

17. 반감기가 2일인 방사성 동위원소가 있다. 이 동위원소를 방사선 측정기로 측정해보니 1분당 16000회의 붕괴수가 측정되었다. 처음 측정일로부터 8일이 지난 후 다시 측정할 때, 1분당 붕괴수는?

① 4000회　　② 2000회
③ 1000회　　④ 500회

18. 그림과 같이 질량이 7kg, 3kg인 두 물체가 질량을 무시할 수 있고 마찰이 없는 도르래에 수직으로 매달린 채 움직이고 있다. 이때 줄에 가해지는 장력의 크기는? (단, 중력가속도 $g=10$m/s^{2}이며, 줄은 늘어나지 않고, 줄의 질량은 무시한다.)

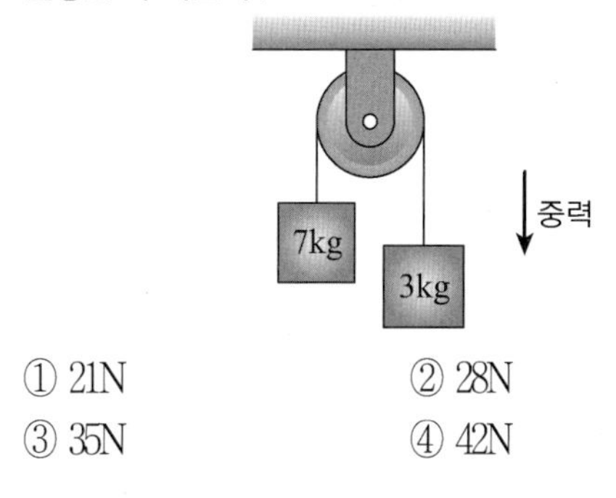

① 21N　　② 28N
③ 35N　　④ 42N

19. 다음의 회로도에는 저항값을 모르는 저항 X와 모두 같은 크기의 저항값 R을 가지는 다섯 개의 저항들이 연결되어 있다. 저항 X에 흐르는 전류의 크기가 I이고, 회로에 공급된 전압이 IR일 때, 저항 X의 저항값은 R의 몇 배인가?

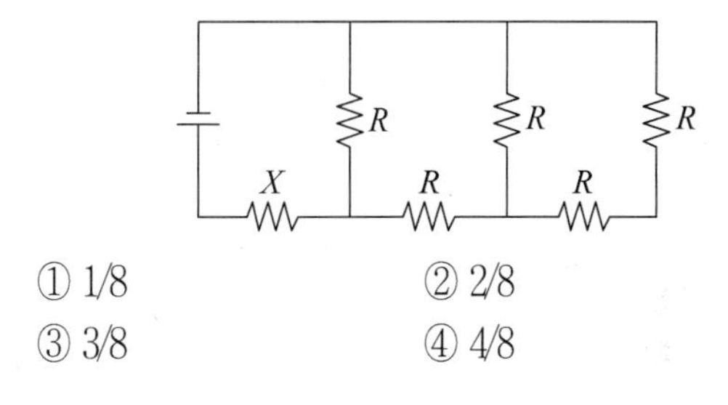

① 1/8　　② 2/8
③ 3/8　　④ 4/8

20. 매끈한 수직 벽에 길이가 5m이고 질량이 20kg인 균일한 사다리를 그림과 같이 기대 세웠다. 사다리가 미끄러지지 않을 최소 각도 θ에 대하여 $\tan\theta=\frac{5}{3}$일 때, 사다리와 지면 사이의 최대 정지 마찰 계수는?

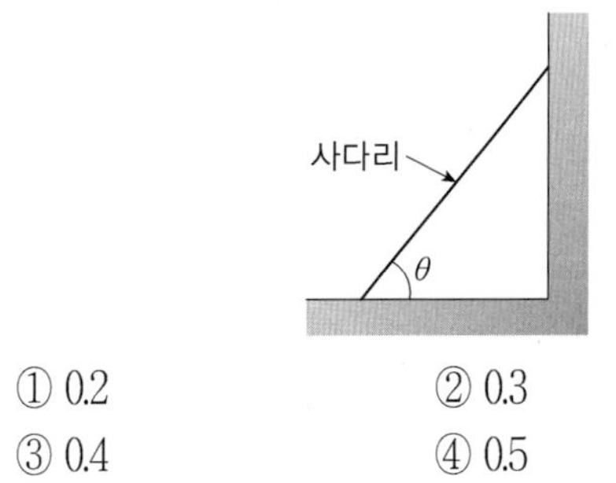

① 0.2　　② 0.3
③ 0.4　　④ 0.5

해설 및 정답

1. $50 \times 60 \times 30 = 90000\text{J}$

2. 원형 실린더 반지름의 비가 1:10이므로 면적의 비는 1:100이다. 파스칼의 원리에 의해 $\frac{f}{1} = \frac{F}{100}$ 을 만족한다. 따라서 $F = 10000\text{N}$일 때 $f = 100\text{N}$이다.

3. 전기 전도도 σ, 단면적 A, 길이가 L인 도선의 저항은 $\frac{L}{\sigma A}$ 이고, 전기 전도도 2σ, 단면적 $2A$, 길이가 L인 도선인 도선의 저항은 $\frac{L}{4\sigma A}$ 이다. 병렬연결의 합성 저항에서 $\frac{1}{R} = \frac{1}{R_1} + \frac{1}{R_2}$ 를 만족하므로 두 도선의 합성 저항은 $\frac{1}{\frac{\sigma A}{L} + \frac{4\sigma A}{L}} = \frac{L}{5\sigma A}$ 이다.

4. 자유팽창에서의 엔트로피 변화량 $\Delta s = nR\ln\frac{V_2}{V_1}$ 이다.

5. 회로의 모양은 휘스톤 브리지와 동일하다. 따라서 대각선 상의 저항의 곱이 서로 같으면 가운데 도선에는 전류가 흐르지 않는다. 따라서 나침반은 북쪽방향을 가리킬 것이다.

6. 이동 거리는 속도-시간 그래프의 면적과 같다. 따라서 2초 동안의 이동거리 $s = \int_0^2 (2t+1)dt = [t^2 + t]_0^2 = 6\text{m}$이다.

7. ① 0~2초 사이의 가속도는 음수이므로 물체의 속도는 감소한다.
② 2초일 때의 속도는 0초일 때에 비하여 2m/s만큼 느리다.
③ 7초일 때 가속도가 0이므로 알짜힘이 0이다.
④ 7초일 때의 속도는 $\frac{1}{2} \times 2 \times 5 = 5\text{m/s}$만큼 빠르다.
<u>③의 보기에서 '외력'이란 말이 논란의 여지가 있지만 ①, ②, ④번 보기가 명백히 오답이기 때문에 ③선택</u>

8. 가장 바깥쪽 큰 회로에 키르히호프 법칙을 적용하면
$\varepsilon_1 - i_1R_1 + i_1R_1 - \varepsilon_2 + i_2R_1 - i_1R_1 = 0$에서
$i_1 - i_2 = 0.75$이다. 또한 a점에서 $i_1 + i_2 = i_3$를 만족한다. 왼쪽 작은 회로에서 키르히호프 법칙을 적용하면
$\varepsilon_1 - i_1R_1 - i_3R_2 - \varepsilon_2 - i_1R_1 = 0$에서 $i_1 + i_3 = -0.75$를 만족한다. 따라서 $i_1 = -0.5$, $i_2 = 0.25$, $i_3 = -0.25$이다.

9. 유도기전력 $V = -N\frac{\Delta\phi}{\Delta t}$ 이다.
$\phi(t) = \int B \cdot ds = \int 4t^2x2 \cdot Hdx$이다. 따라서 $0 < x < 3$이므로
$\phi = \int_0^3 4t^2Hx^2dx = 4t^2H\left[\frac{1}{3}x^3\right]_0^3 = 72t^2$이다. 따라서 유도기전력 $V = \frac{d\phi}{dt} = 144t$이다. 따라서 0.1초에 고리에 유도되는 기전력의 크기 $V = 144 \times 0.1 = 14.4\text{V}$이다.

10. 연식선과 실이 이루는 각을 θ라 하면 $T\cos\theta = mg = 20$이고, $T = 25\text{N}$이므로 $\cos\theta = \frac{4}{5}$ 이다.
또한 구심력 $T\sin\theta = \frac{mv^2}{r}$ 에서 $\cos\theta = \frac{4}{5}$ 이므로 $\sin\theta = \frac{3}{5}$ 임을 대입하면 $v = 3\text{m/s}$이다.

11. A의 관성모멘트는 $\frac{2}{3}MR^2 + M \cdot \left(\frac{1}{4}L\right)^2$이고, B의 관성모멘트는 $\frac{2}{5}MR^2 + M \cdot \left(\frac{3}{4}L\right)^2$이다. 따라서 전체의 관성 모멘트는 이 둘을 더한 값으로
$\left(\frac{2}{3} + \frac{2}{5}\right)MR^2 + \left(\frac{1}{16} + \frac{9}{16}\right)ML^2 = \frac{16}{15}MR^2 + \frac{5}{8}ML^2$
이다.

12. $\frac{L_0}{L} = \frac{1}{\sqrt{1-\left(\frac{v}{c}\right)^2}}$ 에서 $\frac{200}{120} = \frac{1}{\sqrt{1-\left(\frac{v}{c}\right)^2}}$ 를 만족하므로 $v = 0.8c$이다.

13. 카르노 기관의 효율은 $\frac{300-250}{300} = \frac{1}{6}$ 이다. 따라서 초당 $\frac{1}{6} \times 9 = 1.5\text{kJ}$의 일을 한다.

14. 축전기에 저장된 에너지가 인덕터의 자기에너지로 모두 변환될 때 최대 전류를 나타낸다. 따라서 $\frac{1}{2}CV^2 = \frac{1}{2}LI^2$이므로 $C = \frac{LI^2}{V^2} = \frac{6.4 \times (0.3 \times 10^{-3})^2}{12^2} = 4 \times 10^{-9}\text{F}$이다.

15. 마찰력이 구심력 역할을 하게 되므로 $\mu mg=\frac{mv^2}{d}$ 를 만족한다. 따라서 $\mu=\frac{v^2}{gd}=\frac{20^2}{10\times100}=0.4$ 이다.

16. $h=\frac{L\lambda}{d}=\frac{1\times0.5\times10^{-6}}{\frac{10^{-2}}{500}}=0.025\text{m}$ 즉, 2.5cm이다.

17. 측정 후 8일이 지났으므로 반감기가 4번 지난 것이다. 따라서 $16000\times\left(\frac{1}{2}\right)^4=1000$ 회가 된다.

18. 장력을 T 라고 할 때 두 물체 각각에 대해 운동 방정식을 세우면 $70-T=7a$, $T-30=3a$를 만족한다. 따라서 $a=4$ m/s^{2}이고, 이때 $T=42$N이다.

19. 저항 X에 흐르는 전류의 크기가 I이고, 회로에 공급된 전압이 IR이라는 것은 회로 전체의 합성저항이 R이라는 것이다. 회로를 알아보기 쉽게 고치면 오른쪽 그림과 같으므로 합성저항은 이다. 따라서 $X=\frac{3}{8}R$이다.

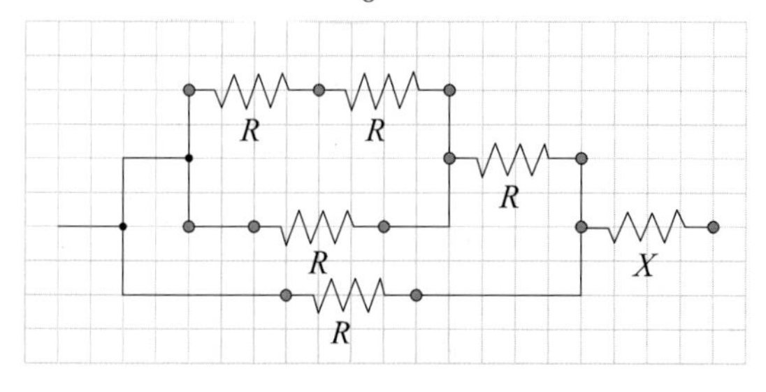

20. 힘의 평형에서 $mg=N_1$이고, $\mu N_1=N_2$이다.
돌림힘의 평형에서 $\frac{L}{2}\cos\theta\times mg=L\sin\theta\times N_2$이다.
이 세 가지 식을 연립하며 풀면
$\mu=\frac{\cos\theta}{2\sin\theta}=\frac{1}{2}\cot\theta=\frac{1}{2}\times\frac{3}{5}=\frac{3}{10}$ 이다.

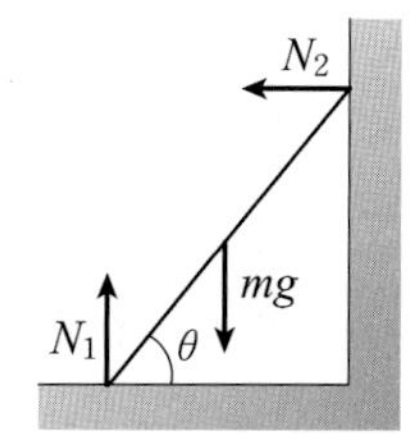

1. ④	2. ①	3. ①	4. ①	5. ④
6. ③	7. ③	8. ②	9. ④	10. ②
11. ①	12. ④	13. ②	14. ④	15. ②
16. ②	17. ③	18. ④	19. ③	20. ②

기출문제
지방직 7급(2018년도)

1. 열효율이 25 %인 열기관에서 저온의 열저장고로 방출하는 열량에 대한 열기관이 하는 일의 비율은?

① $\frac{1}{5}$　　② $\frac{1}{4}$

③ $\frac{1}{3}$　　④ $\frac{1}{2}$

2. 그림 (가)는 파장이 다른 단색 가시광 A, B가 프리즘을 통과할 때 굴절하는 모습을 나타낸 것이고, 그림 (나)는 가시광선영역에서 파장에 따른 프리즘의 굴절률을 나타낸 것이다. 이에 대한 설명으로 옳은 것만을 모두 고른 것은?

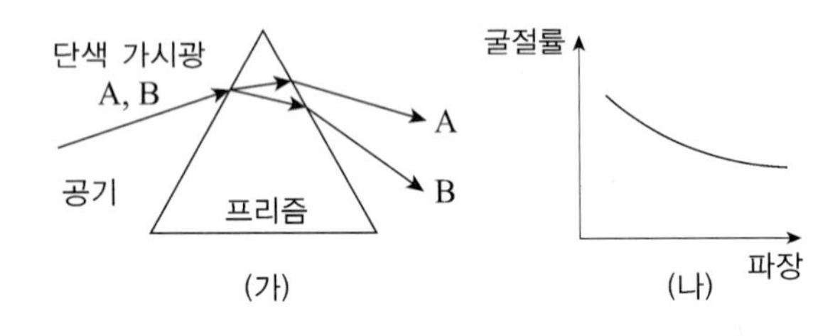

ㄱ. 가시광의 속력은 프리즘에서보다 공기 중에서 더 크다.
ㄴ. 파장은 A가 B보다 크다.
ㄷ. 프리즘에서의 속력은 A가 B보다 크다.

① ㄱ
② ㄷ
③ ㄱ, ㄴ
④ ㄱ, ㄴ, ㄷ

3. 정지한 엘리베이터의 수평한 바닥면에 10 kg의 상자가 놓여 있을 때, 다음 설명 중 옳은 것은? (단, 중력 가속도는 10m/s^2이다)

① 엘리베이터가 아래로 움직이기 시작할 때 상자에 작용하는 수직 항력은 100 N보다 크다.
② 엘리베이터가 위로 움직이기 시작할 때 상자에 작용하는 수직 항력은 100 N보다 크다.
③ 엘리베이터가 일정한 속도로 올라갈 때 상자에 작용하는 수직 항력은 100 N보다 크다.
④ 엘리베이터가 일정한 속도로 내려갈 때 상자에 작용하는 수직 항력은 100 N보다 크다.

4. 비행기 A가 진동수 f의 음파를 방출하면서 음속의 0.8배 속도로 비행하고 있다. A의 뒤를 따르는 비행기 B에서 그 음파의 진동수가 $2f$로 측정되었다면, 음속에 대한 B의 속도의 비율은?

① 0.6　　② 1.6
③ 2.6　　④ 3.6

5. 용수철에 연결된 물체가 수평면에서 x축을 따라 진폭 x_m, 주기 T인 일차원 단진동을 한다. 시간 $t=0$일 때 물체의 위치 $x=x_m$이면, $t=0.5T$에서의 위치, 속도, 가속도로 옳은 것은?

	위치	속도	가속도
①	x_m	0	$\frac{4\pi^2}{T^2}x_m$
②	x_m	$\frac{2\pi}{T}x_m$	$-\frac{4\pi^2}{T^2}x_m$
③	$-x_m$	0	$\frac{4\pi^2}{T^2}x_m$
④	$-x_m$	$\frac{2\pi}{T}x_m$	$-\frac{4\pi^2}{T^2}x_m$

6. 그림과 같이 질량 $m_1 = 1\,\text{kg}$, $m_2 = 2\,\text{kg}$인 두 개의 원판이 끈으로 연결되어 마찰을 무시할 수 있는 수평면 위에서 일정한 각속력 10 rad/s로 함께 원운동을 하고 있다. 원의 중심에서 각 원판까지의 거리가 $r_1 = 0.5\,\text{m}$, $r_2 = 1\,\text{m}$이다. 원의 중심과 m_1을 연결한 안쪽 끈에 걸리는 장력[N]은? (단, 끈의 질량과 원판의 크기는 무시한다)

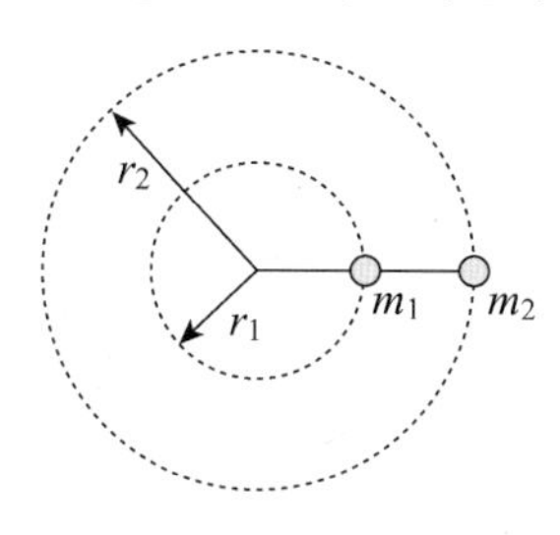

① 100 ② 150
③ 200 ④ 250

7. 전기용량이 20 μF인 축전기를 20 V 직류 전원에 연결하여 완전히 충전한 후 전원에서 분리하고, 전기저항이 10 Ω인 저항기에 연결하여 방전시키는 경우, 저항기에 흐르는 전류가 반으로 줄어들 때까지 저항기가 소모하는 에너지[mJ]는?

① 1 ② 2
③ 3 ④ 4

8. 그림과 같은 이중슬릿 실험 장치에서 두 슬릿 사이의 거리는 D이고, 슬릿으로부터 거리 L 떨어진 곳에 스크린이 설치되어 있다. 질량 m인 가상의 소립자들이 슬릿을 통과하여 스크린에 도달한다. 스크린 중심으로부터 거리 x 떨어진 곳에 스크린의 단위 면적당 도달하는 소립자의 개수를 $N(x)$로 나타낸다. $N(x)$에서 이웃하는 극솟값의 위치 사이의 거리가 Δ일 때, 소립자의 속도는? (단, 플랑크 상수는 h이다)

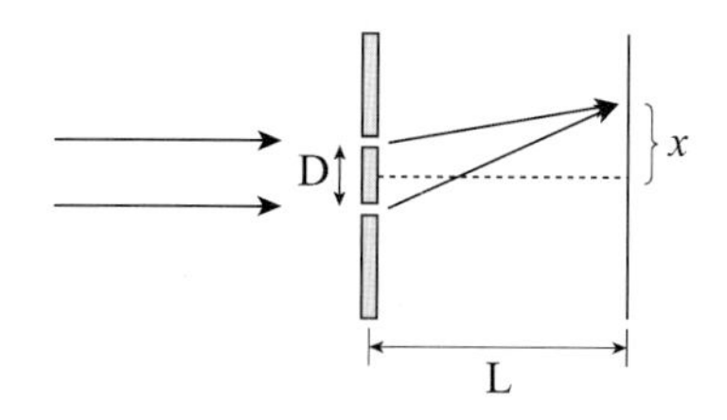

① $\dfrac{hL}{4mD\Delta}$ ② $\dfrac{hL}{2mD\Delta}$
③ $\dfrac{hL}{mD\Delta}$ ④ $\dfrac{2hL}{mD\Delta}$

9. 지표면에서 15° 위 방향으로 발사된 어떤 물체가 최대 높이에서 질량이 같은 두 물체 A, B로 분리된다. 분리된 직후에 물체 A는 수평 방향 속도 없이 자유낙하하고, 물체 B는 수평 방향으로 움직인다. 물체 B가 지표면에 닿은 위치가 발사점에서 수평 방향으로 7.5 m인 곳이었다면, 발사될 때의 초기 속력[m/s]은? (단, 중력 가속도는 $10\,\text{m/s}^2$이다)

① 10 ② 15
③ 20 ④ 25

10. 그림과 같이 수평 방향으로 20 N의 힘을 받는 질량 10 kg인 물체가 2 m/s의 일정한 속력으로 직선운동을 한다. 이때 물체에 작용하던 20 N의 힘을 갑자기 제거할 경우 물체의 운동 상태에 대한 설명으로 옳은 것은?

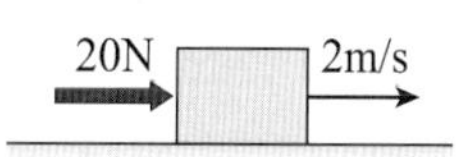

① 같은 속력으로 계속 움직인다.
② 1 m를 더 이동한 후 정지한다.
③ 2 m를 더 이동한 후 정지한다.
④ 힘을 제거한 즉시 정지한다.

11. 물이 끓는점은 373 K이고, 기화열은 $2.3\times10^6\,\text{J/kg}$이다. 373 K를 유지하는 물 2 kg에 4.6 kW 일률로 에너지를 공급하여 이 물을 모두 증발시키는 데 필요한 시간[s]은?

① 2×10^2 ② 1×10^3
③ 2×10^4 ④ 1×10^5

12. 초점거리가 12 cm인 얇은 오목렌즈를 사용하여 물체 크기의 $\frac{2}{3}$ 인 정립 허상을 얻고자 한다. 이때 렌즈로부터 물체까지의 거리[cm]는?

① 4　　② 6
③ 8　　④ 12

13. 정지해 있는 좌표계의 관측자가 등속운동을 하는 우주선의 길이를 쟀더니 우주선이 정지한 상태에서 측정한 길이의 $\frac{3}{5}$ 배였다. 이때 광속에 대한 우주선 속도의 비율은?

① $\frac{2}{3}$　　② $\frac{3}{4}$
③ $\frac{4}{5}$　　④ $\frac{5}{6}$

14. 그림은 1몰의 이상기체가 온도 T인 처음 상태 i에서 온도 $T+\Delta T$인 나중 상태 f로 변화하는 세 경로(1은 등적과정, 2는 등압과정, 3은 단열과정)를 나타낸다. 이들 경로에서 일어나는 내부 에너지 변화(ΔE_1, ΔE_2, ΔE_3)와 관련하여 옳은 것은?

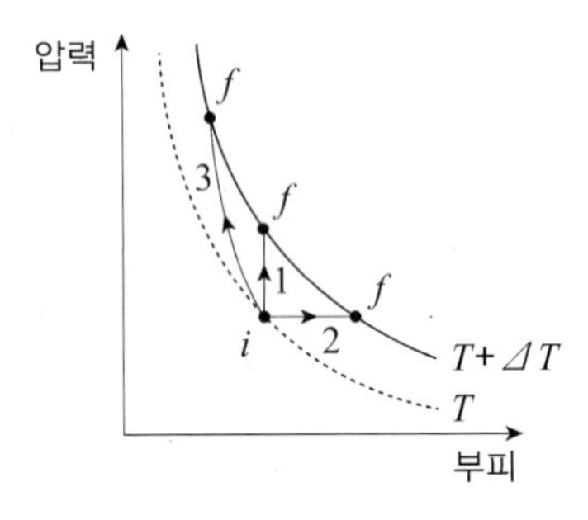

① $\Delta E_1 > \Delta E_2 > \Delta E_3$
② $\Delta E_1 > \Delta E_3 = \Delta E_2$
③ $\Delta E_2 > \Delta E_1 > \Delta E_3$
④ $\Delta E_1 = \Delta E_2 = \Delta E_3$

15. 그림과 같이 $x = 1\text{ m}$에 위치한 긴 도선에는 $+y$ 방향으로 1 A의 전류가 흐르고 $x = 2\text{ m}$에 위치한 긴 도선에는 $-y$ 방향으로 1 A의 전류가 흐르고 있다. $x = 3\text{ m}$에서 자기장의 크기[T] 및 방향은? (단, 자유공간의 투자율은 $4\pi \times 10^{-7}$T · m/A이다)

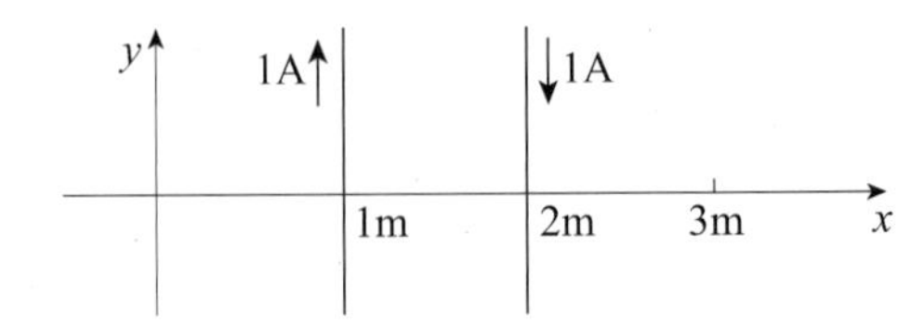

	자기장의 크기[T]	방향
①	10^{-7}	지면으로 들어가는 방향
②	10^{-7}	지면에서 나오는 방향
③	$4\pi\times10^{-7}$	지면으로 들어가는 방향
④	$4\pi\times10^{-7}$	지면에서 나오는 방향

16. 그림과 같이 폭이 1m인 고정된 평행 레일에 저항 10 Ω을 고정되게 연결하고, 그 레일에 쇠막대가 걸쳐 있다. 레일을 포함한 평면에 수직한 아래 방향으로 크기 2 T의 균일한 자기장을 가한 상태에서, 쇠막대를 오른쪽 방향으로 일정한 힘 0.6 N으로 당기면 쇠막대가 등속운동을 한다. 이 쇠막대의 속도[m/s]는? (단, 레일과 쇠막대의 저항과 마찰은 무시한다)

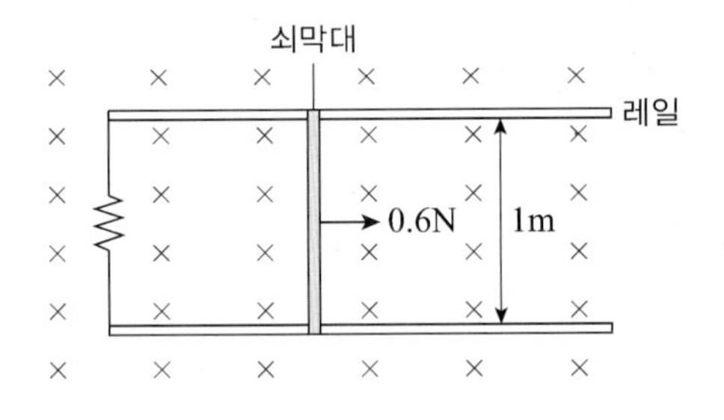

① 0.6　　② 0.9
③ 1.2　　④ 1.5

17. 질량 1 kg인 입자가 x축을 따라 움직일 때 $U(x)=4x^2+16x^4$의 퍼텐셜 에너지 [J]를 갖는다. 입자의 위치가 $x=0.5\,\text{m}$ 일 때 속력이 6 m/s이면, 입자의 속력이 0이 되는 지점[m]은? (단, 입자의 역학적 에너지는 보존된다)

① 0.8　　② 1.0
③ 1.2　　④ 1.4

18. 그림과 같이 세 전하가 일직선 위에 고정되어 있다. q_1은 원점에, q_2는 원점에서 2 m 떨어진 곳에, q_3은 원점에서 4 m 떨어진 곳에 각각 위치한다. q_1, q_2, q_3의 전하량은 각각 $+20\mu C$, $-5\mu C$, $+10\mu C$이다. 이에 대한 설명으로 옳은 것은?

q_1 (0) — q_2 (2m) — q_3 (4m) → $+x$

① q_1에 작용하는 알짜 전기력의 방향은 $-x$ 방향이다.
② q_2에 작용하는 알짜 전기력은 q_3에 작용하는 알짜 전기력보다 크기가 작다.
③ q_3에 작용하는 알짜 전기력은 0이 아니다.
④ q_1, q_2에 작용하는 알짜 전기력은 크기가 같고, 방향은 반대이다.

19. 그림과 같이 지면에 수직하게 나오는 자기장 하에서 방사선이 세 가지 궤적을 나타낸다. 방사선 A, B, C의 이름과 그 실체를 옳게 짝지은 것은? (단, 그림에서 A와 C의 곡률 반경은 과장되게 표현되었다)

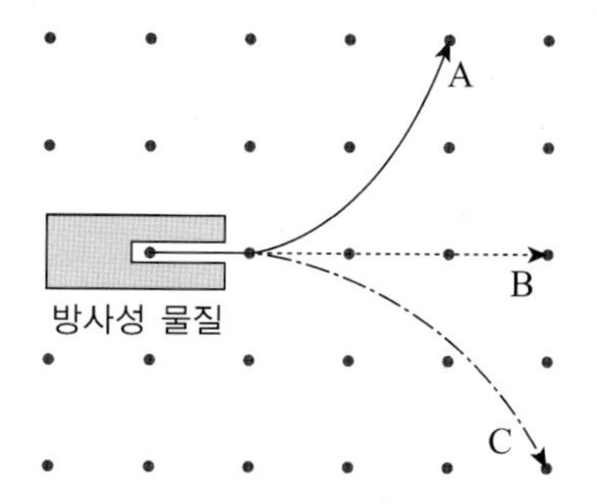

	A	B	C
①	β선 – 전자	γ선 – 광자	α선 – 헬륨의 원자핵
②	α선 – 헬륨의 원자핵	β선 – 전자	γ선 – 광자
③	α선 – 헬륨의 원자핵	γ선 – 광자	β선 – 전자
④	α선 – 양성자	β선 – 전자	γ선 – 중성자

20. 반지름 3 m인 균일한 원판의 중심을 수직하게 지나는 회전축으로부터 2 m 거리에 질량 50 kg인 사람이 서있고, 원판과 사람은 각속력 4 rad/s로 함께 회전하고 있다. 원판이 회전하는 동안 이 사람이 회전축으로부터 1 m 거리인 곳에 도달하였을 때, 원판의 각속력[rad/s]은? (단, 회전축에 대한 원판의 관성모멘트는 550 kg · m² 이다)

① 5　　② 6
③ 8　　④ 9

해설 및 정답

1. 열효율이 25%인 기관은 고온열원에서 열을 흡수하여 $\frac{1}{4}$ 은 일을 하고 $\frac{3}{4}$ 은 저온 열원으로 방출한다.

저온 열원으로 방출하는 열에 대한 한일의 비율은

$\frac{\frac{1}{4}}{\frac{3}{4}} = \frac{1}{3}$ 이다.

2. (가)에서 굴절율은 A가 B보다 작고, (나)에서 파장이 길수록 굴절율이 작아진다.

$n_A < n_B$ 이므로 $\lambda_A > \lambda_B$ 이다.

속력도 파장에 비례하므로 $v_A > v_B$

3. ① 정지상태에서 아래로 움직이면 수직항력은 100N보다 작다.

② 정지상태에서 위로 움직이면 수직항력은 100N보다 크다.

③ 등속으로 움직이면 100N이다.

④ 등속으로 움직이면 100N이다.

4. $2f = \frac{V+v_B}{V+0.8V}f \quad 3.6V = V+v_B$

$2.6V = v_B$

5. $t = \frac{1}{2}$T 에서는 위치는 $-x_m$ 이고 속도는 0이며 가속도는

$a = \frac{kx_m}{m}$ 이고 $\quad T = 2\pi\sqrt{\frac{m}{k}}$ 에서 $\quad \frac{k}{m} = \frac{4\pi^2}{T^2}$ 이므로

$a = \frac{4\pi^2 x_m}{T^2}$ 이다.

6.

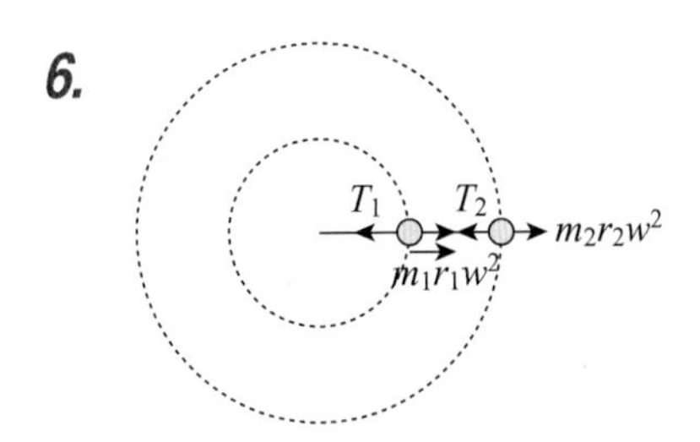

$T_2 = m_2 r_2 w^2 = 2\times1\times10^2 = 200$(N)

$T_1 = T_2 + m_1 r_1 w^2 = 200 + 1\times\frac{1}{2}\times10^2 = 250$(N)

7. 완전히 충전된 축전기의 전압은 20V 전하량은

Q = CV = 20 ×20×10^{-6}C이다.

10Ω 의 저항에 연결하는 순간 전류는 2A이고 절반인 1A가 될 때 축전기 전압은 10V이다. 소모된 에너지는

$\frac{1}{2}\times20\times20^2(\mu J) - \frac{1}{2}\times20\times10^2(\mu J) = 3(mJ)$

8. 이웃하는 극소값 사이 거리가 △이면 이웃하는 극대값 사이값도 △이다.

$\triangle = \frac{L\lambda}{d}$ 이고 $\lambda = \frac{h}{mv}$ 이므로

$\triangle = \frac{Lh}{dmv}$ 이고 속도 $v = \frac{hL}{md\triangle}$ 이다.

9.

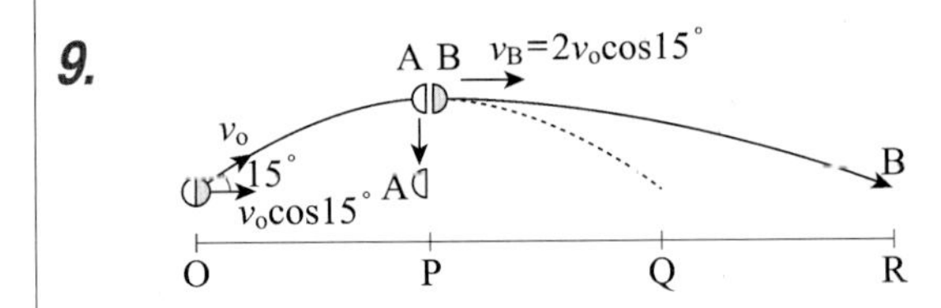

분열이 없었을 경우 O와 Q사이는 $S = \frac{v^2_0 \sin2\phi}{g}$ 이고 O와 P사이 수평속도는 $v_0\cos15$ 이고 P와 R사이 물체 B의 수평속도는 $2v_0\cos15$ 이다.

O와 R사이의 거리가 7.5m이므로 O와 P사이는 2.5(m)이다.

따라서 O와 Q사이 거리 S는 5m이므로

$5 = \frac{v_0^2 \sin30}{10}$, $v_0^2 = 100 \quad v_0 = 10$m/s이다.

10. 외력이 20N일 때 등속운동이므로 알짜힘은 0이고 운동마찰력이 20N이다. 외력이 없으면 운동마찰력 20N에 의해 정지하게 되는데 가속도는 $R = ma$, $20 = 10\times a$, 가속도는 $a = -2m/S^2$이다.

$V^2 - V_0^2 = 2as$, $0 - 2^2 = 2\times(-2)\times S \quad S = 1(m)$

11. 일률 $P = \frac{w}{t}$ 이므로 에너지(일)는 $W = P\times t$이다.

질량이 2kg이므로 $4.6\times10^3\times t = 2.3\times10^6\times2$

$t = \frac{2.3}{4.6}\times2\times10^3 = 1\times10^3$(초)

12. 배율 $m=\left|\frac{b}{a}\right|$이고 $\frac{1}{a}+\frac{1}{b}=\frac{1}{f}$에서 $\frac{2}{3}=\frac{b}{a}$

$b=\frac{2}{3}a$이고, 오목렌즈이므로 f는 음수이다.

허상이므로 b도 음수이므로

$\frac{1}{a}+\frac{1}{-\frac{2}{3}a}=\frac{1}{-12}$, $\frac{1}{a}-\frac{3}{2a}=\frac{1}{-12}$

$-\frac{1}{2a}=-\frac{1}{12}$ $a=6$(cm)

13. $\ell=\ell_0\sqrt{1-(\frac{v}{c})^2}$에서

$\frac{3}{5}\ell_0=\ell\sqrt{1-(\frac{v}{c})^2}$ $0.6=\sqrt{1-(\frac{v}{c})^2}$

$0.36=1-(\frac{v}{c})^2$ $v=0.8c$

14. 내부에너지 변화량은 $\Delta U=\frac{3}{2}nR\Delta T$인데 ΔT가 모두 같으므로 내부에너지 변화량은 모두 같다.

15. 3m 위치에서 1m인 곳의 전류가 만드는 자기장은 지면으로 들어가는 방향으로 $\frac{\mu_0}{2\pi}$ $\frac{I}{r}$의 크기이므로

$2\times10^{-7}\times\frac{1}{2}=10^{-7}$이고

2m인 곳에 놓인 전류가 만드는 자기장은 나오는 방향이므로

$2\times10^{-7}\frac{1}{1}=2\times10^{-7}$이므로

나오는 방향으로 1×10^{-7}이다.

16. $F=Bi\ell$이고 전류 $i=\frac{V}{R}=\frac{B\ell v}{R}$이므로

$F=\frac{B^2\ell^2v}{R}$이다. $v=\frac{F\cdot R}{B^2\ell^2}$

$v=\frac{0.6\times10}{2^2\times1^2}=1.5(m/s)$

17. $x=0.5$에서

퍼텐셜에너지는 $U=4\times0.5^2+16\times0.5^4=2(J)$

운동에너지는 $K=\frac{1}{2}\times1\times6^2=18(J)$이므로

역학적 에너지는 $K+U=20(J)$이다.

속력이 0이면 운동에너지도 0이고 퍼텐셜에너지는 20J이다.

$20=4x^2+16x^4$

$16x^4+4x^2-20=0$ $(16x^2+20)(x^2-1)=0$

$x=1$(m)

18. ① $+x$: $\frac{20\times5}{2^2}$ $-x$: $\frac{20\times10}{4^2}$ $\Rightarrow$ $+x$방향

② q_2 : $\left(-\frac{20\times5}{2^2}\right)+\left(\frac{5\times10}{2^2}\right)=-12.5$ $\Rightarrow -x$방향

q_3 : $\left(-\frac{10\times5}{2^2}\right)+\left(\frac{20\times10}{4^2}\right)=0$

③ q_3에 작용하는 알짜 전기력은 0이다.

④ q_1 : $\left(\frac{20\times5}{2^2}\right)+\left(-\frac{20\times10}{4^2}\right)=+12.5\Rightarrow$ $+x$방향

19. α입자는 +2e β입자는 -e γ는 광자이다.

20. 각 운동량 보존의 법칙에서

$(I_{판}+I_{사람})W_0=(I_{판}+I'_{사람})W$

$I_{사람}=MR^2=50\times2^2=200$ $I'_{사람}=50\times1^2=50$

$(550+200)\times4=(550+50)\omega$ $\omega=5(rad/s)$

1. ③	2. ④	3. ②	4. ③	5. ③
6. ④	7. ③	8. ③	9. ①	10. ②
11. ②	12. ②	13. ③	14. ④	15. ②
16. ④	17. ②	18. ④	19. ①	20. ①

기출문제

국가직 7급(2019년도)

1. 그림은 1차원 직선운동을 하는 물체의 위치를 시간에 따라 나타낸 것이다. A점과 B점 사이의 구간에서 물체의 평균 속력은 $v_{평균}$, A점과 B점에서 물체의 순간 속력은 각각 v_A, v_B일 때, $v_{평균}$, v_A, v_B의 크기를 비교한 것으로 옳은 것은?

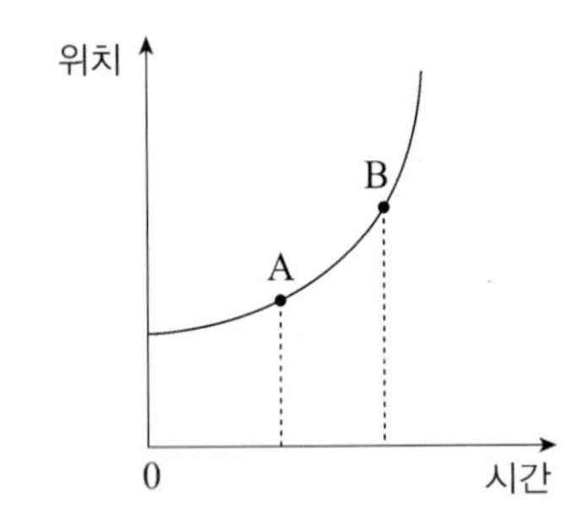

① $v_A = v_{평균} = v_B$　② $v_B < v_{평균} < v_A$
③ $v_{평균} < v_B < v_A$　④ $v_A < v_{평균} < v_B$

2. 보어의 수소 원자 모형에서 전자가 $n=3$ 에너지 준위에서 $n=1$ 에너지 준위로 전이하였다. 이 과정에서 방출되는 광자의 에너지로 가장 가까운 것은? (단, 수소 원자에서 전자의 바닥 상태 에너지는 -13.6 eV이다)

① 13.6 eV　② 12.1 eV
③ 6.8 eV　④ 3.4 eV

3. 용수철 상수가 k인 용수철에 질량 m인 추를 매단 용수철 진자의 단진동 주기는 길이 ℓ 인 줄에 질량 m인 추를 매단 단진자의 단진동 주기와 같았다. 길이 2ℓ 인 줄에 질량 $2m$인 추를 매단 단진자와 단진동 주기가 같은 용수철 진자는? (단, 추의 크기, 용수철과 줄의 질량은 무시하고 중력 가속도는 10m/s^2이다)

① 용수철 상수가 $\frac{1}{2}k$인 용수철에 질량이 $2m$인 추를 매단 용수철 진자
② 용수철 상수가 k인 용수철에 질량이 $2m$인 추를 매단 용수철 진자
③ 용수철 상수가 $2k$인 용수철에 질량이 $\frac{1}{2}m$인 추를 매단 용수철 진자
④ 용수철 상수가 $2k$인 용수철에 질량이 m인 추를 매단 용수철 진자

4. 반감기가 8일인 요오드($^{131}_{53}\text{I}$)의 초기 방사선 강도가 6.4×10^7 Bq일 때, 방사선 강도가 4×10^6 Bq로 줄어드는 데 소요되는 기간은?

① 40일　② 32일
③ 24일　④ 16일

5. 평평한 지표면에서 골프공이 수평면과 30° 각도로 초기 속력 50 m/s로 발사되어 포물선 운동을 하였다. 이에 대한 설명으로 옳지 않은 것은?

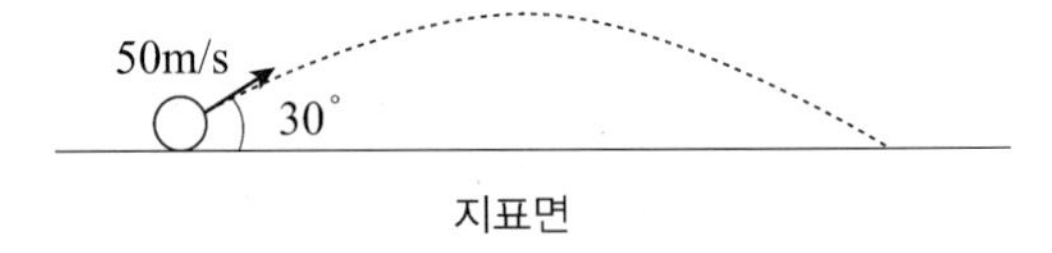

① 골프공이 최고점까지 올라가는 데 걸리는 시간과 최고점으로부터 다시 지표면에 도달하는 데 걸리는 시간은 같다.
② 골프공이 최고점까지 올라갔다가 다시 떨어져 지표면에 도달하는 순간의 속력은 50 m/s이다.
③ 골프공의 질량이 클수록 골프공이 도달할 수 있는 최고점의 높이가 낮아진다.
④ 포물선 운동을 하는 동안 골프공의 가속도는 항상 일정하다.

6. 단열 용기에 담긴 20℃ 의 물에 60℃의 구리 1 kg을 넣었더니 물의 온도가 30℃에서 열평형 상태가 되었다. 구리 1 kg이 담긴 이 30 ℃물에 100℃의 구리 1 kg을 추가로 넣는다면, 열평형 상태에 도달했을 때 물의 온도[℃]는? (단, 단열 용기와 외부 사이의 열 출입은 없고, 단열 용기의 열용량은 무시한다)

① 38　　② 40
③ 44　　④ 50

7. 원형 고리 도선을 통과하는 자기선속이 시간 t[초]에 따라 $\Phi_m = t^3 + 2t^2 + 10$으로 변하고 있다. $t=$ 2초일 때 원형 고리 도선에 유도되는 기전력의 크기는? (단, 자기선속의 단위는 Wb이다)

① 20 V　　② 26 V
③ 40 V　　④ 78 V

8. 그림은 물이 높이 h만큼 채워진 수조의 옆면에 바닥으로부터 높이 x인 지점에 작은 구멍을 낸 후 물의 수평 방향 도달 거리를 측정하는 것을 나타낸 것이다. 작은 구멍의 높이가 $x = \frac{h}{4}$일 때 물의 수평 방향 최대 도달 거리가 1 m라면, 작은 구멍의 높이가 $x = \frac{h}{2}$일 때 물의 수평 방향 최대 도달 거리[m]는? (단, 공기 저항과 수조 면의 두께는 무시하고, 중력 가속도 $g = 10\text{m/s}^2$이다)

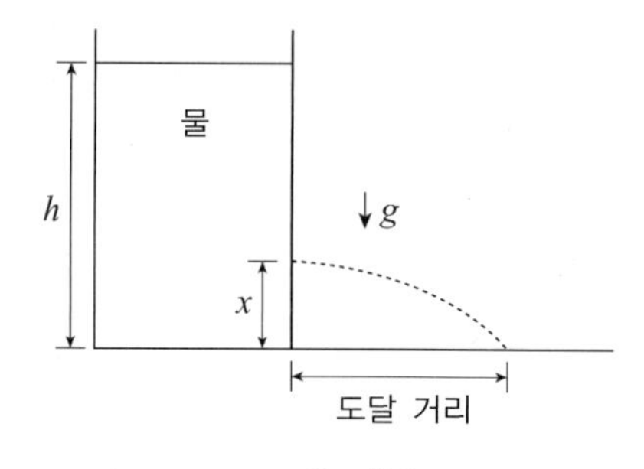

① 2　　② $\sqrt{3}$
③ $\frac{3}{2}$　　④ $\frac{2\sqrt{3}}{3}$

9. 그림은 일정량의 단원자 분자 이상기체가 A→B→C→A의 순서로 순환하는 과정에서 기체의 압력과 부피 사이의 관계를 나타낸 것이다. C→A 과정에서 기체의 내부 에너지 변화는?

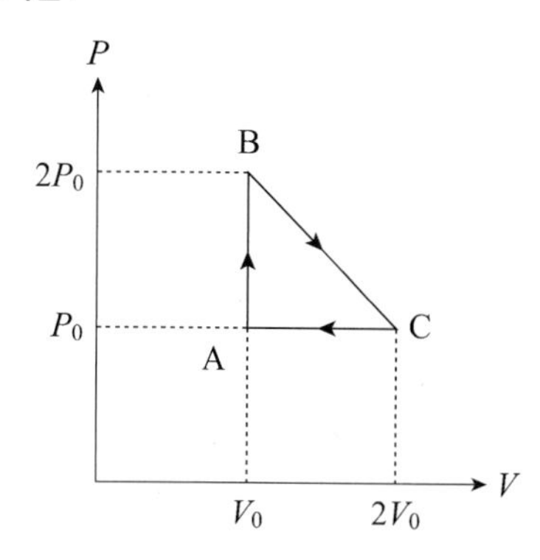

① $\frac{3}{2}P_0V_0$　　② P_0V_0
③ $-P_0V_0$　　④ $-\frac{3}{2}P_0V_0$

10. 마찰이 없는 수평면 위에 정지해 있는 물체에 일정한 힘을 가하여 물체의 속력이 4 m/s가 되었다. 이때 물체의 속력이 1 m/s에서 2 m/s로 변할 때까지 일정한 힘이 물체에 해준 일을 W_1, 3 m/s에서 4 m/s로 변할 때까지 일정한 힘이 물체에 해준 일을 W_2라 할 때, $W_1 : W_2$는? (단, 물체의 크기는 무시한다)

① 1:1　　② 2:1
③ 3:7　　④ 3:10

11. A가 타고 있는 우주선이 일정한 속도 $v = 0.6c$로 지구로부터 멀어지고 있다. A가 측정한 여행 시간이 우주선 내부의 시계로 20년이라면, 지구에 있는 B가 지구의 시계로 측정한 여행 시간은?(단, 빛의 속도 $c = 3 \times 10^8$ m/s이다)

① 15년　　② 20년
③ 22년　　④ 25년

12. 그림은 진공 중에 위치한 두 개의 무한한 도체 평행판에 전하가 각각 $+\sigma$와 $-\sigma$의 전하 밀도로 고르게 대전되어 있는 것을 나타낸 것이다. (A), (B), (C) 각 영역의 전기장 크기는? (단, 진공의 유전율은 ε_0이다)

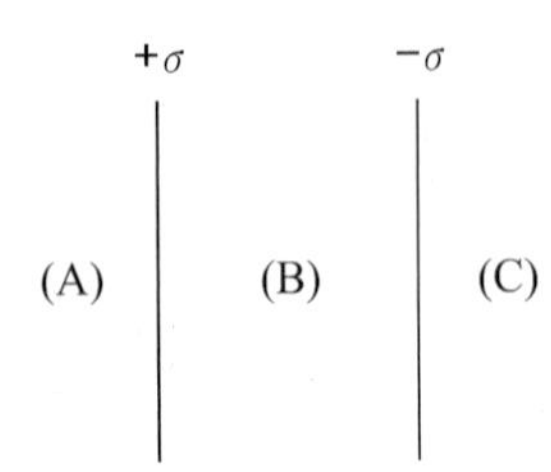

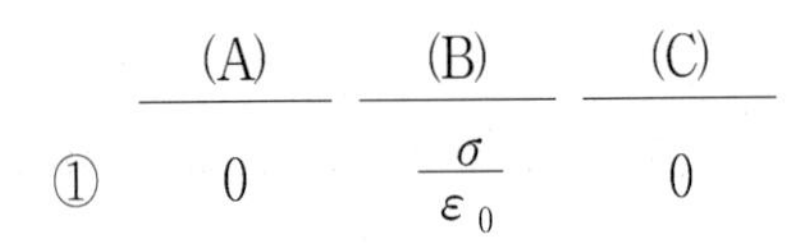

	(A)	(B)	(C)
①	0	$\frac{\sigma}{\varepsilon_0}$	0
②	0	$\frac{\sigma}{2\varepsilon_0}$	0
③	$\frac{\sigma}{2\varepsilon_0}$	$\frac{\sigma}{\varepsilon_0}$	$\frac{\sigma}{2\varepsilon_0}$
④	$\frac{\sigma}{\varepsilon_0}$	$\frac{2\sigma}{\varepsilon_0}$	$\frac{\sigma}{\varepsilon_0}$

13. 그림은 무한히 긴 직선 도선에 일정한 전류 I가 흐르고 있는 것을 나타낸 것이다. 도선으로부터 거리가 1 m 떨어진 곳의 자기장 세기를 B_1, 거리가 2 m 떨어진 곳의 자기장 세기를 B_2라고 할 때, $B_1 : B_2$는?

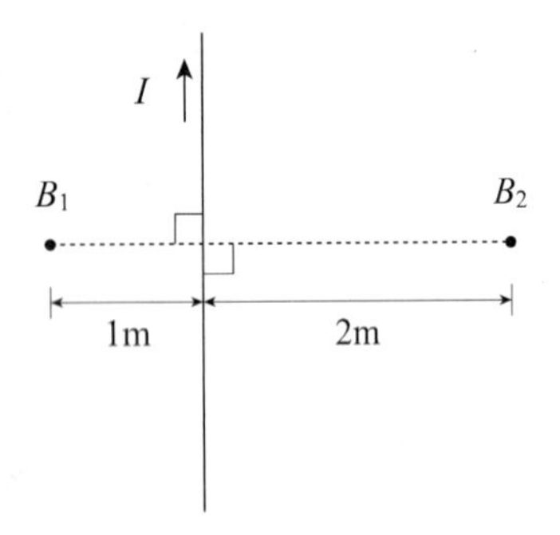

① 4:1 ② 2:1
③ 1:2 ④ 1:4

14. 등가속도 직선 운동을 하는 물체의 위치를 시간에 따라 측정한 결과 $t=1,\ 2,\ 3$초인 순간 물체의 위치는 각각 $x=-2,\ -5,\ -12$ m이었다. $t=0$초였을 때 이 물체의 위치 [m]는?

① −3 ② −1
③ 1 ④ 3

15. 비저항과 부피가 같은 원기둥 모양의 구리 도선 A, B의 길이 비가 2 : 3일 때, 두 도선의 저항은 각각 R_A, R_B이다. $R_A : R_B$는?

① 1:1 ② 2:1
③ 2:3 ④ 4:9

16. 20m높이의 건물 옥상에서 진동수가 500 Hz인 소리를 내고 있는 알람 시계를 초기 속도 없이 자유 낙하시켰다. 이 알람 시계가 지면에 도달하는 순간, 옥상에 있는 수신기 A와 지면에 있는 수신기 B에 측정된 알람 시계의 진동수 차이에 가장 가까운 값은? (단, 수신기 A, B와 알람 시계는 일직선상에 있고, 공기 저항은 무시하며, 공기 중에서 소리 속력은 340 m/s로 일정하고, 중력 가속도는 $10m/s^2$ 이다)

① 30 Hz ② 45 Hz
③ 60 Hz ④ 75 Hz

17. 그림과 같이 길이가 60 cm이고 질량이 10 kg인 균일한 막대의 왼쪽 끝으로부터 10 cm 떨어진 지점에 질량이 6 kg인 구형 물체를 올려놓았다. 이 막대의 양쪽 끝을 두 받침점 A, B로 받쳐서 수평을 이루고 있을 때, 받침점 A와 받침점 B에 가해지는 힘의 크기는 각각 F_A, F_B이다. $F_A : F_B$는?

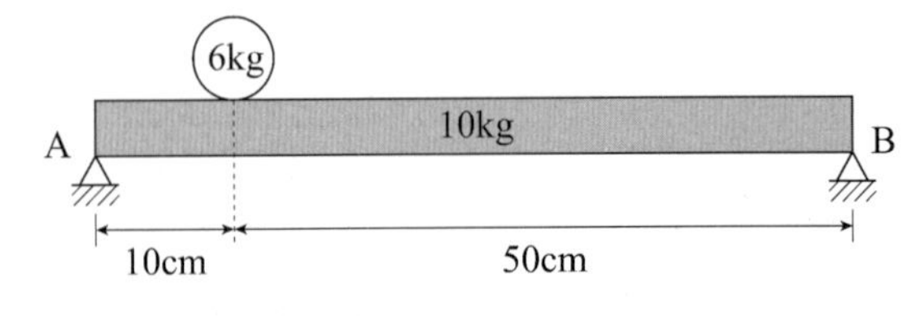

① 1:5 ② 3:5
③ 5:1 ④ 5:3

18. 그림은 굴절률이 n_1, n_2, n_3로 서로 다른 3개의 평행한 매질을 통과하는 빛의 경로를 나타낸 것이다. $\theta_2 > \theta_1 > \theta_3$일 때, 이 매질들의 굴절률 크기를 비교한 것으로 옳은 것은?

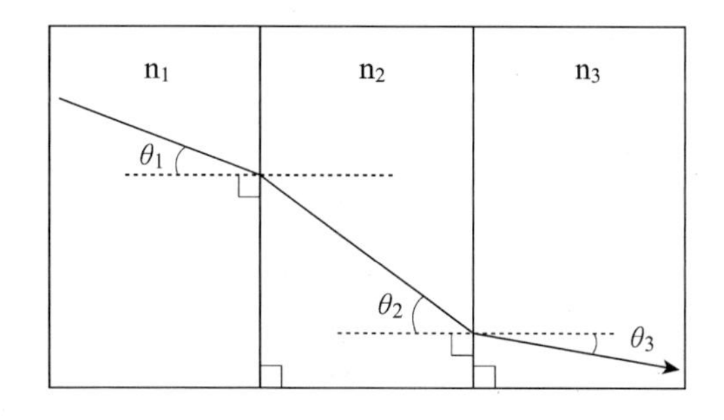

① $n_3 > n_1 > n_2$
② $n_3 > n_2 > n_1$
③ $n_2 > n_1 > n_3$
④ $n_1 > n_2 > n_3$

19. 그림은 밀폐된 강철 용기에 들어 있는 일정량의 단원자 분자 이상기체가 상태 A에서 상태 B로 변하였을 때, 기체 분자의 속력 분포(맥스웰 속력 분포)를 각각 나타낸 것이다. 이에 대한 설명으로 옳은 것만을 모두 고르면?

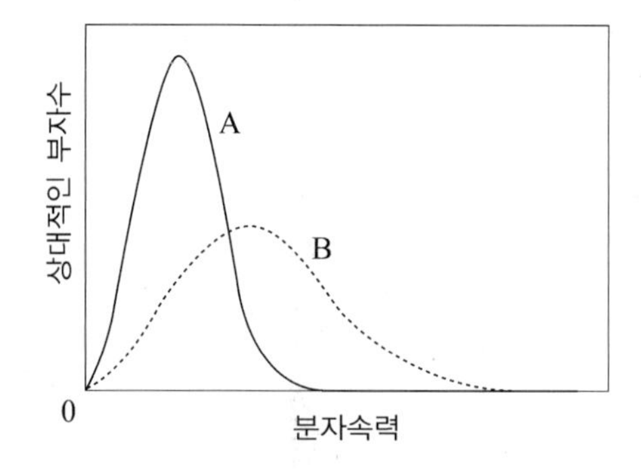

ㄱ. 기체의 평균 온도는 A일 때가 B일 때보다 낮다.
ㄴ. 기체의 평균 내부 에너지는 A일 때가 B일 때보다 작다.
ㄷ. 기체 상태가 A에서 B로 변할 때, 기체는 열을 방출한다.

① ㄱ
② ㄷ
③ ㄱ, ㄴ
④ ㄱ, ㄴ, ㄷ

20. 물체가 원점($x=0$)에 놓여 있고, 광축인 x축을 따라 초점 거리가 1 m인 얇은 볼록 렌즈가 $x=2$ [m]와 $x=2.5$[m] 지점에 각각 놓여 있다. 물체의 상이 뚜렷하게 맺히는 위치가 $x=$L [m]일 때, L은?

① 2.7
② 2.9
③ 3.1
④ 3.3

해설 및 정답

1. 그래프에서 기울기는 속도의 크기이므로 속도는 점점 증가하고 있다.

$v_B < v_A$이고 평균 속도는 v_A와 v_B의 사이의 값이다.

$v_A < v_{평균} < v_B$이다.

2. $E_n = -\frac{13.6}{n^2}$에서 $E_3 - E_1$은

$\left(-\frac{13.6}{3^2}\right) - \left(\frac{-13.6}{1^2}\right) = 13.6\left\{1 - \frac{1}{9}\right\}$

$= 13.6 \times \frac{8}{9} \approx 12.1(\mathrm{eV})$

3. $T_0 = 2\pi\sqrt{\frac{m}{k}}$, $T_0 = 2\pi\sqrt{\frac{\ell}{g}}$

단진자 $T = 2\pi\sqrt{\frac{2\ell}{g}}$와 같은 용수철 진자는

$T = 2\pi\sqrt{\frac{2m}{k}}$ 또는 $T = 2\pi\sqrt{\frac{m}{\frac{1}{2}k}}$이다.

4. $N = N_0\left(\frac{1}{2}\right)^{\frac{t}{T}}$

$4\times10^6 = 64\times10^6\left(\frac{1}{2}\right)^{\frac{t}{8}}$ $\frac{1}{16} = \left(\frac{1}{2}\right)^{\frac{t}{8}}$

$\left(\frac{1}{2}\right)^4 = \left(\frac{1}{2}\right)^{\frac{t}{8}}$

$t=32$일

5. 가속도는 일정하고 질량과는 무관하다.

6. 물이 얻은 열량 $Q = cm\triangle T$에서

$C_{물} m_{물} \times 10 = C_{구리} \times 1 \times 30$, $C_{물} m_{물} = 3C_{구리}$

$(C_{물} m_{물} + C_{구리} \times 1) \times (t - 30) = C_{구리} \times 1 \times (100 - t)$

$4C_{구리} \times (t - 30) = C_{구리}(100 - t)$ $4t - 120 = 100 - t$

$t = 44$℃

7. $V = N\frac{d\Phi}{dt}$ 원형고리면 감은수 $N=1$이고

$V = \frac{d\Phi}{dt} = 3t^2 + 4t$ 2초일 때

$V = 12 + 8 = 20(V)$

8. $v = \sqrt{2gh}$ 이므로 $x = \frac{h}{4}$ 이면 $v = \sqrt{\frac{3gh}{2}}$ 이고

$t = \sqrt{\frac{h}{2g}}$ 이므로 $S = v \times t$ 에서

$1 = \sqrt{\frac{3gh}{2}} \times \sqrt{\frac{h}{2g}} = \frac{\sqrt{3}}{2}h$

$h = \frac{2}{\sqrt{3}}$ 이다. $x = \frac{h}{2}$ 에서 $v = \sqrt{gh}$이고 $t = \sqrt{gh}$이므로

$S = vt = h$이다. 따라서 $S = \frac{2}{\sqrt{3}}(m)$

9. $PV = nRT$

$T_c = \frac{2P_0V_0}{nR}$, $T_A = \frac{P_0V_0}{nR}$

$\triangle U = \frac{3}{2}nR\triangle T = \frac{3}{2}nR\left\{\frac{2P_0V_0}{nR} - \frac{P_0V_0}{nR}\right\} = \frac{3}{2}P_0V_0$

만큼 감소했으므로 $-\frac{3}{2}P_0V_0$

10. $v = 1m/s$ 일 때 운동에너지 $E_1 = \frac{1}{2} \times m \times 1^2 = \frac{1}{2}m$

$v = 2m/s$ 일 때 운동에너지 $E_2 = \frac{1}{2} \times m \times 2^2 = 2m$

$v = 3m/s$ 일 때 운동에너지 $E_3 = \frac{1}{2} \times m \times 3^2 = \frac{9}{2}m$

$v = 4m/s$ 일 때 운동에너지 $E_4 = \frac{1}{2} \times m \times 4^2 = 8m$

$\omega_1 = 2m - \frac{1}{2}m = \frac{3}{2}m$ $\omega_2 = 8m - \frac{9}{2}m = \frac{7}{2}m$

$\omega_1 : \omega_2 = 3:7$

11. $t = \frac{t_0}{\sqrt{1 - (\frac{v}{c})^2}}$

$t = \frac{20}{\sqrt{1 - (\frac{0.bc}{c})^2}} = \frac{20}{0.8} = 25$년

13. $B = \frac{\mu_0}{2\pi}\frac{I}{r}$ 에서 2 : 1이다.

14. $x = at^2 + bx + c$ (등가속도 운동이므로 변위 x는 시간에 대한 2차 함수이다.)

$t=1$초 일 때 $x=-2$

$t=2$초 일 때 $x=-5$

$t=3$초 일 때 $x=-12$이므로 연립하면

$a=-2$ $b=3$ $c=-3$이므로 $t=0$일 때 $x=-3$

15. $\ell_A : \ell_B = 2:3$이면 단면적 $S_A : S_B = 3:2$이다.

$R = \frac{\rho\ell}{S}$ 이므로 $R_A = \frac{\rho 2\ell}{3S}$ $R_B = \frac{\rho 3\ell}{2S}$

$R_A : R_B = \frac{2}{3} : \frac{3}{2}$ 즉 4:9이다.

16. 20m 높이에서 자유 낙하시키면 속도는 20m/s이다.

$f_A = \frac{340}{340-20} \times 500$ $f_B = \frac{340}{340+20} \times 500$

$f_A - f_B = \left\{\frac{34}{32} - \frac{34}{36}\right\} \times 500 = \left\{\frac{17}{16} - \frac{17}{18}\right\} \times 500$

$= \frac{17 \times 125}{36} = 59.02$

17. $N_A + N_B = 60 + 100$

$0.1 \times 60 + 0.3 \times 100 = 0.6 \times N_B$ $360 = 6N_B$

$N_B = 60(N)$ $N_A = 100(N)$

$N_A : N_B = 5:3$

19. 속력이 증가했으므로 온도가 증가했고 운동에너지가 증가했다.

20. $\frac{1}{a} + \frac{1}{b} = \frac{1}{f}$에서 $\frac{1}{2} + \frac{1}{b} = \frac{1}{1}$ $b = 2m$

0 1 3 4 5

$\frac{1}{-1.5} + \frac{1}{b} = \frac{1}{1}$ $\frac{1}{b} = \frac{1}{1} + \frac{1}{1.5}$

$\frac{1}{b} = \frac{2.5}{1.5}$ $b = \frac{1.5}{2.5} = \frac{3}{5} = 0.6$

따라서 2.5 + 0.6 = 3.1

1. ④	2. ②	3. ②	4. ②	5. ③
6. ③	7. ①	8. ④	9. ④	10. ③
11. ④	12. ①	13. ②	14. ①	15. ④
16. ③	17. ④	18. ①	19. ③	20. ③

기출문제
서울시 7급(2019년도)

1. 길이가 L 이며 질량이 M 인 사다리가 45도의 각도로 마찰이 없는 벽면에 기대어 있다. 균일한 질량 분포를 갖고 있는 사다리가 미끄러지지 않고 이 상태를 유지하기 위해 바닥면의 정지마찰계수가 만족해야하는 조건은?

① $\mu \geq 1/2$ ② $\mu \geq 1/3$
③ $\mu \geq 1/4$ ④ $\mu \geq 2/3$

2. 두 개의 물체가 <보기>와 같이 책상의 구멍을 통해 가는 실로 연결되어 있다. 책상 위의 물체는 반경이 R인 등속원운동을 하고 있다. 책상 아래의 물체가 아래로 떨어지지 않고 정지해 있기 위해 필요한 등속원운동의 주기는? (단, 모든 마찰은 무시하고 실의 질량은 없다고 가정하며, 중력가속도는 g이다.)

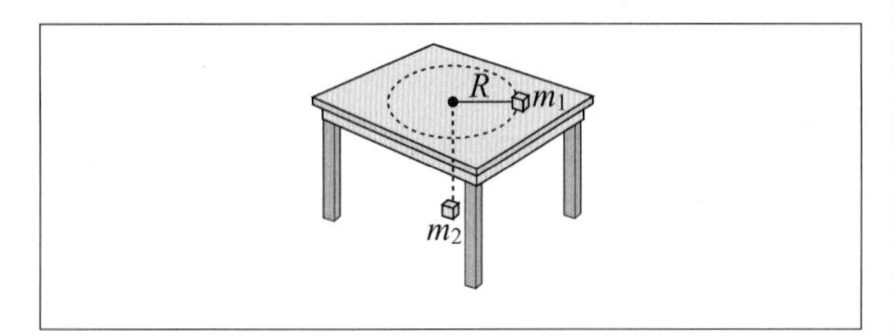

① $2\pi\sqrt{\frac{m_1 R}{m_2 g}}$ ② $2\pi\sqrt{\frac{R}{g}}$
③ $2\pi\sqrt{\frac{m_2 R}{m_1 g}}$ ④ $2\pi\sqrt{\frac{m_1}{m_2}}$

3. <보기>와 같이 U-형으로 생긴 유리관에 물을 채웠다. 그리고 오른쪽의 유리관 입구로 기름을 조금 부었다. 오른쪽 유리관의 기름은 물 위에 2cm 높이로 떠 있으며 왼쪽관의 물의 높이보다 h만큼 높다. 높이의 차이 h의 값[mm]은? (단, 기름의 밀도는 물의 밀도의 80%이므로 물 위에 뜬다.)

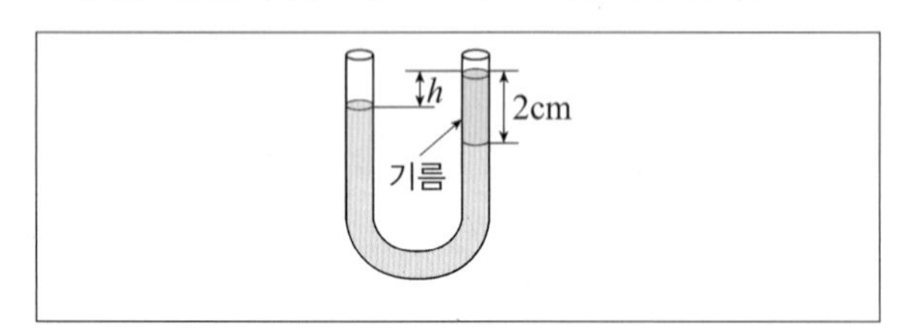

① 1 ② 2
③ 3 ④ 4

4. 단면적이 0.5cm² 이고 길이가 5m인 합금 케이블의 한 끝이 천장에 고정되어 수직으로 매달려 있다. 질량이 1톤인 엘리베이터가 케이블의 아래쪽 끝에 고정되어 매달리자 케이블의 길이가 0.5cm 늘어났다. 이 합금케이블의 영률(Young' s modulus)[N/m²]은?
(단, 중력 가속도 g=10m/s²이다.)

① 2×10^{12} ② 5×10^{11}
③ 2×10^{11} ④ 5×10^{12}

5. <보기>와 같이 질량이 100g인 물체로 스프링상수(탄성계수)가 200N/m인 스프링을 20cm 압축된 상태로 잡고 있다가 놓았다. 마찰을 무시할 경우 물체가 빗면을 올라간 최대 높이[m]는? (단, 중력가속도 g=10m/s²이다.)

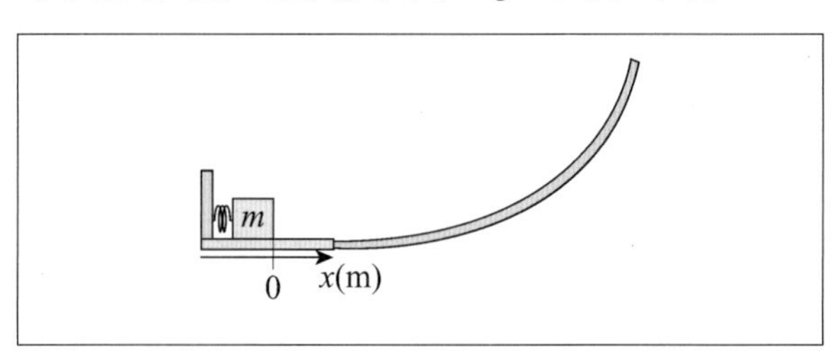

① 1 ② 2
③ 3 ④ 4

6. 마찰이 없는 평면 위에서 질량이 2kg인 물체 A가 10m/s의 속도로 움직여 질량이 3kg인 정지해 있는 물체 B와 충돌하였다. 완전 탄성 충돌을 하였고, 한 직선 상에서 두 물체가 움직였다고 할 때, 각 물체의 충돌 후 속도[m/s]는?

	A	B
①	−5	10
②	1	6
③	−2	8
④	2	8

7. 일정한 속도로 달리던 자동차들이 빨간 불이 켜지는 것을 보고 정지선 11m 전방에서부터 정지하기 위해 일정한 가속도로 감속하고 있다. 다음 중 정지선을 넘지 않으면서 정지선에 가장 가까이 정차한 자동차의 처음 속도[m/s]와 가속도[m/s²]는? (단, v_0는 자동차의 처음 속도이고, a는 자동차의 가속도이다.)

	v_0	a
①	10	-5
②	10	-10
③	20	-5
④	20	-10

8. 반경이 R, 길이가 L, 질량이 M인 긴 원통형 막대를 높이가 h인 빗면에 가만히 놓았더니 빗면을 미끄럼 없이 굴러 내려갔다. 빗면을 굴러 내려온 막대가 지면에서 굴러가는 속력은? (단, 반경 R인 원통형 막대의 관성모멘트는 $MR^2/2$이고 중력가속도는 g이다.)

① $\sqrt{\frac{gh}{3}}$　② $\sqrt{gh}$

③ $2\sqrt{\frac{gh}{3}}$　④ $\sqrt{\frac{5gh}{3}}$

9. 상온과 대기압 하에서 공기 중 음파의 속도는 초속 약 340m이다. 사람이 들을 수 있는 음파의 가청주파수 대역은 보통 20~20,000Hz 정도 된다. 주파수가 20,000Hz인 음파의 파장이 속해 있는 범위는?

① 1μm ~ 1mm

② 1mm ~ 1cm

③ 1cm ~ 1m

④ 1m ~ 1km

10. 온도가 각각 80℃, 16℃인 두 열 저장소를 열전도도가 각각 $k_1 = 14\text{W/m}\cdot\text{K}$, $k_2 = 3\text{W/m}\cdot\text{K}$인 두 개의 물질로 <보기>와 같이 연결하였다. 전체 시스템이 동적 열평형 상태에 있을 때, 두 연결 물질 사이의 온도 T_m은?

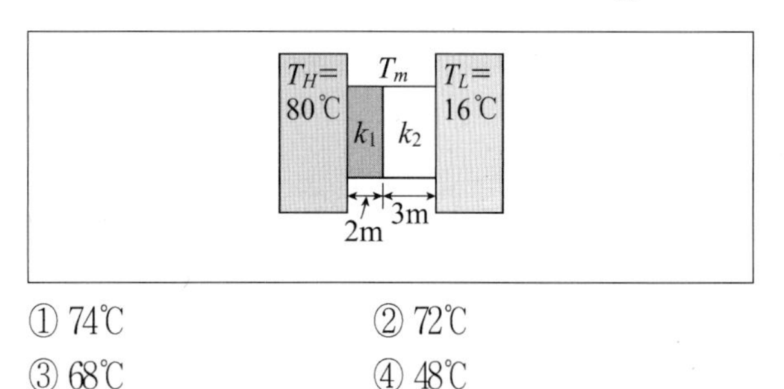

① 74℃　② 72℃

③ 68℃　④ 48℃

11. 단열된 상태라고 가정하고 폭포에서 떨어지는 물의 중력 퍼텐셜 에너지 감소가 내부 에너지 증가와 같을 때, 물이 100m의 폭포에서 떨어진다면 낙하한 후에 물의 온도 상승과 가장 가까운 것은? (단, 물의 비열은 4.2J/g·℃이고, 중력가속도 $g = 9.8\text{m/s}^2$이다.)

① 0℃　② 0.012℃

③ 0.12℃　④ 0.23℃

12. 전자기에 대한 맥스웰 방정식 4가지에 대한 설명으로 가장 옳지 않은 것은?

① 가우스 법칙 : 임의의 폐곡면을 지나는 전기선속은 폐곡면 내의 알짜 전하량과 관계가 있다.

② 자기에 대한 가우스 법칙 : 임의의 폐곡면을 지나는 자기선속은 0이다.

③ 페러데이 법칙 : 자기장의 시간 변화율과 전기장의 관계를 설명한다.

④ 앙페르 법칙 : 유도 전류의 방향은 자기선속의 변화에 저항하는 방향으로 유도된다.

13. 균일하게 대전된 무한 직선 전선에서 거리가 각각 R_1과 R_2 떨어진 두 위치 사이의 전위차(ΔV)는? (단, 전선은 선전하 밀도 λ로 대전되어 있으며, 전선의 굵기는 무시한다.)

① $\triangle V = \frac{\lambda}{4\pi\varepsilon_0} \ln \frac{R_2}{R_1}$

② $\triangle V = \frac{\lambda}{2\pi\varepsilon_0} \ln \frac{R_2}{R_1}$

③ $\triangle V = \frac{\lambda}{4\pi\varepsilon_0} \frac{R_2}{R_1}$

④ $\triangle V = \frac{\lambda}{2\pi\varepsilon_0} \frac{R_2}{R_1}$

14. 직경이 20cm인 솔레노이드 안의 자기장이 2.5T/s의 시간변화율로 증가한다. 코일에 유도된 기전력이 15V이라면 솔레노이드 외부에 감겨진 코일의 횟수에 가장 가까운 값은?

① $30/\pi$
② $150/\pi$
③ $600/\pi$
④ $15/\pi$

15. 균일한 자기장($\vec{B}$)이 존재하는 공간에 자기장의 방향에 수직으로 속도 V로 입사하는 질량이 M이고 $+q$로 대전된 이온은 반지름이 R_1 인 원운동을 한다. 질량과 전하량이 각각 2배로 증가할 때 원운동의 반지름(R_2)은?

① $R_2 = R_1/4$
② $R_2 = R_1$
③ $R_2 = 2R_1$
④ $R_2 = 4R_1$

16. <보기>에서 (가)의 경우 면적이 $2S$이고 간격이 d인 두 전극 사이에 유전율이 각각 $\varepsilon_0 k_1$, $\varepsilon_0 k_2$인 두 물질을 동일한 면적 S로 나란히 집어 넣었다. (나)의 경우 면적이 S이고 간격이 $2d$인 두 전극 사이에 유전율이 각각 $\varepsilon_0 k_1$, $\varepsilon_0 k_2$인 두 물질을 동일한 두께 d로 위 아래로 적층해 집어넣어 축전기를 구성하였다. (가)와 (나)의 축전용량을 각각 $C_{(가)}$및 $C_{(나)}$라 하고, $k_1 = 2$, $k_2 = 3$이라 하면 $C_{(나)}/C_{(가)}$는? (단, ε_0은 진공에서의 유전율이다.)

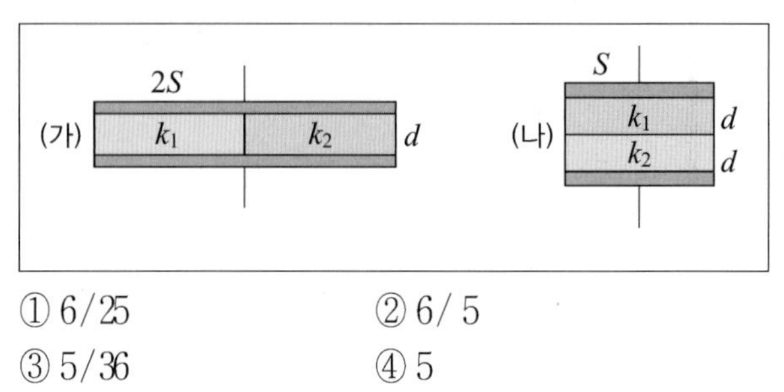

① 6/25　　② 6/5
③ 5/36　　④ 5

17. 초점 거리가 각각 10cm, 25cm인 얇은 볼록렌즈 2개를 35cm의 간격으로 <보기>와 같이 설치하였다. 초점 거리가 10cm인 볼록렌즈의 왼쪽 10cm 떨어진 곳에 크기가 1cm인 물체가 있을 때, 이 두 렌즈에 의한 상의 위치와 크기는?

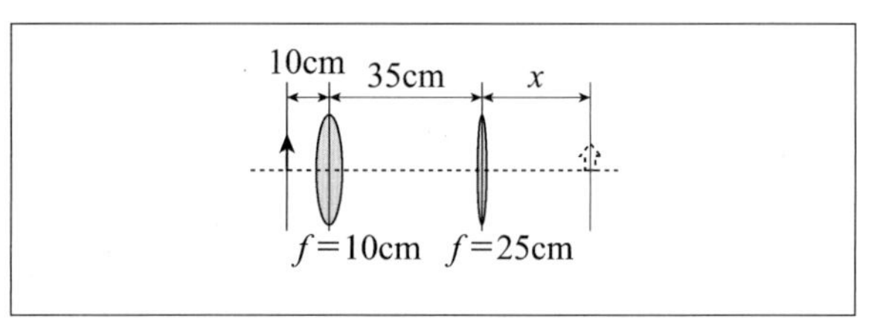

	x	상의 크기
①	25cm	2.5cm
②	35cm	3.5cm
③	10cm	1.0cm
④	상이 맺히질 않는다.	

18. <보기>는 물 속에 잠겨 있는 직각 프리즘으로서 물 속에서 직진하는 광선을 두 번의 전반사(total internal reflection)를 통해 오던 방향으로 거꾸로 돌려 보내는 재귀 반사의 역할을 하고 있다. 이 프리즘이 물 속에서 재귀 반사의 역할을 하기 위해서 가져야 하는 최소 굴절률은? (단, 물의 굴절률은 1.33이고, 직각 프리즘의 나머지 두 각은 45도로 놓으며 광선은 프리즘의 가장 넓은 면에 수직으로 입사한다.)

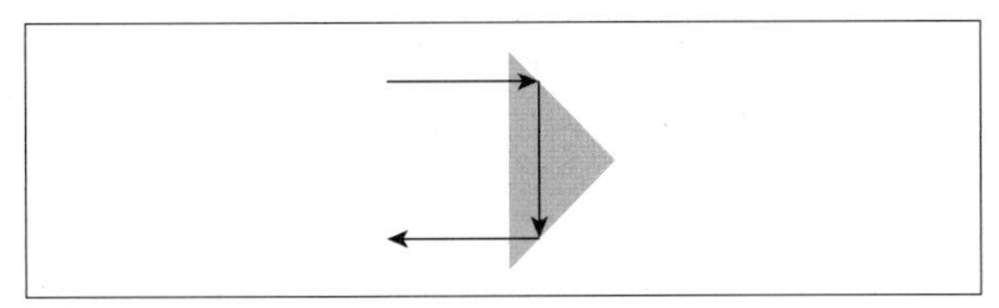

① $1.33/\sqrt{2}$　② $1.33\times\sqrt{2}$
③ $1.50/\sqrt{2}$　④ $1.50\times\sqrt{2}$

19. 지구에 대해 0.6c의 속도로 움직이는 우주선 내에서의 1시간은 정지한 지구에서 측정하면 얼마인가? (단, c는 진공에서의 빛의 속도이다.)

① 2.5시간　② 1.6시간
③ 1.5시간　④ 1.25시간

20. 두 무한 네모 우물(Infinite square well) A, B 안에 각각 동일한 질량 m인 전자가 하나씩 들어있으며, A 우물에 들어있는 전자의 바닥 상태 에너지와 B 우물에 들어있는 전자의 두 번째 들뜬 상태 에너지가 같다. 이 경우 무한 네모 우물 A의 폭 L_A와 무한 네모 우물 B의 폭 L_B를 비교했을 때 가장 옳은 것은?

① $L_A=2L_B$　② $L_A=3L_B$
③ $L_B=2L_A$　④ $L_B=3L_A$

해설 및 정답

1.

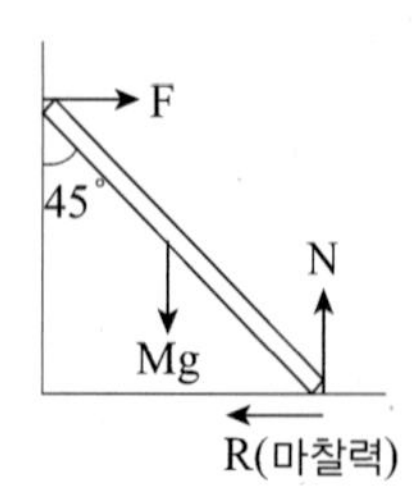

힘의 평형에서 $Mg = N$

$F = R$

돌림힘의 평형에서

$\frac{L}{2} \times Mg\sin45 = L \times F\sin45$

$F = \frac{1}{2}Mg$ $R = \mu N$에서 $R = F$이므로

$\frac{1}{2}Mg = \mu \times Mg$ $\mu = \frac{1}{2}$ 이다.

2. 평형상태에서 있기 위해서는 $m_2 g = m_1 R\omega^2$

$\omega = \sqrt{\frac{m_2 g}{m_1 g}}$ 이고 $\omega = \frac{2\pi}{T}$ 이므로 주기

T는 $T = 2\pi\sqrt{\frac{m_1 R}{m_2 g}}$ 이다.

3. 물의 밀도가 ρ이면 기름의 밀도는 0.8ρ이다. 물과 기름쪽의 압력이 같으므로 압력 $P = \rho hg$에서

$\rho \times (2 - h) \times g = 0.8\rho \times 2 \times g$, $2 - h = 1.6$

$h = 0.4\,\text{cm}$

4. $\triangle \ell = \frac{\ell \cdot F}{A \cdot Y}$ (A : 단면적 Y : 영율)

$Y = \frac{R\ell}{A\triangle\ell}$ 이므로 $Y = \frac{10^4 \times 5}{5 \times 10^{-5} \times 5 \times 10^{-3}} = \frac{1}{5} \times 10^{12}$

$Y = 2 \times 10^{11}$이다.

5. 에너지 보존법칙에서 $\frac{1}{2}kx^2 = mgh$이므로

$\frac{1}{2} \times 200 \times 0.2^2 = 0.1 \times 10 \times h$

$h = 4\,\text{m}$

6. 운동량 보존의 법칙에서

$2 \times 10 = 2 \times v_A + 3 \times v_B$이고 완전탄성충돌이므로

반발계수 $\frac{v_A - v_B}{10 - 0} = -1$, $v_A = v_B - 10$ 연립하면

$20 = 2v_B - 20 + 3v_B$ $40 = 5v_B$ $v_B = 8\,\text{m/s}$

$v_A = -2\,\text{m/s}$이다.

7. $v^2 - v_o^2 = 2as$이고 $v = 0$(정지)되기 위해서 $s = \frac{-v_0^2}{2a}$ 이다.

$v_0 = 10$ $a = 5$일때 $s = \frac{-100}{-10} = 10\,\text{m}$

$v_0 = 10$ $a = -10$일 때 $s = \frac{-100}{-20} = 5\,\text{m}$

$v_0 = 20$ $a = -5$일때 $s = \frac{-400}{-10} = 40\,\text{m}$

$v_0 = 20$ $a = -10$일때 $s = \frac{-400}{-20} = 20\,\text{m}$

8. 굴림운동에서 높이 h에서 내려온 물체의 선속도 v는

$v = \sqrt{\frac{2gh}{1 + \frac{I}{mR^2}}}$ 이다.

관성모멘트 $I = \frac{1}{2}mR^2$이므로

$v = \sqrt{\frac{4gh}{3}} = 2\sqrt{\frac{gh}{3}}$ 이다.

9. $v = f\lambda$이고 $\lambda = \frac{v}{f}$ 이므로

$\lambda = \frac{340}{20,000} \times 10^3\,(\text{mm})$

$= 17\,(\text{mm})$

10. 열전도도가 k_1인 물체와 k_2인 물체를 통해 전달되는 열량은 같다. k_1과 k_2 사이 온도를 t라고 하면

$\frac{14 \times A \times (80 - t)}{2} = \frac{3 \times A \times (t - 16)}{3}$

$560 - 7t = t - 16$ $576 = 8t$ $t = 72\,℃$

11. $mgh = cm\triangle T$

$\triangle T = \frac{gh}{c} = \frac{9.8 \times 100}{4200} = 0.233\,℃$

12. ④ 유도전류의 방향은 자기선속의 변화에 반대하는 방향으로 유도된다는 것은 렌츠의 법칙이다.

13. $E=\frac{dV}{d\ell}$ $dV=E\cdot d\ell$ 이고

전기장 $E=\frac{1}{2\pi\varepsilon}\frac{\lambda}{\ell}$ 이므로 전위차 V는

$V=\int dV=\frac{1}{2\pi\varepsilon_0}\lambda\int_{R_1}^{R^2}\frac{1}{\ell}d\ell$

$=\frac{1}{2\pi\varepsilon_0}\lambda\{\ell nR_2-\ell nR_1\}$

$=\frac{1}{2\pi\varepsilon_0}\lambda\ell n\frac{R_2}{R_1}=\frac{\lambda}{2\pi\varepsilon_0}\ell n\frac{R_2}{R_1}$

14. 패러데이 법칙 $V=N\frac{d\phi}{dt}$ $\phi=BA$이므로

$V=NA\frac{dB}{dt}$ 이다.

단면적 A는 $A=\pi R^2$

$=\pi\times0.1^2$이고

$V=N\times0.01\pi\times2.5$ $V=15(\mathrm{V})$이므로

$N=\frac{15}{2.5\times10^{-3}\pi}=\frac{3}{5\pi}\times10^3=\frac{600}{\pi}$ (회)이다.

15. 로렌츠의 힘 $F=Bqv$에 의해 원운동하는 입자의 반지름

R은 $Bqv=\frac{mv^2}{R}$

$R=\frac{mv}{Bq}$ 이므로 m, q가 각각 2배이면 R은 변함없다.

16. (가)은 병렬연결 (나)는 직렬연결이다.

$C_{(가)}$는 $C_{(가)}=\frac{2\varepsilon_0S}{d}+\frac{3\varepsilon_0S}{d}=\frac{5\varepsilon_0S}{d}$

$C_{(나)}$는 $\frac{1}{C_{(나)}}=\frac{1}{\frac{2\varepsilon_0S}{d}}+\frac{1}{\frac{3\varepsilon_0S}{d}}=\frac{5d}{6\varepsilon_0S}$

$C_{(나)}=\frac{6\varepsilon_0S}{5d}$

$C_{(나)}=\frac{6\varepsilon_0S}{5d}$ $\frac{C_{(나)}}{C_{(가)}}=\frac{\frac{6}{5}\frac{\varepsilon_0S}{d}}{5\frac{\varepsilon_0S}{d}}=\frac{6}{25}$

17. $\frac{1}{a_1}+\frac{1}{b_1}=\frac{1}{f_1}$ 에서

$\frac{1}{10}+\frac{1}{b_1}=\frac{1}{10}$ $b_1=\infty$ 이고

$\frac{1}{a_2}+\frac{1}{b_2}=\frac{1}{f_2}$ 에서 $\frac{1}{-\infty}+\frac{1}{b_2}=\frac{1}{25}$ $b_2=25\,\mathrm{cm}$

배율 $m=m_1\times m_2=\left(\frac{b_1}{a_1}\right)\times\left(\frac{b_2}{a_2}\right)=\left(\frac{\infty}{100}\right)\left(\frac{25}{\infty}\right)=2.5\,\mathrm{cm}$

18. 전반사의 임계각은 $\sin\theta_c=\frac{n_1}{n_2}$ 이므로

프리즘의 굴절율 n_2는 $n_2=\frac{n_1}{\sin\theta_c}=\frac{1.33}{\sin45}=\frac{1.33}{\frac{1}{\sqrt{2}}}$

$n_2=1.33\sqrt{2}$

19. $t=\frac{t_0}{\sqrt{1-\left(\frac{v}{C}\right)^2}}=\frac{1}{\sqrt{1-\left(\frac{0.6C}{C}\right)^2}}=\frac{1}{0.8}=1.25$

20. 우물퍼텐셜의 전자에너지는

$E_n=\frac{h^2}{8mL^2}n^2$이다.

$A\Rightarrow E_1=\frac{h^2}{8mL_A^2}\times1^2$ $B\Rightarrow E_3=\frac{h^2}{8mL_B^2}\times3^2$

$\frac{1}{L_A^2}=\frac{1}{L_B^2}\times3^2$ $L_B=3L_A$

1. ①	2. ①	3. ④	4. ③	5. ④
6. ③	7. ①	8. ③	9. ③	10. ②
11. ④	12. ④	13. ②	14. ③	15. ②
16. ①	17. ①	18. ②	19. ④	20. ④

기출문제

국가직 7급(2020년도)

1. 어떤 입자의 위치와 운동량을 동시에 측정하는 것은 불가능하다는 내용을 설명하는 것은?

① 불확정성 원리
② 상대성 이론
③ 배타 원리
④ 광전 효과

2. 레이저 빛에 대한 설명으로 옳지 않은 것은?

① 고도로 결맞은 빛이다.
② 방향성이 좋아서 거의 퍼지지 않는다.
③ 백열등 빛보다 넓은 파장 폭을 가지고 있다.
④ 들뜬 상태 원자의 유도방출로 생성된다.

3. 용수철에 매달린 물체가 단순 조화 진동을 한다. 이 물체의 운동에 대한 설명으로 옳지 않은 것은?

① 운동에너지와 탄성 퍼텐셜 에너지의 합은 일정하다.
② 평형 위치에서 멀어질수록 속력은 줄어든다.
③ 변위가 최대일 때 물체의 가속도 크기는 최대가 된다.
④ 작용하는 힘의 크기는 변위의 제곱에 비례한다.

4. 온도가 T_1, T_2인 두 열원 사이에서 작동하는 카르노 기관이 있다. 이 기관의 효율이 가장 높은 두 열원의 온도[K] 조합은?

	T_1	T_2
①	50	200
②	100	300
③	200	500
④	300	600

5. 질량이 1 kg이고 원점에 정지해 있던 물체에 그래프와 같이 힘이 가해졌다. 6 m 지점에서 물체의 속력[m/s]은? (단, 마찰력과 공기 저항은 무시하고, 힘의 방향은 일정하며, 물체는 힘의 방향으로 직선상에서 움직인다)

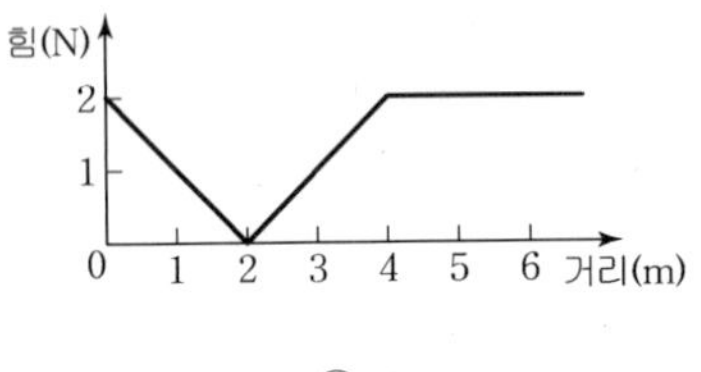

① 2　　② 4
③ 6　　④ 8

6. 중력상수(G)와 Planck 상수(h)의 단위를 각각 올바르게 표시한 것은?

	G	h
①	$kg^{-1}\cdot m^3\cdot sec^{-2}$	$kg\cdot m^2\cdot sec^{-1}$
②	$kg^{-1}\cdot m^3\cdot sec^{-2}$	$kg\cdot m\cdot sec$
③	$kg\cdot m^2\cdot sec^{-2}$	$kg\cdot m^2\cdot sec^{-1}$
④	$kg\cdot m^2\cdot sec^{-2}$	$kg\cdot m\cdot sec$

7. 밀도가 균일하고 길이가 L, 질량이 m인 가느다란 막대가 그림과 같이 한쪽 끝을 회전축으로 진동하고 있는 물리진자가 있다. 이 진자의 주기가 T일 때 다른 조건은 그대로 두고 질량을 $2m$으로 하면 진자의 주기는? (단, 진자의 진폭은 매우 작다)

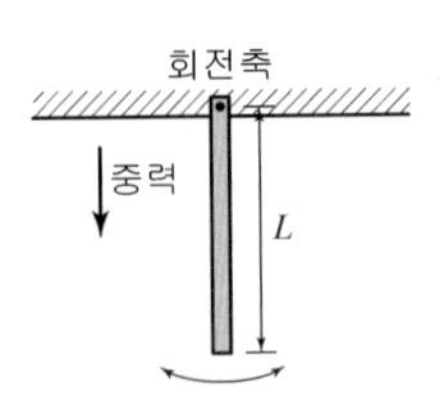

① $\frac{1}{2}T$　　② $\frac{1}{\sqrt{2}}T$
③ T　　④ $\sqrt{2}T$

8. 작은 위성이 타원 궤도를 그리며 거대한 행성 주위를 공전한다. 위성의 속력이 v인 지점에서 행성에 의한 중력의 크기가 F일 때, 위성의 속력이 $2v$인 지점에서 행성에 의한 중력의 크기는?

① $0.25F$　② $0.5F$
③ $2F$　④ $4F$

9. 마찰이 없는 수평면 위에 질량이 M인 물체가 놓여 있고, 그 위에 질량이 m인 물체가 놓여 있다. 일정한 힘 F가 그림과 같이 질량이 M인 물체에 가해지자, 질량이 m인 물체가 미끄러지지 않은 상태로 두 물체가 F의 방향으로 수평면 상에서 함께 움직였다. 이에 대한 설명으로 옳은 것은? (단, μ_S는 두 물체 사이의 정지마찰계수이고, 공기의 저항은 무시하며, g는 중력가속도이다)

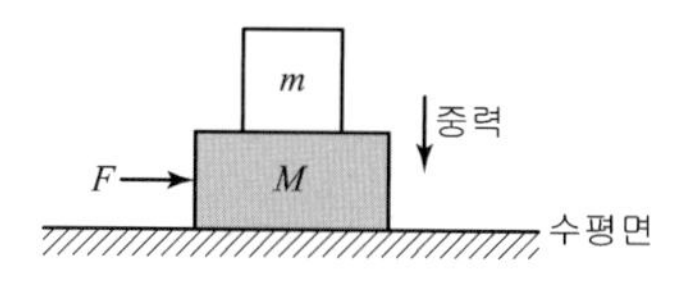

① 질량이 m인 물체에 작용하는 마찰력은 힘 F와 반대 방향이다.
② $F=(M+m)g$이다.
③ 질량이 m인 물체가 받는 알짜힘은 두 물체 사이의 마찰력과 크기가 같다.
④ 질량이 M인 물체가 받는 수직 방향 알짜힘은 $(M+m\mu_S)g$이다.

10. 그림과 같이 전지 V, 저항 R, 유도기 L 및 축전기 C가 연결된 회로가 있다. 스위치를 A에 연결하여 충분한 시간을 기다린 후, 스위치를 B로 옮겼다. 스위치가 B에 연결된 직후의 회로에 대한 설명으로 옳은 것만을 모두 고르면?

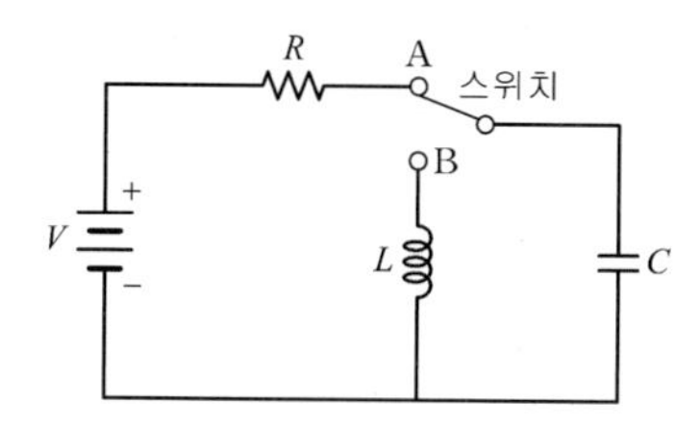

ㄱ. 유도기에 흐르는 전류의 크기는 증가한다.
ㄴ. B 지점에 흐르는 전류의 방향은 시계 방향이다.
ㄷ. 축전기의 전압은 감소한다.

① ㄱ　② ㄴ
③ ㄱ, ㄷ　④ ㄴ, ㄷ

11. 이상기체(ideal gas)에 대한 설명으로 옳지 않은 것은?

① 기체 분자의 질량은 0으로 가정한다.
② 기체의 온도가 일정할 때 기체의 압력은 부피에 반비례한다.
③ 기체의 압력이 일정할 때 기체의 부피는 절대온도에 비례한다.
④ 기체 분자 사이에는 인력이나 척력이 작용하지 않는다.

12. 두 축전기 C_1, C_2가 병렬로 연결된 상태에서 총 전하량 36 μC이 충전되어 있을 때 전위차가 3 V이다. C_1의 전기용량이 4 μF일 때 C_2의 전기용량[μF]은?

① 2　② 4
③ 6　④ 8

13. 반지름이 a이고, 표면이 균일한 전하밀도 ρ로 대전된 도체구가 진공 중에 놓여 있다. 구의 중심에서 $\frac{a}{2}$만큼 떨어진 한 지점에서 전기장의 세기는? (단, ε_0는 진공의 유전율이다)

① 0　② $\frac{\rho a^2}{2\varepsilon_0}$
③ $\frac{\rho a}{6\varepsilon_0}$　④ $\frac{\rho}{2a\varepsilon_0}$

14. 균일한 자기장 영역에서 대전 입자가 반지름 R인 원 궤도를 따라 운동에너지 E로 원운동하고 있다. 이 입자가 동일한 자기장 영역에서 반지름이 $2R$인 원 궤도를 돈다면 운동에너지는?

① $8E$
② $4E$
③ $2E$
④ $\sqrt{2}E$

15. 영의 이중슬릿 간섭실험 장치에 빛 대신 전자 빔을 사용하면 단색광을 사용했을 때와 같은 전자의 간섭무늬를 얻을 수 있다. 어떤 전자 빔으로 이중슬릿 간섭실험을 했을 때 스크린의 인접한 밝은 무늬 사이 간격이 d이다. 다른 조건은 그대로 두고 전자의 운동에너지를 절반으로 낮출 때, 인접한 밝은 무늬 사이 간격과 가장 가까운 것은? (단, 상대론적 효과는 무시한다)

① $\frac{d}{2}$
② $\frac{d}{\sqrt{2}}$
③ $\sqrt{2}d$
④ $2d$

16. 물에 띄웠을 때 부피의 50 %가 물속에 잠기는 공이 있다. 이 공을 어떤 용액에 띄웠더니 부피의 80 %가 용액 속에 잠겼다. 이 용액의 밀도[kg/m^3]는? (단, 물의 밀도는 1,000 kg/m^{3}이고, 공의 내부 밀도는 균일하다)

① 400
② 600
③ 625
④ 800

17. 바닥에서 천장까지 높이가 3 m인 엘리베이터가 2 m/s^{2}의 일정한 가속도로 올라가고 있다. 이때 엘리베이터 천장에 고정되어 있던 작은 물체가 분리되어 자유낙하한다면, 엘리베이터 바닥에 떨어질 때까지 소요되는 시간[초]은? (단, 물체의 크기와 공기 저항은 무시하고, 중력가속도는 10 m/s^{2}이며, 엘리베이터의 가속 방향은 중력과 반대이다)

① $\frac{1}{2}$
② $\frac{1}{\sqrt{2}}$
③ $\sqrt{\frac{3}{5}}$
④ $\frac{\sqrt{3}}{2}$

18. 그림과 같이 굴절률이 $n=1.5$인 유리 위에 $n=1.2$인 어떤 물질을 코팅하였더니, $n=1.0$인 공기 중에서 유리면 방향으로 수직 입사하는 빛이 거의 반사되지 않고 대부분 투과되었다. 공기 중에서 빛의 파장이 600 nm일 때, 코팅된 물질의 최소 두께[nm]는?

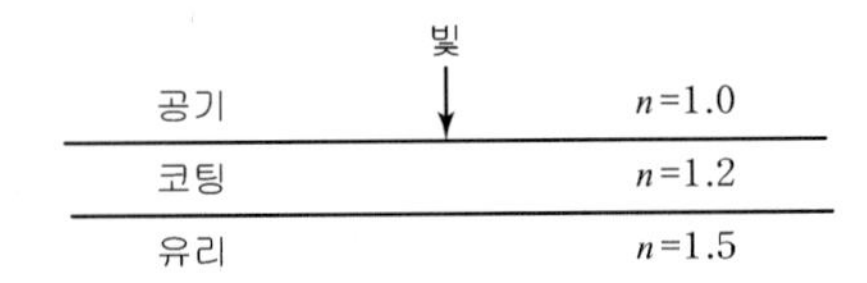

① 100
② 125
③ 150
④ 300

19. 등적 몰비열, 등압 몰비열이 각각 $\frac{3}{2}R$, $\frac{5}{2}R$인 단원자 이상기체 n몰이 있다. 초기 온도가 T_i, 압력이 P_i인 이 기체가 단열 팽창하여, 외부에 W만큼 일을 한다. 일을 마친 후 기체의 압력이 P_f일 때, $\frac{P_f}{P_i}$는? (단, R는 기체상수이고, $W>0$이다)

① $\left(1-\frac{W}{nRT_i}\right)^{\frac{5}{3}}$

② $\left(1-\frac{2W}{3nRT_i}\right)^{\frac{5}{3}}$

③ $\left(1-\frac{W}{nRT_i}\right)^{\frac{5}{2}}$

④ $\left(1-\frac{2W}{3nRT_i}\right)^{\frac{5}{2}}$

20. 그림과 같이 세 편광자 A, B, C가 있다. 편광자 A, B, C의 축과 수직선이 이루는 각은 각각 0°, 45°, 90°이다. 다음 설명 중 옳은 것만을 모두 고르면?

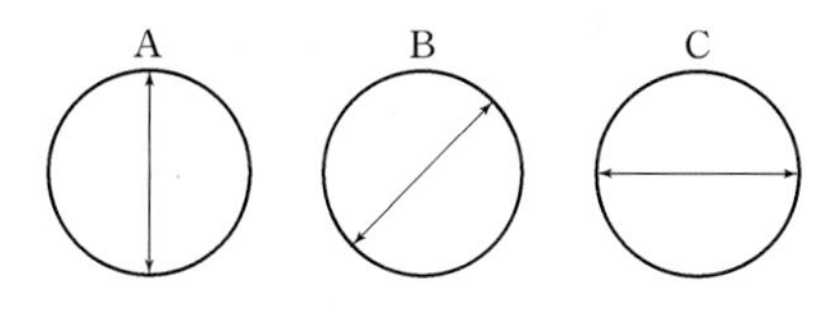

ㄱ. 편광자 A, B, C 중 하나를 선택하여 편광되지 않은 빛을 통과시키면, 통과 후 빛의 세기는 세 편광자에서 모두 같다.
ㄴ. 편광자 A, B, C 모두를 임의의 순서로 배치한 후 편광되지 않은 빛을 차례로 통과시키면, 통과 후 빛의 세기는 편광자의 배치 순서와 무관하게 모두 같다.
ㄷ. 편광자 A, B, C 중 임의로 두 개를 선택하여 편광되지 않은 빛을 차례로 통과시키면, 통과 후 얻을 수 있는 빛의 세기의 최댓값은 처음 세기의 25%이다.

① ㄱ　② ㄱ, ㄷ
③ ㄴ, ㄷ　④ ㄱ, ㄴ, ㄷ

해설 및 정답

1. $\triangle x \triangle P \geq \frac{h}{2\pi}$ 위치와 운동량을 동시에 정확히 측정할 수 없다는 것이 불확정성의 원리이다.

2. 레이저 광은 파장의 폭이 좁다.

3. $F = kx$ 힘은 변위와 비례한다.

4. 열효율은 $\eta = 1 - \frac{T_2}{T_1}$ 이다. ($T_1 > T_2$)

① $\frac{3}{4}$
② $\frac{2}{3}$
③ $\frac{3}{5}$
④ $\frac{1}{2}$

5. F-s(힘- 변위) 그래프에서 아래 면적은 해준일이므로 6m 지점까지 일의 양은 8J이다. 일만큼 가지는 운동에너지가 8J이므로 $\frac{1}{2}mv^2 = 8$에서 $v = 4\text{m/s}$이다.

6. $F = G\frac{m_1 m_2}{r^2}$ $rmv = \frac{h}{2\pi} \cdot n$이므로

$kg \cdot m/s^2 = G\frac{kg^2}{m^2}$ $m \cdot kg \cdot m/s = h$

$G = kg^{-1} \cdot m^3 \cdot sec^{-2}$ $h = kg \cdot m^2 \cdot sec^{-1}$.

7. 물리진자의 주기는 $T = 2\pi\sqrt{\frac{I}{mgd}}$

(I=회전관성 d=회전축과 질량중심거리)

막대의 $I = \frac{1}{3}m\ell^2$이므로 질량이 2m이 되어도 주기는 변함 없다.

8. 타원궤도에서는 $r_1 m_1 v_1 = r_2 m_2 v_2$(각 운동량 보존) 이므로 속력 v인 곳에서 r이면 $2v$인 곳에서도 $\frac{1}{2}r$이다.

따라서 힘 F는 4배이다 4F

9. $F = (M+m)a$ — R(마찰력)

$f_m = R$(마찰력)

M의 수직항력은 (M+m)g이다.

10. 스위치를 B지점에 연결한 순간 코일에 흐르는 전류는 증가하고 축전기의 전압은 감소하게 된다. 전류의 방향은 반시계방향이다.

11. 이상기체의 질량은 0이 아니고 부피는 0이다.

12. $Q_1 = C_1 V_1$ $Q_2 = C_2 V_2$ 병렬연결이므로 전압이 3V로 같다. $Q_1 + Q_2 = 36\mu C$이므로 $4 \times 3 + C_2 \times 3 = 36$ $C_2 = 8\mu F$ 이다.

13. 전화가 표면에만 분포하는 경우 내부전기장은 0이다.

14. $R = \frac{mv}{Bq}$ 이므로 2R에서 $2v$속력이므로 운동에너지는 4배가 된다.

15. $x = \frac{\ell \lambda}{d}$ 이고 파장 $\lambda = \frac{h}{mv}$ 이다.

전자운동에너지가 $\frac{1}{2}$ 이면 속력 v는 $\frac{1}{\sqrt{2}}$ 이므로 무늬간격 x는 $\sqrt{2}$배가 된다.

16. 물에서 반만 잠기들 이 물체의 밀도는 500 kg/m³이다. 이 물체가 미지의 용액에 80%가 잠기면

$mg = \rho V g$ $m = \sigma V_0$(σ : 물체밀도 V_0 : 물체부피)

$\sigma V_0 = \rho V$ $\sigma V_0 = \rho \times 0.8 V_0$

$500\ kg/m^3 = \rho \times 0.8$ $\rho = \frac{500}{0.8}\ kg/m^3$

$= 625\ kg/m^3$

17. 엘리베이터 계의 내부에서 가속도는 $g' = 12\,m/s^2$이므로

$h = \frac{1}{2}g't^2$에서

$3 = \frac{1}{2} \times 12 \times t^2$ $t^2 = \frac{1}{2}$ $t = \frac{1}{\sqrt{2}}$ 이다.

18. 반사를 줄이기 위해서는 상쇄간섭을 일으켜야 한다.

$d=\frac{\lambda}{4n}(2m+1)$ 최초막두께이므로 $m=0$에서

$d=\frac{600}{4\times1.2}(\text{nm})=125(\text{nm})$이다.

19. $P_iV_i^{\gamma}=P_fV_f^{\gamma}$ $T_iV_i^{\gamma-1}=T_fV_f^{\gamma-1}$ $\gamma=\frac{5}{3}$

$\frac{P_f}{P_f}=\left(\frac{V_i}{V_f}\right)^{\frac{5}{3}}$ $\left(\frac{V_i}{V_f}\right)^{\frac{2}{3}}=\frac{T_f}{T_i}$ $\frac{V_i}{V_f}=\left(\frac{T_f}{T_i}\right)^{\frac{3}{2}}$

$\frac{P_f}{P_i}=\left\{\left(\frac{T_f}{T_i}\right)^{\frac{3}{2}}\right\}^{\frac{5}{3}}=\left(\frac{T_f}{T_i}\right)^{\frac{5}{2}}$

단열팽창에서 일은 $\omega=\frac{3}{2}nR(T_i-T_f)$이므로

$T_f=T_i-\frac{2\omega}{3nR}$이다.

따라서 $\frac{P_f}{P_i}=\left\{\frac{T_i-\frac{2\omega}{3nR}}{T_i}\right\}^{\frac{5}{2}}$

$=\left(1-\frac{2\omega}{3nRT_i}\right)^{\frac{5}{2}}$이다.

20. 편광자 하나를 통과하면 $I_1=\frac{1}{2}I_0$이고 두개로 통과하면

$I_2=\frac{1}{2}I_0\cos^2\theta$이다.

$I_2=\frac{1}{2}I_0(\cos45)^2=\frac{1}{4}I_0$

1. ①	2. ③	3. ④	4. ①	5. ②
6. ①	7. ③	8. ④	9. ③	10. ③
11. ④	12. ④	13. ①	14. ②	15. ③
16. ③	17. ②	18. ②	19. ④	20. ②

기출문제

서울시 9급(2020년도 6월)

1. x축을 따라 움직이는 입자의 위치가 $x=3.0+2.0t-1.0t^2$으로 주어진다. 여기서 x의 단위는 m이고 t의 단위는 초이다. $t=2.0$일 때 속도는?

① -2.0m/s ② 0.0m/s
③ 3.0m/s ④ 5.0m/s

2. 지구에서 1초의 주기를 갖는 단진자가 있다고 할 때 중력 가속도가 지구의 $\frac{1}{4}$인 행성에서 이 단진자의 주기는?

① 6초 ② 3.2초
③ 2초 ④ 1초

3. 단면이 원형인 같은 길이의 도선 A와 도선 B가 있다. 도선 A의 반지름과 비저항이 각각 도선 B의 2배이고 같은 전원이 공급될 때, 도선 A에 전달되는 전력의 크기는 도선 B의 몇 배인가?

① 2 ② $\sqrt{2}$
③ 1 ④ $\frac{1}{\sqrt{2}}$

4. 보기와 같은 이중슬릿 실험에서 단색광의 파장은 λ=600 nm, 슬릿 간 간격은 d=0.30 mm, 슬릿에서 스크린까지의 거리가 L=5.0m일 때 스크린의 중앙점 O에서 두번째 어두운 무늬의 중심 위치 y값은?

<보기 1>

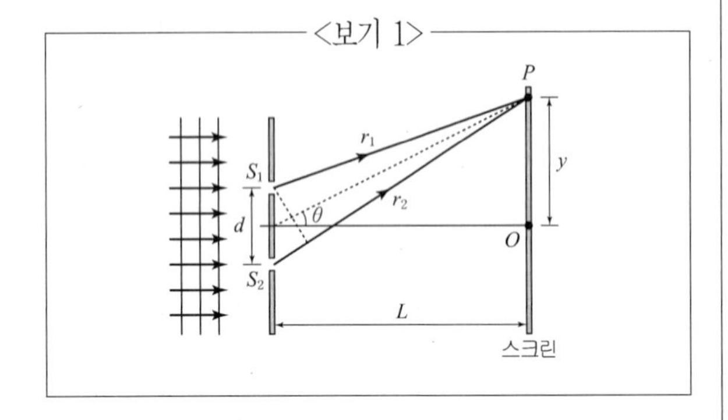

① 0.50×10^{-2}m ② 1.0×10^{-2}m
③ 1.5×10^{-2}m ④ 2.0×10^{-2}m

5. 질량 m인 비행기가 활주로를 달리고 있다. 날개의 아랫면에서 공기의 속력은 ν이다. 날개의 표면적이 A라면 비행기가 뜨기 위해서 날개 윗면의 공기가 가져야 할 최소 속도는?(단, 베르누이 효과만을 고려하고 공기의 밀도는 ρ_a, 중력가속도는 g라 한다.)

① $\left(\frac{2mg}{\rho_a A}+\nu^2\right)^{1/2}$

② $\left(\frac{3mg}{\rho_a A}+\nu^2\right)^{1/2}$

③ $\left(\frac{4mg}{\rho_a A}+\nu\right)^{1/2}$

⑤ $\left(\frac{5mg}{\rho_a A}+3\nu^2\right)^{1/2}$

6. 하나의 위성이 지구 주위로 반지름이 R인 원 궤도를 돌고 있다. 이때 위성의 운동에너지를 K_1라 하자. 만약에 위성이 이동하면서 반지름이 2R인 새로운 원 궤도로 집입하게 된다면 이때 이 위성의 운동에너지는?

① $\frac{1}{4}K_1$ ② $\frac{1}{2}K_1$
③ $2K_1$ ④ $4K_1$

7. 양쪽 끝이 열려 있고 길이가 L인 유리관이 진동수 $f=680\,\text{Hz}$인 오디오 확성기 근처에 있다. 확성기와 공명할 수 있는 관의 최소 길이는?(단, 대기 중 소리 속력은 340m/s이다.)

① 약 0.25m ② 약 0.5m
③ 약 1.0m ④ 약 2.0m

8. 초전도체에 대한 설명을 가장 옳은 것은?

① 임계 온도보다 낮은 온도에서 전기저항이 0이 된다.
② 임계 온도가 액체 질소의 끓는점인 77K보다 높은 물질은 없다.
③ 임계 온도보다 낮은 온도에서 물질 내부와 외부의 자기장이 균일하다.
④ 임계 온도보다 낮은 온도에서 유전율이 높아 축전기에 많이 쓰인다.

9. 한 변의 길이가 10.0 cm이고 밀도가 640 kg/m³인 정육면체 나무토막이 물에 떠 있다. 나무토막의 맨 위 표면을 수면과 같게 하려면 그 표면 위에 놓여야 할 금속의 질량은?(단, 물의 밀도는 1000 kg/m³로 한다.

① 240 g ② 320 g
③ 360 g ④ 480 g

10. 열전도도가 0.080 W/(m · ℃)인 나무로 지어진 오두막이 있다. 실내 온도가 25 ℃, 바깥 온도가 5 ℃인 날 실내온도가 일정하게 유지되기 위한 난로의 일률은? (단, 오두막은 바닥을 포함한 전면적이 두께가 5.0 cm인 동일한 나무로 지어졌고 바깥과 접촉한 표면적의 크기는 50 m²이며 열의 출입은 전체 표면적에서 균일하다)

① 400 W ② 800 W
③ 1200 W ④ 1600 W

11. 용수철 상수가 k=200 N/m인 용수철 끝에 질량 0.125 kg인 물체가 매달려 단순 조화 운동을 하고 있는 경우 진동수는?(단, N/m 단위는 뉴턴/미터이다.)

① 40 Hz ② $\frac{40}{\pi}$ Hz
③ 20 Hz ④ $\frac{20}{\pi}$ Hz

12. 스카이다이버가 지상에서 3000 m 상공에 떠 있는 헬리콥터에서 점프를 한다. 공기 저항을 무시한다면 2000 m 상공에서 스카이다이버이 낙하속도는? (단, 중력가속도는 g=9.8 m/s²로 한다.)

① 300 m/s ② 2500 m/s
③ 200 m/s ④ 140 m/s

13. 빛이 공기 중에서 어떤 물질로 입사할 때, 입사각이 i=60°이고 굴절각이 r=30°이다. 이 물질 속에서 빛의 속력은? (단, 진공과 공기 중에서 빛의 속력은 3×10^8 m/s이다.)

① $v=\sqrt{3}\times10^8$ m/s
② $v=3\sqrt{3}\times10^8$ m/s
③ $v=2\sqrt{3}\times10^8$ m/s
④ $v=\frac{3\times10^8}{\sqrt{2}}$ m/s

14. <보기1>은 어떤 기체를 방전관에 넣고 전압을 걸어 방전시켰을 때 나온 빛을 분광기로 관찰 한 결과이다. A와 B 중 하나는 노란색 빛을, 다른 하나는 초록색 빛을 나타낼 때, 이에 대한 설명을 옳은 것을 <보기2>에서 모두 고른 것은?

<보기 1>

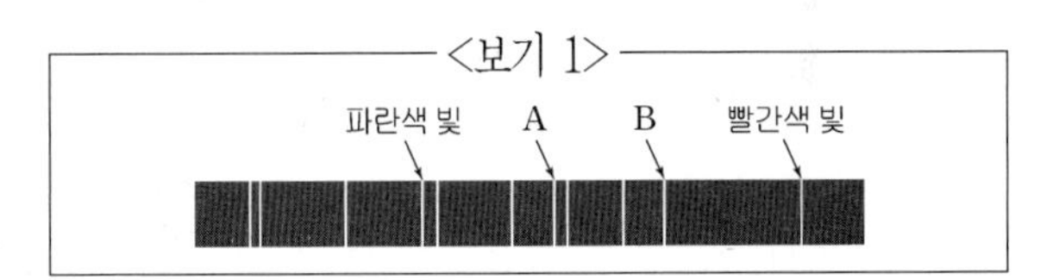

<보기 2>

ㄱ. A가 노란색 빛이다.
ㄴ. 진동수는 A가 B보다 크다.
ㄷ. 광자 하나의 에너지는 A가 B보다 크다.

① ㄱ ② ㄴ
③ ㄱ, ㄷ ④ ㄴ, ㄷ

15. 우주정거장이 지구 중심으로부터 반지름이 7000 km인 원 궤도를 7.0 km/s의 등속력 v로 돌고 있다. 우주정거장의 질량은 200 톤이다. 우주정거장의 기속도는?

① $0.007\,m/s^2$ ② $\frac{1}{7}\,m/s^2$
③ $1.0\,m/s^2$ ④ $7.0\,m/s^2$

16. <보기>와 같은 회로에서 흐르는 전류 I는?

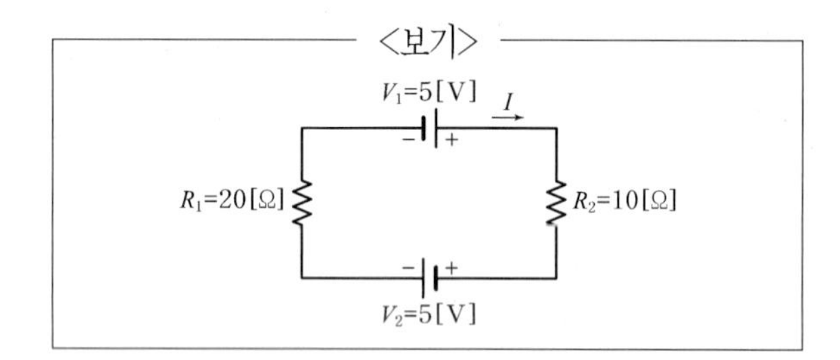

① $-\frac{1}{3}$ A ② 0 A
③ $\frac{1}{3}$ A ④ 3 A

17. 자동차 엔진의 실린더에서 기체가 원래 부피의 $\frac{1}{10}$로 압축되었다. 처음 압력과 온도가 1.0 기압 27 ℃이고, 압축 후 압력이 20.0 기압이라면 압축 기체의 온도는? (단, 기체를 이상기체라 한다.)

① 270 ℃ ② 327 ℃
③ 473 ℃ ④ 600 ℃

18. 수평면 위에 정지하고 있는 200 g의 나무토막을 향해 수평방향으로 10.0 g의 총알이 발사되었다. 나무토막이 8.00 m 미끄러진 후 정지할 때 나무토막과 수평면 사이의 마찰 계수가 0.400이라면, 충돌 전 총알의 속력은? (단, 중력가속도는 $g=10\,m/s^2$로 한다.)

① 108 m/s ② 168 m/s
③ 224 m/s ④ 284 m/s

19. 어떤 증기기관이 섭씨 500도와 섭씨 270 도 사이에서 동작하고 있을 때 이 증기기관의 최대 효율 값에 가장 가까운 것은?

① 약 50 % ② 약 30 %
③ 약 23 % ④ 약 10 %

20. 두 원자가 서로의 동위원소일 경우에 대한 설명으로 가장 옳은 것은?

① 두 원자의 원자번호와 원자질량수가 같다.
② 두 원자의 원자번호와 원자지량수가 다르다.
③ 두 원자의 원자번호는 같지만, 원자질량수는 다르다.
④ 두 원자의 원자번호는 다르지만, 원자질량수는 같다.

해설 및 정답

1. $x=3+3t-t^2 \quad v=\frac{dx}{dt}=2-2t$

$t=2$일 때 $v=-2\text{m/s}$

2. $T=2\pi\sqrt{\frac{\ell}{g}}$ g가 $\frac{1}{4}g$가 되면 주기는 2배가 된다.

3. $\text{R}=\frac{\rho\ell}{\text{A}}=\frac{\rho\ell}{\pi\text{r}^2} \quad \text{R}_\text{A}=\frac{2\rho\ell}{\pi(2\text{r})^2} \quad \text{R}_\text{B}=\frac{\rho\ell}{\pi\text{r}^2}$

저항은 B가 A의 2배이다.

같은 전원 V에서 전력은 $\text{P}=\frac{\text{V}^2}{\text{R}}$ 에서 A가 B의 2배이다.

4. $\frac{dy}{\ell}=\frac{\lambda}{2}(2m+1)$ 두번째 어두운 무늬 $m=1$

$y=\frac{3\lambda\ell}{2d}=\frac{3\times600\times10^{-9}\times5}{2\times0.3\times10^{-3}}=1.5\times10^{-2}(\text{m})$

5. $\triangle P=\frac{mg}{A} \quad mg=\triangle P\cdot A$ 압력차 $\triangle P$는

$P_1+\frac{1}{2}\rho {v_1}^2=P_2+\frac{1}{2}\rho {v_2}^2$

$P_1-P_2-\frac{1}{2}\rho\{{v_2}^2-v^2\}$

$mg=\frac{1}{2}\rho\{{v_2}^2-v^2\}\cdot A$

$v_2=\sqrt{\frac{2mg}{\rho A}+v^2}$

6. 반지름 R인곳의 운동에너지는

$\frac{\text{GMm}}{\text{R}^2}=\frac{\text{m}v^2}{\text{R}}$ 에서 $\text{E}_\text{k}=\frac{1}{2}\text{m}v^2=\frac{\text{GMm}}{2\text{R}}$ 이다.

2R인곳에서는 $\frac{1}{2}\text{E}_\text{k}$이다.

7. 양 쪽이 열린 관의 파장은 $\lambda_n=\frac{2L}{n}$ 이다.

$v=f\lambda \quad v=f\times\frac{2L}{n}$

$L=\frac{vn}{2f}$ 최소길이는 $n=1$일 때 이고

$L=\frac{340\times1}{2\times680}=\frac{1}{4}=0.25(\text{m})$

8. 초전도체란 임계온도 이하에서 전기저항이 거의 0이 된다.

9. 부력 $\text{B}=\rho\text{Vg}=1000\times(10\times10^{-2})^3\times10=10$이다.

부력 $\text{B}=(\text{M}+\text{m})\text{g}$

$10=(0.64+m)\times10$

$m=0.36\text{ kg}$

나무토막질량 $\text{M}=\delta\text{V}$

$=640\times10^{-3}$

$=0.64\text{ kg}$

10. $Q=\frac{kA\triangle T}{\ell}t$ 일률 $P=\frac{Q}{t}$

$P=\frac{0.08\times50\times20}{5\times10^{-2}}=1600(\omega)$

11. $f=\frac{1}{T}=\frac{1}{2\pi}\sqrt{\frac{k}{m}}$

$=\frac{1}{2\pi}\sqrt{\frac{200}{0.125}}=\frac{1}{2\pi}\sqrt{1600}=\frac{20}{\pi}\text{ Hz}$

12. $h=\frac{1}{2}gt^2 \quad 1000=\frac{1}{2}\times9.8t^2 \quad t^2=\frac{10000}{49}$

$t=\frac{100}{7}$ 초가 걸리고

$v=gt=9.8\times\frac{100}{7}=140\text{ m/s}$이다.

13. $\frac{n_2}{n_1}=\frac{\sin\theta_1}{\sin\theta_2}=\frac{v_1}{v_2}=\frac{\lambda_1}{\lambda_2}$

$\frac{\sin60}{\sin30}=\frac{3\times10^3}{v_2} \quad \frac{\frac{\sqrt{3}}{2}}{\frac{1}{2}}=\frac{3\times10^8}{v_2}$

$v_2=\sqrt{3}\times10^8\text{ m/s}$

14. 빨간색쪽으로 갈수록 파장이 길고 진동수는 작다

A가 초록색 B가 노란색이다. 빛의 에너지는 $E=hf$이다.

15. $a=\frac{v^2}{r}=\frac{(7\times10^3)^2}{7000\times10^3}=7\text{ m/s}$

17. $\frac{P_0V_0}{T_0}=\frac{PV}{T} \quad \frac{1\times V_0}{300}=\frac{20\times\frac{1}{10}V_0}{T}$

$T=600\text{ K}$ 즉 327℃이다.

18. 마찰력이 한일은 $\omega = \mu N \cdot S = 0.4 \times 2.1 \times 8 = 6.72$(J)이고 이 일은 나무토막의 운동에너지이므로 속력은

운동에너지 $6.72 = \frac{1}{2} \times 0.21 \times v^2$ $v = 8$ m/s이다.

운동 보존법칙에서

$mV = (m+M)v$ $0.01V = (0.21) \times 8$

$V = 168$ m/s

19. $\eta = 1 - \frac{T_2}{T_1} = 1 - \frac{543}{773}$

≈ 0.3 약 30%

20. 동위원소는 양성자의 수가 같고 중성자수가 달라서 질량수가 다른 원소이다.

1. ①	2. ③	3. ①	4. ③	5. ①
6. ②	7. ①	8. ①	9. ③	10. ④
11. ④	12. ④	13. ①	14. ④	15. ④
16. ②	17. ②	18. ②	19. ②	20. ③

기출문제

서울시 7급(2020년도 10월)

1. <보기>의 회로에서 검류계에 전류가 흐르지 않을 때, 저항 A의 크기[Ω]는

<보기>

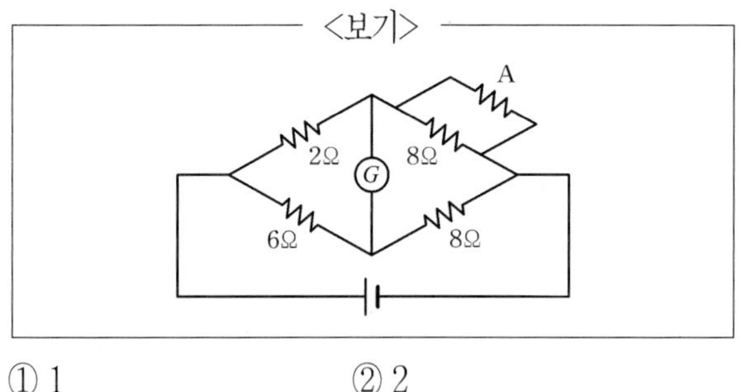

① 1　　② 2
③ 3　　④ 4

2. 두 벡터 $\vec{a}$와 $\vec{b}$의 크기가 a로 같을 때, 다음 중 항상 성립하는 것은?

① $\vec{a}+\vec{b}=\vec{2a}$
② $\vec{a}-\vec{b}=0$
③ $\vec{a}\cdot\vec{b}=a^2$
④ $\vec{a}+\vec{b}$와 $\vec{a}-\vec{b}$는 수직이다.

3. <보기>의 회로에서 전기용량이 각각 $C_1=15\,[\mu F]$, $C_2=10\,[\mu F]$, $C_3=20\,[\mu F]$인 축전기를 전압 30[V]로가득 충전했을 때, 축전기 C_2에 저장된 전기 에너지의 크기[mJ]는?

<보기>

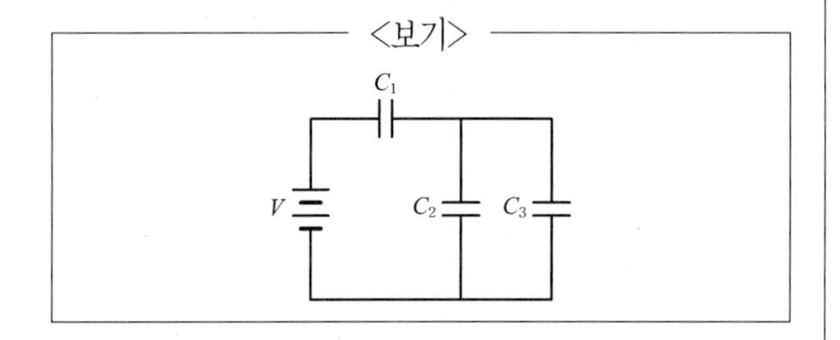

① 0.18　　② 0.5
③ 0.72　　④ 1.6

4. 질량이 2×10^{-27}[kg]인 어떤 입자의 전체 에너지가 3×10^{-10}[J]일 때, 이 입자의 속력은? (단, 빛의 속력 $c=3\times10^8$[m/s]이다.)

① 0.5c　　② 0.6c
③ 0.7c　　④ 0.8c

5. 소방차가 950 [Hz]의 사이렌을 울리며 속력 40 [m/s]로 직진하고 있다. 소방차를 뒤쫓아 속력 20 [m/s]로 달리는 자동차에 탄 관측자에게 들리는 사이렌의 진동수 [Hz]는? (단, 음속 $v=340$ [m/s]이다.

① 825　　② 850
③ 900　　④ 925

6. 초기 운동에너지가 64[J], 질량이 2[kg]이 공이 벽과 수직을 충돌한 후 25[%]의 운동에너지만 가지고 튀어나왔다. 공과 벽이 충돌한 시간이 1초라면, 충돌 중 공이 벽에 가한 평균 힘[N]은?

① 8　　② 16
③ 24　　④ 32

7. <보기>는 입자 A, B의 운동에너지와 물질과 파장을 나타낸 것이다. A, B의 질량이 각각 m_A, m_B일 때 m_A: m_B 는?

<보기>

입자	운동에너지	물질파 파장
A	$4E_0$	λ_0
B	E_0	$2\lambda_0$

① 1 : 1　　② 1 : 2
③ 1 : 4　　⑤ 2 : 1

8. <보기>는 수평면에 정지해 있던 지량 2[kg]의 물체가 외력에 의해 직선 운동할 때 작용한 마찰력 - 시간 그래프이다. 다음 설명 중 가장 옳지 않은 것은? (단, 중력가속도 $g=10[m/s^2]$이다.)

<보기>

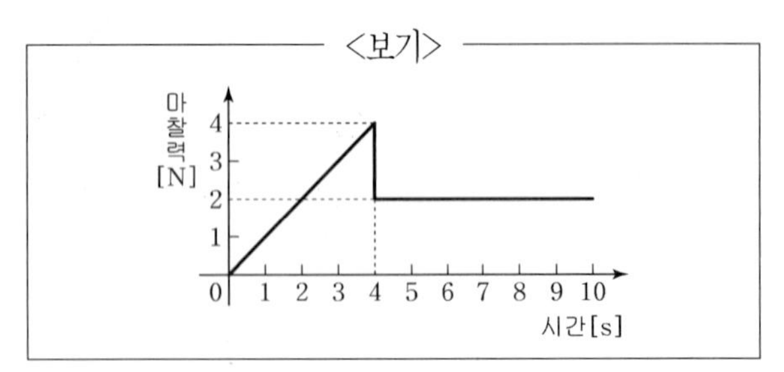

① 4초 이후에 외력의 크기는 일정하다.
② 외력의 크기는 변화하였다.
③ 물체는 4초 이후에 운동하였다.
④ 물체와 수평면 사이의 운동 마찰력은 2[N]이다.

9. 질량이 m인 우주선이 질량 M인 행성주위를 궤도 반지름 R로 등속원운동 하고 있다. 이 우주선의 원궤도 반지름을 2 R로 수정하기 위해 필요한 에너지의 크기는? (단, 만유인력 상수는 G이다.)

① $\frac{GmM}{R}$　② $\frac{GmM}{2R}$
③ $\frac{GmM}{3R}$　④ $\frac{GmM}{4R}$

10. 처음에 멈추어 있던 전자에 X선 광자가 입사하여 정면 충돌하였다. 이 후 산란된 광자가 입사 광자와 정반대 방향으로 운동하였다. 산란 광자의 파장이 10 [pm](피코미터)라면 입사 광자의 파장 [pm]은? (단, 콤프턴 파장은 2.5 [pm]로 가정한다.)

① 5　② 7.5
③ 10　④ 12.5

11. <보기>와 같이 길이 1 [m]인 끈에 질량 1 [kg]인 물체가 매달려 있다. 이 물체를 높이 0.2 [m]에서 가만히 놓았더니 단순진자와 같이 운동하였다. 진자운동 중 끈에 걸리는 최대 장력[N]은? (단, 중력가속도 $g=10[m/s^2]$이다.)

<보기>

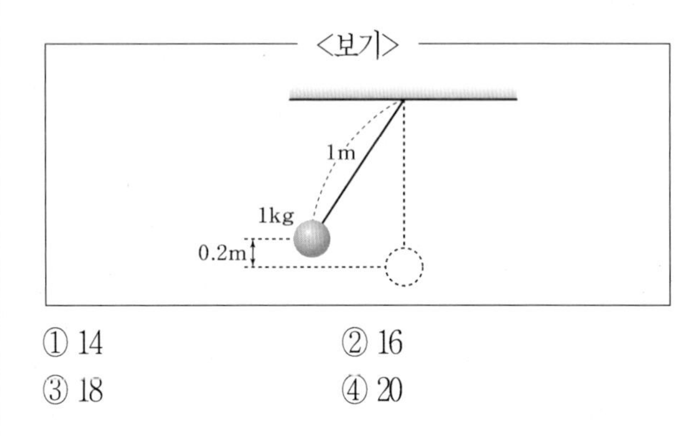

① 14　② 16
③ 18　④ 20

12. <보기>는 지면에 놓여 있는 원형 도선 A와 B에 전류가 흐르고 있는 것을 나타낸 것으로, 두 원형 도선의 중심 O점에서 두 원형 도선에 흐르는 전류에 의한 자기장은 0이다. O에서 A와 B까지의 거리는 각각 r_A, r_B이다. A와 B에 흐르는 전류에 의한 자기 모멘트의 크기를 μ_A, μ_B라고 할 때 μ_A : μ_B는?

<보기>

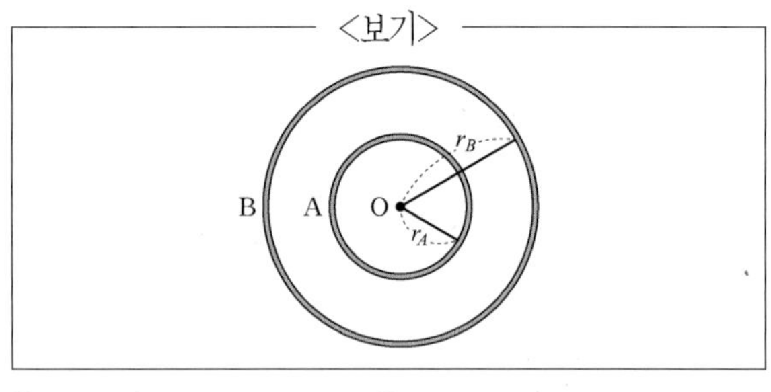

① $r_A : r_B$　② $r_B : r_A$
③ $r_A^2 : r_B^2$　④ $r_A^3 : r_B^3$

13. 바다에 빙산이 떠 있다. 바닷물의 밀도를 ρ_s, 빙산의 밀도를 ρ_i라고 할 때, $\frac{\text{바다 위로 드러난 빙산 부피}}{\text{전체 빙산 부피}}$의 값은?

① $1-\frac{\rho_s}{\rho_i}$

② $1-\frac{\rho_i}{\rho_s}$

③ $\frac{\rho_s}{\rho_i}$

④ $\frac{\rho_i}{\rho_s}$

14. <보기>와 같이 질량 1[kg]인 물체를 반지름 10 [cm], 질량 2 [kg]의 원판형 도르래에 감긴 실 끝에 매달아 가만히 놓았다. 이 때 도르래가 회전하면서 물체가 일정한 가속도로 낙하하였다면, 실에 걸리는 장력 [N]은? (단, 중력가속도 $g=10$[m/s^2]이고 실의 질량은 무시한다.)

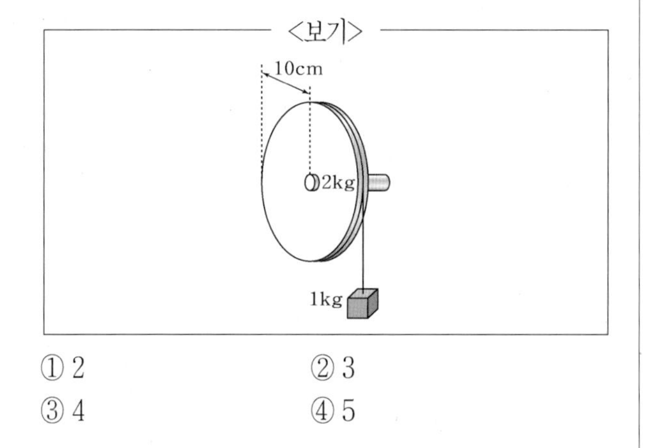

① 2 ② 3
③ 4 ④ 5

15. <보기>와 같이 한 옥상에서 옆면 벽에 뚫린 작은 배수관으로 물이 새어 나가 바닥에 떨어진다. 건물로부터 물이 떨어지는 지점까지의 거리가 3 [m]이고, 건물옥상 바닥까지의 높이가 5 [m]라고 하면 옥상에 차 있는 물의 높이[m]는? (단, 중력 가속도는 $g=10$[m/s^2]이고 물이 나오는 동안 옥상의 물은 같은 높이로 유지 되고 있으며 배수관의 크기는 무시할 정도로 작다고 가정한다.)

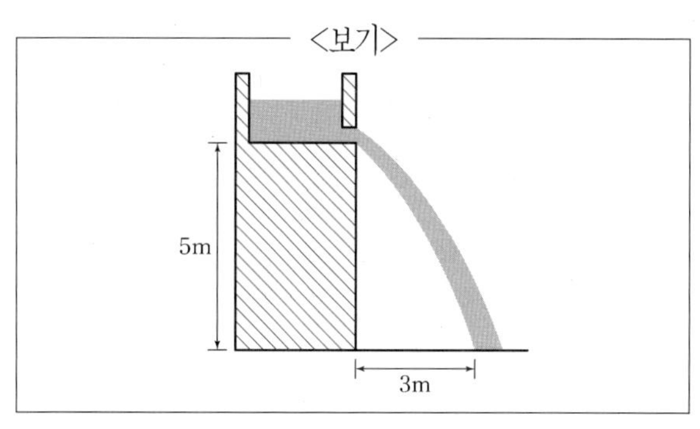

① $\frac{3}{20}$ ② $\frac{9}{20}$
③ $\frac{3}{10}$ ④ $\frac{9}{10}$

16. <보기>는 단열 상자가 고정된 칸막이로 분리되어 있고, 왼쪽에는 고온의 기체 A가, 오른쪽에는 저온의 기체 B가 들어 있는 것을 나타낸 것이다. A, B의 엔트로피 변화를 가장 잘 표현한 것은?

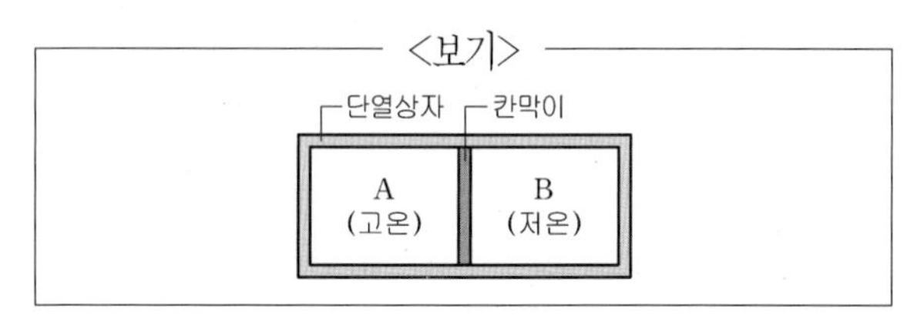

	A의 엔트로피 변화	B의 엔트로피 변화
①	증가	증가
②	증가	감소
③	감소	증가
④	감소	감소

17. -2[pC]으로 대전되어 있고 안쪽 반지름이 4 [cm], 바깥쪽 반지름이 5 [cm]인 도체구 껍질의 중심에 2 [pC]으로 대전되고 반지름이 1 [cm]인 도체 구가 위치하고 있다. 중심으로부터 2 [cm]의 위치에서 전기장의 크기 [N/C]는? (단, 쿨롱상수 $k = 9\times10^9\,[\mathrm{N\cdot m^2/C^2}]$이다.)

① 0 ② 23
③ 45 ④ 90

18. <보기>는 질량분석기로 동위원소를 식별해내는 모습을 나타낸 것이다. 속도 선택기를 통해 일정한 속도를 갖는 이온들이 슬릿 S를 통과한 후 자기장 $\vec{B}$에 수직으로 입사되어 그리는 원이 광전판에 A : B : C로 나타났다. A, B, C의 질량의 관계로 가장 올바른 것은?

<보기>

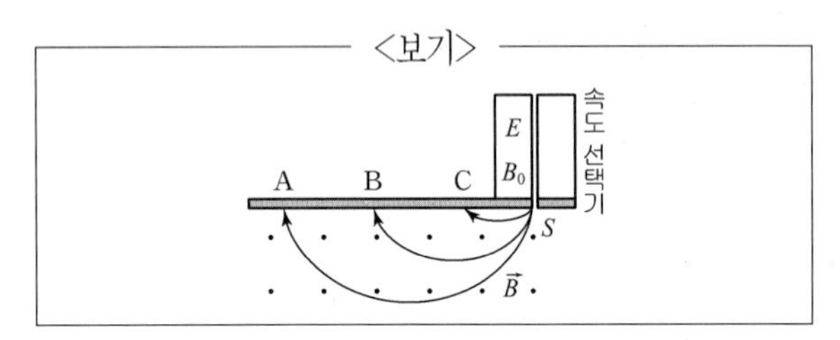

① A = B = C ② A < B < C
③ A > B > C ④ B > A > C

19. 세기가 I인 편광되지 않은 빛이 선형 편광기 2개를 차례로 통과하였다. 첫 번째 편광기와 두 번째 편광기의 투과축 사이 각도가 60도라고 하면 최종 투과된 빛의 세기는?

① $\frac{I}{2}$ ② $\frac{I}{4}$
③ $\frac{I}{8}$ ④ $\frac{I}{16}$

20. 질량이 M인 물체가 발사되어 높이 H까지 올라갔다가 발사되기 전과 같은 높이의 지상으로 다시 돌아왔다. 이 때 중력이 한 일의 크기[J]는? (단, 공기 마찰 및 지구의 자전에 의한 효과는 무시하고 중력가속도는 g이다.)

① $-MgH$ ② 0
③ MgH ④ $2MgH$

해설 및 정답

1. 휘스톤 브릿지 회로에서

$2\times8=6\times R \quad R=\frac{8}{3}(\Omega) \quad \frac{1}{8}+\frac{1}{R_A}=\frac{3}{8}$

$R_A=4\Omega$

3. C_2와 C_3의 합은 $30\,\mu$F이고 C_1과 합인 전체 용량은

$\frac{1}{15}+\frac{1}{30}=\frac{3}{30}$ 즉 $10\,\mu$F이고

충전되는 전하량은 $Q=CV=10\times30(\mu C)$이다.

C_1에 걸리는 전압은 20V C_2와 C_3에는 10V의 전압이 걸린다.

C_2에 저장되는 에너지는

$\frac{1}{2}CV^2=\frac{1}{2}\times10\times10^2\,(\mu J)$

$=0.5\,(mJ)$이다.

4. 총 에너지 E는 정지에너지와 운동에너지의 합이다.

$E=E_0+E_K \quad E=m_0C^2+\frac{1}{2}mv^2\left\{m=\frac{m_0}{\sqrt{1-\left(\frac{v}{C}\right)^2}}\right\}$

$\gamma=\frac{1}{\sqrt{1-\left(\frac{v}{C}\right)^2}}$이라 하면 $E=m_0C^2+\frac{1}{2}m_0\gamma v^2$에서

대략 $v=0.8C$이다.

5. $f=\frac{340+20}{340+40}\times950=900(Hz)$

6. $E_k=\frac{1}{2}mv^2 \quad 64=\frac{1}{2}\times2\times v^2 \quad v=8m/s$

충돌 후 25%의 운동에너지가 되었으므로 16(J)이다.

$16=\frac{1}{2}\times2\times v^2 \quad v=4m/s$

$I=F\cdot t=mv_2-mv_1$

$=2\times(-4)-2\times(8)=-24N\cdot sec$

$F=24(N)$

7. $E_k=\frac{1}{2}mv^2 \quad \lambda=\frac{h}{mv} \quad mv=\frac{h}{\lambda}$

$E_k=\frac{h^2}{2m}\frac{1}{\lambda^2}$ B의 운동에너지 $E_0=\frac{h^2}{2m_B}\frac{1}{4\lambda_0^2}$

A의 운동에너지는 $4E_0=\frac{h^2}{2m_A}\frac{1}{\lambda_0^2}$

$4\times\frac{h^2}{2m_B}\frac{1}{4\lambda_0^2}=\frac{h^2}{2m_A}\frac{1}{\lambda_0^2} \quad m_A : m_B=1:1$

8. 0~4초 에서 외력이 점점 증가하였고 4초 이후외력의 변화는 알 수 없다.

9. 원 운동하는 위성의 에너지는 $E=-\frac{GMm}{2r}$이다.

$\left(-\frac{GMm}{4R}\right)-\left(-\frac{GMm}{2R}\right)=\frac{GMm}{4R}$

10. $\lambda'-\lambda_0=\frac{h}{mC}\{1-\cos\theta\} \quad \cos(180)=-1$

$\left(\frac{h}{mC}=2.5\right) \quad \lambda'=10$

$\lambda_0=5(pm)$

11. 추가 최하점에 내려왔을 때 속력은 $v=\sqrt{2gh}$에서

$v=\sqrt{2\times10\times0.2}=2m/s$이고 장력은 $T=mg+\frac{mv^2}{r}$

$T=1\times10+\frac{1\times2^2}{1}=14(N)$이다.

12. 중심 자기장이 0이므로 $B=\frac{\mu_0}{2}\frac{I}{r}$로 크기가 같고 방향이 반대 즉 $\frac{\mu_0}{2}\frac{I_A}{r_A}=\frac{\mu_0}{2}\frac{I_B}{r_B} \quad \frac{r_B}{r_A}I_A=I_B$

자기모멘트는 $\mu=NAI$(N : 감은수, A : 면적, I : 전류)

$\mu_A : \mu_B=N\pi r_A^2 I_A : N\pi r_B^2 I_B$

$=N\pi r_A^2 I_A : N\pi r_B^2\times\frac{r_B}{r_A}I_A$

$=r_A^3 : r_B^3$

13. 전체 부피를 V_0 잠긴 부피를 V라 하면

바다위로 드러난 부피는 V_0-V이다.

$mg=\rho_s Vg \quad (M=\rho_i V_0)$

$\rho_i V_0=\rho_s V$

$\frac{\text{드러난 부피}}{\text{전체부피}}=\frac{V_0-V}{V_0}=1-\frac{V}{V_0}=1-\frac{\rho_i}{\rho_s}$

14. $mg-T=ma \quad rT=I\alpha$ 관성모멘트 $I=\frac{1}{2}Mr^2$

$rT=\frac{1}{2}Mr^2\alpha(a=r\alpha)$

$T=\frac{1}{2}Ma=\frac{1}{2}\times2\times a$

$mg - a = ma$

$1\times10 = 1\times a + a \quad a = 5\ \text{m/s}^2 \quad T = 5(\text{N})$

15. $h = \frac{1}{2}gt^2 \quad 5 = \frac{1}{2}\times10\times t^2 \quad t = 1$초

$S = v\times t \quad 3 = v\times1 \quad v = 3\,\text{m/s}$

$v = \sqrt{2gh} \quad 3 = \sqrt{2gh} \quad h = \frac{9}{20}\,(\text{m})$

16. $\triangle s = \frac{\triangle Q}{T}$ A는 엔트로피 감소 B는 엔트로피증가

17. 2cm 인 곳에서는 외부껍질에 의한 전기장은 0이고 중심구에 의한 전기장은 $E = k\frac{q}{r^2} = 9\times10^9\times\frac{2\times10^{-12}}{(2\times10^{-2})^2} = 45$

18. $r = \frac{mv}{Bq}$ 동위원소의 전하량은 모두 같고 속도선택기를 통과한 속도 v 모두 동일하므로

$m_A > m_B > m_C$

19. $I = \frac{1}{2}I_0\cos^2\theta$

$I = \frac{1}{2}I_0(\cos60)^2 = \frac{1}{8}I_0$

20. H 높이 까지 올린 일의 양은 $W = -MgH$

내려올 때 일은 $W = MgH$

전체 일은 0이다.

1. ④	2. ④	3. ②	4. ④	5. ③
6. ③	7. ①	8. ①	9. ④	10. ①
11. ①	12. ④	13. ②	14. ④	15. ②
16. ③	17. ③	18. ③	19. ③	20. ②

기출문제

국가직 7급(2021년도 9월)

1. 그림은 직선도로를 따라 운동하는 어떤 물체의 속도-시간 그래프를 나타낸 것이다. 0초부터 6초까지 물체의 이동거리[m]는?

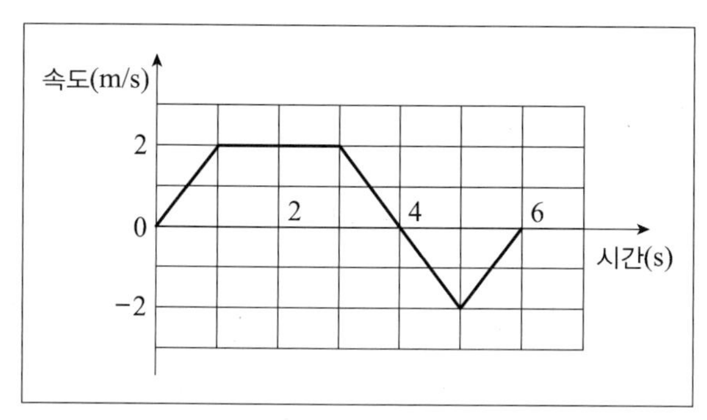

① 4 ② 6
③ 8 ④ 10

2. 물체가 반지름 r인 원을 따라 일정한 속력 v로 원운동한다. 이 물체의 운동에 대한 설명으로 옳은 것만을 모두 고르면?

> ㄱ. 속도의 방향은 계속 변한다.
> ㄴ. 가속도의 크기는 v^2에 반비례한다.
> ㄷ. 가속도의 방향은 원의 중심을 향한다.

① ㄱ ② ㄴ
③ ㄱ, ㄷ ④ ㄴ, ㄷ

3. 볼츠만 상수(k)의 단위는?

① $kg \cdot m^2 \cdot s^{-1} \cdot K^{-1}$
② $kg \cdot m^2 \cdot s^{-2} \cdot K^{-1}$
③ $kg \cdot m^2 \cdot s^{-3} \cdot K^{-1}$
④ $kg \cdot m^2 \cdot s^{-2} \cdot K^{-2}$

4. 입자에 x축 방향으로 작용하는 힘은 $F = ax + bx^2$이다. 입자를 $x = 0$에서 $x = L$까지 움직일 때 이 힘이 한 일은? (단, a, b는 상수이다)

① $a + 2bL$
② $aL + bL^2$
③ $aL^2 + bL^3$
④ $\frac{1}{2}aL^2 + \frac{1}{3}bL^3$

5. 단색광이 굴절률 n인 매질에서 공기로 입사할 때 입사각이 45° 보다 크면 전반사한다. 이 매질의 굴절률 n은? (단, 공기의 굴절률은 1이다)

① $\frac{\sqrt{2}}{2}$ ② $\sqrt{2}$
③ $\sqrt{3}$ ④ 2

6. 직선도로를 따라 진동수 760 Hz의 사이렌을 울리는 소방차가 속력 40 m/s로 달리고 있고, 소방차 뒤를 자동차가 속력 30 m/s로 따라가고 있다. 이때, 자동차에 탄 운전자에게 들리는 사이렌의 진동수[Hz]는? (단, 공기 중 음속은 340 m/s이다)

① 620 ② 660
③ 700 ④ 740

7. 출발점에서 도착점까지 움직이는 자동차가 있다. 처음 절반의 거리는 평균 속력 100 km/h로, 나머지 절반의 거리는 평균 속력 25 km/h로 이동했다면, 출발점에서 도착점까지 자동차의 평균 속력[km/h]은?

① 40 ② 50
③ 60 ④ 70

8. 그림은 저항값이 R인 저항기, 유도용량이 L인 유도기, 전기용량이 C인 축전기가 직렬로 연결된 회로를 나타낸 것이다. 교류 전원이 공명 진동수 f_0로 구동될 때, 이 회로에 대한 설명으로 옳은 것만을 모두 고르면?

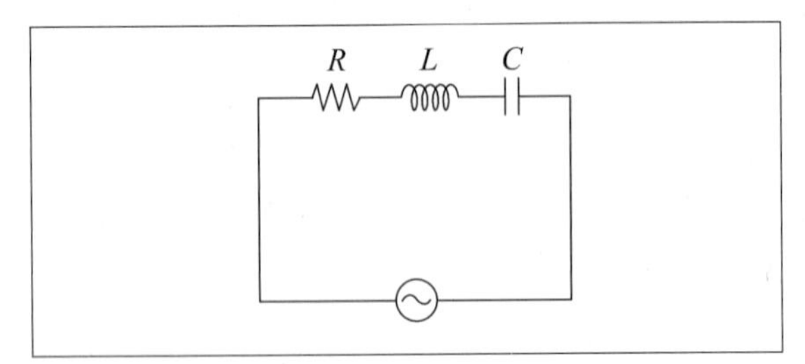

ㄱ. $f_0 = \frac{1}{\sqrt{LC}}$ 이다.
ㄴ. 이 회로의 임피던스는 R이다.
ㄷ. 유도기 양단과 축전기 양단 각각에 걸린 전압의 위상차는 180°이다.

① ㄱ　② ㄴ
③ ㄱ, ㄷ　④ ㄴ, ㄷ

9. 그림과 같이 양쪽이 열려 있고 중간 부분이 막혀 있는 관이 있다. 이 관에서 발생하는 3차 조화모드까지의 정상파들에 의한 맥놀이 진동수[Hz]가 아닌 것은? (단, 공기 중 음속은 340 m/s이다)

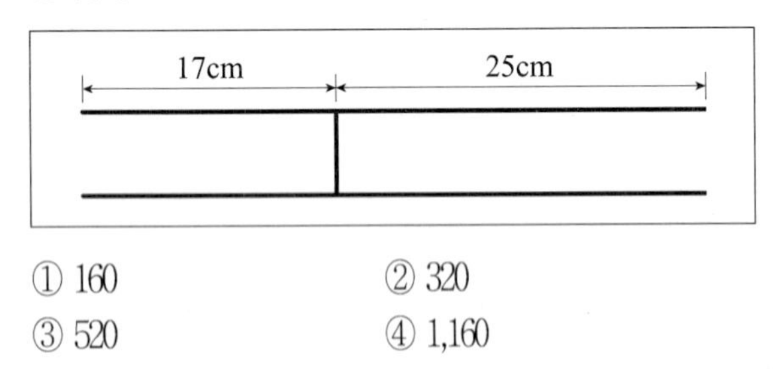

① 160　② 320
③ 520　④ 1,160

10. 그림과 같이 얇은 볼록렌즈 A, B가 10 cm 간격을 두고 떨어져 있고, A로부터 3 cm 떨어진 지점에 1 mm 크기의 물체가 놓여 있다. A, B의 초점거리는 각각 2 cm, 3 cm이다. A, B의 조합에 의해 생기는 물체의 상의 크기[mm]는?

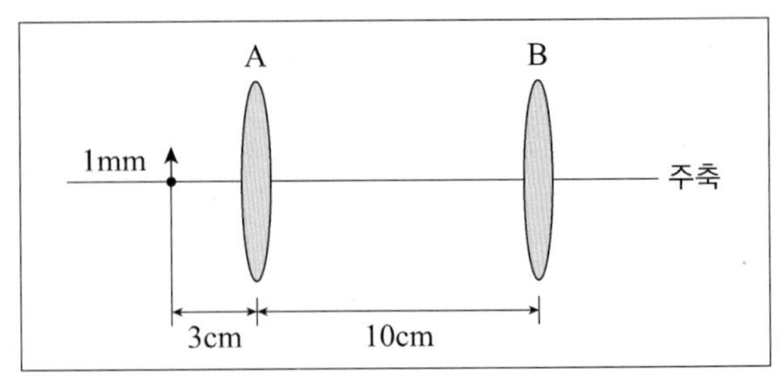

① 3　② 6
③ 12　④ 16

11. 일정량의 이상기체가 단열팽창하여 부피가 두 배가 되었다. 이에 대한 설명으로 옳은 것만을 모두 고르면?

ㄱ. 이 기체의 압력은 감소하였다.
ㄴ. 이 기체의 내부 에너지는 감소하였다.
ㄷ. 이 과정 동안 기체는 일을 하지 않았다.

① ㄱ　② ㄷ
③ ㄱ, ㄴ　④ ㄴ, ㄷ

12. 양(+)전하와 음(−)전하 사이의 전기력선과 등전위면에 대한 설명으로 옳지 않은 것은?

① 등전위면은 전기력선과 평행하다.
② 전기력선의 수는 전하의 크기에 비례한다.
③ 양전하에서 나온 전기력선은 음전하로 들어간다.
④ 한 등전위면에서 서로 다른 두 지점 사이의 전위차는 0이다.

13. 수평면에서 용수철에 연결된 물체가 단순조화진동을 하고 있다. 물체의 질량, 용수철 상수, 진동의 진폭이 다음과 같을 때, 역학에너지가 가장 큰 것은?

	질량	용수철 상수	진폭
①	m	k	$2A$
②	m	$2k$	A
③	$2m$	k	A
④	$2m$	k	$\frac{A}{2}$

14. 반지름이 R인 속이 꽉 찬 금속구가 전하량 Q로 대전되어 있다. 이에 대한 설명으로 옳은 것만을 모두 고르면?

> ㄱ. 금속구의 내부에서 전기장은 0이다.
> ㄴ. 금속구 표면에서 전기장의 크기는 R에 비례한다.
> ㄷ. 금속구 표면에서 전기장의 방향은 표면과 수직이다.

① ㄱ ② ㄴ
③ ㄱ, ㄷ ④ ㄴ, ㄷ

15. 그림은 폭이 L인 1차원 무한 퍼텐셜 우물 안에 갇힌 입자의 양자화된 에너지 준위 $E_n(n=1, 2, 3, ...)$을 나타낸 것이다. 이에 대한 설명으로 옳은 것은?

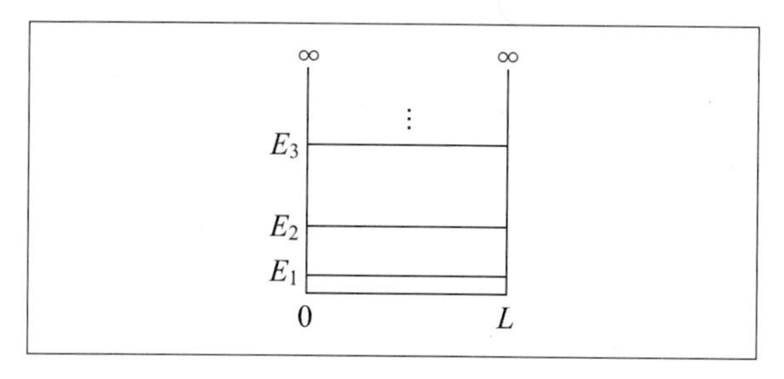

① 에너지 준위는 n에 비례한다.
② 에너지 준위는 L이 커질수록 낮아진다.
③ 우물 밖에서 입자를 발견할 확률이 존재한다.
④ E_2 상태에서 E_1 상태로 입자가 전이할 때 에너지를 흡수한다.

16. 그림은 표면적이 같고 표면의 절대온도가 각각 T_A, T_B인 흑체 A, B에서 방출되는 단위 시간당 복사에너지의 세기를 파장에 따라 나타낸 것이다. λ_A, λ_B는 복사에너지의 세기가 최대인 파장이다. 이에 대한 설명으로 옳은 것만을 모두 고르면?

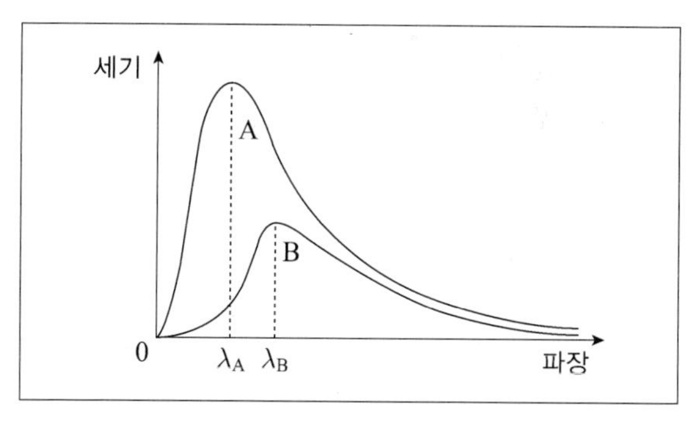

> ㄱ. T_A는 T_B보다 높다.
> ㄴ. $\lambda_A T_A$는 $\lambda_B T_B$보다 작다.
> ㄷ. 단위 시간당 방출되는 복사에너지는 A와 B가 서로 같다.

① ㄱ ② ㄷ
③ ㄱ, ㄴ ④ ㄴ, ㄷ

17. 그림과 같이 균일한 전기장 E와 균일한 자기장 B가 작용하는 영역을 속도 v로 입사한 입자가 등속 직선 운동하여 통과하였다. 이 입자의 전하량은 -q이고, v, E, B는 서로 수직이다. E가 아래 방향으로 작용할 때 B의 크기와 방향은? (단, 중력은 무시한다)

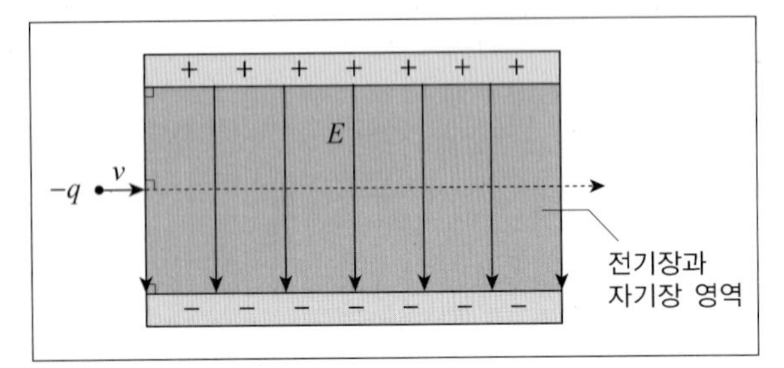

B의 크기	B의 방향
① $\left\|\frac{E}{v}\right\|$	지면으로 들어가는 방향
② $\left\|\frac{E}{v}\right\|$	지면에서 나오는 방향
③ $\|vE\|$	지면으로 들어가는 방향
④ $\|vE\|$	지면에서 나오는 방향

18. 전기용량이 각각 $C, 4C$인 평행판 축전기 A, B가 있다. A, B에는 유전율이 각각 $\varepsilon, 2\varepsilon$인 유전체가 채워져 있다. A의 평행판 사이의 간격이 d일 때, B의 평행판 사이의 간격은? (단, 평행판의 면적은 A, B가 같다)

① $\frac{1}{4}d$ ② $\frac{1}{2}d$

③ $2d$ ④ $4d$

19. 밀도가 균일한 원판이 5 rad/s^{2}의 일정한 각가속도로 회전하고 있다. $t=0$ 초에서 각속도가 3 rad/s일 때, $t=4$ 초에서 원판의 각속도[rad/s]는?

① 12 ② 15

③ 20 ④ 23

20. 보어의 수소 원자 모형에서 질량이 m인 전자가 양자수 $n=2$인 상태에서 궤도 반지름 r로 운동한다. 이때, 전자의 운동에너지는? (단, h는 플랑크 상수이다)

① $\frac{h^2}{8\pi^2mr^2}$ ② $\frac{h^2}{4\pi^2mr^2}$

③ $\frac{h^2}{2\pi^2mr^2}$ ④ $\frac{h^2}{\pi^2mr^2}$

21. 그림은 일정량의 단원자 분자 이상기체의 상태가 A→B를 따라 변할 때 기체의 압력과 부피를 그래프로 나타낸 것이다. A→B 과정에서 기체가 흡수한 열량은?

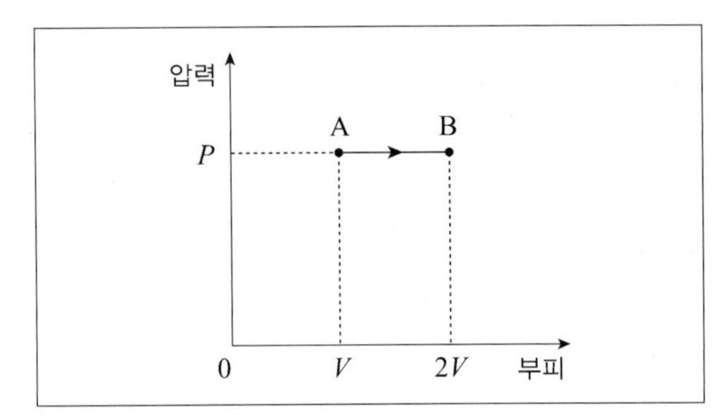

① PV ② $\frac{3}{2}PV$

③ $2PV$ ④ $\frac{5}{2}PV$

22. 다음은 300 K와 1,000 K 사이에서 작동하는 카르노 기관의 순환과정을 압력-부피 그래프로 나타낸 것이다. 이에 대한 설명으로 옳은 것만을 모두 고르면?

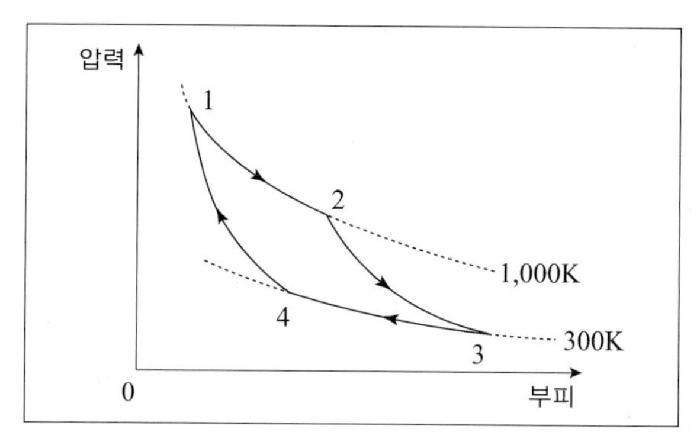

ㄱ. 이 기관의 효율은 0.7이다.
ㄴ. 1→2 과정은 열을 흡수한다.
ㄷ. 2→3 과정은 엔트로피가 증가한다.

① ㄱ, ㄴ ② ㄱ, ㄷ
③ ㄴ, ㄷ ④ ㄱ, ㄴ, ㄷ

23. 파장이 λ인 단색광을 이용한 영의 이중 슬릿 간섭 실험에서 다른 조건은 그대로 두고 간섭무늬가 넓어지는 조건으로 옳은 것만을 모두 고르면?

ㄱ. 슬릿의 간격을 증가시킨다.
ㄴ. λ보다 긴 파장의 단색광을 사용한다.
ㄷ. 슬릿과 스크린 사이의 거리를 증가시킨다.

① ㄱ ② ㄴ
③ ㄱ, ㄷ ④ ㄴ, ㄷ

24. 그림과 같이 xy 평면에 고정된 x축에 나란한 무한히 긴 두 직선도선 A, B에 전류가 각각 I_A, I_B가 흐른다. A, B로부터 y축 위의 점 P까지의 수직거리는 각각 4 d, d이다. 점 P에서 I_A, I_B가 만드는 자기장은 서로 같다. A, B 사이에서 I_A, I_B에 의한 자기장의 합이 0인 y축 위의 위치는?

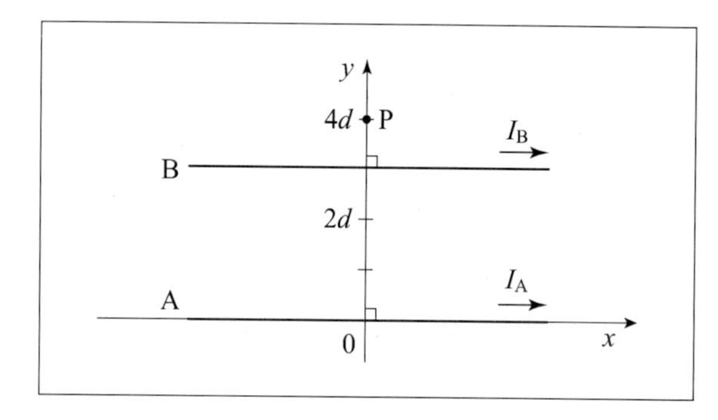

① $\frac{3}{5}d$ ② $\frac{6}{5}d$
③ $\frac{9}{5}d$ ④ $\frac{12}{5}d$

25. 그림과 같이 질량이 각각 m_1, m_2, m_3인 3개의 물체가 줄에 연결되어 화살표 방향으로 등가속도로 움직이고 있다. m_1, m_2와 수평면 사이의 운동 마찰계수는 μ로 같다. m_1과 m_2 사이의 줄의 장력 T의 크기는? (단, 중력가속도는 g이고, 줄의 질량, 도르래의 질량과 마찰은 무시한다)

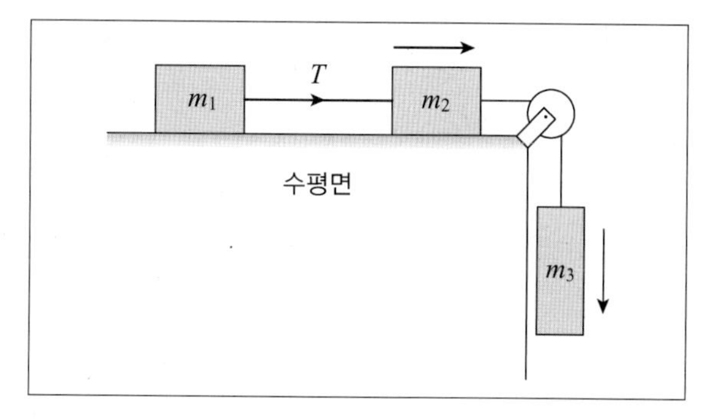

① $\frac{(1+\mu)m_1m_2}{m_1+m_2+m_3}g$ ② $\frac{(1+\mu)m_1m_3}{m_1+m_2+m_3}g$

③ $\frac{\mu m_1m_2}{m_1+m_2+m_3}g$ ④ $\frac{\mu m_1m_3}{m_1+m_2+m_3}g$

해설 및 정답

1. 이동거리는 그래프의 면적에 해당하므로 면적은 8(m)이다. 만약, 변위를 묻는다면 4(m)이다.

2. 등속 원운동 하는 물체는 원의 중심 방향으로 구심력이 작용하고 구심 가속도는 $a=\frac{v^2}{r}$ 이다.

3. 이상기체 방정식에서 $PV=nRT$이고 볼츠만 상수

$k=\frac{nR}{N}$ $PV=NkT$로 쓸 수 있다.

$k=\frac{PV}{NT}$ (N : 분자수이므로 단위가 없고 PV는 에너지 단위이므로 $kg(m/s)^2$이다.

따라서 $kg \cdot m^2 \cdot s^{-2} \cdot k^{-1}$ 이다.

4. $F=ax+bx^2$의 그래프는 그림과 같고 한 일 $W=F \cdot x$ 에서 그래프의 면적이 한 일이다.

$$w=\int_0^L Fdx=\left[\frac{1}{2}ax^2+\frac{1}{3}bx^3+c\right]_0^L$$
$$=\frac{1}{2}aL^2+\frac{1}{3}bL^3$$

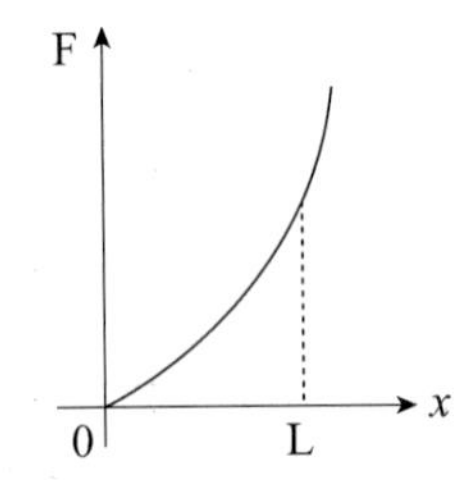

5. $\sin\theta=\frac{1}{n}$ 에서 $n=\frac{1}{\sin 45}=\sqrt{2}$

6. $f=\frac{340+30}{340+40}\times 760=740(\text{Hz})$

7. 전체 거리를 $2S$라고 하고 앞의 절반거리 이동시간을 t_1 뒤의 절반거리 이동시간을 t_2라고 하면,

$v=\frac{s}{t}$ 에서 $100=\frac{s}{t_1}$, $25=\frac{s}{t_2}$

전체 평균 속력은 $v=\frac{2s}{t_1+t_2}$ 에서

$$v=\frac{2s}{\frac{s}{100}+\frac{s}{25}}=\frac{2s}{\frac{5s}{100}}=40(\text{km/h})$$이다.

8. 공명 진동수 $f_o=\frac{1}{2\pi\sqrt{LC}}$ 이다.

공명 진동수에서 임피던스는 $Z=R$ 이다.
축전기 양단의 전압은 교류전류보다 90°위상이 느리고
코일 양단의 전압은 교류전류보다 90°위상이 빠르다.
따라서 위상차는 180°이다.

9. 중앙이 막혀 있으므로 한쪽 끝이 막힌 관에서

파장은 $\lambda_n=\frac{4L}{(2n-1)}$ 이고

진동수는 $f_n=\frac{V}{4L}(2n-1)$이다. 관의 길이 L은

$L=17\text{cm}$ $L=25\text{cm}$ 이므로

$L=0.17\text{m}$ $L'=0.25\text{m}$

$f_1=\frac{340}{0.68}\times 1=500(\text{Hz})$ $f_1'=\frac{340}{1}\times 1=340(\text{Hz})$

$f_2=\frac{340}{0.68}\times 3=1500(\text{Hz})$ $f_2'=\frac{340}{1}\times 3=1020(\text{Hz})$

가능한 맥놀이 진동수로는

$500-340=160$ $1500-340=1160$

$1020-500=520$ $1500-1020=480$ 이다.

10. $\frac{1}{a}+\frac{1}{b}=\frac{1}{f}$ 에서 $\frac{1}{3}+\frac{1}{b_1}=\frac{1}{2}$, $b_1=6(\text{cm})$

렌즈 B로부터 4cm 앞이므로 $a_2=4\text{cm}$이고

$\frac{1}{4}+\frac{1}{b_2}=\frac{1}{3}$ $b_2=12(\text{cm})$ 이다.

배율은 $m=\left|\frac{b_1}{a_1}\right|\left|\frac{b_2}{a_2}\right|=\left|\frac{6}{3}\right|\left|\frac{12}{4}\right|=6$ 이다.

따라서 상의 크기는 6(mm) 이다.

11. 단열 팽창하면 압력은 감소하고 온도는 낮아져서 내부 에너지가 감소한다. 팽창하는 동안 외부에 일을 한다.

12. 등전위면은 전기력선과 수직이다.

13. $\frac{1}{2}kx^2$

14. 금속에 전하가 대전되면 전하는 표면에만 분포하고 내부 전기장은 0이다.
표면에서 전기장은 표면과 수직이고 크기는

$E=\frac{1}{4\pi\varepsilon}\frac{Q}{R^2}$ 이다.

15. 입자의 물질파 파장은 $\lambda=\frac{h}{mv}$이고 우물에서 파장은

$\lambda_n=\frac{2L}{n}$ 이다.

$E_n=\frac{1}{2}mv^2=\frac{h^2}{2m}\left(\frac{1}{\lambda_n}\right)^2=\frac{h^2}{8mL^2}n^2$ 이다.

L이 커질수록 에너지는 작아진다.

16. 온도가 높을수록 파장은 짧다.

$T_A > T_B$, $\lambda T=$일정

단위시간당 방출되는 복사에너지는 A가 크다.

$E \propto T^4$

17. 전기장 E와 자기장 B가 수직으로 공존하는 공간에 전하가 v 속도로 직선 운동 하려면 크기는

$v=\frac{E}{B}$ 이고 방향은 $\vec{v}=\vec{E}\times\vec{B}$ 이다.

18. $A:C=\frac{\varepsilon s}{d}$ $B:4C=\frac{2\varepsilon s}{x}$

$x=\frac{1}{2}d$ 이다.

19. $w=w_o+at$ $w_o=3\text{rad/s}$ $a=5\text{rad/s}^2$

$w=3+5\times4=23(\text{rad/s})$

20. 궤도 길이는 $l=2\pi r$ 이고 물질파 파장이 2개 있으므로 $\lambda=\pi r$ 이다.

전자의 운동에너지는

$E=\frac{1}{2}mv^2=\frac{1}{2m}(mv)^2$ $\left(mv=\frac{h}{\lambda}\right)$

$=\frac{1}{2m}\left(\frac{h}{\lambda}\right)^2=\frac{h^2}{2\pi^2mr^2}$

21. 정압변화에서 $Q=w+\Delta V$

$Q=P\Delta V+\frac{3}{2}nR\Delta T$ $(P\Delta V=nR\Delta T)$

$=\frac{5}{2}P\Delta V$ $(\Delta V=V_2-V_1)$

$=\frac{5}{2}PV$ 이다.

22. 카르노기관의 열효율은 $1-\frac{T_2}{T_1}=1-\frac{300}{1000}=0.7$ 이다.

$1\to2$ 과정은 등온팽창이므로 흡수한 열량만큼 일을 한다.

$2\to3$ 과정은 단열과정이므로 엔트로피 변화가 없다.

23. 간섭무늬 간격은 $x=\frac{L\lambda}{d}$ 이다.

24. 직선도선이 만드는 자기장은 $B=\frac{\mu_o}{2\pi}\frac{I}{r}$ 이다.

P점에서 크기가 같으므로 전류는 A가 B의 4배이다.

A, B 사이에서 자기장이 0인 곳은 크기가 같고 방향이 반대인 곳이다. 전류가 A가 B의 4배이므로 거리는 4:1인 곳이다.

즉 $\frac{12}{5}d$ 이다.

25. m_1과 m_2와 수평면 사이의 마찰력은 각각 μm_1g, μm_2g 이다. 물체의 가속도는

$m_3g-(m_1+m_2)\mu g=(m_1+m_2+m_3)a$에서

$a=\frac{m_3-m_1\mu-m_2\mu}{m_1+m_2+m_3}g$ 이다.

물체 m_1에 장력 T가 작용하고

$T-\mu m_1g=m_1a$ $T=\mu m_1g+m_1a$

$T=\mu m_1g+\frac{m_3-\mu m_1-\mu m_2}{m_1+m_2+m_3}\times m_1g$

$=m_1g\left\{\frac{\mu m_1+\mu m_2+\mu m_3}{m_1+m_2+m_3}+\frac{m_3-\mu m_1-\mu m_2}{m_1+m_2+m_3}\right\}$

$=\left(\frac{\mu m_3+m_3}{m_1+m_2+m_3}\right)m_1g$

$=\frac{(1+\mu)m_1m_3}{m_1+m_2+m_3}g$

1. ③	2. ③	3. ②	4. ④	5. ②
6. ④	7. ①	8. ④	9. ②	10. ②
11. ③	12. ①	13. ①	14. ③	15. ②
16. ①	17. ①	18. ②	19. ④	20. ③
21. ④	22. ①	23. ④	24. ④	25. ②

기출문제

서울시 7급(2021년도 10월)

1. 부피, 압력, 온도가 각각 10 L, 10 atm, 15°C인 이상기체에서, 부피와 압력이 각각 5 L, 15 atm이 되었을 때의 온도[°C]는? (단, 이 이상기체의 몰 수는 일정하다)

① −17　　② −37
③ −57　　④ −77

2. 3차원 용기에 들어있는 이상기체의 온도가 T일 때 분자당 평균 병진 운동 에너지는? (단, 볼츠만 상수는 k_B이다)

① k_BT　　② $\frac{3}{2}k_BT$
③ $\frac{5}{2}k_BT$　　④ $\frac{7}{2}k_BT$

3. 지면에 평행한 한 거울과 또 하나의 거울이 서로 120° 의 각을 이루고 있다. 지면에 평행한 거울의 법선에 대하여 45°의 각으로 광선이 입사할 때 첫 번째 거울에 반사된 후, 두 번째 거울에 반사된 빛이 지면의 법선과 이루는 각도 θ는?

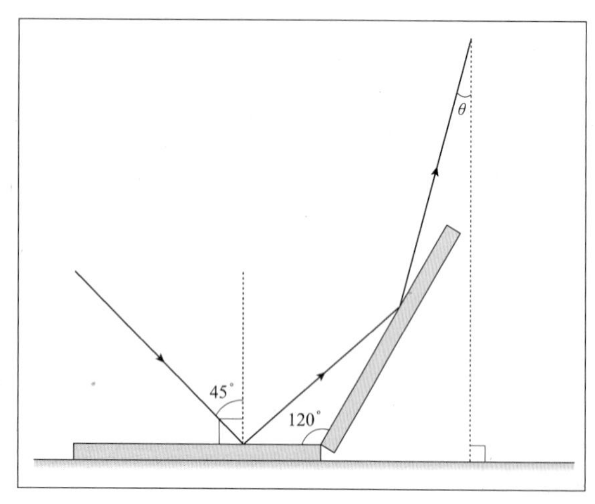

① 10°　　② 15°
③ 20°　　④ 25°

4. 백색광이 프리즘을 통과할 때 여러 색깔의 가시광선으로 분리되는 현상은?

① 분산　　② 반사
③ 회절　　④ 간섭

5. xy 평면에 놓여 있는 질량이 m인 세 개 입자의 위치 벡터는 $\vec{r}_1$, $\vec{r}_2$, $\vec{r}_3$이다. 이 입자계에 질량이 $2m$인 입자를 추가하여 네 개의 입자들로 이루어진 입자계의 질량중심이 원점에 놓이도록 하려면, 추가될 입자의 위치 벡터는?

$$\vec{r}_1 = -5a\hat{x} + 3a\hat{y},\quad \vec{r}_2 = a\hat{x} + a\hat{y},$$
$$\vec{r}_3 = 5a\hat{x} - 6a\hat{y}$$

① $a\hat{x} - 2a\hat{y}$　　② $-\frac{a}{2}\hat{x} + a\hat{y}$
③ $-\frac{a}{2}\hat{x} - a\hat{y}$　　④ $-a\hat{x} + 2a\hat{y}$

6. 질량 100 g인 사과가 지면에 수직하게 놓인 길이 2 m의 막대 끝에 놓여 있다. 질량 100 g인 화살이 지면과 평행하게 속력 v로 날아와 정지해 있던 사과에 박혔고, 화살이 박힌 사과는 처음 위치에서 지면과 평행한 방향으로 $5\sqrt{10}$ m만큼 떨어진 바닥에 닿았다. 속력 v [m/s]는? (단, 사과와 화살의 크기, 공기저항은 무시하고, 중력 가속도는 10 m/s^{2}이다)

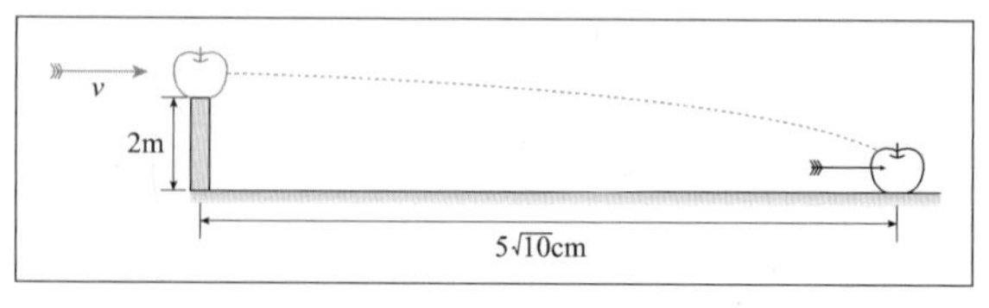

① 50　　② 75
③ 100　　④ 150

7. 그림은 길이가 L인 1차원 무한 퍼텐셜 우물에 갇힌 입자에 대해, 양자수 $n=1$, $n=2$, $n=3$에 해당하는 파동함수 ψ_1, ψ_2, ψ_3와 각 상태의 에너지 E_1, E_2, E_3를 나타낸 것이다. $E_2-E_1=E_o$일 때, E_3-E_2는?

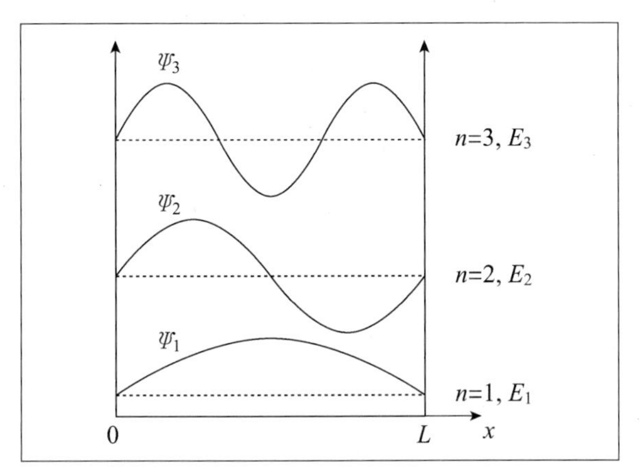

① $\frac{1}{3}E_o$　② $\frac{1}{2}E_o$

③ $\frac{5}{3}E_o$　④ $2E_o$

8. 전기장 $\vec{E}$와 자기장 $\vec{B}$로 구성된 전자기파가 진공 중에서 진행할 때 이에 대한 설명으로 옳은 것만을 모두 고르면? (단, 광속은 c이다)

ㄱ. 에너지가 전달되는 방향은 $\vec{E}\times\vec{B}$의 방향이다.

ㄴ. 전기장 크기 E와 자기장 크기 B의 비 $\frac{E}{B}$는 $\frac{c}{2}$와 같다.

ㄷ. 전기장의 에너지 밀도와 자기장의 에너지 밀도는 같다.

① ㄱ　② ㄴ

③ ㄱ, ㄷ　④ ㄱ, ㄴ, ㄷ

9. 질량 M, 반지름 R인 균일한 원형 회전판이 고정된 중심축에 대해 자유롭게 회전할 수 있는 상태에서 수평하게 정지해 있다. 원형 회전판의 접선 방향으로 질량이 m인 사람이 속력 v로 달려가서 이 원판의 가장자리에 올라탄 직후의 회전판의 각속도의 크기는? (단, 사람의 크기는 무시한다)

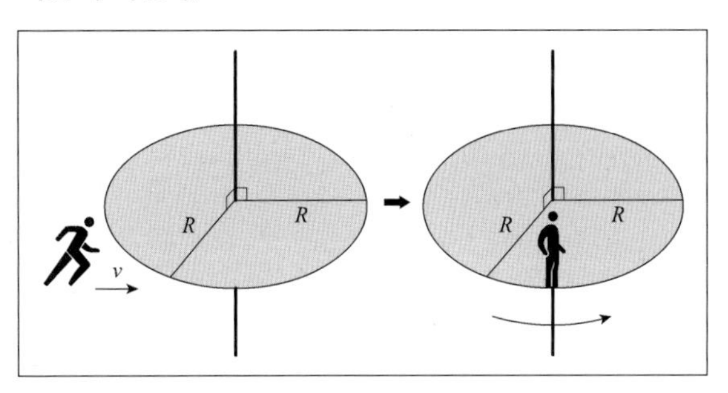

① $\dfrac{mv}{\left(\frac{M}{2}+m\right)R}$　② $\dfrac{mv}{(M+m)R}$

③ $\dfrac{mv}{(2M+m)R}$　④ $\dfrac{mv}{(4M+m)R}$

10. 단열되어 있는 밀폐 용기에 자유롭게 움직일 수 있는 칸막이를 중심으로 단원자 분자 이상기체 A, B가 나누어져 있다. A, B의 기체 분자 1개의 질량은 각각 m, $2m$이고, A와 B의 부피는 각각 V, 3V이다. A, B의 온도는 T로 같으며, 칸막이는 정지해 있다. A, B의 분자의 수를 각각 N_A, N_B라 할 때, $N_A : N_B$는?

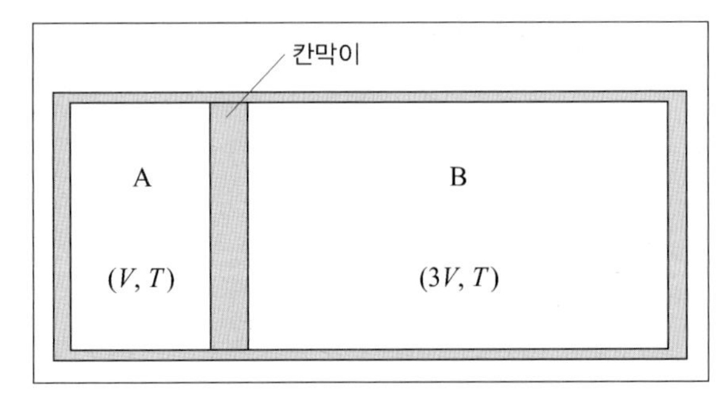

① 1:3　② 2:3

③ 3:2　④ 4:3

11. 용수철 상수가 k인 용수철이 연직으로 매달려 있다. 늘어나지 않은 상태의 용수철에 질량 m인 물체를 매달아 가만히 놓으면 물체는 진동수 f의 단진동을 한다. 만약 동일한 물체에 대해, 용수철 상수가 $2k$인 용수철을 이용하였다면, 단진동의 진동수는? (단, 용수철의 질량, 마찰, 공기저항은 무시한다)

① $\frac{f}{2}$　　② $\frac{f}{\sqrt{2}}$

③ f　　④ $\sqrt{2}f$

12. $y(x, t) = c\sin(ax - bt)$로 기술되는 진행파의 x 방향 속력은? (단, a, b, c는 모두 상수이다)

① ab　　② $c(a+b)$

③ $\frac{a}{b}$　　④ $\frac{b}{a}$

13. 물질의 자기적 성질에 대한 설명으로 옳지 않은 것은?

① 철, 코발트, 니켈 등과 같은 물질은 강자성체에 속한다.

② 상자성체에 외부 자기장을 걸어주면 외부 자기장과 같은 방향으로 알짜 자기 쌍극자모멘트가 생긴다.

③ 반자성체에 외부 자기장을 걸어주면 외부 자기장에 반대 방향으로 알짜 자기 쌍극자모멘트가 생긴다.

④ 강자성체는 퀴리 온도보다 낮은 온도에서 상자성체가 된다.

14. 질량이 M이고 반지름 R인 원통 모양의 실패가 정지해 있다. 지면으로부터 높이가 $2R$인 곳에서, 실패에 감긴 실을 잡아당겨 실이 지면과 평행한 방향으로 풀리며 일정한 힘 F가 실패에 전달되어 실패가 미끄러짐 없이 굴러간다. 실패의 질량 중심이 길이 L만큼 이동했을 때 질량 중심의 이동속력은? (단, 원통 모양 실패의 밀도는 균일하며, 실의 질량은 무시한다)

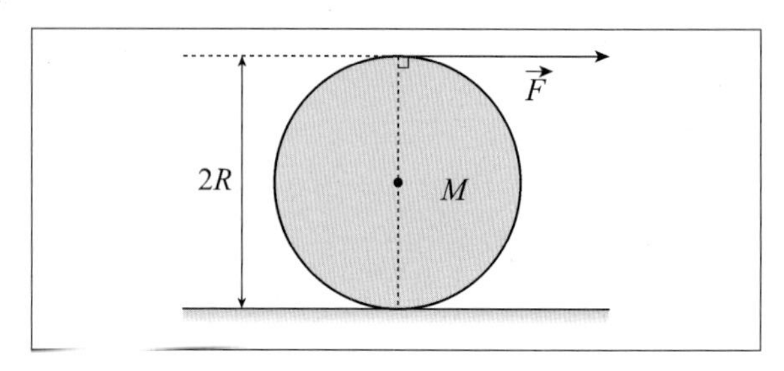

① $\sqrt{\frac{4}{3}\frac{FL}{M}}$　　② $\sqrt{\frac{10}{7}\frac{FL}{M}}$

③ $\sqrt{\frac{2FL}{M}}$　　④ $\sqrt{\frac{8}{3}\frac{FL}{M}}$

15. 그림과 같이 $2\sqrt{3}r$만큼 떨어져 있는 두 점전하 $+q$, $-q$를 잇는 직선에 수직한 방향으로, 두 전하의 중간 지점으로부터 r만큼 떨어져 있는 점 P에서의 전기장의 크기는? (단, 쿨롱 상수는 k이다)

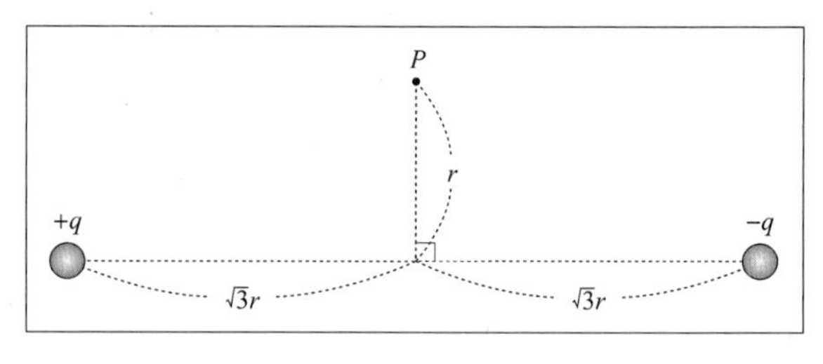

① $k\frac{q}{4r^2}$　　② $k\frac{\sqrt{3}q}{4r^2}$

③ $k\frac{q}{2r^2}$　　④ $k\frac{\sqrt{3}q}{2r^2}$

16. 원점에 정지해 있던 질량 m인 물체가 외부에서 작용하는 힘을 받으면서 1차원 직선을 따라 움직인다. 움직이기 시작하고 t만큼의 시간이 지난 순간 물체의 속력과 원점으로부터의 거리를 각각 v, s로 나타낼 경우, $v = A\sqrt{s}$의 관계를 만족한다. 외부에서 이 물체에 한 일은? (단, A는 상수이고, 모든 마찰은 무시한다)

① $\frac{mA^4t^2}{8}$ ② $\frac{mA^4t^2}{4}$

③ $\frac{mA^4t^2}{2}$ ④ mA^4t^2

17. 지면과 수직하고 서로 평행한 두 전극판 사이에 균일한 전기장이 형성되어 있고, 절연체 실의 한쪽 끝은 지면과 평행한 천장에 고정되고 다른 쪽 끝에는 질량이 m이고 전하량이 $+Q$인 절연체 공이 매달려 두 전극판 사이에 놓여 있다. 지면과 수직한 연직선에 대하여 절연체 실이 θ의 각을 이루며, 공이 평형 상태에 있을 때 두 전극판 사이의 전기장의 크기는? (단, 실의 질량, 절연체의 크기는 무시하고, 중력 가속도는 g이다)

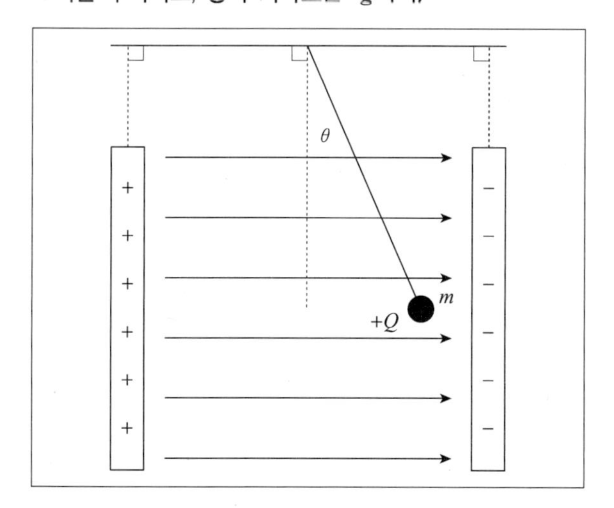

① $\frac{mg}{Q}\sin\theta$ ② $\frac{mg}{Q}\cos\theta$

③ $\frac{mg}{Q}\tan\theta$ ④ $\frac{mg}{Q}\sin\theta\cos\theta$

18. 불확정성 원리에 대한 설명으로 옳은 것만을 모두 고르면?

> ㄱ. 입자의 위치 x와 운동량 p를 동시에 정확히 측정할 수 없다.
> ㄴ. 입자의 에너지 E와 운동량 p를 동시에 정확히 측정할 수 있는 경우는 없다.
> ㄷ. 입자의 서로 다른 어떤 두 물리량도 동시에 정확히 측정할 수 없다.

① ㄱ ② ㄴ

③ ㄱ, ㄴ ④ ㄱ, ㄴ, ㄷ

19. 한쪽 끝이 천장에 고정된 실의 다른 쪽 끝에 질량 m인 물체가 매달려 단진자 운동을 한다. 물체가 최고점에 도달했을 때, 실에 작용하는 장력의 크기는 $0.6\,mg$이다. 물체가 최저점에 있을 때, 실에 작용하는 장력의 크기는? (단, 물체의 크기, 실의 질량, 마찰, 공기저항은 무시하고, g는 중력 가속도이다)

① $1.2\,mg$ ② $1.4\,mg$

③ $1.8\,mg$ ④ $2.2\,mg$

20. 파장 600 nm의 빛을 발생하는 레이저는 초당 3 mJ의 빛 에너지를 방출한다. 이 레이저가 초당 방출하는 광자의 수는? (단, 플랑크 상수는 6×10^{-34} J·s, 광속은 3×10^8 m/s이다)

① $\frac{1}{2}\times10^{16}$ ② 1×10^{16}

③ 2×10^{16} ④ 4×10^{16}

해설 및 정답

1. $\frac{P_o V_o}{T_o} = \frac{PV}{T}$ 보일-샤를 법칙에서

$\frac{10\times10}{288} = \frac{15\times5}{T}$ 이고 절대온도 $T=216K$ 이므로 섭씨온도 $-57℃$ 이다.

2. 기체 분자의 운동에너지는 $\frac{3}{2}kT$ 이다.

3. 각 $\alpha=45°$ 각 $\beta=15°$ 각 $r=60°$

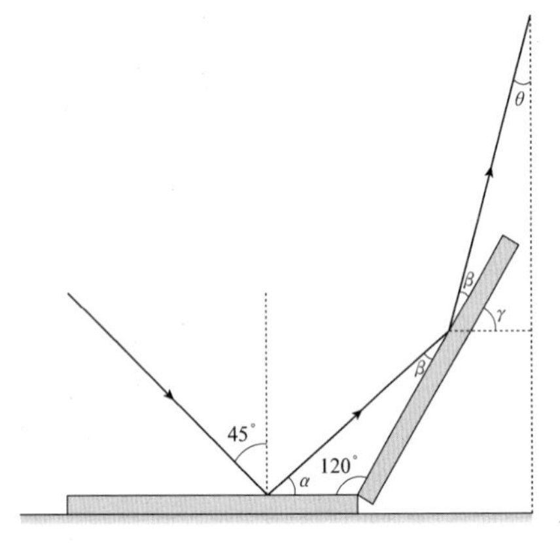

$\beta+r=75°$ 이므로 따라서 $\theta=15°$이다.

4. 백색광이 프리즘을 통과할 때 각 진동수(빛의 색깔)에 따라 굴절율이 달라서 빛이 흩어지는 현상을 분산이라 한다.

5. 질량 중심은 $x=\frac{m_1x_1+m_2x_2+m_3x_3+\cdots}{m_1+m_2+m_3+\cdots}$

$y=\frac{m_1y_1+m_2y_2+m_3y_3+\cdots}{m_1+m_2+m_3+\cdots}$ 에서

원점에 질량 중심이 놓이므로 $x=0,\ y=0$

$0=\frac{m\times(-5a)+m(a)+m(5a)+2m\times(x_4)}{m+m+m+2m}$

$x_4=-\frac{1}{2}a$

$0=\frac{m\times(3a)+m(a)+m(-6a)+2m\times(y_4)}{m+m+m+2m}$

$y_4=a$

6. 수평 방향의 속도는 $s=vt$에서 $s=5\sqrt{10}$m이고

시간 t는 $h=\frac{1}{2}gt^2$에서 $2=\frac{1}{2}\times10\times t^2$

$t=\sqrt{\frac{2}{5}}$ 이므로 $v=\frac{5\sqrt{10}}{\sqrt{\frac{2}{5}}}=25(m/s)$이다.

운동량 보존에서

$0.1\times v=(0.1+0.1)\times25$ $v=50(m/s)$이다.

7. 우물 속에 갇힌 입자의 에너지는

$E_n=\frac{h^2n^2}{8mL^2}$ 이다.

$E_2-E_1=\frac{h^2}{8mL^2}(2^2-1^2)=\frac{3h^2}{8mL^2}=E_o$

$E_3-E_2=\frac{h^2}{8mL^2}(3^2-2^2)=\frac{h^2}{8mL^2}\times5=\frac{5}{3}E_o$

8. 전자기파의 방향은 $\vec{C}=\vec{E}\times\vec{B}$ 이고

크기는 $C=\frac{E}{B}$ 이다.

전기장과 자기장의 에너지 밀도는 같아서

$\frac{1}{2}\varepsilon_o E^2=\frac{1}{2\mu_o}B^2$ $\frac{E^2}{B^2}=\frac{1}{\varepsilon_o\mu_o}$

$\frac{1}{\sqrt{\varepsilon_o\mu_o}}=C$ 이고 $\frac{E}{B}=C$ 이다.

9. 각 운동량 보존의 법칙에서

$R\times mv=(I_{사람}+I_{원판})w$ 이고 사람과 원판의 관성모멘트는 각각 $I_{사람}=mR^2$ $I_{원판}=\frac{1}{2}MR^2$이므로

$w=\frac{mv}{\left(\frac{M}{2}+m\right)R}$ 이다.

10. 자유롭게 움직일 수 있는 칸막이로 되어 있으므로 압력은 같다.
$PV=nRT$에서 압력과 온도가 같으므로 부피가 3배인 B의 기체가 몰수가 3배이므로 분자수도 3배이다.

11. 용수철 진자의 주기는 $T=2\pi\sqrt{\frac{m}{k}}$ 이고

진동수 f는 $f=\frac{1}{2\pi}\sqrt{\frac{k}{m}}$ 이다. 탄성계수 k가 2배가 되면 진동수는 $\sqrt{2}$ 배가 된다.

12. 파동 방정식 $y = A\sin 2\pi\left(\frac{x}{\lambda} - \frac{t}{T}\right)$의 형식에서 x 방향의 속력이란 파동의 진행속력 $v = \frac{\lambda}{T}$ 이다.

문제에서 $y = c\ \sin(ax - bt)$

$= c\ \sin 2\pi\left(\frac{ax}{2\pi} - \frac{bt}{2\pi}\right) = c\ \sin 2\pi\left(\frac{x}{\frac{2\pi}{a}} - \frac{t}{\frac{2\pi}{b}}\right)$이고

따라서 $\lambda = \frac{2\pi}{a}$, $T = \frac{2\pi}{b}$ 이다.

$v = \frac{\lambda}{T} = \frac{\frac{2\pi}{a}}{\frac{2\pi}{b}} = \frac{b}{a}$ 이다.

※ 주의할 것은 $v = \frac{dy}{dt}$ 를 구하게 되면 각 지점에서 매질 진동의 순간 속력이 된다.

13. 강자성체는 자성체 내의 스핀간의 상호 작용으로 스스로 특정 방향으로 모든 스핀이 정렬하는 물체이다. 강자성체로 철, 코발트, 니켈등이 있고 높은 온도에서는 열에너지에 의한 스핀 요동이 발생 강자성체의 스핀 정렬을 무너뜨리는데 온도가 높을수록 심해지는데 특정온도 이상에서 자기모멘트 값이 0이 되는 상자성을 띠게 된다.

14. 굴림운동에서 회전중심은 바닥의 접점이다. 돌림힘은

2RF = Iα

$I = I_o + (R)^2 M = \frac{1}{2}MR^2 + MR^2 = \frac{3}{2}MR^2$

$2RF = \frac{3}{2}MR^2\alpha$, $F = \frac{3}{4}MR\alpha$

중심에서 속력은 $R\omega$이고 중심에서 가속도는 $R\alpha$이다.

$F = \frac{3}{4}Ma$ $a = \frac{4F}{3M}$

$v^2 - v_o^2 = 2as$ 에서

$v^2 = 2 \times \frac{4F}{3M} \times L$, $v = \sqrt{\frac{8FL}{3M}}$ 이다.

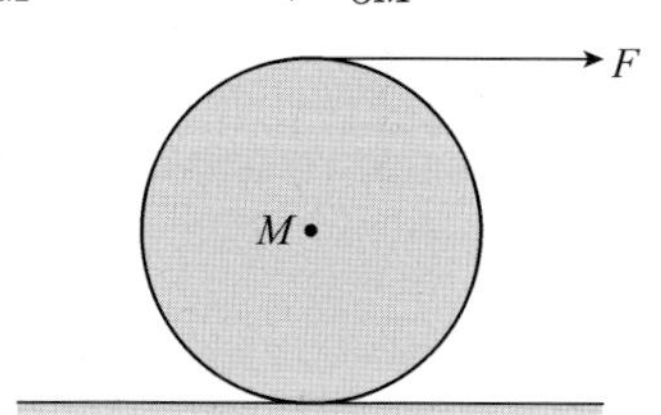

15. $+q$ 에 의한 전기장 E_1

$-q$ 에 의한 전기장 E_2의 합성 벡터이다.

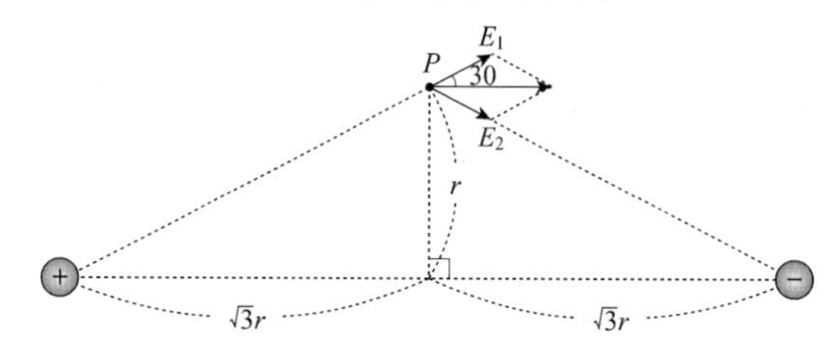

E_1, E_2의 크기는 같고 사이각이 60°이다.

$E_1 = E_2 = k\frac{q}{4r^2}$ 이고

합성값은 $E = 2E_1\cos 30$

$E = 2 \times k\frac{q}{4r^2} \times \frac{\sqrt{3}}{2} = k\frac{\sqrt{3}q}{4r^2}$

16. 평균속력 $\frac{v}{2}$로 t 시간 동안 이동거리가 s이면

$s = \frac{v}{2} \times t$ 이고 문제에서 $v = A\sqrt{s}$ 라 했으므로 해준일은 운동에너지와 같아서

$W = \frac{1}{2}mv^2 = \frac{1}{2}mA^2S$,

$S = \frac{vt}{2}$

$= \frac{mA^4t^2}{8}$ 이다.

17. 수직 방향의 힘은 mg이고 수평 방향의 전기장에 의한 힘은 QE 이다.

$\tan\theta = \frac{QE}{mg}$

$E = \frac{mg\tan\theta}{Q}$ 이다.

18. 불확정성 원리는 입자의 운동량과 위치를 동시에 정확히 측정하는 것은 불가능하다.

19. 실의 길이가 l이라 하면

$0.4l$ 만큼 높은 곳에서 내려오는 물체는

$mg\times 0.4l=\frac{1}{2}mv^2$이고

최저점에서 원심력은 $\frac{mv^2}{l}=0.8mg$이다.

따라서 중력을 더해서 $mg+0.8mg=1.8mg$가 된다.

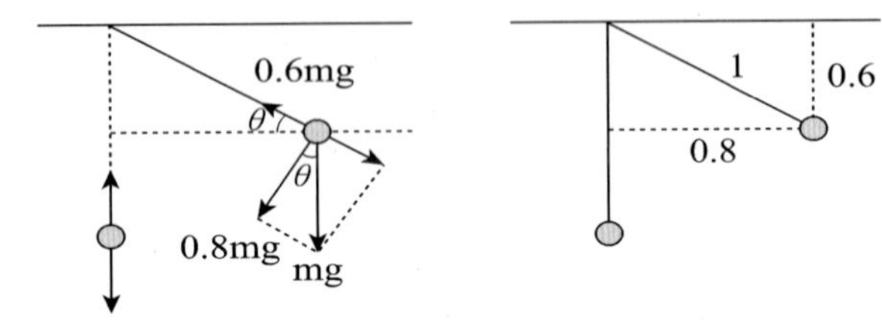

20. 광자에너지는 $E=\frac{hc}{\lambda}$ 이고 n개의 에너지는

$\frac{hc}{\lambda}\times n$이다. $\frac{hc}{\lambda}\times n=3\,(\mathrm{mJ})$

$\frac{6\times 10^{-34}\times 3\times 10^{8}}{600\times 10^{-9}}\times n=3\times 10^{-3}$

$n=10^{16}$개 이다.

1. ③	2. ②	3. ②	4. ①	5. ②
6. ①	7. ③	8. ③	9. ①	10. ①
11. ④	12. ④	13. ④	14. ④	15. ②
16. ①	17. ③	18. ①	19. ③	20. ②

기출문제

서울시 9급(2021년도 10월)

1. 그림은 직선 운동을 하는 어떤 물체의 위치를 시간에 따라 나타낸 것이다. 이에 대한 설명으로 옳지 않은 것은?

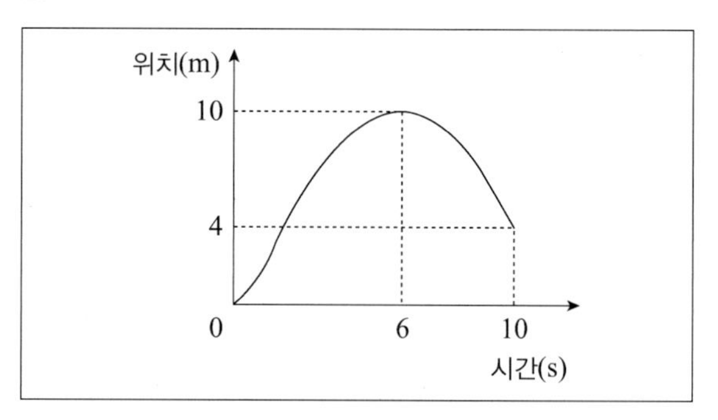

① 6초 때 물체의 순간 속력은 0이다.
② 0 ~ 10초 동안 이동한 거리는 16 m이다.
③ 0 ~ 10초 동안 평균 속력과 평균 속도는 같다.
④ 0 ~ 10초 동안 평균 속도의 크기는 0.4 m/s이다.

2. 그림은 고열원으로부터 Q의 열을 공급받아 외부에 W만큼 일을 하고 저열원으로 q의 열을 방출하는 어떤 열기관을 나타낸 것으로 $q=\frac{Q}{2}$이다. 이에 대한 설명으로 옳은 것은?

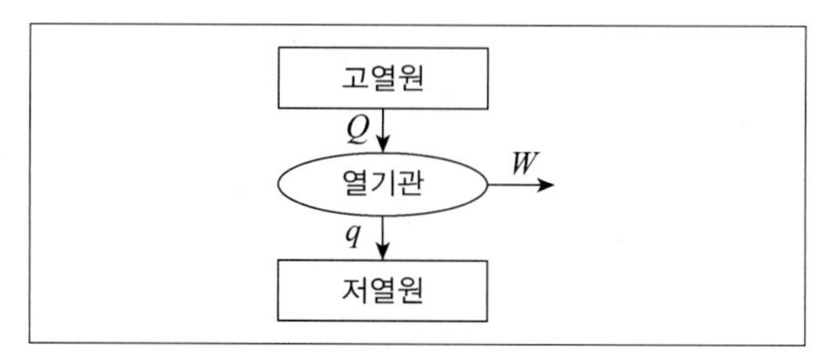

① $q=2W$이다.
② 열기관의 효율은 50 %이다.
③ q를 줄이면 열효율이 떨어진다.
④ $Q=W$인 열기관을 만들 수 있다.

3. 밀폐된 빈 압력밥솥을 가열할 때, 압력밥솥 안에 있는 공기의 압력과 부피의 열역학적 관계를 개략적으로 나타낸 그래프는?

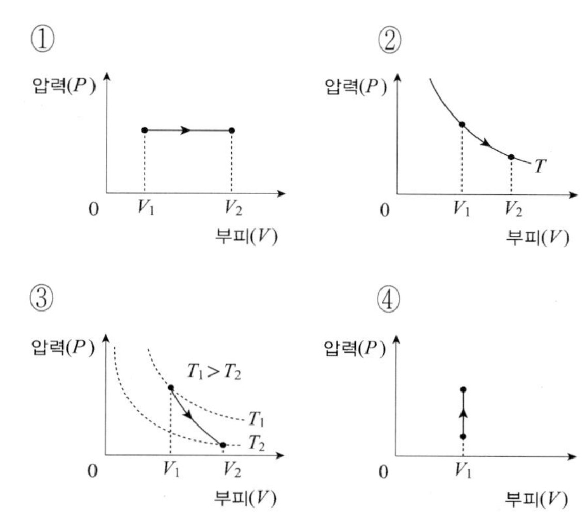

4. 그림은 저마늄(Ge)에 비소(As)가 도핑된 물질의 구조를 나타낸 모형이다. 이에 대한 설명으로 옳지 않은 것은?

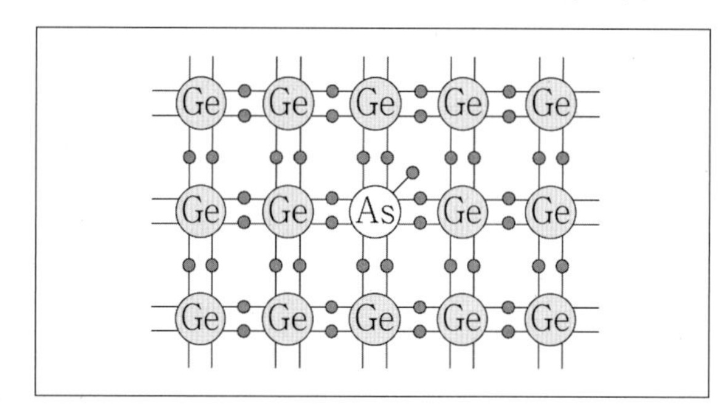

① n형 반도체이다.
② 원자가 전자가 비소는 5개, 저마늄은 4개이다.
③ 전압을 걸어 줄 경우 주된 전하 나르개는 양공이다.
④ 도핑으로 전도띠 바로 아래에 새로운 에너지 준위가 생긴다.

5. 그림은 용수철에 작용한 힘과 용수철이 늘어난 길이의 관계를 나타낸 것이다. 용수철을 원래 길이보다 3 cm 늘어난 A에서 6 cm 늘어난 B까지 늘리려면 해야 하는 일[J]은?

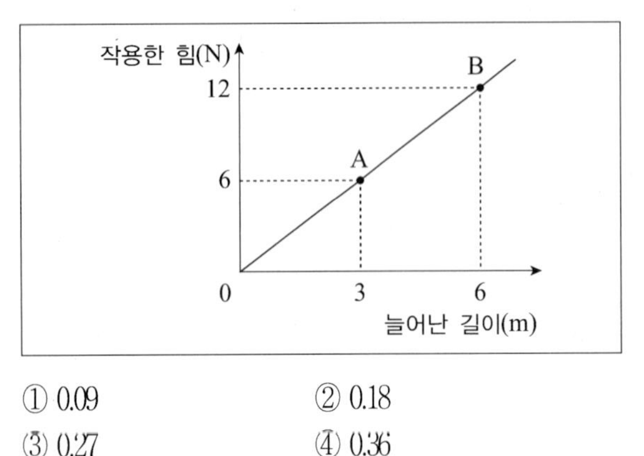

① 0.09　　② 0.18
③ 0.27　　④ 0.36

6. 그림은 마찰이 없는 수평면에서 절연된 용수철의 양 끝에 대전된 두 개의 구가 연결된 것을 나타낸 것이다. (가)는 대전된 구 A, B에 의해 용수철이 늘어난 상태로 평형을 유지한 것이고, (나)는 대전된 구 A, C에 의해 용수철이 압축된 상태로 평형을 유지하고 있는 모습을 나타낸 것이다. 용수철의 원래 길이를 기준으로 (가)에서 용수철이 늘어난 길이는 (나)에서 용수철이 압축된 길이보다 길다. 이에 대한 설명으로 옳은 것은? (단, 전기력은 A와 B, A와 C 사이에만 작용한다)

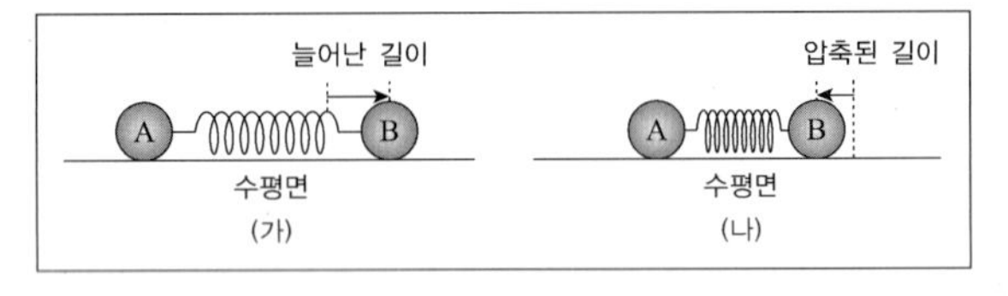

① 전하의 종류는 A와 C가 같다.
② 전하량의 크기는 B가 C보다 크다.
③ (가)에서 A에 작용한 전기력의 크기는 B에 작용한 전기력의 크기보다 크다.
④ (나)에서 용수철이 C에 작용한 힘의 크기는 용수철이 A에 작용한 힘의 크기보다 크다.

7. 그림은 지면으로부터 20 m 높이에서 가만히 떨어뜨린 물체가 자유낙하 도중 물체의 운동 에너지와 지면을 기준으로 하는 중력 퍼텐셜 에너지가 같아지는 순간을 표현한 것이다. 이때 물체의 속력 v[m/s]는? (단, 중력 가속도는 10 m/s^{2}이고, 공기 저항과 물체의 크기는 무시한다)

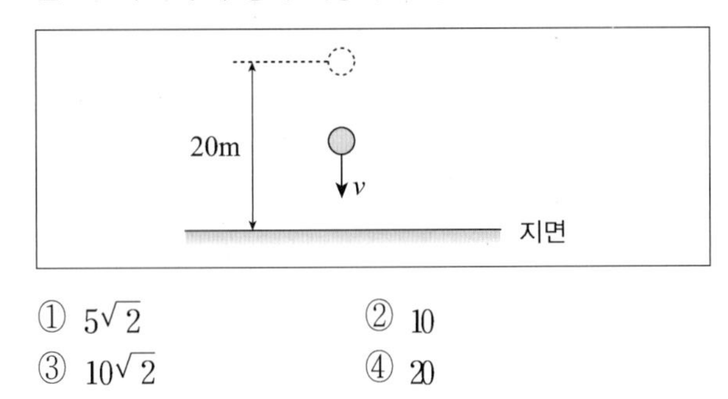

① $5\sqrt{2}$　　② 10
③ $10\sqrt{2}$　　④ 20

8. 표는 등속 운동을 하는 입자 A, B의 운동량, 속력, 물질파 파장을 나타낸 것이다. 이에 대한 설명으로 옳은 것은?

입자	운동량	속력	물질파 파장
A	p	v	㉠
B	$2p$	$3v$	λ

① ㉠은 3λ이다.
② 플랑크 상수는 $3\lambda p$이다.
③ 입자의 질량은 B가 A의 2배이다.
④ A와 B의 운동 에너지 비는 1 : 6이다.

9. 그림은 p-n 접합 다이오드, 저항, 전지, 스위치로 구성한 회로이다. 이에 대한 설명으로 옳은 것은?

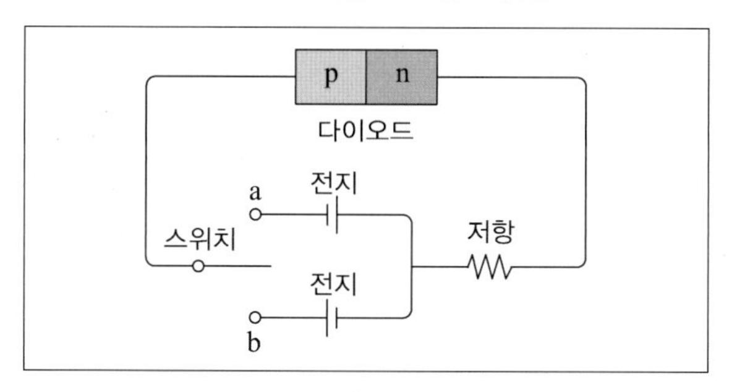

① 스위치를 a에 연결하면 다이오드에 순방향 바이어스가 걸린다.

② 스위치를 a에 연결하면 p형 반도체에서 n형 반도체로 전류가 흐른다.

③ 스위치를 b에 연결하면 양공과 전자가 계속 결합하면서 전류가 흐른다.

④ 스위치를 b에 연결하면 n형 반도체에 있는 전자가 p−n 접합면에서 멀어진다.

10. 그림 (가)는 동일한 크기의 전하량을 가진 두 점 전하 A, B를 각각 $x=0$, $x=d$인 지점에 고정한 모습을 나타낸 것이다. 이때 B에 작용하는 전기력의 방향은 $+x$ 방향이다. 그림 (나)는 그림 (가)에 점 전하 C를 $x=3d$인 지점에 추가하여 고정한 모습을 나타낸 것으로 이때 B에 작용하는 알짜 힘은 0이다. 이에 대한 설명으로 옳은 것은?

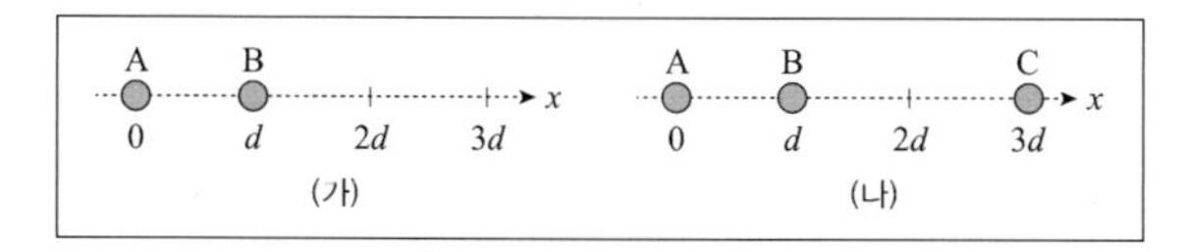

① 전하량은 C가 A의 2배이다.

② A와 B는 서로 다른 종류의 전하이다.

③ A와 C 사이에는 서로 당기는 힘이 작용한다.

④ B가 A에 작용하는 힘의 크기는 C가 A에 작용하는 힘의 크기보다 크다.

11. 다음은 단색광 A, B, C의 활용 예이다. A, B, C의 진동수를 각각 f_A, f_B, f_C라 할 때, 크기를 비교한 것으로 옳은 것은?

> ○ A를 측정하여 접촉하지 않고 물체의 온도를 측정한다.
> ○ B의 투과력을 이용하여 공항 검색대에서 가방 내부를 촬영한다.
> ○ C의 형광 작용을 통해 위조지폐를 감별한다.

① $f_A > f_B > f_C$ ② $f_B > f_C > f_A$

③ $f_C > f_A > f_B$ ④ $f_C > f_B > f_A$

12. 그림 (가), (나)는 각각 수평인 실험대 위에 파동 실험용 용수철을 올려놓은 후 용수철의 한쪽 끝을 잡고 각각 앞뒤와 좌우로 흔들면서 파동을 발생시켰을 때 파동의 진행 방향을 나타낸 것이다. 이에 대한 설명으로 옳은 것은?

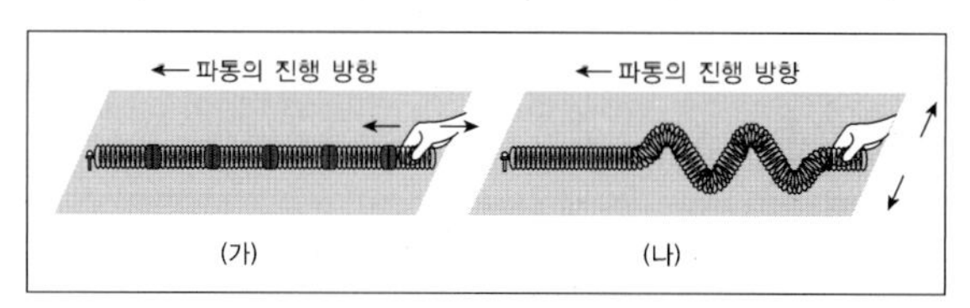

① (가)에서와 같이 진행하는 파동에는 소리(음파)가 있다.

② (가)에서 용수철의 진동수가 감소하면 파장은 짧아진다.

③ (나)에서 용수철의 진동 방향과 파동의 진행 방향은 같다.

④ (나)에서 진동수의 변화 없이 용수철을 좌우로 조금 더 크게 흔들면 파동의 진행 속력은 빨라진다.

13. 그림은 파원 A, 파원 B에서 줄을 따라 서로 마주 보고 진행하는 두 파동의 순간 모습을 나타낸 것이다. 두 파동의 속력은 모두 1 cm/s이고, 점 P는 줄 위의 한 점이다. 이에 대한 설명으로 옳지 않은 것은? (단, 점선으로 표시된 눈금의 가로세로 길이는 각각 1 cm이다)

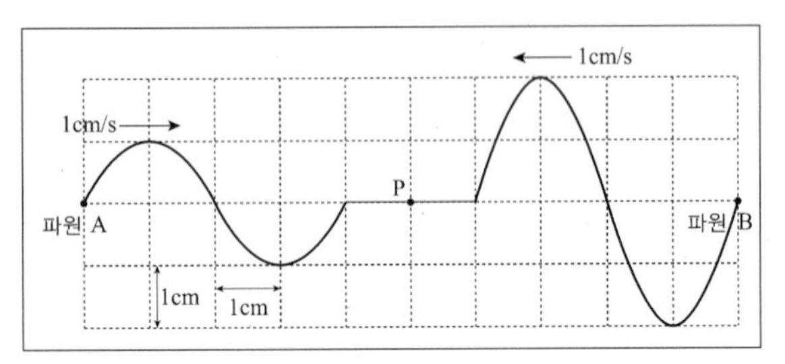

① 파원 A에서 출발한 파동의 파장은 4 cm이다.
② 파원 B에서 출발한 파동의 진동수는 0.25 Hz이다.
③ 그림의 상황에서 2초가 지난 후 P의 변위는 1 cm이다.
④ 두 파동이 중첩될 때 합성파의 변위 최댓값은 진동중심에서 1 cm이다.

14. 그림은 전동기의 구조를 모식적으로 나타낸 것이다. 이에 대한 설명으로 옳은 것만을 모두 고르면?

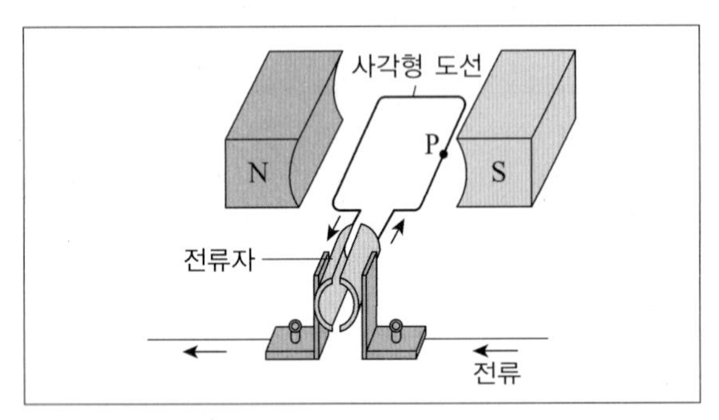

ㄱ. 전기 에너지를 운동 에너지로 변환한다.
ㄴ. 전류가 많이 흐를수록 회전 속력이 빨라진다.
ㄷ. 사각형 도선의 점 P는 위쪽으로 힘을 받는다.

① ㄱ, ㄴ
② ㄱ, ㄷ
③ ㄴ, ㄷ
④ ㄱ, ㄴ, ㄷ

15. 그림 (가)와 (나)는 검류계 G가 연결된 코일에 막대자석의 N극이 가까워지거나 막대자석의 S극이 멀어지는 모습을 나타낸 것이다. 이에 대한 설명으로 옳은 것은?

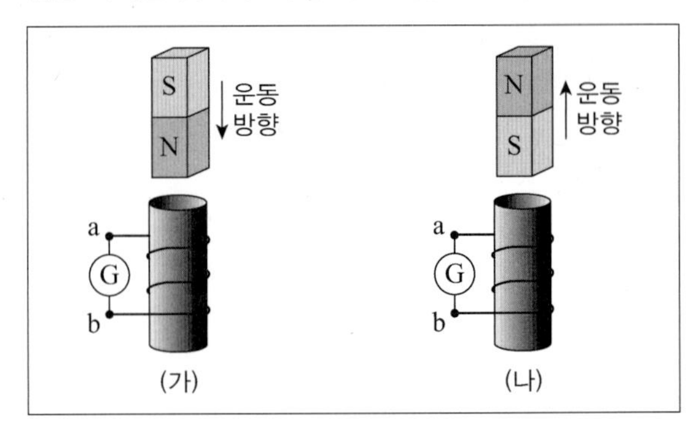

① 막대자석은 반자성체이다.
② 검류계 G에 흐르는 전류의 방향은 (가)와 (나)에서 같다.
③ (가)에서 막대자석에 의해 코일을 통과하는 자기 선속은 감소한다.
④ 막대자석이 코일에 작용하는 자기력의 방향은 (가)와 (나)에서 같다.

16. 그림과 같이 $+y$ 방향으로 전류가 흐르는 무한히 긴 직선 도선과 원형 도선이 xy 평면에 놓여 있다. 원형 도선에 전류가 유도되는 경우로 옳지 않은 것은?

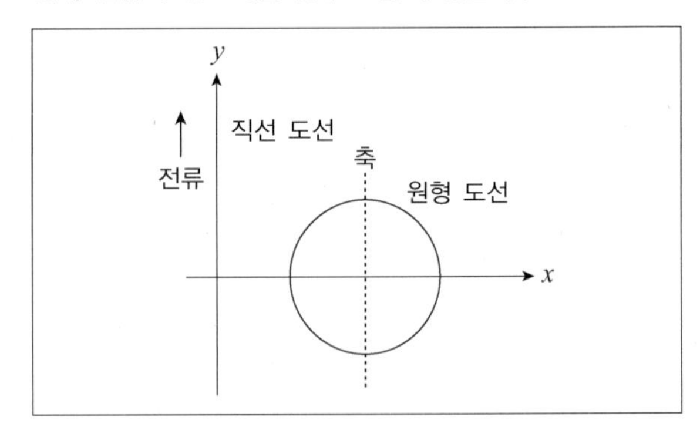

① 그림의 점선을 축으로 원형 도선을 회전시킨다.
② 원형 도선을 직선 도선 쪽으로 가까이 이동시킨다.
③ 원형 도선을 y축과 나란한 방향으로 회전 없이 이동시킨다.
④ 직선 도선에 흐르는 전류의 세기를 일정한 비율로 증가시킨다.

17. 그림은 종이 면에서 수직으로 나오는 방향으로 전류 I가 흐르는 무한히 긴 직선 도선 A와 전류가 흐르는 무한히 긴 직선 도선 B를 나타낸 것이다. 점 P, Q, R은 두 직선 도선을 잇는 직선상의 점들이고, A와 B 사이의 정중앙 점 Q에서 자기장의 세기가 0이다. 이에 대한 설명으로 옳은 것은?

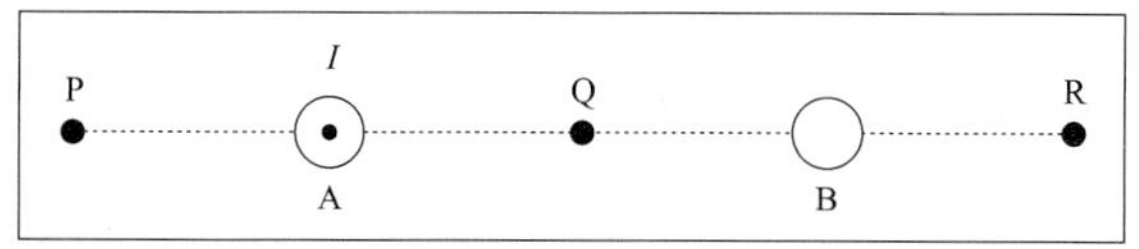

① 직선 도선 B의 전류의 세기는 $2I$이다.
② 점 P에서 자기장의 방향은 아래 방향이다.
③ 점 R에서 자기장의 방향은 아래 방향이다.
④ 직선 도선 B의 전류의 방향은 종이 면에 수직으로 들어가는 방향이다.

18. 그림은 공기에서 매질 A로 단색광이 동일한 입사각으로 입사한 후 굴절하는 경로를 나타낸 것이고, 표는 상온에서 매질 A에 해당하는 세 가지 물질의 굴절률을 나타내고 있다. 이에 대한 설명으로 옳은 것만을 모두 고르면?

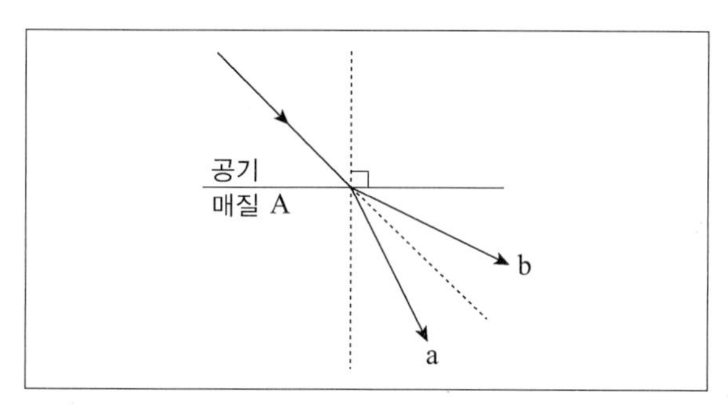

물	1.33
유리	1.50
다이아몬드	2.42

ㄱ. 매질 A가 물이면 단색광의 굴절은 b와 같이 일어난다.
ㄴ. 단색광의 속력은 공기 중에서보다 매질 A에서 더 크다.
ㄷ. 매질 A의 물질 중 공기에 대한 임계각이 가장 큰 물질은 물이다.
ㄹ. 단색광이 공기에서 매질 A로 진행하는 동안 단색광의 진동수는 변하지 않는다.

① ㄱ, ㄴ ② ㄱ, ㄹ
③ ㄴ, ㄷ ④ ㄷ, ㄹ

19. 그림과 같이 정지해 있는 A에 대해 B가 탑승한 우주선이 $0.9c$의 속력으로 움직이고 있다. B가 탑승한 우주선 바닥에서 출발한 빛이 거울에 반사되어 되돌아올 때까지, A와 B가 측정한 빛의 이동 거리는 각각 L_A, L_B이고, 이동 시간은 각각 t_A, t_B이다. 이에 대한 설명으로 옳은 것만을 모두 고르면? (단, c는 빛의 속력이다)

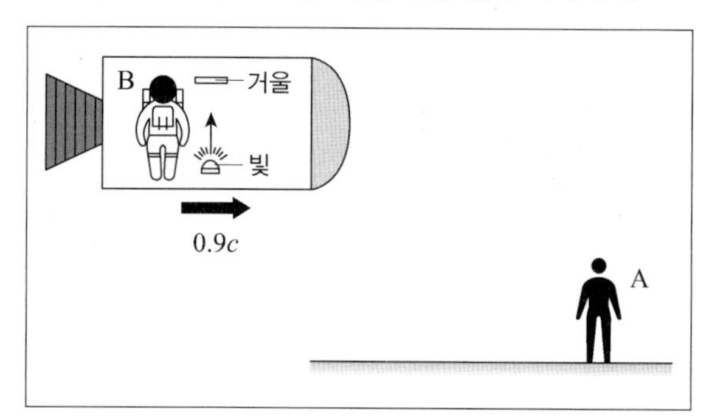

ㄱ. $L_A > L_B$
ㄴ. $t_A > t_B$
ㄷ. $\frac{L_A}{t_A} > \frac{L_B}{t_B}$

① ㄱ, ㄴ ② ㄱ, ㄷ
③ ㄴ, ㄷ ④ ㄱ, ㄴ, ㄷ

20. 그림은 같은 금속판에 진동수가 다른 단색광 A와 B를 각각 비추었을 때 광전자가 방출되는 것을 나타낸 것이고, 표는 단색광 A와 B를 금속판에 각각 비추었을 때 1초 동안 방출되는 광전자의 수와 광전자의 물질파 파장을 나타낸 것이다. 이에 대한 설명으로 옳은 것만을 모두 고르면? (단, 단색광 A와 B의 빛의 세기를 각각 I_A, I_B라 하고, 진동수를 f_A, f_B라 한다)

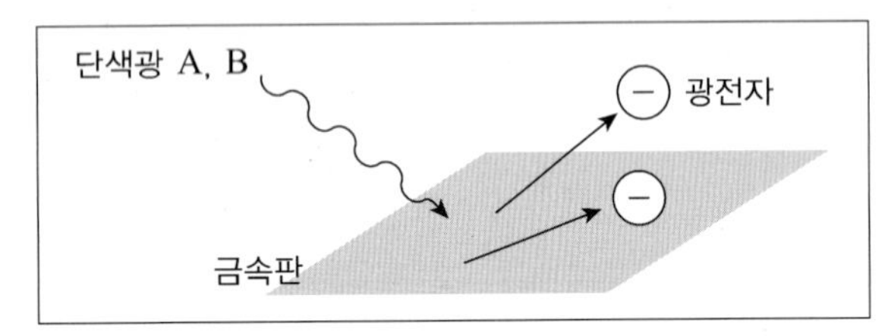

단색광	1초 동안 방출되는 광전자의 수	광전자의 물질파 파장
A	N	4λ
B	2N	λ

ㄱ. $f_A > f_B$
ㄴ. $I_A < I_B$
ㄷ. 금속판의 문턱 진동수를 f_0라 하면 $f_0 < f_B$이다.

① ㄱ, ㄴ ② ㄱ, ㄷ
③ ㄴ, ㄷ ④ ㄱ, ㄴ, ㄷ

해설 및 정답

1. 6초일 때 접점의 기울기가 0이므로 순간속력은 0이다.
0~10초 동안 이동거리는 전방으로 10m 이동 후 6m 후방으로 이동하여 총 이동거리는 16m이고 10초 동안 변위는 4m이다.
10초 동안 평균 속력은 $\frac{16}{10}$ (m/s)이고 평균 속도는 $\frac{4}{10}$ (m/s)이다.

2. $Q=q+W$ $q=\frac{Q}{2}$이면 $W=\frac{q}{2}$이다.
효율은 $\frac{W}{Q}=\frac{\frac{1}{2}Q}{Q}=0.5$ 즉 50%이다.
q가 작아지면 W가 증가하여 열효율은 증가한다.
$Q=W$인 기관은 제2종 영구기관으로 제작이 불가능하다.

3. 부피는 일정하고 압력은 증가한다.

4. 저마늄(Ge)는 4가 원소 비소(As)는 5가 원소이므로 n형 반도체이다. 전하 운반체는 전자이다.

5. 그래프에서 기울기는 탄성계수이고 면적은 한 일이다.
$k=\frac{6N}{3\times10^{-2}m}=200\text{N/m}$ 이고 일은
$W=(12+6)\times0.03\times\frac{1}{2}=0.27$ (J)이다.

6. (가)는 척력이 작용하므로 A, B 가 같은 종류의 전하이고 (나)는 인력이 작용하므로 A, C 는 다른 종류의 전하이다. (가)의 길이가 (나) 보다 크므로 척력이 더 커서 B 의 전하량이 C 의 전하량 보다 크다.

7. 20m 높이에서 위치에너지는 $mgh=m\times10\times20$이다.
이 역학적에너지는 운동에너지와 위치에너지의 합인데
$E=E_P+E_K$ $E_P=E_K$인 순간은
$E=2E_K$이고 $200m=2\times\frac{1}{2}\times m\times v^2$
$v=10\sqrt{2}$이다.

8. 운동량 $P=mv$이고 물질파 파장은
$\lambda=\frac{h}{mv}$이다. $\lambda=\frac{h}{P}$ B 입자에서
$\lambda=\frac{h}{3m_Bv}$이고 $2P=m_B\times3v$ A 입자는
$P=m_Av$ 이므로 $m_A:m_B=3:2$ 이다.
A 입자 B 입자의 질량을 각각 $3m_o$, $2m_o$라 하면
A 입자의 물질파 파장은 $\frac{h}{3m_ov}$ 이고
B 입자의 물질파 파장은 $\lambda=\frac{h}{2m_o\times3v}$ 이므로
A 입자의 물질파 파장은 2λ 이다.
운동에너지는 $E_A=\frac{1}{2}\times3m_o\times v^2$
$E_B=\frac{1}{2}\times2m_o\times(3v)^2$ 이므로
B가 A의 6배이다.

9. p형 반도체는 (+)극 N형 반도체는 (-)극에 연결해야 순방향 연결이 되어 전류가 흐르게 된다.

10. (가)에서 B가 $+x$방향으로 전기력 F 만큼 받는다면
$F=k\frac{Q_AQ_B}{d^2}$ 이다.
(나)에서 B의 알짜힘이 0이면 C에 의해
$-x$ 방향으로 같은 크기의 힘 F 만큼 받았다.
$F=k\frac{Q_CQ_B}{(2d)^2}$ 따라서 Q_C는 Q_B의 4배이다.

11. 접촉없이 물체의 온도를 측정하는 것은 적외선을 공항 검색대에서는 X선을 형광작용을 통한 위폐 감별은 자외선을 이용하므로 $f_B>f_C>f_A$이다.

12. (가)는 음파와 같은 종파이고 (나)는 빛과 같은 횡파이다.
$v=f\lambda$ 진동수가 감소하면 파장은 커진다.

13. A, B 의 파장은 둘다 4cm이다.
속력은 모두 1cm/s이므로 $v=f\lambda$에서 진동수 f는 두 파동이 같이 $\frac{1}{4}$(Hz)이다.
주기는 4초이고 2초 후는 2cm 씩 이동하므로
P점의 변위는 1cm이다.
합성파의 변위는 최대 3cm이다.

14. 그림에서 도선위의 P점은 플레밍의 왼손 법칙에서 아래쪽으로 힘을 받는다.

15. N극이 접근할 때와 S극이 멀어질 때의 전류 방향은 같다. 또 자석이 접근할 때는 밀어내고 멀어질 때는 코일이 잡아당기는 방향의 전류가 흐른다.

16. 원형도선 내부의 자기장의 크기나 방향이 변할 때 전류가 유도 된다.

17. 암페어의 법칙에서 Q점에서 전류 A에 의해 유도되는 자기장은 윗 방향으로 $B_o = k\frac{I}{r}$ 이다.

문제에서 Q점 자기장이 0이라고 했으므로 전류 B에 의해 아랫방향의 같은 크기의 자기장이 만들어지므로 B는 수직으로 나오는 방향에 전류 I가 흐른다.

18. 빛은 공기에서 밀한 매질로 들어가면 속력이 느려지고 법선쪽으로 굴절이 된다.

진동수는 변함없고 파장이 짧아져서 속력이 감소한다.

19. 빛의 속도 $C = \frac{L}{t}$은 변함없고 우주선의 B 보다 A가 시간이 길어진다.

$t_A > t_B \quad L_A > L_B$

20. $\lambda = \frac{h}{mv}$ 이므로 B광전자의 속력이 A 보다 4배 빠르다. 운동에너지는 16배이고

$f_A < f_B$ 이다. 빛의 세기 $I \propto f^2 A^2$ 이고 광전자의 수가 B가 크므로 $I_A < I_B$이다.

A, B 모두 광전자가 방출되므로 문턱 진동수 f_o 보다 크다.

1. ③	2. ②	3. ④	4. ③	5. ③
6. ②	7. ③	8. ④	9. ③	10. ④
11. ②	12. ①	13. ④	14. ①	15. ②
16. ③	17. ②	18. ④	19. ①	20. ③

스마트
물리학개론

定價 38,000원

저 자 신 용 찬

발행인 이 종 권

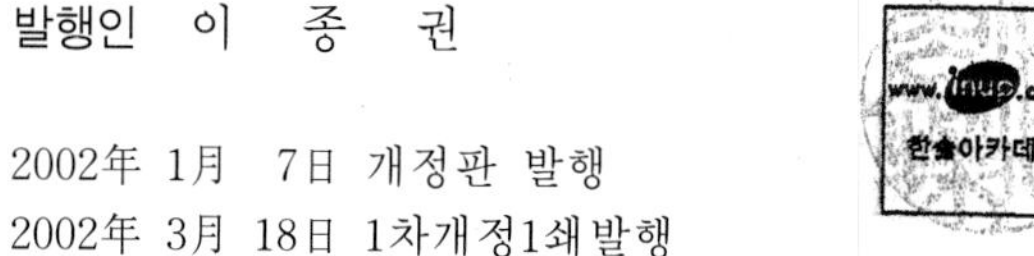

2002年 1月 7日 개정판 발행
2002年 3月 18日 1차개정1쇄발행
2003年 1月 10日 2차개정1쇄발행
2003年 3月 6日 2차개정2쇄발행
2004年 1月 8日 2차개정3쇄발행
2004年 2月 23日 2차개정4쇄발행
2004年 9月 15日 2차개정5쇄발행
2005年 1月 10日 3차개정1쇄발행
2006年 1月 5日 4차개정1쇄발행
2007年 1月 6日 5차개정1쇄발행
2008年 1月 2日 6차개정1쇄발행
2009年 1月 5日 7차개정1쇄발행
2010年 1月 7日 8차개정1쇄발행
2011年 1月 28日 9차개정1쇄발행
2012年 2月 7日 10차개정1쇄발행
2013年 2月 12日 11차개정1쇄발행
2014年 1月 13日 12차개정1쇄발행
2015年 1月 5日 13차개정1쇄발행
2016年 1月 12日 14차개정1쇄발행
2017年 1月 11日 15차개정1쇄발행
2018年 1月 10日 16차개정1쇄발행
2019年 1月 8日 17차개정1쇄발행
2020年 1月 6日 18차개정1쇄발행
2021年 1月 7日 19차개정1쇄발행
2022年 1月 10日 20차개정1쇄발행

發行處 (주) 한솔아카데미

(우)06775 서울시 서초구 마방로10길 25 트윈타워 A동 2002호
TEL : (02)575-6144/5 FAX : (02)529-1130
〈1998. 2. 19 登錄 第16-1608號〉

ISBN 979-11-6654-131-5 13420

한솔아카데미 발행도서

건축기사시리즈 ①건축계획
이종석, 이병억 공저
536쪽 | 23,000원

건축기사시리즈 ②건축시공
김형중, 한규대, 이명철, 홍태화 공저
678쪽 | 23,000원

건축기사시리즈 ③건축구조
안광호, 홍태화, 고길용 공저
796쪽 | 24,000원

건축기사시리즈 ④건축설비
오병칠, 권영철, 오호영 공저
564쪽 | 23,000원

건축기사시리즈 ⑤건축법규
현정기, 조영호, 김광수, 한웅규 공저
622쪽 | 24,000원

건축기사 필기 10개년 핵심 과년도문제해설
안광호, 백종엽, 이병억 공저
1,030쪽 | 40,000원

건축기사 4주완성
남재호, 송우용 공저
1,222쪽 | 42,000원

건축산업기사 4주완성
남재호, 송우용 공저
1,136쪽 | 39,000원

10개년핵심 건축산업기사 과년도문제해설
한솔아카데미 수험연구회
968쪽 | 35,000원

7개년핵심 실내건축기사 과년도문제해설
남재호 저
1,264쪽 | 37,000원

10개년핵심 실내건축산업기사 과년도문제해설
남재호 저
1,020쪽 | 30,000원

건축설비기사 4주완성
남재호 저
1,144쪽 | 39,000원

10개년 핵심 건축설비기사 과년도
남재호 저
1,086쪽 | 35,000원

10개년 핵심 건축설비산업기사 과년도
남재호 저
866쪽 | 30,000원

건축기사 실기
한규대, 김형중, 염창열, 안광호, 이병억 공저
1,686쪽 | 49,000원

건축기사 실기 (The Bible)
안광호 저
600쪽 | 30,000원

건축산업기사 실기
한규대, 김형중, 안광호, 이병억 공저
696쪽 | 27,000원

건축산업기사 실기 (The Bible)
안광호, 백종엽, 이병억 공저
316쪽 | 20,000원

시공실무 실내건축기사 실기
안동훈, 이병억 공저
400쪽 | 28,000원

시공실무 실내건축산업기사 실기
안동훈, 이병억 공저
344쪽 | 26,000원

HANSOL

건축사 과년도출제문제 1교시 대지계획

한솔아카데미 건축사수험연구회
346쪽 | 30,000원

건축사 과년도출제문제 2교시 건축설계1

한솔아카데미 건축사수험연구회
192쪽 | 30,000원

건축사 과년도출제문제 3교시 건축설계2

한솔아카데미 건축사수험연구회
436쪽 | 30,000원

건축물에너지평가사 ①건물 에너지 관계법규

건축물에너지평가사 수험연구회
818쪽 | 27,000원

건축물에너지평가사 ②건축환경계획

건축물에너지평가사 수험연구회
456쪽 | 23,000원

건축물에너지평가사 ③건축설비시스템

건축물에너지평가사 수험연구회
682쪽 | 26,000원

건축물에너지평가사 ④건물 에너지효율설계 · 평가

건축물에너지평가사 수험연구회
756쪽 | 27,000원

건축물에너지평가사 2차실기(상)

건축물에너지평가사 수험연구회
940쪽 | 40,000원

건축물에너지평가사 2차실기(하)

건축물에너지평가사 수험연구회
905쪽 | 40,000원

토목기사시리즈 ①응용역학

염창열, 김창원, 안광호, 정용욱, 이지훈 공저
610쪽 | 22,000원

토목기사시리즈 ②측량학

남수영, 정경동, 고길용 공저
506쪽 | 22,000원

토목기사시리즈 ③수리학 및 수문학

심기오, 노재식, 한웅규 공저
424쪽 | 22,000원

토목기사시리즈 ④철근콘크리트 및 강구조

정경동, 정용욱, 고길용, 김지우 공저
470쪽 | 22,000원

토목기사시리즈 ⑤토질 및 기초

안성중, 박광진, 김창원, 홍성협 공저
632쪽 | 22,000원

토목기사시리즈 ⑥상하수도공학

노재식, 이상도, 한웅규, 정용욱 공저
534쪽 | 22,000원

10개년 핵심 토목기사 과년도문제해설

김창원 외 5인 공저
1,028쪽 | 43,000원

토목기사4주완성 핵심 및 과년도문제해설

이상도, 정경동, 고길용, 안광호, 한웅규, 홍성협 공저
990쪽 | 36,000원

토목산업기사4주완성 7개년 과년도문제해설

이상도, 정경동, 고길용, 안광호, 한웅규, 홍성협 공저
842쪽 | 34,000원

토목기사 실기

김태선, 박광진, 홍성협, 김창원, 김상욱, 이상도 공저
1,472쪽 | 45,000원

토목기사실기 12개년 과년도

김태선, 이상도, 한웅규, 홍성협, 김상욱, 김지우 공저
696쪽 | 30,000원

콘크리트기사·산업기사 4주완성(필기)
송준민, 정용욱, 고길용, 전지현 공저
874쪽 | 34,000원

콘크리트기사 11개년 과년도(필기)
정용욱, 송준민, 고길용, 김지우 공저
552쪽 | 25,000원

콘크리트기사·산업기사 3주완성(실기)
송준민, 정용욱, 김태형, 이승철 공저
714쪽 | 26,000원

건설재료시험기사 4주완성(필기)
고길용, 정용욱, 홍성협, 전지현 공저
780쪽 | 33,000원

건설재료시험기사 10개년 과년도(필기)
고길용, 정용욱, 홍성협, 전지현 공저
542쪽 | 26,000원

건설재료시험기사 3주완성(실기)
고길용, 홍성협, 전지현, 김지우 공저
704쪽 | 25,000원

지적기능사(필기+실기) 3주완성
염창열, 정병노 공저
520쪽 | 25,000원

측량기능사 3주완성
염창열, 정병노 공저
592쪽 | 23,000원

건설안전기사 4주완성 필기
지준석, 조태연 공저
1,336쪽 | 32,000원

산업안전기사 4주완성 필기
지준석, 조태연 공저
1,560쪽 | 32,000원

10개년 기출문제 공조냉동기계 기사
한영동, 조성안 공저
1,246쪽 | 34,000원

10개년 기출문제 공조냉동기계 산업기사
한영동, 조성안 공저
1,046쪽 | 30,000원

공조냉동기계기사 실기 5주완성
한영동 저
914쪽 | 32,000원

조경기사·산업기사 필기
이윤진 저
1,610쪽 | 47,000원

조경기사·산업기사 실기
이윤진 저
986쪽 | 42,000원

조경기능사 필기
이윤진 저
732쪽 | 26,000원

조경기능사 실기
이윤진 저
264쪽 | 24,000원

조경기능사 필기
한상엽 저
712쪽 | 26,000원

조경기능사 실기
한상엽 저
738쪽 | 27,000원

전산응용건축제도기능사 필기 3주완성
안재완, 구만호, 이병억 공저
458쪽 | 20,000원

전기기사시리즈(전6권)
대산전기수험연구회
2,240쪽 | 90,000원

전기기사 5주완성(2권)
전기기사수험연구회
1,424쪽 | 38,000원

전기산업기사 5주완성(2권)
전기산업기사수험연구회
1,314쪽 | 37,000원

전기공사기사 5주완성(2권)
전기공사기사수험연구회
1,350쪽 | 37,000원

전기공사산업기사 5주완성(2권)
전기공사산업기사수험연구회
1,228쪽 | 36,000원

전기(산업)기사 실기
대산전기수험연구회
1,094쪽 | 37,000원

전기기사 실기 15개년 과년도문제해설
대산전기수험연구회
770쪽 | 32,000원

전기기사실기 17개년 과년도문제해설
김대호 저
1,452쪽 | 29,000원

전기기사시리즈(전6권)
김대호 저
3,230쪽 | 107,000원

전기기능사 3주완성
전기수험연구회
517쪽 | 19,000원

공무원 건축구조
안광호 저
582쪽 | 40,000원

공무원 건축계획
이병억 저
816쪽 | 35,000원

7·9급 토목직 응용역학
정경동 저
1,192쪽 | 42,000원

9급 토목직 토목설계
정경동 저
1,114쪽 | 42,000원

응용역학개론 기출문제
정경동 저
638쪽 | 35,000원

측량학(9급 기술직/ 서울시·지방직)
정병노, 염창열, 정경동 공저
722쪽 | 25,000원

응용역학(9급 기술직/ 서울시·지방직)
이국형 저
628쪽 | 23,000원

물리(고졸 경력경쟁 / 서울시·지방직)
신용찬 저
386쪽 | 18,000원

7급 공무원 스마트 물리학개론
신용찬 저
614쪽 | 38,000원

1종 운전면허
도로교통공단 저
110쪽 | 10,000원

2종 운전면허
도로교통공단 저
110쪽 | 10,000원

1·2종 운전면허
도로교통공단 저
110쪽 | 10,000원

지게차 운전기능사
건설기계수험연구회 편
216쪽 | 13,000원

굴삭기 운전기능사
건설기계수험연구회 편
224쪽 | 13,000원

지게차 운전기능사
3주완성
건설기계수험연구회 편
338쪽 | 10,000원

굴삭기 운전기능사
3주완성
건설기계수험연구회 편
356쪽 | 10,000원

BIM 주택설계편
(주)알피종합건축사사무소,
박기백, 서창석, 함남혁, 유기찬 공저
514쪽 | 32,000원

토목 BIM 설계활용서
김영휘, 박형순, 송윤상, 신현준,
안서현, 박진훈, 노기태 공저
388쪽 | 30,000원

BIM 구조편
(주)알피종합건축사사무소
(주)동양구조안전기술 공저
536쪽 | 32,000원

초경량 비행장치
무인멀티콥터
권희춘, 이임걸 공저
250쪽 | 17,500원

시각디자인 산업기사
4주완성
김영애, 서정술, 이원범 공저
1,102쪽 | 33,000원

시각디자인
기사·산업기사 실기
김영애, 이원범 공저
508쪽 | 32,000원

BIM 기본편
(주)알피종합건축사사무소
402쪽 | 30,000원

BIM 건축계획설계
Revit 실무지침서
BIMFACTORY
607쪽 | 35,000원

전통가옥에서 BIM을
보며
김요한, 함남혁, 유기찬 공저
548쪽 | 32,000원

BIM 주택설계편
(주)알피종합건축사사무소,
박기백, 서창석, 함남혁, 유기찬 공저
514쪽 | 32,000원

BIM 구조편
(주)알피종합건축사사무소
(주)동양구조안전기술 공저
536쪽 | 32,000원

BIM 활용편 2탄
(주)알피종합건축사사무소
380쪽 | 30,000원

BIM 기본편 2탄
(주)알피종합건축사사무소
380쪽 | 28,000원

BIM 토목편
송현혜, 김동욱, 임성순, 유자영,
심창수 공저
278쪽 | 25,000원

HANSOL

디지털모델링 방법론
이나래, 박기백, 함남혁, 유기찬 공저
380쪽 | 28,000원

건축디자인을 위한 BIM 실무 지침서
(주)알피종합건축사사무소, 박기백, 오정우, 함남혁, 유기찬 공저
516쪽 | 30,000원

BIM건축운용전문가 2급자격
모델링스토어 함남혁 공저
826쪽 | 32,000원

BIM토목운용전문가 2급자격
채재현 외 6인 공저
614쪽 | 35,000원

BE Architect 스케치업
유기찬, 김재준, 차성민, 신수진, 홍유찬 공저
282쪽 | 20,000원

BE Architect 라이노&그래스호퍼
유기찬, 김재준, 조준상, 오주연 공저
288쪽 | 22,000원

BE Architect AUTO CAD
유기찬, 김재준 공저
400쪽 | 25,000원

건축관계법규(전3권)
최한석, 김수영 공저
3,544쪽 | 100,000원

건축법령집
최한석, 김수영 공저
1,490쪽 | 50,000원

건축법해설
김수영, 이종석, 김동화, 김용환, 조영호, 오호영 공저
918쪽 | 30,000원

건축설비관계법규
김수영, 이종석, 박호준, 조영호, 오호영 공저
790쪽 | 30,000원

건축계획
이순희, 오호영 공저
422쪽 | 23,000원

건축시공학
이찬식, 김선국, 김예상, 고성석, 손보식, 유정호, 김태완 공저
776쪽 | 27,000원

토목시공학
남기천, 김유성, 김치환, 유광호, 김상환, 강보순, 김종민, 최준성 공저
1,212쪽 | 54,000원

건설시공학
남기천, 강인성, 류명찬, 유광호, 이광렬, 김문모, 최준성, 윤영철 공저
818쪽 | 28,000원

AutoCAD 건축 CAD
김수영, 정기범 공저
348쪽 | 20,000원

친환경 업무매뉴얼
정보현, 장동원 공저
352쪽 | 30,000원

건축시공기술사 기출문제
배용환, 서갑성 공저
1,146쪽 | 60,000원

합격의 정석 건축시공기술사
조민수 저
904쪽 | 60,000원

건축전기설비기술사 (상권)
서학범 저
772쪽 | 55,000원

건축전기설비기술사 (하권)
서학범 저
700쪽 | 55,000원

마법기본서 PE 건축시공기술사
백종엽 저
730쪽 | 55,000원

스크린 PE 건축시공기술사
백종엽 저
376쪽 | 25,000원

토목시공기술사 기출문제
배용환, 서갑성 공저
1,186쪽 | 65,000원

합격의 정석 토목시공기술사
김무섭, 조민수 공저
804쪽 | 50,000원

소방기술사 上
윤정득, 박견용 공저
656쪽 | 45,000원

소방기술사 下
윤정득, 박견용 공저
730쪽 | 45,000원

산업위생관리기술사 기출문제
서창호, 송영신, 김종삼, 연정택, 손석철, 김지호, 신광선, 류주영 공저
1,072쪽 | 70,000원

상하수도기술사 6개년 기출문제 완벽해설
조성안 저
1,116쪽 | 60,000원

소방시설관리사 1차
김흥준 저
1,630쪽 | 55,000원

문화재수리기술자(보수)
윤용진 저
728쪽 | 55,000원

건축에너지관계법해설
조영호 저
614쪽 | 27,000원

ENERGYPLUS
이광호 저
236쪽 | 25,000원

수학의 마술(2권)
아서 벤저민 저, 이경희, 윤미선, 김은현, 성지현 옮김
206쪽 | 24,000원

스트레스, 과학으로 풀다
그리고리 L. 프리키온, 애너 이브코비치, 앨버트 S.융 저
176쪽 | 20,000원

숫자의 비밀
마리안 프라이베르거, 레이첼 토머스 지음, 이경희, 김영은, 윤미선, 김은현 옮김
376쪽 | 16,000원

지치지 않는 뇌 휴식법
이시카와 요시키 저
188쪽 | 12,800원

행복충전 50Lists
에드워드 호프만 저
272쪽 | 16,000원

4차 산업혁명 건설산업의 변화와 미래
김선근 저
280쪽 | 18,500원

e-Test 엑셀 ver.2016
임창인, 조은경, 성대근, 강현권 공저
268쪽 | 15,000원

HANSOL

e-Test 파워포인트 ver.2016

임창인, 권영희, 성대근, 강현권 공저
206쪽 | 15,000원

e-Test 한글 ver.2016

임창인, 이권일, 성대근, 강현권 공저
198쪽 | 13,000원

e-Test 엑셀 2010(영문판)

Daegeun-Seong
188쪽 | 25,000원

e-Test 한글+엑셀+파워포인트

성대근, 유재휘, 강현권 공저
412쪽 | 28,000원

NCS 직업기초능력활용 (공사+공단)

박진희 저
374쪽 | 18,000원

NCS 직업기초능력활용 (특성화고+청년인턴)

박진희 저
328쪽 | 18,000원

NCS 직업기초능력활용 (자소서+면접)

박진희 저
352쪽 | 18,000원

NCS 직업기초능력활용 (한국전력공사)

박진희 저
340쪽 | 18,000원

NCS 직업기초능력활용 (코레일 한국철도공사)

박진희 저
240쪽 | 18,000원

재미있고 쉽게 배우는 포토샵 CC2020

이영주 저
320쪽 | 23,000원

소방설비기사(기계편)

소방설비기사 수험연구회
932쪽 | 36,000원

소방설비기사(전기편)

소방설비기사 수험연구회
950쪽 | 36,000원